# DETERMINATION OF METALS IN NATURAL AND TREATED WATERS

# DETERMINATION OF METALS IN NATURAL AND TREATED WATERS

T.R. Crompton

London and New York

First published 2002 by Spon Press
11 New Fetter Lane, London EC4P 4EE

Simultaneously published in the USA and Canada
by Spon Press
29 West 35th Street, New York, NY 10001

*Spon Press is an imprint of the Taylor & Francis Group*



Printed and bound in Great Britain by
St Edmundsbury Press, Bury St Edmunds, Suffolk



*Publisher's Note*

This book has been prepared from camera-ready copy supplied by the author.

*British Library Cataloguing in Publication Data*
A catalogue record for this book is available from the British Library

*Library of Congress Cataloging in Publication Data*
A catalog record for this book has been requested

ISBN 0-415-25072-2

# Contents

# Preface

The presence of traces of cations in water is a matter of increasing concern to the water industry, environmentalists, public health authorities and the general public alike from the point of view of possible health hazards presented to both human and animal life represented by domesticated and wild animals and bird and fish life. This awareness hinges on the increasing use of metals in commerce; the much stricter controls by various authorities on maximum metal levels permitted in inland waters, potable water, seawaters and various types of effluents and also on the availability of analytical methods sensitive enough to determine extreme low concentrations of metals, the presence of which we were formerly unaware.

The purpose of this book is to draw together and systemise the body of information available throughout the world up to late 2000 on the occurrence and determination of all types of metals in non-saline and saline natural and treated waters. In this way, reference to a very scattered literature can be avoided.

This is not a recipe book, ie the methods are not presented in detail, space considerations alone would not permit this. Instead the chemist is presented with details of methods available for the determination of all metals in the periodic table in a variety of types of water samples. Methods are described in broad outline, giving enough information for the chemist to decide whether he or she wishes to refer to the original paper. To this end, information is provided on applicability of methods, advantages and disadvantages of one method compared to another, interferences, sensitivity, detection limits and data relevant to accuracy and precision. Examples of results obtained by various methods are given. Where available, preconcentration techniques are discussed, enabling the sensitivity of methods to be improved by several orders of magnitude, a refinement often needed when attempting to meet the evermore increasing sensitivity limits demanded by regulatory authorities and by law.

Chapter 1, which forms an introduction, discusses the principles of the various techniques now being employed in water analysis and the types of determinations to which these techniques can be applied. All techniques including the most recent – inductively coupled plasma atomic emission spectrometry, inductively coupled plasma mass spectrometry, high performance liquid chromatography and ion chromatography to name but a few are discussed. This chapter also contains a useful key system so that the reader can quickly locate in the book sections in which are discussed the determination by various techniques of particular methods in a particular type of water sample.

The contents are presented in as logical a fashion as possible, chapters 2 to 11 covering, respectively, natural waters, surface/ground waters, potable waters, aqueous precipitation, sea and estuary waters, waste waters, sewage and trade effluents and high purity waters. The presence of radioactive elements in waters is a matter of great concern and as well as being discussed in chapters 2–11, this subject is reviewed in chapter 12.

Chapter 13 deals with particular miscellaneous measurements such as pH, electrical conductivity and suspended solids.

Chapters 14 and 15 review equipment available for use by river inspectors and others for on-site examination of waters for the presence of various metals in suspect samples of river waters and industrial effluents. Based on these findings, on the spot decisions can be made as to whether to take samples for formal laboratory examination.

Chapter 15 deals with automated equipment suitable for continuous monitoring of, for example, water treatment plants. Appropriate sampling techniques are vital if reliable analytical results are to be obtained and these are fully discussed in chapter 16. Finally, methods for the preservation and storage of samples between sampling and final analysis must be effectively controlled and these are discussed in chapter 17.

The work has been written with the interest of the following groups of people in mind: management and scientists in all aspects of the water industry, river management, fishery industries, sewage effluent treatment and disposal, land drainage and water supply; also management and scientists in all branches of industry which produce aqueous effluents. It will also be of interest to agricultural chemists, and chemists and biologists involved in fish, plant and insect life and also to the medical profession, toxicologists, public health workers and public analysts. Other groups of workers to whom the work will be of interest include oceanographers, environmentalists and, not least, members of the public, public authorities and TV and the press who are concerned with the protection of our environment.

Finally, it is hoped that the work will act as a spur to students of all the subjects mentioned above and assist them in the challenge that awaits them in ensuring that the pollution of the environment is controlled so as to guarantee in the new millennium we are left with a worthwhile environment to protect.

*T R Crompton*

Chapter 1

# Rationale, analysis of water samples

The contents pages of this book list the types of cations discussed together with the various types of water samples considered. For some readers it may be of value to have for each type of water sample listings of the types of instrumentation used and the types of cations that can be determined by each of these techniques. This information is listed in Tables 1.1 to 1.68.

The various techniques that have been used to determine cations in various types of water samples are discussed briefly below. Further discussion on the principles of these analytical methods have been discussed elsewhere by the author [1,2].

## 1.1 Summary of analytical procedures

### *1.1.1 Titration procedures*

These techniques are of limited value in water analysis. They lack specificity and sensitivity. Cations that have been determined by this technique include magnesium, calcium, potassium, copper, chromium, cobalt, cadmium, iron, arsenic, silver and mercury (Table 1.1).

### *1.1.2 Visible spectrophotometric procedures*

Interference effects have to be thoroughly investigated before applying this technique to water analysis. Sensitivity is usually in the μg $L^{-1}$ range, especially if the technique is combined with a prior preconcentration step (Table 1.2). The technique has had a fairly wide range of applications, eg 28 cations have been determined in non-saline natural waters and 19 in seawater (Tables 1.3–1.5).

*Table 1.1* Cations determinable in various types of water by titration procedures

| *Period* | *Type of sample* | | | | | | |
|---|---|---|---|---|---|---|---|
| | *Non-saline natural waters* | *Surface and ground waters* | *Potable waters* | *Sea water* | *Estuary, coastal and bay waters* | *Waste waters* | *High purity water* |
| 3 | | | Mg | Mg, K | Mg | | |
| 4 | Ca | As | Ca | Ca, Cu | Ca, Cu | Cr | Co, Cu, Fe |
| 5 | Cd | | Ag | | | | |
| 6 | Hg | | | | | | |

Source: Own Files

Table 1.2 Sensitivity of spectrophotometric methods with and without preconcentration (from various sources)

| Cation | Non-saline natural waters: Without pre-concentration LD | Section | With pre-concentration LD | Section | Sea waters: Without pre-concentration LD | Section | With pre-concentration LD | Section |
|---|---|---|---|---|---|---|---|---|
| Ammonium | – | – | – | – | 0.1–0.2 μg $L^{-1}$ | 6.2.1 | – | – |
| Antimony | – | – | – | – | 1.5 μg $L^{-1}$ | 6.4.1 | – | – |
| Arsenic | 0.16–10 μg $L^{-1}$ | 2.6.1<br>2.6.17 | – | – | 0.19 μg $L^{-1}$ | 6.5.1 | – | – |
| Boron | – | – | – | – | 0.1–1 μg $L^{-1}$ | 6.9.1 | – | – |
| Calcium | 1 μg $L^{-1}$ | 2.18.14 | – | – | – | – | – | – |
| Chromium | <1 μg $L^{-1}$ | 2.16.1 | 1 μg $L^{-1}$ | 2.16.9 | – | – | – | – |
| Cobalt | – | – | – | – | 0.04–1 μg $L^{-1}$ and ppt | 6.15.4<br>6.15.1<br>6.38.1 | – | – |
| Copper | 0.07–12 μg $L^{-1}$ | 2.18.1 | – | – | – | – | – | – |
| Gold | – | – | – | – | 0.0025 μg $L^{-1}$ | 6.23.3 | – | – |
| Iron | 0.1–15 μg $L^{-1}$ | 2.30.1<br>2.30.16 | – | – | 0.1 nM | 6.27.1 | – | – |
| Lead | 5 μg $L^{-1}$ | 2.32.1 | – | – | – | – | – | |
| Lithium | 50 μg $L^{-1}$ | 2.33.1 | – | – | – | – | – | – |
| Manganese | 0.4–5 μg $L^{-1}$ | 2.36.1<br>2.36.14 | – | – | – | – | – | – |
| Mercury | 0.0004–2 μg $L^{-1}$ | 2.37.2<br>2.37.13 | – | – | – | – | – | – |
| | | | – | – | – | – | – | – |
| Molybdenum | 0.5–0.6 μg $L^{-1}$ | 2.38.1 | – | – | 10 μg $L^{-1}$ | 6.33.1<br>6.35.1 | | |

Table 1.2 continued

| Cation | Non-saline natural waters | | | | Sea waters | | | |
|---|---|---|---|---|---|---|---|---|
| | Without pre-concentration LD | Section | With pre-concentration LD | Section | Without pre-concentration LD | Section | With pre-concentration LD | Section |
| Nickel | μg $L^{-1}$ range | 2.41.10 | – | – | 0.5–0.8 μg $L^{-1}$ | 6.38.1 | – | – |
| Niobium | – | – | 0.1 ppb | 2.42.1 | – | – | – | – |
| Osmium | 0.005 μg $L^{-1}$ | 2.43.1 | – | – | – | – | – | – |
| Ruthenium | 30 μg $L^{-1}$ | 2.54.1 | – | – | – | – | – | – |
| Scandium | 100 μg $L^{-1}$ | 2.57.1 | – | – | – | – | – | – |
| Selenium | 0.1–10 μg $L^{-1}$ | 2.56.1 | – | – | – | – | – | – |
| Silver | 0.8–4 μg $L^{-1}$ | 2.58.7 | – | – | – | – | – | – |
| Thallium | 0.02 μg $L^{-1}$ | 2.64.1 | – | – | – | – | – | – |
| Thorium | 0.07–10 μg $L^{-1}$ | 2.65.1<br>2.76.26.6 | – | – | – | – | – | – |
| TIn | ppb range | 2.67.1 | – | – | – | – | – | – |
| Titanium | 5 μg $L^{-1}$ | 2.68.1 | – | – | – | – | – | – |
| Uranium | 0.1 μg $L^{-1}$ | 2.70.10 | 0.07 μg $L^{-1}$ | 2.76.26.6 | 1000 μg $L^{-1}$ | 6.66.1 | – | – |
| Vanadium | 0.002–0.2 μg $L^{-1}$ | 2.71.1<br>2.71.8 | – | – | – | – | – | – |
| Zinc | 200 μg $L^{-1}$ | 2.74.1 | – | – | – | – | – | – |

Source: Own files

*Table 1.3* Cations determinable in various types of water by visible spectrometric procedures

| *Period* | *Type of sample* | | | | | | | | |
|---|---|---|---|---|---|---|---|---|---|
| | *Non-saline natural waters* | *Surface and ground waters* | *Potable waters* | *Aqueous precipitation* | *Sea water* | *Waste waters* | *Sewage* | *Tide effluents* | *High purity water* |
| 1 | See Table 1.4 | | | | See Table 1.5 | | | | |
| 3 | | Na | Al | | | | Al | | |
| 4 | | Cu | As, Ca, Cu, Fe, Mn | Pb | | Cr, V | | Cr, Cu, Mn, Ni | Cu, Fe |
| 5 | | | Ag | | | Sb, Cd, Mo | | Sb, Sn | Ag |
| 6 | | | Pb, Os | | | Tl | | Pb | |
| Actinides | | | | | | | | U | |

Source: Own Files

*Table 1.4* Cations determinable in non-saline natural waters by visible spectrophotometric procedures (28 cations)

| | *s*-block | | | | | | *d*-block | | | | | | | *p*-block | | | | | |
|---|---|---|---|---|---|---|---|---|---|---|---|---|---|---|---|---|---|---|---|
| Group / Period | I | II | | | | | | | | | | | | III | IV | V | VI | VIII | 0 |
| 1 | $^{1}$H | | | | | | | | | | | | | | | | | $^{1}$H | $^{2}$He |
| 2 | $^{2}$Li√ | $^{4}$Be | | | | | | | | | | | | $^{5}$B | $^{6}$C | $^{7}$N | $^{8}$O | $^{9}$F | $^{10}$Ne |
| 3 | $^{11}$Na | $^{12}$Mg√ | | | | | | | | | | | | $^{13}$Al√ | $^{14}$Si | $^{15}$P | $^{16}$S | $^{17}$Cl | $^{18}$Ar |
| 4 | $^{19}$K√ | $^{20}$Ca√ | $^{21}$Sc√ | $^{22}$Ti√ | $^{23}$V√ | $^{24}$Cr√ | $^{25}$Mn√ | $^{26}$Fe√ | $^{27}$Co√ | $^{28}$Ni | $^{29}$Cu√ | $^{30}$Zn√ | | $^{31}$Ga | $^{32}$Ge | $^{33}$As√ | $^{34}$Se√ | $^{35}$Br | $^{36}$Kr |
| 5 | $^{37}$Rb | $^{35}$Sr | $^{39}$Y√ | $^{40}$Zr | $^{41}$Nb | $^{42}$Mo√ | $^{43}$Tc | $^{44}$Ru√ | $^{45}$Rh | $^{46}$Pd | $^{47}$Ag | $^{48}$Cd | | $^{49}$In | $^{50}$Sn√ | $^{51}$Sb√ | $^{52}$Te | $^{53}$I | $^{54}$Xe |
| 6 | $^{55}$Cs | $^{56}$Ba | $^{57}$La • | $^{72}$Hf | $^{73}$Ta | $^{74}$W | $^{75}$Re | $^{76}$Os√ | $^{77}$Ir | $^{78}$Pt | $^{79}$Au | $^{80}$Hg√ | | $^{81}$Tl√ | $^{82}$Pb√ | $^{83}$Bi | $^{84}$Po | $^{85}$At | $^{86}$Rn |
| 7 | $^{87}$Fr | $^{88}$Ra | $^{89}$Ac • | | | | | | | | | | | | | | | | |
| | | | | | | | | | *f*-block | | | | | | | | | | |
| Lanthanides | | | | $^{58}$Ce√ | $^{59}$Pr | $^{60}$Nd | $^{61}$Pm | $^{62}$Sm | $^{63}$Eu | $^{64}$Gd | $^{65}$Tb | $^{66}$Dy | | $^{67}$Ho | $^{68}$Er | $^{69}$Tm | $^{70}$Yb | $^{71}$Lu | |
| Actinides | | | | $^{90}$Th√ | $^{91}$Pa | $^{92}$U√ | $^{93}$Np | $^{94}$Pu | $^{95}$Am | $^{96}$Cm | $^{97}$Bk | $^{98}$Cf | | $^{99}$Es | $^{100}$Fm | $^{101}$Md | $^{102}$No | $^{103}$Lr | |

Source: Own files

*Table 1.5* Cations determinable in sea waters by visible spectrophotometric procedures (18 cations)

| | *s*-block | | | | | | | | | | | | *p*-block | | | | | |
|---|---|---|---|---|---|---|---|---|---|---|---|---|---|---|---|---|---|---|
| Group | I | II | | | | | | | | | | | III | IV | V | VI | VIII | 0 |
| Period | | | | | | | | | | | | | | | | | | |
| 1 | $^{1}$H | | | | | | | | | | | | | | | | $^{1}$H | $^{2}$He |
| 2 | $^{2}$Li | $^{4}$Be | | | | | | | | | | | $^{5}$B√ | $^{6}$C | $^{7}$N | $^{8}$O | $^{9}$F | $^{10}$Ne |
| 3 | $^{11}$Na | $^{12}$Mg√ | | | | *d*-block | | | | | | | $^{13}$Al√ | $^{14}$Si | $^{15}$P | $^{16}$S | $^{17}$Cl | $^{18}$Ar |
| 4 | $^{19}$K | $^{20}$Ca√ | $^{21}$Sc | $^{22}$Ti√ | $^{23}$V√ | $^{24}$Cr√ | $^{25}$Mn√ | $^{26}$Fe√ | $^{27}$Co√ | $^{28}$Ni√ | $^{29}$Cu√ | $^{30}$Zn | $^{31}$Ga | $^{32}$Ge | $^{33}$As√ | $^{34}$Se | $^{35}$Br | $^{36}$Kr |
| 5 | $^{37}$Rb | $^{35}$Sr√ | $^{39}$Y | $^{40}$Zr | $^{41}$Nb | $^{42}$Mo√ | $^{43}$Tc | $^{44}$Ru | $^{45}$Rh | $^{46}$Pd | $^{47}$Ag | $^{48}$Cd | $^{49}$In | $^{50}$Sn√ | $^{51}$Sb√ | $^{52}$Te | $^{53}$I | $^{54}$Xe |
| 6 | $^{55}$Cs | $^{56}$Ba | $^{57}$La • | $^{72}$Hf | $^{73}$Ta | $^{74}$W | $^{75}$Re | $^{76}$Os | $^{77}$Ir | $^{78}$Pt | $^{79}$Au | $^{80}$Hg | $^{81}$Tl | $^{82}$Pb√ | $^{83}$Bi | $^{84}$Po | $^{85}$At | $^{86}$Rn |
| 7 | $^{87}$Fr | $^{88}$Ra | $^{89}$Ac • | | | | | | | | | | | | | | | |
| | | | | | | | | | *f*-block | | | | | | | | | |
| Lanthanides | | | | $^{58}$Ce | $^{59}$Pr | $^{60}$Nd | $^{61}$Pm | $^{62}$Sm | $^{63}$Eu | $^{64}$Gd | $^{65}$Tb | $^{66}$Dy | $^{67}$Ho | $^{68}$Er | $^{69}$Tm | $^{70}$Yb | $^{71}$Lu | |
| Actinides | | | | $^{90}$Th | $^{91}$Pa | $^{92}$U√ | $^{93}$Np | $^{94}$Pu | $^{95}$Am | $^{96}$Cm | $^{97}$Bk | $^{98}$Cf | $^{99}$Es | $^{100}$Fm | $^{101}$Md | $^{102}$No | $^{103}$Lr | |

Source: Own files

### 1.1.3 Flow injection analysis

This technique has similar limitations to spectrophotometric methods. It has enjoyed a fairly limited range of applications, eg 13 cations have been determined in non-saline natural waters (Tables 1.6 and 1.7). Detection limits of this technique are usually in the $\mu g\ L^{-1}$ range (Table 1.8).

### 1.1.4 Spectrofluorimetric methods

This is quite a sensitive procedure, often capable of analysis in the $\mu g\ L^{-1}$ range and enjoying a lack of interference effects and good specificity due to the fact that only certain cations form fluorogens and these fluoresce at specific wavelengths (Tables 1.9, 1.10). The technique has been used, for example, for the determination of 33 cations in non-saline natural waters (Table 1.10). Sensitivities are in the $\mu g\ L^{-1}$ to $ng\ L^{-1}$ range as shown in Table 1.11.

### 1.1.5 Chemiluminescence methods

This technique has had very limited application, the only cations for which methods have been published to date are chromium, cobalt, copper, arsenic, iron, selenium and antimony (Table 1.12). Chemiluminescence methods are inherently more sensitive than visible spectrophotometric methods commonly giving detection limits down to 0.03 $ng\ L^{-1}$ (Table 1.13).

### 1.1.6 Atomic fluorescence spectrometry

This technique has been used to determine 16 cations in high purity waters with a fair degree of sensitivity (Table 1.14). It has also been applied to the determination of neptunium in surface waters. Detection limits achievable in sea water range from 0.0005 $\mu g\ L^{-1}$ for lead to 0.001 $\mu g\ L^{-1}$ for cobalt.

### 1.1.7 Atomic absorption spectrometry

This is discussed under four headings: conventional flame atomic absorption spectrometry, graphite furnace atomic absorption spectrometry, Zeeman atomic absorption spectrometry and hydride generation atomic absorption spectrometry.

Table 1.6 Cations determinable in various types of water by flow injection analysis

| *Period* | *Type of sample* | | | | | | | | | |
|---|---|---|---|---|---|---|---|---|---|---|
| | *Non-saline natural waters* | *Surface and ground waters* | *Potable waters* | *Aqueous precipitation* | *Sea water* | *Estuary coastal and bay waters* | *Waste waters* | *Sewage* | *Tide effluents* | *High purity water* |
| 1 | See Table 1.7 | | | | | | | | | |
| 3 | | | Na | | | | | | | |
| 4 | | | Ca, K | | Co, Mn | | As | | | |
| 6 | | | | | | | Hg | | | |
| Actinides | | | | | | | U | | | |

Source: Own files

*Table 1.7* Cations determinable in non-saline natural waters by flow injection analysis (13 cations)

| | *s*-block | | | | | *d*-block | | | | | | | *p*-block | | | | | |
|---|---|---|---|---|---|---|---|---|---|---|---|---|---|---|---|---|---|---|
| Group<br>Period | I | II | | | | | | | | | | | III | IV | V | VI | VIII | 0 |
| 1 | $^{1}$H | | | | | | | | | | | | | | | | $^{1}$H | $^{2}$He |
| 2 | $^{2}$Li | $^{4}$Be | | | | | | | | | | | $^{5}$B | $^{6}$C | $^{7}$N | $^{8}$O | $^{9}$F | $^{10}$Ne |
| 3 | $^{11}$Na | $^{12}$Mg√ | | | | | | | | | | | $^{13}$Al√ | $^{14}$Si | $^{15}$P | $^{16}$S | $^{17}$Cl | $^{18}$Ar |
| 4 | $^{19}$K | $^{20}$Ca√ | $^{21}$Sc | $^{22}$Ti | $^{23}$V | $^{24}$Cr√ | $^{25}$Mn√ | $^{26}$Fe√ | $^{27}$Co | $^{28}$Ni | $^{29}$Cu | $^{30}$Zn√ | $^{31}$Ga | $^{32}$Ge | $^{33}$As√ | $^{34}$Se√ | $^{35}$Br | $^{36}$Kr |
| 5 | $^{37}$Rb | $^{35}$Sr√ | $^{39}$Y | $^{40}$Zr | $^{41}$Nb | $^{42}$Mo√ | $^{43}$Tc | $^{44}$Ru | $^{45}$Rh | $^{46}$Pd | $^{47}$Ag | $^{48}$Cd | $^{49}$In | $^{50}$Sn√ | $^{51}$Sb√ | $^{52}$Te | $^{53}$I | $^{54}$Xe |
| 6 | $^{55}$Cs | $^{56}$Ba | $^{57}$La | $^{72}$Hf | $^{73}$Ta | $^{74}$W | $^{75}$Re | $^{76}$Os | $^{77}$Ir | $^{78}$Pt | $^{79}$Au | $^{80}$Hg√ | $^{81}$Tl | $^{82}$Pb | $^{83}$Bi√ | $^{84}$Po | $^{85}$At | $^{86}$Rn |
| 7 | $^{87}$Fr | $^{88}$Ra | $^{89}$Ac | | | | | | | | | | | | | | | |
| | | | | | | | | | | *f*-block | | | | | | | | |
| Lanthanides | | | | $^{58}$Ce | $^{59}$Pr | $^{60}$Nd | $^{61}$Pm | $^{62}$Sm | $^{63}$Eu | $^{64}$Gd | $^{65}$Tb | $^{66}$Dy | $^{67}$Ho | $^{68}$Er | $^{69}$Tm | $^{70}$Yb | $^{71}$Lu | |
| Actinides | | | | $^{90}$Th | $^{91}$Pa | $^{92}$U | $^{93}$Np | $^{94}$Pu | $^{95}$Am | $^{96}$Cm | $^{97}$Bk | $^{98}$Cf | $^{99}$Es | $^{100}$Fm | $^{101}$Md | $^{102}$No | $^{103}$Lr | |

Source: Own files

*Table 1.8* Sensitivity of flow injection analysis methods with and without water preconcentration (from various sources)

| *Cation* | *Non-saline natural waters* | | | | *Sea waters* | | | |
|---|---|---|---|---|---|---|---|---|
| | *Without pre-concentration LD* | *Section* | *With pre-concentration LD* | *Section* | *Without pre-concentration LD* | *Section* | *With pre-concentration LD* | *Section* |
| Aluminium | – | – | – | – | – | – | 0.00015 μ mole (absolute) | 6.1.10 |
| Ammonium | – | – | – | – | 0.9 μg $L^{-1}$ | 6.2.2 | – | – |
| Cadmium | – | – | 0.05–0.5 μg $L^{-1}$ | 2.76.26.8 | – | – | – | – |
| Chromium | – | – | 0.05–0.5 μg $L^{-1}$ | 2.76.26.8 | – | – | – | – |
| Cobalt | 5 μg $L^{-1}$ | 2.17.15 | 0.05–0.5 μg $L^{-1}$ | 2.76.26.8 | – | – | – | – |
| Iron | 4 μg $L^{-1}$ | 2.30.5 | 0.05–0.5 μg $L^{-1}$ | 2.76.26.8 | – | – | – | – |
| Lead | – | – | 0.05–0.5 μg $L^{-1}$ | 2.76.26.8 | – | – | – | – |
| Manganese | – | – | 0.05–0.5 μg $L^{-1}$ | 2.76.26.8 | 0.01 μg $L^{-1}$ | 6.33.3 | – | – |
| Mercury | $35\times10^{-2}$ μg $L^{-1}$ | 2.37.5 | – | – | – | – | – | – |
| Nickel | – | – | 0.05–0.5 μg $L^{-1}$ | 2.76.26.8 | – | – | – | – |
| Selenium | 150 μg $L^{-1}$ | 2.56.3 | – | – | – | – | – | – |
| Zinc | 0.05–50 μg $L^{-1}$ | 2.74.3 | 0.05–0.5 μg $L^{-1}$ | 2.76.26.8 | – | – | – | – |

Source: Own files

*Table 1.9* Cations determinable in various types of water by spectrofluorimetric methods

| Period | *Type of sample* | | | | | | | | | |
|---|---|---|---|---|---|---|---|---|---|---|
| | *Non-saline natural waters* | *Surface and ground waters* | *Potable waters* | *Aqueous precipitation* | *Sea water* | *Estuary coastal and bay waters* | *Waste waters* | *Sewage* | *Tide effluents* | *High purity water* |
| 1 | See Table 1.10 | | | | | | | | | |
| 3 | | | Al | | Al | | | | Al | |
| 4 | | | Ga, Zn | | Co, Mn | | As | Se | | |
| 6 | | | | Pb | Pb | | | | | |
| Lanthanides | | | | | Ce | | | | | |

Source: Own files

*Table 1.10* Cations determinable in non-saline natural waters by spectrofluorimetric methods (33 cations)

| Group | *s*-block I | II | | | | *d*-block | | | | | | | *p*-block III | IV | V | VI | VIII | 0 |
|---|---|---|---|---|---|---|---|---|---|---|---|---|---|---|---|---|---|---|
| Period | | | | | | | | | | | | | | | | | | |
| 1 | $^{1}$H | | | | | | | | | | | | | | | | $^{1}$H | $^{2}$He |
| 2 | $^{2}$Li | $^{4}$Be√ | | | | | | | | | | | $^{5}$B | $^{6}$C | $^{7}$N | $^{8}$O | $^{9}$F | $^{10}$Ne |
| 3 | $^{11}$Na | $^{12}$Mg | | | | | | | | | | | $^{13}$Al√ | $^{14}$Si | $^{15}$P | $^{16}$S | $^{17}$Cl | $^{18}$Ar |
| 4 | $^{19}$K | $^{20}$Ca | $^{21}$Sc | $^{22}$Ti | $^{23}$V | $^{24}$Cr√ | $^{25}$Mn√ | $^{26}$Fe√ | $^{27}$Co | $^{28}$Ni | $^{29}$Cu | $^{30}$Zn√ | $^{31}$Ga√ | $^{32}$Ge | $^{33}$As√ | $^{34}$Se√ | $^{35}$Br | $^{36}$Kr |
| 5 | $^{37}$Rb | $^{35}$Sr | $^{39}$Y | $^{40}$Zr | $^{41}$Nb | $^{42}$Mo | $^{43}$Tc | $^{44}$Ru | $^{45}$Rh | $^{46}$Pd | $^{47}$Ag√ | $^{48}$Cd√ | $^{49}$In√ | $^{50}$Sn | $^{51}$Sb | $^{52}$Te√ | $^{53}$I | $^{54}$Xe |
| 6 | $^{55}$Cs | $^{56}$Ba | $^{57}$La√• | $^{72}$Hf | $^{73}$Ta | $^{74}$W | $^{75}$Re | $^{76}$Os | $^{77}$Ir | $^{78}$Pt | $^{79}$Au | $^{80}$Hg√ | $^{81}$Tl√ | $^{82}$Pb√ | $^{83}$Bi | $^{84}$Po | $^{85}$At | $^{86}$Rn |
| 7 | $^{87}$Fr | $^{88}$Ra | $^{89}$Ac • | | | | | | | | | | | | | | | |
| | | | | | | | | | *f*-block | | | | | | | | | |
| Lanthanides | | | | $^{58}$Ce√ | $^{59}$Pr√ | $^{60}$Nd√ | $^{61}$Pm√ | $^{62}$Sm√ | $^{63}$Eu√ | $^{64}$Gd√ | $^{65}$Tb√ | $^{66}$Dy√ | $^{67}$Ho√ | $^{68}$Er√ | $^{69}$Tm√ | $^{70}$Yb√ | $^{71}$Lu√ | |
| Actinides | | | | $^{90}$Th | $^{91}$Pa | $^{92}$U√ | $^{93}$Np | $^{94}$Pu | $^{95}$Am | $^{96}$Cm√ | $^{97}$Bk | $^{98}$Cf | $^{99}$Es | $^{100}$Fm | $^{101}$Md | $^{102}$No | $^{103}$Lr | |

Source: Own files

*Table 1.11* Sensitivity of spectrofluorimetric methods with and without preconcentration (from various sources)

| Cation | *Non-saline natural waters* <br> *Without pre-concentration LD* | *Section* | *With pre-concentration LD* | *Section* | *Sea waters* <br> *Without pre-concentration LD* | *Section* | *With pre-concentration LD* | *Section* |
|---|---|---|---|---|---|---|---|---|
| Aluminium | – | – | – | – | 0.5–10 μg $L^{-1}$ | 6.1.2 | | |
| Arsenic | 0.05–10 μg $L^{-1}$ | 2.76.2.1<br>2.24.1 | – | – | – | – | – | – |
| Cerium | 10–40 μg $L^{-1}$ | 2.76.2.3<br>2.15.2 | – | – | – | – | – | – |
| Chromium | μg $L^{-1}$ | 2.16.2 | – | – | – | – | – | – |
| Dysprosium | sub μg $L^{-1}$ | 2.76.2.2 | – | – | – | – | – | – |
| Europium | sub μg $L^{-1}$ | 2.76.2.2 | – | – | – | – | – | – |
| Gallium | 10 μg $L^{-1}$ | 2.24.1 | – | – | – | – | – | – |
| Indium | 2.6 μg $L^{-1}$ | 2.29.1 | – | – | – | – | – | – |
| Iron | 0.3–1 μg $L^{-1}$ | 2.30.2<br>2.30.15 | – | – | – | – | – | – |
| Lead | 0.004–40 μg $L^{-1}$ | 2.32.2<br>2.76.2.3 | – | – | – | – | – | – |
| Manganese | 0.018 μg $L^{-1}$ | 2.36.2 | – | – | 440 μg $L^{-1}$ | 6.33.2 | – | – |
| Mercury | 0.002 μg $L^{-1}$ | 2.37.3<br>2.37.15 | – | – | – | – | – | – |
| Selenium | 0.05–0.1 μg $L^{-1}$ | 2.76.2.1 | – | – | – | – | – | – |
| Silver | 2–20 μg $L^{-1}$ | 2.58.1 | – | – | – | – | – | – |
| Terbium | sub ppb | 2.76.2.2 | – | – | – | – | – | – |
| Thallium | ppt to 40 μg $L^{-1}$ | 2.76.2.3 | – | – | – | – | – | – |
| Uranium | 0.1 μg $L^{-1}$ | 2.70.10 | 0.3 μg $L^{-1}$ | 2.70.12 | – | – | – | – |
| Zinc | 0.6–5 μg $L^{-1}$ | 2.74.2 | – | – | 0.0065 μg absolute | 6.70.1 | – | – |

Source: Own files

*Table 1.12* Cations determinable in various types of water by chemiluminescence methods

| *Period* | *Type of sample* | | | | | | | | | |
|---|---|---|---|---|---|---|---|---|---|---|
| | *Non-saline natural waters* | *Surface and ground waters* | *Potable waters* | *Aqueous precipitation* | *Sea water* | *Estuary coastal and bay waters* | *Waste waters* | *Sewage* | *Tide effluents* | *High purity water* |
| 4 | Cr, Co, Cu | | | | As, Cr, Co<br>Fe | | Cr | Se | | |
| 5 | | | | | Sb | | | | | |

Source: Own files

#### 1.1.7.1 Conventional flame atomic absorption spectrometry

This technique has been extensively applied to various types of water samples, for example 33 cations have been determined in non-saline waters and 24 in seawater (Tables 1.15–1.22). The detection limits achieved (Table 1.23) indicate values in the μg $L^{-1}$ to ng $L^{-1}$ range depending on the element with a considerable improvement to values of LD to the sub ng $L^{-1}$ region when a preconcentration step is incorporated in the analysis. Of the natural non-saline waters examined distinct improvements were achieved in detection limits following preconcentration for eight out of 10 cations examined. A particular advantage of preconcentration techniques involving extraction of a sea water sample with a solution of an organic complexing agent in an organic solvent is that it obviates interferences in the analysis by inorganic matrices in sea water.

#### 1.1.7.2 Graphite furnace atomic absorption spectrometry

This method has been used particularly in the analysis of non-saline waters and sea waters, 13 and 14 cations respectively (Tables 1.24–1.26). The method is capable of analysis at the ng $L^{-1}$ level, particularly when preconcentration techniques are used (Table 1.27) and is intrinsically more sensitive than flame atomic absorption spectrometry. This is illustrated in Table 1.28 which compares detection limits achieved by both techniques on a range of seawater samples.

#### 1.1.7.3 Zeeman atomic absorption spectrometry

This technique has found limited applications in the analysis of waters (Table 1.29). Detection limits are usually in the ng $L^{-1}$ range eg 20 and 2 ng $L^{-1}$ for manganese and cadmium.

#### 1.1.7.4 Hydride generation atomic absorption spectrometry

Certain elements have the property of forming volatile hydrides usually by reaction with sodium borohydride and this is the principle of a method for determining these elements in water (Table 1.30). Detection limits range are as low as 20 ng $L^{-1}$ (selenium) (Table 1.31).

### *1.1.8 Inductively coupled plasma atomic emission spectrometry*

This technique has been fairly extensively applied to the analysis of a wide range of types of water (Tables 1.32–1.36).

*Table 1.13* Sensitivity of chemiluminescence methods with and without preconcentration (from various sources)

| *Cation* | *Non-saline natural waters* Without pre-concentration LD | *Section* | *With pre-concentration LD* | *Section* | *Sea waters* Without pre-concentration LD | *Section* | *With pre-concentration LD* | *Section* |
|---|---|---|---|---|---|---|---|---|
| Antimony | 0.0003 μg $L^{-1}$ | 2.76.4.3 | – | – | 0.0006 μg absolute | 6.72.3.1 | – | – |
| Arsenic | 0.0003 μg $L^{-1}$ | 2.76.4.3 | – | – | 0.0009 μg absolute | 6.72.3.1 | – | – |
| Cobalt | 0.0003 μg $L^{-1}$ | 2.17.2 | – | – | 0.00006 μg absolute | 6.,15.3 | – | – |
| Chromium | 0.01 μg $L^{-1}$ | 2.16.3 | – | – | 0.025–0.2 μg $L^{-1}$ | 6.14.2 | – | – |
| Iron | 10 μg $L^{-1}$ | 2.30.15 | – | – | 0.003–25000 μg $L^{-1}$ | 6.27.2 | – | – |
| Uranium | – | – | 0.02 μg $L^{-1}$ | 2.70.12 | – | – | – | – |

Source: Own files

*Table 1.14* Cations determinable in high purity waters by atomic fluorescence spectroscopy (16 cations)

| Group<br>Period | s-block<br>I | <br>II | | | | d-block | | | | | | | p-block<br>III | <br>IV | <br>V | <br>VI | <br>VIII | <br>0 |
|---|---|---|---|---|---|---|---|---|---|---|---|---|---|---|---|---|---|---|
| 1 | $^{1}$H | | | | | | | | | | | | | | | | $^{1}$H | $^{2}$He |
| 2 | $^{2}$Li√ | $^{4}$Be | | | | | | | | | | | $^{5}$B√ | $^{6}$C | $^{7}$N | $^{8}$O | $^{9}$F | $^{10}$Ne |
| 3 | $^{11}$Na√ | $^{12}$Mg√ | | | | | | | | | | | $^{13}$Al | $^{14}$Si√ | $^{15}$P | $^{16}$S | $^{17}$Cl | $^{18}$Ar |
| 4 | $^{19}$K | $^{20}$Ca√ | $^{21}$Sc | $^{22}$Ti | $^{23}$V | $^{24}$Cr | $^{25}$Mn√ | $^{26}$Fe√ | $^{27}$Co√ | $^{28}$Ni√ | $^{29}$Cu√ | $^{30}$Zn√ | $^{31}$Ga | $^{32}$Ge | $^{33}$As | $^{34}$Se | $^{35}$Br | $^{36}$Kr |
| 5 | $^{37}$Rb | $^{35}$Sr | $^{39}$Y | $^{40}$Zr | $^{41}$Nb | $^{42}$Mo | $^{43}$Tc | $^{44}$Ru | $^{45}$Rh | $^{46}$Pd | $^{47}$Ag | $^{48}$Cd | $^{49}$In√ | $^{50}$Sn | $^{51}$Sb | $^{52}$Te | $^{53}$I | $^{54}$Xe |
| 6 | $^{55}$Cs | $^{56}$Ba√ | $^{57}$La | $^{72}$Hf | $^{73}$Ta | $^{74}$W | $^{75}$Re | $^{76}$Os | $^{77}$Ir | $^{78}$Pt | $^{79}$Au | $^{80}$Hg | $^{81}$Tl | $^{82}$Pb√ | $^{83}$Bi√ | $^{84}$Po | $^{85}$At | $^{86}$Rn |
| 7 | $^{87}$Fr | $^{88}$Ra | $^{89}$Ac | | | | | | | | | | | | | | | |
| | | | | | | | | f-block | | | | | | | | | | |
| Lanthanides | | | | $^{58}$Ce | $^{59}$Pr | $^{60}$Nd | $^{61}$Pm | $^{62}$Sm | $^{63}$Eu | $^{64}$Gd | $^{65}$Tb | $^{66}$Dy | $^{67}$Ho | $^{68}$Er | $^{69}$Tm | $^{70}$Yb | $^{71}$Lu | |
| Actinides | | | | $^{90}$Th | $^{91}$Pa | $^{92}$U | $^{93}$Np | $^{94}$Pu | $^{95}$Am | $^{96}$Cm√ | $^{97}$Bk | $^{98}$Cf | $^{99}$Es | $^{100}$Fm | $^{101}$Md | $^{102}$No | $^{103}$Lr | |

Source: Own files

*Table 1.15* Cations determinable in various types of water by atomic absorption methods

| *Period* | *Type of sample* | | | | | | | | | |
|---|---|---|---|---|---|---|---|---|---|---|
| | *Non-saline natural waters* | *Surface and ground waters* | *Potable waters* | *Aqueous precipitation* | *Sea water* | *Estuary coastal and bay waters* | *Waste waters* | *Sewage* | *Tide effluents* | *High purity water* |
| 1 | See Table 1.6 | See Table 1.17 | See Table 1.18 | See Table 1.19 | See Table 1.20 | | See Table 1.21 | See Table 1.22 | | |
| 3 | | | | | | | | | | Na |
| 4 | | | | | | Cu, Ni | | | Cr | |
| 5 | | | | | | Cd | | | Ag, Cd | |
| 6 | | | | | | Ba, Pb | | | Hg | |

Source: Own files

*Table 1.16* Cations determinable in non-saline natural waters by atomic absorption spectrometry (33 cations)

| | *s*-block | | | | | | | | | | | | *p*-block | | | | | |
|---|---|---|---|---|---|---|---|---|---|---|---|---|---|---|---|---|---|---|
| Group<br>Period | I | II | | | | | | | | | | | III | IV | V | VI | VIII | 0 |
| 1 | $^{1}$H | | | | | | | | | | | | | | | | $^{1}$H | $^{2}$He |
| 2 | $^{2}$Li√ | $^{4}$Be | | | | | | | | | | | $^{5}$B√ | $^{6}$C | $^{7}$N | $^{8}$O | $^{9}$F | $^{10}$Ne |
| 3 | $^{11}$Na√ | $^{12}$Mg√ | | | | *d*-block | | | | | | | $^{13}$Al√ | $^{14}$Si | $^{15}$P | $^{16}$S | $^{17}$Cl | $^{18}$Ar |
| 4 | $^{19}$K√ | $^{20}$Ca√ | $^{21}$Sc | $^{22}$Ti√ | $^{23}$V√ | $^{24}$Cr√ | $^{25}$Mn√ | $^{26}$Fe√ | $^{27}$Co | $^{28}$Ni√ | $^{29}$Cu√ | $^{30}$Zn√ | $^{31}$Ga | $^{32}$Ge√ | $^{33}$As√ | $^{34}$Se√ | $^{35}$Br | $^{36}$Kr |
| 5 | $^{37}$Rb√ | $^{35}$Sr√ | $^{39}$Y | $^{40}$Zr | $^{41}$Nb | $^{42}$Mo√ | $^{43}$Tc | $^{44}$Ru | $^{45}$Rh | $^{46}$Pd | $^{47}$Ag√ | $^{48}$Cd√ | $^{49}$In | $^{50}$Sn√ | $^{51}$Sb√ | $^{52}$Te√ | $^{53}$I | $^{54}$Xe |
| 6 | $^{55}$Cs√ | $^{56}$Ba√ | $^{57}$La • | $^{72}$Hf | $^{73}$Ta | $^{74}$W√ | $^{75}$Re | $^{76}$Os | $^{77}$Ir | $^{78}$Pt | $^{79}$Au√ | $^{80}$Hg√ | $^{81}$Tl√ | $^{82}$Pb√ | $^{83}$Bi | $^{84}$Po | $^{85}$At | $^{86}$Rn |
| 7 | $^{87}$Fr | $^{88}$Ra | $^{89}$Ac • | | | | | | | | | | | | | | | |
| | | | | | | | | *f*-block | | | | | | | | | | |
| Lanthanides | | | | $^{58}$Ce | $^{59}$Pr | $^{60}$Nd | $^{61}$Pm | $^{62}$Sm | $^{63}$Eu | $^{64}$Gd | $^{65}$Tb | $^{66}$Dy | $^{67}$Ho | $^{68}$Er | $^{69}$Tm | $^{70}$Yb | $^{71}$Lu | |
| Actinides | | | | $^{90}$Th | $^{91}$Pa | $^{92}$U | $^{93}$Np | $^{94}$Pu | $^{95}$Am | $^{96}$Cm | $^{97}$Bk | $^{98}$Cf | $^{99}$Es | $^{100}$Fm | $^{101}$Md | $^{102}$No | $^{103}$Lr | |

Source: Own files

*Table 1.17* Cations determinable in surface and ground waters by atomic absorption spectrometry (17 cations)

| Group | s-block | | | | | | | | | | | | p-block | | | | | |
|---|---|---|---|---|---|---|---|---|---|---|---|---|---|---|---|---|---|---|
| Period | I | II | | | | d-block | | | | | | | III | IV | V | VI | VIII | 0 |
| 1 | $^{1}$H | | | | | | | | | | | | | | | | $^{1}$H | $^{2}$He |
| 2 | $^{2}$Li√ | $^{4}$Be | | | | | | | | | | | $^{5}$B | $^{6}$C | $^{7}$N | $^{8}$O | $^{9}$F | $^{10}$Ne |
| 3 | $^{11}$Na | $^{12}$Mg√ | | | | | | | | | | | $^{13}$Al | $^{14}$Si | $^{15}$P | $^{16}$S | $^{17}$Cl | $^{18}$Ar |
| 4 | $^{19}$K√ | $^{20}$Ca | $^{21}$Sc | $^{22}$Ti | $^{23}$V | $^{24}$Cr√ | $^{25}$Mn√ | $^{26}$Fe | $^{27}$Co | $^{28}$Ni√ | $^{29}$Cu√ | $^{30}$Zn√ | $^{31}$Ga | $^{32}$Ge√ | $^{33}$As√ | $^{34}$Se√ | $^{35}$Br | $^{36}$Kr |
| 5 | $^{37}$Rb | $^{35}$Sr√ | $^{39}$Y | $^{40}$Zr | $^{41}$Nb | $^{42}$Mo√ | $^{43}$Tc | $^{44}$Ru | $^{45}$Rh | $^{46}$Pd | $^{47}$Ag | $^{48}$Cd√ | $^{49}$In | $^{50}$Sn | $^{51}$Sb√ | $^{52}$Te | $^{53}$I | $^{54}$Xe |
| 6 | $^{55}$Cs | $^{56}$Ba | $^{57}$La | $^{72}$Hf | $^{73}$Ta | $^{74}$W | $^{75}$Re | $^{76}$Os | $^{77}$Ir | $^{78}$Pt | $^{79}$Au | $^{80}$Hg√ | $^{81}$Tl | $^{82}$Pb√ | $^{83}$Bi | $^{84}$Po | $^{85}$At | $^{86}$Rn |
| 7 | $^{87}$Fr | $^{88}$Ra | $^{89}$Ac | | | | | | | | | | | | | | | |
| | | | | | | | | f-block | | | | | | | | | | |
| Lanthanides | | | | $^{58}$Ce | $^{59}$Pr | $^{60}$Nd | $^{61}$Pm | $^{62}$Sm | $^{63}$Eu | $^{64}$Gd | $^{65}$Tb | $^{66}$Dy | $^{67}$Ho | $^{68}$Er | $^{69}$Tm | $^{70}$Yb | $^{71}$Lu | |
| Actinides | | | | $^{90}$Th | $^{91}$Pa | $^{92}$U | $^{93}$Np | $^{94}$Pu | $^{95}$Am | $^{96}$Cm | $^{97}$Bk | $^{98}$Cf | $^{99}$Es | $^{100}$Fm | $^{101}$Md | $^{102}$No | $^{103}$Lr | |

Source: Own files

*Table 1.18* Cations determinable in potable waters by atomic absorption spectrometry (18 cations)

| | *s*-block | | | | | | | | | | | | *p*-block | | | | | |
|---|---|---|---|---|---|---|---|---|---|---|---|---|---|---|---|---|---|---|
| Group | I | II | | | | | | | | | | | III | IV | V | VI | VIII | 0 |
| Period | | | | | | | | | | | | | | | | | | |
| 1 | $^{1}$H | | | | | | | | | | | | | | | | $^{1}$H | $^{2}$He |
| 2 | $^{2}$Li | $^{4}$Be√ | | | | | | | | | | | $^{5}$B | $^{6}$C | $^{7}$N | $^{8}$O | $^{9}$F | $^{10}$Ne |
| 3 | $^{11}$Na√ | $^{12}$Mg | | | | *d*-block | | | | | | | $^{13}$Al | $^{14}$Si | $^{15}$P | $^{16}$S | $^{17}$Cl | $^{18}$Ar |
| 4 | $^{19}$K√ | $^{20}$Ca√ | $^{21}$Sc | $^{22}$Ti | $^{23}$V√ | $^{24}$Cr√ | $^{25}$Mn√ | $^{26}$Fe | $^{27}$Co | $^{28}$Ni√ | $^{29}$Cu√ | $^{30}$Zn√ | $^{31}$Ga | $^{32}$Ge | $^{33}$As√ | $^{34}$Se√ | $^{35}$Br | $^{36}$Kr |
| 5 | $^{37}$Rb | $^{35}$Sr | $^{39}$Y | $^{40}$Zr | $^{41}$Nb | $^{42}$Mo | $^{43}$Tc | $^{44}$Ru | $^{45}$Rh | $^{46}$Pd | $^{47}$Ag√ | $^{48}$Cd√ | $^{49}$In | $^{50}$Sn | $^{51}$Sb√ | $^{52}$Te | $^{53}$I | $^{54}$Xe |
| 6 | $^{55}$Cs | $^{56}$Ba√ | $^{57}$La | $^{72}$Hf | $^{73}$Ta | $^{74}$W | $^{75}$Re | $^{76}$Os | $^{77}$Ir | $^{78}$Pt | $^{79}$Au | $^{80}$Hg√ | $^{81}$Tl | $^{82}$Pb√ | $^{83}$Bi | $^{84}$Po | $^{85}$At | $^{86}$Rn |
| 7 | $^{87}$Fr | $^{88}$Ra | $^{89}$Ac | | | | | | | | | | | | | | | |
| | | | | | | | | | | *f*-block | | | | | | | | |
| Lanthanides | | | | $^{58}$Ce | $^{59}$Pr | $^{60}$Nd | $^{61}$Pm | $^{62}$Sm | $^{63}$Eu | $^{64}$Gd | $^{65}$Tb | $^{66}$Dy | $^{67}$Ho | $^{68}$Er | $^{69}$Tm | $^{70}$Yb | $^{71}$Lu | |
| Actinides | | | | $^{90}$Th | $^{91}$Pa | $^{92}$U | $^{93}$Np | $^{94}$Pu | $^{95}$Am | $^{96}$Cm | $^{97}$Bk | $^{98}$Cf | $^{99}$Es | $^{100}$Fm | $^{101}$Md | $^{102}$No | $^{103}$Lr | |

Source: Own files

*Table 1.19* Cations determinable in aqueous precipitation by atomic absorption spectrometry (16 cations)

| Group<br>Period | *s*-block<br>I | II | | | | *d*-block | | | | | | | *p*-block<br>III | IV | V | VI | VIII | 0 |
|---|---|---|---|---|---|---|---|---|---|---|---|---|---|---|---|---|---|---|
| 1 | $^{1}$H | | | | | | | | | | | | | | | | $^{1}$H | $^{2}$He |
| 2 | $^{2}$Li√ | $^{4}$Be | | | | | | | | | | | $^{5}$B | $^{6}$C | $^{7}$N | $^{8}$O | $^{9}$F | $^{10}$Ne |
| 3 | $^{11}$Na√ | $^{12}$Mg√ | | | | | | | | | | | $^{13}$Al√ | $^{14}$Si | $^{15}$P | $^{16}$S | $^{17}$Cl | $^{18}$Ar |
| 4 | $^{19}$K | $^{20}$Ca√ | $^{21}$Sc | $^{22}$Ti√ | $^{23}$V | $^{24}$Cr | $^{25}$Mn√ | $^{26}$Fe√ | $^{27}$Co | $^{28}$Ni√ | $^{29}$Cu√ | $^{30}$Zn√ | $^{31}$Ga | $^{32}$Ge | $^{33}$As | $^{34}$Se | $^{35}$Br | $^{36}$Kr |
| 5 | $^{37}$Rb | $^{35}$Sr√ | $^{39}$Y | $^{40}$Zr | $^{41}$Nb | $^{42}$Mo | $^{43}$Tc | $^{44}$Ru | $^{45}$Rh | $^{46}$Pd | $^{47}$Ag√ | $^{48}$Cd√ | $^{49}$In√ | $^{50}$Sn | $^{51}$Sb | $^{52}$Te | $^{53}$I | $^{54}$Xe |
| 6 | $^{55}$Cs | $^{56}$Ba | $^{57}$La • | $^{72}$Hf | $^{73}$Ta | $^{74}$W | $^{75}$Re | $^{76}$Os | $^{77}$Ir | $^{78}$Pt | $^{79}$Au | $^{80}$Hg | $^{81}$Tl | $^{82}$Pb√ | $^{83}$Bi | $^{84}$Po | $^{85}$At | $^{86}$Rn |
| 7 | $^{87}$Fr | $^{88}$Ra | $^{89}$Ac • | | | | | | | | | | | | | | | |
| | | | | | | | | | | *f*-block | | | | | | | | |
| Lanthanides | | | | $^{58}$Ce | $^{59}$Pr | $^{60}$Nd | $^{61}$Pm | $^{62}$Sm | $^{63}$Eu | $^{64}$Gd | $^{65}$Tb | $^{66}$Dy | $^{67}$Ho | $^{68}$Er | $^{69}$Tm | $^{70}$Yb | $^{71}$Lu | |
| Actinides | | | | $^{90}$Th | $^{91}$Pa | $^{92}$U | $^{93}$Np | $^{94}$Pu | $^{95}$Am | $^{96}$Cm | $^{97}$Bk | $^{98}$Cf | $^{99}$Es | $^{100}$Fm | $^{101}$Md | $^{102}$No | $^{103}$Lr | |

Source: Own files

*Table 1.20* Cations determinable in sea water by atomic absorption spectrometry (24 cations)

| Group | s-block I | II | | | | | | | | | | | p-block III | IV | V | VI | VIII | 0 |
|---|---|---|---|---|---|---|---|---|---|---|---|---|---|---|---|---|---|---|
| Period | | | | | | | | | | | | | | | | | | |
| 1 | $^{1}$H | | | | | | | | | | | | | | | | $^{1}$H | $^{2}$He |
| 2 | $^{2}$Li√ | $^{4}$Be | | | | | | | | | | | $^{5}$B | $^{6}$C | $^{7}$N | $^{8}$O | $^{9}$F | $^{10}$Ne |
| 3 | $^{11}$Na | $^{12}$Mg | | | | *d*-block | | | | | | | $^{13}$Al√ | $^{14}$Si | $^{15}$P | $^{16}$S | $^{17}$Cl | $^{18}$Ar |
| 4 | $^{19}$K√ | $^{20}$Ca√ | $^{21}$Sc | $^{22}$Ti | $^{23}$V√ | $^{24}$Cr√ | $^{25}$Mn√ | $^{26}$Fe√ | $^{27}$Co√ | $^{28}$Ni√ | $^{29}$Cu√ | $^{30}$Zn√ | $^{31}$Ga | $^{32}$Ge | $^{33}$As√ | $^{34}$Se | $^{35}$Br | $^{36}$Kr |
| 5 | $^{37}$Rb√ | $^{35}$Sr√ | $^{39}$Y | $^{40}$Zr | $^{41}$Nb | $^{42}$Mo√ | $^{43}$Tc | $^{44}$Ru | $^{45}$Rh | $^{46}$Pd | $^{47}$Ag√ | $^{48}$Cd√ | $^{49}$In | $^{50}$Sn√ | $^{51}$Sb | $^{52}$Te | $^{53}$I | $^{54}$Xe |
| 6 | $^{55}$Cs√ | $^{56}$Ba | $^{57}$La • | $^{72}$Hf | $^{73}$Ta | $^{74}$W | $^{75}$Re | $^{76}$Os | $^{77}$Ir | $^{78}$Pt | $^{79}$Au | $^{80}$Hg√ | $^{81}$Tl | $^{82}$Pb√ | $^{83}$Bi√ | $^{84}$Po | $^{85}$At | $^{86}$Rn |
| 7 | $^{87}$Fr | $^{88}$Ra | $^{89}$Ac • | | | | | | | | | | | | | | | |
| | | | | | | | | | *f*-block | | | | | | | | | |
| Lanthanides | | | | $^{58}$Ce | $^{59}$Pr | $^{60}$Nd | $^{61}$Pm | $^{62}$Sm | $^{63}$Eu | $^{64}$Gd | $^{65}$Tb | $^{66}$Dy | $^{67}$Ho | $^{68}$Er | $^{69}$Tm | $^{70}$Yb | $^{71}$Lu | |
| Actinides | | | | $^{90}$Th | $^{91}$Pa | $^{92}$U | $^{93}$Np | $^{94}$Pu | $^{95}$Am | $^{96}$Cm | $^{97}$Bk | $^{98}$Cf | $^{99}$Es | $^{100}$Fm | $^{101}$Md | $^{102}$No | $^{103}$Lr | |

Source: Own files

*Table 1.21* Cations determinable in waste waters by atomic absorption spectrometry (16 cations)

| | *s*-block | | | | | *d*-block | | | | | | | *p*-block | | | | | |
|---|---|---|---|---|---|---|---|---|---|---|---|---|---|---|---|---|---|---|
| Group<br>Period | I | II | | | | | | | | | | | III | IV | V | VI | VIII | 0 |
| 1 | $^{1}$H | | | | | | | | | | | | | | | | $^{1}$H | $^{2}$He |
| 2 | $^{2}$Li√ | $^{4}$Be√ | | | | | | | | | | | $^{5}$B | $^{6}$C | $^{7}$N | $^{8}$O | $^{9}$F | $^{10}$Ne |
| 3 | $^{11}$Na√ | $^{12}$Mg | | | | | | | | | | | $^{13}$Al | $^{14}$Si | $^{15}$P | $^{16}$S | $^{17}$Cl | $^{18}$Ar |
| 4 | $^{19}$K | $^{20}$Ca√ | $^{21}$Sc | $^{22}$Ti | $^{23}$V | $^{24}$Cr√ | $^{25}$Mn | $^{26}$Fe√ | $^{27}$Co√ | $^{28}$Ni√ | $^{29}$Cu√ | $^{30}$Zn√ | $^{31}$Ga | $^{32}$Ge | $^{33}$As√ | $^{34}$Se√ | $^{35}$Br | $^{36}$Kr |
| 5 | $^{37}$Rb | $^{35}$Sr | $^{39}$Y | $^{40}$Zr | $^{41}$Nb | $^{42}$Mo√ | $^{43}$Tc | $^{44}$Ru | $^{45}$Rh | $^{46}$Pd | $^{47}$Ag√ | $^{48}$Cd√ | $^{49}$In | $^{50}$Sn | $^{51}$Sb√ | $^{52}$Te | $^{53}$I | $^{54}$Xe |
| 6 | $^{55}$Cs | $^{56}$Ba | $^{57}$La • | $^{72}$Hf | $^{73}$Ta | $^{74}$W | $^{75}$Re | $^{76}$Os | $^{77}$Ir | $^{78}$Pt | $^{79}$Au | $^{80}$Hg√ | $^{81}$Tl | $^{82}$Pb√ | $^{83}$Bi | $^{84}$Po | $^{85}$At | $^{86}$Rn |
| 7 | $^{87}$Fr | $^{88}$Ra | $^{89}$Ac • | | | | | | | | | | | | | | | |
| | | | | | | | | | | *f*-block | | | | | | | | |
| Lanthanides | | | | $^{58}$Ce | $^{59}$Pr | $^{60}$Nd | $^{61}$Pm | $^{62}$Sm | $^{63}$Eu | $^{64}$Gd | $^{65}$Tb | $^{66}$Dy | $^{67}$Ho | $^{68}$Er | $^{69}$Tm | $^{70}$Yb | $^{71}$Lu | |
| Actinides | | | | $^{90}$Th | $^{91}$Pa | $^{92}$U | $^{93}$Np | $^{94}$Pu | $^{95}$Am | $^{96}$Cm | $^{97}$Bk | $^{98}$Cf | $^{99}$Es | $^{100}$Fm | $^{101}$Md | $^{102}$No | $^{103}$Lr | |

Source: Own files

*Table 1.22* Cations determinable in sewage effluents by atomic absorption spectrometry (18 cations)

| | s-block | | | | | | | | | | | | p-block | | | | | |
|---|---|---|---|---|---|---|---|---|---|---|---|---|---|---|---|---|---|---|
| Group | I | II | | | | | | | | | | | III | IV | V | VI | VIII | 0 |
| Period | | | | | | | | | | | | | | | | | | |
| 1 | $^{1}$H | | | | | | | | | | | | | | | | $^{1}$H | $^{2}$He |
| 2 | $^{2}$Li√ | $^{4}$Be | | | | | | | | | | | $^{5}$B | $^{6}$C | $^{7}$N | $^{8}$O | $^{9}$F | $^{10}$Ne |
| 3 | $^{11}$Na | $^{12}$Mg√ | | | | *d*-block | | | | | | | $^{13}$Al√ | $^{14}$Si | $^{15}$P | $^{16}$S | $^{17}$Cl | $^{18}$Ar |
| 4 | $^{19}$K | $^{20}$Ca√ | $^{21}$Sc | $^{22}$Ti | $^{23}$V | $^{24}$Cr√ | $^{25}$Mn√ | $^{26}$Fe√ | $^{27}$Co√ | $^{28}$Ni√ | $^{29}$Cu√ | $^{30}$Zn√ | $^{31}$Ga | $^{32}$Ge | $^{33}$As | $^{34}$Se | $^{35}$Br | $^{36}$Kr |
| 5 | $^{37}$Rb | $^{35}$Sr√ | $^{39}$Y | $^{40}$Zr | $^{41}$Nb | $^{42}$Mo√ | $^{43}$Tc | $^{44}$Ru | $^{45}$Rh | $^{46}$Pd | $^{47}$Ag√ | $^{48}$Cd√ | $^{49}$In | $^{50}$Sn√ | $^{51}$Sb | $^{52}$Te | $^{53}$I | $^{54}$Xe |
| 6 | $^{55}$Cs | $^{56}$Ba√ | $^{57}$La • | $^{72}$Hf | $^{73}$Ta | $^{74}$W | $^{75}$Re | $^{76}$Os | $^{77}$Ir | $^{78}$Pt | $^{79}$Au | $^{80}$Hg | $^{81}$Tl | $^{82}$Pb√ | $^{83}$Bi | $^{84}$Po | $^{85}$At | $^{86}$Rn |
| 7 | $^{87}$Fr | $^{88}$Ra | $^{89}$Ac • | | | | | | | | | | | | | | | |
| | | | | | | | | | | *f*-block | | | | | | | | |
| Lanthanides | | | | $^{58}$Ce | $^{59}$Pr | $^{60}$Nd | $^{61}$Pm | $^{62}$Sm | $^{63}$Eu | $^{64}$Gd | $^{65}$Tb | $^{66}$Dy | $^{67}$Ho | $^{68}$Er | $^{69}$Tm | $^{70}$Yb | $^{71}$Lu | |
| Actinides | | | | $^{90}$Th | $^{91}$Pa | $^{92}$U | $^{93}$Np | $^{94}$Pu | $^{95}$Am | $^{96}$Cm | $^{97}$Bk | $^{98}$Cf | $^{99}$Es | $^{100}$Fm | $^{101}$Md | $^{102}$No | $^{103}$Lr | |

Source: Own files

*Table 1.23* Sensitivity of atomic absorption spectrometric methods with and without preconcentration (from various sources)

| Cation | *Non-saline natural waters* *Without pre-concentration LD* | *Section* | *With pre-concentration LD* | *Section* | *Sea waters* *Without pre-concentration LD* | *Section* | *With pre-concentration LD* | *Section* |
|---|---|---|---|---|---|---|---|---|
| Aluminium | 0.9–1 μg $L^{-1}$ | 2.2.5 | – | – | – | – | – | – |
| Antimony | 1.2–6.0 μg $L^{-1}$ | 2.5.3<br>2.76.4.4 | 0.05 μg $L^{-1}$ | 2.76.26.6 | – | – | 0.00005–0.00015 μg absolute | 6.75.22.7 |
| Arsenic | 1.2–2.3 μg $L^{-1}$ | 2.6.17<br>2.76.4.4 | 0.07 μg $L^{-1}$ | 2.6.18 | μg $L^{-1}$ range | 6.53 | 0.00003 μg $L^{-1}$ | 6.72.22.7 |
| Bismuth | – | – | 0.05 μg $L^{-1}$ | 2.76.26.6 | 0.0003 μg $L^{-1}$ | 6.8.1 | 0.5 μg $L^{-1}$ | 6.72.22.1 |
| Cadmium | 0.02–11.0 μg $L^{-1}$ | 2.76.4.4<br>2.76.4.3 | 0.02–3 μg $L^{-1}$ | 2.76.26.6<br>2.76.26.1<br>2.11.3 | μg $L^{-1}$ | 6.76.4.1 | 0.05–2 μg $L^{-1}$ | 6.72.4.1<br>6.72.22.6<br>6.72.22.1 |
| Calcium | 300 μg $L^{-1}$ | 2.3.4 | – | – | – | – | – | – |
| Chromium | 55–100 μg $L^{-1}$ | 2.76.4.6<br>2.76.4.3 | 0.7 μg $L^{-1}$ | 2.16.5 | 0.005 μg $L^{-1}$ | 6.14.3 | 0.05 μg $L^{-1}$ | 6.72.22.1 |
| Cobalt | – | – | – | – | 0.04–0.6 μg $L^{-1}$ | 6.72.22.1 | – | – |
| Copper | 0.3–100 μg $L^{-1}$ | 2.76.4.6<br>2.76.4.3<br>2.76.4.4 | 0.006–4 μg $L^{-1}$ | 2.76.26.1<br>2.18.15 | 0.2 μg $L^{-1}$ | 6.16.3 | 0.006–10 μg $L^{-1}$ | 6.72.4.1<br>6.72.22.1<br>6.72.22.6 |
| Gallium | 0.005 μg $L^{-1}$ | 2.73.1 | 0.5 μg $L^{-1}$ | 2.76.26.6 | | | | |
| Germanium | – | – | – | – | 0.00014–0.003 μg absolute | 6.72.22.7 | | |
| Gold | 0.001–0.005 μg $L^{-1}$ | 2.76.4.5<br>2.26.1 | – | – | – | – | – | |

*Table 1.23* continued

| Cation | Non-saline natural waters: Without pre-concentration LD | Section | With pre-concentration LD | Section | Sea waters: Without pre-concentration LD | Section | With pre-concentration LD | Section |
|---|---|---|---|---|---|---|---|---|
| Indium | – | – | 0.5 μg $L^{-1}$ | 2.29.4 | – | – | – | – |
| Iron | 62–1000 μg $L^{-1}$ | 2.76.4.3<br>2.76.4.6 | 1–3 μg $L^{-1}$ | 2.76.26.1 | 0.5 μg $L^{-1}$ | 6.27.3 | 0.02–1.5 μg $L^{-1}$ | 6.72.22.1 |
| Lead | 0.45–110 μg $L^{-1}$ | 2.76.4.3<br>2.76.4.4 | 0.00008–10 μg $L^{-1}$ | 2.32.17<br>2.32.3<br>2.76.26.1 | 10 μg $L^{-1}$ | 6.29.2<br>6.72.4.1 | 0.016–4.0 μg $L^{-1}$ | 6.72.22.1<br>6.72.22.6<br>6.72.4.1 |
| Magnesium | 900 μg $L^{-1}$ | 2.13.4 | – | – | – | – | – | – |
| Manganese | 0.006–100 μg $L^{-1}$ | 2.76.26.1<br>2.76.4.3<br>2.76.4.4<br>2.76.4.6 | 0.1–2 μg $L^{-1}$ | 2.36.15 | 0.004–2.0 μg $L^{-1}$ | 6.72.22.1 | – | – |
| Mercury | 0.0001–10 μg $L^{-1}$ | 2.37.3<br>2.37.15<br>2.37.5 | $0.9 \times 10^{-6}$ μg $L^{-1}$ | 2.37.13<br>2.37.15 | 0.002–50 μg $L^{-1}$ | 6.34.1 | | |
| Molybdenum | 1000 μg $L^{-1}$ | 2.76.4.6 | – | – | 3 μg $L^{-1}$ | 6.35.2 | – | – |
| Nickel | – | – | 0.1–100 μg $L^{-1}$ | 2.76.26.1<br>2.41.12 | 0.00005–0.5 μg $L^{-1}$ | 6.38.2 | 0.012–16 μg $L^{-1}$ | 6.72.22.1 |
| Rhenium | – | – | 0.1 μg $L^{-1}$ | 2.76.26.1 | – | – | – | – |
| Selenium | 0.002–0.5 μg $L^{-1}$ | 2.67.2<br>2.56.4<br>2.76.4.4 | 0.05 μg $L^{-1}$ | 2.76.26.6 | – | – | – | – |

*Table 1.23* continued

| Cation | Non-saline natural waters | | | | Sea waters | | | |
|---|---|---|---|---|---|---|---|---|
| | *Without pre-concentration LD* | *Section* | *With pre-concentration LD* | *Section* | *Without pre-concentration LD* | *Section* | *With pre-concentration LD* | *Section* |
| Silver | 0.02–36 µg $L^{-1}$ | 2.58.2<br>2.76.4.3<br>2.76.4.5 | 2 µg $L^{-1}$ | 2.58.8 | – | – | 0.05–0.2 µg $L^{-1}$ | 6.72.22.1 |
| Strontium | – | – | 7 µg $L^{-1}$ | 2.60.10 | – | – | – | – |
| Tellurium | 0.00006 µg $L^{-1}$ | 2.62.2 | 0.05 µg $L^{-1}$ | 2.76.26.6 | – | – | – | – |
| Thallium | 0.003–0.8 µg $L^{-1}$ | 2.64.3<br>2.64.6<br>2.76.4.4 | – | – | – | – | – | – |
| Tin | – | – | – | – | 0.00005 µg absolute | 6.72.22.7 | – | – |
| Titanium | 1 µg $L^{-1}$ | 2.68.2 | – | – | – | – | – | – |
| Tungsten | 100 µg $L^{-1}$ | 2.69.1 | – | – | – | – | – | – |
| Zinc | 0.009–1000 µg $L^{-1}$ | 2.76.4.3<br>2.76.4.6 | 0.006–3 µg $L^{-1}$ | 2.76.26.1 | 0.5–1.0 µg $L^{-1}$ | 6.70.2<br>6.72.4.1 | 0.016–0.03 µg $L^{-1}$ | 6.72.22.1<br>6.72.22.6<br>6.72.4.1 |

Source: Own files

*Table 1.24* Cations determinable in various types of graphite furnace atomic absorption spectrometry

| *Period* | *Type of sample* | | | | | | | | | |
|---|---|---|---|---|---|---|---|---|---|---|
| | *Non-saline natural waters* | *Surface and ground waters* | *Potable waters* | *Aqueous precipitation* | *Sea water* | *Estuary coastal and bay waters* | *Waste waters* | *Sewage* | *Tide effluents* | *High purity water* |
| 1 | See Table 1.25 | | | | See Table 1.26 | | | | | |
| 2 | | | Be | | | | | | Be | |
| 3 | | | Al | | | Mg | Mg | Al, Mg | | |
| 4 | | | Cu, Mn, Ni | | | Cr, Co, Cu, Fe, Ni, Zn | Ca, Cr, Fe Ni, Se, Zn | Ca, Cr, Cu, Fe, Ni, Zn | As, Cd, Cr Co, Cu, Fe Mn, Ni, Se | Cr, Co, Cu Fe, Mn, Ni |
| 5 | | Mo | Cd, Mo, Ag | | | Cd | Sb, Cd | Cd | Sb, Ag, Te | Cd |
| 6 | | | Ba, Pb | | | Pb | Ba, Pb, Hg, Tl | Pb | Pb | |

Source: Own Files

*Table 1.25* Cations determinable in non-saline natural waters by graphite furnace atomic absorption spectrometry (16 cations)

| | s-block | | | | | d-block | | | | | | | p-block | | | | | |
|---|---|---|---|---|---|---|---|---|---|---|---|---|---|---|---|---|---|---|
| Group | I | II | | | | | | | | | | | III | IV | V | VI | VIII | 0 |
| Period | | | | | | | | | | | | | | | | | | |
| 1 | $^{1}$H | | | | | | | | | | | | | | | | $^{1}$H | $^{2}$He |
| 2 | $^{2}$Li | $^{4}$Be√ | | | | | | | | | | | $^{5}$B | $^{6}$C | $^{7}$N | $^{8}$O | $^{9}$F | $^{10}$Ne |
| 3 | $^{11}$Na | $^{12}$Mg | | | | | | | | | | | $^{13}$Al | $^{14}$Si | $^{15}$P | $^{16}$S | $^{17}$Cl | $^{18}$Ar |
| 4 | $^{19}$K | $^{20}$Ca | $^{21}$Sc | $^{22}$Ti | $^{23}$V√ | $^{24}$Cr√ | $^{25}$Mn | $^{26}$Fe | $^{27}$Co√ | $^{28}$Ni√ | $^{29}$Cu√ | $^{30}$Zn√ | $^{31}$Ga | $^{32}$Ge√ | $^{33}$As | $^{34}$Se√ | $^{35}$Br | $^{36}$Kr |
| 5 | $^{37}$Rb | $^{35}$Sr | $^{39}$Y | $^{40}$Zr | $^{41}$Nb | $^{42}$Mo√ | $^{43}$Tc | $^{44}$Ru | $^{45}$Rh | $^{46}$Pd√ | $^{47}$Ag | $^{48}$Cd√ | $^{49}$In | $^{50}$Sn√ | $^{51}$Sb | $^{52}$Te | $^{53}$I | $^{54}$Xe |
| 6 | $^{55}$Cs | $^{56}$Ba√ | $^{57}$La • | $^{72}$Hf | $^{73}$Ta | $^{74}$W | $^{75}$Re | $^{76}$Os | $^{77}$Ir | $^{78}$Pt | $^{79}$Au | $^{80}$Hg | $^{81}$Tl | $^{82}$Pb√ | $^{83}$Bi√ | $^{84}$Po | $^{85}$At | $^{86}$Rn |
| 7 | $^{87}$Fr | $^{88}$Ra | $^{89}$Ac • | | | | | | | | | | | | | | | |
| | | | | | | | | | | f-block | | | | | | | | |
| Lanthanides | | | | $^{58}$Ce | $^{59}$Pr | $^{60}$Nd | $^{61}$Pm | $^{62}$Sm | $^{63}$Eu | $^{64}$Gd | $^{65}$Tb | $^{66}$Dy | $^{67}$Ho | $^{68}$Er | $^{69}$Tm | $^{70}$Yb | $^{71}$Lu | |
| Actinides | | | | $^{90}$Th | $^{91}$Pa | $^{92}$U | $^{93}$Np | $^{94}$Pu | $^{95}$Am | $^{96}$Cm | $^{97}$Bk | $^{98}$Cf | $^{99}$Es | $^{100}$Fm | $^{101}$Md | $^{102}$No | $^{103}$Lr | |

Source: Own files

*Table 1.26* Cations determinable in sea waters by graphite furnace atomic absorption spectrometry (27 cations)

| Group<br>Period | *s*-block<br>I | II | | | | | | | | | | | *p*-block<br>III | IV | V | VI | VIII | 0 |
|---|---|---|---|---|---|---|---|---|---|---|---|---|---|---|---|---|---|---|
| 1 | $^{1}$H | | | | | | | | | | | | | | | | $^{1}$H | $^{2}$He |
| 2 | $^{2}$Li | $^{4}$Be√ | | | | | | | | | | | $^{5}$B | $^{6}$C | $^{7}$N | $^{8}$O | $^{9}$F | $^{10}$Ne |
| 3 | $^{11}$Na | $^{12}$Mg | | | | *d*-block | | | | | | | $^{13}$Al | $^{14}$Si | $^{15}$P | $^{16}$S | $^{17}$Cl | $^{18}$Ar |
| 4 | $^{19}$K | $^{20}$Ca | $^{21}$Sc | $^{22}$Ti | $^{23}$V√ | $^{24}$Cr√ | $^{25}$Mn√ | $^{26}$Fe√ | $^{27}$Co√ | $^{28}$Ni√ | $^{29}$Cu√ | $^{30}$Zn√ | $^{31}$Ga | $^{32}$Ge | $^{33}$As√ | $^{34}$Se√ | $^{35}$Br | $^{36}$Kr |
| 5 | $^{37}$Rb | $^{35}$Sr | $^{39}$Y | $^{40}$Zr | $^{41}$Nb | $^{42}$Mo√ | $^{43}$Tc | $^{44}$Ru | $^{45}$Rh | $^{46}$Pd | $^{47}$Ag√ | $^{48}$Cd√ | $^{49}$In√ | $^{50}$Sn√ | $^{51}$Sb√ | $^{52}$Te√ | $^{53}$I | $^{54}$Xe |
| 6 | $^{55}$Cs | $^{56}$Ba√ | $^{57}$La • | $^{72}$Hf | $^{73}$Ta | $^{74}$W | $^{75}$Re√ | $^{76}$Os | $^{77}$Ir√ | $^{78}$Pt√ | $^{79}$Au | $^{80}$Hg√ | $^{81}$Tl√ | $^{82}$Pb√ | $^{83}$Bi√ | $^{84}$Po | $^{85}$At | $^{86}$Rn |
| 7 | $^{87}$Fr | $^{88}$Ra | $^{89}$Ac • | | | | | | | | | | | | | | | |
| | | | | | | | | | *f*-block | | | | | | | | | |
| Lanthanides | | | | $^{58}$Ce | $^{59}$Pr | $^{60}$Nd | $^{61}$Pm | $^{62}$Sm | $^{63}$Eu | $^{64}$Gd√ | $^{65}$Tb | $^{66}$Dy | $^{67}$Ho | $^{68}$Er | $^{69}$Tm | $^{70}$Yb | $^{71}$Lu | |
| Actinides | | | | $^{90}$Th | $^{91}$Pa | $^{92}$U | $^{93}$Np | $^{94}$Pu | $^{95}$Am | $^{96}$Cm | $^{97}$Bk | $^{98}$Cf | $^{99}$Es | $^{100}$Fm | $^{101}$Md | $^{102}$No | $^{103}$Lr | |

Source: Own files

*Table 1.27* Sensitivity of graphite furnace atomic absorption spectrometric methods with and without preconcentration (from various sources)

| *Cation* | *Non-saline natural waters* | | | | *Sea waters* | | | |
|---|---|---|---|---|---|---|---|---|
| | *Without pre-concentration LD* | *Section* | *With pre-concentration LD* | *Section* | *Without pre-concentration LD* | *Section* | *With pre-concentration LD* | *Section* |
| Antimony | – | – | – | – | 0.05 µg $L^{-1}$<br>0.00005–0.0015 µg absolute | 6.72.7.1<br>6.4.10 | 50 µg $L^{-1}$ | 6.72.22.4 |
| Arsenic | 0.0002 µg $L^{-1}$ | 2.6.4 | 0.01–0.2 µg $L^{-1}$ | 2.6.17 | – | – | – | – |
| Barium | 1 µg $L^{-1}$ | 2.76.5.2 | – | – | 0.0006 µg $L^{-1}$ | 6.6.1 | | |
| Beryllium | 0.0004–1 µg $L^{-1}$ | 2.8.2<br>2.76.5.2 | – | – | 0.0006 µg $L^{-1}$ | 6.7.1 | | |
| Cadmium | 0.002 µg $L^{-1}$ | 2.11.4 | 0.2–40 µg $L^{-1}$ | 2.76.26.8 | 0.001–1 µg $L^{-1}$ | 6.72.5.1<br>6.72.5.6<br>6.72.5.3<br>6.10.2 | – | – |
| Chromium | – | – | – | – | 0.001–0.2 µg $L^{-1}$ | 6.72.5.3 | 0.005 µg $L^{-1}$ | 6.72.22.3 |
| Cobalt | – | – | 0.2–40 µg $L^{-1}$ | 2.76.26.8 | – | – | 0.0002–1 µg $L^{-1}$ | 6.72.22.3<br>6.72.22.4 |
| Copper | – | – | – | – | 0.06–10 µg $L^{-1}$ | 6.72.5.3<br>6.72.5.1<br>6.72.9.6 | 0.004–0.024 µg $L^{-1}$ | 6.72.22.4<br>6.72.22.3 |
| Iron | – | – | – | – | 0.011–53 µg $L^{-1}$ | 6.27.4<br>6.72.5.2<br>6.72.5.4 | 0.02–0.4 µg $L^{-1}$ | 6.72.22.4<br>6.72.22.3 |

*Table 1.27* continued

| Cation | Non-saline natural waters: Without pre-concentration LD | Section | With pre-concentration LD | Section | Sea waters: Without pre-concentration LD | Section | With pre-concentration LD | Section |
|---|---|---|---|---|---|---|---|---|
| Lead | – | – | 0.2–40 μg $L^{-1}$ | 2.76.26.8 | 0.001–10 μg $L^{-1}$<br>0.000014 μg absolute | 6.29.3<br>6.72.5.3<br>6.72.5.1 | 0.016–0.28 μg $L^{-1}$ | 6.72.22.3<br>6.29.19<br>6.72.22.3 |
| Manganese | – | – | – | – | 0.005–0.3 μg $L^{-1}$ | 6.33.5<br>6.22.5.3<br>6.22.5.2 | 0.004–0.16 μg $L^{-1}$ | 6.72.22.3 |
| Nickel | – | – | – | – | 0.001–50 μg $L^{-1}$ | 6.72.5.1<br>6.72.5.3 | 0.004–0.024 μg $L^{-1}$ | 6.72.22.4<br>6.72.22.3 |
| Selenium | 0.02–0.5 μg $L^{-1}$ | 2.56.5 | 0.007 μg $L^{-1}$ | 2.56.17 | 0.007 μg $L^{-1}$ | 6.53.2 | 7 μg $L^{-1}$ | 6.72.22.4 |
| Silver | – | – | – | – | 0.2–1 μg $L^{-1}$ | 6.54.2<br>6.72.5.6 | – | – |
| Tellurium | – | – | – | – | 0.00006 μg $L^{-1}$ | 6.58.1 | | |
| Tin | – | – | 0.02 μg $L^{-1}$ | 2.67.7 | 0.007 μg $L^{-1}$ | 6.63.2 | – | – |
| Vanadium | 1 μg $L^{-1}$ | 2.76.5.2 | – | – | 0.5 μg $L^{-1}$ | 6.67.3 | – | – |
| Zinc | – | – | 0.2–40 μg $L^{-1}$ | 2.76.26.8 | 0.4–10 μg $L^{-1}$ | 6.72.5.4<br>6.72.5.1 | 0.0024–0.016 μg $L^{-1}$ | 6.72.22.3<br>6.70.3 |

Source: Own files

*Table 1.28* Comparison of minimum detection limits achieved by flame atomic absorption spectrometry and graphite furnace atomic absorption spectrometry without preconcentration

| *Cation* | *Detection limits ng L* $^{-1}$ *Flame atomic absorption spectrometry* | *Graphite furnace atomic absorption spectrometry* |
|---|---|---|
| Antimony | 1000 | 50 |
| Cadmium | 1000 | 1 |
| Copper | 200 | 60 |
| Iron | 500 | 11 |
| Lead | 10,000 | 0.014 |
| Manganese | 4 | 5 |
| Nickel | 0.05 | 1 |
| Zinc | 500 | 400 |

Source: Own files

An advantage of the technique is that unlike atomic absorption spectrometric methods it is automated and capable of unattended operation; clearly a great advantage to a busy analyst engaged in large surveys.

Detection limits achieved are similar to those obtained in atomic absorption spectrometric techniques (Table 1.37). Again, the use of preconcentration techniques is important when the highest sensitivity is needed. A hydride generation version of this technique has been applied to the determination of arsenic, antimony, bismuth, selenium, tellurium and uranium in waters (Tables 1.38 and 1.39).

### *1.1.9 Inductively coupled plasma mass spectrometry*

This relatively new technique is now finding a growing number of applications in water analysis. As well as the advantage of unattended operation the technique is also capable of carrying searches for unknown cations in water and then determining their concentration. A list of the cations to which the technique has so far been applied is given in Tables 1.40–1.42. Excellent detection limits have been achieved in non-saline and saline waters, usually in the ng L $^{-1}$ or occasionally in the sub ng L $^{-1}$ range (Table 1.43).

### *1.1.10 Anodic stripping voltammetry*

The advantage of this technique, in addition to the high sensitivity particularly in the case of seawater (Table 1.44), is its ability to distinguish

*Table 1.29* Cations determinable in various types of water by Zeeman atomic absorption spectrometry

| *Period* | *Type of sample* | | | | | | | | | |
|---|---|---|---|---|---|---|---|---|---|---|
| | *Non-saline natural waters* | *Surface and ground waters* | *Potable waters* | *Aqueous precipitation* | *Sea water* | *Estuary coastal and bay waters* | *Waste waters* | *Sewage* | *Tide effluents* | *High purity water* |
| 4 | Cd, Co, Ni | As | Cu | | As, Cr, Co, Cu, Mn, Ni | | | | | Cr, Cu, Fe Mn, Ni, Zn |
| 5 | Ag, Cd | | | | Cd, Mo, Sr | | | | | Cd |
| 6 | | | | | Pb, Hg | | | | | Pb |

Source: Own files

*Table 1.30* Cations determinable in various types of water by hydride generation atomic absorption spectrometry

| *Period* | *Type of sample* | | | | | | | | | |
|---|---|---|---|---|---|---|---|---|---|---|
| | *Non-saline natural waters* | *Surface and ground waters* | *Potable waters* | *Aqueous precipitation* | *Sea water* | *Estuary coastal and bay waters* | *Waste waters* | *Sewage* | *Tide effluents* | *High purity water* |
| 4 | As, Se | As, Se | As, Se | | As, Ge, Ni, Se | As, Se | As, Se | | As, Se | |
| 5 | Sb, Sn | Sb, Te | | | Sb, In, Te Sn | Sb | Sb | | | |
| 6 | Bi, Pb | Bi | Pb | | Bi, Pb | | Bi | | Hg | |
| Lanthanides | | | | | Gd | | | | | |

Source: Own files

*Table 1.31* Sensitivity of hydride generation atomic absorption spectrophotometric method with and without preconcentration (from various sources)

| | *Non-saline natural waters* | | | | *Sea waters* | | | |
|---|---|---|---|---|---|---|---|---|
| *Cation* | *Without pre-concentration LD* | *Section* | *With pre-concentration LD* | *Section* | *Without pre-concentration LD* | *Section* | *With pre-concentration LD* | *Section* |
| Antimony | 0.004–0.003 μg<br>0.1 μg $L^{-1}$ | 2.76.7.1 | 0.4 μg $L^{-1}$ | 2.5.11 | 0.0001 μg absolute<br>0.04 μg $L^{-1}$ | 6.4.4 | | |
| Arsenic | 0.2–5.6 μg $L^{-1}$<br>0.0002 μg<br>Absolute | 2.76.7.1<br>2.6.17<br>2.6.5 | | | 0.00004<br>0.002 μg $L^{-1}$ | 6.72.7.1 | | |
| Bismuth | 2 μg $L^{-1}$<br>0.0004–0.003 μg absolute | 2.76.7.1 | | | $1 \times 10^{-6}$ μg absolute | 6.8.3 | | |
| Germanium | 0.56 μg $L^{-1}$ | 2.25.2 | | | 0.0014 μg $L^{-1}$<br>0.0014–0.003 μg absolute | 6.72.7.1 | | |
| Mercury | 0.5 μg $L^{-1}$ | 2.76.7.1 | | | | | | |
| Selenium | 0.02–40 μg $L^{-1}$<br>0.00004 μg absolute | 2.56.6<br>2.76.7.1 | | | | | | |
| Tellurium | 0.0004–0.003 μg absolute | 2.76.7.1 | | | 0.00063 μg $L^{-1}$ | 6.58.2 | | |
| Tin | | | | | 0.00006 μg $L^{-1}$ | 6.72.7.1 | | |

Source: Own files

*Table 1.32* Cations determinable in various types of water by inductively coupled plasma emission spectrometry

| *Period* | *Type of sample* | | | | | | | | | |
|---|---|---|---|---|---|---|---|---|---|---|
| | *Non-saline natural waters* | *Surface and ground waters* | *Potable waters* | *Aqueous precipitation* | *Sea water* | *Estuary coastal and bay waters* | *Waste waters* | *Sewage* | *Tide effluents* | *High purity water* |
| 1 | See Table 1.33 | | See Table 1.34 | | See Table 1.35 | | See Table 1.36 | | | |
| 2 | | | | | | | | | Li | |
| 3 | | | | | | Mg | | Mg | Mg, Na | |
| 4 | | | | | | Cr, Co, Cu, Fe, Ni, Zn | | Cu, Fe, Mn, Ni, Ti, V, Zn | Ca, Cr, Cu Fe, Mn, K, Zn | |
| 5 | | | | | | Cd | | Cd, Mo, Sr | Cd, Ag | |
| 6 | | | | | | Pb | | Pb | Ba, Pb | |

Source: Own files

*Table 1.33* Cations determinable in non-saline natural waters by inductively coupled plasma atomic emission spectrometry (32 cations)

| Group<br>Period | *s*-block<br>I | II | | | | *d*-block | | | | | | | *p*-block<br>III | IV | V | VI | VIII | 0 |
|---|---|---|---|---|---|---|---|---|---|---|---|---|---|---|---|---|---|---|
| 1 | $^{1}$H | | | | | | | | | | | | | | | | $^{1}$H | $^{2}$He |
| 2 | $^{2}$Li√ | $^{4}$Be√ | | | | | | | | | | | $^{5}$B | $^{6}$C | $^{7}$N | $^{8}$O | $^{9}$F | $^{10}$Ne |
| 3 | $^{11}$Na√ | $^{12}$Mg√ | | | | | | | | | | | $^{13}$Al√ | $^{14}$Si | $^{15}$P | $^{16}$S | $^{17}$Cl | $^{18}$Ar |
| 4 | $^{19}$K√ | $^{20}$Ca√ | $^{21}$Sc | $^{22}$Ti√ | $^{23}$V√ | $^{24}$Cr√ | $^{25}$Mn√ | $^{26}$Fe√ | $^{27}$Co√ | $^{28}$Ni√ | $^{29}$Cu√ | $^{30}$Zn√ | $^{31}$Ga | $^{32}$Ge | $^{33}$As√ | $^{34}$Se√ | $^{35}$Br | $^{36}$Kr |
| 5 | $^{37}$Rb | $^{35}$Sr√ | $^{39}$Y | $^{40}$Zr√ | $^{41}$Nb | $^{42}$Mo√ | $^{43}$Tc | $^{44}$Ru | $^{45}$Rh | $^{46}$Pd | $^{47}$Ag√ | $^{48}$Cd√ | $^{49}$In | $^{50}$Sn√ | $^{51}$Sb√ | $^{52}$Te√ | $^{53}$I | $^{54}$Xe |
| 6 | $^{55}$Cs | $^{56}$Ba√ | $^{57}$La • | $^{72}$Hf√ | $^{73}$Ta | $^{74}$W | $^{75}$Re | $^{76}$Os | $^{77}$Ir | $^{78}$Pt | $^{79}$Au√ | $^{80}$Hg√ | $^{81}$Tl | $^{82}$Pb√ | $^{83}$Bi√ | $^{84}$Po | $^{85}$At | $^{86}$Rn |
| 7 | $^{87}$Fr | $^{88}$Ra | $^{89}$Ac • | | | | | | | | | | | | | | | |
| | | | | | | | | | | *f*-block | | | | | | | | |
| Lanthanides | | | | $^{58}$Ce | $^{59}$Pr | $^{60}$Nd | $^{61}$Pm | $^{62}$Sm | $^{63}$Eu | $^{64}$Gd | $^{65}$Tb | $^{66}$Dy | $^{67}$Ho | $^{68}$Er | $^{69}$Tm | $^{70}$Yb | $^{71}$Lu | |
| Actinides | | | | $^{90}$Th | $^{91}$Pa | $^{92}$U | $^{93}$Np | $^{94}$Pu | $^{95}$Am | $^{96}$Cm | $^{97}$Bk | $^{98}$Cf | $^{99}$Es | $^{100}$Fm | $^{101}$Md | $^{102}$No | $^{103}$Lr | |

Source: Own files

*Table 1.34* Cations determinable in potable waters by inductively coupled plasma atomic emission spectrometry (18 cations)

| | *s*-block | | | | | *d*-block | | | | | | | *p*-block | | | | | |
|---|---|---|---|---|---|---|---|---|---|---|---|---|---|---|---|---|---|---|
| Group<br>Period | I | II | | | | | | | | | | | III | IV | V | VI | VIII | 0 |
| 1 | $^{1}$H | | | | | | | | | | | | | | | | $^{1}$H | $^{2}$He |
| 2 | $^{2}$Li | $^{4}$Be√ | | | | | | | | | | | $^{5}$B | $^{6}$C | $^{7}$N | $^{8}$O | $^{9}$F | $^{10}$Ne |
| 3 | $^{11}$Na | $^{12}$Mg√ | | | | | | | | | | | $^{13}$Al√ | $^{14}$Si | $^{15}$P | $^{16}$S | $^{17}$Cl | $^{18}$Ar |
| 4 | $^{19}$K | $^{20}$Ca | $^{21}$Sc | $^{22}$Ti | $^{23}$V | $^{24}$Cr√ | $^{25}$Mn√ | $^{26}$Fe√ | $^{27}$Co√ | $^{28}$Ni | $^{29}$Cu | $^{30}$Zn | $^{31}$Ga | $^{32}$Ge | $^{33}$As√ | $^{34}$Se√ | $^{35}$Br | $^{36}$Kr |
| 5 | $^{37}$Rb | $^{35}$Sr | $^{39}$Y | $^{40}$Zr | $^{41}$Nb | $^{42}$Mo | $^{43}$Tc | $^{44}$Ru | $^{45}$Rh | $^{46}$Pd | $^{47}$Ag√ | $^{48}$Cd√ | $^{49}$In | $^{50}$Sn | $^{51}$Sb | $^{52}$Te | $^{53}$I | $^{54}$Xe |
| 6 | $^{55}$Cs | $^{56}$Ba√ | $^{57}$La • | $^{72}$Hf | $^{73}$Ta | $^{74}$W | $^{75}$Re | $^{76}$Os | $^{77}$Ir | $^{78}$Pt | $^{79}$Au | $^{80}$Hg√ | $^{81}$Tl | $^{82}$Pb√ | $^{83}$Bi√ | $^{84}$Po | $^{85}$At | $^{86}$Rn |
| 7 | $^{87}$Fr | $^{88}$Ra | $^{89}$Ac • | | | | | | | | | | | | | | | |
| | | | | | | | | *f*-block | | | | | | | | | | |
| Lanthanides | | | | $^{58}$Ce√ | $^{59}$Pr | $^{60}$Nd | $^{61}$Pm | $^{62}$Sm | $^{63}$Eu | $^{64}$Gd | $^{65}$Tb√ | $^{66}$Dy | $^{67}$Ho | $^{68}$Er | $^{69}$Tm | $^{70}$Yb√ | $^{71}$Lu | |
| Actinides | | | | $^{90}$Th | $^{91}$Pa | $^{92}$U | $^{93}$Np | $^{94}$Pu | $^{95}$Am | $^{96}$Cm | $^{97}$Bk | $^{98}$Cf | $^{99}$Es | $^{100}$Fm | $^{101}$Md | $^{102}$No | $^{103}$Lr | |

Source: Own files

*Table 1.35* Cations determinable in sea waters by inductively coupled plasma atomic emission spectrometry (14 cations)

| Group | *s*-block I | II | | | | *d*-block | | | | | | | *p*-block III | IV | V | VI | VIII | 0 |
|---|---|---|---|---|---|---|---|---|---|---|---|---|---|---|---|---|---|---|
| Period | | | | | | | | | | | | | | | | | | |
| 1 | $^{1}$H | | | | | | | | | | | | | | | | $^{1}$H | $^{2}$He |
| 2 | $^{2}$Li | $^{4}$Be | | | | | | | | | | | $^{5}$B | $^{6}$C | $^{7}$N | $^{8}$O | $^{9}$F | $^{10}$Ne |
| 3 | $^{11}$Na | $^{12}$Mg | | | | | | | | | | | $^{13}$Al | $^{14}$Si | $^{15}$P | $^{16}$S | $^{17}$Cl | $^{18}$Ar |
| 4 | $^{19}$K | $^{20}$Ca√ | $^{21}$Sc | $^{22}$Ti | $^{23}$V√ | $^{24}$Cr√ | $^{25}$Mn√ | $^{26}$Fe√ | $^{27}$Co√ | $^{28}$Ni | $^{29}$Cu√ | $^{30}$Zn√ | $^{31}$Ga | $^{32}$Ge | $^{33}$As√ | $^{34}$Se | $^{35}$Br | $^{36}$Kr |
| 5 | $^{37}$Rb | $^{35}$Sr | $^{39}$Y | $^{40}$Zr | $^{41}$Nb | $^{42}$Mo√ | $^{43}$Tc | $^{44}$Ru | $^{45}$Rh | $^{46}$Pd | $^{47}$Ag | $^{48}$Cd√ | $^{49}$In√ | $^{50}$Sn | $^{51}$Sb | $^{52}$Te | $^{53}$I | $^{54}$Xe |
| 6 | $^{55}$Cs | $^{56}$Ba | $^{57}$La • | $^{72}$Hf | $^{73}$Ta | $^{74}$W | $^{75}$Re | $^{76}$Os | $^{77}$Ir | $^{78}$Pt | $^{79}$Au | $^{80}$Hg | $^{81}$Tl | $^{82}$Pb√ | $^{83}$Bi√ | $^{84}$Po | $^{85}$At | $^{86}$Rn |
| 7 | $^{87}$Fr | $^{88}$Ra | $^{89}$Ac • | | | | | | | | | | | | | | | |
| | | | | | | | | | | *f*-block | | | | | | | | |
| Lanthanides | | | | $^{58}$Ce | $^{59}$Pr | $^{60}$Nd | $^{61}$Pm | $^{62}$Sm | $^{63}$Eu | $^{64}$Gd | $^{65}$Tb | $^{66}$Dy | $^{67}$Ho | $^{68}$Er | $^{69}$Tm | $^{70}$Yb | $^{71}$Lu | |
| Actinides | | | | $^{90}$Th | $^{91}$Pa | $^{92}$U | $^{93}$Np | $^{94}$Pu | $^{95}$Am | $^{96}$Cm | $^{97}$Bk | $^{98}$Cf | $^{99}$Es | $^{100}$Fm | $^{101}$Md | $^{102}$No | $^{103}$Lr | |

Source: Own files

*Table 1.36* Cations determinable in waste waters by inductively coupled plasma atomic emission spectrometry (18 cations)

| Group<br>Period | s-block<br>I | <br>II | | | | | | | | | | | p-block<br>III | <br>IV | <br>V | <br>VI | <br>VIII | <br>0 |
|---|---|---|---|---|---|---|---|---|---|---|---|---|---|---|---|---|---|---|
| 1 | $^{1}$H | | | | | | | | | | | | | | | | $^{1}$H | $^{2}$He |
| 2 | $^{2}$Li | $^{4}$Be | | | | | | | | | | | $^{5}$B√ | $^{6}$C | $^{7}$N | $^{8}$O | $^{9}$F | $^{10}$Ne |
| 3 | $^{11}$Na | $^{12}$Mg√ | | | | d-block | | | | | | | $^{13}$Al√ | $^{14}$Si | $^{15}$P | $^{16}$S | $^{17}$Cl | $^{18}$Ar |
| 4 | $^{19}$K | $^{20}$Ca√ | $^{21}$Sc | $^{22}$Ti | $^{23}$V | $^{24}$Cr | $^{25}$Mn√ | $^{26}$Fe√ | $^{27}$Co | $^{28}$Ni√ | $^{29}$Cu√ | $^{30}$Zn√ | $^{31}$Ga | $^{32}$Ge | $^{33}$As | $^{34}$Se | $^{35}$Br | $^{36}$Kr |
| 5 | $^{37}$Rb | $^{35}$Sr | $^{39}$Y | $^{40}$Zr√ | $^{41}$Nb | $^{42}$Mo√ | $^{43}$Tc | $^{44}$Ru | $^{45}$Rh | $^{46}$Pd | $^{47}$Ag | $^{48}$Cd√ | $^{49}$In | $^{50}$Sn | $^{51}$Sb | $^{52}$Te√ | $^{53}$I | $^{54}$Xe |
| 6 | $^{55}$Cs | $^{56}$Ba | $^{57}$La • | $^{72}$Hf | $^{73}$Ta√ | $^{74}$W√ | $^{75}$Re | $^{76}$Os | $^{77}$Ir | $^{78}$Pt | $^{79}$Au√ | $^{80}$Hg√ | $^{81}$Tl | $^{82}$Pb√ | $^{83}$Bi | $^{84}$Po | $^{85}$At | $^{86}$Rn |
| 7 | $^{87}$Fr | $^{88}$Ra | $^{89}$Ac • | | | | | | | | | | | | | | | |
| | | | | | | | | | | f-block | | | | | | | | |
| Lanthanides | | | | $^{58}$Ce | $^{59}$Pr | $^{60}$Nd | $^{61}$Pm | $^{62}$Sm | $^{63}$Eu | $^{64}$Gd | $^{65}$Tb | $^{66}$Dy | $^{67}$Ho | $^{68}$Er | $^{69}$Tm | $^{70}$Yb | $^{71}$Lu | |
| Actinides | | | | $^{90}$Th | $^{91}$Pa | $^{92}$U | $^{93}$Np | $^{94}$Pu | $^{95}$Am | $^{96}$Cm | $^{97}$Bk | $^{98}$Cf | $^{99}$Es | $^{100}$Fm | $^{101}$Md | $^{102}$No | $^{103}$Lr | |

Source: Own files

*Table 1.37* Sensitivity of inductively coupled plasma atomic emission spectrometry with and without preconcentration (from various sources)

| Cation | *Non-saline natural waters* *Without pre-concentration LD* | *Section* | *With pre-concentration LD* | *Section* | *Sea waters* *Without pre-concentration LD* | *Section* | *With pre-concentration LD* | *Section* |
|---|---|---|---|---|---|---|---|---|
| Aluminium | 0.4–50 μg $L^{-1}$ | 2.76.8.2<br>2.2.6<br>2.76.8.7 | 1.5 μg $L^{-1}$ | 2.76.8.7 | 3 μg $L^{-1}$ | 2.76.8.2 | – | – |
| Antimony | 80 μg $L^{-1}$ | 2.76.8.2 | 5 μg $L^{-1}$ | 2.76.8.2 | – | – | – | – |
| Arsenic | 0.02–30 μg $L^{-1}$ | 2.6.17<br>2.76.8.2 | – | – | – | – | – | – |
| Barium | 4 μg $L^{-1}$ | 2.76.8.2 | – | – | – | – | – | – |
| Beryllium | 0.1 μg $L^{-1}$ | 2.76.8.2 | 0.02 μg $L^{-1}$ | 2.76.8.2 | – | – | – | – |
| Bismuth | 0.35–30 μg $L^{-1}$ | 2.9.3<br>2.76.8.2 | 2 μg $L^{-1}$ | 2.76.8.2 | – | – | – | – |
| Cadmium | 1–2 μg $L^{-1}$ | 2.76.8.2<br>2.76.8.1 | 0.02–0.05 μg $L^{-1}$ | 2.76.6.1<br>2.76.8.2 | 0.022 μg $L^{-1}$ | 6.72.8.6 | 0.25–4 μg $L^{-1}$ | 6.72.8.8<br>6.72.8.4<br>6.72.8.5 |
| Calcium | 60 μg $L^{-1}$ | 2.76.8.2 | 5 μg $L^{-1}$ | 2.76.8.2 | 70 μg $L^{-1}$ | 6.12.6 | – | – |
| Chromium | 3 μg $L^{-1}$ | 2.76.8.2 | 0.2–0.05 μg $L^{-1}$ | 2.76.6.8<br>2.76.6.1<br>2.76.6.1 | – | – | 1 μg $L^{-1}$ | 6.72.8.4 |
| Cobalt | 5 μg $L^{-1}$ | 2.76.8.2 | 0.02–0.6 μg $L^{-1}$ | 2.76.8.2<br>2.76.6.1 | – | – | 1 μg $L^{-1}$ | 6.72.8.4 |
| Copper | 1–2 μg $L^{-1}$ | 2.76.8.2<br>2.76.8.6 | 0.2 μg $L^{-1}$ | 2.76.8.2 | 0.05 μg $L^{-1}$ | 6.72.8.6 | 0.01–4 μg $L^{-1}$ | 6.72.8.5<br>6.72.8.8<br>6.72.8.4<br>6.72.22.5 |

*Table 1.37* continued

| Cation | Non-saline natural waters: Without pre-concentration LD | Section | With pre-concentration LD | Section | Sea waters: Without pre-concentration LD | Section | With pre-concentration LD | Section |
|---|---|---|---|---|---|---|---|---|
| Iron | 40 μg $L^{-1}$ | 2.76.8.2<br>2.76.8.6 | 0.02–8 μg $L^{-1}$ | 2.76.8.2<br>2.76.26.1 | 0.075 μg $L^{-1}$ | 6.72.8.6 | 0.25–4 μg $L^{-1}$ | 6.72.8.5<br>6.72.8.8 |
| Lead | 0.6–30 μg $L^{-1}$ | 2.76.8.2<br>2.76.8.6 | 0.02–4 μg $L^{-1}$ | 2.76.8.2<br>2.76.26.1 | 0.6 μg $L^{-1}$ | 6.72.8.6 | 0.006–2.5 μg $L^{-1}$ | 2.29.1.9<br>6.72.8.5<br>6.72.22.5<br>6.72.8.4 |
| Lithium | 1 μg $L^{-1}$ | 2.76.8.2 | 0.1 μg $L^{-1}$ | 2.76.8.2 | – | – | – | – |
| Magnesium | 100 μg $L^{-1}$ | 2.76.8.2 | 10 μg $L^{-1}$ | 2.76.8.2 | | | | |
| Manganese | 0.03–10 μg $L^{-1}$ | 2.72.8.2 | 0.02–1.0 μg $L^{-1}$ | 2.76.8.2<br>2.76.6.1 | | | | |
| Mercury | 0.001–2 μg $L^{-1}$ | 2.76.8.2<br>2.37.6 | 6 μg $L^{-1}$ | 2.76.8.2 | $1 \times 10^{-8}$ μg absolute | 6.34.4 | – | – |
| Molybdenum | 0.4–5 μg $L^{-1}$ | 2.76.8.2<br>2.69.1<br>2.76.8.6 | 0.02–6 μg $L^{-1}$ | 2.76.26.5<br>2.6.9.1<br>2.76.26.1 | 0.21 μg $L^{-1}$ | 6.72.8.6 | – | – |
| Nickel | 1–8 μg $L^{-1}$ | 2.76.8.2<br>2.76.8.6 | 0.02–0.8 μg $L^{-1}$ | 2.76.26.1<br>2.76.8.2 | 0.11 μg $L^{-1}$ | 6.72.8.6 | 0.25–1 μg $L^{-1}$ | 6.72.8.4<br>6.72.8.5 |
| Potassium | 100 μg $L^{-1}$ | 2.76.8.2 | 9 μg $L^{-1}$ | 2.76.8.2 | – | – | – | – |
| Selenium | 1–80 μg $L^{-1}$ | 2.56.8<br>2.76.8.2 | 8 μg $L^{-1}$ | 2.76.8.2 | – | – | – | – |
| Silver | 2 μg $L^{-1}$ | 2.76.8.2 | 0.3 μg $L^{-1}$ | 2.76.8.2 | – | – | – | – |
| Sodium | 50 μg $L^{-1}$ | 2.76.8.2 | 30 μg $L^{-1}$ | 2.76.8.2 | – | – | – | – |

*Table 1.37* continued

| *Cation* | *Non-saline natural waters* *Without pre-concentration LD* | *Section* | *With pre-concentration LD* | *Section* | *Sea waters* *Without pre-concentration LD* | *Section* | *With pre-concentration LD* | *Section* |
|---|---|---|---|---|---|---|---|---|
| Strontium | 2 μg $L^{-1}$ | 2.76.8.2 | 0.2 μg $L^{-1}$ | 2.76.8.2 | – | – | – | – |
| Tellurium | 30 μg $L^{-1}$ | 2.76.8.2 | 2 μg $L^{-1}$ | 2.76.8.2 | | | | |
| Tin | 7 μg $L^{-1}$ | 2.76.8.2 | 0.6 μg $L^{-1}$ | 2.76.8.2 | | | | |
| Titanium | 60 μg $L^{-1}$ | 2.76.8.2 | 15 μg $L^{-1}$ | 2.76.8.2 | – | – | – | – |
| Vanadium | 2 μg $L^{-1}$ | 2.76.8.6<br>2.76.8.2 | 0.02–0.2 μg $L^{-1}$ | 2.76.8.2<br>2.76.26.1 | 0.035 μg $L^{-1}$ | 6.72.8.6 | 0.38 μg $L^{-1}$ | 6.72.8.5 |
| Tungsten | 1.2 μg $L^{-1}$ | 2.69.1 | 0.06 μg $L^{-1}$ | 2.76.26.5 | – | – | – | – |
| Yttrium | – | – | – | – | – | – | 0.01 μg $L^{-1}$ | 6.72.22.5 |
| Zinc | 1–7 μg $L^{-1}$ | 2.76.8.2<br>2.76.8.6 | 0.02–0.8 μg $L^{-1}$ | 2.76.8.2<br>2.76.26.11<br>2.76.26.1 | 0.084 μg $L^{-1}$ | 6.72.8.6 | 0.01–4 μg $L^{-1}$ | 6.72.22.5<br>6.72.8.5<br>6.72.8.8 |
| Zirconium | 3 μg $L^{-1}$ | 2.76.8.2 | 0.2 μg $L^{-1}$ | 2.76.8.2 | – | – | – | – |

Source: Own files

*Table 1.38* Cations determinable in various types of water by hydride generation inductively coupled plasma atomic emission spectrometry

| *Period* | *Type of sample* | | | | | | | | | |
|---|---|---|---|---|---|---|---|---|---|---|
| | *Non-saline natural waters* | *Surface and ground waters* | *Potable waters* | *Aqueous precipitation* | *Sea water* | *Estuary coastal and bay waters* | *Waste waters* | *Sewage* | *Tide effluents* | *High purity water* |
| 4 | As, Ge, Se | | As, Se | | As, Se | As, Se | | | As, Se | |
| 5 | Sb, Te | | | | Sb | Sb | | | | |
| 6 | Bi | | | | | | | | Hg | |
| Actinides | | | | | U | | | | | |

Source: Own files

*Table 1.39* Sensitivity of hydride generation inductively coupled plasma atomic emission spectrometric method without preconcentration (from various sources)

| *Cation* | *Non-saline natural waters* | | *Sea waters* | |
|---|---|---|---|---|
| | *Without preconcentration* | *Section* | *Without preconcentration* | *Section* |
| Antimony | 1 $\mu g\ L^{-1}$ | 2.76.9.1 | 1 $\mu g\ L^{-1}$ | 6.72.9.1 |
| Arsenic | 1 $\mu g\ L^{-1}$ | 2.76.9.1 | 1 $\mu g\ L^{-1}$ | 6.72.9.1 |
| Bismuth | 1 $\mu g\ L^{-1}$ | 2.76.9.1 | – | – |
| Sellenium | 1 $\mu g\ L^{-1}$ | 2.76.9.1 | 0.5 $\mu g\ L^{-1}$ | 6.72.9.1 |
| Tellurium | 1 $\mu g\ L^{-1}$ | 12.76.9.1 | – | – |

Source: Own files

between different species of the same cation. It is, therefore, unlike all the techniques discussed to date, very useful for speciation studies. While detection limits reported for non-saline waters are in the range 1–20,000 ng L $^{-1}$, those achieved in seawater are usually in the range 0.3–30 ng L $^{-1}$ (Table 1.44). The apparent lack of use of preconcentration techniques is noteworthy. The technique has been applied fairly extensively particularly in the case of non-saline natural waters and seawater (Tables 1.45–1.47).

### 1.1.11 Cathodic stripping voltammetry

Similar comments apply as in the case of anodic stripping voltammetry (Tables 1.48–1.50).

#### 1.1.11.1 Ion selective electrodes

This technique has found a very limited number of applications in water analysis (Table 1.51). Sensitivity is usually in the mg L $^{-1}$ to µg L $^{-1}$ range, with the notable exception of its ability to determine down to 10 pg L $^{-1}$ of ammonium ions in sea water (Table 1.52).

### 1.1.12 Polarography

This technique has found a limited number of applications particularly in the determination of alkaline earths and heavy metals (Tables 1.53–1.54). Again, no work has been carried out on the application of preconcentration techniques. Detection limits are usually in the 1 to 10 µg L $^{-1}$ range (Table 1.55).

### 1.1.13 Chronopotentiometry

This technique has found very limited applications in water analysis, viz. the determination of copper, lead, manganese, zinc, cadmium, gallium, indium, tin, bismuth and thallium in trade effluents and copper and nickel in seawater.

### 1.1.14 Voltammetric methods

Again, very limited applications have been found: lithium, chromium, titanium and iron. Detection limits of 30 and 40 ng L $^{-1}$, respectively, have been included for chromium and iron.

*Table 1.40* Cations determinable in various types of water by inductively coupled plasma mass spectrometry

| *Period* | *Type of sample* | | | | | | | | | |
|---|---|---|---|---|---|---|---|---|---|---|
| | *Non-saline natural waters* | *Surface and ground waters* | *Potable waters* | *Aqueous precipitation* | *Sea water* | *Estuary coastal and bay waters* | *Waste waters* | *Sewage* | *Tide effluents* | *High purity water* |
| 1 | See Table 1.41 | | | | See Table 1.42 | | | | | |
| 4 | | | As | | | | | | | |
| 6 | | Re | Hg | | | | | | | |
| Lanthanides | | Co, Pr, Nd Pm, Sm, Eu, Gd, Tb, Dy, Ho, Er, Tm, Yb, Lu | Dy, Er, Eu Gd, Ho, Lu, Nd, Pr, Pm | | | | | | | |

Source: Own files

*Table 1.41* Cations determinable in non-saline natural waters by inductively coupled plasma mass spectrometry (39 cations)

| | *s*-block | | | | | | *d*-block | | | | | | *p*-block | | | | | |
|---|---|---|---|---|---|---|---|---|---|---|---|---|---|---|---|---|---|---|
| Group<br>Period | I | II | | | | | | | | | | | III | IV | V | VI | VIII | 0 |
| 1 | $^{1}$H | | | | | | | | | | | | | | | | $^{1}$H | $^{2}$He |
| 2 | $^{2}$Li | $^{4}$Be | | | | | | | | | | | $^{5}$B | $^{6}$C | $^{7}$N | $^{8}$O | $^{9}$F | $^{10}$Ne |
| 3 | $^{11}$Na√ | $^{12}$Mg√ | | | | | | | | | | | $^{13}$Al√ | $^{14}$Si | $^{15}$P | $^{16}$S | $^{17}$Cl | $^{18}$Ar |
| 4 | $^{19}$K√ | $^{20}$Ca√ | $^{21}$Sc | $^{22}$Ti | $^{23}$V√ | $^{24}$Cr√ | $^{25}$Mn√ | $^{26}$Fe | $^{27}$Co√ | $^{28}$Ni√ | $^{29}$Cu√ | $^{30}$Zn√ | $^{31}$Ga | $^{32}$Ge | $^{33}$As√ | $^{34}$Se√ | $^{35}$Br | $^{36}$Kr |
| 5 | $^{37}$Rb | $^{35}$Sr√ | $^{39}$Y | $^{40}$Zr | $^{41}$Nb | $^{42}$Mo√ | $^{43}$Tc√ | $^{44}$Ru | $^{45}$Rh | $^{46}$Pd | $^{47}$Ag | $^{48}$Cd√ | $^{49}$In | $^{50}$Sn | $^{51}$Sb√ | $^{52}$Te | $^{53}$I | $^{54}$Xe |
| 6 | $^{55}$Cs | $^{56}$Ba√ | $^{57}$La√• | $^{72}$Hf | $^{73}$Ta | $^{74}$W | $^{75}$Re | $^{76}$Os | $^{77}$Ir | $^{78}$Pt | $^{79}$Au√ | $^{80}$Hg√ | $^{81}$Tl | $^{82}$Pb√ | $^{83}$Bi | $^{84}$Po | $^{85}$At | $^{86}$Rn |
| 7 | $^{87}$Fr | $^{88}$Ra | $^{89}$Ac• | | | | | | | | | | | | | | | |
| | | | | | | | | | | *f*-block | | | | | | | | |
| Lanthanides | | | | $^{58}$Ce√ | $^{59}$Pr√ | $^{60}$Nd√ | $^{61}$Pm√ | $^{62}$Sm√ | $^{63}$Eu√ | $^{64}$Gd√ | $^{65}$Tb√ | $^{66}$Dy√ | $^{67}$Ho√ | $^{68}$Er√ | $^{69}$Tm√ | $^{70}$Yb√ | $^{71}$Lu√ | |
| Actinides | | | | $^{90}$Th | $^{91}$Pa | $^{92}$U√ | $^{93}$Np | $^{94}$Pu | $^{95}$Am | $^{96}$Cm | $^{97}$Bk | $^{98}$Cf | $^{99}$Es | $^{100}$Fm | $^{101}$Md | $^{102}$No | $^{103}$Lr | |

Source: Own files

*Table 1.42* Cations determinable in sea water by inductively coupled plasma mass spectrometry (20 cations)

| Group<br>Period | s-block<br>I | II | | | | | *d*-block | | | | | | *p*-block<br>III | IV | V | VI | VIII | 0 |
|---|---|---|---|---|---|---|---|---|---|---|---|---|---|---|---|---|---|---|
| 1 | $^{1}$H | | | | | | | | | | | | | | | | $^{1}$H | $^{2}$He |
| 2 | $^{2}$Li | $^{4}$Be√ | | | | | | | | | | | $^{5}$B | $^{6}$C | $^{7}$N | $^{8}$O | $^{9}$F | $^{10}$Ne |
| 3 | $^{11}$Na | $^{12}$Mg | | | | | | | | | | | $^{13}$Al√ | $^{14}$Si | $^{15}$P | $^{16}$S | $^{17}$Cl | $^{18}$Ar |
| 4 | $^{19}$K | $^{20}$Ca | $^{21}$Sc | $^{22}$Ti | $^{23}$V√ | $^{24}$Cr√ | $^{25}$Mn√ | $^{26}$Fe√ | $^{27}$Co√ | $^{28}$Ni√ | $^{29}$Cu√ | $^{30}$Zn√ | $^{31}$Ga | $^{32}$Ge | $^{33}$As√ | $^{34}$Se | $^{35}$Br | $^{36}$Kr |
| 5 | $^{37}$Rb√ | $^{35}$Sr | $^{39}$Y | $^{40}$Zr | $^{41}$Nb | $^{42}$Mo√ | $^{43}$Tc | $^{44}$Ru | $^{45}$Rh | $^{46}$Pd | $^{47}$Ag | $^{48}$Cd√ | $^{49}$In√ | $^{50}$Sn | $^{51}$Sb√ | $^{52}$Te | $^{53}$I | $^{54}$Xe |
| 6 | $^{55}$Cs | $^{56}$Ba | $^{57}$La • | $^{72}$Hf | $^{73}$Ta | $^{74}$W | $^{75}$Re | $^{76}$Os | $^{77}$Ir | $^{78}$Pt | $^{79}$Au√ | $^{80}$Hg√ | $^{81}$Tl | $^{82}$Pb√ | $^{83}$Bi | $^{84}$Po | $^{85}$At | $^{86}$Rn |
| 7 | $^{87}$Fr | $^{88}$Ra | $^{89}$Ac • | | | | | | | | | | | | | | | |
| | | | | | | | | | | *f*-block | | | | | | | | |
| Lanthanides | | | | $^{58}$Ce | $^{59}$Pr | $^{60}$Nd | $^{61}$Pm | $^{62}$Sm | $^{63}$Eu | $^{64}$Gd | $^{65}$Tb | $^{66}$Dy | $^{67}$Ho | $^{68}$Er | $^{69}$Tm | $^{70}$Yb | $^{71}$Lu | |
| Actinides | | | | $^{90}$Th | $^{91}$Pa | $^{92}$U√ | $^{93}$Np | $^{94}$Pu | $^{95}$Am | $^{96}$Cm | $^{97}$Bk | $^{98}$Cf | $^{99}$Es | $^{100}$Fm | $^{101}$Md | $^{102}$No | $^{103}$Lr | |

Source: Own files

*Table 1.43* Sensitivity of inductively coupled plasma mass spectrometry with and without preconcentration (from various sources)

| Cation | *Non-saline natural waters* | | | | *Sea waters* | | | |
|---|---|---|---|---|---|---|---|---|
| | *Without pre-concentration LD* | *Section* | *With pre-concentration LD* | *Section* | *Without pre-concentration LD* | *Section* | *With pre-concentration LD* | *Section* |
| Aluminium | 2 μg $L^{-1}$ | 2.2.15 | – | – | – | – | – | – |
| Antimony | – | – | – | – | – | – | 0.006 μg $L^{-1}$ | 6.72.10.5 |
| Arsenic | – | – | – | – | 0.0001 μg absolute | 6.5.8 | 0.0006 μg $L^{-1}$ | 6.72.10.5 |
| Cadmium | – | – | – | – | 0.01–0.14 μg $L^{-1}$ | 6.72.10.1 | – | – |
| Cobalt | – | – | – | – | 0.03–0.14 μg $L^{-1}$ | 6.72.10.2 | – | – |
| Copper | – | – | – | – | 0.03–0.14 μg $L^{-1}$ | 6.72.10.2 | – | – |
| Gallium | 0.08 μg $L^{-1}$ | 2.37.15 | – | – | – | – | 0.0001–0.0004 μg $L^{-1}$ | 6.72.22.4 |
| Germanium | $0.08 \times 10^{-6}$ μg absolute | 2.25.3 | | | | | | |
| Gold | – | – | – | – | $0.5 \times 10^{-6}$ μg $L^{-1}$ | 6.23.1 | | |
| Indium | – | – | – | – | – | – | 0.0001–0.0004 μg $L^{-1}$ | 6.72.22.4 |
| Iron | – | – | – | – | 1.9 μg $L^{-1}$ | 6.72.10.1 | – | – |
| Lanthanides | 0.0001–1 μg $L^{-1}$ | 2.76.10.3 | – | – | – | – | – | – |
| Lead | 0.01 μg $L^{-1}$ | 2.32.7 | – | – | 0.01–0.14 μg $L^{-1}$ | 6.72.10.1 | – | – |
| Manganese | 0.01–0.09 μg $L^{-1}$ | 6.72 | – | – | 0.01–0.44 μg $L^{-1}$ | 6.72.10.1 | – | – |
| Mercury | 0.0002–0.006 μg $L^{-1}$ | 2.37.7 | – | – | 0.01–0.14 μg $L^{-1}$ | 6.72.10.1 6.34.5 | 0.0006 μg $L^{-1}$ | 6.72.10.5 |
| Molybdenum | 0.06 μg $L^{-1}$ | 2.69.1 | – | – | – | – | – | – |

*Table 1.43* continued

| Cation | *Non-saline natural waters* Without pre-concentration LD | Section | With pre-concentration LD | Section | *Sea waters* Without pre-concentration LD | Section | With pre-concentration LD | Section |
|---|---|---|---|---|---|---|---|---|
| Nickel | – | – | – | – | 0.01–0.14 μg $L^{-1}$ | 6.72.10.2<br>6.72.10.1 | – | – |
| Selenium | sub μg $L^{-1}$ | 2.56.9 | – | – | – | – | – | – |
| Technecium | 0.0006 μg $L^{-1}$ | 2.61.1 | – | – | – | – | – | – |
| Titanium | 0.001 μg $L^{-1}$ | 2.76.10.2 | – | – | – | – | 0.0001–0.0004 μg $L^{-1}$ | 6.72.22.4 |
| Uranium | 1 μg $L^{-1}$ | 2.70.3 | – | – | – | – | – | – |
| Vanadium | – | – | – | – | 0.003–0.14 μg $L^{-1}$ | 6.75.5<br>2.72.10.2 | – | – |
| Tungsten | 0.06 μg $L^{-1}$ | 2.69.1 | – | – | – | – | – | – |

Source: Own files

*Table 1.44* Sensitivity of anodic scanning voltammetry without preconcentration

| *Cation* | *Non-saline natural waters*<br>*Without preconcentration* | *Section* | *Sea waters*<br>*Without preconcentration* | *Section* |
|---|---|---|---|---|
| Aluminium | – | – | 27 µg $L^{-1}$ | 6.1.5 |
| Antimony | – | – | 0.05–0.2 µg $L^{-1}$ | 6.72.12.2, 6.8.5 |
| Arsenic | 0.02 µg $L^{-1}$ | 2.6.8 | 0.001–0.1 µg $L^{-1}$ | 6.5.9, 6.72.12.3 |
| Bismuth | – | – | 0.012–0.2 µg $L^{-1}$ | 6.8.5, 6.72.12.2 |
| Cadmium | 0.001–20 µg $L^{-1}$ | 2.11.17, 2.76.12.1 | 0.01 µg Cd absolute<br>0.0003–0.05 µg $L^{-1}$ | 6.72.12.2, 6.72.11, 6.72.12.3,<br>6.72.11.1, 6.72.12.1, 6.72.11.3 |
| Chromium | – | – | $0.052 \times 10^{-3}$ µg $L^{-1}$ | 6.14.8 |
| Cobalt | 0.003–5 µg $L^{-1}$ | 2.17.6, 2.76.12.1 | 0.001–0.05 µg $L^{-1}$ | 6.72.12.1, 6.72.12.3 |
| Copper | 0.001–20 µg $L^{-1}$ | 2.76.12.1 | 0.005–0.05 µg $L^{-1}$ | 6.72.11, 6.72.12.1, 6.16.17,<br>6.16.9, 6.72.11.3, 6.72.12.3,<br>6.72.11.1, 6.72.12.2 |
| Indium | 1 µg $L^{-1}$ | 2.76.12.1 | – | – |
| Lead | 0.001–20 µg $L^{-1}$ | 2.76.12.1 | 0.001–0.207 µg $L^{-1}$ | 6.72.11.3, 6.29.8, 6.72.12.1,<br>6.72.11, 6.72.12.3 |

*Table 1.44* continued

| Cation | Non-saline natural waters<br>Without preconcentration | Section | Sea waters<br>Without preconcentration | Section |
|---|---|---|---|---|
| Manganese | 0.7–5 μg $L^{-1}$ | 2.76.12.1 | 0.01 μg $L^{-1}$ | 6.33.9 |
| Mercury | – | – | 0.004–0.04 μg $L^{-1}$ | 6.72.12.3 |
| Molybdenum | – | – | 0.5 μg $L^{-1}$ | 6.35.7 |
| Nickel | 0.7–5 μg $L^{-1}$ | 2.76.12.1 | 0.001–0.05 μg $L^{-1}$ | 6.72.12.1, 6.72.12.3 |
| Selenium | 0.01–1 μg $L^{-1}$ | 2.56.10 | 0.01 μg $L^{-1}$ | 6.72.12.3, 6.72.22.1 |
| Tellurium | 20 μg $L^{-1}$ | 2.76.12.1 | – | – |
| Thallium | 4.6 μg $L^{-1}$ absolute | 2.68.15 | 41–410 μg $L^{-1}$ | 6.72.11 |
| Tin | 0.028–0.5 μg $L^{-1}$ | 2.64.4, 2.76.7 | – | – |
| Titanium | 0.03 μg $L^{-1}$ | 2.68.15 | | |
| Uranium | – | – | 23.5 μg $L^{-1}$ | 6.66.3 |
| Zinc | 0.7–20 μg $L^{-1}$ | 2.76.12.1 | 0.0013–100 μg $L^{-1}$ | 6.72.12.2, 6.72.12.1, 6.72.12.3, 6.72.11.1, 6.72.11 |

Source: Own files

*Table 1.45* Cations determinable in various types of water by anodic stripping voltammetry

| *Period* | *Type of sample* | | | | | | | | | |
|---|---|---|---|---|---|---|---|---|---|---|
| | *Non-saline natural waters* | *Surface and ground waters* | *Potable waters* | *Aqueous precipitation* | *Sea water* | *Estuary coastal and bay waters* | *Waste waters* | *Sewage* | *Tide effluents* | *High purity water* |
| 1 | See Table 1.46 | | | | See Table 1.47 | | | | | |
| 3 | | | | Na | | Al, Mg | | | | |
| 4 | | Cr, Cu | Cu, Ni, Zn | Cu, K, Zn | | Cr, Co, Cu, Fe, Mn, Ni, V, Zn | Cr, Ni, Zn | Cu, Zn | As, Co, Cu Ni, Zn | Cu |
| 5 | | | Cd | Cd, Ag | | Cd | Cd | Cd | Sb, Cd, In, Sn | Cd |
| 6 | | | Pb, Hg | Pb, Tl | | Pb | Pb | Pb | Bi, Pb, Hg, Tl | Pb |

Source: Own files

*Table 1.46* Cations determinable in non-saline natural waters by anodic stripping voltammetry (23 cations)

| | *s*-block | | | | | *d*-block | | | | | | | *p*-block | | | | | |
|---|---|---|---|---|---|---|---|---|---|---|---|---|---|---|---|---|---|---|
| Group | I | II | | | | | | | | | | | III | IV | V | VI | VIII | 0 |
| Period | | | | | | | | | | | | | | | | | | |
| 1 | $^{1}$H | | | | | | | | | | | | | | | | $^{1}$H | $^{2}$He |
| 2 | $^{2}$Li | $^{4}$Be | | | | | | | | | | | $^{5}$B | $^{6}$C | $^{7}$N | $^{8}$O | $^{9}$F | $^{10}$Ne |
| 3 | $^{11}$Na | $^{12}$Mg | | | | | | | | | | | $^{13}$Al | $^{14}$Si | $^{15}$P | $^{16}$S | $^{17}$Cl | $^{18}$Ar |
| 4 | $^{19}$K | $^{20}$Ca | $^{21}$Sc | $^{22}$Ti | $^{23}$V√ | $^{24}$Cr√ | $^{25}$Mn√ | $^{26}$Fe√ | $^{27}$Co√ | $^{28}$Ni√ | $^{29}$Cu√ | $^{30}$Zn√ | $^{31}$Ga | $^{32}$Ge | $^{33}$As√ | $^{34}$Se√ | $^{35}$Br | $^{36}$Kr |
| 5 | $^{37}$Rb | $^{35}$Sr | $^{39}$Y | $^{40}$Zr | $^{41}$Nb | $^{42}$Mo | $^{43}$Tc√ | $^{44}$Ru | $^{45}$Rh | $^{46}$Pd√ | $^{47}$Ag | $^{48}$Cd√ | $^{49}$In√ | $^{50}$Sn√ | $^{51}$Sb√ | $^{52}$Te√ | $^{53}$I | $^{54}$Xe |
| 6 | $^{55}$Cs | $^{56}$Ba | $^{57}$La • | $^{72}$Hf | $^{73}$Ta | $^{74}$W | $^{75}$Re | $^{76}$Os | $^{77}$Ir | $^{78}$Pt | $^{79}$Au | $^{80}$Hg√ | $^{81}$Tl√ | $^{82}$Pb√ | $^{83}$Bi√ | $^{84}$Po | $^{85}$At | $^{86}$Rn |
| 7 | $^{87}$Fr | $^{88}$Ra | $^{89}$Ac • | | | | | | | | | | | | | | | |
| | | | | | | | | | *f*-block | | | | | | | | | |
| Lanthanides | | | | $^{58}$Ce | $^{59}$Pr | $^{60}$Nd | $^{61}$Pm | $^{62}$Sm | $^{63}$Eu | $^{64}$Gd | $^{65}$Tb | $^{66}$Dy | $^{67}$Ho | $^{68}$Er | $^{69}$Tm | $^{70}$Yb | $^{71}$Lu | |
| Actinides | | | | $^{90}$Th | $^{91}$Pa | $^{92}$U√ | $^{93}$Np | $^{94}$Pu | $^{95}$Am | $^{96}$Cm√ | $^{97}$Bk | $^{98}$Cf | $^{99}$Es | $^{100}$Fm | $^{101}$Md | $^{102}$No | $^{103}$Lr | |

Source: Own files

*Table 1.47* Cations determinable in sea water by anodic stripping voltammetry (17 cations)

| Group<br>Period | *s*-block<br>I | II | | | | *d*-block | | | | | | | *p*-block<br>III | IV | V | VI | VIII | 0 |
|---|---|---|---|---|---|---|---|---|---|---|---|---|---|---|---|---|---|---|
| 1 | $^{1}$H | | | | | | | | | | | | | | | | $^{1}$H | $^{2}$He |
| 2 | $^{2}$Li | $^{4}$Be | | | | | | | | | | | $^{5}$B | $^{6}$C | $^{7}$N | $^{8}$O | $^{9}$F | $^{10}$Ne |
| 3 | $^{11}$Na | $^{12}$Mg | | | | | | | | | | | $^{13}$Al√ | $^{14}$Si | $^{15}$P | $^{16}$S | $^{17}$Cl | $^{18}$Ar |
| 4 | $^{19}$K | $^{20}$Ca | $^{21}$Sc | $^{22}$Ti | $^{23}$V | $^{24}$Cr√ | $^{25}$Mn√ | $^{26}$Fe√ | $^{27}$Co√ | $^{28}$Ni√ | $^{29}$Cu√ | $^{30}$Zn√ | $^{31}$Ga | $^{32}$Ge | $^{33}$As√ | $^{34}$Se√ | $^{35}$Br | $^{36}$Kr |
| 5 | $^{37}$Rb | $^{35}$Sr | $^{39}$Y | $^{40}$Zr | $^{41}$Nb | $^{42}$Mo√ | $^{43}$Tc | $^{44}$Ru | $^{45}$Rh | $^{46}$Pd | $^{47}$Ag | $^{48}$Cd√ | $^{49}$In | $^{50}$Sn√ | $^{51}$Sb√ | $^{52}$Te | $^{53}$I | $^{54}$Xe |
| 6 | $^{55}$Cs | $^{56}$Ba | $^{57}$La | $^{72}$Hf | $^{73}$Ta | $^{74}$W | $^{75}$Re | $^{76}$Os | $^{77}$Ir | $^{78}$Pt | $^{79}$Au | $^{80}$Hg√ | $^{81}$Tl | $^{82}$Pb√ | $^{83}$Bi√ | $^{84}$Po | $^{85}$At | $^{86}$Rn |
| 7 | $^{87}$Fr | $^{88}$Ra | $^{89}$Ac | | | | | | | | | | | | | | | |
| | | | | | | | | | *f*-block | | | | | | | | | |
| Lanthanides | | | | $^{58}$Ce | $^{59}$Pr | $^{60}$Nd | $^{61}$Pm | $^{62}$Sm | $^{63}$Eu | $^{64}$Gd | $^{65}$Tb | $^{66}$Dy | $^{67}$Ho | $^{68}$Er | $^{69}$Tm | $^{70}$Yb | $^{71}$Lu | |
| Actinides | | | | $^{90}$Th | $^{91}$Pa | $^{92}$U | $^{93}$Np | $^{94}$Pu | $^{95}$Am | $^{96}$Cm | $^{97}$Bk | $^{98}$Cf | $^{99}$Es | $^{100}$Fm | $^{101}$Md | $^{102}$No | $^{103}$Lr | |

Source: Own files

*Table 1.48* Cations determinable in various types of water by cathodic stripping voltammetry

| *Period* | *Type of sample* | | | | | | | | | |
|---|---|---|---|---|---|---|---|---|---|---|
| | *Non-saline natural waters* | *Surface and ground waters* | *Potable waters* | *Aqueous precipitation* | *Sea water* | *Estuary coastal and bay waters* | *Waste waters* | *Sewage* | *Tide effluents* | *High purity water* |
| 1 | | | | | See Table 1.49 | | | | | |
| 4 | | | | | | Co, Cu, Ni | | | | |
| Actinides | | | | | | U | | | | |

Source: Own files

*Table 1.49* Cations determinable in sea water by cathodic stripping voltammetry (14 cations)

| Group / Period | *s*-block I | II | | | | | | | | | | | *p*-block III | IV | V | VI | VIII | 0 |
|---|---|---|---|---|---|---|---|---|---|---|---|---|---|---|---|---|---|---|
| 1 | $^{1}$H | | | | | | | | | | | | | | | | $^{1}$H | $^{2}$He |
| 2 | $^{2}$Li | $^{4}$Be | | | | | | | | | | | $^{5}$B | $^{6}$C | $^{7}$N | $^{8}$O | $^{9}$F | $^{10}$Ne |
| 3 | $^{11}$Na | $^{12}$Mg | | | | *d*-block | | | | | | | $^{13}$Al√ | $^{14}$Si | $^{15}$P | $^{16}$S | $^{17}$Cl | $^{18}$Ar |
| 4 | $^{19}$K | $^{20}$Ca | $^{21}$Sc | $^{22}$Ti | $^{23}$V√ | $^{24}$Cr | $^{25}$Mn√ | $^{26}$Fe√ | $^{27}$Co√ | $^{28}$Ni√ | $^{29}$Cu√ | $^{30}$Zn√ | $^{31}$Ga | $^{32}$Ge | $^{33}$As | $^{34}$Se√ | $^{35}$Br | $^{36}$Kr |
| 5 | $^{37}$Rb | $^{35}$Sr | $^{39}$Y | $^{40}$Zr | $^{41}$Nb | $^{42}$Mo√ | $^{43}$Tc | $^{44}$Ru | $^{45}$Rh | $^{46}$Pd | $^{47}$Ag | $^{48}$Cd√ | $^{49}$In | $^{50}$Sn | $^{51}$Sb | $^{52}$Te | $^{53}$I | $^{54}$Xe |
| 6 | $^{55}$Cs | $^{56}$Ba | $^{57}$La | $^{72}$Hf | $^{73}$Ta | $^{74}$W | $^{75}$Re | $^{76}$Os | $^{77}$Ir | $^{78}$Pt√ | $^{79}$Au | $^{80}$Hg | $^{81}$Tl | $^{82}$Pb√ | $^{83}$Bi | $^{84}$Po | $^{85}$At | $^{86}$Rn |
| 7 | $^{87}$Fr | $^{88}$Ra | $^{89}$Ac | | | | | | | | | | | | | | | |
| | | | | | | | | | | *f*-block | | | | | | | | |
| Lanthanides | | | | $^{58}$Ce | $^{59}$Pr | $^{60}$Nd | $^{61}$Pm | $^{62}$Sm | $^{63}$Eu | $^{64}$Gd | $^{65}$Tb | $^{66}$Dy | $^{67}$Ho | $^{68}$Er | $^{69}$Tm | $^{70}$Yb | $^{71}$Lu | |
| Actinides | | | | $^{90}$Th | $^{91}$Pa | $^{92}$U√ | $^{93}$Np | $^{94}$Pu | $^{95}$Am | $^{96}$Cm | $^{97}$Bk | $^{98}$Cf | $^{99}$Es | $^{100}$Fm | $^{101}$Md | $^{102}$No | $^{103}$Lr | |

Source: Own files

*Table 1.50* Sensitivity of cathodic stripping voltammetry without preconcentration (from various sources)

| | *Non-saline natural waters* | | *Sea waters* | |
|---|---|---|---|---|
| *Cation* | *LD* | *Section* | *LD* | *Section* |
| Aluminium | – | – | 0.027 μg $L^{-1}$ | 6.1.6 |
| Antimony | 0.024 μg absolute | 2.5.10 | – | – |
| Cobalt | – | – | 0.002–2.9 μg $L^{-1}$ | 6.72.13.1, 6.15.12, 6.72.11.1 |
| Nickel | – | – | 0.002–0.005 μg $L^{-1}$ | 6.72.13.1 |
| Platinum | – | – | 0.00004 μg absolute | 6.41.1 |
| Selenium | 2–25 μg $L^{-1}$ | 2.56.10 | – | – |
| Uranium | 0.4 μg $L^{-1}$ | 2.70.5 | 2.4 μg $L^{-1}$ | 6.66.3 |
| Vanadium | – | – | 0.015 μg $L^{-1}$<br>0.0035 μg absolute | 6.76.6 |
| Zinc | – | – | 0.00019 μg $L^{-1}$<br>0.19 μg absolute | 6.70.7 |

Source: Own files

*Table 1.51* Cations determinable in various types of water by ion selective electrodes

| *Period* | *Type of sample* | | | | | | | | | |
|---|---|---|---|---|---|---|---|---|---|---|
| | *Non-saline natural waters* | *Surface and ground waters* | *Potable waters* | *Aqueous precipitation* | *Sea water* | *Estuary coastal and bay waters* | *Waste waters* | *Sewage* | *Tide effluents* | *High purity water* |
| 2 | | | Li | | | | | | | |
| 3 | Al, Na | | | | | | Na | | | |
| 4 | Ca, Cu, K | | Ca, Co, Cu | | Ca, Cu, K | | | | | |
| 5 | Mo | | | | | | Cd | | | |
| 6 | Pb | | | | | | | | | |

Source: Own files

*Table 1.52* Sensitivity of ion selective electrode methods without preconcentration (from various sources)

| | *Non-saline natural waters* | | *Sea waters* | |
|---|---|---|---|---|
| *Cation* | *Ld* | *Section* | *Ld* | *Section* |
| Ammonium | 320 µg $L^{-1}$ | 2.13.7 | 0.00001 µg $L^{-1}$ | 6.2.3 |
| Chromium | 4 µg $L^{-1}$ | 2.16.17 | – | – |
| Copper | 2.5 µg $L^{-1}$ | 2.18.6 | 2 µg $L^{-1}$ | 6.16.8 |
| Lead | 5–207 µg $L^{-1}$ | 2.32.8 | – | – |
| Sodium | 1000 µg $L^{-1}$ | 2.59.4 | – | – |

Source: Own files

*Table 1.53* Cations determinable in various types of water by polarographic procedures (15 cations)

| *Period* | *Type of sample* | | | | | | | | | |
|---|---|---|---|---|---|---|---|---|---|---|
| | *Non-saline natural waters* | *Surface and ground waters* | *Potable waters* | *Aqueous precipitation* | *Sea water* | *Estuary coastal and bay waters* | *Waste waters* | *Sewage* | *Tide effluents* | *High purity water* |
| 1 | See Table 1.53 | | | | | | | | | |
| 4 | | | As | | Co, Mn, K | Mn | Fe, Zn | Cu | Cr, Cu, Fe | |
| 5 | | | | | Cd, Mo | | In | | | |
| 6 | | | Pb | | | | | Pb | | |

Source: Own files

*Table 1.54* Cations determinable in non-saline natural waters by polarographic procedures (15 cations)

| Group | *s*-block I | II | | | | *d*-block | | | | | | | *p*-block III | IV | V | VI | VIII | 0 |
|---|---|---|---|---|---|---|---|---|---|---|---|---|---|---|---|---|---|---|
| Period | | | | | | | | | | | | | | | | | | |
| 1 | $^{1}$H | | | | | | | | | | | | | | | | $^{1}$H | $^{2}$He |
| 2 | $^{2}$Li | $^{4}$Be√ | | | | | | | | | | | $^{5}$B | $^{6}$C | $^{7}$N | $^{8}$O | $^{9}$F | $^{10}$Ne |
| 3 | $^{11}$Na | $^{12}$Mg | | | | | | | | | | | $^{13}$Al√ | $^{14}$Si | $^{15}$P | $^{16}$S | $^{17}$Cl | $^{18}$Ar |
| 4 | $^{19}$K | $^{20}$Ca√ | $^{21}$Sc | $^{22}$Ti | $^{23}$V | $^{24}$Cr√ | $^{25}$Mn√ | $^{26}$Fe√ | $^{27}$Co√ | $^{28}$Ni√ | $^{29}$Cu√ | $^{30}$Zn√ | $^{31}$Ga | $^{32}$Ge | $^{33}$As | $^{34}$Se | $^{35}$Br | $^{36}$Kr |
| 5 | $^{37}$Rb | $^{35}$Sr√ | $^{39}$Y | $^{40}$Zr | $^{41}$Nb | $^{42}$Mo | $^{43}$Tc | $^{44}$Ru | $^{45}$Rh | $^{46}$Pd | $^{47}$Ag | $^{48}$Cd√ | $^{49}$In | $^{50}$Sn | $^{51}$Sb | $^{52}$Te | $^{53}$I | $^{54}$Xe |
| 6 | $^{55}$Cs | $^{56}$Ba√ | $^{57}$La • | $^{72}$Hf | $^{73}$Ta | $^{74}$W | $^{75}$Re | $^{76}$Os | $^{77}$Ir | $^{78}$Pt | $^{79}$Au | $^{80}$Hg | $^{81}$Tl | $^{82}$Pb√ | $^{83}$Bi | $^{84}$Po | $^{85}$At | $^{86}$Rn |
| 7 | $^{87}$Fr | $^{88}$Ra | $^{89}$Ac • | | | | | | | | | | | | | | | |
| | | | | | | | | | *f*-block | | | | | | | | | |
| Lanthanides | | | | $^{58}$Ce | $^{59}$Pr | $^{60}$Nd | $^{61}$Pm | $^{62}$Sm | $^{63}$Eu | $^{64}$Gd | $^{65}$Tb | $^{66}$Dy | $^{67}$Ho | $^{68}$Er | $^{69}$Tm | $^{70}$Yb | $^{71}$Lu | |
| Actinides | | | | $^{90}$Th | $^{91}$Pa | $^{92}$U√ | $^{93}$Np | $^{94}$Pu | $^{95}$Am | $^{96}$Cm | $^{97}$Bk | $^{98}$Cf | $^{99}$Es | $^{100}$Fm | $^{101}$Md | $^{102}$No | $^{103}$Lr | |

Source: Own files

*Table 1.55* Sensitivities of polarographic methods without preconcentration (from various sources)

| | Non-saline natural waters | | Sea waters | |
|---|---|---|---|---|
| *Cation* | *LD* | *Section* | *LD* | *Section* |
| Barium | 96 µg $L^{-1}$ absolute | 2.76.11.2 | – | – |
| Beryllium | 2 µg $L^{-1}$ | 2.8.4 | – | – |
| Calcium | 2.8 µg absolute | 2.76.11.2 | – | – |
| Cadmium | – | – | $1.1 \times 10^{-10}$ µg absolute | 6.10.6 |
| Chromium | 2 µg $L^{-1}$ | 2.16.8 | – | – |
| Copper | – | – | 3 µg $L^{-1}$ | 6.22.2 |
| Magnesium | 96 µg absolute | 2.76.11.2 | – | – |
| Manganese | – | – | 10–100 µg $L^{-1}$ | 6.3.3, 6.33.11 |
| Molybdenum | – | – | 0.7 µg $L^{-1}$ | 6.35.9 |
| Nickel | 0.001 µg $L^{-1}$ | 2.41.4 | – | – |
| Strontium | 61 µg absolute | 2.76.11.2 | – | – |
| Tin | 1 µg $L^{-1}$ | 2.67.4 | – | – |

Source: Own files

### 1.1.15 Amperometric methods

Again, very limited applications, viz. magnesium (LD 6000 μg $L^{-1}$), chromium (LD 0.005 μg $L^{-1}$) and potassium.

### 1.1.16 Emission spectrometry

This classical technique is still used to some extent in water analysis. It has, for example, been used to determine 28 cations in non-saline natural waters (Tables 1.56 and 1.57). Detection limits that have been achieved vary over a wide range, depending on the cation. They range from 0.05 ng $L^{-1}$ for mercury to 5 μg $L^{-1}$ for tellurium in non-saline natural waters and from 1 ng $L^{-1}$ for mercury to 16 μg $L^{-1}$ for lead in sea water (Table 1.58).

### 1.1.17 Mass spectrometry and isotope dilution mass spectrometry

These techniques have found some applications in water analysis, particularly in the case of sea water in which 28 cations have been determined (Tables 1.59 and 1.60). The only quoted data on detection limits found in the literature is that for lead which, it is claimed, can be determined in amounts down to 0.02 ng $L^{-1}$.

### 1.1.18 $\alpha$ particle induced X-ray emission spectrometry

This is a relatively new technique which so far has been used only for the determination of magnesium, calcium, strontium, sodium, potassium, caesium, chromium, manganese, cadmium, aluminium, molybdenum, rhenium and uranium.

### 1.1.19 X-ray fluorescence spectroscopy

This technique has been used fairly extensively in water analysis (Tables 1.61–1.63), for example, 23 cations have been determined in non-saline waters (Table 1.62) and 26 cations in sea water (Table 1.63).

The technique is not as sensitive as methods based on atomic absorption spectrometry, inductively coupled plasma atomic emission spectrometry or inductively coupled plasma mass spectrometry. Usually detection limits in the μg $L^{-1}$ range can be achieved and this can be improved upon to some extent by incorporating a preconcentration step (Table 1.64).

*Table 1.56* Cations determinable in various types of water by emission spectrometry

| *Period* | *Type of sample* | | | | | | | | | |
|---|---|---|---|---|---|---|---|---|---|---|
| | *Non-saline natural waters* | *Surface and ground waters* | *Potable waters* | *Aqueous precipitation* | *Sea water* | *Estuary coastal and bay waters* | *Waste waters* | *Sewage* | *Tide effluents* | *High purity water* |
| 1 | See Table 1.56 | | | | | | | | | |
| 2 | | Be | | | | B | | | Be, B | |
| 3 | | | | | | | | | Mg, Na | |
| 4 | | Cu, Ge, Mn, Ni | | Ca | Cr, Cu, Ni, Zn | As | | | Zn | |
| 5 | | Mo, Ag | | | Cd, Rb | Sb | | | | |
| 6 | | | | | Pb, Hg | | | | Ba, Hg | |

Source: Own files

*Table 1.57* Cations determinable in non-saline natural waters by emission spectrometry (28 cations)

| Group | s-block I | II | | | | d-block | | | | | | | p-block III | IV | V | VI | VIII | 0 |
|---|---|---|---|---|---|---|---|---|---|---|---|---|---|---|---|---|---|---|
| Period | | | | | | | | | | | | | | | | | | |
| 1 | $^{1}$H | | | | | | | | | | | | | | | | $^{1}$H | $^{2}$He |
| 2 | $^{2}$Li | $^{4}$Be√ | | | | | | | | | | | $^{5}$B√ | $^{6}$C | $^{7}$N | $^{8}$O | $^{9}$F | $^{10}$Ne |
| 3 | $^{11}$Na√ | $^{12}$Mg√ | | | | | | | | | | | $^{13}$Al√ | $^{14}$Si | $^{15}$P | $^{16}$S | $^{17}$Cl | $^{18}$Ar |
| 4 | $^{19}$K√ | $^{20}$Ca√ | $^{21}$Sc√ | $^{22}$Ti | $^{23}$V | $^{24}$Cr√ | $^{25}$Mn√ | $^{26}$Fe√ | $^{27}$Co | $^{28}$Ni√ | $^{29}$Cu√ | $^{30}$Zn | $^{31}$Ga | $^{32}$Ge | $^{33}$As√ | $^{34}$Se√ | $^{35}$Br | $^{36}$Kr |
| 5 | $^{37}$Rb | $^{35}$Sr√ | $^{39}$Y | $^{40}$Zr | $^{41}$Nb | $^{42}$Mo√ | $^{43}$Tc | $^{44}$Ru | $^{45}$Rh | $^{46}$Pd | $^{47}$Ag√ | $^{48}$Cd√ | $^{49}$In√ | $^{50}$Sn | $^{51}$Sb√ | $^{52}$Te√ | $^{53}$I | $^{54}$Xe |
| 6 | $^{55}$Cs√ | $^{56}$Ba√ | $^{57}$La • | $^{72}$Hf | $^{73}$Ta | $^{74}$W | $^{75}$Re | $^{76}$Os | $^{77}$Ir | $^{78}$Pt | $^{79}$Au | $^{80}$Hg√ | $^{81}$Tl√ | $^{82}$Pb√ | $^{83}$Bi√ | $^{84}$Po | $^{85}$At | $^{86}$Rn |
| 7 | $^{87}$Fr | $^{88}$Ra | $^{89}$Ac • | | | | | | | | | | | | | | | |
| | | | | | | | | | | f-block | | | | | | | | |
| Lanthanides | | | | $^{58}$Ce | $^{59}$Pr | $^{60}$Nd | $^{61}$Pm | $^{62}$Sm | $^{63}$Eu | $^{64}$Gd | $^{65}$Tb | $^{66}$Dy | $^{67}$Ho | $^{68}$Er | $^{69}$Tm | $^{70}$Yb | $^{71}$Lu | |
| Actinides | | | | $^{90}$Th | $^{91}$Pa | $^{92}$U | $^{93}$Np | $^{94}$Pu | $^{95}$Am | $^{96}$Cm | $^{97}$Bk | $^{98}$Cf | $^{99}$Es | $^{100}$Fm | $^{101}$Md | $^{102}$No | $^{103}$Lr | |

Source: Own files

*Table 1.58* Sensitivities of emission spectrometric methods without preconcentration

| Cation | *Non-saline natural waters* LD | Section | *Sea waters* LD | Section |
|---|---|---|---|---|
| Antimony | 1 μg $L^{-1}$ | 2.76.13.3 | – | – |
| Arsenic | 0.1 μg $L^{-1}$ | 2.76.13.3 | – | – |
| Cadmium | – | – | 5 μg $L^{-1}$ | 6.72.16.1 |
| Chromium | – | – | 1 μg $L^{-1}$ | 6.72.16.1 |
| Copper | – | – | 2 μg $L^{-1}$ | 6.72.16.1 |
| Lead | – | – | 16 μg $L^{-1}$ | 6.72.16.1 |
| Mercury | 0.00005 μg $L^{-1}$ (0.123 μg absolute) | 2.37.9, 2.37.13 | 0.01 μg $L^{-1}$ | 6.34.8 |
| Nickel | – | – | 6 μg $L^{-1}$ | 6.72.16.1 |
| Rubidium | – | – | 8 μg $L^{-1}$ | 6.49.4 |
| Selenium | 0.0015 μg $L^{-1}$ | 2.76.13.5 | – | – |
| Tellurium | 5 μg $L^{-1}$ | 2.76.13.5 | – | – |
| Zinc | – | – | 3 μg $L^{-1}$ | 6.72.16.1 |

Source: Own files

*Table 1.59* Cations determinable in various types of water by mass spectrometry including isotope dilution mass spectrometry

| *Period* | *Type of sample* | | | | | | | | | |
|---|---|---|---|---|---|---|---|---|---|---|
| | *Non-saline natural waters* | *Surface and ground waters* | *Potable waters* | *Aqueous precipitation* | *Sea water* | *Estuary coastal and bay waters* | *Waste waters* | *Sewage* | *Tide effluents* | *High purity water* |
| 1 | | | | | See Table 1.60 | | | | | |
| 2 | Li | | | | | | | | | |
| 4 | As | | | K | | Ca, Co, Cu, Fe, Mn, Ni, Zn | | | | Fe |
| 5 | Zr | | Cd | | | Cd | | | | |
| 6 | | | Pb, Tl | | | Pb | | | | |

Source: Own files

*Table 1.60* Cations determinable in seawater by mass spectrometry (28 cations)

| | s-block | | | | | d-block | | | | | | | p-block | | | | | |
|---|---|---|---|---|---|---|---|---|---|---|---|---|---|---|---|---|---|---|
| Group | I | II | | | | | | | | | | | III | IV | V | VI | VIII | 0 |
| Period | | | | | | | | | | | | | | | | | | |
| 1 | $^{1}$H | | | | | | | | | | | | | | | | $^{1}$H | $^{2}$He |
| 2 | $^{2}$Li√ | $^{4}$Be | | | | | | | | | | | $^{5}$B | $^{6}$C | $^{7}$N | $^{8}$O | $^{9}$F | $^{10}$Ne |
| 3 | $^{11}$Na | $^{12}$Mg | | | | | | | | | | | $^{13}$Al | $^{14}$Si | $^{15}$P | $^{16}$S | $^{17}$Cl | $^{18}$Ar |
| 4 | $^{19}$K | $^{20}$Ca | $^{21}$Sc | $^{22}$Ti | $^{23}$V | $^{24}$Cr | $^{25}$Mn | $^{26}$Fe√ | $^{27}$Co | $^{28}$Ni√ | $^{29}$Cu√ | $^{30}$Zn√ | $^{31}$Ga | $^{32}$Ge | $^{33}$As | $^{34}$Se | $^{35}$Br | $^{36}$Kr |
| 5 | $^{37}$Rb√ | $^{35}$Sr | $^{39}$Y√ | $^{40}$Zr | $^{41}$Nb | $^{42}$Mo | $^{43}$Tc | $^{44}$Ru | $^{45}$Rh | $^{46}$Pd | $^{47}$Ag | $^{48}$Cd√ | $^{49}$In | $^{50}$Sn | $^{51}$Sb | $^{52}$Te | $^{53}$I | $^{54}$Xe |
| 6 | $^{55}$Cs | $^{56}$Ba√ | $^{57}$La√ | $^{72}$Hf | $^{73}$Ta | $^{74}$W | $^{75}$Re | $^{76}$Os√ | $^{77}$Ir | $^{78}$Pt | $^{79}$Au | $^{80}$Hg | $^{81}$Tl√ | $^{82}$Pb√ | $^{83}$Bi | $^{84}$Po | $^{85}$At | $^{86}$Rn |
| 7 | $^{87}$Fr | $^{88}$Ra | $^{89}$Ac | | | | | | | | | | | | | | | |
| | | | | | | | | | | f-block | | | | | | | | |
| Lanthanides | | | | $^{58}$Ce√ | $^{59}$Pr√ | $^{60}$Nd√ | $^{61}$Pm√ | $^{62}$Sm√ | $^{63}$Eu√ | $^{64}$Gd√ | $^{65}$Tb√ | $^{66}$Dy√ | $^{67}$Ho√ | $^{68}$Er√ | $^{69}$Tm√ | $^{70}$Yb√ | $^{71}$Lu√ | |
| Actinides | | | | $^{90}$Th | $^{91}$Pa | $^{92}$U√ | $^{93}$Np | $^{94}$Pu | $^{95}$Am | $^{96}$Cm | $^{97}$Bk | $^{98}$Cf | $^{99}$Es | $^{100}$Fm | $^{101}$Md | $^{102}$No | $^{103}$Lr | |

Source: Own files

*Table 1.61* Cations determinable in various types of water by X-ray fluorescence spectroscopy

| *Period* | *Type of sample* | | | | | | | | | |
|---|---|---|---|---|---|---|---|---|---|---|
| | *Non-saline natural waters* | *Surface and ground waters* | *Potable waters* | *Aqueous precipitation* | *Sea water* | *Estuary coastal and bay waters* | *Waste waters* | *Sewage* | *Tide effluents* | *High purity water* |
| 1 | | | | See Table 1.62 | See Table 1.63 | | | | | |
| 4 | As, Co, Cu, Fe, Ni | | Ca, Cr, Co, Cu, Fe, Ni, Se, Zn | | | | Cr, Co, Cu, Fe, Mn, Ni, | | Ca, Fe, Mn, Ni, K, Zn | |
| 5 | Ag | | | | | | Sr | | Cd, Nb, Rb, Sr | |
| 6 | Pb, Hg | | Pb, Hg | | | | Ba, Bi, Pb | | Ba, Hg, Ta | |
| Actinides | | | | | | | | | Th, Pa, U, etc. | |

Source: Own files

*Table 1.62* Cations determinable in aqueous precipitation by X-ray fluorescence spectroscopy (23 cations)

| | s-block | | | | | d-block | | | | | | | p-block | | | | | |
|---|---|---|---|---|---|---|---|---|---|---|---|---|---|---|---|---|---|---|
| Group | I | II | | | | | | | | | | | III | IV | V | VI | VIII | 0 |
| Period | | | | | | | | | | | | | | | | | | |
| 1 | $^{1}$H | | | | | | | | | | | | | | | | $^{1}$H | $^{2}$He |
| 2 | $^{2}$Li | $^{4}$Be | | | | | | | | | | | $^{5}$B | $^{6}$C | $^{7}$N | $^{8}$O | $^{9}$F | $^{10}$Ne |
| 3 | $^{11}$Na | $^{12}$Mg | | | | | | | | | | | $^{13}$Al | $^{14}$Si | $^{15}$P | $^{16}$S | $^{17}$Cl | $^{18}$Ar |
| 4 | $^{19}$K√ | $^{20}$Ca√ | $^{21}$Sc | $^{22}$Ti√ | $^{23}$V√ | $^{24}$Cr√ | $^{25}$Mn√ | $^{26}$Fe√ | $^{27}$Co√ | $^{28}$Ni√ | $^{29}$Cu√ | $^{30}$Zn | $^{31}$Ga√ | $^{32}$Ge | $^{33}$As√ | $^{34}$Se√ | $^{35}$Br | $^{36}$Kr |
| 5 | $^{37}$Rb√ | $^{35}$Sr√ | $^{39}$Y√ | $^{40}$Zr | $^{41}$Nb | $^{42}$Mo√ | $^{43}$Tc | $^{44}$Ru | $^{45}$Rh | $^{46}$Pd | $^{47}$Ag√ | $^{48}$Cd√ | $^{49}$In | $^{50}$Sn | $^{51}$Sb√ | $^{52}$Te | $^{53}$I | $^{54}$Xe |
| 6 | $^{55}$Cs | $^{56}$Ba√ | $^{57}$La • | $^{72}$Hf | $^{73}$Ta | $^{74}$W | $^{75}$Re | $^{76}$Os | $^{77}$Ir | $^{78}$Pt | $^{79}$Au | $^{80}$Hg | $^{81}$Tl√ | $^{82}$Pb√ | $^{83}$Bi | $^{84}$Po | $^{85}$At | $^{86}$Rn |
| 7 | $^{87}$Fr | $^{88}$Ra | $^{89}$Ac • | | | | | | | | | | | | | | | |
| | | | | | | | | | | f-block | | | | | | | | |
| Lanthanides | | | | $^{58}$Ce | $^{59}$Pr | $^{60}$Nd | $^{61}$Pm | $^{62}$Sm | $^{63}$Eu | $^{64}$Gd | $^{65}$Tb | $^{66}$Dy | $^{67}$Ho | $^{68}$Er | $^{69}$Tm | $^{70}$Yb | $^{71}$Lu | |
| Actinides | | | | $^{90}$Th | $^{91}$Pa | $^{92}$U | $^{93}$Np | $^{94}$Pu | $^{95}$Am | $^{96}$Cm | $^{97}$Bk | $^{98}$Cf | $^{99}$Es | $^{100}$Fm | $^{101}$Md | $^{102}$No | $^{103}$Lr | |

Source: Own files

*Table 1.63* Cations determinable in sea water by X-ray fluorescence spectroscopy (26 cations)

| Group / Period | s-block I | II | | | | d-block | | | | | | | p-block III | IV | V | VI | VIII | 0 |
|---|---|---|---|---|---|---|---|---|---|---|---|---|---|---|---|---|---|---|
| 1 | $^{1}$H | | | | | | | | | | | | | | | | $^{1}$H | $^{2}$He |
| 2 | $^{2}$Li | $^{4}$Be | | | | | | | | | | | $^{5}$B | $^{6}$C | $^{7}$N | $^{8}$O | $^{9}$F | $^{10}$Ne |
| 3 | $^{11}$Na | $^{12}$Mg | | | | | | | | | | | $^{13}$Al | $^{14}$Si | $^{15}$P | $^{16}$S | $^{17}$Cl | $^{18}$Ar |
| 4 | $^{19}$K√ | $^{20}$Ca√ | $^{21}$Sc | $^{22}$Ti√ | $^{23}$V√ | $^{24}$Cr√ | $^{25}$Mn√ | $^{26}$Fe√ | $^{27}$Co√ | $^{28}$Ni√ | $^{29}$Cu√ | $^{30}$Zn√ | $^{31}$Ga√ | $^{32}$Ge | $^{33}$As√ | $^{34}$Se√ | $^{35}$Br | $^{36}$Kr |
| 5 | $^{37}$Rb√ | $^{35}$Sr√ | $^{39}$Y√ | $^{40}$Zr | $^{41}$Nb | $^{42}$Mo√ | $^{43}$Tc | $^{44}$Ru | $^{45}$Rh | $^{46}$Pd | $^{47}$Ag√ | $^{48}$Cd√ | $^{49}$In | $^{50}$Sn | $^{51}$Sb√ | $^{52}$Te | $^{53}$I | $^{54}$Xe |
| 6 | $^{55}$Cs | $^{56}$Ba√ | $^{57}$La • | $^{72}$Hf | $^{73}$Ta | $^{74}$W | $^{75}$Re | $^{76}$Os | $^{77}$Ir | $^{78}$Pt | $^{79}$Au | $^{80}$Hg√ | $^{81}$Tl | $^{82}$Pb√ | $^{83}$Bi | $^{84}$Po | $^{85}$At | $^{86}$Rn |
| 7 | $^{87}$Fr | $^{88}$Ra | $^{89}$Ac • | | | | | | | | | | | | | | | |
| | | | | | | | | | f-block | | | | | | | | | |
| Lanthanides | | | | $^{58}$Ce | $^{59}$Pr | $^{60}$Nd | $^{61}$Pm√ | $^{62}$Sm√ | $^{63}$Eu | $^{64}$Gd | $^{65}$Tb | $^{66}$Dy | $^{67}$Ho | $^{68}$Er | $^{69}$Tm | $^{70}$Yb | $^{71}$Lu | |
| Actinides | | | | $^{90}$Th | $^{91}$Pa | $^{92}$U√ | $^{93}$Np | $^{94}$Pu | $^{95}$Am | $^{96}$Cm | $^{97}$Bk | $^{98}$Cf | $^{99}$Es | $^{100}$Fm | $^{101}$Md | $^{102}$No | $^{103}$Lr | |

Source: Own files

*Table 1.64* Sensitivities of X-ray fluorescence spectroscopy with and without preconcentration (from various sources)

| *Cation* | *Non-saline natural waters* *Without preconcentration* | *Section* | *With preconcentration* | *Section* | *Sea waters* *Without preconcentration* | *Section* |
|---|---|---|---|---|---|---|
| Antimony | – | – | 61 $\mu g\ L^{-1}$ | 2.76.26.6 | $\mu g\ L^{-1}$ range | 6.5.10 |
| Arsenic | – | – | 0.3 $\mu g\ L^{-1}$ | 2.76.26.6 | – | – |
| Cadmium | – | – | – | – | 50 $\mu g\ L^{-1}$ | 6.72.10.1 |
| Chromium | – | – | – | – | $0.14 \times 10^{-6}$ μg absolute | 6.72.18.2 |
| Cobalt | 1 $\mu g\ L^{-1}$ | 2.17.8 | 0.4 $\mu g\ L^{-1}$ | 2.17.15 | 8–13 $\mu g\ L^{-1}$ | 6.72.18.2 |
| | 0.03 μg absolute | 2.76.17.1 | | | $0.14 \times 10^{-6}$ μg absolute | |
| Copper | $\mu g\ L^{-1}$ range | 2.76.17.1 | 0.5–1 $\mu g\ L^{-1}$ | 2.76.26.6 | $0.14 \times 10^{-6}$ μg absolute | 6.72.18.2 |
| Iron | $\mu g\ L^{-1}$ range | 7.76.17.1 | – | – | 1.9–16 $\mu g\ L^{-1}$ | 6.72.10.1 |
| | | | | | $0.14 \times 10^{-6}$ μg absolute | 6.72.18.2 |
| Lead | $\mu g\ L^{-1}$ range | 2.76.17.1 | 0.5–1 $\mu g\ L^{-1}$ | 2.76.26.6 | 40 $\mu g\ L^{-1}$ | 6.72.18.2 |
| Manganese | – | – | 0.5–1 $\mu g\ L^{-1}$ | 2.76.26.6 | 15 $\mu g\ L^{-1}$ | 6.72.18.2 |
| | | | | | $0.14 \times 10^{-6}$ μg absolute | |
| Mercury | $\mu g\ L^{-1}$ range | 2.76.17.1 | – | – | – | – |
| Molybdenum | – | – | – | – | 0.3 $\mu g\ L^{-1}$ | 6.35.10 |
| Nickel | $\mu g\ L^{-1}$ range | 2.76.17.1 | 0.5–1 $\mu g\ L^{-1}$ | 2.76.26.6 | 8 $\mu g\ L^{-1}$ | 6.72.18.2 |
| | | | | | $0.14 \times 10^{-6}$ μg absolute | |
| Selenium | – | – | 10 $\mu g\ L^{-1}$ | 2.56.17 | – | – |
| Silver | 2 $\mu g\ L^{-1}$ | 2.58.5 | – | – | – | – |
| Uranium | – | – | 4 $\mu g\ L^{-1}$ | 2.70.12 | – | – |
| Vanadium | – | – | – | – | $0.14 \times 10^{-6}$ μg absolute | 6.72.18.2 |
| Zinc | – | – | 0.5–1 $\mu g\ L^{-1}$ | 2.76.26.6 | 13 $\mu g\ L^{-1}$ | 6.72.18.2 |
| | | | | | $0.14 \times 10^{-6}$ μg absolute | |

Source: Own files

### 1.1.20 Neutron activation analysis

This technique has been used quite extensively in water analysis (Tables 1.65–1.68). It has been used, for example, to determine 36 cations in sea water (Table 1.67).

An advantage of this technique is that like inductively coupled plasma mass spectrometry it can be used to carry out scouting experiments to detect elements in water ie foreknowledge of the elements present in the sample is not mandatory. Most of the detection limit data available in the literature is concerned with non-saline samples, only limited detection limit data being available for sea water. Detection limits in the 10 ng $L^{-1}$ range are achievable for most cations in non-saline waters improving to about 1 ng $L^{-1}$ if a preconcentration step is employed (Table 1.69).

### 1.1.21 Prompt $\gamma$ neutron activation analysis

Again, a relatively new technique which, to date, has found limited applications in the analysis of non-saline waters viz. aluminium, magnesium, calcium, sodium, potassium, iron, manganese and titanium.

### 1.1.22 Gas chromatography

This technique has found limited applications in the analysis of non-saline waters (beryllium, arsenic, antimony, selenium, tin, mercury and cobalt), seawaters (aluminium, chromium, selenium and tin) and potable waters (beryllium and lead).

The method is quite sensitive having minimum detection limits, for example, of 1 ng $L^{-1}$ for antimony, arsenic, mercury, selenium and tin (Table 1.70).

### 1.1.23 High performance liquid chromatography

The number of applications of this technique to water analysis is growing (Tables 1.71 and 1.72). Sensitivity is not as good as that achieved by gas chromatography, usually being in the μg $L^{-1}$ range (Table 1.73).

### 1.1.24 Ion exchange chromatography

This technique has found some applications particularly in the analysis of surface and ground waters (Tables 1.74, 1.75).

*Table 1.65* Cations determinable in various types of water by neutron activation analysis

| *Period* | *Type of sample* | | | | | | | | | |
|---|---|---|---|---|---|---|---|---|---|---|
| | *Non-saline natural waters* | *Surface and ground waters* | *Potable waters* | *Aqueous precipitation* | *Sea water* | *Estuary coastal and bay waters* | *Waste waters* | *Sewage* | *Trade effluents* | *High purity water* |
| 1 | See Table 1.66 | | | | See Table 1.67 | | | See Table 1.68 | | |
| 3 | | | Al | Al, Na | | | | | Al, Mg, Si | |
| 4 | | | | Mn, V | | | | | Ca, K | |
| 5 | | | | In, Ag | | | | | | |
| 6 | | | | | | | | | Pb, W | |
| Actinides | | | U | | | | | | | |

Source: Own files

*Table 1.66* Cations determinable in non-saline natural waters by neutron activation analysis (28 cations)

| Group<br>Period | *s*-block<br>I | II | | | | *d*-block | | | | | | | *p*-block<br>III | IV | V | VI | VIII | 0 |
|---|---|---|---|---|---|---|---|---|---|---|---|---|---|---|---|---|---|---|
| 1 | $^{1}$H | | | | | | | | | | | | | | | | $^{1}$H | $^{2}$He |
| 2 | $^{2}$Li√ | $^{4}$Be | | | | | | | | | | | $^{5}$B | $^{6}$C | $^{7}$N | $^{8}$O | $^{9}$F | $^{10}$Ne |
| 3 | $^{11}$Na√ | $^{12}$Mg√ | | | | | | | | | | | $^{13}$Al√ | $^{14}$Si | $^{15}$P | $^{16}$S | $^{17}$Cl | $^{18}$Ar |
| 4 | $^{19}$K√ | $^{20}$Ca√ | $^{21}$Sc√ | $^{22}$Ti | $^{23}$V | $^{24}$Cr√ | $^{25}$Mn√ | $^{26}$Fe√ | $^{27}$Co√ | $^{28}$Ni√ | $^{29}$Cu | $^{30}$Zn√ | $^{31}$Ga√ | $^{32}$Ge | $^{33}$As√ | $^{34}$Se√ | $^{35}$Br | $^{36}$Kr |
| 5 | $^{37}$Rb | $^{35}$Sr√ | $^{39}$Y | $^{40}$Zr | $^{41}$Nb | $^{42}$Mo√ | $^{43}$Tc | $^{44}$Ru | $^{45}$Rh | $^{46}$Pd | $^{47}$Ag | $^{48}$Cd√ | $^{49}$In | $^{50}$Sn | $^{51}$Sb√ | $^{52}$Te | $^{53}$I | $^{54}$Xe |
| 6 | $^{55}$Cs | $^{56}$Ba√ | $^{57}$La√ | $^{72}$Hf | $^{73}$Ta | $^{74}$W | $^{75}$Re | $^{76}$Os | $^{77}$Ir | $^{78}$Pt | $^{79}$Au√ | $^{80}$Hg | $^{81}$Tl | $^{82}$Pb | $^{83}$Bi | $^{84}$Po | $^{85}$At | $^{86}$Rn |
| 7 | $^{87}$Fr | $^{88}$Ra | $^{89}$Ac | | | | | | | | | | | | | | | |
| | | | | | | | | | *f*-block | | | | | | | | | |
| Lanthanides | | | | $^{58}$Ce√ | $^{59}$Pr | $^{60}$Nd | $^{61}$Pm | $^{62}$Sm√ | $^{63}$Eu√ | $^{64}$Gd | $^{65}$Tb | $^{66}$Dy | $^{67}$Ho | $^{68}$Er | $^{69}$Tm | $^{70}$Yb√ | $^{71}$Lu | |
| Actinides | | | | $^{90}$Th | $^{91}$Pa | $^{92}$U√ | $^{93}$Np | $^{94}$Pu | $^{95}$Am | $^{96}$Cm | $^{97}$Bk | $^{98}$Cf | $^{99}$Es | $^{100}$Fm | $^{101}$Md | $^{102}$No | $^{103}$Lr | |

Source: Own files

*Table 1.67* Cations determinable in seawater by neutron activation analysis (36 cations)

| Group | *s*-block I | II | | | | *d*-block | | | | | | | *p*-block III | IV | V | VI | VIII | 0 |
|---|---|---|---|---|---|---|---|---|---|---|---|---|---|---|---|---|---|---|
| Period | | | | | | | | | | | | | | | | | | |
| 1 | $^{1}$H | | | | | | | | | | | | | | | | $^{1}$H | $^{2}$He |
| 2 | $^{2}$Li√ | $^{4}$Be | | | | | | | | | | | $^{5}$B | $^{6}$C | $^{7}$N | $^{8}$O | $^{9}$F | $^{10}$Ne |
| 3 | $^{11}$Na√ | $^{12}$Mg√ | | | | | | | | | | | $^{13}$Al√ | $^{14}$Si | $^{15}$P | $^{16}$S | $^{17}$Cl | $^{18}$Ar |
| 4 | $^{19}$K√ | $^{20}$Ca√ | $^{21}$Sc√ | $^{22}$Ti | $^{23}$V√ | $^{24}$Cr√ | $^{25}$Mn√ | $^{26}$Fe√ | $^{27}$Co√ | $^{28}$Ni√ | $^{29}$Cu√ | $^{30}$Zn√ | $^{31}$Ga | $^{32}$Ge√ | $^{33}$As√ | $^{34}$Se√ | $^{35}$Br | $^{36}$Kr |
| 5 | $^{37}$Rb | $^{35}$Sr√ | $^{39}$Y | $^{40}$Zr√ | $^{41}$Nb | $^{42}$Mo√ | $^{43}$Tc | $^{44}$Ru | $^{45}$Rh | $^{46}$Pd | $^{47}$Ag√ | $^{48}$Cd√ | $^{49}$In√ | $^{50}$Sn√ | $^{51}$Sb√ | $^{52}$Te | $^{53}$I | $^{54}$Xe |
| 6 | $^{55}$Cs | $^{56}$Ba√ | $^{57}$La√ • | $^{72}$Hf | $^{73}$Ta | $^{74}$W | $^{75}$Re√ | $^{76}$Os | $^{77}$Ir | $^{78}$Pt | $^{79}$Au√ | $^{80}$Hg√ | $^{81}$Tl | $^{82}$Pb√ | $^{83}$Bi | $^{84}$Po | $^{85}$At | $^{86}$Rn |
| 7 | $^{87}$Fr | $^{88}$Ra | $^{89}$Ac • | | | | | | | | | | | | | | | |
| | | | | | | | | | *f*-block | | | | | | | | | |
| Lanthanides | | | | $^{58}$Ce√ | $^{59}$Pr | $^{60}$Nd | $^{61}$Pm | $^{62}$Sm | $^{63}$Eu√ | $^{64}$Gd | $^{65}$Tb | $^{66}$Dy | $^{67}$Ho | $^{68}$Er | $^{69}$Tm | $^{70}$Yb | $^{71}$Lu | |
| Actinides | | | | $^{90}$Th√ | $^{91}$Pa | $^{92}$U√ | $^{93}$Np | $^{94}$Pu | $^{95}$Am | $^{96}$Cm | $^{97}$Bk | $^{98}$Cf | $^{99}$Es | $^{100}$Fm | $^{101}$Md | $^{102}$No | $^{103}$Lr | |

Source: Own files

*Table 1.68* Cations determinable in sewage effluents by neutron activation analysis (30 cations)

| | s-block | | | | | d-block | | | | | | | p-block | | | | | |
|---|---|---|---|---|---|---|---|---|---|---|---|---|---|---|---|---|---|---|
| Group<br>Period | I | II | | | | | | | | | | | III | IV | V | VI | VIII | 0 |
| 1 | $^{1}$H | | | | | | | | | | | | | | | | $^{1}$H | $^{2}$He |
| 2 | $^{2}$Li | $^{4}$Be | | | | | | | | | | | $^{5}$B | $^{6}$C | $^{7}$N | $^{8}$O | $^{9}$F | $^{10}$Ne |
| 3 | $^{11}$Na√ | $^{12}$Mg√ | | | | | | | | | | | $^{13}$Al√ | $^{14}$Si | $^{15}$P | $^{16}$S | $^{17}$Cl | $^{18}$Ar |
| 4 | $^{19}$K√ | $^{20}$Ca√ | $^{21}$Sc√ | $^{22}$Ti√ | $^{23}$V√ | $^{24}$Cr√ | $^{25}$Mn√ | $^{26}$Fe√ | $^{27}$Co√ | $^{28}$Ni | $^{29}$Cu√ | $^{30}$Zn√ | $^{31}$Ga | $^{32}$Ge | $^{33}$As√ | $^{34}$Se√ | $^{35}$Br | $^{36}$Kr |
| 5 | $^{37}$Rb√ | $^{35}$Sr√ | $^{39}$Y | $^{40}$Zr | $^{41}$Nb | $^{42}$Mo√ | $^{43}$Tc | $^{44}$Ru | $^{45}$Rh | $^{46}$Pd | $^{47}$Ag√ | $^{48}$Cd√ | $^{49}$In | $^{50}$Sn | $^{51}$Sb√ | $^{52}$Te | $^{53}$I | $^{54}$Xe |
| 6 | $^{55}$Cs√ | $^{56}$Ba√ | $^{57}$La • | $^{72}$Hf | $^{73}$Ta | $^{74}$W√ | $^{75}$Re | $^{76}$Os | $^{77}$Ir | $^{78}$Pt | $^{79}$Au√ | $^{80}$Hg√ | $^{81}$Tl | $^{82}$Pb√ | $^{83}$Bi | $^{84}$Po | $^{85}$At | $^{86}$Rn |
| 7 | $^{87}$Fr | $^{88}$Ra | $^{89}$Ac • | | | | | | | | | | | | | | | |
| | | | | | | | | | | f-block | | | | | | | | |
| Lanthanides | | | | $^{58}$Ce | $^{59}$Pr | $^{60}$Nd | $^{61}$Pm | $^{62}$Sm | $^{63}$Eu | $^{64}$Gd | $^{65}$Tb | $^{66}$Dy | $^{67}$Ho | $^{68}$Er | $^{69}$Tm | $^{70}$Yb | $^{71}$Lu | |
| Actinides | | | | $^{90}$Th√ | $^{91}$Pa | $^{92}$U√ | $^{93}$Np | $^{94}$Pu | $^{95}$Am | $^{96}$Cm | $^{97}$Bk | $^{98}$Cf | $^{99}$Es | $^{100}$Fm | $^{101}$Md | $^{102}$No | $^{103}$Lr | |

Source: Own files

Table 1.69 Sensitivity neutron activation analysis with and without preconcentration (from various sources)

| Cation | Non-saline natural waters | | | | Sea waters | | | |
|---|---|---|---|---|---|---|---|---|
| | Without preconcentration | Section | With preconcentration | Section | Without preconcentration | Section | With preconcentration | Section |
| Aluminium | 0.01 $\mu g\ L^{-1}$ | 2.76.15.1 | – | – | – | – | – | – |
| Antimony | 0.01 $\mu g\ L^{-1}$ | 2.76.15.1 | 0.001–10 $\mu g\ L^{-1}$ | 2.76.26.1<br>2.5.11 | – | – | – | – |
| Arsenic | – | – | 0.001–10 $\mu g\ L^{-1}$ | 2.76.26.1 | – | – | – | – |
| Cadmium | – | – | 0.8 $\mu g\ L^{-1}$ | 2.76.26.7 | – | – | – | – |
| Calcium | 0.01 $\mu g\ L^{-1}$ | 2.76.15.1 | – | – | – | – | – | – |
| Chromium | – | – | 0.2 $\mu g\ L^{-1}$ | 2.76.26.7 | – | – | 0.14 $\mu g\ L^{-1}$ | 2.72.22.3 |
| Cobalt | 0.01 $\mu g\ L^{-1}$ | 2.76.15.1 | 0.04 $\mu g\ L^{-1}$ | 2.76.26.7 | – | – | 0.006 $\mu g\ L^{-1}$ | 6.72.22.3 |
| Copper | – | – | 0.3 $\mu g\ L^{-1}$ | 2.76.26.7 | – | – | 0.08 $\mu g\ L^{-1}$ | 6.72.22.3 |
| Gallium | – | – | 0.001–1 $\mu g\ L^{-1}$ | 2.42.2<br>2.42.3 | – | – | – | – |
| Indium | – | – | 0.001 $\mu g\ L^{-1}$ | 2.42.2 | 0.001 $\mu g\ L^{-1}$ | 6.25.4 | – | – |
| Iron | – | – | – | – | – | – | 1.2 $\mu g\ L^{-1}$ | 6.72.22.3 |
| Lithium | 3000 $\mu g\ L^{-1}$ | 2.33.6 | – | – | – | – | – | – |
| Potassium | 0.01 $\mu g\ L^{-1}$ | 2.76.15.1 | – | – | – | – | – | – |
| Magnesium | 0.01 $\mu g\ L^{-1}$ | 2.76.15.1 | – | – | – | – | – | – |
| Manganese | 0.01 $\mu g\ L^{-1}$ | 2.76.15.1 | 0.006 $\mu g\ L^{-1}$ | 2.76.26.7 | – | – | 0.16 $\mu g\ L^{-1}$ | 6.72.22.3 |
| Molybdenum | – | – | 0.02 $\mu g\ L^{-1}$ | 2.37.15 | – | – | – | – |
| Samerium | 0.01 $\mu g\ L^{-1}$ | 2.76.15.1 | – | – | – | – | – | – |
| Scandium | 0.4 $\mu g\ L^{-1}$ | 2.57.3 | – | – | – | – | – | – |
| Selenium | 0.07–3 $\mu g\ L^{-1}$ | 2.56.12 | – | – | – | – | – | – |
| Sodium | 0.01 $\mu g\ L^{-1}$ | 2.76.15.1 | – | – | – | – | – | – |
| Strontium | 100 $\mu g\ L^{-1}$ | 2.60.1 | – | – | – | – | – | – |
| Thorium | – | – | – | – | – | – | 0.0004 $\mu g\ L^{-1}$ | 6.72.22.3 |

*Table 1.69* continued

| Cation | Non-saline natural waters | | | | Sea waters | | | |
|---|---|---|---|---|---|---|---|---|
| | *Without pre-concentration* | *Section* | *With pre-concentration* | *Section* | *Without pre-concentration* | *Section* | *With pre-concentration* | *Section* |
| Uranium | – | – | 0.006 μg $L^{-1}$ | 2.76.26.7 | – | – | – | – |
| Vanadium | – | – | – | – | – | – | 0.06 μg $L^{-1}$ | 6.72.22.3 |
| Zinc | – | – | 0.3 μg $L^{-1}$ | 2.76.26.7 | – | – | 0.2 μg $L^{-1}$ | 6.72.22.3 |

Source: Own files

*Table 1.70* Sensitivity of gas chromatography without and with preconcentration (from various sources)

| Cation | Non-saline natural waters | | | | Sea waters | | | |
|---|---|---|---|---|---|---|---|---|
| | *Without pre-concentration* | *Section* | *With pre-concentration* | *Section* | *Without pre-concentration* | *Section* | *With pre-concentration* | *Section* |
| Antimony | 0.001–0.37 μg $L^{-1}$ | 2.76.18.1 | – | – | – | – | – | – |
| Arsenic | 0.001–0.78 μg $L^{-1}$ | 2.76.18.1 | – | – | – | – | – | – |
| Beryllium | 0.33 μg $L^{-1}$ | 2.8.6 | – | – | – | – | – | – |
| Chromium | – | – | 0.2 μg $L^{-1}$ | 2.76.26.1 | – | – | – | – |
| Cobalt | – | – | 0.05 μg $L^{-1}$ | 2.76.26.1 | – | – | – | – |
| Mercury | 0.001 μg $L^{-1}$ | 2.37.11 | – | – | – | – | – | – |
| Selenium | 0.001–0.2 μg $L^{-1}$ | 2.56.13<br>2.76.18.1 | – | – | – | – | 0.0005 μg $L^{-1}$ | 6.53.9<br>6.72.22.5 |
| Tin | 0.001–0.8 μg $L^{-1}$ | 2.76.18.1 | – | – | – | – | – | – |

Source: Own files

*Table 1.71* Cations determinable in various types of water by high performance liquid chromatography

| *Period* | *Type of sample* | | | | | | | | | |
|---|---|---|---|---|---|---|---|---|---|---|
| | *Non-saline natural waters* | *Surface and ground waters* | *Potable waters* | *Aqueous precipitation* | *Sea water* | *Estuary coastal and bay waters* | *Waste waters* | *Sewage* | *Trade effluents* | *High purity water* |
| 1 | See Table 1.72 | | | | | | | | | |
| 2 | | | Be | | | | | | | |
| 3 | | | Al | | Al | | | | | |
| 4 | | | Cu, Ga, Fe<br>As | | Cr, Cu, Fe<br>Mn, Ni, V | | Cr, Cu, Co<br>Ni, Zn | | Cr | |
| 5 | | | Pd | | Sn | Sn | | | | |
| 6 | | | Pb | | | | Pb, Hg | | | |

Source: Own files

*Table 1.72* Cations determinable in non-saline natural waters by high performance liquid chromatography (18 cations)

| Group<br>Period | s-block<br>I | II | | | | *d*-block | | | | | | | *p*-block<br>III | IV | V | VI | VIII | 0 |
|---|---|---|---|---|---|---|---|---|---|---|---|---|---|---|---|---|---|---|
| 1 | $^{1}$H | | | | | | | | | | | | | | | | $^{1}$H | $^{2}$He |
| 2 | $^{2}$Li | $^{4}$Be | | | | | | | | | | | $^{5}$B | $^{6}$C | $^{7}$N | $^{8}$O | $^{9}$F | $^{10}$Ne |
| 3 | $^{11}$Na | $^{12}$Mg√ | | | | | | | | | | | $^{13}$Al√ | $^{14}$Si | $^{15}$P | $^{16}$S | $^{17}$Cl | $^{18}$Ar |
| 4 | $^{19}$K | $^{20}$Ca√ | $^{21}$Sc | $^{22}$Ti | $^{23}$V√ | $^{24}$Cr√ | $^{25}$Mn√ | $^{26}$Fe√ | $^{27}$Co√ | $^{28}$Ni√ | $^{29}$Cu√ | $^{30}$Zn√ | $^{31}$Ga | $^{32}$Ge | $^{33}$As√ | $^{34}$Se√ | $^{35}$Br | $^{36}$Kr |
| 5 | $^{37}$Rb | $^{35}$Sr | $^{39}$Y | $^{40}$Zr | $^{41}$Nb | $^{42}$Mo | $^{43}$Tc | $^{44}$Ru | $^{45}$Rh | $^{46}$Pd | $^{47}$Ag√ | $^{48}$Cd√ | $^{49}$In | $^{50}$Sn√ | $^{51}$Sb | $^{52}$Te | $^{53}$I | $^{54}$Xe |
| 6 | $^{55}$Cs | $^{56}$Ba | $^{57}$La • | $^{72}$Hf | $^{73}$Ta | $^{74}$W | $^{75}$Re | $^{76}$Os | $^{77}$Ir | $^{78}$Pt | $^{79}$Au | $^{80}$Hg√ | $^{81}$Tl | $^{82}$Pb√ | $^{83}$Bi | $^{84}$Po | $^{85}$At | $^{86}$Rn |
| 7 | $^{87}$Fr | $^{88}$Ra | $^{89}$Ac • | | | | | | | | | | | | | | | |
| | | | | | | | | | | *f*-block | | | | | | | | |
| Lanthanides | | | | $^{58}$Ce | $^{59}$Pr | $^{60}$Nd | $^{61}$Pm | $^{62}$Sm | $^{63}$Eu | $^{64}$Gd | $^{65}$Tb | $^{66}$Dy | $^{67}$Ho | $^{68}$Er | $^{69}$Tm | $^{70}$Yb | $^{71}$Lu | |
| Actinides | | | | $^{90}$Th | $^{91}$Pa | $^{92}$U√ | $^{93}$Np | $^{94}$Pu | $^{95}$Am | $^{96}$Cm | $^{97}$Bk | $^{98}$Cf | $^{99}$Es | $^{100}$Fm | $^{101}$Md | $^{102}$No | $^{103}$Lr | |

Source: Own files

*Table 1.73* Sensitivity of high performance liquid chromatography with and without preconcentration (from various sources)

| *Cation* | *Non-saline natural waters* *Without preconcentration* | *Section* | *Sea waters* *Without preconcentration* | *Section* | *With preconcentration* | *Section* |
|---|---|---|---|---|---|---|
| Aluminium | μg $L^{-1}$ level | 2.76.19.1 | – | – | – | – |
| Cadmium | – | – | – | – | 0.5 μg $L^{-1}$ | 6.72.22.4 |
| Chromium | 30 μg $L^{-1}$ | 2.16.5 | μg $L^{-1}$ level | 6.14.3 | – | – |
| Copper | 17 μg $L^{-1}$ | 2.76.19.1 | – | – | 0.5 μg $L^{-1}$ | 6.72.22.4 |
| Iron | 1–10 μg $L^{-1}$ | 2.76.19.1<br>2.30.13 | – | – | – | – |
| Lead | 8 μg $L^{-1}$ | 2.76.19.1 | – | – | – | – |
| Manganese | μg $L^{-1}$ | 2.76.19.1 | – | – | – | – |
| Mercury | 0.03–0.06 μg $L^{-1}$ | 2.37.12 | – | – | – | – |
| Nickel | – | – | – | – | 0.5 μg $L^{-1}$ | 6.72.22.4 |
| Selenium | 5 μg $L^{-1}$ | 2.56.14 | – | – | – | – |
| Uranium | 1–60 μg $L^{-1}$ | 2.70.8 | – | – | – | – |
| Vanadium | 1 μg $L^{-1}$<br>0.13 μg absolute | 2.71.6 | – | – | – | – |

Source: Own files

*Table 1.74* Cations determinable in various types of water by ion exchange chromatography

| *Period* | *Type of sample* | | | | | | | | | |
|---|---|---|---|---|---|---|---|---|---|---|
| | *Non-saline natural waters* | *Surface and ground waters* | *Potable waters* | *Aqueous precipitation* | *Sea water* | *Estuary coastal and bay waters* | *Waste waters* | *Sewage* | *Trade effluents* | *High purity water* |
| 1 | See Table 1.75 | | | | | | | | | |
| 2 | | Li | | | | | | | | |
| 3 | | Na | | | | | | | | |
| 4 | | Ca, Cu, K | | | | | | | | Co, Fe, Mn, Ni |
| 5 | | Rb | | | | | | | | |
| 6 | | Cs | | | | | | | | |

Source: Own files

*Table 1.75* Cations determinable in non-saline natural waters by ion-exchange chromatography (28 cations)

| | *s*-block | | | | | *d*-block | | | | | | | *p*-block | | | | | |
|---|---|---|---|---|---|---|---|---|---|---|---|---|---|---|---|---|---|---|
| Group<br>Period | I | II | | | | | | | | | | | III | IV | V | VI | VIII | 0 |
| 1 | $^{1}$H | | | | | | | | | | | | | | | | $^{1}$H | $^{2}$He |
| 2 | $^{2}$Li√ | $^{4}$Be | | | | | | | | | | | $^{5}$B | $^{6}$C | $^{7}$N | $^{8}$O | $^{9}$F | $^{10}$Ne |
| 3 | $^{11}$Na√ | $^{12}$Mg√ | | | | | | | | | | | $^{13}$Al | $^{14}$Si | $^{15}$P | $^{16}$S | $^{17}$Cl | $^{18}$Ar |
| 4 | $^{19}$K√ | $^{20}$Ca√ | $^{21}$Sc√ | $^{22}$Ti | $^{23}$V√ | $^{24}$Cr√ | $^{25}$Mn | $^{26}$Fe | $^{27}$Co√ | $^{28}$Ni | $^{29}$Cu | $^{30}$Zn | $^{31}$Ga | $^{32}$Ge | $^{33}$As | $^{34}$Se | $^{35}$Br | $^{36}$Kr |
| 5 | $^{37}$Rb√ | $^{35}$Sr | $^{39}$Y | $^{40}$Zr | $^{41}$Nb | $^{42}$Mo | $^{43}$Tc | $^{44}$Ru | $^{45}$Rh | $^{46}$Pd | $^{47}$Ag | $^{48}$Cd√ | $^{49}$In | $^{50}$Sn | $^{51}$Sb | $^{52}$Te | $^{53}$I | $^{54}$Xe |
| 6 | $^{55}$Cs | $^{56}$Ba | $^{57}$La√ | $^{72}$Hf | $^{73}$Ta | $^{74}$W | $^{75}$Re | $^{76}$Os | $^{77}$Ir | $^{78}$Pt | $^{79}$Au | $^{80}$Hg | $^{81}$Tl | $^{82}$Pb | $^{83}$Bi | $^{84}$Po | $^{85}$At | $^{86}$Rn |
| 7 | $^{87}$Fr | $^{88}$Ra | $^{89}$Ac | | | | | | | | | | | | | | | |
| | | | | | | | | | *f*-block | | | | | | | | | |
| Lanthanides | | | | $^{58}$Ce√ | $^{59}$Pr√ | $^{60}$Nd√ | $^{61}$Pm√ | $^{62}$Sm√ | $^{63}$Eu√ | $^{64}$Gd√ | $^{65}$Tb√ | $^{66}$Dy√ | $^{67}$Ho√ | $^{68}$Er√ | $^{69}$Tm√ | $^{70}$Yb√ | $^{71}$Lu√ | |
| Actinides | | | | $^{90}$Th | $^{91}$Pa√ | $^{92}$U√ | $^{93}$Np | $^{94}$Pu | $^{95}$Am | $^{96}$Cm | $^{97}$Bk | $^{98}$Cf | $^{99}$Es | $^{100}$Fm | $^{101}$Md | $^{102}$No | $^{103}$Lr | |

Source: Own files

### 1.1.25 Ion chromatography

This technique was originally developed for the determination of anions in water. It is, however, now finding an increasing number of applications in the determination of cations (Tables 1.76 and 1.77). Thus 35 different cations have been determined in non-saline natural waters by this technique, comprising mainly the heavy metals, alkali metals, alkaline earths and the lanthanide elements. Detection limits are in the $\mu g\ L^{-1}$ range (Table 1.78).

### 1.1.26 Preconcentration techniques

Preconcentration techniques have been used to lower detection limits for a high proportion of all cations in various types of water samples (Tables 1.79–1.82).

## 1.2 Checklist for quickly identifying location in book of methods available for determining specific cations in specific types of water samples

This information is located in Table 1.83 (non-saline natural waters), Table 1.84 (surface, ground and mineral waters), Table 1.85 (potable waters), Table 1.86 (aqueous precipitation, rain, ice and snow), Table 1.87 (sea water), Table 1.88 (estuary, bay and coastal waters), Table 1.89 (waste waters), Table 1.90 (sewage effluents), Table 1.91 (trade effluents) and Table 1.92 (high purity, boiler feed and nuclear reactor waters).

*Table 1.76* Cations determinable in various types of water by ion chromatography

| *Period* | *Type of sample* | | | | | | | | | |
|---|---|---|---|---|---|---|---|---|---|---|
| | *Non-saline natural waters* | *Surface and ground waters* | *Potable waters* | *Aqueous precipitation* | *Sea water* | *Estuary coastal and bay waters* | *Waste waters* | *Sewage* | *Trade effluents* | *High purity water* |
| 1 | See Table 1.77 | | | | | | | | | |
| 3 | | | Mg, Na | Na | | | | | | |
| 4 | | | Ca, K | K | | | | Ca, Co, Cu, Ni, Zn | | |
| Actinides | | | | | | | | | U | |

Source: Own files

*Table 1.77* Cations determinable in non-saline natural waters by ion chromatography (36 cations)

| Group<br>Period | *s*-block<br>I | II | | | | *d*-block | | | | | | | *p*-block<br>III | IV | V | VI | VIII | 0 |
|---|---|---|---|---|---|---|---|---|---|---|---|---|---|---|---|---|---|---|
| 1 | $^{1}$H | | | | | | | | | | | | | | | | $^{1}$H | $^{2}$He |
| 2 | $^{2}$Li√ | $^{4}$Be | | | | | | | | | | | $^{5}$B | $^{6}$C | $^{7}$N | $^{8}$O | $^{9}$F | $^{10}$Ne |
| 3 | $^{11}$Na√ | $^{12}$Mg√ | | | | | | | | | | | $^{13}$Al√ | $^{14}$Si | $^{15}$P | $^{16}$S | $^{17}$Cl | $^{18}$Ar |
| 4 | $^{19}$K√ | $^{20}$Ca√ | $^{21}$Sc | $^{22}$Ti | $^{23}$V | $^{24}$Cr | $^{25}$Mn√ | $^{26}$Fe√ | $^{27}$Co√ | $^{28}$Ni√ | $^{29}$Cu√ | $^{30}$Zn√ | $^{31}$Ga | $^{32}$Ge | $^{33}$As | $^{34}$Se | $^{35}$Br | $^{36}$Kr |
| 5 | $^{37}$Rb | $^{35}$Sr√ | $^{39}$Y | $^{40}$Zr | $^{41}$Nb | $^{42}$Mo√ | $^{43}$Tc | $^{44}$Ru | $^{45}$Rh | $^{46}$Pd√ | $^{47}$Ag√ | $^{48}$Cd√ | $^{49}$In | $^{50}$Sn | $^{51}$Sb | $^{52}$Te | $^{53}$I | $^{54}$Xe |
| 6 | $^{55}$Cs | $^{56}$Ba | $^{57}$La√ | $^{72}$Hf | $^{73}$Ta | $^{74}$W | $^{75}$Re | $^{76}$Os | $^{77}$Ir | $^{78}$Pt | $^{79}$Au√ | $^{80}$Hg | $^{81}$Tl | $^{82}$Pb√ | $^{83}$Bi | $^{84}$Po | $^{85}$At | $^{86}$Rn |
| 7 | $^{87}$Fr | $^{88}$Ra | $^{89}$Ac | | | | | | | | | | | | | | | |
| | | | | | | | | | *f*-block | | | | | | | | | |
| Lanthanides | | | | $^{58}$Ce√ | $^{59}$Pr√ | $^{60}$Nd√ | $^{61}$Pm√ | $^{62}$Sm√ | $^{63}$Eu√ | $^{64}$Gd√ | $^{65}$Tb√ | $^{66}$Dy√ | $^{67}$Ho√ | $^{68}$Er√ | $^{69}$Tm√ | $^{70}$Yb√ | $^{71}$Lu√ | |
| Actinides | | | | $^{90}$Th | $^{91}$Pa√ | $^{92}$U√ | $^{93}$Np | $^{94}$Pu | $^{95}$Am | $^{96}$Cm | $^{97}$Bk | $^{98}$Cf | $^{99}$Es | $^{100}$Fm | $^{101}$Md | $^{102}$No | $^{103}$Lr | |

Source: Own files

*Table 1.78* Sensitivity of ion chromatography without preconcentration (from various sources)

| *Cation* | *Non-saline natural water LD* | *Section* |
|---|---|---|
| Ammonium | μg $L^{-1}$ level | 2.76.21.3 |
| Cadmium | μg $L^{-1}$ level | 2.76.21.3 |
| Calcium | μg $L^{-1}$ level | 2.76.21.3 |
| Cobalt | μg $L^{-1}$ level | 2.76.21.3 |
| Copper | μg $L^{-1}$ level | 2.76.21.3 |
| Iron | μg $L^{-1}$ level | 2.76.21.3 |
| Lanthanides | μg $L^{-1}$ level | 2.76.21.3 |
| Lead | μg $L^{-1}$ level | 2.76.21.3 |
| Lithium | μg $L^{-1}$ level | 2.33.8<br>2.76.21.3 |
| Magnesium | μg $L^{-1}$ level | 2.76.21.3 |
| Nickel | μg $L^{-1}$ level | 2.76.21.3 |
| Potassium | μg $L^{-1}$ level | 2.76.21.3 |
| Sodium | μg $L^{-1}$ level | 2.76.21.3 |
| Strontium | μg $L^{-1}$ level | 2.76.21.3 |
| Zinc | μg $L^{-1}$ level | 2.76.21.3 |

Source: Own files

*Table 1.79* Cations determinable in various types of water; preconcentration procedures

| *Period* | *Type of sample* | | | | | | | | | |
|---|---|---|---|---|---|---|---|---|---|---|
| | *Non-saline natural waters* | *Surface and ground waters* | *Potable waters* | *Aqueous precipitation* | *Sea water* | *Estuary coastal and bay waters* | *Waste waters* | *Sewage* | *Trade effluents* | *High purity water* |
| 1 | See Table 1.80 | | See Table 1.81 | | See Table 1.82 | | | | | |
| 2 | | | | Li | | | | | | |
| 3 | | | | Na | | | | | | |
| 4 | | | | K | | Cr, Co, Cu, Fe, Mn, Ni, Zn | | Cu, Zn | Cr, Co, Cu, V, Zn | |
| 5 | | | | | | Sb, Cd | | Cd | Sb, Cd, Mo, Nb, Ru, Sn, Zr | |
| 6 | | | | | | Pb | Hg | Pb | Bi, W | |
| Lanthanides | | | | | | | | | Gd | |
| Actinides | | | | | | | Th | | | |

Source: Own files

*Table 1.80* Preconcentration of cations in non-saline natural waters (58 cations)

| Group / Period | s-block I | II | | | d-block | | | | | | | | p-block III | IV | V | VI | VIII | 0 |
|---|---|---|---|---|---|---|---|---|---|---|---|---|---|---|---|---|---|---|
| 1 | $^{1}$H | | | | | | | | | | | | | | | | $^{1}$H | $^{2}$He |
| 2 | $^{2}$Li | $^{4}$Be√ | | | | | | | | | | | $^{5}$B√ | $^{6}$C | $^{7}$N | $^{8}$O | $^{9}$F | $^{10}$Ne |
| 3 | $^{11}$Na√ | $^{12}$Mg√ | | | | | | | | | | | $^{13}$Al√ | $^{14}$Si | $^{15}$P | $^{16}$S | $^{17}$Cl | $^{18}$Ar |
| 4 | $^{19}$K√ | $^{20}$Ca√ | $^{21}$Sc√ | $^{22}$Ti√ | $^{23}$V√ | $^{24}$Cr | $^{25}$Mn√ | $^{26}$Fe√ | $^{27}$Co√ | $^{28}$Ni√ | $^{29}$Cu√ | $^{30}$Zn√ | $^{31}$Ga√ | $^{32}$Ge√ | $^{33}$As√ | $^{34}$Se√ | $^{35}$Br | $^{36}$Kr |
| 5 | $^{37}$Rb | $^{35}$Sr√ | $^{39}$Y√ | $^{40}$Zr√ | $^{41}$Nb√ | $^{42}$Mo√ | $^{43}$Tc | $^{44}$Ru | $^{45}$Rh√ | $^{46}$Pd√ | $^{47}$Ag√ | $^{48}$Cd√ | $^{49}$In√ | $^{50}$Sn√ | $^{51}$Sb√ | $^{52}$Te√ | $^{53}$I | $^{54}$Xe |
| 6 | $^{55}$Cs√ | $^{56}$Ba | $^{57}$La√ | $^{72}$Hf | $^{73}$Ta | $^{74}$W√ | $^{75}$Re | $^{76}$Os | $^{77}$Ir | $^{78}$Pt | $^{79}$Au√ | $^{80}$Hg√ | $^{81}$Tl√ | $^{82}$Pb√ | $^{83}$Bi√ | $^{84}$Po | $^{85}$At | $^{86}$Rn |
| 7 | $^{87}$Fr | $^{88}$Ra | $^{89}$Ac | | | | | | | | | | | | | | | |
| | | | | | | | | | f-block | | | | | | | | | |
| Lanthanides | | | | $^{58}$Ce√ | $^{59}$Pr√ | $^{60}$Nd√ | $^{61}$Pm√ | $^{62}$Sm√ | $^{63}$Eu√ | $^{64}$Gd√ | $^{65}$Tb | $^{66}$Dy√ | $^{67}$Ho√ | $^{68}$Er√ | $^{69}$Tm√ | $^{70}$Yb√ | $^{71}$Lu√ | |
| Actinides | | | | $^{90}$Th√ | $^{91}$Pa | $^{92}$U√ | $^{93}$Np | $^{94}$Pu√ | $^{95}$Am√ | $^{96}$Cm | $^{97}$Bk | $^{98}$Cf | $^{99}$Es | $^{100}$Fm | $^{101}$Md | $^{102}$No | $^{103}$Lr | |

Source: Own files

*Table 1.81* Preconcentration of cations in potable waters (18 cations)

| | s-block | | | | | d-block | | | | | | | p-block | | | | | |
|---|---|---|---|---|---|---|---|---|---|---|---|---|---|---|---|---|---|---|
| Group<br>Period | I | II | | | | | | | | | | | III | IV | V | VI | VIII | 0 |
| 1 | $^{1}$H | | | | | | | | | | | | | | | | $^{1}$H | $^{2}$He |
| 2 | $^{2}$Li | $^{4}$Be | | | | | | | | | | | $^{5}$B | $^{6}$C | $^{7}$N | $^{8}$O | $^{9}$F | $^{10}$Ne |
| 3 | $^{11}$Na | $^{12}$Mg | | | | | | | | | | | $^{13}$Al√ | $^{14}$Si | $^{15}$P | $^{16}$S | $^{17}$Cl | $^{18}$Ar |
| 4 | $^{19}$K | $^{20}$Ca | $^{21}$Sc | $^{22}$Ti | $^{23}$V√ | $^{24}$Cr√ | $^{25}$Mn√ | $^{26}$Fe√ | $^{27}$Co√ | $^{28}$Ni√ | $^{29}$Cu√ | $^{30}$Zn√ | $^{31}$Ga | $^{32}$Ge√ | $^{33}$As√ | $^{34}$Se√ | $^{35}$Br | $^{36}$Kr |
| 5 | $^{37}$Rb | $^{35}$Sr | $^{39}$Y | $^{40}$Zr | $^{41}$Nb | $^{42}$Mo | $^{43}$Tc | $^{44}$Ru | $^{45}$Rh | $^{46}$Pd | $^{47}$Ag | $^{48}$Cd√ | $^{49}$In√ | $^{50}$Sn | $^{51}$Sb | $^{52}$Te | $^{53}$I | $^{54}$Xe |
| 6 | $^{55}$Cs | $^{56}$Ba | $^{57}$La • | $^{72}$Hf | $^{73}$Ta | $^{74}$W√ | $^{75}$Re | $^{76}$Os | $^{77}$Ir | $^{78}$Pt | $^{79}$Au | $^{80}$Hg√ | $^{81}$Tl | $^{82}$Pb√ | $^{83}$Bi√ | $^{84}$Po | $^{85}$At | $^{86}$Rn |
| 7 | $^{87}$Fr | $^{88}$Ra | $^{89}$Ac • | | | | | | | | | | | | | | | |
| | | | | | | | | | f-block | | | | | | | | | |
| Lanthanides | | | | $^{58}$Ce | $^{59}$Pr | $^{60}$Nd | $^{61}$Pm | $^{62}$Sm√ | $^{63}$Eu | $^{64}$Gd | $^{65}$Tb | $^{66}$Dy | $^{67}$Ho | $^{68}$Er | $^{69}$Tm | $^{70}$Yb | $^{71}$Lu | |
| Actinides | | | | $^{90}$Th | $^{91}$Pa | $^{92}$U | $^{93}$Np | $^{94}$Pu | $^{95}$Am | $^{96}$Cm | $^{97}$Bk | $^{98}$Cf | $^{99}$Es | $^{100}$Fm | $^{101}$Md | $^{102}$No | $^{103}$Lr | |

Source: Own files

*Table 1.82* Preconcentration of cations in seawaters (52 cations)

| Group | *s*-block I | II | | | | | | | | | | | *p*-block III | IV | V | VI | VIII | 0 |
|---|---|---|---|---|---|---|---|---|---|---|---|---|---|---|---|---|---|---|
| Period | | | | | | | | | | | | | | | | | | |
| 1 | $^{1}$H | | | | | | | | | | | | | | | | $^{1}$H | $^{2}$He |
| 2 | $^{2}$Li | $^{4}$Be | | | | | | | | | | | $^{5}$B | $^{6}$C | $^{7}$N | $^{8}$O | $^{9}$F | $^{10}$Ne |
| 3 | $^{11}$Na | $^{12}$Mg | | | *d*-block | | | | | | | | $^{13}$Al√ | $^{14}$Si | $^{15}$P | $^{16}$S | $^{17}$Cl | $^{18}$Ar |
| 4 | $^{19}$K | $^{20}$Ca√ | $^{21}$Sc√ | $^{22}$Ti√ | $^{23}$V√ | $^{24}$Cr√ | $^{25}$Mn√ | $^{26}$Fe√ | $^{27}$Co√ | $^{28}$Ni√ | $^{29}$Cu√ | $^{30}$Zn√ | $^{31}$Ga√ | $^{32}$Ge√ | $^{33}$As√ | $^{34}$Se√ | $^{35}$Br | $^{36}$Kr |
| 5 | $^{37}$Rb√ | $^{35}$Sr | $^{39}$Y√ | $^{40}$Zr√ | $^{41}$Nb | $^{42}$Mo√ | $^{43}$Tc√ | $^{44}$Ru | $^{45}$Rh | $^{46}$Pd√ | $^{47}$Ag√ | $^{48}$Cd√ | $^{49}$In√ | $^{50}$Sn√ | $^{51}$Sb√ | $^{52}$Te√ | $^{53}$I | $^{54}$Xe |
| 6 | $^{55}$Cs | $^{56}$Ba | $^{57}$La√• | $^{72}$Hf | $^{73}$Ta | $^{74}$W√ | $^{75}$Re | $^{76}$Os | $^{77}$Ir | $^{78}$Pt | $^{79}$Au√ | $^{80}$Hg√ | $^{81}$Tl√ | $^{82}$Pb√ | $^{83}$Bi√ | $^{84}$Po√ | $^{85}$At | $^{86}$Rn |
| 7 | $^{87}$Fr | $^{88}$Ra | $^{89}$Ac• | | | | | | | | | | | | | | | |
| | | | | | | | | | | *f*-block | | | | | | | | |
| Lanthanides | | | | $^{58}$Ce√ | $^{59}$Pr√ | $^{60}$Nd√ | $^{61}$Pm√ | $^{62}$Sm√ | $^{63}$Eu√ | $^{64}$Gd√ | $^{65}$Tb√ | $^{66}$Dy√ | $^{67}$Ho√ | $^{68}$Er√ | $^{69}$Tm√ | $^{70}$Yb√ | $^{71}$Lu√ | |
| Actinides | | | | $^{90}$Th√ | $^{91}$Pa | $^{92}$U√ | $^{93}$Np | $^{94}$Pu√ | $^{95}$Am | $^{96}$Cm | $^{97}$Bk | $^{98}$Cf | $^{99}$Es | $^{100}$Fm | $^{101}$Md | $^{102}$No | $^{103}$Lr | |

Source: Own files

*Table 1.83* Methods for the determination of cations in natural (non-saline) waters

| *Technique/ element* | *Titration procedures* | *Spectrophotometric methods* | *Ultraviolet spectroscopy** | *Flow injection analysis* | *Spectrofluorometric methods* | *Chemiluminescence methods* | *Atomic absorption spectrometry* |
|---|---|---|---|---|---|---|---|
| Aluminium | | 2.2.1 | | 2.2.4 | 2.2.2 | | 2.2.5, 2.76.4.1 |
| Ammonium | | 2.3.1 | | 2.3.3 | 2.3.2 | | |
| Antimony | | 2.5.1, 2.76.1.1 | | 2.5.2, 2.76.3.1 | | | 2.5.3, 2.76.4.2, 2.76.4.4 |
| Arsenic | | 2.6.1, 2.76.1.1 | | 2.6.3, 2.76.3.1 | 2.6.2, 2.76.2.1 | | 2.6.4, 2.76.4.2, 2.76.4.4 |
| Barium | | | | | | | 2.7.1, 2.76.4.1 |
| Beryllium | | | | | 2.8.1 | | |
| Bismuth | | | | 2.9.1., 2.76.3.1 | | | |
| Boron | | | | | | | 2.10.1 |
| Cadmium | 2.11.1 | | | | 2.11.2 | | 2.11.3, 2.76.4.3, 2.76.4.4 |
| Caesium | | | | | | | 2.12.1 |
| Calcium | 2.13.1 | 2.13.2 | | 2.13.3 | | | 2.13.4, 2.76.4.1 |
| Cerium | | 2.15.1 | | | 2.15.2, 2.76.2.2, 2.76.2.3 | | |
| Chromium | | 2.16.1 | | 2.16.4 | 2.16.2 | 2.16.3 | 2.16.5, 2.76.4.1, 2.76.4.3 |
| Cobalt | | 2.17.1 | | | | 2.17.2 | |
| Copper | | 2.18.1 | | | | 2.18.2 | 2.18.3, 2.76.4.3, 2.76.4.4 |
| Curium | | | | | 2.10.1 | | |
| Dysprosium | | | | | 2.20.1, 2.76.2.2 | | |
| Erbium | | | | | 2.76.2.2 | | |
| Europium | | | | | 2.76.2.2 | | |

*Table 1.83* continued

| *Technique/ element* | *Titration procedures* | *Spectrophoto-metric methods* | *Ultraviolet spectroscopy** | *Flow injection analysis* | *Spectrofluoro-metric methods* | *Chemilumin-escence methods* | *Atomic absorption spectrometry* |
|---|---|---|---|---|---|---|---|
| Gadolinium | | | | | 2.76.2.2 | | |
| Gallium | | | | | 2.74.1 | | |
| Gold | | | | | | | 2.26.1, 2.76.4.5 |
| Holmium | | | | | 2.76.2.2 | | |
| Indium | | | | | 2.29.1 | | |
| Iron | | 2.30.1 | | 2.30.3 | 2.30.2 | | 2.30.4, 2.76.4.1, 2.76.4.3 |
| Lanthanum | | | | | 2.76.2.2 | | |
| Lead | | 2.32.1 | | | 2.32.2, 2.76.2.3 | | 2.32.3, 2.76.4.3, 2.76.4.4 |
| Lithium | | 2.33.1 | | | | | 2.33.2 |
| Lutecium | | | | | 2.76.2.2 | | |
| Magnesium | | 2.35.1 | | 2.35.2 | | | 2.35.3, 2.76.4.1 |
| Manganese | | 2.36.1 | | 2.36.3 | 2.36.2 | | 2.36.4, 2.76.4.1, 2.76.4.3, 2.76.4.4 |
| Mercury | 2.37.1 | 2.37.2 | | 2.37.4 | 2.37.3 | | 2.37.5 |
| Molybdenum | | 2.38.1 | | | | | 2.38.2 |
| Neodynium | | | | | 2.76.2.2 | | |
| Nickel | | | | | | | 2.41.1 |
| Osmium | | 2.43.1 | | | | | |
| Potassium | | 2.47.1 | | | | | 2.47.2, 2.76.4.1 |
| Praseodynium | | | | | 2.76.2.2 | | |
| Promethium | | | | | 2.76.2.2 | | |
| Protoactinium | | | | | 2.76.2.2 | | |
| Rubidium | | | | | | | 2.53.1 |

*Table 1.83* continued

| *Technique/ element* | *Titration procedures* | *Spectrophoto-metric methods* | *Ultraviolet spectroscopy** | *Flow injection analysis* | *Spectrofluoro-metric methods* | *Chemilumin-escence methods* | *Atomic absorption spectrometry* |
|---|---|---|---|---|---|---|---|
| Ruthenium | | 2.54.1 | | | | | |
| Samerium | | | | | 2.76.2.2 | | |
| Selenium | | 2.56.1 | | 2.56.3 | 2.56.2, 2.76.2.1, 2.76.3.1 | | 2.56.4, 2.76.4.4 |
| Scandium | | 2.57.1 | | | | | |
| Silver | | | | | 2.58.1 | | 2.58.2, 2.76.4.3, 2.76.4.5 |
| Sodium | | | | | | | 2.59.1, 2.76.4.1 |
| Strontium | | | | | | | 2.60.1 |
| Tellurium | | | | 2.62.1 | 2.76.3.1 | | 2.62.2 |
| Terbium | | | | | 2.76.22 | | |
| Thallium | | 2.64.1 | | | 2.64.2, 2.76.2.3 | | 2.64.3, 2.76.4.4 |
| Thorium | | 2.65.1 | | | | | |
| Thulium | | | | | 2.76.2.2 | | |
| Tin | | 2.67.1 | | | | | 2.76.4.2 |
| Titanium | | 2.68.1 | | | | | 2.68.2 |
| Tungsten | | | | | | | 2.69.1 |
| Uranium | | 2.70.1 | | | 2.70.2 | | |
| Vanadium | | 2.71.1 | | | | | 2.71.2 |
| Ytterbium | | | | | 2.76.2.2 | | |
| Yttrium | | 2.73.1 | | | | | |
| Zinc | | 2.74.1 | | 2.74.3 | 2.74.2 | | 2.74.4, 2.76.4.3 |

*No method available

Source: Own files

*Table 1.83* continued

| *Technique/ element* | *Graphite furnace atomic absorption spectrometry* | *Zeeman atomic absorption spectrometry* | *Hydride generation atomic absorption spectrometry* | *Inductively coupled plasma atomic emission spectrometry* | *Hydride generation inductively coupled plasma emission spectrometry* | *Inductively coupled plasma mass spectrometry* | *Anodic stripping voltammetry* |
|---|---|---|---|---|---|---|---|
| Aluminium | | | | 2.2.6, 2.76.8.2 2.76.8.3, 2.76.8.4 | | 2.2.7, 2.76.10.1 | |
| Antimony | | | 2.76.7.1 | 2.5.4, 2.76.8.2 2.76.8.5 | 2.76.9.1 | 2.76.10.1 | 2.5.6, 2.76.12.1 |
| Arsenic | | | 2.,6.5, 2.76.7.1 | 2.6.6, 2.76.8.2 2.76.8.5 | 2.76.9.1 | 2.6.7, 2.76.10.1 | 2.6.8 |
| Barium | 2.7.2, 2.76.5.2 | | | 2.7.3, 2.76.8.2 | | 2.7.4, 2.76.10.1 | |
| Beryllium | 2.8.2, 2.76.5.2 | | | 2.8.3, 2.76.8.2, 2.76.8.4 | | | |
| Bismuth | | | 2.9.2, 2.76.7.1 | 2.76.8.2, 2.76.8.5, 2.9.3 | 2.76.9.1 | | 2.9.4, 2.76.12.1 |
| Cadmium | 2.11.4, 2.76.5.1 | 2.76.6.1 | | 2.11.5, 2.68.6, 2.76.8.1, 2.76.8.2 2.76.8.4 | | 2.11.6, 2.76.10.1 | 2.11.7, 2.76.12.1 |
| Calcium | | | | 2.13.5, 2.76.8.2 | | 2.13.6, 2.76.10.1 | |
| Cerium | | | | | | 2.15.3, 1.76.10.3 | |
| Chromium | 2.76.5.2 | | | 2.16.6, 2.76.8.2 2.76.8.4 | | 2.16.7, 2.76.10.1 | 2.16.11, 2.76.12.2 |
| Cobalt | 2.17.3, 2.76.5.2 | 2.76.6.1 | | 2.17.4, 2.76.8.2 2.76.8.4 | | 2.17.5, 2.76.10.1 | 2.76.12.1 |

*Table 1.83* continued

| *Technique/ element* | *Graphite furnace atomic absorption spectrometry* | *Zeeman atomic absorption spectrometry* | *Hydride generation atomic absorption spectrometry* | *Inductively coupled plasma atomic emission spectrometry* | *Hydride generation inductively coupled plasma emission spectrometry* | *Inductively coupled plasma mass spectrometry* | *Anodic stripping voltammetry* |
|---|---|---|---|---|---|---|---|
| Copper | 2.76.5.1, 2.76.5,2 | | | 2.18.4, 2.76.8.6, 2.76.8.1, 2.76.8.2, 2.76.8.4 | | 2.18.5, 2.76.10.1 | 2.18.7, 2.76.12.1 |
| Curium | | | | | | | 2.19.2, 2.76.12.3 |
| Dysprosium | | | | | | 2.20.2, 2.76.10.3 | |
| Erbium | | | | | | 2.21.1, 2.76.10.3 | |
| Europium | | | | | | 2.22.1, 2.76.10.3 | |
| Gadolinium | | | | | | 2.23.1, 2.76.10.3 | |
| Germanium | 2.25.1 | | | | 2.25.2 | | |
| Gold | | | | 2.26.2 | | 2.26.3 | |
| Hafnium | | | | 2.27.1 | | | |
| Holmium | | | | | | 2.28.1, 2.76.10.3 | |
| Indium | | | | | | | 2.29.2, 2.76.12.1 |
| Iron | | | | 2.30.5, 2.76.8.2, 2.76.8.4, 2.76.8.6 | | | 2.30.7, 2.76.12.1 |
| Lanthanum | | | | | | 2.76.10.3 | |
| Lead | 2.32.4, 2.76.5.1 | | 2.32.5, 2.76.7.1 | 2.32.6, 2.76.8.1, 2.76.8.2, 2.76.8.3, 2.76.8.6 | | 2.32.7, 2.76.10.1 | 2.32.10, 2.76.12.1 |
| Lithium | | | | 2.33.3, 2.76.8.2 | | | |
| Lutecium | | | | | | 2.34.1, 2.76.10.3 | |
| Magnesium | | | | 2.35.4, 2.76.8.2 | | 2.35.5, 2.76.10.1 | |

*Table 1.83* continued

| *Technique/ element* | *Graphite furnace atomic absorption spectrometry* | *Zeeman atomic absorption spectrometry* | *Hydride generation atomic absorption spectrometry* | *Inductively coupled plasma atomic emission spectrometry* | *Hydride generation inductively coupled plasma emission spectrometry* | *Inductively coupled plasma mass spectrometry* | *Anodic stripping voltammetry* |
|---|---|---|---|---|---|---|---|
| Manganese | | | | 2.36.5, 2.76.8.2, 2.76.8.3, 2.76.8.4 | | 2.36.6, 2.76.10.1 | 2.36.8, 2.76.12.1 |
| Mercury | | | | 2.37.6, 2.76.8.2, 2.76.8.5 | | 2.37.7 | 2.37.8 |
| Molybdenum | 2.76.5.2 | | | 2.38.3, 2.76.8.2, 2.76.8.6 | | 2.38.4, 2.76.10.1 | |
| Neodynium | | | | | | 2.39.1, 2.76.10.3 | |
| Nickel | 2.76.5.2 | 2.76.6.1 | | 2.41.2, 2.76.8.2, 2.76.8.4, 2.76.8.6 | | 2.41.3, 2.76.10.1 | 2.41.5, 2.76.12.1 |
| Palladium | 2.44.1 | | | | | | 2.44.2 |
| Potassium | | | | 2.47.4, 2.76.8.2 | | 2.47.5, 2.76.10.1 | |
| Praseodynium | | | | | | 2.48.1, 2.76.10.3 | |
| Promethium | | | | | | 2.49.1, 2.76.10.3 | |
| Protoactinium | | | | | | 2.76.10.3 | |
| Samerium | | | | | | 2.55.1, 2.7.10.3 | |
| Selenium | 2.56.5 | | 2.56.6, 2.56.7, 2.76.7.1 | 2.56.8, 2.76.8.2, 2.76.8.5 | 2.76.9.1 | 2.56.9 | 2.56.10 |
| Silver | | 2.76.6.1 | | 2.58.3, 2.76.8.2 | | | |
| Sodium | | | | 2.59.2, 2.76.8.2 | | 2.59.3, 2.76.10.1 | |
| Strontium | | | | 2.60.2, 2.76.8.2 | | 2.60.3, 2.76.10.1 | |
| Technecium | | | | | | 2.61.1 | 2.61.2, 2.76.12.4 |

*Table 1.83* continued

| *Technique/ element* | *Graphite furnace atomic absorption spectrometry* | *Zeeman atomic absorption spectrometry* | *Hydride generation atomic absorption spectrometry* | *Inductively coupled plasma atomic emission spectrometry* | *Hydride generation inductively coupled plasma emission spectrometry* | *Inductively coupled plasma mass spectrometry* | *Anodic stripping voltammetry* |
|---|---|---|---|---|---|---|---|
| Tellurium | | | | 2.62.3, 2.76.8.2 | 2.76.9.1 | | 2.62.4, 2.76.12.1, 2.76.12.5 |
| Terbium | | | | | | 2.63.1, 2.76.10.3 | |
| Thallium | | | | | | | 2.64.4 |
| Thulium | | | | | | 2.66.1, 2.76.10.3 | |
| Tin | 2.67.2 | | 2.76.7.1 | 2.67.3, 2.76.8.2 | | | 2.67.4 |
| Titanium | | | | 2.68.3, 2.76.8.2 | | 2.68.4, 2.76.10.2 | |
| Uranium | | | | | | 2.70.3 | 2.70.5 |
| Vanadium | 2.76.5.2 | | | 2.71.3, 2.76.8.2, 2.76.8.6 | | 2.71.4, 2.76.10.1, 2.76.10.2 | 2.71.5, 2.76.12.2 |
| Ytterbium | | | | | | 2.72.1, 2.76.10.3 | |
| Zinc | 2.76.5.1 | | | 2.74.5, 2.76.8.2, 2.76.8.4, 2.76.8.6 | | 2.74.6, 2.76.10.1 | 2.74.8, 2.76.12.1 |
| Zirconium | | | | 2.75.2, 2.76.8.2 | | | |

Source: Own files

*Table 1.83* continued

| *Technique/ element* | *Cathodic stripping voltammetry** | *Ion selective electrodes* | *Polarography* | *Voltammetry* | *Electro-analytical methods* | *Amperometry* | *Molecular emission cavity analysis* |
|---|---|---|---|---|---|---|---|
| Aluminium | | 2.2.8 | 2.2.9 | | | | |
| Ammonium | | 2.3.4 | | | | | 2.3.5 |
| Barium | | | 2.7.5, 2.76.11.2 | | | | |
| Beryllium | | | 2.8.4 | | | | |
| Cadmium | | | 2.11.8, 2.76.11.3 | | 2.11.9 | | |
| Calcium | | 2.13.7 | 2.13.8, 2.76.11.2 | | | | |
| Chromium | | | 2.16.8, 2.76.11.3 | 2.16.9 | 2.16.17 | 2.16.10 | |
| Cobalt | | | 2.17.6, 2.76.11.3 | | | | |
| Copper | | 2.18.6 | 2.18.8, 2.76.11.3 | | | | |
| Gold | | | | | 2.26.4 | | |
| Iron | | | 2.30.6, 2.76.11.1, 2.76.11.3 | | 2.30.8 | | |
| Lead | | 2.32.8 | 2.32.9, 2.76.11.3 | | | | |
| Lithium | | | | 2.33.4 | | | |
| Magnesium | | | | | | 2.35.6 | |
| Manganese | | | 2.36.7, 2.76.11.3 | | | | |
| Molybdenum | | 2.38.5 | | | | | |
| Nickel | | | 2.41.4, 2.76.11.3 | | | | |
| Potassium | | 2.47.3 | | | | | |
| Sodium | | 2.59.4 | | | | | |
| Strontium | | | 2.60.4, 2.76.11.2 | | | | |
| Titanium | | | | 2.68.5 | | | |
| Uranium | | | 2.70.4 | | | | |
| Zinc | | | 2.74.7, 2.76.11.1 2.76.11.3 | | | | |

Source: Own files

*Table 1.83* continued

| *Technique/ element* | *Plasma or flame atomic emission spectrometry* | *Mass spectrometry incl. isotope dilution mass spectrometry* | *α particle induced X-ray emission spectrometry* | *Proton induced X-ray emission spectrometry* | *X-ray fluorescence spectroscopy* | *Neutron activation analysis* | *Prompt γ neutron activation analysis* |
|---|---|---|---|---|---|---|---|
| Aluminium | 2.2.10, 2.76.13.6 | | 2.2.11 | | | 2.76.15.2 | 2.2.12, 2.76.16.1 |
| Antimony | 2.5.7, 2.76.13.4 | | | | | 2.5.8, 2.76.15.2 | |
| Arsenic | 2.6.9, 2.76.13.3, 2.76.13.4 | 2.6.10 | | | 2.6.11 | 2.6.12 | |
| Barium | 2.7.6, 2.76.13.6 | | | | | 2.7.7 | |
| Beryllium | 2.8.5, 2.76.13.6 | | | | | | |
| Bismuth | 2.9.5, 2.76.13.2 | | | | | | |
| Boron | 2.10.2, 2.76.13.3 | | | | | | |
| Cadmium | 2.11.0, 2.76.13.2, 2.76.13.6 | | 2.11.15 | | | 2.11.11 | |
| Caesium | 2.12.2 | | 2.12.3 | | | | |
| Calcium | 2.13.9, 2.76.13.1, 2.76.13.6 | | 2.13.10 | | | 2.13.13, 2.76.15.2 | 2.13.14, 2.76.16.1 |
| Cerium | | | | | | 2.15.4 | |
| Chromium | 2.16.12, 2.76.13.6 | | 2.16.13 | | | 2.16.14 | |
| Cobalt | | | | | 2.17.8, 2.76.17.1 | 2.17.7, 2.76.15.2 | |
| Copper | 2.18.9, 2.76.13.2, 2.76.13.6 | | | | 2.18.10, 2.76.17.1 | | |
| Europium | | | | | | 2.22.2, 2.76.15.3 | |
| Gallium | | | | | | 2.24.2 | |
| Gold | | | | | | 2.26.5 | |

*Table 1.83* continued

| *Technique/ element* | *Plasma or flame atomic emission spectrometry* | *Mass spectro-metry incl. isotope dilution mass spectrometry* | *α particle induced X-ray emission spectrometry* | *Proton induced X-ray emission spectrometry* | *X-ray fluorescence spectroscopy* | *Neutron activation analysis* | *Prompt γ neutron activation analysis* |
|---|---|---|---|---|---|---|---|
| Indium | 2.29.3, 2.76.13.6 | | | | | | |
| Iron | 2.30.9 | | | | 2.30.11, 2.76.17.1 | 2.30.10, 2.76.15.2 | 2.30.12, 2.76.16.1 |
| Lanthanum | | | | | | 2.31.1, 2.76.15.3 | |
| Lead | 2.32.11, 2.76.13.2, 2.76.13.6 | | | | 2.32.12, 2.76.17.1 | | |
| Lithium | | 2.33.5 | | | | 2.33.6 | |
| Magnesium | 2.37.7, 2.76.13.1 2.76.13.2, 2.76.13.6 | | 2.35.13 | | | 2.35.8, 2.76.15.2 | 2.35.9 2.76.16.1 |
| Manganese | 2.36.9, 2.76.13.6 | | 2.36.13 | | | 2.76.15.2 | 2.36.10, 2.76.16.1 |
| Mercury | 2.37.9 | | | | 2.37.10, 2.76.17.1 | | |
| Molybdenum | 2.38.6, 2.76.13.6 | | 2.38.9 | | | 2.38.7 | |
| Nickel | 2.41.6, 2.76.13.6 | | | | 2.41.8, 2.76.17.1 | 2.41.7, 2.76.15.2 | |
| Potassium | 2.47.6, 2.76.13.6 | | 2.47.11 | | | 2.47.7, 2.76.15.2 | 2.47.8, 2.76.16.1 |
| Rhenium | | | 2.53.3 | | | | |
| Samerium | | | | | | 2.55.2, 2.76.15.2 2.76.15.3 | |

*Table 1.83* continued

| *Technique/ element* | *Plasma or flame atomic emission spectrometry* | *Mass spectrometry incl. isotope dilution mass spectrometry* | *α particle induced X-ray emission spectrometry* | *Proton induced X-ray emission spectrometry** | *X-ray fluorescence spectroscopy* | *Neutron activation analysis* | *Prompt γ neutron activation analysis* |
|---|---|---|---|---|---|---|---|
| Selenium | 2.56.11, 2.76.13.3, 2.76.13.5 | | | | | 2.56.12 | |
| Scandium | 2.57.2 | | | | | 2.57.3 | |
| Silver | 2.58.4, 2.76.13.2 | | | | 2.58.5 | | |
| Sodium | 2.59.5 2.76.13.6 | | 2.59.10 | | | 2.59.6 2.76.15.2 | 2.59.7 2.76.16.1 |
| Strontium | 2.60.5, 2.76.13.6 | | 2.60.8 | | | 2.60.6, 2.76.15.2 | |
| Tellurium | 2.62.5, 2.76.13.5 | | | | | | |
| Thallium | 2.64.5, 2.76.13.2 | | | | | | |
| Titanium | | | | | | | 2.68.6, 2.76.16.1 |
| Uranium | | | 2.70.7 | | | 2.70.6 | |
| Ytterbium | | | | | | 2.72.2, 2.76.15.3 | |
| Zinc | | | | | | 2.74.9, 2.76.15.2 | |

*No method available

Source: Own files

*Table 1.83* continued

| *Technique/ element* | *Gas chromatography* | *High performance liquid chromatography* | *Misc. chromatographic procedures* | *Ion exchange chromatography* | *Ion chromatography* | *Radioanalytical methods* | *Radionucleides* | *Preconcentration* |
|---|---|---|---|---|---|---|---|---|
| Actinium | | | | | | | 2.1.1, 12.1.1 | |
| Aluminium | | 2.76.19.6 | | | 2.2.13 | | | 2.2.15 |
| Ammonium | | | | 2.3.6 | 2.3.7, 2.76.21.3, 2.76.21.4 | | | |
| Americium | | | | | | | 2.4.1, 12.1.2 | 2.4.2 |
| Antimony | 2.5.9, 2.76.18.1 | | | | | | | 2.5.11 |
| Arsenic | 2.6.15 2.76.18.1 | 2.6.13 | 2.16.14 | | | 2.6.16 | | 2.6.18 |
| Beryllium | 2.8.6 | | | | | | 2.8.6, 12.1.3 | 2.8.9 |
| Bismuth | | | | | | | 2.9.6, 12.1.4 | 2.9.7 |
| Boron | | | | | | | | 2.10.3 |
| Cadmium | | 2.11.12, 2.76.19.3 | | 2.11.13 | 2.11.14, 2.76.21.4 | | 2.11.17, 12.1.5 | 2.11.18 |
| Caesium | | | | | | | 2.12.5, 12.1.6 | 2.12.6 |
| Calcium | | 2.13.11, 2.76.19.7 | 2.13.15 | 2.13.12 | 2.13.16, 2.76.21.3, 2.76.21.4 | | | 2.13.17 |
| Californium | | | | | | | 2.14.1, 12.1.7 | |
| Cerium | | | | 2.76.20.1 | 2.76.21.4 | | 2.15.5, 12.1.8 | 2.15.6 |
| Chromium | | 2.16.15, 2.76.19.1 | 2.16.7 | 2.16.16 | | | | |

*Table 1.83* continued

| *Technique/ element* | *Gas chromatography* | *High performance liquid chromatography* | *Misc. chromatographic procedures* | *Ion exchange chromatography* | *Ion chromatography* | *Radio-analytical methods* | *Radio-nucleides* | *Pre-concentration* |
|---|---|---|---|---|---|---|---|---|
| Cobalt | 2.17.9 | 2.17.11, 2.76.19.1, 2.76.19.2, 2.76.19.3, 2.76.19.4 | | 2.17.10, 2.17.12 | 2.17.13, 2.76.21.4 | | 2.17.14, 12.1.9 | 2.17.15 |
| Copper | | 2.18.11, 2.76.19.1, 2.76.19.2, 2.76.19.3, 2.76.19.4, 2.76.19.5 | 2.18.12 | | 2.18.13, 2.76.21.2, 2.76.21.4 | | | 2.18.15 |
| Dysprosium | | | | 2.20.3, 2.76.20.1 | 2.20.4 2.76.21.4 | | | 2.20.5 |
| Erbium | | | | 2.21.2, 2.76.20.1 | 2.21.3 2.76.21.4 | | | 2.21.4 |
| Europium | | | | 2.22.3, 2.76.20.1 | 2.22.4, 2.76.21.4 | | | 2.22.5 |
| Gadolinium | | | | 2.32.2, 2.76.20.1 | 2.23.3, 2.76.21.4 | | | 2.23.4 |
| Gallium | | | | | | | | 2.24.3 |
| Germanium | | | | | | | | 2.25.4 |

*Table 1.83* continued

| *Technique/ element* | *Gas chromatography* | *High performance liquid chromatography* | *Misc. chromatographic procedures* | *Ion exchange chromatography* | *Ion chromatography* | *Radio-analytical methods* | *Radio-nucleides* | *Pre-concentration* |
|---|---|---|---|---|---|---|---|---|
| Gold | | | | | 2.26.6 | | | 2.26.7 |
| Holmium | | | | 2.28.2, 2.76.20.1 | 2.28.3, 2.76.21.4 | | | 2.28.4 |
| Indium | | | | | | | | 2.29.4 |
| Iron | | 2.30.13, 2.76.19.2, 2.76.19.5, 2.76.19.6 | | | 2.30.14, 2.76.21.4 | | 12.1.10 | 2.30.16 |
| Lanthanum | | | | 2.76.20.1 | 2.76.21.4 | | | 2.31.2 |
| Lead | | 2.32.13, 2.76.19.2, 2.76.19.3, 2.76.19.4, 2.76.19.8 | | | 2.32.14, 2.76.21.4 | | 2.32.16, 12.1.11 | 2.32.17 |
| Lithium | | | | 2.33.7 | 2.33.8, 2.76.21.3, 2.76.21.4 | | | |
| Lutecium | | | | 2.34.2, 2.76.20.1 | 2.34.3, 2.76.21.4 | | | 2.34.4 |
| Magnesium | | 2.35.10, 2.76.19.7 | | 2.35.11 | 2.35.12, 2.76.21.3, 2.76.21.4 | | | 2.35.14 |

*Table 1.83* continued

| *Technique/ element* | *Gas chromato-graphy* | *High performance liquid chromato-graphy* | *Misc. chromato-graphic procedures* | *Ion exchange chromato-graphy* | *Ion chromato-graphy* | *Radio-analytical methods* | *Radio-nucleides* | *Pre-concentration* |
|---|---|---|---|---|---|---|---|---|
| Manganese | | 2.36.11, 2.76.19.6 | | | 2.36.12, 2.76.21.2 | | | 2.36.15 |
| Mercury | 2.37.11 | 2.37.12, 2.76.19.4, 2.76.19.5 | | | | | | 2.37.15 |
| Molybdenum | | | | | 2.38.8 | | | 2.38.10 |
| Neodynium | | | | 2.39.2, 2.76.20.1 | 2.39.3 2.76.21.4 | | | 2.39.4 |
| Neptunium | | | | | | | 2.40.1, 12.1.12 | |
| Nickel | | 2.41.9, 2.76.19.1, 2.76.19.2, 2.76.19.4, 2.76.19.5 | | | 2.76.21.2, 2.76.21.4 | | 2.41.11, 12.1.13 | 2.41.12 |
| Niobium | | | | | | | 2.42.2, 12.1.14 | 2.42.1 |
| Palladium | | | | | 2.44.3 | | | 2.44.5 |
| Plutonium | | | | | | | 2.45.2, 12.1.15 | 2.45.1 |
| Polonium | | | | | | | 2.46.1, 12.1.16 | |
| Potassium | | | | 2.47.9 | 2.47.10, 2.76.21.3, 2.76.21.4 | | 2.47.12 12.1.17 | 2.47.13 |

*Table 1.83* continued

| *Technique/ element* | *Gas chromato-graphy* | *High performance liquid chromato-graphy* | *Misc. chromato-graphic procedures* | *Ion exchange chromato-graphy* | *Ion chromato-graphy* | *Radio-analytical methods* | *Radio-nucleides* | *Pre-concentration* |
|---|---|---|---|---|---|---|---|---|
| Praseodynium | | | | 2.76.20.1 | 2.48.2, 2.76.21.4 | | | 2.48.3 |
| Promethium | | | | 2.49.2, 2.76.20.1 | 2.49.3, 2.76.21.4 | | 2.49.4, 12.1.18 | 2.49.5 |
| Protoactinium | | | | 2.76.20.1 | 2.76.21.4 | | 2.50.1, 12.1.19 | |
| Radium | | | | | | | 2.51.1, 12.1.20 | |
| Rhenium | | | | | | | | 2.52.1 |
| Rubidium | | | | 2.53.2 | | | | |
| Ruthenium | | | | | | | 2.54.3, 12.1.22 | |
| Samerium | | | | 2.55.3, 2.76.20.1 | 2.55,4 2.76.21.4 | | | 2.55.5 |
| Selenium | 2.56.13, 2.76.18.1 | 2.56.14 | | | | | | 2.56.17 |
| Scandium | | | | 2.57.4 | | | | 2.57.5 |
| Silver | | | | | 2.58.6 | | | 2.58.8 |
| Sodium | | | | 2.59.8 | 2.59.9, 2.76.21.3, 2.76.21.4 | | | 2.59.11 |
| Strontium | | | | | 2.60.7 2.76.21.3 | | 2.60.9 12.1.24 | 2.60.10 |
| Technecium | | | | | | | 2.61.3, 12.1.25 | |
| Tellurium | | | | | | | | 2.62.6 |

*Table 1.83* continued

| *Technique/ element* | *Gas chromato-graphy* | *High performance liquid chromato-graphy* | *Misc. chromato-graphic procedures* | *Ion exchange chromato-graphy* | *Ion chromato-graphy* | *Radio-analytical methods* | *Radio-nucleides* | *Pre-concentration* |
|---|---|---|---|---|---|---|---|---|
| Terbium | | | | | 2.63.2, 2.76.20.1 | 2.63.3, 2.76.21.4 | | |
| Thallium | | | | | | | | 2.64.7 |
| Thorium | | | | | | | 2.65.2, 12.1.26 | 2.65.3 |
| Thulium | | | | 2.66.2, 2.76.20.1 | 2.66.3, 2.76.21.4 | | | 2.66.4 |
| Tin | 2.67.5, 2.76.18.1 | 2.67.6, 2.76.19.8 | | | | | | 2.67.7 |
| Titanium | | | | | | | | 2.68.7 |
| Tungsten | | | | | | | | 2.69.3 |
| Uranium | | 2.70.8 | | 2.70.9, 2.76.20.1 | | | 2.70.11, 12.1.27 | 2.70.12 |
| Vanadium | | 2.71.6 | | 2.71.7 | | | | 2.71.9 |
| Ytterbium | | | | 2.72.3, 2.76.20.1 | 2.72.4 2.76.21.4 | | | 2.72.5 |
| Yttrium | | | | | | | 2.73.2, 12.1.28 | 2.73.3 |
| Zinc | | 2.74.10, 2.76.19.3 | | | 2.74.11, 2.76.2.14, 2.76.21.2 | | | 2.74.13 |
| Zirconium | | | | | | | 2.74.3, 12.1.29 | |

Source: Own files

*Table 1.84* Methods for the determination of cations in surface, ground and mineral waters (surface = s; ground = g; mineral = m)

| *Technique/ element* | *Titration procedures* | *Spectrophoto-metric methods* | *Ultraviolet spectroscopy** | *X-ray absorption spectrometry* | *Spectrofluoro-metric methods** | *Atomic fluorescence spectroscopy* | *Atomic absorption spectrometry* |
|---|---|---|---|---|---|---|---|
| Antimony | | | | | | | 3.3 (m) |
| Arsenic | 3.3 (m) | | | | | | 3.3 (m) |
| Cadmium | | | | 3.1.14 (s) | | | 3.3 (m) |
| Chromium | | | | | | | 3.3 (m) |
| Copper | | 3.2.4 (g) | | | | | 3.3 (m) |
| Germanium | | | | | | | 3.3 (m) |
| Lead | | | | | | | 3.3 (m) |
| Lithium | | | | | | | 3.3 (m) |
| Magnesium | | | | | | | 3.3 (m) |
| Manganese | | | | | | | 3.3 (m) |
| Mercury | | | | 3.1.14 (s) | | | 3.3 (m) |
| Molybdenum | | | | | | | 3.3 (m) |
| Neptunium | | | | | | 3.2.6 (g) | |
| Nickel | | | | | | | 3.3 (m) |
| Potassium | | | | | | | 3.3 (m) |
| Selenium | | | | | | | 3.3 (m) |
| Sodium | | 3.3 (m) | | | | | |
| Strontium | | | | | | | 3.3 (m) |
| Zinc | | | | 3.1.4 (s) | | | 3.3 (m) |

*No methods available

Source: Own files

*Table 1.84* continued

| *Technique/ element* | *Graphite furnace atomic absorption spectrometry* | *Zeeman atomic absorption spectrometry* | *Hydride generation atomic absorption spectrometry* | *Inductively coupled plasma atomic emission spectrometry** | *Hydride generation inductively coupled plasma emission spectrometry** | *Inductively coupled plasma mass spectrometry* | *Anodic stripping voltammetry* |
|---|---|---|---|---|---|---|---|
| Antimony | | | 3.3 (m) | | | | |
| Arsenic | | 3.2.2 (g) | 3.2.1 (g), 3.3 (m) | | | | |
| Bismuth | | | 3.3 (m) | | | | |
| Chromium | | | | | | | 3.2.3 (g) |
| Copper | | | | | | | 3.1.6 (s) |
| Molybdenum | 3.3 (m) | | | | | | |
| Rhenium | | | | | | 3.2.9 (g) | |
| Selenium | | | 3.3 (m) | | | | |
| Tellurium | | | 3.3 (m) | | | | |
| Lanthanides | | | | | | 3.2.14 (g) | |
| Heavy metals | | | | | | 3.2.13 (g) | |

*No methods available

Source: Own files

*Table 1.84* continued

| *Technique/ element* | *Cathodic stripping voltammetry** | *Ion selective electrodes** | *Polarography** | *Voltammetry** | *Electro-analytical methods** | *Amperometry** | *Molecular emission cavity analysis** |
|---|---|---|---|---|---|---|---|
| Antimony | | | | | | | |
| Arsenic | | | | | | | |
| Barium | | | | | | | |
| Beryllium | | | | | | | |
| Bismuth | | | | | | | |
| Cadmium | | | | | | | |
| Caesium | | | | | | | |
| Calcium | | | | | | | |
| Chromium | | | | | | | |
| Copper | | | | | | | |
| Germonium | | | | | | | |
| Iron | | | | | | | |
| Lead | | | | | | | |
| Lithium | | | | | | | |
| Magnesium | | | | | | | |
| Manganese | | | | | | | |
| Mercury | | | | | | | |
| Molybdenum | | | | | | | |
| Neptunium | | | | | | | |
| Nickel | | | | | | | |
| Platinum | | | | | | | |
| Potassium | | | | | | | |
| Radium | | | | | | | |
| Radon | | | | | | | |

*Table 1.84* continued

| *Technique/ element* | *Cathodic stripping voltammetry** | *Ion selective electrodes** | *Polarography** | *Voltammetry** | *Electro-analytical methods** | *Amperometry** | *Molecular emission cavity analysis** |
|---|---|---|---|---|---|---|---|
| Rhenium | | | | | | | |
| Rubidium | | | | | | | |
| Selenium | | | | | | | |
| Silver | | | | | | | |
| Strontium | | | | | | | |
| Technecium | | | | | | | |
| Tellurium | | | | | | | |
| Thorium | | | | | | | |
| Uranium | | | | | | | |
| Vanadium | | | | | | | |
| Zinc | | | | | | | |
| Lanthanides | | | | | | | |
| Actinides | | | | | | | |
| Heavy metals | | | | | | | |

*No methods available

Source: Own files

*Table 1.84* continued

| *Technique/ element* | *Plasma atomic emission spectrometry** | *Mass spectrometry incl. isotope dilution mass spectrometry** | *α particle induced X-ray emission spectrometry** | *Proton induced X-ray emission spectrometry** | *X-ray fluorescence spectroscopy** | *Neutron activation analysis** | *Prompt γ neutron activation analysis** |
|---|---|---|---|---|---|---|---|
| Beryllium | 3.3 (m) | | | | | | |
| Copper | 3.3 (m) | | | | | | |
| Germanium | 3.3 (m) | | | | | | |
| Manganese | 3.3 (m) | | | | | | |
| Molybdenum | 3.3 (m) | | | | | | |
| Nickel | 3.3 (m) | | | | | | |
| Silver | 3.3 (m) | | | | | | |

*No methods available

Source: Own files

*Table 1.84* continued

| *Technique/ element* | *Gas chromatography** | *High performance liquid chromatography** | *Liquid chromatography** | *Ion exchange chromatography* | *Radionucleides* | *Radioanalytical methods* | *Miscellaneous* |
|---|---|---|---|---|---|---|---|
| Antimony | | | | | | | 3.1.1 (s) |
| Arsenic | | | | | | | 3.1.2 (s) |
| Barium | | | | | | | 3.1.3 (s) |
| Cadmium | | | | | | | 3.1.4 (s) |
| Caesium | | | | 3.3 (m) | | | |
| Calcium | | | | 3.3 (m) | | | |
| Chromium | | | | | | | 3.1.5 (s) |
| Copper | | | | 3.3 (m) | | | |
| Iron | | | | | | | 3.2.5 (g) |
| Lithium | | | | 3.3 (m) | | | |
| Mercury | | | | | | | 3.1.7 (s) |
| Nickel | | | | 3.3 (m) | | | |
| Platinum | | | | | | | 3.1.8 (s) |
| Potassium | | | | 3.3 (m) | | | |
| Radium | | | | | 12.2.1 (g) | | 3.2.7 (g) |
| Radon | | | | | 12.2.2 (g) | | 3.2.8 (g) |
| Rhenium | | | | | | | 3.1.9 (s) |
| Rubidium | | | | 3.3 (m) | | | |
| Selenium | | | | | | | 3.1.10 (s), 3.2.10 (g) |
| Sodium | | | | 3.3 (m) | | | |
| Technecium | | | | | 12.2.3 (g) | 3.2.11 (g) | |
| Thorium | | | | | | | 3.1.11 (s) |
| Uranium | | | | | | | 3.1.12 (s) |
| Vanadium | | | | | | | 3.1.13 (s) |

*No methods available

Source: Own files

*Table 1.85* Methods for the determination of cations in potable waters

| *Technique/ element* | *Titration procedures* | *Spectrophoto-metric methods* | *Ultraviolet spectroscopy** | *Flow injection analysis* | *Spectrofluoro-metric methods* | *Chemilumin-escence methods** | *Atomic absorption spectrometry* |
|---|---|---|---|---|---|---|---|
| Aluminium | | 4.1.1 | | | 4.1.2 | | |
| Antimony | | | | | | | 4.2.1, 4.53.4.4 |
| Arsenic | | 4.3.1 | | | | | 4.53.4.3 |
| Barium | | | | | | | 4.53.4.3 |
| Beryllium | | | | | | | 4.5.1 |
| Cadmium | | | | | | | 4.7.1, 4.53.4.2, 4.53.4.3, 4.53.4.4, 4 .53.4.5 |
| Calcium | 4.8.1, 4.53.1.1 | 4.8.2 | | 4.8.3, 4.53.3.1 | | | 4.53.4.1 |
| Chromium | | | | | | | 4.10.1 |
| Copper | | 4.12.1 | | | | | 4.53.4.5 |
| Gallium | | | | | 4.17.1, 4.53.2.1 | | |
| Iron | | 4.21.1 | | | | | |
| Lead | 4.22.1 | | | | | | 4.22.2, 4.53.4.2, 4.53.4.3, 4.53.4.4, 4.53.4.5 |
| Magnesium | 4.25.1, 4.53.1.1 | | | 4.25.2, 4.53.3.1 | | | |
| Manganese | | 4.26.1 | | | | | 4.26.2 |
| Mercury | | | | | | | 4.27.1 |
| Nickel | | | | | | | 4.30.1 |
| Osmium | | 4.31.1 | | | | | |

*Table 1.85* continued

| *Technique/ element* | *Titration procedures* | *Spectrophotometric methods* | *Ultraviolet spectroscopy** | *Flow injection analysis* | *Spectrofluorometric methods* | *Chemiluminescence methods** | *Atomic absorption spectrometry* |
|---|---|---|---|---|---|---|---|
| Potassium | | | | 4.34.1<br>4.53.3.1 | | | 4.34.2, 4.53.4.1 |
| Selenium | | | | | | | 4.40.1 |
| Silver | 4.41.1 | 4.41.2 | | | | | 4,41,3, 4,53,4,3, 4.53.4.4 |
| Sodium | | | | 4.42.1, 4.53.3.1 | | | 4.42.2, 4.53.4.1 |
| Vanadium | | | | | | | 4.50.1 |
| Zinc | | | | | 4.52.1, 4.53.2.1 | | 4.52.2, 4.53.4.5 |
| Miscellaneous | | | | | | | 4.53.4.6 |

*No methods available

Source: Own files

*Table 1.85* continued

| *Technique/ element* | *Graphite furnace atomic absorption spectrometry* | *Zeeman atomic absorption spectrometry* | *Hydride generation atomic absorption spectrometry* | *Inductively coupled plasma atomic emission spectrometry* | *Hydride generation inductively coupled plasma emission spectrometry* | *Inductively coupled plasma mass spectrometry* | *Anodic stripping voltammetry* |
|---|---|---|---|---|---|---|---|
| Aluminium | 4.1.3, 4.53.5.1 | | | 4.1.4 | | | |
| Arsenic | | | 4.3.2, 4.53.6.1 | 4.3.3 | 4.53.8.1 | 4.3.4 | |
| Barium | 4.4.1, 4.53.5.1 | | | 4.4.2 | | | |
| Beryllium | 4.5.2, 4.53.5.1 | | | 4.5.3 | | | |
| Bismuth | | | | 4.6.1 | | | |
| Cadmium | 4.53.5.2 | | | 4.7.2 | | | 4.7.3., 4.53.9.1, 4.53.9.2 |
| Cerium | | | | 4.9.1 | | | |
| Chromium | | | | 4.10.2 | | | |
| Cobalt | | | | 4.11.1 | | | |
| Copper | 4.53.5.1 | 4.12.2 | | | | | 4.12.3, 4.53.9.1, 4.53.9.2, 4.53.9.3 |
| Dysprosium | | | | | | 4.13.1 | |
| Erbium | | | | | | 4.14.1 | |
| Europium | | | | | | 4.15.1 | |
| Gadolinium | | | | | | 4.16.1 | |
| Holmium | | | | | | 4.19.1 | |
| Iron | | | | 4.21.2 | | | |
| Lead | 4.53.5.2 | | 4.22.3 | 4.22.4 | | | 4.22.5, 4.53.9.1, 4.53.9.2 |
| Lutecium | | | | | | 4.24.1 | |

*Table 1.85* continued

| *Technique/ element* | *Graphite furnace atomic absorption spectrometry* | *Zeeman atomic absorption spectrometry* | *Hydride generation atomic absorption spectrometry* | *Inductively coupled plasma atomic emission spectrometry* | *Hydride generation inductively coupled plasma emission spectrometry* | *Inductively coupled plasma mass spectrometry* | *Anodic stripping voltammetry* |
|---|---|---|---|---|---|---|---|
| Magnesium | | | | 4.25.3 | | | |
| Manganese | 4.53.5.1 | | | 4.26.3 | | | |
| Mercury | | | | 4.27.2 | | 4.27.3 | 4.27.4 |
| Molybdenum | 4.53.5.1 | | | | | | |
| Neodynium | | | | | | 4.28.1 | |
| Nickel | 4.53.5.1 | | | | | | 4.30.2, 4.53.9.3 |
| Praesodynium | | | | | | 4.35.1 | |
| Promethium | | | | | | 4.36.1 | |
| Samerium | | | | | | 4.39.1 | |
| Selenium | | | 4.40.2, 4.53.8.1 | 4.40.3 | 4.40.4 | | |
| Silver | 4.53.6.1 | | | 4.41.4 | | | |
| Terbium | | | | 4.44.1 | | | |
| Thullium | | | | | | 4.47.1 | |
| Ytterbium | | | | 4.51.1 | | | |
| Zinc | | | | | | | 4.52.3, 4.53.9.2 |
| Miscellaneous | | | 4.53.6 | 4.53.7 | | | |

Source: Own files

*Table 1.85* continued

| *Technique/ element* | *Cathodic stripping voltammetry* | *Ion selective electrodes* | *Polarography* | *Voltammetry** | *Electro-analytical methods** | *Amperometry** | *Molecular emission cavity analysis** |
|---|---|---|---|---|---|---|---|
| Arsenic | | | 4.3.5 | | | | |
| Calcium | | 4.8.4 | | | | | |
| Cobalt | | 4.11.4 | | | | | |
| Copper | | 4.12.4 | | | | | |
| Lead | | | 4.22.6 | | | | |
| Lithium | | 4.23.1 | | | | | |

*No methods available

Source: Own files

*Table 1.85* continued

| *Technique/ element* | *Plasma atomic emission spectrometry** | *Mass spectrometry incl. isotope dilution mass spectrometry* | *α particle induced X-ray emission spectrometry** | *Proton induced X-ray emission spectrometry* | *X-ray fluorescence spectroscopy* | *Neutron activation analysis* | *Prompt γ neutron activation analysis** |
|---|---|---|---|---|---|---|---|
| Aluminium | | | | | | 4.1.5 | |
| Cadmium | | 4.7.4 | | | | | |
| Calcium | | | | 4.8.5 | 4.8.6, 4.53.12.1 | | |
| Chromium | | | | 4.10.3 | 4.10.4, 4.53.12.1 | | |
| Cobalt | | | | 4.11.2 | 4.11.3, 4.53.12.1 | | |
| Copper | | | | 4.12.5 | 4.12.6, 4.53.12.1 | | |
| Iron | | | | 4.21.3 | 4.21.4, 4.53.12.1 | | |
| Lead | | 4.22.7 | | 4.22.8 | 4.22.9, 4.53.12.1, 4.53.12.2 | | |
| Mercury | | | | 4.27.5 | 4.27.6, 4.53.12.1, 4.53.12.2 | | |
| Nickel | | | | 4.30.3 | 4.30.4, 4.53.12.1 | | |
| Selenium | | | | 4.40.5 | 4.40.6, 4.53.12.1 | | |
| Thallium | | 4.45.1 | | | | | |
| Uranium | | | | | | 4.49.1 | |
| Zinc | | | | 4.52.4 | 4.52.5, 4.53.12.1 | | |
| Miscellaneous | | 4.53.10 | | 4.53.11 | | 4.53.13 | |

*No methods available

Source: Own files

*Table 1.85* continued

| *Technique/ element* | *Gas chromatography* | *High performance liquid chromatography* | *Liquid chromatography* | *Ion exchange chromatography** | *Ion chromatography* | *Radio-analytical methods** | *Radio-nucleides* | *Pre-concentration* |
|---|---|---|---|---|---|---|---|---|
| Aluminium | | 4.1.6, 4.53.14.1 | | | | | | 4.1.8 |
| Arsenic | | | 4.3.6 | | | | | 4.3.8 |
| Beryllium | 4.5.4 | 4.5.5, 4.53.14.1 | | | | | | |
| Bismuth | | | | | | | | 4.6.2 |
| Cadmium | | | | | | | | 4.7.5 |
| Calcium | | | | | 4.8.7 | | | |
| Chromium | | | | | | | | 4.10.5 |
| Cobalt | | | | | | | | 4.11.4 |
| Copper | | 4.12.7, 4.53.14.1 | | | | | | 4.12.8 |
| Gallium | | 4.17.2, 4.53.14.1 | | | | | | |
| Germanium | | | | | | | | 4.18.1 |
| Indium | | | | | | | | 4.20.1 |
| Iron | | 4.21.5, 4.53.14.1 | | | | | | 4.21.6 |
| Lead | 4.22.10 | 4.22.11 | | | | | | 4.22.13 |
| Magnesium | | | | | 4.25.4 | | | |
| Manganese | | | | | | | | 4.26.4 |
| Mercury | | | | | | | | 4.27.7 |
| Nickel | | | | | | | | 4.30.5 |
| Palladium | | 4.32.1, 4.53.14.1 | | | | | | |
| Polonium | | | | | | | 4.33.1, 12.3.4 | |
| Potassium | | | | | 4.34.3 | | | |

*Table 1.85* continued

| *Technique/ element* | *Gas chromato-graphy** | *High performance liquid chromato-graphy** | *Liquid chromato-graphy** | *Ion exchange chromato-graphy** | *Ion chromato-graphy* | *Radio-analytical methods** | *Radio-nucleides* | *Pre-concentration* |
|---|---|---|---|---|---|---|---|---|
| Radium | | | | | | | 4.37.1, 12, 3.1 12.3.4 | |
| Radon | | | | | | | 4.38.1, 12.3.2 | |
| Selenium | | | | | | | | 4.41.6 |
| Sodium | | | | | 4.42.3 | | | |
| Technecium | | | | | | | 4.43.1, 12.3.3 | |
| Thorium | | | | | | | 4.46.1, 12.3.4 | |
| Tungsten | | | | | | | | 4.48.1 |
| Uranium | | | | | | | 4.49.2, 12.3.4 | |
| Vanadium | | | | | | | | 4.50.2 |
| Zinc | | | | | | | | 4.52.6 |
| Miscellaneous | | | | | | | | 4.53.17 |

*No methods available

Source: Own files

Table 1.86 Methods for the determination of cations in potable water (r = rain; s - snow/ice)

| *Technique/ element* | *Titration procedures** | *Spectrophoto-metric methods* | *Ultraviolet spectroscopy** | *Flow injection analysis* | *Spectrofluoro-metric methods* | *Biolumin-escence methods* | *Atomic absorption spectrometry* |
|---|---|---|---|---|---|---|---|
| Aluminium | | | | | | | 5.1.1.1 (r), 5.2.1.1 (s) |
| Ammonium | | | | 5.1.2.1 (r) | | | |
| Cadmium | | | | | | | 5.1.7.1 (r), 5.2.4.1 (s) |
| Calcium | | | | | | | 5.1.9.1 (r) |
| Copper | | | | | | | 5.2.5.1 (s) |
| Indium | | | | | | | 5.1.14.1 (r) |
| Iron | | | | | | | 2.5.6.1 (s), 5.1.15.1 (r) |
| Lead | | 5.1.61.1 (r) | | | 5.2.7.1 (s)<br>5.2.7.2 (s) | | 5.1.16.2 (r) |
| Lithium | | | | | | | 5.1.17.1 (r) |
| Magnesium | | | | | | | 5.1.18.1 (r) |
| Manganese | | | | | | | 5.1.19.1 (r)<br>5.2.8.1 (s) |
| Mercury | | | | | | 5.1.20.1 (r) | |
| Nickel | | | | | | | 5.2.10.1 (s) |
| Silver | | | | | | | 5.1.27.1 (r)<br>5.2.12.1 (s) |
| Sodium | | | | | | | 5.1.28.1 (r) |
| Strontium | | | | | | | 5.1.29.1 (r) |
| Titanium | | | | | | | 5.1.31.1 (r) |
| Zinc | | | | | | | 5.1.35.1 (r)<br>5.2.15.1 (s) |
| Miscellaneous | | | | | | | 5.2.16.1 (s), 5.1.37.1 (r) |

*No methods available

Source: Own files

*Table 1.86* continued

| Technique/ element | *Graphite furnace atomic absorption spectrometry** | *Zeeman atomic absorption spectrometry** | *Hydride generation atomic absorption spectrometry** | *Inductively coupled plasma atomic emission spectrometry** | *Hydride generation inductively coupled plasma emission spectrometry** | *Inductively coupled plasma mass spectrometry** | *Anodic stripping voltammetry* |
|---|---|---|---|---|---|---|---|
| Cadmium | | | | | | | 6.1.7.2 (r)<br>5.2.4.2 (s) |
| Copper | | | | | | | 5.25.2 (s) |
| Lead | | | | | | | 5.2.7.3 (s) |
| Potassium | | | | | | | 5.1.24.1 (r) |
| Silver | | | | | | | 5.1.27.2 (r)<br>5.2.13.2 (s) |
| Sodium | | | | | | | 5.1.28.2 (r) |
| Thallium | | | | | | | 5.1.30.1 (r) |
| Zinc | | | | | | | 5.2.15.2 (s) |
| Miscellaneous | | | | | | | 5.2.16.2 (s) |

*No methods available

Source: Own files

*Table 1.86* continued

| *Technique/ element* | *Cathodic stripping voltammetry** | *Ion selective electrodes** | *Polarography** | *Voltammetry* | *Electro-analytical methods** | *Amperometry** | *Molecular emission cavity analysis** |
|---|---|---|---|---|---|---|---|
| Nickel | | | | 5.1.22.1 (r) | | | |
| Miscellaneous | | | | 6.1.37.2 (r) | | | |

*No methods available

Source: Own files

*Table 1.86* continued

| *Technique/ element* | *Plasma atomic emission spectrometry* | *Mass spectrometry incl. isotope dilution mass spectrometry* | *α particle induced X-ray emission spectrometry* | *Proton induced X-ray emission spectrometry* | *X-ray fluorescence spectroscopy* | *Neutron activation analysis* | *Prompt γ neutron activation analysis** |
|---|---|---|---|---|---|---|---|
| Aluminium | | | | | | 5.1.1.2 (r) | |
| Antimony | | | | | 5.1.3.1 (r) | | |
| Arsenic | | | | | 5.1.4.1 (r) | | |
| Barium | | | | | 5.1.5.1 (r) | | |
| Cadmium | | | | | 5.1.7.3 (r) | | |
| Calcium | 5.1.9.2 (r) | | | | 5.1.9.3 (r) | | |
| Chromium | | | | | 5.1.10.1 (r) | | |
| Cobalt | | | | | 5.1.11.1 (r) | | |
| Copper | | | | | 5.1.12.1 (r) | | |
| Gallium | | | | | 5.1.13.1 (r) | | |
| Indium | | | | | | 5.1.14.2 (r) | |
| Iron | | | | | 5.1.15.2 (r) | | |
| Lead | | | | | 5.1.16.3 (r) | | |
| Manganese | | | | | 5.1.19.2 (r) | 5.1.19.3 (r) | |
| Molybdenum | | | | | 5.1.21.1 (r) | | |
| Nickel | | | | | 5.1.22.2 (r) | | |
| Potassium | | 5.2.11.1 (s) | | | 5.1.24.2 (r) | | |
| Rubidium | | | | | 5.1.25.1 (r) | | |
| Selenium | | | | | 5.1.26.1 (r) | | |
| Silver | | | | | 5.1.27.3 (r) | 5.2.13.3 (s) | |
| Sodium | | | | | | 5.2.14.1 (s) | |
| Strontium | | | | | 5.1.29.2 (r) | | |

*Table 1.86* continued

| *Technique/ element* | *Plasma atomic emission spectrometry* | *Mass spectrometry incl. isotope dilution mass spectrometry* | *α particle induced X-ray emission spectrometry* | *Proton induced X-ray emission spectrometry* | *X-ray fluorescence spectroscopy* | *Neutron activation analysis* | *Prompt γ neutron activation analysis** |
|---|---|---|---|---|---|---|---|
| Thallium | | | | | 5.1.30.2 (r) | | |
| Titanium | | | | | 5.1.31.2 (r) | | |
| Vanadium | | | | | 5.1.33.1 (r) | 5.1.33.2 (r) | |
| Yttrium | | | | | 5.1.34.1 (r) | | |
| Zinc | | | | | 5.1.35.2 (r) | | |
| Zirconium | | | | | 5.1.36.1 (r) | | |
| Miscellaneous | | | 5.1.37.4 (r) | 5.1.37.3 (r) | 5.1.37.5 (r) | 5.1.37.6 (r) | |

*No method available

Source: Own files

*Table 1.86* continued

| *Technique/ element* | *Gas chromato-graphy** | *High performance liquid chromato-graphy** | *Liquid chromato-graphy** | *Ion exchange chromato-graphy** | *Ion chromato-graphy* | *Radio-analytical methods* | *Radio-nucleides* | *Pre-concentration* |
|---|---|---|---|---|---|---|---|---|
| Ammonium | | | | | | | | 5.1.2.4 (r) |
| Antimony | | | | | | | 5.1.3.2 (r)<br>5.2.2.1 (s)<br>12.4.5 | |
| Arsenic | | | | | | | 5.2.3.1 (s) | |
| Bismuth | | | | | | | 5.1.6.1 (r) | |
| Cadmium | | | | | | | 5.2.43 (s) | |
| Caesium | | | | | | | 5.1.8.1 (r)<br>12.4.1 | |
| Copper | | | | | | | 5.2.5.3 (s) | |
| Lead | | | | | | | 12.4.2 | |
| Lithium | | | | | | | | 5.1.18.2 (r) |
| Manganese | | | | | | | 5.1.19.4 (r)<br>5.2.8.2 (s)<br>12.4.5 | |
| Mercury | | | | | | 5.2.9.1 (s) | | |
| Plutonium | | | | | | | 5.1.23.1 (r)<br>12.4.5 | |
| Potassium | | | | | 5.1.24.3 (r) | | | 5.1.24.4 (r) |
| Selenium | | | | | | | 5.2.12.1 (s) | |
| Silver | | | | | | 5.1.27.4 (r) | | |

*Table 1.86* continued

| *Technique/ element* | *Gas chromatography** | *High performance liquid chromatography** | *Liquid chromatography** | *Ion exchange chromatography** | *Ion chromatography* | *Radio-analytical methods* | *Radio-nucleides* | *Pre-concentration* |
|---|---|---|---|---|---|---|---|---|
| Sodium | | | | | 5.1.28.3 (r) | | 5.1.28.5 (r)<br>12.4.3 | 5.1.28.4 (r) |
| Strontium | | | | | | | 5.1.29.3 (r)<br>12.4.5 | |
| Uranium | | | | | | | 5.1.32.1 (r)<br>12.4.4 | |
| Miscellaneous | | | | | 5.1.37.7 (r) | 5.2.16.3 (s) | | 5.1.37.8 (r) |

*No method available

Source: Own files

*Table 1.87* Methods for the determination of cations in sea waters

| *Technique/ element* | *Titration procedures* | *Spectrophotometric methods* | *Speciation* | *Flow injection analysis* | *Spectrofluorometric methods* | *Chemiluminescence methods* | *Atomic absorption spectrometry* |
|---|---|---|---|---|---|---|---|
| Aluminium | | 6.1.1 | | | 6.1.2 | | 6.1.3 |
| Ammonium | | 6.2.1 | | 6.2.2 | | | |
| Antimony | | 6.4.1 | | | | 6.4.2, 6.72.3.1 | |
| Arsenic | | 6.5.1 | | | | 6.5.2, 6.72.3.1 | 6.5.3 |
| Bismuth | | | | | | | 6.8.1 |
| Boron | | 6.9.1 | | | | | |
| Cadmium | | | 6.10.14 | | | | 6.10.1, 6.72.4.1 |
| Caesium | | | | | | | 6.11.1 |
| Calcium | 6.12.1, 6.72.1.1 | 6.12.2, 6.72.2.1 | | | | | 6.12.3 |
| Cerium | | | | | 6.13.1 | | |
| Chromium | | 6.14.1 | 6.14.15 | | | 6.14.2 | 6.14.3 |
| Cobalt | | 16.15.1 | | 6.15.4 | 6.15.2 | 6.15.3 | 6.15.5, 6.72.4.1 |
| Copper | 6.16.1 | 6.16.2 | 6.16.17 | | | | 6.16.3, 6.72.4.1 |
| Iron | | 6.27.1 | | | | 6.27.2 | 6.27.3, 6.72.4.1 |
| Lead | | | 6.29.1.6 | | 6.29.1 | | 6.29.2, 6.72.4.1 |
| Lithium | | | | | | | 6.30.1, 6.72.4.2 |
| Magnesium | 6.72.1, 6.72.1.1 | 6.32.2, 6.72.2.1 | | | | | |
| Manganese | | 6.33.1 | | 6.33.3 | 6.33.2 | | 6.33.4, 6.72.4.1 |
| Mercury | | | | | | | 6.34.1 |
| Molybdenum | | 6.35.1 | | | | | 6.35.2 |
| Nickel | | 6.38.1 | | | | | 6.38.2, 6.72.4.1 |
| Potassium | 6.44.1 | | | | | | 6.44.2, 6.72.4.2 |

Table 1.87 continued

| *Technique/ element* | *Titration procedures* | *Spectrophoto-metric methods* | *Speciation* | *Flow injection analysis* | *Spectrofluoro-metric methods* | *Chemilumin-escence methods* | *Atomic absorption spectrometry* |
|---|---|---|---|---|---|---|---|
| Rubidium | | | | | | | 6.49.1, 6.72.4.2 |
| Selenium | | | | | | | 6.53.1 |
| Silver | | | | | | | 6.54.1, 6.72.4.1 |
| Strontium | | 6.56.1, 6.72.2.1 | | | | | 6.56.2 |
| Tin | | 6.63.1 | | | | | 6.63.2 |
| Titanium | | 6.64.1 | | | | | |
| Uranium | | 6.66.1 | | | | | |
| Vanadium | | 6.67.1 | | | | | 6.67.2 |
| Zinc | | | 6.70.13 | | 6.70.1 | | 6.70.2, 6.72.4.1 |
| Miscellaneous | | | 6.72.21 | | | | |

Source: Own files

*Table 1.87* continued

| *Technique/ element* | *Graphite furnace atomic absorption spectrometry* | *Zeeman atomic absorption spectrometry* | *Hydride generation atomic absorption spectrometry* | *Inductively coupled plasma atomic emission spectrometry* | *Hydride generation inductively coupled plasma emission spectrometry* | *Inductively coupled plasma mass spectrometry* | *Anodic stripping voltammetry* |
|---|---|---|---|---|---|---|---|
| Aluminium | | | | | | 6.1.4, 6.72.10.4 | 6.1.5 |
| Antimony | 6.4.3, 6.72.5.11 | | 6.4.4, 6.72.7.1 | | 6.4.5, 6.72.9.1 | 6.4.6, 6.72.10.5 | 6.4.7, 6.72.11.3, 6.72.12.2 |
| Arsenic | 6.5.4, 6.72.5.11 | 6.5.5, 6.76.6.2 | 6.5.6, 6.72.7.1 | 6.5.7 | 6.72.9.1 | 6.5.8, 6.72.10.3, 6.72.10.5 | 6.5.9 |
| Barium | 6.6.1 | | | | | | |
| Beryllium | 6.7.1 | | | | | 6.7.2, 6.72.10.4 | |
| Bismuth | 6.8.2, 6.72.5.11 | | 6.8.3, 6.72.7.1 | 6.8.4, 6.72.8.7 | | | 6.8.5, 6.72.11.3, 6.72.12.2 |
| Cadmium | 6.10.2, 6.72.5.1, 6.72.5.3, 6.72.5.6, 6.72.5.7 | 6.10.3, 6.72.6.1, 6.76.6.2 | | 6.10.4, 6.72.8.2, 6.72.8.3, 6.72.8.4, 6.72.8.5, 6.72.8.6, 6.72.8.7 | | 6.10.5, 6.72.10.1, 6.72.10.2 | 6.10.7, 6.72.11.1, 6.72.11.2, 6.72.11.3, 6.72.12.1, 6.72.12.2 |
| Chromium | 6.14.4, 6.72.5.3, 6.72.5.5 | 6.14.5, 6.72.6.2 | | 6.14.6, 6.72.8.2, 6.72.8.4 | | 6.14.7, 6.72.10.1 | 6.14.8, 6.72.11.1 |
| Cobalt | 6.15.6, 6.72.5.1, 6.72.5.9 | 6.15.7, 6.72.6.1 | | 6.15.8, 6.72.8.7, 6.72.8.3, 6.72.8.4, 6.72.8.7 | | 6.15.9, 6.72.10.1, 6.72.10.2 | 6.15.1.1, 6.72.11.1, 6.72.12.1 |

*Table 1.87* continued

| *Technique/ element* | *Graphite furnace atomic absorption spectrometry* | *Zeeman atomic absorption spectrometry* | *Hydride generation atomic absorption spectrometry* | *Inductively coupled plasma atomic emission spectrometry* | *Hydride generation inductively coupled plasma emission spectrometry* | *Inductively coupled plasma mass spectrometry* | *Anodic stripping voltammetry* |
|---|---|---|---|---|---|---|---|
| Copper | 6.16.4, 6.72.5.1, 6.72.5.2, 6,72,5,3, 6.72.5.6 6.72.5.9–10 | 6.16.5, 6.72.6.1 | | 6.16.16, 6.72.8.1, 6.72.8.2, 6.72.8.3, 6.72.8.4, 6.72.8.5, 6.72.8.7 6.72.8.7 | | 6.16.7, 6.72.10.1 6.72.10.2 | 6.16.9, 6.16.11, 6.72.11.1, 6.72.11.2, 6.72.11.3, 6.72.12.1, 6.72.12.2–3 |
| Gadolinium | 6.22.2 | | 6.22.1 | | | | |
| Germanium | | | 6.72.7.1 | | | | |
| Gold | | | | | | 6.23.1 | |
| Indium | 6.25.1, 6.72.5.11 | | 6.25.2 | 6.72.8.7 | | 6.25.3, 6.72.10.4 | |
| Iridium | 6.26.1, 6.72.6.12 | | | | | | |
| Iron | 6.27.4, 6.72.5.2, 6.72.5.4, 6.72.5.5, 6.72.5.9 | | | 6.27.5, 6.72.8.1, 6.72.8.2, 6.72.8.3, 5.72.8.5, 6.72.8.6 | | 6.27.6, 6.72.10.1 | 6.27.7, 6.72.11.2 |
| Lead | 6.29.3, 6.72.5, 6.72.5.3, 6.72.5.6, 6.72.5.7, 6.72.5.8, 6.72.5.11 | 6.29.4, 6.72.6.1 | 6.29.5, 6.72.7.1, 6.72.8.2 | 6.29.6, 6.72.8.2, 6.72.8.3, 6.72.8.4, 6.72.8.5, 6.72.8.6, | | 6.29.7, 6.72.10.1, 6.72.10.2, 6.72.10.4 | 6.29.8, 6.72.11.1, 6.72.11.2, 6.72.11.3, 6.72.12.1, 6.72.12.2 |
| Manganese | 6.33.5, 6.72.5.2, 6.72.5.3, 6.72.5.4, 6.72.5.5, 6.72.5.8, 6.72.5.9, 6.72.5.10 | 6.33.6, 6.76.6.2 | | 6.33.7, 6.72.8.1, 6.72.8.2, 6.72.8.3, 6.72.8.4, 6.72.8.5 | | 6.33.8, 6.72.10.1 6.72.10.2 | 6.33.9, 6.72.11.2 |

*Table 1.87* continued

| *Technique/ element* | *Graphite furnace atomic absorption spectrometry* | *Zeeman atomic absorption spectrometry* | *Hydride generation atomic absorption spectrometry* | *Inductively coupled plasma atomic emission spectrometry* | *Hydride generation inductively coupled plasma emission spectrometry* | *Inductively coupled plasma mass spectrometry* | *Anodic stripping voltammetry* |
|---|---|---|---|---|---|---|---|
| Mercury | 6.34.2, 6.72.5.7 | 6.34.3 | | 6.34.4 | | 6.34.5, 6.72.10.1, 6.72.10.5 | 6.34.6., 6.34.7, 6.72.12.3 |
| Molybdenum | 6.35.3, 6.72.5.8 6.72.5.10 | 6.35.4, 6.76.6.2 | | 6.35.5, 6.72.8.6 | | 6.35.6, 6.72.10.2 | 6.35.7 |
| Nickel | 6.38.3, 6.72.5.1, 6.72.5.3, 6.72.5.9, 6.72.5.10 | 6.38.4, 6.72.6.1, 6.72.6.2 | | 6.38.5, 6.72.8.1, 6.72.8.3, 6.72.8.4, 6.72.8.5, 6.72.8.6, 6.72.8.7 | | 6.38.6, 6.72.10.1, 6.72.10.2, 6.72.10.3 | 6.38.7, 6.72.11.1, 6.72.11.2, 6.72.12.1 |
| Platinum | 6.72.5.12 | | | | | | |
| Rhenium | 6.48.1 | | | | | | |
| Rubidium | | | | | | 6.49.2, 6.72.10.4 | |
| Selenium | 6.53.2, 6.72.5.11 | | 6.53.3, 6.72.7.1 | | 6.53.4, 6.72.9.1 | | 6.53.5 |
| Silver | 6.54.2, 6.72.5.6 | | | | | | |
| Strontium | | 6.56.3, 6.72.6.1 | | | | | |
| Tellurium | 6.58.1, 6.72.5.11 | | 6.58.2, 6.72.7.1 | | | | |
| Thallium | 6.60.1, 6.72.5.11 | | | 6.60.2, 6.72.8.7 | | | |
| Tin | 6.63.3, 6.72.5.11 | | 6.63.4, 6.72.7.1 | | | | 6.63.5 |

*Table 1.87* continued

| *Technique/ element* | *Graphite furnace atomic absorption spectrometry* | *Zeeman atomic absorption spectrometry* | *Hydride generation atomic absorption spectrometry* | *Inductively coupled plasma atomic emission spectrometry* | *Hydride generation inductively coupled plasma emission spectrometry* | *Inductively coupled plasma mass spectrometry* | *Anodic stripping voltammetry* |
|---|---|---|---|---|---|---|---|
| Uranium | | | | | 6.66.2 | 6.72.10.2 | |
| Vanadium | 6.67.3, 6.72.5.8, 6.72.5.9 | | | 6.67.4, 6.72.8.5, 6.72.8.6 | | 6.67.5, 6.72.10.2, 6.72.10.3 | |
| Zinc | 6.70.3, 6.72.5.1, 6.72.5.4 | | | 6.70.4, 6.72.8.1, 6.72.8.2, 6.72.8.5, 6.72.8.6, 6.72.8.7 | | 6.70.5, 6.72.10.1, 6.72.10.4 | 6.70.6, 6.70.8, 6.72.11.1, 6.72.11.2, 6.72.12.1, 6.72.12.2 |

Source: Own files

*Table 1.87* continued

| *Technique/ element* | *Cathodic stripping voltammetry* | *Ion selective electrodes* | *Polarography* | *Miscellaneous* | *Chromopotentiometric methods* | *Amperometry* | *Molecular emission cavity analysis** |
|---|---|---|---|---|---|---|---|
| Aluminium | 6.1.6 | | | | | | |
| Ammonium | | 6.2.3 | 6.2.4 | | | | |
| Beryllium | | | | 6.7.3 | | | |
| Cadmium | 6.10.8, 6.10.9, 6.72.13.1, 6.72.13.2, 6.72.14.1 | | 6.10.6 | | | | |
| Calcium | | 6.12.5 | | 6.12.9 | | | |
| Cobalt | 6.15.12, 6.72.13.1, 6.72.13.2 | | 6.15.10 | | 6.15.3, 6.72.15.1 | | |
| Copper | 6.16.10, 6.72.13.1, 6.72.14.1 | 6.16.8 | | 6.16.18 | | | |
| Iron | 6.27.8, 6.72.13.1 | | | | | | |
| Lead | 6.29.9, 6.29.10, 6.72.13.2, 6.72.14.1 | | | 6.29.17 | | | |
| Manganese | 6.33.10, 6.72.13.1 | | 6.33.11 | | | | |
| Mercury | | | | 6.34.1 | | | |

*Table 1.87* continued

| *Technique/ element* | *Cathodic stripping voltammetry* | *Ion selective electrodes* | *Polarography* | *Miscellaneous* | *Chromopotentiometric methods* | *Amperometry* | *Molecular emission cavity analysis** |
|---|---|---|---|---|---|---|---|
| Molybdenum | 6.35.8, 6.72.13.2 | | 6.35.9 | 6.35.12 | | | |
| Nickel | 6.38.8, 6.72.13.1, 6.72.13.2 | | | | 6.38.9, 6.72.15.1 | | |
| Platinum | 6.41.1 | | | | | | |
| Potassium | | 6.44.3 | 6.44.4 | | | | |
| Sodium | | | | | | 6.55.2 | |
| Tungsten | | | | 6.65.1 | | | |
| Uranium | 6.66.3, 6.72.13.2 | | | | | | |
| Vanadium | 6.67.6, 6.72.13.2 | | | | | | |
| Zinc | 6.70.8, 6.72.13.1, 6.72.13.2, 6.72.14.1 | | | 6.70.14 | | | |

*No method available

Source: Own files

*Table 1.87* continued

| *Technique/ element* | *Plasma atomic emission spectrometry* | *Mass spectrometry incl. isotope dilution mass spectrometry* | *α particle induced X-ray emission spectrometry** | *Proton induced X-ray emission spectrometry** | *X-ray fluorescence spectroscopy* | *Neutron activation analysis* | *Prompt γ neutron activation analysis** |
|---|---|---|---|---|---|---|---|
| Aluminium | | | | | | 6.1.7 | |
| Antimony | | | | | 6.4.8, 6.72.18.4 | 6.4.9, 6.72.19.5 | |
| Arsenic | | | | | 6.5.10, 6.72.18.4 | 6.5.11, 6.72.19.2, 6.72.19.5 | |
| Barium | | 6.6.2 | | | 6.6.3, 6.72.18.4 | 6.6.4, 6.72.19.4, 6.72.19.5 | |
| Cadmium | 6.10.10, 6.72.16.1 | 6.10.11, 6.72.17.1, 6.72.17.2, 6.72.17.3 | | | 6.10.12, 6.72.18.3, 6.72.18.4 | 6.10.13, 6.72.19.1, 6.72.19.3, 6.72.19.4, 6.72.19.5 | |
| Calcium | | | | | 6.12.7, 6.72.18.4 | 6.12.8, 6.72.19.4 6.72.19.5 | |
| Cerium | | 6.13.2, 6.72.17.4 | | | | 6.13.3, 6.72.19.4, 6.72.19.5 | |
| Chromium | 6.14.9, 6.72.16.1 | | | | 6.14.10, 6.72.18.2, 6.72.18.4 | 6.14.11, 6.72.19.1, 6.72.19.3, 6.72.19.4, 6.72.19.5 | |
| Cobalt | | | | | 6.15.14, 6.72.18.1, 6.72.18.2, 6.72.18.3, 6.72.18.4 | 6.72.19.1, 6.72.19.4, 6.72.19.5, 6.72.19.6 | |

*Table 1.87* continued

| *Technique/ element* | *Plasma atomic emission spectrometry* | *Mass spectrometry incl. isotope dilution mass spectrometry* | *α particle induced X-ray emission spectrometry** | *Proton induced X-ray emission spectrometry** | *X-ray fluorescence spectroscopy* | *Neutron activation analysis* | *Prompt γ neutron activation analysis** |
|---|---|---|---|---|---|---|---|
| Copper | 6.16.12, 6.72.16.1 | 6.16.13, 6.72.17.1, 6.72.17.2, 6.72.17.3 | | | 6.16.14, 6.72.18.1, 6.72.18.2, 6.72.18.3, 6.72.18.4 | 6.16.15, 6.72.19.1, 6.72.19.3, 6.72.19.4, 6.72.19.6 | |
| Dysprosium | | 6.17.1, 6.72.17.4 | | | | | |
| Erbium | | 6.18.1, 6.72.17.4 | | | | | |
| Europium | | 6.19.1, 6.72.17.4 | | | | 6.19.2, 6.72.19.5 | |
| Gadolinium | | 6.20.1, 6.72.17.4 | | | | | |
| Gallium | | | | | 6.21.1, 6.72.18.4 | | |
| Germanium | | | | | | | |
| Gold | | | | | | 6.23.2 6.72.19.5 | |
| Holmium | | 6.24.1, 6.72.17.4 | | | | | |
| Indium | | | | | | 6.25.4 | |
| Iron | | 6.27.9, 6.72.17.2, 6.72.17.3 | | | 6.27.10, 6.72.18.1, 6.72.18.2, 6.72.18.3, 6.72.18.4 | 6.27.11, 6.72.19.1, 6.72.19.4, 6.72.19.5 | |
| Lanthanum | | 6.28.1, 6.72.14.4 | | | | 6.28.2, 6.72.19.4, 6.72.19.5 | |

*Table 1.87* continued

| *Technique/ element* | *Plasma atomic emission spectrometry* | *Mass spectrometry incl. isotope dilution mass spectrometry* | *α particle induced X-ray emission spectrometry** | *Proton induced X-ray emission spectrometry** | *X-ray fluorescence spectroscopy* | *Neutron activation analysis* | *Prompt γ neutron activation analysis** |
|---|---|---|---|---|---|---|---|
| Lead | 6.29.11, | 6.29.12, 6.29.13, 6.72.17.1, 6.27.17.2 6.72.7.3 | | | 6.29.14, 6.72.18.2, 6.72.18.3, 6.72.18.4 | 6.29.15 | |
| Lithium | | 6.30.2 | | | | 6.30.3 | |
| Lutecium | | 6.31.1, 6.72.17.4 | | | | | |
| Magnesium | | | | | | 6.32.3, 6.72.19.4 | |
| Manganese | | | | | 6.33.12, 6.72.18.1, 6.72.18.2, 6.72.18.3, 6.72.18.4 | 6.33.13, 6.72.19.1, 6.72.19.3 | |
| Mercury | 6.34.8 | | | | 6.34.9, 6.72.18.3 | 6.34.10, 6.72.19.5, 6.72.19.6 | |
| Molybdenum | | | | | 6.35.10, 6.72.18.3, 6.72.18.4 | 6.35.11, 6.72.19.1, 6.72.19.2, 6.72.19.5 | |
| Neodynium | | 6.36.1, 6.72.17.4 | | | | | |
| Nickel | 6.30.10 6.72.16.1 | 6.38.11, 6.72.17.2, 6.72.17.3 | | | 6.38.12, 6.72.18.1, 6.72.18.2, 6.72.18.3, 6.72.18.4 | 6.38.13, 6.72.19.1 | |

*Table 1.87* continued

| *Technique/ element* | *Plasma atomic emission spectrometry* | *Mass spectrometry incl. isotope dilution mass spectrometry* | *α particle induced X-ray emission spectrometry** | *Proton induced X-ray emission spectrometry** | *X-ray fluorescence spectroscopy* | *Neutron activation analysis* | *Prompt γ neutron activation analysis** |
|---|---|---|---|---|---|---|---|
| Osmium | | 6.39.1 | | | | | |
| Praesodynium | | 6.45.1, 6.72.17.4 | | | | | |
| Promethium | | 6.46.1, 6.72.17.4 | | | | | |
| Rhenium | | | | | | 6.48.2 | |
| Rubidium | 6.49.4 | 6.49.3 | | | 6.49.5, 6.72.18.4 | | |
| Samerium | | 6.51.1, 6.72.17.4 | | | | | |
| Scandium | | | | | | 6.52.1, 6.72.19.1, 6.72.19.5 | |
| Selenium | | | | | 6.53.7, 6.72.18.3, 6.72.18.4 | 6.53.8, 6.72.19.4, 6.72.19.5 | |
| Silver | | | | | 6.54.3, 6.72.18.4 | 6.54.4, 6.72.19.3, 6.72.19.5 | |
| Sodium | | | | | | 6.55.3, 6.72.19.5 | |
| Strontium | | | | | 6.56.4, 6.72.18.4 | 6.56.5 | |
| Terbium | | 6.59.1, 6.72.17.4 | | | | | |
| Thallium | | 6.60.3, 6.72.17.1 | | | | | |
| Thorium | | | | | | 6.61.1, 6.72.19.1, 6.72.19.3 | |
| Thulium | | 6.62.1, 6.72.17.4 | | | | | |
| Tin | | | | | | 6.63.6, 6.72.19.1 | |

*Table 1.87* continued

| *Technique/ element* | *Plasma atomic emission spectrometry* | *Mass spectrometry incl. isotope dilution mass spectrometry* | *α particle induced X-ray emission spectrometry** | *Proton induced X-ray emission spectrometry** | *X-ray fluorescence spectroscopy* | *Neutron activation analysis* | *Prompt γ neutron activation analysis** |
|---|---|---|---|---|---|---|---|
| Titanium | | | | | 6.64.2, 6.72.18.4 | | |
| Uranium | | 6.66.4, 6.66.5, 6.72.17.2 | | | 6.66.6, 6.72.18.1, 6.72.18.3 | 6.66.7, 6.72.19.1 6.72.19.2, 6.72.19.3, 6.72.19.4, 6.72.19.5 | |
| Vanadium | | | | | 6.67.7 6.72.18.2, 6.72.18.3, 6.72.18.4 | 6.67.8, 6.72.19.2, 6.72.19.4 | |
| Ytterbium | | 6.68.1, 6.72.17.4 | | | | | |
| Yttrium | | 6.72.17.4 | | | 6.69.1, 6.72.18.4 | | |
| Zinc | 6.70.9, 6.72.16.1 | 6.70.10, 6.72.17.2, 6.72.17.3 | | | 6.70.11, 6.72.18.2, 6.72.18.3, 6.72.18.4 | 6.70.12, 6.72.19.1, 6.72.19.4, 6.72.19.5 | |
| Zirconium | | | | | 6.71.1, 6.72.18.4 | 6.71.2, 6.72.19.3 | |

*No methods available

Source: Own files

*Table 1.87* continued

| *Technique/ element* | *Gas chromato-graphy* | *High performance liquid chromato-graphy* | *Liquid chromato-graphy** | *Ion exchange chromato-graphy** | *Ion chromato-graphy** | *Radio-analytical methods** | *Radio-nucleides* | *Pre-concentration* |
|---|---|---|---|---|---|---|---|---|
| Aluminium | 6.1.8 | 6.1.9, 6.72.20.1 | | | | | | 6.1.10 |
| Ammonium | | 6.2.5 | | | | | | |
| Americum | | | | | | | 6.3.1, 12.5.16.7 | |
| Antimony | | | | | | | | 6.4.10 |
| Arsenic | | | | | | | | 6.5.12 |
| Barium | | | | | | | 6.6.5, 12.5.16.5 | |
| Bismuth | | | | | | | | 6.8.6 |
| Cadmium | | | | | | | | 6.10.15 |
| Caesium | | | | | | | 6.11.2, 12.5.2, 12.5.16.2, 12.5.16.9, 12.5.16.10 | |
| Calcium | | | | | | | | 6.12.10 |
| Cerium | | | | | | | | 6.13.4 |
| Chromium | 6.14.12, 6.14.14 | 6.14.13 | | | | | 6.14.16 | 6.14.17 |
| Cobalt | | | | | | | 6.15.16, 12.5.16.10, 12.5.3, 12.5.16.9 | 6.15.17 |
| Copper | | 6.16.16, 6.72.20.2 | | | | | | 6.16.19 |
| Dysprosium | | | | | | | | 6.17.2 |
| Erbium | | | | | | | | 6.18.2 |
| Europium | | | | | | | | 6.19.3 |
| Gadolinium | | | | | | | | 6.20.2 |

*Table 1.87* continued

| *Technique/ element* | *Gas chromatography* | *High performance liquid chromatography* | *Liquid chromatography** | *Ion exchange chromatography** | *Ion chromatography** | *Radio-analytical methods** | *Radio-nucleides* | *Pre-concentration* |
|---|---|---|---|---|---|---|---|---|
| Gallium | | | | | | | | 6.21.2 |
| Germanium | | | | | | | | 6.22.3 |
| Gold | | | | | | | | 6.23.4 |
| Holmium | | | | | | | | 6.24.2 |
| Indium | | | | | | | | 6.25.5 |
| Iron | | 6.27.12, 6.72.20.1 | | | | | 6.27.14, 12.5.4, 12.5.16.9 | 6.27.15 |
| Lanthanum | | | | | | | | 6.28.3 |
| Lead | | | | | | | 6.29.18, 12.5.16.4 12.5.16.6 | 6.29.19 |
| Lutecium | | | | | | | | 6.31.2 |
| Manganese | | 6.33.14, 6.72.20.1 | | | | | 6.33.15, 12.5.5, 12.5.16.1, 12.5.16.10 | 6.33.16 |
| Mercury | | | | | | | | 6.34.12 |
| Molybdenum | | | | | | | | 6.35.13 |
| Neodynium | | | | | | | | 6.36.2 |
| Neptunium | | | | | | | 6.37.1, 12.5.6 | |
| Nickel | | 6.38.14, 6.72.20.2 | | | | | | 6.38.15 |
| Palladium | | | | | | | | 6.40.2 |
| Plutonium | | | | | | | 6.42.2, 12.5.8, 12.5.16.7 | 6.42.1 |
| Polonium | | | | | | | 12.5.9, 12.5.16.4 | 6.43.1 |

*Table 1.87* continued

| *Technique/ element* | *Gas chromato- graphy* | *High performance liquid chromato- graphy* | *Liquid chromato- graphy** | *Ion exchange chromato- graphy** | *Ion chromato- graphy** | *Radio- analytical methods** | *Radio- nucleides* | *Pre- concentration* |
|---|---|---|---|---|---|---|---|---|
| Potassium | | | | | | | 6.44.7, 12.5.10 | |
| Praesodynium | | | | | | | | 6.45.2 |
| Promethium | | | | | | | | 6.46.2 |
| Radium | | | | | | | 12.5.11, 12.5.16.5, 12.5.16.6 | 6.47.1 |
| Rubidium | | | | | | | | 6.49.6 |
| Ruthenium | | | | | | | 6.50.1, 12.5.12 | |
| Samerium | | | | | | | | 6.51.2 |
| Scandium | | | | | | | | 6.52.2 |
| Selenium | 6.53.9 | | | | | | | 6.53.10 |
| Silver | | | | | | | | 6.54.5 |
| Sodium | | | | | | | 6.55.4, 12.5.16.10 | |
| Strontium | | | | | | | 6.56.6, 12.5.13, 12.5.16.2 | |
| Technecium | | | | | | | 6.57.1, 12.5.14 | 6.57.2 |
| Tellurium | | | | | | | | 6.58.3 |
| Terbium | | | | | | | | 6.59.2 |
| Thallium | | | | | | | | 6.60.4 |
| Thorium | | | | | | | 6.61.2, 12.5.16.6, 12.5.16.7, 12.5.16.8 | 6.61.3 |
| Thulium | | | | | | | 12.5.15 | 6.62.2 |
| Tin | 6.63.7 | 6.63.8 | | | | | | 6.63.9 |
| Titanium | | | | | | | | 6.64.3 |

*Table 1.87* continued

| *Technique/ element* | *Gas chromato- graphy* | *High performance liquid chromato- graphy* | *Liquid chromato- graphy** | *Ion exchange chromato- graphy** | *Ion chromato- graphy** | *Radio- analytical methods** | *Radio- nucleides* | *Pre- concentration* |
|---|---|---|---|---|---|---|---|---|
| Uranium | | | | | | | 6.66.9, 12.5.16.8 | 6.66.10 |
| Vanadium | | 6.67.9, 6.72.20.2 | | | | | | 6.67.10 |
| Ytterbium | | | | | | | | 6.68.2 |
| Yttrium | | | | | | | | 6.69.2 |
| Zinc | | | | | | | 6.70.15, 12.5.16.1 12.5.16.9 | 6.70.16 |
| Zirconium | | | | | | | 6.71.3, 12.5.16.9 | 6.71.4 |
| Miscellaneous | | | | | | | | 6.72.22.1– 6.72.22.8 |

*No methods available

Source: Own files

*Table 1.88* Methods for the determination of cations in estuary, bay and coastal waters

| *Technique/ element* | *Titration procedures* | *Spectrophoto-metric methods* | *Ultraviolet spectroscopy* | *Flow injection analysis* | *Spectrofluoro-metric methods* | *Chemilumin-escence methods* | *Atomic absorption spectrometry* |
|---|---|---|---|---|---|---|---|
| Ammonia | | 7.2.1 | | | | | |
| Barium | | | | | | | 7.5.1 |
| Cadmium | | | | | | | 7.7.1, 7.23.3.1 |
| Calcium | 7.8.1, 7.23.2.1 | | | | | | |
| Copper | 7.11.1 | | | | | | 7.23.3.1 |
| Lead | | | | | | | 7.13.1, 7.23.3.1 |
| Magnesium | 7.14.1, 7.23.2.1 | | | | | | |
| Nickel | | | | | | | 7.23.3.1 |

*No methods available

Source: Own files

*Table 1.88* continued

| *Technique/ element* | *Graphite furnace atomic absorption spectrometry* | *Zeeman atomic absorption spectrometry** | *Hydride generation atomic absorption spectrometry* | *Inductively coupled plasma atomic emission spectrometry* | *Hydride generation inductively coupled plasma emission spectrometry** | *Inductively coupled plasma mass spectrometry** | *Anodic stripping voltammetry* |
|---|---|---|---|---|---|---|---|
| Aluminium | | | | | | | 7.1.1, 7.23.7.2 |
| Antimony | | | 7.3.1, 7.23.5.1 | | | | |
| Arsenic | | | 7.4.1, 7.23.5.1 | | | | |
| Cadmium | 7.7.2, 7.23.4.1<br>7.23.4.3 | | | 7.7.3 | | | 7.7.4, 7.23.7.1,<br>7.23.7.2 |
| Chromium | 7.9.1, 7.23.4.1 | | | 7.9.2 | | | 7.9.3, 7.23.7.2 |
| Cobalt | 7.10.1 | | | 7.10.2 | | | 7.10.3, 7.23.7.2 |
| Copper | 7.11.2, 7.23.4.2 | | | 7.11.3 | | | 7.11.4, 7.23.7.2 |
| Iron | 7.12.1, 7.23.4.2 | | | 7.12.2 | | | 7.12.3, 7.23.7.2 |
| Lead | 7.13.2, 7.23.4.1<br>7.23.4.3 | | | 7.13.3 | | | 7.13.4, 7.23.7.1<br>7.23.7.2 |
| Magnesium | 7.15.1 | | | 7.15.2 | | | 7.15.3 |
| Manganese | | | | | | | 7.23.7.2 |
| Nickel | 7.17.1 | | | 7.17.2 | | | 7.17.3, 7.23.7.2 |
| Selenium | | | 7.18.1 | | | | |
| Vanadium | | | | | | | 7.21.1, 7.23.7.2 |
| Zinc | 7.22.1 | | | 7.22.2 | | | 7.22.3, 7.23.7.2 |
| Miscellaneous | | | | 7.23.6 | | | |

*No methods available

Source: Own files

*Table 1.88* continued

| *Technique/ element* | *Cathodic stripping voltammetry* | *Ion selective electrodes** | *Polarography* | *Voltammetry** | *Electro-analytical methods** | *Amperometry** | *Molecular emission cavity analysis** |
|---|---|---|---|---|---|---|---|
| Cobalt | 7.10.4, 7.23.8.1 | | | | | | |
| Copper | 7.11.5, 7.23.8.1 | | | | | | |
| Manganese | | | 7.15.4 | | | | |
| Nickel | 7.17.4, 7.23.8.1 | | | | | | |
| Uranium | 7.20.1, 7.23.8.1 | | | | | | |

*No methods available

Source: Own files

*Table 1.88* continued

| *Technique/ element* | *Plasma atomic emission spectrometry* | *Mass spectrometry incl. isotope dilution mass spectrometry* | *α particle induced X-ray emission spectrometry** | *Proton induced X-ray emission spectrometry** | *X-ray fluorescence spectroscopy** | *Neutron activation analysis** | *Prompt γ neutron activation analysis** |
|---|---|---|---|---|---|---|---|
| Antimony | 7.3.2, 7.23.9.1 | | | | | | |
| Arsenic | 7.4.1, 7.23.9.1 | | | | | | |
| Boron | 7.6.1 | | | | | | |
| Cadmium | | 7.7.5 | | | | | |
| Calcium | | 7.9.4 | | | | | |
| Cobalt | | 7.10.5 | | | | | |
| Copper | | 7.11.6 | | | | | |
| Iron | | 7.12.4 | | | | | |
| Lead | | 7.13.5 | | | | | |
| Manganese | | 7.15.5 | | | | | |
| Nickel | | 7.17.5 | | | | | |
| Zinc | | 7.22.4 | | | | | |
| Miscellaneous | | 7.23.10 | | | | | |

*No methods available

Source: Own files

*Table 1.88* continued

| *Technique/ element* | *Gas chromatography* | *High performance liquid chromatography* | *Liquid chromatography** | *Speciation* | *Miscellaneous* | *Radio-analytical methods** | *Radio-nucleides** | *Pre-concentration* |
|---|---|---|---|---|---|---|---|---|
| Antimony | | | | | | | | 7.3.3 |
| Cadmium | | | | 7.76, 7.23.11.1 | 7.16.1 | | | 7.7.7 |
| Chromium | | | | | 7.16.1 | | | 7.9.5 |
| Cobalt | | | | | 7.16.1 | | | 7.10.6 |
| Copper | | | | 7.11.7, 7.23.11.1 | 7.16.1 | | | 7.11.8 |
| Iron | | | | | 7.16.1 | | | 7.12.5 |
| Lead | | | | 7.13.6, 7.23.11.1 | 7.16.1 | | | 7.13.7 |
| Manganese | | | | | 7.16.1 | | | 7.15.6 |
| Nickel | | | | | 7.16.1 | | | 7.17.6 |
| Tin | | 7.19.1 | | | | | | |
| Zinc | | | | | 17.16.1 | | | 7.22.5 |
| Miscellaneous | | | | | | | | 7.23.13 |

*No methods available

Source: Own files

*Table 1.89* Methods for the determination of cations in waste waters

| *Technique/ element* | *Titration procedures* | *Spectrophotometric methods* | *Ultraviolet spectroscopy** | *Flow injection analysis* | *Spectrofluorometric methods* | *Chemiluminescence methods* | *Atomic absorption spectrometry* |
|---|---|---|---|---|---|---|---|
| Antimony | | 8.3.1 | | | | | 8.3.2, 8.39.1.4 |
| Arsenic | | | | | 8.4.1 | | 8.4.2, 8.39.1.3, 8.39.1.4 |
| Beryllium | | | | | | | 8.6.1 |
| Cadmium | | 8.9.1 | | | | | 8.9.3, 8.39.1.1, 8.39.1.2, 8.39.1.3 |
| Calcium | | | | 8.10.1 | | | 8.10.2 |
| Chromium | 8.11.1 | 8.11.2 | | | | 8.11.3 | 8.11.4, 8.39.1.2, 8.39.1.3 |
| Cobalt | | | | | | | 8.12.1 |
| Copper | | | | | | | 8.13.1, 8.39.1.1, 8.39.1.2, 8.39.1.3 |
| Iron | | | | | | | 8.17.1, 8.39.1.2, 8.39.1.3 |
| Lead | | | | | | | 8.18.1, 8.39.1.1, 8.39.1.2, 8.39.1.3 |
| Lithium | | | | | | | 8.19.1 |
| Mercury | | | | 8.22.1 | | | 8.22.2, 8.39.1.4 |
| Molybdenum | | 8.23.1 | | | | | |
| Nickel | | | | | | | 8.24.1, 8.39.1.2, 8.39.1.3 |
| Selenium | | | | | | | 8.25.1, 8.39.1.3, 8.39.1.4 |

*Table 1.89* continued

| *Technique/ element* | *Titration procedures* | *Spectrophotometric methods* | *Ultraviolet spectroscopy** | *Flow injection analysis* | *Spectrofluorometric methods* | *Chemiluminescence methods* | *Atomic absorption spectrometry* |
|---|---|---|---|---|---|---|---|
| Silver | | | | | | | 8.26.1, 8.34.1.3 |
| Sodium | | | | | | | 8.27.1 |
| Thallium | | 8.31.1 | | | | | |
| Uranium | | | | 8.34.1 | | | |
| Vanadium | | 8.35.1 | | | | | |
| Zinc | | | | | | | 8.36.1, 8.39.1.1, 8.39.1.2, 8.39.1.3 |

*No methods available

Source: Own files

*Table 1.89* continued

| *Technique/ element* | *Graphite furnace atomic absorption spectrometry* | *Zeeman atomic absorption spectrometry** | *Hydride generation atomic absorption spectrometry* | *Inductively coupled plasma atomic emission spectrometry* | *Hydride generation inductively coupled plasma emission spectrometry** | *Inductively coupled plasma mass spectrometry** | *Anodic stripping voltammetry* |
|---|---|---|---|---|---|---|---|
| Aluminium | | | | 8.1.1, 8.39.4.2 | | | |
| Antimony | 8.3.3, 8.39.2.1 | | 8.3.4, 8.39.3.1 | | | | |
| Arsenic | | | 8.4.3, 8.39.3.1 | | | | |
| Barium | 8.5.1 | | | | | | |
| Bismuth | | | 8.7.1, 8.39.3.1 | | | | |
| Boron | | | | 8.8.1, 8.39.4.1 | | | |
| Cadmium | 9.8.4, 8.39.2.1, 8.39.2.2 | | | 8.9.5, 8.39.4.2 | | | 8.9.6 |
| Calcium | 8.10.3, 8.39.2.1 | | | 8.10.4, 8.39.4.2 | | | |
| Chromium | 8.11.5, 8.39.2.2 | | | | | | 8.11.6 |
| Copper | | | | 8.13.2, 8.39.4.2 | | | |
| Gold | | | | 8.14.1 | | | |
| Iron | 8.17.2 | | | 8.17.3, 8.39.4.2 | | | |
| Lead | 8.18.2, 8.39.2.2 | | | 8.18.3, 8.39.4.2 | | | 8.18.4 |
| Magnesium | 8.20.1, 8.39.2.1 | | | 8.20.2, 8.39.4.2 | | | |
| Mercury | 8.22.3, 8.39.2.1 | | | 8.22.4 | | | |
| Molybdenum | | | | 8.23.2, 8.39.4.1 | | | |
| Nickel | 8.24.2, 8.39.2.1 | | | 8.24.3, 8.39.4.2 | | | 8.24.4 |
| Selenium | 8.25.2, 8.39.2.1 | | 8.25.3, 8.39.3.1 | | | | |

*Table 1.89* continued

| *Technique/ element* | *Graphite furnace atomic absorption spectrometry* | *Zeeman atomic absorption spectrometry** | *Hydride generation atomic absorption spectrometry* | *Inductively coupled plasma atomic emission spectrometry* | *Hydride generation inductively coupled plasma emission spectrometry** | *Inductively coupled plasma mass spectrometry** | *Anodic stripping voltammetry* |
|---|---|---|---|---|---|---|---|
| Tantalum | | | | 8.29.1, 8.39.4.1 | | | |
| Tellurium | | | | 8.30.1 | | | |
| Thallium | 8.31.2, 8.39.2.1 | | | | | | |
| Tungsten | | | | 8.33.1, 8.39.4.1 | | | |
| Zinc | 8.36.2, 8.39.2.1 | | | 8.36.3, 8.39.4.2 | | | 8.36.4 |
| Zirconium | | | | 8.37.1, 8.39.4.1 | | | |
| Miscellaneous | | | | | | | 8.39.5 |

*No methods available

Source: Own files

*Table 1.89* continued

| *Technique/ element* | *Cathodic stripping voltammetry** | *Ion selective electrodes* | *Polarography* | *Voltammetry** | *Electro-analytical methods* | *Amperometry** | *Molecular emission cavity analysis* |
|---|---|---|---|---|---|---|---|
| Ammonium | | 8.2.1 | | | | | 8.2.2 |
| Cadmium | | 8.9.2 | | | | | |
| Indium | | | 8.15.1 | | | | |
| Iridium | | | | | 8.16.1 | | |
| Iron | | | 8.17.4 | | | | |
| Sodium | | 8.27.2 | | | | | |
| Zinc | | | 8.36.5 | | | | |

*No methods available

Source: Own files

*Table 1.89* continued

| *Technique/ element* | *Plasma atomic emission spectrometry** | *Mass spectrometry incl. isotope dilution mass spectrometry** | *α particle induced X-ray emission spectrometry** | *Proton induced X-ray emission spectrometry** | *X-ray fluorescence spectroscopy* | *Neutron activation analysis** | *Prompt γ neutron activation analysis** |
|---|---|---|---|---|---|---|---|
| Barium | | | | | 8.5.2, 8.39.6.2 | | |
| Bismuth | | | | | 8.7.2, 8.39.6.2 | | |
| Chromium | | | | | 8.11.7, 8.39.6.3 | | |
| Cobalt | | | | | 8.12.2, 8.39.6.1, 8.39.6.3 | | |
| Copper | | | | | 8.13.3, 8.39.6.1, 8.39.6.3 | | |
| Iron | | | | | 8.17.5, 8.39.6.1, 8.39.6.3 | | |
| Lead | | | | | 8.18.5, 8.39.6.1, 8.39.6.2, 8.39.6.3 | | |
| Manganese | | | | | 8.21.2, 8.39.6.1, 8.39.6.2, 8.39.6.3 | | |
| Nickel | | | | | 8.24.5, 8.39.6.1, 8.39.6.2, 8.39.6.3 | | |
| Strontium | | | | | 8.28.1, 8.39.6.2 | | |
| Zinc | | | | | 8.36.6, 8.39.6.1, 8.39.6.3 | | |

*No methods available

Source: Own files

*Table 1.89* continued

| *Technique/ element* | *Gas chromato-graphy** | *High performance liquid chromato-graphy* | *Liquid chromato-graphy** | *Ion exchange chromato-graphy** | *Miscellaneous* | *Radio-analytical methods** | *Radio-nucleides** | *Pre-concentration* |
|---|---|---|---|---|---|---|---|---|
| Ammonium | | 8.2.3 | | | 8.2.4 | | | |
| Cadmium | | | | | 8.9.7 | | | |
| Chromium | | 8.11.8 | | | | | | |
| Cobalt | | 8.12.3, 8.39.7.1, 8.39.7.2 | | | | | | |
| Copper | | 8.39.7.1, 8.39.7.2, 18.13.4 | | | | | | |
| Lead | | 8.18.6, 8.39.7.1 | | | | | | |
| Mercury | | 8.22.5, 8.39.7.2 | | | 8.22.6 | | | 8.22.7 |
| Nickel | | 8.24.6, 8.39.7.1 8.39.7.2 | | | | | | |
| Thorium | | | | | | | | 8.32.1 |
| Zinc | | 8.36.7, 8.39.7.1 | | | | | | |

*No methods available

Source: Own files

*Table 1.90* Methods for the determination of cations in sewage

| *Technique/ element* | *Titration procedures* | *Spectrophoto-metric methods* | *Ultraviolet spectroscopy** | *Flow injection analysis** | *Spectrofluoro-metric methods** | *Chemilumin-escence methods* | *Atomic absorption spectrometry* |
|---|---|---|---|---|---|---|---|
| Aluminium | | 9.1.1 | | | | | 9.1.2 |
| Ammonium | 9.2.1 | 9.2.2 | | | | | |
| Barium | | | | | | | 9.5.1, 9.35.1.3 |
| Cadmium | | | | | | | 9.6.1, 9.35.1.1 |
| Calcium | | | | | | | 9.8.1, 9.35.1.3 |
| Chromium | | | | | | 9.9.1 | 9.9.2, 9.35.1.1 |
| Cobalt | | | | | | | 9.10.1, 9.35.1.2 |
| Copper | | | | | | | 9.11.1, 9.35.1.1 |
| Iron | | | | | | | 9.13.1 |
| Lead | | | | | | | 9.14.1, 9.35.1.1 |
| Lithium | | | | | | | 9.15.1, 9.35.1.3 |
| Magnesium | | | | | | | 9.16.1, 9.35.1.3 |
| Manganese | | | | | | | 9.17.1, 9.35.1.2 |
| Molybdenum | | | | | | | 9.19.1, 9.35.1.2 |
| Nickel | | | | | | | 9.20.1, 9.35.1.1 |
| Silver | | | | | | | 9.25.1, 9.35.1.2 |
| Strontium | | | | | | | 9.27.1, 9.35.1.3 |
| Tin | | | | | | | 9.29.1, 9.35.1.2 |
| Zinc | | | | | | | 9.34.1, 9.35.1.1 |

*No methods available

Source: Own files

*Table 1.90* continued

| *Technique/ element* | *Graphite furnace atomic absorption spectrometry* | *Zeeman atomic absorption spectrometry** | *Hydride generation atomic absorption spectrometry** | *Inductively coupled plasma atomic emission spectrometry* | *Hydride generation inductively coupled plasma emission spectrometry** | *Inductively coupled plasma mass spectrometry** | *Anodic stripping voltammetry* |
|---|---|---|---|---|---|---|---|
| Aluminium | 9.1.3, 9.35.2.2 | | | 9.1.4, 9.35.3.1 | | | |
| Ammonium | | | | | | | 9.2.3 |
| Cadmium | 9.6.2, 9.35.2.1 | | | 9.6.3 | | | 9.6.4, 9.35.4.1 |
| Calcium | 9.8.2, 9.35.2.2 | | | 9.8.3, 9.35.3.1 | | | |
| Chromium | 9.9.3, 9.35.2.1 | | | 9.9.4, 9.35.3.1 | | | |
| Cobalt | | | | 9.10.2, 9.35.3.1 | | | |
| Copper | 9.11.2, 9.35.2.1 | | | 9.11.3, 9.35.3.1 | | | 9.11.4, 9.35.4.1 |
| Iron | 9.13.2, 9.35.2.2 | | | 9.13.3, 9.35.3.1 | | | |
| Lead | 9.14.2, 9.35.2.1 | | | 9.14.3, 9.35.3.1 | | | 9.14.4, 9.35.4.1 |
| Magnesium | 9.16.2, 9.35.2.2 | | | 9.16.3, 9.35.3.1 | | | |
| Manganese | | | | 9.17.2, 9.35.3.1 | | | |
| Molybdenum | | | | 9.19.2, 9.35.3.1 | | | |
| Nickel | 9.20.2, 9.35.2.1 | | | 9.20.3, 9.35.3.1 | | | |
| Strontium | | | | 9.27.2, 9.35.3.1 | | | |
| Titanium | | | | 9.30.1, 9.35.3.1 | | | |
| Vanadium | | | | 9.33.1, 9.35.3.1 | | | 9.34.4, 9.35.4.1 |
| Zinc | 9.34.2, 9.35.2.1 | | | 9.34.3, 9.35.3.1 | | | 9.34.4, 9.35.4.1 |

*No methods available

Source: Own files

*Table 1.90* continued

| *Technique/ element* | *Cathodic stripping voltammetry** | *Ion selective electrodes** | *Polarography* | *Voltammetry** | *Electro-analytical methods** | *Amperometry** | *Molecular emission cavity analysis** |
|---|---|---|---|---|---|---|---|
| Copper | | | 9.11.5, 9.35.5.1 | | | | |
| Lead | | | 9.14.5, 9.35.5.1 | | | | |

*No methods available

Source: Own files

*Table 1.90* continued

| *Technique/ element* | *Plasma atomic emission spectrometry** | *Mass spectrometry incl. isotope dilution mass spectrometry** | *α particle induced X-ray emission spectrometry** | *Proton induced X-ray emission spectrometry** | *X-ray fluorescence spectroscopy** | *Neutron activation analysis* | *Prompt γ neutron activation analysis** |
|---|---|---|---|---|---|---|---|
| Aluminium | | | | | | 9.1.5, 9.35.6.2 | |
| Antimony | | | | | | 9.3.1, 9.35.6.1, 9.35.6.2 | |
| Arsenic | | | | | | 9.4.1 | |
| Barium | | | | | | 9.5.2, 9.35.6.1, 9.35.6.2 | |
| Cadmium | | | | | | 9.6.5, 9.35.6.2 | |
| Caesium | | | | | | 9.7.1, 9.35.6.1, 9.35.6.2 | |
| Calcium | | | | | | 9.8.4, 9.35.6.2 | |
| Chromium | | | | | | 9.9.5, 9.35.6.1, 9.35.6.2 | |
| Cobalt | | | | | | 9.10.3, 9.35.6.1, 9.35.6.2 | |
| Copper | | | | | | 9.11.6, 9.35.6.2 | |
| Gold | | | | | | 9.12.1, 9.35.6.1, 9.35.6.2 | |
| Iron | | | | | | 9.13.4, 9.35.6.1 | |
| Lead | | | | | | 9.14.6, 9.35.6.2 | |
| Magnesium | | | | | | 9.16.4, 9.35.6.2 | |
| Manganese | | | | | | 9.17.3, 9.35.6.2 | |
| Mercury | | | | | | 9.18.1, 9.35.6.1 | |
| Molybdenum | | | | | | 9.20.4 | |

*Table 1.90* continued

| *Technique/ element* | *Plasma atomic emission spectrometry** | *Mass spectrometry incl. isotope dilution mass spectrometry** | *α particle induced X-ray emission spectrometry** | *Proton induced X-ray emission spectrometry** | *X-ray fluorescence spectroscopy** | *Neutron activation analysis* | *Prompt γ neutron activation analysis** |
|---|---|---|---|---|---|---|---|
| Potassium | | | | | | 9.21.1, 9.35.6.2 | |
| Rubidium | | | | | | 9.22.1, 9.35.6.1 | |
| Scandium | | | | | | 9.23.1, 9.35.6.1, 9.35.6.2 | |
| Selenium | | | | | | 9.24.1, 9.35.6.1 | |
| Silver | | | | | | 9.25.2, 9.35.6.1, 9.35.6.2 | |
| Sodium | | | | | | 9.26.1, 9.35.6.1, 9.35.6.2 | |
| Strontium | | | | | | 9.27.3, 9.35.6.2 | |
| Thorium | | | | | | 9.2.8.1, 9.35.6.2 | |
| Titanium | | | | | | 9.35.6.2 | |
| Tungsten | | | | | | 9.31.1, 9.35.6.2 | |
| Uranium | | | | | | 9.32.1, 9.35.6.2 | |
| Vanadium | | | | | | 9.33.2, 9.35.6.2 | |
| Zinc | | | | | | 9.34.5, 9.35.6.1, 9.35.6.2 | |

*No methods available

Source: Own files

*Table 1.90* continued

| *Technique/ element* | *Gas chromatography** | *High performance liquid chromatography** | *Misc. chromatographic procedures** | *Miscellaneous* | *Ion chromatography* | *Radioanalytical methods* | *Radionucleides** | *Preconcentration* |
|---|---|---|---|---|---|---|---|---|
| Cadmium | | | | 9.6.7 | 9.6.6, 9.35.7.1 | | | 9.6.8, 9.35.9.1 |
| Cobalt | | | | | 9.10.4, 9.35.7.1 | | | |
| Copper | | | | | 9.11.7, 9.35.7.1 | | | 9.11.8, 9.35.9.1 |
| Lead | | | | | | | | 9.14.7, 9.35.9.1 |
| Nickel | | | | | 9.35.7.1 | | | |
| Zinc | | | | | 9.34.6, 9.35.7.1 | | | 9.34.7, 9.35.9.1 |
| Miscellaneous | | | | | 9.20.5 | 9.35.9 | | |

*No methods available

Source: Own files

*Table 1.91* Methods for the determination of cations in natural (non-saline) waters

| *Technique/ element* | *Titration procedures** | *Spectrophoto-metric methods* | *Ultraviolet spectroscopy** | *Flow injection analysis** | *Spectrofluoro-metric methods* | *Chemilumin-escence methods** | *Atomic absorption spectrometry* |
|---|---|---|---|---|---|---|---|
| Aluminium | | | | | 10.2.1 | | |
| Antimony | | 10.4.1 | | | | | |
| Cadmium | | | | | | | 10.10.1 |
| Chromium | | 10.13.1, 10.45.1.1 | | | | | 10.13.2 |
| Copper | | 10.15.1 | | | | | |
| Lead | | 10.20.1 | | | | | |
| Manganese | | 10.23.1 | | | | | |
| Mercury | | | | | | | 10.24.1 |
| Nickel | | 10.26.1, 10.45.1.1 | | | | | |
| Silver | | | | | | | 10.33.1 |
| Tin | | 10.39.1 | | | | | |
| Uranium | | 10.41.1 | | | | | |

*No methods available

Source: Own files

*Table 1.91* continued

| *Technique/ element* | *Graphite furnace atomic absorption spectrometry* | *Zeeman atomic absorption spectrometry** | *Hydride generation atomic absorption spectrometry** | *Inductively coupled plasma atomic emission spectrometry* | *Hydride generation inductively coupled plasma emission spectrometry* | *Inductively coupled plasma mass spectrometry** | *Anodic stripping voltammetry* |
|---|---|---|---|---|---|---|---|
| Antimony | 10.4.2, 10.45.2.1 | | | | | | 10.4.3, 10.4.5.1 |
| Arsenic | 10.5.1, 10.45.2.1 | | | | 10.5.2, 10.45.4.1 | | 10.5.3 |
| Barium | | | | 10.6.1, 10.45.3.1 | | | |
| Beryllium | 10.7.1, 10.45.2.1 | | | | | | |
| Bismuth | | | | | | | 10.8.1, 10.45.5.1 |
| Cadmium | 10.10.2, 10.45.2.1 | | | 10.10.3, 10.45.3.1 | | | 10.10.4, 10.45.5.1 |
| Calcium | | | | 10.45.3.1, 10.11.1 | | | |
| Chromium | 10.13.3, 10.45.2,1 | | | 10.13.4, 10.45.3.1 | | | |
| Cobalt | 10.14.1, 10.45.2.1 | | | | | | 10.14.2, 10.45.5.1, 10.45.5.2 |
| Copper | 10.15.2, 10.45.2.1 | | | 10.15.3, 10.45.3.1 | | | 10.15.4, 10.45.5.1 |
| Indium | | | | | | | 10.18.1, 10.45.5.1 |
| Iron | 10.19.1, 10.45.2.1 | | | 10.19.2, 10.45.3.1 | | | |
| Lead | 10.20.2, 10.45.2.1 | | | 10.20.3, 10.45.3.1 | | | 10.20.4, 10.45.5.1 |
| Lithium | | | | 10.21.1, 10.45.3.1 | | | |
| Magnesium | | | | 10.45.3.1 | | | |
| Manganese | 10.23.2, 10.45.2.1 | | | 10.23.3 | | | |
| Mercury | | | | | 10.45.4.1, 10.24.2 | | 10.24.3 |
| Nickel | 10.26.2, 10.45.2.1 | | | | | | 10.26.3, 10.45.5.1, 10.45.5.2 |
| Potassium | | | | 10.28.1, 10.45.3.1 | | | |

*Table 1.91* continued

| *Technique/ element* | *Graphite furnace atomic absorption spectrometry* | *Zeeman atomic absorption spectrometry** | *Hydride generation atomic absorption spectrometry** | *Inductively coupled plasma atomic emission spectrometry* | *Hydride generation inductively coupled plasma emission spectrometry* | *Inductively coupled plasma mass spectrometry** | *Anodic stripping voltammetry* |
|---|---|---|---|---|---|---|---|
| Selenium | 10.31.1, 10.45.2.1 | | | 10.31.2, 10.45.4.1 | | | |
| Silver | 10.33.2, 10.45.2.1 | | | 10.33.3, 10.45.3.1 | | | |
| Sodium | | | | 10.34.1, 10.45.3.1 | | | |
| Tellurium | 10.37.1, 10.34.2.1 | | | | | | |
| Thallium | | | | | | | 10.38.1, 10.45.5.1 |
| Tin | | | | | | | 10.39.2, 10.45.5.1 |
| Vanadium | 10.42.1, 10.45.2.1 | | | | | | |
| Zinc | | | | 10.43.1, 10.45.3.1 | | | 10.43.2, 10.45.5.1 |

*No methods available

Source: Own files

*Table 1.91* continued

| *Technique/ element* | *Cathodic stripping voltammetry** | *Ion selective electrodes** | *Polarography* | *Voltammetry** | *Chrono-potentiometry* | *Amperometry** | *Miscellaneous* |
|---|---|---|---|---|---|---|---|
| Ammonium | | | | | | | 10.3.2 |
| Arsenic | | | | | | | 10.5.4 |
| Beryllium | | | | | | | 10.7.2 |
| Bismuth | | | | | 10.8.2, 10.45.7.1 | | |
| Cadmium | | | | | 10.10.5, 10.45.7.1 | | |
| Chromium | | | 10.13.5, 10.45.6.1 | | | | |
| Copper | | | 10.15.5, 10.45.6.1 | | 10.15.6, 10.45.7.1 | | |
| Gallium | | | | | 10.17.1, 10.45.7.1 | | |
| Indium | | | | | 10.18.2, 10.4.7.1 | | |
| Iron | | | 10.19.3, 10.45.6.1 | | | | |
| Lead | | | | | 10.20.5, 10.45.7.1 | | |
| Manganese | | | | | 10.23.4, 10.45.7.1 | | |
| Thallium | | | | | 10.38.2, 10.45.7.1 | | |
| Tin | | | | | 10.39.3, 10.45.7.1 | | |
| Zinc | | | | | 10.45.7.1, 10.43.3 | | |

*No methods available

Source: Own files

*Table 1.91* continued

| *Technique/ element* | *Plasma atomic emission spectrometry* | *Mass spectrometry incl. isotope dilution mass spectrometry** | *α particle induced X-ray emission spectrometry** | *Proton induced X-ray emission spectrometry* | *X-ray fluorescence spectroscopy* | *Neutron activation analysis* | *Prompt γ neutron activation analysis** |
|---|---|---|---|---|---|---|---|
| Actinides | | | | | 10.1.1 | | |
| Aluminium | | | | | | 10.2.2, 10.45.10.1 | |
| Barium | 10.6.2, 10.45.8.1 | | | | 10.6.3, 10.45.9.1 | | |
| Beryllium | 10.7.2 | | | | | | |
| Boron | 10.9.1, 10.45.8.1 | | | | | | |
| Cadmium | | | | | 10.10.6 | | |
| Calcium | | | | | 10.11.2, 10.45.9.1 | 10.11.3, 10.45.10.1 | |
| Iron | | | | | 10.19.4, 10.45.9.1 | | |
| Lead | | | | | | 10.20.6, 10.45.10.2 | |
| Magnesium | 10.22.1, 10.45.8.1 | | | | | 10.22.2, 10.45.10.1 | |
| Manganese | | | | | 10.23.5, 10.45.9.1 | | |
| Mercury | 10.24.4 | | | | 10.24.5 | | |
| Nickel | | | | | 10.45.9.1 | | |
| Niobium | | | | | 10.27.1 | | |
| Potassium | | | | | 10.28.2, 10.45.9.1 | 10.28.3, 10.45.10.1 | |
| Rubidium | | | | | 10.29.1, 10.45.9.1 | | |
| Silicon | | | | | | 10.32.1, 10.45.10.1 | |
| Sodium | 10.34.2, 10.45.8.1 | | | | | | |
| Strontium | | | | | 10.35.1, 10.45.9.1 | | |
| Tantalum | | | | | 10.36.1 | | |
| Tungsten | | | | | | 10.40.1, 10.45.10.2 | |
| Zinc | 10.43.4, 10.45.8.1 | | | | 10.43.5, 10.45.9.1 | | |

*No methods available

Source: Own files

*Table 1.91* continued

| *Technique/ element* | *Gas chromatography** | *High performance liquid chromatography* | *Liquid chromatography** | *Ion exchange chromatography** | *Ion chromatography* | *Radio-analytical methods** | *Radio-nucleides** | *Pre-concentration* |
|---|---|---|---|---|---|---|---|---|
| Ammonium | | | | | 10.3.1 | | | |
| Antimony | | | | | | | | 10.4.4, 10.45.12.1 |
| Bismuth | | | | | | | | 10.8.3, 10.45.12.1 |
| Cadmium | | | | | | | | 10.10.7, 10.45.12.1 |
| Cerium | | | | | | | | 10.12.1 |
| Chromium | | 10.13.6 | | | | | | |
| Cobalt | | | | | | | | 10.14.3, 10.45.12.1 |
| Copper | | | | | | | | 10.15.7, 10.45.12.1 |
| Gadolinium | | | | | | | | 10.16.1, 10.45.12.1 |
| Molybdenum | | | | | | | | 10.25.1, 10.45.12.1 |
| Niobium | | | | | | | | 10.27.2, 10.45.12.1 |
| Ruthenium | | | | | | | | 10.30.1 |
| Tin | | | | | | | | 10.39.4, 10.45.12.1 |
| Tungsten | | | | | | | | 10.40.2, 10.45.12.1 |
| Uranium | | | | | 10.41.2 | | | |
| Vanadium | | | | | | | | 10.42.2, 10.45.12.1 |
| Zinc | | | | | | | | 10.43.6, 10.45.12.1 |
| Zirconium | | | | | | | | 10.44.1 |

*No methods available

Source: Own files

*Table 1.92* Methods for the determination of cations in high purity boiler feed and nuclear reactive waters

| *Technique/ element* | *Titration procedures* | *Spectrophoto-metric methods* | *Ultraviolet spectroscopy** | *Continuous flow analysis* | *Atomic fluores-cence analysis* | *Chemilumin-escence methods** | *Atomic absorption spectrometry* |
|---|---|---|---|---|---|---|---|
| Ammonium | | | | 11.1.1 | | | |
| Barium | | | | | 11.2.1, 10.30.4.1 | | |
| Bismuth | | | | | 11.3.1, 11.30.4.1 | | |
| Boron | | | | | 11.4.1, 11.30.4.1 | | |
| Calcium | | | | | 11.7.1, 11.30.4.1 | | |
| Cobalt | 11.9.1 | | | | 11.9.4 | | |
| Copper | 11.10.1 | 11.30.1.1 | | | 11.10.4, 11.30.4.1 | | |
| Indium | | | | | 11.11.1, 11.30.4.1 | | |
| Iron | 11.12.2 | 11.30.1.1 | | | 11.12.4, 11.30.4.1 | | |
| Lead | | | | | 11.13.2, 11.30.4.1 | | |
| Lithium | | | | | 11.14.1, 11.30.4.1 | | |
| Magnesium | | | | | 11.15.1, 11.30.4.1 | | |
| Manganese | | | | | 11.16.3, 11.30.4.1 | | |
| Nickel | | | | | 11.19.3, 11.30.4.1 | | |
| Silicon | | | | | 11.23.1, 11.30.4.1 | | |
| Silver | | 11.24.1, 11.30.1.1 | | | | | |
| Sodium | | | | | 11.25.3, 11.30.4.1 | | 11.25.1 |
| Zinc | | | | | 11.29.2, 11.30.4.1 | | |

*No methods available

Source: Own files

*Table 1.92* continued

| *Technique/ element* | *Graphite furnace atomic absorption spectrometry* | *Zeeman atomic absorption spectrometry* | *Hydride generation atomic absorption spectrometry** | *Inductively coupled plasma atomic emission spectrometry** | *Hydride generation inductively coupled plasma emission spectrometry** | *Inductively coupled plasma mass spectrometry** | *Anodic stripping voltammetry* |
|---|---|---|---|---|---|---|---|
| Cadmium | 11.5.1, 11.30.2.1 | 11.5.2, 11.30.3.1 | | | | | 11.5.3, 11.30.6.1 |
| Chromium | 11.8.1, 11.30.2.1 | 11.8.2, 11.30.3.1 | | | | | |
| Cobalt | 11.9.2, 11.30.2.1 | 11.9.3, 11.30.3.1 | | | | | |
| Copper | 11.10.2, 11.30.2.1 | 11.10.3, 11.30.3.1 | | | | | 11.10.5, 11.30.6.1 |
| Iron | 11.12.3, 11.30.2.1 | 11.30.3.1 | | | | | |
| Lead | | 11.13.1, 11.30.3.1 | | | | | 11.13.3, 11.30.6.1 |
| Manganese | 11.16.1, 11.30.2.1 | 11.16.2, 11.30.3.1 | | | | | |
| Nickel | 11.19.1, 11.30.2.1 | 11.19.2, 11.30.3.1 | | | | | |
| Vanadium | 11.28.1, 11.30.2.1 | | | | | | |
| Zinc | | 11.29.1 | | | | | |

*No methods available

Source: Own files

*Table 1.92* continued

| *Technique/ element* | *Cathodic stripping voltammetry** | *Ion selective electrodes** | *Polarography** | *Voltammetry** | *Electro-analytical methods** | *Potentiometry* | *Molecular emission cavity analysis** |
|---|---|---|---|---|---|---|---|
| Molybdenum | | | | | | 11.17.1 | |
| Miscellaneous | | | | | | 11.30.7.1 | |

*No methods available

Source: Own files

*Table 1.92* continued

| *Technique/ element* | *Plasma atomic emission spectrometry** | *Mass spectrometry incl. isotope dilution mass spectrometry* | *α particle induced X-ray emission spectrometry** | *Proton induced X-ray emission spectrometry** | *X-ray fluorescence spectroscopy** | *Neutron activation analysis** | *Prompt γ neutron activation analysis** |
|---|---|---|---|---|---|---|---|
| Iron | | 11.12.1 | | | | | |
| Miscellaneous | | 11.30.5.1 | | | | | |

*No methods available

Source: Own files

*Table 1.92* continued

| *Technique/ element* | *Gas chromato-graphy** | *High performance liquid chromato-graphy** | *Liquid chromato-graphy** | *Ion exchange chromato-graphy* | *Ion chromato-graphy** | *Radio-analytical methods** | *Radio-nucleides* | *Pre-concentration** |
|---|---|---|---|---|---|---|---|---|
| Boron | | | | | | | 11.4.2 | |
| Caesium | | | | | | | 11.6.1 | |
| Chromium | | | | | | | 11.8.3 | |
| Cobalt | | | | 11.9.5, 11.30.8.1 | | | 11.9.6, 12.7.1 | |
| Copper | | | | | | | 11.10.6 | |
| Iron | | | | 11.12.5, 11.30.8.1 | | | 11.12.6 | |
| Manganese | | | | 11.16.4, 11.30.8.1 | | | 11.16.5 | |
| Neptunium | | | | | | | 11.18.1 | |
| Nickel | | | | 11.19.4, 11.30.8.1 | | | 11.19.5 | |
| Plutonium | | | | | | | 11.20.1 | |
| Radium | | | | | | | 11.21.1, 12.8.1 | |
| Ruthenium | | | | | | | 11.22.1 | |
| Strontium | | | | | | | 11.26.1, 12.7.2 | |
| Uranium | | | | | | | 11.27.1 | |
| Zinc | | | | | | | 11.29.3 | |

*No methods available

Source: Own files

Chapter 2

# Cations in natural waters

## 2.1 Actinium

### 2.1.1 Radionucleides

The determination of radioactinium is discussed in section 12.1.1.

## 2.2 Aluminium

### 2.2.1 Spectrophotometric methods

Various workers have described methods based on the use of pyrocatechol violet for the determination of down to 5 μg $L^{-1}$ aluminium in natural water [1–4]. Automated procedures have been described [1, 2]. In one of these [1] the sample is preserved with 8N sulphuric acid, and after preliminary treatment with potassium peroxodisulphate, is mixed successively with 1,10-phenanthroline, pyrocatechol violet and buffer, and the coloured complex formed is measured at 590 nm. A flow scheme is given for the method which can be used to analyse 30 samples per hour with a precision of ±4 μg $L^{-1}$ aluminium in the range 10–750 μg $L^{-1}$ aluminium.

Seip *et al.* [5] have investigated two spectrophotometric procedures for determining various forms of aluminium in river and stream waters in connection with the investigations of the effects of acid rain in Norway. These methods employ ferrous-orthophenanthroline [6] and pyrocatechol violet as chromogenic reagents [7]. To isolate different aluminium fractions they used the fractionation scheme described by Driscoll [8].

This includes a cation exchange step. Three aluminium fractions are determined: non-labile monomeric aluminium, labile monomeric aluminium and acid soluble aluminium (see diagram p 179).

In the ferron orthophanthroline method iron is reduced to the ferrous state with hydroxylamino hydrochloride which forms a complex with orthophanenthroline.

| | | | |
|---|---|---|---|
| aluminium measurement | ← total aluminium, acid digested aluminium → | | |
| | ← total monomeric aluminium | no acid digestion → | |
| | cation desalted monomeric aluminium | | |
| aluminium fraction | non-labile ← monomeric → aluminium | labile monomeric aluminium | acid soluble aluminium |
| | ↓ | ↓ | ↓ |
| fraction composition | monomeric alumino-organic complexes | free aluminium monomeric aluminium sulphate fluoride and hydroxide | colloidal polymeric aluminium strong alumino-organic complexes |

To determine 'total' aluminium, hydrochloric acid is added to give a pH of about 1.5. After 30 min ferronorthophenanthroline and sodium acetate are added so that pH becomes about 5. Ferron (8-hydroxy-7-iodoquinoline-5-sulphonic acid) forms a complex with aluminium. The absorbance is measured at 370 and 520 nm; the latter result is used to determine the concentration of iron needed for correcting the absorbance at 370 nm for contribution from the iron–orthophenanthroline complex. A correction was applied for the colour obtained by measuring the absorbance at 370 nm for samples where deionised water was added instead of ferron orthophenanthroline.

Driscoll [8] assumes that a 30 min treatment with acid is enough to dissolve most of the particulate forms. This may however, be questionable. Monomeric aluminium is determined without acidifying the sample ie the acid solution of hydroxylamine hydrochloride is added after the buffer solution. The absorbance is measured immediately so that an insignificant amount of polymeric aluminium forms interact with ferron.

Aluminium and pyrocatechol violet (3,3′,4′-trihydroxyfushsone-2″ sulphonic acid) form a complex with an absorption maximum at 581 nm, the absorbance increases with pH up to about 6. A buffer (hexamethylene tetramine) is used to give a pH of about 6.1. The colour develops fairly slowly and it is recommended that absorbance measurements are made at some time from 10 min to 2 h after the reagents have been mixed.

Hydroxylamine hydrochloride is added to reduce iron and orthophenanthroline to complex iron(II). The complex has a low absorbance at 581 nm and no correction is necessary.

For determination of total aluminium the samples were acidified to pH 1.4 to dissolve polymeric forms. After about 24 hours the reducing agents, pyrocatechol violet, and buffer solutions were added. The absorbance was measured after about 40 min.

Determination of monomeric aluminium forms is similar, but the samples are not acidified. The acid is added simultaneously with the other solutions.

A 4 min interval seems satisfactory; the colour is sufficiently stable and the amounts of monomeric forms have do not change much.

To calibrate, the absorbances of solutions with known concentrations are measured both after 40 min and 4 min and different standard curves used for determination of total and monomeric forms.

Interferences appear to cause considerable problems in the ferroin orthophenanthroline method; much less in the pyrocatechol violet method. The sensitivity of the latter method is also better. In general, the pyrocatechol violet method should therefore be recommended. The only drawback with the pyrocatechol violet method seems to be that the colour of the complex develops rather slowly and monomeric forms of aluminium should be determined without delay. Fortunately, however, it seems possible to reach a satisfactory compromise by measuring about 4 min after adding pyrocatechol violet to the sample.

Wyganowski *et al.* [9] used bromopyrogallol red as chromogenic reagent in a flow injection method for the determination of aluminium in river waters. The reagent solution contains bromopyrogallol red, *n*-tetradecyltrimethyl-ammonium bromide and hexamine in 60% ethanolic solution, and the carrier solution contains acetate buffer, 1,10-phenanthroline and hydroxyl-ammonium chloride. Sample solutions acidified by sulphuric acid are injected and the peak absorbance at 623 nm is recorded. The detection limit is about 0.1 μg $L^{-1}$ and calibration plots are linear for the ranges up to 300 μg $L^{-1}$ aluminium.

Bromopyrogallol red reacts with metal ions such as iron, zinc, lead, manganese, cobalt, nickel, copper, cadmium, etc. In the above recommended method, $10^{-5}$M iron(II) and iron(III) interfere if no masking agent is added. The long masking coil is needed to permit reduction of iron(III). The tolerance limit for interfering ions was examined under the recommended conditions. The results obtained show that the tolerance limits are generally much higher than the concentrations to be expected in river water. Wyganowski *et al.* [9] pointed out that river water may contain several forms of aluminium which do not react with bromopyrogallol red, eg complexed or undissolved species.

To convert all forms of aluminium in the sample to a form which is included in this method, the sample (50 ml) (fixed with 5 ml $L^{-1}$ concentrated sulphuric acid when sampled) is concentrated to 10 ml by boiling, cooled, diluted with water to 50 ml, filtered then injected into the analyser. This treatment converted 85–110% of the various forms of aluminium present in river water samples to an ionic form which is included in the bromopyrogallol red procedure.

Other reagents that have been used for the spectrophotometric determination of aluminium include Chrome Azurol L [9,10], Eriochrome Cyanine R [11–13], ferron orthophenanthroline and quinolin-8-ol [14]. Sampson and Fleck [15] described a method having a detection limit for aluminium of 5 μg $L^{-1}$. This method was used routinely for the 25–250 μg $L^{-1}$ range. Interferences from other cations were corrected or avoided altogether. The basis of the method is to form a complex of aluminium, Chrome Azurol S, and cetylpyridinium chloride. Absorbance was measured at 640 nm.

Flow-injection spectrophotometric determination of aluminium in natural waters by using pyrocatechol violet was described by Roeyset [16]. Masking agents and digestion of high organic samples were necessary to eliminate interferences. The detection limit was 3 μg of aluminium $L^{-1}$ and the relative standard deviation was <2% at the 0.1 mg of aluminium $L^{-1}$ level. The same author [17] used Eriochrome cyanine R and cetyltrimethylammonium bromide for the flow-injection spectrophotometric determination of aluminium $L^{-1}$. Iron and dissolved organic matter cause interferences. The detection limit is 1 μg of aluminium $L^{-1}$ and the relative standard deviation was 0.7% at the 1 mg $L^{-1}$ aluminium level.

### *2.2.2 Fluorometric methods*

Hydes and Liss [18] describe a fluorometric method for determining down to 0.05 μg $L^{-1}$ aluminium in river waters. In waters abnormally rich in dissolved organic matter competition for the dissolved aluminium between natural organic ligands and the Lumogallion reagent is overcome by ultraviolet irradiation prior to analysis. All forms of aluminium in filtered water may be detected except when the aluminium occurs in stable mineral structures, such as clay particles, small enough to pass through the filter.

The precision of the method is 0.05 μg $L^{-1}$ aluminium at the 1 μg $L^{-1}$ aluminium level and 0.6 μg $L^{-1}$ aluminium at the 22 μg $L^{-1}$ aluminium level.

Hydes and Liss [18] state that the nature of the aluminium species determined by their method is uncertain. Regarding interferences by co-existing ions in river water in this method, at the 5 μg $L^{-1}$ aluminium level interference starts to become a problem when fluorides are present at 0.3

mg $L^{-1}$ or orthophosphate at 3 mg $L^{-1}$. Sulphate does not interfere even when present at 5 g $L^{-1}$.

De Pablos *et al.* [19] have given details of the development of a procedure for spectrofluorometric determination of aluminium in a water /dimethylformamide medium of pH 3.7, using *N*-oxalylamine (salicylaldehyde hydrazone) as the fluorometric reagent. Under these conditions, the complex had excitation and emission maxima at 387 and 474 nm respectively, and the detection limit was 5 μg $L^{-1}$. The effects of various possible interfering substances are discussed. Results obtained by application of this technique to mineral waters are tabulated.

Sanchez Rojas *et al.* [20] described a fluorometric procedure for determining aluminium in natural waters based on the reaction of aluminium with N-(3-hydroxy-2-pyridyl)salicylaldimine. The reaction is carried out in the pH range of 4–6 in an aqueous *N,N'*-dimethylformamide medium and has been applied to aluminium in the range of 3.5–400 μg of aluminium $L^{-1}$. The limit of detection is 1.4 μg $L^{-1}$ and the relative standard deviation is 1.9%.

Yuan [21] used cetyltrimethylammonium bromide and aluminon in an acetic acid–sodium acetate buffer to form an aluminium complex for the spectrophotometric determination of aluminium in natural waters. Beer's law was obeyed in the range of 0–700 μg of aluminium $L^{-1}$. Iron interferes with the determination of aluminium. The recovery ranged from 96 to 102% and the relative standard deviation of the determination ranged from 1.4 to 28.3%.

Vilchez *et al.* [22] used solid phase spectrofluorometry to determine down to 20 ptt of aluminium in natural waters.

Sutheimer and Cabaniss [23] determined down to 3.7 nm aluminium in natural water by flow injection analysis followed by fluorescence detection.

### 2.2.3 *Ultraviolet emission spectrometry*

Uchiro *et al.* [24] used the 167.1 nm vacuum ultraviolet emission line to determine aluminium in lakewater by inductively coupled plasma atomic emission spectrometry. Improved sensitivity over more commonly used lines was demonstrated and 60 elements were used to assess the selectivity, iron having the nearest emission line to aluminium. High quality mirrors, gratings and lenses were required to ensure high transmissivity at such a short wavelength. Water samples from the unpolluted Mashu lake were analysed without preconcentration and aluminium concentrations of 2–3 μg $L^{-1}$ detected.

### 2.2.4 Flow injection analysis

Various chromogenic reagents have been used for the determination of aluminium by flow injection analysis. These include eriochrome cyanine R [17,25,], pyrocatechol violet [16,25], aluminon [25] and chrome azurol S [26]. Using eriochronic cyanine R with cetyltrimethylammonium bromide as a cationic surfactant. Roeyset [17] was able to determine down to 0.1 μL L $^{-1}$ aluminium in natural waters. He reported a sampling rate of 120 samples per hour. Roeyset [17] also compared pyrocatechol violet, aluminium, eriochrome cyanine R and eriochrome cyanine R with cetylmethylammonium bromide as chromogenic reagents. The effects of acidity of the samples on sensitivity were examined. Interferences from iron, fluoride and phosphate in the determination of aluminium were studied. The detection limits were 5 μg aluminium for the pyrocatechol violet and eriochrome cyanine R method, 1 μg L $^{-1}$ aluminium for the eriochrome cyanine–cetyltrimethylammonium bromide method and 50 μg L $^{-1}$ aluminium for the aluminon method. The pyrocatechol violet method was recommended for the determination of aluminium in natural waters.

Roeyset [16] had also given details of equipment and procedure used to determine optimal conditions for the determination of aluminium by adaptation of the spectrophotometric pyrocatechol–violet method to a flow-injection system. The detection limit was 3 μg L $^{-1}$ aluminium and the relative standard deviation was less than 2% at 0.1 mg L $^{-1}$ aluminium. He summarises interference effects of 40 common inorganic ions and 20 organic compounds. With the use of conventional masking agents and preliminary digestion of samples with a high organic content, the method is suitable for the determination of total aluminium in natural waters.

Zoltzer and Schwedt [26] have described continuous flow and flow injection analysis methods for the spectrophotometric determination of traces of labile aluminium in water and soil. These are based on complex formation with Chrome Azurol S. Interference from ferric ions was suppressed by reduction with ascorbic acid. Either continuous flow analysis (in which the liquid stream is segmented by air bubbles) or flow injection analysis could be used. The latter gave more reproducible results and a more symmetric absorption curve. The use of glass equipment must be avoided to eliminate adsorption of aluminium ions. For equilibrium solutions with a pH value of 4.0–8.0 only the labile fraction is determined by this method – in contrast to other analytical methods such as atomic absorption spectrometry. Detection limits are 10 μg L $^{-1}$ aluminium.

Flow injection analysis determines only labile aluminium in contrast to atomic absorption spectrometry which determines the total aluminium content of the sample. This is shown in Table 2.1 which illustrates total (AAS) and labile (FIA) aluminium contents from a range of river water samples.

*Table 2.1* Comparison of total (AAS) and labile (FIA) aluminium contents of natural waters

| *Sample No.* | *Concentration µg L⁻¹ Al* | | *Labile aluminium* | *pH of sample* |
|---|---|---|---|---|
| 1 | AAS[a] | FIA | % | |
| | 1,600 | 15 | 0.9 | 7.75 |
| | 3,200 | 106 | 3.3 | 7.36 |
| | 3,600 | 145 | 4.0 | 6.83 |
| | 2,400 | 300 | 12.5 | 5.08 |
| | 2,600 | 520 | 20.0 | 4.22 |
| | 1,300 | 418 | 32.2 | 4.94 |

[a] Flameless atomic absorption spectrometry

Source: Reproduced with permission from Elsevier Science Publishers, BV, Amsterdam

Chung and Ingle [27] have discussed kinetic data obtained from individual peak profiles corrected for dispersion in the application of the flow injection analysis to the determination of down to 0.13 $\mu g\ L^{-1}$ of aluminium in natural waters.

### 2.2.5 Atomic absorption spectroscopy

The graphite furnace method has been applied, Brueggemeyer and Fricke [28] compared furnace atomisation behaviour of aluminium from standard and thorium treated L'vov platforms. Pretreatment with thorium causes a considerable sharpening of the peaks as well as improved thermal stability during charring.

Takahashi *et al.* [29] employed electrothermal atomic absorption spectrophotometry to the determination of aluminium in geothermal waters. Matrix interferences were reduced by the addition of ammonium nitrate to the sample. The detection limit was 1 ppb, and the precision was 4.1% at the 20 ppb aluminium level.

Electrothermal atomic absorption spectrophotometry with matrix modification by ammonium in EDTA–magnesium chloride was described by Huang *et al.* [30] for the determination of aluminium in natural waters. The modifier was effective in removing interferences and enhancing the absorption signal. The detection limit was 0.9 µg of aluminium $L^{-1}$, recoveries ranged from 93.7–104.3%, and the relative standard deviation was 2.6%.

The determination of aluminium by atomic absorption spectrometry is also discussed under multication analysis in section 2.76.4.1.

### 2.2.6 Inductively coupled plasma atomic emission spectrometry

Kitsuki *et al.* [31] determined aluminium in geothermal waters by inductively coupled plasma emission spectrometry. A matrix addition of sodium and calcium was made to reduce their interference to the aluminium emission line. The detection limit was 0.4 ppb and the coefficient of variation was 1.1% for 100 ppb aluminium.

The determination of aluminium by inductively coupled plasma atomic emission spectrometry is also discussed under multication analysis in sections 2.76.8.2–2.76.8.4.

### 2.2.7 Inductively coupled plasma mass spectrometry

The determination of aluminium by this technique is discussed under multication analysis in section 2.76.10.1.

### 2.2.8 Ion selective electrodes

Radic [32] using a fluoride selective electrode determined nanomole quantities of aluminium in natural water. He studied the rate and mechanism of the reaction between aluminium and fluoride ions in buffered aqueous solution. Potential-time curves were recorded during the reaction, using a lanthanum fluoride electrode in conjunction with a reference electrode. The initial rates of decrease of the concentration of free fluoride ion were calculated and shown to be proportional to the amount of aluminium in solution. The procedure was used to determine aluminium in the range 8–3000 n mol.

### 2.2.9 Differential pulse polarography

Ritchie *et al.* [33] have used this technique for the direct determination of aluminium in natural waters. If the pH is carefully controlled to 4.00 ± 0.01, there is a linear relationship between the peak height of the polarographic wave and the aluminium concentration up to 600 $\mu g\ L^{-1}$ aluminium. The coefficient of variation is about 4% at the 250 $\mu g\ L^{-1}$ level. With increasing aluminium concentrations, the relationship ceases to be linear, and above 300 $\mu g\ L^{-1}$, the peak splits, probably because of hydrolysis and polymerisation. Sodium, ammonium, magnesium and calcium interfere at levels 100 times greater than that of aluminium whereas iron(III), iron(II), copper(II), zinc(II), nickel(II), nitrate, perchlorate, chloride and sulphate do not interfere.

### 2.2.10 Emission spectrometry

Direct current argon plasma emission spectrometry has been used [34] to determine aluminium in natural and rain waters.

The application of emission spectrometry to the determination of aluminium is also discussed under multication analysis in section 2.76.13.6.

### 2.2.11 α-particle induced X-ray emission spectrometry

The application of this technique to the determination of aluminium is discussed under multication analysis in section 2.76.23.1.

### 2.2.12 Prompt neutron activation analysis

The application of this technique to the determination of aluminium is discussed under multication analysis in section 2.76.16.1.

### 2.2.13 Ion chromatography

The ion chromatography of mixtured aluminium and iron has been discussed [35]. A sulphosalicylic acid–ethylene diamine medium (pH 5) is used and the separation is achieved on a low capacity cationic-exchange resin (Dionex CS–2). Post column derivativisation with Chrome Azurol S-acetyl methyl ammonium bromide (Triton X–100) was used. Rowland [36] has discussed aluminium fractionation in fresh waters.

### 2.2.14 Miscellaneous

Pakalns and Farrer [37] studied the effects of surfactants on the determination of aluminium. Bekov *et al.* [38] carried out a direct determination of aluminium in river water by laser stepwise photoionisation.

Driscoll [39] has described a procedure for the fractionation of dilute acidic waters. Acid soluble aluminium, non-labile monomeric aluminium and labile monomeric aluminium could be determined. The inorganic speciation of aluminium may be calculated by using labile monomeric aluminium, pH, fluoride and sulphate data with a chemical equilibrium model. non-labile monomeric aluminium is thought to contain colloidal aluminium. In natural waters levels of labile monomeric aluminium increased exponentially with decreases in solution, pH, while the non-labile species were strongly correlated with organic carbon concentration.

Campbell *et al.* [40] studied the speciation of aluminium in acidic fresh waters, Cabaniss [41] has discussed the application of Tritrator, an interactive programme for aquatic equilibrium calculations to a study of aluminium speciation in simulated acid lake water.

Benson and Worsfold [42] complexed aluminium and iron with pyrocatechol violet prior to their determination using a photodiode in amounts down to 10 ppb in natural waters.

Miller and Andelman [43] have reviewed methods for the determination of aluminium species in natural waters.

Goenaga *et al.* [44] have shown that a progressive removal of particles from freshwater samples by filtration using various pore diameter polycarbonate capillary membranes (0.4, 0.1, 0.05, and 0.015 μm) caused a reduction in the levels of labile aluminum (0–23%), as detected with pyrocatechol violet, in the filtrates. Removal of aluminium adsorbed onto suspended solids and aluminium losses through adsorption onto the membranes are thought to be responsible for these observations. Losses of aluminum during filtration of freshwater samples were evaluated by filtration of particle-free synthetic solutions and found to be <10%. Experiments with a sample of Na-illite showed that aluminium adsorbed thereon is partially labile and detectable with pyrocatechol violet in synthetic and natural solutions. It appears that for freshwater samples with high solid surface to aluminium ratios, a significant fraction of the experimentally determined monomeric or inorganic monomeric aluminium may actually be adsorbed aluminium.

Ahmad and Narayanaswamy [45] used a fibre optic reflectance sensor, based on the use of eriochrome and cyanine R immobilised on XAD–2 resin, for the determination of aluminium(III) in natural waters.

Various workers [46–48] have discussed the speciation of aluminium in river and lake waters.

Hasegawa *et al.* [49] have discussed the speciation of arsenic in river and lake waters.

### 2.2.15 Preconcentration

Allen *et al.* [50] have compared the chelating agents immobilised on controlled pore glass for the preconcentration of aluminium from aqueous solutions. The efficiencies of 8–quinolinol and EDTA immobilised on controlled–pore glass for the preliminary concentration of traces of aluminium in natural waters, prior to determination by flame atomic absorption spectrometry, were compared. Both chemicals were satisfactory at sample pH values greater than 4.6. The distribution coefficients for aluminium between the solid and liquid phases are tabulated.

Down to 2 ppb aluminium has been measured in natural waters by on-line concentration and inductively coupled plasma mass spectrometry. Speciation studies showed good agreement of this method with an established high performance liquid chromatographic method [51].

The preconcentration of aluminium is also discussed under multication analysis in sections 2.76.26.3, 2.76.26.5, 2.76.26.8 and 2.76.26.9.

## 2.3 Ammonium

### *2.3.1 Spectrophotometric methods*

The Berthelot reaction [52–54] or modifications of it, is commonly used for the spectrophotometric determination of ammonia. In such methods the sample containing dissolved ammonia is made to react with a phenolic compound and a chlorine-donating reagent at a high pH in the presence of a catalyst. A complexing agent is usually also added to prevent the precipitation of metal hydroxides and other compounds. This reaction results in the formation of an intensely coloured blue indophenol dye. The procedure is reported to be highly specific for ammonia as against other nitrogen-containing compounds (eg urea, amino acids), and is more sensitive than other commonly used methods, such as that based on Nessler's reagent.

Stewart [55] has shown that an increase in reaction temperature increased the rate of formation of indophenol blue, but also significantly reduced the sensitivity of the method. He carried out studies to investigate this phenomenon under controlled conditions. There was a very fast initial reaction on mixing of the reagents, and this determined the final absorbance of the solution. The amount of reactive intermediate produced by this initial reaction appeared to decrease as temperature was increased. The rate of the subsequent stage of colour formation could be increased by raising the temperature without affecting the final absorbance. It was recommended that all reagents, samples, and standard solutions should be brought to the same temperature before mixing. Verdouw *et al.* [56] have also used salicylic acid instead of phenol in the Berthelot reaction.

As a result of detailed studies on a modified Berthelot reaction using salicylate and dichloroisocyanurate instead of phenol and sodium hypochlorite, Kron [57] concluded that it is necessary to optimise the pH value for each combination of reagents used.

The implications of the work of Kron [57] on the choice of reagents and conditions for the determination of ammonia are as follows. There are no practical or theoretical disadvantages attached to the use of dichloroisocyanurate and sodium salicylate that detracted from the known advantages, namely, the increased stability of dichloroisocyanurate compared with sodium hypochlorite and the lesser toxicity of sodium salicylate compared with phenol.

Sodium nitrosylpentacyanoferrate(II) catalyst has been used with considerable success as the catalyst by a number of workers. However, others have noted that when sodium nitrosylpentacyanoferrate(II) is used for the determination of low levels of ammonia, as in sea or lake waters, variable blank values occur through the light-induced production of an absorbing species with a spectrum similar to the indophenol blue dye produced from ammonia.

The absorption spectra of the indophenol blue dyes formed from ammonia at room temperature in the dark, and at 35°C in room lighting, were compared when both sodium aquopentacyanoferrate(II) and sodium nitrosylpentacyanoferrate(II) were used as the catalyst. The two indophenol blue products obtained by using sodium aquopentacyanoferrate(II) were apparently identical, having a $\lambda_{max}$ of 650 nm. When sodium nitrosylpentacyanoferrate(II) was used, however, the spectra of the two products were somewhat different. The $\lambda_{max}$ was 660 nm at 20°C in the dark and the shape of the spectra also differed somewhat. This indicates that two similar, although not identical, products may be formed when sodium nitrosylpentacyanoferrate is used. This is probably a result of substitution by the breakdown products of sodium nitrosylpentacyanoferrate in the aromatic ring(s) of the final indophenol blue dye.

### Automated indophenol blue method

Crowther and Evans [58 ,59] have described an automated [60] distillation spectrophotometric method for determining ammonium in water. Automation of the distillation of buffered ammonia solutions, prior to automatic spectrophotometric determination in ammonium gave rise to two problems. Blockages in the distillation coil of the heating bath were prevented by adjusting temperature and flow rates to permit only a portion of the liquid entering the heating bath to vaporise, so that solubility limits were not exceeded; inefficient partition of ammonia from the gas–liquid stream mixtures was overcome by the design of a special gas–liquid separator and addition of dilute acid before condensing the steam. The optimum distillation temperature, for maximum sensitivity is 112°C and two buffer solutions were effective, phosphate at pH 7.4 and borate at pH 9.5. Recoveries from solutions of test compounds were at least 95% and 20 samples per hour were analysed. A detailed interference study conducted on this method indicated that, of the substances examined, only lead (at concentration 2 mg $L^{-1}$) and formaldehyde interfered.

All water samples were injected and analysed as received without prior preparative steps. If dirty samples had been analysed filtering is necessary to remove the solid particles prior to injection on the ion chromatograph.

The normal procedure for the use of the ion chromatograph was followed, with the exception of the use of the electrochemical detector after the anion suppressor. The solutions were injected and the detector and chart recorder were adjusted to provide peaks of appropriate height.

Simultaneous analysis of both anions and cations indicates that water samples from various localities contain many of the same ions but in differing amounts.

In further work by Crowther and Evans [59] the distillation pretreatment step was omitted, and a reference stream included. For phenate/hypochlorite systems with a dual flow cell a suitable reference stream is obtained by replacing the nitroprusside catalyst reagent with distilled water and synchronising the flow with the colour forming stream. Calibration linearity and sensitivity were adequate for routine water analysis and the method was not susceptible to interference from inorganic compounds, though there was a limited capacity to compensate for colouring agents, such as humates and tannates. For surface waters containing less than 0.5 mg $L^{-1}$ ammonia nitrogen, results were comparable with those obtained using pre-distillation.

Workers at the Water Research Centre UK [60] have reported detailed studies carried out on the application of automated indophenol blue procedures to the determination of ammonium in river waters.

Eleven laboratories participated in these studies which involved each laboratory using its own in-house automated indophenol blue method. Each laboratory achieved total errors not greater than ±20% of the ammonium concentration or 0.1 mg $L^{-1}$ nitrogen (whichever was the larger) for different sample concentrations.

Precisions were in the range 95–106% with an overall mean of 100% with two exceptions. All laboratories met the bias target of 10% of the ammonium concentration or 0.05 mg $L^{-1}$ ammonium whichever is the greater.

Nickels [61] has described a device for minimising sample contamination during automated ammonium analyses.

Carson and Gross [62] have described a method for determining low mg $L^{-1}$ quantities of ammonia in natural water. The method involves reaction with a large excess of 2,5–dimethoxyoxolane in 1,2–dichloroethane. The resultant pyrrole is then determined spectrophotometrically following reaction with (E)-*p*-dimethylaminocinnamaldehyde to form an intensely blue complex. Only primary amines interfere with the determination. The sample is treated with a minimum 50-fold excess of 2,5–dimethoxyoxolane at 80°C in 1,2–dichloroethane for 30 min and then the reaction mixture is allowed to cool to room temperature for 1–2 h. The resultant solution of product pyrrole is subsequently mixed with a minimum 25-fold excess of (E)-*p*-dimethylaminocinnamaldehyde in absolute ethanol containing 60% perchloric acid and allowed to stand at room temperature for about 15 min. The product appearing within this time is an intensely blue complex, $\lambda_{max}$ 630 nm, $\varepsilon = 45,200$ at $\sim 2 \times 10^{-5}$M concentration.

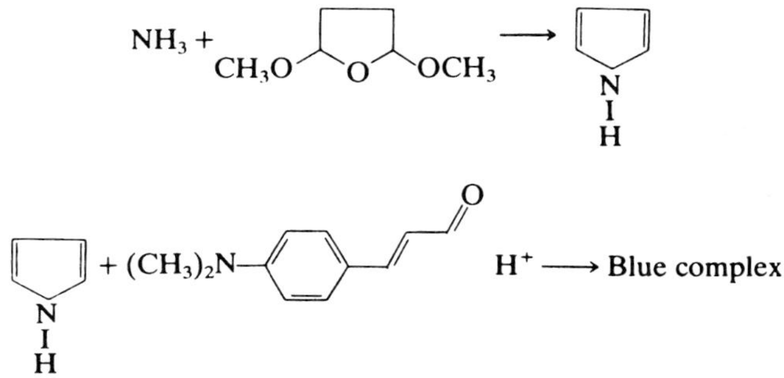


Compound I is suggested as a reasonable but unproven structure for the blue complex.

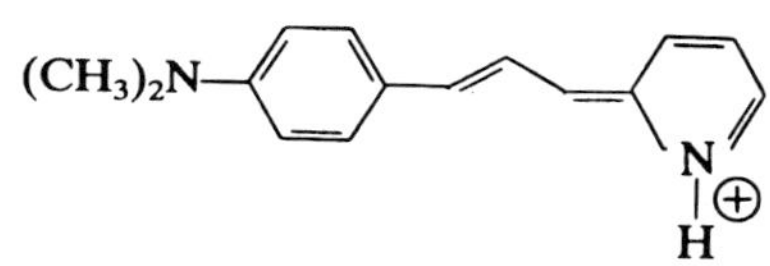


I

### 2.3.2 *Continuous flow fluorometry*

Aoki *et al.* [63, 64] have described a continuous flow fluorometric method for the determination of ammonium in river water. These workers give details of equipment and procedure for a continuous flow method. The sample, in an outer tube, is treated with sodium hydroxide to release molecular ammonia which passes through a microporous PTFE membrane into an inner tube containing a buffered *o*-phthaldialdehyde reagent stream; the reaction product then enters a fluorometer, and fluorescence is measured at 486 nm. The percentage recovery ranged from 95 to 105% over the concentration range 1–10 μm.

Evidence was found for slight interference in this method by inorganic salts (sodium chloride, sodium nitrate, sodium sulphate) only when their concentration exceeded 100 times that of ammonium. Some amines interfere and some do not.

### 2.3.3 *Flow injection analyses*

Krug *et al.* [65] have described a rapid turbidimetric Nessler method for the automated determination of ammonia in natural water using flow injection analysis.

Krug *et al.* [66] used zone trapping in flow injection analysis for the modified Berthelot spectrophotometric determination of low levels of ammonia in natural waters. Interference of metals is prevented by the addition of EDTA.

Ammonium ions have been determined at the μg $L^{-1}$ level in natural waters by ion-exchange in-flow injection analysis using a pulsed Nessler reagent [67].

Van Son *et al.* [68] determined down to 1 μmole $L^{-1}$ total ammonia and nitrogen (ammonia plus ammonium ions), in water by flow injection analysis and a gas diffusion membrane. In this method the sample is injected into an alkaline stream in which the ammonium ions present are converted to ammonia molecules. This solution is fed to a cell with a gas-permeable membrane in which reproducible exchange of ammonia with a flowing solution of the acidic form of bromothymol blue occurs. The resulting absorbance change is measured spectrophotometrically in a flow-through cell.

In a series of application notes workers at Tecator Ltd [69–73] have described a series of flow inspection methods for the determination of between 50 μg $L^{-1}$ and 1000 mg $L^{-1}$ and ammonium nitrogen in natural waters.

The principle of this application is that the aqueous sample containing ammonium ions is injected into a carrier stream which is merged with a sodium hydroxide stream. In the resulting alkaline stream gaseous ammonia is formed

$$NH_4^+ + OH^- = NH_3(g) + H_2O$$

which may diffuse through a gas permeable membrane into an indicator stream. This indicator stream comprises a mixture of acid–base indicators, HI, where I denotes the indicator anions. The ammonia gas reacts with HI according to

$$NH_3 + HI \rightarrow NH_4^- + I^-$$

Hence, the anion concentration of the indicators will increase. A colour shift results which can be measured photometrically. Since the sample-containing stream is physically separated from the indicator stream the sample may be coloured and/or contain particles as long as clogging can be prevented.

### 2.3.4 Ammonia electrodes

Hara *et al.* [74] have described a simple gas dialysis concentrator, consisting of a microporous poly(tetrafluoroethylene) membrane and polymer nets, combined with an ammonia selective gas electrode. This limited the detection limit of the electrode to about 3 μg $L^{-1}$ ammonium.

Hara *et al.* [75] have also described a computer controlled automatic switching of a four way valve which enable the alternate introduction of the sample solution and distilled water to wash the electrode membrane. Rapid and precise determination of 0.1–10 mg $L^{-1}$ ammonium ions was achieved using the flow through electrode and 30–60 samples per hour was typical. Accuracy within 7% was achieved and precision was within 2.6% for 0.1–10 mg $L^{-1}$ ammonium standard solutions. Volatile amine interference was reduced by measuring electrode potentials under pseudoequilibrium conditions after exposure to the interferent.

### 2.3.5 *Molecular emission cavity analysis*

This procedure has been applied [76] to the determination of ammonium (and nitrate) nitrogen in river water samples. The water sample is injected on to solid sodium hydroxide in a small vial. The ammonia generated is swept by nitrogen into a molecular emission cavity analyser oxy cavity and the intensity of the NO–O continuum is measured at 500 nm. The method is rapid, precise and free from interference.

### 2.3.6 *Ion-exchange chromatography*

The application of this technique to the determination of ammonium is discussed under multication analysis in section 2.76.20.1.

### 2.3.7 *Ion chromatography*

Mizobuchi *et al.* [77] have described a method for the determination of ammonia in water based on reaction with fluorescamine to form a fluorophor which is then chromatographed on trichrosorb RP–18 using a mobile phase consisting of 0.05 m phosphate buffer solution (pH 2.0) and acetonitrite (65:35 v/v).

The analytical recovery was examined by spiking river water, effluent and rainwater with known amounts of ammonium. Average recoveries were from 95.8 to 100.7% on five replicate samples and their standard deviations were from 1.9 to 5.4. Reproducibility was measured with standard solution, river water, effluent and rainwater. The results showed that their relative standard deviations were 1.22 to 2.28%. The detection limit was 6 μg $L^{-1}$.

Typical chromatograms obtained for a rain water and a river water are shown in Fig. 2.1.

The application of ion chromatography to the determination of aluminium is also discussed under multication analysis in sections 2.76.2.1–2.76.2.4.

Conboy *et al.* [78] employed ion chromatography coupled with a mass spectrometric detector for the determination of ammonium ions (and sulphate) in natural waters.

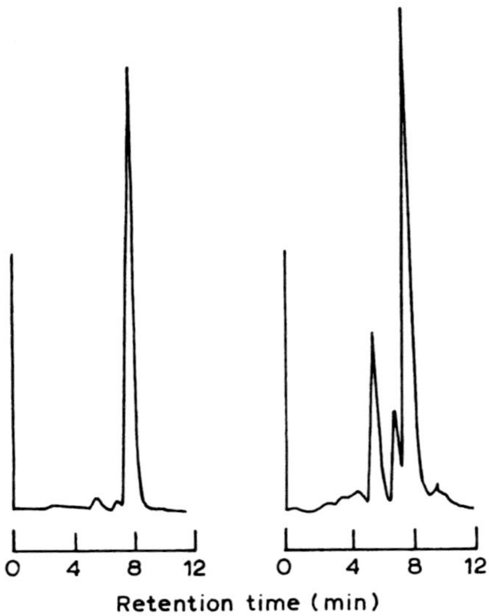


*Fig. 2.1* Liquid chromatograms of river water (left) and rainwater (right). Measuring conditions were as follows: (river water) sample, 1 ml; range 2; injection volume, 5 μl: (rainwater) sample, 1 ml, range 1, injection volume, 20 μl
Source: Reproduced by permission from American Chemical Society

### *2.3.8 Miscellaneous*

Workers at the Department of the Environment UK [79] have compared three methods for the determination of ammonium in river water, namely direct titration, the use of an ammonia selective electrode, and spectrophotometric methods depending on the formation of a coloured complex related to indophenol blue. The titration method requires the ammonia to be distilled from alkaline solution into boric acid, where it is titrated against standard hydrochloric acid to a purple end-point using bromothymol blue as indicator. Slightly different procedures are advocated in connection with the spectrophotometric methods depending on whether fresh water or sea water samples are being analysed. In the latter case sodium salicylate is used in place of phenol in the formation of the coloured complex with chloroamines derived from the ammonia following the addition of sodium dichlorisocyanurate. Both manual and automated (continuous flow) versions of these spectrophotometric procedures are described, to cater for as wide a range of sample types and numbers of determinations as possible. The upper limit of ammonia concentration for the various methods ranges from 1 mg $L^{-1}$ to 100 mg $L^{-1}$ with only the selective electrode method applicable to concentrations in excess of 50 mg $L^{-1}$.

Winquist *et al.* [80] determined ammonia in river water with a gas sensitive semiconductor iridium modified palladium MOS field effect capacitor. The results were linear in the range 0.2–5 μM.

## 2.4 Americium

### 2.4.1 Radionucleides

The determination of radioamericium is discussed in section 12.1.2.

### 2.4.2 Preconcentration

The preconcentration of americium is discussed under multication analysis in section 2.76.26.4.

## 2.5 Antimony

### 2.5.1 Spectrophotometric method

Abu Hilal and Riley [81] have described a spectrophotometric procedure for the determination of antimony in river water. After a preliminary oxidative digestion the element is quantitatively coprecipitated at pH 5.0 with hydrous zirconium oxide. The precipitate is dissolved in acid and, after reduction with titanium(III) chloride, antimony is oxidised to antimony(V) with sodium nitrite. The ion-pair of the $SbCL_6^-$ ion with crystal violet is extracted with benzene and its absorbance is measured at 610 nm. The detection limit is 0.005 μg $L^{-1}$; relative standard deviations are 0.5% for spiked water (0.5 μg $L^{-1}$). A wide range of anions and cations cause no interference at levels many times those in river waters.

An indirect spectrophotometric determination of antimony(III) in geothermal waters has been described [82]. The method involved oxidation of the pentavalent form with potassium dichromate and spectrophotometric determination of excess hexavelant chromium with diphenylcarbazide. Optimal conditions were established for the procedure and for the elimination or reduction of interferences from arsenic and vanadium. Determinations in the 0.05–5.0 mg $L^{-1}$ antimony were rapidly and easily performed.

The application of spectrophotometric methods to the determination of antimony is also discussed under multication analysis in section 2.76.1.1.

### 2.5.2 Flow injection analysis

The application of this technique to the determination of antimony is discussed under multication analysis in section 2.76.3.1.

### 2.5.3 Atomic absorption spectrometry

Stauffer [83] has described a procedure for determining down to 6 µg $L^{-1}$ total antimony in geothermal waters in which antimony is oxidised to the pentavalent state with sodium nitrite and a methyl isobutyl ketone extract containing quinquivalent antimony is centrifuged to remove silica, followed by use of a flame volatilisation technique. The detection limit is equivalent to 6 µg $L^{-1}$ in the original sample, with a coefficient of variation of 4% at a level of 250 µg antimony $L^{-1}$. Bertine and Lee [84] have described hydride generation techniques for determining antimony(V) and antimony (III).

The application of atomic absorption spectrometry is also discussed under multication analysis in sections 2.76.4.2, 2.76.4.4 and 2.76.4.6 (atomic absorption spectrometry), 2.76.5.3 (graphite furnace atomic absorption spectrometry), 2.76.7.1 (hydride generation atomic absorption spectrometry.

### 2.5.4 Inductively coupled plasma in atomic emission spectrometry

The application of this technique to the determination of antimony is discussed under multication analysis in sections 2.76.8.2 and 2.76.8.5. Hydride generation atomic emission spectrometry is discussed in section 2.76.9.1.

### 2.5.5 Inductively coupled plasma mass spectrometry

The application of this technique to the determination of antimony is discussed under multication analysis in section 2.76.10.1.

### 2.5.6 Stripping voltammetry

Huiliang *et al.* [85] determined antimony(III) and antimony(V) in river (SLRS–1) and seawater (NASS–1) reference samples by a fully automated procedure. Electrolysis at –0.4 volts versus silver–silver chloride flow constant current stripping on a gold coated gold fibre electrode for 0.5–10 min in a redox buffer (0.01M ferrous ions in 0.1M hydrochloric acid) was followed by stripping with a constant-current of 0.5 µA in either 2M or 4M hydrochloric acid/4M calcium chloride. Bismuth(III) interference was masked by adding iodide to the sample prior to electrolysis.

The application of this technique to the determination of antimony is also discussed under multication analysis in section 2.76.12.1.

### 2.5.7 Emission spectrometry

The application of this technique to the determination of antimony is also discussed under multication analysis in section 2.76.13.4.

### 2.5.8 Neutron activation analysis

The application of this technique to the determination of antimony is discussed under multication analysis in section 2.76.15.1.

### 2.5.9 Gas chromatography

The application of this technique to the determination of antimony is discussed under multication analysis in section 2.76.18.1.

### 2.5.10 Miscellaneous

Capodaglio *et al.* [86] used cathodic stripping voltammetry for the determination of antimony in natural waters. The antimony was preconcentrated by adsorptive deposition with catechol. The deposition potential was –1.0V, in order to eliminate interference from uranium. The limit of detection was approximately 0.2 nM antimony.

Sharma and Patel [87] have discussed the speciation of antimony in natural waters and Calle-Guntinas *et al.* [88] have reviewed the speciation of antimony in river waters.

### 2.5.11 Preconcentration

Metzger and Braun [89] give details of a procedure for differentiating traces of different species of antimony in natural waters at the ng $L^{-1}$ level. It involved anodic stripping voltammetry after extraction with ammonium pyrrolidinedithiocarbamate into methyl isobutyl ketone (for trivalent antimony) or extraction with *N*-benzoyl-*N*-phenylhydroxylamine into chloroform (for pentavalent antimony).

Mok and Wai [90] preconcentrated tri- and pentavalent antimony by a solvent extraction procedure. Samples were saturated with chloroform prior to extraction. Antimony(III) and arsenic(III) were extracted simultaneously from 100 ml samples by adding citrate buffer and adjusting the pH between 3.5 and 5.5 with hydrochloric acid or ammonium hydroxide. EDTA, chloroform and ammonium pyrrolidine carbodithioate were then added before vigorously shaking, separating the organic layer and washing this layer several times. Antimony and arsenic ammonium pyrrolidine complexes in the organic phase were back-extracted into nitric acid solution for neutron activation analysis.

Antimony(V) and arsenic(V) were extracted by the same procedure after first reducing with thiosulphate and iodide at pH 1.0. Detection levels of 1.0 ng $L^{-1}$ were achieved.

Fukuda *et al.* [91] preconcentrated antimony in natural waters onto silica gel containing 2-mercapto-*N*-2-naphthylacetamide. The antimony was eluted with hydrochloric acid, followed by hydride generation and atomic absorption spectrophotometry. The detection limit was 0.4 µg $L^{-1}$ and the relative standard deviation was 1.4%.

To determine antimony in natural waters de la Calle-Guntias *et al.* [92] first concentrated antimony on glass-immobilised fructose–6 phosphate binase then determined the element by electrothermal atomic absorption spectrometry.

The preconcentration of antimony is also discussed under multication analysis in sections 2.76.26.1, 2.76.26.4, 2.76.26.5, 2.76.26.6, 2.76.26.7 and 2.76.26.10.

## 2.6 Arsenic

### 2.6.1 Spectrophotometric methods

Arsenic has been determined in river water by the silver diethyldithiocarbamate method [93]. Levels of up to 1.4 µg $L^{-1}$ have been found in river and lake waters.

Sandhu and Nelson [93] have applied the procedure to samples containing down to 1.00 µg $L^{-1}$ arsenic and made a close study of ionic interferences. Stauffer [94] determined arsenic and phosphorus in ground waters by a reduced molybdenum blue spectrophotometric method.

He found that the colour responses of arsenic(V), phosphorus and silica are not colour additive. High levels of silica may be responsible for phosphorus determinations being raised by up to three orders of magnitude. In further work [95] this worker evaluated the reduced molybdenum-blue method for estimating phosphorus, arsenic(V), arsenic(III) and total arsenic in chemically diverse geothermal waters of Yellowstone National Park, Wyoming, and Steamboat Springs, Nevada. A systematic investigation of the arsenic(V) and phosphorus molybdate complexes in the presence of high levels of silica and fluoride, is reported. The method is very suitable for the determination of arsenic in waters containing these high levels of potentially interfering compounds.

Nyamah and Torgbor [96] have described a spectrophotometric method for the determination of arsenic(V) in natural waters. Arsenic(V) reacts quantitatively with potassium iodite in the presence of sulphuric acid, releasing an equivalent amount of free iodine, which is extracted into chloroform, and measured at 515 nm. The detection limit was 0.5 µg $L^{-1}$.

Li and Wang [97] also used spectrophotometry for the determination of arsenic(III) and total inorganic arsenic in natural waters. Potassium borohydride was used as a reducing agent. Arsenic(III) was determined in an ammonium citrate buffer solution, and the total inorganic arsenic determined in tartaric acid, with arsenic(V) determined by difference. The detection limit was 0.16 μg $L^{-1}$ for arsenic(III) and 0.36 μg $L^{-1}$ for inorganic arsenic. The relative standard deviation was ≤3.5%.

The application of spectrophotometric methods to the determination of arsenic is discussed under multication analysis in section 2.76.1.1.

### 2.6.2 *Spectrofluorometric methods*

The application of this method to the determination of arsenic is discussed under multication analysis in section 2.76.2.1.

### 2.6.3 *Flow injection analysis*

The application of this technique to the determination of arsenic is discussed under multication analysis in section 2.76.3.1.

### 2.6.4 *Graphite furnace atomic absorption spectrometry*

Chakraborthi and Irgolic [98] have considered the interference of phosphate, sodium, sulphate, chloride, aluminium, nitrate, potassium, and selenous acid (single and in combination) in the determination of arsenic by graphite furnace atomic absorption spectrometry. The arsenic signals were not only dependent on the phosphate concentration but also on the phosphate/arsenic ratio. Ashing curves (arsenic signals as a function of ashing temperature) showed that arsenite and arsenate in salt–free solutions with 400 mg $L^{-1}$ (as nitrate, sulphate or chloride) can be determined at ashing temperatures of 1100°C. In the absence of nickel the signals are less intense and the ashing temperature should not be higher than 900°C. Nickel addition to solutions of methylarsonic acid, dimethylarsonic acid, arsenocholine and arsenobetaine enhanced the signal intensity but did not change the range of usable ashing temperatures. When the above salts are present at levels commonly found in natural water, even addition of nickel does not produce acceptable results at ashing temperatures of greater than 900°C.

Solutions of arsenic compounds (100 μg $L^{-1}$ arsenic) 400 mg $L^{-1}$ nickel, (0.1M nitric acid) containing various salts were analysed at an ashing temperature of 900°C to find the concentrations at which the arsenic signals were 5% less than those obtained in the absence of the solutes. The results summarised in Table 2.2 indicate that sodium sulphate and phosphoric acid can certainly interfere with arsenic analyses. Whereas these solutes with the exception of sodium sulphate and phosphoric acid

*Table 2.2* The influence of various salts and acids on the arsenic signals from 100 μg $L^{-1}$ As (arsenite) or As (arsenate) at an ashing temperature of 900°C

| Salt | mg $L^{-1}$ of salt causing signal reduction by 5% | | | | | |
|---|---|---|---|---|---|---|
| | Arsenite | Arsenate | $(CH_3)_2AsOOH$ | $CH_3AsO_3H_2$ | As–Betaine | As–Choline |
| $Na_2SO_4$ | 772 | 772 | 463 | 463 | 463 | 463 |
| $Al(NO_3)_3$ | >3156[a] | >3156 | >3156 | >3156 | >3156 | |
| KCl | >763 | >763 | >763 | >763 | >763 | >763 |
| $H_3PO_4$ | 41[b] | 41[b] | 41[b] | 41 | 41 | 41 |
| NaCl | >1017 | >1017 | >1017 | >1017 | >1017 | >1017 |
| $H_2SeO_3$ | >327 | >327 | >327 | >327 | 327 | >327 |

[a] > No interference observed at this concentration
[b] See discussion in section on phosphate interference

Source: Reproduced by permission from Gordon AC Breach, Amsterdam

do not influence the arsenic signals when present singly (Table 2.2). Severe signal reductions were caused by mixtures of these salts.

Chakraborthi and Irgolic [98] recommend the following conditions for the determination of arsenic in freshwater samples: to an aliquot of the sample nitric acid and nickel nitrate are added to achieve concentrations of approximately 0.1M nitric acid and 400 mg $L^{-1}$ nickel. The approximate arsenic concentration is determined with an ashing temperature of 900°C. Should the arsenic concentration be outside the linear calibration range, the sample is appropriately diluted with distilled water. The diluted sample, 0.1M in nitric acid with 400 mg $L^{-1}$ nickel is then used to obtain an ashing curve, from which the appropriate ashing temperature is selected for the analysis. The calibration curve is established under the same conditions.

Pacey and Ford [99] achieved arsenic speciation by ion-exchange chromatographic separation followed by analysis of the separated arsenic species by graphite furnace atomic absorption spectrometry. The separation of mono-methylarsenic acid, dimethylarsenic acid and the tri- and pentavalent arsenic ions was achieved by anion-exchange chromatography, with the pH maintained between 4 and 10. The absolute detection limit was 0.5 ng. The minimum concentration of arsenic(V) in a sample that could be detected was 0.4 μg $L^{-1}$ and the absolute amount of arsenic(V) detectable in the furnace was 0.2 ng.

Duttemans and Massart [100] described a method of optimisation of matrix modification technique for water samples for the determination of arsenic by graphite furnace atomic absorption spectroscopy. In the presence of nickel ashing temperatures of up to 1300°C could be used without significant losses of arsenic. The addition of 1% nitric acid enhanced the peak height.

Subramanian *et al.* [101] have described a procedure for the determination of tri- and pentavalent and total arsenic in river waters by a method based on ammonium pyrrolidinedithiocarbamate-methyl isobutylketone extraction–graphite furnace atomic absorption spectroscopy and cross checked the results by analysing the samples by stripping voltammetry [102].

Ficklin [103] has described a simple ion-exchange technique which separates arsenic(III) and arsenic(V) in ground water samples for detection by graphite furnace atomic absorption spectrophotometry. The technique can be applied at the sample site, or in the laboratory.

Faust *et al.* [104,105] carried out an assessment of the chemical and biological significance of arsenic compounds in contaminated lake water. They determined arsenic by the graphite furnace atomic absorption technique using a cation-exchange column to speciate the arsenic compounds (arsenite, arsenate, mono- and dimethyl-arsonic acid). The highest concentrations in water (2780 $\mu g\ L^{-1}$) were found close to the source of pollution – a manufacturer of arsenic compounds. Concentrations in the sediments were found to be up to 4327 times higher than in water. Monomethylarsonic acid and arsenate were the predominant forms in water and sediments respectively.

Tesfalidet and Irgum [106] have described a method for volatilisation of arsenic for facile and interference-free introduction of the element into a flame atomic spectrometer. The generation is based on conversion of trivalent arsenic in solution into low-boiling arsenic trichloride by strong hydrochloric acid. The arsenic trichloride gas is produced in a flow system and separated from the liquid sample stream by a permeable tube, whose outer side is purged with hydrogen gas. Subsequent detection of arsenic(III) is achieved by using an oxygen–hydrogen flame-in-tube atomiser and atomic absorption spectrometry. The tolerance toward the interferents cobalt, copper, nickel, and iron is improved considerably, when compared with hydride generation methods using sodium tetrahydroborate(III) as reagent.

In this procedure the continuous sample flow experiments were carried out by pumping an acidic solution containing arsenic(III) at the appropriate level directly into the gas permeable tube with the pump normally used for the carrier solution. Pumping continued until the absorption reached a plateau; thereafter the carrier stream was again switched to the carrier solution.

In the series of flow injection experiments, the samples (80 µL of a solution of 10 µg/mL arsenic(III) were injected into the flow line of the carrier solution through the injection loop. The hydrochloric acid concentrations of the samples were adjusted to match the varying hydrochloric acid concentrations of the carrier solutions.

The stopped flow experiments were carried out by pumping the carrier solution until the entire injected sample was within the gas permeable tube. The pump and the chart recorder were then switched off and started, respectively, at the same time. The flow remained stopped until the signal peak had returned to the base line.

The application of atomic absorption spectrometry to the determination of arsenic is also discussed under multication analysis in sections 2.76.4.2, 2.76.4.4, 2.76.4.6 and 2.76.5.3 (graphite furnace atomic absorption spectrometry).

### 2.6.5 Hydride generation atomic absorption spectrometry

Various workers [107–114] have applied this technique to the determination of arsenic in natural waters. Shaikh and Tallman [109] determined total arsenic and its speciation in natural waters by flameless atomic absorption spectrometry with nanogram sensitivity. The arsenic species are reduced to the hydrides and collected in a liquid nitrogen trap. They are selectively vaporised from the trap and directly injected into a graphite furnace. Total arsenic calculated from speciation analysis agreed to within 10% with that determined by a sample digestion procedure. Welz and Melcher [113] studied the effect of the valency state of arsenic on the degrees of signal depression caused by copper, nickel and iron in the determination of arsenic by hydride generation atomic absorption spectrometry.

Anderson *et al.* [115] carried out the selective reduction of arsenic species in river water by continuous hydride generation. These workers investigated conditions for using this approach to determine different arsenic species, using sodium tetrahydroborate as reducing agent and atomic absorption spectrometry for detection. Several combinations of reaction media and reagents showed promise for selective reduction of pentavalent and trivalent arsenic, mono-methylarsonic acid, and dimethylarsinic acid. The pH value was not the only factor affecting reduction, other factors such as kinetic control and complexation were also involved. Using molecular emission spectrometry with hydride generation, Matsumoto and Fuwa [116] determined subnanogram amounts of arsenic in river water and obtained a detection limit of 0.2 ng.

Hydride generation atomic absorption spectroscopy has been used as a basis for automated methods for the determination of arsenic. Narasaki and Fuwa [117] determined nanogram levels of arsenic and selenium using a flow injection batch system where hydride gas stored in a gas liquid separator up to an appropriate pressure, is swept automatically into an atomic absorption furnace. This process resulted in an effective reduction of the elements to their hydrides and minimised reagent consumption. Sensitivities were 0.01 and 0.004 absorbance $ng^{-1}$ for arsenic(V). Analysis of river water demonstrated that 25–50 ml samples were required for the effective determination of arsenic.

Hinners [114] claims that the presence of methylated organoarsenic (such as trimethylarsinic acid) compounds can cause errors in methods based on the direct conversion of arsenic to its hydride followed by atomic absorption spectrometry. Speciation of inorganic arsenic(III) by hydride evolution directly into an atomic absorption system was found to be subject to error. Organic forms of arsenic can produce an underestimation of total arsenic when the hydride response from concentrated acid is quantitated against inorganic arsenic. He reports hydride responses from solutions of various acidities for dimethylarsinic acid, monomethylarsonic acid, inorganic arsenic(III) and inorganic arsenic(V). Thus, while the method of Hinners [114] is reliable, when applied to solutions containing only arsenate and arsenite, in the presence of organoarsenic compounds, commonly co-occurring with inorganics in water samples, unreliable analyses will result. It is necessary to separate all four arsenic species from each other before applying atomic absorption spectrometry.

Arbab-Zavar and Howard [110] describe the development of optimised conditions for an automated method of determining soluble arsenic, which uses hydride generation atomic absorption spectroscopy. The technique can detect as little as 0.90 ng $L^{-1}$ of arsenic, as arsenic(III), arsenic(V) or methylarsenic, and provides a rapid and sensitive means of assessing arsenic levels in a wide range of sample types. Interferences by silver(I), gold(III), iron(III), strontium(II), platinum(IV), antimony(III), fluoride and sulphide were identified and suitable treatments are recommended.

Aggett and Hayashi [118] have discussed interferences by copper(II), cobalt(II) and nickel(II) on the determination of arsenic by arsine generation atomic absorption spectrometry. These workers examined the influence of interferent concentration, hydrochloric acid concentration, the amount of sodium tetrahydroborate(III) and the oxidation state of arsenic on the interference pattern. The extent to which the interferents are precipitated during the arsine generation procedure was examined by quenching the reaction at different time intervals and determining the extent of loss to the solution either by analysis or by visual observation. From the results, conclusions were drawn on the association between the formation of metal-like precipitates and the degree of interference. These data suggest that the interference mechanism may involve formation of soluble species rather than adsorption of arsine on the precipitated metals. This view is supported by polarographic evidence and analysis of solid material formed during reaction with sodium tetrahydroborate(III). Arsine evolution rate studies showed that when interference is removed arsine is evolved at the same rate as arsine from arsenic(III).

Hagen and Lovett [119] have described the use of an iodine trapping solution in the determination of arsenic by graphite furnace atomic absorption spectrometry with hydride generation. Due to the equivalence of the absorption for the trapped arsenic in the iodine solution and aqueous arsenic solutions, hydride generation efficiencies can be determined directly. The high trapping efficiencies of the iodine solution (96.2±1.9%) at the 4 ng As/mL level) combined with nickel matrix modification to prevent charring losses of arsenic provide a simple rapid, and inexpensive technique for arsenic isolation and determination. A detection limit of 30 pg of injected arsenic (0.6 μg As/L of aqueous sample) was obtained.

A Perkin–Elmer Model 603 spectrophotometer equipped with a deuterium background corrector and an HGA®–2100 graphite furnace was used for these experiments. A Perkin–Elmer arsenic electrodeless discharge lamp was used at 8 W and all absorbances were measured using the 193.7 nm resonance line. The peak-height mode was used for quantification with a measuring time of 5 s and the peak heights were recorded on a Linear 1200 stripchart recorder. Normal (nonpyrolytic) graphite tubes purchased from Perkin–Elmer were used in all determinations. A 10–μL Eppendorf pipet was used for sample introduction into the furnace.

The arsine generator consisted of a 70 mL test tube, connected to a three-hole rubber stopper, which allowed the addition of the sodium borohydride and purging of the test tube with a nitrogen carrier stream. The purged arsine passed through a Pasteur pipet into a 4 in test tube containing the iodine trapping solution.

Injection of the blank iodine solution using low ashing temperatures resulted in a large, non-specific background absorbance during the atomisation step. As the ashing temperature was increased, this background decreased until at 1250°C only the tube background remained during atomisation (Fig. 2.2). The nickel concentration for arsenic determinations in the trapping solution was optimised for the 1250°C ashing temperature and was found to range from 75 to 100 mg $L^{-1}$ nickel with both higher and lower nickel concentrations resulting in arsenic signal depression. When the optimum nickel concentrations were employed, the absorbance readings for arsenic in the iodine trapping solution were equal to those for arsenic in the pure aqueous solution at the 1250°C ashing temperature.

An automated hydride generation–atomic absorption spectrometric technique for the determination of arsenic in natural waters has been described by Abe and Tereshima [120].

Sun *et al.* [121] used the reducing agent potassium iodide–sulfourea in dilute sulphuric acid to reduce arsenic to arsenic(III), followed by sodium borohydride reduction to arsine. The arsine is atomised in a quartz tube

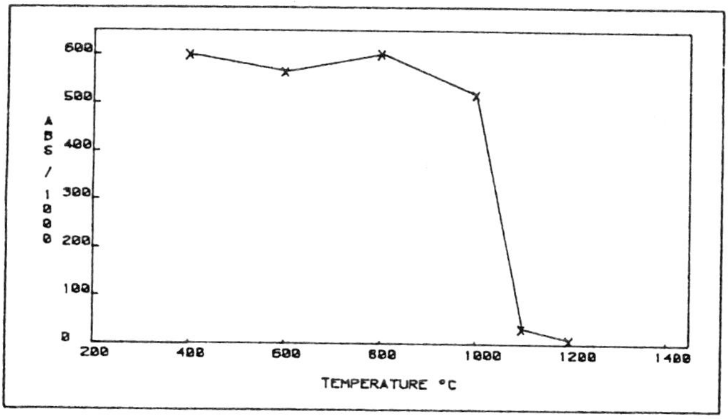


*Fig. 2.2* Elimination of non-specific background absorption with increasing ashing temperatures
Source: Reproduced by permission from the Royal Society of Chemistry

at 920°C and determined by atomic absorption. The sensitivity of the method was 0.2 μg/L $^{-1}$ and the relative standard deviation was ≤10%.

In the determination of arsenic in natural waters Narasaki [122] collected the generated hydride in a gas collection device prior to introduction into the quartz tube atomiser of the atomic absorption spectrophotometer.

Hasegawa *et al.* [49] have described a new approach for the speciation of arsenic species including trivalent methylarsenicals in natural waters. Arsenious acid [As(III)], monomethylarsonous acid [MMAA(III)], and dimethylarsinous acid [DMAA(III)] are separated from pentavalent species by solvent extraction using diethylammonium diethyldithiocarbamate and determined by hydride generation atomic absorption spectrometry after cold trapping and chromatographic separation. The detection limits for the trivalent species are about 13–17 pM. The sum of concentrations of the trivalent and pentavalent species are determined directly by hydride generation atomic absorption spectrometry in aliquots of the same samples. This is the first report of trivalent methylarsenicals being found and measured in natural waters.

Pierce *et al.* [123–125] have described a hydride generation atomic absorption spectrometric procedure for determining arsenic in natural waters which, it is claimed, is relatively free from interferences. In this automated method the sample is first carried through a persulphate digestion to convert organo-arsenic species to inorganic form and all inorganic arsenic to the pentavalent form, then acidified with hydrochloric acid and reduced to arsine by addition of sodium borohydride; an electrically heated quartz tube is employed as atom cell.

The system can be operated for either of two ranges: a low range, linear up to 7 µg As/L $^{-1}$ with a criterion of detection of 0.04 µg As/L $^{-1}$; and a high range, linear up to 20 µg As/L $^{-1}$ with a criterion of detection of 0.12 µg As/L $^{-1}$. For the high range the total relative standard deviation has been estimated as 2% at 5 µg As L $^{-1}$ and 1% at 20 µg As/L $^{-1}$. Good recoveries have been obtained for a variety of organo-arsenic species and also for As(V) (against As(III) standards). The effects of a wide range of potential interfering substances have also been tested and none has been found to produce an effect greater than ±10% at the maximum level likely to occur in potable waters.

The application of hydride generation atomic absorption spectrometry to the determination of arsenic is also discussed under multication analysis in section 2.76.7.1.

### 2.6.6 Inductively coupled plasma atomic emission spectrometry

Davies and Kempster [126] studied the potential interferences to the determination of arsenic in natural waters by inductively coupled plasma emission spectrometry using a scanning monochromator. Three of the four arsenic emission lines (189.042, 193.759 and 228.812 nm) have adequate sensitivity for natural waters, but the 197.262 nm line does not have adequate sensitivity.

Spectral interference from aluminium, cadmium, chromium, cobalt, iron, manganese, sulphur and vanadium were determined, and interference correction coefficients are presented. The line at 189.042 nm was the best line for routine analysis. The arsenic line at 197.262 nm had relatively low sensitivity and high detection limit at the concentration of interest. It was however useful for confirmation. Interferences of aluminium and cadmium were significant in the analysis of environmental samples. They report significant interferences from aluminium, cadmium, chromium, cobalt and vanadium on one or several of the arsenic emission lines.

Huang *et al.* [127] used an *in situ* nebuliser–hydride generator with an inductively coupled plasma mass spectrometer to determine down to 3 ptt of arsenic in natural waters. The application of inductively coupled plasma atomic emission spectrometry to the determination of arsenic is discussed under multication analysis in sections 2.76.8.2 and 2.76.8.5 and 2.76.9.1 (hydride generation atomic absorption spectrometry).

### 2.6.7 Inductively coupled plasma mass spectrometry

The application of this technique to the determination of arsenic is discussed under multication analysis in section 2.76.10.1.

### 2.6.8 Differential pulse anodic stripping voltammetry

Bodewig *et al.* [128] described procedures for the determination of arsenic, arsenic(III) and arsenic(V), in aqueous solution (fresh water or sea water). Arsenic(III) is deposited from acid solution into a rotating gold electrode at a potential of –0.3 V with respect to a standard calomel electrode; the peak current is a linear function of the arsenic(III) concentration. Arsenic(V) is non-reactive but can be determined after reduction to arsenic(III) by bubbling sulphur dioxide through the solution. Trace metals in the concentrations normally encountered in natural or polluted sea water do not interfere and the destruction of dissolved organic matter is not usually necessary. The limit of quantitative estimation is about 0.2 μg $L^{-1}$ arsenic for a deposition time of 4 min and relative standard deviations of 6–10% were obtained in respect of arsenic concentrations in the range 2–5 μg $L^{-1}$.

### 2.6.9 DC argon plasma emission spectrometry

Smolander and Kauppinen [129] carried out interference effects of common acids and sodium, potassium, magnesium, calcium, aluminium, chromium(II), chromium(VI), iron(III), cobalt(II), nickel(II), copper(II) and zinc(II) on the determination of arsenic(V) at the arsenic emission line of 193.696 nm. The linear range covered concentrations of 0.05–1.00 μg $L^{-1}$ arsenic; minimal detectable concentration was 0.063 mg $L^{-1}$. Acetic acid and hydrofluoric acid caused strong spectral interference. Hydrochloric and nitric acids had the least effects. Chromium(III) and chromium(V) enhanced intensities more than other cations. Precision decreased significantly for arsenic concentrations below 0.75 mg $L^{-1}$. Sensitivities for water samples were better when using the hydride generation system. At high concentrations of arsenic, the plasma emission spectrometry method had the advantage of allowing the simultaneous determination of other elements.

The applications of emission spectrometry to the determination of arsenic is also discussed under multication analysis in sections 2.76.13.3 and 2.76.13.4.

### 2.6.10 Desorption chemical ionisation mass spectrometry

Cullen *et al.* [130] discussed the advantages of desorption chemical ionisation mass spectrometry in the characterisation of arsenic compounds in natural waters. Down to 100 ng of arsenic could be determined.

### 2.6.11 X-ray fluorescence spectroscopy

X-ray fluorescence spectrometric determination of arsenic has been reported by Hemens and Elson [131]. The arsenic was coprecipitated from natural waters by elemental selenium. The coprecipitation eliminates interferences and the selenium matrix enhances fluorescent X-ray emission. The detection limit was 0.2 µg of arsenic.

### 2.6.12 Neutron activation analysis

Mok *et al.* [132] have described a procedure whereby arsenic(III) was extracted with ammonium pyrrolidinecarbodithioate at pH 1–15 into chloroform followed by nitric acid back extraction for neutron activation analysis. In a second water sample, arsenic(V) was reduced to arsenic(III) with sodium thiosulphate and extracted as for arsenic(III). Both extracts were examined by neutron activation analysis. The difference in arsenic concentration between the two aliquots represented the amount of arsenic(V) in the original sample. Orvini *et al.* [133] have described a method for the determination of arsenic(III), arsenic(V) and total inorganic arsenic using selective hydride generation coupled with neutron activation analysis. From the results presented in Table 2.3 it is evident that none of the 34 metals and nine anions tested interfere in the determination.

Sun *et al.* [134] used determined antimony at the ppt level in natural waters by neutron activation analysis.

### 2.6.13 High performance liquid chromatography

High performance liquid chromatography coupled with hydride generation–atomic absorption spectrometry has been used for the determination of arsenic species in water samples [135].

Arsenic species were preconcentrated on Zipax, a pellicular anion-exchange material and separated on a column packed with HPLC grade strong anion-exchange resin, then continuously reduced with sodium tetrahydroborate and detected by atomic absorption spectrometry. Detection limits were 2 ng for arsenite, arsenate and monomethylarsinate and 1 ng for dimethylarsonate.

Arsenical herbicides (methane arsonate, dimethyl arsenite) and inorganic arsenic at the µg $L^{-1}$ level have been determined in run-off water [136].

Stosanovic *et al.* [137] have applied liquid chromatography using a wall jet cell and microsized platinum disc electrodes as detector for the determination of arsenic in natural waters.

*Table 2.3* Determination of 6.25 μg/g of arsenic(V) in 250 ml sample (25 ppb) in the presence of a hundred-fold excess of foreign metals and anions

| *Metals or anions present* | *Arsenic found (μg)* | *Yield (%)* |
|---|---|---|
| Be | 6.03 | 96.5 |
| Mg | 6.57 | 105.2 |
| Ca, Sr | 6.40 | 102.1 |
| Ba | 6.50 | 104.1 |
| Be, Mg, Ca, Sr, Ba | 5.75 | 92.0 |
| Cu, Ag, Zn, Cd, Hg | 6.50 | 104.1 |
| B, Al, Ga, In Tl(I), La, Eu | 6.08 | 97.3 |
| Si, Ge, Sn(II), Pb | 6.06 | 97.0 |
| Ti(III), Zr, Th | 6.18 | 98.9 |
| Sb(III), Bi | 6.16 | 98.6 |
| V(V), Ta, Se(IV), Te(IV) | 6.26 | 100.2 |
| Cr(III), Cr(VI), Mo(VI), W(VI), U(VI) | 6.28 | 100.5 |
| $F^-$, $Br^-$, $CNS^-$, $SO_4^{2-}$, $PO_4^{3-}$ | 6.48 | 103.7 |
| $HCO_3^-$, $SO_3^{2-}$, $H_2S$, $CH_3COO^-$ | 6.11 | 97.8 |

Source: Reproduced by permission from American Chemical Society

### 2.6.14 Ion exclusion chromatography

Butler [138] determined inorganic arsenic species in natural water by ion exclusion chromatography with electrochemical detection. Two species were separated by ion exclusion chromatography using 0.01M orthophosphoric acid eluent. Arsenic(III) was detected by its oxidation at a platinum wire electrode. Measurement of total inorganic arsenic after reduction of arsenic(V) to arsenic(III) by sulphur dioxide enabled arsenic(V) to be estimated. The detection limit for arsenic(III) was 0.012 μM at an applied electrode potential of plus 1.0 volts.

### 2.6.15 Gas chromatography

The application of this technique to the determination of arsenic is discussed under multication analysis in section 2.76.18.1.

### 2.6.16 Radioanalytical analysis

Stary *et al.* [139] have described a radioanalytical method for the determination of arsenic(III) and arsenic(V) in natural water. This method is based on the extraction of arsenic(V) in the presence of tungstate, labelled with tungsten–185, and an excess of molybdate into tetraphenylarsonium chloride in 1,2–dichloroethane. Preconcentration using diethyldithiocarbamate extraction increases the sensitivity of the method up to 0.2 μg $L^{-1}$. The procedure is highly selective, none of the numerous metals and anions tested interfering in the determination. Arsenic(III) is completely (98–99%) extracted in 2 min from 250 ml sample of water, which is 1 M in hydrochloric acid, into 25 ml of 0.01 M diethylammoniumdiethyldithiocarbamate in carbon tetrachloride. Under these conditions arsenic(V) remains entirely in the aqueous phase. For the quantitative reduction of arsenic(V) into the trivalent state heating with an excess of potassium iodide is necessary. Arsenic(III) can be completely transferred from the organic phase into a mixture of 2.0 ml of nitric acid (1:3) and 3.0 ml of 0.15 M sodium nitrite. During 2 min shaking, arsenic(III) is completely oxidised to the pentavalent state. This procedure was tested for the determination of arsenic(V) in the presence of a 100-fold excess of foreign ions.

### 2.6.17 Miscellaneous

Goode and Matthews [140] have described an enzyme catalysed method for the determination of arsenic in amounts down to 20 μg $L^{-1}$ in river water.

Debettencourt *et al.* [141] and Burguera [142] have discussed the speciation of arsenic in natural waters.

Takahashi *et al.* [143] developed an automated arsenic generation method. They applied the method to the selective determination of arsenic(III) and arsenic(V) in geothermal waters in the range of 0–20 μg $L^{-1}$, with a detection limit of 0.3 μg $L^{-1}$. Citrate buffer was used to eliminate interference from arsenic(V) in the determination of arsenic(III) and arsenic(V). Total arsenic(III) was determined by using either potassium iodide or mercaptoacetic acid as the prereductant to reduce all arsenic to arsenic(III).

Gian and Tong [144] give details of a procedure for the determination of traces of arsenic in water. The sample is labelled with radioactive arsenic–74, arsine is generated by addition of sodium borohydride and absorbed in potassium iodide–iodine solution, the separated arsenic is extracted with zinc diethyldithiocarbamate, and the radioactivity is counted.

The determination of arsenic at the trace level in environmental samples is of great interest not only because of its possible toxicity to biological organisms but also because of its use in geological exploration for precious metals.

Popular methods of arsenic determination include neutron activation analysis, colorimetry, and atomic spectroscopy. Although neutron activation analysis is extremely sensitive, the limited instrumentation coupled with the lengthy analysis time precludes its use as a routine

*Table 2.4* Detection limits for arsenic determinations

| *Method* | *Absolute DL (ng As)* | *Relative DL (μg L⁻¹)* |
|---|---|---|
| Present | 15 | 0.5 |
| SDDC–colorimetry | 500 | 10 |
| SDDC–GFAAS [146] | 10 | 0.2 |
| GFAAS–liq N2 trap [109] | 1 | 0.01 |
| Arsine–heated cell | 3 | 0.6 |
| Coprecipitation[a] | 40 | 0.2 |
| Flame–AAS | 30 | 2.3 |
| ICPAES | – | 0.02 |

[a] Does not involve arsine generation

Source: Own files

technique. Spectrophotometric methods include formation and measurement of arsenic dithiocarbamate or arsenomolybdate complexes. Readily available laboratory instrumentation can be used for these methods; however, the limit of detection is insufficient for trace level work.

Inductively coupled argon plasmas, flames, heated quartz tubes and graphite furnaces have been employed in the determination of arsenic by both atomic emission and atomic absorption spectroscopy. Direct determination in environmental samples has been shown to be difficult due to the interferences encountered in such complex matrices. Isolation of the arsenic from the matrix has been accomplished in several ways which include complexation and solvent extraction, coprecipitation and arsine generation [145,146]. The arsine generation procedure has been well studied and involves the reduction of arsenic to arsine gas by either zinc metal or sodium borohydride. Arsine may be passed directly into a plasma, flame, heated tube, or graphite furnace where thermal decomposition creates arsenic atoms which are amenable to atomic absorption or emission. Unfortunately, direct injection of the hydride may suffer from the uncontrolled rate of arsine formation leading to variations in peak height measurements. Trapping of the arsine in a U-tube immersed in a liquid nitrogen bath has been used to overcome this difficulty [109,147] but is highly labour-intensive and subject to leaks.

The detection limits achieved in various methods of analysis are summarised in Table 2.4.

### 2.6.18 Preconcentration

Sandhu and Nelson [148] devised an ion-exchange method for overcoming interference by cobalt, chromium, copper, mercury, molybdenum, nickel and antimony ions in the determination of arsenic by the silver diethyldithiocarbamate method. Arsenic was separated from these ions in polluted samples by digestion with potassium permanganate and elution through a Amberlite IRA–40 IS CP anion-exchange resin. The retained arsenic was then eluted with hydrochloric acid for subsequent analysis.

Subramanian *et al.* [149] extracted the pyrrolidine dithiocarbamate of arsenic(III) with methyl ethyl ketone and determined the element in amounts down to 0.07 $\mu g\ L^{-1}$ by atomic absorption spectrometry.

The preconcentration of arsenic is also discussed under multication analysis in sections 2.76.26.1, 2.76.26.3, 2.76.25.5, 2.76.25.6, 2.76.26.7 and 2.76.26.10.

## 2.7 Barium

### 2.7.1 Atomic absorption spectrometry

Rollenberg and Curtius [150] determined traces of barium in natural waters including sea water using a standard addition atomic absorption spectrometric technique. For saline waters, the barium is first separated from interfering ions by ion-exchange chromatography with 0.1M EDTA solution.

### 2.7.2 Graphite furnace atomic absorption spectrometry

Sun [151] determined barium in natural waters by utilising a tantalum-lined graphite furnace and atomic absorption spectrophotometry. Sensitivity was improved by 20-fold over the standard graphite tube. A technique for the preparation and operation of the tantalum-lined tubes is described.

The determination of barium by atomic absorption spectrometry is also discussed under multication analysis in sections 2.76.4.1, 2.76.4.6 and 2.76.5.2 (graphite furnace atomic absorption spectrometry).

### 2.7.3 Inductively coupled plasma atomic emission spectrometry

The determination of barium is discussed under multication analysis in section 2.76.8.2.

### 2.7.4 Inductively coupled plasma mass spectrometry

Freydier *et al.* [152] have described an isotope dilution technique using indium as an internal standard for the determination of barium in natural waters by inductively coupled plasma mass spectrometry.

The determination of barium is discussed under multication analysis in section 2.76.10.1.

### 2.7.5 Polarography

The determination of barium is discussed under multication analysis in section 2.76.11.2.

### 2.7.6 Emission spectrometry

The determination of barium is discussed under multication analysis in section 2.76.13.6.

### 2.7.7 Neutron activation analysis

The determination of barium is discussed under multication analysis in section 2.76.15.1.

### 2.7.8 Miscellaneous

Ferrus and Torrades [153] have investigated the limit of detection in the determination of barium in water by the gravimetric barium sulphate precipitation procedure.

## 2.8 Beryllium

### 2.8.1 Spectrofluorometric method

Pal and Baski [154] have described a fluorescence method for the determination of sub ppb levels of beryllium in natural waters.

### 2.8.2 Graphite furnace atomic absorption spectrometry

Ueda and Kitadani [155] coprecipitated beryllium with hafnium tetra hydroxide from a sample in the 100–400 mL range. The beryllium is solubilised in sodium hydroxide in natural waters, which eliminates aluminium interference, and subsequently determined with graphite furnace atomic absorption spectrophotometry. The method has been used in the range of 0.4–8 $\mu g\ L^{-1}$ beryllium.

The application of atomic absorption spectrometry to the determination of beryllium is also discussed under multication analysis in sections 2.76.4.6 and 2.76.5.2 (graphite furnace atomic absorption spectrometry).

### 2.8.3 Inductively coupled plasma atomic emission spectrometry

The determination of beryllium is discussed under multication analysis in sections 2.76.8.2, 2.76.8.4 and 2.76.9.1 (hydride generation inductively coupled plasma atomic emission spectrometry).

### 2.8.4 Polarography

Tao and Xue [156] present a catalytic polarographic method for the determination of beryllium in natural waters. The beryllium is determined in a substrate solution composed of ammonia, ammonium chloride and EDTA, and a test reagent. The detection limit is 0.002 μg $mL^{-1}$ and the concentration–peak current linearity range is 0–0.04 μg $mL^{-1}$.

### 2.8.5 Emission spectrometry

The determination of beryllium is discussed under multication analysis in section 2.76.13.6.

### 2.8.6 Gas chromatography

Beryllium has been determined [157] in natural waters and in sea water at oceanic levels of 2.30 pM. Two ml of 0.1M EDTA, 2 ml of 1.0M sodium acetate, 1.0 ml of benzene and 100 μl of 1,1,1-trifluoro-2-4-pentanedione were added sequentially to 150 ml samples. Following liquid–liquid extraction using detailed handling procedures, the organic phase was mixed with 1.0 ml of 1.0M sodium hydroxide (de-emulsifier), washed several times with distilled water and the resultant beryllium 1,1,1-trifluoro-2,4-pentanedione complex analysed by gas chromatography with electron capture detection. The detection limit was approximately 2.0 pM.

Tao *et al.* [158] describe a unique method combining gas chromatography and inductively coupled plasma emission spectrometry. Beryllium is extracted from a natural water sample with acetylacetone into chloroform and concentrated by evaporation.

The beryllium acetylacetonate is separated in a gas chromatograph and injected into the helium plasma emission spectrometer. The detection limit is 10 pg in a 30 mL water sample and the standard deviation was 4.1% at 10 ng of beryllium.

### 2.8.7 Miscellaneous

Lai *et al.* [159] have described a method based on photothermal spectrometry for the determination of down to 0.1 ppm of beryllium in natural waters.

### 2.8.8 Radionucleides

The determination of radioberyllium is discussed in section 12.1.3.

### 2.8.9 Preconcentration

Burba *et al.* [160] used hyphan cellulose and pyrogallol cellulose to preconcentrate by factors of 100–200 nanogram quantities of beryllium in natural water including sea water prior to determination by graphite furnace atomic absorption spectrometry.

Natural levels of beryllium found by this method ranged from less than 1 µg $L^{-1}$ in sea water with a 90% recovery to 4–14 µg $L^{-1}$ in river water, with a 95% recovery. Less than 1 µg $L^{-1}$ beryllium was found in potable water samples. Both hyphan cellulose and pyrogallol cellulose were equally effective in preconcentrating beryllium.

The preconcentration of beryllium is discussed further in section 2.76.26.6.

## 2.9 Bismuth

### 2.9.1 Flow injection analysis

The application of this technique to the determination of bismuth is discussed under multication analysis in section 2.76.3.1.

### 2.9.2 Hydride generation atomic absorption spectrometry

Lee [161] has given details of a procedure for determination of traces of bismuth in fresh water, sea water, and marine samples. It involves the reduction of bismuth to bismuthine with sodium borohydride, stripping with helium gas, collection in a modified carbon rod atomiser, and detection by atomic absorption spectrometry.

The absolute detection limit of this method is 3 pg of bismuth. The precision of the method is 2.2% for 150 pg and 6.7% for 25 pg bismuth. Less than 0.15 ng $L^{-1}$ bismuth was found in US lake water samples by this method.

The determination of bismuth is also discussed under multication analysis in section 2.76.7.1.

### 2.9.3 Inductively coupled plasma atomic emission spectrometry

Nakahara *et al.* [162] describe a method for the continuous reduction of bismuth in natural waters with sodium borohydride followed by introduction of the bismuthine into an inductively coupled plasma atomic emission spectrometer. The method has a detection limit of 0.35 μg $L^{-1}$ of bismuth. The relative standard deviation was 2.8% at 2 μg $L^{-1}$ and 1.3% at 200 μg $L^{-1}$.

The determination of bismuth is also discussed under multication analysis in sections 2.76.8.2 and 2.76.8.5.

### 2.9.4 Anodic stripping voltammetry

Mal'kov and Fedoseeva [163] have described a procedure based on anodic stripping voltammetry from a mercury-graphite electrode for the determination of nanogram amounts of bismuth in natural waters. In this procedure bismuth is extracted from the water sample into chloroform as the diethyldithiocarbamate in the presence of sulphosalicylic acid, EDTA and aqueous ammonia and re-extracted with aqueous hydrochloric acid.

This aqueous extract is washed with chloroform and mixed with 5 ml of water, then filtered, boiled and cooled, and treated with five drops of 25% aqueous ammonia. Deposition is carried out on a mercury-graphite electrode [164] with passage of nitrogen through the solution. The potential, initially at –1.0 V *vs.* the SCE for 1 to 2 s, is reduced to –0.6V for the deposition of bismuth as an amalgam. Anodic stripping in the unstirred solution is carried out at –0.35 to –0.1 V, the peak for bismuth occurring at 0.2 V.

The application of this technique to the determination of bismuth is discussed under multication analysis in section 2.76.12.1.

### 2.9.5 Emission spectrometry

The application of this technique to the determination of bismuth is discussed under multication analysis in section 2.76.13.2.

### 2.9.6 Radionucleides

The determination of radiobismuth is also discussed in section 12.1.4.

### 2.9.7 Preconcentration

Abbasi [165] reported on a spectrophotometric method for the determination of bismuth in natural waters using *N-p*-methoxy-phenyl-2-furylacrylohydroxamic acid and 5-iodo-5-(di-methylamino)-2-(2-

pyridylazo)phenol. The bismuth was first extracted into chloroform by using hydroxaminic acid, prior to adding the complexing agent. The author reports a detection limit of approximately 1 μg $L^{-1}$.

The preconcentration of bismuth is also discussed under multication analysis in sections 2.76.26.1, 2.76.26.4, 2.76.26.6 and 2.76.26.8.

## 2.10 Boron

### 2.10.1 *Atomic absorption spectrometry*

The application of this technique to the determination of boron is discussed under multication analysis in section 2.76.4.6.

### 2.10.2 *Emission spectrometry*

The application of this technique to the determination of boron is discussed under multication analysis in section 2.76.13.3.

### 2.10.3 *Preconcentration*

The preconcentration of boron is discussed under multication analysis in section 2.76.26.4.

## 2.11 Cadmium

### 2.11.1 *Spectrophotometric and conductiometric titration*

Lukionets and Kulish [166] used high frequency conductiometric and spectrophotometric titration with complexane(III) to determine cadmium in natural waters. Spectrophotometric titration curves were obtained using complexone(III) with acidic chromium dark blue, pyridylazoresocin, eryochrome black T, xylenol orange and methylthiourea blue. The titration was conducted in buffer solutions of hexamethylenetetramine or ammonium chloride. The best results were obtained with methylthiourea blue. The spectrophotometric titration method was most accurate in the concentration range 0.0–10 mM cadmium. High frequency titration had high sensitivity and accuracy in the range 4.4–880 μM. The duration of the analysis did not exceed 5–7 min. The effect of calcium and magnesium ions on complexometric cadmium titration was investigated. High-frequency titration (neutral and weakly acidic media) and spectrophotometric titration of cadmium with methyithiourea blue (pH 6) were not affected by calcium or magnesium. With eryochrome black T (pH 10) the sum of cadmium, calcium and magnesium was determined. In the presence of pyridylazoresorcin, separate titration of cadmium and magnesium was possible, the presence of calcium interfered with cadmium determination with this indicator.

### 2.11.2 Spectrofluorometric method

Laserna *et al.* [167] have described a method for the spectrofluorometric determination of cadmium, which is sensitive (detection limit 11 μg $L^{-1}$), rapid and selective (only zinc seriously interferes). The method is based on chelation of cadmium with benzyl-2-pyridylketone 2-pyridylhydrazone and measurement of the fluorescence intensity in the dark at 555 nm, with excitation at 469 nm. The fluorescence development is instantaneous and remains stable for 1 h. The optimum pH is 11–13, achieved by addition of 0.15M sodium hydroxide. Fluorescence intensity diminishes by 50% on raising the temperature from 2 to 60°C. For measurements of 337 and 45 μg $L^{-1}$, cadmium(II), relative errors of 1.8 and 4.0% and relative standard deviations of 2.6 and 5.3%, respectively, were obtained.

Kabasakalis and Tsitouridou [168] have described a fluorescence spectroscopic technique for the determination of cadmium in natural waters.

### 2.11.3 Atomic absorption spectrometry

Hasan and Kumar [169] studied the interference due to calcium and magnesium in the flameless atomic absorption spectrometric determination of cadmium in ground waters. A matrix modifying reagent consisting of ammonium nitrate and orthophosphoric acid was used to suppress this interference. The modified samples are atomised in a graphite furnace and a cleaning burn after each analysis was accomplished by eliminating the drying and charring, steps and atomising at 2700°C for 15 s.

The volatility of the analyte is decreased and that of the matrix is increased by the modification technique almost completely removing interference. The accuracy of the method ranged between 96.0 and 102.3%, the coefficient of variation was 7.7% at 1.3 μg $L^{-1}$ and the limit of detection was 0.1 μg $L^{-1}$.

Using this method, Hasan and Kumar [169] added varying amounts of calcium to a solution containing 1 μg $L^{-1}$ cadmium. It was found that addition of calcium initially produced a positive effect up to 30 mg $L^{-1}$ of calcium. At higher concentration of calcium the effect was negative. An increase of 13% cadmium response was observed at 30 mg $L^{-1}$ calcium and at the same time a reduction of 29% in cadmium response occurred at 50 mg $L^{-1}$ calcium concentration. Addition of 100 mg $L^{-1}$ calcium suppressed the cadmium response by 22%. However, the presence of the same amount of calcium in the presence of matrix modifying reagent did not produce any significant change in cadmium response. Magnesium was found to produce a highly positive effect on cadmium response. Magnesium as low as 10 mg $L^{-1}$ produced 23% increase in cadmium response. The effect increased with increase in magnesium concentration and an increase of 58% was observed at 25 mg $L^{-1}$ magnesium concentration. The presence of 100 mg $L^{-1}$ magnesium in a 1 mg $L^{-1}$ solution of cadmium produced 61% increase in its response. However, this increase was suppressed by 6% by the addition of matrix modifying reagent.

The analytical Quality Control Committee of the Water Research Centre UK [170,171,188] has carried out a study of the accuracy of atomic absorption spectrometric determination of less than 1 μg $L^{-1}$ dissolved cadmium in river waters. The requirement for participating laboratories in this study was that the maximal acceptable standard deviation would be 50% of the determinand concentration or 0.025 μg $L^{-1}$ whichever was the greater. This aim was not achieved, and the results were adversely affected by both random and systematic errors, which could not be correlated within the time limits involved. Further inspection of results showed that they would meet a criterion according to which the error should not exceed 0.5 μg $L^{-1}$ or 20% of the determined concentration, but this was judged to be inadequate for the assessment of cadmium loads entering the sea from rivers and for monitoring compliance with an EC Directive concerning the discharge of cadmium to river waters.

Flame atomic absorption spectrophotometry has been used in a method for determining cadmium in natural waters described by Okutani and Arai [172]. The cadmium is complexed with 2,4,6-tri-2-pyridyl-1,3,5-triazine in the presence of iodide ion, which is then extracted into nitrobenzene. The method was effective in removing interferences by a large number of ions found in water. The detection limit was 0.06 μg $L^{-1}$ and the relative standard deviation was 8.7% at the 1.0 μg of cadmium level.

### 2.11.4 Graphite furnace atomic absorption spectrometry

Lum and Callaghan [173] determined cadmium directly in natural waters by graphite furnace electrothermal atomic absorption spectrometry without matrix modification. A direct injection method was used which relied on the background correction capability of the polarised Zeeman effect combined with a L'vov platform. Results were obtained on various samples of natural water. The limit of detection was less than 2 ng $L^{-1}$.

The application of atomic absorption spectrometry to the determination of cadmium is also discussed under multication analysis in sections 2.76.4.3, 2.76.4.4, 2.76.4.6 and 2.76.5.1 (graphite furnace atomic absorption spectrometry).

### 2.11.5 Inductively coupled plasma atomic emission spectrometry

The application of this technique to the determination of cadmium is discussed under multication analysis in sections 2.76.8.1, 2.76.8.2 and 2.76.8.4.

### 2.11.6 Inductively coupled plasma mass spectrometry

The application of this technique to the determination of cadmium is discussed under multication analysis in section 2.76.10.1.

### 2.11.7 Stripping voltammetry

The application of this technique to the determination of cadmium is discussed under multication analysis in section 2.76.12.1.

### 2.11.8 Polarography

Stewart and Smart [174] give details of a procedure developed to determine cadmium in natural waters by differential pulse anodic stripping voltammetry using a rotating membrane-covered mercury film electrode constructed by placing a dialysis membrane over a glassy carbon rotating disc electrode and plating a thin mercury film on the electrode surface through the membrane. They investigated the effects of pH, rotation rate, deposition period, and concentration on performance of the electrode. The pH solution should not be greater than 6.0. The response was linear from $4.0 \times 10^{-9}$ M $Cd^{2+}$ to $1.07 \times 10^{-5}$ M $Cd^{2+}$ with a standard deviation of $\pm 9.30 \times 10^{-10}$ M $Cd^{2+}$ for a $1.73 \times 10^{-3}$ M $Cd^{2+}$ solution (RSD ±11.1%) and a standard deviation of $6.44 \times 10^{-9}$ M $Cd^{2+}$ for a $1.78 \times 10^{-7}$ M $Cd^{2+}$ solution (RSD±3.64%). The limit of detection was estimated to be $8.6 \times 10^{-10}$ M. These results compared favourably to the bare mercury film electrode for linear scan anodic stripping voltammetry.

Kemula and Zawadowska [175] developed a new type of hanging mercury drop electrode and applied it to the determination of cadmium. The electrode produces a mercury drop of the required size by means of a precisely calibrated micrometer screw and a piston of 1 mm diameter, sealed by a double-cone seal to make a tight mercury reservoir. The electrode was tested in water with a reproducibility of results of about 1%. The electrode is easy to handle and steady even in the negative potential range.

Cadmium has been found to occur in Lake Michigan water at concentrations of 30–40 μg $L^{-1}$. Mass spectrometric isotope dilution analysis and atomic absorption spectrometry following electrodisposition were the techniques used in this study [176].

### 2.11.9 Differential electro analyses

Ruan and Wan [177] applied 2.5th order differential electroanalysis to the determination of cadmium(II) in natural waters. The peak height was linearly proportional to the cadmium(II) concentration in the range of $2 \times 10^{-8}$ to $8 \times 10^{-7}$ M. The detection limit was $1 \times 10^{-8}$ M and the relative standard deviation was 6.2%.

### 2.11.10 Emission spectrometry

The application of this technique to the determination of cadmium is discussed under multication analysis in sections 2.76.13.1, 2.76.13.2 and 2.76.13.6.

### 2.11.11 Neutron activation analysis

Neutron activation analysis has been employed for the determination of cadmium in natural waters [178].

### 2.11.12 High performance liquid chromatography

The application of this technique to the determination of cadmium is discussed under multication analysis in section 2.76.19.3.

### 2.11.13 Ion-exchange chromatography

The application of this technique to the determination of cadmium is discussed under multication analysis in section 2.76.20.1.

### 2.11.14 Ion chromatography

The application of this technique to the determination of cadmium is discussed under multication analysis in sections 2.76.21.1 and 2.76.21.4.

### 2.11.15 $\alpha$-particle induced X-ray emission spectrometry

The application of this technique to the determination of cadmium is discussed under multication analysis in section 2.76.23.1.

### 2.11.16 Miscellaneous

Werner [179] used a Dowex 50W × 4 ion-exchange resin to determine and ascertain speciation of cadmium(II) and zinc(II) ions in humus rich waters. A Dowex 50W × 4 ion exchanger in the calcium form was equilibrated for 2 h with solutions of low concentrations of cadmium(II) (25 ppb) and zinc(II) (100 ppb) in nitrotriacetic acid (0.1 mM) buffer. The eluate and the supernatant liquid after exchange were analysed by atomic absorption spectrometry. At ionic strengths below 0.01 concentrations of cadmium and zinc of less than 0.1 ppb and 3 ppb respectively could be determined. Below pH 4.5, almost all the cadmium was free, decreasing to about 50% higher capacity for complexing cadmium despite similar iron and total organic carbon concentrations. At pH 6, approximately 50% of the zinc was organically bound.

Pommery *et al.* [180] determined the complexation of cadmium using standard humic acid. Experiments were carried out on the reaction of a standard humic acid with cadmium. The results confirmed that different kinds of complexes were formed. Two kinds of complexation site were detected, for 1 and 10 cadmium ions per humic acid molecule respectively. The complexes were stable and the metal ions were not readily released from them.

### 2.11.17 Radionucleides

The determination of radiocadmium is discussed in section 12.1.5.

### 2.11.18 Preconcentration

#### Preconcentration by electrodisposition

Muhlbaier *et al.* [181] determined cadmium in Lake Michigan water by electro-deposition on an amalgamated gold foil followed by electrothermal atomic absorption spectrometry or by mass spectrometric isotope dilution analysis used as a reference method. This process achieved a 5000 fold enrichment in cadmium content. Muhlbaier *et al.* [181] conclude that recoveries obtained by atomic absorption spectrometry are appreciably lower than those obtained by the mass spectrometric reference method. The latter method was suitable for determining nanogram μg $L^{-1}$ levels of cadmium in fresh water samples.

Once the proper precautions are taken, the procedure yields a concentrate that is free of significant interferences and which gives steady ion currents from samples and blanks containing 25–100 ng total cadmium. In practice the lower working limit is determined by the blank value, rather than inherent sensitivity. And it is the variability introduced by contamination that appears to control the overall precision. Clean room conditions would definitely be required if metal concentrations below 10 μg $L^{-1}$ were being determined.

### Preconcentration by chelation–solvent extraction

Cadmium has been chelated with phenylacetic acid then extracted with chloroform prior to its determination by anodic stripping voltammetry in natural water [182].

Adeloju and Brown [183,184] preconcentrated cadmium as cadmium dithiocarbamate into Freon and subsequently back-extracted it into an acidic aqueous medium for determination by anodic stripping voltammetry. The use of a preconcentration procedure considerably reduced the overall time required for the determination. Direct determination of cadmium concentrations of 0.1 μg $L^{-1}$ or more was possible using a calibration graph; for lower concentrations the use of the standard addition method was necessary. The minimal amount of cadmium that could be determined reliably was 0.025 μg $L^{-1}$.

### Preconcentration of cadmium chelates on columns

Genova *et al.* [185] preconcentrated cadmium on dithizone supported on silica gel and extended the detection range down to 10 μg.

### Preconcentration on anion-exchange resins

Cadmium has been preconcentrated on Amberlite IRA–400 [186] and Dowex 1–X8 [187] resins prior to stripping, respectively, with acetic and nitric acids and a spectrophotometric finish.

### Preconcentration by air flotation

The technique has also been used for the determination of ng $L^{-1}$ levels of cadmium in fresh water [182,188]. In this method cadmium in 11 of sample is coprecipitated with zirconium hydroxide, the precipitate is separated by dissolved air-flotation, then dissolved in a small volume of dilute hydrochloric acid prior to analysis by atomic absorption spectrometry.

To investigate the applicability of this method to the separation and determination of cadmium in natural fresh water, Nakashima and Yagi [189] checked recoveries of known amounts of cadmium added to fresh water samples. For this purpose, 1L aliquots of clear uncontaminated stable and river water were filtered through 0.4 μm nuclepore filters after the addition of 3 ml of hydrochloric acid per litre of sample immediately after collection. The analytical system could be successfully applied to the separation and determination of cadmium at nanogram levels in fresh waters. The cadmium concentrations in the potable and river water samples were low: 7.8 and 18.7 ng $L^{-1}$ respectively.

The preconcentration of cadmium is also discussed under multication analysis in sections 2.76.26.1–2.76.26.9, 2.76.26.11 and 2.76.26.12.

## 2.12 Caesium

### 2.12.1 Atomic absorption spectrometry

Frigieri *et al.* [190] have described a method for the determination of caesium in river waters which involves preliminary chromatographic separation on a strong cation-exchange resin, ammonium hexacyancobalt ferrate, followed by electrothermal atomic absorption spectrometry. Experiments were carried out to check the reliability of the technique, and it is concluded that the procedure is convenient, versatile and reliable, although decomposition products from the exchanger, namely iron and cobalt, can cause interference.

Reproducibility and accuracy data for this method are shown in Table 2.5.

### 2.12.2 Flame emission spectrometry

Molero *et al.* [191] have described a flame emission spectrometric method for the determination of low levels of caesium in natural waters.

*Table 2.5* Reproducibility and accuracy of the spectrochemical procedure for the quantitative determination of the caesium retained by NCFC inorganic exchanger

| | Caesium μg | | | | | |
|---|---|---|---|---|---|---|
| | *Expected* | *Found* | *Expected* | *Found* | *Expected* | *Found* |
| | 10.0 | 9.0 | 50.0 | 46.0 | 100.0 | 101.0 |
| | 10.0 | 11.0 | 50.0 | 52.5 | 100.0 | 108.0 |
| | 10.0 | 9.5 | 50.0 | 53.0 | 100.0 | 111.0 |
| | 10.0 | 11.5 | 50.0 | 50.0 | 100.0 | 103.0 |
| | 10.0 | 10.5 | 50.0 | 45.0 | 100.0 | 98.0 |
| | 10.0 | 10.0 | 50.0 | 47.0 | 100.0 | 98.5 |
| | 10.0 | 10.0 | 50.0 | 52.0 | 100.0 | 92.5 |
| | 10.0 | 10.5 | 50.0 | 51.0 | 100.0 | 92.5 |
| | 10.0 | 11.0 | 50.0 | 53.0 | | |
| Average | | 10.3 | | 49.9 | | 100.6 |
| Coefficient of variation, % | | 8 | | 6 | | 7 |

Source: Reproduced by permission from Royal Society of Chemistry

### 2.13.3 α-particle induced X-ray emission spectrometry

The application of this technique to the determination of caesium is discussed under multication analysis in section 2.76.23.1.

### 2.12.4 Miscellaneous

Techniques that have been considered in the past for the determination of caesium include spectrophotometric determination [192], flame photometry [193], isotope dilution analysis [194] and ion-exchange chromatography [195].

### 2.12.5 Radionucleides

The determination of radiocaesium is discussed in sections 12.1.6 and 12.1.30.

### 2.12.6 Preconcentration

Prussian blue impregnated ion-exchange resin has been used to preconcentrate caesium from river and lake waters [196].

## 2.13 Calcium

### 2.13.1 Titration method

Jackson *et al.* [197,198] carried out consecutive amperometric titrations of calcium and magnesium in natural waters. Calcium is titrated first with ethylene glycol bis(beta-aminoethyl ether)–N,N,N′N–tetraacetic acid and then magnesium is titrated with ethylenediaminetetra-acetic acid. The end-point for each titration is determined by amperometric detection of the excess chelate at a dropping mercury electrode.

### 2.13.2 Spectrophotometric method

Qui [199] has described a sequential spectrophotometric determination of calcium and magnesium in river and well waters by complexation with beryllon(II) (2,8-hydroxy-3,6-disulpho-1-naphthylazo)-1,8-dihydroxy-naphthalene-3,6-disulphonic acid) at pH 11.8. The total is measured and the calcium complex is then destroyed by addition of lead ethylene glycol-bis (2-amino-ethylether) tetra-acetic acid (EGTA), solution.

Song and Wu [200] presented a photometric method using chlorophosphonazo-pB for the determination of calcium in natural waters. Calcium in the typical range for waters gave results comparable to the volumetric EDTA method. The complex has an absorption maximum at 660 nm in the range of 0–20 mg $L^{-1}$ and follows Beer's law.

The determination of calcium by spectrophotometric procedures is also discussed under multication analysis in section 2.76.1.2.

### 2.13.3 Flow injection analysis

Kempster *et al.* [201] determined calcium in natural water by flow injection analysis–inductively coupled plasma emission spectrometry. An 11 ml centrifugal spray chamber with modified concentric nebuliser was used to introduce the carrier stream from a flow injection analyser sample injection valve to the inner tube of a plasma torch. A timer activated the sampler and flow injection valve and allowed a sampling rate of 320 per h. Calcium standards were analysed and the reproducibility (signals for discrete samples and steady state signals for calcium concentrations between 4 and 200 mg per litre) are presented. Calcium was determined with relative standard deviation of better than 3.5% cent over 10–200 mg per litre. Mean recovery was 97%.

Tecator Ltd. in a series of Application Notes [202–205] describe flow injection analysis methods for the determination of calcium in natural waters in the concentration ranges 0.2–5 mg $L^{-1}$, 1–20 mg $L^{-1}$ and 5–100 mg $L^{-1}$. The detection limit of the first of these methods is 0.05 mg $L^{-1}$.

In these methods the sample is injected into a carrier stream of distilled water and mixed with 8–hydroxyquinoline and o-cresol-phthalein. The resulting coloured solution is evaluated spectrophotometrically at 570 nm.

### 2.13.4 Atomic absorption spectrometry

A British Standards Institution method [206] gives details of a method for the determination of dissolved calcium and magnesium by flame atomic absorption spectrometry for use with waters containing up to 50 mg $L^{-1}$ calcium and up to 5 mg $L^{-1}$ magnesium. Absorbances were measured at 422.7 nm and 285.2 nm for calcium and magnesium respectively. Lower limits of determination using the prescribed operating conditions were 3 mg $L^{-1}$ calcium and 0.9 mg $L^{-1}$ magnesium.

The determination of calcium by atomic absorption spectrometry is also discussed under multication analysis in sections 2.76.4.1 and 2.76.4.6.

### 2.13.5 Inductively coupled plasma atomic emission spectrometry

The determination of calcium by this technique is discussed under multication analysis in section 2.76.8.2.

### 2.13.6 Inductively coupled plasma mass spectrometry

The application of this technique to the determination of calcium is discussed under multication analysis in section 2.76.10.9.

### 2.13.7 Ion selective electrodes

Hulanicki *et al.* [207] have studied the effects of cationic, anionic and non-ionic detergents on the potentials of calcium selective electrodes. Electrodes with solid silver contacts were less sensitive to interference by surfactants than were electrodes with an internal reference solution.

Li *et al.* [208] developed a calcium-selective electrode by coating a copper wire with a mixture of calcium bis[bis(*p*-isooctylphenyl) phosophate], dioctyl phenyl phosphate, and PVC in cyclohexane. The electrode gave a Nernstian response in the range of $2 \times 10^{-5}$ to $10^{-1}$ mol of $Ca^{2+}/L^{-1}$ and has a detection limit of $8 \times 10^{-6}$ mol of $Ca^{2+}/L^{-1}$. The electrode has a low internal resistance, high selectivity and good stability in natural waters.

### 2.13.8 Polarography

The determination of calcium by this technique is discussed under multication analysis in section 2.76.11.2.

### 2.13.9 Emission spectrometry

The determination of calcium by this technique is discussed under multication analysis in sections 2.71.13.1 and 2.76.13.6.

### 2.13.10 $\alpha$-particle induced X-ray spectrometry

The application of this technique is discussed under multication analysis in section 2.76.16.1.

### 2.13.11 High performance liquid chromatography

The application of this technique is discussed under multication analysis in section 2.76.19.7.

### 2.13.12 Ion-exchange chromatography

The application of this technique is discussed under multication analysis in section 2.76.20.1.

### 2.13.13 Neutron activation analysis

The application of this technique is discussed under multication analysis in section 2.76.15.2.

### 2.13.14 Prompt neutron activation analysis

The application of this technique is discussed under multication analysis in section 2.76.16.1.

### 2.13.15 Size exclusion chromatography

Size exclusion techniques provide rapid, gentle separations with a constant sample matrix but have generally been designed to separate large organic compounds. Metal separations have been restricted to relatively high molecular weight metal organic components.

Another approach for separation is to adjust chromatographic conditions to maximize chemical or apparent molecular size differences of dissolved components. Then, chemically different groups can be fractionated by size exclusion stationary phases even if molecular weights are similar. In the absence of salts or buffers (to reduce charge effects) sample components may be separated due to factors other than molecular weight. Distilled water may increase the apparent molecular size of ionic dissolved components due to hydration layer formation or other hydrogen bonding or ionic repulsion mechanisms. Sample column interactions, causing fractionation, may result from charge attractions or repulsions in the absence of salts or buffers in the mobile phase.

Gardner *et al.* [209] recognised that because component separations on size exclusion columns with distilled water are affected by chemical physical interactions as well as component molecular size, distilled water size exclusion chromatography should also fractionate dissolved metal forms. They interfaced distilled water size exclusion chromatography with inductively coupled argon plasma detection to fractionate and detect dissolved forms of magnesium and calcium in lake and river waters. Inductively coupled argon plasma detection is ideally suited to this application because it provides continuous metal monitoring for aqueous samples and accepts sample flow rates appropriate for distilled water size exclusion chromatography.

When Grand River or Lake Michigan filtrates were analysed by distilled water size exclusion chromatography–inductively coupled argon plasma, three peaks resulted for both magnesium and calcium (Figs. 2.3 and 2.4). Although retention times varied, similar separations were obtained with both the TSK 2000 sw and TSK 3000 sw columns. These results suggest occurrence of at least three forms of each metal in these

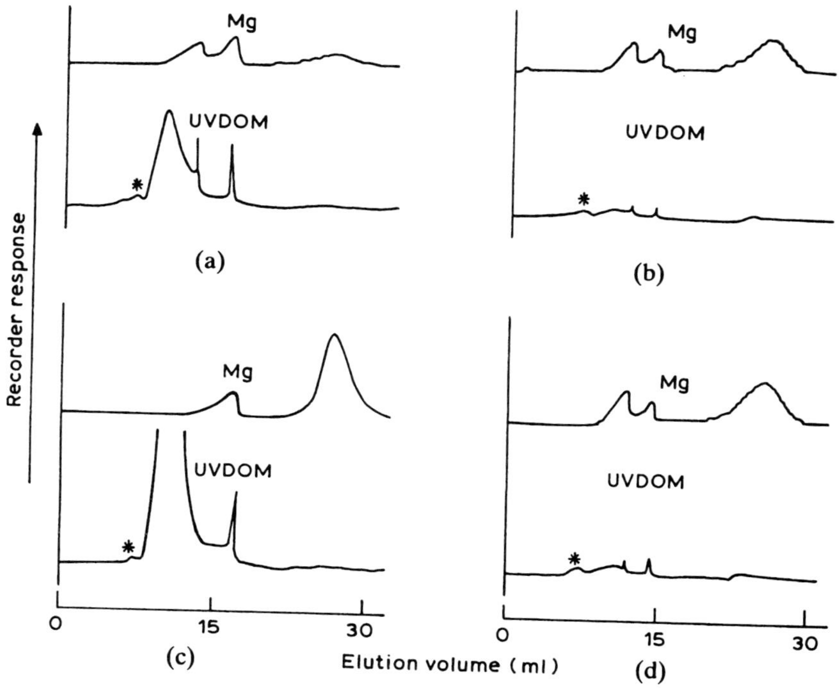


*Fig. 2.3* DWSEC chromatograms for Mg and ultraviolet absorbing organic matter for filtrates (0.5 ml) of Grand River and Lake Michigan surface and sediment pore waters sampled in May 1981. The recorder output for magnesium response was attenuated (×2) for the river samples. The reverse tailing phenomenon for magnesium peaks was caused in part by the large injection volumes (0.5 ml). UVDOM peaks with asterisks were injection artifacts and did not represent UVDOM in the samples. (a) Grand River surface water (19 µg Mg mL $^{-1}$); (b) Grand River sediment pore water (69 µg Mg mL $^{-1}$); (c) Lake Michigan surface water (12 µg Mg mL $^{-1}$); (d) Lake Michigan sediment pore water (12 µg Mg mL $^{-1}$).
Source: Reproduced by permission from American Chemical Society

natural waters. The identical retention times for magnesium and calcium peaks in the same samples suggest that the metals are speciated similarly. When calcium was injected as calcium nitrate in distilled water or coinjected with river water, the free metal ion eluted with metal peak 2 and before metal peak 3 (Fig. 2.4). (Retention times of components fractionated by distilled water size exclusion chromatography are affected somewhat by the composition of the dissolved sample; for example, metal retention times were slightly different for the mixed sample (Fig. 2.4(c))

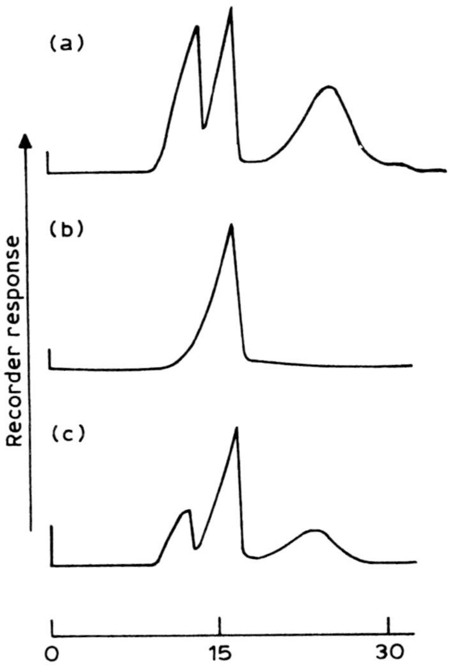


*Fig. 2.4* DWSEC calcium chromatograms for (a) 0.5 ml Grand River filtrate sampled in May 1981 (total Ca = 51 μg of Ca mL $^{-1}$), (b) 0.5 ml of 50 μg of Ca (as Ca(NO)) mL $^{-1}$ distilled water and (c) 0.25 ml of Grand River filtrate plus 0.25 ml of 50 μg of Ca (as $CA/NO_3)_2$) mL $^{-1}$ distilled water
Source: Reproduced by permission from American Chemical Society

than for the undiluted river water filtrate (Fig. 2.4(a)). The elution of the free metal ion before the third calcium peak indicates that elemental molecular weight was not the primary factor controlling apparent molecular size and elution volume. Since the apparent size of the ionic calcium ion can be increased by a hydration layer, it could elute before less ionic calcium compounds or complexes. Other column solute interactions such as sorption or coulombic attraction would likely extend, rather than shorten, the elution volume of the free ion but may have contributed to the relatively long retention time of metal peak 3.)

### 2.13.16 Ion chromatography

The ion chromatography of calcium and magnesium are discussed under multication analysis in sections 2.76.21.1, 2.76.21.3 and 2.76.21.4.

#### 2.13.17 Preconcentration

Discussed under multication analysis in sections 2.76.26.1–2.76.26.3, 2.76.26.7 and 2.76.26.8.

## 2.14 Californium

#### 2.14.1 Radionucleides

The determination of radiocalifornium is discussed in section 12.1.7.

## 2.15 Cerium

#### 2.15.1 Spectrophotometric method

Abbassi and Ahmed [210] have described a procedure for the determination of cerium in natural waters. 5-sulpho-4-methyl salicylic acid is used as the chromogenic reagent.

#### 2.15.2 Spectrofluorometric methods

Xiao [211] describes a direct fluorometric method for the determination of cerium in natural waters. The solution is irradiated with UV radiation at 256 nm and the detection of fluorescence is at 358 nm. The detection limit is 40 μg/L $^{-1}$ and the relative standard deviation is 10%.

Spectrofluorometric methods for the determination of cerium are discussed under multication analysis in section 2.76.2.3.

#### 2.15.3 Inductively coupled plasma mass spectrometry

The application of this technique to the determination of cerium is discussed under multication analysis in section 2.76.10.2.

#### 2.15.4 Neutron activation analysis

The application of this technique to the determination of cerium is discussed under multication analysis in section 2.76.15.1.

#### 2.15.5 Radionucleides

The determination of radiocerium is discussed in section 12.1.8.

#### 2.15.16 Preconcentration

The preconcentration of cerium is discussed under multication analysis in section 2.76.26.3.

## 2.16 Chromium

### 2.16.1 Spectrophotometric method

The toxicity of chromium depends on its oxidation state, chromium(VI) being significantly more toxic than chromium(III). Hence, oxidation-state-specific determinations of chromium are of particular interest. Element-specific techniques, such as atomic absorption spectrometry, require a preliminary chemical separation of chromium(VI) from chromium(III) for the selective determination of chromium(VI). The separation is generally achieved by liquid–liquid extraction or ion-exchange, requiring additional sample preparation prior to the actual determination.

Amperometric (electrochemical) determination of chromium(VI) inherently discriminates against chromium(III) without preliminary chemical separation. However, amperometric techniques are not element-specific, and other species that are reduced at the potential used for reduction of chromium(VI) interfere with its determination. One particularly significant interference in environmental samples is iron(III). Polymer-modified electrodes or liquid chromatographic separation have been used to eliminate the interference of iron(III) in amperometric determinations of chromium(VI). Pratt and Koch [212] have reported an alternate procedure using phosphoric acid as the supporting electrolyte for the trace-level amperometric determination of chromium(VI) at gold or palladium electrodes. This procedure suppresses the interference from iron(III) since the complex species of $Fe–(PO_4)_3^{6-}$ and $Fe(HPO_4)_3^{3-}$ are formed and are not reduced at the potential used for the amperometric detection.

A spectrophotometric method [213] for determination of total chromium in natural waters with high mineral contents (eg alkaline earths) is based on digestion of the sample at 80°C with alkaline hydrogen peroxide, followed by decomposition of excess hydrogen peroxide with trichloroacetic acid and addition of ethanolic diphenylcarbazide. The chromium–diphenyl carbazide complex is evaluated at 540–550 nm.

Pettine *et al.* [214] studied hydrogen peroxide interference in the determination of chromium(VI) by the diphenylcarbazide method. Hexavalent chromium is reduced to the trivalent state under acidic conditions. The extent of the interference depended on the concentration of hydrogen peroxide and the period between addition of acid and diphenylcarbazide. The interferences can be avoided by adding a larger amount of reagent before the acid. These findings suggested that storage of samples under acidic conditions could result in a decrease in the concentration of hexavalent chromium.

Piying *et al.* [215] determined chromium(VI) in natural waters by reaction with iodide ion, followed by measurement of the tridide ion formed by spectrophotometry. Down to 0.2 μg dm $^{-3}$ chromium could be determined.

### 2.16.2 Spectrofluorometric method

Tanaka *et al.* [216] determined chromium at the μg L $^{-1}$ level in natural waters by a method based on reduction to chromium(II) in a flow through cell followed by determination by fluorescence spectroscopy.

### 2.16.3 Chemiluminescence method

Escobar *et al.* [217] have described a chemiluminescence method for the determination of down to 0.01 μg L $^{-1}$ chromium(III) in natural waters.

### 2.16.4 Flow injection analysis

Workers at Tecator Ltd. [218] have described a flow injection analysis method for the determination of total chromium(III) and chromium(VI) in the 1–10 mg L $^{-1}$ concentration range in natural waters. In this method chromium(III) is oxidised to chromium(VI) by cerium(VI) and the sum of chromium(III) and chromium(VI) determined by the 1.5 diphenylcarbazide spectrophotometric method by evaluation at the 540 um absorption maximum.

Ruz *et al.* [219] were able to determine both chromium(III) and chromium(IV) in natural waters by flow injection analysis in a simultaneous or sequential mode. Chromium(VI) is reacted with 1,5–diphenylcarbazide in one carrier stream and chromium(III) is oxidised to chromium(VI) by cerium(IV) in a separate stream. The method was applied to chromium in the range of 0.2–10 mg of chromium L $^{-1}$.

### 2.16.5 Atomic absorption spectrometry

Abdallah *et al.* [220] have described a method for the determination of chromium(III) and have studied the interfering effects of various ions, on the determination of chromium.

Although the sensitivity for chromium by atomic absorption spectrometry is greatest in a fuel-rich flame, interferences are also greater. The origin of many interferences is still speculative. A fundamental understanding of interfering effects in atomic absorption spectrometry depends largely on a knowledge of the mechanisms which control atomisation processes in flames.

The object of the work carried out by Abdallah *et al.* [220] was to investigate the feasibility of using a continuous titration technique for studying the interfering effects of foreign species on the atomic

*Table 2.6* Interference of various species on the absorbance of $1.0 \times 10^{-3}$ M chromium(III) and the effect of different releasing agents

| Added substance(s) (200 mg $L^{-1}$ each) | Chromium recovery (%)[a] | | | |
|---|---|---|---|---|
| | No releasing agent | Boric acid ($1.85 \times 10^{-2}$ M) | SSA (2.0 $\times 10^{-2}$ M) | KCN (5.0 $\times 10^{-2}$ M) |
| $PO_4^{3-}$ | 60 | 98 | 100 | 99 |
| $NO_3^-$ | 83 | 100 | 100 | 100 |
| $NO_2^-$ | 68 | 98 | 99 | 99 |
| $I^-$ | 93 | 100 | 100 | 100 |
| $SO_4^{2-}$ | 85 | 100 | 100 | 100 |
| $ClO_4^-$ | 138 | 100 | 100 | 100 |
| $PO_4^{3-} + NO_3^-$ | 33 | 100 | 100 | 105 |
| $PO_4^{3-} + NO_3^- + Br^-$ | 88 | 100 | 100 | 100 |
| $PO_4^{3-} + SO_4^{2-}$ | 69 | 100 | 100 | 100 |
| EDTA | 82 | 100 | 100 | 100 |
| CDTA | 80 | 100 | 99 | 99 |
| NTA | 82 | 100 | 100 | 100 |
| EDTA + $PO_4^{3-}$ | 122 | 100 | 102 | 105 |
| EDTA + $PO_4^{3-} + Br^-$ | 100 | 100 | 100 | 105 |
| $Al^{3+}$ | 170 | 100 | 100 | b |
| $Ca^{2+}$ | 154 | 100 | 100 | b |
| $Sr^{2+}$ | 130 | 100 | 100 | b |
| $Fe^{3+}$ | 68 | 98 | 99 | b |
| $Ni^{2+}$ | 110 | 100 | 100 | b |
| $Al^{3+} + Cu^{2+} + Pb^{2+}$ | 150 | 100 | 100 | b |
| $Ca^{2+} + Mn^{2+}$ + EDTA | 150 | 100 | 100 | b |
| $Sr^{2+} + Cd^{2+} + Fe^{3+}$ | 94 | 100 | 95 | b |
| $Sr^{2+} + Ba^{2+} + In^{3+} + NO_3^-$ | 83 | 100 | 95 | b |

[a] Recovery with respect to the chromium absorbance signal in the presence of the releasing agent alone (= 100%)

[b] Precipitation of the metal cyanide

Source: Reproduced by permission from Elsevier Science Publishers BV, Amsterdam

absorption signal of chromium and thus establishing the possibility of using a simple method for eliminating such interferences. The action of boron in an air–acetylene flame constitutes a promising universal flame buffer. Its action in the flame, when present in excess, is to interact with the matrix components to form relatively stable, unreactive species, leaving the analyte atoms free. Table 2.6 indicates that boric acid is a powerful releasing agent and acts very effectively on oxidising species such as nitrate or chlorate and possible reducing species such as nitrite. Moreover, it removes from the area of measurement interfering disintegration products of organic chelating agents. In addition, formation of metal borides of the interferents leads to release of chromium without affecting the atomisation process. The data in Table 2.6 help to reach the conclusion that boron can efficiently level the flame conditions to obtain signals identical to samples to which boron but no interferent has been added.

Muzzucotelli *et al.* [221] have described a rapid electrothermal atomic absorption method for the selective determination of chromium(VI) in ground waters. The sample is added directly to a liquid exchanger solubilised in methyl isobutyl ketone and hydrochloric acid. Analysis was carried out by atomic absorption spectroscopy.

No interference was observed in this procedure due to 1000 fold molar excess over the chromium level of iron, aluminium, calcium and magnesium or due to 5% of sodium chloride, potassium chloride or calcium chloride. The analyses must be carried out immediately after sample collection to avoid the reducing effects due to the presence of organic substances present in ground water samples.

Magnesium nitrate was used by He [222] as a matrix modifier for the determination of chromium in water. A methylisobutylketone solution of ammonium pyrollide carbodithioate is used to extract chromium(VI) from natural water prior to determination by electrothermal atomic absorption spectrophotometry. Total chromium is determined after oxidation in a separate aliquot and chromium(III) is calculated by difference. The detection limit is 0.7 μg of chromium $L^{-1}$ and the relative standard deviation is in the range of 7.6–24.7%.

Electrothermal atomic absorption spectrometry has been used to determine down to 30 ppt of chromium in natural waters [223]. The determination of chromium is also discussed under multication analysis in sections 2.76.4.1, 2.76.4.3 and 2.76.4.6, also 2.76.6.1 (Zeeman atomic absorption spectrometry).

### 2.16.6 Inductively coupled plasma emission spectrometry

The application of this technique is discussed under multication analysis in sections 2.76.8.2 and 2.76.8.4.

### 2.16.7 Inductively coupled plasma mass spectrometry

Byrdy *et al.* [224] determined down to 100 pg chromium (III) and 200 pg chromium(VI) in natural waters by inductively coupled plasma mass spectrometry after on-line concentration and separation by high performance liquid chromatography.

The application of this technique is also discussed under multication analysis in section 2.76.10.1.

### 2.16.8 Polarography

Su *et al.* [225] determined chromium(VI) in natural waters by using a polarographic catalytic wave method. Recoveries in the range of 97–102% for samples in the chromium $L^{-1}$ 10–80 g $L^{-1}$ were measured. The detection limit is 2 μg of chromium $L^{-1}$.

The determination of chromium by this technique is also discussed under multication analysis in section 2.76.11.3.

### 2.16.9 Voltammetric methods

Ruan and Wang [226] used a 1.5th order differential voltammetric method for the determination of chromium in natural waters. The method used ethylenediamine–1 N sodium nitrite electrolytic solution and has a catalytic wave at –1.89V and a linearity range of $2 \times 10^{-11}$ to $8 \times 10^{-9}$ g of chromium $mL^{-1}$.

Wang *et al.* [227] used an ammonium chloride–ammonium hydroxide supporting electrolyte containing cupferron to obtain an adsorptive wave of the chromium(VI)–cupferron complex by linear potential sweep voltammetry. The reduction peak potential of the wave is at –1.55V and the derivative peak height is $1 \times 10^{-9}$ to $9 \times 10^{-8}$ M. The detection limit for chromium in natural waters is $6 \times 10^{-10}$ M.

### 2.16.10 Amperometric methods

Pratt and Koch [212] have described a flow injection amperometric method for the determination of chromium(VI) in the presence of chromium(III) and iron(III) in natural waters. In this method chromium(III) is determined by flow injection amperometry at gold and iodised palladium electrodes without prior chromatographic or other separation. Dissolved oxygen and chromium(III) do not interfere. Use of phosphoric acid as the supporting electrolyte suppresses the interference from iron(III). Chloride ion interferes in the determination of gold electrodes but not at palladium electrodes. Decay in sensitivity of the electrodes with time is eliminated by continuous preconditioning of the electrode with a pulsed-potential wave form in place of constant-potential amperometry. The detection limit for chromium(VI) is 5 ng $mL^{-1}$.

### 2.16.11 Stripping voltammetry

The determination of chromium by this technique is discussed under multication analysis in section 2.76.12.2.

### 2.16.12 Emission spectrometry

The determination of chromium by this technique is discussed under multication analysis in section 2.76.13.6.

### 2.16.13 α-particle induced X-ray spectrometry

The determination of chromium by this technique is discussed under multication analysis in section 2.76.23.1.

### 2.16.14 Neutron activation analysis

The determination of chromium by this technique is also discussed under multication analysis in section 2.76.15.1.

### 2.16.15 High performance liquid chromatography

High-pressure liquid chromatography coupled with time-resolved quenched phosphorescence detection has been used for the determination of chromium in natural waters by Baumann *et al.* [228]. Paired-ion reversed-phase high performance liquid chromatography is used for separation, followed by detection of the time-resolved phosphorescence signal of biacetyl at 515 nm. The detection limit is $1.4 \times 10^{-7}$ M and the method has a linear calibration curve over three orders of magnitude.

Posta *et al.* [229] coupled an atomic absorption spectrometric detector to a high performance liquid chromatography in the one-line determination of chromium(III) and chromium(VI) in amounts down to 30 μg $L^{-1}$ in natural waters.

Powell *et al.* [230] used high performance liquid chromatography, direct injection nebulisation and inductively coupled plasma mass spectrometry to determine 30–180 ppt levels of chromium(III), chromium(VI) and total chromium in natural waters. The determination of chromium is also discussed under multication analysis in section 2.76.19.1.

### 2.16.16 Ion chromatography

The application of this technique to the determination of chromium is discussed under multication analysis in section 2.76.21.4.

### 2.16.17 Capillary isotachophoresis

Zelensky *et al.* [231] have studied the capability of capillary isotachophoresis (c–ITP) in the trace determination of chromium(VI) in water samples at low (μg $L^{-1}$) concentrations. A column coupling configuration of the separation unit in the analyser was employed together with photometric detection at 405 nm wavelength. Losses of chromium(VI) due to adsorption on the walls of the glassware were prevented by the addition of sulphate (0.0001 M) to the sample solutions. At lower pH addition of naphthalene–1,3,6–trisulphonate prevented adsorption on to the walls of the separation unit. With these suitable precautions detection limits were in range of 4–5 μg $L^{-1}$ for a 30 L sample.

### 2.16.18 Miscellaneous

Lunar *et al.* [232] determined chromium(VI) indirectly by a method based on its reaction with the iodide ion; the absorbance of the complex of triiodide and hexadecylpyridinium can be measured in river waters to detection limits of 10–100 ppb.

Sule and Ingle [233] have described an automated ion-exchange system coupled directly with a flame atomic absorption spectrometer to study the speciation of chromium in river waters.

Bercerio-Gonzalez *et al.* [234] have discussed the speciation of chromium in natural waters and Vidal *et al.* [235] and Nusko and Heumann [236] have discussed the speciation of chromium in river and lake waters.

Messman *et al.* [237] studied the stability of various complexes of chromium(VI). The presence of reducing agents such as sulphide and chromium(III) affected the stability of chromium(VI). Spiked samples were used to determine stability, and partial oxidation of chromium(III) can result in errors in chromium(VI) determinations as much as 100%.

### 2.16.19 Preconcentration

Chelation with 1-(2-pyridylazo) [238] naphthol 8–hydroxy quinoline [239] and ammonium pyrrolidine dithiocarbamate followed by extraction with chloroform [238,239] or methyl isobutyl ketone [240] and spectrophotometric or graphite furnace atomic absorption analysis [240] have been used to preconcentrate chromium(III) and chromium(VI). Adsorption on a cation-exchange resin (KB–4P–2) has been used to preconcentrate chromium(III) prior to spectrophotometric analysis [240]; coprecipitation with ferric hydroxide preconcentrates chromium(III) and chromium(VI) [241,242] prior to determination by atomic absorption spectrometry.

Ai and Xing [243] complexed chromium(VI) in waters with diphenylcarbohydrazide in the presence of sodium dodecyl sulphate, which in turn is extracted into chloroform. The complex is measured by spectrophotometry at 550 nm. They report recoveries of 96.7–115% and a relative standard deviation of 1.1% for measurement of chromium at the 2 g level. The detection limit is 1 μg $L^{-1}$ of chromium.

Subramanian [244] used a methyl isobutyl ketone solution of ammonium pyrrolidine carbodithioate for the determination of chromium(III) and chromium(VI) in natural waters. The extraction step is followed by determination by electrothermal atomic absorption spectrometry. The detection limits were 0.2 μg $L^{-1}$ of chromium(III) and 0.3 μg $L^{-1}$ of chromium(IV).

Subramanian [245] used ammonium pyrrolidinecarbodithioate for the extraction of chromium from natural waters, followed by determination using electrothermal atomic absorption spectrophotometry. Total chromium is determined without the extraction step and chromium(III) is calculated by the difference. The detection limits for both chromium(III) and chromium(VI) are 0.3 μg of chromium $L^{-1}$.

Sugimoto *et al.* [246] separated chromium(III) from natural water samples by coprecipitation with ferric hydroxide in the presence of ammonium carbonate. The precipitate was dissolved in hydrochloric acid and the chromium was determined by electrothermal atomic absorption spectrophotometry. The chromium(VI) in the filtrate is reduced by ferrous iron and the chromium(III) is then precipitated with the produced ferric hydroxide and subsequently determined by electrothermal atomic absorption spectrophotometry.

Jin *et al.* [247] preconcentrated chromium(VI) in natural waters onto a tungsten wire electrode coated with a film of tri-*n*-octylphosphine oxide. The chromium was removed with hydrochloric acid, followed by electrothermal atomic absorption spectrophotometry. The detection limit is 0.3 μg of chromium $L^{-1}$ and 10 μg of chromium $L^{-1}$ samples gave a coefficient of variation of 3.9%.

Obiols *et al.* [248] describe an analytical method for determination of chromium speciation in natural waters. The chromium is coprecipitated with lead phosphate to remove chromium(III) and chromium(VI). The chromium(VI) is coprecipitated in a separate determination with lead sulphate. The chromium in the fractions is determined by electrothermal atomic absorption spectrophotometry.

Alumina has been used to preconcentrate chromium from natural waters [249].

Inoue *et al.* [250] precipitated chromium from natural waters by using iron(II), followed by filtration. The total chromium in the solid was determined by X-ray fluorescence. The detection limit for chromium ranged from 0.4 to 0.7 μg.

Yang and Tang [251] determined chromium in natural waters by cathodic stripping voltammetry. The chromium was preconcentrated as $Hg_2CrO_4$ at 0.45V (vs SCE) and determined from the stripping peak at 0.35V. The stripping peak height is linearly proportional to chromium(VI) in the concentration range of $3 \times 10^{-8}$ to $8 \times 10^{-7}$ M.

The preconcentration of chromium is also discussed under multication analysis in sections 2.76.26.1–4, 2.76.26.7–9 and 2.76.26.11.

## 2.17 Cobalt

### 2.17.1 Spectrophotometric method

Abbassi and Ahmed [210] have described a procedure for the microdetermination of cobalt in natural waters. 5-sulpho-4-methylsalicylic acid is used as the chromogenic reagent. Cobalt is determined in the presence of hydrogen peroxide. Natural chelating agents such as fulvic acid interfere in the procedure. It was found that water with BOD of greater than 10 had a retarding effect on the colour development. Organic interferences can be eliminated on digestion of the sample with nitric and perchloric acids.

### 2.17.2 Chemiluminescence method

Boyle *et al.* [252] employed luminol for chemiluminescence detection of cobalt in natural waters after cation exchange liquid chromatography. Cobalt can be determined directly in 500 µL samples with a detection limit of 20 pmol kg $^{-1}$. Seawater samples were analysed following solvent extraction with a detection limit of 5 pmol kg $^{-1}$.

### 2.17.3 Graphite furnace atomic absorption spectrometry

Graphite furnace Zeeman atomic absorption spectrometry has been used to determine low µg L $^{-1}$ levels of cobalt in lakewater [1197]. The method required small sample volumes, minimal sample pretreatment and preparation and chelation or solvent extraction procedures. Analysis of a water sample of known cobalt content yielded a result (5.4 0.2 µg cobalt L $^{-1}$) which compared favourably with the reported mean of 5.2 ± 1.2 µg L $^{-1}$ obtained form pooling results obtained by other techniques.

Koizumi [253] also applied this technique to the determination of µg L $^{-1}$ levels of cobalt in surface waters. Ophel [254] also determined µg L $^{-1}$ levels of cobalt in freshwater lake samples by flame atomic absorption spectrometry. This method, however, requires preconcentrating 4 L of water sample and subsequent chelation and solvent extraction after removal of iron.

The application of Zeeman atomic absorption spectrometry to the determination of cobalt is discussed under multication analysis in section 2.76.6.1.

### 2.17.4 Inductively coupled plasma atomic emission spectrometry

The application of this technique to the determination of cobalt is discussed under multication analysis in sections 2.76.8.2 and 2.76.8.4.

### 2.17.5 Inductively coupled plasma mass spectrometry

The application of this technique to the determination of cobalt is discussed under multication analysis in section 2.76.10.1.

### 2.17.6 Polarography

Hao *et al.* [255] used differential pulse adsorptive stripping voltammetry for the determination of cobalt in natural waters. Dimethylglyoxime complexes of cobalt in the presence of triethanolamine and $NH_4Cl$ were used in the determination. A detection limit of approximately 3 ppt is reported.

The application of this technique to the determination of cobalt is discussed under multication analysis in section 2.76.11.3.

### 2.17.7 Neutron activation analysis

The application of this technique to the determination of cobalt is discussed under multication analysis in section 2.76.15.1.

### 2.17.8 X-ray fluorescence spectroscopy

X-ray fluorescence spectrometry without preconcentration was used to determine cobalt in natural waters by Okashita and Tanaka [256]. The detection limit was as low as 0.03 μg of cobalt for samples with small amounts of dissolved iron.

### 2.17.9 Gas chromatography

Schaller and Neeb [257] chelated cobalt in natural waters with di(trifluoroethyl)dithiocarbamate and measured the complex with capillary gas chromatography. Detection is by electron capture and a detection limit of 0.2 $\mu g\ L^{-1}$ is reported.

### 2.17.10 Cation-exchange liquid chromatography

Boyle *et al.* [252] have described a method for determining cobalt in natural waters using cation-exchange liquid chromatography. Cobalt was determined directly in 500 μL fresh water samples with a detection limit of 20 pM per kg.

### 2.17.11 High performance liquid chromatography

The high performance liquid chromatography of cobalt is discussed under multication analysis in sections 2.76.19.1–4.

### 2.17.12 Ion-exchange chromatography

The ion-exchange chromatography of cobalt is discussed under multication analysis in section 2.27.20.1.

### 2.17.13 Ion chromatography

The ion chromatography of cobalt is discussed under multication analysis in sections 2.27.21.1 and 2.27.21.4.

### 2.17.14 Radionucleides

The determination of radiocobalt is discussed in sections 12.1.9 and 12.1.30.

### 2.17.15 Preconcentration

#### 2.17.15.1 Preconcentration on polyurethane foam

The extraction of metals from water samples by polyurethane foam has been discussed by several other workers [258,259]. Cobalt was preconcentrated by percolating the water sample through an open cell polyurethane support loaded with 1-(2-pyridylazo)naphthol prior to spectrophotometric determination at 510 nm with the 4-(2-pyridylaxo) resorcinol complex.

Various heavy metals have been precipitated on to polyurethane discs of foam loaded with ammonium diethyldithiocarbamate to increase the sensitivity of XRF spectrometry and the foam subsequently analysed by X-ray fluorescence spectrometry [258].

#### 2.17.15.2 Preconcentration on ion exchange resins

Sakai and Mori [260] preconcentrated cobalt with *N*-(dithiocarboxy) sarcosine and Amberlite XAD–4 resin. Cobalt reacted with *N*-(dithiocarboxy)sarcosine to form a 1:3 cobalt *N*-(dithiocarboxy)sarcosine complex which was stable in 4M hydrochloric acid. The complex so formed was adsorbed on a column of Amberlite XAD, 4 copolymer from acid solution and eluted with 10 ml of a 1:1:3 v/v mixture of 1.0 M ammonia solution (pH 9), 0.1M EDTA and methanol. The absorbance of the eluted chelate was determined at 320 nm.

Metal ions have been concentrated by complexation with sodium bis (2-hydroxyethyl)dithiocarbamate and sorption on XAD–4 resin [261].

Sakamoto-Arnold and Johnson [262] also used chemiluminescence detection of cobalt in natural waters by the cobalt-enhanced chemiluminescent oxidation of gallic acid in alkaline hydrogen peroxide. A flow injection analytical system was used to automate the determination. The detection limit is approximately 8 pM and the average standard deviation for seawater samples was ±5%. Cobalt was preconcentrated on a column packed with silica-immobilised 8–quinolinol and separated on a second column packed with a strongly acidic cation-exchange resin by a method described by Yamane *et al.* [263]. The catalytic action of cobalt on the oxidation of protocatechuic acid by hydrogen peroxide is used for the determination. The limit of detection is 5 µg $L^{-1}$.

A magnesium oxide filter has been used to preconcentrate cobalt from natural waters [264].

#### 2.17.15.3 Preconcentration by complex formation

Nishioka *et al.* [265] coprecipitated cobalt with titanium(IV) and diethyldithiocarbamate from natural water samples. X-ray fluorescence spectrometry was used to determine the cobalt in the solid with a detection limit of 0.4 µg $L^{-1}$.

The preconcentration of cobalt is also discussed under multication analysis in sections 2.76.26.1–4 and 2.76.26.6–9.

## 2.18 Copper

### 2.18.1 *Spectrophotometric methods*

Moffett *et al.* [266] described a sensitive procedure for the selective determination of monovalent copper in the presence of divalent copper based on spectrophotometric measurement of its complex with bathocuproine. Ethylenediamine was a suitable masking ligand which reacted rapidly with divalent copper to form stable complexes which were inert to reduction and did not interfere with the determination of the cuprous ion. The effect of variables such as pH and ionic strength were investigated.

Yoshimura *et al.* [267] have described a spectrophotometric method for the microdetermination of copper(II) in natural waters by ion-exchange chromatography using α, β, γ, δ-tetrakis (4-N-methylpyridine) porphine as chromogenic reagent. This method is capable of determining copper(II) at concentrations down to 0.07 µg $L^{-1}$ using a 1 l sample. There was no interference by the foreign ions expected in natural water, at up to 1000 times the concentration of copper.

Themelis and Vasilikiotis [268] used a catalytic method based on the copper-catalysed oxidation of chromotropic acid by hydrogen peroxide for the determination of copper in natural waters. The reaction is followed spectrophotometrically by measuring the rate of change of absorbance at 430 nm. The method is applicable in the range of 12–190 µg $L^{-1}$ and the precision and accuracy were within 2%.

Itoh *et al.* [269] determined copper in freshwaters by a spectrophotometric technique involving complexation with a α, β, γ, δ-tetrakis(4-*N*-trimethylaminophenyl)porphine. The relatively slow reaction was accelerated by the addition of sodium L–ascorbate. A linear calibration curve was obtained for copper in the range of 0–100 μg $L^{-1}$. The relative standard deviation was 1.3%.

### 2.18.2 Chemiluminescence method

Yamada and Suzuki [270] applied a flow-injection system to the determination of copper in natural waters. The chemiluminescence reagents β-nitrostyrene/sodium hydroxide/hexadecyltrimethylammonium bromide sensitised with fluorescein allowed 0.1–10 ng of copper(II) to be determined at a high sampling rate.

### 2.18.3 Atomic absorption spectrometry

Ejaz *et al.* [271] extracted and preconcentrated copper from water by the use of 4-(5-nonyl)-pyridine as an extractant for copper from aqueous thiocyanate solutions before its determination by atomic absorption spectrophotometry. The procedure provides efficient extraction in a single step from neutral or acidic solutions, in the presence of only 0.1 M potassium thiocyanate and does not require the use of salting-out agents. The results show that 1 μg copper can be extracted into 1 ml of the organic phase from 500 ml of natural water.

Silva and Valcarcel [272] discuss a procedure for the determination of traces of copper in solution by atomic absorption spectrometry, based on formation of a complex with naphthoquinone thiosemicarbazone. The complex is extracted into isobutyl methyl ketone, and the absorbance is measured at 324.8 nm.

Interference studies carried out on this method showed that copper can be determined in the presence of a 5000-fold excess of many of a great number of diverse ions including most of those normally encountered in river waters.

Water samples from Japanese rivers were treated by solvent extraction, passed through an anion-exchange resin, and then atomic absorption spectrophotometry was used to measure the concentrations of reactive copper and organic copper present [273].

Sweileh *et al.* [274] utilised ion exchange/atomic absorption spectrophotometry to study the complexation of copper by organic ligands in natural waters. The method was found to be more sensitive than the ion-selective electrode methods and was used to determine copper(II) in lakes.

The application of this technique to the determination of copper is also discussed under multication analysis in sections 2.76.4.3, 2.76.4.4, 2.76.4.6 and 2.76.5.1 (graphite furnace atomic absorption spectrometry).

### 2.18.4 Inductively coupled plasma atomic emission spectrometry

The application of this technique to the determination of copper is discussed under multication analysis in sections 2.76.8.1., 2.76.8.2 and 2.76.8.6.

### 2.18.5 Inductively coupled plasma mass spectrometry

The application of this technique to the determination of copper is discussed under multication analysis in section 2.76.10.1.

### 2.18.6 Ion-selective electrodes

Hulanicki *et al.* [275] determined copper in natural water by means of a chalcocite copper ion-selective electrode. Gulens *et al.* [276] used a copper ion-selective electrode in studies of the hydrolysis of copper(II).

The copper ion-selective electrode has been used to study copper behaviour in weakly basic and hydrocarbonate solutions, in a concentration range simulating natural systems [277]. Accurate pH measurements were simultaneously made with cupric ion activity. Examples are given of applications of the technique to Italian rivers.

Distributions of CuOH+, $CU(OH)^{2+}$, $CuCO_3$(aq), $Cu(CO_2)^{2-}$ were deduced measuring $CU^{2+}$, $OH^2$ $CO_3^{2-}$. Cu–$CO_3$(aq) predominates at natural pH and alkalinity levels.

Copper(II) was determined in natural waters by a method based on its catalysis of the reaction of persulphate ($S_2O_8^{2-1}$) and iodide ions which was monitored by an iodide–selective electrode, as described by Ton and Yang [278]. A fixed reaction time was used prior to the measurement of the potential with the ion-selective electrode. The detection limit was 2.5 μg of copper $L^{-1}$.

### 2.18.7 Anodic scanning voltammetry

Square-wave anodic stripping voltammetry was used by Odashima [279] for the determination of copper in natural waters. Mercury films on glassy carbon electrodes and a 0.1 mM Hg(II) solution were used in the determination. Silver, bismuth(III), chromium(III) and chromium(VI) had a negative interference and manganese(II) had a positive interference. The method has a detection limit of approximately 1 ppb and compares favourably with atomic absorption spectrophotometry.

The application of this technique to the determination of copper is also discussed under multication analysis in section 2.76.12.1.

### 2.18.8 Polarography

Bonelli *et al.* [280] studied the interference by iron on the ultratrace determination of copper in natural waters by differential pulse anodic stripping voltammetry. Cathodic film stripping voltammetry with adsorptive collection has been used [281] for trace copper determinations in natural water. The cathodic film consists of copper–catechol complex ions adsorbed on a hanging mercury drop electrode. The effects of increasing pulse frequency, collection time, and interferences by other metal ions and surfactants were examined. The detection limit of this technique was less than 0.1 nM copper with a collection time of 3 min. The peak height was increased by increasing the collection time to 15 min, the pulse frequency to 10 per s, and the scan rate to 20 mV per s, giving a detection limit of about 0.02 nM. Interference by other metal ions and surface active substances was overcome by the standard addition technique.

Batley [282] has studied interferences in the determination of copper, in natural waters by anodic stripping voltammetry.

Cleven *et al.* [283] studied the effects of organic matter on the pulse voltammetric speciation of copper. Voltammetric copper titrations were made into fulvic acid solutions and Usselmeer lake water samples in order to investigate the double peak effect. Square wave voltammetry, square wave anodic stripping voltammetry, differential pulse anodic stripping voltammetry and cyclic voltammetry were used. The double peak was attributed to adsorption of organic ligands at the mercury-solution interface affecting copper oxidation and reduction in different ways causing the pulse voltammetric peak to be split.

Haapakka *et al.* [284] carried out specific deterrninations of traces of copper(II) in natural water by cathodic electroluminescence. The luminescence was used for detecting 5–500 nM of copper(II) ions.

The application of this technique to the determination of copper is also discussed under multication analysis in section 2.76.11.3.

### 2.18.9 Emission spectrometry

The application of this technique to the determination of copper is discussed under multication analysis in sections 2.76.13.1 and 2.76.13.6.

### 2.18.10 X-ray fluorescence spectroscopy

The application of this technique to the determination of copper is discussed under multication analysis in section 2.76.17.1.

### 2.18.11 High performance liquid chromatography

Becker *et al.* [285] used reverse phase high performance liquid chromatography to determine 1–3 μg $L^{-1}$ of copper species in natural water. Different naturally occurring forms of copper can be separated by this technique.

The application of this technique to the determination of copper is also discussed under multication analysis in sections 2.76.19.1–5.

### 2.18.12 Size exclusion chromatography

Adamic and Bartak [286] used high pressure aqueous size exclusion chromatography with reverse pulse amperometric detection to separate copper(II) complexes of poly(amino carboxylic acids), catechol and fulvic acids. The commercially available size exclusion chromatography columns were tested. Columns were eluted with copper(II) complexes of poly(aminocarboxylic acids), citric acids, catechol and water derived fulvic acid. The eluant contained copper(II) to prevent dissociation of the labile metal complexes. Reverse pulse electrochemical measurements were made to minimise oxygen interferences at the detector. Resolution of a mixture of DTPA, EDTA and NTA copper complexes was approximately the same on one size exclusion chromatography column as on Sephadex G–25 columns but with a ten fold increase in efficiency. A linear detector response to amounts of water derived fulvic acids separated on the gel permeation chromatography 100 column was obtained enabling direct measurement of amounts of fulvic acid in water samples. The detection limits were 40 ng for copper EDTA and 12 μg for fulvic acid.

### 2.18.13 Ion chromatography

The application of this technique to the determination of copper is discussed under multication analysis in sections 2.76.21.2 and 2.76.21.4.

### 2.18.14 Miscellaneous

Du Bois and Sharma [287] have described a radiometric method for the determination of copper at the 2 ng level in natural waters.

Van den Berg and Kramer [288] studied the determination of complexing capacities of ligands in natural waters and the conditional stability constants of the copper complexes using a dispersion of manganese dioxide ion exchanger at the concentration and pH at which the ligands occur in natural waters. Experiments were done at 25°C and 0.01 M ionic strength. Stability constants varied from $10^{7.8}$ to $10^{8.8}$ at pH 7.6 for ligands in lakes and rivers. The constant for the copper–fulvic acid complex was estimated as $10^{7.8}$ at pH 7.6.

Mackay [289] has studied the speciation of copper in natural waters and its dependence on factors such as pH.

Parthasorathy and Buttle [290] have discussed the speciation of copper in river and lake waters.

Liu and Wu [291] describe a kinetic method based on the catalytic action of cupric ions on the reaction of glyoxalbis(2-hydroxyanil) with hydrogen peroxide. The method is applicable to the determination of copper in natural waters in the range of 0–4 μg $L^{-1}$.

### *2.18.15 Preconcentration*

#### 2.18.15.1 Preconcentration by chelation-solvent extraction

Bradshaw *et al.* [292] described a procedure for determination of copper in natural waters over the range 0.001–0.01 ng $L^{-1}$. It involved complexation with 1-pyrrolidinecarbodithioate, extraction into isobutyl-methylketone and determination by atom trapping atomic absorption spectrometry.

Ueda and Yamazaki [293] describe a method for the determination of copper in freshwaters in which the copper is coprecipitated with hafnium tetrahydroxide ($Hf(OH)_4$), prior to determination by electrothermal atomic absorption spectrophotometry. The calibration curve was linear in the range of 4–400 μg of copper $L^{-1}$. Many elements were examined for interferences in the determination of copper and no significant interferences were found.

Gandhi and Khopkar [294] used trythrosine B to complex copper in natural waters containing other trace metals.

#### 2.18.15.2 Electrochemical preconcentration

Prabhu *et al.* [295] studied the chemical preconcentration and determination of copper at a chemically modified carbon-paste electrode containing 2,9–dimethyl–1,10–phenanthroline.

#### 2.18.15.3 Preconcentration by coprecipitation

Copper has been preconcentrated by coprecipitation with ferric hydroxide prior to determination by X-ray fluorescence spectrometry [296].

Akatuska and Atsuya [297] preconcentrated copper in submicro amounts by coprecipitation with 8–quinalinol and direct electrothermal atomic absorption spectrometry of the precipitates.

Copper in natural waters was complexed with diethyldithiocarbamate, precipitated with ferric hydroxide, filtered, and dissolved with nitric acid, prior to determination by electrothermal atomic absorption spectrophotometry in a method described by Nishioka *et al.* [298]. The method concentrates copper 50-fold from seawater samples and enables the determination of copper at concentrations ≥2.4 μg of copper $L^{-1}$ without significant interferences.

#### 2.18.15.4 Preconcentration on ion-exchange resins

Treit *et al.* [299] also linked a cation-exchange resin preconcentration column (Dowex 50W–X8) directly to the nebuliser tube of an atomic absorption spectrometer in their method for the determination of free metal ions including copper. They used a miniaturised ion-exchange column. The metal ion is eluted from the resin as a narrow peak, the area of which is proportional to the free metal ion concentration in the initial sample solution. The spectrophotometer is thus used as an ion selective probe. Precision and accuracy were better than 1%. The method allows free metal determination in the sample and both sample volumes and measurement times are reduced.

Voutsa *et al.* [300] compared three different chelating resins, Chelex 100, Hyphan cellulose and Amberlite IRC 718 with respect to their preconcentration efficiency for traces of copper from fresh waters. Interferences by some complexing agents such as EDTA, NTA, sodium tripolyphosphate and humic acids were also investigated. The retention of copper on the three chelating resins was quantitative above pH 3. The complete elution of copper from Chelex 100 and Hyphan resins was only achieved by a mixture of nitric and hydrochloric acids. None of the eluting solutions tested completely eluted copper from Amberlite. Chelex 100 and Hyphan were used further for preconcentrating copper from river and lake water samples. Chelex 100 was less susceptible to interference from EDTA and NTA than the Hyphan exchange resin.

Sweileh *et al.* [274] studied the specificity of an ion-exchange atomic absorption spectrophotometric method for the copper(II) species in natural waters. The method would be particularly useful for determination of divalent copper in natural waters where the copper was often present in low concentrations, where cationic and neutral copper complexes were likely to be absent and where humates and fulvates were the principal complexing agents.

#### 2.18.15.5 Preconcentration by evaporation

Although an obvious method for preconcentrating water samples prior to analysis, this technique has several disadvantages, namely the risk of sample contamination and the lengthy nature of the evaporative process. Nevertheless, some work has been carried out on the application of evaporative methods [301–304] to the determination of trace elements [303] including copper [304].

The preconcentration of copper is also discussed under multication analysis in sections 2.76.26.1–9, 2.76.26.11 and 2.76.26.12.

## 2.19 Curium

### 2.19.1 Spectrofluorometric method

The application of this technique to the determination of curium is discussed under multication analysis in section 2.76.2.2.

### 2.19.2 Stripping voltammetry

The application of this technique to the determination of curium is discussed under multication analysis in section 2.76.13.3.

## 20.20 Dysprosium

### 2.20.1 Spectrofluorometric method

The application of this technique to the determination of dysprosium is discussed under multication analysis in section 2.76.2.2.

### 2.20.2 Inductively coupled plasma mass spectrometry

The application of this technique to the determination of dysprosium is discussed under multication analysis in section 2.76.10.2.

### 2.20.3 Ion-exchange chromatography

The application of this technique to the determination of dysprosium is discussed under multication analysis in section 2.76.20.1.

### 2.20.4 Ion chromatography

The application of this technique to the determination of dysprosium is discussed under multication analysis in section 2.76.21.4.

### 2.20.5 Preconcentration

The preconcentration of dysprosium is discussed under multication analysis in section 2.76.26.3.

## 2.21 Erbium

### *2.21.1 Inductively coupled plasma mass spectrometry*

The application of this technique to the determination of erbium is discussed under multication analysis in section 2.76.10.2.

### *2.21.2 Ion-exchange chromatography*

The application of this technique to the determination of erbium is discussed under multication analysis in section 2.76.20.1.

### *2.21.3 Ion chromatography*

The application of this technique to the determination of erbium is discussed under multication analysis in section 2.76.21.4.

### *2.21.4 Preconcentration*

The preconcentration of erbium is discussed under multication analysis in section 2.76.26.3.

## 2.22 Europium

### *2.22.1 Inductively coupled plasma mass spectrometry*

The application of this technique to the determination of europium is discussed under multication analysis in section 2.76.10.2.

### *2.22.2 Neutron activation analysis*

The application of this technique to the determination of europium is discussed under multication analysis in sections 2.76.15.1 and 2.76.15.3.

### *2.22.3 Ion-exchange chromatography*

The application of this technique to the determination of europium is discussed under multication analysis in section 2.76.20.1.

### *2.22.4 Ion chromatography*

The application of this technique to the determination of europium is discussed under multication analysis in section 2.76.21.4.

### 2.22.5 *Preconcentration*

The preconcentration of europium is discussed under multication analysis in sections 2.76.26.3 and 2.76.26.9.

## 2.23 Gadolinium

### 2.23.1 *Inductively coupled plasma mass spectrometry*

The application of this technique to the determination of gadolinium is discussed under multication analysis in section 2.76.10.2.

### 2.23.2 *Ion-exchange chromatography*

The application of this technique to the determination of gadolinium is discussed under multication analysis in section 2.76.20.1.

### 2.23.3 *Ion chromatography*

The application of this technique to the determination of gadolinium is discussed under multication analysis in section 2.76.21.4.

### 2.23.4 *Preconcentration*

The preconcentration of gadolinium is discussed under multication analysis in section 2.76.26.3.

## 2.24 Gallium and indium

### 2.24.1 *Spectrofluorometric method*

Tenteno *et al.* [305] have described a fluorescence spectroscopic method for the determination of down to 10 ppb of aluminium and gallium in natural waters.

### 2.24.2 *Neutron activation analysis*

Ya and Wai [306] have described a two-step procedure involving solvent extraction as the dithiocarbamate and neutron activation analysis for the determination of down to $10^{-3}$ μg $L^{-1}$ gallium in natural waters.

Indium and gallium have been determined [307] in natural waters by a two stage procedure involving chloroform extraction of the diethyldithiocarbamates and neutron activation analysis. The detection limit is 100 μg $L^{-1}$ for each element.

### 2.24.3 Preconcentration

Gallium has been preconcentrated by coprecipitation with ferric hydroxide prior to its determination by scintillation spectrometry [1198]. It has also been preconcentrated by conversion to its diethyidithiocarbamate, followed by solvent extraction and analysis of the extract by neutron activation analysis [308]. The latter method is capable of determinating down to 1 µg $L^{-1}$ gallium in natural water.

Trace levels of gallium have been determined in natural waters by linear-sweep voltammetry after adsorptive preconcentration of the Ga–Solochrome Violet RS chelate in a method described by Wang and Zadell [547]. The chelate was adsorbed on a hanging mercury drop electrode for a 2 min preconcentration time. The detection limit was 0.08 µg $L^{-1}$ of gallium.

The preconcentration of gallium is also discussed under multication analysis in sections 2.76.26.3, 2.76.26.5 and 2.76.26.6.

## 2.25 Germanium

The earliest methods for the determination of germanium in natural waters involved the concentration of germanium from large water samples by coprecipitation and extraction procedures and its spectrophotometric measurement as the phenylfluorone complex [309, 310]. At the concentrations typical of natural waters, these methods are working close to their limits of detection and require time-consuming enrichment steps.

Due to its tendency to form very stable oxide species, germanium shows relatively poor sensitivity in flame atomic absorption methods [311]. The high temperatures and relatively long residence times available in graphite tube atomisers made significant improvement in sensitivity possible: Johnson *et al.* [311] report an absolute limit of detection of 0.3 ng of germanium obtained with a graphite tube atomiser of their own construction. The restriction to sample volumes in the microlitre range, however, results in concentration limits of detection of about 15 µg $L^{-1}$, several orders of magnitude above those characteristic of natural waters.

The reduction of germanium in solution to the volatile germane ($GeH_4$, bp –88.5°C) by sodium borohydride and the subsequent detection of the gaseous germane by atomic absorption was first used by Pollock and West [312], who achieved a relatively high limit of detection (about 0.5 µg germanium) by injecting the gas into a standard atomic absorption flame. Similar limits of detection are achieved with externally heated silica tube atomising furnaces [313]. Braman and Tompkins [314] combined the borohydride techniques with a dc discharge atomic emission detector and achieved a detection limit of 0.4 ng of germanium.

Two organogermanium species, monomethylgermanium and dimethylgermanium have been identified in natural waters by methods based on the hydride generation technique [315, 316], and it should be noted that monomethylgermanium is the major germanium species in seawater. However, information on organogermanium species in the environment is still limited because of the very low concentrations of the element.

Although the hydride generation technique has improved the detection limit of germanium in various atomic spectrometric methods, the absolute detection limits so far reported are still at ng to sub-ng levels and, few studies have been done for methylated germanium species. Typically, detection limits of 75–150 pg of germanium have been achieved for inorganic germanium, monomethyl-germanium, dimethyl-germanium, and trimethyl-germanium by hydride generation-graphite furnace atomic absorption spectrometry.

Inductively coupled argon plasma mass spectrometry is a highly sensitive and increasingly used technique for elemental analysis and has been applied to the determination of germanium in natural waters [317].

### 2.25.1 Graphite furnace atomic absorption spectrometry

Zheng and Zhang [318] have investigated factors influencing the atomisation of germanium in graphite furnace atomic absorption spectrometry. The presence of oxidising agents or alkalis and modification of the graphite surface all have an effect. It was shown that reduction of germanium(IV) to germanium(II) can be suppressed by the addition of perchloric acid or nitric acid or by using tungsten in the furnace or a zirconium coated graphite tube.

### 2.25.2 Hydride generation atomic absorption spectrometry

Andreae and Froelich [319] applied this technique to the determination of down to 140 pg (0.56 $\mu g\ L^{-1}$ for a 250 ml sample) of germanium in natural waters.

Germanium is determined in aqueous matrix at the part-per-trillion level by a combination of hydride generation, graphite furnace atomisation, and atomic absorption detection. The germanium is reduced by sodium borohydride to germane ($GeH_4$), stripped from solution by a helium gas stream, and collected in a liquid–nitrogen-cooled trap. It is released by rapid heating of the trap and enters a modified graphite furnace which is synchronised to reach the analysis temperature of 2600°C before arrival of the germane peak. The atomic absorption peak is recorded and electronically integrated. The dynamic range of the method spans three orders of magnitude. The precision of the determination is 8% when peak absorbance is used, by peak integration in the nanogram range, the precision is 4%.

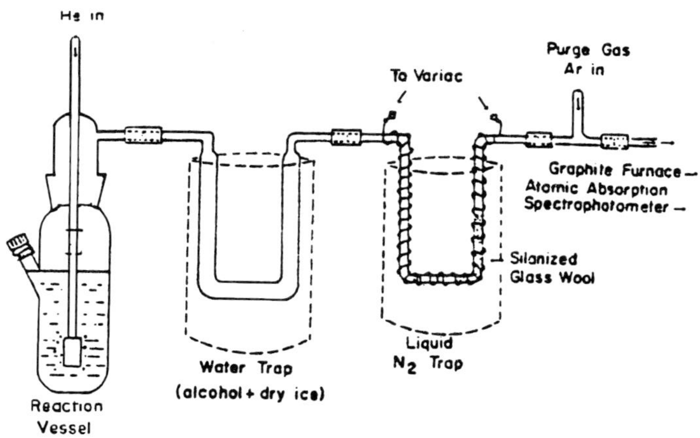


*Fig. 2.5* Apparatus for the generation and collection of germane
Source: Reproduced by permission from American Chemical Society

The apparatus used for the determination of germanium is illustrated in Fig. 2.5. 4.1 ng $L^{-1}$ of germanium were found in an American river water by this method. High concentrations of many metals are known to cause negative interferences in hydride generation systems. In most natural waters the concentrations of these elements are many orders of magnitude below these causing interference. Nevertheless, it is recommended that recovery checks are conducted, especially when a new type of water is being analysed.

### 2.25.3 Hydride generation inductively coupled plasma mass spectrometry

Jin *et al.* [320] have applied hydride generation inductively coupled plasma mass spectrometry to the determination of down to 0.08 pg of inorganic germanium in natural waters. In this method inorganic and methylated germanium species were determined at sub parts per trillion levels by a combination of hydride generation and inductively coupled argon plasma mass spectrometry. The germanium species in solution were reduced to the corresponding hydrides by sodium tetrahydroborate, transferred with a helium gas stream, and trapped in a liquid nitrogen cooled U-trap. The hydrides were evaporated and introduced into the ICP torch, and the ion count at m/z = 74 was monitored. The reduction efficiencies for methylated germanium species in a malic acid matrix were more than 97%. The absolute detection limits were 0.08 pg of germanium for inorganic germanium, 0.1 pg of germanium for monomethyl-germanium and dimethyl-germanium, and 0.09 pg of germanium for trimethyl-germanium. The dynamic ranges of the detection span four orders of magnitude. The proposed method was applied to natural waters and wastewaters, and germanium, monomethyl-germanium and dimethyl-germanium were detected in all of the samples studied.

The application of atomic absorption spectrometry to the determination of germanium is also discussed under multication analysis in section 2.76.4.2.

### 2.25.4 Miscellaneous

Many σ-bonded organometallic compounds are stable in aqueous solution and involve two types of bonds between the central metal atom and the ligands. The first is the metal–carbon (M–C) bond, which is relatively non-polar and kinetically inert. The second is the more polar and labile M–X bond, of which X is a donor atom such as oxygen, nitrogen, or the halides [321–323].

Studies have been carried out of the aqueous solution chemistry of organogeranium compounds that include highly inert Ge–C bonds. Halide complex formation of methylated and inorganic germanium have been investigated, and separation of the germanium compounds by liquid–liquid extraction of the halide complexes developed [324,325]. Germanium compounds dissolve in water mainly as the nonionic, tetrahedral hydroxide ($(CH_3)_nGe(OH)_{4-n}$; n = 0, 1, 2, and 3) [324–328]. In hydrochloric, hydrobromic, and hydriodic acids, halide complexes ($(CH_3)_nGeX_{4-n}$; $X^-$ = $Cl^-$, $Br^-$ and $I^-$) are formed and extracted into carbon tetrachloride. As the number of methyl groups increases, the stability constant of the halide complexes increases, and the germanium species are extracted in a lower concentration range of hydrohalogenic acid. This is attributable to the inductive effect of the methyl group, which weakens the Lewis acidity of the germanium atom and reduces the stability of the hydroxide complexes.

Sazaki *et al.* [329] have studied liquid–liquid extraction of methylated and inorganic germanium ($(CH_3)_nGe(OH)_{4-n}$; n = 0, 1, 2 and 3) in aqueous solution (pH 1–12) with organic ligands to develop a separation method for germanium compounds. Ligands containing a negatively charged oxygen donor were proved to be the most powerful extractants for germanium compounds. Using benzoic acid, trimethylgermanium is extracted into carbon tetrachloride, while monomethylgermanium, dimethylgermanium and inorganic germanium are not extracted into the organic phase. The extracted species is trimethylgermanium–benzoic acid, of which the benzoate ion is monodentate. Catechol and mandelic acid produce monoanionic complexes of germanium and monomethylgermanium ($[(CH_3)_nGe–(OH)_{1-n}L_2]^-$; n = 0 and 1), of which the coordination number about the central germanium atom is five or six. These compounds are extracted into the nitrobenzene phase accompanied by tetrabutylammonium as a counter cation. Dimethyl-germanium and trimethylgermanium are not extracted as the catecholate and mandelate complexes, because they have low affinity for higher co-ordinated states. This study demonstrates for the first time that germanium compounds can be separated on the basis of their stereochemistry in solution.

### 2.25.5 Preconcentration

The preconcentration of germanium is discussed under multication analysis in sections 2.76.26.4 and 2.76.26.10.

## 2.26 Gold

### 2.26.1 Atomic absorption spectrometry

McHugh [330] has described a method for the determination of gold in natural water which involves evaporation of the sample, placing it in a solution of hydrobromic acid–bromine; extraction with methyl-isobutyl-keton; and determination by electrothermal atomisation in an atomic absorption spectrometer. The limit of detection was 0.001 μg gold in $L^{-1}$. Good results were obtained in studies conducted to assess precision, recovery and interference.

The value of this method is that it is precise, effective, and free of interferences. The relative standard deviation of 15.9–18.3% is well within the limits of precision for the nanogram range. The method recovers gold at an average of 93%. Interference effects are eliminated with solvent extraction and background correction techniques. Water samples collected from 41 sites throughout the Western United States and Alaska show a gold concentration range of 0.001–0.046 μg gold $L^{-1}$ with an average of 0.005 μg $L^{-1}$.

The determination of gold is also discussed under multication analysis in section 2.76.4.5.

### 2.26.2 Inductively coupled plasma mass spectrometry

Faulkner and Edmond [331] determined gold at the femto molar level ($10^{-15}$ M $L^{-1}$) in national waters by flow injection inductively coupled plasma quadruple mass spectrometry. The technique involves preconcentration by anion exchange of gold as a cyanide complex $[Au(CN)_2]^{1-}$ using 195 gold Radiotracer with a half life of 183 days to monitor recoveries. Samples are then introduced by flow inspection into an inductively coupled plasma quadruple mass spectrometer for analysis. The method has a relative precision of 15% at the 100 fM level.

### 2.26.3 Direct potentiometry

Ol'khovich [332] has described a direct potentiometric method for the determination of the concentration of gold(III) in natural water. Two identical platinum electrodes, one immersed in a reference electrolyte and the other in a solution containing the reference electrolyte and gold connected by an electrolytic bridge of sodium nitrate or potassium chloride were used. The potential difference between the electrodes was measured after evaporation of an aliquot with aqua-regia and hydrochloric acid (twice) and leaching with sodium chloride. The difference from a calibration graph provided a measure of gold concentration with detection limits of 0.4 mg $L^{-1}$. Data obtained by this method agreed with those obtained by atomic absorption.

### 2.26.4 Neutron activation analysis

Asamov *et al.* [333] have described a two-step procedure involving anion-exchange chromatography and neutron activation analysis for the determination of total gold in natural water. The determination of gold is also discussed under multication analysis in section 2.76.15.1.

### 2.26.5 Ion chromatography

The application of this technique to the determination of gold is discussed under multication analysis in section 2.76.21.4.

### 2.26.6 Preconcentration

#### 2.26.6.1 Preconcentration by chelation–solvent extraction

Hahn and Ikramuddin [334] evaporated the water sample digested with aqua-regia and extracted into methyl isobutyl ketone. The gold levels were measured using electrothermal atomic absorption and results compared to those obtained by evaporation and electrothermal atomisation and by solvent extraction from a hydrobromic-bromine–methyl isobutyl ketone solution. Values for the described method and the hydrobromic–bromine methyl isobutyl ketone method were within 5% of each other.

Byr'ko *et al.* [335] coprecipitated gold and several other elements from natural waters with lead–hexamethylenedithiocarbamate prior to determination by neutron activation. Neither detection limit nor precision are reported.

#### 2.26.6.2 Preconcentration on activated charcoal

Hall *et al.* [336] have described a preconcentration procedure for gold based on adsorption on activated charcoal. Graphite furnace atomic absorption spectrometry is used as the analytical finish.

#### 2.26.6.3 Preconcentration by coprecipitation

Gold–193 has been preconcentrated with lead sulphide prior to its determination by X-ray spectrometry [337]. Coprecipitation with tellurium has also been used to preconcentrate gold [338].

The preconcentration of gold is also discussed under multication analysis in sections 2.76.26.1 and 2.76.26.5.

## 2.27 Hafnium

### *2.27.1 Inductively coupled plasma atomic emission spectrometry*

The application of this technique is discussed under multication analysis in section 2.76.8.2.

## 2.28 Holmium

### *2.28.1 Inductively coupled plasma mass spectrometry*

The application of this technique to the determination of holmium is discussed under multication analysis in section 2.76.20.1.

### *2.28.2 Ion-exchange chromatography*

The application of this technique to the determination of holmium is discussed under multication analysis in section 2.76.21.4.

### *2.28.3 Ion chromatography*

The application of this technique to the determination of holmium is discussed under multication analysis in section 2.76.21.4.

### 2.28.4 Preconcentration

The preconcentration of holmium is discussed under multication analysis in section 2.76.26.3.

## 2.29 Indium

### 2.29.1 Spectrofluorometric method

Fluorescence of the indium complex of 4, 4′-oxalyl-bis(hydrazonomethyl) diresorcinol has been described in a method by Pastor *et al.* [339]. The complex was excited at 415 nm and detected at 475 nm. The detection limit was 2.6 μg of indium $L^{-1}$.

Stanescu and Spiridon [340] applied neutron activation analysis to the determination of indium in natural waters.

### 2.29.2 Stripping voltammetry

The application of this technique to the determination of indium is discussed under multication analysis in section 2.76.12.1.

### 2.29.3 Emission spectrometry

The application of this technique to the determination of indium is discussed under multication analysis in section 2.76.13.6.

### 2.29.4 Preconcentration

Ueda and Misui [341] coprecipitated indium(III) in natural waters with hafnium tetrahydroxide ($Hf(OH)_4$) prior to determination by electrothermal atomic absorption spectrophotometry. The calibration curve is linear for indium in the range of 8–160 μg $L^{-1}$ and the detection limit was 0.5 μg $L^{-1}$.

The preconcentration of indium is also discussed under multication analysis in sections 2.76.26.3–6.

## 2.30 Iron

### 2.30.1 Spectrophotometric methods

Abe *et al.* [342] describe a procedure for the simultaneous determination of divalent and trivalent iron in iron-rich ground waters by a kinetic spectrophotometric method that requires no prior measurement of rate constants. It is based on aerial oxidation of divalent iron in the presence of tiron (sodium, 1,2-dihydroxybenzene-3,5-disulphonate) and acetate buffer; the trivalent iron formed is subsequently complexed with tiron, and the absorbance/time relation is evaluated. The initial concentrations of divalent and trivalent iron can then be calculated.

Macalady *et al.* [343] have shown that under certain conditions (low pH value and presence of trivalent iron) there is a small positive interference in the determination of ferrous iron by the bathophenanthroline spectrophotometric method; this is attributed to the formation of a coloured complex in the presence of Fe $OH^{2+}$. These workers suggest that this observation casts doubt on reports by other investigators that measurable amounts of ferrous iron exist in the oxygenated surface layers of lake water. Of the N-sulphoalkyl derivatives of 2-(2-thiazolylazo-5-amino phenol) [344], 2-(-4-methyl-2-thiazolylazo)-5-(N-sulphopropyl) amino phenol showed high selectivity with the iron(II) complex having a characteristic absorption maximum at 745 nm mg $L^{-1}$. The recommended procedure for the determination of less than 1.6 mg $L^{-1}$ of iron involved the sequential addition of ascorbic acid (0.1%) and the chromogen (0.1%) and acetate buffer (1.0 M) solutions to an optimal pH of 5.5. Calibration graphs were used to convert absorbance measurements (745 nm) to iron(II) concentrations. The method was relatively interference free.

The method is sensitive enough for direct application to most waters. Limits of detection for each component vary with concentration of the other, but 0.01 mg $L^{-1}$ for humic acid and 0.04 μM for iron can be achieved. For river waters, determinations based on independent calibration curves for each component gave results 6–40% higher for iron, and 6–29% higher for humic acid, than results obtained by the above method.

Gibbs [345] described a simple method for the rapid determination of ferrous iron in natural waters. This method relies on the formation of a magenta coloured chromogen with ferrozine. It is capable of analysing samples with an iron content of 5 mg $L^{-1}$ to 3 μg $L^{-1}$ with high precision. Reduction of ferric iron, which does not react with ferrozine, to ferrous iron with hydroxylamine hydrochloride enables a distinction to be made between ferrous and ferric iron.

Copper, cobalt and nickel and cyanide and nitrite interfere in concentrations over 500 μg $L^{-1}$. The latter two compounds rarely exist in natural waters in more than trace amounts and all were eliminated by acidification. Where eutrophic lakes stratify in mid summer, the anoxic bottom water can contain high concentrations of dissolved hydrogen sulphide giving positive interference. This was found to be a major interfering agent in the analysis using ferrozine. Hydrogen sulphide can be removed by acidifying the solution with hydrochloric acid and bubbling nitrogen gas through it; standing the acidified sample overnight also eliminates this interference.

The method employing the ferrozine chromogen [346] has been modified to allow for the presence of humic acid in the samples and could in fact be used to determine both iron and humic acid. This method was applied to river and stream samples. Two absorbance measurements are required, one on an untreated sample aliquot, and the other on an aliquot treated to enhance iron.

Pakalns and Farrar [347] investigated the effect of surfactants on the determination of soluble iron in natural waters. Cationic, anionic and non-ionic detergents, also sodium tripolyphosphates, pyrophosphates and nitriloacetic acid were included in the study. The chromogenic reagents investigated were 1:10 phenanthroline [348], tripyridine [348] and biquinoline [11].

The tripyridyl method is superior to the other two methods for the determination of iron in the presence of up to 1000 mg $L^{-1}$ of various surfactants but not for up to 100 mg $L^{-1}$ of non-ionic detergents. The phenanthroline method can be used to determine iron in the presence of up to 1000 mg $L^{-1}$ of cationic, anionic and non-anionic detergents, but sodium tripolyphosphate interfered above 2 mg $L^{-1}$. The biquinoline method can be used for the determination of iron in the presence of up to 1000 mg $L^{-1}$ of cationic, 100 mg $L^{-1}$ of anionic and 70 mg $L^{-1}$ of non-ionic detergents, and 50 mg $L^{-1}$ of sodium tripolyphosphate.

Iron available for uptake by phytoplankton is usually assumed to be present as soluble ionic or complexed iron, which is separated from particulate forms by filtration. Experiments have been carried out by Box [349] to study the effect of different reaction conditions on the spectrophotometric determination of iron, using a number of compounds capable of complexing divalent iron. It was found that there were changes in the absorbance of the iron complex in the presence of acetate buffer both with and without a reducing agent, and the apparent concentration of ferrous iron increased with time. However, acidification of the sample with dilute hydrochloric acid for at least 1 h before addition of the reducing agent and the complexing agent resulted in a stable iron concentration (the acid extractable fraction of the total filterable iron). Box [349] discusses results obtained with this method for two lakes in the Lake District, England.

Nigo *et al.* [350] have described a method for determining iron(II) and iron(III) in natural waters based on ion-exchanger colorimetry using 1,10-phenanthroline as colour reagent for the former, and citrate as the masking reagent for the latter. Total iron is determined after the reduction of iron(III) to iron(II) with hydroxylamine. Most common foreign ions at 100 times the concentration of iron did not interfere, although copper, cobalt and zinc did interfere. The method was applied to the determination of iron in hot spring water from Ijiri Spar (Fukuoka, Japan).

The two forms of iron could be determined at $L^{-1}$ levels by this method.

Detection limits obtained ranged from 6 μ$L^{-1}$ using a 200 ml sample to 0.9 μg $L^{-1}$ using a 1 L sample. Table 2.7 summarises the effect of foreign ions on the determination of iron.

*Table 2.7* Effect of foreign ions on the determination of iron†

| Ion | Concentration mg $L^{-1}$ | $A_{RC}$ | Relative error, % |
|---|---|---|---|
| $Fe^{2+}$ | 0.1 | 0.299 | – |
| | | 0.338* | – |
| $K^{+}$ | 100 | 0.295 | –1 |
| $Mg^{2+}$ | 100 | 0.291 | –3 |
| $Ca^{2+}$ | 100 | 0.287 | –4 |
| $Mn^{2+}$ | 100 | 0.285 | –5 |
| $Co^{2+}$ | 10 | 0.285 | –5 |
| | 100 | 0.034 | –89 |
| $Ni^{2+}$ | 10 | 0.307 | +3 |
| | 100 | 0.242 | –19 |
| $Cu^{2+}$ | 0.01 | 0.339* | +0.3 |
| | 0.05 | 0.100* | –67 |
| $Zn^{2+}$ | 10 | 0.327 | +9 |
| | 100 | 0.096 | –68 |
| $NO_3^-$ | 100 | 0.290 | –3 |
| $ClO_4^-$ | 100 | 0.287 | –4 |
| $PO_4^{3-}$ | 100 | 0.291 | –3 |

*Temperature and amount of resin are different from the others
†Sample solution 200 ml, 0.2 ppm Fe(III); resin Dowex 50W–X2–$H^+$ (100–200 mesh) 0.50 g; data obtained with the recording spectrometer

Source: Reproduced by permission from Elsevier Science Ltd., UK

Kanada and Takano [351] determined total iron in natural waters by a spectrophotometric method using oxalic acid, sodium bathophenanthroline disulphonate, and L-ascorbic acid. Interferences by copper and calcium are reduced by the addition of EDTA. The calibration curve is linear in the range of 0.05–1.00 mg $L^{-1}$ and the relative standard deviation is 3.5%.

Themelis and Vasilikiotis [352] developed a kinetic catalytic method for the determination of iron in natural waters based on the oxidation of chromotropic acid by hydrogen peroxide. The change in absorbance is measured at 440 nm and the method was applied to iron in waters in the range of 11–168 μg $L^{-1}$.

Grigor'eve *et al.* [353] determined iron(II) by the oxidation of indigo-carmine with hydrogen peroxide. The reaction rate was monitored by the decrease in absorbance at 540–640 nm and is applied to the analysis of iron(II) in natural waters in the range of 1–100 μg $L^{-1}$.

Other reagents that have been recently used for the determination of ferrous and ferric iron are tabulated in Table 2.8.

*Table 2.8* Spectrophotometric methods for the determination of iron in natural water

| *Chromogenic reagent* | *Form of iron* | *Absorption maximum (nm)* | *Detection limit* | *Ref.* |
|---|---|---|---|---|
| Stilbexon (4,4'-bis[bis(carboxy-methyl)amino] | Fe(II) | – | – | |
| stilbene-2,2'-disulphuric acid | | – | 0.1 mg $L^{-1}$ | [354] |
| 1:10 phenan throline | Fe(II) | – | 0.2 mg $L^{-1}$ | [355, 356] |
| 2,2'-bipyridyl | Fe(II) | 515–518 | – | [357] |
| pyrogallol red and zephiramine | Fe(II) | – | – | [356] |
| 2,4,6-tripyridyl 1,3,5-triazine | Fe(II) | 595 | – | [358] |
| Ferric thiocyante | Fe(III) | – | 2 mg $L^{-1}$ | [359] |
| *N*,*N*-dimethyl-*p*-phenylene diamine/hydrogen peroxide | Fe(III) | | – | [360] |

Source: Own files

### 2.30.2 Spectrofluorometric methods

Zhou *et al.* [361] also used fluorescence quenching of salicylfluorone-cetyltrimethylammonium bromide by iron. There is a linear relation between the decrease of fluorescence intensity and the concentration of iron from 0–200 μg $L^{-1}$ in natural waters.

### 2.30.3 Flow injection analysis

Two groups of workers have investigated the application of this technique to the determination of iron [362,363]. Burguerra and Burguerra [362] used flow injection analysis followed by atomic absorption spectrometry for the determination of iron(II) and total iron. They give details of equipment for the determination of divalent iron by measuring the absorbance of its complex with 1,10–phenanthroline at 510 nm, followed by determination of total iron by atomic absorption spectrometry at 248.3 nm. Linear calibration ranges were 0.1–35 and 0.1–10 mg $L^{-1}$ for iron(II) and total iron respectively.

Mortatti *et al.* [363] give details of a procedure for the determination of total iron in natural waters by flow injection analysis, using 1,10-phenanthroline and spectrophotometric measurement at 512 nm.

The effect of various factors on the procedure was investigated. The method is suitable for analysis of a large number of samples at a high sample rate (180 h $^{-1}$) and gives results similar to those obtained by atomic absorption spectrometry.

Flow injection analysis using 2-nitroso-5-(*N*-propyl-*N*-sulphopropylamino)phenol for the determination of iron in natural waters is reported by Ohno and Sakai [364]. The method has a recovery of 100 ± 1% and does not have significant interference from other transition-metal ions. Iron is determined by spectrophotometry at 753 nm in the 4–100 µg L $^{-1}$ range of concentration.

Workers at Tecator Ltd. have described a series of flow injection methods utilising various chromogenic reagents for the determination of iron in natural waters.

Ferric 2,4,6 tripyridyl 1,3,5.
Triazine, 50–100 µg L $^{-1}$ [365,366].
2,4,6 tripyridyl, 1,3.5 triazine 5–10 mg L $^{-1}$ [367]. (Iron(III) reduced to iron(II) by hydroxylamine).
(3–12 pyridyl)–5,6, diphenyl 1,2,4 triazine, 0.025–0.9 mg L $^{-1}$ [368].
1,10 phenanthroline (iron(III) reduced to iron(II) with ascorbic acid) [369].

### 2.30.4 Atomic absorption spectrometry

The application of this technique to the determination of iron is discussed under multication analysis in sections 2.76.4.1, 2.76.4.3 and 2.76.4.6.

### 2.30.5 Inductively coupled plasma atomic emission spectrometry

The application of this technique to the determination of iron is discussed under multication analysis in sections 2.76.8.2, 2.76.8.4 and 2.76.8.6.

### 2.30.6 Polarography

The application of this technique to the determination of iron is discussed under multication analysis in sections 2.76.11.1 and 2.76.11.3.

### 2.30.7 Stripping voltammetry

The application of this technique to the determination of iron is discussed under multication analysis in section 2.76.12.1.

### 2.30.8 Electrophoresis

To determine down to 5 nM of iron in natural waters Xu and Ma [370] convected iron to its iron(II)–1,10 phenanthroline complex then determined the element by capillary electrophoresis.

### 2.30.9 DC current plasma spectrometry

This technique has been used to determine iron and phosphorus in river water samples [371]. The atomic emission of iron and phosphorus was determined with direct current plasma (DCP) as the excitation source, at 373.4 and 213.6 nm respectively. The use of controlled acification times, and filtration, allowed estimates of the particle bound and soluble fractions of these elements to be made. The magnitudes of these fractions were dependent on particle size, the position of the sampling site in the water column and the nature of the bottom sediment. Settling effects, arising from adsorption, agglomeration and settling, which had deleterious effects on analytical precision, were minimised by acification and/or filtration.

### 2.30.10 Neutron activation analysis

The application of this technique to the determination of iron is discussed under multication analysis in sections 2.76.15.1 and 2.76.15.2.

### 2.30.11 X-ray fluorescence spectroscopy

The application of this technique to the determination of iron is discussed under multication analysis in section 2.76.17.1.

### 2.30.12 Prompt $\gamma$-neutron activation analysis

The application of this technique to the determination of iron is discussed under multication analysis in section 2.76.16.1.

### 2.30.13 High performance liquid chromatography

Iron has been determined in natural waters in amounts down to 10 ppb by high performance liquid chromatography [372].

The application of this technique to the determination of iron is discussed under multication analysis in sections 2.76.19.2, 2.76.19.5 and 2.76.19.6.

### 2.30.14 Ion chromatography

Iron chromatography on a cation-exchange resin has been used to separate ferrous and ferric iron in spring water prior to spectrophotometric determination at 530 μm as their bathophenanthroline disulphonic acid complexes.

The application of this technique to the determination of iron is discussed under multication analysis in section 2.76.21.4.

### 2.30.15 Miscellaneous

Resonance ionisation isotope dilution mass spectrometry has been used [373] to determine iron in natural water. Iron was thermally vaporised from a filament at 1250 K and a one-wavelength two-photon ionisation scheme used, employing ultraviolet at 286.6 nm. The linearity of the detection scheme was verified by the iron–57:iron–56 ratios in a set of gravimetrically prepared isotopic calibration mixes. Precision and accuracy obtained were between 2 and 3%.

Thorburn-Burns *et al.* [374] have described a method of electron spin resonance spectrometric titration of iron(II) in natural water with chromium(VI). Iron(II) was determined with chromium(VI) by monitoring the formation of chromium(III) in a fixed magnetic field. Electron spin resonance spectroscopy has been used [375] to determine total iron and zinc in natural water. Down to 10 ng of metal could be determined by this procedure.

Fluorescence quenching was used by Askeland and Skogerboe [376] for the determination of iron in natural waters. A natural pigment isolated from Pseudomonas fluorescens reacts with iron(II) and iron(III) and quenches the fluorescence of the pigment. A buffer solution is used to mask interferences by common constituents in water. A very low detection limit of 0.3 μg $L^{-1}$ can be attained with this method.

Yang and Tong [377] applied the effect of iron(II) in natural waters upon the rate of reaction between thallium(III) and hydrogen peroxide. The rate of reaction is linearly proportional to iron(II) in natural waters in only a short range of concentration but is insensitive to a wide variety of interfering ions.

A bioluminescence technique has been used to determine bioavailable iron(III) in amounts down to 10 μg $L^{-1}$ in natural waters [378].

Ito *et al.* [379] applied laser-induced breakdown spectroscopy to the determination of low mg $L^{-1}$ levels of colloidal iron in natural waters.

Kuselman and Low [380] have developed a field chemical sensor for the determination of iron(II) in natural waters. The sensor was made by doping a sol–gel silica powder with o-phenanthroline. As water containing iron(II) was passed through a capillary filled with this material, complexation of iron(II) with o-phenanthroline resulted in a visible colour change.

### 2.30.16 Preconcentration

#### 2.30.16.1 Preconcentration on ion-exchange resin

Iron has been preconcentrated on an anion-exchange resin prior to its determination in natural water at the 1 μg level by spectrophotometry [381].

Ferric iron in natural pure waters was determined by preconcentration on a cation exchanger column, eluted with 0.7 M perchloric acid, and measured by UV absorption at 240 nm, as described by Tankaka *et al.* [382]. Linear calibration curves were obtained for 0–100 and 0–20 μg $L^{-1}$ of iron(III) using 5 mL and 25 mL samples, respectively.

#### 2.30.16.2 Preconcentration by complex formation

Saito [383] used a polyvinyl chloride membrane containing bathophenanthroline to extract iron from natural waters.

Wang and Mahmoud [384] determined iron(III) in natural waters by chelation with Solochrome Violet RS, which is subsequently adsorbed on the hanging mercury drop electrode. The reduction current of the accumulated chelate is measured by voltammetry. The limit of detection after 1 min of preconcentration is 0.04 μg $L^{-1}$ and the relative standard deviation at the $10^{-7}$ M level is 4.7%.

Salinas *et al.* [385] complexed iron in natural waters with 5,5-dimethyl-1,2,3-cyclohexanetrione and 1,2,-dioxime 3-thiosemicarbazone, followed by extraction into amyl alcohol. The complex is measured by spectrophotometry at 550 nm and has a detection limit of 15 μg $L^{-1}$.

Puri *et al.* [386] preconcentrated iron in natural waters by using 2,4,6-tri-2-pyridinyl-1,3,5-triazine tetraphenylborate on naphthalene. Iron is retained on this solid adsorbent in the pH range of 3.3–7.0 and at a flow rate of 1–8 mL/min. The solid is dissolved with dimethyl formamide. Beer's law is followed over a concentration range of 0.2–8 μg of iron per 5 mL of dimethyl formamide solution. Eight replicate determinations of a sample solution containing 5 μg of iron gave a mean absorbance of 0.43 with a relative standard deviation of 0.79%.

The preconcentration of iron is also discussed under multication analysis in sections 2.76.26.1–4, 2.76.26.6–9 and 2.76.26.12.

## 2.31 Lanthanum

### 2.31.1 Neutron activation analysis

The application of this technique to the determination of lanthanum is discussed under multication analysis in sections 2.76.15.1 and 2.76.15.2.

### 2.31.2 Preconcentration

The preconcentration of lanthanum is also discussed under multication analysis in sections 2.76.26.1 and 2.76.26.5.

## 2.32 Lead

Alkyllead compounds in the environment have more profound physiological effects than inorganic lead because they are more toxic. Establishing their concentration is of extreme importance for making a full assessment of the impact of anthropogenic lead input into the environment. Many automobile fuels still contain tetraalkyllead compounds as octane-boosting additives, but such use is diminishing. Studies of organolead compounds in the environment are still hampered by difficulties in speciating their decomposition products. The original molecules are thought to decompose via ionic alkyllead intermediates to inorganic lead (equation 1).

$$R_4Pb \rightarrow R_3Pb^{+} \rightarrow R_2Pb^{2+} \rightarrow Pb^{2+} \quad (1)$$

R = Me, Et and Me–Et combinations

However redistribution, disproportionation, and possible methylation of ionic alkyllead species may further complicate decomposition studies. The question of whether or not methylation of lead occurs in the environment is controversial, and determination of ionic methyllead compounds in experiments of inorganic lead methylation under model environmental conditions would lead to a better understanding of formation mechanisms. Production of methyllead ions in higher yields than for tetraethyl lead is probable, as in the case of tin, but most studies determined only volatile products.

Determination and speciation of ionic alkyllead species have been done by UV spectrometry, differential pulse anodic stripping voltammetry, gas chromatography with an electron capture detector, high performance liquid chromatography with atomic absorption detection, and gas chromatography with electron capture detection after hydride generation or butylation. This variety of techniques suggests a search for methods with good sensitivity, ease of operation and reliability.

None of the above methods is ideal. UV spectrometric determination after complexation with dithizone is insensitive and often requires peak resolution. Only trialkyl lead chloride compounds, and not dialkyl lead dichloride are volatile enough for direct gas chromatography with electron capture detection determination. Differential pulse anodic scanning voltammetric determinations require pure aqueous solutions without interfering ions and preferably absence of lead ions. Hydride generation techniques are limited because of alkyllead hydride molecule instability and hydrogen-alkyl exchange. High performance liquid chromatography with atomic absorption spectrometric detection can determine a number of ionic alkyllead compounds, but solvent composition, time of operation, and determination of only certain groups of compounds at a time present problems. Butylation to volatile tetraorganolead compounds followed by chromatography with atomic absorption spectrometry as lead detector has to date been promising in speciating a variety of ionic alkyllead compounds.

### 2.32.1 Spectrophotometric methods

Various workers have studied the determination of lead in natural water by atomic absorption spectrometry [387–390]. Detection limits down to 5 μg $L^{-1}$ have been achieved [387,388]. Breueggemeyer and Caruso [388] determined lead as the tetramethyl derivative in amounts down to 5 μg $L^{-1}$ with an upper working range limit of 200 μg $L^{-1}$. Sinemus [389] improved sensitivity in lead determinations by using an electron discharge lamp to utilise the more sensitive resonance frequency at 217 nm in place of the 283.3 nm line usually employed. Improved detection limits and higher signal to noise ratios are obtained.

The application of this technique to the determination of lead is discussed under multication analysis in section 2.76.2.3.

### 2.32.2 Spectrofluorometric method

Cheam *et al.* [391] used laser excited atomic fluorescence spectroscopy to study the distribution of lead in the 4–25 ppb concentration range in the Great Lakes.

### 2.32.3 Atomic absorption spectrometry

Kumar *et al.* [392] have described a matrix modification using a mixture of ammonium nitrate and diammonium hydrogen phosphate for the determination of lead in natural waters, prior to electrothermal atomic absorption spectrophotometry. The detection limit was 1 μg of lead $L^{-1}$ and the sensitivity was 0.4 μg $L^{-1}$.

Chen *et al.* [393] have described an atomic absorption spectrometric method for the determination of down to 0.2 μg $L^{-1}$ lead in natural waters.

Atomic absorption spectrometry has been used to determine lead in natural waters at the ppt level [394].

The application of atomic absorption spectrometry to the determination of lead is discussed under multication analysis in sections 2.76.4.3, 2.76.4.4, 2.76.4.6 and 2.76.5.1.

### 2.32.4 Graphite furnace atomic absorption spectrometry

Bertenshaw *et al.* [390] studied methods of reducing matrix interferences in the determination of lead in river, potable water and sewage and trade effluents by graphite furnace atomic absorption spectroscopy with electrothermal atomisation and lanthanum pretreatment.

The amounts of lanthanum and nitric acid employed were optimised such that the technique is applicable to a wide range of samples. The technique was found to be satisfactory for samples containing up to 1150 mg $L^{-1}$ of chloride, 1420 mg $L^{-1}$ of sulphate, 760 mg $L^{-1}$ of sodium and 1530 mg $L^{-1}$ total hardness (as calcium carbonate). The optimum pretreatment conditions for samples was 1% v/v nitric acid and 0.05 m/v of lanthanum (as lanthanum chloride) which completely overcome suppressive interferences in the determination of lead, and gave a furnace tube lifetime of approximately 600 firings.

Ohta and Suzuki [395] have described a method for the determination of low levels of lead in natural water by atomic absorption spectrometry which has been hampered by chloride matrix interferences. The work described use thiourea to lower the atomisation temperature of lead and to eliminate these interferences. In this way lead can be determined in any chemical form.

The absolute sensitivity of this method (1% absorption) was $1.1 \times 10^{-12}$ g lead.

In this method 100 ml of sample was mixed with 5 ml of 100 mg $mL^{-1}$ thiourea and this solution injected into a molybdenum microtube (25 mm × 1.5 mm id) atomiser and dehydrated at 100°C for 3 s, followed by ashing at 200°C for 3 s. The lead was then atomised by heating to a final temperature of 2000 C. Some typical results obtained on water samples are quoted in Table 2.9. No severe interferences were observed of 100-fold amounts of arsenic, bismuth, calcium, copper, iron, magnesium, antimony, selenium, tin and tellurium.

Vandegans *et al.* [396] studied the effect of interferences on the peak–height signal and the pyrolysis/atomisation curves on the determination of lead in natural waters by electrothermal atomic absorption spectrophotometry. Magnesium chloride has the most extensive interference and interferences are more pronounced in hydrochloric acid than in nitric acid.

The application of this technique is also discussed under multication analysis in section 2.76.5.1.

### 2.32.5 Hydride generation atomic absorption spectrometry

The application of this technique is discussed under multication analysis in section 2.76.7.1.

*Table 2.9* Determination of lead in water samples

| *Sample* | *Lead mg* L $^{-1}$ *Added* | *Found*[a] |
|---|---|---|
| Surface water 1 | – | 0.025 |
| | 0.016 | 0.041 |
| | 0.032 | 0.048 |
| Surface water 2 | – | 0.0062 |
| | 0.016 | 0.021 |
| Surface water 3 | – | 0.0030 |
| | 0.016 | 0.029 |
| Rain water | – | 0.022 |
| Sea water[b] | – | 0.70 |
| | 0.24 | 0.94 |
| | 0.40 | 1.13 |

[a] Each value is a mean of three determinations
[b] Diluted 10–fold with water for analysis

Source: Reproduced by permission from American Chemical Society

### 2.32.6 *Inductively coupled plasma atomic emission spectrometry*

The application of this technique to the determination of lead is discussed under multication analysis in section 2.76.8.1–3 and 2.76.8.6.

### 2.32.7 *Inductively coupled plasma mass spectrometry*

Wang *et al.* [397] describe a lead hydride generation system for use in total and isotopic analysis of lead in natural waters by inductively coupled plasma mass spectrometry. The limit of detection for lead was restricted to 0.01–0.05 μg L $^{-1}$ by reagent blanks, significantly higher than when 'ultra-clean' techniques are used as described by Flegal and Stukas [398]. The lead–hydride generation is interferened with by iron and copper, which was overcome by sulphosalicylic acid and sodium cyanide, dissolved in sodium tetrahydroborate(III). The authors found good agreement for the ICP–MS method and the certified value for SRM 1643a.

The application of this technique to the determination of lead is discussed under multication analysis in section 2.76.10.1.

### 2.32.8 *Ion selective electrodes*

Shpigun *et al.* [399] determined lead in natural waters by potentiometric flow-injection analysis with a lead-selective electrode. Samples can be analysed at a rate of 100 per h with a detection limit of 10 $^{-6}$ mol of lead L $^{-1}$.

Down to 5 ppb lead in natural waters has been determined using an ion selective electrode [400].

### 2.32.9 Polarography

The application of this technique to the determination of lead is discussed under multication analysis in section 2.76.11.3.

### 2.32.10 Anodic stripping voltammetry

This technique has been used to determine very low concentrations of lead in natural water [401,402]. Apte and Badke [401] have studied the estimation of lead in natural water by anodic scanning voltammetry using a graphite electrode. They showed that this method is simpler than the hanging mercury drop method. It is reproducible and sensitive, needs only 5 ml of test solution. The curve of lead estimation is linear in the range 100–600 µg $L^{-1}$. A single estimation takes 15 min, optimal pre-electrolysis time is arrived at in 4 min and the optimal equilibrium time is 1 min.

It was observed that the cadmium wave occurred at –0.78V and copper wave at –0.225 V while the lead wave was at –0.515 V. No appreciable interference by cadmium occurs when present at 100 times the concentration of lead and shows that no suppression of lead occurred up to 20 mg $L^{-1}$ addition of cadmium on 0.5 mg $L^{-1}$ lead. However, 30 mg $L^{-1}$ copper suppressed the stripping peak to 82% and 40 mg $L^{-1}$ copper addition suppressed peak to 73%.

Benes *et al.* [402] showed that anodic stripping voltammetry can be used to determine lead in river waters and moreover, to distinguish between the different complexed forms of lead. Problems may be encountered in samples containing large amounts of organic impurities. Stripping voltammetry is one of the very few methods which in principle permits differentiation between free ionic forms of metals and their complexed forms, on the basis of shifts in the deposition and peak potentials on complexation and is simultaneously sufficiently sensitive for trace analysis. Under normal experimental conditions, only hydrated metal ions and weak metal complexes are deposited and stripped within the potential range available. Therefore, by carrying out stripping determinations in untreated water samples and in the same samples after decomposing the complexes, eg by mineralisation or acidification with mineral acid, the strongly complexed fraction of the total metal content can be estimated.

Pandya [403] applied anodic stripping voltammetry to the determination of lead and cadmium in pond waters.

Ansell *et al.* [404] have described a voltammetric method employing microelectrodes for the determination of lead in natural waters.

Feingerg and Bowyer [405] have described an anodic stripping voltammetric method for determining lead in natural waters.

Ramos *et al.* [406] employed voltammetry using a mass modified carbon paste electrode to determine down to 2 μg $L^{-1}$ lead in natural waters.

Wang and Tian [407] have described a method of potentiometric stripping analysis using gold-coated screen-printed electrodes for the determination of lead in natural waters.

The application of this technique to the determination of lead is discussed under multication analysis in section 2.76.12.1.

### 2.32.11 Emission spectrometry

The application of this technique to the determination of lead is discussed under multication analysis in section 2.76.13.2.

### 2.32.12 X-ray fluorescence spectroscopy

Phillips *et al.* [408] applied total reflection energy dispersive X-ray fluorescence of sub-ppm levels of lead in natural waters.

Rapsomanikis *et al.* [409] have discussed the speciation and determination of lead and ionic dimethyl and trimethyl lead species in natural water using a combination of chromatography and atomic absorption spectrometry after ethylation with sodium tetraethyl borate. The procedure includes *in situ* ethylation by sodium tetraethylborate in water, purging and trapping of alkyllead molecules, and thermal desorption in an electrically heated quartz atomic absorption spectrometric furnace. The absolute detection limits of lead for 50 $cm^3$ are ca. 8.7 pg for trimethyl lead (0.18 pg/$cm^3$)and ca. 10.5 pg for dimethyl lead (0.21 pg/$cm^3$). Major advantages for the technique are avoidance of solvent extraction and sample transfers because ethylation to trimethyl ethyl lead and dimethyl diethyl lead takes place in a closed system. Reaction conditions and apparatus operating parameters were optimised by a Simplex algorithm.

The application of this technique to the determination of lead is discussed under multication analysis in section 2.76.17.1.

### 2.32.13 High performance liquid chromatography

The application of high performance liquid chromatography to the determination of lead is discussed in sections 2.76.19.2–4 and 2.76.19.8.

### 2.32.14 *Ion chromatography*

The application of this technique to the determination of lead is discussed under multication analysis in section 2.76.21.4.

### 2.32.15 *Miscellaneous*

Metastable transfer emission spectrometry [410] and isotope dilution techniques [411] have been used for the determination of trace amounts of lead in natural waters.

### 2.32.16 *Radionucleides*

The determination of radiolead is discussed in sections 12.1.11 and 12.1.30.

### 2.32.17 *Preconcentration*

#### 2.32.17.1 Preconcentration by chelation–solvent extraction

Allen *et al.* [412] compared methods involving solvent extraction using ammonium pyrrolidine dithiocarbamate–isobutyl methyl ketone with column chelation procedures using immobilised 8-hydroxyquinoline on a controlled glass pore support for the determination of lead and copper in sea and river water. The final determination of the preconcentrated element was accomplished by atomic absorption spectrophotometry using a flame source. Results at the μg $L^{-1}$ level for standard solutions of copper gave recoveries of better than 98% from both procedures. The determination of copper in natural waters showed higher results by the column procedure, suggesting that column extraction was more efficient than solvent extraction. The column procedure was less time consuming and less costly than solvent extraction. The determination of lead at the mg $L^{-1}$ level with copper present gave a recovery of better than 99% when employing 8-hydroxyquinoline column separation. Copper, however, was only separated to the extent of 70% from the same solution of mixed elements.

A novel method for preconcentrating lead in natural water samples involves extraction of lead(II) into chloroform as the dithiocarbamate complex then conversion to tetramethyllead with methyl lithium, and trapping on a Poropak Q column which is then eluted into a quartz furnace atomic absorption detector [388]. The working range extends from a detection limit of 5 μg $L^{-1}$ to an upper limit of 200 μg $L^{-1}$.

*Table 2.10* Determination of lead in natural water samples[a]

| *Lead added* (μg) | *Lead found* (μg) | *Relative error* (%) |
|---|---|---|
| 1.00 | 0.92 | –8.0 |
| 1.50 | 1.52 | +1.3 |
| 2.00 | 2.06 | +3.0 |
| 2.50 | 2.45 | –2.0 |
| 3.00 | 3.06 | +2.0 |
| 3.50 | 3.40 | –2.9 |
| 5.00 | 4.90 | –2.0 |

[a] Volume of sample = 200 ml

Source: Reproduced by permission from Gordon AC Breach, Amsterdam

### 2.32.17.2 Preconcentration by manganese dioxide

Manganese dioxide supported on glass fibres has been used for the preconcentration of lead from natural waters [413]. Up to 75 mg of lead are adsorbed per g of manganese dioxide.

### 2.32.17.3 Preconcentration by coprecipitation with zirconium hydroxide

Shrivastava and Tandon [414] preconcentrated lead in natural or polluted waters by coprecipitation with zirconium hydroxide. This is done by adding zirconyloxychloride to water samples that have been brought to pH 8.2–9.5 with ammonia. The precipitate is redissolved in 50% v/v nitric acid and its absorbance is measured at 283.3 mm. The relative error of the method with made up sea water samples was about 3% at the 10 μg $L^{-1}$ level. With polluted water samples the method was reliable for lead determination in the range 26–600 μg $L^{-1}$.

To check the efficiency of this method for the determination of lead in sea water, Shrivastava and Tandon [414] added spiked known amounts of lead into the natural water. The results are summarised in Table 2.10. The excellent agreement between the amount of lead added and found establishes the reliability of the method.

### 2.32.17.4 Preconcentration by electrolytic deposition

Xu *et al.* [415] have described an unusual preconcentration technique for lead, prior to electrothermal atomic absorption spectrophotometry. Lead is electrolytically deposited on mercury-film tungsten electrodes prior to direct atomisation. The recoveries are ≥87% for ≥340 ng/L $^{-1}$ levels and the detection limit was 0.8 ng L $^{-1}$.

#### 2.32.17.5 Preconcentration by liquid–liquid extraction

Agudo *et al.* [416] used liquid–liquid extraction combined with on-line monitoring to determine lead in natural waters.

Naghmush *et al.* [417] used on-line extraction of lead using modified cellulose sorbents coupled with flame atomic absorption spectrometry to determine sub μg L $^{-1}$ concentrations of lead in natural waters.

Rodriguez *et al.* [418] preconcentrated lead on a microcolumn packed with specially treated silica gel column prior to determination in amounts down to 10 μg L $^{-1}$ in natural waters.

#### 2.32.17.6 Preconcentration by flow methods

Zhang *et al.* [419] have described an on-line preconcentration of lead by a flow injection system prior to flame atomic absorption spectrophotometry. The analyte was deposited on an alumina microcolumn and subsequently eluted with nitric acid. The limit of detection was 0.36 μg L $^{-1}$ and the relative standard deviations at 40 and 4 μg L $^{-1}$ levels in natural waters were 1.4% and 12%, respectively.

Martinez-Jimenez *et al.* [420] employed a continuous precipitation and filtration flow system coupled with an atomic absorption spectrophotometer for the preconcentration and determination of lead. Lead(II) forms a precipitate with ammonia which is retained on a stainless steel filter, then redissolved with nitric acid. The method was proposed for the determination of lead in natural waters in the range of 1.2–1500 μg L $^{-1}$ and the relative standard deviation was 3.6%.

The preconcentration of lead is also discussed under multication analysis in sections 2.76.26.1–4, 2.76.26.6 and 2.76.26.8–12.

## 2.33 Lithium

### 2.33.1 Spectrophotometric method

Morgen and Vlazov [421] described an extraction–spectrophotometric procedure for the determination of lithium in natural water. The sample is evaporated to dryness and the residue extracted with acetone. The acetone extract is dried and the residue dissolved in water and lithium determined by formation of the chromophore with nitroanthranilazo in dimethylformamide medium. The detection limit of this method is about 50 μg L $^{-1}$ lithium. Numerous anions and cations do not interfere in this procedure but no information is given on what ions do interfere.

### 2.33.2 Atomic absorption spectrometry

Chen *et al.* [422] report a unique method of standard addition for the determination of lithium and other alkali-metal ions in natural waters. The authors describe an inverted Y-shaped tube for the simultaneous aspiration of sample and standard into an atomic absorption spectrophotometer.

### 2.33.3 Inductively coupled plasma atomic emission spectrometry

The application of this technique is discussed under multication analysis in section 2.76.8.2.

### 2.33.4 Inversion voltammetry

Khakhanina *et al.* [423] determined micro amounts of lithium in natural waters by inversion chromatography and flame photometry. The supporting electrolyte was 0.02M tetrabutylammonium iodide in dimethylformamide. It appeared to be possible in principle to reduce the detection limit for lithium to the 0.1 mM level in the presence of a 100–1000-fold excess of sodium and potassium.

### 2.33.5 Mass spectrometry

Chan [424] determined total lithium and lithium isotopes using thermal ionisation mass spectrometry a chemical procedure for the quantitative separation of lithium from natural waters is described. Lithium tetraborate is precipitated for analysis and the $Li_2BO^{2+}$ ion is used for the determination.

### 2.33.6 Neutron activation analysis

Yang *et al.* [425] determined lithium by neutron activation analysis.

Itoh *et al.* [426] applied neutron activation analysis to the determination of down to 3 ppm of lithium in natural waters.

Chao and Tseng [427] determined sub ppb levels of lithium in natural waters using neutron activation analysis.

### 2.33.7 Ion-exchange chromatography

The application of this technique to the determination of lithium is discussed under multication analysis in section 2.76.20.1.

### 2.33.8 *Ion chromatography*

Hoshika *et al.* [428] determined lithium in freshwaters by ion chromatography. A linear calibration curve based on peak areas was obtained for lithium in the range of 2–3000 μg $L^{-1}$. The detection limit was 1 μg $L^{-1}$ and the relative standard deviation was 4.4%.

The application of this technique to the determination of lithium is discussed under multication analysis in section 2.76.21.1. and 2.76.21.4.

## 2.34 Lutecium

### 2.34.1 *Inductively coupled plasma mass spectrometry*

The application of this technique to the determination of lutecium is discussed under multication analysis in section 2.76.10.2.

### 2.34.2 *Ion-exchange chromatography*

The application of this technique to the determination of lutecium is discussed under multication analysis in section 2.76.20.1.

### 2.34.3 *Ion chromatography*

The application of this technique to the determination of lutecium is discussed under multication analysis in section 2.76.21.4.

### 2.34.4 *Preconcentration*

The preconcentration of lutecium is discussed under multication analysis in section 2.76.26.3.

## 2.35 Magnesium

### 2.35.1 *Spectrophotometry*

Qui *et al.* [429] determined magnesium by a photometric method using the nitrophosphonazo complex of magnesium at 584 nm. Beer's law is obeyed in the range of 0–1.25 mg $L^{-1}$ of magnesium $L^{-1}$ in natural waters.

The application of this technique to the determination of magnesium is also discussed under multication analysis in section 2.76.1.2.

### 2.35.2 *Flow injection analysis*

Forteza *et al.* [430] used a flow-injection spectrophotometric technique for the determination of magnesium in natural waters. They report a sampling rate of 60 samples/h if in the range of 0.5–8 mg $L^{-1}$. The sample is injected in an nitriloacetic acid flowing solution, which suppresses most interferences, including those from calcium in a ratio of 30 Ca:1 Mg.

### 2.35.3 Atomic absorption spectrometry

The application of this technique to the determination of magnesium is discussed under multication analysis in sections 2.76.4.1 and 2.76.4.6.

### 2.35.4 Inductively coupled plasma atomic emission spectrometry

The application of this technique to the determination of magnesium is discussed under multication analysis in section 2.76.8.2.

### 2.35.5 Inductively coupled plasma mass spectrometry

The application of this technique to the determination of magnesium is discussed under multication analysis in section 2.76.10.1.

### 2.35.6 Amperometry

Downard *et al.* [431] have described an amperometric method for determining down to 6 mg $L^{-1}$ of magnesium in natural waters.

### 2.35.7 Emission spectrometry

The application of this technique to the determination of magnesium is discussed under multication analysis in sections 2.76.13.1., 2.76.13.2 and 2.76.13.6.

### 2.35.8 Neutron activation analysis

The application of this technique to the determination of magnesium is discussed under multication analysis in section 2.76.15.2.

### 2.35.9 Prompt gamma neutron activation analysis

The application of this technique to the determination of magnesium is discussed under multication analysis in section 2.76.16.1.

### 2.35.10 High performance liquid chromatography

The application of this technique to the determination of magnesium is discussed under multication analysis in section 2.76.19.7.

### 2.35.11 Ion-exchange chromatography

The application of this technique to the determination of magnesium is discussed under multication analysis in section 2.76.20.1.

### 2.35.12 Ion chromatography

The application of this technique to the determination of magnesium is discussed under multication analysis in sections 2.76.21.1, 2.76.21.3 and 2.76.21.4.

### 2.35.13 α–particle induced X-ray emission spectrometry

The application of this technique to the determination of magnesium is discussed under multication analysis in section 2.76.23.1.

### 2.35.14 Preconcentration

The preconcentration of magnesium is discussed under multication analysis in sections 2.76.26.2, 2.76.26.5, 2.76.26.7 and 2.76.26.8.

## 2.36 Manganese

### 2.36.1 Spectrophotometric methods

Various chromogenic reagents have been employed for the determination of manganese in water. These include *o*-dianisidine (absorption maximum 445 nm) [432], *o*-tolidine or 3,3′dimethylnaphthidine (440 nm) [433], alizarin red S with hydrogen peroxide [434] and leuco crystal violet (4,4′,4″-metylidyne tris-(NN–dimethyl aniline) (591 nm) [435]. The alizarin red S method [432] is capable of determining down to 0.3 μg $L^{-1}$ manganese and is relatively free from interference effects by other ions likely to be present in natural waters. The detection limit of the leuco crystal violet method [435] is claimed to be 0.1 μg of manganese(IV), and this can be improved to 0.02 μg manganese(IV) by extracting the crystal violet into 1:1 isobutylalcohol–benzene. There is negligible interference from manganese(II) in this method.

Li and Li [437] evaluated a spectrophotometric method for manganese by using Eriochrome Black T to complex manganese(II) in natural waters. Beer's law is followed for manganese in the range of 0–12 μg of manganese $L^{-1}$.

Salinas *et al.* [438] used a kinetic spectrometric method for the determination of manganese in natural waters. The manganese(II) catalyses the oxidation of salicylaldehyde guanylhydrazone by hydrogen peroxide. The calibration curve is linear in the range of 8–80 μg $L^{-1}$ with a relative error of 1%.

Kumar *et al.* [439] used a matrix modification reagent consisting of a mixture of ascorbic acid and ammonium nitrate prior to the determination of manganese in natural waters by electrothermal atomic absorption spectrophotometry. This method eliminated interferences by alkali metals, alkaline–earth metals, and iron. The detection limit for manganese by this method is 0.5 μg $L^{-1}$.

Wang *et al.* [440] has reported a kinetic spectrophotometric determination of manganese in natural waters. The method is based on the catalytic effect of manganese on the oxidation of Malachite green by potassium periodate. The method was applied to manganese concentrations in the range of 0.4–5.0 μg $L^{-1}$.

### 2.36.2 Spectrofluorometric method

Morgan *et al.* [441] carried out a kinetic determination of manganese by its attenuation of the fluorescence of the beryllium–morin complex. The sample is treated with diethanolamine and a reagent comprising beryllium sulphate and morin. After 20 min the reaction is stopped by the addition of EDTA and the fluorescence measured at 525 nm (excitation at 436 nm). Down to 5 μg $L^{-1}$ manganese can be determined by this procedure.

Other non-fluorescence kinetic methods for the determination of manganese include the use of osmium and EDTA [442] and iridium nitriloacetic acid and 1,2-diamino-cyclohexane *NNN′N′*-tetra-acetic acid [443].

Zhang *et al.* [444] have described a fluorescence spectroscopic method for determining down to 18 ppt of manganese in natural waters.

### 2.36.3 Continuous flow analysis

Hydes [445] has described a continuous flow method for the determination of manganese in natural waters containing iron. Interference from up to 100 M iron could be removed by addition of EDTA after formation of the manganese/formaldoxime complex. The extent of formation and destruction of the complexes of iron and manganese with formaldoxime depended on the pH value of the solution and on the period between addition of the reagent and measurement of absorbance.

### 2.36.4 Atomic absorption spectrometry

The application of this technique to the determination of manganese is discussed under multication analysis in sections 2.76.4.1, 2.75.4.3, 2.76.4.4 and 2.76.4.6.

### 2.36.5 Inductively coupled plasma atomic emission spectrometry

The application of this technique to the determination of manganese is discussed under multication analysis in section 2.76.8.2–4.

### 2.36.6 Inductively coupled plasma mass spectrometry

The application of this technique to the determination of manganese is discussed under multication analysis in section 2.76.10.1.

### 2.36.7 Polarography

The application of this technique to the determination of manganese is discussed under multication analysis in section 2.76.11.3.

### 2.36.8 Galvanic stripping analysis

Beinrohr *et al.* [446] have described a galvanic stripping method for the determination of down to 5 ppt manganese in natural waters.

### 2.36.9 Emission spectrometry

The application of this technique to the determination of manganese is discussed under multication analysis in section 2.76.13.6.

### 2.36.10 Prompt gamma neutron activation analysis

The application of this technique to the determination of manganese is discussed under multication analysis in section 2.76.16.1.

### 2.36.11 High performance liquid chromatography

The application of this technique to the determination of manganese is discussed under multication analysis in section 2.76.19.6.

### 2.36.12 Ion chromatography

The application of this technique to the determination of manganese is discussed under multication analysis in sections 2.76.21.1 and 2.76.21.2.

### 2.36.13 $\alpha$–particle induced X-ray emission spectrometry

The application of this technique to the determination of manganese is discussed under multication analysis in section 2.76.23.1.

### 2.36.14 *Miscellaneous*

A limited amount of work has been done on the determination of manganese by atomic absorption spectrometry [447,448].

Gine *et al.* [449] have described a semi-automatic flow injection analysis system for the determination of manganese in natural waters. Potentiometric stripping analysis has been used to determine manganese concentrations in the range 2 nM to 30 μM. Interference resulting from the interaction of manganese and copper in the mercury electrode can be overcome by adding zinc or gallium.

Maggi *et al.* [450] used radiotraces to study the distribution of manganese and zinc in the ultraflitrate fractions of fresh waters. Chiswell and Makhtar [451] applied electron spin resonance spectroscopy to a study of speciation of manganese in fresh waters.

A method for natural water analysis based on the catalytic effect of manganese on pyrogallol red discoloration by hydrogen peroxide is reported by Chen [452]. The sensitivity is 0.018 μg of manganese $L^{-1}$, with a range of 0–40 μg of manganese $L^{-1}$, and a relative standard deviation of 2.8–3.6%.

### 2.36.15 *Preconcentration*

#### 2.36.15.1 Preconcentration by chelation-solvent extraction

Methyl isobutyl ketone solutions of theonyl trifluoroacetone have been used [453] to preconcentrate by factors of up to 20, traces of manganese as the magnesium(II) theonyltrifluoracetone complex in natural water samples prior to atomic absorption spectrometry. Chromium, iron, hafnium, niobium, nickel, rhodium, tin, titanium and zirconium interfere strongly in this method even at low concentrations.

Abbasi [454] preconcentrated manganese by methylisobutyl butane extraction on its ternary complex with nicotinohydroxamic acid and trioctylmethyl–ammonium cation. Manganese was determined in the extract in amounts down to 2 μg $L^{-1}$ by atomic absorption spectrometry.

Shijo *et al.* [455] employed diethyldithiocarbamate for chelation of manganese in natural waters prior to solvent extraction by 1-chlorotuluene. The manganese was subsequently determined by electrothermal atomic absorption spectrophotometry.

Billah *et al.* [456] have shown that complexation with theonyltrifluoroacetone is an easy method for isolating sub μg $L^{-1}$ concentrations of manganese in river and lake waters.

Separation of soluble manganese in natural waters into two fractions was reported by Corsini *et al.* [457]. A sequential preconcentration on XAD–7, followed by Chelex 100, left manganese(II) on the XAD–7 column. The second fraction, consisting of at least one unidentified form of manganese was retained on Chelex 100. After elution, the manganese was determined by electrothermal atomic absorption spectrophotometry.

The preconcentration of manganese is also discussed under multication analysis in sections 2.76.26.1–3, 2.76.26.5–9 and 2.76.26.11.

## 2.37 Mercury

Although there has been much interest in the analysis of environmental mercury, it has been very difficult to establish reliable background levels of mercury in natural waters because of their extremely low concentrations. The difficulty has been due to lack of analytical sensitivity and contamination during sampling and analysis. Great efforts by many researchers have revealed that the natural background levels of mercury in unpolluted seawaters are in the nanogram-per-litre range or less. Freshwaters in Japan also contain mercury in the nanogram-per-litre range.

Atomic absorption spectrometry using a cold vapour generation technique has generally been used for the determination of low concentrations of mercury in solution. The detection limits of this technique are between 1 and 0.05 ng with ordinary instrumentation. Analysis of mercury in natural waters at sub-nanogram-per-litre levels with cold vapour atomic absorption spectrometry requires large sample volumes (nearly 1 L per analysis). Detection limits better than 10 pg have only been achieved with some novel instrumentation, eg dc mode operation of the light source and double beam compensation or vacuum ultraviolet spectrometry.

While plasma emission spectrometry using various types of plasma has high sensitivity for mercury comparable to or better than that of improved cold vapour atomic absorption spectrometry, generally, detection limits better than 10 pg have been reported. These reports are classified with the plasma source: dc discharge plasmas, microwave-induced plasma, and low-pressure ring discharge plasmas.

A convenient sample volume for natural water analysis is less than about 100 mL per analysis, when ease of sample handling and the necessity for repeat analyses are taken into consideration. This implies that the necessary detection limit for analysis of sub-nanogram-per-litre levels of mercury is better than 10 pg. Plasma emission spectrometry thus offers a more useful approach for the analysis of sub-nanogram-per-litre levels of mercury in natural water samples than does cold vapour atomic absorption spectrometry.

### 2.37.1 Titration procedures

Rubel and Lugowska [458] have described potentiometric titration procedure for determining down to 5 μg $L^{-1}$ mercury(II) in natural waters following reduction to elemental mercury by stannous chloride. The results in Table 2.11 indicate that, of the substances examined, only arsenic can exert an interfering effect on this method. During the titration of mercury separated from samples containing several diverse ions including arsenic, equilibrium near the end-point was achieved slowly and high results were obtained for low concentrations of mercury. The results for such samples (Table 2.11) suggested that some arsenic passed with mercury into the absorption solution. It was found that arsenic was indeed carried over as arsine because of the presence of some hydrogen in the tin(II) chloride solution. When this hydrogen was previously removed by passing nitrogen, the method allowed selective separation of mercury from arsenic. The coupling of the reduction–separation method with potentiometric determination of mercury makes analysis possible at the μg $L^{-1}$ level. The method proposed is very selective and allows quantitative separation of mercury from elements interfering in titrations with dithiooxamide (silver, copper, iron and arsenic) and from lead, zinc, cadmium and nickel. Quantitative recovery of mercury in the investigated concentration range is not affected by moderate amounts of iodide and bromide ions. At 55–60°C, 5–100 μg mercury can be separated from 11 samples in less than 10 min.

### 2.37.2 Spectrophotometric methods

Theranlaz and Thomas [459] have determined down to 0.4 ppt of mercury in natural waters by a method based on indirect spectrophotometry.

### 2.37.3 Spectrofluorometric methods

Chan and Sadana [460] have described a method based on gold amalgamation and fluorescence analysis for the determination of down to 2 ppt of mercury in natural waters.

Cossa *et al.* [461] determined mercury at the 0.1 ppt level in natural waters by an automated cold vapour/gold amalgamation atomic fluorescence method.

### 2.37.4 Flow injection analysis

Sarzanini *et al.* [462] determined inorganic and organic mercury in environmental waters by flow injection analysis.

*Table 2.11* Results for mercury after separation of mixtures of ions

| *Hg taken* (µg) | *Other ions* | *Hg found* (µg) | *Rel. error* (%) |
|---|---|---|---|
| 50.0 | $Ag^+$ | 50.1 | +0.2 |
| 50.0 | $Cu^{2+}$ | 49.9 | –0.2 |
| 50.0 | $Zn^{2+}$, $Cd^{2+}$, $Pb^{2+}$ | 50.3 | +0.6 |
| 30.0 | $Zn^{2+}$, $Cd^{2+}$, $Pb^{2+}$, $Ni^{2+}$, $Fe^{2+}$, $Ag^+$, $Cu^{2+}$ | 29.9 | –0.3 |
| 5.0 | $Zn^{2+}$, $Cd^{2+}$, $Pb^{2+}$, $Ni^{2+}$, $Fe^{2+}$, $Ag^+$, $Cu^{2+}$, $As^{3+}$ | 6.5 | +30.0[a] |
| 30.0 | $Zn^{2+}$, $Cd^{2+}$, $Pb^{2+}$, $Ni^{2+}$, $Fe^{3+}$, $Ag^+$, $Cu^{2+}$, $As^{3+}$ | 33.2 | +10.7[a] |
| 50.0 | $Zn^{2+}$, $Cd^{2+}$, $Pb^{2+}$, $Ni^{2+}$, $Fe^{3+}$, $Ag^+$, $Cu^{2+}$, $As^{3+}$ | 49.4 | –1.2[a] |
| 20.0 | As (2-fold) | 20.5 | +2.5[b] |
| 30.0 | As (2.5-fold) | 29.5 | –1.7[b] |
| 30.0 | As (10-fold) | 29.5 | –1.7[b] |
| 30.0 | As (50-fold) | 29.2 | –2.7[b] |
| 30.0 | $Br^-$ | 29.90 | –3.3 |
| 50.0 | $Br^-$ | 50.5 | +1.0 |
| 30.0 | $I^-$ | 29.2 | –2.7 |
| 50.0 | $I^-$ | 50.5 | +1.0 |

[a] Equilibrium was attained slowly
[b] With purified tin II solution

Source: Reproduced by permission from Elsevier Science Publishers BV, Amsterdam

### 2.37.5 Atomic absorption spectrometry

Gold trap techniques are being used to improve sensitivity in the determination of mercury in natural water. In one such technique [463, 464] the mercury is reduced to its elemental state using stannous chloride then swept with a current of air onto a gold treated graphite furnace tube. The tube is then inserted into the carbon red of a graphite furnace atomic absorption spectrometer and analysed. Detection limits of 10 µg $L^{-1}$ have been obtained by this procedure.

Atomic absorption spectroscopy has found extensive use in the determination of mercury in river waters [465–470]. Inter-laboratory tests carried out on this method indicated that only 30% of UK Laboratories were achieving accuracy targets of a total error not exceeding 20% of the standard concentration or 0.1 µg $L^{-1}$ whichever was the greatest. Thompson and Godden [468] claim to have considerably improved the detection limit of mercury determination using an improved mercury fluorescence detector system. The improvement results from various factors including decreasing the reaction cell volume and using an argon sheath to reduce air entrainment which can cause severe quenching of the fluorescence radiation.

Lutze [470] devised a sensitive method for determining mercury in river waters using cold vapour atomic absorption spectroscopy in amounts down to 0.1 μg $L^{-1}$ (10 ml sample) or even lower (0.1 μg $L^{-1}$) quoted). This method eliminates gas-purge dilution of mercury vapour during partitioning and aeration in the cold vapour generation for atomic absorption spectrophotometry determinations. A dual bubbler system of aeration apparatus was used for the mercury vapour generation and compared with other techniques. The sensitivity of the improved method is superior to those of earlier methods.

BITC [471] have described two procedures based on cold vapour atomic absorption spectroscopy for the determination of mercury in river and other waters. Both methods give reliable results at concentrations as low as 0.2 μg mercury $L^{-1}$. Interlaboratory comparisons with 22 participants show that there were no significant differences at the 0.75 μg $L^{-1}$ level. The repeatability variation coefficient was 3.8–10.9% and that for reproducibility was 7.2–29.4% for the two methods.

Pinstock and Umland [472] have used a cold vapour atomic absorption technique to measure different forms of mercury (mercurous, mercuric, elemental mercury) at the μg $L^{-1}$ level in natural water. Mercury at the nanogram per litre level in natural water has been determined by atomic emission spectrometry [473,474].

Pratt and Elrick [475] studied the interference effects of selenium on the determination of mercury by cold vapour atomic absorption spectrometry. An automated on-line digestion of mercury with potassium permanganate for the oxidation of selenium(IV) to selenium(VI) prior to the determination of mercury was used.

Harsanyi *et al.* [476] enhanced the sensitivity for the determination of mercury in natural waters by preconcentrating the mercury in a 4 litre sample by reduction to metallic mercury with stannous chloride. The solution is then aspirated into 50 ml of a sulphuric acid–potassium permanganate solution; then after further reduction with stannous chloride, the mercury is determined by atomic absorption spectrometry.

Joensun [477] has described an apparatus by means of which 1 to 300 ng of mercury can be determined in a variety of samples without pre-treatment. The sample (10 to 500 mg) is placed in a stainless steel boat with 10 to 100 mg of sodium nitrate and heated in a furnace at 700° for 1 to 2 min. The mercury vapour is swept by a stream of nitrogen over silver maintained at 400° to 500° to remove chlorides, and is amalgamated on gold maintained at 100° to 200°. After 3 min, the gold is heated to 400° and the mercury vapour released is carried by the nitrogen through a cooling coil and dust filter to a second gold amalgamator. The mercury is determined by connecting the amalgamator to a measuring chamber that can be evacuated, and heating the amalgam to 400°. The atomic absorption of mercury vapour in the chamber is measured at 253.7 nm.

Calibration techniques are described, together with modifications necessary to determine mercury in water.

Cold vapour atomic absorption spectrophotometry was used in the method for mercury determination described by Temmerman *et al.* [478]. The mercury in the natural water samples is extracted by reduction with stannous ion, preconcentrated by amalgamation with gold, prior to introduction into the light path for measurement. A detection limit of 1 ng $L^{-1}$ was obtained when samples as large as 1 L were used.

Boehnke [479] determined mercury in natural waters by flameless atomic absorption spectrometry, following sodium borohydride reduction of the ionic and organic forms of mercury. The detection limit for a 10 mL sample volume is 2 μg $L^{-1}$ for the hollow cathode lamp and 1 μg $L^{-1}$ for the electrodeless discharge lamp.

Aoki *et al.* [480] have proposed a method for the continuous flow determination of mercury in natural water samples. The mercury is reduced with sodium borohydride followed by separation of the mercury by diffusion through a microporus PTFE membrane with a determination by flameless atomic absorption spectrometry. The detection limit was 0.007 ppb and the relative standard deviation was 1.7% at the 5 μg $L^{-1}$ level.

Churchwell *et al.* [481] evaluated the US EPA Methods 7470 and 7471 for the cold vapour atomic absorption spectrophotometric determination of mercury. They found that the recirculating cold vapour methods are not sufficiently flexible to permit special quality control measures, have an inadequate detectability for low-level mercury concentrations, and are plagued by spectral interferences by organic vapours. They suggest sample digestions to remove organic interferences, a reconfiguration of the glassware, and amalgamation prior to introduction into the atomic absorption spectrophotometer.

Korenaga *et al.* [482] eliminated interference in the cold vapour atomic absorption spectrophotometric determination of mercury by alkaline tin(II) reduction instead of the conventional acidic reduction. Aqueous samples were digested with potassium persulphate to decompose organic-bound mercury, prior to alkaline stannous chloride addition. The detection limits in natural waters were 0.5 μg $L^{-1}$ and the precision was 3%.

Gill and Fitzgerald [483] isolated mercury from natural water samples by reduction with stannous chloride with collection and two-stage concentration onto gold, in a flameless atomic absorption spectrophotometric method. The detection limit was 0.21 pM with an analytical precision of approximately 10% for 500 mL samples in the 2–20 pM range.

Welz and Schubert-Jacobs [484] describe a method where sodium borohydride was found equivalent to, or superior to, stannous chloride as a reducing agent for the cold vapour atomic absorption spectrophotometric determination of mercury in natural waters. The mercury vapour is washed with sodium hydroxide and dried with magnesium perchlorate prior to amalgamation with gold. Detection limits were 15 ng $L^{-1}$ for a 10 mL sample and 3 ng $L^{-1}$ for a 50 mL sample. The calibration curve was linear to 40 ng of mercury, and the relative standard deviation was less than 2%.

An automated flow injection analysis manifold for the digestion of organic mercury forms and reduction to elemental mercury in natural waters is described by Birnie [485]. Mercury is removed by aeration and determined by flameless atomic absorption spectrophotometry, with sampling rates approaching 20 samples/h. The detection limit was 2 μg $L^{-1}$ of mercury $L^{-1}$.

Yan *et al.* [486] have described a method employing an atomic absorption spectrometer equipped with a graphite tube for the determination of down to 30 pg of mercury in natural waters.

McIntosh [487] has described a method based on gold amalgamation and atomic absorption spectrometry for the determination of down to 2 ppt of mercury in natural waters.

Hanna and McIntosh [488] used on-line microwave digestion followed by flow injection/mercury cold vapour atomic absorption spectrometry to determine mercury in natural waters in amounts down to 35 pg $L^{-1}$ from a 500 μL sample.

Streufert [489] also reviewed methods for the determination of mercury in water samples. He concluded that flameless atomic absorption spectrophotometry offers the best method for the determination of mercury.

The application of atomic absorption spectrometry to the determination of mercury is discussed under multication analysis in section 2.76.4.6.

### 2.37.6 Inductively coupled plasma atomic emission spectrometry

Nojiri *et al.* [490] have described a method for the determination of sub ng $L^{-1}$ levels of mercury in lake water using atmospheric pressure helium microwave induced plasma emission spectrometry. In this method mercury vapour was generated from water samples by reduction and purging and was collected with a gold amalgamation trap. The mercury vapour, removed by heating the trap, was introduced into helium microwave induced emission spectrometer. The atomic emission line of 253.7 nm was used for the determination of mercury. The detection limit, defined as three times the standard deviation of the blank operations, was 0.5 pg in 50 mL of water sample, corresponding to 0.01 ng $L^{-1}$. The inorganic mercury concentration in sub-surface water from unpolluted Lake Mashu was found to be 0.3 ng $L^{-1}$.

*Table 2.12* Instrumentation

| | |
|---|---|
| Microwave cavity | Model 218L (EMS, UK), $TM_{010}$, Beenakker type |
| Plasma torch | 7 mm od, 1 mm id, quartz |
| Microwave generator | Model MR–301 (Ewig Shokai Co, Japan), 3450 MHz |
| Focusing lens | quartz, 50 mm diameter, 75 mm focal length |
| Monochromator | Model HR–320 (ISA, USA), Czerny–Turner mounting<br>focal length, 0.32 m<br>grating, 1200 grooves/mm, holographic dispersion, 2.5 nm/mm |
| High–voltage | supply one part of JY38P (Jobin Yvon Co, France) |
| Photomultiplier tube | Model R–955 (Hamamatsu Photonics Co, Japan) |
| dc amplifier | laboratory constructed |
| Chart recorder | Model U228 (Nippon Denshi Kagaku Co, Japan) |

Source: Reproduced by permission from American Chemical Society

The instrumentation used in this method is summarised in Table 2.12. The operating conditions (the plasma gas flow rate, the microwave power, and the position of observation) wore fixed so as to observe a sufficient signal to background ratio (SBR) for the atomic emission line of mercury at 253.7 nm. Usually, the plasma gas flow rate and the microwave power were adjusted to 300 mL/min and 80 W, respectively. The 1:1 image of the plasma, axially observed, was focused on the entrance slit of the monochromator. The position of observation was usually adjusted at the centre of plasma. As the widths of the entrance and the exit slits of the monochromator were both adjusted to 20 μm, the spectral resolution was about 0.05 nm. The output current of the photomultiplier tube was filtered with a circuit in the dc amplifier (time constant of 0.3 s). The amplified signal was recorded by a strip chart recorder. The peak height of the mercury emission signal was used for the calculation of the amount of mercury.

Anderson *et al.* [491] have described an inductively coupled plasma atomic emission spectrometric method for the determination of down to 2 μg $L^{-1}$ of mercury in natural waters.

Tong et al. [492] have also discussed the application of inductively coupled plasma atomic emission spectrometry to the determination of mercury in natural waters and compared it to cold vapour atomic absorption spectrometric methods.

The application of this technique to the determination of mercury is discussed under multication analysis in sections 2.76.8.2, 2.76.8.3 and 2.76.8.5.

### 2.37.7 Inductively coupled plasma mass spectrometry

Smith [493] has described an isotope dilution inductively coupled plasma mass spectrometric method for the determination of mercury in amounts down to 6 ppt in natural waters.

In this method the sample was spiked with 201 mercury. Natural concentrations of mercury in water samples require preconcentration on gold traps and subsequent electrothermal heating and purging of the traps with argon directly into the ICPMS torch. The detection limit was 0.2 ng mercury $L^{-1}$ using 200 ml sample.

### 2.37.8 Voltammetric stripping analysis

Scholz and Meyer [494] determined mercury in natural waters by differential pulse anodic stripping voltammetry using a thiocyanide electrolyte.

In general, it has been concluded that gold is the preferable electrode material for detecting mercury by anodic stripping voltammetry. For example, gold disk or rod electrodes [315–317,495,496], gold fibre electrodes [497, 498], gold twin disk electrodes [499,500] and gold film carbon electrodes [501–503] have already been developed for this purpose. Unfortunately, similar to the main disadvantage of using a mercury film electrode in many applications [504,505] the most common problem in applying the bare-type gold electrode in anodic scanning voltammetry is the interference effect caused by surface-active compounds and several metal ions [496–500]. A convenient way to improve the problem is to coat the working electrode with a permselective membrane to protect the surface from these interferences. Although many permselective membranes have been introduced, in practice, a compromise between the exclusion of the interference matter and the unhindered transport of the metal ions must be considered. Overall, the key issue in making an electrochemical analytical technique one of the conventional methods for detecting mercury in the category associated with high sensitivity, such as cold vapour atomic absorption spectrometry, cold vapour atomic fluorescence spectrometry, and neutron activation analysis, is the availability of a suitable working electrode.

The modification of electrode surfaces with polymer films has received considerable attention because of the many advantageous properties of polymers [506]. However, most studies related to this topic were cation-oriented, and hence cation permselective membranes were particularly explored. Jyh-Myng and Mu-Jye Chung [507] have sought to exploit the advantages of polymer-modified electrodes for the determination of cationic metals such as nickel, lead, copper, and cadmium [508–511]. In reality, many species of analytical interest exist in the form of anions in sample solutions. Thus, anion exchangers are promising for the determination of such analytes. This is the case for mercury(II) in a solution acidified with hydrochloric acid. Recently, indeed, a carbon paste electrode modified with a liquid anion exchanger (Amberlite LA2) was reported for the voltammetric determination of mercury(II) in a chloride medium [512]. Nevertheless, the addition of Amberlite LA2 apparently can provide an improvement only in the sensitivity aspect.

Jyh-Myng and Jye-Chung [507] have described a square-wave voltammetric stripping analysis of mercury(II) at a poly(4-vinylpyridine)/gold film electrode (PVP/GFE). In this method mercury is preconcentrated as the anionic forms in the chloride medium, onto the modified electrode by the ion-exchange effect of the poly(4-vinyl-pyridine). The high solubility of mercury in gold also helps to increase the preconcentration effect. The preparation of the PVP/GFE is performed by first spin-coating a solution of the poly(4-vinyl-pyridine) polymer onto the electrode surface. Subsequently, gold is plated onto the electrode. Various factors influencing the determination of mercury(II) were thoroughly investigated in this study. In comparison with the conventional gold film electrode, this modified electrode showed improved resistance to interferences from surface-active compounds and common ions, especially for copper(II) which is generally considered as a major interference in the determination of mercury(II) on gold film electrodes. The PVP/GFE also showed increased sensitivity and better mechanical stability of the gold film when used in conjunction with the square-wave voltammetric method. In addition, detection can be achieved without deoxygenation, and the electrode can be easily renewed. The analytical utility of the PVP/GFE was demonstrated by application to various water samples.

A flow potentiometric and constant current stripping analysis for mercury(II) has been described by Huang et al. [513]. Gold, platinum and carbon fibres with a diameter of 10 μm were mounted in PVC tubes and used as flow sensors in the determination of mercury. The detection limit for mercury in natural waters after 10 min of electrolysis was 45 ng $L^{-1}$.

### 2.37.9 *Plasma emission spectrometry*

Emteborg *et al.* [514] have described a microwave–induced plasma emission spectrometric method capable of determining down to 0.05 to 0.15 ppt of mercury in natural waters.

Atmospheric pressure helium microwave induced plasma emission spectrometry is capable of determining down to 0.01 μg $L^{-1}$ mercury in lake water [1199]. Mercury vapour was generated from water samples by reduction and purging and was collected with a gold amalgamation trap. The vapour was removed by heating the trap and mercury levels were determined. The method was applied to mercury determination in Mashu Lake (an oligotrophic lake) water samples.

The technique compared favourably with atomic absorption spectrometry using a cold vapour generation technique.

### 2.37.10 X-ray fluorescence spectroscopy

The application of this technique to the determination of mercury is discussed under multication analysis in section 2.76.17.1.

### 2.37.11 Gas chromatography

Emteborg *et al.* [515] used gas chromatography coupled with an atomic absorption spectrometric detector to determine sub-ppt concentrations of inorganic mercury and methyl mercury in river waters.

### 2.37.12 High performance liquid chromatography–inductively coupled plasma atomic emission spectrometry

Krull *et al.* [516] have described a procedure for the determination of inorganic and organomercury compounds using high performance liquid chromatography with an inductively coupled plasma emission spectrometric detector with cold vapour generation. In this method post-column cold vapour generation was used to obtain improved detection limits. The replacement of the conventional polypropylene spray chamber of the inductively coupled plasma by an all glass chamber is described. A comparison of band broadening indicates that the glass chamber is useful when a severe memory effect is observed with the polypropylene spray chamber. Detection limits ranged from 32 to 62 µg $L^{-1}$ of mercury, based on a signal to noise ratio of 2:1. This represents a three to four order of magnitude enhancement over detection limits obtained without cold vapour generation. The approach is linear over three orders of magnitude. A blind, spiked distilled water study illustrates the reproducibility and accuracy of the method.

The chromatographic system used in this method consisted of two Laboratory Data Control (LDC) (Riviere Beach, FL, USA) Constametric III pumps with a gradient controller and a Rheodyne Model 7125 injection valve (Rheodyne Corp., Cotati, CA, USA) fitted with a 200–µl loop. The separation was performed on two Waters Resolve columns (Waters Assoc., Milford, MA, USA), 5 µm$C_{18}$ stationary phase, 15 cm × 3.9 mm id placed in series with a mobile phase consisting of 0.06 M ammonium acetate and 0.005% V/V 2–mercaptoethanol with a gradient from 15 to 75% of acetonitrile. A flow-rate of 1.0 ml $min^{-1}$ was used for all analyses. The post-column reaction system has been described by Bushee *et al.* [517]

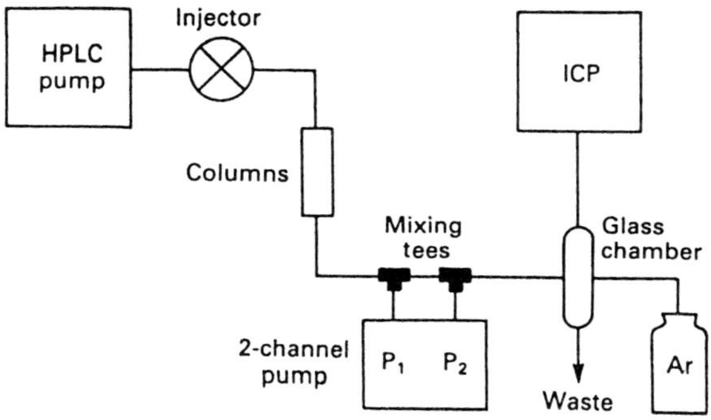


*Fig. 2.6* Schematic diagram of the HPLC–cold vapour ICP instrumentation
Source: Reproduced by permission from Royal Society of Chemistry

and is shown schematically in Fig. 2.6. An aqueous solution of 0.5% m/V sodium tetrahydroborate(III) in 0.25 M sodium hydroxide solution and a 1.2 M solution of hydrochloric acid served as the two reagents. The reagent flow–rates were 0.5 ml min $^{-1}$.

An Instrumentation Laboratory Model 200 plasma (Allied Analytical Systems, Waltham, MA, USA), modified for autotune operation, was used to monitor the HPLC effluent at a wavelength of 253.7 nm. The polypropylene nebuliser–spray chamber of the ICP showed a significant memory effect for mercury [518]. An all-glass chamber (Fig. 2.7) was developed, which replaced the polypropylene nebuliser–spray chamber completely. A short length of 1/16 in Teflon tubing was inserted into each arm. Inlet A of the chamber was used to introduce an argon purge gas at a flow-rate of 0.4 l min $^{-1}$. For optimum performance, the end of the Teflon tubing was turned upwards to direct the gas towards the plasma torch. The tubing was held in place by the walls of the chamber. The inlet B of the chamber served to introduce the HPLC effluent. The Teflon tube in this arm extended about 1 cm below the glass tube, to prevent the gaseous effluent from travelling back up the glass arm. Just prior to the glass chamber, the effluent had passed through the post-column reactor and was in the form of a gaseous mixture. The mercury compounds, now in their cold vapour form were swept up into the plasma with the purge gas, by way of outlet C. The chamber was connected to the plasma by means of a short length of Tygon tubing. The aqueous mobile phase flowed to waste through the bottom of the chamber, outlet D. A drain trap was positioned directly below the glass chamber. The ICP peak–height response was monitored on a Honeywell Corp. (Minneapolis, MN) strip-chart recorder, and peak–area data were collected on a Radio Shack TRS–80 Model II computer (Tandy Corp., Fort Worth, TX, USA).

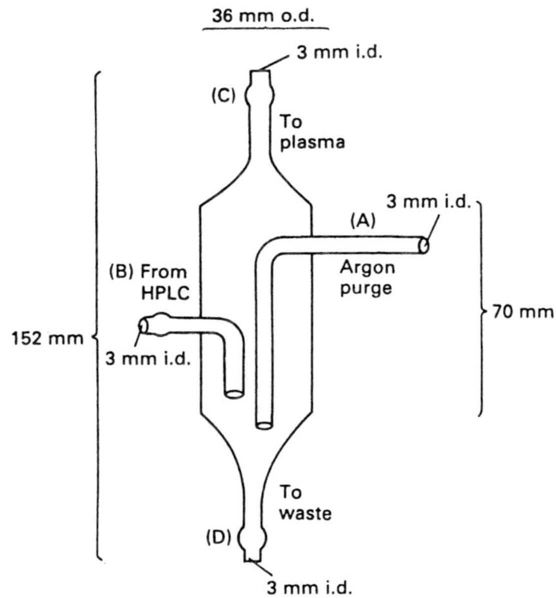


*Fig. 2.7* Schematic diagram of glass sample introduction device
Source: Reproduced by permission from Royal Society of Chemistry

A series of blind spiked, distilled water samples, with known concentrations of the mercury compounds, were studied by HPLC–cold vapour ICP spectrometry (Table 2.13). These results indicate a general agreement between the levels of mercury species spiked and the values determined. A linear regression analysis of these results and the actual spiked values gave correlation coefficients of 0.9440, 0.9971 and 0.9869 for mercury(II) chloride, methylmercury chloride and ethylmercury chloride, respectively. The correlation for mercury(II) chloride was not as good as that for the two organomercury species. This was due to the lack of base-line resolution between the mercury(II) chloride and the methylmercury chloride, and could be improved by further optimisation of the chromatographic conditions.

The application of high performance liquid chromatography to the determination of mercury is also discussed under multication analysis in sections 2.76.19.4 and 2.76.19.5.

### 2.37.13 Miscellaneous

Hinton *et al.* [519] developed an on-line mercury monitor capable of estimating 0.5–10 μg $L^{-1}$ mercury.

*Table 2.13* HPLC–cold vapour ICP of blind spiked distilled water

| *Mixture No.* | *Hg species* | *Hg spiked* µg L$^{-1}$ | *Hg measured* µg L$^{-1}$ | *Recovery, %** |
|---|---|---|---|---|
| 1 | $HgCl_2$ | 0 | ND† –‡ | |
| | $CH_3HgCl$ | 290 | 310 ± 20 | 107 ± 8 |
| | $CH_3CH_2HgCl$ | 179 | 190 ± 20 | 110 ± 10 |
| 2 | $HgCl_2$ | 461 | 530 ± 60 | 120 ± 10 |
| | $CH_3HgCl$ | 0 | ND | – |
| | $CH_3CH_2HgCl$ | 303 | 290 ± 30 | 96 ± 9 |
| 3 | $HgCl_2$ | 0 | ND | – |
| | $CH_3HgCl$ | 572 | 610 ± 40 | 107 ± 7 |
| | $CH_3$CH2HgCl | 242 | 270 ± 20 | 111 ± 8 |
| 4 | $HgCl_2$ | 248 | 220 ± 40 | 90 ± 20 |
| | $CH_3HgCl$ | 1090 | 1040 ± 50 | 95 ± 5 |
| | $CH_3CH_2HgCl$ | 446 | 510 ± 30 | 114 ± 4 |
| 5 | $HgCl_2$ | 419 | 380 ± 70 | 90 ± 20 |
| | $CH_3HgCl$ | 537 | 570 ± 20 | 106 ± 3 |
| | $CH_3CH_2HgCl$ | 0 | 0 | – |
| 6 | $HgCl_2$ | 0 | ND | – |
| | $CH_3HgCl$ | 767 | 780 ± 20 | 102 ± 2 |
| | $CH_3CH_2HgCl$ | 575 | 580 ± 20 | 101 ± 3 |

*Numbers represent the average ± the standard deviation of a minimum of three injections of each mixture

† ND = not detected

‡ Indicates no addition of this mercury species to the mixture

Source: Reproduced by permission from Royal Society of Chemistry

Ho *et al.* [520] determined nanogram quantities of mercury in natural water with a gold-plated piezoelectric crystal detector following direct reduction of mercury salts to mercury using stannous chloride. This detection is claimed to be simple, selective, sensitive and economical to operate. The principle of the piezoelectric crystal detector is that the frequency of an oscillating crystal is decreased by deposition of a small mass of material on its surface. An equation has been developed [521,522] describing the linear relationship between mass as added to the crystal surface and the change in the resonant frequency of that crystal. The linear relationship enables a piezoelectric crystal to be used as a sorption analytical detector. Gaseous or vapour samples are reversibly adsorbed by coating of the crystal, thereby changing the mass on the crystal. As a result, the change of frequency is indicative of the sample concentrations.

Fang and Tang [523] describe a kinetic photometric method for the determination of mercury in natural waters. The catalytic action of mercury(II) on the colour reaction between $K_4Fe(CN)_6$ and α, α′–dipyridyl with thiourea is measured. The detection limit for mercury(II) is 2 μg $L^{-1}$ and the coefficient of variation is 3.7%.

Seifres *et al.* [524] conducted a four laboratory round robin to consider factors in the determination of mercury in natural waters by atomic fluorescence spectroscopy.

Okumura *et al.* [525] have compared atomic fluorescence, atomic absorption and atomic emission methods for the determination of mercury in natural waters. These methods are capable of determining respectively 3 pg, 0.9 pg and 2 pg of mercury.

Ping and Dasgupta [526] determined total mercury in natural waters by a gold film sensor following digestion with Fentons reagent (iron(II) plus hydrogen peroxide). Following the digestion, which converts organic forms of mercury to inorganic mercury(II), elemental mercury is liberated by borohydride reduction and measured by a conductometric gold film sensor. Quantitative recovery of mercury from samples spiked with mercuric chloride, methylmercury(II) chloride, and phenylmercury(II) acetate was attainable in the presence of naturally occurring suspended matter and humic and fulvic acids as well as 3% sodium chloride. The digestion is performed at moderate pH (3–4) and temperature (≤50°C) and does not use large amounts of any reagent. Excellent agreement is shown for reference water and wastewater standards. The limit of detection, facilitated by the low blank value, is 500 pg of mercury or 10 ng $L^{-1}$ ng for a 50 mL sample.

Two groups of workers [527,528] have discussed the application of photochroism induced photoacoustic spectrometry to the determination of traces of mercury as its dithizonate in natural waters. A detection of 3 ppt mercury is claimed [527].

Krishnasamy and Ayyadurai [529] reviewed a variety of techniques for the determination of mercury in natural waters. They included atomic absorption spectrometry, neutron activation, high performance thin-layer chromatography, and inductively coupled plasma atomic emission spectrometry.

### 2.37.14 Storage of samples

Much work has been carried out on the preservation and storage of samples intended for mercury analysis [530–538]. Several workers have discussed the storage of samples in polyethylene containers [533–537]. Pyrex glass has also been considered as a storage material. Acetic acid–formaldehyde [533], nitric acid [532,538,539], humic acid [536,540] and potassium dichromate [539] have all been considered as preservatives. Nitric acid (to pH 1.0) was found to be moderately effective in preventing loss of mercury provided that the acid is placed in the container before the sample [533]. However, it has been found [432] that with this preservative, 80% of the mercury originally associated with particulate matter will within one weeks storage pass into the solution phase. There is no significant loss to the container. If the sample is not acidified, most of the mercury is retained by the particulate matter, 15% is adsorbed by the container and only 10% remains in solution.

This has serious implications when determination of total and soluble mercury are required. A relationship has been found between compositional differences in different sources of commercial polyethylene bottles and the stability of mercury solutions stored therein [534]. It has also been found that pretreatment of polyethylene bottles with chloroform suppresses losses from stored 1 μg $L^{-1}$ mercury solutions in natural and distilled water [535]. Addition of humic acid at the 50 μg $L^{-1}$ level reduces losses from 1 μg $L^{-1}$ mercury solutions stored in commercial polyolefin bottles for more than 15 days to less than 10%. Humic acid is simple to use and was found to be more effective than preservatives based on nitric acid and oxidants.

The uptake of mercury(II) by two humic acids varied with pH, with more than 98% being sorbed at pH 4.5. Addition of increasing amounts of chloride reduced uptake by 10–20% and shifted the region of maximal sorption to higher pH values. Calcium, magnesium and ammonium ions promoted near total adsorption and reduced the influence of pH, at 10 mM concentrations and had a slight effect at 0.1 mM concentrations [539].

Craig [537] showed that the passage of mercury vapour from ambient air through container walls, made of conventional polyethylene, linear polyethylene, or Teflon, can seriously contaminate the samples of distilled and natural water stored inside. When the samples contain oxidising preservatives, such as nitric acid or potassium permanganate, the rate of mercury contamination is greatly increased. Freezing the samples in plastic containers prevented such mercury contamination, or, storage in glass minimises it.

Ambe and Suwabe [538] found that the addition of sodium chloride to dilute mercury solutions in pyrex glass ampoules greatly improves the stability of the solutions. As a result of their experimental work these workers chose 3% sodium chloride adjusted to pH 0.5–1.0 with sulphuric acid as preservative and the solutions were sealed in Pyrex glass ampoules. In the concentration range 1–1000 μg $L^{-1}$ mercury concentrations did not change in 18 months.

Mahan and Mahan [469] studied mercury losses in untreated water samples to develop a means of minimising mercury loss without treatment with strong acids or oxidants. They recommend that, if polyethylene containers are used they should be rinsed with water characteristic of the sample. After the samples are collected and filtered, they must be agitated frequently and vigorously, to maintain oxygensaturation, and the sample must be analysed as soon as possible,

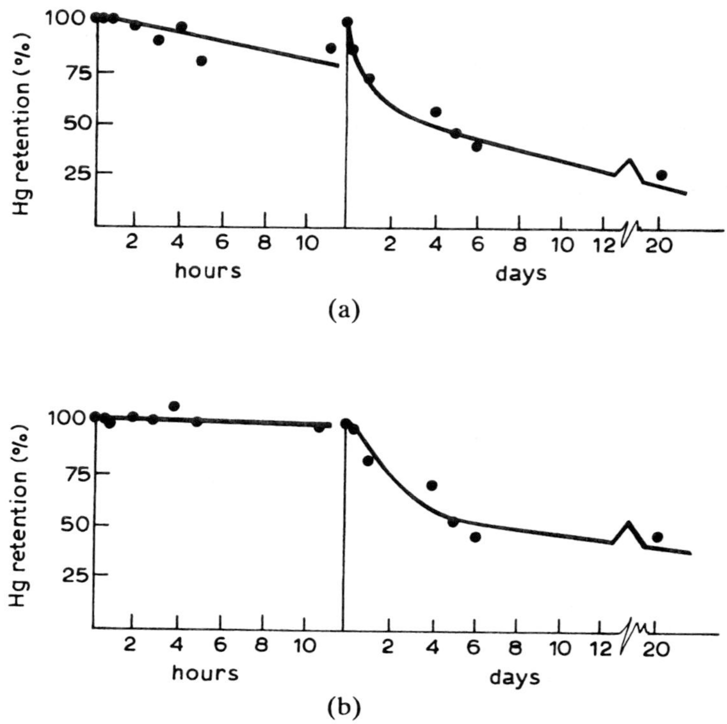


*Fig. 2.8* Plots of per cent retention vs time for (a) agitated and (b) unagitated 1.0 μg $mL^{-1}$ mercury solution made up with Arkansas River water and contained in a polyethylene vessel previously rinsed and soaked with river water
Source: Reproduced by permission from American Chemical Society

preferably within a few hours of collection and certainly on the same working day.

In Fig. 2.8 is shown mercury concentration–time plots for known water samples at pH 8. Samples that received no agitation (Fig. 2.8(a)) after being introduced into the polyethylene containers lost mercury much more rapidly than samples handled in the same way except for vigorous and frequent agitation (Fig. 2.8(b)).

Soaking and rinsing sample containers in river water were done in order to passivate the wall surfaces. This is best seen in Fig. 2.8(b)). In the first 10.6 h of the experiment, only a 1.2% loss of mercury was noted.

For the preservation of mercury in aqueous samples ie of acidification to a pH less than 2 is unsatisfactory because of the relatively rapid loss of mercury as the vapour to the headspace. Strong oxidising agents have been used to preserve the mercury in the mercury(II) form. Zhang *et al.* [541] describe a method where potassium dichromate is added to water samples which results in preservation for up to two months. Five consecutive determinations of mercury in water in the 2.0–26 μg $L^{-1}$ range over a period of 6–20 days had relative standard deviations of 2.2–11.0%.

## 2.37.15 Preconcentration

### 2.37.15.1 Preconcentration by chelation–solvent extraction

Lo *et al.* [542,543] have used chelation with lead diethyldithiocarbamate in chloroform to preconcentrate mercury from samples containing 1–1000 μg $L^{-1}$ prior to neutron activation analysis. As well as considerably increasing the sensitivity of the analytical procedure this step eliminates interference from sodium and bromine in the water samples. Irradiation was carried out with a neutron flux of $2 \times 10^{12}$ n $cm^{-2}$ $sec^{-1}$ for 30 h. After cooling for 12 h the 77.6 keV $^{197}Hg$ gamma peak was assayed with a 38 $cm^{-3}$ Ge(li) detector connected to a 4096 channel pulse height analyser.

A methyl ethyl ketone solution of dithizone has been used to preconcentrate mercury prior to its determination by atomic absorption spectrometry [544]. Mercury has been preconcentrated with trilaurylamine *N*–oxide [544,545].

Shevchuk and Metil [546] complexed mercury with dithizone and extracted it into methyl isobutyl ketone, prior to stannous chloride reduction, and flameless atomic absorption spectrophotometric determination of the mercury in natural waters. The method had a detection limit of 0.4 ng $L^{-1}$.

### 2.37.15.2 Preconcentration on organic solids

Fitzgerald *et al.* [548] reported a cold trap preconcentration technique for the determination of trace amounts of mercury in water. Kramer and Neidhart [549] determined μg $L^{-1}$ levels of mercury by using an aniline–S resin for the selective enrichment of mercury from surface waters.

ρ–phenylene diamine cellulose has been used for the preconcentration of mercury in water [550]. *o*–aminophenol cellulose ether and glyoxal-bis(2-mercaptoaniline) cellulose both chelate mercury(I), mercury(II), methylmercury and cadmium(II) [551] which can be subsequently desorbed. Gold has been used exclusively for the preconcentration of mercury [552–556]. Neske *et al.* [556] determined mercury in natural water including sea water in the μg $L^{-1}$ level and ng $L^{-1}$ level. The method is based on preconcentration using sample sizes of up to 1 L, using direct contact with a gold collector followed by high sensitivity atomic absorption spectrometry. Determinations of organomercury compounds were also possible.

#### 2.37.15.3 Preconcentration of an anion-exchange resin

Anion-exchange loaded paper has been used to preconcentrate mercury prior to analysis in amounts down to 0.005 μg by neutron activation analysis [557].

Mandel and Das [558] applied an anion-exchange resin to the determination of traces of mercury as an anionic complex in natural waters by cold vapour atomic absorption spectrometry using a reduction aeration method.

Belova and Vetrov [559] determined mercury in natural waters by preconcentration with ARA–8P–T–40 anion exchanger, followed by neutron activation. The detection limit is 0.02 μg $L^{-1}$ and the relative standard deviation was 20% at the 0.1 μg of mercury $L^{-1}$ level.

#### 2.37.15.4 Preconcentration on silica gel

Jin *et al.* [560] preconcentrated mercury in natural waters on a dithiocarbamate-modified silica gel prior to determination by flameless atomic absorption spectrophotometry. The detection limit for mercury was 0.1 μg $L^{-1}$, the relative standard deviation was 4.1%, and recoveries were 96.5–107.5%.

#### 2.37.15.5 Electrochemical preconcentration

Frick and Tallman [561] have described a flow cell for the determination of mercury in water by electro-deposition followed by atomic absorption spectrometry. They use a commercially available non-coated graphite furnace tube (0.2222 ± 0.0051 n id) as the working electrode in a thin-layer, flow-through configuration. The thin–layer design enhances deposition efficiency and hence sensitivity compared to deposition carried out with an open tubular electrode. The accuracy of the electrodeposition–atomic absorption method was tested by analysing an Environmental Protection Agency reference sample (accepted mercury concentration of 7.6 $\mu L^{-1}$). The method yielded mean results of 7.3 to 7.8 μg $L^{-1}$). A river water sample, after 0.45 μm filtration was also analysed by the electro-deposition atomic absorption spectrometric system and by cold vapour method, with each technique giving the same value of 2.8 μg $L^{-1}$.

The preconcentration of mercury is also discussed under multication analysis in sections 2.76.26.4, 2.76.26.7 and 2.76.26.9.

## 2.38 Molybdenum

### 2.38.1 Spectrophotometric method

A catalytic spectrophotometric method for determining trace molybdenum in natural waters was described by Li [562]. Molybdenum(VI) is reduced to molybdenum(III) by potassium borohydride and determined indirectly in the presence of iron(III) and phenanthroline. Molybdenum(III) reduced iron(III) forming the ferric(II)-phenanthroline complex. The detection limit was 0.5 µg $L^{-1}$ molybdenum and the relative standard deviation was 8.3%.

Ion-exchange spectrophotometry was used for the determination of molybdenum in a method described by Capitan *et al.* [563]. The molybdenum in natural water reacts with thiocyanate ion in the presence of stannous chloride, the reaction product is adsorbed on Dowex 1–X-8 anion exchanger, and the resin phase absorbance is measured at 467 and 800 nm.

Zheng *et al.* [564] determined molybdenum in natural waters by catalytic spectrophotometry using reduction of azure(I) with hydrazine hydrochloride. The method can be applied to molybdenum in a concentration range of 1–1000 µg $L^{-1}$. The detection limit was 0.6 µg of molybdenum $L^{-1}$.

### 2.38.2 Atomic absorption spectrometry

Molybdenum has been determined in natural waters after preconcentration on Sephadex G 25 gel [565] at pH 3.5. Ethylenediamine tetra-acetic acid desorbs molybdenum from the gel. To the evaporated sample containing 0–5–50 µg of molybdenum 2 ml of lanthanum(III) solution is added and molybdenum determined by atomic absorption spectrometry.

Alternatively, 1 M hydrochloric acid, 0.01 M zephiramine and 0.03% (w/v) bromopyrogallol red (50% ethanolic solution) is added to the sample containing 0.2–5 µg of molybdenum and the absorbance at 629 nm measured. The procedure was applied to 100 ml solutions containing 1.25 µmol of molybdenum and 1–10,000-fold amounts of various ions. The molybdenum was determined by atomic absorption spectrometry. Interference from vanadium and tungsten(VI) is probably due to complex formation with molybdenum. Iron(III) at a 100-fold level lowered the recovery, probably because its hydroxides or hydroxo complexes adsorb molybdenum, but the interference could be overcome in the presence of 0.5M acetate. The method is suitable for the determination of molybdenum at the levels normally encountered in river water (0.2–0.6 µg $L^{-1}$).

Emerick [566] used calcium chloride for matrix modification to eliminate sulphate interference in the electrothermal atomic absorption determination of molybdenum in natural water. A 0.5% calcium chloride ($2H_2O$) (w/v) solution is added to the sample in a volume equal to that of the sample.

The application of atomic absorption spectrometry to the determination of molybdenum is discussed under multication analysis in section 2.76.4.6.

### 2.38.3 Inductively coupled plasma atomic emission spectroscopy

The application of this technique to the determination of molybdenum is discussed under multication analysis in sections 2.76.8.2 and 2.76.8.6.

### 2.38.4 Inductively coupled plasma mass spectrometry

The application of this technique to the determination of molybdenum is discussed under multication analysis in section 2.76.10.1.

### 2.38.5 Ion selective electrodes

Yu and Li [567] reported a catalytic kinetic–ion selective electrode method for molybdenum in natural waters. The molybdenum(VI) was determined by its catalytic effect on the oxidation of iodide ions in an acidic hydrogen peroxide solution, the iodide being measured by the ion selective electrode. Interferences were noted for iron, vanadium, tungsten, copper and chromium, which can be partially masked by EDTA. The detection limit was 0.01 μg $L^{-1}$.

### 2.38.6 Emission spectrometry

The application of this technique to the determination of molybdenum is discussed under multication analysis in section 2.76.13.6.

### 2.38.7 Neutron activation analysis

The application of this technique to the determination of molybdenum is discussed under multication analysis in section 2.76.15.1.

### 2.38.8 Ion chromatography

The application of this technique to the determination of molybdenum is discussed under multication analysis in section 2.76.21.4.

### 2.38.9 $\alpha$-particle induced X-ray emission spectrometry

The application of this technique to the determination of molybdenum is discussed under multication analysis in section 2.76.23.1.

### 2.38.10 Preconcentration

#### 2.38.10.1 Preconcentration by chelation–solvent extraction

Benzoin oxide [568] and other chelators [569] have been used to preconcentrate molybdenum from natural waters prior to extraction with chloroform and determination.

#### 2.38.10.2 Preconcentration by adsorption on to activated carbon

Two approaches have been used. Either the metals are chelated with an organic complexing agent and passed down a column of active carbon which adsorbs the metal complexes, or active carbon is modified by reaction with an organic cheating agent and then the solution of metal ions is passed through the column and thereby adsorbed.

Examples of the former approach are the preconcentration of molybdenum as its ammonium pyrrolidine–dithiocarbamate complex on charcoal [570] and preconcentration of manganese, iron, cobalt, nickel, copper, and zinc as their 8-quinolinates on activated carbon [571]. An example of the latter approach is the separation and preconcentration of traces of copper and lead from macro amounts of calcium, magnesium, sodium and potassium by adsorption from the sample on to active carbon modified with 8-hydroxyquinoline, dithizone or diethyldithiocarbamate [572].

#### 2.38.10.3 Preconcentration by co-crystallisation

This technique has been subject to a limited amount of investigation in the case of molybdenum organic chelate complexes [573–576].

#### 2.38.10.4 Preconcentration by adsorption on BioRad AG 1

Kuroda and Matsumoto [577] used anion exchange to preconcentration molybdenum in natural waters prior to electrothermal atomic absorption spectrophotometry. Molybdenum was adsorbed on a column of Bio–Rad AG 1 in the chloride form, which was subsequently eluted with ammonium–ammonium chloride solution. The method gave a relative standard deviation ≤8% at a molybdenum chloride level of 10 μg $L^{-1}$ in natural waters.

#### 2.38.10.5 Preconcentration by adsorption anion exchange resin

A preconcentration of molybdenum in natural waters on Amberlite IRA 400 anion exchange resin prior to determination by electrothermal atomic absorption spectrophotometry was described by Vazquez-Gonzalez *et al.* [578]. The separation eliminates significant interferences from aluminium, copper, iron, vanadium and tungsten.

The preconcentration of molybdenum is also discussed under multication analysis in sections 2.76.26.1, 2.76.26.3–5, 2.76.26.7 and 2.76.26.9.

## 2.39 Neodynium

### 2.39.1 Inductively coupled plasma mass spectrometry

The application of this technique to the determination of neodynium is discussed under multication analysis in section 2.76.10.2.

### 2.39.2 Ion-exchange chromatography

The application of this technique to the determination of neodynium is discussed under multication analysis in section 2.76.20.1.

### 2.39.3 Ion chromatography

The application of this technique to the determination of neodynium is discussed under multication analysis in section 2.76.21.4.

### 2.39.4 Preconcentration

The preconcentration of neodynium is discussed under multication analysis in section 2.76.26.3.

## 2.40 Neptunium

### 2.40.1 Radionucleides

The determination of radioneptunium is discussed in section 12.1.12.

## 2.41 Nickel

### 2.41.1 Atomic absorption spectrometry

The application of this technique to the determination of nickel is discussed under multication analysis in sections 2.76.4.6 and 2.76.6.1.

### 2.41.2 *Inductively coupled plasma atomic emission spectrometry*

The application of this technique is discussed under multication analysis in sections 2.76.8.2–4 and 2.76.8.6.

### 2.41.3 *Inductively coupled plasma mass spectrometry*

The application of this technique is discussed under multication analysis in section 2.76.10.1.

### 2.41.4 *Polarography*

Pihlar *et al.* [579] have described a procedure for the differential pulse voltammetric determination of nickel. The voltammetric method consists in the application of dc or differential pulse voltammetry after prior interfacial accumulation by an adsorption layer of dimethylglyoximate at the hanging mercury drop electrode. This is an example of the approach of substantial sensitisation by chelate adsorption at stationary electrodes. In aqueous media determination limits of 1 ng $L^{-1}$ are attainable for nickel(II) with good precision and accuracy. This method for traces of nickel and cobalt has been linked with appropriate pretreatment and digestion procedures to develop a versatile analytical procedure suitable for extensive use in routine application in a variety of matrix types.

Separate particulate matter was determined by filtration through a 0.45 µm pore size membrane filter in a Sartorius Filtering unit SM 16511 under nitrogen pressure of about 1 bar. If the sample contains surface active substances and/or organic substances chelating strongly heavy metals, uv irradiate the filtrate in the presence of 0.03% hydrogen peroxide [580,581] in the presence of 0.01M hydrochloric acid. Due to this irradiation heavy metals bound to dissolved organic material are released as a consequence of its oxidative photolysis as species and are well accessible to voltammetry.

The application of this technique to the determination of nickel is also discussed under multication analysis in section 2.76.11.3.

### 2.41.5 *Stripping voltammetry*

Wang and Zhang [582] determined nickel in natural waters by cathodic stripping voltammetry in the ppb concentration range with 90–105% recoveries and a relative standard deviation of ≤23%. The nickel is concentrated by anodic oxidation, followed by reaction with dimethylglyxomine forming a precipitate on a glassy electrode. The nickel peak appears at 1.1 V and the calibration curve is linear in the range of 1 mg $L^{-1}$ to 1 µg $L^{-1}$.

Another electrochemical method for determining nickel in natural waters is reported by Sawamoto [583]. The nickel was determined by adsorptive stripping voltammetry of the 2,2′–bipyridine complex on the hanging mercury drop electrode. The calibration curve was linear at 1.0 µM concentration, the detection limit was 5 nM, and the relative standard deviation at 50 nM nickel was 5.5%.

The application of this technique to the determination of nickel is also discussed under multication analysis in section 2.76.12.1.

### 2.41.6 Emission spectrometry

The application of this technique is discussed under multication analysis in section 2.76.13.6.

### 2.41.7 Neutron activation analysis

The application of this technique is discussed under multication analysis in section 2.76.15.2.

### 2.41.8 X-ray fluorescence spectroscopy

The application of this technique is discussed under multication analysis in section 2.76.17.1.

### 2.41.9 High performance liquid chromatography

The application of this technique is discussed under multication analysis in sections 2.76.19.1, 2.76.19.2, 2.76.19.4 and 2.76.19.5.

### 2.41.10 Ion chromatography

The application of this technique is discussed under multication analysis in sections 2.76.21.2 and 2.76.21.4.

### 2.41.11 Miscellaneous

Yoshimura *et al.* [584] have described the application of ion-exchanger colorimetry with 1–(2–pyridylazo)–2-naphthol to the determination of nickel, at µg $L^{-1}$ levels or less, in natural waters.

Wilson and DiNunzio [585] used Donnan dialysis to enrich nickel (and cobalt) in natural hard waters by factors of up to 20 at the 200 µg $L^{-1}$ level. Recoveries were in excess of 99%. The determination of radionickel is discussed in sections 12.1.13 and 12.1.30.

### 2.41.12 *Preconcentration*

#### 2.41.12.1 Preconcentration by chelation–solvent extraction

Chelation with heptoxine followed by extraction with methanol–toluene prior to analysis of the extract by differential pulse polarography has been used to determine 1 µg $L^{-1}$ nickel in natural waters [586].

Nakamura and Sato [587] studied the interferences in the determination of nickel and several other trace metals, when extracted from natural waters with dithizone–methyl isobutyl ketone, prior to determination by atomic absorption spectrophotometry. Calcium and iron(II) decreased absorption intensity for several elements, including cobalt. High concentrations of aluminium and hydrogen sulphide interfered with the extraction of cobalt and other metals which form stable sulphides.

#### 2.41.12.2 Preconcentration on organic solids

Poly(triaminophenyl)glyoxal has been used as a chelating agent for the determination of traces of nickel in sea water, natural waters and trade effluents [588]. Nickel is desorbed from the polymer with 0.1 M hydrochloric acid, extracted into an isobutyl methyl ketone solution of ammonium pyrrolidine dithiocarbamate and determined by atomic absorption spectrophotometry at 232 nm.

#### 2.41.12.3 Preconcentration on ion-exchange resins

Nickel has been preconcentrated from mineral water on Dowex A1 cation exchange resin. Nickel is desorbed from the column with hydrochloric acid and determined spectrophotometrically [589].

Olbrych-Slesynska *et al.* [590] preconcentrated nickel(II) in natural waters on a column of modified XAD–resin prior to determination by atomic absorption spectrometry in amounts down to 0.1 ppm.

The preconcentration of nickel is also discussed under multication analysis in sections 2.76.26.1–9 and 2.76.26.11.

## 2.42 Niobium

### 2.42.1 *Preconcentration*

Abbasi [591] describes a spectrophotometric procedure for the determination of niobium in natural waters. A niobium complex of N-p-methoxyphenyl-2-furylacrylohydroxamic acid was extracted into chloroform. The complex has an absorbance maximum at 550 nm and gave a detection limit of 0.1 µg $L^{-1}$. The method was compared with the methyl isobutyl ketone extraction of niobium which has a detection limit of 0.3 μg $L^{-1}$.

### 2.42.2 Radionucleides

The determination of radioniobium is discussed in section 12.1.14.

## 2.43 Osmium

### 2.43.1 Spectrophotometric methods

Ensafi and Rezaei [592] have described a kinetic spectrophotometric method for determining down to 5 ppt of osmium in natural waters.

## 2.44 Palladium

### 2.44.1 Graphite furnace atomic absorption spectrometry

Ma and Cheng [593] evaluated several electrothermal atomisers for the atomic absorption spectrophotometric determination of palladium in natural waters. The normal graphite tube, pyrolytic graphite coated tube, platform and pyrolytic graphite tube lined with tungsten were evaluated. The sensitivity was highest with the pyrolytic graphite coated tube, followed by pyrolytic graphite coated tube lined with tungsten, platform and normal graphite tube. Interferences by the elements in seawater were observed for all atomisers.

### 2.44.2 Stripping voltammetry

Wang and Varughese [594] employed adsorptive stripping voltammetry to determine palladium in natural waters as the dimethylglyoxime complex. The palladium complex was concentrated on a hanging mercury drop electrode at 0.20 V. For a 10 min preconcentration time, the detection limit was 20 ng $L^{-1}$.

### 2.44.3 Ion chromatography

The application of this technique to the determination of palladium is discussed under multication analysis in section 2.76.21.4.

### 2.44.4 Miscellaneous

Guo *et al.* [595] reported on a unique photoacoustic method for the determination of palladium in natural waters. The palladium(II) is extracted by dithizone and subsequently evaporated as an organic film.

The method offers a detection limit of 0.04 ppb of palladium(II) in a 100 mL water sample, a linear dynamic range of 2–200 ng palladium(II), and a relative standard deviation of 3.2% at 100 ng of palladium(II).

### 2.44.5 *Preconcentration*

Abbasi [596] used N-p-methoxyphenyl–2–furylacrylohydroxamic acid and 5–(diethylamino)–2–(2-pyridylazo)phenol for the extraction of palladium from natural waters. The complex is measured at 560 nm by absorption spectrophotometry.

## 2.45 Plutonium

### 2.45.1 *Miscellaneous*

Selective adsorption of plutonium(VI) by silica gel has been used to separate plutonium(VI) from plutonium(V) [597]. Only plutonium(V) was found in natural water samples. Plutonium(VI) is highly unstable in alkaline lake waters reducing to plutonium (V).

Suutarinen *et al.* [598] have discussed the speciation of plutonium in river and lake waters.

### 2.45.2 *Radionucleides*

The determination of radioplutonium is discussed in section 12.1.15.

### 2.45.3 *Preconcentration*

The preconcentration of plutonium is discussed under multication analysis in section 2.76.26.4.

## 2.46 Polonium

### 2.46.1 *Radionucleides*

The determination of radiopolonium is discussed in sections 12.1.16 and 12.1.30.

## 2.47 Potassium

### 2.47.1 *Spectrophotometric method*

Motomizu *et al.* [599] have described a spectrophotometric determination of potassium based on solvent extraction of the complex formed with a crown ether and an anionic azo dye using flow injection analysis. Three analogues of 18 crown 6 were examined as the crown ether, 4 analogues of the anionic azo dye, 4-(4-dialkylaminophenyl)azo-2,4-dichlorobenzene sulphonate and picrate were examined as counter anions and approximately 10 different solvent systems were investigated. Optimal conditions involved the use of 4-(4-diethyl-aminophenyl)azo-2,5-dichlorobenzene sulphonate and benzo-18-crown-6 reagents with benzene–chlorobenzene (1:1 by volume) as the preferred solvent for extraction. The carrier stream was distilled water and the reagent stream contained the dye anion, crown ether, EDTA dilithium salt and lithium hydroxide. A PTFE porous membrane was used for separating the organic phase. The detection limit was $\times 10^{-6}$ M and the relative standard deviation was 0.4%.

### 2.47.2 Atomic absorption spectrometry

Iwachido *et al.* [600] have reported a chromogenic crown ether method for the determination of potassium in natural waters. Iwachido *et al.* [600] used 4′-L⁻N-(8-sulfo-1-naphthyl)-4-aminophenylaxo/benzo-18 crown followed by absorption spectrometry at 520 nm.

The application of atomic absorption spectrometry is also discussed under multication analysis in section 2.76.4.1.

### 2.47.3 Potassium selective electrodes

Ward [601] has evaluated three different types of potassium ion selective electrodes, manufactured by three different companies for suitability for application in monitoring or *in situ* chemical analysis systems. Each sensor was tested for the following parameters: accuracy, precision, temperature dependence, short- and long-term stability, durability, sensitivity to variations in light intensity and flow conditions, response time as a function of temperature and potassium concentration, and variations between different manufacturers. The three sensors (glass membrane single electrode, glass membrane combination electrode, and liquid ion-exchange electrode) were evaluated at 10°C and 25°C in river and sea waters. All three electrodes performed well in river water, the results with the liquid ion-exchange electrode were significantly better in sea water than those with the two glass membrane electrodes. An accuracy of 5% in concentration could be achieved with some of the sensors when properly and frequently calibrated. The response times (95%) were unexpectedly long for all the sensors and were generally greater than 10 min. While none of the electrodes were affected by changes in light intensity, the two glass membrane sensors were sensitive to external motion and flow variations.

None of the electrodes exhibited a pure Nernstian behaviour with a Nernst theoretical slope. Because of this erratic behaviour, the calibration slope must be determined experimentally and meters which assume the theoretical slope cannot be used for reliable data collection. Since none of the potassium electrode responses were linear with concentration, an experimental working curve of millivolts versus known concentration must be constructed. At least two calibration points should be used to closely bracket the potassium concentration in the unknown sample since the calibration non-linearity can become quite severe under certain conditions. All three electrodes had significant drift problems (Orion the least) and therefore require frequent calibration (at least twice daily). Because of the drift, the sensors cannot be used for continuous monitoring unless a method is provided for frequent, periodic recalibration. Whenever possible, the sample and standard should be measured at the same temperatures. If this is not possible, a temperature correction to the calibration curve can be generated.

Electrodes from the same manufacturer have the same basic characteristics but the electrode potentials for the potassium activity can vary significantly between sensors. This requires that each sensor be evaluated for its individual characteristics before being employed as a sensing device.

Hulanicki *et al.* [602] have discussed the interference by cationic, anionic and non-ionic surfactants on the potentials of potassium by ion-selective electrodes. Electrodes with a solid silver contact were less sensitive to interferences than were electrodes with an internal reference solution.

### 2.47.4 Inductively coupled plasma atomic emission spectrometry

The application of this technique is discussed under multication analysis in section 2.76.8.2.

### 2.47.5 Inductively coupled plasma mass spectrometry

The application of this technique is discussed under multication analysis in section 2.76.10.1.

### 2.47.6 Emission spectrometry

The application of this technique is discussed under multication analysis in section 2.76.13.6.

### 2.47.7 Neutron activation analysis

The application of this technique is discussed under multication analysis in section 2.76.15.1.

### 2.47.8 Prompt $\gamma$-neutron activation analysis

The application of this technique is discussed under multication analysis in section 2.76.16.1.

### 2.47.9 Ion-exchange chromatography

The application of this technique is discussed under multication analysis in section 2.76.20.1.

### 2.47.10 Ion chromatography

The application of this technique is discussed under multication analysis in sections 2.76.21.1 and 2.76.21.4.

### 2.47.11 $\alpha$-particle induced X-ray emission spectrometry

The application of this technique is discussed under multication analysis in section 2.27.23.1.

### 2.47.12 Radionucleides

The determination of radiopotassium is discussed in sections 12.1.17 and 12.1.30.

### 2.47.13 Preconcentration

The preconcentration of potassium is discussed under multication analysis in sections 2.76.26.2, 2.76.26.5 and 2.76.26.8.

## 2.48 Praesodynium

### 2.48.1 Inductively coupled plasma mass spectrometry

The determination of praseodynium is discussed under multication analysis in section 2.76.10.2.

### 2.48.2 Ion chromatography

The determination of praseodynium is discussed under multication analysis in section 2.76.21.4.

### *2.48.3 Preconcentration*

The preconcentration of praseodynium is discussed under multication analysis in section 2.76.26.3.

## 2.49 Promethium

### *2.49.1 Inductively coupled plasma mass spectrometry*

The application of this technique to the determination of promethium is discussed under multication analysis in section 2.76.10.2.

### *2.49.2 Ion-exchange chromatography*

The application of this technique is discussed under multication analysis in section 2.76.20.1.

### *2.49.3 Ion chromatography*

The application of this technique is discussed under multication analysis in section 2.76.21.4.

### *2.49.4 Radionucleides*

The determination of radiopromethium is also discussed under multication analysis in sections 12.1.18 and 12.1.30.

### *2.49.5 Preconcentration*

The preconcentration of promethium is also discussed under multication analysis in section 2.76.26.3.

## 2.50 Protoactinium

### *2.50.1 Radionucleides*

The determination of radioprotoactinium is discussed in section 12.1.19.

## 2.51 Radium

### *2.51.1 Radionucleides*

The determination of radioradium is also discussed under multication analysis in sections 12.1.20 and 12.1.30.

## 2.52 Rhenium

### 2.52.1 *Preconcentration*

The preconcentration of rhenium is discussed under multication analysis in section 2.76.26.1.

## 2.53 Rubidium

### 2.53.1 *Atomic absorption spectrometry*

The application of this technique is discussed under multication analysis in section 2.76.4.6.

### 2.53.2 *Ion-exchange chromatography*

The application of this technique is discussed under multication analysis in section 2.76.20.1.

### 2.53.3 *$\alpha$-particle induced X-ray emission spectrometry*

The application of this technique is discussed under multication analysis in section 2.76.23.1.

## 2.54 Ruthenium

### 2.54.1 *Spectrophotometric method*

Arseneau *et al.* [603] chelated ruthenium with disodium 5,5′-(3′(2-pyridyl) 1,2,4-triazine-5,6-diyl)-bis(2-furansulfonate) (Ferene), followed by spectrophotometric determination at 520 nm. The method is applicable to the determination of ruthenium in the 0.03–4.0 mg $L^{-1}$ range in natural waters.

### 2.54.2 *Miscellaneous*

Vashal *et al.* [604] have described paper chromatographic and electrophoretic methods for the determination of 0.1 μg amounts of ruthenium in natural water. Ruthenium can be extracted from the zones on the chromatogram and determined by a kinetic method based on the formation of the blue colour of the oxidation products of benzidine catalysed by ruthenium.

A catalytic method for the determination of ruthenium in natural waters has been described by Yu and Li [605]. Recoveries were 95–105% and the sensitivity of the method was 5.4 ng $L^{-1}$. The relative standard deviation was ±5.8% at 100 ng of ruthenium $L^{-1}$.

### 2.54.3 *Radionucleides*

The determination of radioruthenium is discussed in sections 12.1.22 and 12.1.30.

## 2.55 Samerium

### 2.55.1 *Inductively coupled plasma mass spectrometry*

The application of this technique is discussed under multication analysis in section 2.76.10.2.

### 2.55.2 *Neutron activation analysis*

The application of this technique is discussed under multication analysis in section 2.76.15.3.

### 2.55.3 *Ion-exchange chromatography*

The application of this technique is discussed under multication analysis in section 2.76.20.1.

### 2.55.4 *Ion chromatography*

The application of this technique is discussed under multication analysis in section 2.76.21.4.

### 2.55.5 *Preconcentration*

The preconcentration of samerium is discussed under multication analysis in section 2.76.26.3.

## 2.56 Selenium

### 2.56.1 *Spectrophotometric method*

Dessai and Paul [606] proposed a simultaneous colorimetric determination of selenium(VI) and selenium(VI) with sodium diethyldithiocarbamate. Other examples of spectrophotometric determinations are given in Table 2.14.

### 2.56.2 *Spectrofluorometric methods*

The application of this technique is discussed under multication analysis in section 2.76.2.1.

*Table 2.14* Examples of selenium determination by spectrophotometry

| *Reagent* | *Wavelength (nm)* | *Range of determination or detection limit* | *References* | *Remarks* |
|---|---|---|---|---|
| 3,3–prim–Diaminobenzidine | 420 | 0.1–10 mg $L^{-1}$ | [607, 608] | Toluene extraction, pH 6–7; interferences: Au, Br, Cr, Mo, Sn, V, W, Zr and oxidation agents |
| 2,3–Diaminonaphthalene | 380 | 0–4.00 mg $L^{-1}$ | [609] | Toluene extraction, pH 1.5–2.5; interferences: Cu, hypochlorite, and reducing agents |
| 1,2–Diaminobenzene | 335 | 5.25 mg $L^{-1}$ | [610] | Toluene extraction, pH 1.5–2.5; interferences: Fe(III), Sn(IV) and iodide ions, but Fe(III) can be masked with EDTA |
| 4–Chlorodiaminobenzene | 341 | 0.3–10 mg $kg^{-1}$ | [611] | Toluene extraction at low pH |
| 4–Nitrodiaminobenzene | 350 | 3 mg $kg^{-1}$ | [612] | Toluene extraction, pH <2 |
| – | – | 0.8 mg $L^{-1}$ | [613] | – |

Source: Reproduced by permission from Academic Press, London

### 2.56.3 *Flow injection analysis*

Jenes *et al.* [614] described a catalytic flow injection method for the determination of down to 0.15 mg $L^{-1}$ of selenium in natural waters.

The application of this technique is also discussed under multication analysis in section 2.76.3.1.

### 2.56.4 *Atomic absorption spectroscopy*

#### 2.56.4.1 Direct injection flame techniques

Atomic absorption spectroscopy in its classical form is not sensitive enough for determination of selenium. The most intense resonance line of selenium (196.03 nm) corresponds to a range near to the vacuum ultraviolet. Moreover, the most frequently applied air–acetylene flame absorbs about 55% of radiation intensity of the light source. When using electrodeless discharge lamps and air–acetylene flame, a lower delectability level of 200 µg $L^{-1}$ can be reached that can be extended down to 100 µg $L^{-1}$ by application of a deuterium lamp for background correction. The argon–hydrogen flame is often used for augmentation of sensitivity but it increases interferences, too.

Electrochemical preconcentration of selenium(IV) by reduction and deposition of elemental selenium on a platinum spiral was used by Lund and Bye [615] for air–acetylene flame atomic absorption spectroscopy. The electrolysis is done in the presence of hydrazine dihydrochloride to prevent the generation of chlorine, which would oxidise selenium(IV) to the non-reducible selenium(VI). A detection limit of 5 µg $L^{-1}$ and an electrolysis efficiency of 10% are obtained for a 25 ml sample and a 5 min electrolysis time.

### 2.56.5 *Graphite furnace atomic absorption spectroscopy*

The flameless technique in which a small sample aliquot is electrothermally atomised in a graphite furnace, is especially suitable for direct analysis of samples as it offers a high sensitivity (50 pg of selenium is the detection limit), but it is not simple, nor free from interferences or volatility losses. Treatment of the graphite furnace, or addition of various metals ions, such as nickel [616–624], cobalt [618], molybdenum [625], lanthanum [618], copper [626–630], mercury [629], chromium [630], diminish the chemical interferences in water analysis, allow use of higher ashing temperatures without losses and result in a significantly enhanced sensitivity. Vickrey and Buren [618] reported that added metal solutions counteract signal depression by interfering elements not only because they reduce the volatility of selenium, but also because they modify the graphite furnace surface, leading to more efficient atom formation.

Surface treatment can replace the matrix modifier – use of metal-coated or pyrolytic graphite-coated curvettes [618] or graphite tubes lined with tantalum foil [631] yields optimal results.

Montaser and Mehrabzadeh [632] reached a delectability level of $1 \times 10^{-12}$ g selenium using graphite electrothermal furnace and background correction with a deuterium lamp.

Kamada *et al.* [626] proposed a simple method of determination of selenium(IV) and selenium(VI) in different waters with carbon tube atomiser. The water was acidified to pH 1 and selective extraction with sodium diethyldithiocarbamate and carbon tetrachloride was carried out for the estimation of selenium(IV).

The content of selenium(VI) was determined as the difference between the total selenium and selenium(IV) content. The detection limit was 0.4 ng selenium [633].

Various detection limits have been reported for determination of selenium in water samples by flameless atomic absorption spectroscopy without preconcentration. Table 2.15 summarises some published results. Pretreatment of the water samples and some slight modifications can give enhanced sensitivity.

### *2.56.6 Hydride generation flame atomic absorption techniques (HGAA)*

The literature on hydride generation flameless atomic absorption spectroscopy for environmental water analysis is summarised in Table 2.16.

It appears that with regard to sensitivity, the sample pretreatment step is of paramount importance. For most uncontaminated environmental waters, only the last three methods listed in Table 2.16 will be suitable. Nakahara *et al.* [645] used a non-dispersive system to compare the zinc and sodium borohydride reduction systems. The best attainable detection limits for selenium were 0.43 ng and 0.2 ng respectively. With the proposed method, 1 μg $L^{-1}$ levels of selenium can be determined accurately. The presence of several elements, including other hydride-forming elements, in 1000 fold ratio to selenium caused a negative interference, but tellurium gave a positive interference.

Krivan *et al.* [646] applied radiotracer error diagnostics in an investigation of the determination of selenium by flame hydride-generation atomic absorption spectrometry. The method involved a preliminary decomposition of the sample with a mixture of sulphuric acid and hydrogen peroxide. Selenium(VI) was reduced to selenium(IV) with 5 M hydrochloric acid. Errors were caused by back oxidation of selenium(IV) to selenium(VI) by the residual chlorine produced during reduction. Chlorine removal with nitrogen eliminated back oxidation.

*Table 2.15* Determination of selenium in natural waters by flameless atomic absorption spectroscopy

| *Type of water* | *Pretreatment* | *Detection limit, (μg L$^{-1}$)* | *Ref.* |
|---|---|---|---|
| Estuarine/fresh | addition of 0.2% Ni(II) | 0.5 | [617] |
| Waste/fresh | predigestion +addition of Ni(II) | 0.02 | [634] |
| | *Chemical preconcentration* | | |
| Waste/river/sea | APDC or DDTC/$CCl_4$ extraction | 0.4 | [626] |
| | DDTC/$CCl_4$ extraction + addition of Cu(II) | 0.4 | [616] |
| Waste/river/sea | APDC/MIBK extraction + addition of Cu(II) | 0.3 | [627] |
| Waste/river | APDC/MIBK extraction | 0.3 | [635] |
| Drinking/source/ rain | evaporation piazselenol–toluene extraction +addition of Ni(II) | 0.02 | [619] |

Source: Reproduced by permission from Elsevier Science Ltd, UK

*Table 2.16* Determination of selenium in environmental waters by hydride generation flameless atomic absorption spectroscopy

| *Pretreatment* | *Reducing agent* | *Flame type* | *Detection limit, (μg L$^{-1}$)* | *Ref.* |
|---|---|---|---|---|
| None | $NaBH_4$ | Ar/$H_2$ | 50 | [1201] |
| None | $NaBH_4$ | $N_2/H_2$ | 5 | [637] |
| HCl, $H_2SO_4$ | KI/$SnCl_2$/Zn | Ar/$H_2$ | 2 | [638] |
| Digestion with acid KMnO4 solutions, reduction by HCl | KI/$SnCl_2$/Zn | $N_2/H_2$ | 2 | [639] |
| None | $TiCl_3$/Mg or $NaBH_4$ | Air/$C_2H_2$ | 1.7 | [640] |
| $H_2SO_4$, $HNO_3$, $K_2S_2O_8$ | $NaBH_4$ | Ar/$H_2$ | 1 | [636] |
| Acid digestion | $NaBH_4$ | $N_2/H_2$ | 0.6 | [641] |
| None | $NaBH_4$[a] | Ar/$H_2$ | 0.15–0.25 | [642] |
| $K_2S_2O_8$/HCl | KI/$SnCl_2$/Al | AR/$H_2$ | 0.1 | [633] |
| HCl heating (1 h) | $NaBH_4$ | Tube furnace | 0.02 | [643] |
| Adsorption of hydrides on $HgCl_{2-}$ or $AgNO_3$-impregnated filters, re-extraction with $HNO_3$, $HClO_4$ | NaBH or KI/$SnCl_2$/Zn | Ar/$H_2$ | 0.02 | [1200] |
| Co-precipitation with $Fe(OH)_3$, flotation with air bubbles, scavenging, redissolution in HCl | $NaBH_4$ | $N_2/H_2$ | 0.02 | [644] |

[a] The hydrides were collected in a collapsible bag. In all other cases there was direct injection

Source: Own files

Rodan and Tallman [647] have pointed out that ground waters containing appreciable levels of dissolved organic compounds often present difficulties in their analysis for selenium. Oxidative digestion of the sample usually removes organic interferences and permits the determination of total selenium. However, digestion also destroys the natural distribution of selenium between its common oxidation states, 4+ and 6+. They describe a procedure which permits speciation of inorganic selenium in groundwater samples. Many of these samples, even when spiked with appreciable amounts of selenium, totally suppress the release of selenium hydride. The method is based on separation of the selenium species from the organic interferent(s) by column chromatography at pH 1.6–1.8 on XAD–8 resin which removes organic compounds while preserving the natural distribution of selenate and selenite. This is followed by hydride generation–graphite furnace atomic absorption spectrometric determination of selenium.

### 2.56.7 Hydride generation electrothermal (flameless) atomic absorption spectroscopy (HgETAAS)

Hydride generation in combination with electrothermal atomic absorption spectroscopy is probably the most studied method for determination of selenium in environmental water, yet it is plagued by numerous interferences [648–658]. Meyer *et al.* [657] found that these depend very strongly on the concentration of hydrochloric acid in the sample solution. Vijan and Leung [658] utilised the capability of hydrochloric acid to form chloro-complexes with common interfering heavy metals, such as copper and nickel, to eliminate practically all their suppressive effects.

Various automated hydride-generation flameless atomic absorption spectroscopy techniques have been described [633,650,659], allowing 30–70 water analyses per hour. In the procedure of Pyen and Fishman [659], organic selenium-containing compounds are first decomposed by hydrochloric acid–potassium persulphate digestion. The selenium(VI) produced, along with any inorganic selenium, is reduced to selenium(IV) with stannous chloride and potassium iodide and then to selenide with sodium borohydride. The hydrogen selenide is stripped from the solution with nitrogen and then decomposed in a tube furnace at 800°C placed in the optical path of the electrothermal atomic absorption spectrometer.

Cutter [660] proposed a complex method for determination of selenite, selenate, dimethyl selenide and dimethyl diselenide in natural waters. Volatile methyl species of selenium are removed from the sample by a stream of helium and inorganic forms of selenium are selectively reduced to the hydride with sodium borohydride and stripped. Both the organic selenides and the hydrogen selenide are trapped in a liquid–nitrogen trap. The methyl species are separated by gas–liquid chromatography and measured in a quartz-tube furnace. For selenium(IV) and selenium(VI) the detection limit is 5 ng $L^{-1}$ and the time of analysis is 15 and 30 min per sample respectively.

Koelbl [661] compared flame atomic absorption spectrometry, graphite furnace atomic absorption spectrometry and inductively coupled plasma mass spectrometry for the determination of selenium in natural waters. Inductively coupled plasma mass spectrometry gave the best results with a detection limit of 0.1 ng. Applications of atomic absorption spectrometry are also discussed under multication analysis in sections 2.76.4.4, 2.76.4.6 and 2.76.7.1 (hydride generation atomic absorption spectrometry).

### 2.56.8 Inductively coupled plasma atomic emission spectrometry

Winge *et al.* [662] evaluated the accuracy, precision and detection limits of inductively coupled argon plasma emission spectrometry. Pneumatic nebulisation gives a detection limit of 30–40 μg $L^{-1}$. Only with ultrasonic nebulisation is it possible to reach a limit of detection of 1 μg $L^{-1}$ selenium which is well below the EPA recommended levels for public water supplies and irrigation water, 10 and 20 μg $L^{-1}$ respectively [663,664].

The application of inductively coupled plasma atomic emission spectrometry are also discussed under multication analysis in sections 2.76.8.2, 2.76.8.5 and 2.76.9.1 (hydride generation inductively coupled plasma atomic emission spectrometry).

### 2.56.9 Inductively coupled plasma mass spectrometry

Ion pairing reversed phase or anion-exchange liquid chromatography followed by inductively coupled plasma mass spectrometry has been shown to yield sub ppb detection limits for the determination of selenium in natural waters [665].

### 2.56.10 Stripping methods

Howard *et al.* [666] determined selenium(IV) by differential-pulse polarography of the 4-chloro-*o*-phenylenediamine piazselenol, which gives a reduction peak at 0.11 V vs SCE at pH 2.5 in formate buffer. The detection limit was 0.4 μg $L^{-1}$. Interferences from chromium(VI), copper(II), molybdenum(VI), nickel(II), tin(II), tellurium(IV) and vanadium(V) were overcome by treatment of the sample with a Chelex-100 resin column. The method appeared to be applicable to the analysis of fresh water, estuarine water and sea water.

Nguyen *et al.* [667] used differential-pulse anodic stripping voltammetry for the simultaneous determination of copper, lead, cadmium and zinc, and differential pulse cathodic-stripping voltammetry at a hanging mercury drop electrode for selenium determination, specifically in rain water and snow. With special care to purify and pretreat sampling containers and laboratory ware, they were able to determine selenium down to 10 ng $L^{-1}$ in a 15 ml sample.

Henze [668] discussed the determination of selenium, arsenic and tellurium at sub-μg $L^{-1}$ levels. After electrolytic depositions of the elements as intermetallic compounds after addition of copper(II) the determination is done by differential-pulse cathodic-stripping voltammetry. At a selenium concentration of 1 μg $L^{-1}$, the standard deviation is only 2.3%. The simultaneous determination of selenium and tellurium or of selenium and arsenic is possible but inorganic compounds that may be present in natural waters, in practice, cause depression or even complete suppression of the peaks.

Deldime and Hartman [669] discussed the electrochemical characteristics of the differential pulse and cathodic-stripping polarography of selenium. The addition of copper and 2 N hydrochloric acid as supporting electrolyte can decrease the interfering effect of certain trace metals. Denis *et al.* [670] used reduction of selenium to selenide by sodium borohydride, evolution of hydrogen selenide and its trapping in an alkaline cell, as a preparation step before differential-pulse cathode-stripping voltammetry. The detection limit was 1 μg $L^{-1}$ with a precision of approximately 5% at concentrations above 4 μg $L^{-1}$. Metal interferences can be removed by batch extraction with immobilised 8-hydroxyquinoline.

Breyer and Gilbert [671] determined selenium(IV) by formation of piazselenol with 3,3′-diaminobenzidine at pH 1.5 followed by differential pulse voltammetry in borate buffered electrolyte at pH 9, when the piazselenol gave reduction peaks at potentials of –0.64 V and –0.82 V against a saturated calomel electrode. The limit of detection was 0.10 μg $L^{-1}$. No interference was caused by up to 500 fold amounts of ions such as divalent cooper and lead.

Mattsson *et al.* [672] used cathodic stripping voltammetry in combination with ultraviolet photolytic digestion to determine total dissolved selenium in amounts down to 2 ppt in natural waters.

Potin-Gautier *et al.* [673] have discussed the interference effects of humic acid on the determination by differential pulse cathodic stripping voltammetry of down to 25 ppt of selenium in natural waters.

Campanella *et al.* [674] have described a voltammetric determination of selenium in natural waters. These workers used a polymer modified mercury film electrode and achieved a detection limit of 0.7 μM selenium.

### 2.56.11 Emission spectrometry

The application of this technique is discussed under multication analysis in section 2.76.13.3.

### 2.56.12 Neutron activation analysis

Because of its high sensitivity ($10^{-8}$–$10^{-9}$ g of selenium) this technique is used for determination of selenium, especially in environmental waters. Thermal neutrons are most often used for the activation because radioactive selenium isotopes are formed in ($n$, $\gamma$) reactions. Only the 77 mSe and 75 Se radioisotopes are currently utilised in activation analysis. 77 mSe, provides the highest sensitivity thanks to a very short half-life (17.5 s) is used only in instrumental neutron-activation analysis. 75 Se is used more often because its long half-life (120.4 days) allows chemical separation, but long activation times are required. The sample material is usually irradiated in a nuclear reactor with a flux of $10^{-13}$–$10^{-15}$n cm$^{-2}$ s$^{-1}$ for 7–32 days (for 75 Se or several seconds for 77 mSe). The activity of the irradiated samples is measured with a high-resolution Ge(Li) $\gamma$-ray detector coupled to a multichannel analyser, or sometimes with an NaI(TI) detector.

The most important step in the neutron activation analysis of water is the enrichment of selenium. Three ways of preconcentrating the element from the water have been described, namely selective extraction, non-selective extraction and freeze-drying (discussed further in the section on preconcentration). The irradiation can also be followed by radiochemical separation. As can be seen in Table 2.17 only five papers deal with irradiation of whole water samples without any pretreatment, and physical preconcentration by evaporation or free-drying usually does not give sufficient sensitivity for analysis of unpolluted water.

The application of this technique is also discussed under multication analysis in section 2.76.15.1.

### 2.56.13 Gas chromatography

Estimation of selenium by gas chromatography is based almost exclusively on measurement of the amount of piazselenol formed in the reaction of selenium(IV) with an appropriate reagent in acidic media. Piazselenols are easily extracted with organic solvents (most frequently toluene) in which they can be subsequently determined by spectrophotometric, fluorometric, or chromatographic methods. In gas chromatography, piazselenols are usually estimated with an electron capture detector due to its highest sensitivity and selectivity with respects to these compounds (Table 2.18). Apart from the superior sensitivity and

*Table 2.17* Determination of selenium by non-destructive neutron-activation analysis without chemical preconcentration

| *Experimental conditions* | *Type of water* | *Detection limit, (μg L$^{-1}$)* | *Ref.* |
|---|---|---|---|
| 10 ml enclosed in quartz<br>$2.6 \times 10^{12}$ n.cm$^{-1}$.s$^{-1}$ (14 hr)<br>30 days decay time | Subsurface waters | 0.7 | [675–677] |
| 5 ml enclosed in quartz<br>$1.4 \times 10^{13}$ n.cm$^{-2}$.s$^{-1}$ (3 days)<br>17 decay/60 min counting | River water | 0.34 | [678] |
| 250 ml in specially designed quartz bottles<br>$10^{13}$ n.cm$^{-2}$.s$^{-1}$ (20 hr) | Sewage | – | [679] |
| 5 l, evaporation<br>$10^{14}$ n.cm$^{-2}$.s$^{-1}$ | Rain water | – | [680] |
| Progressive evaporation<br>$3 \times 10^{16}$ n.cm$^{-1}$.s$^{-1}$ | Rain water | – | [681] |
| 250 ml, freeze-drying, pressing into pellets<br>$1.6 \times 10^{12}$ n.cm$^{-1}$.s$^{-1}$ (32 hr)<br>20 days decay time | Rain water | 3.0 | [682] |
| 100 ml, freeze-drying<br>$5 \times 10^{13}$ n.cm$^{-1}$.s$^{-1}$ (4 hr) | River water | – | [683] |
| 200 ml, freeze-drying<br>$10^{14}$ n.cm$^{-1}$.s$^{-1}$ (1 day)<br>1 day decay time | River water | 0.1 | [684] |
| 1 l, freeze-drying in the presence of 25 mg of ultra carbon,<br>$2 \times 10^{14}$ n.cm$^{-1}$.s$^{-1}$ (35 hr)<br>4 weeks decay time | River water | 0.07 | [685] |

Source: Own files

selectivity, the gas chromatography method allows for elimination of interferences from the matrix.

Shimoishi and Toei [689] have described a gas chromatographic determination of selenium in natural waters based on 1,2-diamino-3,5-

dibromobenzene with an extraction procedure that is specific for selenium (IV). Total selenium is determined by treatment of natural water with titanium trichloride and with a bromine–bromide redox buffer to convert selenide, elemental selenium and selenate to selenious acid. After reaction, the 4,6-dibromopiazselenol formed from as little as 1 ng of selenium can be extracted quantitatively into 1 ml of toluene from 500 ml of natural water; up to 2 ng $L^{-1}$ of selenium(IV) and total selenium can be determined. The percentage of selenium(IV) in the total selenium in river water varies from 35 to 70%.

Uchida *et al.* [696] determined various selenium species in river water and sea water by electron capture detection gas chromatography after reaction with 1,2-diamino-3,5-dibromobenzene. This reagent reacts with selenium IV to form 4,6–dibromopiazselenol which is extracted into toluene. After Se(–11) and Se(0) has been reduced by a bromine–bromide solution to selenium(IV) state, total selenium is determined by the same method. The limit of detection is 0.002 μg $L^{-1}$.

Flinn and Aue [700] proposed a photometric detector for selenium analysis which enables determination of $2 \times 10^{-12}$ g selenium $s^{-1}$.

Johansson *et al.* [701] determined selenium in natural waters by derivitivisation followed by gas chromatography using an electron capture detector.

De la Calle Guntinas *et al.* [702] volatilised selenium from natural water samples by reaction with sodium tetraethylborate and measured the volatilised selenium by gas chromatography microwave–induced plasma atomic emission spectrometry. The detection limit for a 5 mL sample was 8 ppt.

Gallus and Henmann [703] used gas chromatography coupled to an inductively coupled plasma mass spectrometric detector to determine down to 20 ppt of selenium in natural waters.

The application of this technique is also discussed under multication analysis in section 2.76.18.1.

### 2.56.14 High performance liquid chromatography

Nakagawa *et al.* [704] have described a method based on selenotrisulphide formation followed by high performance liquid chromatography with fluorometric detection for the determination of selenium (IV). The method involves precolumn reaction of selenium(IV) with penicillamine (Pen) to produce stable selenotrisulphide (Pen-SSeS-Pen) and subsequent derivatisation to a fluorophore by reaction with 7-fluoro-4-nitrobenz-2,1,3-oxidazole. The fluorophore was separated by reversed–phase high performance liquid chromatography and selenium content was determined by fluorometric detection. The calibration plots showed a linear relationship in the range of 10–2000 ppb of selenium(IV)

*Table 2.18* Examples of selenium determination in various materials by gas–liquid chromatography

| *Materials* | *Detection limit* | *Reagent* | *Reference* | *Determination conditions* |
|---|---|---|---|---|
| Water solutions | $4 \times 10^{-8}$ g | 4-Chloro-phenylenediamine | [686] | Glass column, 2 m × 4 mm, with 15% SE–30 on 60–80 mesh Chromosorb W:$t$ = 200°C, $V_{N2}$ = 50 ml/min; ECD detector |
| Sea water | $2 \times 10^{-9}$ g | 4-Nitro-o-phenylene-diamine | [687] | Glass column 1 m × 4 mm with 15% SE–30 on 60–80 mesh Chromosorb W:$t$ = 200°C; $V_{N2}$ = 53 ml/min; ECD detector |
| River water | $5 \times 10^{-10}$ g | 2,3-Diamino-naphthalene | [688] | Stainless column 6 ft × 1.8 in. with 3% SE–30 on Chromosorb G. 60–80 m mesh: $t$ = 165°C; $V_{He}$ = 40 ml/min; ECD detector |
| River and sea water | $2 \times 10^{-9}$ g | 1,2-Diamino-3,5-dibromobenzene | [689] | Glass column 1 m × 4 mm with 15% SE–30 on Chromosorb W 60–80 mesh: $t$ = 200°C; $V_{N2}$ = 28 ml/min; ECD detector |

| *Form of selenium* | *Detection limit* (μg $L^{-1}$) | *Reagent* | *Reference* |
|---|---|---|---|
| Se(IV) | – | 4,5-Dichloropiazselenol | [1202] |
| Se(IV) | 2 | 2,3-Diaminopiazselenol | [690] |
| Se(total) | 2 | Reduction + 2,3–diaminopiazselenol | [690] |
| Se(IV) | 0.1 | 5-Nitropiazselenol | [691] |
| Se(total) | 0.1 | Reduction + 5-nitropiazselenol | [691] |
| Se(IV) | 0.05 | 5-Chloro-piazselenol | [691] |
| Se(total) | 0.05 | Reduction + 5–chloropiazselenol | [692] |
| Se(total) | 0.04 | Reduction + 4-nitropiazselenol | [693] |
| Se(IV) | 0.02 | 4-Nitropiazselenol | [687] |
| Se(total) | 0.02 | Reduction + 4-nitropiazselenol | [687] |

*Table 2.18* continued

| *Form of selenium* | *Detection limit* ($\mu g\ L^{-1}$) | *Reagent* | *Reference* |
|---|---|---|---|
| Se(IV) | 0.01 | 2,3-Diaminopiazselenol | [694] |
| Se(IV) | 0.01 | 4-Nitropiazselenol | [695] |
| Se(total) | 0.01 | Photo-oxidation + 4-nitropiazselenol | [695] |
| Se(IV) | 0.002 | 4,6-Dibromopiazselenol | [689] |
| Se(total) | 0.002 | Reduction + 4,6-dichloropiazselenol | [689] |
| Se(IV) | 0.002 | 4,6-Dibromopiazselenol | [696] |
| Se(–II, 0, IV) | 0.002 | Bromine oxidation + 4,6-dibromopiazselenol | [696] |
| Se(–I I, 0, IV,VI) | 0.002 | $Br_2$/Br– buffer + 4,6-dibromopiazselenol | [696] |
| Se(IV) | 0.008 | 5-Nitropiazselenol | [697] |
| Se(total) | 0.0008 | Photo-oxidation + 5-nitropiazselenol | [697–699] |

Source: Own files

with a detection limit of 5 μg $L^{-1}$ (signal to noise ratio (S/N) > 2). The method can determine total content of selenium in environmental samples after digestion of the samples and reduction of selenium(VI) to selenium(IV). The results from standard samples indicated satisfactory agreement with those obtained by other established methods and certified values with good reproducibility. This method is as sensitive as, but simpler in operation than, conventional fluorometry using diaminonaphthalene.

### 2.56.15 Miscellaneous

Several workers [705–707] reviewed different methods for the determination of selenium in water samples. Robberecht and Van Grieken [705] reviewed published work including spectrophotometry, atomic absorption spectroscopy, atomic fluorescence spectrometry, emission spectroscopy, X-ray emission analysis, neutron activation analysis and spark source mass spectrometric methods among others. Ben [707] reviewed methods based on neutron activation analysis, atomic absorption spectroscopy, gas liquid chromatography, spectrophotometry, X-ray fluorescence analysis and fluorometric and potentiometric methods. Robberecht and Van Grieken [705] gave detailed information on the levels of selenium found internationally in water samples.

Cobo-Fernandez *et al.* [708] conducted an interlaboratory study involving 18 laboratories in an attempt to identify errors attributed to calibrants and interferences in the determination of selenium(IV) and selenium(VI) in simulated freshwater.

Camera *et al.* [709] have reviewed the speciation of selenium in river waters.

### 2.56.16 Preservation of selenium samples

Cheam and Agemian [651] studied the stability of inorganic selenium(IV) and selenium(VI) species at levels of 1 and 10 μg $L^{-1}$ under various conditions of pH type of water and type of container. Use of polyethylene containers and adjustment to pH 1.5 will provide optimum conditions of preservation for both distilled and natural water samples up to 125 days. Algal growth is detrimental to solution stability at natural pH values of pH 5.4–7.2 but adjustments to pH 1.5 with sulphuric acid successfully prevents this effect. Container size and temperature are also discussed. Storage of samples at 4°C gives satisfactory stability but is less practicable. However, sulphuric acid interferes with some analytical methods, and if natural waters are to be tested it may be preferable to use unacidified natural water stored in polyethylene bottles at 4°C. It was noted that selenium(VI) is generally more stable than selenium(IV) in aqueous solutions. An interlaboratory quality control study [710], used the preferred conditions or acidification of 0.02% v/v sulphuric acid and storage at room temperature in polyethylene bottles. Excellent recoveries over the selenium concentration range 0–1000 μg $L^{-1}$ confirmed the effectiveness of this preservation method. Cutter [660] stated that acidification can be used for the preservation of water samples, but that it should not be excessive because the speciation can be changed. A sample spiked with selenium(VI) and stored in 4 M hydrochloric acid for 7 days showed 60% conversion into selenium(IV). Sample storage in 1 M hydrochloric acid preserves the selenium(VI) as well as the selenium(IV). Freezing the samples avoids the introduction of contaminants and in addition, the frozen samples can be analysed for volatile compounds – the methyl species, even in airtight containers, are completely lost from liquid samples within a day.

Massee *et al.* [711], studied sorption losses for selenium from distilled water, during storage in containers made of borosilicate glass, high-pressure polyethylene or Teflon. The effects of pH and storage times were studied, and special attention was paid to the effect of the ratio of inner container surface area to sample volume. For selenium(IV) at the 8 μg $L^{-1}$ level, losses were insignificant in all three container materials, irrespective of the water matrix composition. This is probably because the selenium is present as oxy-acids, which are partly dissociated, and the anions do not adhere to the container walls.

Thompson *et al.* [712] spiked acidified river water with selenium at the 50 μg $L^{-1}$ level. They observed losses starting after 16 days of storage at 20°C. Robberecht and Van Grieken [713] using different tracer experiments, showed that losses of both selenium(IV) and selenium(VI) from simulated natural waters onto Pyrex and polyethylene containers were negligible, even after prolonged storage. Elemental selenium, however, appeared to be rapidly lost on both materials.

Reamer *et al.* [714] studied selenium adsorption on several hydride generation systems and construction materials by use of 75 Se as radiotracer (100 μg $L^{-1}$). Polypropylene, two types of Teflon and both silaned and unsilaned glass were evaluated. Glass and polypropylene cause the highest adsorption losses (23–32%) and silanol glass the lowest (2–8%). The adsorption decreased as a function of the number of reductions done and adsorbed selenide was leached from the material only by 2 N nitric acid.

The various literature data indicate that adsorption losses of selenium will depend on various factors such as element concentration, chemical form, container material, contact time, pH, salinity, suspended matter and micro-organisms. Reduction of contact time and acidification with a strong acid will generally prevent or minimise the losses. Acidification however, can change the initial composition of the aqueous sample but storage of the unacidified water at 4°C in pre-cleaned polyethylene bottles can prevent this problem. For the study of volatile organo-selenium compounds, freezing the samples is the best method of storage.

### 2.56.17 *Preconcentration*

#### 2.56.17.1 Preconcentration by chelate formation-solvent extraction

By using multi-element extraction with ammonium pyrrolidine dithiocarbamate into chloroform and evaporation onto filter paper, Marcie [715] was able to determine selenium down to 10 μg $L^{-1}$ by wavelength dispersive X-ray fluorescence.

Ejaz and Qureshi [716] used selenium–75 tracer to investigate the extraction and preconcentration of selenium from nitric acid solutions containing iodide. Solvents investigated were benzene, xylene, toluene, nitrobenzene, chloroform, carbon tetrachloride, chlorobenzene, 4-(5-nonyl)pyridine, 2-hexylpyridine and benzylpyridine. The effect of choice of solvent, acid concentration and iodide concentration were determined. Extraction of selenium from water at 0.1–0.3 μg per 10 ml into toluene was greater than 90% even with a 100:1 ratio of aquatic phase:toluene volume. Concentrations of selenium spiked into 10 ml of water (10, 20 and 30 μg) were recovered in 1 ml toluene extract with a maximal error of 0.02 μg.

#### 2.56.17.2 Preconcentration by adsorption on activated carbon

Robberecht and Van Grieken [705] reported that selenate and selenite in various environmental waters can be determined by X-ray energy spectrometry after preconcentration of elemental selenium on activated carbon. Selenite is reduced to elemental selenium with ascorbic acid. Selenate plus selenite is determined after refluxing the samples with thiourea in sulphuric acid and then adsorbing the elemental form on activated carbon. Selenate is determined by difference. The limit of detection is 50 ng $L^{-1}$ for selenite and 50 ng $L^{-1}$ for total selenium. The coefficient of variation is approximately 10% for both species at the 0.5–1 μg $L^{-1}$ selenium-level. Humic material, common abundant ions and oxidising substances do not interfere.

Orvini *et al.* [717] presented an extended speciation scheme for the determination of selenium in polluted river waters. They used filtration, charcoal adsorption, selective reduction by ascorbic acid followed by charcoal adsorption and collection on anion-exchange resin for determination of suspended and colloidal compounds, selenite and selenate, respectively. They found an important fraction of the selenium to be present in the colloidal fraction. This was probably due to the fact that at pH 6.5 organoselenium compounds and some selenite adsorb on the charcoal and are included in this fraction.

Lieser *et al.* [718,719] also employed carbon adsorption either alone or in the presence of diethyldithiocarbamate or dithizone as chelating agents, for the partial recovery of selenium for subsequent determination by neutron activation analysis.

### 2.56.17.3 Preconcentration by chelate formation-adsorption

By using chelating 2,2-diaminodiethylamine cellulose filters, Smits and Van Grieken [720,721] could collect both selenium(IV) and selenium(VI) from water at pH 3–6, and reach a detection limit of 0.05 μg $L^{-1}$ for X-ray energy spectrometry analysis, but ionic strengths above 0.001 appeared to interfere with the collection.

Sturgeon *et al.* [722] preconcentrated selenium(IV) by adsorption of their ammonium pyrrolidine diethyl dithiocarbamate chelates on to $C_{18}$ bonded silica prior to desorption and determination by graphite furnace atomic adsorption spectrometry. The detection limit was 7 ng $L^{-1}$ selenium(VI), based on a 300 ml water sample, respectively buffered to pH 6.8 (with phosphate buffer, 10 mM), separated and detected by a uv photodiode array detector. This procedure allowed determination of subnanogram quantities of metal ions, including copper(II), and mercury(II) ions in potable water and of cadmium(II), lead(II), cobalt(II), nickel(II) and bismuth(II).

### 2.56.17.4 Preconcentration by co-precipitation with organic reagents

By co-precipitation on polyvinylpyrrolidine thionalide [723], or diethyldithio-carbamate [724], a detection limit of a μg $L^{-1}$ can be obtained.

Specifically aiming for selenium determination in water, Pradzynski *et al.* [725] used co-precipitation with ammonium pyrrolidine dithiocarbamate in the presence of iron(II)I followed by X-ray energy spectrometry to determine 0.6–5.0 μg $L^{-1}$ of selenium in fresh waters, even when appreciable concentrations of transition metals were present. They stated that the relative speed and economy made the method suitable for application in environmental monitoring.

### 2.56.17.5 Preconcentration by co-precipitation with iron(III)

Ferric hydroxide co-precipitation has also been used for the preconcentration of selenium in natural water [726]. Selenium (0.2–5 μg $L^{-1}$) is co-precipitated with hydrated iron(III) oxide, dissolved in hydrochloric acid, reprecipitated as the element and determined by molecular emission cavity analysis. For a 250 ml water sample, the detection limit is 0.2 μg $L^{-1}$.

Kouimtzis *et al.* [726] co-precipitated selenium with ferric hydroxide. After dissolution of the precipitate in hydrochloric acid, selenium(IV) is reduced by hydroxylamine or sulphur dioxide; the elemental selenium is filtered off and determined by molecular emission cavity analysis. For a 250 ml sample the detection limit is 0.2 μg $L^{-1}$. It should be emphasised that the selenium must be in the selenite form before co-precipitation. If the concentration of selenium in the samples is higher than 5 μg $L^{-1}$ there is no need for co-precipitation.

#### 2.56.17.6 Preconcentration by freeze drying

Jorstad and Selbu [727] used freeze-drying and irradiation, then concentrated 75 Se by controlled-potential electrolysis and obtained a 0.68 μg $L^{-1}$ detection limit. Favourable sensitivities are obtained when a large volume of water, eg 200 ml is freeze-dried after addition of graphite and the pelletised residue is analysed by an X-ray energy spectrometric procedure in which the matrix corrections are based on the scatter peaks in the spectrum, but the detection limit of 1 μg $L^{-1}$ is still well above natural concentrations.

The preconcentration of selenium is also discussed under multication analysis in sections 2.76.26.4, 2.76.26.6, 2.76.26.7 and 2.76.26.10.

## 2.57 Scandium

### 2.57.1 *Spectrophotometric method*

Scandium(III) is extracted with *N*-phenylbenzohydroxamic acid into isoamyl alcohol and complexed with Xylenol Orange or morin in a method described by Agrawal and Nagar [728] for the analysis of natural waters. The xylenol orange complex is measured spectrophotometrically at 540 nm. The morin complex of scandium is determined fluorometrically in the range of 0–1.5 mg $L^{-1}$.

### 2.57.2 *Emission spectrometry*

The application of this technique is discussed under multication analysis in section 2.76.13.3.

### 2.57.3 *Neutron activation analysis*

Neutron activation analysis has been used [729] to determine low levels of scandium in natural water. Ammonia and, if necessary, a carrier, are added to the sample and the resulting precipitate filtered and dried prior to irradiation to produce 46Se after 10–30 days depending on the content of trace elements, the activity at 1.12 MeV is measured in comparison with a standard. A detection limit of less than 0.4 µg $L^{-1}$ scandium was achieved.

The application of this technique is discussed under multication analysis in section 2.76.15.1.

### 2.57.4 Ion-exchange chromatography

The application of this technique is discussed under multication analysis in section 2.76.20.1.

### 2.57.5 Preconcentration

The preconcentration of scandium is discussed under multication analysis in sections 2.76.26.7 and 2.76.26.9.

## 2.58 Silver

### 2.58.1 Spectrofluorometric method

An extraction-spectrofluorometric method for the determination of silver in natural waters is described by Que *et al.* [730]. Benzothiacrown ether was highly selective for silver and served as the ligand in an ion-pair extraction. Eosin Y was the fluorescent anion. The method was applied to the determination of silver in the 2–10 µg $L^{-1}$ range.

Fluorometric quenching using eosin as the reagent has been used to determine down to 20 µg $L^{-1}$ of silver in lakewater [731].

### 2.58.2 Atomic absorption spectroscopy

Various workers have discussed the determination of silver in natural water [732–734]. Chau *et al.* [734] filtered 1L samples containing 0.1–1.0 µg $L^{-1}$ silver through a membrane filter, adjusted to pH 1, then passed the eluate through an Amberlite AG 1–X8 anion-exchange resin column. Silver was eluted from the column with acetone-nitric acid–water (20:1:1), and acetone removed from the eluate by evaporation. After adjusting to pH 2.3, the solution was treated with ammonium pyrrolidine dithiocarbamate and the silver chelate extracted into methylisobutyl ketone. Evaluation at 328.1 nm gave the silver concentration of the original sample. Results are not affected by trace levels of iron, zinc, copper and lead.

McHugh [733] has described a method for the determination of silver in natural waters using electrothermal atomisation and a deuterium background corrector to help eliminate interference. Recovery ranged from 88 to 100%. The method has a detection limit of 0.02 μg $L^{-1}$ silver.

No serious interferences from various cations and anions were observed, except at the 100 mg $L^{-1}$ level for calcium, iron, potassium, sodium and chloride. The levels of recovery of silver for these elements were 48, 54, 66 and 68% respectively.

The application of this technique is also discussed under multication analysis in sections 2.76.4.3, 2.76.4.5, 2.76.4.6 and 2.76.6.1 (graphite furnace atomic absorption spectrometry).

### 2.58.3 *Inductively coupled plasma atomic emission spectrometry*

The application of this technique is discussed under multication analysis in section 2.76.8.2.

### 2.58.4 *Emission spectrometry*

The application of this technique is discussed under multication analysis in section 2.76.13.2.

### 2.58.5 *X-ray fluorescence spectroscopy*

Guo *et al.* [735] determined silver in natural waters by X-ray fluorescence spectrometry after adsorption on cation exchange paper. The water sample is buffered to pH 4.5 with acetic acid–sodium acetate. The detection limit is approximately 2 μg of silver $L^{-1}$.

### 2.58.6 *Ion chromatography*

The application of this technique is discussed under multication analysis in section 2.76.21.4.

### 2.58.7 *Miscellaneous*

Kelly *et al.* [736] carried out isotopic determinations of picomole quantities of silver in natural water by surface ionisation mass spectrometry.

Whitlow and Rice [737] studied the complexation of silver in river water. The capacity of a river water to complex trace metals involved both a dissolved and a particulate fraction. Studies were carried out to determine the dissolved component of the apparent complexation capacity for silver in samples of water. Silver ion activities detected by the silver/sulphide ion selective electrode during potentiometric titration of the river water with silver nitrate were lower than the silver activities calculated using an inorganic equilibrium speciation model. The difference in silver activity was attributed to the presence of one or more constituents in the river water, possibly dissolved organic matter or colloidal material, which were capable of binding silver strongly. There was evidence that most of the dissolved silver was in the form of a silver chloride complex, with little free silver ion present.

A catalytic kinetic method for the determination of silver in natural waters is described by Jiang *et al.* [738]. The silver reacts in a system containing potassium persulphate α, α-bipyridine, and reduced phenolphthalein to form a red complex, which is monitored at 550 nm. The method gives a linear calibration curve in the range of 0–115 ppb and the sensitivity is 4 μg of silver $L^{-1}$.

Dai and Jiang [739] describe a similar catalytic method for determining silver in natural waters based on the catalytic oxidation of reduced phenolphthalein by ammonium persulphate in the presence of ethylenediamine. The method has a linear calibration curve in the range of 0–120 μg $L^{-1}$ and a sensitivity of 0.8 μg silver $L^{-1}$.

### 2.58.8 Preconcentration

Silver has been preconcentrated as its triisooctylphosophorothioate from stream water prior to its determination in amounts down to 0.2 μg $L^{-1}$ by atomic absorption spectrometry [740].

The preconcentration of silver is also discussed under multication analysis in sections 2.76.25.1, 2.76.25.3, 2.76.25.6 and 2.76.25.7.

## 2.59 Sodium

### 2.59.1 Atomic absorption spectrometry

The application of this technique is discussed under multication analysis in section 2.76.4.1.

### 2.59.2 Inductively coupled plasma atomic emission spectrometry

The application of this technique is discussed under multication analysis in section 2.76.8.2.

### 2.59.3 Inductively coupled plasma mass spectrometry

The application of this technique is discussed under multication analysis in section 2.76.10.1.

### 2.59.4 Sodium selective electrode

Van den Winkel *et al.* [741] described an AutoAnalyser system for the direct determination of 1–100 mg $L^{-1}$ sodium in river waters. Detection is achieved by a sodium selective electrode. The addition of EDTA to the test solution prevents precipitation of magnesium or sulphate but this limits the sensitivity of the method to 1 mg $L^{-1}$. A five-fold excess of potassium can be tolerated and interference from hydrogen ions is eliminated by working at high pH. The reproducibility and accuracy of the results are good and samples can be analysed at the rate of 20 per h.

### 2.59.5 Emission spectrometry

The application of this technique is discussed under multication analysis in section 2.76.13.6.

### 2.59.6 Neutron activation analysis

The application of this technique is discussed under multication analysis in section 2.76.15.1.

### 2.59.7 Prompt $\gamma$-neutron activation analysis

The application of this technique is discussed under multication analysis in section 2.76.16.1.

### 2.59.8 Ion-exchange chromatography

The application of this technique is discussed under multication analysis in section 2.76.20.1.

### 2.59.9 Ion chromatography

The application of this technique is discussed under multication analysis in sections 2.76.21.1 and 2.76.21.4.

### 2.59.10 $\alpha$-particle induced X-ray emission spectrometry

The application of this technique is discussed under multication analysis in section 2.76.23.1.

#### 2.59.11 Preconcentration

The preconcentration of sodium is discussed under multication analysis in section 2.76.26.2.

## 2.60 Strontium

### 2.60.1 Atomic absorption spectrometry

The application of this technique is discussed under multication analysis in section 2.76.4.6.

### 2.60.2 Inductively coupled plasma atomic emission spectrometry

The application of this technique is discussed under multication analysis in section 2.76.8.2.

### 2.60.3 Inductively coupled plasma mass spectrometry

The application of this technique is discussed under multication analysis in section 2.76.10.1.

### 2.60.4 Polarography

The application of this technique is discussed under multication analysis in section 2.76.11.2.

### 2.60.5 Emission spectrometry

The application of this technique is discussed under multication analysis in section 2.76.13.6.

### 2.60.6 Neutron activation analysis

Neutron activation analysis has been used [742] to determine down to 0.1 mg $L^{-1}$ strontium in natural waters. Strontium is first extracted with chloroform as the 8-hydroxyquinolate from the sample initially adjusted to pH 11.5 with sodium hydroxide.

The application of this technique is discussed under multication analysis in section 2.76.15.2.

### 2.60.7 Ion chromatography

The application of this technique is discussed under multication analysis in section 2.76.21.3.

#### 2.60.8 α-particle induced X-ray emission spectrometry

The application of this technique is discussed under multication analysis in section 2.76.23.1.

#### 2.60.9 Radionucleides

The determination of radiostrontium is discussed in sections 12.1.24 and 12.1.30.

#### 2.60.10 Preconcentration

##### 2.60.10.1 Preconcentration by complex formation

Nishioka *et al.* [743] used X-ray fluorescence for the determination of strontium in natural waters after precipitation as the carbonate. A linear calibration curve for strontium in the range of 2–150 μg was obtained with little interference from 2 mg of calcium or 10 mg of magnesium.

Honjo and Nakata [744] preconcentrated strontium by chelation with 1-phenyl-3-Me-4-benzoyl-5-pyrazolone prior to determination by atomic absorption spectrophotometry. They report that the method is applicable to strontium in the concentration range of 7–73 ppb in freshwater with an average error of 1 $\mu g\ L^{-1}$.

The preconcentration of strontium is also discussed under multication analysis in sections 2.76.26.1 and 2.76.26.5.

### 2.61 Technecium

#### 2.61.1 Inductively coupled plasma mass spectrometry

Beals [745] has described an inductively coupled plasma mass spectrometric technique for the determination of down to 0.6 ppt of 99 technecium in natural waters. It is claimed that this technique is faster and less prone to interferences than radiometric techniques.

#### 2.61.2 Stripping voltammetry

The application of this technique is discussed under multication analysis in section 2.76.12.4.

#### 2.61.3 Radionucleides

The determination of ratiotechnecium is also discussed in sections 12.1.25 and 12.1.30.

## 2.62 Tellurium

### 2.62.1 Flow injection analysis

The application of this technique is discussed under multication analysis in section 2.76.3.1.

### 2.62.2 Atomic absorption spectrometry

Andreae [746] has described a technique for the determination of tellurium(IV) and tellurium(VI) species in a natural water matrix by magnesium hydroxide coprecipitation followed by hydride generation atomic absorption spectrometry. The limit of detection is 0.5 pmol $L^{-1}$ and the precision is 10–20%.

The application of atomic absorption spectrometry is also discussed under multication analysis in sections 2.76.4.6 and 2.76.9.1 (hydride generation atomic absorption spectrometry).

### 2.62.3 Inductively coupled plasma atomic emission spectrometry

The application of this technique is discussed under multication analysis in section 2.26.8.2.

### 2.62.4 Stripping voltammetry

The application of this technique is discussed under multication analysis in sections 2.76.12.1 and 2.76.12.5.

### 2.62.5 Emission spectrometry

The application of this technique is discussed under multication analysis in section 2.76.13.5.

### 2.62.6 Preconcentration

The preconcentration of tellurium is discussed under multication analysis in sections 2.76.26.4, 2.76.26.6 and 2.76.26.10.

## 2.63 Terbium

### 2.63.1 Inductively coupled plasma mass spectrometry

The application of this technique is discussed under multication analysis in section 2.76.10.2.

### 2.63.2 Ion-exchange chromatography

The application of this technique is discussed under multication analysis in section 2.76.20.1.

### 2.63.3 Ion chromatography

The application of this technique is discussed under multication analysis in section 2.76.21.4.

## 2.64 Thallium

### 2.64.1 Spectrophotometric method

Chandrawanski *et al.* [747] determined thallium spectrophotometrically by extraction of thallium from natural water as a chlorothallate ion-pair complex of a cationic surfactant and determination at concentrations of 20 μg $L^{-1}$ by complexation with Brilliant Green.

### 2.64.2 Spectrofluorometric methods

The application of this technique is discussed under multication analysis in section 2.76.2.3.

### 2.64.3 Atomic absorption spectrometry

De Ruck *et al.* [748] determined thallium in natural waters by electrothermal atomic absorption spectrophotometry. The thallium is oxidised and retained as the tetrachlorothallate(III) ion on an anion exchange column. The detection limit of the method was 3.3 ng of thallium $L^{-1}$.

Thallium is an element of substantial toxicity therefore of considerable analytical interest particularly biological and environmental samples. Graphite furnace atomic absorption spectrometry provides sensitivity and selectivity and is an important tool determining thallium at low concentrations. However there appear to be tenacious interferences in the determination of thallium, particularly in matrices containing high chloride concentration. Many analysts therefore prefer complexation and extraction of the analyte prior to its determination.

Electrothermal atomic absorption spectrophotometry was used by Welz *et al.* [749] to determine thallium in natural waters. A palladium modifier and hydrogen purge gas were used to prevent the volatilisation of thallium during the pyrolysis stage. Chloride interferences on thallium are in part caused by volatilisation of thallium chloride in the pyrolysis stage and in part by formation of thallous chloride (TlCl) in the gas phase during the atomisation stage. The palladium modifier is not as effective for thallium as it is for other elements. Its stabilising power can be improved substantially when the modifier is pyrolyzed at 1000°C before the sample is pipetted. Use of hydrogen purge gas has a similar effect on the stabilising power of palladium. It was found necessary to apply both these measures, pyrolysis of the modifier prior to the addition of the sample and use of hydrogen, for interference-free determination of thallium in samples with high chloride content such as seawater and urine. A detection limit (3σ) of 1 μg $L^{-1}$ was obtained for thallium in both sample types with 10 μL sample volumes, and the characteristic mass was 19 pg.

The application of atomic absorption spectrometry to the determination of thallium is also discussed under multication analysis in section 2.76.4.4.

### 2.64.4 Scanning voltammetry

Sun *et al.* [750] applied differential pulsed anodic stripping voltammetry to the determination of thallium. Britton-Robinson buffer solution was used as the thallium in natural waters was stripped at –0.46 V. Preconcentration for 30 min gave a detection limit of $2.3 \times 10^{-2}$ M and a linear calibration curve was obtained over a range of $5 \times 10^{-12}$ to $5 \times 10^{-7}$ M. The relative standard deviation was 2.6%.

Potentiometric stripping analysis for the determination of thallium in natural waters is described by Zhan *et al.* [751]. Sodium sulphite was added to the sample for removal of oxygen and to serve as a masking agent. The thallium is preconcentrated for 10 min, giving a detection limit of 8 μg $L^{-1}$. Thallium was determined in wastewaters with recoveries of 95–105%.

### 2.64.5 Emission spectrometry

The application of this technique to the determination of thallium is discussed under multication analysis in section 2.76.13.2.

### 2.64.6 Miscellaneous

Riley and Siddiqui [752] have described a procedure for the determination of thallium in natural waters which involves preliminary concentration by adsorption on to a strongly basic anion-exchange resin as the tetrachlorothallate ion, followed by elution with sulphur dioxide. After evaporation of the sulphur dioxide, thallium is determined by graphite furnace atomic absorption spectroscopy or differential pulse anodic stripping voltammetry.

Miloshova *et al.* [753] used a thallium selective, chalogenide glass sensor to determine thallium in natural water samples.

### *2.64.7 Preconcentration*

#### 2.64.7.1 Preconcentration on anion-exchange resin

Thallium has been preconcentrated on Dowex 1–X8 resin prior to desorption with hydrochloric acid and spectrophotometric determination [754].

The preconcentration of thallium is also discussed under multication analysis in sections 2.76.26.4 and 27.76.26.5.

## 2.65 Thorium

### *2.65.1 Spectrophotometric methods*

Arsenazo(III) (chlorophosphonazo(III)) is the only chromogenic reagent reported for thorium 1, 2. Yamamoto [755] used extraction with 3-methylbutanol-1 as a means of improving the sensitivity of the method. Cospito and Rigali [756] preconcentrated by coprecipitation of calcium–thorium oxalate then used extraction with Aliquat 336 dissolved in xylene as a means of removing interferences.

No interference was found in the latter method from ions commonly present in natural waters in centigram amounts, such as magnesium, sodium, potassium, silicon, sulphate and phosphate. Calcium, which has an extraction coefficient below $10^{-2}$, was present to a slight extent in the final solution, but this did not interfere in the spectrophotometric determination. No interferences were found from aluminium, chromium(III), cobalt, copper, nickel, zinc, cadmium or vanadium(V) at the 1 mg $L^{-1}$ level, or from iron(III) and manganese(II) at the 5 mg $L^{-1}$, or zirconium(V), molybdenum, uranium(VI), titanium(IV), cerium(IV) and lanthanum(III) at the 100 µg $L^{-1}$ level.

Guo [757] determined thorium in natural waters by using cetylpyridinium bromide, amino C acid chlorophosphonoazo which forms a complex with thorium. Beer's law was obeyed over the range of 0–400 µg $L^{-1}$ of thorium.

### *2.65.2 Radionucleides*

The determination of radiothorium is also discussed in sections 12.1.26 and 12.1.30.

### *2.65.3 Preconcentration*

The preconcentration of thorium is discussed under multication analysis in sections 2.76.26.1, 2.76.26.4, 2.76.26.6 and 2.76.26.9.

## 2.66 Thulium

### 2.66.1 Inductively coupled plasma mass spectrometry

The application of this technique is discussed under multication analysis in section 2.76.10.2.

### 2.66.2 Ion exchange chromatography

The application of this technique is discussed under multication analysis in section 2.76.20.1.

### 2.66.3 Ion chromatography

The application of this technique is discussed under multication analysis in section 2.76.12.4.

### 2.66.4 Preconcentration

The preconcentration of thallium is discussed under multication analysis in section 2.76.26.3.

## 2.67 Tin

### 2.67.1 Spectrophotometric method

Valencia *et al.* [758] used solid-phase spectrophotometry to determine ppb concentrations of tin in natural waters.

### 2.67.2 Graphite furnace atomic absorption spectrometry

Donard *et al.* [759] have described a method for the speciation of inorganic tin and alkyltin compounds in natural waters by atomic absorption spectrometry using an electrothermal quartz furnace after hydride generation. These workers speciated inorganic tin and methyl- and *n*-butyltin compounds by volatilisation from water samples by hydride generation, separation by a chromatographic packing material, and detection by atomic absorption spectrophotometry in an electrothermal quartz furnace at the 224.61 nm wavelength. Absolute detection limits of 20–50 pg ($3\sigma$) as tin and linearity of calibration curves up to 30 ng as tin avoid preconcentration by extraction and allow direct determination of methyl- and *n*-butyltin compounds from environmental waters. Reproducibility for 15 ng as tin is less than 15% for most alkyltin compounds. This study discusses optimisation of parameters and results from natural waters.

Sturgeon *et al.* [760] combined hydride generation with electrothermal atomic absorption spectrophotometry for the determination of tin in natural waters. Stannane is generated with sodium borohydride and is trapped on a preheated graphite tube. A detection limit of 2 ng $L^{-1}$ based on a 30 mL seawater sample, was achieved for inorganic tin.

Pinel *et al.* [761] extracted tin into toluene, and picric acid was added as a matrix modifier, prior to determination by electrothermal atomic absorption spectrophotometry. This method can be combined with a tin–tropolone extraction to determine both inorganic and butyltin down to 10 ng $L^{-1}$ levels in natural waters.

The application of this technique is also discussed under multication analysis in sections 2.76.4.2 and 2.76.7.1 (hydride generation atomic absorption spectrometry).

### 2.67.3 Inductively coupled plasma atomic emission spectrometry

The application of this technique is discussed under multication analysis in section 2.76.8.2.

### 2.67.4 Anodic stripping voltammetry

Macchi and Pettine [762] constructed differential pulse anodic stripping voltammograms of tin(IV) at different pH values in sodium nitrate. A well-defined peak of anodic redissolution was apparent at pH below 7; the height of the peak increasing when the pH was lowered to pH 3.5. A hydroxy complex of tin thus forms during anodic stripping. Stable forms of tin(IV) were considered to be a function of pH. An anodic shift of the peak and increase of its height occurred when the pH of artificial sea water was diminished. The chemical behaviour of tin(IV) in natural water samples was considered to be the same as in sodium nitrate. All the analyses of tin(IV) were carried out at pH 2, where the tin peak is stable enough to give a linear relationship between peak current and tin concentration. However, under such conditions the two peaks of lead and tin are practically overlapped. Obviously, the overlapping of the two peaks constitutes a serious interference for the determination of tin(IV).

Weber [763] determined tin in river water by voltammetry and atomic absorption spectroscopy. Down to 0.5 µg $L^{-1}$ tin was determined. Various preconcentration methods such as ion-exchange and extraction with tropolone/toluene were used, prior to determination by atomic absorption spectrometry. Results obtained by anodic stripping voltammetry were consistent with those from atomic absorption spectroscopy.

Weber [764] also applied differential pulse polarography to the determination of tin in river water. The addition of tropolone to acetate supporting electrolyte at about pH 4.7 enhanced the signal 30 fold, giving a sensitivity comparable to that obtained by anodic stripping voltammetry but without the need for preconcentration. The response was linear over more than two orders of magnitude. A method is discussed for eliminating possible interference by titanium, tungsten, chromium and molybdenum.

Differential pulse polarography has been used for the determination of tin in natural waters by Weber [763]. The method gives the sensitivity of anodic stripping voltammetry, without the need for enrichment by preelectrolysis, when acetate is added as a supporting electrolyte. The response is linear over the range of 1 μg $L^{-1}$ to 5 mg tin $L^{-1}$. The interferences of titanium, tungsten, chromium and molybdenum can be removed by extraction of tin into the tropolone/toluene phase and then back-extraction into the supporting electrolyte.

### 2.67.5 *Gas chromatography*

The application of this technique is discussed under multication analysis in section 2.76.18.1.

### 2.67.6 *High performance liquid chromatography*

Ebdon *et al.* [765] studied the speciation of tin (SnII and SnIV) in natural waters using this technique. They report a detection limit for tin of 0.2 ng.

The application of this technique is also discussed under multication analysis in section 2.76.19.8.

### 2.67.7 *Preconcentration*

#### 2.67.7.1 Preconcentration by adsorption on polyurethane foam

Omar and Bowen [766] have investigated a procedure for the isolation and determination of tin in lake and natural waters which involves preliminary preconcentration by adsorption of tin onto polyurethane foam soaked in toluene 3,4,dithiol. A column of polyurethane foam extracts tin(II) from natural waters over the pH range 2–8. The tin is converted to the tetravalent state to remove interferences and determined spectrophotometrically at 650 nm as its complex with catechol violet and cetyltrimethyl ammonium bromide.

#### 2.67.7.2 Preconcentration by coprecipitation

Rogan and Haerdi [767] preconcentrated tin in water samples by coprecipitation with 1:10 phenanthroline and tetraphenylboron. The precipitate was dissolved in ethyl alcohol and analysed by graphite furnace atomic absorption spectrometry in amounts down to 1 ng.

This technique has been used by several workers for the determination of tin in natural waters. Portretnyi *et al.* [768] preconcentrated tin by coprecipitation with magnesium hydroxide in alkaline medium, followed by anodic stripping at a graphite electrode at –1.0 V (deposition –0.56 V) versus the standard calomel electrode). Detection limits of the order of 0.02 μ $L^{-1}$ were achieved in this method.

#### 2.67.7.3 Electrochemical preconcentration

Wang and Zadell [769] used adsorptive stripping voltammetry of the tin–tropolone complex with preconcentration onto a hanging mercury drop electrode. The tin is preconcentrated for 8 min at –0.4 V. The detection limit was 28 ng $L^{-1}$ and the standard deviation was 2.6% at the 6 μg $L^{-1}$ level.

The preconcentration of tin is also discussed under multication analysis in sections 2.76.26.4, 2.76.26.6 and 2.76.26.10.

## 2.68 Titanium

### *2.68.1 Spectrophotometric methods*

An extraction method has been described [770] using a chloroform solution of N-*p*-methoxyphenyl-2-furohydroxamic acid as chromogenic reagent. Interference by iron, molybdenum, chromium, zirconium and tantalum is eliminated by the presence of stannous chloride. The golden-yellow Ti IV N-*p*-methoxyphenyl-2-furohydroxamic acid extract has maximum absorbance at 385 nm and obeys Beer's Law in the range 0.5–10 mg $L^{-1}$ titanium(IV) which renders the method of limited value for the examination of uncontaminated natural waters.

Abassi [771] described spectrophotometric method and atomic absorption spectrophotometric methods for titanium. Titanium chelated with N-p-methoxyphenol-2-furylacrylohydroxamic acid (MFHA) was extracted (after suitable processing of acid digested samples) with chloroform or isoamyl alcohol prior to spectrophotometric or atomic absorption spectrometric determination. Detection limits were 1 μg $L^{-1}$ and 200 μg $L^{-1}$ respectively, for the spectrophotometric and atomic absorption spectrophotometric methods.

Chen [772] describes a spectrophotometric method using diantipyrine methane as a colorimetric agent for the determination of tin in natural waters. The method has a detection limit of 5 μg of titanium, recoveries of 86–114% for titanium at 0.01–0.12 mg $L^{-1}$, and a relative standard deviation of 2%.

### 2.68.2 Atomic absorption spectrometry

Abbasi [771] extracted titanium from natural waters with N-*p*-methoxyphenyl-2-furylacrylohydroxamic acid prior to spectrophoto-metric or atomic absorption spectrophotometric measurement. The sensitivity of the spectrophotometric method with chloroform as the solvent is 1 µg $L^{-1}$. Isoamyl alcohol was used as the extracting solvent for the atomic absorption measurement and the sensitivity is reported at 10.2 mg $L^{-1}$.

### 2.68.3 Inductively coupled atomic emission spectrometry

The application of this technique is discussed under multication analysis in section 2.76.8.2.

### 2.68.4 Inductively coupled plasma mass spectrometry

The application of this technique is discussed under multication analysis in section 2.76.10.2.

### 2.68.5 Voltammetry

Wang *et al.* [773] applied absorptive voltammetry to the determination of titanium in natural waters. The method has recoveries in the range of 96–101% at the 0.4 µg of titanium $L^{-1}$ level. The sensitivity was $6 \times 10^{-10}$ mol $L^{-1}$.

### 2.68.6 Prompt γ-neutron activation analysis

The application of this technique is discussed under multication analysis in section 2.76.16.1.

### 2.68.7 Preconcentration

The preconcentration of titanium is discussed under multication analysis in section 2.76.26.9.

## 2.69 Tungsten

### 2.69.1 Atomic absorption spectrometry

Korrey and Goulden [774] have described a method for the determination of down to 100 µg $L^{-1}$ of tungsten in natural waters which involves formation of the benzoin anti-oxine derivative and extraction into methyl isobutyl ketone followed by atomic absorption spectroscopy of tungsten at a wavelength of 400.8 µm.

Several metals are known to form chelates with benzoin anti-oxine. Using the above method, no significant interference was observed in this determination of 1.0 mg of tungsten in 1.0L water in the presence of 1.0 mg of the following ions: copper(II), manganese(III), chromium(VI), 10 mg of potassium, magnesium, 20 mg of sodium, 50 mg of calcium, molybdenum(VI), vanadium(V) and iron(III) did not interfere at the 0.01 mg $L^{-1}$ tungsten level but at the 1 mg $L^{-1}$ tungsten level vanadium(V), and iron(III) suppressed absorption, and molybdenum(VI) enhanced it.

Hall *et al.* [775] examined the relative advantages of inductively coupled plasma atomic emission spectrometry and inductively coupled plasma mass spectrometry. Adsorption of these analytes on to activated charcoal was used as a preconcentration step for both procedures. The detection limits for ICP–MS were 0.06 μg $L^{-1}$ for both elements, and for ICP–AES were 1.2 and 0.4 μg $L^{-1}$ respectively, for tungsten and molybdenum.

### 2.69.2 Ion chromatography

The application of this technique is discussed under multication analysis in section 2.76.21.4.

### 2.69.3 Preconcentration

The preconcentration of tungsten is discussed under multication analysis in sections 2.76.26.5, 2.76.26.7 and 2.76.26.9.

## 2.70 Uranium

### 2.70.1 Spectrophotometric methods

Uranium(VI) forms a coloured complex with chromatopic acid [776] at pH 7.25 in a 0.1 M triethanolamine–perchloric acid buffer which has strong absorptions at 410, 460 and 500 nm. Many interfering cations can be masked with a mixture of 2,3-diaminocyclohexanetetra-acetic acid (calcium salt), sodium sulphosalicylate and sodium potassium tartrate. A 100-fold excess of sodium, lithium, ammonium, beryllium, calcium, barium, zinc, lead, nickel, indium and zirconium and some of the lanthanoid elements do not interfere; the interference caused by iron(III) and titanium(IV) is at a minimum at pH 7.25 and at 500 nm.

Korkisch and Koch [777,778] determined low concentrations of uranium by extraction and ion-exchange in a solvent system containing trictyl phosphine oxide. Uranium is extracted from the sample solution (adjusted to be 1 M in hydrochloric acid and to contain 0.5% of ascorbic acid) with 0.1 M trioctylphosphine oxide in ethyl ether. The extract is treated with sufficient 2-methoxyethanol and 12 M hydrochloric acid to make the solvent composition 2-methoxyethanol–0.1M ethereal trioctylphosphine acid–12 M hydrochloric acid (9:10:1); this solution is applied to a column of Dowex 1–X8 resin ($Cl^-$form). Excess of trioctylphosphine oxide is removed by washing the column with the same solvent mixture. Molybdenum is removed by elution with 2-methoxyethanol–30% aqueous hydrogen peroxide–12 M hydrochloric acid (18:1:1); the column is washed with 6 M hydrochloric acid and uranium is eluted with molar hydrochloric acid and determined fluorometrically or spectrophotometrically with ammonium thiocyanate. Large amounts of molybdenum should be removed by a preliminary extraction of the sample solution (made 6 M in hydrochloric acid) with ether.

Spectrophotometric analysis following extraction with Aliquot 336 has been used to determine uranium in seawater. Adsorbing colloid flotation has been used to separate uranium from seawater. To the filtered seawater (500 ml; about 1.5 µg U) is added 0.05 M ferric chloride (3 ml), the pH is adjusted to 6.7 ± 0.1 and the uranium present as $(UO_2(CO_3)_3)^{4-}$ is adsorbed on the colloidal ferric hydroxide which is floated to the surface as a stable froth by the addition of 0.05% ethanolic sodium dodecyl sulphate (2 ml) with an air-flow (about 10 ml min $^{-1}$) through the mixture for 5 min. The froth is removed and dissolved in 12 M hydrochloric acid–16 M nitric acid (4:1) and the uranium is salted out with a solution of calcium nitrate containing EDTA, and determined spectrophotometrically at 555 nm by a modification of a Rhodamine B method. The average recovery of uranium is 82%; co-adsorbed tungstate and molybdate do not interfere.

### 2.70.2 *Spectrofluorometric method*

Leung, Kim and Zeitlin [779] and Kim and Zeitlin [780] describe a method for the separation and determination of uranium in seawater. Thoric hydroxide ($Th(OH)_4$) was used as a collector. The final uranium concentration was measured via fluorescence (at 575 nm) of its Rhodamine B complex. The detection limit was about 200 µg L $^{-1}$.

### 2.70.3 *Inductively coupled plasma mass spectrometry*

Inductively coupled plasma atomic emission spectrometry has been used for the analysis of uranium. However the technique suffers from spectral interferences and it has relatively poor detection limits.

Inductively coupled plasma mass spectrometry is a relatively new technique for elemental analysis and has superior limits of detection over optical methods. Also, this technique has an order of magnitude better detection limit than that obtained for the conventional fluorometric method.

Uranium has many stable and unstable isotopes but $^{238}U$ has the largest percent abundance (99.274%). $^{238}U$ is free from interference from other elements and it is therefore possible to detect lower concentrations.

Sample pretreatment can be a source of indeterminate error and can be time-consuming. The fluorometric method needs more sample workup compared to inductively coupled plasma mass spectrometric analysis. A digestion is required in addition to a fusion with sodium fluoride.

Boomer and Powell [781] have described an inductively coupled plasma method which has a detection limit of 0.1 μg L$^{-1}$. Calibration is linear from the low limit to 1000 μg L$^{-1}$. Precision, accuracy, and a quality control protocol have been established. a comparison with the conventional fluorometric method was performed by these workers.

Water samples are preserved with 1% nitric acid and stored in plastic or glass bottles with plastic-lined caps. No preparation or digestion step is used as this could lead to complications. A minimum volume of 10 mL is required for analysis.

In this method the plasma is ignited and the instrument allowed to equilibrate for a 30 min time period. The plasma and ion lenses were set to conditions previously determined by a univariate search. The forward power was set at 1200 W with the plasma flow, auxiliary flow, and nebuliser pressure set at 13 L/min, 1.0 L/min, and 39 psi, respectively. The focusing lenses B, E1, P and S2 are set at +5.3 V, –12.5 V, –18.0 V and –7.6 V respectively.

The m/z 238 ion was monitored for 2 s with five replicates of this measurement carried out for each determination.

The application of this technique is also discussed under multication analysis in section 2.76.10.1.

### 2.70.4 Polarography

Deutscher and Mann [782] used differential pulse polarography of a triphenyloxine extract to measure uranium in natural water.

### 2.70.5 Scanning voltammetry

Zhang *et al.* [784] used differential pulse stripping voltammetry for the direct determination of uranium in natural waters. The supporting electrolyte was acetic acid–sodium acetate in the presence of cupferron. The uranium was concentrated on the hanging drop mercury electrode at –1.1 V, relative to the silver/silver chloride electrode. The calibration curve was linear in the range of 0.16–6.6 μg L$^{-1}$ and the detection limit was 0.05 μg L$^{-1}$.

Van den Berg and Nimmo [783] complexed uranium with 8-hydroxyquinoline prior to adsorptive collection on the hanging mercury drop electrode. The uranium was determined by cathodic stripping voltammetry at an adsorption potential of –0.4 V. The limits of detection in natural waters were 0.2 nM (uranium(VI)) after 1 min of adsorption and 0.02 nM uranium(VI) after 10 min.

Jin *et al.* [785] also used cathodic stripping voltammetry to determine uranium(VI) in natural waters. The uranyl ion was chelated with thenyltrifluoroacetate prior to adsorption and preconcentration on the mercury electrode. The detection limit was 0.4 μg $L^{-1}$ for a 2 min adsorptive preconcentration and the relative standard deviation was 3.3%.

### 2.70.6 Neutron activation analysis

This technique has been used fairly extensively for the measurement of uranium in natural waters [786–790]. Anion-exchange resins have been employed for preconcentration of uranium [786,789,790]. Fleischer [788] analysed individual drops of water for uranium down to less than 0.01 μg $L^{-1}$.

Zielinski and McKown [790] concentrated microgram quantities of uranium in natural waters into 10 ml of purified kerosene containing a liquid anion-exchange resin (Amberlite LA–1). The organic phase was then analysed by a standard delayed neutron counting technique, The technique showed similar precision and sensitivity to standard fluorometric methods and was less sensitive to elemental interferences.

### 2.70.7 α-particle induced X-ray emission spectrometry

The application of this technique is discussed under multication analysis in section 2.76.23.1.

### 2.70.8 High performance liquid chromatography

Cassidy and Elchuck [791,792] applied high performance liquid chromatography to the determination of uranium(IV) in ground water samples. They studied conventional cross linked and bonded phase ion-exchangers, both cation and anion with aqueous mobile phases containing tartrate, citrate or α-hydroxylisobutyrate. The best chromatography was obtained on bonded phase cation-exchangers with an α-hydroxylisobutyrate eluent. The metal ions were detected either by visible spectrophotometry of the arsenazo(III); VI complex at 650 nm, after a post-column reaction with a complexing reagent, or with a polarographic detector. Detection after post-column reaction gave the best sensitivity, the detection limit (2 × baseline noise) was 6 ng or 60 μg $L^{-1}$ for 100 μL samples. In-line trace enrichment was used to decrease detection limits and linear calibration curves were observed in the range 0.5–50 μg $L^{-1}$ for ground waters.

The other metal ions that exhibited an appreciable reaction with Arsenazo(III) at 650 nm under the separation and detection conditions used, were iron(III), zirconium(IV), thorium(IV) and the lanthanides. The lanthanides, iron(III) and zirconium(IV) were eluted at or near the solvent front before uranium(VI) and thorium(IV) was eluted after uranium(VI).

Kerr *et al.* [793] determined uranium in natural groundwaters using high performance liquid chromatography. Uranium was preconcentrated and separated from the bulk of other constituents by passing through a small reversed phase enrichment cartridge. The uranium was back-flushed from the enrichment column for separation. Separated species were monitored spectrophotometrically after post column reaction with the chromogenic reagent Arsenazo(III). The system was automated and capable of analysing 40 samples per day. Detection limits were in the range 1–2 $\mu$ $L^{-1}$.

The application of this technique is also discussed under multication analysis in section 2.76.15.1.

### 2.70.9 Ion-exchange chromatography

The application of this technique is discussed under multication analysis in section 2.76.20.1.

### 2.70.10 Miscellaneous

Adsorbing colloid flotation has also been used by Williams and Gillam [794]. The fusion track method has also been used by Hashimoto [795]. In this method, the uranium is first co-coprecipitated with aluminium phosphate [796], the precipitate is dissolved in dilute nitric acid and an aliquot of the solution is transferred to a silica ampoule into which small pieces of muscovite are inserted before sealing. The uranium is then determined by measuring the density of fission tracks formed on the muscovite during irradiation of the ampoule for 15 min at 80°C in a neutron reactor. The muscovite is etched with hydrofluoric acid for 1 h before the photomicrography; the density is referred to that obtained with standard solution of uranium. There is no interference from thorium, and no chemical separations are required. An average concentration of 3–40 ± 0.12 $\mu g\ L^{-1}$ uranium was obtained, in good agreement with the normally accepted value.

Bertine, Chan and Turekian [797] have discussed the determination of uranium in deep sea sediments and water utilising the fission track technique. In this technique a weighed aliquot (50–100 mg) of the powdered sample is made into a pellet with sufficient cellulose (as binder). The pellet is placed in a high-purity aluminium capsule and covered by polycarbonate plastic film (Lexan: 10 µm thick).

The capsule is then wrapped in high purity aluminium foil and irradiated in an integrated neutron flux (as in neutron activation analysis) adjusted according to the anticipated level of uranium. Each disintegration of a uranium nucleus induced by neutron bombardment produces a track on the Lexan sheet. The Lexan sheets are then removed from the pellets, suspended in 6.25 M potassium hydroxide at 60 ± 0.2°C, rinsed in water and dried, and the centre areas that were adjacent to the pellet surfaces are cut out. The etched tracks on the Lexan circles are then counted on a digital discharge counter. The track pattern is transferred to aluminium foil by exposing the Lexan film, in contact with a piece of aluminium-backed Mylar, to high-voltage sparks. The pulses generated during this process are counted by the scaler. The counting, at 500 V, is repeated several times to give an average track count. The number of counts varies rectilinearly with uranium content up to track densities of 5000 $cm^{-2}$. For replicate determinations from two irradiated samples the coefficient of variation was 7%.

Zhai and Kang [798] applied the fission track technique to the determination of uranium in natural waters. The detector was a polycarboxylic acid ester film on a plastic strip. The detection limit was in the ppb range for 1–2 drops of water.

Guo *et al.* [799] compared fission track, laser fluorometry, and fluorocolorimetric methods for the determination of uranium in natural waters in the range of 0.01–10 $\mu g\ L^{-1}$. The laser fluorometry and fluorocolorimetric methods had a detection limit of 0.1 $\mu g\ L^{-1}$ and the fission track method had a detection limit of 0.01 $\mu g\ L^{-1}$.

Deng *et al.* [800] automated the determination of uranium in natural waters by the fission track method. The automated track counting was comparable to the microscopic technique for a track density of 200–50,000 tracks/$cm^2$. The sensitivity is approximately 0.001 $\mu g\ L^{-1}$ for a single drop of water.

### 2.70.11 Radionucleides

The determination of radiouranium is discussed in section 12.1.27.

### 2.70.12 Preconcentration

#### 2.70.12.1 Preconcentration by chelate formation-solvent extraction

Phenylacetic acid [801] and *n*-phenyl-2-naphthohydroxamic [803] have been been used as chelators prior to chloroform extraction of uranium(VI).

#### 2.70.12.2 Preconcentration by adsorption on ion-exchange resins

Burba *et al.* [803] evaluated Cellex P ion-exchange resin for the determination of traces of uranium in natural and potable waters using atomic absorption spectrophotometry, inductively coupled plasma emission spectrometry and X-ray fluorescence spectroscopy for the analytical finish. Down to µg quantities of uranium can be determined by this procedure without interference from inorganic matter or organic matter including humic acid and lignin.

Following the enrichment, traces of uranium are directly determined on the ion-exchanger by wavelength dispersive X-ray fluorescence analysis (detection limit (3α) 1.5 µg $L^{-1}$ U). On the other hand, after elution by 2 M hydrochloric acid, uranium can be determined by means of spectrophotometry (U-complex of Arsenazo(III) or Chlorophosphonazo(III) (detection limit 0.1 µg $L^{-1}$ U, at 10 µg $L^{-1}$ U) or ICP–OES (detection limit 0.5 µg $L^{-1}$ U, at 10 µg $L^{-1}$ U).

Dowex 1–X8 resin has also been used to preconcentrate uranium natural water [804] at the 0.3 µg $L^{-1}$ level. The concentrated uranium is stripped from the column with sulphuric acid prior to a fluorometric finish.

#### 2.70.12.3 Preconcentration by precipitation of oxinate

Caramella Crespi *et al.* [805] developed a preconcentrated procedure for the determination of uranium in natural waters oxinates on a phenolphthalein bed followed by neutron activation analysis.

#### 2.70.12.4 Preconcentration by coprecipitation with iron dibenzyldithiocarbamate

Caravajal *et al.* [806] have described a method for the determination of uranium in environmental water samples based on the co-precipitation of dissolved uranium in natural waters at pH 4 using an iron dibenzyldithiocarbamate carrier complex. The precipitate is collected as a thin film and measured by wavelength dispersive X-ray fluorescence spectrometry. Ultraviolet irradiation was used prior to co-precipitation to alleviate the effect of filter-clogging colloids such as humic acids. The iron carrier significantly improved the filtration time, while irradiation improved both the filtration time and the recovery from solutions containing below 10 µg of uranium. The results are precise and accurate. A detection limit of 0.4 µg $L^{-1}$ was achieved for 500 ml water samples.

#### 2.70.12.5 Preconcentration by freeze drying

Jubeli and Parry [807] determined very low levels of uranium–239 in ground waters using a newly developed rapid neutron activation method known as the cyclic activation system. The method involved freeze drying 50 ml aliquots of filtered and acidified groundwater samples followed by epithermal neutron activation analysis of the residue. Uranium–239 peaks of gamma ray energy at 74.7 keV were measured to calculate uranium concentrations applying the total peak area method against that of a uranium standard. Results of this technique were compared against a set of data obtained by conventional instrumental neutron activation analysis using neptunium–239 and a set of data from laser induced fluorometry. The three data sets obtained for ground water samples and for US Geological Survey standard reference samples were in good agreement especially when the total dissolved solids of the samples was low.

#### 2.70.12.6 Preconcentration by adsorption on solids

Nikitina and Stepanov [808] used laser–induced luminescence in two methods for the determination of uranium in natural waters. One method concentrated uranium on titanium dioxide and the other was direct measurement of the luminescence in a solution of sodium polysilicate. The detection limit of the direct method was approximately 0.02 μg of uranium $L^{-1}$.

Silica gel has been used to preconcentrate uranium from river and lake waters [809].

The preconcentration of uranium is also discussed under multication analysis in sections 2.76.26.4–7 and 2.76.26.9.

## 2.71 Vanadium

### *2.71.1 Spectrophotometric methods*

Chromogenic reagents that have been used for the determination of vanadium include methylthymol blue [810] (absorption maximum 590 nm), xylenol orange [811] (510–520 nm), 4-(2-pyiridylazo) resorcinol (545 nm), gallic acid (420 nm) [812] and N-(p-N, N-dimethylaniline-3-methoxy-2-naphtho)hydroxamic acid [813] (570 nm).

Agrawal and Mehd [814] evaluated eight different chlorosubstituted hydroxamic acids for spectrophotometric determination of vanadium. Catalytic spectrophotometric methods have been described for the determination of nanogram amounts (μg $L^{-1}$) of vanadium in water [812]. These methods rely on the catalytic effect of vanadium on the oxidation of iodide by bromate or the catalytic effect of vanadium on the ammonium persulphate oxidation of gallic acid [812,815]. In the automated method slight interference was observed for salts containing chromium, molybdenum, copper, aluminium and iron. Chloride sometimes caused slight interference at concentrations above 200 mg $L^{-1}$. Qualitative spot tests have been described for the detection of vanadium in water samples. The chromogenic reagents that have been discussed include N-(*p*-NN-dimethylaniline-2-naphtho)hydroxamic acid [813] and N-hydroxy-*N*-*p*-chlorophenyl-N′-(2-methyl-S-chloro)phenyl toluamide [816]. The former reagent is 100 times more sensitive than the latter.

Abbasi [817] extracted vanadium from natural waters with N-*p*-methoxyphenyl-2-furylacrylohydroxamic acid in chloroform. The complex is equilibrated with 3-(*o*-carboxyphenyl)-1-phenyltriazine *N*-oxide at a pH of 1.5. The ternary complex is measured spectrophotometrically at 450 nm.

Sun *et al.* [818] used 2-(3,5-dibromo-2-pyridylazo)-5-(diethylamino) phenol and hydrogen peroxide as the chromogenic agent for the spectrophotometric determination of vanadium in natural waters. The detection limit is 2 μg $L^{-1}$ and the method is applicable for vanadium determination in the range of 0.4–560 μg $L^{-1}$.

### 2.71.2 Atomic absorption spectrometry

The application of this technique is discussed under multication analysis in sections 2.76.4.6 and 2.76.5.2 (graphite furnace atomic absorption spectrometry).

### 2.71.3 Inductively coupled plasma atomic emission spectrometry

The application of this technique is discussed under multication analysis in sections 2.76.8.2 and 2.76.8.6.

### 2.71.4 Inductively coupled plasma mass spectrometry

The application of this technique is discussed under multication analysis in sections 2.76.10.1 and 2.76.10.2.

### 2.71.5 Stripping methods

Li and Smart [819] determined down to 15 M of vanadium in natural waters using square wave stripping voltammetry.

The application of this technique is discussed under multication analysis in section 2.76.12.2.

### 2.71.6 High performance liquid chromatography

Mieura [820] has described a method for the determination of traces of vanadium in natural waters with 2(-8 quinolyl azo)-s(dimethylamino) phenol by reversed phase liquid chromatography spectrometry.

In this reversed-phase high-performance liquid chromatographic method for neutral and cationic metal chelates with azo dyes, tetraalkylammonium salts are added to an aqueous organic mobile phase. The tetraalkylammonium in salts are dynamically coated on the reversed stationary support. As a result of the addition of tetraalkylammonium salts, the retention of the chelates is remarkably reduced. Tetrabutylammonium bromide permits rapid separation and sensitive spectrophotometric detection of the vanadium(V) chelate with 2-(8-quinolylazo)-5-(dimethylamino)-phenol, making it possible to determine trace vanadium(V). When a 100 $mm^3$ aqueous sample was injected, sensitivity and precision were as follows: peak height calibration curves of vanadium(V) were linear up to 800 pg at 0.005 absorbance unit full scale (AUFS) and up to 160 pg at 0.001 AUFS; the relative standard deviation for 10 determinations at 0.005 AUFS was 2.3% at a level of 320 pg of vanadium(V); the detection limit was 2.6 pg at 0.001 AUFS. Many cations including iron(III) and aluminium(III) do not interfere with the determination. Vanadium in natural waters can be successfully determined without preseparation and preconcentration of vanadium.

The chromatographic system used in this method consisted of a Shimadzu Model LC–6A pump, a Rheodyne Model 7125 injector with a 100 $mm^3$ sample loop, and a Shimadzu Model SPD–6aV variable-wavelength spectrophotometric detector with a 10 mm flow-through cell (8 $mm^3$). A Licrocart column (4 mm bore × 125 mm length, Merck) was used by packing LiChrosorb RP–18 (ODS type, particle size 7 μm, Merck). The column was preceded by a guard column (4 mm bore × 10 mm length) packed with LiChrosorb RP–18. Prior to use, the column was allowed to equilibrate at a flow rate of 1.0 $cm^3$ $min^{-1}$ under various conditions of the mobile phase used. Spectrophotometric data were obtained by using a Shimadzu Model 260 spectrophotometer. All glassware was kept in nitric acid (1 + 1) for a day and more and then was rinsed with deionised water before use. The mobile phase was aqueous acetonitrile solution buffered at pH 7.5 ± 0.3 with sodium acetate and ethylenediaminetetraacetic acid.

Nagoasa and Kimata [821] determined down to 1 ppb of vanadium in natural waters by high performance liquid chromatography with electrochemical detection.

### 2.71.7 Ion-exchange chromatography

An ion-exchange chromatographic method has been described [820] for the determination of the various forms of vanadium in fresh water. These include tetravalent cationic, pentavalent anionic and neutral complexed forms of vanadium. Separation is achieved on two columns in series involving the absorption of the sample on Chelex 100 and Dowex 1 × 8 columns followed by the selective elution of the different vanadium species and their assay by neutron activation analysis. Experiments were carried out using vanadium–48 radiotracer. Recoveries of total, complexed tetravalent and pentavalent vanadium were respectively 31, 36 and 34% and total vanadium 100%.

### 2.71.8 *Miscellaneous*

Cid and Garcia Vior [823] developed a kinetic method for the determination of vanadium in natural waters. The oxidation of Mordant Blue 9 is catalysed by vanadium in a solution with potassium bromate, acetic acid and perchloric acid. Vanadium is determined in the range of 0.2–100 μg of vanadium $L^{-1}$.

### 2.71.9 *Preconcentration*

#### 2.71.9.1 Preconcentration by chelation-solvent extraction

Chelation with *N–M* toly-methoxy benzohydroxamic acid [824], or 5.7 dichloro-8-hydroxy quinoline [825], followed, respectively, by extraction with chloroform or butyl acetate have been used to preconcentrate vanadium(V) from natural waters.

#### 2.71.9.2 Preconcentration on Indon or Induron loaded cellulose

Extremely low concentrations of molybdenum and vanadium in water samples can be preconcentrated by coprecipitation of the elements from acid solution into Indon or Induron load celluloses [826].

#### 2.71.9.3 Preconcentration by precipitation of chelates

Vanadium(IV) and vanadium(V) have been determined by energy dispersive X-ray fluorescence spectrometry following preconcentration by precipitation as the diethyldithiocarbamates [827]. Pentavalent vanadium was precipitated at pH 1.8 and tetravalent vanadium was precipitated with the same reagent at pH 4. The precipitates were collected by vacuum filtration on a membrane filter.

The preconcentration of vanadium is discussed under multication analysis in sections 2.76.25.1, 2.76.25.3–5 and 2.76.26.9.

## 2.72 Ytterbium

### 2.72.1 *Inductively coupled plasma mass spectrometry*

The application of this technique is discussed under multication analysis in section 2.76.10.2.

### 2.72.2 *Neutron activation analysis*

The application of this technique is discussed under multication analysis in section 2.76.15.3.

### 2.72.3 *Ion-exchange chromatography*

The application of this technique is discussed under multication analysis in section 2.76.20.1.

### 2.72.4 *Ion chromatography*

The application of this technique is discussed under multication analysis in section 2.76.21.4.

### 2.72.5 *Preconcentration*

The preconcentration of ytterbium is discussed under multication analysis in section 2.76.26.3.

## 2.73 Yttrium

### 2.73.1 *Spectrophotometric methods*

Elements of the yttrium sub group in natural water in microgram quantities have been determined as their complexes with boron and catechol violet [1203]. Firstly, interfering metals are extracted as their thiocyanate complexes with a chloroform solution of diantipyrylmethane. The pH of the aqueous solution is adjusted to 3–4 and catechol violet added and the solution adjusted to pH 8.7 and buffered with borate solution. Spectrophotometry is carried out at 610 nm.

Liang *et al.* [828] determined yttrium by electrothermal atomic absorption spectrophotometry. The yttrium was extracted by using Levextrel with recoveries in the 92–101% range. The method was applied to waters in the 5–20 ng of yttrium $L^{-1}$ range in natural waters.

### 2.73.2 *Radionucleides*

The determination of radioyttrium is discussed in sections 12.1.28 and 12.1.30.

### 2.73.3 *Preconcentration*

The preconcentration of yttrium is discussed under multication analysis in section 2.76.26.1.

## 2.74 Zinc

### 2.74.1 *Spectrophotometric methods*

Miller [829] carried out detailed studies of a method for determining zinc using zircon at 620 nm, after selective release from its cyanide complex using cyclohexanone. This method is capable of determining down to 20 μg $L^{-1}$ zinc. In this method zinc forms a blue complex with 2-carboxy-2′-hydroxy-5′-sulfoformazylbenzene (zircon) in a solution buffered at pH 9.0. Other heavy metals likewise form coloured complexes with zircon. Cyanide is added to complex the zinc and the heavy metals present. Cyclohexanone is added to selectively free zinc for complexing with zircon to form the blue colour. Sodium ascorbate reduces manganese interference. The developed colour is stable except in the presence of copper.

Interferences – the following ions interfere in concentrations exceeding those listed:

| Ion | mg $L^{-1}$ | Ion | mg $L^{-1}$ |
|---|---|---|---|
| $Cu^{2+}$ | 30 | $Co^{2+}$ | 150 |
| $Ag^{+}$ | 250 | $Cr^{3+}$ | 40 |
| $AgI^{3+}$ | 50 | Cr6+ | 20 |
| $Mn^{2+}$ | 1 | $Pb^{2+}$ | 50 |
| $Fe^{2+}$ | 50 | $Ni^{2+}$ | 90 |
| $Fe^{3+}$ | 40 | | |

Yoshimura *et al.* [830] described an ion exchanger colorimetric method for the determination of zinc. Zinc in a water sample can be determined by sorption on to an anion-exchange resin from 2 M chloride solution followed by transformation into a coloured complex with zircon. The sensitivity of the method is claimed to be 10 times greater than that for conventional colorimetry.

Fan *et al.* [831] used a zinc complex with 2-(5-bromo-2-pyridylazo)-5-(diethylamino)phenol in the presence of a cationic surfactant, cetyltrimethylammonium bromide to determine zinc in a spectrophotometric method. Recoveries were 98.3–103.6% for zinc in natural waters with a linear calibration range of 0–500 μg $L^{-1}$. A detection limit is not given but the relative standard deviation is 0.045%.

Herrador *et al.* [832] describe a spectrophotometric method for zinc in natural waters using methylglyoxal bis(4-phenyl-3-thio-semicarbazone) in aqueous dimethyl formide. The complex has an absorption maximum at 455 nm and obeys Beer's law in the concentration range of 0.2–4 mg $L^{-1}$.

Zinc is complexed with 5-(6-bromo-2-benzothiazolylazo)-8-hydroxyquinoline in a method described by Sang and Yang [833] for determining zinc in natural waters. Beer's law is obeyed in the range of 0–600 μg of zinc $L^{-1}$.

Chen and Su [834] describe a spectrophotometric method for the determination of zinc in natural waters using 2-(5-bromo-2-pyridylazo)-5-(diethylamino)phenol in the presence of the non-ionic surfactant poly(ethylene glycol) octylphenyl ether. The maximum absorption is at 552 nm and a linear calibration curve is obtained in the range of 0–100 μg $L^{-1}$. The use of masking agents to remove interferences from other ions was described.

### 2.74.2 *Spectrofluorometric methods*

Zinc is reacted with *meso*-tetrakis(4-hydroxyphenyl)porphyrin, excited at 448 nm, and the fluorescence is measured at 635 nm in a method described by Tong *et al.* [835] for the analysis of natural waters. The calibration curve is linear over the range of 0–50 μg of zinc $L^{-1}$ and the detection limit is 0.6 ppb.

Tong and Sun [836] described a fluorometric method for the determination of zinc in natural waters using *meso*-tetrakis(3-*N*-methylpyridyl)porphyrin. The complex is excited at 430 nm and the fluorescence is measured at 606 nm. The calibration curve is linear in the range of 0–40 μg of zinc $L^{-1}$ and the detection limit in natural waters is 1 ppb.

Igarashi and Yotsuyanagi [837] determined down to 5 ppb of zinc in natural waters by a fluorescence spectroscopic method.

### 2.74.3 *Flow injection analysis*

An automated flow injection method for the determination of zinc in natural waters is described by Koupparis and Anagnostopoulou [838]. The Zircon method with differential demasking of the cyanide metal complex with cyclohexanone is used to determine zinc in the range of 1–10 mg $L^{-1}$. A detection limit of 0.05 mg $L^{-1}$, precision better than 1%, and a sampling rate of 80 per hour are obtained.

### 2.74.4 *Atomic absorption spectrometry*

The application of this technique is discussed under multication analysis in sections 2.76.4.3, 2.76.4.6 and 2.76.5.1 (graphite furnace atomic absorption spectrometry).

### 2.74.5 Inductively coupled plasma atomic emission spectrometry

The application of this technique is discussed under multication analysis in sections 2.76.8.2 and 2.76.8.6.

### 2.74.6 Inductively coupled plasma mass spectrometry

The application of this technique is discussed under multication analysis in section 2.76.10.1.

### 2.74.7 Polarography

The application of this technique is discussed under multication analysis in sections 2.76.11.1 and 2.76.11.3.

### 2.74.8 Anodic stripping voltammetry

Wang and Greene [839] have given details of equipment and procedure for the determination of zinc in river waters by anodic stripping voltammetry with medium exchange. This involves deposition of the metal from the sample, followed by stripping it into a more suitable electrolyte which minimises the interference due to the hydrogen evolution current which masks the zinc peak in acidified waters. A flow cell with a stationary mercury film disk electrode is employed. Measurement can be performed in the presence of oxygen in the sample solution, utilising an oxygen free exchange solution.

Chen and Zhang [840] reported on the use of an anodic stripping voltammetry method for the determination of zinc in natural waters. The zinc is concentrated on a hanging mercury drop electrode at –1.20 to –1.25 V. A linear calibration curve is obtained in the range of 1–100 µg of zinc $L^{-1}$.

The application of this technique is also discussed under multication analysis in section 2.76.12.1.

### 2.74.9 Neutron activation analysis

The application of this technique is discussed under multication analysis in sections 2.76.15.1 and 2.76.15.2.

### 2.74.10 High performance liquid chromatography

The application of this technique is discussed under multication analysis in section 2.76.19.3.

### 2.74.11 Ion chromatography

The application of this technique is discussed under multication analysis in sections 2.76.21.1, 2.76.21.2 and 2.76.21.4.

### 2.74.12 Miscellaneous

Camean *et al.* [841] have reviewed the literatures for the determination of zinc in natural waters. The review covers UV-visible spectrophotometric, atomic absorption spectrophotometry and electrochemical methods.

Lu *et al.* [842] have discussed the speciation of zinc in river and lake waters.

### 2.74.13 Preconcentration

#### 2.74.13.1 Preconcentration by chelation-solvent extraction

Some chelating agent-organic solvent extraction systems used for the preconcentration of zinc are tabulated in Table 2.19.

#### 2.74.13.2 Preconcentration on cation-exchange resins

Amberlite C9–120 cation exchange resin has been used to preconcentrate zinc from natural waters. Zinc is stripped from the column with ammonium chloride prior to spectrophotometric determination in amounts down to 0.2 $\mu g\ L^{-1}$ [851].

The preconcentration of zinc is also discussed under multication analysis in sections 2.76.26.1–9, 2.76.26.11 and 2.76.26.12.

## 2.75 Zirconium

### 2.75.1 Inductively coupled plasma atomic emission spectrometry

The application of this technique is discussed under multication analysis in section 2.76.8.2

### 2.75.2 Isotope dilution mass spectrometry

Boswell and Elderfield [852] determined zirconium and hafnium in natural waters by isotope dilution mass spectrometry. The elements were extracted by coprecipitation with ferric hydroxide and separated by a single cation-exchange column using hydrochloric acid and nitric acid as eluents. The mass spectrometry technique involved a single rheniumfilament with the sample loaded in a mixture of nitric acid and colloidal carbon. Concentrations of 80–2400 pmol zirconium per kg and

*Table 2.19* Chelating agent–solvent extraction systems used for the preconcentration of zinc from natural waters

| *Chelator* | *Extraction solvent* | *Elements* | *Finish* | *LD* | *Ref* |
|---|---|---|---|---|---|
| Sodium diethyl dithiocarbamate | Chloroform | Zn | Spectro-photometric | – | [843] |
| 2-mercapto-benzo-benzthiazole | Butyl acetate | Zn | AAS | 20 μg $L^{-1}$ | [844] |
| 1-(2-pyridylazo) naphthol | Benzene | Zn | Spectro-metric | – | [845] |
| 1-(2-pyridylazo) naphthol | Benzene and and isobutyl methyl ketone | Zn | AAS | – | [846] |
| Octyl α anilobenzyl phosphonate | Chloroform | Zu, Cu | Spectro-photometric | – | [847] |
| 6-methyl-3–methyl -2-[4–N–methylanilo) phenylazo] benzthiazolium chloride | Benzene/ tributyl phosphate | Zn | Spectro-photometric | – | [848] |
| Sulpharazen (5-nitro-2-[3-(4-*p*-sulpho-phenyl-azo-phenyl)-1-trizeno] benzenearsonic acids | Toluene/amyl alcohol | Zn, Pb | Spectro-photometric | Zn 5 ng $L^{-1}$ Pb 0.1 μg $L^{-1}$ | [849] |
| Capric and pyridine or 1,10–phenanthro-line | Heptane | Zn | AAS | 0.03 μg $L^{-1}$ | [850] |

Source: Own files

3–45 pmol hafnium per kg were measured in samples of estuarine, coastal and oceanic waters.

### 2.75.3 Radionucleides

The determination of radiozirconium is also discussed in section 12.1.29.

### 2.75.4 Preconcentration

The preconcentration of zirconium is discussed under multication analysis in section 2.76.26.6.

Wang *et al.* [853] described an electrochemical stripping procedure for ultratrace measurement of zirconium in natural waters, in which preconcentration is achieved by the adsorption of a zirconium-Solochrome Violet RS complex onto a hanging mercury drop electrode. The detection limit was $2.3 \times 10^{-10}$ M for a 10 min preconcentration time. The relative standard deviation at $5.5 \times 10^{-8}$ M was 1.7%.

## 2.76 Multication analysis

### 2.76.1 *Spectrophotometric methods*

#### 2.76.1.1 Arsenic and antimony

Based on the procedure of Merry and Zarcinas [854] the method involves the addition of sodium tetrahydroborate to an acid digested sample which has been treated with hydroxylammonium chloride to prevent formation of insoluble antimony compounds. The generated arsine and stibine react with a solution of silver diethyldithiocarbamate in pyridine in a gas wash tube. Absorbance is measured at wavelengths of 600 nm and 504 nm. At 600 nm the concentration of arsenic can be determined because the antimony silver diethyldithiocarbamate complex does not absorb light of this wavelength. At 504 nm the molar absorptivity of the antimony complex with silver diethyldithiocarbamate reaches its maximum value but there is also appreciable light absorbance from the arsenic–silver diethyldithiocarbamate complex at this wavelength.

The antimony concentration can be calculated from the total extinction value measured at 504 nm by substraction of the extinction value (at 504 nm) that corresponds to the already determined arsenic concentration.

It is clear the calibration curves of arsenic at 504 and 600 and antimony at 504 nm are necessary to perform the calculation.

#### 2.76.1.2 Calcium and magnesium

Wu and Song [855] determined by calcium and magnesium by photometry and a new colorimetric agent, chlorophosphonazo–mB. The calcium and magnesium in natural waters are complexed in an ammonia–ammonium chloride buffer at pH 10.3. Beer's law is obeyed for samples of 40–1800 mg calcium and 40–2000 mg $L^{-1}$ and magnesium. The absorption maxima are at 635 nm for calcium and 575 nm for magnesium.

### 2.76.2 *Spectrofluorometric methods*

#### 2.76.2.1 Arsenic and selenium

Corns *et al.* [856] have described a fluorescence spectroscopic method for the determination of 50–100 ppb of arsenic and selenium in natural waters.

#### 2.76.2.2 Lanthanides

Moulin *et al.* [857] used time resolved laser induced spectrofluorometry to investigate interactions of the trivalent elements cerium and dysprosium with humic acids in natural waters.

Panegrahi *et al.* [858] utilised fluorescence spectroscopy to determine sub ppb levels of terbium, dysprosium and europium in natural waters.

#### 2.76.2.3 Thallium, lead and cerium

Laser-excited atomic fluorescence spectrometry has been used to determine down to 40 ppt thallium and lead in natural waters [859].

Kubitz *et al.* [860] used a laser–induced fluorescence method to determine ppm to ppb levels of lead, thallium and cerium in natural waters.

### *2.76.3 Flow injection analysis*

#### 2.76.3.1 Arsenic, antimony, bismuth, selenium and tellurium

Yamamoto *et al.* [861] combined the technique of flow injection analysis with a gas segmentation procedure [862] to the hydride generation atomic absorption spectrometry of arsenic, antimony, bismuth, selenium and tellurium in water. Standard reaction conditions included sodium borohydride (0.25%) hydrochloric acid (8 mole $L^{-1}$). A hydride generation tube length of 10 cm was used. Under these conditions, the hydrides were separated from the sample in less than 0.1 s after generation. In this short reaction period, most of the metal ions were not reduced to metal, which is preferable to minimise the interference from transition metal ions. 100-fold excesses of iron, cobalt, nickel and copper were without appreciable interference in the method.

### *2.76.4 Atomic absorption spectrometry*

#### 2.76.4.1 Iron, manganese, chromium, aluminium, barium, calcium, magnesium, potassium and sodium

Smith *et al.* [863] have made a study of the use of interference suppressants in the direct flame atomic absorption determination of these metals in river water. These workers found that a mixture of lanthanum nitrate and caesium chloride dissolved in dilute hydrochloric acid was an excellent interference suppressant for all the above elements occurring in a river water matrix.

Magnesium exhibits a depressing effect on the chromium signal in the flame which is considerably reduced by use of the suppressant. Many

*Table 2.20* Reaction conditions for the reduction of various 'hydride element' species to the corresponding hydrides

| *Species*[a] | $pK_a$ | *pH* | *Composition of reaction medium* | $NaBH_4$[d] |
|---|---|---|---|---|
| AS(III) | 9.2 | 6–7 | 0.05 M TRIS–HCl | 1 |
| As(V) | 2.3 | | | |
| MMAA | 3.6 | ~1 | 0.12 M HCl | 3 |
| DMAA | 6.2 | | | |
| Sn(III) | 9.5 | | | |
| Sn(IV) | ~10 | 2–8[c] | 0.01 M $HNO_3$ | 1 |
| $Me_xSn$ | 11.7[d] | | | |
| Ge(IV) | 9.3 | ~6 | 0.095 M TRIS–HCl | 3 |
| Sb(III) | 11.0 | ~6 | | 2 |
| Sb(V) | 2.7 | ~1 | 0.095 M TRIS–HCl | 3 |
| MMSA | – | | 0.18 M HCl, 0.15 M KI | |
| DMSA | – | 1.5–2 | 0.06 M HCl | 2 |

[a]Abbreviations:
MMAA = monomethylarsonic acid [$(CH_3)AsO(OH)_2$]
DMAA = dimethylarsinic acid [$(CH_3)_2AsO(OH)$]
$Me_xSn$ = $MeSn^{3+}$, $Me_2Sn^{2+}$, $Me_3Sn^+$
MMSA = monomethylstibonic acid [$(CH_3)SbO(OH)_2$]
DMSA = dimethylstibinic acid [$(CH_3)_2SbO(OH)$]
[b]ml of 4% NaBH4 solution per 100 ml sample.
[c]Increases during the reaction.
[d]Data available only for $Me_2Sn(OH)_2$.

Source: Own files

other examples of the benefits of this universal suppressant were given by Smith *et al.* [863] who claim that this suppressant is generally equal to or better than other suppressants recommended in the literature for the control of chemical and ionisation interferences and considerable savings in time, reagents and glassware can be achieved by its use.

### 2.76.4.2 Arsenic, tin, germanium and antimony

Most of the hydride elements occur in a number of different species. The optimum reaction conditions vary from element to element and between different species of the same element, eg antimony(III) and antimony(V), methylstibonic acid ($(CH_3)SbO(OH)_3$) and dimethylstibinic acid ($(CH_3)_2SbO(OH)$). The conditions under which the element species are being reduced have been optimised as shown in Table 2.20.

With the exception of antimony(V) which requires the presence of iodide for its reduction, all species can be reduced in an acid medium at pH of 1–2. However, the reduction of some species, including antimony (III) and arsenic(III) and all tin species will also proceed at higher pH, where arsenic(V) and antimony(V) are not converted to their hydrides.

This effect permits the selective determination of the different oxidation states of these elements [864]. In contrast to the finding of Foreback [865] and Tompkins [866], Andreae [867] was not able to reduce antimony(V) quantitatively at pH 1.5–2.0 without the addition of potassium iodide. A concentration of at least 0.15 M potassium iodide in the final solution at a pH less than 1.0 was necessary to achieve complete reduction [868]. This is in agreement with the work of Fleming and Ide [869] who suggested an addition of ca. 0.2 M potassium iodide to ensure the reduction of antimony(V).

Germanium can be reduced through a wide range of pH. The optimum pH is in the near neutral region, as efficiency of germanium reduction decreases at lower pH, probably due to the competitive acid-catalysed hydrolysis of the borohydride ion. At a pH above 8, the yield also decreases.

#### 2.76.4.3 Iron, zinc, chromium, silver, manganese, cadmium, copper and lead

A technique including flameless atomic absorption spectrometry with tungsten-rhenium wire loop atomiser has been used [870] to determine these elements in natural waters.

Tungsten-rhenium (3%) wire loops were utilised as atomisers for non-flame atomic absorption spectrometry. The wire loop atomiser, uniformly constructed with a template, is mounted on a brass atomiser head. The atomiser head replaces the burner head on the commercially available burner base of a Varian Techton AA–5 atomic absorption spectrophotometer for allowing for a significantly improved optical alignment of the wire loop atomiser with respect to the hollow cathode lamp beam. The atomiser is heated electrothermally with a variable transformer. A line voltage ramp, provided by a variable transformer driven by a motor, was applied to the wire loop for atomisation of the analyte. The technique of linear voltage programming had several advantages including the ability to separate, in time, the analyte peak from matrix peaks arising from non-atomic absorption. The wire loop atomiser is aligned such that the hollow cathode lamp beam is concentric with the centre of the wire loop. Background and interference signals do not increase when the wire loop atomiser is misaligned; however, the analyte signal drops as much as 11% when the atomiser is only slightly misaligned. An inert sheathing gas of either dry nitrogen or argon, entering through gas inlets attached to the atomiser head, was passed over the loop at 1.95 or 1.63 L $min^{-1}$ to maintain an inert atmosphere in

*Table 2.21* Sensitivities and absolute sensitivities for analysis by flame and non-flame atomic absorption spectrometry

| Element | Sensitivity ($mg L^{-1} \times 10^3$) | | Absolute sensitivity ($g \times 10^{12}$) |
|---|---|---|---|
| | Flame | Wire loop | Wire loop |
| Zn | 9 | 0.17 | 0.85 |
| Fe | 62 | 1.9 | 9.4 |
| Cr | 55 | 2.45[a] | 32.6[a] |
| Ag | 36 | 1.72 | 8.59 |
| Mn | 24 | 1.9 | 9.6 |
| Cd | 11 | 0.88 | 4.4 |
| Cu | 40 | 9 | 45 |
| Pb | 110 | 5.4 | 27 |

[a]For Cr(VI)

Source: Reproduced by permission from American Chemical Society

the region surrounding the wire loop. The inert gas was supplemented by the presence of hydrogen at 0.225 L min $^{-1}$ during the atomisation process. The hydrogen gas extended considerably the useful lifetime of each loop by reacting with any entrained oxygen present. Once beyond the ignition temperature of hydrogen an entrained air–hydrogen flame persisted.

The drying temperatures were below the range of the optical pyrometer but varied approximately over the range of 200–600°C determined by extrapolation of temperature-applied voltage profiles. The observed atomisation temperatures varied from 890°C (that used to atomise lead) to 1700°C. The latter temperature is high enough to effectively atomise any of the elements examined with the wire loop atomiser technique.

The sensitivities and absolute sensitivities of each of eight elements determined by the aliquot method are reported in Table 2.21.

Savitskii et al. [871] extracted copper, zinc, cadmium and lead from a natural water–decane system with benzylamine and pelargonic acid. The metals were determined by atomic absorption spectrophotometry with detection limits of 2 μg of Cu L $^{-1}$, 1 μg of Cd L $^{-1}$, 3 μg of Zn L $^{-1}$ and 5 μg of Pb L $^{-1}$.

#### 2.76.4.4 Copper, cadmium, manganese, lead, arsenic, antimony, selenium and thallium

A matrix modifier was used by Welz *et al.* [872] prior to the direct determination of arsenic, cadmium, copper, manganese, lead, antimony,

*Table 2.22* Multielement analysis by atomic absorption spectrometry

| *Elements* | *Technique* | *Precon-centration* | *Detection limit* | *Comments* | *Ref* |
|---|---|---|---|---|---|
| As, B | DC plasma | – | – | – | [875] |
| Se, Si | AAS | | | | |
| Be, Ba, V | ETAAS | – | – | – | [876] |
| Pb, Cd | ETAAS | | | | |
| Cd, Cu, Pb, | ETAAS | | | | [877] |
| Ni, Zn | | | | Accuracy study | [878] |
| Miscellaneous | ETAAS | | | | [879] |
| Miscellaneous | ETAAS | – | – | Precision and accuracy study | [880] |
| Miscellaneous | ETAAS | | | Preconcentration by freeze-drying | |
| Cr, Cu, Fe Mn, Mo, Zn | ETAAS | – | <1 mg $L^{-1}$ | – | [881] |
| Cu, Mn, Fe, Zn, Rb, Ca, Mg | ETAAS | Solvent extraction | – | – | [882] |
| Miscellaneous | ETAAS | – | – | – | [883] |
| Ag, Cr, Cu, Fe, Pb, Hg, Mn, Mg, Ni, Sr | | – | – | Reduction by stannous chloride to metal atomic form prior to AAS | [884] |
| Mn, Fe, Pb, Cd | ETAAS | – | – | – | [885] |
| As, Sb, Se, | Flameless | – | – | – | [886] |
| Te | AAS | | | Comparison | |
| As, Se AAS | | | – | of flame, hydride processes and heated quartz cuvettes. Discussion of matrix effects | [887] |

Source: Own files

selenium and titanium in natural waters by electrothermal atomic absorption spectrometry. The modifier was $Pd(NO_3)_2/Mg(NO_3)_2$ and allowed for the use of a common set of pyrolysis and atomisation temperatures. The detection limits (µg/L) were 1.2 for arsenic, 0.02 for cadmium, 0.3 for copper, 0.45 for manganese, 0.45 for lead, 1.2 for antimony, 0.6 for selenium and 0.8 for thallium.

#### 2.76.4.5 Silver and gold

Shvoeva *et al.* [873] determined gold and silver in natural waters by electrothermal atomic absorption spectrophotometry after extraction with polyorgs XI–N. The detection limits for gold and silver are 0.02 and 0.005 µg L $^{-1}$, respectively.

#### 2.76.4.6 Miscellaneous

Oki *et al.* [874] have shown that laser-induced atomic spectroscopy ion achieve detection limits of down to 1 µg L $^{-1}$ in the determination of 16 metals in natural waters.

Some other applications of direct flame atomic absorption spectrometry to the determination of metals in river water are listed in Table 2.22.

### 2.76.5 *Graphite furnace atomic absorption spectrometry*

#### 2.76.5.1 Cadmium, lead, zinc and copper

Fordham [888] used direct injection techniques to determine these trace metals in river waters. He examined the causes of high sample to sample variation attributable to a high content of background impurities. He found that the addition of nitric acid and digestion within the furnace considerably reduced the non-atomic absorption; the remaining background absorption could not be reduced by selective volatilisation and had to be determined by absorption at separate wavelengths. Other interference problems specially applicable to cadmium, lead and zinc determinations were eliminated by atomising at higher than usual temperatures.

Favretto *et al.* [889] determined lead and cadmium in river waters by graphite furnace atomic absorption spectroscopy. This method had the advantage of drawing the calibration curve with the real sample matrix, avoiding the use of matrix modifiers.

#### 2.76.5.2 Beryllium, barium, vanadium, molybdenum, cobalt, nickel, copper and chromium

Logos [890] pointed out that the determination of beryllium, barium and vanadium by atomic absorption spectrometry in an uncoated graphite furnace poses several problems, eg bad reproducibility, memory effects, etc. These difficulties can be avoided using tubes coated with pyrolytic graphite and carbide. The optimal temperature for the pyrolytic graphite coating and the quantity of lanthanum that should be introduced for the carbide coating are important. Beryllium, barium and vanadium in river water can be determined without memory effects and with detection limits of 0.0, 1 and 1 $\gamma$ L $^{-1}$ respectively. Good agreement was found with the results obtained by activation analysis and flame or flameless (with uncoated tubes) atomic absorption spectrometry after preconcentration.

The lifetime of the coated tubes was increased and improved results were also found for the determination of other carbide-forming and/or high melting elements such as molybdenum, cobalt, nickel, copper and chromium.

#### 2.76.5.3 Arsenic and antimony

Haring *et al.* [891] investigated graphite furnace atomic absorption spectrometry for the determination of antimony and arsenic in natural waters. These methods involve prereduction of Sb(V) to Sb(III) and As(V) to As(III) with ascorbic acid and hydriodic acid in hydrochloric acid medium. This is because the pentavalent metal salts are reduced to hydrides by sodium borohydride much more slowly than are the trivalent metals salts. After addition of a nickel solution to the arsenic samples a relatively high ashing temperature can be applied, resulting in a better removal of interfering substances.

### 2.76.6 Zeeman atomic absorption spectrometry

#### 2.76.6.1 Silver, nickel, cobalt and cadmium

Bozsai and Melegh [892] determined silver, nickel, cobalt and chromium in natural waters using a transversely heated graphite atomiser with longitudinal Zeeman background correction.

### 2.76.7 Hydride generation atomic absorption spectrometry

#### 2.76.7.1 Arsenic, antimony, bismuth, selenium, tellurium, tin and lead

Haring *et al.* [891] also described a hydride procedure in which atomic absorption spectrometry is carried out using a heated quartz cell. The heated quartz cell technique offers improved sensitivity and detection limits and prevents matrix interference.

Samples are acidified with hydrochloric acid. After the addition of a solution of sodium borohydride to the acidified samples, volatile metal hydrides will be formed. The metal hydrides are transferred into a heated quartz cell by means of a nitrogen or argon gas flow. The metal hydrides will decompose in the heated quartz cell and the atomic absorption of the elements can be determined.

For the determination of arsenic and antimony a prereduction with potassium iodide and ascorbic acid is necessary because As(V) and Sb(V) are less reactive with respect to the formation of the metal hydrides than As(III) and Sb(III). Potassium iodide masks interferences by other metal ions.

Copper, lead, calcium, magnesium, sodium, potassium and manganese do not interfere in the atomic absorption spectrometric method using a heated quartz cell.

However, a suppression of the arsine and/or stibine formation occurs when other hydride forming elements like selenium, bismuth and tin were present in the sample. Also a mutual interference between the arsenic and antimony determinations was found. Hydride formation atomic absorption spectrometry has been applied to the analysis of mixtures of antimony, arsenic, bismuth, selenium and tellurium in lake and pond water [643].

Knudson and Christian [893] applied flameless atomic absorption spectrometry to the determination of the volatile hydrides of arsenic, antimony, bismuth and selenium using cold trap calibration. After collection in a liquid nitrogen cold trap the hydrides were volatilised into either an argon-entrained air–hydrogen flame or into a Perkin–Elmer HGA–2000 Graphite Furnace for atomic absorption measurements. Flameless atomisation resulted in approximately ten-fold lower detection limits. The sensitivities and detection limits were, respectively, 1.0 and 0.2 nm for arsenic, 5.6 and 1.0 nM for antimony, 2.0 and 1.0 nM for bismuth, and 40 and 10 nM for selenium.

Welz [894] has also applied this technique to the determination of arsenic and selenium in natural waters.

Brodie [621] has described an automated vapour generation accessory based on the use of sodium borohydride for the atomic absorption spectrometric determination of mercury, antimony, arsenic, selenium, tellurium, bismuth, tin and lead.

The vapour generation accessory features a continuous flow technique in which samples and liquid reagents are pumped and allowed to mix. The gaseous reaction products are swept into an absorption cell (heated by a flame for hydride-forming elements) located in the optical path of the atomic absorption spectrophotometer. The accessory can be readily connected to a Varian programmable sample changer to provide automatic presentation of up to 67 samples plus up to 5 calibration standards.

Fig. 2.9 shows a schematic diagram of the Varian vapour generation accessory (VGA–76). The peristaltic pump maintains a constant flow of analytical solutions. The actual flow rates are pre-determined by the diameters of the pump tubes. In the study described here, flow rates were about 8 mL per min for the sample, 1 mL per min for the sodium borohydride solution, and 1 mL per min for the acid.

The sample and acid are allowed to merge first before the sodium borohydride enters the stream. Nitrogen is then introduced into the liquid stream and the reaction proceeds while the mixture is flowing through the reaction coil. Vigorous evolution of hydrogen during the

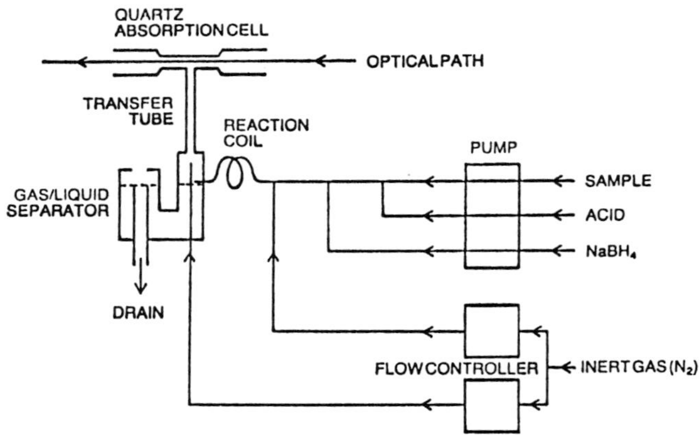


*Fig. 2.9* Schematic of vapour generation accessory
Source: Reproduced by permission from International Scientific Communications Inc, US.

reaction assists the stripping of the hydride (or mercury vapour) from the liquid into the nitrogen. The gas is separated from the liquid in the separator shown in Fig. 2.10. At this point, a second stream of nitrogen is introduced to ensure the gas stream is not saturated with water vapour (Fig. 2.10).

The gas stream passes from the separator into the absorption cell. The short connection tube ensures that vapour is transferred rapidly to the cell from the separator. The absorption cell is located on a standard air–acetylene burner and aligned in the optical path by the burner adjusting mechanism. For the determination of the hydride-forming elements the cell is heated by a lean air–acetylene flame. Mercury is best determined with a cold cell because the analytical sensitivity is reduced when the cell is heated. Improved sensitivity for mercury is obtained by using an optional flow-through cell.

With the VGA–76 system, a continuous atomic absorption signal is produced so that integration methods (signal averaging) can be applied to the absorbance measurement. This is in contrast to earlier vapour generation techniques in which the production of transient signals required peak height or peak area measurements.

Mercury has been determined by this method (along with the other hydride forming elements) through the sodium borohydride reaction rather than with the more commonly used stannous chloride reduction.

Typical working ranges are up to 50–100 μg $L^{-1}$ for As, Sb, Bi, Se, Te, Sn, Hg.

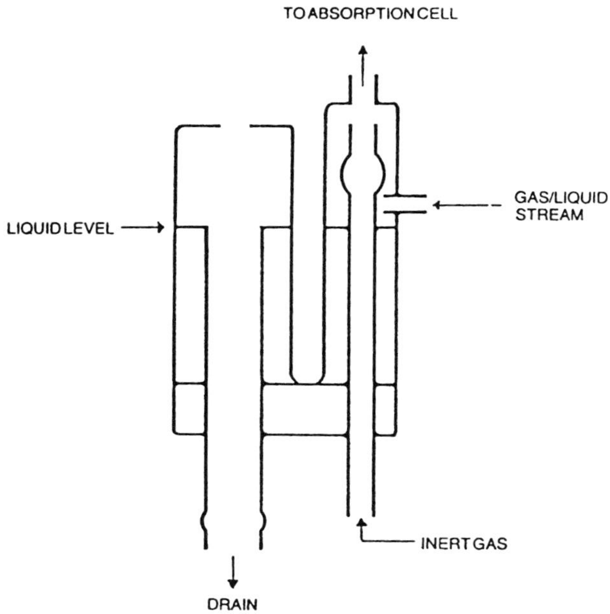


*Fig. 2.10* Gas/liquid separator
Source: Reproduced by permission from International Scientific Communications Inc, US

Detection limits for the important elements arsenic, selenium and mercury are less than 0.5 μg $L^{-1}$.

Precision of the measurements is typically in the range 0.5–1.5% RSD.

Yamamoto *et al.* [895] applied a flow injection technique to hydride-generation atomic absorption spectrometry. Gas segmentation was found to be effective in minimising the broadening of a sample zone without an increase of noise levels. When 0.5 mL of samples was used, arsenic, antimony, bismuth, selenium, and tellurium could be determined with the detection limits (S/N = 3) of 0.04–0.3 ng and relative standard deviations better than 2.5%. About 120 samples could be determined within an hour. These elements in several NBS SRMs were determined. Possibilities of a differential determination according to the oxidation states were exhibited for arsenic and antimony in thermal water.

Brovko [896] determined both arsenic and selenium in natural water by hydride generation–atomic absorption spectrophotometry. The hydrides were preconcentrated on the antimony-coated inner surface of the electrothermal atomiser. The limits of detection were 1 and 0.5 ng for arsenic and selenium, respectively.

### 2.76.8 Inductively coupled argon plasma atomic emission spectrometry

Several workers have applied this technique to multielement analysis of natural waters [897–902]. Taylor [900] examined factors affecting the performance of the instrument in routine analyses of water. Eaton *et al.* [901] compared results obtained by the inductively coupled plasma technique and conventional atomic absorption spectroscopy. Garbarino *et al.* [902] carried out a statistical evaluation of the inductively coupled plasma technique for routine water quality testing. These workers present the results of an interlaboratory comparison of single element atomic absorption and multielement inductively coupled plasma atomic emission spectrometric analysis. Analysis of 100 filtered natural water samples for 17 major and trace elements revealed no unacceptable biases. The precision of inductively coupled plasma techniques was equal to or better than alternative methods.

#### 2.76.8.1 Cadmium, copper and lead

Rubio *et al.* [903] carried out a comparative study of cadmium, copper and lead determinations in river water by atomic absorption spectrometry and the inductively coupled plasma technique. Goulden and Anthony [899] determined trace metals in river waters by the technique using a heated spray chamber and desolvation. Zavaras and Shenddrikar [904] devised an analytical scheme screen water samples for 26 elements using a sequential inductively coupled plasma atomic emission spectrometer. Detection limits for most elements (except beryllium, cadmium, lead, mercury, and selenium) were below established regulatory limits.

#### 2.76.8.2 Miscellaneous elements

Workers at the Water Research Centre [905] (UK) have reported on the commissioning and preliminary evaluation of an inductively coupled plasma atomic emission spectrometer for the determination of 26 elements in river water. They conclude that this is an excellent approach for multielement analysis, although with some elements (arsenic, antimony, cadmium, lead, mercury, selenium and tin) detection limits might not be good enough for certain applications such as pollution of rivers or potable water analysis.

Thompson *et al.* [897] attempted to increase the sensitivity of the technique by carrying out a rapid evaporative 10:1 preconcentration on the sample before instrumental analysis. They studied the effects of background interference and its on-peak correction on realistic detection limits of 30 elements, including high concentrations of calcium and magnesium. Recoveries of 24 and out of 32 elements during preconcentration were found to be adequate.

In order to investigate the performance and likely sources of error, Thompson *et al.* [897] concentrated synthetic trial solutions resembling fresh waters and analysed them by the procedure outlined above. Realistic estimates of the effect on detection limits of increasing background corrections were obtained by concentrating and analysing ten replicate samples of deionised water and ten of the synthetic fresh waters containing high levels of calcium (200 mg L $^{-1}$) and magnesium (30 mg L $^{-1}$) only. The resulting detection limits are given in columns 4 and 5 of Table 2.23.

The effect of high levels of calcium and magnesium on the practical detection limit can be seen by a comparison of columns 4 and 5. The detection limits in column 5 are calculated in a way that includes both inaccuracy and imprecision in the background correction. The normal two standards deviations of noise over ten samples has been added to the absolute value of the correction bias. For example, sulphur has a detection limit of 70 μg L $^{-1}$ by direct nebulisation, which is improved to 8 μg L $^{-1}$ by the preconcentration method in the absence of interfering elements. The interference, mainly from calcium, produced 1505 μg L $^{-1}$ of apparent sulphur with a standard deviation of 20 μg L $^{-1}$. The total calculated interference correction is 1488 μg L $^{-1}$ leaving an uncorrected residual of +17 μg L $^{-1}$ of sulphur. The detection limit is therefore recorded as $(2 \times 20) + 17 = 57$ μg L $^{-1}$. A deterioration of the detection limit due to this cause is evident in a number of elements, notably sulphur and molybdenum. Although the uncertainties in the detection limits make rigorous interpretation difficult, there appears generally to be an increase in the detection limit equal to approximately 10% of the total background interference.

The calcium and magnesium levels used in this study are approximately ten times higher than those in average river waters. The interference effects in river water analysis will therefore be proportionally reduced.

The precision of the method measured using the ten replicate samples expressed as twice the coefficient of variation and averaged over 20 analytes was 8.0% at the 50 μ L $^{-1}$ level and 7.0–% at the 500 μg L $^{-1}$ level. The presence of 200 mg L $^{-1}$ of calcium and 30 mg L $^{-1}$ of magnesium increased these figures to 8.8 and 7.8% respectively after interference correction.

In order to study the recovery of 21 elements during sample preconcentration, two levels element spikes were added to tenfold replicates of pure water. At the 500 μg L $^{-1}$ level only silver (33% low) and antimony (17% low) showed recoveries that are significantly low at 95%

*Table 2.23* Applicability of ICP to water analysis

| Element | Wave-length/nm (order) | Detection limits (μg L⁻¹) Direct | By pre-concentration Soft | By pre-concentration Hard | Inter-ference (μg L⁻¹) | Recovery | Average river water | Concentrations (μg L⁻¹) GL | EEC MAC | Applicability Average river | EEC |
|---|---|---|---|---|---|---|---|---|---|---|---|
| Ag | 328.1 × 2 | 2 | 0.3 | 0.5 | 1.3 | a | 0.3 | | 10 | | |
| Al | 308.2 × 2 | 50 | 15 | 6 | 0 | | 400 | 50 | 200 | c | c |
| As | 193.8 × 2 | 30 | 2 | 1 | 0 | b | 2 | | 50 | | d |
| Ba | 455.4 × 1 | 4 | 0.4 | | 0.3 | 0 | 10 | 100 | c | c | |
| Be | 313.0 × 2 | 0.1 | 0.02 | 0.03 | 0.04 | a | 0.47 | | | | |
| Bi | 223.1 × 2 | 30 | 2 | 4 | 7.7 | | 0.005[a] | | | d | |
| Ca | 317.9 × 2 | 60 | 5 | – | – | $1.5 \times 10^4$ | $1 \times 10^5$ | c | c | | |
| Co | 228.6 × 3 | 5 | 0.6 | 0.5 | 0.87 | 0.2 | | | | | |
| Cd | 226.5 × 3 | 2 | 0.2 | 0.3 | 0.52 | | 0.03[a] | 5 | | c | |
| Cr | 267.7 × 2 | 3 | 0.2 | 0.8 | 3.0 | | 1 | 60 | d | c | |
| Cu | 324.8 × 2 | 2 | 0.2 | 0.3 | 2.0 | | 7 | 100 | c | c | |
| Fe | 259.9 × 2 | 40 | 8 | 5 | 0 | | 100[a] | 50 | 200 | c | c |
| Hg | 194.2 × 1 | 4 | 0.6 | 1.5 | 3.4 | | 0.07 | | 1 | | |
| K | 766.4 × 1 | 100 | 9 | 9 | 0 | | 2300 | $1 \times 10^4$ | $1.2 \times 10^4$ | c | c |
| Li | 670.8 × 1 | 1 | 0.1 | 0.1 | 0 | | 3 | | | c | |
| Mg | 279.0 × 2 | 100 | 100 | – | – | | 4100 | $3 \times 10^4$ | $5 \times 10^4$ | c | c |
| Mn | 257.6 × 2 | 10 | 1 | 2 | 0 | b | 7 | 20 | 50 | | c |
| Mo | 281.6 × 2 | 5 | 0.6 | 4 | 31 | b | 1 | | | d | |
| Na | 589.0 × 1 | 50 | 30 | 20 | 0 | | 6300 | $2 \times 10^4$ | $1.8 \times 10^5$ | c | c |
| Ni | 231.6 × 2 | 8 | 0.8 | 0.9 | 2.5 | | 1.5a | | 50 | c | c |
| Pb | 220.3 × 2 | 30 | 4 | 4 | 12.3 | | 3 | | 50 | | c |
| Sb | 206.8 × 2 | 80 | 5 | 6 | 8.3 | a | 1 | | 10 | | |

*Table 2.23* continued

| *Element* | *Wave-length/ nm (order)* | *Detection limits* ($\mu g\ L^{-1}$) *Direct* | *By pre-concentration Soft* | *Hard* | *Inter-ference* ($\mu g\ L^{-1}$) | *Recovery* | *Average river water* | *Concentrations* ($\mu g\ L^{-1}$) *GL* | *EEC MAC* | *Applicability Average river* | *EEC* |
|---|---|---|---|---|---|---|---|---|---|---|---|
| Sn | 190.0 × 2 | 7 | 0.6 | 0.4 | 8.1 | | ? | | | | |
| Sr | 407.8 × 1 | 2 | 0.2 | 0.1 | 1.6 | | 50 | | | c | |
| Te | 214.3 × 2 | 30 | 2 | 5 | 5.8 | | ? | | | | |
| Ti | 337.3 × 2 | 60 | 5 | 7 | 0 | a | 3 | | | | |
| V | 311.1 × 2 | 2 | 0.2 | 0.1 | 2.8 | | 0.9 | | | c | |
| Zn | 202.5 × 3 | 7 | 0.8 | 1.4 | 4.8 | a | 20 | 100 | | c | c |
| Zr | 349.6 × 2 | 3 | 0.2 | 0.9 | 4.6 | | ? | | | | |

Column 3: detection limit (2σ) from 10 readings of blank solution by direct nebulisation.
Column 4: detection limit (2σ) from 10 replicate blank preparations by pre-concentration.
Column 5: detection limit (2σ) from 10 replicate samples with 200 mg $L^{-1}$ of calcium and 30 mg $L^{-1}$ of magnesium prepared by pre-concentration.
All values of detection limits are approximate and can vary by 100% by random fluctuations.
Column 6: the background interference from 200 mg $L^{-1}$ of calcium and 30 mg $L^{-1}$ of magnesium expressed in $\mu g\ L^{-1}$ analyte; 0 signifies no measurable interference.
Column 7: [a] elements giving low recoveries on spikes at 50 and 500 $\mu g\ L^{-1}$; [b] elements giving low recoveries on spikes at 50 $\mu g\ L^{-1}$ only.
Column 8: average of median reported river concentrations. Question marks signify uncertain or unknown values.
Columns 9 and 10: EEC guide levels (GL) and maximum admissible concentrations (MAC) of 1980.
Column 11: elements for which determination at average river levels is [c] suitable or [d] marginal.
Column 12: elements for which determination below EEC levels is [c] suitable or [d] marginal.

Source: Reproduced by permission from Royal Society of Chemistry

confidence limits. At the 50 μg $L^{-1}$ level manganese (17% low), arsenic (16% low) and molybdenum (8% low) also showed values significantly below the spike added. Three other elements studied separately showed low results: titanium (up to 70% low), zirconium (up to 16% low) and beryllium up to (16% low). For these elements with high ionic potentials the low results probably represent loss of analyte by chemisorption or hydrolysis. For other elements low returns could be due to statistical inaccuracy and not losses (eg manganese).

Recovery of the principal ionic constituents (aluminium, calcium, iron(III), potassium, magnesium, sodium, phosphate and sulphate) was found to be quantitative in separate experiments with the pre-concentration of natural water samples. No significant loss of hydrochloric acid occurred during the water samples. No significant loss of hydrochloric acid occurred during the evaporation.

#### 2.76.8.3 Aluminium, lead and manganese

Goulden *et al.* [898] determined aluminium, lead and manganese, respectively in natural waters in amounts down to 3, 0.6 and 0.3 μg $L^{-1}$. A heated spray chamber was used in this work. Goulden and Anthony [899] determined arsenic and selenium in amounts down to 0.02 and 0.03 μg $L^{-1}$.

#### 2.76.8.4 Aluminium, beryllium, cadmium, cobalt, chromium, copper, iron, manganese, nickel and zinc

Janssens *et al.* [906] have investigated the sensitivity and accuracy of a computer-controlled inductively-coupled plasma emission spectrometry system for the determination of traces of metals (aluminium, beryllium, cadmium, cobalt, chromium, copper, iron, manganese, nickel and zinc) in water. This technique was shown to give good results. The spectral lines were selected on the basis of their net signal-to-background ratios as well as their freedom from spectral interference and matrix effect.

Malinski *et al.* [907] and Beauchemin *et al.* [908] have reviewed the applications of inductively coupled plasma emission spectrometry to the determination of multiple elements in natural water.

#### 2.76.8.5 Mercury, selenium, arsenic, antimony and bismuth

Borgnon and Cadet [909] describe a system for generating mercury vapour and the hydrides of mercury, selenium, arsenic, antimony and bismuth for their simultaneous determination in natural waters by inductively coupled plasma emission spectrometry. No sample preparation, operation, or analytical parameters were given in the abstract.

#### 2.76.8.6 Cadmium, lead, zinc, iron, copper, nickel, molybdenum and vanadium

Miyazaki *et al.* [910] simultaneously determined µg $L^{-1}$ levels of the above elements in river and seawaters by inductively coupled plasma atomic emission spectrometry after extraction as their ammonium pyrrolidine-dithiocarbamate complexes into disobutyl ketone. This complexing agent formed complexes with all the elements at pH 2.4. Relative standard deviations were less than 4% for all elements except cadmium and lead which had relative standard deviations of about 20% owing to the low concentrations determined. The method blank which for all the elements except zinc was reduced to less than 0.005 µg by using an acid wash of the equipment and ultra-pure acids and ammonia solution to neutralise the samples. Additional precautions are needed to reduce zinc contamination.

### 2.76.9 *Hydride generation inductively coupled plasma atomic emission spectrometry*

#### 2.76.9.1 Arsenic, antimony, bismuth, selenium and tellurium

Thompson *et al.* [911–913] have described procedures for the simultaneous determination of arsenic, antimony, bismuth, selenium and tellurium in river waters. These methods are based on the introduction of volatile hydrides of these elements into an inductively coupled plasma source. The hydrides are generated by continuous mixing of the sample and sodium borohydride solutions and the signals, when stabilised, are integrated over a fixed time period. Direct analysis and a coprecipitation preconcentration method were employed. This procedure has a detection limit of 1 µg $L^{-1}$.

Pyen and Browner [914] determined arsenic, antimony and selenium simultaneously by hydride generation and inductively coupled plasma optical emission spectrometry. Detection limits were 1.0, 1.3 and 2.4 µg $L^{-1}$ respectively, for arsenic, selenium and antimony. The authors report no significant interferences for common elements in natural waters.

### 2.76.10 *Inductively coupled plasma mass spectrometry*

Inductively coupled plasma mass spectrometry is a powerful technique for the determination of metals in waters. Essentially, it combines the high detection power of mass spectrometry with the capability of simultaneous elemental analysis of solutions. Furthermore, it enables very rapid isotope ratio determinations which in turn makes possible stable isotope dilution techniques. However, the application of inductively coupled plasma mass spectrometry to routine analysis has been somewhat hampered by its greater susceptibility to ionisation interferences than inductively coupled plasma atomic emission spectrometry and by the problem of isobaric interferences from molecular species arising from either the solvent used in sample preparation or from the sample itself. This is why most of the analyses performed prior to 1987 have required some pretreatment of the sample, ie a separation with preconcentration.

#### 2.76.10.1 Miscellaneous elements (sodium, magnesium, potassium, calcium, aluminium, vanadium, chromium, manganese, copper, zinc, strontium, molybdenum, antimony, barium, arsenic, cobalt, nickel, cadmium and lead)

Beauchemin *et al.* [908] developed river water reference materials, designated SLRS–1 which provided an opportunity to assess the performance of inductively coupled plasma mass spectrometry when determining many trace metals directly in the presence of a complex matrix. The certificate for SLRS–1 gives the total concentrations of 21 elements.

These workers demonstrated the detection power of inductively coupled plasma mass spectrometry and its capacity for rapid multielement analysis by the analysis of a riverine water reference material. Fifteen elements (Na, Mg, K, Ca, Al, V, Cr, Mn, Cu, Zn, Sr, Mo, Sb, Ba and U) were determined directly by inductively coupled plasma mass spectrometry while five (As, Co, Ni, Cd and Pb) required a preconcentration prior to analysis, either by evaporation (As) or by chelation by silica-immobilised 8-hydroxyquinoline (Co, Ni, Cd and Pb). Accurate results were obtained by external calibration, standard additions, of isotope dilution techniques. However, stable isotope dilution generally gives the most accurate and precise results.

Inductively coupled plasma mass spectrometry is capable of determining a wide range of different elements at sub-μg $L^{-1}$ concentration levels. The linear dynamic measurement range extends 4–5 orders of magnitude. However, because of its high sensitivity, the determination of analyte concentrations above 1 mg $L^{-1}$ requires special measures. The ion flux from analyte concentrations greater than 1 mg $L^{-1}$ saturates an electron multiplier operating in the pulse counting mode. Many elements, for example Na, Mg, Ca and Si, often occur at concentrations greater than 1 mg $L^{-1}$ in natural water. In late 1988, instrument manufacturers introduced modifications that extended the analytical range of the technique. Instrumentation employed in this work uses computer-controlled quadruple rod offset potential to reduce the sensitivity of selected mass-to-charge ratios. While solving the basic problem, this approach requires extreme caution when the application involves spectral corrections based on isotope abundance values. An alternative to using a different rod offset potential to reduce the sensitivity would be the selection of a less abundant isotope for quantitation. However, often times the isotopic abundance does not offer an appropriate combination of decreased sensitivity and dynamic range. In addition, some analytes are monoisotopic, making selection of another isotope impossible. Also, some elements have significant background interferences that are associated with isobaric, multiply charged, or polyatomic ions that limit their analytical usefulness in some applications. Therefore, the combination of high sensitivity and spectral interferences can affect the determination of selected analytes by inductively coupled plasma mass spectrometry.

Inductively coupled plasma optical emission spectroscopy (ICP–OES) exhibits a linear dynamic range similar to that of inductively coupled plasma mass spectrometry, although sensitivities for selected elements generally are less by at least a factor of 10. When alternate analytical wavelengths are selected, spectral interferences can be minimised, and variable sensitivity can be obtained.

Recognising that each of these techniques has both advantages and disadvantages, Gabbarino *et al.* [915] pointed out that a combination of the two would provide substantially greater analytical flexibility. They describe a technique that couples mass spectrometric and optical emission spectrometric detection by using a single inductively coupled argon plasma for ion production and as a light source. The technique provides simultaneous determination of major and trace elements by effectively combining and extending the analytical concentration range of the individual techniques.

#### 2.76.10.2 Titanium and vanadium

Yang *et al.* [916] used a chelating ion-exchange coupled with an inductively coupled plasma mass spectrometer to determine ppm concentrations of titanium and vanadium in natural waters.

#### 2.76.10.3 Lanthanides

Hall *et al.* [917] determined fourteen rare earth elements at detection limits of 0.1–1 ppb in natural waters by inductively coupled plasma mass spectrometry after concentration with a resin containing iminodiacetate functionality.

Aggarwal *et al.* [918] have developed a method for the determination of rare earth elements in natural waters at sub ppt levels by inductively coupled plasma mass spectrometry and flow injection inductively coupled plasma mass spectrometry.

The ability to detect low levels of rare earth elements in aqueous samples (eg seawater and hydrothermal fluids) is important in the study of the mobility of rare earth elements during water–rock interactions. The behaviour of the rare earth elements may also be used as analogues of the geochemistry of the radioactive actinides in future radioactive waste repositories. These workers point out that a preconcentration is required to analyse rare earth elements in most natural aqueous solutions. Simple preconcentration of the rare earth elements by evaporation of the sample is not generally suitable as it frequently leads to precipitation of salts (which may also take up rare earth elements) and/or it leads to a solution with high dissolved solids that creates potential isobaric interferences or clogs the nebuliser and sampling cones of the inductively coupled plasma mass spectrometers with salt deposits. There are many existing methods for the analysis of rare earth elements in solution, eg ion-exchange resins [919–921] and solvent extraction [922], however many of these techniques do not show complete recovery of the rare earth elements or show low enough detection limits.

The method described by Aggarwal *et al.* [918] is capable of determining the rare earth elements at concentrations down to 0.1 ppt (0.5 pmol $kg^{-1}$) in aqueous samples using flow injection coupled to an inductively coupled plasma mass spectrometer. The method is an extension of a technique described by Shabani *et al.* [923] to allow application to a wider range of ionic strengths. The method is sufficiently rapid to enable samples to be processed through the purification stage in less than 90 min. More than 99.5% of the barium in the sample is removed during processing, ensuring that isobaric interference of barium oxide on the rare earth elements is <2% of the rare earth element signal. The detection limits of this method show an improvement of up to 30 times better than the original method. This improvement was achieved by using flow injection techniques that allow the sample to be concentrated in a smaller volume for analysis. The technique has been successfully employed for the determination of rare earth elements in Icelandic hydrothermal fluids.

### 2.76.11 Polarography

#### 2.76.11.1 Zinc and iron

do Rosario Cravo [924] has described a method for the determination of these elements in natural waters. In this method the sample is treated with aqueous hydrogen peroxide, any excess of which is decomposed by boiling; the sample is then evaporated nearly to dryness and made up to a volume of 25 ml with a basal solution (10 ml) of M–ammonium sulphosalicylate – 6 m aqueous ammonia plus 0.1% gelatin solution (1 ml) and water. The polarogram is then recorded, waves being given by iron(III) and zinc and iron(II) at –0.63 V, –1.21 V and –1.44 V, respectively, vs the mercury pool. The extent of interference by cadmium, lead, copper and nickel was examined.

#### 2.76.11.2 Calcium, strontium and barium

Zhang and Huang [925] used derivative polarography adsorption waves for measurement of alkaline earth–thymolphthalexone complexes. The limit of detection for calcium, strontium and barium in natural waters was $7.5 \times 10^{-7}$ M and for magnesium was $4.0 \times 10^{-6}$ M.

#### 2.76.11.3 Heavy metals

Hernandez-Brito *et al.* [926] applied computer controlled high speed polarography to the determination of heavy metals in natural waters.

### 2.76.12 *Stripping voltammetry*

#### 2.76.12.1 Heavy metals

Some applications of this technique to the analysed multi-metal mixtures are given in Table 2.24.

Lewis *et al.* [957] have used square wave anodic stripping voltammetry to study metal–organic complexation. In this work current versus deposition potential plots for real samples were compared with those obtained using test ligands.

To determine copper, lead, cadmium and zinc in natural waters Adeljou *et al.* [958] applied two stripping cycles in anodic stripping potentiometry. The first cycle was used to determine copper and the second to determine lead, cadmium and zinc after the addition of gallium (III) ions.

Belmont Hebert *et al.* [959] and Tercier and Buffle [960] have pointed out that voltammetric techniques coupled to small microsensors and are well suited to the measurement of *in situ* real time continuous measurements of heavy metals in natural waters.

Voltammetric microsensors are selective only to the mobile fraction of metals, ie free ions and small complexes which diffuse quickly enough to be measured in the time scale of the voltammetric technique used, not to the total concentrations as with most other techniques. The concentration of these metal species, which is the most difficult to measure unambiguously with classical techniques, is important, as it is more closely related to metal bioavailability and processes linked to transport through biological membrane than total metal concentrations [961].

*Table 2.24* Applications of stripping voltammetry to the analysis of multielement mixtures

| *Technique* | *Elements* | *Sensitivity* | *Comments* | *Ref* |
|---|---|---|---|---|
| ASV | Cd, Pb, Cu | 0.006 μg $L^{-1}$ | Impregnated graphite-mercury film electrodes | [927] |
| ACV | Cd, Pb, Cu, Zn | – | – | [928,929] |
| Automatic ASV inversion electro chemical technique | Cd, Pb, Cu | | | [930] |
| On-line ASV | Pb, Cd, Cu, Zn | | | [931] |
| Automated computerised potentiometric stripping analysis–flow injection analysis | Cu, Cd, Pb | | | [932] |
| Reverse pulse amperometry | Cu, Zn, Ni, Pb, Cd, Fe | | Reduces need to remove dissolved oxygen | [933] |
| ASV | Zn, Pb, Cd, Te, Cu | 20 μg $L^{-1}$ | Applicable to humic natural waters | [934] |
| ASV–FIA | Cd, Pb, Cu | 1 μg $L^{-1}$ | – | [935] |
| ASV | Cu | – | – | [936] |
| ASV | Cu, Bi, Sb, Pb | – | Gold and rotating glass caption electrodes | [937] |
| Differential pulse stripping voltammetry | Heavy metals | – | – | [938] |
| ASV | Zn, Cd, Pb, Cu, Ni, Co, Mn, Tc | 0.7–5 μg $L^{-1}$ | UV irradiation of samples | [939] |
| Differential pulse ASV | Zn, Cd, Pb, Cu | – | – | [940] |
| ASV | Cd, Pb, Zn | – | Effect of pH | [941] |
| ASV | Zn, Cd, Pb, Cu | – | Effect of added mercury and acetate ions | [942] |
| High accuracy pulse ASV | In, Cd, Cu, Pb | 1 μg $L^{-1}$ | – | [943] |
| ASV | Heavy metals | – | – | [944] |
| ASV | Heavy metals | – | Effects of organic (enzymes, fulvic acid, humic acids starch) | [504, 945, 946] |

*Table 2.24* continued

| *Technique* | *Elements* | *Sensitivity* | *Comments* | *Ref* |
| --- | --- | --- | --- | --- |
| ASV | Cu, Pb, Cd, Zn | – | Effect of interfering substances | [947] |
| ASV | Heavy metal | – | Lead and zinc amalgam electrodes | [948] |
| ASV CSV | Cu, etc. | – | Computer simulation studies | [949] |
| ASV | Heavy metals | – | Effect of plating potential on apparent trace metal complexing capacity | [950] |
| Differential pulse ASV | Heavy metals | – | Removal of humic acid interferences | [951] |
| ASV | Cd, Pb, Cu | – | Effect of particulates | [952] |
| Field-based ASV | Cu, Pb, Cd | – | – | [953] |
| ASV | Heavy metals | – | Ultraviolet digestion to decompose bound metal complexes | [954] |
| Differential pulse ASV | Cd, Pb, Cu | 1 ng $L^{-1}$ | Optimisation of performance | [955] |
| ASV | Cu, Pb | 10–100 ng $L^{-1}$ | Monitoring system | [956] |

Source: Own files

However, their applications for direct measurements in complex media are frequently limited by the well-known fouling problem [504,962–964]. To overcome this, studies have been done using different types of thin protective membranes based on size exclusion or electric charge repulsion or both [965–971]. Unfortunately, none of these membranes is totally efficient for direct measurements in natural water samples, and, in addition, most of them are not totally inert toward the target elements. Recently, it has been shown that, thanks to the properties of microelectrodes (ie, low *iR* drop and spherical diffusion which allows trace metal measurements by stripping techniques in quiescent solution), these thin membranes can be replaced by relatively thick gel membranes [964]. The gel membrane acts as a dialysis membrane, ie, allows diffusion of small metal ions and complexes but retains colloids and macromolecules. The voltammetric microsensor measures the test compounds inside the gel after equilibration. Systematic studies have made it possible to select an agarose gel which is totally inert toward trace elements.

As a consequence of these concentrations Belmont Hebert *et al.* [959] developed a voltammetric senor for *in situ* trace metal analysis in natural waters. It consists of an array of 100 mercury-plated, iridium-based microdisk electrodes, coated with a 300–600 µm-thick 1.5% agarose gel membrane. This membrane acts as a dialysis membrane by allowing the diffusion of metal ions and complexes and by hindering the diffusion of colloids and macromolecules. Chronoamperometry and square wave anodic stripping voltammetry have been used to characterise the diffusion of hexacyanoferrate(III), lead and cadmium in the agarose gel. For these species, the diffusion coefficients have been found to be half of the diffusion coefficient in free solution, and the time necessary for complete equilibration with the test solution varied with the gel thickness in accordance with the theory and can be lowered to 5 min for a gel thickness of 300 µm. The same techniques have been used to demonstrate the efficiency of the membrane against fouling and convection. Pressures in the range 1–600 bar have been found to have no effect on the sensor response. In contrast, variations in temperature in the range 4–22°C considerably affected diffusion and charge–transfer kinetics, the resulting currents obeying a simple Arrhenius equation. These results confirm the suitability of the voltammetric sensor for *in situ* analysis of heavy metals in natural waters.

#### 2.76.12.2 Vanadium and chromium

Horlick *et al.* [972] have pointed out that inductively coupled plasma mass spectrometry provides subnanogram per millilitre detection limits for both metals. However, these analytes are subject to polyatomic interferences in inductively coupled plasma mass spectrometry which arise from very common sample matrix constituents: vanadium at m/z = 51 is overlapped by $^{35}ClO^{+}$ while chromium at m/z = 52 is overlapped by $ArC^{+}$. In each case the overlapped analyte isotopes are by fare the most abundant ($^{51}$V 99.76%, $^{52}$Cr 83.76%), and use of alternate isotopes would give much poorer limits of detection. Other interferences include $^{37}ClO^{+}$ on $^{53}$Cr and $^{34}SO^{+}$ on $^{50}$Cr [973–975].

Chromium and vanadium may be deposited at a suitable working electrode and later released in anodic stripping voltammetry, while chloride and carbon-containing species generally do not deposit at the parameters required for analyte deposition. Consequently Pretty *et al.* [976] investigated anodic scanning voltammetry as a means of eliminating such concomitants in order to improve determination of chromium and vanadium in complex samples by inductively coupled plasma mass spectrometry.

Pretty *et al.* [976] used an on-line stripping voltammetry flow system, interfaced with an inductively coupled plasma mass spectrometric detector, to determine chromium(VI) and vanadium(V) and to eliminate polyatomic interferences which arise from sample matrices. The correct value was obtained for chromium in a certified water sample following oxidative pretreatment, using the conversion efficiency of chromium(III) to chromium(IV) as a correction factor. Chromium(III) in diluted NIST SRM 2670 urine resisted oxidative conversion prior to analysis, although spikes of chromium(VI) were determined in this medium (recovery 62%). Results for vanadium in diluted SRM 2670 urine using the standard addition method were in good agreement with the quoted non-certified value. Vanadium(V) spike recovery was 67% in water. The matrix dependency of analyte recovery may be due to use of a carbon electrode in the anodic scanning voltammetric system. The elimination of polyatomic species $ArC^{+}$ and $ClO^{+}$ was quantitative for up to 10,000 μg $L^{-1}$ $mL^{-1}$ carbon and for 1000 μg $ML^{-1}$ chloride. However, 10,000 μg $ML^{-1}$ chloride was not quantitatively eliminated and yielded $ClO^{+}$ signals overlapping those of $^{53}$chromium or $^{51}$vanadium, although $^{52}$chromium was unaffected. The development of anodic scanning voltammetry protocols for both analytes using inductively coupled plasma atomic emission spectrometry detection is also discussed.

#### 2.76.12.3 Technecium

See Table 2.24.

#### 2.76.12.4 Tellurium

See Table 2.24.

#### 2.76.12.5 Miscellaneous

Wills *et al.* [977] applied inductively coupled plasma mass spectrometry to the determination of various metals at levels below 0.15 μg $L^{-1}$ in natural waters.

### 2.76.13 Emission spectroscopy

#### 2.76.13.1 Alkaline earth metals

Johnson *et al.* [978] determined trace elements in natural water by a dc argon plasma multielement atomic emission spectrometer. The method proved satisfactory in most respects. Stray light problems are encountered with waters having high calcium and magnesium concentrations but can be corrected for by a simple linear equation. The system is an adequate alternative to flame atomic absorption and inductively-coupled plasma emission spectrometry.

#### 2.76.13.2 Silver, bismuth, cadmium, copper, magnesium, lead and thallium

Na and Niemczyk [979] discuss an emission technique based on excitation of atomic species by an energy transfer process from an active nitrogen plasma. The main excitation pathway appears to be a collisional energy transfer from the $N_2(A^3\Sigma_u^+)$ species in the active nitrogen plasma to the atomic species of interest. Aqueous solutions of trace metals (5 μL) are electrothermally dried and atomised from a tantalum boat. The active nitrogen is produced in a microwave discharge and mixed with the electrothermally produced atomic vapour in a flow cell. The upper limit to the linear range is related to the maximum concentration of the $N_2(A^3\Sigma_u^+)$ species in the active nitrogen plasma. The technique shows an immunity to interferences and the potential for multielement analysis.

#### 2.76.13.3 Arsenic, boron, selenium and silicon

Urasa [875] used direct current plasma atomic emission spectroscopy as a tool for atomic spectrometric measurements of arsenic, boron, selenium and silicon. The atomic spectrometric measurements of the elements were evaluated with respect to detection limits, sensitivity, linear dynamic range, precision, interference effects, matrix effects and elemental selectivity. No significant interference or matrix effects exist in the presence of other chemical species, especially those encountered in natural waters. The technique is insensitive to the form of the element being measured; it is suitable for element-selectivity measurements and also for element speciation studies where the concentration of an element is a function only of the chemical form in which it occurs.

#### 2.76.13.4 Arsenic and antimony

Zhang and Duan [980] used hydride generation and dual channel emission spectrometry to determine arsenic and antimony in natural waters. They report detection limits of 1.0 and 0.1 μg $L^{-1}$, respectively. The relative standard deviations for determination of 14 μg $L^{-1}$ arsenic and antimony were 1.9 and 3.1% respectively.

#### 2.76.13.5 Selenium and tellurium

Hayrynen *et al.* [981] have described a method for the determination of trace concentrations of selenium and tellurium in natural waters by introduction of the gaseous hydrides into a direct current plasma source for emission spectrometry.

The linear dynamic range extended up to 150 μg $L^{-1}$ for selenium and 125 μg $L^{-1}$ for tellurium. Detection limits were 1.5 μg $L^{-1}$ and 5 μg $L^{-1}$, respect-ively. No interferences from alkali metals up to concentrations of 1000 μg $L^{-1}$ were found. Other hydride forming elements interfered moderately with the determination of selenium and severely with that of tellurium.

#### 2.76.13.6 Aluminium, barium, beryllium, calcium, cadmium, chromium, copper, indium, potassium, magnesium, manganese, molybdenum, sodium, nickel, lead, silicon and strontium

Johnson *et al.* [982] have described the application of dc argon plasma atomic emission spectrometry to the determination in natural waters of the above elements. The results demonstrate that the unit offers acceptable capabilities with respect to selectivity, sensitivity, accuracy, speed and economy for the determination of many of the elements investigated. Interferences in the determinations of those elements subject to stray light due to the presence of calcium and/or magnesium can often be compensated for by use of a simple linear correction procedure. A comparison of two-electrode and three-electrode dc argon plasma systems shows that the latter offers advantages such as improved stability and lower background. A comparison with results obtained for a system based on excitation in an inductively coupled plasma has indicated that the dc plasma method system offers comparable analytical capabilities for several of the elements investigated.

### 2.76.14 *Mass spectrometry*

#### 2.76.14.1 Miscellaneous

Foss *et al.* [983] determined elements in river water without preconcentration using a cryogenic hollow cathode ion source. They used a low pressure glow discharge produced in a low voltage cathode as a source of ions for the determination of trace elements in water by mass spectrometry. Of 71 elements investigated, seven (fluoride, phosphorus, sulphur, scandium, manganese, nickel and tantalum) could not be determined because of interferences, but the remainder could be determined at various limits of detection.

### 2.76.15 *Neutron activation analysis*

#### 2.76.15.1 Miscellaneous

Bart and Von Gunten [984] applied this technique to the determination of 20 trace elements in the River Aare, Switzerland. Water samples were irradiated without preconcentration and interference from sodium–24 was eliminated by hydrated antimony pentoxide. Levels of all elements were below WHO recommended limits. The trace elements were co-precipitated as sulphides and hydroxides and were analysed on Ge(Li) gamma-ray spectrometry. Particulate matter was filtered off in the field, irradiated and assayed by gamma-ray spectroscopy.

Also reported are values for other river systems and WHO limits for drinking water. All elements except the alkaline earths, manganese, molybdenum and uranium are lower than the mean values given by Garrels *et al.* [985] 'natural' river systems. The high concentrations for barium, calcium strontium at several sampling stations reflect drainage from limestone areas.

Lieser *et al.* [986] showed that the following elements can be determined by neutron activation analysis in freeze-dried samples of natural waters: gold, barium, cerium, cobalt, chromium, europium, iron, potassium, lanthanum, molybdenum, sodium, antimony, scandium, selenium, uranium and zinc. Problems arise with respect to the determination of arsenic, mercury, copper, cadmium and nickel.

#### 2.76.15.2 Manganese, calcium, magnesium, iron, nickel, zinc, strontium, sodium, potassium, aluminium and antimony

Neutron activation analysis has been applied to the analysis of ground waters [987–989] and the determination of calcium, magnesium, iron, nickel, zinc, bromine and strontium in lake waters [990]. Naeem [991] applied neutron activation analysis to natural waters determining calcium, chloride, sodium, magnesium, potassium, bromine, aluminium, cobalt, iodine, manganese, samarium and antimony in amounts down to 0.01 μg $L^{-1}$.

#### 2.76.15.3 Lanthanum, samarium, europium and ytterbium

Honda *et al.* [992] used neutron activation to determine lanthanum, samarium, europium and ytterbium in waters from hot springs. No other description of the method or results is given.

### 2.76.16 Prompt γ-ray neutron activation analysis

#### 2.76.16.1 Sodium, magnesium, silicon, aluminium, potassium, calcium, titanium, manganese and iron

Prompt γ-ray neutron activation analysis has been utilised for the determination of elements that are barely or not at all detected by instrumental neutron activation analysis, such as H, B, N, Si, Ca, Cd, Gd and so on. Since boron has much higher sensitivity with this technique as compared with any other method, this element especially has been the target element for prompt γ-ray neutron activation analysis [993] which is generally not suited for trace element analysis, however. In that sense, these two analytical methods are complementary to some extent, and the combined methods can be used to determine 40–50 elements in various types of materials [994].

Although prompt γ-ray neutron activation analysis is primarily a method for the examination of solid samples it has also been used by Sueki *et al.* [995] to analyse water samples. This method successfully overcomes the problems characteristic of large samples, such as the absorption and scattering of incident neutrons and the absorption of emitted γ rays. In order to make this method understood theoretically, an equation is presented and its validity for the analysis of large samples discussed. In principle, the method gives relative contents in large solid samples, whereas it allows absolute determination for samples in solution form. Sodium, magnesium, aluminium, silicon, potassium, calcium, titanium and manganese and iron were determined within the uncertainty of 10%, except for manganese. This method was also tested for samples in solution form, and it was found that the absolute content of a target element could be obtained by constructing a calibration curve using several known standard solutions of different concentrations. Residual radioactivity after irradiation was also examined and found to be so little that the sample could be taken outside the radiation-controlled area within a few days after the irradiation.

### *2.76.17 X-ray fluorescence spectroscopy*

#### 2.76.17.1 Copper, cobalt, nickel, iron, lead and mercury

Lau and Ho [996] have described an energy dispersive X fluorescence method for determining μg $L^{-1}$ concentrations of copper, cobalt, nickel, iron, mercury and lead in natural waters.

Egorov *et al.* [997] have described a new optical system for use in total reflection X-ray fluorescence spectroscopy of heavy metals in natural waters. Improved metal detection limits are claimed.

### *2.76.18 Gas chromatography*

#### 2.76.18.1 Arsenic, antimony, selenium and tin

Gifford and Bruckenstein [998] generated the gaseous hydrides of antimony(III), arsenic(III) and tin by sodium borohydride reduction. The hydrides were swept from solution onto a Porapak Q column where they were separated and detected at a gold gas-porous electrode by measurement of the respective electro-oxidation currents. Detection limits for 5 ml samples were: As(III) (0.2 μg $L^{-1}$); Sn(II) (0.8 μg $L^{-1}$); Sb(III) (0.2 μg $L^{-1}$). The order of elution is hydrogen, arsine, stannane, stibine and mercury, ie the order of increasing molecular weight.

The peaks for arsine and stannane are poorly resolved and even at low response above 1.0 mg $L^{-1}$ Cr(VI). Copper(II) interferes with arsenic(III) at copper(II) levels ≥0.4 mg $L^{-1}$. However, copper(II) is a severe interferent for antimony(III) causing a 10% decrease in response at 30 μg $L^{-1}$ copper(II). No interferences are observed for nitrate at levels up to 20 mg $L^{-1}$. Interference effects by tin(II), selenium(II) and mercury are also discussed.

Most of the detectors commonly used for gas chromatography have been applied to the detection of the hydrides, among them the thermal conductivity flame ionisation and the electron capture detector [999]. A molecular emission detector has been used for tin [868].

Vien and Fry [1000] have reported a gas chromatographic determination of arsenic, selenium, tin and antimony in natural waters. The gaseous hydrides are generated, concentrated on a cold trap, and then injected into the gas chromatograph with the use of drying agents or carbon dioxide scrubbing. A specially conditioned Tenax column suppresses unwanted byproduct elution and separates the volatile hydrides at room temperature. A photoionisation detector was used and the authors reported a detection limit as low as 0.001 μg $L^{-1}$.

Cutter *et al.* [1001] have described a method for the simultaneous determination of inorganic arsenic and antimony species in natural waters using selective hydride generation with gas chromatography/ photoionisation detection.

These workers showed that dissolved arsenic and antimony in natural waters can exist in the trivalent and pentavalent oxidation states, and the biochemical and geochemical reactivities of these elements are dependent upon their chemical forms. They developed a method for the simultaneous determination of arsenic(III) + antimony(III + V) + antimony(III + V) that uses selective hydride generation, liquid nitrogen cooled trapping, and gas chromatography/photoionisation detection. The detection limit for arsenic is 10 pmol $L^{-1}$, while that for antimony is 3.3 pmol $L^{-1}$; precision (as relative standard deviation) for both elements is better than 3%. The apparatus is rugged and allows determinations to be made in the field. In addition to determining dissolved arsenic and antimony species, an oxidative digest has been developed to allow the simultaneous determination of the two elements in sediments and biogenic particles.

### *2.76.19 High performance liquid chromatography*

#### 2.76.19.1 Copper, nickel, cobalt and chromium

Bond and Wallace [1002] used an electrochemical detector to detect the separated dithiocarbamates of copper(II), nickel(II), cobalt(II), chromium (IV) and chromium(III).

These workers used the irreversible oxidation steps occurring at gold, platinum and glassy carbon electrodes as the basis of their investigation. Limits of detection of substantially 1 ng were achieved. For the simultaneous determination of all five of these elements mentioned above, it was essential to form the dithiocarbamate complexes externally prior to injection on to the column. However, for the rapid determination of copper and nickel in the absence of cobalt and chromium, the dithiocarbamate ligand can be included in the running solvent with *in situ* rather than external complex formation.

#### 2.76.19.2 Copper, cobalt, nickel, lead and iron

Smith and Yankey [1003] converted the metal salts (copper(II), cobalt(II), nickel(II), lead(II) and iron) to dithiocarbamates using sodium N,N′-diethyldithiocarbamate. This aqueous solution is then injected into the column and the separated metal complexes detected by using a variable wavelength detector capable of operating in the range 320–440 nm.

#### 2.76.19.3 Cadmium, cobalt, copper, lead and zinc

Jones *et al.* [1004] used dithizone for post column derivativisation of cadmium, cobalt, copper, lead, nickel and zinc. The separation was achieved in aqueous media on a sulphonated 10% cross-linked polystyrene resin. Cadmium(II), cobalt(II), copper(II), lead(II), nickel(II) and zinc ions were detected down to nanogram levels.

The detection used was based on monitoring the absorbance of unreacted dithizone at 590 nm.

Liquid chromatography/absorption spectrophotometry was used by Vlacil and Hamplova [1005] for the determination of lead and copper in natural waters. The metal diethyldithiocarbamates are extracted and concentrated by evaporation, followed by reversed-phase liquid chromatography of the chelates. The copper and lead chelates can also be sequentially detected by spectrophotometry at 440 and 280 nm. The detection limits for copper and lead were 8.6 and 17 µg $L^{-1}$, respectively, when liquid chromatography was used, and were 58 and 17 µg $L^{-1}$, respectively when spectrophotometry was used.

Rottman and Henmann [1006] determined heavy metal interactions with dissolved organic materials in natural aquatic systems by coupling a high performance liquid chromatography system with an inductively coupled plasma mass spectrometer. They employed direct coupling to get specific distribution patterns of the heavy metal complexes, and on-line isotope dilution mass spectrometry was performed to quantify heavy metals accurately on different organic fractions. With respect to the separation properties of a size exclusion column by molecular size, different distribution patterns could be found for the heavy metals depending on the type of aquatic system. Different distribution patterns in the various fractions of dissolved organic material (preferably of humic substances) could also be observed for the metals in the same natural water sample. In addition, a high resolution inductively coupled mass spectrometer was applied for the first time as an element-specific detector in connection with a high performance liquid chromatographic system which also allow interference-free detection of iron species.

#### 2.76.19.4 Mercury, copper, nickel, cobalt and lead

Edmond Iratami [1007] applied high performance liquid chromatography to the determination in river water of mercury(II), copper(II), nickel(II), cobalt(II) and lead(II) as their dithizonates and their diethyldithiocarbamates. The metals were first complexed, then the complexes extracted by chloroform extraction from the water sample prior to chromatographic separation and detection with a uv detector.

The separation of five metal dithizone complexes extracted from a standard metal solution, is illustrated in Fig. 2.11.

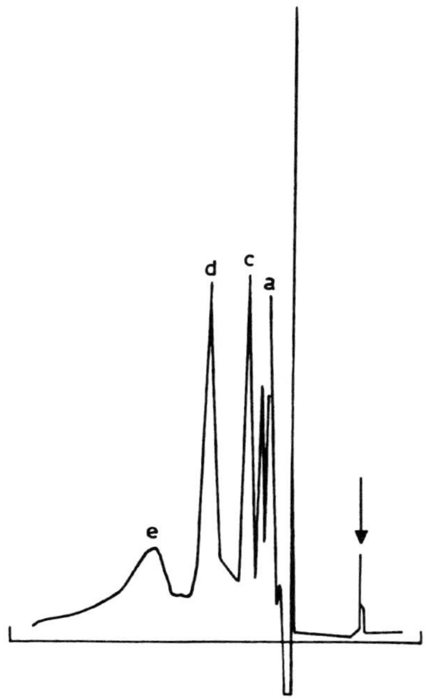


*Fig. 2.11* Separation of a standard trace metal sample (extracted with dithizone solution). Divisions on baseline: 1 min per division; peaks, dithizone complexes of (a) Hg, (b) Cu, (c) Ni, (d) Co and (e) Pb.
Source: Reproduced by permission from Elsevier Science Publishers BV, Amsterdam

### 2.76.19.5 Nickel, iron, copper and mercury

Shih and Carr [1008,1009] showed that metal complexes of bis(*n*-butyl-2-naphthyl-methyldithiocarbamate) are thermodynamically stable and chemically inert and that the nickel(II), iron(III), copper(II) and mercury (II) complexes of this dithiocarbamate can be separated by high performance liquid chromatography and detected with a variable wavelength detector.

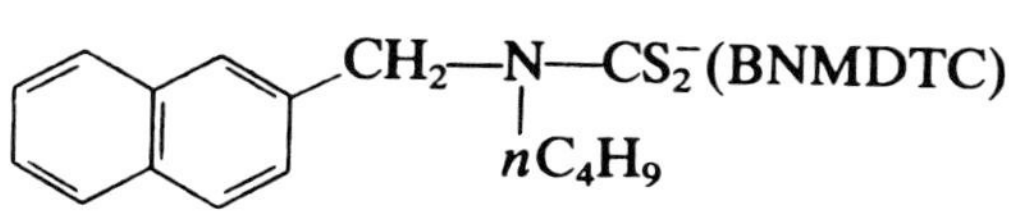

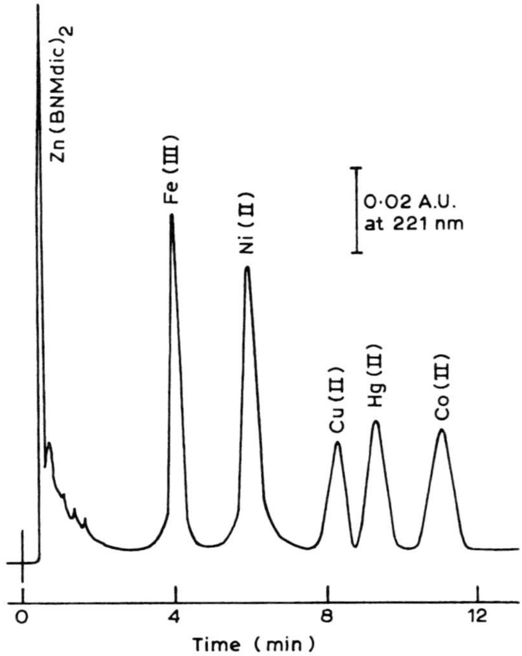


*Fig. 2.12* Chromatogram of the metal (BNMDTC) complexes. Sample was 20 μl of a synthetic mixture which was $1 \times 10^{-4}$ M in each complex. Flow rate 2 ml min $^{-1}$; pressure drop less than 1500 psi
Source: Reproduced by permission from Elsevier Science Publishers BV, Amsterdam

A typical chromatogram for the separation of the bis(*n*-butyl-2-naphthyl methyldithiocarbamate complexes of iron(III), nickel(II), copper(II), mercury(II) and cobalt(II) is shown in Fig. 2.12. It is clear that these metals are very easily separated.

| | Wavelength of detection, nm |
|---|---|
| nickel | 350 |
| cobalt | 350 |
| copper | 355 |
| iron | 440 |

The absorptions of the different complexes at their wavelength were very different, cobalt and copper being the most sensitive. A similar effect has also been noted with the pre-formed complexes cobalt and copper showing a greater response than the lead or nickel complexes. Because it has no distinct absorption band at a wavelength greater than 310 nm, the cadmium complex was examined at 320 mn which is on the shoulder of the reagent band. As a result the response was noisy and very insensitive, amounts lower than 100 ng being difficult to determine.

The calibration graphs for a number of the metals were not rectilinear, suggesting that some decomposition of the complex was occurring in the column.

### 2.76.19.6 Aluminium, iron and manganese

Nagaosa *et al.* [1010] simultaneously determined aluminium, iron and manganese in natural waters using high performance liquid chromatography with electrochemical and spectrophotometric detection.

In this method the water sample was directly injected as their 8-quinolinol complexes onto a Bondasphere ODS column. Chromatographic separation can be made with the mobile phase of 2:3 acetonitrile/20 mM acetate buffer solution containing 5 mM 8-quinolinol reagent. Excellent sensitivity is obtained by spectrophotometric detection at 390 nm. The spectrometric detection limits of these metals are at the part per billion levels of test solution. The tolerance limits of numerous other metals ions are reported. Only chromium(III) and nickel(II) interfere with the determination of aluminium, and molybdenum(VI) interferes with the determination of manganese at concentrations less than a 100-fold excess. Analytical data obtained on river and sea water samples were in agreement with expected values. Amperometric detection of iron and manganese with a thin-layer flow cell and a glassy-carbon working electrode is also described. This method is less sensitive but more specific than spectrophotometric detection.

### 2.76.19.7 Calcium and magnesium

Liquid chromatography was used by Rho and Choi [1011] for the simultaneous determination of calcium and magnesium. A column of 4.6 mm by 25 cm, containing Zipax SCX was used for the separation. Linear calibration curves were obtained for the range of $1 \times 10^{-4}$ to $5 \times 10^{-4}$ M and the correlation coefficient of the calibration curves was in the range of 0.9952–0.9996.

### 2.76.19.8 Lead and tin

Hill *et al.* [1012] have given an overview of speciation methods for lead and tin in natural waters by coupled high performance liquid chromatography and inductively coupled plasma mass spectrometry.

*High performance liquid chromatography coupled with atomic absorption spectrophotometric detection*

In the pre- and post-complexation techniques described earlier in this section, the metals were complexed with an organic chelating agent in order to facilitate their detection with a visible or ultraviolet spectrophotometric detector, thereby improving detection limits. When polarographic detection is being employed, the electrochemical properties of the complexes rather than those of the uncomplexed metals are being relied on. In the case of an atomic absorption detection linked to a high performance liquid chromatograph there is no need to form chelates with the metals prior to or after the chromatographic separation.

*Pre-column derivativisation*

Various organic complexing agents have been used to complex metals prior to chromatography in the on-column or pre-column technique. These include diethyldithiocarbamates [1002,1003,1007] zinc (bis(*n*-butyl-2-naphthyl-methyldithiocarbamate)) [1013] and dithizone [1007].

### 2.76.20 Ion-exchange chromatography

#### 2.76.20.1 Lanthanides, uranium, cobalt and cadmium

Ion-exchange chromatography has been employed to separate rare earth metals from more common metals [1014], uranium, cobalt and cadmium [1015] and anionic from cationic forms of metals [1016].

Small *et el.* [1017] have discussed a novel ion-exchange chromatographic method for the determination of a wide range of elements in surface waters.

Ion-exchange resins have a well known ability to provide excellent separation of ions, but the automated analysis of the eluted species is often frustrated by the presence of the background electrolyte used for elution. By using a novel combination of resins, these workers have succeeded in neutralising or suppressing this background without significantly affecting the species being analyzed which in turn permits the use of a conductivity cell as a universal and very sensitive monitor of all ionic species either cationic or anionic. Using this technique, automated analytical schemes have been devised for $Li^+$, $Na^+$, $K^+$, $Rb^+$, $Cs^+$, $NH_4^+$, $Ca^{2+}$, $Mg^{2+}$, $F^-$, $Cl^-$, $Br^-$, $I^-$, $NO_3^-$, $NO_2^-$, $SO_4^{2-}$, $SO_3^{2-}$, $PO_4^{3-}$ and many amines, quaternary ammonium compounds, and organic acids. Elution time can take as little as 1.0 min/ion and is typically 3 min/ion.

## 2.76.21 Ion chromatography

### 2.76.21.1 Miscellaneous

Ion chromatography as originally developed by Small and co-workers in 1975 provided a method for the separation and determination of inorganic anions and cations [1017]. This original method used two columns attached in series packed with ion-exchange resins to separate the ions of interest and suppress the conductance of the eluant, leaving only the species of interest as the major conducting species in the solution. Once the ions were separated and the eluant suppressed, the solution entered a conductivity cell where the species of interest were detected. Since its introduction, ion chromatography had advanced considerably and the technique is now routinely used for the analysis of organic and inorganic anions and cations and substances including organic acids and amines, carbohydrates, and alcohols. Fig. 2.13 (a)–(d) shows some separations of metals that have been achieved using Chromopak PT and Chromopak PC columns. Lithium, sodium, potassium, ammonium, calcium and magnesium can all be determined by ion-chromatographic techniques.

On the Chrompack PC columns the monovalent cations ($Li^+$, $Na^+$, $NH^{4+}$ and $K^+$) can be separated as illustrated in Fig. 2.13(a).

If UV absorbing acids are used in the mobile phase UV detection is possible. Operating conditions for this mode are:

10 mM isonicotinic acid
pH = 2.75
flowrate, 1.5 ml min $^{-1}$
2 mM picolinic acid
pH = 2.0
flowrate 2.6 ml min $^{-1}$

The common divalent cations can be analysed on the same column by using a phenylenediamine buffer (Fig. 2.13 (b)).

The cations of the transition metals which do not have sufficient retention on the PC column can be separated on the Chrompack PT column (Fig. 2.13(c)).

Other separations that have been achieved by ion chromatography include calcium and magnesium [1018], magnesium, calcium, manganese and zinc [1019], sodium, potassium, calcium and magnesium [1020], and cadmium, cobalt and manganese [1021].

The technique has since 1975 progressed rapidly and in 1978 a book was published on *Ion Chromatographic Analysis of Environmental Pollutants* [1022]. Other early papers on the application of ion chromatography include the determination of selected ions in geothermal well water [1023], the determination of anions in potable water [1024] and the separation of metal ions and anions [1025] and anions and cations [1026].

**Chromatogram 1**

| | |
|---|---|
| Column | : Chrompack PC column 50 x 3.0 mm ID (Cat.no. 28355) |
| Mobile phase | : 10 mM isonicotinic acid, pH = 2.75 |
| Flowrate | : 1.5 ml/min |
| Pressure | : 6 MPa (60 bar) |
| Temperature | : ambient |
| Detector | : conductivity |
| Sample size | : 20 $\mu$l |

**Peak identification**
1. $Li^+$
2. $Na^+$
3. $NH_4^+$
4. $K^+$

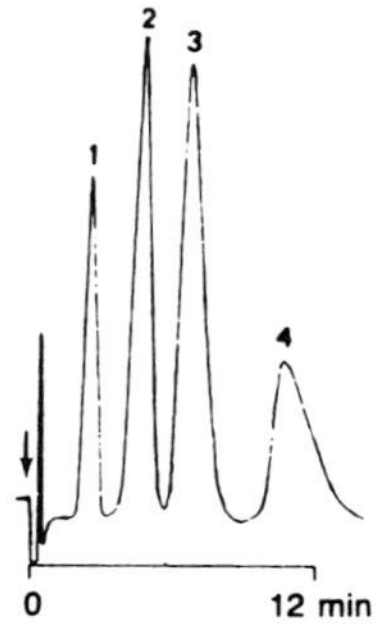


(a)

**Chromatogram 2**

| | |
|---|---|
| Column | : Chrompack PC column 50 x 3.0 mm ID (Cat.no. 28355) |
| Mobile phase | : 2.5 mM phenylethylene-diamine, pH = 2.4 |
| Flowrate | : 0.7 ml/min |
| Pressure | : 9 MPa (90 bar) |
| Temperature | : 23°C |
| Detector | : conductivity |
| Sample size | : 5 $\mu$l |

**Peak identification**
1. $Mg^{2+}$
2. $Ca^{2+}$
3. $Sr^{2+}$

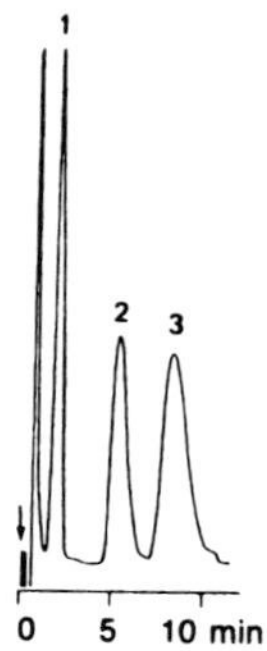


(b)

*Fig. 2.13* (a) Ion chromatography of lithium, sodium, ammonium and potassium, (b) ion-chromatography of magnesium, calcium and strontium

Jones and Tarter [1027] have described the application of ion chromatography to the analysis of water samples using a technique for the simultaneous detection of both anions and cations without converting the cations to anion complexes prior to detection [1028]. The technique uses a cation separator column, a conductivity detector, an anion separator column, an anion suppressor column, and either a second conductivity detector or an electrochemical detector in sequence. The use of different eluants provides a means for the detection of monovalent cations and

**Chromatogram 3**

| | |
|---|---|
| Column | : Chrompack PT column 100 x 3.0 mm ID (Cat.no. 28356) |
| Mobile phase | : 3.5 mM ethylene-diamine and 10.0 mM citric acid in water |
| Flowrate | : 1.0 ml/min |
| Pressure | : 12 MPa (120 bar) |
| Temperature | : ambient |
| Detector | : conductivity |
| Sample size | : 10 μl |

**Peak identification**
1. $Cu^{2+}$
2. $Ni^{2+}$
3. $Zn^{2+}$
4. $Fe^{2+}$
5. $Mn^{2+}$
6. $Cd^{2+}$
7. $Pb^{2+}$

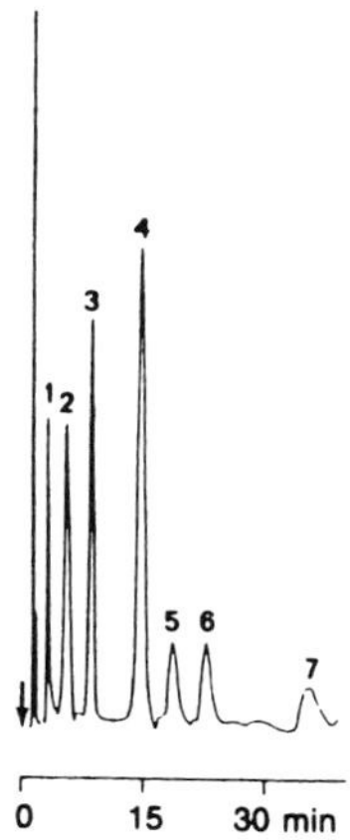


(c)

**Chromatogram 4**

| | |
|---|---|
| Column | : Chrompack PC column 50 x 3.0 mm ID (Cat.no. 28355) |
| Mobile phase | : diluted nitric acid, pH = 2 |
| Flowrate | : 2.6 ml/min |
| Pressure | : 10.5 MPa (105 bar) |
| Temperature | : 23°C |
| Detector | : conductivity |
| Sample size | : 5 μl |

**Peak identification**
1. $Li^{+}$
2. $Na^{+}$
3. $NH_4^{+}$
4. $K^{+}$

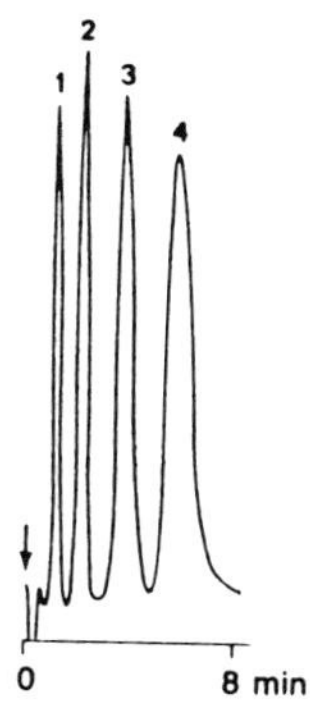


(d)

(c) ion-chromatography of transition metals, (d) ion-chromatography of lithium, sodium, ammonium and potassium

Source: Reproduced by permission from American Chemical Society

anions and divalent cations and anions in each of the samples. Using an eluant with a basic pH, it is possible to simultaneously separate and detect the monovalent cations (with the exception of the ammonium ion) and anions, while an eluant with an acidic pH allows for the separation and detection of divalent cations and anions.

The instrumental set-up consists primarily of two separator columns, two detectors and one suppressor column. The analyte flows through the injection valve into the cation separator, where the cations are separated. The separated cations are then detected using a conductivity detector (this is, in effect, a single column ion chromatographic analysis at this stage). The anions, which are essentially unretained on the cation column, are separated on the anion separator column. The ions then travel through the anion suppressor column, where the previously separated and detected cations are removed. Finally, the separated anions pass through the second detector, which may be a conductivity detector or an electrochemical detector. The electrochemical detector responds to pH in the eluant as the dissociated acids pass through the detector.

Two different eluants were used, lithium carbonate–lithium acetate dihydrate, and copper phthalate. A stock solution of the lithium carbonate–lithium acetate dihydrate eluant was prepared from ACS Certified salts using distilled deionised water with the appropriate dilution to obtain the working eluant.

The copper phthalate eluant was prepared by mixing a solution of cupric acetate with an excess of potassium hydroxide and filtering the resulting cupric hydroxide precipitate. The cupric hydroxide precipitate was then mixed with an equimolar amount of phthalic acid and heated gently overnight to produce copper phthalate.

#### 2.76.21.2 Copper, nickel, zinc and manganese

Vasconcelos and Gomes [1029] determined copper, nickel, zinc and manganese in natural waters by ion chromatography with post column reaction employing a spectrophotometric detector. These workers studied the interference effect on the determination of chelating agents.

#### 2.76.21.3 Sodium, potassium, lithium, ammonium, magnesium, calcium and strontium

Iwachido *et al.* [1030] used ion chromatography to separate sodium and potassium from fresh waters. They found good separation on a 2.1 mm by 150 mm column. Zorbax SIL was the stationary phase and the ions were eluted with 0.01 M lithium acetate.

Gros and Gorene [1031] have described an ion chromatographic method using an Ion Pac CS12 column for the determination of ppb levels of alkali metals and alkaline earth metals including lithium, sodium, ammonium, potassium, magnesium, calcium and strontium in natural waters.

Hill and Leiser [1032] used ion chromatography for the determination in natural waters of several alkali and alkaline–earth ions in precipitation without a preconcentration step. The detection limits for alkali–metal ions were in the range of 0.05–0.15 μmol $L^{-1}$ and those for alkaline–earth ions were in the range of 0.2–0.6 μmol $L^{-1}$. The simultaneous determination requires 30 min and a very small sample.

Basta and Tabatabi [1020] used a Dionex Model 10 ion chromatograph for the simultaneous determination of potassium and sodium or of calcium and magnesium in different types of natural waters, including soil extracts. The pH and specific conductance of the water samples are tabulated. Tabulated data are included comparing the results obtained by ion chromatography with those obtained by atomic absorption spectrophotometry and flame photometry, and showing the precision of ion chromatography for determination of the alkaline and alkaline earth metals. Ion chromatography gave results that were precise and accurate, and it could be used to determine concentrations as low as 0.1 mg per litre. Only small (2 ml) samples were required, and analysis took only 6–7 min.

Smith [1033] and Smith and Fritz [1034] employed ion chromatography for the separation of calcium and magnesium in natural water samples. Poly(styrene-divinylbenzene) was sulphonated to a capacity of 9 μequiv/g. A 0.12 perchloric acid eluent was used in the separation. The ions were complexed with Arsenazo I, at pH 10, in a post–column reactor. The complexes were determined spectrophotometrically at 590 nm. Results were comparable to those obtained by EDTA titration.

The simultaneous determinations of anions and cations using single injection ion chromatography was introduced by Yamamoto and co-workers in 1986 [1022]. This technique determined cations and anions simultaneously using a complexing agent, ethylenedinitrilotetra-acetic acid, to complex the divalent metals. These divalent metals were later separated and detected as anions along with the uncomplexed inorganic anions.

Ion chromatography is not restricted to the separate analysis of only anions or cations; with the proper selection of the eluant and separation columns, the technique can be used for the simultaneous analysis of both anions and cations.

#### 2.76.21.4 Miscellaneous metals including sodium, lithium, ammonium, potassium, magnesium, calcium, lead, copper, cadmium, cobalt, nickel, zinc, iron and 14 lanthanides

Jen and Chen [1035] determined metal ions at μg $L^{-1}$ concentrations in natural waters using reversed-phase ion-pair liquid chromatography.

Rubin and Heberling [1036] have reviewed the applications of ion chromatography in the analyses of cations in natural waters. Elements discussed include sodium, lithium, ammonium, potassium, magnesium,

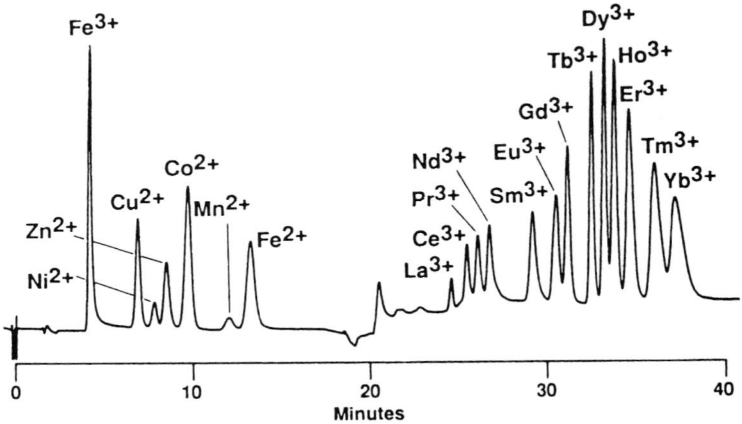


*Fig. 2.14* Determination of heavier lanthanide series metals
Source: Reproduced by permission from International Science Communications, US

calcium, lead, copper, cadmium, cobalt, nickel, zinc, iron, manganese and the 14 lanthanide elements. A typical chromatogram is shown in Fig. 2.14.

Information on the complexes formed and on the types of detector used is given in Table 2.25.

Frenzel *et al.* [1037] have applied ion chromatography to the simultaneous determination of anions and cations in natural waters. Detection was achieved by either a conductivity detector or a flame emission spectrometer.

*Table 2.25*

| *Metal* | *Complexed form* | *Detector* |
|---|---|---|
| Cr(VI), Mo, W | Naturally occurring oxides: $CrO_4^{2-}$, $MoO_4^{2-}$, $WO_4^{2-}$ | Conductivity |
| Au(I), Au(III), Ag, Co(III) | Cyano-complexes present in plating solutions: $Au(CN)_2^-$, $Au(CN)_4^-$, $Ag(CN)_2^-$, $Co(CN)_6^{3-}$ | Conductivity |
| Pb, Cu, Zn, Ni, Cr(III) | Prederivatized EDTA complexes: $Pb(EDTA)^{2-}$, $Cu(EDTA)^{2-}$, $Zn(EDTA)^{2-}$, $Ni(EDTA)^{2-}$, $Cr(EDTA)^-$ | Conductivity |
| Pd, Pt, Pb, Au | Chloro-complexes formed *in situ* in the column eluant: $PdCl_6^{2-}$, $PtCl_4^{2-}$, $PbCl_4^{2-}$, $AuCl_4^-$ | UV or pulsed amperometric |

Source: Reproduced by permission from International Science Communications, US

### 2.76.22 Electrostatic ion chromatography

The desirability of an ion chromatography technique using only water as the mobile phase is summarised by Small [1038]. There are a number of ion chromatographic techniques that, though not widely used, deserve mention because of their simplicity and their potential for further development. All use water or other polar solvent as the sole component of the mobile phase. This not only eliminates the need for electrolytes and precise eluent make-up, but it avoids many of the detection problems that ionic eluents can impose. Detection can be expected to be very sensitive since the background is essentially deionised water.

In an earlier paper dealing with the results of ion separation achieved using water as the mobile phase, published in 1977 [1039], the stationary phase used was a crown ether bonded one. Later, Small *et al.* [1040] reported that inorganic ions could also be separated using water as the mobile phase when a very weak ion exchange resin stationary phase was used. The separations achieved using both of these methods, however, were poor compared with the results of the separation of the same ions using the conventional ion chromatographs (using an ion exchange stationary phase with a mobile phase containing the replacing ions).

A new approach for separating ions, also using water as the mobile phase but employing a zwitterionic stationary phase, has been developed by Hu *et al.* [1041]. When a small amount of aqueous solution containing an analyte (cations and anions) is passed through a zwitterionic stationary phase, neither the analyte cations nor the analyte anions can get close to the opposite charge fixed on the stationary phase, because another charge on the same molecule, fixed on the stationary phase, repels the analyte ions simultaneously. The analyte cations and anions are forced into a new state of simultaneous electrostatic attraction and repulsion interaction in the column. This was termed an 'ion-pairing-like form'. This method of separation was termed electrostatic ion chromatography [1041]. The previous studies [1041,1042] demonstrated that the separation of inorganic ions (with the exception of cations having the same charge) using electrostatic ion chromatography is comparable to separations of the same ions obtained using conventional ion chromatographs. In previous studies [1041,1042], samples having high concentrations (mmol/L) of analyte ions were used in order to understand the mechanism. In those studies, samples with low concentrations of ions were not investigated.

Hu *et al.* [1043] turned their attention to the determination of trace level inorganic ions using electrostatic ion chromatography. Initial results showing separate elution times for the same analyte gave new insights into the mechanism of electrostatic ion chromatography and led to the development of a new technique for simpler determination of trace level inorganic ions.

#### 2.76.22.1 Miscellaneous

Electrostatic ion chromatography is a new method of separating ions based on simultaneous electrostatic attraction and repulsion interactions between analyte ions and fixed positive/negative charges of a stationary phase, having the special advantage of using only water as the mobile phase. Initial results showing two elutions of the same analyte gave new insights into the mechanism of electrostatic ion chromatography. It suggests that the zwitterionic stationary phase, like a single charged stationary phase, has a Stern layer and a diffuse layer. The first elution is from the diffuse layer, and the second is from the Stern layer. As simpler analysis is facilitated by a single elution, a new species of inorganic salt with a longer elution time was added to the original sample solution in order to release analyte ions from the Stern layer to the diffuse layer. The newly introduced salt is called a sacrifice species. Without preconcentration, inorganic ions at sub-ppb levels were successfully detected by this method.

### *2.76.23 Radioactive α-particle induced X-ray emission*

#### 2.76.23.1 Miscellaneous

The principle of this technique is bombardment of the sample with α-particles and analysis of the characteristic X-rays produced. The use of heavy charged particle excitation in energy-dispersive X-ray fluorescence analysis has received considerable attention in recent years. The high sensitivity and the small amount of sample material necessary for the analysis, make this method very suitable for studying environmental contamination. The combination of radioisotope α-particle source with Si(Li)X-ray detector has been applied to multielemental analysis of water samples. The X-ray spectrometric system was calibrated using thin targets of accurately known relative masses for the elements present. The sensitivity factors were determined by measuring the relative characteristic X-ray intensity per unit mass for each element of interest and calculating the absolute detection efficiency.

Brodsky *et al.* [1044] determined trace elements in river water and rain water using this technique. The sample target is prepared by evaporating the water on a Mylar film, and needs to be bombarded for half an hour. The X-ray emissions characteristic of sodium, magnesium, silicon, phosphorus, sulphur, chlorine, potassium and calcium are all clearly distinguishable, so the method can be usefully applied to natural river waters. In the mg $L^{-1}$ range, measurements for such elements have relative errors of under 3%, except for potassium. The sensitivity gives detection limits ranging from 10 to 70 μg $L^{-1}$. This also applies to aluminium, chromium, manganese, rubidium, strontium, molybdenum, cadmium, caesium and uranium.

Tanaka *et al.* [1045] also applied this technique to the analysis of river waters.

### 2.76.24 Miscellaneous multication analysis methods

Other techniques that have been employed for multielement analysis of natural waters include proton activation analysis [1046,1047], X-ray spectrometry [1048] and X-ray fluorescence spectroscopy [1049–1051], potentiometry [1052], laser enhanced ionisation spectrometry [1053], synchronous fluorescence spectroscopy [1054].

Ihnat [1055] examined the applicability to natural water analysis of atomic absorption spectroscopy, optical emission spectrometry, and differential pulse anodic stripping voltammetry for the determination of copper, zinc, cadmium and lead and concluded that methodologies based on these three techniques gave satisfactory data in respect of dissolved, suspended and total concentrations.

Beauchemin *et al.* [908] examined river water reference materials and concluded that the most accurate and precise results were obtained by stable isotope dilution.

Garbarino and Taylor have also investigated this technique [1056]. Buffle *et al.* [1057] discussed the application of differential pulse polarography, colorimetry, flame atomic absorption spectroscopy, fluorescence spectroscopy, cathodic sweep voltammetry to the determination of iron and sulphur in a eutrophic lake.

#### 2.76.24.1 Alkaline earths

Motomizu *et al.* [1058] studied capillary electrophoresis of alkaline earth ions and showed that the technique was capable of achieving detection limits of $10^{-5}$ M.

A comparison of inductively coupled plasma atomic emission spectrometry and atomic absorption spectrophotometry for the determination for several alkali and alkaline–earth metals in natural waters was made by Grohme *et al.* [1059]. A statistical test was used to compare the accuracy and precision of the two methods, and both were found to be comparable.

#### 2.76.24.2 Cadmium, chromium and lead

Chelex 100 resin adsorption has been tested as a means of monitoring the levels of heavy metals in natural waters. Chelex 100 accumulated higher levels of cadmium, chromium and lead, a similar level of copper and a lower level of zinc than mussels [1060].

Tercier and Buffle [964] have developed a membrane covered (agarose gel) voltammetric, iridium based microsensor to monitor levels of lead and cadmium in natural waters.

### 2.76.24.3 Miscellaneous elements

Eaton [1061–1063] reviewed the literature on the determination of inorganic species in natural waters and other media, covering topics such as quality assurance, preconcentration, speciation, chromatographic techniques, spectrophotometry, atomic absorption/emission techniques, electrochemical, polarographic, and voltammetric techniques, flow injection analysis and radiochemical analysis. Kumar *et al.* [1064] reviewed the flameless atomic absorption spectrophotometric methods for the determination of metals in environmental samples, including waters. Dupont [1065] reviewed the principles of polarography and its application to the determination of constituents in natural water samples.

Terlelskasa [1066] has reviewed methods for the determination of metals in natural water samples.

Speciation studies have been reported on the following elements in natural waters: copper, lead, nickel and zinc [1067], selenium [1068], iron and manganese [1069,1070], miscellaneous metals, copper, lead, cadmium and zinc [1071–1076], copper, lead, cadmium, manganese and iron [1077], manganese and cadmium [1078].

Capillary zone electrophoresis, preceded by on-column enrichment of analytes has been used to determine down to 25 ppb of selenium and arsenic in natural waters [1079].

The technique of diffusive gradients in thin films (DGT) has been recently developed [1080] and used to measure labile species quantitatively *in situ* in freshwater [1081,1082] and marine [1080] systems. During deployment metal ions are continuously accumulated, in proportion to their bulk concentration, in the chemically and physically well-defined DGT unit. The total mount of metal ions accumulated in a given time is measured after retrieval of the device and used to calculate the concentration of labile species present in bulk solution during its *in situ* deployment. In its applications to trace metals, a layer of polyacrylamide hydrogel of known thickness is backed by a layer of ion-exchange resin (Chelex). The gel and resin layers are so arranged that transport of metal ions to the resin is solely by molecular diffusion. DGT's major advance over previous *in situ* accumulation techniques, such as ion-exchange resins in dialysis bags [1083], is that it constrains mass transport. By selection of an appropriated gel layer thickness (~1 mm), the mass of accumulated metal ions is independent of the hydrodynamics in solution above a threshold level of convection. Consequently, when DGT devices are deployed in uncontrolled convective regimes, such as rivers, effluents, and the well-mixed surface waters of lakes and seas, the measurements should be fully quantitative and independent of variations in flow. Moreover, because mass transport is so well-defined, there is a precise effective measurement time that can be calculated and used to define the measured species in terms of their lability [1084]. Other virtues of DGT include its simplicity, its automatic facility for providing *in situ* preconcentration, its multielement capability, and its ability to provide time-averaged mean concentrations when used for long deployment times (days and weeks) in solutions of varying concentration.

These attractive features of DGT have led to its rapid application prior to its complete development. It has been used to provide direct *in situ* measurements of labile metal species in seawater [1080] and to provide the first ever concentration profiles of trace metals in pore waters at a spatial resolution of 1 mm [1081,1082].

Zhang and Davison [1085] have applied the technique of diffusive gradients in thin films (DGT) to provide an *in situ* means of quantitatively measuring labile species in aqueous systems. By ensuring that transport of metal ions to an exchange resin is solely by free diffusion through a membrane, of known thickness, $\Delta g$, the concentration in the bulk solution, $C_b$, can be calculated from the measured mass in the resin, M, after time, t, by $C_b = M\Delta g/DAt$, where D is the molecular diffusion coefficient and A is the exposure surface area of the membrane. If a sufficiently thick (~1 mm) diffusion layer is selected, the flux of metal to the resin is independent of the hydrodynamics in solution above a threshold level of convection. Deployment for 1 day results in a concentration factor of ~300, allowing metals to be measured at extremely low levels (4 pmol $L^{-1}$). Only labile metal species are measured, the effective time window of typically 2 min being determined by the thickness of the diffusion layer. Because metals are quantified by their kinetics of uptake rather than the attainment of equilibrium, any deployment time can be selected from 1 h to typically 3 months when the resin becomes saturated. The measurement is independent of ionic strength (10 $nM^{-1}$ M). For CheleX–100 as the resin, the measurement is independent of pH in the range of 5–8.3, but a sub-theoretical response is obtained at pH <5 where binding to Chelex is diminished. The effect of temperature can be predicted from the known temperature dependence of the diffusion coefficient and viscosity. The application of DGT to the *in situ* measurement of cadmium, iron, manganese and copper in coastal and open seawater is demonstrated, and its more general applicability as a pollution monitoring tool and for measuring an *in situ* flux, as a surrogate for bioavailability, is discussed.

Tao *et al.* [1086] have discussed the application of molecular photoluminescence spectrometry with hydride generation to the determination of traces of antimony and arsenic in natural waters.

Antimony and arsenic were generated as hydrides and irradiated with ultraviolet light. The broad continuous emission bands were observed in the ranges about 240–750 nm and 220–720 nm, and the detection limits were 0.6 ng and 9.0 ng for antimony and arsenic, respectively. Some characteristics of photoluminescence phenomenon were made clear from spectroscopic observations.

Nickel and nitrite gave negative interferences in this method while nitrate enhanced the luminescence signal.

The detection limit of the method was 30 pg $mL^{-1}$ when a 209 ml water sample was used.

Salbu *et al.* [1087] examined particle discrimination effects in the determination of metals in natural waters. Instrumental neutron activation analysis, atomic absorption spectrometry and inductively coupled plasma atomic emission spectrometry were used in the analysis of sodium, potassium, magnesium, calcium, aluminium, manganese, iron and zinc in fresh waters containing naturally occurring particles. For the determination of the total concentration of elements in the presence of particulate matter, neutron activation analysis was preferred as no particle discrimination occurred. Neutron activation analysis was favoured for aluminium determination and graphite-furnace atomic absorption spectrometry for zinc. Both methods were applicable to manganese, inductively coupled plasma atomic emission spectrometry was recommended for calcium, iron, potassium, magnesium and sodium.

### 2.76.25 Radionucleides

The determination of various radionucleides is discussed under multication analysis in section 12.1.30.

### 2.76.26 Preconcentration of multication mixtures

The low concentrations at which metals can occur in certain types of water samples, for example, potable waters, rain water, snow, ice and sea water, preclude their direct determination by even the most recent advanced methods of analysis. To overcome this problem and improve the effective detection limits of these techniques various ways have been devised for the preconcentrating of samples prior to analysis.

One such method is complexation-solvent extraction wherein the metals in a large volume of water sample are reacted with an organic complexing agent dissolved in a small volume of an organic solvent. The solvent is then either analysed by direct aspiration into the atomic absorption spectrophotometer, or other suitable instrument or it is back-extracted with a small volume of aqueous acid which is then analysed. Either way, a preconcentration factor is achieved which is approximately equal to the ratio of the original volume of water sample taken to the volume of the final extract analysed. The detection limit of the preconcentration method relative to the original unmodified method will be improved by approximately this ratio.

Another preconcentration method for metals involves passing a large volume of aqueous sample through a small packed column of a material which adsorbs or reacts chemically with the metals of interest. Such solids can be organic polymers, resins, ion-exchange resins, inorganic substances or chemically reactive polymers, (ie polymers which have built into their structure functional groups which react specifically with particular metals and in so doing, remove the metals from the aqueous to the solid phase. Again, the metals are desorbed from the solid with a suitable reagent, usually an acid, and analysed by normal instrumental techniques. A further method of preconcentration involves adding to the sample a solution of a suitable metal such as iron, zirconium, or indium and following this by a precipitating agent which precipitates not only the added metal but also coprecipitates the metals which it is required to determine in the sample. The precipitate isolated from a large volume of original water is then isolated and dissolved in a small volume of acid to provide a concentrate for analysis.

#### 2.76.26.1 Chelation–solvent extraction techniques

Preconcentration by chelation–solvent extraction techniques with various analytical finishes are reviewed in Table 2.26.

#### 2.76.26.2 Adsorption on organic materials

##### *2.76.26.2.1 Cellulose derivatives*

*Cellulose piperazine dithiocarboxylate*: Imai *et al.* [1119] preconcentrated 18 trace elements by passing the natural water sample through a column packed with this reagent. The solid was then ashed and elements determined by neutron activation analysis. The procedure was applied to freshwater samples.

*2-2′-Diaminodiethylamine cellulose: Cellulose* – $N\begin{cases} CH_2CH_2NH_2 \\ CH_2CH_2NH_2 \end{cases}$

This material has been examined by several workers [1119–1121] for the preconcentration of transition elements in natural and potable waters prior to analysis by X-ray fluorescence spectroscopy [1120,1121] and neutron activation analysis [1121].

Smits *et al.* [1120] showed that 2,2′diaminodiethylamine cellulose filter is a very simple and effective method for preconcentrating metals prior to

*Table 2.26* Preconcentration of multi–metal mixtures by chelation–solvent extraction

| *Elements* | *Chelating agent* | *Solvent* | *Sensitivity* | *Comments* | *Analytical finish* | *Ref.* |
|---|---|---|---|---|---|---|
| V, Cr, Fe, Co, Ni, Cu, Zn, Mo, Cd, Pb | Ammonium pyrrolidone dithiocarbamate | 2,6-dimethyl -4-heptanone | – | – | AAS | [1088] |
| Cd, Co, Cu, Ni, Pb, Zn | Ammonium pyrrolidone dithocarbamate | Methyliso-butyl ketone | – | Study of effect of sample matrix and pH | AAS | [1089] |
| Cd, Cu, Pb, Ni, Zn | Sodium diethyl dithiocarbamate | Chloroform | – | Interlaboratory study | AAS | [1090] |
| Cd, Cu, Pb | Pyrrolidine dithiocarbamate ketone | Methyliso-butyl | – | | AAS and ICAPES | [903] |
| Cd, Zn, Cu Re, Ni | Ammonium Pyrrolidine dithiocarbamate-diethyldithiocarbamate mixture | 4-methyl pentane-2-one | 0.1 μg $L^{-1}$ | – | AAS | [1091] |
| Cu, Zn, Cd, Pb | Dithizone, quinolinal, acetylacetone | – | 0.1–2 μg $L^{-1}$ | – | AAS a s v | [1092] |
| Cd, Ag, Bi, Co, Au Ni, Pb, Tl, Zn | Hexamethylene ammonium hexamethylene ketone dithiocarbamate | Xylene-di-isopropyl | – | Interlaboratory study | AAS GFAAS | [1093] |
| Co, Ni, Cu, Zn, Cd, Pb | Ammonium pyrrolidine dithiocarbamate | Methyl isobutyl ketone | – | In brackish water | AAS | [1094] |

*Table 2.26* continued

| *Elements* | *Chelating agent* | *Solvent* | *Sensitivity* | *Comments* | *Analytical finish* | *Ref.* |
|---|---|---|---|---|---|---|
| Misc. | Ammonium pyrrolidine dithiocarbamate | 2,4-dimethyl heptanone | – | – | AAS | [1088] |
| Cu, Ni, Fe, Co, Cd, Zn, Pb | Ammonium pyrro-lidine dithiocarbamate | Misc. | – | – | AAS | [1095] |
| Cd, Pb, Co, Ag, Ni | Sodium diethyl dithiocarbamate | Methyl isobutyl ketone | – | – | AAS | [1096] |
| Cd, Fe, Zn, Cu, Mn, Pb | Sodium diethyl dithiocarbamate | Isoamyl alcohol | – | – | AAS | [1097] |
| Au, Ag | Dithizone | Methyl isobutyl ketone | – | – | AAS | [1098] |
| Cu, Fe, Co, Cd, Pb, Zn | Mixed chelates | Hexane | – | – | AAS | [1099] |
| Fe, Zn, Cu, Cd, Pb | Benzylamine-pelargonic acid | Decane | 1–3 $\mu g\ L^{-1}$ | Effect of pH studied | AAS | [1100] |
| Cd, Co, Cu, Fe, Ni, Pb | Sodium diethyl dithiocarbamate | Carbon tetrachloride | – | – | AAS | [1101] |
| Cd, Cu, Mn, Pb, Zn | Dimethylglyoxime /Ni/1-(2-pyridyl–azo) 2–naphthol | – | 0.006–006 $\mu g\ L^{-1}$ | – | AAS | [1102] |
| Cd, Co, Cr, Fe, Mn, Mo, Ni, Pb, V, Zn | Ammonium pyrrolidine dithiocarbamate hexa methylene ammonium hexa methylene dithiocarbamate | Xylene | 0.02–05 $\mu g\ L^{-1}$ | – | ICPAES | [1103] |
| 22 elements | Dibenzylammonium dibenzyl thiocarbamate | 2-ethyl hexyl acetate | – | – | ICPAES | [1104–1106] |

*Table 2.26* continued

| *Elements* | *Chelating agent* | *Solvent* | *Sensitivity* | *Comments* | *Analytical finish* | *Ref.* |
|---|---|---|---|---|---|---|
| Sb, As | Ammonium pyrrolidine dithiocarbamate | – | 10 μg $L^{-1}$ | | Neutron activation analysis | [1107] |
| Misc. | Ammonium pyrrolidine dithiocarbamate | – | – | – | X-ray spectrometry | [1108] |
| Heavy metals | Bis(trifluoroethyl)-dithiocarbamate | Carbon tetrachloride | – | – | GLC | [1109] |
| Co, Cr | Di(trifluoroethyl) dithiocarbamate | Toluene | Co, 0.05 μg $L^{-1}$<br>Co, 0.2 μg $L^{-1}$ | – | GLC | [1110] |
| Sb, As | Ammonium pyrrolidine carbodithioate | Chloroform | Sb, 1 μg $L^{-1}$<br>As, 1 μg $L^{-1}$ | Tri and penta valent species determined | Neutron activation analysis | [1107] |
| Mn, Cu, Pb, Co | Monothen-oyltrifluoro -acetone and triphenyl-phosphine oxide | Cyclohexane | – | – | AAS | [1111] |
| Pb, Zn, Cd | 8-quinolinol | – | Cd, 0.6 ng $L^{-1}$<br>Zn, 1.9 ng $L^{-1}$<br>Pb, 2.3 ng $L^{-1}$<br>(400 ml sample) | – | AAS | [1112] |
| Cd, Co, Cu, Fe, Ni, Pb | Diethyldithio carbamate | Carbon tetrachloride | Cd, 10 pg<br>Co 150 pg<br>Cu 125 pg<br>Fe 100 pg<br>Ni 250 pg<br>Pb 100 pg | | AAS | [1204] |

*Table 2.26* continued

| *Elements* | *Chelating agent* | *Solvent* | *Sensitivity* | *Comments* | *Analytical finish* | *Ref.* |
|---|---|---|---|---|---|---|
| Cd, Cu, Pb, Mo, Ni | Pyrrolidine dithiocarbamate | – | – | – | ICPAES | [1114] |
| Cd, Cu, Ni, Pb | Ammonium pyrrolidine dithiocarbamate | Diso butyl ketone | – | – | ICPAES | [1115] |
| Cu, Ni, Pb, Cd | Ammonium pyrrolidine dithiocarbamate | Mc $Cl_3$ | Cu 0.3 μg $L^{-1}$<br>Pb 0.7 μg $L^{-1}$<br>Ni 0.5 μg $L^{-1}$<br>Cd 0.02 μg $L^{-1}$ | – | AAS | [1116] |
| Heavy metals | 4-(2-pyridylazo) resorcinol | – | – | Derivativised metals collected on $C_{18}$ SPE cartridge | – | [1113] |
| Th, La | Crown ethers | – | – | – | – | [1117] |
| Yt, Sr | Crown ethers | – | – | – | – | [1118] |

Source: Own files

X-ray fluorescence spectroscopy and it is an ideal target material in this technique. Detection limits are around 0.5 μg $L^{-1}$.

Reggers and Van Grieken [1121] showed that 2,2′-diaminodiethylamine cellulose powder offered better chelation capacity to the filters discussed above. The powder was insensitive to high concentrations of alkali and alkaline earth ions and to humic substances. Zinc, cadmium and manganese could be efficiently eluted from powders for subsequent analysis, by X-ray fluorescence spectroscopy or alternative techniques such as neutron activation analysis and atomic absorption spectrometry. Cellulose powder with 2,2′-diaminodiethylamine functional groups exhibits efficient complexation of transition metal cations.

Collection yields above 85% are obtained up to a chelation capacity of 1.5 meq $g^{-1}$. Since good recovery of metals is obtained for a pH up from 5, no pH adjustments have to be made for natural water samples. The powder is insensitive to substances like alkali and alkaline earth ions and humic matter. Improvements in the method of preparation of the 2,2′-diaminodiethylamine cellulose material lead to a reduction of the metal blank and consequently to a reduction in element detection limits to the 0.1 μg $L^{-1}$ level compared 0.5 μg $L^{-1}$ for the earlier modified cellulose disc procedure.

*Cellulose hyphan (CelleX–P):* this is a cellulose phosphate ester which is commercially available. It has been used for the preconcentration of lead, copper, nickel, cadmium and zinc from water [1122]. The pH of the samples was shown not to be critical over the range 5–8. The metal ions could be eluted from the column with 1 M nitric acid. No interference was caused by salts commonly present in natural potable waters.

*Immobilised triethylene tetramine*: Cellulose with immobilised triethylene tetramine pentacetic acid has been used to isolate a wide range of trace metals from river and lake waters [1123].

*Natural cellulose*: while this material is not suitable for the preconcentration of metals from water it does have some sorptive properties for metals occurring in the environment and these have been studied [1124].

### *2.76.26.2.2 Polyacetylonitrite with attached thioamide groups*

Samchuk *et al.* [1125] preconcentrated (TIOPAN–A) copper, lead, zinc, cadmium, nickel and cobalt on this resin prior to analysis by atomic absorption spectrometry. The resin had a high selectivity for these metals.

The distribution coefficients of about $10^5$ that can be reached on cellulose in alkaline solutions (pH 10–12) are very interesting for analytical trace enrichment.

Another remarkable result is the very different sorption of chromium(II) and chromium(V) species on cellulose. For example, it makes possible their analytical separation and speciation in natural waters.

#### 2.76.26.2.3 *Nicotinium molybdophosphate resin*

When metal solutions [1126] adjusted to pH 2.5, were passed through ion-exchange columns containing nicotinium molybdophosphate resin, sodium, potassium, calcium and magnesium were selectively eluted using 4 M ammonia solution. The recovered ions were analysed by atomic absorption spectrophotometry. These procedures achieved recoveries of 98–102% for cadmium, chromium, manganese, nickel, lead, zinc, cobalt, iron and copper. Recovery was practically independent of the initial heavy metal concentration (5–10 mg $L^{-1}$).

Other complexing agents used to preconcentrate various metals include bis dithiocarbamates [1127,1128], poly (amino amine) [1129], tributyl phthalate plasticised dibenzoyl methane-loaded polyurethane foams [1130], sulphonated styrene–divinylbenzene [1131], silica immobilised algae cells [1132] and silica immobilised lichen and seaweed biomass [1133].

### 2.76.26.3 Adsorption on chemically modified silica and glass beads

Various metal preconcentration systems have been devised based on the immobilisation of organic complexing agents on silica gel. These organic reagents include 8-quinolinol [1134], 2′2′-dipyridyl-4-amino-3-hydro-azino-5-mercapto-1,2,-triazole hydrazone [1135,1136] and diphenyl-carbazone [1137].

Marshall and Mottola [1134] used silica immobilised 8–quinolinol to preconcentrate trace metals on-line prior to their determination by atomic absorption spectrometry. Samara and Kouimtzis [1136] used 2,2′-dipyridyl-4-amino-3-hydrazino-5-mercapto-1,2,4-triazole hydrazone supported on silica gel to preconcentrate metal (copper, lead, nickel, zinc, cadmium and cobalt) from waters prior to their determination by atomic absorption spectrometry.

Hirayama and Unchara [1138] determined iron, cobalt, nickel, copper, zinc, cadmium, molybdenum, chromium and vanadium in natural waters by inductively coupled plasma atomic emission spectrometry. These elements were preconcentrated on a chelating functional group-immobilised silica gel column.

Copper, lead, cadmium and zinc ions have been preconcentrated with 2-mercaptobenzthiazole loaded on to glass beads with the aid of collodion [1139]. Cadmium and zinc were not retained quantitatively even at low flow rates. Selective preconcentration of copper and lead was therefore possible by passing the sample through at a high rate at pH 6.5. The effects of cobalt, iron, nickel, EDTA, citric acid and tartaric acid on the process were examined. The copper and lead retained on the column were eluted together with the collodion with methyl isobutyl ketene by batch mode elution and determined by one-drop atomic absorption spectrometry.

Leydon *et al.* [1140] used sodium diethyldithiocarbamate immobilised on controlled pore size glass beads for the preconcentration of silver, arsenic, cobalt, chromium, copper, iron, mercury, manganese, lead and zinc. They compared the results obtained by this procedure with methods based on direct precipitation of the metals with organic complexing agents including sodium diethyldithiocarbamate, ammonium pyrrolidine dithiocarbamate and oxine. The conclusion reached in this work was that much more experimental work was required to test method reliability.

Quinolin-8-ol immobilised on glass has been used to preconcentrate aluminium, gallium and indium from river and lake waters [1141].

Esser *et al.* [1142] preconcentrated rare earth elements in natural waters using silica-8 HQ and RE–Spec immobilised 8-hydroxyquinoline and a supported organophosphorus extractant prior to their determination by isotope dilution inductively coupled plasma mass spectrometry. The technique concentrates rare earths from 1 L of water into 1 mL of salt-free 0.1% nitric acid. Yields are high (>80%) and blanks low (<2–6 pg).

#### 2.76.26.4 Adsorption on inorganic solids

Munder and Ballschmidter [1143] preconcentrated several lipophilic neutral metal chelates of bis(ethoxyethyl)dithiocarbamate from aqueous solutions chromatographically using a phenyl modified silica column. This column was linked to a second analytical column of carbon-18 modified silica for analysis by reverse phase liquid chromatography. A quaternary solvent mixture with admixture of a surfactant (sodium dodecylsulphate) was used as eluent. The chelates of vanadium, chromium, cobalt, nickel, copper, zinc, selenium, molybdenum, cadmium, tellurium, mercury, thallium, lead and bismuth were all detected by an ultraviolet spectrometer at 245 nm. Thermostating the analytical column at 40°C resulted in enhanced resolution and reduced analysis time. However, the recovery of chelates from surface water samples was very sensitive to pH changes.

Heavy metals determinations in natural waters have been carried out [1144], by a procedure involving the simultaneous formation of metal dithiocarbamates and on-line preconcentration using a C–18 bonded silica precolumn followed by reversed phase high performance liquid chromatographic separation. The C–18 precolumn was previously loaded with a cetyltrimethylammonium bromide (cetrimide)-dithiocarbamate ion pair. Metal dithiocarbamates formed, and retained on, the precolumn were eluted directly to the analytical column with a gradient of acetonitrile and water containing cetrimide (10 mM and 2 mM).

Leiser *et al.* [1145] showed that heavy metals, iron, cobalt, nickel, copper, zinc, lead and uranium, are bound to titanium dioxide, zirconium dioxide and alumina adsorbents in varying degrees. Remarkably high fractions of zinc, lead and uranium are taken up by titanium dioxide and by aluminium oxide. The comparison between the sorbent fraction and the fraction present in suspended matter shows that these fractions are comparable for iron, cobalt, nickel and copper, but not for zinc, lead and uranium.

Proton activation analysis has been used to determine mg $L^{-1}$ quantities of sodium, cadmium, chromium, selenium, boron, nitrogen and bromine, and sodium, phosphorus, nitrogen and sulphur in natural water. The water sample was concentrated 100-fold on a tantalum or gold foil [1047,1146] prior to analysis.

Analiitia and Pickering [1147] studied the adsorption of copper, lead and cadmium by various inorganic particulates including iron oxides, manganese oxide, alumina sorption by hydrous manganese(IV) oxide was near total at all pHs.

Uranium, thorium, plutonium and americium have been preconcentrated from river and lake waters onto manganese dioxide prior to the determination of these elements [1148].

Titanium dioxide has been used to gather from natural waters samples of the following elements: bismuth, cadmium, cobalt, chromium, copper, iron, germanium, indium, manganese, nickel, lead, antimony, tin, tellurium, thallium, vanadium and zinc [1149].

### 2.76.26.5 Adsorption on charcoal

Maggi *et al.* [1150] developed a radiochemical neutron activation technique for the determination of trace levels of arsenic and antimony in natural waters. The procedure involved hydride generation by sodium tetrahydroborate in hydrochloric acid solution and their collection on activated carbon filters. The precision, accuracy, and sensitivity of the technique was examined. When only arsenic determination is required shorter irradiation and Cerenkov counting can be used.

Adsorption on activated carbon has been used as a means of preconcentration of aluminium, arsenic, chlorine, potassium, magnesium, manganese, sodium, strontium, uranium, vanadium and zinc [1151] cadmium and zinc [1152] gold, silver, gallium, indium, thallium, cadmium, lanthanum, molybdenum, nickel and copper [1153] in natural waters.

Samchuk [1153] developed an atomic absorption method for the determination of gold, silver, gallium, indium, thallium, cadmium, molybdenum, nickel and copper in natural waters, with preconcentration on carbon modified by complex forming organic reagents and on chelated sorbents. The work was done on a two-beam atomic absorption spectrometer with a graphite atomiser and deuterium background corrector.

Hall [775] compared inductively coupled plasma atomic emission spectrometry and inductively coupled plasma mass spectrometry in the determination of molybdenum and tungsten in natural waters. The analytes are preconcentrated onto activated charcoal in order to obtain sufficient sensitivity for inductively coupled plasma atomic emission spectrometry. This gave a detection limit of 1.2 μg of tungsten $L^{-1}$ and 0.4 μg of molybdenum $L^{-1}$. The charcoal preconcentration was also necessary for saline water to be analysed by inductively coupled plasma mass spectrometry. The charcoal preconcentration, inductively coupled plasma mass spectrometric method gave a detection limit of 0.06 μg $L^{-1}$ for both elements.

### 2.76.26.6 Coprecipitation techniques

#### *2.76.26.6.1 Inorganic coprecipitants*

*Ferric hydroxide*: Chakravarty and Van Grieken [1154] used ferric hydroxide coprecipitation when determining traces of manganese, nickel, copper, zinc and lead in natural waters including sea water. Prior to analysis of the concentrate by energy dispersive X-ray fluorescence spectrography, the optimum preconcentration procedure involved adding 2 mg iron to a 200 ml water sample, adding dilute sodium hydroxide up to pH 9, filtering off on a Nuclepore membrane after a 1 h equilibration time and analysing. Quantitative recoveries could then be obtained for nickel, copper, zinc and lead at the 10 μg $L^{-1}$ level in waters of varying salinity while manganese was partially collected. The precision is 7–8% at the 10 μg $L^{-1}$ level and the detection limits are in the 0.5–1 μg $L^{-1}$ range.

Other applications of ferric hydroxide coprecipitation are summarised in Table 2.27.

Quiang *et al.* [1161] coprecipitated uranium and thorium with ferric hydroxide and separated them by using Levextrel TBP resin chromatography. The uranium and thorium from natural waters were determined spectrophotometrically using arsenazo. Recoveries for uranium and thorium were 92.3 ± 1.7% and 93.3 ± 5.5%, respectively. The detection limit was 0.07 μg $L^{-1}$ for both uranium and thorium.

*Zirconium hydroxide*: Nakashima and Yagi [1162] have applied a similar procedure to the determination of copper, nickel and cobalt in river and potable waters. Recoveries ranged from 96 to 102% for spiked samples containing 1–100 μg $L^{-1}$ metal and from 94–99% for potable and river water samples.

Tanaka *et al.* [1163] coprecipitated arsenic and antimony in natural waters with zirconium tetrahydroxide ($ZR(OH)_4$), prior to determination by X-ray fluorescence spectrometry. Typically, 100 mL water samples were

*Table 2.27* Applications of ferric hydroxide coprecipitation in preconcentration

| *Element* | *Type of water* | *Analytical finish* | *Ref.* |
|---|---|---|---|
| Cd, Pb, Cu | Natural | – | [1155] |
| Fe, Zn, Pb | River | X-ray fluorescence spectrography | [1156] |
| Be, Cu, Zn, Pb, Bi, Co, Ni, Cd | Natural | Emission spectrography | [1157] |
| Fe, Zr, Sn | Natural | X-ray fluorescence spectrography | [1158] |
| Ni, Pb, Zn | Natural | Misc. | [1159] |
| Pb, Cu, Zn, Cd | Natural | Differential pulse planography | [1160] |

Source: Own files

used, which gave detection limits of 0.3 μg of arsenic and 6.1 μg of antimony.

Nakamura *et al.* [1164] coprecipitated metals in river and lake waters on to zirconium hydroxide ($Zr(OH)_4$) prior to the determination of trace metals.

Abe *et al.* [1165] coprecipitated cadmium, copper, manganese and lead from natural water with zirconium hydroxide ($Zr(OH)_4$). The precipitate is filtered and redissolved by hydrochloric acid and the metals determined by flame atomic absorption spectrometry.

*Lanthanum hydroxide*: Thompson *et al.* [912] applied this method and a more sensitive modification of it involving preconcentration by coprecipitation to the determination of arsenic, antimony, bismuth, selenium and tellurium in river waters. The preconcentration procedure is based on collection of the elements on freshly precipitated lanthanum hydroxide. A concentration factor of 20 was possible by this procedure giving detection limits of about 50 ng $L^{-1}$.

Interference effects, sometimes troublesome in direct analysis are also eliminated by the preconcentration procedure. Copper, the main interfering element at concentrations above 20 μg $L^{-1}$ will cause loss of tellurium and at 1 μg $L^{-1}$ loss of bismuth and selenium. However, even with copper concentrations as high as 1 g $L^{-1}$ arsenic and antimony are not affected. The preconcentration technique affects a complete separation of copper from the analytes.

*Hafnium hydroxide*: Ueda and Misui [341] preconcentrated gallium(III) and indium(III) in natural waters by coprecipitation with hafnium tetrahydroxide ($Hf(OH)_4$) prior to determination by electrothermal atomic absorption spectrophotometry. The calibration curve is linear for gallium in the range of 8–120 μg $L^{-1}$ and the detection limit was 0.5 μg $L^{-1}$.

### 2.76.26.7 Organic coprecipitants

*Thionalide–polyvinylpyrrolidone*: This mixture has been used to preconcentrate by precipitation a range of elements in the presence of calcium and magnesium [1204]. Final analysis was by X-ray fluorescence spectrometry. Analyses in the μg L$^{-1}$ range in water samples were achieved by this method.

*8-mercapto quinoline and bis(8-quinolyl)disulphide:* These reagents have been employed to preconcentrate iron, cobalt, nickel, manganese. copper and zinc [1153].

*1-(-2-pyridylazo)-2-naphthol*: Bem and Ryan [1166] described a procedure for the determination of seven trace elements in 800 ml samples of natural waters by neutron activation analysis after preconcentration with 1-(-2-pyridylazo)-2-naphthol. This scheme was based on double irradiation of samples; for 10 min and for 16 h. Detection limits were cobalt (0.04 μg L$^{-1}$), cadmium (0.8 μg L$^{-1}$), copper (0.3 μg L$^{-1}$), chromium (0.2 μg L$^{-1}$), manganese (0.006 μg L$^{-1}$), uranium (0.006 μg L$^{-1}$) and zinc (0.3 μg L$^{-1}$).

*Thionalide*: This reagent has been used [1167] to precipitate from water samples, traces of silver, arsenic, cadmium, cobalt, iron, mercury, molybdenum, manganese, antimony, scandium, selenium, tungsten and zinc. The trace elements were concentrated by coprecipitation with thionalide at pH 9, 1 or 0. Coprecipitation with thionalide allowed the concentration of both ions and colloids.

### 2.76.26.8 Ion-exchange resins

The application of anionic and cationic ion-exchange resins to multi-element preconcentration in natural waters is reviewed in Table 2.28.

### 2.76.26.9 Preconcentration on Chelex-100 macroreticular resin

The chelating resin Chelex–100, a purified form of Dowex A1 resin, has been increasingly used in recent years for the separation and preconcentration of trace metals from natural waters. It is particularly suited to this application because optimum metal removal occurs in the pH range of natural waters, pH 6–8, where distribution coefficients of the order of $10^5$ have been measured [1180].

In most instances, the resin has been used in the $H^+$ form, although the effluent pH under these conditions may be as low as 2.8. Florence and Batley [1181] showed that the $H^+$ form did not completely remove labile zinc, cadmium, lead, and copper from sea water until the passage of more than 500 ml of sample had increased the pH of the effluent to 6.5. Treatment of the column with sodium acetate before use raised the effluent pH to 7.1. The ammonium or calcium forms also have been used to circumvent this problem [928,1095,1182,1183].

Pakalns *et al.* [1095] have described the use of Chelex–100 for the preconcentration of metals from natural and polluted non-saline waters. In particular, they look at the effect of some organic surface active pollutants on the efficiency of metal removal. These pollutants include cationic, anionic and non-ionic detergents, formulated detergents, detergent additives and a soap, which are all likely domestic and industrial discharges into river systems.

These workers showed that trace amounts of zinc, cadmium, copper, nickel, manganese, cobalt and lead could be separated from natural waters on Chelex-100 resin (50–100 mesh) in the presence of all the aforementioned pollutants.

Metal recoveries are better than 92% but are poor in the presence of soap or the potential detergent additive, nitrilotriacetic acid. Although strong adsorption of cationic and to a lesser extent, anionic and non-ionic detergents, occurs on the resin surface, low recoveries can be attributed to incomplete metal elution rather than to blockage of adsorption sites. Total metal present in natural waters is not adsorbed by Chelex–100 unless metal ions are first released from colloids or strong complexes. Destruction of the complexes by ultraviolet light or an acid digestion before the sample is applied to the Chelex–100 column results in a complete recovery of metals.

Corsini *et al.* [1184] have used a column of Chelex–100 resin to preconcentrate unchelated trace metals in water samples prior to determination by atomic absorption spectrometry. It is claimed to be simple, rapid and economical. A study of the effect of pH on the uptake of cadmium(II), cobalt(II), copper(II), manganese(II), nickel(II), lead(II), chromium(III) and iron(III) showed that with 100 ml of sample containing 1 ml 1 M ammonium acetate buffer for the divalent ions at levels ranging from 1 to 20 $\mu g\ L^{-1}$ in water a maximum metal uptake (85–100%) occurred in the pH range 7–9, and for the trivalent ions in the pH range 4–5. Nitric acid 1% was the most satisfactory eluting agent for removing the metals from the column. More concentrated solutions of nitric acid (eg 10%) increase the blank value considerably due to contamination. For a 7 cm bed height, the chromatographic elution profiles of all ions are essentially the same.

Subsequently these workers [1185] devised a two column procedure for preconcentrating these metals from lake water in which organic ligands, particularly humic materials, were removed by passing the water through a precolumn at pH 1–2 before preconcentrating the trace metals at pH 8. The final effluent for measurement by graphite furnace atomic absorption spectrometry was readily matrix matched and allowed the use of the standard calibration curve for the majority of the trace metals.

Duinker and Kramer [1186] carried out a detailed experimental study of the speciation of dissolved zinc, cadmium and lead and copper in the

*Table 2.28* Preconcentration of multication mixtures on ion-exchange resins

| *Elements* | *Sample pretreatment* | *Resin type* | *Resin desorbent* | *Sensitivity* | *Analytical finish* | *Ref.* |
|---|---|---|---|---|---|---|
| Cd(II), Cu(II) Pb(II) | HBr–ascorbic acid | Strongly basic anion exchange | $HNO_3$ nitric acid | – | AAS | [1168] |
| Co(II), Zn(II), CD(II) | Form 8-hydroxy quinoline 5-sulphonate | Strongly basic anion exchange | Zn, Cd, Pb 2M, $HNO_3$ Co, 12M HCl | 0.2–40 μg $L^{-1}$ | GAFAAS | [1169] |
| Heavy metals | | Anion-exchange resin with salicyclic acid functional groups | – | 0.05–0.5 μg $L^{-1}$ | Flow injection analysis | [1170] [1171] |
| Zn, Cu, Ni, Pb Co, Mn, Fe, Cr | – | Amberlite IR 120 cation exchange resin | Saturated NaCl | – | X-ray fluorescence spectroscopy | [1172] |
| Co, Ni, Cu, Zn Pb | – | KU–2 cation exchange resin | HCl | – | Spectrography | [644] |
| Co, Cr, Cu, Fe, Ni, Zn | | Acropane cation exchange resin | – | – | AAS | [1162] |
| Fe, Mg | – | XAD–1 and XAD–2 cation exchange resins | – | – | X-ray fluorescence spectroscopy | [1173] |
| Fe, Co, Ni, Cu, Pb, Bi | – | XAD–2 cation exchange resin with pyrocatechol violet adsorbed | – | – | AAS | [1174] |
| Heavy metals | – | XAD–2 cation exchange resin treated with indium | – | – | GFAAS | [1175] |

*Table 2.28* continued

| *Elements* | *Sample pretreatment* | *Resin type* | *Resin desorbent* | *Sensitivity* | *Analytical finish* | *Ref.* |
|---|---|---|---|---|---|---|
| Cu, Zn, Pb, Mn, Co, Ni, Cd | – | Ku–2 and Ku–23 and cation exchange resins | HQ | – | AAS | [1176] |
| Al, Ca, K, Mg, Mn, Na in pure water | Remove humic acids with anion resin exchange resin | Cation exchange | – | – | Neutron activation analysis | [1177] |
| Cr, Ni exchange resin | – | Anion | – | sub ppm | ICPAES | [1178] |
| Various metals | Metals complexed with butane 2,3 dionebis (N-pyridino-acetyl hydrazone) | XAD resin | – | Low ppt | ICPMS | [1179] |

Source: Own files

River Rhine and the North Sea using differential pulse anodic stripping voltammetry and a kennula type hanging mercury drop electrode. Figura and McDuffie [928] applied a similar method to the determination of copper, cadmium, lead and zinc in various river waters. This method differentiated trace metals on the basis of relative lability. The method classifies soluble trace metals into degrees of lability, with an estimation of dissociation rate constant ranges for the various fractions. Precise fractionation of sub μg $L^{-1}$ trace metals is possible. Cadmium and zinc exist mainly in forms which are relatively labile as compared to copper and especially lead.

Preconcentration using Chelex–100 resin enabled precise determinations to be carried out at the μg $L^{-1}$ and the sub μg $L^{-1}$ level for all four elements. The aqueous sample and its Chelex–column effluent were analysed for total metals by anodic scanning voltammetry directly and after pretreatment with UV irradiation or acid digestion. The combination of these techniques leads to seven categories of operationally defined species. Their categories, however, are not mutually exclusive; most fractions are obtained by difference or using several differences.

The Chelex resin was used to classify the various chemical forms of soluble metal. Chelex–100 resins have also been used for the preconcentration of molybdenum [1182], zinc, cadmium, mercury and lead [1187], iron, copper, nickel, cadmium, cobalt, zinc, lead and manganese [1188] uranium [1189] and aluminium, europium, titanium, cadmium, cobalt, chromium, copper, iron, manganese, molybdenum, nickel, scandium, tin, thorium, uranium, vanadium and zinc [1190].

Fung and Dao [1191] used Chelex–100 resin removed common interfering inorganic anions from natural waters and retained selenate, arsenate, molybdate, vanadate, tungstate and chromate. Those species left on the column could then be determined at sub-ppb detection limits.

### 2.76.26.10 Cold trap methods

A number of elements in the fourth, fifth and sixth groups of the periodic system form hydrides upon reduction with sodium borohydride which are stable enough to be of use for chemical analysis (germanium, tin, lead, arsenic, antimony, selenium and tellurium). Of these elements, Andreae [867] has investigated in detail arsenic, antimony, germanium and tin. The inorganic and organometallic hydrides are separated by a type of temperature programmed gas chromatography. In most cases it is optimal to combine the functions of the cold trap and the chromatographic column in one device. The hydrides are quantified by a variety of detection systems which take into account the specific analytical chemical properties of the elements under investigation. For arsenic, excellent detection limits (40 pg) can be obtained with a quartz tube cuvette burner which is positioned in the beam of an atomic absorption spectrophotometer. For some of the methylarsines, similar sensitivity is available by an electron capture detector. The quartz burner/AAS system has a detection limit of 90 pg for tin; for this element much lower limits (10 pg) are possible with a flame photometric detection system, which uses the extremely intense emission of the SnH molecule at 609.5 nm. The formation of GeO at the temperatures of the quartz tube furnace makes this device quite insensitive for the determination of germanium. Excellent detection limits (140 pg) can be reached for this element by the combination of the hydride generation system with a modified graphite furnace/AAS.

Many of the recent methods make use of the condensation of the hydrides in a cold trap at liquid nitrogen temperature thereby achieving useful concentration factors. Braman and Foreback [864] pioneered the use of a packed cold trap to serve both as a substrate to collect the hydrides at liquid nitrogen temperature and to separate arsine and the methylarsines gas chromatographically by controlling heating of the trap. In the same paper, they described the differentiation between arsenic(III) and arsenic(V) by a prereduction step and by control of the pH at which the reduction takes place.

Depending on the detector used, some volatile compounds which are formed or released during the hydride generation step may interfere with the detection of the hydrides of interest. Most prominent among them are water, carbon dioxide and, in the case of anoxic water samples, hydrogen sulphide. The atomic absorption detector is insensitive towards these compounds; thus no precautions need to be taken when this detector is used. It has been found convenient in some applications however, to remove most of the water before it enters the cold-trap/column which serves to condense and separate the hydrides. This can be accomplished by passing the gas stream through a larger cold trap cooled by a dry ice/alcohol mixture or by an immersion cooling system [865]. This method was also used with water sensitive detectors, eg the electron capture detector of methylarsines [866], or with plasma discharge detectors.

Only when the very contamination sensitive electron capture detector is used is it necessary to provide separate gas streams, one for the reaction and stripping part of the system, the other for the carrier gas stream of the column and detector. Otherwise, the same gas stream can be used to strip the hydrides from solution and to carry them into the detector, which greatly simplifies the apparatus. Initially, column packings of glass beads or glass wool were used. These packings produce poor separation of the methylated species from each other and badly tailing peaks, however. Andreae [867] therefore used a standard gas chromatographic packing (15% OV–3 on Chromosorb W/AWDMCS, 60–80 mesh) in U-tubes for the separation of the inorganic and alkyl species of arsenic, antimony and tin.

This packing is quite insensitive to water and produces sharp and well separated peaks.

Vien and Fry [1000] have described an ultra sensitive simultaneous determination of arsenic, selenium, tin and antimony which involves the use of a cold trap.

### 2.76.26.11 Electrochemical preconcentration

Malinski *et al.* [1192] also used a preconcentration procedure for cadmium, chromium, copper, manganese, nickel, lead and zinc in natural waters, prior to analysis by inductively coupled plasma atomic emission spectrometry. The metals were preconcentrated electrochemically on a mercury film electrode. The method gave detection limits ranging from 0.1 mg $L^{-1}$ for zinc to 5.2 mg $L^{-1}$ for chromium.

### 2.76.26.12 Miscellaneous

Nickson *et al.* [1193] have reviewed solid phase techniques used to preconcentrate metals in natural waters.

Kasthurikrishnan and Koropchak [1194] have developed a preconcentration method based on the Donnan dialysis to provided rapid extraction of cations from natural waters in which detection limits in the ppt range are achievable.

Isozaki *et al.* [1195] determined cadmium and lead in natural waters by electrothermal atomic absorption spectrometry after chelation with a solid resin. The resin was removed by filtration prior to analysis. The calibration curve was linear for concentrations ≤0.1 μg $L^{-1}$ cadmium and ≤2.0 ppb lead. The relative standard deviations were 2.9% for 0.114 μg $L^{-1}$ cadmium and 2.8% for 1.46 ppb lead.

Polydithiocarbamate resins have been used to isolate copper, iron and zinc from river and lake waters [1196].

## References


1 Herricksen, A. and Paulsen, I.M.B. *Vatten*, **31**, 339 (1975).
2 Roseberg, J.E.J.S. and Henricksen, A. *Vatten*, **41**, 48 (1985).
3 Noller, B.N., Cusbert, P.K., Currey, N.A., Bradley, P.H. and Tuor, M. *Environmental Technology Letters*, **6**, 381 (1985).
4 Dougan, W.K. and Wilson, A.L. *Analyst (London)*, **99**, 413 (1974).
5 Seip, H.M., Muller, L. and Naas, A. *Water, Air and Soil Pollution*, **23**, 81 (1984).
6 Rainwater, F.H. and Thatcher, L.L. US Geological Survey Water Supply Paper No. 1454 (1960).
7 Wilson, A.D. and Sargeant, G.A. *Analyst (London)*, **88**, 109 (1963).
8 Driscoll, C.T. in 'Chemical characterization of some dilute acidified lakes and streams in the Aarondeck region of New York State', PhD Thesis, Cornell University, Ithaca, New York (1980).

9 Wyganowski, C., Motomizu, S. and Toei, K. *Analytica Chimica Acta*, **140**, 313 (1982).

10 Brown, E., Skougstad, M.W. and Fishman, M.J. Methods for collection and analysis of water samples for dissolved metals and gases, US Government Printing Office, Washington (1970).

11 Halfon, Y., Cognet, L., Le Prince, A. and Courtois, G. Eau, *Industrie, Nuisances*, **101**, 41 (1986).

12 Pakalus, P. and Farrar, Y. *Water Research*, **11**, 387 (1977).

13 APHA Standard Methods for the examination of water and waste water, American Public Health Authority, Washington, 13th ed (1971).

14 Carter, J.M. *Proceedings Analytical Division of the Chemical Society*, **12**, 246 (1975).

15 Sampson, B. and Fleck, A. *Analyst (London)*, **109**, 369 (1984).

16 Roeyset, O. *Analytica Chimica Acta*, **185**, 75 (1986).

17 Roeyset, O. *Analytical Chemistry*, **59**, 899 (1987).

18 Hydes, D.J. and Liss, P.S. *Analyst (London)*, **101**, 922 (1976).

19 De Pablos, F., Ariza, J.L.G. and Pino, F. *Analyst (London)*, **111**, 1159 (1986).

20 Sanchez Rojas, F., Garcia de Torres, A., Bosch Ojeda, C. and Cano Pavon, J.M. *Analyst (London)*, **113**, 1287 (1988).

21 Yuan, Y. *Huaxue Shizi*, **8**, 85 (1988).

22 Vilchez, J.L., Navalon, A., Avidad, R., Garcia-Lopez, T. and Capitan-Vallvey, L.F. *Analyst (London)*, **118**, 303 (1993).

23 Sutheimer, S.H. and Cabaniss, S.E. *Analytica Chimica Acta*, **303**, 211 (1995).

24 Uchiro, T., Morita, M. and Fuwa, K. *Analytical Chemistry*, **56**, 2020 (1984).

25 Roeyset, O. *Analytical Chemistry*, **178**, 223 (1985).

26 Zoltzer, D. and Schwedt, G. *Fresenius Z. Analyt Chemie*, **317**, 422 (1984).

27 Chung, H.K. and Ingle, J.D. *Analytical Chemistry*, **62**, 2547 (1990).

28 Brueggemeyer, T.W. and Fricke, F.L. *Analytical Chemistry*, **58**, 1143 (1986).

29 Takahashi, Y., Yokoyama, T. and Tarutani, T. *Chinetsu*, **24**, 261 (1987).

30 Huang, S., Shong, X. and Ji, X. *Xiamen Daxue Xuebao, Ziran Kexveban*, **26**, 216, (1987).

31 Kitsuki, H., Yokayama, T., Nakamura, Y., Shimizu, S., Imaizumi, Y. and Tarutani, T. *Chinetsu*, **22**, 14 (1985).

32 Radic, N. *Analyst (London)*, **101**, 657 (1976).

33 Ritchie, G.S.P., Posner, A.M. and Ritchie, I.M. *Analytica Chimica Acta*, **177**, 99 (1980).

34 Nordstrom, D.K. and Ball, J.W. *Science*, **232**, 54 (1986).

35 Yan, D.R. and Schwedt, G. Fresenius Z. *Analyt Chemie*, **320**, 252 (1985).

36 Rowland, A.P. Institute of Terrestrial Ecology, Abbots Ripton, Cumbria, UK. Chemical Analysis in Environmental Research: ITE Symposium No 18. Merlewood Research Station, 19–20 September (1985).

37 Pakalns, P. and Farrer, Y.J. *Water Research*, **11**, 387 (1977).

38 Bekov, G.I., Yegorov, A.S., Letokhov, U.S. and Radayev, U.V. *Nature (London)*, **301**, 410 (1983).

39 Driscoll, T.C. *International Journal of Environmental Analytical Chemistry*, **16**, 267 (1984).

40 Campbell, P.G.C., Bisson, M., Bangie, R., Tessler, A. and Vittenveuve, J.P. *Analytical Chemistry*, **55**, 2246 (1983).

41 Cabaniss, S.E. *Environmental Science and Technology*, **21**, 209 (1987).

42 Benson, R.L. and Worsfold, P.J. *Science of the Total Environment*, **135**, 17 (1999).

43 Miller, J.R. and Andelman, J.B. Chem. Environ. Proceedings International Conference 26–5, H.N. Lester, R. Perry, R.M. Sterritt (eds). Selper; London, UK (1986).

44 Goenaga, X., Bryant, R. and Williams, D.J.A. *Analytical Chemistry*, **59**, 2673 (1987).
45 Ahmed, M. and Narayanaswamy, R. *Analytica Chimica Acta*, **291**, 255 (1994).
46 Alvarez, E., Perez, A. and Calvo, R. *Science of the Total Environment*, **133**, 17 (1993).
47 Fairman, B., Sanz-Medel, A., Gallego, M., Quintela, M.J., Jones, P. and Benson, R. *Analytica Chimica Acta*, **286**, 401 (1994).
48 Lu, Y., Chakrabarti, C.L., Back, M.H., Gregoire, D.C. and Schroeder, W.H. *Analytica Chimica Acta*, **293**, 95 (1994).
49 Hasegawa, H., Sohrin, Y., Matsui, M., Hojo, M. and Kawashima, M. *Analytical Chemistry*, **66**, 3247 (1994).
50 Allen, E.A., Boardman, M.C. and Plunkett, B.A. *Analytica Chimica Acta*, **196**, 323 (1987).
51 Fairman, B., Sanz-Medel, A. and Jones, P. *Journal of Analytical Atomic Spectroscopy*, **10**, 281 (1995).
52 Solorzano, L. *Limnology and Oceanography*, **14**, 799 (1969).
53 Ivancis, I. and Degobbis, D. *Water Research*, **18**, 1143 (1984).
54 Huyser, D.J. *Water Research*, **4**, 501 (1970).
55 Stewart, R.M. *Water Research*, **19**, 1443 (1985).
56 Verdouw, H., VanEchfeld, C.J.A. and Dekkers, E.M.J. *Water Research*, **12**, 399 (1978).
57 Kron, M.D. *Analyst (London)*, **105**, 305 (1980).
58 Crowther, J. and Evans, J. *Analyst (London)*, **105**, 841 (1980).
59 Crowther, J. and Evans, J. *Analyst (London)*, **105**, 849 (1980).
60 Water Research Center, Medmenham, Bucks, *UK Analyst (London)*, **107**, 680 (1982).
61 Nickels, W.C. *Bulletin of Environmental Contamination and Toxicology*, **25**, 39 (1980).
62 Carson, F.W. and Gross, R.L. US Technical Information Service, Springfield, Virginia, Report No. 288301, Colorimetric analysis of ammonia in water (1977).
63 Aoki, T., Uemura, S. and Munemori, M. *Analytical Chemistry*, **55**, 1620 (1983).
64 Aoki, T. and Munemuri, M. *Analytical Chemistry*, **55**, 209 (1983).
65 Krug, F.J., Kuzicka, J. and Hanson, E.H. *Analyst (London)*, **104**, 47 (1979).
66 Krug, F.J., Reis, B.F., Gine, M.F., Zagatto, E.A.G., Ferreira, J.R. and Jacintho, A.O. *Analytica Chimica Acta*, **151**, 39 (1983).
67 Bergamin, H., Reis, B.F., Jacintho, A.O. and Zagatto, E.A.G. *Analytica Chimica Acta*, **117**, 81 (1980).
68 Van Son, M., Scothorst, R.C. and Den Boef, G. *Analytica Chimica Acta*, **153**, 271 (1983).
69 Application Note ASN 50–02/84 Determination of Ammonia Nitrogen in Water by Flow Injection Analysis and Gas Diffusion, 1–10 mg $L^{-1}$ N. Tecator Ltd (1984).
70 Application Note ASN 50–04/84 Determination of Ammonia Nitrogen in Water by Flow Injection Analysis and Gas Diffuser. 100–1000 mg $L^{-1}$ N. Tecator Ltd (1984).
71 Application Note ASN 50–03/84 Determination of Ammonia Nitrogen in Water by Flow Injection Analysis and Gas Diffuser. 100–1000 mg $L^{-1}$ N. Tecator Ltd (1984).
72 Application Note ASN 50–01/84 Determination of Ammonia Nitrogen in Water by Flow Injection Analysis and Gas Diffuser. 100–1000 mg $L^{-1}$ N. Tecator Ltd (1984).

73 Application Note ASN 50/84 Determination of Ammonia Nitrogen in Water by Flow Injection Analysis and Gas Diffuser. Tecator Ltd (1984).
74 Hara, H., Motoke, A. and Okazaki, S. *Analyst (London)*, **113**, 113 (1988).
75 Hara, H., Motoke, A. and Okazaki, S. *Analytical Chemistry*, **59**, 1995 (1987).
76 Belcher, R., Bogdanski, S.L., Calokerinos and Townshend, A. *Analyst (London)*, **106**, 625 (1981).
77 Mizobuchi, M., Tamase, K., Kitada, Y., Sasaki, M. and Tanigawa, K. *Analytical Chemistry*, **56**, 603 (1984).
78 Conboy, J.J., Henion, J.A., Martin, M.W. and Zweigenbaum, J.A. *Analytical Chemistry*, **62**, 800 (1990).
79 Department of the Environment National Water Council Standing Committee of Analysts, HM Stationery Office, London, Methods for the examination of waters and associated materials, 47 pp (RD 22 B:C ENV) Ammonia in Waters, 1982 (1982).
80 Winquist, I., Spetz, A., Lundstrom, I. and Danielsson, B. *Analytica Chimica Acta*, **164**, 127 (1984).
81 Abu Hilal, A.H. and Riley, J.P. *Analytica Chimica Acta*, **131**, 175 (1981).
82 Yonehara, N., Nishimoto, L. and Kamada, M. *Analytica Chimica Acta*, **172**, 183 (1985).
83 Stauffer, R.E. *Journal of Research of US Geological Survey*, **5**, 807 (1977).
84 Bertine, K.K. and Lee, D.S. *Trace metals in seawater*. C.S. Wong (ed) Proceedings of a NATO Advanced Research Institute on trace metals in seawater 30/3–3/4/81, Sicily, Italy, Plenum Press (1981).
85 Huiliang, H., Jagner, D. and Renman, L. *Analytica Chimica Acta*, **202**, 123 (1987).
86 Capodaglio, G., Van der Berg, C.M.G. and Scarponi, G. *Journal of Electroanalytical Chemistry. Interfacial Electrochemistry*, **235**, 275 (1987).
87 Sharma, M. and Patel, K.S. *International Journal of Environmental Analytical Chemistry*, **50**, 63 (1993).
88 Calle-Guntinas, M.B., de la Madrid, Y. and Camera, C. *Technical Instrumentation Analytical Chemistry*, **17**, 263 (1995).
89 Metzger, M. and Braun, H. *Analytica Chimica Acta*, **189**, 263 (1986).
90 Mok, W.M. and Wai, C.M. *Analytical Chemistry*, **59**, 233 (1987).
91 Fukuda, H., Tsunoda, J., Matsumoto, K. and Tecada, K. *Bunseki Kagaku*, **36**, 683 (1987).
92 de la Calle-Gutinas, M.B., Madrid, Y. and Camera, C. *Journal of Analytical Antomic Spectroscopy*, **8**, 745 (1993).
93 Sandhu, S.S. and Nelson, P. *Analytical Chemistry*, **50**, 322 (1978).
94 Stauffer, R.E. *Analytical Chemistry*, **55**, 1205 (1983).
95 Stauffer, R.E. *Environmental Science and Technology*, **14**, 1475 (1980).
96 Nyamah, D. and Torgbor, J. *Water Research*, **20**, 1341 (1986).
97 Li, W., Wang, B. *Fenxi Huaxue*, **15**, 485 (1987).
98 Chakraborthi, D. and Irgolic, K.J. *International Journal of Environmental Analytical Chemistry*, **17**, 241 (1984).
99 Pacey, G.E. and Ford, J.A. *Talanta*, **28**, 935 (1981).
100 Duttemans, F. and Massart, D.L. *Mikrochimica Acta*, **1**, 261 (1984).
101 Subramanian, K.S., Leung, P.C. and Meranger, J.C. *International Journal of Environmental Analytical Chemistry*, **11**, 121 (1982).
102 Yasui, A., Tsutsumi, C. and Toda, S. *Agricultural and Biological Chemistry*, **42**, 2139 (1978).
103 Ficklin, W.H. *Talanta*, **30**, 371 (1983).
104 Faust, S.D., Lemmou, N.W., Belton, T. and Tucker, R. *Journal of Environmental Science and Health*, **A18**, 335 (1983).

105 Faust, S.D., Winka, A., Belton, T. and Tucker, F. *Journal of Environmental Science and Health*, **A18**, 389 (1983).
106 Tesfalidet, S. and Irgum, K. *Analytical Chemistry*, **60,** 2031 (1988).
107 Andreae, M.O. *Analytical Chemistry*, **49**, 820 (1977).
108 Anderson, R.K., Thompson, M. and Culbard, E. *Analyst (London)*, **111**, 1153 (1986).
109 Shaikh, A.N. and Tallman, D.E. *Analytica Chimica Acta*, **98**, 251 (1978).
110 Arbab Zavar, M.H. and Howard, A.G. *Analyst (London)*, **105**, 744 (1980).
111 Aggett, J. and Aspell, A.C. *Analyst (London)*, **101**, 341 (1976).
112 Crecelius, E.A., Bloom, N.S., Cowan, C.E. and Jenne, E.A. Speciation of selenium and arsenic in natural waters and sediments: Arsenic Speciation Electric Power Storage Research Institute, Palo Alto, California. Report EPRI EA–4641, 2, (1986).
113 Welz, B. and Melcher, M. *Analyst (London)*, **109**, 420 (1984).
114 Hinners, J.A. *Analyst (London)*, **105,** 751 (1980).
115 Anderson, R.K., Thompson, M. and Culbard, E. *Analyst (London)*, **111**, 1143 (1986).
116 Matsumoto, K. and Fuwa, K. *Analytical Chemistry*, **54,** 2012 (1982).
117 Narasaki, H. and Fuwa, K. *Analytical Chemistry*, **56**, 2059 (1984).
118 Aggett, J. and Hayashi, Y. *Analyst (London)*, **112,** 277 (1987).
119 Hagen, J.A. and Lovett, R.J. *Atomic Spectroscopy*, **7**, 69 (1986).
120 Abe, K. and Tereshima, S. *Chishitsu Chosasho Geppo*, **37**, 335 (1986).
121 Sun, S., Sun, S. and Xue, J. *Yankuangye*, **5**, 31 (1986).
122 Narasaki, H.J. *Analytical Atomic Spectroscopy*, **3**, 517 (1988).
123 Pierce, F.D. and Brown, H.R. *Analytical Chemistry*, **48**, 693 (1976).
124 Pierce, F.D., Lamoroeaux, T.C., Brown, H.R. and Fraser, R.S. *Applied Spectroscopy*, **30**, 38 (1976).
125 Pierce, F.D. and Brown, H.R. *Analytical Chemistry*, **49**, 1417 (1977).
126 Davies, E. and Kempster, P.L. *Spectrochimica Acta, Part B*, **41B**, 1203 (1986).
127 Huang, M.F., Jiang, S.J. and Hwang, C.J. *Journal of Analytical Atomic Spectroscopy*, **10**, 31 (1995).
128 Bodewig, F.G., Valenta, P. and Nurnberg, H.W., *Fresenius Z. Analyt. Chemie*, **311**, 187 (1982).
129 Smolander, K. and Kauppinen, M. *Analyst (London)*, **11**, 1029 (1986).
130 Cullen, W.R., Eigendorf, G.K. and Pergantis, S.A. *Rapid Communications in Mass Spectrometry*, **7**, 33 (1993).
131 Hemens, C.M. and Elson, C.M. *Analytica Chimica Acta*, **188**, 311 (1986).
132 Mok, W.M., Shah, N.W. and Wai, C.M. *Analytical Chemistry*, **58**, 110 (1986).
133 Orvini, E., Delfanti, R., Gallorini, M. and Speziali, M. *Analytical Proceedings (London)*, **18**, 237 (1981).
134 Sun, Y.C., Yang, J.Y., Liu, Y.F., Yang, M.H. and Alfassi, Z.B. *Analytica Chimica Acta*, **276**, 33 (1993).
135 Tye, C.T., Haswell, S.J., O'Neill, P. and Bancroft, K.C.C. *Analytica Chimica Acta*, **169**, 195 (1985).
136 Wauchope, R.D. and Yamanoto, M. *Journal of Environmental Quality*, **9**, 597, (1980).
137 Stosanovic, R.S., Bond, A.M. and Butler, E.C.V. *Analytical Chemistry*, 62, 2692 (1990).
138 Butler, E.C.V. *J. Chromat.*, **450**, 353 (1988).
139 Stary, J., Zeman, A., Kratzer, K. and Prasilova, J. *International Journal of Environmental Analytical Chemistry*, **8**, 49 (1980).
140 Goode, S.R. and Matthews, R.J. *Analytical Chemistry*, **50**, 1608 (1978).

141 Debettencourt, A.M.M., Florencio, M.H.F.S. and Vilas-Boas, L.F. *Mikrochimica Acta*, **109**, 58 (1992).
142 Burguera, M. and Burguera, J.L. *Analytical Atomic Spectroscopy*, **8**, 229 (1993).
143 Takahashi, Y., Ono, T., Yokoyama, T. and Tarutani, T. *Chinetsu*, **24**, 383 (1987).
144 Gian, H.F. and Tong, S.L. *Analytica Chimica Acta*, **89**, 151 (1977).
145 Holak, W. *Analytical Chemistry*, **41**, 1712 (1969).
146 Shaikh, A.U. and Tallman, D.E. *Analytical Chemistry*, **49**, 1093 (1977).
147 Siemer, D.D. and Koteel, P. *Analytical Chemistry*, **49**, 1096 (1977).
148 Sandhu, S.S. and Nelson, P. *Environmental Science and Technology*, **43**, 476 (1979).
149 Subramanian, K.S., Meranger, J.C. and McCurdy, R.F. *Atomic Spectroscopy*, **5**, 192 (1984).
150 Rollenberg, M.C.E. and Curtius, A.J. *Mikrochimica Acta*, **2**, 441 (1982).
151 Sun, S. *Fenxi Huaxue*, **14**, 494 (1986).
152 Freydier, R., Duppe, B. and Polve, M. *European Mass Spectrometry*, **1**, 283 (1995).
153 Ferrus, R. and Torrades, F. *Analyst (London)*, **110**, 403 (1985).
154 Pal, B.K. and Baksi, K. *Mikrochimica Acta*, **108**, 275 (1992).
155 Ueda, J. and Kitadani, T. *Analyst (London)*, **113**, 581 (1988).
156 Tao, D. and Xue, Y. *Shanghai Huanjing Kexue*, **6**, 24 (1987).
157 Measures, C.I. and Edmond, J.M. *Analytical Chemistry*, **58**, 2065 (1986).
158 Tao, H., Mlyazaki, A. and Bansho, K. *Analytical Science*, **4**, 299 (1988).
159 Lai, E.P.C., Statham, B.D. and Ansell, K. *Analytica Chimica Acta*, **276**, 393 (1993).
160 Burba, P., Willmer, P.G., Betz, M. and Fuchs, S. *International Journal of Environmental Analytical Chemistry*, **13**, 177 (1983).
161 Lee, D.S. *Analytical Chemistry*, 54, 1682 (1982).
162 Nakahara, T., Nakanashi, K. and Utasa, T. *Spectrochimica Acta, Part B*, **42B**, 119 (1987).
163 Mal'kov, E.M. and Fedoseeva, A.G. *Zavod Lab.*, **36**, 912 (1970).
164 Mal'kov, E.M. *Zavod Lab*, **34**, 504 (1968).
165 Abbasi, S.A. *Analytical Letters (London)*, **21**, 461 (1988).
166 Lukianets, I.G. and Kulish, N.G. *Soviet Journal of Water Chemistry and Technology*, **7**, 40 (1985).
167 Laserna, J.J., Navas, A. and Gracia Sanches, F. *Analytical Letters (London)*, **14**, 833 (1981).
168 Kabasakalis, V. and Tsitouridou, R. *Fresenius Environmental Bulletin*, **1**, 494 (1992).
169 Hasan, M.Z. and Kumar, A. *Industrial Journal of Environmental Health*, **25**, 161 (1983).
170 Analytical Quality Control (Harmonized Monitoring) Committee, Water Research Center, Medmenham, UK Analyst, 110, 247 (1985).
171 Committee for Analytical Quality Control (Harmonized Monitoring) Water Research Centre, Medmenham, UK. Report No. TR 220. Accuracy of determination of trace concentrations of cadmium in river waters (1985).
172 Okutani, T. and Arai, N. *Bunseki Kagaku*, **37**, 426 (1988).
173 Lum, K.R. and Callaghan, M. *Analytica Chimica Acta*, **187**, 157 (1986).
174 Stewart, E.E. and Smart, R.B. *Analytical Chemistry*, **56**, 1131 (1984).
175 Kemula, W. and Zawadowska, J. *Fresenius Z. Analyt. Chemie*, **300**, 39 (1980).
176 Muhlbaier, J., Stevens, C., Graczyk, D. and Tisue, T. *Analytical Chemistry*, **54**, 496 (1982).
177 Ruan, Y. and Wan, Z. *Fenxi Huaxue*, **14**, 778 (1986).

178 Saleh, A.F., Remail, S.W. and Milad, F.M. *Journal of Radioanalytical and Nuclear Chemistry*, **168**, 23 (1993).
179 Werner, J. *Journal of Science of the Total Environment*, **62**, 281, (1987).
180 Pommery, J., Ebenga, J.P., Imbenotte, M., Palavit, G. and Erb, F. *Water Research*, **22**, 185 (1988).
181 Muhlbaier, J., Stevens, C., Graczyk, D. and Tisue, T. *Analytical Chemistry*, **54**, 496 (1982).
182 Shi Yu, L. and Weig-Ping, G. *Talanta*, **318**, 844 (1984).
183 Adeloju, S.B. and Brown, K.A. *Analyst (London)*, **112**, 221 (1987).
184 Adeloju, S.B. and Brown, K.A. *Analyst (London)*, **112**, 321 (1987).
185 Genova, N., Crespi, V., Maggi, L. and Brandove, A. *International Journal Applied Radiation and Isotopes*, **34**, 757 (1983).
186 Ashizawa, T. and Hosoya, K. *Japan Analyst*, **20**, 1416 (1971).
187 Korkische, J. and Dimitriades, D. *Talanta*, **20**, 1295 (1973).
188 Committee for Analytical Quality Control (Harmonized Monitoring) Water Research Centre, Medmenham, UK. Report No. TR 220. Accuracy of determination of trace concentrations of cadmium in river waters (1985).
189 Nakashima, S. and Yagi, M. *Analytica Chimica Acta*, **147**, 213 (1983).
190 Frigieri, P., Trucco, R., Ciaccolini, I. and Pampurini, G. *Analyst (London)*, **105**, 651 (1980).
191 Molero, J., Moran, A., Sanchez-Cabeza, J.A., Blanco, M., Mitchell, P.I. and Vidal-Quadras, A. *Radiochimica Acta*, **62**, 159 (1993).
192 Buguslawska, K. and Cyganski, A. Z *Analytical Chemistry*, **261**, 392 (1972).
193 Prudnikov, E.D., Shapkina, Yus., Semenov, M.P., Izv., uyssh. ucheb. Zavod. Khim. Kim. Tekhnol., 14, 196 (1971). Reference: Zhur. Khim. 19GD Abstract No. 13G 243 (193) (1971).
194 Miller, Y.M., Chupakhin, M.S. and Zotov, N.P. *Zhur Analyt, Khim.*, **23**, 1765 (1978).
195 Liebenberg, C.J. and Vonstoerien, F. *Analytica Chimica Acta*, **43**, 465 (1968).
196 Godoy, J.H., Guimaraes, J.R.D. and Carvalho, Z.L. *Journal of Environmental Radioactivity*, **20**, 213 (1993).
197 Jackson, L.L., Osteryoung, J., O'Dea, J. and Osteryoung, R.A. *Analytical Chemistry*, **52**, 71 (1980).
198 Jackson, L.L., Osteryoung, J. and Osteryoung, J.A. *Analytical Chemistry*, **52**, 76 (1980).
199 Qui, X.C. *Analytica Chimica Acta*, **149**, 375 (1983).
200 Song, X. and Wu, B. *Huanujing Hauxue*, **5**, 77, (1986).
201 Kempster, P.L., Van Staden, J.F. and Van Vliet, H.R. Fresenius Z. *Analyt. Chemie*, **332**, 153 (1988).
202 Application Note ASN 48–03/84 Determination of Calcium in Water by Flow Injection Analysis. 5–100 mg $L^{-1}$. Tecator Ltd (1984).
203 Application Note ASN 48–01/84 Determination of Calcium in Water by Flow Injection Analysis. 0.2–5 mg $L^{-1}$. Tecator Ltd (1984).
204 Application Note ASN 48–02/84 Determination of Calcium in Water by Flow Injection Analysis. 1–20 mg $L^{-1}$. Tecator Ltd (1984).
205 Application Note ASN 48/84 Determination of Calcium based on Orthocresolphthalein complexone reaction using Flow Injection Analysis. Tecator Ltd (1984).
206 British Standards Institution BSI, Milton Keynes, BS 6068, Section 2.30 1987, (1987).
207 Hulanicki, M., Trojanowicz, M. and Pobozy, E. *Analyst (London)*, **107**, 1356 (1982).

208 Li, X., Zeng, B. Xln, Z. and Ning, A. *Zhongnan Kuangye Xueyuan Xueynan*, **18**, 93 (1987).
209 Gardner, W.S., Lundrum, P.F. and Yates, D.A. *Analytical Chemistry*, **54**, 1198 (1982).
210 Abbasi, S.A. and Ahmed, J. *Industrial Journal of Environmental Health*, **22**, 296 (1980).
211 Xiao, B. Fenxi *Hauxue*, **15**, 45 (1987).
212 Pratt, K.W. and Koch, W.F. *Analytical Chemistry*, **58**, 124 (1986).
213 Bilikova, A. and Bilik, V. *Chemicke. Zvesti*, **22**, 873 (1968).
214 Pettine, M., La Noce, T., Liberatori, A. and Loreti, L. *Analytica Chimica Acta*, **209**, 315 (1988).
215 Piying, G., Xuexin, G. and Tianze, Z. *Analytical Letters (London)*, **29**, 651 (1996).
216 Tanaka, H., Kuono, M., Morita, H., Okamoto, K. and Shimomura, S. *Analytical Science*, **8**, 857 (1992).
217 Escobar, R., Lin, Q., Guiram, A. and de la Rosa, F.F. *Analyst (London)*, **118**, 643 (1993).
218 Application Short Note ASTN 26/85 Determination of the sum of chromium(III) and chromium(VI) by Flow Injection analysis, 1–10 mg $L^{-1}$ Tecator Ltd (1985).
219 Ruz, J., Riox, A. Luque de Castro, M.D. and Valcarel, M. *Analytica Chimica Acta*, **186**, 139 (1986).
220 Adballah, A.M., El-Defray, M.M. and Mostefa, M.A. *Analytica Chimica Acta*, **165**, 105 (1984).
221 Muzzucotelli, A., Minoia, C., Pozzoli, L. and Ariati, L. *Atomic Spectroscopy*, **4**, 182 (1983).
222 He, M. *Yankuang Ceshi*, **6**, 250 (1987).
223 Kubrakova, I., Kudinova, T., Formanousky, A., Kuz'min, N., Tsysin, G. and Zolotov, Y. *Analyst (London)*, **119**, 2477 (1994).
224 Brydy, F.A., Olsen, L.K., Vela, N.P. and Caruso, J.A. *Journal of Chromatography A*, **713**, 311 (1995).
225 Su, X., Hong, L. and Yang, S. *Halyang Yu Hozhao*, **18**, 280 (1987).
226 Ruan, Y. and Wang, Z. *Huanujing Hauxue*, **5**, 74 (1986).
227 Wang, L., Wen, S., Chen, R. and Lu, L. *Haunujing Hauxue*, **6**, 76 (1987).
228 Baumann, R.A., Schreurs, M., Cooljer, C., Velhorst, M.H. and Frei, R.W. *Canadian Journal of Chemistry*, **65**, 965 (1987).
229 Posta, J., Berndt, H., Luo, S.K. and Schaldach, G. *Analytical Chemistry*, **65**, 2590 (1993).
230 Powell, M.J., Boomer, D.W. and Wiederin, D.R. *Analytical Chemistry*, **67**, 2474 (1995).
231 Zelensky, I., Zelenska, V. and Kaniansky, D. *Journal of Chromatograophy*, **390**, 111 (1987).
232 Lunar, M.L., Rubio, S. and Perez-Bendito, D. *International Journal of Environmental Analytical Chemistry*, **56**, 219 (1994).
233 Sule, P.A. and Ingle, J.D. *Analytica Chimica Acta*, **326**, 85 (1996).
234 Bercerio-Gonzalez, E., Bermejo-Barrera, P., Barciela-Garcia, J. and Barciela-Alonso, C. *Journal of Analytical Atomic Spectroscopy*, **8**, 649 (1993).
235 Vidal, J.C., Sanz, J.M. and Castillo, J.R. *Fresenius Journal of Analytical Chemistry*, **344**, 234 (1992).
236 Nusko, R. and Heumann, K.G. *Analytica Chimica Acta*, **286**, 283 (1994).
237 Messman, J.D., Churchwell, M.E., Wong, D., and Lofthouse, J. Report EPA/600/4–86/039 Order No. PB87-1409 27/GAR. 126 pp. Available NTIS.

From Gov. Rep. Announce. Index (US) 1987, 1986, 87 Abstract No. 711, 496 (1987).
238 Yatsuyanagi, T., Takeda, Y., Yamashita, R. and Aomura, K. *Analytica Chimica Acta*, **67**, 297 (1973).
239 Fujinaga, T. and Takamatsu, T. *Journal of Chemistry Society of Japan, Pure Chem. Sect.*, **91**, 1165 (1970).
240 Subramanian, K.S. *Analytical Chemistry*, **60**, 1413 (1988).
241 Suranova, Z.P., Oleinck, G.M. and Morozov, A.A. Izv. Vyssh. ucheb Zavod. Khim. Tekhol, 12, 149 (1969). Ref: Zhur. Kim. 19GD (14) Abstract No. 14G82 (1969).
242 Mullins, T.L. *Analytica Chimica Acta*, **165**, 97 (1984).
243 Ai, Y. and Xing, D. *Fenxi Huaxue*, **16**, 478 (1988).
244 Subramanian, K.S. *Journal of Research of the National Bureau of Standards (US)*, **93**, 305 (1988).
245 Subramanian, K.S. *Analytical Chemistry*, **60**, 11 (1988).
246 Sugimoto, F., Maeda, Y. and Azumi, T. *Nippon Kalsui Gakkaishi*, **42**, 22 (1988).
247 Jin, L., Yang, L., Xu, T. and Fang, Y. *Fenxi Huaxue*, **16**, 410 (1988).
248 Obiols, J., Devesa, R., Garcia-Borro, J. and Serra, J. *International Journal of Environmental Analytical Chemistry*, **30**, 197 (1987).
249 Beinrohr, E., Manova, A. and Dzurov, J. *Fresenius Journal of Analytical Chemistry*, **355**, 528 (1996).
250 Inoue, N., Yoneda, A., Maeda, Y. and Azumi, T. *Kenkhu Hokoku-Hime Kogyo Daigaku*, **40A**, 100 (1987).
251 Yang, J. and Tang, S. *Xiangtan Daxue Ziran Kexue Xuebao*, **(4)**, 64 (1986).
252 Boyle, E.A., Handy, B. and Van Geen, A. *Analytical Chemistry*, **59**, 1499 (1987).
253 Koizumi, H., Yasuda, O. and Katayama, M. *Analytical Chemistry*, **49**, 1106 (1977).
254 Ophel, I.L. and Judd, J.M. 60 Cobalt and 90 strontium in Perch Lake. Atomic Energy Commission Canada. Health Science Division. Progress Report P102 AECL-4911 (1974).
255 Hao, Z., Virc, J.C., Patriarche, G.J. and Wollast, R. *Analytical Letters (London)*, **21**, 1409 (1988).
256 Okashita, H. and Tanaka, T. *Shimadzu Hyron*, **44**, 165 (1987).
257 Schaller, H. and Neeb, R. *Fresenius Z. für Analytische Chemie*, **327**, 170 (1987).
258 Braun, T. and Abbas, M.N. *Analytica Chimica Acta*, **119**, 113 (1980).
259 Torak, S., Braun, P., Van Dyck, P. and Van Grieken, R. *X-ray Spectrometry*, **15**, 7 (1986).
260 Sakai, Y. and Mori, N. *Talanta*, **33**, 161 (1986).
261 King, J.N. and Fritz, J.S. *Analytical Chemistry*, **57**, 1016 (1985).
262 Sakamoto-Arnold, C.M. and Johnson, K.S. *Analytical Chemistry*, **59**, 1789 (1987).
263 Yamane, T., Wanatabe, K. and Mottola, H.A. *Analytica Chimica Acta*, **207**, 331 (1988).
264 Lo, J.M. and Lee, J.D. *Analytica Chimica Acta*, **318**, 391 (1996).
265 Nishoika, H., Maeda, Y. and Azumi, T. *Kenkyn Hkoku-Himeji Kogyo Daiggakn*, **39A**, 56 (1986).
266 Moffett, J.W., Zika, P.J. and Petasue, R.G. *Analytica Chimica Acta*, **175**, 171 (1985).
267 Yoshimura, K., Nigo, S. and Tarutani, T. *Talanta*, **29**, 173 (1982).
268 Themelis, D.G. and Vasilikiotis, G.S. *Analyst (London)*, **112**, 797 (1987).
269 Itoh, J., Komata, M. and Oka, H. *Bunseki Kajaku*, **37**, T1 (1988).
270 Yamada, M. and Suzuki, S. *Analytica Chimica Acta*, **193**, 337 (1987).

271 Ejaz, M., Zuha, S., Dit, W., Akhtar, A. and Chaudhri, S.A. *Talanta,* **28**, 441 (1981).
272 Silva, M. and Valcarcel, M. *Analyst (London),* **107**, 511 (1982).
273 Matsunaga, K., Fukase, S. and Hasebe, K. *Geochimica Cosmochimica Acta,* **44**, 1615 (1980).
274 Sweileh, J.A., Lucyk, D. Kratochvil, B. and Cantwell, F.F. *Analytical Chemistry,* **59**, 586 (1987).
275 Hulanicki, A., Trojanowicz, M. and Vel Krawczyk, T.K. *Water Research,* **11**, 627 (1977).
276 Gulens, J., Leeson, P.K. and Seguin, L. *Analytica Chimica Acta,* **156**, 99 (1982).
277 Stella, R. and Gazerle-Valenti, M.T. *Analytical Chemistry,* **51**, 2148 (1979).
278 Tong, H. and Yang, S. *Goodeng Huaxue Xuebao,* **7**, 503 (1986).
279 Odashima, T. *Mizu Shori Gijutsu,* **27**, 637 (1986).
280 Bonelli, J.E., Skogerboe, R.K. and Taylor, H.E. *Analytica Chimica Acta,* **101**, 437 (1978).
281 Van Denaberg, C.M.G. *Analytical Letters (London),* **17**, 2142 (1984).
282 Batley, G.E. *Analytica Chimica Acta,* **189**, 371 (1986).
283 Cleven, R.F.M.J., Del Castilho, P. and Wolfs, P.M. *Environmental Technology Letters,* **9**, 869 (1988).
284 Haapakka, K., Kankare, J. and Kulmala, S. *Analytica Chimica Acta,* **211**, 105 (1988).
285 Becker, G., Oestvold, G., Paul, P. and Seip, P.M. *Chemosphere,* **12**, 1209 (1983).
286 Adamik, M.L. and Bartak, D.E. *Analytical Chemistry,* **57**, 279 (1985).
287 Du Bois, H.R. and Sharma, G.M. *Analytical Chemistry,* **51**, 1702 (1979).
288 Van den Berg, C.M.G. and Kramer, J.R. *Analytica Chimica Acta,* **106**, 113 (1979).
289 Mackay, D.G. *Marine Chemistry,* **11**, 169 (1982).
290 Parthasarthy, N. and Buffle, J. *Analytica Chimica Acta,* **284**, 649 (1993).
291 Liu, X. and Wu, X. Xiangtan Daxue. *Ziran Kexuc Xuebao,* **2**, 75, (1987).
292 Bradshaw, S., Gascoigne, A.J., Headbridge, J.B. and Moffett, J.H. *Analytica Chimica Acta,* **197**, 323 (1987).
293 Ueda, J. and Yamazaki, H. *Analyst (London),* **112**, 283 (1987).
294 Gandhi, M.N. and Khopkar, S.M. *Mikrochimica Acta,* **111**, 93 (1993).
295 Prabhu, S.V., Baldwin, R.P. and Kryger, L. *Analytical Chemistry,* **59**, 1074 (1987).
296 Naito, W., Yoneda, A. and Azumi, T. *Water. Purif. Liquid Wastes Treat*ment, **20**, 329 (1979).
297 Akatsuka, K. and Atsuya, I. *Analytica Chimica Acta,* **202**, 223 (1987).
298 Nishoika, H., Maeda, Y. and Azumi, T. *Nippon Kalsui Gakkaishi,* **40**, 100 (1986).
299 Treit, J., Nielsen, J.S., Kratochvil, B. and Cantwell, F.F. *Analytical Chemistry,* **55**, 1650 (1983).
300 Voutsa, D., Samara, C., Fytianos, K. and Kouimtzis, T. *Fresenius Z. Analyt. Chemie,* **330**, 596 (1988).
301 Lieser, K.H., Heuss, W.C. and Neitzen, V. *Journal of Radioanalytical Chemistry,* **37**, 717 (1977).
302 Bontron, C. and Martin, S. *Analytical Chemistry,* **51**, 140 (1979).
303 Bontron, C. *Analytica Chimica Acta,* **61**, 140 (1972).
304 Department of the Environment Water Council Standing Committee of Analysts, HM Stationery Office, London. Methods for the examination of waters and associated materials. Copper in potable waters by atomic absorption spectrometry RP22 B HMV (1982).

305 Tenteno, G.M. Callejon, M.M., Ternero, R.M. and Guiram, P.A. *Mikrochimica Acta*, **109**, 301 (1992).
306 Ya, J.C. and Wai, C.M. *Analytical Chemistry*, **56**, 1689 (1984).
307 Sharipov, E.B. and Khudaibergov, U. Izu. Akad. Nauk. Uzbek. SSR Ser. Fiz. Watem Nauk (6) 55 (1970). Ref. Zhur Khim 19GD (10) (1971), 10, Abstract No. 10G186 (1971).
308 Yu, J.C. and Wai, C.M. *Analytical Chemistry*, **56**, 1689 (1984).
309 El Wardani, S.A. *Geochimica Cosmochimica Acta*, **15**, 237 (1958).
310 Burton, J.D., Culkin, F. and Riley, J.P. *Geochimica Cosmochimica Acta*, **16**, 151 (1959).
311 Johnson, D.J., West, T.S. and Dagnall, R.M. *Analytica Chimica Acta*, **67**, 79 (1973).
312 Pollock, E.N. and West, T.S. *Atomic Absorption Newsletter* (Perkin–Elmer Ltd), **12**, 6 (1973).
313 Thomerson, D.R. and Thompson, D.C. *American Laboratory*, **6**, 53 (1974).
314 Braman, R.S. and Tompkins, M.A. *Analytical Chemistry*, **50**, 1088 (1978).
315 Neissner, R. *Trends in Analytical Chemistry*, **10**, 310 (1991).
316 Vydra, F., Stulikova, M. and Petak, P. *Journal of Electroanalytical Chemistry*, **40**, 99 (1972).
317 Luong, L. and Vydra, F. *Journal of Electroanalytical Chemistry*, **50**, 379 (1974).
318 Zheng, Y. and Zhang, D. *Analytical Chemistry*, **64**, 1656 (1992).
319 Andreae, M.O. and Froelich, P.N. *Analytical Chemistry*, **53**, 287 (1981).
320 Jin, K., Shibita, Y. and Morita, M. *Analytical Chemistry*, **63**, 986 (1991).
321 Coates, G.E., Aylett, B.J., Green, M.L.H., Mingos, D.M.P. and Wade, K. *Organometallic Compounds*, 4th ed. Chapman & Hall, London (1979).
322 Wilkinson, G., Gordon, F., Stone, A. and Abel, E.W. *Comprehensive Organometallic Chemistry*. Pergamon Press, Oxford, UK (1982).
323 Tobias, R.S. *Organometallic Chemistry Review*, **1**, 93 (1966).
324 Sobrin, Y. *Analytical Chemistry*, **63**, 811 (1991).
325 Sobrin, Y. *Bulletin of the Chemical Society of Japan*, **64**, 3363 (1991).
326 Rochow, R.G. and Allred, A.L. *Journal of the American Chemical Society*, **77**, 4489 (1955).
327 Benoit, R.L. and Clerc, P. *Journal of Physical Chemistry*, **65**, 676 (1961).
328 Tobias, R.S. and Hutcheson, S. *Journal of Organometallic Chemistry*, **6**, 535 (1966).
329 Sasaki, T., Sohrin, Y., Hasegawa, H., Kokusen, H., Kihara, S. and Matsui, M. *Analytical Chemistry*, **66**, 271 (1994).
330 McHugh, J.B. *Journal of Geochemical Exploration*, **20**, 303 (1984).
331 Faulkner and Edmond, private communication.
332 Ol'khovich, P.F. *Soviet Journal of Water Chemistry and Technology*, **5**, 59 (1983).
333 Asamov, K.A., Abdullah, A.A., Zakhidov, A.S., Korshunov, Y.F. and Sultanov, A. Dolk. Acad. Nauk, uzbek SSR (3) 26 (1969). Reference: Zhur. Khim. 19GD, Abstract No. 23G, 163 (23) (1969).
334 Hahn, R. and Ikramuddin, M. *Atomic Spectroscopy*, **6**, 77 (1985).
335 Byrko, V.M., Vizhenskii, V.A. and Molchanova, T.P. *Zhur. Analyt. Khim.*, **42**, 15767 (1987).
336 Hall, G.E.M., Vaive, J.E. and Ballantyne, S.B. *Journal of Geochemical Exploration*, **26**, 191 (1986).
337 Schiller, P. and Cook, G.B. *Analytica Chimica Acta*, **54**, 364 (1971).
338 McHugh, J.B. *Applied Spectroscopy*, **4**, 66 (1983).
339 Pastor, E., De Pablos, F. and Gomez-Ariza, J.L. *Analyst (London)*, **112**, 1041 (1987).

340 Stanescu, S.P. and Spiridon, S. *Journal of Radioanalytical and Nuclear Chemistry*, **163**, 301 (1992).
341 Ueda, J. and Mizui, C. *Analytical Science*, **4**, 417 (1988).
342 Abe, S., Saito, T. and Suda, M. *Analytica Chimica Acta*, **181**, 203 (1986).
343 Macalady, D.L., Granland, C.P., Granland, J.G. and Vervacke, L. *Water Research*, **16**, 1277 (1982).
344 Yeda, K., Kobayashi, N. and Yamamoto, Y. *Analyst (London)*, **111**, 733 (1986).
345 Gibbs, M.M. *Water Research*, **13**, 295 (1979).
346 Carpenter, P.O. and Smith, J.L. *Analytica Chimica Acta*, **159**, 299 (1984).
347 Pakalns, P. and Farrer, Y.J. *Water Research*, **13**, 987 (1987).
348 APHA, AWWA and WPCT. Standard methods for the examination of water and wastewaters, 13th ed., American Public Health Association (1971).
349 Box, J.D. *Water Research*, **18**, 397 (1984).
350 Nigo, S., Yoshimura, K. and Tarutani, T. *Talanta*, **28**, 669 (1981).
351 Kanada, T. and Takano, S. *Bunseki Kagaku*, **36**, 109 (1987).
352 Themelis, D.G. and Vasilikiotis, G.S. *Analyst (London)*, **112**, 791 (1987).
353 Grigor'eve, L.A., Dodin, E.I. and Kazazisi, U.M. *Zh. Anal. Khim*, **42**, 2197 (1987).
354 Obraztov, A.A. and Bocharova, V.G. Trudy Voronezh. Gas. Univ. 82, 182 (1971). Ref. Zhur. Khim. 19GD (13) Abstract No. 13G242 (1971).
355 Kanti Bhadra, A. and Bauer, B. *Industrial Journal of Chemistry*, **7**, 936 (1969).
356 Korenaga, T., Motomizu, S. and Toei, K. *Analytica Chimica Acta*, **104**, 369 (1979).
357 Wright, R.C. *Freshwater Biology*, **13**, 293 (1983).
358 Department of the Environment and National Water Council, HM Stationery Office, London. Methods for the examination of waters and associated materials, Iron in Raw and Potable Waters by spectrophotometry (using 2,4,6-tripyridyl-1,3,5 triazine) 1977 (1978).
359 Goswani, D.C., Kalita, H. and Das, H.B. *Journal of Indian Water Works Ass.*, **18**, 309 (1986).
360 Hirayama, K. and Unohari, N. *Analytical Chemistry*, **60**, 2573 (1988).
361 Zhou, M., Xie, Y., Zhao, L. and Zhu, Y. *Huaxue Shizi*, **9**, 352 (1987).
362 Burguerra, J.L. and Burguerra, M. *Analytica Chimica Acta*, **161**, 375 (1984).
363 Mortatti, J., Krug, F.J., Pessenda, L.C.R., Zagatto, E.A.G. and Jorgensen, S. *Analyst (London)*, **107**, 659 (1982).
364 Ohno, N. and Sakai, T. *Analyst (London)*, **112**, 1127 (1987).
365 Application Note AN 72/84. Determination of iron based on 2,4,6 tripyridyl-1,3,5 triazine method using Flow Injection Analysis. Tecator Ltd. (1984).
366 Application Note ASN 72–01/84. Determination of Iron in Water by Flow Injection Analysis (2,4,6 tripyridyl-1,3,5 triazine method) 50-–000 μg $L^{-1}$. Tecator Ltd. (1984).
367 Application Note 72–02/84. Determination of Iron in Water by Flow Injection Analysis (2,4,6 tripyridyl-1,3,5 triazine method) 0.5–10 mg $L^{-1}$. Tecator Ltd. (1984).
368 Application Note ASTN 6/84. Determination of Iron by Flow Injection Analysis (3-12 pyridyl)-5,6 diphenyl-1,2,4 triazine method), 0.025–0.9 mg $L^{-1}$. Tecator Ltd. (1984).
369 Application Note 7/84. Determination of Iron by Flow Injection Analysis (1,10 phenanthroline method). Tecator Ltd. (1984).
370 Xu, J. and Ma, Y. *Journal of Microcolumn Separation*, **8**, 137 (1996).
371 Urasa, I.T. and O'Reilly, A.M. *Talanta*, **33**, 593 (1986).
372 Inoue, H. and Ito, K. *Microchemical Journal*, **49**, 249 (1994).

373 Fassett, J.D., Powell, L.J. and Moore, L.J. *Analytical Chemistry*, **56**, 2228 (1984).
374 Thorburn-Burns, D., Dalgarno, B.G. and Flockhart, B.D. *Analytical Proceedings (London)*, **22**, 379 (1985).
375 Burns, D.T., Dalgarno, B.G. and Flockhart, B.D. *Analytical Proceedings (London)*, **22**, 24 (1985).
376 Askeland, R.A. and Skogerboe, R.K. *Analytica Chimica Acta*, **192**, 133 (1987).
377 Yang, S. and Tong, H. *Huaxue Xuebao*, **45**, 711 (1987).
378 Borrero, J.M., Moreno-Bondi, M.C., Perez-Conde, M.C. and Camera, C. *Talanta*, **40**, 1619 (1993).
379 Ito, Y., Ueki, O. and Nakamura, S. *Analytica Chimica Acta, 299*, 401 (1996).
380 Kuselman, I. and Low, O. *Talanta*, **40**, 749 (1993).
381 Shi Yu, L. and Wei Ping, G. *Talanta*, **31**, 844 (1984).
382 Tanaka, T., Higashi, K., Kawabara, A., Wakida, S., Yamane, M. and Hiro, K. *Osaka Kogyo Gijitsu Shikensho Kiho*, **38**, 212 (1987).
383 Saito, T. *Journal of AOAC International*, **77**, 1031 (1994).
384 Wang, J. and Mahmoud, J. *Fresenius Z. für Analytische Chemie*, **327**, 789 (1987).
385 Salinas, F., Galeano Diaz, T. and Jiminez Sanchez, J.C. *Talanta*, **34**, 655 (1987).
386 Puri, B., Sakate, M., Kano, G. and Usami, S. *Analytical Chemistry*, **59**, 1850 (1987).
387 Kisfaludi, G., Henry, C. and Jourdain, J.L. *Chim. Analyt.*, **53**, 388 (1971).
388 Breueggemeyer, T.W. and Caruso, J.A. *Analytical Chemistry*, **54**, 872, (1982).
389 Sinemus, H.W. *Fresenius Z. Analyt. Chemie*, **317**, 259 (1984).
390 Bertenshaw, M.P., Gelsthorpe, D. and Wheatstone, K.C. *Analyst (London)*, **107**, 163 (1982).
391 Cheam, V., Lechner, J., Desrosieres, R., Sekerka, I., Nriagu, J. and Lawson, G. *International Journal of Environmental Analytical Chemistry*, **53**, 13 (1993).
392 Kumar, A., Aggarwal, A.L., Hosan, M.Z. and Zeshmukh, B.T. *Indian Journal of Pure and Applied Physics*, **25**, 193 (1987).
393 Chen, H., Zhu, R. and Wu, J. *Journal of Environmental Science, Health, Part A*, **A29**, 867 (1994).
394 Cabrara, C., Lopez, M.C., Gallego, C., Lorenzo, M.L. and Lillo, E. *Science of the Total Environment*, **159**, 17 (1995).
395 Ohta, K. and Suzuki, M. *Fresenius Z. für Analytische Chemie*, **298**, 140 (1979).
396 Vandegans, J., Rosseels, P., Verplanken, W. and Haurez, J.C. *Analytica Chimica Acta*, **193**, 169 (1987).
397 Wang, X., Viczian, M., Lasztity, A. and Barnes, R.M. *Journal of Analytical and Atomic Spectroscopy*, **3**, 821 (1988).
398 Flegal, A. and Stukas, V.J. *Marine Chemistry*, **22**, 163 (1987).
399 Shpigun, L.K., Eremine, I.D. and Zolotov, Y.A. *Zh. Anal. Khim.*, **41**, 1557 (1987).
400 Sanchez-Pedreno, O., Ortuno, J.A. and Martinez-Rodenas, J. *Fresnesius Journal of Analytical Chemistry*, **344**, 100 (1992).
401 Apte, V.R. and Badke, S.N. *Industrial Journal of Environmental Health*, **21**, 67 (1979).
402 Benes, P., Koc, J. and Stulik, K. *Water Research*, **13**, 967 (1979).
403 Pandya, G.H. *Industrial Journal of Environmental Health*, **24**, 237 (1982).
404 Ansell, R.O., McAleer, H., McNaughton, A. and Pugh, J.R. *Science of the Total Environment*, **135**, 95 (1993).
405 Feingerg, J.S. and Bowyer, W.J. *Microchemical Journal*, **47**, 72 (1993).
406 Ramos, J.A., Bermejo, E., Zapardiel, A., Perez, J.A. and Hernandez, J. *Analytica Chimica Acta*, **273**, 219 (1993).
407 Wang, J. and Tian, B. *Analytical Chemistry*, **65**, 1529 (1993).
408 Phillips, R., Greenlaw, P. and Bath, R.J. *Environmental Test Analysis*, **2**, 34 (1993).

409 Rapsomanikis, S., Donard, O.F. and Weber, J.H. *Analytical Chemistry*, **58**, 35 (1986).

410 Melzer, J.E., Jordan, J.L. and Sutton, D.G. *Analytical Chemistry*, **52**, 348 (1980).

411 Catanzaro, E.J. *Journal Water Pollution Control Federation*, **47**, 203 (1975).

412 Allen, E.A., Bartlett, P.K.N. and Ingram, G. *Analyst (London)*, **109**, 1075 (1984).

413 Matthews, K.M. *Analytical Letters (London)*, **16**, 633 (1983).

414 Shrivastava, A.C. and Tandon, S.J. *International Journal of Environmental Analysis*, **12**, 169 (1982).

415 Xu, B., Xu, T., Shen, M. and Fang, Y. *Fenxi Huaxue*, **14**, 623 (1986).

416 Agudo, M., Rios, A. and Valcarcel, M. *Analytical Chemistry*, **65**, 2941 (1993).

417 Naghmush, A.M., Pyrzynska, K. and Trojanowicz, M. *Talanta*, **42**, 851 (1995).

418 Rodriguez, D., Fernandez, P., Perez-Conde, C., Gutierrez, A. and Camera, C. *Fresenius Journal of Analytical Chemistry*, **349**, 442 (1994).

419 Zhang, Y., Riby, P., Cox, A.G., McLeod, C.W., Date, A.R. and Cheung, Y.Y. *Analyst (London)*, **113**, 125 (1988).

420 Martinez-Jiminez, P., Gallego, M. and Valcarcel, M. *Analyst (London)*, **112**, 1233 (1987).

421 Morgen, E.A. and Vlazov, N.A. *Zhur. Prikl. Khim. Leningr.*, **44**, 2752 (1971).

422 Chen, Y., Li, S. and Li, X. Zhangguo Dizhi. *Kexueyuan Kuangchan Dizhi Yanjiuso Sokan*, **20**, 163 (1987).

423 Khakhanina, T.I., Kaplin, A.A. and Kashkan, G.V. *Journal of Analytical Chemistry*, **42**, 5, part 1, 669 (1987).

424 Chan, L.H. *Analytical Chemistry*, **59**, 2662 (1987).

425 Yang, J.Y., Tseng, C.L., Lo, J.M. and Yang, M.H. *Fresenius Z. Analyt. Chemie*, **321**, 141 (1985).

426 Itoh, M., Yamada, Y., Kiriyama, N., Komura, K. and Sakanoue, M. *Journal of Radioanalytical and Nuclear Chemistry*, **172**, 289 (1993).

427 Chao, J.H. and Tseng, C.L. *Applied Radiation and Isotopes*, **46**, 211 (1995).

428 Hoshika, Y., Murayama, N. and Muto, G. *Bunseki Kagaku*, **36**, 174 (1987).

429 Qui, X., Zhu, Y. and Yan, J. *Chemical Analysis (Warsaw)*, **32**, 285 (1987).

430 Forteza, R., Cerda, V., Maspoch, S. and Blanco, M. *Analusis*, **15**, 136 (1987).

431 Downard, A.J., Hart, J.B., Kipton, H., Powell, J. and Xu, S. *Analytica Chimica Acta*, **269**, 41 (1992).

432 Dolmanova, I.F., Yatsimirskaya, N.T., Poddubienko, V.P. and Peshkova, V.M. *Zhur. Analit. Khim*, **26**, 1540 (1971).

433 Maly, J. and Fadrus, H. *Analyst (London)*, **99**, 128 (1974).

434 Janjic, T.J., Milovanovic, G.A. and Celap, M.B. *Analytical Chemistry*, **42**, 27 (1970).

435 Kessick, H.A., Vuceta, J. and Morgan, J. *Environmental Science and Technology*, **6**, 642, (1972).

436 Dolmanova, I.F., Yatsimirskaya, N.T., Poddubiento, V.P. and Peshkova, V.M. *Zhur. Analit. Khim.*, **26**, 1542 (1971).

437 Li, C. and Li, Z. *Fenxi Huaxue*, **14**, 682 (1986).

438 Salinas, F., Berzas-Nevado, J.J. and Vallente, P. *Talanta*, **34**, 321 (1987).

439 Kumar, A., Hasan, M.Z. and Deshmukh, B.T. *Indian Journal Pure and Applied Physics*, **24**, 485 (1986).

440 Wang, Z., Zheng, Z. and Hu, X. *Fenxi Huaxue*, **15**, 145 (1987).

441 Morgan, E.A., Vlasov, N.H. and Kozhemyakina, L.A. *Zhur. Analit. Khim.*, **27**, 2064 (1972).

442 Nikolelis, D.P. and Hadjiiannou, T.P. *Analytica Chimica Acta*, **97**, 111 (1978).

443 Nikolelis, D.P. and Hadjiiannou, T.P. *Analyst (London)*, **102**, 591 (1977).

444 Zhang, G., Cheng, D. and Feng, S. *Talanta*, **40**, 1041 (1993).

445 Hydes, D.J. *Analytica Chimica Acta*, **199**, 221 (1987).
446 Beinrohr, E., Csemi, P., Rojas, F.J. and Hofbauerova, H. *Analyst (London)*, **119**, 1355 (1994).
447 Water Research Centre, Medmenham, UK. Technical Report TR 141, Multi-elements Analysis using an inductively coupled plasma spectrometer, Part I Commissioning and preliminary evaluation of performance, June (1980).
448 Thompson, M., Ramsey, M.H. and Pahlavanpour, B. *Analyst (London)*, **107**, 1330 (1982).
449 Gine, M.F., Zagatto, E.A.G. and Filho, B. *Analyst (London)*, **104**, 371 (197).
450 Maggi, L., Valentini, M.T.G. and Stella, R. *Analyst (London)*, **112**, 1617 (1987).
451 Chiswell, B. and Makhtar, M.P. *Talanta*, **34**, 307 (1987).
452 Chen, G. *Fenxi Huaxue*, **15**, 920 (1987).
453 Kato, K. *Talanta*, **24**, 503 (1977).
454 Abbasi, S.A. *International Journal of Environmental Analytical Chemistry*, **33**, 113 (1988).
455 Shijo, Y., Watenabe, J., Aklyama, S., Shimizu, T. and Sakai, K. *Bunseki Kagaku*, **36**, 59 (1987).
456 Billah, M., Honjo, T. and Terada, K. *Analytical Science*, **9**, 251 (1993).
457 Corsini, A., Wade, G., Wan, C.C. and Prasad, S. *Canadian Journal of Chemistry*, **65**, 915 (1987).
458 Rubel, S. and Lugowska, M. *Analytica Chimica Acta*, **115**, 349 (1980).
459 Theranlaz, F. and Thomas, O.P. *Mikrochimica Acta*, **113**, 53 (1994).
460 Chan, C.Y. and Sadana, R.S. *Analytica Chimica Acta*, **282**, 109 (1993).
461 Cossa, P., Sanjuan, J., Cloud, J., Stockwell, P.B. and Corns, W.T. *Water, Air and Soil Pollution*, **80**, 1279 (1995).
462 Sarzanini, C., Sacckero, G., Aceto, M., Abollino, O. and Mentasti, E. *Journal of Chromatography*, **626**, 151 (1992).
463 Alder, J.F. and Hickman, D.H. *Analytical Chemistry*, **49**, 338 (1977).
464 Siemer, D.L. and Hageman, L. *Analytical Chemistry*, **52**, 105 (1980).
465 Committee for Analytical Quality Control (Harmonised monitoring) Water Research Centre, Medmenham, Technical Report TR 219. The accuracy of determination of total mercury in river waters: results of Water Authority tests made for the harmonised monitoring scheme of the Department of the Environment (1984).
466 Analytical Quality Control (Harmonised Monitoring) Committee. Accuracy of determination of total mercury in river water: Analytical quality control in the harmonised monitoring scheme, Analyst (London), 110, 103 (1985).
467 Iskander, I.K., Syers, J.K., Jacobs, L.W., Keeney, D.R. and Gilmore, J.T. *Analyst (London)*, **97**, 388 (1972).
468 Thompson, K.C. and Godden, R.G. *Analyst (London)*, **100**, 544 (1975).
469 Mahan, K.I. and Mahan, S.E. *Analytical Chemistry*, **49**, 662 (1977).
470 Lutze, R.L. *Analyst (London)*, **104**, 979 (1979).
471 Mercury Analysis Working Party of the Bureau International Technique du Chlore, *Analytica Chimica Acta*, **109**, 209 (1979).
472 Pinstock, H. and Umland, F. *Fresenius Z. Analyt. Chemie*, **320**, 237 (1985).
473 Anderson, P.J. *Atomic Spectroscopy*, **5**, 101 (1984).
474 Bricker, J.L. *Analytical Chemistry*, **52**, 492 (1980).
475 Pratt, L.K. and Elrick, K.A. *Atomic Spectroscopy*, **8**, 170 (1987).
476 Harsanyi, E., Polos, L. and Pungor, E. *Analytica Chimica Acta*, **67**, 229 (1973).
477 Joensun, O.I. *Applied Spectroscopy*, **25**, 526 (1971).
478 Temmerman, E., Dumarey, R. and Dams, R. Studies in Environmental Science 1986, 29 (Chem. Prot. Environ. 1985), 745, (1986).

479 Boehnke, M.C.L.B. *Chem. Labor. Betr.* **37**, 619 (1986).
480 Aoki, T., Kajikawa, M. and Munemori, M. *Chem. Express*, **2**, 463 (1987).
481 Churchwell, M.E., Livingston, R.L. Sgontz, D.L., Messman, J.D. and Beckert, W.F. *Environment International*, **13**, 475 (1987).
482 Korenaga, T., Yameda, E., Hara, Y., Sakamoto, H., Chohji, J. Nakagawa, C., Ikatsu, H., Izawa, M. and Goto, M. *Bunseki Kagaku*, **36**, 194 (1987).
483 Gill, G.A. and Fitzgerland, W.F. *Marine Chemistry*, **20**, 227 (1987).
484 Welz, B. and Schubert-Jacobs, M. *Fresenius Z. für Analytische Chemie*, **331**, 324 (1988).
485 Birnie, G.E. *Journal of Automated Chemistry*, **10**, 140 (1988).
486 Yan, X., Ni, Z. and Guo, Q. *Analytica Chimica Acta*, **272**, 105 (1993).
487 McIntosh, S. *Atomic Spectroscopy*, **14**, 47 (1993).
488 Hanna, C.P. and McIntosh, S.A. *Atomic Spectroscopy*, **16**, 106 (1995).
489 Streufert, D. Z. *Chem*, **27**, 209 (1987).
490 Nojiri, Y., Otsuki, A. and Fuwa, K. *Analytical Chemistry*, **58**, 544 (1986).
491 Anderson, K.A., Issacs, B., Tracy, M. and Moeller, G. *Journal of AOAC International*, **77**, 473 (1994).
492 Tong, H.I., Giblin, D.E. and Lapp, R.L. *Analytical Chemistry*, **63**, 1772 (1991).
493 Smith, R.G. *Analytical Chemistry*, **65**, 2485 (1993).
494 Scholz, F. and Meyer, S. *Naturwissenschaften*, **81**, 450 (1994).
495 Von Burg, R. and Greenwood, M.R. In *Mercury*, E. Merian ed., VCH, Weinheim, Germany, pp. 1045 (1991).
496 Jagner, D., Josefson, M. and Aron, K. *Analytica Chimica Acta*, **141**, 147 (1982).
497 Huang, H., Jagner, D. and Renman, L. *Analytica Chimica Acta*, **201**, 1 (1987).
498 Huang, H., Jagner, D. and Renman, L. *Analytica Chimica Acta*, **201**, 269 (1987).
499 Sipos, L., Nurnberg, H.W., Valenta, P. and Branica, M. *Analytica Chimica Acta*, **115**, 25 (1980).
500 Sipos, L., Valenta, P., Nurnberg, H.W., Branica, M. *Journal of Electroanalytical Chemistry*, **77**, 263 (1977).
501 Allen, R.T. and Johnson, D.C. *Talanta*, **20**, 799 (1973).
502 Lo, J.M. and Lee., J.D. *Analytical Chemistry*, **66**, 1242 (1994).
503 Gil, E.P. and Ostapozuk, P. *Analytica Chimica Acta*, **293**, 55 (1994).
504 Brezonik, P.L., Branner, P.A. and Stumm, W. *Water Research*, **10**, 605 (1976).
505 Hoyer, B., Florence, T.M. and Batley, G.E. *Analytical Chemistry*, **59**, 1608 (1987).
506 Murray, R.W. In *Electroanalytical Chemistry*, A.J. Bard ed. Marcel Dekker, New York, Vol 13. p 191 (1984).
507 Jyh-Myng, Z. and Mu-Jye Chung, *Analytical Chemistry*, **67**, 3571 (1995).
508 Zen, J.M. and Lee, M.L. *Analytical Chemistry*, **65**, 3238 (1993).
509 Zen, J.M. and Huang, S.Y. *Analytica Chimica Acta*, **296**, 77 (1994).
510 Zen, J.M., Chi, N.Y., Hsu, F.S. and Chung, M.J. *Analyst (London)*, **120**, 511 (1995).
511 Zen, J.M., Hsu, F.S., Chi, N.Y., Huang, S.Y. and Chung, M.J. *Analytica Chimica Acta*, **310**, 407 (1995).
512 Cai, X., Kalcher, K., Diewald, W., Neuhold, C. and Magee, R.J. *Fresenius Z. für Analytische Chemie*, **345**, 25 (1993).
513 Huang, H., Jagner, D. and Renman, L. *Analytica Chimica Acta*, **201**, 1 (1987).
514 Emteborg, H., Baxter, D.C. and Frech, W. *Analyst (London)*, **118**, 1007 (1993).
515 Emteborg, H., Sinemus, H.W., Radzuik, B., Baxter, D.C. and Frech, W. *Spectrochimica Acta, Part B*, **51B**, 829 (1996).
516 Krull, I.S., Bushee, D.S., Schleicher, R.G. and Smith, S.B. *Analyst (London)*, **111**, 345 (1986).

517 Bushee D., Krull, I.S., Demko, P. and Smith, S.B. *Liquid Chromatography*, **7**, 861 (1984).
518 Kuldvere, A. *Analyst (London)*, **107**, 179 (1982).
519 Hinton, E.R., Rawlins, L.K. and Flanagan, E.B. *Environmental Science and Technology*, **21**, 198 (1987).
520 Ho, M.H., Guilbault, G.G. and Scheide, E.P. *Analytica Chimica Acta*, **130**, 141 (1981).
521 Sauerbrey, G. Z. *Physics*, **155**, 193 (1966).
522 Stockbridge, D. *Vac Microbiol Technology*, **5**, 193 (1966).
523 Fang, G. and Tang. Z. *Fenxi Huaxue*, **15**, 46 (1987).
524 Seifres, J., Wasko, M. and McDaniel, W. *American Environmental Laboratory*, **7**, 34 (1995).
525 Okumura, M., Fukushi, K. Willie, S.N. and Sturgeon, R.E. *Fresenius Journal of Analytical Chemistry*, **345**, 570 (1993).
526 Ping, L. and Dasgupta, P.K. *Analytical Chemistry*, **61**, 1230 (1989).
527 Chen, N., Guo, R. and Lao, E.P.C. *Analytical Chemistry*, **60**, 2345 (1988).
528 Lai, E.R.C., Wong, B. and Van der Noot, U.A. *Talanta*, **40**, 1097 (1993).
529 Krishnasamy, V. and Ayyadurai, K. *Journal of Indian Pollution Control*, **2**, 25 (1986).
530 Jenne, E.A. *Journal of Environmental Quality*, **4**, 427 (1975).
531 Carron, J. and Agen, H. *Analytica Chimica Acta*, **92**, 61 (1977).
532 Carr, R.A. and Wilkniss, P.E. *Environmental Science and Technology*, **7**, 62 (1973).
533 Coyne, R.V. and Collins, J.A. *Analytical Chemistry*, **44**, 1093 (1972).
534 Heiden, R.W. and Aikens, D.A. *Analytical Chemistry*, **49**, 688 (1977).
535 Heiden, R.W. and Aikens, D.A. *Analytical Chemistry*, **51**, 151 (1979).
536 Heiden, R.W. and Aikens, D.A. *Analytical Chemistry*, **55**, 2327 (1983).
537 Craig, J.H. *Analytica Chimica Acta*, **110**, 313 (1979).
538 Ambe, M. and Suwabe, K. *Analytica Chimica Acta*, **92**, 55 (1977).
539 Kiemeneij, A.M. and Kloosterboer, J.G. *Analytical Chemistry*, **48**, 577 (1976).
540 Thanabalasingham, P. and Pickering, W.F. *Environmental Pollution (Series B)*, **9**, 267 (1985).
541 Zhang, G., Xu, M. and Fan, M. *Huanjing Kexue*, **8**, 10 (1987).
542 Lo, J.M., Wei, J.C., Yang, M.H. and Yeh, S.S. *Journal of Radioanalytical Chemistry*, **72**, 571 (1982).
543 Lo, J.M., Wei, J.C. and Yeh, S.J. *Analytical Chemistry*, **49**, 1146 (1977).
544 Shevchuk, I.A. and Metil, N.I. *Soviet Journal of Water Chemistry and Technology*, **9**, 74, (1987).
545 Rashid, M. and Ejaz, M. *Microchimica Acta*, **No. 3/4**, 191 (1986).
546 Shevchuk, I.A. and Metil, N.I. *Khim. Teknol. Vody*, **9**, 247 (1987).
547 Wang, J. and Zadell, J.M. *Analytica Chimica Acta*, **185**, 229 (1986).
548 Fitzgerald, W.F., Lyons, W.B. and Hunt, C.D. *Analytical Chemistry*, **46**, 1882 (1974).
549 Kramer, H.J. and Neidhart, J. *Radioanalytical Chemistry*, **37**, 836 (1977).
550 Masri, M.S. and Friedman, M. *Environmental Science and Technology*, **6**, 745 (1972).
551 Goldbach, K. and Lieser, K.H. *Fresenius Z. Analyt. Chemie*, **311**, 183 (1982).
552 Fishman, M.J. *Analytical Chemistry*, **42**, 142 (1972).
553 Muscat, V.I., Vickers, T.J. and Audrery, A. *Analytical Chemistry*, **44**, 218 (1972).
554 Matsunaga, K. *Mizushori-gijutsu*, **15**, 431 (1974).
555 Olafsson, J. *Analytica Chimica Acta*, **68**, 207 (1974).
556 Neske, P., Hellwig, A., Dornheim, L. and Triene, B. *Fresenius Z. Analyt. Chemie*, **318**, 498 (1984).

557 Becknell, D.E., Marsh, R.H. and Allie, W. *Analytical Chemistry*, **43**, 1230 (1971).
558 Mandel, S. and Das, A.K. *Atomic Spectroscopy*, **3**, 56 (1982).
559 Belova, N.I. and Vetrov, V.A. *Gidrokhim Mater*, **97**, 127 (1987).
560 Jin, L., Jin, S., He, P. and Xu, T. *Fenxi Huaxue*, **16**, 233 (1988).
561 Frick, D.A. and Tallman, D.E. *Analytical Chemistry*, **54**, 1217 (1982).
562 Li, H. *Fenxi Huaxue*, **14**, 846 (1986).
563 Capitan, F., Capitan-Vallvey, L.F. and Gomez, M.C. *Quim Anal (Barcolona)*, **6**, 343 (1987).
564 Zheng, Z., Zheng, Y. and Sun, Y. *Fenxi Huaxue*, **16**, 260 (1988).
565 Yoshimura, K., Hiraoka, S. and Tarutani, T. *Analytica Chimica Acta*, **142**, 101 (1982).
566 Emerick, R.J. *Atomic Spectroscopy*, **8**, 69 (1987).
567 Yu, Z. and Li, Y. *Feuxi Huaxue*, **15**, 841 (1987).
568 Wenger, R. and Hogel, O. *Mitt. Geb. Lebensmittellunters in Hygene*, **62**, 1 (1971).
569 Tervero, M. and Gracia, I. *Analyst (London)*, **108**, 310 (1983).
570 Sloot, H.A., Wals, G.D. and Das, H.A. *Analytica Chimica Acta*, **90**, 193 (1977).
571 Van der Bought, B.M. and Van Grieken, R.E. *Analytical Chemistry*, **49**, 311 (1977).
572 Zharikov, C.F. and Senyavin, M.M. *Trudy gas Okeanogr. Inst.* (1070) (101). Ref. Zhur. Khim. 19GD (7) Abstract No. 7G189 (1970).
573 Kulathilake, A.I. and Chatt, A. *Analytical Chemistry*, **52**, 828 (1980).
574 Kim, Y.S. and Zeitlin, H. *Analytica Chimica Acta*, **46**, 1 (1969).
575 Head, P. and Burton, J.D. *Journal of the Marine Biological Association UK*, **50**, 439 (1970).
576 Weiss, H.V. and Lai, M.G. *Talanta*, **8**, 72 (1961).
577 Kuroda, R., Matsumoto, N. and Oguma, K. *Fresenius Z. für Analytische Chemie*, **330**, 111 (1988).
578 Vazquez-Gonzalez, J.F., Bermejo-Barrera, P. and Bermejo-Martinez, F. *Atomic Spectroscopy*, **8**, 159 (1987).
579 Pihlar, B., Valenta, P. and Nurnberg, H.W. *Fresenius Z. für Analytische Chemie*, **307**, 337 (1981).
580 Mart, L., Nurnberg, H.W. and Valenta, P. *Fresenius Z. für Analytische Chemie*, **300**, 350 (1980).
581 Valenta, P. and Nurnberg, H.W. Moderne voltammetrische verfahren zur analyse und uberwachung toxicher Metalle und metalloide in wasser und abswasser. In Bohnke, B. (Hrsg.) Gewasserschutz-Wasser-Abwasser, Bd 44, S.105–204, Ges. Forder, Siedlungswasserwirsch Aachen (1980).
582 Wang, S. and Zhang, S. *Huanjing Huaxue*, **5**, 48 (1986).
583 Sawamoto, H. *Bunseki Kagaku*, **37**, 312 (1988).
584 Yoshimura, K., Toshimitsu, Y. and Ohashi, S. *Talanta*, **27**, 693 (1980).
585 Wilson, R.L. and DiNunzio, J.E. *Analytical Chemistry*, **53**, 692 (1981).
586 Gemmer Colos, V., Tuss, H., Saur, D. and Neeb, R. *Fresenius Z. für Analytische Chemie*, **307**, 347 (1981).
587 Nakamura, T. and Sato, J. *Onsen Kogakkaishi*, **20**, 37 (1986).
588 Zlatkis, A., Bruening, W. and Bayer E. *Analytica Chimica Acta*, **56**, 399 (1997).
589 Nevoral, V. and Okae, A. *Czlka Form*, **17**, 478 (1968).
590 Olbrych-Slesynska, E., Brajter, K., Matuszewski, W., Trojanowicz, M. and Frenzel, W. *Talanta*, **39**, 779 (1992).
591 Abbasi, S.A. *International Journal of Environmental Analytical Chemistry*, **33**, 43 (1988).
592 Ensafi, A.A. and Rezaei, B. *Analytical Letters (London)*, **26**, 1771 (1993).

593 Ma, Y., Cheng, J. and Guanpuxue, Yu. *Guangpu Fenxi*, **8**, 53 (1988).
594 Wang, J. and Varughese, K. *Analytica Chimica Acta*, **199**, 185 (1987).
595 Guo, R., Chem, N., Silundka, C. and Lai, E.P.C. *Analyst (London)*, **113**, 1105 (1988).
596 Abbasi, S.A. *Analytical Letters (London)*, **20**, 1013 (1987).
597 Orlandini, K.A., Penrose, W.R. and Nelsson, D.M. *Marine Chemistry*, **18**, 49 (1986).
598 Suutarinen, R., Jaakkola, T. and Paatero, J. *Science of the Total Environment*, **130**, 65 (1993).
599 Motomizu, S., Onoda, M., Oshima, M. and Iwachido, T. *Analyst (London)*, **113**, 743 (1988).
600 Iwachido, T., Ishimaru, K. and Toei, K. *Bunseki Kagaku*, **35**, 892 (1986).
601 Ward, G.K. Test and evaluation of potassium sensors in fresh and saltwater. Natural oceanic and atmospheric administration. Interagency Energy (Environment RRD Programme report) EPA 600/779057 March (1979).
602 Hulanicki, A., Trojanowiz, M. and Pobozy, E. *Analyst (London)*, **107**, 1356 (1982).
603 Arseneau, A., Mehra, M.C. and Campanella, L. *Rass Chim*, **38**, 269 (1986).
604 Vashal, G.M., Koshcheva, I. Ya, Morozova, R.P. and Konopleva, O.V.T. *Analytical Chemistry (USSR)*, **26**, 829 (197).
605 Yu, Z. and Li, Y. *Fuste Fanghu*, **8**, 41 (1988).
606 Dessai, G.R. and Paul, J. *Microchemical Journal*, **22**, 176 (1977).
607 Hoste, J. *Analytica Chimica Acta*, **2**, 402 (1948).
608 Hoste, J. and Gillis, J. *Analytica Chimica Acta*, **12**, 158 (1955).
609 Lott, P.F., Cukor, P., Moriber, G. and Solga, J. *Analytical Chemistry*, **35**, 1159 (1963).
610 Ariyoshi, H., Kiniwa, M. and Toei, K. *Talanta*, **5**, 112 (1960).
611 Tereda, K., Ooba, T. and Kiba, T. *Talanta*, **22**, 41 (1975).
612 Bem, E.M. *Chemical Analysis (Warsaw)*, **24**, 155 (1979).
613 Ramachandrau, K.N., Kaveeshwar, R. and Gupta, V.K. *Talanta*, **40**, 781 (1993).
614 Jenes, A.O. *Analytical Chemistry*, **63**, 692 (1991).
615 Lund, W. and Bye, R. *Analytica Chimica Acta*, **114**, 279 (1979).
616 Ediger, R.D. *Atomic Absorption Newsletter*, **14**, 127 (1975).
617 Stein, B.V., Canelli, E. and Richards, A.H. *Atomic Spectroscopy*, **1**, 61 (1980).
618 Vickrey, T.M. and Buren, M.S. *Analytical Letters (London)*, **13**, 1465 (1980).
619 Neve, J., Hanocq, M. and Molle, L. *International Journal of Environmental Analytical Chemistry*, **8**, 177 (1980).
620 Fisher, R.P. *Tappi*, **61**, 63 (1978).
621 Brodie, K.G. *American Laboratory*, **9**, 73 (1977).
622 Seaed, K. and Thomassen, Y. *Analytica Chimica Acta*, **130**, 281 (1981).
623 Ishizaki, M. *Talanta*, **25**, 167 (1978).
624 Ihnat, M. *Analytica Chimica Acta*, **82**, 292 (1976).
625 Henn, E.L. *Analytical Chemistry*, **47**, 428 (1975).
626 Kamada, T., Shiraishi, T. and Yamamoto, Y. *Talanta*, **25**, 15 (1978).
627 Kamada, T. and Yamamoto, Y. *Talanta*, **27**, 473 (1980).
628 Ahta, K. and Suzuki, M. Z. *Analytical Chemistry*, **302**, 177 (1980).
629 Kamada, T., Kamamura, T. and Yamamoto, Y. *Bunseki Kagaku*, **24**, 89 (1987).
630 Kirkbright, G.F., Hsiad-Chaun, S. and Snook, R.D. *Atomic Spectroscopy*, **1**, 85 (1980).
631 Baird, R.B. and Abrielian, S.M. *Applied Spectroscopy*, **28**, 273 (1974).
632 Montaser, A. and Mehrabzadeh, A.A. *Analytical Chemistry*, **50**, 1697 (1978).
633 Goulden, P.D. and Brooksbank, P. *Analytical Chemistry*, **46**, 1431 (1974).
634 Martin, T.D., Kopp, I.F. and Ediger, R.D. *Atomic Absorption Newsletter*, **14**, 109 (1975).

635 Subramanian, K.S. and Meranger, J.D. *Analytica Chimica Acta*, **124**, 131 (1981).
636 Schmidt, F.J. and Royer, J.L. *Analytical Letters (London)*, **6**, 17 (1973).
637 Hahn, M.H., Mulligan, K.J., Jackson, M.E. and Caruso, J.A. *Analytica Chimica Acta*, **118**, 115 (1980).
638 Caldwell, J.S., Lishka, R.J. and McFarren, E.M. *Journal of American Water Works Association*, **5**, 731 (1973).
639 Lansford, M., McPherson, E.M. and Fishman, M.J. *Atomic Absorption Newsletter*, **13**, 103 (1974).
640 Pollock, E.N. and West, S.J. *Atomic Absorption Newsletter*, **12**, 6 (1973).
641 Corbin, D.R. and Barnard, W.M. *Atomic Absorption Newsletter*, **15**, 116 (1976).
642 Fernandez, F.J. *Atomic Absorption Newsletter*, **12**, 93 (1973).
643 Sinemus, H.W., Melcher, M. and Weiz, B. *Atomic Spectroscopy*, **2**, 81 (1981).
644 Nakashima, S. *Analytical Chemistry*, **51**, 654 (1979).
645 Nakahara, T., Kobayashi, S., Wakisaka, T. and Musha, S. *Applied Spectroscopy*, **34**, 194 (1980).
646 Krivan, V., Petrick, K., Welz, B. and Melcher, M. *Analytical Chemistry*, **57**, 1203 (1985).
647 Rodan, D.R. and Tallman, D.E. *Analytical Chemistry*, **54**, 307 (1982).
648 Cox, D.H. and Bibb, A.E. *Journal of the Association Off. Analytical Chemistry*, **64**, 265 (1981).
649 Jackwerth, E., Willmer, P.G., Hahn, R. and Berndt, H. *Atomic Absorption Newsletter*, **18**, 66 (1979).
650 Reichert, J.K. and Gruber, H. *Vom Wasser*, **51**, 191 (1978).
651 Cheam, V. and Agemain, H. *Analytica Chimica Acta*, **113**, 237 (1980).
652 Pierce, F.D. and Brown, H.R. *Anlaytical Chemistry*, **48**, 693 (1976).
653 Pierce, F.D., Lamoreaux, T.C., Brown, H.R. and Fraser, R.S. *Applied Spectroscopy*, **30**, 38 (1976).
654 Kock, K., Lautenshlager, W. and Maassen, J. *Vom Wasser*, **47**, 233 (1976).
655 Maier, D., Sinemus, H.W. and Wiedeking, E.Z. *Z. Analytical Chemistry*, **296**, 114 (1979).
656 Verlinden, M. and Deelstra, H. *Z. für Analytische Chemie*, **296**, 253 (1976).
657 Meyer, A.D., Hofer, Ch., Tolg, G., Raptis, S. and Knapp, G. *Z. Analytical Chemistry*, **296**, 337 (1979).
658 Vijan, P.N. and Leung, D. *Analytica Chimica Acta*, **120**, 141 (1980).
659 Pyen, G. and Fishman, M. *Atomic Absorption Newsletter*, **17**, 47 (1978).
660 Cutter, G.A. *Analytica Chimica Acta*, **98**, 59 (1978).
661 Koelbl, G. *Marine Chemistry*, **48**, 185 (1995).
662 Winge, R.F., Fassel, V.A., Kinsely, R.N., DeKalb, E. and Haas, W.J. *Spectrochimica Acta*, **32B**, 327 (1977).
663 Water Quality Criteria Environmental Protection Agency, Washington DC (EPA–R3–73–033) March 1973 (1972).
664 Environmental Protection Agency Primary Drinking Water. Proposed Interim Standards, Federal Register, 40, 11994 (1975).
665 Cai, Y., Cabanas, M., Fernandez, S, Turiel, J.L., Abalos, M. and Bayona, J.M. *Analytica Chimica Acta*, **314**, 183 (1995).
666 Howard, A.G., Gray, M.R., Waters, A.J. and Oromiehie, A.R. *Analytica Chimica Acta*, **118**, 87 (1980).
667 Nguyen, V.D., Valenta, P. and Nurnburg, H.W. *Science of the Total Environment*, **12**, 151 (1979).
668 Henze, G. *Mikrochimica Acta*, **11**, 343 (1981).
669 Deldime, P. and Hartman, J.P. *Analytical Letters (London)*, **13**, 105 (1980).

670 Denis, B.L., Moyers, J.H. and Wilson, G.S. *Analytical Chemistry*, **48**, 1611 (1976).
671 Breyer, P. and Gilbert, B.P. *Analytica Chimica Acta*, **201**, 23 (1987).
672 Mattsson, G., Nyholm, L., Olin, A. and Ornemark, U. *Talanta*, **42**, 817 (1995).
673 Potin-Gautier, M., Saby, F. and Astruc, M. *Fresenius Journal of Analytical Chemistry*, **351**, 443 (1995).
674 Campanella, L., Ferri, T. and Pentronio, B.M. *Analysis*, **24**, 35 (1996).
675 Clementi, G.F. and Mastinu, G.G. *Journal of Radioanalytical Chemistry*, **20**, 707 (1979).
676 Clementi, G.F., Mastinu, G.G. and Santaroni, G.P. Proc. Symposium Nucl. Techniques Comparative Studies of Food Environment Contamination IAEA–511–175/31/Otaniemi, Finland (1973).
677 Rossi, L.C., Clementi, G.F. and Santaroni, G. *Archives of Environmental Health*, **31**, 160 (1976).
678 Salbu, B., Steinnes, G. and Papas, A.C. *Analytical Chemistry*, **47**, 1011 (1975).
679 Kim, J.I., Stark, H. and Fiedler, I. *Nuclear Instrum. Methd*, **177**, 557 (1980).
680 Kubota, J., Cary, E.E. and Gissel-Nielsen, G. in T*race Substances in Environmental Health – IX*, D.D. Hemphill (ed) p. 123, University of Missouri, Columbia (1975).
681 Navarre, J.L., Ronneau, C. and Priest, P. *Water, Air, Soil Pollution*, **14**, 207 (1980).
682 Schutyser, P., Maenhaut, W. and Dams, R. *Analytica Chimica Acta*, **100**, 75 (1978).
683 Harrison, S.H., Lafleur, P.D. and Zoller, W.H. *Analytical Chemistry*, **47**, 1685 (1975).
684 Lieser, K.H. and Neitzert, V. *Journal of Radioanalytical Chemistry*, **31**, 397 (1976).
685 Habib, S. and Minski, M.J. *Journal of Radioanalytical Chemistry*, **63**, 379 (1981).
686 Shimoishi, Y. *Bulletin of Chemical Society of Japan*, **44**, 3370 (1971).
687 Shimoishi, Y. *Analytica Chimica Acta*, **64**, 465 (1973).
688 Young, J. and Christian, G.D. *Analytica Chimica Acta*, **65**, 127 (1973).
689 Shimoishi, Y. and Toei, K. *Analytica Chimica Acta*, **100**, 65 (1978).
690 Monteil, A. *Analysis*, **9**, 112 (1981).
691 Talmi, Y. and Andren, A.W. *Analytical Chemistry*, **46**, 2122 (1974).
692 Nakamuro, N., Sayato, Y., Tonomura, M. and Ose, Y. *Eisei Kagaku*, **18**, 237 (1972).
693 Gosink, T.A. and Reynolds, D.J. *Journal of Marine Science Communications*, **1**, 101 (1975).
694 Young, J.W. and Christian, G.D. *Analytica Chimica Acta*, **65**, 127 (1973).
695 Measures, C.I. and Burton, J.D. *Nature (London)*, **273**, 293 (1978).
696 Uchida, H., Shimoishi, Y. and Toei, K. *Environmental Science and Technology*, **14**, 541 (1980).
697 Measures, C.I. and Burton, D. *Analytica Chimcia Acta*, **120**, 177 (1980).
698 Measures, C.I. and Burton, J.D. *Earth Plant Science Letters*, **46**, 385 (1980).
699 Measures, C.I., McDuff, R.E. and Edmond, J.M. *Earth Plant Science Letters*, **49**, 102 (1981).
700 Flinn, C.G. and Aue, W.A. *Journal of Chromatography*, **153**, 49 (1978).
701 Johansson, K., Oernemark, U. and Olin, A. *Analytica Chimica Acta*, **274**, 129 (1993).
702 De La Calle Guntinas, M.B., Lobinski, R. and Adams, F.C. *Journal Analytical Atomic Spectroscopy*, **10**, 11 (1995).
703 Gallus, S.M. and Henmann, K.G. *Journal of Analytical Atomic Spectroscopy*, **11**, 887 (1996).

704 Nakagawa, T., Aoyama, E., Hasegawa, N., Kobayashi, N. and Tanaka, H. *Analytical Chemistry*, **61**, 233 (1989).
705 Robberecht, H. and Van Grieken, R. *Talanta*, **29**, 823 (1982).
706 Shendrikar, A.D. *Science of the Total Environment*, **3**, 155 (1974).
707 Ben, E.M. *Environmental Health Perspectives*, **37**, 183 (1981).
708 Cobo-Fernandez, M.G., Palaexios, M.A. and Camera, C. Quavanviller Ph. *Quim Anal. (Barcelona)*, **14**, 19 (1995).
709 Camera, C., Cobo, M., Palacios, M.A., Munoz, R. and Donard, O.F.X. *Tech. Instrumental Analytical Chemistry*, **17**, 235 (1995).
710 Cheam, V. and Aspila, K.I. Interlaboratory Quality Control Study No. 26 Arsenic and Selenium in Water Report No. 68, Inland Water Directorate, Water Quality Branch, Burlington, Ontario (1980).
711 Massee, R., Maessen, F.J.M.J. and de Geotj, J.J.M. *Analytica Chimica Acta*, **127**, 181 (1981).
712 Thompson, M. Pahlavanpour, B. and Thorne, L.T. *Water Research*, **15**, 407 (1981).
713 Robberecht, H.J. and Van Grieken, R.E. *Analytical Chemistry*, **52**, 449 (1980).
714 Reamer, D.C., Veilton, C. and Tokonsbalides, T. *Analytical Chemistry*, **53**, 245 (1981).
715 Marcie, F.J. *Environmental Science and Technology*, **1**, 164 (1967).
716 Ejaz, M. and Qureshi, M.A. *Talanta*, **34**, 337 (1987).
717 Orvini, E., Lodola, L., Gallorini, M. and Zerlia, T. in *Heavy Metals in the Environment*, p. 657, Amsterdam (1981).
718 Lieser, K.H., Calmano, W., Heuss, E. and Neitzert, V. *Journal of Radioanalytical Chemistry*, **37**, 717 (1977).
719 Heuss, E. and Lieser, K.H. *Journal of Radioanalytical Chemistry*, **50**, 289 (1979).
720 Smits, J. and Van Grieken, R. *Analytica Chimica Acta*, **123**, 9 (1981).
721 Smits, J. and Van Grieken, R. *International Journal of Environmental Analytical Chemistry*, **9**, 81 (1981).
722 Sturgeon, R.E., Willie, S.N. and Berman, S.S. *Analytical Chemistry*, **57**, 6 (1985).
723 Panayappan, R., Venezky, D.L., Gilfrich, J.V. and Birks, L.C. *Analytical Chemistry*, **50**, 1125 (1978).
724 Birks, C. *Analytical Chemistry*, **50**, 1125 (1978).
725 Pradzynzki, A.H., Henry, R.E. and Stewart, J.L.S. *Radiochemical Radioanalytical Letters*, **21**, 273 (1975).
726 Kouimtzis, T.A., Safoniou, M.C. and Papadoyannis, I.T. *Analytica Chimica Acta*, **123**, 315, (1981).
727 Jorstad, K. and Selbu, B. *Analytical Chemistry*, **52**, 672 (1980).
728 Agrawal, Y.K. and Nagar, H.K. *Indian Journal of Chemistry, Section A*, **25A**, 1065 (1986).
729 Kim, A. *Geokhimiya*, **1**, 124 (1972).
730 Que, M., Kimura, K. and Shono, T. *Analyst (London)*, **113**, 551 (1988).
731 White, M.N. and Lisk, D.J. *Journal of the Association of Official Analytical Chemists*, **53**, 1055 (1979).
732 Woodriff, F. and Schrader, A. *Applied Spectroscopy*, **27**, 181 (1973).
733 McHugh, J. *Atomic Spectroscopy*, **5**, 123 (1984).
734 Chau, T.T., Fishman, M.J. and Ball, T.W. *Analytica Chimica Acta*, **43**, 189 (1969).
735 Guo, Y., Zhang, Y., Zhou, M. and Wei, Q. *Jiijn Daxue Ziran Kexue Xuebao*, **(1)**, 98 (1988).
736 Kelly, W.R., Tera, F. and Wasserberg, G.J. *Analytical Chemistry*, **50**, 1279 (1978).

737 Whitlow, S.I. and Rice, D.L. *Water Research*, **19**, 619 (1985).
738 Jiang, Z., Liang, A. and Dai, G. *Huanjing Kexue*, **8**, 72 (1987).
739 Dai, G. and Jiang, Z. *Gaodang Xuexiao Huaxue Xuebao*, **8**, 703 (1987).
740 Chao, T.T. and Ball, J.W. *Analytica Chimica Acta*, **54**, 166 (1971).
741 Van den Winkel, P., Mertens, J., De Baenst, G. and Massart, D.L. *Analytical Letters (London)*, **5**, 567 (1972).
742 Abdullah, A.A., Khankinov, S. and Khasanov, A.S. *Soviet Radiochemistry*, **14**, 509 (1972).
743 Nishioka, H., Yoneda, A., Maeda, Y. and Azumi, T. *Nippon Kaisui Gakkaishi*, **34**, 393 (1986).
744 Honjo, T. and Nakata, T. *Bulletin of Chemical Society of Japan*, **50**, 2271 (1987).
745 Beals, D.M. *Journal of Radioanalytical and Nuclear Chemistry*, **204**, 253 (1996).
746 Andreae, M.D. *Analytical Chemistry*, **56**, 2064 (1984).
747 Chandrawanski, S., Sharma, M. and Patel, K.S. *Fresenius Journal of Analytical Chemistry*, **351**, 305 (1995).
748 De Ruck, A., Vandecastelle, C. and Dams, R. *Mikrochimica Acta*, **2**, 187 (1987).
749 Welz, B., Schlemmer, G. and Mudakavi, I.R. *Analytical Chemistry*, **60**, 2567 (1988).
750 Sun, C. Liu, X. and Xu, K. *Fenxi Huane*, **14**, 684 (1986).
751 Zhou, Z., Ruan, X. and Yao, W. *Xiangtan Daxue Ziran Kexue Xuebao*, **3**, 34 (1986).
752 Riley, J.P. and Siddiqui, S.A. *Analytica Chimica Acta*, **181**, 177 (1986).
753 Miloshova, M.S., Seleznev, B.L. and Bychkov, E.A. *Sens. Acutators, B*, **19**, 373 (1994).
754 Korkishe, J. and Dimitriades, D. *Talanta*, **20**, 1303 (1973).
755 Yamamoto, T. *Analytica Chimica Acta*, **63**, 65 (1973).
756 Cospito, M. and Rigali, L. *Analytica Chimica Acta*, **106**, 385 (1979).
757 Guo, N. *Fenxi Huaxue*, **15**, 105 (1987).
758 Valencia, M.C., Gimino, D. and Capitan-Vallvey, L.F. *Analytical Letters (London)*, **26**, 1211 (1993).
759 Donard, O.F.X., Rapsomanskis, S. and Weber, J.H. *Analytical Chemistry*, **58**, 772 (1986).
760 Sturgeon, R.E., Willie, S.N. and Berman, S.S. *Analytical Chemistry*, **59**, 2441 (1987).
761 Pinel, R., Beneabdallah, M.Z. and Astruc, A. *Journal of Analytical Atomic Spectrometry*, **3**, 475 (1988).
762 Macchi, G. and Pettine, M. *Environmental Science and Technology*, **14**, 814 (1980).
763 Weber, G. *Analytica Chimica Acta*, **186**, 49 (1986).
764 Weber, G. *Fresenius Z. für Analytische Chemie*, **322**, 311 (1985).
765 Ebdon, L., Hill, S.J. and Jones, P. *Analyst (London)*, **110**, 515 (1985).
766 Omar, M. and Bowen, H.J.M. *Analyst (London)*, **107**, 654 (1982).
767 Rogan, S. and Haerdi, W. *International Journal of Environmental Analytical Chemistry*, **8**, 249 (1980).
768 Portretnyi, V.P., Malyuta, V.F. and Chuiko, V.T. *Zhur. Analit. Khim*, **28**, 1337 (1973).
769 Wang, J. and Zadell, J. *Talanta*, **34**, 909 (1987).
770 Abbasi, S.A. *International Journal of Environmental Analytical Chemistry*, **11**, 1 (1982).
771 Abbasi, S.A. *Analytical Letters (London)*, **20**, 1697 (1987).
772 Chen, Y. *Zhonghua Yufangixue Zazhi*, **20**, 299 (1986).
773 Wang, L., Chen, R., Wen, S. and Kong, D. *Huaxue Shizi*, **29**, 120 (1988).

774 Korrey, J.S. and Goulden, P.D. *Atomic Absorption Newsletter*, **14**, 33 (1975).
775 Hall, G.E.M., Jefferson, C.W. and Michel, F.A. *Journal of Geochemical Exploration*, **30**, 63 (1988).
776 Skedlik, M., Havel, J. and Sommer, L. *Scripta Chemica*, **1**, 99 (1977).
777 Korkisch, J. and Koch, W. *Mikrochimica Acta*, **1**, 157 (1973).
778 Korkisch, J. *Mikrochimica Acta*, **1**, 687 (1972).
779 Leung, G., Kim, Y.S. and Zeitlin, H. *Analytica Chimica Acta*, **60**, 229 (1972).
780 Kim, Y.S. and Zeitlin, H. *Analytical Abstracts*, **22**, 4571 (1972).
781 Boomer, D.W. and Powell, M.J. *Analytical Chemistry*, **59**, 2810 (1987).
782 Deutscher, R.L. and Mann, A.W. *Analyst (London)*, **102**, 929 (1977).
783 Van den Berg, C.M.G. and Nimmo, M. *Analytical Chemistry*, **59**, 924 (1987).
784 Zhang, W., Shao, K., Li, S. and Xia, Y. *He Huane Yu Fangshe Huaxue*, **8**, 102 (1986).
785 Jin, L., Fu, Y., Bao, J. and Bai, Z. *Fenxi Huaxue*, **15**, 620 (1987).
786 Brits, R.J.S. and Smit, M.C.B. *Analytical Chemistry*, **49**, 67 (1977).
787 Steinnes, E. *Radiochemical Radioanalytical Letters*, **16**, 25 (1973).
788 Fleischer, R.L. *Analytical Chemistry*, **48**, 642 (1976).
789 Gladney, E.S., Owens, J.W. and Starner, J.W. *Analytical Chemistry*, **48**, 973 (1976).
790 Zielinski, R.A. and McKown, J. *Journal Radioanalytical and Nuclear Chemistry*, **84**, 207 (1984).
791 Cassidy, R.M. and Elchuk, S. *International Journal of Environmental Analytical Chemistry*, **10**, 1876 (1981).
792 Cassidy, R.M. and Elchuk, S. *Journal of Chromatographic Science*, **18**, 217 (1980).
793 Kerr, A. Kupferschmidgt, W. and Attas, M. *Analytical Chemistry*, **60**, 2729 (1988).
794 Williams, W.J. and Gillam, A.H. *Analyst (London)*, **103**, 1239 (1979).
795 Hashimoto, T. *Analytica Chimica Acta*, **56**, 347 (1971).
796 Smith, J. and Grimaldi, O. *Bulletin of the US Geological Survey*, **1006**, 125 (1957).
797 Bertine, K.K., Chan, L.H. and Turekian, K.K. *Geochimica Cosmochimica Acta*, **34**, 641 (1970).
798 Zhai, P. and Kang, T. *Fenxi Huaxue*, **14**, 821 (1986).
799 Guo, S., Deng, X., Sun, X., Ment, W., Zhang, P. and Hao, X. *Nuclear Tracks Radiation Measurement*, **12**, 801 (1986).
800 Deng, X., Guo, S., Meng, W., Sun, S., Zhang, P. and Hao, X. *Hejishu*, **10**, 17 (1987).
801 Adam, J. and Pribil, R. *Talanta*, **20**, 1344 (1973).
802 Agrawal, Y.K. *Separation Science*, **8**, 709 (1973).
803 Burba, P., Cebulo, M. and Broekaert, J.A.C. *Fresenius Z. Analyt. Chemie*, **318**, 1 (1984).
804 Danielsson, A., Roennholm, B., Kiellstoem, L.E. and Inghman, F. *Talanta*, **20**, 185 (1973).
805 Caramella Crespi, V., Genova, M., Meloni, S. and Oddone, M. *Journal of Radioanalytical Nuclear Chemistry*, **114**, 303 (1987).
806 Caravajal, G.S., Mahan, K.O. and Leyden, D.E. *Analytica Chimica Acta*, **135**, 205 (1982).
807 Jubeli, Y.M. and Parry, S.J. *Journal of Radioanalytical and Nuclear Chemistry*, **102**, 337 (1986).
808 Nikitina, S.A. and Stephanov, A.V. *Radiokhimilya*, **25**, 606 (1986).
809 Havel, J., Vrchlabsky, M. and Kohn, Z. *Talanta*, **39**, 795 (1992).

810 Wakamatsu, Y. and Otomo, M. *Journal of Chemical Society of Japan, Sect 90*, **595** (1969).
811 Doadrio, A. and Diaz, M.G. *Inferion Quim. analit. pura apl. Ind.*, **27**, 247 (1973).
812 Basson, A.T. and Kempster, P.L. *Water South Africa*, **6**, 88 (1980).
813 Abbasi, S.A. *International Journal of Environmental Studies*, **18**, 51 (1981).
814 Agrawal, Y.K. and Mehd, G.D. *International Journal of Environmental Analytical Chemistry*, **10**, 183 (1981).
815 Weiguo, Q. *Analytical Chemistry*, **55**, 2043 (1983).
816 Jha, A.R. *International Journal of Environmental Studies*, **14**, 235 (1979).
817 Abbasi, S.A. *Analytical Letters (London)*, **20**, 1347 (1987).
818 Sun, H., Zheng, L. and Xi, Z. *Lanzhou Daxue Xuebao, Ziran Kexueban*, **23**, 167 (1987).
819 Li, H. and Smart, R.B. *Analytica Chimica Acta*, **333**, 131 (1996).
820 Mieura, J. *Analytical Chemistry*, **62**, 1424 (1990).
821 Nagoasa, Y. and Kimata, Y. *Analytica Chimica Acta*, **327**, 203 (1996).
822 Orvini, E., Ladola, L., Sabbioni, E., Pietra, R. and Goetz. L. *Science of the Total Environment*, **13**, 195 (1979).
823 Cid, N. and Garcia Vior, L.O. *An. Assoc. Quim Argent*, **75**, 181 (1987).
824 Agrawal, Y.K., Chrattopadhyaya, M.C., Abbasi, S.A. and Bodas, M.G. *Separation Science*, **8**, 613 (1973).
825 Chau, Y.K. and Lum Shue Chan, L. *Analytica Chimica Acta*, **50**, 201 (1970).
826 Burba, P. and Wilmer, P.G. *Fresenius Z. Analyt. Chemie*, **324**, 298 (1986).
827 Hirayama, K., Leyden, D. *Analytica Chimica Acta*, **188**, 1 (1986).
828 Liang, S., Chen, D. and Zong, Y. *Huaxue Tongbao*, **8**, 33 (1986).
829 Miller, D.G. *Journal of Water Pollution Control Federation*, **51**, 2402 (1979).
830 Yoshimura, K., Waki, H. and Ohashi, S. *Talanta*, **25**, 579 (1978).
831 Fan, J., Jiang, C. and Wang, S. *Shandong Daxue Xuebao Ziran Kexueban*, **21**, 84 (1986).
832 Herrador, M.A., Jiminez, A.M. and Asuero, A.G. *Analyst (London)*, **112**, 1237 (1987).
833 Sang, X. and Yang, G. *Yejin Fenxi*, **7**, 18 (1987).
834 Chen, A. and Su, J. *Huanjing Huaxue*, **7**, 65 (1988).
835 Tong, S., Zhao, F. and Sun, G. *Fenxi Huaxue*, **16**, 337 (1988).
836 Tong, S. and Sun, G. *Huaxue Xuebao*, **46**, 812 (1988).
837 Igarashi, S. and Yotsuyanagi, T. *Analytica Chimica Acta*, **281**, 347 (1993).
838 Koupparis, M.A. and Anagnostopoulou, P.I. *Analyst (London)*, **111**, 1311 (1986).
839 Wang, J. and Greene, B. *Water Research*, **17**, 1635 (1983).
840 Chen, X. and Zhang, S. *Huanjing Hauxue*, **6**, 57 (1987).
841 Camean, A.M., Herrador, M.A., Asuero, A.G. and Marques, M.L. *Allmentaria (Madrid)*, **23**, 74 (1986).
842 Lu, Y., Chakrabarti, C.L., Back, M.H., Gregoire, D.C. and Schroeder, W.H. *Analytica Chimica Acta*, **293**, 95 (1994).
843 Sadilikova, M. *Mikrochimica Acta*, **5**, 934 (1968).
844 Doolan, K.J. and Smythe, L.E. *Talanta*, **20**, 241 (1973).
845 Nikolaeva, E.M. Trudy Perm. med. Inst., 108, 17 (1972). Ref. Zhur. Khim. 199D (1973) (4) Abstract 4G84.
846 Komarek, J., Horak, J. and Sommer, L. *Colln. Czeck. Chem. Commun.*, **39**, 92 (1974).
847 Tamhina, B., Herak, M.J. and Jayodic, V. *Croat. Chemica Acta*, **45**, 593 (1973).
848 Kish, P.P. and Zimomrya, I.I. *USSR Zavod Lab.*, **35**, 541 (1969).
849 Yagodnitsyn, M.A. Gig Savit. (11) 62 (1970). Ref. Zhur Khim. 19GD (10) (1971) Abstract No. 10G190.

850 Onishchenko, T.A., Onischenko, Y.K., Sukham, V.V. and Knyazeva, E.V. Ukr. Khim. Zn (Russian edition), 53, 855 (1987).
851 Matsui, H. *Analytica Chimica Acta*, **66**, 143 (1973).
852 Boswell, S.M. and Elderfield, H. *Marine Chemistry*, **25**, 197 (1988).
853 Wang, J., Peng, T. and Varughese, K. *Talanta*, **34**, 561 (1987).
854 Merry, R.H. and Zarcinas, B.A. *Analyst (London)*, **105**, 588 (1980).
855 Wu, B. and Song, X. *Fenxi Huaxue*, **14**, 654 (1986).
856 Corns, W.T., Stockwell, P.B., Ebdon, L. and Hill, S.J. *Journal of Analytical Atomic Spectroscopy*, **8**, 71 (1993).
857 Moulin, V., Tits, J., Moulin, C., Decambox, P., Mauchien, P. and De Ruty, O. *Radiochimica Acta, Part 1*, **58**, 121 (1992).
858 Panegrahi, B.S., Peter, S., Viswanathan, K.S. and Matthews, C.K. *Analytica Chimica Acta*, **282**, 117 (1993).
859 Cheam, V., Lechner, J., Desrosiers, R., Azcue, J., Rosa, F. and Mudrock, A. *Fresenius Journal of Analytical Chemistry*, **355**, 336 (1996).
860 Kubitz, J., Uebel, U. and Anders, A. *Proceedings SPIE–International Society of Optical Engineering*, **2503**, 14 (1995).
861 Yamamoto, M., Yashuda, M. and Yamamoto, Y. *Analytical Chemistry*, **57**, 1382 (1985).
862 Skeggs, L.T. *American Journal of Clinical Pathology*, **28**, 311 (1957).
863 Smith, R., Bezuiderhont, E.M. and Van Heerden, A.M. *Water Research*, **17**, 1483 (1983).
864 Braman, R.S. and Foreback, C.C. *Science*, **182**, 1247 (1973).
865 Foreback, C.C. Some studies on the detection and determination of mercury, arsenic and antimony in gas discharges. Thesis, University of South Florida, Tampa (1973).
866 Tompkins, M.A. Environmental anlaytical studies in antimony, germanium and tin. Thesis, University of South Florida, Tampa (1977).
867 Andreae, M.O.P.I. Trace metals in seawater. C.S. Wong et al. eds. Proceedings of a NATO Advanced Research Institute on trace metals in seawater, 30/3/781–3/4/81 Sicily, Italy, Plenum Press (1981).
868 Andreae, M.O., Asmode, J.R., Foster, P. and Vant'dack, L. *Analytical Chemistry*, **53**, 1766 (1981).
869 Fleming, H.H. and Ide, R.G. *Analytica Chimica Acta*, **83**, 67 (1976).
870 West, M.H., Molina, J.F., Yuan, C.L. and Davis, D.G. *Analytical Chemistry*, **51**, 2370 (1979).
871 Savitskii, V.N., Peleshenko, V.I. and Osadchii, V.I. *Zhur. Anal. Khim*, **42**, 677 (1987).
872 Welz, B., Schlemmer, G. and Mudakavi, J.R. *Journal of Analytical Atomic Spectroscopy*, **3**, 695 (1988).
873 Shvoeva, O.P., Kuchava, G.P., Kubrakova, I.V., Myasoedova, G.V., Savvini, S.B. and Bannkyh, L.N. *Zh. Anal. Khim*, **41**, 2186 (1986).
874 Oki, Y., Tashiro, Y., Maeda, M., Honda, C. *Analytical Chemistry*, **65**, 2096 (1993).
875 Urasa, I.T. *Analytical Chemistry*, **56**, 904 (1984).
876 Lagos, P.J. *Analytica Chimica Acta*, **98**, 261 (1978).
877 Analytical Quality Control (harmonized monitoring) Committee Society for Analytical Chemistry, UK, *Analyst*, **110**, 1 (1985).
878 Water Research Centre, Medmenham, UK Committee for Analytical Quality Control (harmonized monitoring) Water Research Centre Technical Report TR 213. Accuracy of determination of cadmium, copper, lead, nickel and zinc in river waters (1984).

879 Dybezynski, R., Tugsavul, A. and Suschny, O. *Analyst (London)*, **103**, 734 (1978).
880 Hall, A. and Godinho, M.C. *Analytica Chimica Acta*, **113**, 369 (1980).
881 Farnsworth, C.G. Private communication.
882 Panday, V.K. and Ganguly, A.K. *Analytica Chimica Acta*, **52**, 417 (1970).
883 Burrell, D.C. in A*tomic spectrometric analysis of heavy metal pollutants in water*. Ann Arbor Science Publishers Ltd., Ann Arbor, Michigan (1974).
884 Jaffar, M., Ashraf, M. and Tariq, N. *Atomic Spectroscopy*, **7**, 961 (1986).
885 Nagourney, S.J., Heit, M. and Bogen, D.C. *Talanta*, **34**, 465 (1987).
886 Kunselman, G.C. and Hutt, E.A. *Atomic Absorption Newsletter*, **15**, 29 (1976).
887 Reichert, J.K. and Gruber, H. Institute for Public Water Supplies Rhine-Westphalia Technical College, Aachen, 40, 73 (1979).
888 Fordham, A.W. *Journal of Geochemical Exploration*, **10**, 41 (1978).
889 Favretto, L.G., Marletta, G.P. and Favretto, L. *Fresenius Z. Analyt. Chemie*, **318**, 434 (1984).
890 Logos, P. *Analytica Chimica Acta*, **98**, 201 (1978).
891 Haring, B.J.A., Van Delft, W. and Bom, C.M. *Fresenius Z. Analyt. Chemie*, **310**, 217 (1982).
892 Bozsai, G. and Melegh, M. *Microchemical Journal*, **51**, 39 (1995).
893 Knudson, E.J. and Christian, G.D. *Analytical Letters (London)*, **6**, 1039 (1973).
894 Welz, B. *Chemistry in Britain*, **132**, February (1986).
895 Yamamoto, M., Yasuda, M. and Yamamoto, Y. *Analytical Chemistry*, **57**, 1382 (1985).
896 Brovko, I.A. *Zl. Anal. Khim*, **42**, 1637 (1987).
897 Thompson, M., Ramsey, M.H. and Paklavanpour, B. *Analyst (London)*, **107**, 1330 (1982).
898 Goulden, P.D., Anthony, D.H.J. and Austen, K.D. *Analytical Chemistry*, **53**, 2027 (1981).
899 Goulden, P.D. and Anthony, D.H.J. *Analytical Chemistry*, **54**, 1678 (1982).
900 Taylor, C.E. US National Technical Information Service, Springfield, Va, Report No. PB–271644 (1977).
901 Eaton, A., Oelker, G. and Leong, L. *Atomic Spectroscopy*, **3**, 152 (1982).
902 Garbarino, U.R,. Jones, B.E., Stein, G.P., Besler, W.T. and Taylor, H.E. *Applied Spectroscopy*, **39**, 535 (1985).
903 Rubio, R., Hugnet, J. and Rauret, G. *Water Research*, **18**, 423 (1984).
904 Zavaras, J.T. and Shenddrikar, A.D. *American Laboratory*, **16**, 59 (1984).
905 Water Research Centre, Medmenham, UK. Technical Report TR141. Multielement analysis using an inductively coupled plasma spectrometer. part 1. Commissioning and preliminary evaluation of performance. June (1980).
906 Janssens, E., Schutxyser, P. and Dams, R. *Environmental Technology Letters*, **3**, 35 (1982).
907 Malinski, T., Fish, J. and Matusieqic, O.A. *Journal of American Water Works Association*, **80**, 81 (1988).
908 Beauchemin, D., McLaren, J.W., Mykytink, A.P. and Berman, S.S. *Analytical Chemistry*, **59**, 778 (1987).
909 Borgnon, J. and Cadet, J.L. *Analusis, 16*, LXXVII (1988).
910 Miyazaki, A., Kimura, A., Bansho, K. and Umezaki, Y. *Analytica Chimica Acta*, **144**, 213 (1982).
911 Thompson, M., Pahlavapour, B. and Thorne, L.T. *Water Research*, **15**, 407 (1981).
912 Thompson, M., Pahlavapour, B., Walton, S.J. and Kirkbright, G.F. *Analyst (London)*, **103**, 568 (1978).

913 Thompson, M., Pahlavanpour, B., Walton, S.J. and Kirkbright, G.F. *Analyst (London)*, **103**, 705 (1978).

914 Pyen, G.S. and Browner, P.L. *Spectrochimica Acta, Part B*, **41B**, 1203 (1986).

915 Gabbarino, J.R., Taylor, H.E. and Batie, W.C. *Analytical Chemistry*, **61**, 793 (1989).

916 Yang, K.L., Jiang, S.J. and Hwang, T.J. *Journal of Analytical Atomic Spectroscopy*, **11**, 139 (1996).

917 Hall, G.E.M., Vaive, J.E. and McConnell, J.W. *Chemical Geology*, **120**, 91 (1995).

918 Aggarwal, J.K., Shabani, M.B., Palmer, M.R. and Ragnarsdottir, K.V. *Analytical Chemistry*, **68**, 4418 (1996).

919 Klinkenhammer, G., German, C.R., Elderfield, H., Greaves, M.J. and Mitra, A. *Marine Chemistry*, **45**, 179 (1994).

920 Elderfield, H. and Greaves, M.J. In *Trace Metals in Seawater*. Plenum Press, New York. pp. 427-445 (1983).

921 Moller, P., Dulski, P. and Lucic, J. *Spectrochimica Acta*, **47B**, 1379 (1992).

922 Weiss, D., Paulkert, T. and Rubeska, I. *Journal of Analytical Atomic Spectroscopy*, **5**, 371 (1990).

923 Shabani, M.B., Akagi, T., Shimuzu, H. and Masuda, H. *Analytical Chemistry*, **62**, 2709 (1990).

924 do Rosario Cravo, *Revta Port. Quim*, **10**, 149 (1969).

925 Zhang, Q. and Huang, Y. *Talanta*, **34**, 555 (1987).

926 Hernandez-Brito, J.J., Cardona-Castellano, P., Scruela-Matos, V. and Perez-Pena, J. *Journal of Electroanalysis*, **6**, 1141 (1994).

927 Poldoski, J.E. and Glass, G.E. *Analytica Chimica Acta*, **101**, 79 (1978).

928 Figura, P. and McDuffie, B. *Analytical Chemistry*, **52**, 1433 (1980).

929 Analiitia, T.U. and Pickering, W.F. *Water Research*, **20**, 1397 (1986).

930 Valenta, P., Sipos, L., Kramer, I., Krumpen, P. and Rutzel, H. *Fresenius Z. Analyt. Chemie*, **312**, 101 (1982).

931 Wang, J. and Dewald, H.D. *Analytical Chemistry*, **55**, 933 (1983).

932 Hu, A., Dessy, R.E. and Graneli, A. *Analytical Chemistry*, **55**, 320 (1983).

933 Hsi, T. and Johnson, D.C. *Analytica Chimica Acta*, **175**, 23 (1985).

934 Schliekmann, F. and Umland, F. *Fresenius Z. Analyt. Chemie*, **314**, 21 (1983).

935 Wang, J., Dewald, H.D. and Green, N. *Analytica Chimica Acta*, **146**, 45 (1983).

936 Wang, J. *Talanta*, **31**, 703 (1984).

937 Wang, E., Sun, W. and Yany, Y. *Analytical Chemistry*, **56**, 1903 (1984).

938 Nurnberg, H.W. *Science of the Total Environment*, **37**, 9 (1984).

939 Weidenauer, M. and Lieser, K.H. *Fresenius Z. Analyt. Chemie*, **330**, 550 (1985).

940 Chau, Y.K. and Chau, K.L.S. *Water Research*, **8**, 383 (1974).

941 Davidson, W., De Mora, R., Harrison, R.M. and Wilson, S. *Science of the Total Environment*, **60**, 35 (1987).

942 Mann, K.J. and Florence, T.M. *Science of the Total Environment*, **60**, 67 (1987).

943 Pratt, K.W. and Koch, W.F. *Analytica Chimica Acta*, **215**, 21 (1988).

944 Almeida Mota, A.M., Buffle, J., Kounaves, S.P. and Simoes Goncalves, M.L. *Analytica Chimica Acta*, **172**, 19 (1985).

945 Beverage, A. and Pickering, W.F. *Water Research*, **18**, 1119 (1984).

946 Brainina, K.Z., Khanina, M. and Roitman, L.I. *Analytical Letters (London)*, **18**, 117 (1985).

947 Florence, T.M. and Mann, K.J. *Analytica Chimica Acta*, **200**, 305 (1987).

948 Bernard, J.P., Buffle, J. and Parthasarthy, N. *Analytica Chimica Acta*, **200**, 191 (1987).

949 Apte, S.C., Gardner, M.J. and Ravenscroft, J.E. *Analytica Chimica Acta*, **212**, 1 (1988).

950 Kyle, J.H. *Environmental Technology Letters*, **8**, 181 (1987).
951 Yang, X., Risinger, L. and Jokausson, G. *Analytica Chimica Acta*, **192**, 1 (1987).
952 Analiitia, T.V. and Pickering, W.F. *Talanta*, **34**, 231 (1987).
953 Williams, G. and D'Silva, C. *Analyst (London)*, **119**, 2337 (1994).
954 Achterberg, E.P. and Van den Berg, C.M.G. *Analytica Chimica Acta*, **291**, 213 (1994).
955 Valenta, P., Mart, L. and Rutzel, H. *Journal of Electroanalytical Chemistry*, **82**, 327 (1977).
956 Wang, J. and Ariel, M. *Analytica Chimica Acta*, **99**, 89 (1978).
957 Lewis, B.L., Luther, G.W., Lane, H. and Church, T.M. *Electroanalysis*, **7**, 166 (1995).
958 Adeljou, S.B., Sahara, E. and Jagner, D. *Analytical Letters (London)*, **29**, 283 (1996).
959 Belmont-Hebert, C., Tercier, M.L., Buffle, J., Fiaccabrino, G.C. *et al. Analytical Chemistry*, **70**, 2949 (1998).
960 Tercier, M.-L. and Buffle, J. *Electroanalysis*, **5**, 187 (1993).
961 Cambell, P.G.C. In *Metal Speciation and Bioavailability in Aquatic Systems*. A. Tessier, D.R. Turner eds. IUPAC Series on Analytical and Physical Chemistry of Environmental Systems, Wiley, New York, Vol. 3, Chapter 2, p. 45 (1995).
962 Buffle, J., Vuilleumier, J.J., Tercier, M.-L. and Parthasarathy, N. *Science of the Total Environment*, **60**, 75 (1987).
963 Sagberg, P. and Lund, W. *Talanta*, **29**, 457 (1982).
964 Tercier, M.-L. and Buffle, J. *Analytical Chemistry*, **68**, 3670 (1996).
965 Aldstadt, J.H. and Dewald, H.D. *Analytical Chemistry*, **65**, 922 (1993).
966 Hoyer, B. and Florence, T.M. *Analytical Chemistry*, **59**, 2839 (1987).
967 Morrison, G.M.P. and Florence, T.M. *Electroanalysis*, **2**, 383 (1990).
968 Dam, M.E.R., Thomsen, K.N., Pickup, P.G. and Schroder, K.H. *Electroanalysis*, **7**, 70 (1995).
969 Wang, J. and Taha, Z. *Electroanalysis*, **2**, 383 (1990).
970 Wang, J., Gala, A., Zimmer, H. and Mark, H.B. *Electroanalysis*, **4**, 77 (1992).
971 Montenegro, M.I., Queiros, M.A. and Daschbar, J.L. Microelectrodes: Theory and Applications, NATO ASI Series, 497; Kluwer: Dordrecht, The Netherlands (1991).
972 Horlick, G., Tan, S.H., Vaughan, M.A. and Shao, Y. *In Inductively Coupled Plasmas in Analytical Atomic Spectroscopy*. A. Montaser and D.W. Golightly (eds.) UCH Publishers Inc., New York (1987).
973 Mulligan, K.J., Davidson, T.M. and Caruso, J.A. *Journal of Analytical Atomic Spectroscopy*, **5**, 301 (1990).
974 Tan, S. and Horlick, G. *Applied Spectroscopy*, **40**, 445 (1986).
975 Lyon, T.D.B., Fell, G.S., Hutton, R.C. and Eaton, A.N. *Journal of Analytical Atomic Spectroscopy*, **3**, 265 (1988).
976 Pretty, J.R., Blubaugh, E.A., Caruso, J.A. and Davidson, T.M. *Analytical Chemistry*, **66**, 1540 (1994).
977 Wills, J.P., Jarvis, K.E. and Williams, J.G. *Science of the Total Environment*, **135**, 137 (1993).
978 Johnson, G.W., Taylor, H.E. and Skogerbie, R.K. *Spectrochimica Acta*, **34B**, 197 (1979).
979 Na, H.C. and Niemczyk, T.M. *Analytical Chemistry*, **54**, 1839 (1982).
980 Zhang, J. and Duan, J. *Wutan Yu Hualan*, **10**, 230 (1986).
981 Hayrynen, H., Lajunen, L.H.J. and Peramaki, P. *Atomic Spectroscopy*, **6**, 88 (1985).

982 Johnson, G.W., Taylor, H.E. and Skogerboe, R.K. *Spectrochimica Acta*, **340**, 197 (1979).
983 Foss, G.O., Svec, H.J. and Conzemius, R.J. *Analytica Chimica Acta*, **147**, 151 (1983).
984 Bart, G. and Von Gunten, H.R. *International Journal of Environmental Analytical Chemistry*, **6**, 25 (1979).
985 Garrels, R.M. and Mackenzie, F.T., Hunt, C. In *Chemical Cycles and the Global Environment*, William Kaufman Inc. Los Altos, California (1975).
986 Lieser, K.H., Calmano, W., Heuss, E. and Neitzert, V. *Journal of Radioanalytical Chemistry*, **37**, 717 (1977).
987 Moore, P.J. *Trans. Inst. Mineral. Metall., Section B*, **79**, 107 (1970).
988 Kusaka, Y., Tsuji, H., Fujimoto, Y., Ishida, K. *et al. Journal of Radioanalytical Chemistry*, **71**, 7 (1982).
989 Kusaka, J.Y., Tsuji, H., Fujimoto, Y., Ishida, K. *et al. Bulletin of Institute of Chemical Research, Kyoto University*, **58**, 111 (1980).
990 Herman, A.W., McNelles, L.A. and Campbell, J.L. *International Journal of Applied Radiation and Isotopes Chemistry*, **24**, 677 (1973).
991 Naeem, A. *Journal of Radioanalytical Nuclear Chemistry*, **118**, 79 (1987).
992 Honda, T., Nozaki, T., Ossaka, T., Oi, T. and Koklhara, H. *Journal of Radioanalytical and Nuclear Chemistry*, **122**, 143 (1988).
993 Anderson, D.L., Cunningham, W.C. and Mackey, W.C. *Fresenius Journal of Analytical Chemistry*, **338**, 554 (1990).
994 Anderson, D.L., Failey, M.D., Zoller, W.H., Walters, W.B., Gordon, G.E. and Lindstrom, R.M. *Journal of Radioanalytical Chemistry*, **63**, 97 (1981).
995 Sueki, T., Kobayashi, K., Sato, W., Nakahara, H. and Tomizawa, T. *Analytical Chemistry*, **68**, 2203 (1996).
996 Lau, O. and Ho, S. *Analytica Chimica Acta*, **280**, 269 (1993).
997 Egorov, A.I., Kabina, L.P., Kondurov, I.A., Korotkikh, E.M. *et al. Advances in X-ray Analysis*, **35B**, 959 (1992).
998 Gifford, P.R. and Bruckenstein, S. *Analytical Chemistry*, **52**, 1028 (1980).
999 Andreae, M.O. and Froelich, P.M. *Analytical Chemistry*, **53**, 287 (1981).
1000 Vien, S.H. and Fry, R.C. *Analytical Chemistry*, **60**, 465 (1988).
1001 Cutter, L.S., Cutter, G.A., Maria, L.C. and McGlove, S.D. *Analytical Chemistry*, **63**, 1138 (1991).
1002 Bond, A.M. and Wallace, G.G. *Analytical Chemistry*, **54**, 1706 (1982).
1003 Smith, R.M. and Yankey, L.E. *Analyst (London)*, **107**, 744 (1982).
1004 Jones, P., Hobbs, P.K. and Ebdon, *Analytica Chimica Acta*, **149**, 39 (1983).
1005 Vlacil, F. and Hamplova, V. Sb. Yys. Sk. Chem. Technol. Praze, Anal. Chem. H20, 115 (1985).
1006 Rottman, L. and Henmann, K.G. *Analytical Chemistry*, **16**, 3709 (1994).
1007 Edmond Iratimi, E.B. *Journal of Chromatography*, **256**, 253 (1983).
1008 Shih, Y.T. and Carr, P.W. *Analytica Chimica Acta*, **142**, 55 (1982).
1009 Shih, Y.T. and Carr, P.W. *Talanta*, **28**, 411 (1981).
1010 Nagaosa, Y., Kawabe, H. and Bond, A.M. *Analytical Chemistry*, **63**, 28 (1991).
1011 Rho, Y.S. and Choi, S.G. *Archives of Pharmacological Research*, **9**, 211 (1986).
1012 Hill, S.J., Brown, A., Kivas, C., Sparkes, S. and Ebdon, L. *Technical Instrumentation Analytical Chemistry*, **17**, 411 (1994).
1013 Gulens, J., Leeson, P.K. and Seguin, I. *Analytica Chimica Acta*, **156**, 99 (1982).
1014 Nevoral, V.Z. *Analytical Chemistry*, **268**, 189 (1974).
1015 Korkisch, J. and Godl, L. *Talanta*, **12**, 1035 (1974).
1016 Welte, B. and Montiel, A. *Techn. Sci. Municip*, **75**, 100 (1980).

1017 Small, H., Stevens, T.S. and Bauman, W.C. *Analytical Chemistry*, **47**, 1801 (1975).
1018 Holcombe, L.J. and Meserole, F.B. *Water Quality Bulletin*, **6**, 37 (1981).
1019 Yan, D. and Schwedt, G. *Fresenius Z. Analyt. Chemie*, **320**, 121 (1985).
1020 Basta, N.T. and Tabatabi, M.A. *Journal of Environmental Quality*, **14**, 450 (1985).
1021 Cheam, V. and Li, E.X. *Journal of Chromatography*, **450**, 361 (1988).
1022 Yamamoto, M., Yamamoto, H. and Yamamoto, Y. *Analytical Chemistry*, **56**, 832 (1984).
1023 Lash, R.P. and Hill, C.J. *Analytica Chimica Acta*, **114**, 405 (1980).
1024 Pohlandt, C. *South Africa Journal of Chemistry*, **33**, 87 (1980).
1025 Cassidy, M. and Elchuk, S. *Analytical Chemistry*, **54**, 1558 (1982).
1026 Jones, V.K. and Tarter, J.G. *American Laboratory*, **17**, 48 (1985).
1027 Jones, V.K. and Tarter, J.G. *International Laboratory*, **36**, September (1985).
1028 Jones, V.K. and Tarter, J.G. *Journal of Chromatography*, **312**, 456 (1984).
1029 Vasconcelos, M.T. and Gomes, G.A.R. *Journal of Chromatography*, **696**, 227 (1995).
1030 Iwachido, T., Ishimaru, K. and Motomizu, S. *Analytical Science*, **4**, 81 (1988).
1031 Gros, N. and Gorene, B. *Chromatographia*, **39**, 448 (1994).
1032 Hill, R. and Leiser, K.H. *Fresenius Z. Analytische Chemie*, **327**, 165 (1987).
1033 Smith, D.L. Ames Lab. Report, IS–T–1318; Order No. DE870 13601, 73 pp. Avail. NTIS from Energy Res. Abstr. 1987, 12(21), Abstr. No. 43657 (1987).
1034 Smith, D.L. and Fritz, J.S. *Analytica Chimica Acta*, **204**, 87 (1988).
1035 Jen, J. and Chen, C. *Analytica Chimica Acta*, **270**, 55 (1992).
1036 Rubin, R.B. and Heberling, S.S. *International Laboratory*, September, 54 (1987).
1037 Frenzel, W., Schepers, D. and Schulz, G. *Analytica Chimica Acta*, **277**, 103 (1993).
1038 Small, H. *Ion Chromatography*. Plenum, New York, p. 132 (1989).
1039 Blasius, E., Janzen, K.-P., Adrian, W., Klautke, G. *et al. Z. für Analytsch. Chemie*, **284**, 337 (1977).
1040 Small, H., Soderquist, M.E. and Pischke, J.W. US Patent 4,732,686 (1988).
1041 Hu, W., Takeuchi, T. and Haraguchi, H. *Analytical Chemistry*, **65**, 2204 (1993).
1042 Hu, W., Tao H. and Haraguchi, H. *Analytical Chemistry*, **66**, 2514 (1994).
1043 Hu, W., Mujasaki, A., Tao, H., Itoh, A., Unemura, T. and Haraguchi, H. *Analytical Chemistry*, **67**, 3713 (1995).
1044 Brodsky, S.M., Varvaritsa, V.P., Mamkouyan, S.V. and Filatov, V.I. *Journal of Radioanalytical Nuclear Chemistry*, **81**, 155 (1984).
1045 Tanaka, S., Darzi, M. and Winchester, J.W. *Environmental Science and Technology*, **15**, 354 (1981).
1046 Bankert, S.F., Bloom, S.D. and Sauter, G.D. *Analytical Chemistry*, **45**, 692 (1973).
1047 Fiarman, S. and Schneier, G. *Environmental Science and Technology*, **6**, 79 (1972).
1048 Copeland, T.R. and Skogerboe, R.K. *Analytical Chemistry*, **46**, 1257A (1974).
1049 Elder, J.F., Perry, S.K. and Brady, F.P. *Environmental Science and Technology*, **9**, 1039 (1975).
1050 Lochmueller, C.H., Galbraith, S., Walter, R. and Joyce, J. *Analytical Letters*, **5**, 943 (1972).
1051 Magyar, B. and Lobanov, F.T. *Talanta*, **20**, 55 (1973).

1052 Olkhovich, P.F. *Soviet Journal of Water Chemistry and Technology*, **8**, 65 (1986).
1053 Axner, O., Magnusson, I., Petersson, J. and Sjostrom, S. *Applied Spectroscopy*, **41**, 19 (1987).
1054 Cabaniss, S.E. and Shuman, S. *Marine Chemistry*, **21**, 37 (1987).
1055 Inhat, M. *International Journal of Environmental Analytical Chemistry*, **10**, 217 (1981).
1056 Garbarino, J.R. and Taylor, H.E. *Analytical Chemistry*, **59**, 1568 (1987).
1057 Buffle, J., Zumstein, J., Zali, O. and De Vitre, R. *Science of the Total Environment*, **64**, 41 (1987).
1058 Motomizu, S., Oshima, M., Matsuda, S., Obata, Y. and Tanake, H. *Analytical Science*, **8**, 619 (1992).
1059 Grohme, J., Mueller, M., Rinne, E. and Rogge, M. *Z. Wasser Alewasser Forsch.*, **21**, 158 (1988).
1060 Wu, R.S.S. and Lau, T.C. *Marine Pollution Bulletin*, **32**, 391 (1996).
1061 Eaton, A.D. *Journal of Water Pollution Control Federation*, **58**, 427 (1986).
1062 Eaton, A.D. *Journal of Water Pollution Control Federation*, **59**, 313 (1987).
1063 Eaton, A.D. *Journal of Water Pollution Control Federation*, **60**, 752 (1988).
1064 Komer, A., Hasan M.Z. and Desmukh, B.T. *Indian Journal of Pure and Applied Physics*, **25**, 49 (1987).
1065 Dupont, M. Water Supply (1987). 4 Advanced Technical Water Treatment, 4, 149 (1988).
1066 Terlelshaya, A.V. *Khim Techol. Vody*, **9**, 30 (1987).
1067 Mouvet, C. and Bourg, A.C.M. *Water Research*, **17**, 641 (1983).
1068 Santosa, S.J., Sato, J. and Tanaka, S. *Analytical Science*, **9**, 657 (1993).
1069 Zaw, M. and Chiswell, B. *Talanta*, **42**, 27 (1995).
1070 Linnik, P.N. and Nabivantes, B.I. *Hydrobiology Journal*, **No 1**, 91 (1977).
1071 Florence, T.M. *Talanta*, **29**, 345 (1982).
1072 Florence, T.M. *Water Research*, **11**, 681 (1977).
1073 Florence, T.M. and Batley, G.E. *Talanta*, **24**, 151 (1977).
1074 Nilsen, S.K. and Lund, W. *Marine Chemistry*, **11**, 223 (1982).
1075 Duinker, J.C. and Kramer, C.J.M. *Marine Chemistry*, **5**, 207 (1977).
1076 Batley, G.E. and Florence, T.M. *Analytical Letters (London)*, **9**, 379 (1976).
1077 Laxen, D.P.H. and Harrison, R.M. *Science of the Total Environment*, **19**, 59 (1981).
1078 De Mara, S.J. and Harrison, R.M. *Water Research*, **17**, 723 (1983).
1079 Li, K. and Li, R.Y. *Analyst (London)*, **120**, 361 (1995).
1080 Davison, W. and Zhang, H. *Nature (London)*, **367**, 545 (1994).
1081 Zhang, H., Davison, W. and Grime, G.W. Proceedings of ASTM Symposium on Dredging, Remediation and Containment of Contaminated Sediments, June 1994, Montreal, Canada (1994).
1082 Zhang, H., Davison, W., Miller, S. and Tych, W. Private Communication.
1083 Morrison, G.M.P. *Environmental Technology Letters*, **8**, 393 (1987).
1084 Buffle, J. *Complexion Reactions in Aquatic Systems*. Ellis–Horwood, Chichester, UK (1988).
1085 Zhang, H. and Davison, W. *Analytical Chemistry*, **67**, 3391 (1995).
1086 Tao, H., Miyazaki, A., Bansho, K. and Umezaki, Y. *Analytical Chemistry*, **56**, 181 (1984).
1087 Salbu, B., Bjornstad, N.S., Lindstrom, N.S., Brevik, E.M. *et al. Analytica Chimica Acta*, **167**, 161 (1985).
1088 Bone, K.M. and Hibbert, W.D. *Analytica Chimica Acta*, **107**, 219 (1979).
1089 Tessier, A., Campbell, P.G.C. and Bission, M. *International Journal of Environmental Analytical Chemistry*, **7**, 41 (1979).

1090 Analytical Quality Control (Harmonized Monitoring) Committee Water Research Centre, Harlow, Bucks, UK, *Analyst (London)*, **110**, 109 (1985).
1091 Webster, T.B. *Water Pollution Control*, **79**, 511 (1980).
1092 Ihnat, M., Gordon, A.D., Gaylor, L.D., Berman, S.S. *et al. International Journal of Environmental Analytical Chemistry*, **8**, 259 (1980).
1093 Dornemann, A. and Kleist, H. *Analyst (London)*, **104**, 1030 (1979).
1094 British Standards Institution UK BS 6068 Section 2.29. Determination of cobalt, nickel, copper, zinc, cadmium in flame atomic absorption spectrometric methods (1987).
1095 Pakalns, P., Batley, G.E. and Cameron, A.J. *Analytica Chimica Acta*, **99**, 333 (1978).
1096 Sourova, J. and Capkova, A. *Vodni. Hospodarstvi, Series B*, **30**, 133 (1980).
1097 Tweeten, T.N. *Analytical Chemistry*, **48**, 64 (1976).
1098 Chormann, F.H., Spencer, M.J. Lyons, W.B. and Mayewski, P.A. *Chemical Geology*, **53**, 25 (1985).
1099 Savitskii, V.N., Peleshenko, V.I. and Osadchiii, C. *Hydrobiology Journal*, **1**, 60 (1986).
1100 Savitskii, V.N., Peleshenko, V.I. and Osadchii, V.I. *Journal of Analytical Chemistry, USSR*, **42**, 540 (1987).
1101 Chakraborti, D., Adams, F., Van Moal, W. and Irgolic, K.J. *Analytica Chimica Acta*, **196**, 23 (1987).
1102 Atsuya, J. *Fresenius Z. Analyt. Chemie*, **329**, 750 (1988).
1103 Tao, H., Miyazakki, A., Bansho, K. and Umezaki, Y. *Analytica Chimica Acta*, **156**, 159 (1984).
1104 Moore, R.V. *Analytical Chemistry*, **54**, 895 (1982).
1105 Sugi'yama, M., Fujino, O., Kihara, S. and Matsui, A. *Analytica Chimica Acta*, **181**, 159 (1986).
1106 Smith, C.L., Matooka, J.M. and Willson, W.R. *Analytical Letters (London)*, **17**, 1715 (1984).
1107 Mok, W.H. and Wai, C.M. *Analytical Chemistry*, **59**, 233 (1987).
1108 Tisue, T., Suls, C. and Keel, R.T. *Analytical Chemistry*, **57**, 82 (1985).
1109 Rigi, V.I. and Yurtaev, P.V. *Soviet Journal of Water Chemistry and Technology*, **8**, 77 (1986).
1110 Schaller, H. and Neeb, R. *Fresenius Z. Analyt. Chemie*, **327**, 170 (1987).
1111 Ueda, K., Kitahora, S., Kubo, K. and Yamamoto, Y. *Bunseki Kagaku*, **36**, 728 (1987).
1112 Akatsuka, K., Nobuyama, N. and Atsuya, K. *Analytical Science*, **4**, 281 (1988).
1113 Leepipatpikoonm, V. *Journal of Chromatography*, **697**, 137 (1995).
1114 Shan, X., Tie, J. and Xie, G. *Journal of Analytical Atomic Spectroscopy*, **3**, 259 (1988).
1115 Wada, K., Matsuchita, T., Hizume, S. and Kojima, K. *Bunseki Kagaku*, **37**, 405 (1988).
1116 Apte, S.C. and Gunn, A.M. *Analytica Chimica Acta*, **193**, 147 (1987).
1117 Wood, D.J., Eishani, S., Du, H.S., Natale, N.R. and Wal, C.M. *Analytical Chemistry*, **65**, 1350 (1993).
1118 Du, H.S., Wood, D.J., Elshani, S. and Wal, C.N. *Talanta*, **40**, 173 (1993).
1119 Imai, S., Muroi, M., Hamaguchi, A. and Kuyama, H. *Analytical Chemistry*, **55**, 1215 (1983).
1120 Smits, J. and Van Grieken, R. International Journal of Environmental *Analytical Chemistry*, **9**, 81 (1981).
1121 Reggers, G. and Van Grieken, R. *Fresenius Z. Analyt. Chemie*, **317**, 520 (1984).

1122 Brajster, K. and Sloanawka, K. *Analytica Chimica Acta*, **185**, 271 (1986).

1123 Burba, P., Rocha, J.C. and Schulte, A. *Fresenius Journal of Analytical Chemistry*, **346**, 414 (1993).

1124 Burba, P. and Willman, P.G. *Talanta*, **30**, 381 (1983).

1125 Samchuk, A.I., Kazakevich, Y.E., Romonov, N.N., Danilova, E.Y., Khabazova, T.A. and Fedotov, K.V. *Soviet Journal Water Chemistry and Technology*, **10**, 63 (1988).

1126 Nyangababo, J.T. and Hamya, S.W. *Bulletin of Environmental Contamination and Toxicology*, **36**, 924 (1986).

1127 Hsieh, T. and Liu, L.K. *Analytica Chimica Acta*, **282**, 221 (1993).

1128 Beasley, P.I., Rao, R.R. and Chatt, A. *Journal of Radioanalytical and Nuclear Chemistry*, **179**, 267 (1994).

1129 Pesavento, M., Soldi, T., Riolo, C., Profumo, M. and Barbucci, R. *Environmental Protection Engineering*, **16**, 49 (1991).

1130 Aziz, M., Behair, G. and Shakir, K. *Journal of Radioanalytical and Nuclear Chemistry*, **172**, 319 (1993).

1131 Wada, H., Matsuchita, M., Yasui, T., Yuchi, A. *et al. Journal of Chromatography*, **657**, 87 (1993).

1132 Mahan, C.A. and Holcombe, J.A. *Spetrochimica Acta, Part B*, **47B**, 1483 (1992).

1133 Ramelow, G.J., Liu, L., Himel, C., Frolich, D., Zhao, Y. and Tong, C. *International Journal of Environmental Analytical Chemistry*, **53**, 219 (1993).

1134 Marshall, M.A. and Mottola, A. *Analytical Chemistry*, **57**, 729 (1985).

1135 Samara, C. and Kouimtzis, T.A. *Chemosphere*, **16**, 405 (1987).

1136 Samara, C. and Kouimtzis, T.A. *Analytica Chimica Acta*, **174**, 305 (1985).

1137 Willie, S.N., Sturgeon, R.E. and Berman, S.S. *Analytical Chemistry*, **55**, 981 (1983).

1138 Hirayama, K. and Unchara, N. *Nihon. Dalgaku Kogakubu Kiyo Bunrul K*, **28**, 149 (1987).

1139 Terada, K., Matsumoto, K. and Inaba, T. *Analytica Chimica Acta*, **170**, 225 (1985).

1140 Leydon, D.E., Wegscheider, W. and Bodnar, W. *International Journal of Environmental Analytical Chemistry*, **7**, 85 (1979).

1141 Mohammed, B., Ure, A.M. and Littlejohn, D. *Journal of Analytical Atomic Spetroscopy*, **8**, 325 (1993).

1142 Esser, B.K., Volpe, A., Kenneally, J.M. and Smith, D.K. *Analytical Chemistry*, **66**, 1736 (1994).

1143 Munder, A. and Ballschmidter, K. *Fresenius Z. Analyt. Chemie*, **323**, 869 (1986).

1144 Irth, H., De Jong, G.J., Brinkman, U.A.T. and Frei, R.W. *Analytical Chemistry*, **59**, 98 (1987).

1145 Leiser, K.H., Quandt, S. and Gleitsmann, B. *Fresenius Z. Analyt. Chemie*, **298**, 378 (1979).

1146 Bankert, S.F., Bloom, S.D. and Sauter, G.D. *Analytical Chemistry*, **45**, 692 (1973).

1147 Analiitia, T.U. and Pickering, W.F. *Water, Air, Soil Pollution*, **35**, 171 (1987).

1148 Crespo, M.T., Gascon, J.L. and Acena, M.I. *Science of the Total Environment*, **130**, 383 (1993).

1149 Vassileva, E., Proinova, I. and Hadjivanov, K. *Analyst (London)*, **121**, 607 (1996).

1150 Maggi, L., Meloni, S., Querizza, G. and Genova, N.J. *Trace Micropr. Techn.*, **1**, 369 (1983).

1151 Lamphun, N.A., Moebiuss, O.A. and Keller, C. *Science of the Total Environment*, **70**, 415 (1988).
1152 Bhattaacharyya, D. and Cheng, Y.R. *Environ. Progress*, **6**, 110 (1987).
1153 Samchuk, A.I. *Soviet Journal of Water Chemistry and Toxicology*, **9**, 57 (1987).
1154 Chakravarty, R. and Van Grieken, R. *International Journal of Environmental Analytical Chemistry*, **11**, 67 (1982).
1155 Laxen, D.P.H. *Chemical Geology*, **47**, 321 (1984/5).
1156 Bruninx, E. and Meyl, E.V. *Analytica Chimica Acta*, **80**, 85 (1975).
1157 Lebedinskaya, M.P. and Chuiiko, V.T. *Zhur. Analit. Khim.*, **28**, 863 (1973).
1158 Naito, W., Takahata, N., Yoneda, A. and Azumi, T. *Water Purif. Liq. Wastes Treatment*, **20**, 529 (1979).
1159 Bowers, H.R. and Huang, C.P. *Water Research*, **21**, 757 (1987).
1160 Frimmel, F.H. and Geywitz, J. *Science of the Total Envirnoment*, **60**, 57 (1987).
1161 Quiang, Y., Tian, Z., Jiang, T., Wang, S. Lu, C. and Wang, W. *He Huaxue Yu Fangshe Huaxu*, **8**, 230 (1986).
1162 Nakashimi, S. and Yagi, M. *Analytical Letters (London)*, **17**, 1693 (1984).
1163 Tanaka, S., Nakamura, M. and Hasimoto, V. *Bunscki Kagaku*, **36**, 114 (1987).
1164 Nakamura, T., Oka, H., Ishii, M. and Sata, J. *Analyst (London)*, **119**, 1397 (1994).
1165 Abe, K., Ito, M., Kiruchi, H, Kimura, J. *et al. Eisel Kagku*, **33**, 258 (1987).
1166 Bem, H. and Ryan, D.E. *Analytica Chimica Acta*, **166**, 189 (1984).
1167 Zmijewska, W., Polkowska-Motrenko, H. and Stakowska, H. *Journal of Radioanalytical Nuclear Chemistry Articles*, **84**, 319 (1984).
1168 Korkische, J. and Sario, A. *Analytica Chimica Acta*, **76**, 393 (1975).
1169 Berge, D.E. and Going, J.E. *Analytica Chimica Acta*, **123**, 19 (1981).
1170 Fang, Z., Xu, S. and Zhang, S. *Analytica Chimica Acta*, **164**, 41 (1984).
1171 Fang, Z., Ruzicka, J. and Hansen, E.H. *Analytica Chimica Acta*, **164**, 23 (1984).
1172 Zhang, H.F., Holzbecher, J. and Ryane, D.E. *Analytica Chimica Acta*, **149**, 385 (1983).
1173 Mackey, D.J. *Journal of Chromatography*, **236**, 81 (1982).
1174 Brajter, K., Olbrych-Slezynska, E. and Staskiewicz, M. *Talanta*, **35**, 65 (1988).
1175 Hiraide, M., Arima, Y. and Mizuike, A. *Analytica Chimica Acta*, **200**, 171 (1987).
1176 Pilipenko, A.T., Safronova, V.G. and Zakrevskaya, L.V. *Soviet Journal of Water Chemistry and Technology*, **9**, 74 (1987).
1177 Duffy, S.J., Hay, G.W., Micklethwaite, K. and Vanloon, G.W. *Science of the Total Environment*, **76**, 203 (1988).
1178 Petrucci, F., Alimonti, A., Lasztity, A., Horvath, Z. and Caroli, S. *Canadian Journal of Applied Spectroscopy*, **39**, 113 (1994).
1179 Yang, H., Huang, K., Jiang, S., Wu, C. and Chou, C. *Analytica Chimica Acta*, **282**, 437 (1993).
1180 Leydon, D.E. and Underwood, A.L. *Journal of Chemical Physics*, **68**, 2093 (1964).
1181 Florence, J.M. and Batley, G.E. *Talanta*, **23**, 179 (1976).
1182 Riley, J.P. and Taylor, D. *Analytica Chimica Acta*, **41**, 175 (1968).
1183 Abdullah, M.J. and Royle, L.G. *Analytica Chimica Acta*, **58**, 283 (1972).
1184 Corsini, A., Chaing, S. and Di Frucia, R. *Analytical Chemistry*, **54**, 1433 (1982).
1185 Wan, C., Chiang, S. and Corsini, A. *Analytical Chemistry*, **57**, 719 (1985).
1186 Duinker, J.C. and Kramer, C.J.M. *Marine Chemistry*, **5**, 207 (1977).
1187 Clanet, F., Delangele, R. and Popoff, G. *Water Research*, **15**, 591 (1981).
1188 Everaerts, F.M., Verbeggen, M., Reijenga, J.C., Aben, G.U.A. *et al. Journal of Chromatography*, **320**, 263 (1985).

1189 Pakalns, P. *Analytica Chimica Acta*, **120**, 289 (1980).
1190 Greenberg, R.R. and Kingston, H.M. *Analytical Chemistry*, **55**, 1160 (1983).
1191 Fung, Y.S. and Dao, K.I. *Analytica Chimica Acta*, **309**, 173 (1995).
1192 Malinski, T., Fish, J. and Matusiewicz, H. Proceedings Water Technology Conference, Vol., (1986), 14 (Adv. Water. Anal. Treat), 347–59 (1987).
1193 Nickson, R.A., Hill, S.J. and Worsfold, P.J. *Analytical Proceedings (London)*, **32**, 387 (1995).
1194 Kasthurikrishnan, N. and Koropchak, J.A. *Analytical Chemistry*, **65**, 857 (1993).
1195 Isozaki, A., Ueki, K., Sazaki, H. and Utsumi, R. *Bunseki Kagaku*, **36**, 672 (1987).
1196 Yebra-Biurrun, M.C., Bermejo-Barrera, A. and Bermejo-Barrera, P. *Microchimica Acta*, **109**, 243 (1992).
1197 McMahon, J.W., Docherty, A.E. and Judd, J.M. *Hydrobiologia*, **126**, 103 (1985).
1198 Rafaeloff, H.R. *Radiochemical and Radioanalytical Letters*, **9**, 373 (1972).
1199 Nojira, Y., Otsuki, A. and Fuwa, A. *Analytical Chemistry*, **58**, 544 (1986).
1200 Watling, R.J. and Watling, H.C. *Spectrochimica Acta*, **35B**, 451 (1980).
1201 Schmidt, F.J., Royer, J.L. and Muir, S.M. *Analytical Letters*, **12**, 3 (1975).
1202 Nakashima, S. and Toei, K. *Talanta*, **15**, 1475 (1968).
1203 Kirkilov, A.I., Makharenko, G.P. and Vlasov, N.A. *Zavod Lab.*, **39**, 1 (1973).
1204 Chakraborti, D., Adams, F. and Irgolii, K.J. *Analytica Chimica Acta*, **196**, 23 (1987).

Chapter 3

# Cations in surface, ground and mineral waters

The contamination of surface waters, groundwater, soils and sediments by hazardous trace metals is a widespread environmental problem resulting from mining activities and industrial discharges. Accurate chemical modelling of metal transport and partitioning in these complex, multicomponent systems requires direct knowledge of how metals are sequestered by natural solid phases. These solids are complicated mixtures of weathered primary minerals and crystalline and amorphous secondary phases that precipitate from coexisting waters. Hazard assessment and remediation in complex systems are often difficult because few spectroscopic probes are specific and sensitive enough to provide bonding information about individual metals at low bulk concentrations.

## 3.1 Surface waters

### 3.1.1 Antimony

Brondi *et al.* [1] have reported on the levels of antimony found in surface waters.

### 3.1.2 Arsenic

Haraldsson *et al.* [2] and Huang and Jiang [3] have reported on the levels of arsenic found in surface waters.

### 3.1.3 Barium

Yamakagi *et al.* [4] have reported on the levels of barium found in surface waters.

### 3.1.4 Cadmium

Ohta *et al.* [5] have reported on the levels of cadmium found in surface waters.

### 3.1.5 Chromium

Fung and Sham [6] have reported on the levels of chromium found in surface waters.

### 3.1.6 Copper

Chow *et al.* [7] used on-site anodic stripping voltammetry to monitor levels of a copper based algicide in reservoir waters.

### 3.1.7 Mercury

Janjic and Kiurski [8] and Jian and McLeod [9] have reported on the levels of mercury found in surface waters.

### 3.1.8 Platinum

Calodner *et al.* [10] have reported on the levels of platinum found in surface waters.

### 3.1.9 Rhenium

Calodner *et al.* [10] have reported on the levels of rhenium found in surface waters.

### 3.1.10 Selenium

Haraldsson *et al.* [11] have reported on the levels of selenium found in surface waters.

### 3.1.11 Thorium

Martinez-Aguirre *et al.* [12] have reported on the levels of thorium found in surface waters.

### 3.1.12 Uranium

Martinez-Aguirre *et al.* [12] have reported on the levels of uranium found in surface waters.

### 3.1.13 Vanadium

Farias and Takase [13] and Kawakubo *et al.* [14] have reported on the levels of vanadium found in surface waters.

### 3.1.14 Miscellaneous

Various other workers [15–17] have reported on the levels of trace metals found in surface waters.

Henshaw *et al.* [18] analysed numerous samples of surface waters from lakes in the Eastern US by inductively coupled plasma mass spectrometry for 49 elements. Standard calibrations were used for 21 elements, and surrogate standards were used for 28 elements. The system detection limits, evaluated by using field blanks carried through the entire sampling and pretreatment process, were less than 0.1 µg $L^{-1}$ for most elements. Contamination during sampling and pretreatment was often the limiting factor. The accuracy of the determinations, as determined from the analysis of NBS SRM 1643b samples and by recoveries for spiked water samples, was typically better than ±10% for the elements determined by using standard calibration and better than ±25% for the elements determined by using surrogate standards. The long-term (12 months) precision was generally better than ±10%, expressed as relative standard deviation, for both methods of determination. The use of surrogate standards and interference corrections is discussed in detail.

O'Day *et al.* [19] have applied X-ray absorption spectrometry to determine levels of zinc, cadmium and lead in surface waters.

They used the technique to identify the local molecular co-ordination of metals in contaminated, untreated stream sediments. Quantitative analysis of the X-ray absorption fine structure spectra, supplemented by elemental distributions on particles provided by electron microprobe and secondary ion mass spectrometry, shows that zinc and cadmium occur in small (1<1 µm) residual particles of the host ore, sphalerite (ZnS) in which cadmium substitutes for zinc in the mineral structure. In half of the samples studied, analyses indicate that zinc, as it weathers from sphalerite, is scavenged primarily by zinc hydroxide and/or zinc–iron oxyhydroxide phases, depending on the total amount of iron in the system.

## 3.2 Ground waters

### 3.2.1 Arsenic

Yokoyama *et al.* [20] used ion-exclusion chromatography and continuous hydride atomic absorption spectrometry to study arsenic speciation in geothermal waters. Arsenic was determined in the range 0.01 to 10 mg $L^{-1}$.

### 3.2.2 Barium

Minola *et al.* [21] detected barium in amounts between 10 and 925 µg $L^{-1}$ in Italian well waters using Zeeman graphite furnace atomic absorption spectrometry.

### 3.2.3 Chromium

Wang and Lu [22] used absorptive catalytic stripping voltammetry to determine chromium in groundwater samples in amounts down to 1 ptt.

### 3.2.4 Copper

Yoshimura *et al.* [23] have developed a method based on complexation with 4.7–diphenyl–2,9 dimethyl–1,10 phenanthrolinedisulphonate, concentration on an ion exchanger packed in a flow through cell and detection by spectrophotometry for the determination of down to 80 ppt of copper in groundwaters.

### 3.2.5 Iron

Baedecker and Cozzarelli [24] have reviewed the determination and the fate of unstable iron(II) in groundwaters.

### 3.2.6 Neptunium

Clark *et al.* [25] used EX AFS atomic fluorescence spectroscopy to study pentavalent neptunium carbonate complexes to determine the structure of the main forms of neptunium in groundwater.

### 3.2.7 Radium

The determination of radionucleides of this element is discussed in section 12.2.1.

### 3.2.8 Radon

The determination of radionucleides of this element is discussed in section 12.2.2.

### 3.2.9 Rhenium

Rhenium is one of the rarest elements in the earth's crust, possessing an abundance of approximately 1 μg kg $^{-1}$. The seawater abundance of rhenium has been established at about 0.01 μg L $^{-1}$. It has been established that the perrhenate ion, $Re^{VII}O_4^-$, is the only significant rhenium species present in most aqueous environments.

Ketterer [26] has described a procedure for the determination of rhenium in groundwaters utilising inductively coupled plasma mass spectrometry.

The method is capable of determining rhenium in groundwater samples that contain up to 4000 mg $L^{-1}$ dissolved solids. A commercially available cation exchange membrane cartridge is used on-line to exchange cationic species for equivalent quantities of hydrogen ion; rhenium, which is present as the perrhenate anion, remains on the upstream side of the membrane and is transported directly into the inductively coupled plasma. The arrangement successfully alleviates the matrix–related sample introduction difficulties and permits direct determination of rhenium in water with a detection limit of 0.03 μg $L^{-1}$ using a Meinhard–type nebuliser. Removal efficiencies of up to 100% are achieved for sodium, magnesium, aluminium, potassium and calcium ions, while perrhenate is transmitted with 100% efficiency. Results are presented for the determination of rhenium in groundwater samples from the vicinity of a metal sulphide tailings impoundment in the western US.

### 3.2.10 Selenium

Zhang *et al.* [27] have studied the speciation of selenium in agricultural drainage waters and aqueous soil–sediment extracts.

The method was developed to determine organic selenium(–II) in soil-sediment extracts and agricultural drainage water by using persulphate to oxidise organic selenium(–II) and using manganese oxide as an indicator for oxidation completion.

Results showed that organic selenium(–II) can be quantitatively oxidised to selenite without changing the selenate concentration in the soil-sediment extract and agricultural drainage water and then quantified by hydride generation atomic absorption spectrometry. Recoveries of spiked organic selenium(–II) and selenite were 96–105% in the soil-sediment extracts and 96–103% in the agricultural drainage water. Concentrations of soluble selenium in the soil–sediment extracts were 0.0534–2.45 μg $g^{-1}$ of which organic selenium(–II) accounted for 4.5–59.1%. Selenate is the dominant form of selenium in agricultural drainage water, accounting for about 90% of the total selenium. In contrast, organic selenium(–II) was an important form of selenium in the wetlands. These results showed that wetland sediments are more active in reducing selenate compared to evaporation pond sediments.

### 3.2.11 Technecium

The determination of radionucleides of this element is discussed in section 12.2.3.

### 3.2.12 Uranium

Kerr *et al.* [28] employed high performance liquid chromatography for the determination of uranium in groundwaters. The sample was passed through a small reversed-phase enrichment cartridge, to separate the uranium from the bulk of the dissolved constituents. The uranium was then back flushed from the cartridge onto a reversed-phase analytical column. The separated species were monitored spectrophotometrically after reaction with arsenazo(III). The detection limit was in the 1–2 $\mu g\ L^{-1}$ range with a precision of approximately 4%.

Wu *et al.* [29] have shown that it is possible to determine down to 50 ppt of uranium in groundwater, without sample pretreatment, using laser-induced fluorescence spectroscopy.

### 3.2.13 Heavy metals

Komy *et al.* [30] have applied differential pulse stripping voltammetry to the determination of cadmium, lead, copper and zinc in groundwaters.

Leiterer *et al.* [31] determined aluminium, arsenic, cadmium, chromium, cooper manganese, nickel, lead and zinc simultaneously in groundwaters by inductively coupled plasma mass spectrometry. These workers studied the effect of matrix interferences. Inductively coupled plasma atomic emission spectrometry has been used to monitor levels of copper, nickel and lead in municipal landfill leachates [32].

### 3.2.14 Lanthanides

Stroh [33] used inductively coupled plasma mass spectrometry to determine rare earths at the 0.5 ppt level in groundwaters.

### 3.2.15 Actinides and transuranic elements

Nitsche *et al.* [34] studied the dependence of actinide solubility and speciation on carbonate concentration and ionic strength at pH 6, 7 and 8.5 in the case of the actinides americium, neptunium and plutonium in groundwaters.

### 3.2.16 Miscellaneous

Stetzenbach *et al.* [35] used inductively coupled plasma mass spectrometry to determine 54 metals at precipitate concentrations in groundwater.

Meyer *et al.* [36] and Barcelona *et al.* [37] and others [38] have reviewed the determination of metals in groundwaters, wells, reservoirs and springs.

*Table 3.1* Determination of metals in mineral, spa and spring waters

| *Type of water* | *Elements* | *Technique* | *Detection limit* ($\mu g\ L^{-1}$) | *Interferences* | *Ref.* |
|---|---|---|---|---|---|
| Individual metals | | | | | |
| Mineral | Arsenic | Amperometric titration with standard potassium bromate | 50 | – | [42] |
| Mineral | Calcium | Ring colorimetry | – | Cerium, phosphate | [43] |
| Hot spring water | Lithium<br>Sodium<br>Potassium<br>Rubidium, Caesium | Ion-exchange chromatography with hydrogen flame ionisation detection | – | – | [44] |
| Mineral | Sodium | Autoanalyser system with sodium selective electrode | 1000 | Excess potassium ie >5–fold excess | [45] |
| Mineral | Nickel | Ion-exchange chromatography on Dowex A–1 then Dowex 1–X10 | 0.05 μg | Removed | [46] |
| Hot spring water | Copper | Cation-exchange separation in ammonical pyrophosphate medium | – | Iron interference overcome | [47] |
| Mineral | Molybdenum | Graphite furnace aas | | Detection limit 0.19 $\mu g\ L^{-1}$ | [48] |
| Mineral | Molybdenum | Electro-thermal aas | | Preconcentration on Amberlite IRA–400 | [49] |
| Mixtures of metals | | | | | |
| Hot spa water | 32 elements | Mass spectrometry analysis | <2 $mg\ L^{-1}$ | – | [50] |
| Hot mineral waters | Arsenic<br>Antimony<br>Germanium<br>Selenium, Cadmium | Atomic absorption spectrometry with L'vov platform | 1 | – | [51] |

*Table 3.1* continued

| *Type of water* | *Elements* | *Technique* | *Detection limit* ($\mu g\ L^{-1}$) | *Interferences* | *Ref.* |
|---|---|---|---|---|---|
| Mineral | Silver<br>Beryllium<br>Copper<br>Germanium<br>Manganese<br>Molybdenum<br>Nickel | Emission spectrography | – | – | [52] |
| Medical mineral waters | Potassium<br>Lithium<br>Magnesium<br>Strontium<br>Chromium<br>Manganese<br>Nickel<br>Copper<br>Zinc | Atomic absorption spectrometry | – | – | [53] |
| Mineral waters | Mercury<br>Lead<br>Cadmium<br>Chromium | Atomic absorption spectrometry | – | – | [54] |
| Thermal waters | Arsenic<br>Antimony<br>Selenium<br>Tellurium | Hydride generation atomic absorption spectrometry | As 0.2 ng, Sb 0.04 ng<br>Bi 0.05 ng<br>Se 0.3 ng<br>Te 0.1 ng | – | [55] |

Source: Own files

Melloul and Goldenberg [39] have reviewed the monitoring of metallic contaminants in groundwaters.

Gibbons [40] has given an overview of statistical methods for groundwater monitoring.

### 3.2.17 Preconcentration

Kerr *et al.* [41] have developed a technique using high-performance liquid chromatography and trace enrichment techniques to measure trace levels of uranium in solutions containing high concentrations of dissolved salts. This procedure is required to support research into the feasibility of deep geological disposal of used nuclear fuel, which includes studying the leaching of uranium from fuel by natural groundwaters. After conditioning, several millilitres of sample are passed through a small reversed-phase enrichment cartridge where the uranium is concentrated and separated from the bulk of other constituents. The uranium is then back flushed from the column onto a reversed-phase analytical column where further separation is achieved. The separated species are monitored spectrophotometrically after post-column reaction with the chromogenic reagent Arsenazo(III). Analysis of simulated groundwaters has shown the procedure to be free from major interferences. Automation of the system using automatic switching valves and an automated sample injector allows approximately 40 samples per day to be analysed with a measurement precision of about 4%. Detection limits are in the 1–2 $\mu g\ L^{-1}$ range.

## 3.3 Mineral waters

Methods for the analysis of mineral waters are reviewed in Table 3.1.

## References

1 Brondi, M., Gragnani, R. and Presperi, M. Appl Zeeman Graphite Furnace Atomic Spectroscopy. Chem. Lab. Toxicology, 143–154 (1992).
2 Haraldsson, C., Pollak, M. and Oehman, P. *Journal of Analytical Atomic Spectroscopy*, **7**, 1183 (1992).
3 Huang, C. and Jiang, S. *Analytica Chimica Acta*, **289**, 205 (1994).
4 Yamakagi, K., Yoshii, M. and Yamada, K. *Analytical Science*, **9**, 423 (1993).
5 Ohta, K., Nakasima, N., Inui, S., Winefordner, J.D. and Mizuno, T. *Talanta*, **39**, 1643 (1992).
6 Fung, W.G. and Sham, W.C. *Analyst (London)*, **119**, 1029 (1994).
7 Chow, C.W.K., Davey, D.E. and Mulcahy, D.E. *Analytical Letters (London)*, **27**, 113 (1994).
8 Janjic, J. and Kiurski, J. *Water Research*, **28**, 233 (1994).
9 Jian, W. and McLeod, C.W. *Talanta*, **39**, 1537 (1992).
10 Calodner, D.C., Boyle, E.A. and Edmond, J.M. *Analytical Chemistry*, **65**, 1419 (1993).

11 Haraldsson, C., Pollak, M. and Oehmon, P. *Journal of Analytical Atomic Spectroscopy*, **7**, 1183 (1992).
12 Martinez-Aguirre, A., Garcia-Leon, M. and Ivanovich, M. *Nuclear Instrumen. Methods Physical Research, Section A*, **339**, 287 (1994).
13 Farias, P.A.M. and Takase, I. *Electroanalysis*, **4**, 823 (1992).
14 Kawakubo, S., Liang, B., Iwatsuki, M. and Fukasawa, T. *Analyst (London)*, **119**, 1391 (1994).
15 Dankert, T. and Sirotek, Z. *Chemical Geology*, **107**, 133 (1993).
16 Pettine, M., La Noce, T. and Liberator, A. *Applied Zeeman Graphite Furnace Atomic Absorption Spectrometry. Chem. Lab. Toxicology*, **165**, 77 (1992).
17 Inhat, M., Gamble, D.S. and Gilchrist, G.F.R. *International Journal of Environmental Analytical Chemistry*, **53**, 63 (1993).
18 Henshaw, J.M., Heithmar, E.M. and Hinners, T.A. *Analytical Chemistry*, **61**, 335 (1989).
19 O'Day, P.A., Carroll, S.A. and Waychunas, G.A. *Environmental Science and Technology*, **32**, 943 (1998).
20 Yokoyama, T., Takahashi, Y. and Tarutani, T. *Chemical Geology, Part 1*, **48**, 27 (1992).
21 Minola, C., Canedoli, S., Vescovi, L., Rizzio, L., Pietra, R. and Manzo, L. *Applied Zeeman Graphite Furnace Atomic Absorption Spectrometry. Chem. Lab. Toxicology*, **00**, 179 (1992).
22 Wang, J. and Lu, J. *Analyst (London)*, **117**, 1913 (1992).
23 Yoshimura, K., Matsuoka, S., Inakhura, Y. and Hose, U. *Analytica Chimica Acta*, **268**, 225 (1992).
24 Baedecker, M.J. and Cozzarelli, I.M. *Environmental Science Pollution Control Series 4* (Groundwater Contamination and Analyses at Waste Sites). 425–61 (1992).
25 Clark, D.L., Conradson, S.D., Ekberg, S.A. *et al. Journal of American Chemical Society*, **118**, 2089 (1996).
26 Ketterer, M.E. *Analytical Chemistry*, **62**, 2522 (1990).
27 Zhang, Y., Moore, J.N., William, T. and Frankenberger, J.R. *Environmental Science and Technology*, **33**, 1652 (1999).
28 Kerr, A., Kupterschmidt, W. and Attas, M. *Analytical Chemistry*, **60**, 2729 (1988).
29 Wu, J., Yuan, Z., Li, J. Zhang, C. and Ren, L. Report ISTIC–T 94064 Order No PB94–189999, Avail. NTIS (1994).
30 Komy, Z.R. *Mikrochimica Acta*, **111**, 239 (1993).
31 Leiterer, M. and Muench., U. *Fresenius Journal of Analytical Chemistry*, **350**, 204 (1994).
32 Papini, M.D., Mazone, M., Senofonte, O. and Caroli, S. *Microchemical Journal*, **50**, 191 (1994).
33 Stroh, A. *Atomic Spectroscopy*, **13**, 89 (1992).
34 Nitsche, H., Muller, A., Standifer, E.M., Deinhammer, R.C. *et al. Radiochimica Acta*, **58**, 27 (1992).
35 Stetzenbach, K.J., Amano, M., Kreamer, D.K. and Hodge, V.F. *Ground Water*, **32**, 976 (1994).
36 Meyer, A.S., Rabideau, A.M., Mitchell, R.J. *et al. Water Environmental Research*, **65**, 486 (1993).
37 Barcelona, M.J., Helfrich, J.A. *ASTM Spec. Tech. Publ.*, STP 1118 (Curr. Pract. Ground Water Vadose Zone Invest.), 3–23 (1992).
38 S. Lesage and R.E. Jackson (eds.) Groundwater Contamination and Analysis at Hazardous Waste Sites. In *Environmental Science Pollution Control* Series 4, Dekker, New York, (1992).

39 Melloul, A.J. and Goldenberg, L.C. *Environmental Science Pollution Control Series*, **11**, 529 (1994).
40 Gibbons, R.D. *Environmental Science Pollution Control* Series 4. (Groundwater Contamination and Analysis at Hazardous Waste Sites) 199–243 (1992).
41 Kerr, A., Kupferchmidt, W. and Atlas, M. *Analytical Chemistry*, **60**, 2729 (1988).
42 Kobrova, M. *Chemicke Listy.*, **67**, 762 (1973).
43 Johri, K.M., Hauda, A.C. and Mehrer, H.C. *Analytica Chimica Acta*, **57**, 217 (1971).
44 Araki, S., Suzuki, S., Hobo, T., Yoshida, T., Yoshizaki, K. and Yamada, M. *Japan Analyst*, **17**, 847 (1968).
45 Van der Winkel, O., Mertens, P., De Baerst, G. and Massart, D.L. *Analytical Letters (London)*, **5**, 567 (1972).
46 Nevoral, V. and Okac, A. *Cslka Farm.*, **17**, 478 (1968).
47 Toshio, N. *Bulletin of the Chemical Society of Japan*, **42**, 3017 (1969).
48 Bermejo-Barrera, P., Vazquez-Gonzalez, J.F. and Bermejo-Martinez, R. *Microchimica Acta*, **3/4**, 259 (1986).
49 Vazquez-Gonzalez, J.F., Bermejo-Barrera, P. and Bermejo-Martinez. F. *Atomic Spectroscopy*, **8**, 159 (1987).
50 Klose, M. *Analytical Chemistry*, **254**, 7 (1971).
51 Criaud, A. and Fouillac, C. *Analytica Chimica Acta*, **167**, 257 (1985).
52 Pepin, D., Gardes, A. and Petit, J. *Analysis*, **2**, 337 (1973).
53 Pulido, C. and Moreira de Almeida, C. *Revta. Portugal Quim.*, **11**, 84 (1969).
54 Sontag, G., Kerschbaumer, M., and Kainz, G. *Wasser Abwasser*, **10**, 166 (1977).
55 Yamamoto, M., Yasuda, M. and Yamamoto, Y. *Analytical Chemistry*, **57**, 1382 (1985).

Chapter 4

# Cations in potable waters

## 4.1 Aluminium

### *4.1.1 Spectrophotometric methods*

A British Standard methods [1] is based upon the formation of a blue coloured complex by reaction with pyrocatechol violet in a suitably buffered solution and spectrophotometric measurement at 585 nm. Interference due to iron is avoided by the addition of 1,10-phenanthroline/hydroxyammonium chloride reagent which converts this metal to a stable ferrous iron chelate. Acidification of samples is normally sufficient to convert different forms of aluminium to those capable of reacting with the chromophore, although some samples may require more rigorous treatment. For fluoridated potable waters a specially prepared calibration curve is required. The method is applicable over the range 0–0.3 mg $L^{-1}$ with a limit of detection of 0.013 mg $L^{-1}$ aluminium.

Narayanan and Pantony [2] have described a procedure for the determination of traces of aluminium in water by spectrophotometry after extraction with 8–quinolinol. Other metal ions which interfere with this method are removed by preliminary extraction using 2-iso-propyl-8-quinotinol.

The standard deviation of this method in each of the concentrations ranges 10–36, 36–50 and 50–103 µg $L^{-1}$ of aluminium was 4 µg $L^{-1}$. The method has a better precision than the catechol violet method at comparable levels. It can detect aluminium as low as 10 µg $L^{-1}$ although the relative error with respect to aluminium at this level would be ±40%. Such an error can be expected in view of the low concentration determined.

Mok [3] has compared three spectrophotometric methods employing pyrocatechol violet, eriochrome cyanine R and aluminon and an atomic absorption spectrometric method for the determination of aluminium in potable waters. He found that the pyrocatechol violet method was the least subject to interferences.

### 4.1.2 Spectrofluorometric method

Rojas *et al.* [4] used N-(-3-hydroxy-2-pyridyl) salicylaldime as a reagent for the determination of 3.5–400 μg $L^{-1}$ aluminium in potable water.

Sanchez-Rojas *et al.* [5] have described a flow injection spectrofluorometric method using salicylaldehyde carbohydrazone in the presence of Triton X–100 to determine down to 2 μg $L^{-1}$ of aluminium in potable water.

### 4.1.3 Graphite furnace atomic absorption spectroscopy

Prayle *et al.* [6] described a graphite furnace atomic absorption method for determining down to 50 μg $L^{-1}$ aluminium in water and compared results with those obtained by the ferron spectrometric method [7] and the lumogallion spectrofluorometric methods [8–11].

It was found that standard additions generally gave more reliable results than calibrations against a standard curve. The ferron method gave unreliable results below about 50 μg $L^{-1}$ aluminium. The lumogallion and atomic absorption spectrometry methods yielded similar results and when a large difference between the two methods occurred, it may have been because the atomic absorption spectrometry measures total aluminium while the lumogallion method does not measure unreactive aluminium.

Many interferences in the lumogallion method occur only at high concentrations not often found in potable water. Sulphate, phosphate, and silicate do not interfere at molar concentrations of up to 100 times that of the aluminium.

No interference with the lumogallion method was found from up to 2.7 mg zirconium(VI) added to a solution of 80 μg aluminium. Titanium(IV) at greater than 0.48 mg $L^{-1}$, gave apparent concentrations 5% higher than aluminium standards. Humic acid contributes about 0.5% aluminium by dry weight to a sample through contamination but does not interfere through fluorescence on its own or with lumogallion.

Fluoride concentrations of 0.1, 1.0, and 3.8 mg $L^{-1}$ added to 50 μg $L^{-1}$ aluminium standards resulted in apparent aluminium concentrations of 48, 28 and 9 μg $L^{-1}$ respectively. Iron concentrations above 170 μg $L^{-1}$ interfered above 50 μg $L^{-1}$ aluminium. This interference can be overcome by diluting a sample so that the aluminium concentration is less than 50 μg $L^{-1}$. Manganese and zinc at concentrations up to 220 and 70 μg $L^{-1}$ respectively increased the apparent aluminium concentrations by a maximum of only 1 μg $L^{-1}$ in the range 10–50 μg $L^{-1}$ aluminium.

Iron interference with the ferron method is corrected by the addition of 1,10-phenanthroline after reduction of iron(III). Manganese and fluoride and other ions create small interferences.

Detection limits between 0.05 and 0.1 μg aluminium $L^{-1}$ have been reported for the lumogallion method [1,2,4,6]. The signal was linear up to about 120 μg aluminium $L^{-1}$. The lower limit of usefulness of the ferron method was about 50 μg aluminium $L^{-1}$ and the linear range was 50–1500 μg $L^{-1}$.

Carrondo *et al.* [12] have described a direct electrothermal atomic absorption method for the determination of aluminium in potable water, waste water and sewage. For flame analysis they used an atomic absorption spectrometer with a deuterium background correction and a nitrous oxide acetylene reducing flame. To suppress the ionisation, samples and standards were made up to 2 mg $L^{-1}$ in potassium chloride. For electrothermal analysis they used a heated graphite atomiser with argon as the inert gas. The conditions were: sample injected, 20 μL, drying 100°C for 30 s, two stage ashing from 100°C to 400°C in 45 s followed by electrothermal ashing at 1200°C for 30 s, atomisation at 2770°C for 8 s. The 257.5 nm line was used. Using this method it was found that a potable water containing 20 μg $L^{-1}$ aluminium after spiking with 1050 μg $L^{-1}$ aluminium gave a result of 1030 μg $L^{-1}$ aluminium, ie a recovery of 96%. Relative standard deviations were always less than 7%.

The atomic absorption spectrometry of aluminium is also discussed.

### 4.1.4 Inductively coupled plasma atomic emission spectrometry

The application of this technique is discussed under multication analysis in section 4.53.7.

### 4.1.5 Neutron activation analysis

Lavi *et al.* [13] applied neutron activation to the determination of aluminium in amounts between 80 and 170 μg $L^{-1}$ in drinking water.

### 4.1.6 High performance liquid chromatography

The application of this technique is discussed under multication analysis in section 3.53.14.1.

### 4.1.7 Miscellaneous

The Standing Committee of Analysts (UK) [14] have reviewed methods for the determination of acid soluble aluminium in raw and potable waters.

Jones and Pauli [15] have studied the speciation of aluminium in UK potable waters.

#### 4.1.8 Preconcentration

Aluminium has been preconcentrated as its Chrome Azurol S–3 ephiramine complex on a membrane filter prior to its spectrophotometric determination. Down to 2 μg $L^{-1}$ aluminium could be determined by this procedure [16].

Sarzanini *et al.* [17] compared two ion-exchange methods for the preconcentration of aluminium from potable water. In the first method, the aluminium pyrocatechol blue complex was formed then eluted through a anion-exchange column. In the other the pyrocatechol was loaded onto the resin then the sample passed through the column. The fast method gave the better recovery of aluminium.

### 4.2 Antimony

#### 4.2.1 Atomic absorption spectrometry

The determination of antimony is discussed under multication analysis in section 4.53.4.4.

### 4.3 Arsenic

#### 4.3.1 Spectrophotometric method

Nyamah and Torgbor [18] described a spectrophotometric method based on the reaction of pentavalent arsenic with potassium iodide in the presence of sulphuric acid to release an equivalent amount of iodine which gave a pink colour to a carbon tetrachloride extract; the colour was then measured at 515 nm. No interference was caused by trivalent arsenic, trivalent iron, hexavalent chromium, or tetravalent lead. The limit of detection was 5 μg $L^{-1}$.

#### 4.3.2 Hydride generation atomic absorption spectrometry

Schmidt and Royer [19] determined down to 0.1 μg $L^{-1}$ arsenic, also selenium, antimony and bismuth, in potable water using a sodium tetrahydroboride based hydride generation atomic absorption method.

The determination of arsenic is also discussed under multication analysis in sections 4.53.4.3, 4.53.4.6 and 4.53.6.1 (hydride generation atomic absorption spectrometry).

#### 4.3.3 Inductively coupled plasma atomic emission spectrometry

The determination of arsenic is discussed under multication analysis in sections 4.53.7 and 4.53.8 (hydride generation atomic absorption spectrometry).

### 4.3.4 Inductively coupled plasma mass spectrometry

Klaue and Blum [20] have applied a magnetic sector inductively coupled plasma mass spectrometer to the determination of arsenic in drinking water samples using standard liquid sample introduction in the high-resolution mode ($M/\Delta M = 7800$) and hydride generation in the low-resolution mode ($M/\Delta M = 300$). Although high mass resolution inductively coupled plasma mass spectrometry allowed the spectral separation of the argon chloride interference, the accompanying reduction in sensitivity at high resolution compromised detection and determination limits to 0.3 and 0.7 μg $L^{-1}$ respectively. Therefore, a hydride generation sample introduction method, utilising a new membrane gas–liquid separator design, was developed to overcome the chloride interference. Due to the high transport efficiency and the 50–100 times higher sensitivity at $M/\Delta M = 300$, the HG-inductively coupled plasma mass spectrometry method resulted in an over 2000-fold increase in relative sensitivity. The routine detection and quantification limits were 0.3 and 0.5 ng $L^{-1}$ respectively. The results for both methods applied to the analysis of over 400 drinking water samples showed very good agreement at concentrations above 1 μg $L^{-1}$. For concentrations between 0.01 and 1 μg $L^{-1}$, only HG-inductively coupled plasma mass spectrometry provided accurate quantitative results. Membrane desolvation, mixed-gas plasmas, and the addition of organic solvents for the reduction of the $ARCl^+$ interference were also investigated and evaluated for trace arsenic determination.

### 4.3.5 Polarography

Linear sweep cathode ray polarography has been used to determine down to 5 μg $L^{-1}$ of arsenic in well water [21].

### 4.3.6 Liquid chromatography

Liu *et al.* [22] have separated sub ng amounts of arsenious, arsenic, monomethylarsenic and dimethylarsinic acids using dodeyldimethylammonium bromide vesicles for liquid chromatography coupled to an inductively coupled plasma atomic emission spectrometer.

### 4.3.7 Miscellaneous

Spectrophotometry [18,22,23], polarography [18] and atomic absorption spectroscopy have all been employed to determine arsenic in potable waters.

#### 4.3.8 Preconcentration

Coprecipitation with ferric hydroxide followed by spectrometry of the silver diethyldithiocarbamate complex [24] has been used to determined 1 μg $L^{-1}$ arsenic in potable water.

## 4.4 Barium

### 4.4.1 Graphite furnace atomic absorption spectrometry

Kubota [25] determined barium in potable waters by carbon furnace atomic emission spectrometry.

The determination of barium is also discussed under multication analysis in sections 4.53.4.3, 4.53.4.6 and 4.53.5.1 (graphite furnace atomic absorption spectrometry).

### 4.4.2 Inductively coupled plasma atomic emission spectrometry

The application of this technique is discussed under multication analysis in section 4.53.7.

## 4.5 Beryllium

### 4.5.1 Atomic absorption spectroscopy

Korkisch *et al.* [26] determined beryllium after separation by solvent extraction and cation exchange. The beryllium was first isolated from natural waters by chloroform extraction of its acetylacetonate from a solution at pH 7 and containing EDTA. The chloroform extract was then mixed in the ratio of 3:6:1 with tetrahydrofuran and methanol containing nitric acid and passed through a column of Dowex 50 × 8 ($H^+$ form). After removal of acetylacetone, chloroform and tetrahydrofuran by washing the resin bed with methanol–nitric acid, beryllium was eluted with 6 M hydrochloric acid and determined by atomic absorption spectroscopy.

In this method only iron and copper are co-eluted with beryllium and these do not interfere in the atomic absorption determination. The detection limit is 0.01 μg $L^{-1}$. Up to 2.3 μg $L^{-1}$ beryllium was found in potable water samples.

Cernohorsky and Kotrilh [27] determined beryllium at a detection limit of 0.16 pg in potable water using tungsten furnace atomic absorption spectrometry. These workers used aluminium nitrate as a modifier to eliminate calcium and magnesium interference. The application of atomic absorption spectrometry is also discussed in section 4.53.5.1.

### 4.5.2 *Graphite furnace atomic absorption spectrometry*

Lytle *et al.* [28] determined down to 30 ppt of beryllium in potable waters using graphite furnace atomic absorption spectrometry. Ammonium molybdate and ascorbic acid were used as matrix modifiers to eliminate common interferences.

### 4.5.3 *Inductively coupled plasma atomic emission spectrometry*

The application of this technique is discussed under multication analysis in section 4.53.7.

### 4.5.4 *Gas chromatography*

Kuo *et al.* [29] determined down to $2 \times 10^{-11}$ g (0.02 μg $L^{-1}$) of beryllium in potable water by gas chromatography with electron capture detection. After mixing with an ethanolic solution of *N*-trifluoroacetylacetone the $Be(TFA)_2$ complex formed is extracted with cyclohexane. To the excess of free *N*-trifluoroacetylacetone is added sodium bicarbonate solution with shaking for at least 15 s. The pH must be above 7.5, preferably in the range 8–5–9.0. Deionised water showed no detectable levels of beryllium, while Taiwan tap water had a level of 0.18 μg $L^{-1}$.

The peak height of $Be(TFA)_2$, at a retention time of 1.9 min, was taken for the quantitative determination of beryllium as shown in Fig. 4.1 (a). In the chromatogram (Fig. 4.1 (b)) the solvent peak of cyclohexane (retention time ca. 1 min) was a tailing that resulted from incomplete removal of free HTFA, in which a random determination would be obtained. The calibration curve of $Be(TFA)_2$ was obtained from the measurement of standard aqueous solutions or standard solutions of $Be(TFA)_2$ in cyclohexane.

Data for unknown samples were calculated by the known addition method. It was performed by adding an appropriate amount of Be(TFA) standard solution (Be, 0.26 mg $L^{-1}$) to 1 ml of the final organic extractants.

Low recovery, due to the interference of the fluoride ion seriously interferes with the determination of beryllium.

### 4.5.5 *High performance liquid chromatography*

The application of this technique is discussed under multication analysis in section 4.53.14.1.

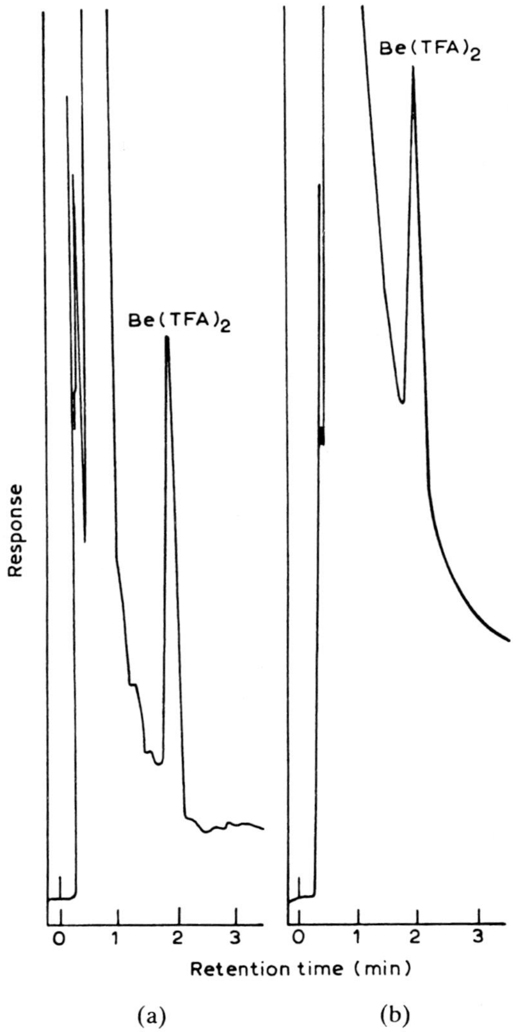


*Fig. 4.1* Chromatograms of $Be(TFA)_2$ in cyclohexane medium; (a) peak of $Be(TFA)_2$ with complete washing at 1.9 min retention time; (b) tailing peak for incomplete removal of free HTFA.

Source: Reproduced by permission from Preston Publications, Illinois

## 4.6 Bismuth

### 4.6.1 Inductively coupled plasma atomic emission spectrometry

The application of this technique is discussed under multication analysis in section 4.53.7.

### 4.6.2 Preconcentration

200–450 μg $L^{-1}$ bismuth have been determined [30] by sorbing the coloured bismuth iodide complex on to a polyether polyurethane foam and measuring its net absorbance at 495 and 600 nm against a blank foam in benzene. Copper and silver ions interfere in this procedure.

Preconcentration of bismuth is also discussed under multication analysis in section 4.53.17.3.

## 4.7 Cadmium

### 4.7.1 Atomic absorption spectrometry

The application of this technique is discussed under multication analysis in sections 4.53.4.2–6 and 4.53.5.2 (graphite furnace atomic absorption spectrometry).

### 4.7.2 Inductively coupled plasma atomic emission spectrometry

The application of this technique is discussed under multication analysis in section 4.53.7.

### 4.7.3 Anodic scanning voltammetry

The application of this technique is discussed under multication analysis in section 4.53.9.1 and 4.53.9.2.

### 4.7.4 Mass spectrometry

The application of this technique is discussed under multication analysis in section 4.53.10.

### 4.7.5 Preconcentration

Cadmium has been preconcentrated by extraction of its ammonium pyrrolidine dithiocarbonate into methyl isobutyl ketone followed by determination by atomic absorption spectrometry [31].

Jha *et al.* [32] investigated the efficiency of removal of cadmium from potable water using chitosan. Studies with potable water showed that cadmium removal capacity was not affected by the presence of calcium, bicarbonate or chloride ion.

The preconcentration of cadmium is also discussed under multication analysis in sections 4.53.7.1 and 4.53.17.3–6.

## 4.8 Calcium

### 4.8.1 Titration

The application of this technique is discussed under multication analysis in section 4.53.1.1.

### 4.8.2 Spectrophotometric method

Ishizuki *et al.* [33] give details for the preparation of a new reagent, 2-(2-(8-hydroxyquinolyl)azo-1-naphthol) for the spectrophotometric determination of calcium in potable water at 610 nm. The reagent formed a soluble complex with calcium in 50% (v/v) dioxane/water at pH greater than 8.5. It also formed complexes with other divalent cations, but such interference could be avoided except for manganese, by adjusting pH or adding masking agents.

### 4.8.3 Flow injection analysis

The application of this technique is discussed under multication analysis in section 4.53.3.1.

### 4.8.4 Ion selective electrode

Wada *et al.* [34] have described the preparation of calcium ion selective electrodes for use as detectors in flow through cells of flow injection analysis systems.

### 4.8.5 Proton induced X-ray emission spectrometry

The application of this technique is discussed under multication analysis in section 4.53.11.

### 4.8.6 X-ray fluorescence spectroscopy

The application of this technique is discussed under multication analysis in section 4.53.12.1.

#### 4.8.7 Ion chromatography

The application of this technique is discussed under multication analysis in section 4.53.15.1.

## 4.9 Cerium

### 4.9.1 Inductively coupled plasma mass spectrometry

The application of this technique is discussed under multication analysis in section 4.53.16.

## 4.10 Chromium

### 4.10.1 Atomic absorption spectrometry

Workers at the Department of the Environment UK [35] have described two methods for the determination of chromium in potable and raw waters and sewage. The first method is based on five-fold concentration of the sample by evaporation followed by atomic absorption spectrophotometry. The second method is based on the formation of a coloured complex with diphenylcarbazide and determination of the absorption at 540 nm; it is suitable for raw and potable waters, up to a maximum chromium concentration of 100 μg $L^{-1}$ while the first method can be employed up to 400 μg $L^{-1}$.

Thompson and Wagstaff [36] have described an atomic absorption spectrophotometric method for chromium designed to meet the World Health Organization and EEC requirements for a method capable of determining down to 50 μg $L^{-1}$ chromium in potable water and waters intended for the abstraction of potable water.

This method utilises a concentration by evaporation technique, in which ammonium perchlorate is incorporated into the sample solution in order to minimise inter-element effects from the sample matrix. The determination is carried out in an air–acetylene flame.

Automatic background correction at the 357.9 nm chromium line is not recommended as balancing the hydrogen and chromium lamp intensifies at this wavelength is not easy and a severely degraded chromium detection limit is normally observed. Sequential background correction using the lead 357.3 nm non-resonance line was used and found to be satisfactory. The presence of sulphate significantly enhances the background absorption from calcium and magnesium. However, the background absorption signals for most natural water and sewage effluent samples are relatively small.

Aliquots of a potable water sample, were spiked with equal amounts (40 and 400 μg $L^{-1}$) of chromium(III) and chromium(VI) and taken through the procedure, and no significant difference in response for the two oxidation states was detected.

The application of this technique is discussed under multication analysis in section 4.53.4.6.

### 4.10.2 Inductively coupled plasma atomic emission spectrometry

The application of this technique is discussed under multication analysis in section 4.53.7.

### 4.10.3 Proton induced X-ray emission spectrometry

The application of this technique is discussed under multication analysis in section 4.53.11.

### 4.10.4 X-ray fluorescence spectroscopy

The application of this technique is discussed under multication analysis in section 4.53.12.1.

### 4.10.5 Preconcentration

The preconcentration of chromium is discussed under multication analysis in sections 4.53.17.1 and 4.53.17.3.

## 4.11 Cobalt

### 4.11.1 Inductively coupled plasma atomic emission spectrometry

The application of this technique is discussed under multication analysis in section 4.53.7.

### 4.11.2 Proton induced X-ray emission spectroscopy

The application of this technique is discussed under multication analysis in section 4.53.11.

### 4.11.3 X-ray fluorescence spectroscopy

The application of this technique is discussed under multication analysis in section 4.53.12.1.

### 4.11.4 Preconcentration

The preconcentration of cobalt is also discussed under multication analysis in section 4.53.17.1.

## 4.12 Copper

### 4.12.1 Spectrophotometric methods

Jardim and Rohwedder [37] determined copper in potable waters by adding sodium tetraborate buffer solution (0.01 M, 5 ml) and hydroxylamine solution (0.1 M, 0.3 ml) to 10 ml of water. A suitable period of time was allowed for copper(II) ion catalysed oxidation of hydroxylamine to nitrite. Final nitrite concentrations were then measured spectrophotometrically. Absorbances at 540 nm were converted to concentrations using a calibration curve. For total copper determinations, the water samples were digested prior to analysis by adding concentrated nitric acid. Using differential pulse anodic stripping voltammetry the total copper found in a sample of potable water was 0.494 ± 0.6 μmol, whereas using the catalytic reaction, the value obtained was 0.43 ± 0.01 μmol.

Themelis and Vasilikiotis [38] determined traces of divalent copper using the catalytic effect of copper on the oxidation of chromotropic acid by hydrogen peroxide and spectrophotometric measurement of the rate of change of absorbance at 430 mm. Copper concentrations in the range 12–200 μg $L^{-1}$ could be measured.

### 4.12.2 Zeeman atomic absorption spectrometry

Atsuya *et al.* [39] carried out studies on the effect of various factors on the determination of copper by Zeeman atomic absorption spectrometry in a graphite cup type furnace and optimal conditions to minimise the effects of these variables were established. These workers showed that copper can be determined in tap water after co-precipitation with lead sulphide.

In particular, Atsuya *et al.* [39] discuss the effects of hydrochloric acid and large amounts of iron under various heating conditions on the atomic absorption spectrometric determination of copper with a graphite cup-type furnace.

These effects of up to 1000 mg $L^{-1}$ iron on the absorbance of copper varied with change of drying temperature and carrier gas flow rate, when the ashing temperature was fixed at 700 or 800°C. However, these effects were eliminated when the ashing temperature was fixed at 800°C or 900°C with a 20 ml $min^{-1}$ carrier gas flow.

Under the conditions used in this procedure a wide range of metals including aluminium, cadmium, cobalt, chromium, iron, manganese, nickel, lead and zinc (recoveries 98–103%) do not interfere in the determination of copper. Down to 10 μg L $^{-1}$ copper can be determined by this procedure.

The application of this technique is also discussed under multication analysis in sections 4.53.4.5, 4.53.4.6 and 4.53.5.1 (graphite furnace atomic absorption spectrometry).

### 4.12.3 Anodic stripping voltammetry

The application of this technique is discussed under multication analysis in section 4.53.9.1–3.

### 4.12.4 Ion selective electrode

Standard addition potentiometry using a copper selective electrode has been used [40] to determine copper at the μg L $^{-1}$ level in potable water.

Hulanicki *et al.* [41] determined copper in potable water by means of a chalcolite copper ion selective electrode. This electrode is based on a cuprous sulphide membrane. Determinations can be carried out down to 6 μg L $^{-1}$ when the standard addition procedure is used. These workers used a TFB (tris fluoride) buffer consisting of 0.02 M tris (2-amino-2-hydroxymethyl-propane-diol-1,3), 0.1 M potassium nitrate and 0.02 M potassium fluoride. After mixing this buffer with the sample the initial pH being 9.3–9.7 was adjusted to 7 with nitric acid.

Appreciable errors in copper determinations below 25 μg L $^{-1}$ were observed by this procedure unless the solution was boiled prior to measurement. At pH 7 any iron in the sample should be masked by hydroxide ions but this process is probably slow and may be made more effective when the solution is heated to boiling before measurements. Without boiling the results show a large scatter and they have as a rule a positive error of several hundred per cent. In the heated samples, the precision is only slightly better, but no systematic error occurs.

All results were obtained in this procedure by the standard additions technique.

### 4.12.5 Proton induced X-ray emission spectrometry

The application of this technique is discussed under multication analysis in section 4.53.11.

### 4.12.6 X-ray fluorescence spectroscopy

The application of this technique is discussed under multication analysis in section 4.53.12.1.

### 4.12.7 *High performance liquid chromatography*

The application of this technique is discussed under multication analysis in section 4.53.14.1.

### 4.12.8 *Preconcentration*

The preconcentration of copper is discussed under multication analysis in sections 4.53.17.1–6.

## 4.13 Dysprosium

### 4.13.1 *Inductively coupled plasma mass spectrometry*

The application of this technique is discussed under multication analysis in section 4.53.16.

## 4.14 Erbium

### 4.14.1 *Inductively coupled plasma mass spectrometry*

The application of this technique is discussed under multication analysis in section 4.53.16.

## 4.15 Europium

### 4.15.1 *Inductively coupled plasma mass spectrometry*

The application of this technique is discussed under multication analysis in section 4.53.16.

## 4.16 Gadolinium

### 4.16.1 *Inductively coupled plasma mass spectrometry*

The application of this technique is discussed under multication analysis in section 4.53.16.

## 4.17 Gallium

### 4.17.1 *Spectrofluorometric methods*

Derivative synchronous fluorescence spectrometry using salicylaldehyde thio-carbohydrazone as the reagent has been used to determined down to 2 μL $^{-1}$ gallium (and 20 μg L $^{-1}$ zinc) in potable water [42].

Pozo *et al.* [43] simultaneously determined gallium and zinc in potable water by derivative synchronous fluorescence spectrometry using salicylaldehyde thiosemicarbazone. Peak to peak measurements were made at 400–450 mm (zinc).

The application of this technique is discussed under multication analysis in section 4.53.2.1.

### *4.17.2 High performance liquid chromatography*

The application of this technique is discussed under multication analysis in section 4.53.14.1.

## 4.18 Germanium

### *4.18.1 Preconcentration*

Tao and Fang [44] preconcentrated germanium in a graphite furnace using a flow injection hydride generation technique to determine down to 4 ppt of the element using a 5 ml sample.

## 4.19 Holmium

### *4.19.1 Inductively coupled plasma mass spectrometry*

The application of this technique is discussed under multication analysis in section 4.53.16.

## 4.20 Indium

### *4.20.1 Preconcentration*

The preconcentration of indium is also discussed under multication analysis in section 4.53.17.3.

## 4.21 Iron

### *4.21.1 Spectrophotometric method*

Rychkova and Rychkov [45] have described a semi-automated kinetic method for the determination of iron in potable water. This is based on the observation that at pH 4.2–5.2 and in the presence of 2,2′–bipyridyl, ferric iron catalyses the oxidation of *o*-toluidine with potassium iodate and produces a violet colour with a maximum absorption at 540 nm. The rate of reaction is rectilinearly proportional to the concentration of ferric iron between 0.5 and 50 µg $L^{-1}$. The reaction rate is determined from extinction measurements at various time intervals. In this method the concentration of manganese(II) and manganese(VII) must be less than 30 µg $L^{-1}$ and that of chromium below 100 µg $L^{-1}$. Three-fold excesses of sodium, calcium, magnesium, copper, zinc, aluminium, nickel, cobalt, chloride or sulphate do not interfere.

Zotou and Papadopoulos [46] determined down to 1 μg $L^{-1}$ iron by a technique based on the catalytic effect of iron on the oxidation of 3,5-diaminobenzoic acid by hydrogen peroxide and spectrophotometric measurement of the rate of change of absorbance with time at 540 μm.

### 4.21.2 *Inductively coupled plasma atomic emission spectrometry*

The application of this technique is discussed under multication analysis in section 4.53.7.

### 4.21.3 *Proton induced X-ray emission spectrometry*

The application of this technique is discussed under multication analysis in section 4.53.11.

### 4.21.4 *X-ray fluorescence spectroscopy*

The application of this technique is discussed under multication analysis in section 4.53.12.1.

### 4.21.5 *High performance liquid chromatography*

The application of this technique is discussed under multication analysis in section 4.53.14.1.

### 4.21.6 *Preconcentration*

Wang and Mahmoud [47] described a preconcentration procedure based on the interfacial accumulation of iron(III)–Solochrome violet RS chelate on the hanging mercury drop electrode. A preconcentration potential of –0.4 V was applied, then the voltammogram recorded at –1.10 V. The limit of detection achieved was 0.04 μg $L^{-1}$.

The preconcentration of iron is also discussed under multication analysis in sections 4.53.17.1, 4.53.17.3 and 4.53.17.5.

## 4.22 Lead

### 4.22.1 *Spectrophotometric method*

Schneider and Hornig [48] have described a spectrophotometric method employing 5, 10, 15, 20-tetra bis [4-N(sulphoethyl)pyridinium] porphyrin to determine down to 15 μg $L^{-1}$ of lead in potable water.

### *4.22.2 Electrothermal atomic absorption spectrometry*

Numerous publications have appeared on the determination of lead in potable water by electrothermal techniques [49–55]. An early method using the Delves cup procedure claims a detection limit of 5 μg $L^{-1}$ [56]. Atom trapping techniques have also been used [57].

Regan and Warren [54] analysed potable water samples from England and Wales using carbon furnace atomic absorption spectrophotometry. Spiking experiments carried out in order to determine the severity of the matrix interference revealed a suppression of the lead signals ranged from 22 to 84%. No relationship was found to exist between the hardness of a water sample and its suppression effect.

Further spiking experiments carried out in the presence of 1% m/V of ascorbic acid showed that the suppression effect was reduced to a level of less than 5%.

The natural lead contents of these potable waters were determined both by carbon furnace atomic absorption spectrophotometry in the presence of ascorbic acid and by a method that involves solvent extraction-flame atomic absorption. Statistical analysis, using a *t*-test, indicated that there was no significant difference (at the 95% confidence level) in the results obtained by using the two techniques.

Mitcham [53] also showed that the determination of lead in potable waters using electrothermal atomisers suffer from serious suppression effects. He developed a semi-micro technique that chelates and separates lead as the tetramethylenedithiocarbamate extract (4-methylpentan-2-one) prior to analysis. The extract is then injected directly into the electrically heated graphite furnace atomiser without the need to separate the two phases.

The method has a linear working range up to approximately 75 μg $L^{-1}$ of lead. Three types of waters were selected, which were known to cause severe interference effects. The waters were acidified to pH 2.5 (±0.3) with nitric acid and 0.1 mg of lead was added to 11 of each. These aqueous samples were first analysed by direct injection into the furnace, and subsequently using the above procedure, by extraction with ammonium tetramethylenedithiocarbamate. To establish that the improved recovery was not simply a function of added ammonium tetramethylenedithiocarbamate, the aqueous solutions were also analysed for lead after the addition of the complexing agent. The results for the lead determinations are given in Table 4.1.

Bertenshaw *et al.* [55] adopted another approach to overcome sample matrix interference problems. They used a lanthanum pre-treatment technique. This pre-treatment can be either impregnation of the furnace tube with lanthanum or the addition of lanthanum (as lanthanum chloride) to each sample. The procedure has a limit of detection of less

*Table 4.1* Absorbance of 0.10 mg $L^{-1}$ of lead in different waters

| *Sample No.* | *Type of water* | *Aqueous sample* | | *Aqueous + sampling agent* | | *Organic extract* | |
|---|---|---|---|---|---|---|---|
| | | *Absorbance* % | *RDS*[a] | *Absorbance* % | *RSD*[a] | *Absorbance* % | *RSA*[a] |
| – | Acidified distilled water | 0.330 | 7.7 | 0.253 | 0.2 | 0.290 | 1.5 |
| 1 | Acidified potable water | 0.282 | 5.1 | 0.265 | 4.6 | 0.302 | 1.8 |
| 2 | Acidified well water | 0.183 | 15.7 | 0.107 | 4.4 | 0.273 | 1.8 |
| 3 | Acidified well water | 0.215 | 11.9 | 0.140 | 5.1 | 0.310 | 5.3 |

| *Composition* | | *Electrical conductively/* | *Content* (mg $L^{-1}$) | | | | | | |
|---|---|---|---|---|---|---|---|---|---|
| *Sample* | | ($\mu$S $cm^{-1}$) | $Ca^{2+}$ | $Mg^{2+}$ | $Na^{+}$ | $Cl^{-}$ | $SO_4^{2-}$ | $SiO_2$ | $PO_4^{3-}$ |
| 1 | Potable water | 786 | 40 | 13 | 112 | 93 | 171 | 6.1 | 0.20 |
| 2 | Well | 1618 | 102 | 57 | 225 | 299 | 188 | 16.0 | <0.01 |
| 3 | Well | 1600 | 19 | 15 | 356 | 336 | 74 | 10.9 | 0.1 |

[a]RSD = relative standard deviation

The results are the means of 10 determinations and are corrected for the blank.

Source: Reproduced by permission from the Royal Society of Chemistry

*Table 4.2* (a) Precision tests on standards (results obtained from 10 randomised replicate analyses of each standard)

| *Injection method* | *Statistical test* | *Lead standard solutions* (μg L $^{-1}$) | | | | |
|---|---|---|---|---|---|---|
| | | *1* | *5* | *10* | *20* | *40* |
| Manual injection | Standard deviation (μg L $^{-1}$) | 0.14 | 0.13 | 0.28 | 0.90 | 0.84 |
| | Relative standard deviation, % | 14 | 2.6 | 2.7 | 4.5 | 2.1 |
| Automated | Standard deviation (μg L $^{-1}$) | 0.13 | 0.23 | 0.46 | 0.58 | 1.47 |
| | Relative standard deviation, % | 13 | 4.6 | 4.6 | 2.9 | 3.7 |

(b) Precision tests on spiked potable water

| *Concentration of spike* (μg L $^{-1}$) | *Standard deviation/μg L $^{-1}$* Within-batch ($S_w$) | *Between-batch* ($S_b$) | *Total*[a] ($S_t$) |
|---|---|---|---|
| 0.0 | 0.24 | 0.00 | 0.24 |
| 2.0 | 0.24 | 0.00 | 0.24 |
| 5.0 | 0.43 | 0.00 | 0.43 |
| 10.0 | 0.59 | 0.00 | 0.59 |
| 20.0 | 0.87 | 1.39 | 1.63[b] |
| 50.0 | 2.63 | 1.44 | 3.00 (6.0%)[b] |
| 100.0 | 4.01 | 0.00 | 4.01 (4.0%) |

[a]Requirement is a total standard deviation not greater than 1.5 μg L $^{-1}$ or 5% of the concentration (whichever is the greater).
[b]Not significantly different from the target at the 95% confidence level.

Source: Reproduced by permission from the Royal Society of Chemistry

than 1.0 μg L $^{-1}$, a total standard deviation of less than 1.5 μg L $^{-1}$, or 5% of the concentration and a bias of less than 5 μg L $^{-1}$ or 10% of the concentration over a working range of 0–100 μg L $^{-1}$ for both manual and automated injection of samples.

All samples tested were collected and stored in polythene containers and were acidified by the addition of 10 ml nitric acid L $^{-1}$. Blanks and standard solutions were prepared in polythene calibrated flasks and contained 1 ml of nitric acid per 100 ml.

Where addition of lanthanum to samples was used, the samples were adjusted to contain 0.1% m/V of lanthanum (as lanthanum chloride) for manual injection and 0.01% m/V of lanthanum (as lanthanum chloride) for automated injection. New furnace tubes were preconditioned by treatment with five replicate injections of solutions containing 0.5% m/V of lanthanum (as lanthanum chloride).

Where tubes were impregnated with lanthanum, this was achieved by immersing the tube in the minimum volume of a concentrated solution of lanthanum nitrate and leaving in a vacuum desiccator until all the solution had been absorbed. Furnace tubes prepared in this way were conditioned by operating the furnace programme a few times, without sample injection.

Standard deviations (within batch) obtained from single randomised replicate injections of 0–40 μg $L^{-1}$ lead to potable water, with lanthanum added demonstrate that for standard solutions there is no significant difference between the standard deviations obtained by manual or automated injection (Table 4.2(a)). Precision tests on spiked potable water are summarised in Table 4.2(b)).

The limit of detection of the electrothermal atomisation technique was thus calculated as 0.65 and 0.60 μg $L^{-1}$ for the manual and automated injections, respectively, both of which were well within the limit of 5 μg $L^{-1}$ recommended by the WRC.

The bias (accuracy) of the electrothermal atomisation technique using lanthanum treatment was assessed by comparing the results obtained for the above range of potable waters with those obtained by the standard additions technique. The standard additions technique, although not entirely free from interference effects, is generally accepted as giving the best estimate of the true concentration of a determinand. The results obtained for this comparison are given in Table 4.3 from which the bias of individual results has been calculated.

Bertenshaw *et al.* [55] did not encounter any interference by chloride in their method. They demonstrated that lead may be successfully determined in potable water by electrothermal atomisation, using the lanthanum treatment technique to overcome suppressive interference effects of matrix constituents. Either pre-treatment of the furnace tube by impregnation with lanthanum or the addition of lanthanum (as lanthanum chloride) to each sample is equally effective, but for the electrothermal atomiser used for their investigation the latter provides a much longer furnace tube lifetime and is therefore preferred.

Tests on drinking water samples from a variety of sources within the Severn–Trent Water Authority show that electrothermal atomisation together with the lanthanum treatment technique meets the recommended criteria of performance for the determination of lead in potable waters in respect of concentration range, standard deviation, bias and limit of detection.

Sthapit *et al.* [51] also investigated the suppression of interferences in the determination of lead in potable and natural waters by graphite furnace atomic absorption spectrometry. Examination of the individual effects of various matrix components, including sodium, chloride, potassium chloride, magnesium chloride, calcium chloride, sodium

*Table 4.3* Comparison of results for lead in potable waters by the standard additions technique and lanthanum treatment technique

| *Sample* | *True concentration of lead by standard additions technique standard* (μg L$^{-1}$) | *Concentration of lead by direct analysis in presence of lanthanum* (μg L$^{-1}$) | *Mean bias* (μg L$^{-1}$) | *Maximum possible bias*[a] (μg L$^{-1}$) |
|---|---|---|---|---|
| A | 7.3 | 6.6 ±0.3 | −0.7 | −1.0 |
| B | 2.9 | 2.6 ± 0.1 | −0.3 | −0.4 |
| C | 1.0 | 0.9 ± 0.1 | −0.1 | −0.2 |
| D | 2.7 | 2.8 ± 0.2 | +0.1 | +0.3 |
| E | 3.2 | 3.6 ± 0.3 | +0.4 | +0.7 |
| F | 2.7 | 2.6 ± 0.1 | −0.1 | −0.2 |
| G | 76 | 79 ± 1.8 | +3.0 | +4.8 |
| H | 99 | 100 ± 1.6 | +1.0 | +2.6 |
| I | 45 | 47 ± 0.7 | +2.0 | +2.7 |
| J | 69 | 65 ± 2.4 | −4.0 | −6.4 (9.3%) |
| K | 12 | 11.5 ± 0.8 | −0.5 | −1.3 |
| L | 3.6 | 4.0 ± 0.4 | +0.4 | +0.8 |
| M | 12.4 | 13.0 ± 0.8 | +0.6 | +1.4 |
| N | <0.6 | <0.6 | – | – |

Sample composition

| *Sample* | *Type of water sample* | *Electrical conductivity* (μS cm $^{-1}$) | Concentration (mg L$^{-1}$) $Ca^{2+}$ | $Mg^{2+}$ | *Total hardness* ($CaCO_3$) | $Na^+$ | $K^+$ | $SO_4^{3-}$ | $Cl^-$ |
|---|---|---|---|---|---|---|---|---|---|
| A | Treated water | 180 | 31 | 3.5 | 92 | 6.4 | 3.1 | 47 | 21 |
| B | Borehole | 626 | 75 | 9.5 | 227 | 32 | 3.1 | 71 | 61 |
| C | Borehole | 430 | 52 | 31 | 258 | 9.1 | 2.5 | 25 | 24 |
| D | Borehole | 960 | 106 | 40 | 430 | 17 | 2.8 | 163 | 26 |
| E | Borehole | 364 | 200 | 26 | 607 | 54 | 3.8 | 432 | 26 |
| F | Tap water | 62 | 55 | 15 | 199 | 6.0 | 2.7 | 31 | 19 |
| G | Tap water | 52 | 6 | 1 | 19 | 4.2 | 0.4 | 3 | 12 |
| H | Tap water | 62 | 6 | 1 | 19 | 4.2 | 0.5 | 3 | 12 |
| I | Tap water | 66 | 6 | 1 | 19 | 4.2 | 0.4 | 4 | 12 |
| J | Tap water | 430 | 7 | 1 | 22 | 3.9 | 0.5 | 5 | 13 |
| K | Tap water | 66 | 44 | 7 | 140 | 24 | 3.6 | 39 | 47 |
| L | Tap water | 615 | 6 | 2 | 23 | 30 | 7.6 | 104 | 13 |
| M | Tap water | 300 | 78 | 28 | 310 | 33 | 5.6 | 124 | 59 |
| N | Tap water | | 37 | 31 | 221 | 5.1 | 4.4 | 60 | 80 |

[a]Requirement is a bias of not more than 5 μg L$^{-1}$ or 10% of the concentration (whichever is the greater). 90% confidence limits.

Source: Reproduced by permission from the Royal Society of Chemistry

sulphate, potassium dihydrogenorthophosphate and magnesium nitrate, showed that magnesium chloride and sodium sulphate caused the most severe interference. The use of the L'vov platform and the use of a mixture of lanthanum (as the chloride) and nitric acid, to suppress interference were tested, and the effectiveness of the treatment was assessed by comparing results with those obtained by using either flame atomic absorption spectrometry or flame atomic fluorescence spectrometry.

Webster and Wood [49] also investigated lanthanum impregnation of the graphite tube. The precision and bias obtained were acceptable and good recoveries were obtained from a wide range of raw and treated waters. Results were compared with those obtained using concentration either by evaporation, or extraction of the ammonium tetramethyl-dithiocarbamate complex into isobutyl methyl ketone, both followed by flame atomic absorption spectrophotometry. A statistical comparison of data from all three procedures showed good agreement. The atomisation procedure was more accurate than flame atomic absorption spectrometry procedure in the 5–15 μg $L^{-1}$ lead range.

Hunt and Winnard [50] appraised various techniques for overcoming matrix interference effects. Bulk samples of water, collected at source from hard and soft water areas, and a range of river samples were spiked with cadmium and lead. To assess matrix interference effects in the determination of these two metals, analyses were performed using graphite furnace atomic absorption spectrometry, each sample being analysed by eight different procedures. Techniques involving the use of lanthanum as a matrix modifier (without a furnace platform) or the stabilised temperature platform furnace showed marked reductions in interference effects. A combination of platform and matrix modifier provided the most accurate results.

As mentioned previously, Sthapit *et al.* [51] investigated the application of flame atomic fluorescence spectrometry to the determination of lead in potable water. Further developments of this procedure have produced a method capable of detecting down to 2.5 μg $L^{-1}$ lead. Samples were acidified with nitric acid before direct aspiration into the nitrogen shielded air–hydrogen or air–acetylene flame of the spectrometer. The method was interference free. For greater sensitivity, a procedure is described which was compatible with this method, and involved preconcentration of water samples using isobutyl methyl ketone–ammonium tetramethylenedithiocarbamate extraction and chelation. A detection limit of 0.4 μg $L^{-1}$ was thereby achieved.

Sthapit *et al.* [52] analysed samples of water obtained from various domestic water supplies for their lead content by the flame atomic fluorescence system using both air–hydrogen and air–acetylene flames and also by a carbon furnace atomic absorption method after prior extraction and chelation with isobutyl methyl ketone–ammonium tetramethylenedithiocarbamate. The results show good agreement.

Vandegans *et al.* [58] have studied some interferences by salts, rather than anions or cations in the determination of lead by flameless atomic absorption spectrometry, magnesium chloride, for example, caused considerable interference.

The application of this technique is also discussed under multication analysis in sections 4.53.4.2–6 and 4.53.5.2 (graphite furnace atomic absorption spectrometry).

### 4.22.3 Hydride generation atomic absorption spectrometry

Vijan and Sadana [59] observe that copper and nickel present in potable waters interfere with the determination of lead by the hydride generation atomic absorption spectrometric technique. They eliminated this interference by coprecipitating lead with manganese and nitric acid and the evolved plumbane analysed by an automated hydride–atomic absorption method.

Table 4.4 reports results on potable water samples obtained by this technique, also by direct injection atomic absorption spectroscopy, graphite furnace atomic absorption spectroscopy, and differential pulse anodic scanning voltammetry. The graphite furnace method employed did not allow for matrix interference and this is seen in the poor agreement of lead contents obtained between this and the other methods.

The results obtained by conventional flame atomic absorption spectrophotometry are included in Table 4.4. The method requires at least a tenfold pre-concentration in order for reliable signals to be obtained for the low lead levels. The accuracy of measurement at these concentrations is limited and necessitates the use of high damping and scale expansion in addition to background correction.

The results obtained by differential pulse anodic scanning voltammetry when nitric acid digestion is employed, are in good agreement with those obtained by graphite furnace atomic absorption spectrometry with manganese dioxide coprecipitation and hydride graphite furnace atomic absorption spectrometry with manganese dioxide coprecipitation.

Smith [60] has also applied hydride generation atomic absorption spectrometry to the determination of lead in potable water. This method incorporates the use of potassium cyanide solution for the reduction of copper interference. The sample, together with 7.5% tartaric acid solution, is mixed with 3% potassium cyanide and 3% potassium dichromate and reacted with sodium borohydride. The optimum pH is 1.5–2.2 for the reaction. The released hydride is measured for absorbance at 217.0 nm. Recoveries of 93% and 110% were recorded from five replicate samples containing 10 µg $L^{-1}$ and 30 µg $L^{-1}$ lead. Approximately 30 determinations per hour can be carried out.

*Table 4.4* Determination of lead in drinking water by four methods (μg $L^{-1}$)

| *Sample* | *Atomic absorption spectrometry* | *Hydride atomic absorption spectrometry* | *Graphite furnace atomic absorption spectrometry* | | *Differential pulse anodic scanning voltammetry* | |
|---|---|---|---|---|---|---|
| | | | *As received* | *Co-precipitated* | *As received* | *Digested nitric acid* |
| 1 | 64 | 49 | 38 | 54 | 45 | 55 |
| 2 | 41 | 35 | 44 | 30 | 27 | 33 |
| 3 | 69 | 80 | 48 | 54 | 50 | 54 |
| 4 | 67 | 78 | 60 | 88 | 48 | 60 |
| 5 | 76 | 75 | 48 | 110 | 57 | 75 |
| 6 | 184 | 166 | 124 | 168 | 153 | 210 |
| 7 | 539 | 567 | 201 | 565 | 498 | 482 |
| 8 | 14 | 14 | 39 | 12 | 9 | 14 |
| 9 | 118 | 117 | 58 | 111 | 88 | 101 |
| 10 | 10 | 10 | 33 | 12 | 7 | 9 |
| 11 | 462 | 416 | 171 | 392 | 380 | 450 |
| 12 | 82 | 90 | 38 | 73 | 75 | 89 |
| 13 | 130 | 155 | 76 | 141 | 126 | 155 |
| 14 | 344 | 348 | 132 | 304 | 277 | 370 |
| 15 | 34 | 37 | 25 | 35 | 26 | 31 |
| 16 | 113 | 102 | 53 | 105 | 88 | 116 |
| 17 | 40 | 35 | 33 | 30 | 21 | 33 |
| 18 | 8 | 8 | 5 | 8 | 6 | 8 |
| 19 | 42 | 31 | 24 | 32 | 28 | 39 |
| 20 | 32 | 31 | 14 | 20 | 17 | 21 |
| 21 | 142 | 116 | 56 | 120 | 101 | 130 |
| 22 | 140 | 155 | 54 | 120 | 106 | 150 |

Source: Reproduced by permission from Elsevier Science, UK, Ltd

Studies on the interference effects of aluminium, barium, cadmium, cobalt, copper, chromium, iron (di- and trivalent), manganese, nickel, strontium and zinc (up to 5 mg $L^{-1}$) in the presence of 50 μg $L^{-1}$ lead and calcium, magnesium, potassium and sodium (up to 100 μg $L^{-1}$) in the presence of 50 μg $L^{-1}$ lead showed that only copper exhibited significant interference effects. Interference effects from nickel and iron were not observed. Addition of potassium cyanide considerably reduced the copper interference. Optimum control of copper interference was achieved by the addition of 1 ml of 3% potassium cyanide solution to the test solution.

*Table 4.5* Results obtained by hydride-generation technique on reference samples of known lead concentration

| *Sample* | *Pb concn found* (μg L $^{-1}$) | *Certified Pb values* (μg L $^{-1}$) | *Certified Cu values* (μg L $^{-1}$) |
|---|---|---|---|
| EPA quality control samples: | | | |
| 476–1 | 28 | 30 | 9 |
| 76–2 (10 × dilution | 37 | 38.3 | 37.4 |
| 476–3 (10 × dilution) | 11 | 11.3 | 3.7 |
| IWR interlaboratory comparison study 80/B: | | | |
| Sample 1 (10. × dilution) | 41 | 41.5 | 39 |

Source: Reproduced by permission from the Royal Society of Chemistry

Results obtained by this method on Environmental Protection Agency and National Institute for Water Research reference samples of known lead concentrations are given in Table 4.5. Actual copper concentrations are also given.

The detection limit of this procedure is about 5 μg L $^{-1}$ and the relative standard deviation 2.9% at the 34 μg L $^{-1}$ lead level in potable water.

### 4.22.4 *Inductively coupled plasma atomic emission spectrometry*

The application of this technique is discussed under multication analysis in section 4.53.7.

### 4.22.5 *Anodic stripping voltammetry*

The application of this technique is discussed under multication analysis in sections 4.53.9.1 and 4.53.9.2.

### 4.22.6 *Polarography*

Lead has been determined in potable water by polarography as its 3-hydroxypyridine-2-thiol chelate [61].

### 4.22.7 *Mass spectrometry*

The application of this technique is discussed under multication analysis in section 4.53.10.

### 4.22.8 Proton induced X-ray emission spectrometry

The application of this technique is discussed under multication analysis in section 4.53.11.

### 4.22.9 X-ray fluorescence spectroscopy

The application of this technique is discussed under multication analysis in sections 4.53.12.1 and 4.53.12.2.

### 4.22.10 Gas chromatography

Gorecki and Pawliszyn [62] have described a method for the determination of tetraethyllead and ionic lead in water by solid phase microextraction gas chromatography. Tetraethyllead is extracted from the headspace over the sample. Inorganic lead is first derivatised with sodium tetraethylborate to form tetraethyllead, which is extracted in the same way as pure tetraethyllead samples. The analytical procedure was optimised with respect to pH, amount of derivatising reagent added, stirring conditions, and extraction time. The detection limit obtained for tetraethyllead was found to be 100 ppt when using a flame ionisation detector and 5 ppt when using ion trap MS. The detection limit for $Pb^{2+}$, limited by the non-zero blank, was found to be 200 ppt. Linear calibration curves were obtained for both analytes when a flame ionisation detector was used for detection. For lead they spanned over four orders of magnitude. Ion trap mass spectrometry offered excellent sensitivity and selectivity, but the calibration curves were non-linear when the $m/z = 295$ ion was used for quantitation. The method was verified on spiked tap water samples. An excellent agreement was found between the results obtained for standard solutions prepared using NANOpure water and spiked tap water samples.

### 4.22.11 High performance liquid chromatography

The application of this technique is discussed under multication analysis in section 4.53.14.1.

### 4.22.12 Miscellaneous

Bermejo Barrera *et al.* [63] described a spectrophotometric method using dithizone to determine the lead content of drinking water in La Coruna, Spain.

The results showed that in 61% of the samples lead contamination was below the 0.05 mg $L^{-1}$ levels specified by the U.S. Public Health Service.

Miller *et al.* [64] studied the influence of time of acidification after sample collection on the preservation of potable water samples for lead determination. Potable water samples containing known concentrations of lead between 26 and 105 µg $L^{-1}$ were acidified at different time intervals after collection, up to 14 days. The water samples were then stored at room temperature for varying times prior to lead determination by flameless atomic absorption spectrometry with deuterium background correction. All acidified spiked samples gave a higher lead value than unacidified samples having comparable lead concentrations. In general, all acidified samples had average lead recoveries within 10% of their initial control values. It was concluded that acidification of water samples could be delayed by up to 14 days without adversely affecting lead concentration data.

Hall and Murphy [65] employed lead isotope ratios to ascertain the samples of lead contamination in potable water.

### 4.22.13 Preconcentration

Ammonium pyrrolidine dithiocarbamate precipitation followed by extraction with methyl isobutyl ketone has been used to preconcentrate lead from potable water prior to its determination by atomic absorption spectrometry [161].

Coprecipitation with tris-(pyrrolidine dithiocarbamate cobalt(III)) has been used to preconcentrate lead from potable water prior to its determination by atomic absorption spectrometry [66].

Coprecipitation as the phosphate has also been used [67] to preconcentrate lead in potable water at levels down to 50 µg $L^{-1}$ prior to polarographic analysis.

Polystyrene supported polymaleic anhydride resin has been used to preconcentrate lead in potable water prior to determination by flame atomic absorption spectrometry [68]. Chelex 100 in the calcium form proved unsuitable for lead preconcentration. This method met the European Community directive limiting the content of lead in potable water to 50 µg $L^{-1}$ [69].

A plumbo solvent potable water having a low alkalinity (18 mg $L^{-1}$ as $CaCO_3$) and low pH (6.58) had most of the lead in the smaller size fractions but a significant proportion is particulate (ie >0.4 µm). The Ca–Chelex 100 extraction was not 100% efficient for lead removal from any of the subsamples. Incomplete recoveries may be due to the presence of colloidal species or to non-Chelex labile organic complexes of lead or both. Slow dissociation of complexes relative to the solution/resin contact time may also have an effect. The polystyrene supported poly(maleic anhydride) resin behaved in a significantly different manner. The column extraction (50 ml of sample) gave 100% lead removal from the 0.4 and 0.08 µm filtered waters but particulate lead was not recovered from the unfiltered and 12 μm filtered samples. A batch extraction on the unfiltered sample after passage through the column chelated all the remaining lead from solution thereby indicating its potential for total lead determinations.

Some potable water samples of relatively high alkalinity were examined because such waters can attack lead. Total lead in unaltered samples was determined by atomic absorption spectrometry directly and following a 48 h batch extraction of 50 ml of water. Lead removal by the poly(maleic anhydride) resin was complete for both high and low alkalinity samples.

#### 4.22.13.1 Activated alumina

Lead has been deposited on a microcolumn of activated alumina and eluted with nitric acid prior to its determination by flame atomic absorption spectrometry [70]. A detection limit of 0.36 μg $L^{-1}$ was achieved.

#### 4.22.13.2 Ammonia precipitation

Martinez-Gomez *et al.* [71] give details of a preconcentration procedure whereby lead is continuously precipitated with ammonia from water prior to its determination by atomic absorption spectrometry. Lead can be determined over the range 1–2 μg $L^{-1}$ with a sampling frequency of up to 15 samples per h.

The preconcentration of lead is also discussed under multication analysis in sections 4.53.17.3, 4.53.17.4 and 4.53.17.6.

## 4.23 Lithium

### *4.23.1 Ion selective electrodes*

Hildebrandt and Pool [72] have used a liquid ion-exchange membrane electrode for the determination of lithium in potable water. This electrode uses *n*-decanol as both liquid membrane and ion-exchanger. Its selectivity for lithium relative to sodium and potassium is similar to that of the LAS 15–25 glass electrode for lithium. Stringent pH control is required to detect low activities. Nevertheless, these workers feel that the electrode would be of limited use for lithium determinations in other than pure lithium solutions.

## 4.24 Lutecium

### *4.24.1 Inductively coupled plasma mass spectrometry*

The application of this technique is discussed under multication analysis in section 4.53.16.

## 4.25 Magnesium

### 4.25.1 Titration

The application of this technique is discussed under multication analysis in section 4.53.1.1.

### 4.25.2 Flow injection analysis

The application of this technique is discussed under multication analysis in section 4.53.3.1.

### 4.25.3 Inductively coupled plasma atomic emission spectrometry

The application of this technique is discussed under multication analysis in section 4.53.7.

### 4.25.4 Ion chromatography

The application of this technique is discussed under multication analysis in section 4.53.15.1.

## 4.26 Manganese

### 4.26.1 Spectrophotometric methods

In a Standard Department of the Environment UK procedure [73] the manganese is reacted with formaldoxime to form a coloured complex and the absorbtion measured at 450 nm. The limit of detection is 0.005 mg $L^{-1}$ and the response is linear up to at least 1.0 mg $L^{-1}$. Interference due to cobalt and both ferrous and ferric ions may occur and preliminary treatment of samples containing suspended or organically bound manganese may be necessary to convert it to a form capable of reacting with formaldoxime.

Nikolelis and Hadjiioannou [74,75] have described a kinetic microdetermination of manganese in potable and natural water. The method is based on the catalytic effect of manganese on the periodate–acetylacetone reaction. The time required for the formation of a small predetermined amount of coloured product is measured automatically and related to the trace metal or inhibitor concentration

$$IO_4^{1} + H_2PO_2^{-} \rightarrow IO_3^{-} + H_2Pb_3^{-}$$

Down to 1 μg $L^{-1}$ manganese can be determined by this procedure. No serious interferences are to be expected in the determination of manganese by this procedure. Potassium, sodium, calcium and magnesium did not interfere when flow concentrations were several thousand that of the manganese.

### 4.26.2 Atomic absorption spectrometry

The application of this technique is discussed under multication analysis in section 4.53.5.1.

### 4.26.3 Inductively coupled plasma atomic emission spectrometry

The application of this technique is discussed under multication analysis in section 4.53.7.

### 4.26.4 Preconcentration

The preconcentration of manganese is discussed under multication analysis in sections 4.53.17.1, 4.53.17.3, 4.53.17.5 and 4.53.17.6.

## 4.27 Mercury

### 4.27.1 Atomic absorption spectrometry

Determinations of mercury by atomic absorption spectrometry are usually based on the cold vapour technique. Mercury is normally generated from solution by reduction procedures with tin(II) chloride in acidic solutions, but many other reductants including stannate in alkaline medium, ascorbic acid, hydrazine sulphate or sodium borohydride, can also be used. Preliminary retention of mercury vapours by amalgamation with gold, silver, or copper wires, gold wool, etc. or by sorption on active carbon, has been widely applied for preconcentration of traces of mercury from various matrices, mercury is then easily released by heating.

The determination of mercury in a graphite furnace has only limited sensitivity, although this can be slightly improved by addition of oxidising agents or sulphide. Electrothermal atomisation from copper, silver, or gold wires after amalgamation from solutions, seems more promising.

Kunert *et al.* [76] used cold vapour graphite furnace atomic absorption spectrometry and cold vapour atomic absorption spectrometry to determine mercury in potable water. They found that the sensitivity of the graphite furnace method could be improved by covering the graphite surface with gold or silver foil.

The determination of mercury in graphite furnaces is of rather low sensitivity because the reduction of mercury(II) to elemental mercury by carbon occurs almost at room temperature, and mercury volatilises in the pre-atomisation periods. Accordingly, Kunert *et al.* [76] compared the responses from graphite, gold and silver surface in the Perkin–Elmer HGA–74 under optimised conditions. For this purpose 10 μL aliquots of mercury(II) nitrate solution in 0.01 M nitric acid (60 mg $L^{-1}$) for graphite and 2 mg $L^{-1}$ for metallic surfaces) were injected into the furnace, dried at 60°C during 15 s, ashed at 100°C, 150°C or 150°C during 10 s in a nitrogen flow of 350 ml $min^{-1}$ and finally atomised at 700, 950 or 900°C during 10 s (under stopped flow conditions) from the graphite, gold or silver surfaces, respectively. The furnace was finally heated at 2700°C, 1050°C or 950°C respectively, during 5 s to prevent memory effects. The use of metallic surfaces permitted higher temperatures for sample decomposition without loss of mercury, because a prior amalgamation process occurred from the sample solution and the mercury amalgam was then quantitatively decomposed. This allowed a 27-fold increase in sensitivity for the metallic surfaces compared with the graphite surface. Strong acids, except hydrochloric acid, suppressed the absorbance signal even at moderate concentrations, especially sulphuric and perchloric acids. There was no signal for 10 ng Hg in 1M perchloric acid but $10^{-4}$ M concentrations of acid were without effect.

An increase in sensitivity was found in the presence of sulphide or oxidising agents on the graphite surfaces because of decreased losses of mercury during the pre-atomisation periods. The addition of 10 μL of 1M sodium sulphide, 0.3M potassium permanganate, 1M potassium dichromate or 10% hydrogen peroxide to an aliquot containing 0.20 μg Hg increased the sensitivity for mercury(II) 6.5, 6 or 7 times, respectively.

The influence of various salts at concentrations of 0.1M is summarised in Table 4.6 for the different surfaces, a deuterium background corrector was used. A large suppressing effect was observed for thiocyanate and perchlorate, but in general the largest effects were observed on metallic surfaces.

Very low atomic yield from graphite was found during the atomisation step ($[Hg]_{at}/C_{Hg}$ = 0.021) but the value was 0.40 for silver or gold surfaces, as indicated by the ratio of the slopes for the theoretical and experimental plots of absorbance vs mercury concentration. Thus, the atomisation recorded for an uncovered graphite surface gave only about 1/50th of the theoretically possible sensitivity; when the graphite surface was covered with gold or silver foil, almost half the possible efficiency of the method was achieved. The calculated theoretical sensitivities are valid only for the particular internal volume of the HGA–74, furnace, the sample solution volume, and the heating mode used.

Oda and Ingle [77] have described a speciation scheme whereby ultratrace levels of inorganic and organomercury are selectively reduced by stannous chloride and sodium borohydride respectively. The volatilised elemental mercury is determined by cold vapour atomic

*Table 4.6* The influence of some salt solutions (0.1 M) on the atomisation of mercury from various surfaces in the HGA–74 graphite furnace[a]

| *Salt* | $A \times 100/A_0$[b] | | |
|---|---|---|---|
| | *Au foil* | *Ag foil* | *Graphite* |
| $Na_2S_2O_3$ | 94 | 93 | 94 |
| KI | 87 | 99 | 96 |
| KBr | 89 | 97 | 90 |
| KSCN | 27 | 25 | 99 |
| NaCl | 82 | 65 | 92 |
| $NaClO_4$ | 34 | 74 | 96 |
| $ZnSO_4$ | 86 | 79 | 86 |
| $CuSO_4$ | 70 | 98 | 79 |
| $CdSO_4$ | 35 | 72 | 82 |
| $NiSO_4$ | 38 | 62 | 81 |
| $CoSO_4$ | 41 | 81 | 80 |
| $Fe_2(SO_4)_3$ | 43 | 72 | 90 |

[a]0.010 µg Hg if atomised from the graphite and 0.010 µg Hg from Au or Ag foil
[b]$A_0$ is the absorbance for $Hg^{2+}$ solution in the absence of salt.

Source: Reproduced by permission from Elsevier Science Publishes BV, Amsterdam

absorption. The detection limits for inorganic and organomercury species are in the 0.003–0.005 µl $L^{-1}$ range and both types of mercury can be determined in a 1 ml sample in about 3 min. Analysis is performed by cold vapour atomic absorption spectrometry [78–80].

The discrete sampling reduction vessel [78–81] is a modified coarse frit sealing tube in which the carrier gas (85 ml $min^{-1}$ flow rate) passes up through the frit, through the reaction mixture solution with vigorous bubbling and out of a side arm tube at the top of the reduction vessel into the 60 cm path length absorption cell which is electrically heated to 130°C.

The speciation scheme for inorganic and organomercury is based on the different reducing strengths of stannous chloride and sodium borohydride. First tin chloride is used to reduce only the inorganic mercury in the sample. The resultant elemental mercury is swept into nitrogen and carried into an observation cell where the absorbance at 253.7 nm is measured. Next, sodium borohydride is injected into the reduction cell and the organomercury is reduced, volatilised, and carried to the observation cell. Ideally the measured peak absorbance due to stannous chloride reduction is due only to inorganic mercury and the measured peak absorbance due to sodium borohydride reduction is due only to organomercury.

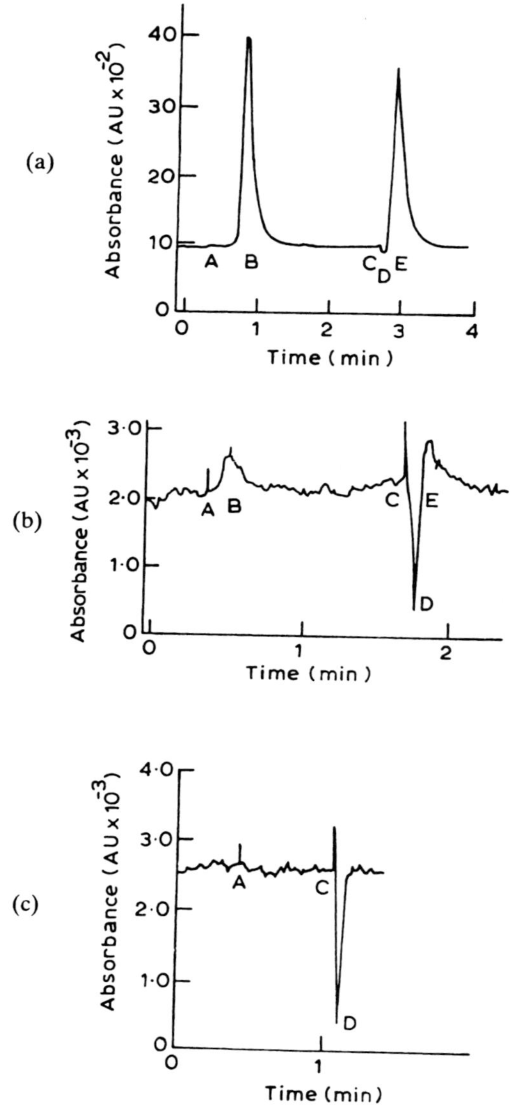


*Fig. 4.2* Typical recorder outputs for speciation analyses: (a) mixtures of 1 µg L$^{-1}$ (with respect to Hg) of $Hg^{2+}$ and $CH_3Hg$; (A) sample injection spike, (B) inorganic $Hg^{2+}$ peak (C) $NaBH_4$ injection spike, (D) negative peak from $H_2$ (E) organomercury peak; (b) mixture of 0.030 µg L$^{-1}$ (with respect to Hg) of $Hg^{2+}$ and $CH_3Hg^+$: (A) sample injection spike, (B) inorganic $Hg^{2+}$ peak, (C) NaBH4 injection spike, (D) negative peak from $H_2$, (E) organomercury peak; (c) water blank; (A) blank injection spike, (C) $NaBH_4$ injection spike, (D) negative peak from $H_2$.
Source: Reproduced by permission from the American Chemical Society

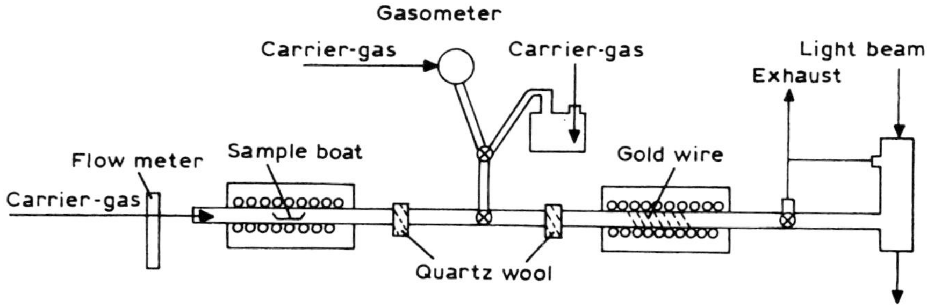


*Fig. 4.3* Schematic diagram of the apparatus for mercury determination
Source: Reproduced by permission from Elsevier Science Ltd, UK

Typical recorder tracings for the determination of 1 and 0.03 μg $L^{-1}$ mixtures of inorganic mercury and methyl mercury chloride and a blank are shown in Fig. 4.2. In Fig. 4.2(b) and (c), a small narrow peak (<0.005 UA) appears at the time of injection of both reducing agents. This results from minutely varying gas flows as syringe needles are inserted and removed and solution is sprayed onto the frit and the injection peak is readily distinguished from the mercury peaks because of its immediate response.

The calibration sensitivities and detection limits achieved for inorganic and organomercury species were as follows: inorganic mercury 0.003 μg $L^{-1}$, $CH_3HgCl$ and $CH_3CH_2HgCl$ 0.003 μg $L^{-1}$ and $C_6H_5HgCl$ 0.005 μg $L^{-1}$. The calibration curves were linear from the detection limit to at least 3 μ $L^{-1}$.

Wittman [82] has described a cold vapour method for the determination of inorganic mercury in which samples are heated in an electric furnace and the mercury released is trapped by amalgamation on a gold wire. The mercury is then vaporised and carried through the absorption cell by a flow of air, so that the mercury atomic absorption signal at 253.7 nm increases sharply to a maximum and quickly returns to zero.

The apparatus is shown in Fig. 4.3. Place the sample (10–1000 mg) in a quartz boat. Heat solid or liquid samples in an electric furnace, decomposition products being transported by a carrier gas over 100 μm diameter pure gold wire maintained at 170°C used to trap the mercury by amalgamation and then being vented to atmosphere. The mercury trapped is then vaporised by heating the gold with an electric furnace to 600–700°C and the mercury vapour carried through.

Preconcentration of mercury on gold or silver wire or foil is an interesting idea which has been pursued by other workers. Thus Temmerman *et al.* [83] evaluated and optimised reduction aeration/

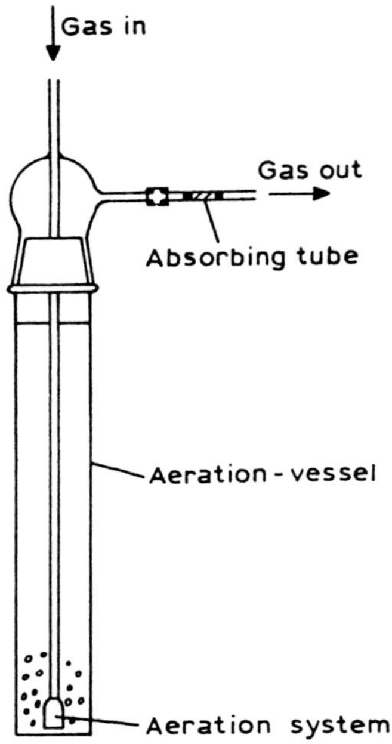


*Fig. 4.4* Aeration vessel (l: 50 cm, id: 55 mm)
Source: Reproduced by permission from Marcel Dekker Inc., US

amalgamation as a method for the analysis of down to 6.6 μg $L^{-1}$ mercury in potable water by cold vapour atomic absorption spectrometry. Parameters investigated were: aeration time, aeration gas flow rate, type of gas distributor, amount of reluctant and mercury concentration. The aerated mercury was preconcentrated on a gold-coated quartz sand absorber and subsequently thermally desorbed. This enabled interference by water vapour to be avoided and calibration to be simplified. The detection limit was 0.6 $ng^{-1}$ and reproducibility was better than 10%.

For the analysis of the samples, the inside of the aeration flasks (Fig. 4.4) is first equilibrated with the potable water sample passing through the vessel for about 15 min. Next, the flask is emptied and filled with 1 l of the potable water sample. After acidification with 10 ml 36 N sulphuric acid or 5 ml 12 N hydrochloric acid 1 ml of a 30% stannous chloride solution is added and the aeration is started under the conditions as described below. The mercury is collected on a gold coated absorber and measured by thermal desorption and cold vapour atomic absorption spectrometer. Blanks are obtained by aerating the analysed samples again two or three times, after addition of all the reagents.

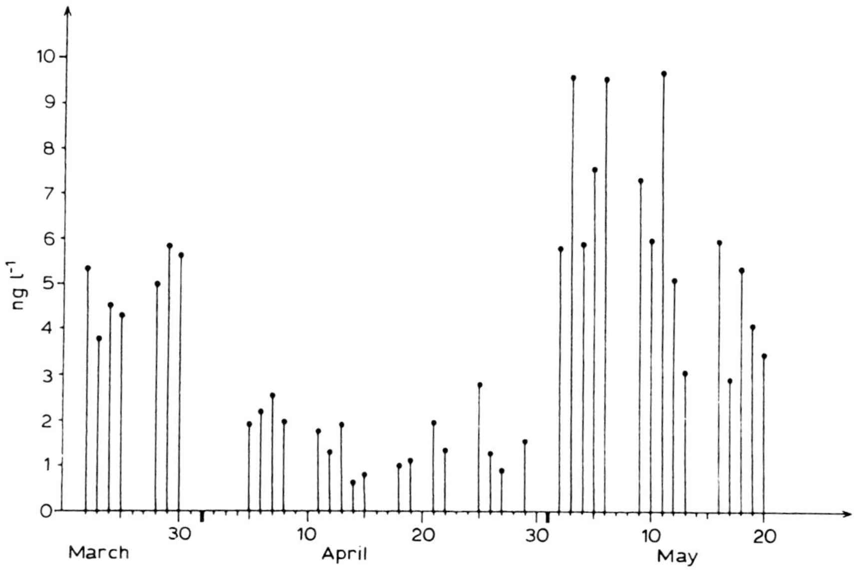


*Fig. 4.5* Mercury concentration of city potable water
Source: Reproduced by permission from Marcel Dekker Inc., US

*Experimental conditions:*
Aeration time: 1 h
Aeration flow rate: For an aeration time of 60 min and with a glass fitted gas distributor (porosity D2) a flow rate between 250 and 700 ml min $^{-1}$ is advisable.

The collected water can be removed by passing dry nitrogen through the absorbing tube for 1 or 2 min before connecting it to the second absorber.

The mean recovery obtained by this method on potable water spiked with 1–8 mg mercury was 98.8%. Reproducibility is better than 10% for solutions containing more than 1 ng mercury.

In Fig. 4.5 are shown mercury contents obtained over a two-month period on a city potable water supply. The mercury content of the samples varied from less than 1 ng L $^{-1}$ to 10 ng L $^{-1}$ with a geometric mean of 3.1 ng L $^{-1}$. The results show that the analysed drinking water meets the requirements of the WHO and EEC (1 μg L $^{-1}$ total mercury [84]).

### 4.27.2 Inductively coupled plasma atomic emission spectrometry

The application of this technique is discussed under multication analysis in section 4.53.7.

### 4.27.3 Inductively coupled plasma mass spectrometry

Powell *et al.* [85] used this technique with direct injection nebulisation to determine mercury in potable waters. The technique was amenable to automation and had a detection limit of 30–40 μg $L^{-1}$.

### 4.27.4 Flow potentiometric and constant current stripping analysis

Huiliang *et al.* [86] have investigated the feasibility of using gold or platinum coated carbon electrodes as flow sensors for determining traces of mercury in potable water. The gold fibre electrode was considered best for routine use.

### 4.27.5 Proton induced X-ray emission spectrometry

The application of this technique is discussed under multication analysis in section 4.53.11.

### 4.27.6 Energy dispersive X-ray fluorescence spectrometry

The application of this technique is discussed under multication analysis in sections 4.53.12.1 and 4.53.12.2.

### 4.27.7 Preconcentration

Bertenshaw and Wagstaffe [87] have described a preconcentration technique for use in the cold vapour atomic fluorescence determination of mercury in potable water. This method employs a trap containing potassium permanganate. Mercury can be determined in the concentration range 4–700 ng $L^{-1}$.

## 4.28 Molybdenum

### 4.28.1 Spectrophotometric methods

Spectrophotometric kinetic methods have been described for the determination of molybdenum in potable water [74,88]. These methods are based on the molybdenum catalysed oxidation of quinol with iodate [88] and acetylacetone with periodate [74]. Both methods are capable of determining down to 1 μg $L^{-1}$ molybdenum.

In the acetylacetone periodate method [74] the sample is pipetted into the reaction cell containing the reagents, acetylacetone is injected to start the reaction and the time taken to reach a particular optical density is recorded. Ultramicro amounts of molybdenum in the range 6–60 ng were determined with an average error and relative standard deviation of ca. 2% and measurement times of 40–180 s.

The following ions do not affect the rate of the manganese–molybdenum catalysed reaction, even when their concentrations were several thousand times that of the manganese: potassium, sodium, calcium, magnesium, zinc, nickel, copper and lead.

The molybdenum catalysed periodate–acetylacetone reactions are critically pH-dependent; the pH should be kept constant to better than ±0.1 pH until in the range pH 6.1–6–2.

If the reaction rate in all samples was constant for a fixed molybdenum concentration, the calibration curves would have the same slope and the product of the molybdenum concentration in $\mu g\ L^{-1}$ (including the blank) multiplied by the measurement times in seconds, would be the same for all samples. This is not the case because interfering substances affect the reaction rate. Any substance that oxidises acetylacetone or reduces periodate, under the conditions of the procedure, constitutes a potential interference. In addition, large amounts of salts decrease the reaction rate. To compensate for the effect of interfering substances, the composition of the standard molybdenum solutions should be similar to that of the samples but as interfering substances may be present in different amounts in different samples, it is not feasible to prepare such standard solutions. Calibration curves obtained with pure solutions of molybdenum in distilled water can therefore lead to erroneous results. By applying the standard addition method, the concentration of all substances (except molybdenum) is the same in all the solutions used in each analysis.

### 4.28.2 Atomic absorption spectrometry

The application of this technique is discussed under multication analysis in sections 4.53.4.1 (electrothermal) and 4.53.5.1 (graphite furnace).

### 4.28.3 Preconcentration

Hidalgo *et al.* [89] preconcentrated molybdenum(VI) by co-flotation on iron(III) hydroxide prior to analysis by differential pulse polarography co-flotation was achieved by octadecylamine.

## 4.29 Neodymium

### 4.29.1 Inductively coupled plasma mass spectrometry

The application of this technique is discussed under multication analysis in section 4.53.16.

## 4.30 Nickel

### *4.30.1 Atomic absorption spectrometry*

The application of this technique is discussed under multication analysis in section 4.53.5.1.

### *4.30.2 Anodic stripping voltammetry*

The application of this technique is discussed under multication analysis in section 4.53.9.3.

### *4.30.3 Proton induced X-ray emission spectrometry*

The application of this technique is discussed under multication analysis in section 4.53.11.

### *4.30.4 X-ray fluorescence spectroscopy*

The application of this technique is discussed under multication analysis in section 4.53.12.1.

### *4.30.5 Preconcentration*

Nickel in potable water has been preconcentrated by conversion to its chelate with ammonium pyrrolidine dithiocarbonate followed by solvent extraction and determination by atomic absorption spectrometry [90]. The preconcentration of nickel is also discussed under multication analysis in sections 4.53.17.1, 4.53.17.3 and 4.53.17.5.

## 4.31 Osmium

### *4.31.1 Spectrophotometric method*

Nikolelis and Hadjiioannou [74] have described a kinetic micro-determination of osmium in potable water based on the catalytic effect of osmium on the periodate–phosphinate reaction.

## 4.32 Palladium

### *4.32.1 High performance liquid chromatography*

The application of this technique is discussed under multication analysis in section 4.53.14.1.

## 4.33 Polonium

### *4.33.1 Radionucleides*

The determination of polonium in potable waters is discussed in section 12.3.4.

## 4.34 Potassium

### *4.34.1 Flow injection analysis*

The application of this technique is discussed under multication analysis in section 4.53.3.1.

### *4.34.2 Atomic absorption spectrometry*

The application of this technique is discussed under multication analysis in section 4.53.4.6.

### *4.34.3 Ion chromatography*

The application of this technique is discussed under multication analysis in section 4.53.15.1.

### *4.34.4 Miscellaneous*

The Department of the Environment (UK) [91] have described two methods for the determination of potassium in potable waters. The first based on flame photometry and the second on atomic absorption spectrometry.

## 4.35 Praseodynium

### *4.35.1 Inductively coupled plasma mass spectrometry*

The application of this technique is discussed under multication analysis in section 4.53.16.

## 4.36 Promethium

### *4.36.1 Inductively coupled plasma mass spectrometry*

The application of this technique is discussed under multication analysis in section 4.53.16.

## 4.37 Radium

### *4.37.1 Radionucleides*

The determination of radium in potable waters is discussed in sections 12.3.1 and 12.3.4.

## 4.38 Radon

### *4.38.1 Radionucleides*

The determination of radon in potable waters is discussed in section 12.3.2.

## 4.39 Samerium

### *4.39.1 Inductively coupled plasma mass spectrometry*

The application of this technique is discussed under multication analysis in section 4.53.16.

## 4.40 Selenium

### *4.40.1 Atomic absorption spectrometry*

The application of this technique is discussed under multication analysis in section 4.53.4.6.

### *4.40.2 Hydride generation atomic absorption spectrometry*

The application of this technique is discussed under multication analysis in section 4.53.6.1.

### *4.40.3 Inductively coupled plasma atomic emission spectrometry*

The application of this technique is discussed under multication analysis in section 4.53.7.

### *4.40.4 Hydride generation inductively coupled plasma atomic emission spectrometry*

The application of this technique is discussed under multication analysis in section 4.53.8.

### *4.40.5 Proton induced X-ray emission spectrometry*

The application of this technique is discussed under multication analysis in section 4.53.11.

### 4.40.6 *X-ray fluorescence spectroscopy*

The application of this technique is discussed under multication analysis in section 4.53.12.1.

### 4.40.7 *Miscellaneous*

Hammer [92] has reviewed Government standards for the determination of selenium in potable water.

Selenium in potable water is likely to appear as a mixture of selenite and selenate depending on the solubility of the selenium salts, the aquifer and the redox potential and pH of the ground water [93]. Little is known about the valence state of selenium in waters because the standard analysis has been for total selenium by either atomic absorption spectrophotometry or the diaminobenzidine method [94]. Selenite has been differentiated from other forms by using a fluorometric technique.

## 4.41 Silver

### 4.41.1 *Potentiometric methods*

Frevent [162] carried out a potentiometric determination of silver ions in potable water containing silver as a disinfectant. The measurement cell consisted of a silver sulphide coated wire connected to a silver/silver chloride reference electrode. Measurements in the range 1–100 μg $L^{-1}$ silver had a linear response.

### 4.41.2 *Spectrophotometric methods*

Methods based on spectrophotometry with *p*-dimethylaminobenzylidenerhodanine and dithiozine [95] and on the ring oven technique [96] have been described for the determination of silver in potable water but these are only capable of determining silver in the mg $L^{-1}$ range.

### 4.41.3 *Atomic absorption spectrometry*

The application of this technique is discussed under multication analysis in sections 4.53.4.3 and 4.53.4.4.

### 4.41.4 *Inductively coupled plasma atomic emission spectrometry*

Bancells *et al.* [97] have described an inductively coupled plasma emission spectroscopic technique for the determination of down to 2 μg $L^{-1}$ silver in potable water. These workers compared determinations of silver obtained by this technique with those obtained by extraction with ammonium, pyrrolidine dithiocarbamate, diethylammonium diethyldithiocarbamate and methylisobutylketone, followed by determination by flame atomic absorption spectrometry. The detection limit for silver by flame atomic absorption spectrometry was 0.3 μg $L^{-1}$. Matrix interference studies were performed. Sodium and iron caused interference. The inductively coupled plasma method was faster and easier than the extraction method.

The application of this technique is discussed under multication analysis in section 4.53.7.

### 4.41.5 Selective optical sensing

Lerchi *et al.* [98] have described a selective optical sensing device for determining silver ions in potable water. This is based on a new thiocarbamate derivative which is used in polymeric sensing films together with a lipophilic chromionophore for determining silver ions at sub-micromolar levels. The membrane composition has been optimised with a view to measuring concentrations of silver ions added as a bacteriostatic agent to drinking water. The results compare well with those obtained by inductively coupled plasma mass spectrometry.

### 4.41.6 Preconcentration

The preconcentration of silver is discussed under multication analysis in sections 4.53.17.1 and 4.53.17.3.

## 4.42 Sodium

### 4.42.1 Flow injection analysis

The application of this technique is discussed under multication analysis in section 4.53.3.1.

### 4.42.2 Atomic absorption spectrometry

The application of this technique is discussed under multication analysis in section 4.53.4.6.

### 4.42.3 Ion chromatography

The application of this technique is discussed under multication analysis in section 4.53.15.1.

### 4.42.4 *Miscellaneous*

The Department of the Environment (UK) [99] has described two methods for the determination of sodium in raw and potable waters. The first is based on flame photometry and the second on atomic absorption spectrophotometry. A third method based on atomic emission spectrophotometry, was considered but found to be too sensitive for the purpose and to offer no advantages in practice over the atomic absorption method.

## 4.43 Technecium

### 4.43.1 *Radionucleides*

The determination of technecium is discussed in section 12.3.3.

## 4.44 Terbium

### 4.44.1 *Inductively coupled plasma mass spectrometry*

The application of this technique is discussed under multication analysis in section 4.53.16.

## 4.45 Thallium

### 4.45.1 *Mass spectrometry*

The application of this technique is discussed under multication analysis in section 4.53.10.

## 4.46 Thorium

### 4.46.1 *Radionucleides*

The determination of thorium is discussed in section 12.3.4.

## 4.47 Thullium

### 4.47.1 *Inductively coupled plasma mass spectrometry*

The application of this technique is discussed under multication analysis in section 4.53.16.

## 4.48 Tungsten

### 4.48.1 Preconcentration

The preconcentration of tungsten by coprecipitation with thionalide at pH 9, 1 or 0 has been discussed [100].

## 4.49 Uranium

### 4.49.1 Neutron activation analysis

Nazaki *et al.* [101] used neutron activation analysis to determine down to 9 ng $L^{-1}$ uranium in potable water. The water sample was irradiated for 30 min in a thermal neutron flux of $2 \times 10^{12}$ neutrons per $cm^2$ to effect the $^{238}U(n,\gamma)^{239}U$ reaction. After rapid radiochemical separation in the presence of uranium carrier by a series of solvent extractions, the $^{239}U$ is determined by measuring the 74 keV γ-radiation in a well type crystal connected to a single channel analyser. The carrier recovery is from 60 to 70%.

Galinier and Zikovsky [102] also applied neutron activation analysis to the measurement of uranium (and thorium) in potable water. Uranium was found in samples of potable water at levels ranging from 0.4 to 7 μg $L^{-1}$. An empirical method was developed for estimating the detection limit for uranium as a function of the mineral salt content of a water.

### 4.49.2 Radionucleides

The determination of uranium is discussed in section 12.3.4.

## 4.50 Vanadium

### 4.50.1 Atomic absorption spectrometry

The application of this technique is discussed under multication analysis in section 4.53.4.6.

### 4.50.2 Preconcentration

Vanadium has been preconcentrated by chelation with nerolic acid (s-amine-2-anilino-benzene sulphane acid) followed by extraction with toluene and spectrophotometric determination [103].

## 4.51 Ytterbium

### 4.51.1 Inductively coupled plasma mass spectrometry

The application of this technique is discussed under multication analysis in section 4.53.16.

## 4.52 Zinc

### 4.52.1 Spectrofluorometric method

The application of this technique is discussed under multication analysis in section 4.53.2.1.

### 4.52.2 Atomic absorption spectrometry

The determination of zinc in potable waters by this technique has been discussed by several workers. Workers at the Department of the Environment (UK) [104] claimed a working range of 2–100 μg $L^{-1}$ and observed slight interferences from 10 mg $L^{-1}$ potassium and 1 mg $L^{-1}$ ferric iron.

Dong [105] used an air–acetylene flame and discusses the effect of sample pH on absorbance. Pande [106] carried out a comparative evaluation of the estimation of zinc by the spectrophotometric Zincon method and by atomic absorption spectrophotometry.

The interference from most ions was negligible using other methods, and iron and manganese did not interfere up to 5 μg $L^{-1}$ in the Zincon method and up to 200 mg $L^{-1}$ using atomic absorption spectrometry. The sensitivity of the Zincon method was 30 μg $L^{-1}$ zinc and the limit of detection 5 μg $L^{-1}$. The figures for the atomic absorption spectrometric method were 20 and 4 μg $L^{-1}$. Synchronous fluorescence spectrometry has been used [107] to determine down to 20 μg $L^{-1}$ of zinc in potable water. The method is based on the formation of fluorescent complexes with salicylaldehyde thiocarbohydrazone.

The application of this technique is also discussed under multication analysis in sections 4.53.4.5 and 4.53.4.6.

### 4.52.3 Anodic stripping voltammetry

The application of this technique is discussed under multication analysis in section 4.53.9.2.

### 4.52.4 Proton induced X-ray emission spectrometry

The application of this technique is discussed under multication analysis in section 4.53.11.

### 4.52.5 X-ray fluorescence spectroscopy

The application of this technique is discussed under multication analysis in section 4.53.12.1.

### 4.52.6 *Preconcentration*

The preconcentration of zinc is discussed in sections 4.53.17.4 and 4.53.17.5.

## 4.53 Multication analysis

### 4.53.1 *Titration method*

#### 4.53.1.1 Calcium and magnesium

Christiansen *et al.* [108] carried out a successive titration of calcium and magnesium in potable water using an indicator electrode sensitive to the calcium ion and EDTA as the titrant in a solution containing 3,4-dihydroxybenzoic acid or acetylacetone. In this solution, the ratio between EDTA's conditional stability constants for calcium and magnesium is increased, so that two pronounced inflection points are obtained on the titration curve. The inflection points are determined in a stepwise computer-controlled titration.

### 4.53.2 *Fluorescence spectrometry*

#### 4.53.2.1 Gallium and zinc

Pozo *et al.* [109] have described a method based on derivative synchronous fluorescence spectrometry for the determination of gallium and zinc in potable and waste waters.

This determination is based upon the formation of fluorescent complexes with saliclyaldehyde thiocarbohydrazone. The reaction is carried out at pH 4.7 in aqueous–ethanol medium (52% (v/v) ethanol). The use of second-derivative synchronous fluorescence spectrometry permits the simultaneous determination of gallium and zinc in the concentration intervals of 2–40 and 20–1500 μg $L^{-1}$, respectively. The effect of interferences was studied.

### 4.53.3 *Flow injection analysis*

#### 4.53.3.1 Sodium, potassium, magnesium and calcium

Basson and Van Staden [110] have described a simple, rapid, automated procedure for the simultaneous determination of these elements in potable water, based on the principles of the flow injection technique in combination with flame photometry and atomic absorption spectrometry. The method is suitable for the simultaneous analysis of sodium, potassium, calcium and magnesium at a rate of up to 128 samples per hour with a coefficient of variation of better than 2.1% for sodium, 1.7% for potassium, 2.7% for calcium and 1.8% for magnesium.

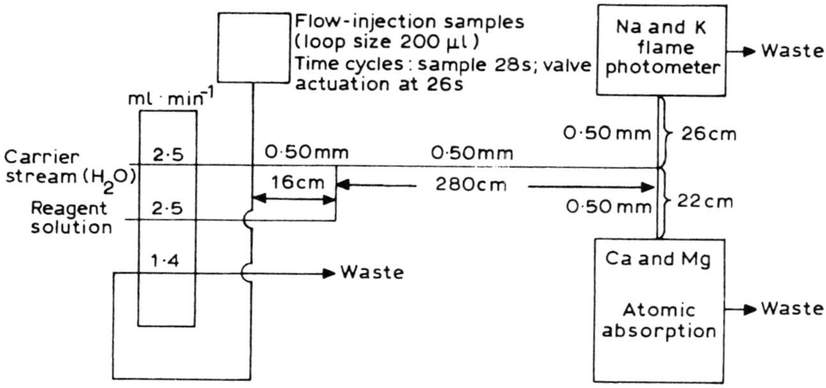


*Fig. 4.6* Flow system for the simultaneous determination of sodium, potassium, calcium and magnesium. Sampling rate 128 samples per h. Tube length and i.d. are given in cm and mm respectively
Source: Reproduced by permission from Marcel Dekker Inc., US

A schematic flow diagram of the system used for the simultaneous determination of sodium, potassium, calcium and chloride is shown in Fig. 4.6. The manifold consists of Tygon tubing with tube lengths and inside diameters as indicated in the figure.

The sample is inserted automatically into the system by means of a Breda Scientific flow-injection sampler. A 28 s sampling cycle is used between successive samples giving a capacity of 128 samples per h. The valve system is actuated on a time basis which is correlated with the sampler unit. The sampling valve actuates while a peak minimum is recorded.

The settings on the atomic absorption apparatus are:
Lamp current = 3 mA
Wavelength Ca = 422.7 nm, Mg = 285.2 nm
Spectral band pass = 1.0 nm

Carry over is less than 1%. The coefficient of variation for sodium is less than 2.1%, for potassium less than 1.7%, for calcium less than 2.7% and for magnesium less than 1.8%.

The flow injection analysis compares favourably with the standard automated flame photometry method for sodium and potassium and also with the standard automated atomic absorption spectrophotometric method.

Canete *et al*. [111] simultaneously determined calcium and magnesium in potable water by flow injection analysis with spectrophotometric detection.

The chemical systems used are conventional ie murexide–EDTA for calcium and erichrome black T–EDTA for the sum of calcium and magnesium, the concentration of the latter being obtained by difference. Discrepancies between actual and determined calcium and magnesium levels do not exceed ±5%.

### *4.53.4 Atomic absorption spectrometry electrothermal technique*

#### 4.53.4.1 Calcium, sodium and potassium

Basson and Van Staden [110] have described a simple, rapid, automated procedure for the simultaneous determination of sodium, calcium and potassium in water. The sample is inserted automatically into an apparatus containing a carrier stream, a lithium nitrate/caesium chloride reagent solution, a sodium/potassium flame photometer and a calcium/magnesium atomic absorption apparatus. The flow injection sampler has a capacity of 128 samples per h and a peristaltic pump is used to circulate solutions.

#### 4.53.4.2 Lead and cadmium

Hallam and Thompson [112] determined lead and cadmium in potable waters by atomic trapping. The large sample dilution normally associated with conventional flame atomic absorption spectrophotometry was minimised by the use of a water cooled silica tube system as an atom trapping device. Sample water was nebulised for a pre-set time of 2 min. Condensed determinands were released into the optical path of the instrument by rapid heating. Detection limits of 2.0 and 0.25 $\mu g\ L^{-1}$ for lead and cadmium respectively are reported. Basic performance characteristics for arsenic, selenium, copper and silver are also reported.

In this procedure the silica tube was pre-coated by nebulising coating solution of 5000 $\mu g\ mL^{-1}$ aluminium or lanthanum (as the nitrate) for 5 min. During the coating step water was allowed to flow through the silica tubes. The coating was then conditioned by ejecting the water from the tubes and heating the tubes for 15 s; the water was then restored. The burner height was set so that a given degree of obscuration of the light beam was obtained. The sample was then nebulised for a pre-set time of 2 min while water passed through the silica tubes; determinant collection occurred during this period. At the end of this period, air was nebulised and a pulse of argon was used to flush the water from the system. The rapid rise in temperature of the tubes resulted in a rapid volatilisation and atomisation of the determinand.

The coolant water was returned through the system after complete release of the determinand and collection of the next sample commenced.

*Table 4.7* Interference effects in determination of cadmium and lead by atom trapping technique

| *Concentration/ substance* | µg mL$^{-1}$ | *Present as* | *Recovery %* *Lead* (100 µg L$^{-1}$) | *Cadmium* (25 µg L$^{-1}$) |
|---|---|---|---|---|
| Ca<br>Mg | 300<br>100 | Cl<br>Cl | 100.2 | 99.8 |
| Ca<br>$PO_4$ | 300<br>50 | Cl<br>$H_3PO_4$ | 102.6 | 109.2 |
| Ca<br>$PO_4$ | 100<br>10 | Cl<br>$H_2PO_4$ | 95.0 | 100.0 |
| Ca<br>$SO_4$ | 300<br>300 | Cl<br>$H_2SO_4$ | 117.7 | 105.4 |
| Ca<br>$SO_4$ | 100<br>100 | Cl<br>$H_2SO_4$ | 103.9 | 104.3 |
| Si | 10 | $NH_4SiF_6$ | 103.4 | 100.2 |
| Cu<br>Ni<br>Zn | 20<br>20<br>20 | $NO_3$<br>$NO_3$<br>$NO_3$ | 100.8 | 91.1 |
| Cu<br>Ni<br>Zn | 5<br>5<br>5 | $NO_3$<br>$NO_3$<br>$NO_3$ | 104.7 | 99.6 |
| Fe(III) | 50 | $NO_3$ | 106.7 | 103.3 |
| Fe(III) | 10 | $NO_3$ | 99.8 | 104.5 |
| Na<br>K | 100<br>100 | $NO_3$<br>Cl | 100.0 | 103.3 |

Source: Reproduced by permission from Royal Society of Chemistry

Peak heights of the transient signals were measured. Peak area measurements gave poor precision, which was attributed to the relatively large width of the transient peaks. A 2 min collection time was considered to give both adequate sensitivity and sample throughput, and was used throughout this study.

The aluminium and lanthanum oxide coatings had a useful life time of 70–100 cycles before cleaning and re–coating of the tube(s) became necessary.

Concerning interference effects by other substances likely to occur in potable water the results in Table 4.7 illustrate that no serious inferences occur.

#### 4.53.4.3 Silver, arsenic, barium, cadmium and lead

Robinson *et al.* [113] compared electrothermal atomic absorption spectrophotometry and inductively coupled plasma mass spectrometry for the determination of silver, arsenic, barium, cadmium and lead in potable waters. Similar concentrations were obtained by both methods, though spike recoveries indicated a greater level of confidence for the inductively coupled plasma mass spectrometry in the determination of arsenic and barium. The multielement capabilities of the inductively coupled mass spectrometry with similar levels of quantification make the inductively coupled plasma mass spectrometric method a preferred technique.

#### 4.53.4.4 Silver, cadmium, lead and antimony

Latino *et al.* [114] simultaneously determined sub ppm concentrations of silver, cadmium, lead and antimony in potable water by multielement, electrothermal atomisation spectrometry.

#### 4.53.4.5 Cadmium, copper, lead and zinc

Ybanez *et al.* [115] used flame atomic absorption spectrophotometry for the determination of cadmium, copper, lead and zinc in potable waters. The metals are complexed with ammonium pyrrolidinedithiocarbamate, extracted into methyl isobutyl ketone, then back-extracted into aqueous acid. The detection limits were cadmium 0.05, copper 0.01, lead 0.9 and zinc 6 $\mu g\ L^{-1}$. The relative standard deviations were copper 7%, cadmium 6%, lead 1% and zinc 10%.

#### 4.53.4.6 Miscellaneous

Atomic absorption spectrometry has been used for the following multielement analysis of potable water: vanadium and molybdenum [116]; cadmium, lead, copper, zinc, chromium and barium [117]; and sodium, potassium, barium, arsenic and selenium. Anion exchange separation was used prior to the determination of vanadium and molybdenum [116].

Buttgereit [118] made a study of the difficulties experienced in the determination of trace metals in biological materials and in potable water and effluents. Interferences include those due to changes in viscosity and surface tension, to background absorption and to the bonding state of the atoms. The use of flameless techniques at normal and high temperature is considered in detail.

### 4.53.5 Graphite furnace atomic emission spectrometry

Graphite furnace atomic emission spectrometry differs from graphite furnace atomic absorption spectrometry in that the furnace is employed as the spectral excitation source as well as the atomisation cell, and light intensity due to radiational deactivation of excited atoms in the furnace is measured, rather than the attenuation of a light beam due to absorption processes.

#### 4.53.5.1 Copper, manganese, barium, aluminium, molybdenum, nickel and beryllium

Epstein *et al.* [119] used this technique to determine the above elements in nanogram quantities in potable water and compared precision and accuracy with those obtained by atomic absorption techniques.

The apparatus used by these workers for graphite furnace atomic emission spectrometry consisted of an HGA–2100 graphite furnace, quartz optics, a 0.5 m monochromator, and associated electronics. Wavelength modulation is employed as a background correction system. The monochromator was modified for wavelength modulation by placing a vibrating quartz refractor plate mounted on a torque motor between the entrance slit and the collimating mirror. The modulation apparatus is driven by the sinusoidal signal from a function generator and audio amplifier, and the signal from the photodetector is processed by a phase sensitive synchronous amplifier referenced to the second harmonic of the modulation frequency. Quantitation is performed by peak height measurements of signal tracings from a chart recorder.

Analysis by graphite furnace atomic absorption spectrometry was performed using a Perkin–Elmer Model 603 atomic absorption spectrometer and the HGA–2100. Electronic peak height detection and deuterium-arc background correction were used.

The limit of detection using graphite furnace atomic emission spectrometry is significantly lower than those obtained by graphite furnace atomic absorption spectrophotometry for several elements whose resonance lines lie in the visible region of the spectrum (sodium, barium, potassium). Limits of detection for many other elements are similar, as shown in Table 4.8.

The major interfering element was found to be calcium which caused a severe depression of absorption and emission signals for some elements and an enhancement of signals for others. In order to compensate for this interference, calcium was added to all standard solutions at a concentration similar to that present in the sample.

Precision data obtained on a standard potable water sample by both the absorption and emission methods are listed in Table 4.9. The

*Table 4.8* Comparison of furnace atomic emission and absorption detection limits (ng $L^{-1}$)[a]

| *Element* | *GFAAS*[b] | *GFAES*[c] |
|---|---|---|
| Aluminium | 0.1 | 0.04 |
| Barium | 2 | 0.08 |
| Beryllium | 0.06 | 2 |
| Chromium | 0.2 | 0.4 |
| Cobalt | 0.8 | 3 |
| Copper | 0.1 | 0.4 |
| Lead | 0.1 | 60 |
| Magnesium | 0.06[d] | 2 |
| Manganese | 0.02 | 0.7 |
| Molybdenum | 1 | 1 |
| Nickel | 2 | 4 |
| Sodium | 0.2[d] | 0.002[e] |
| Titanium | 40 | 10 |
| Potassium | 0.1[d] | 0.002[e] |

[a]Relative detection limits based on a 50 μL sample volume. Detection limits from this laboratory calculated as the analyte signal equivalent to two times the estimated maximum standard deviation of the background or blank signal during the atomisation step.
[b]Graphite Furnace Atomic Absorption Spectrometry.
[c]Graphite Furnace Atomic Emission Spectrometry, HGA–2100, except where noted.
[d]Sensitivity (ng/ml for 0.0044 absorbance unit).
[e]Carbon Furnace Atomic Emission Spectrometry, HGA–2000.

Source: Reproduced by permission from the American Chemical Society

variability of the emission results exceeds that of the absorption results for the analysis of aluminium, beryllium, manganese, nickel and copper. No differences were found for barium and molybdenum.

The reproducibility of the emission signal will depend on the reproducibility of the heating rate of the tube and the tube temperature, as well as the factors which affect the atomic concentration. Long-term signal drift may also be more significant in emission since changes in the tube resistance may affect its temperature.

Epstein *et al.* [119] make the following comments regarding the determination of individual elements by both techniques:

- Barium, furnace emission method was sensitive
- Manganese and beryllium, furnace absorption method was sensitive
- Molybdenum, shows strong memory effects by both methods
- Aluminium, furnace emission technique preferred

*Table 4.9* Results from the analysis of SRM 1643

| | Concentration (μg L$^{-1}$) | | | | | | | |
|---|---|---|---|---|---|---|---|---|
| | GFAAS | | | GFAES | | | | Certificate value[d] |
| *Element* | n[a] | $\chi^b$ | s[c] | n | $\chi$ | s | | |
| Aluminium | 16 | 82.1 | 1.4 | 21 | 77.1 | 5.7 | | 77±1 |
| Beryllium | 10 | 18.3 | 0.4 | 17 | 21.3 | 5.5 | | 19±1 |
| Copper | 8 | 14.0 | 0.3 | 18 | 16.2 | 1.8 | | 16±1 |
| Manganese | 10 | 27.5 | 0.7 | 12 | 28.0 | 2.5 | | 29±1 |
| Molybdenum | 8 | 104 | 3 | 5 | 110 | 5 | | 105±3 |
| Nickel | 7 | 49.8 | 0.3 | 17 | 51.3 | 4.2 | | 49±1 |
| Barium | 10 | 18.7 | 0.7 | 10 | 19.7 | 1.0 | | (18)[e] |

[a]Number of analyses included in the average.
[b]Average value of analyses.
[c]One standard deviation.
[d]Based also on several other techniques besides those discussed here (Neutron Activation, Isotope Dilution Mass Spectrometry, and Polarography).
[e]Information value. Barium is not certified because of the large difference between its initial concentration (39 μg L$^{-1}$) corresponding to the amount added to water and the stabilised concentration (18 ng/mL$^{-1}$ ie 18 μg L$^{-1}$)

Source: Reproduced by permission from the American Chemical Society

#### 4.53.5.2 Lead and cadmium

Winnard [120] has made a comparison of methods used in graphite furnace atomic absorption spectrometry for potable water analysis. He concludes that:

- Serious matrix interferences affect the determination of both lead and cadmium in natural and treated waters by direct graphite furnace AAS using 'off-the-wall' atomisation
- The use of standard additions calibration greatly reduces, but does not always eliminate, the effects of such interferences
- The use of a platform within the furnace, together with peak area measurement, reduces the magnitude of interferences, as predicted by theory. Without the additional use of matrix modification, however, important interference effects remain
- The full benefits of constant temperature atomisation can be realised using the Woodriff furnace, though it is not well-suited to routine use
- The use of lanthanum as a matrix modifier (without a furnace platform), and of the 'Stabilised Temperature Platform Furnace' (STPF) approach, both provide results of adequate accuracy for many purposes, while retaining the convenience of the pulse-heated

furnace. For waters considered in their study, it appears that the lanthanum approach is subject to slightly smaller biases, but at the cost of more frequent calibration and, possibly, shorter tube life than in the STPF method
- The value of accurate recording of peak shapes in the investigation of interferences in graphite furnace atomic absorption spectrometry, and in the development of 'cures' for such interferences has been confirmed.

### *4.53.6 Hydride generation atomic absorption spectrometry*

#### 4.53.6.1 Arsenic and selenium

Gunn [121] has reviewed the application of this technique to the determination of arsenic and selenium in potable waters. He concluded that the technique is rapid and convenient and is able to reach the required limits of detection for potable water analysis. Interference by other hydride forming elements present in water is unlikely. Regarding the chemistry of the process, he further concludes that the most suitable reductant is sodium borohydride. For the determination of selenium it is necessary to include a pre-reduction step involving heating the sample with hydrochloric acid to convert any selenium(VI) present to selenium (IV). In the case of arsenic pre-reduction of arsenic(V) to arsenic(III) with an alkali metal iodide is advisable. Organic arsenic compounds are not completely included in the determination and they must first be decomposed to inorganic arsenic by acid persulphate digestion.

Schmidt and Royer [122] determined sub microgram quantities of arsenic, selenium, antimony and bismuth in potable water by atomic absorption spectrophotometry using sodium borohydride reduction. Detection limits were 0.1 μg $L^{-1}$ for arsenic and antimony, and 1 μg $L^{-1}$ for selenium and bismuth.

### *4.53.7 Inductively coupled plasma atomic emission spectrometry*

Various workers have applied this technique to the determination of metals in potable waters [123–125]. This technique has been compared for 32 elements with alternative systems including spark–source mass spectrometry, X-ray fluorescence spectrometry and neutron activation analysis.

Taylor and Floyd [125] compared the use of ultrasonic and pneumatic nebulisers in inductively coupled plasma/atomic emission spectrometry for analysing samples and the findings are reported with the aid of tables and diagrams. It was found that ultrasonic nebulisation is capable of much lower detection limits than the pneumatic system (Table 4.10) and it has less problems when nebuliser plugging occurs.

*Table 4.10* Maximum contaminant levels for inorganic chemicals in drinking water and ICP detection limit data

| *Contaminant* | | *ICP nebuliser* | | | |
|---|---|---|---|---|---|
| | *Maximum level* (mg L $^{-1}$) | *Pneumatic* | | *Ultrasonic* | |
| | | *DL*[a] (mg L $^{-1}$) | *LQD*[b] (mg L $^{-1}$) | *DL*[a] (mg L $^{-1}$) | *LQD*[b] (mg L $^{-1}$) |
| Arsenic | 0.05 | 0.06 | <u>0.210</u>[c] | 0.006 | 0.020 |
| Barium | 1 | 0.003 | 0.009 | 0.0009 | 0.0003 |
| Cadmium | 0.010 | 0.005 | <u>0.015</u>[c] | 0.0003 | 0.001 |
| Chromium | 0.05 | 0.005 | 0.015 | 0.0003 | 0.001 |
| Lead | 0.5 | 0.030 | <u>0.100</u>[c] | 0.002 | 0.005 |
| Mercury | 0.002 | 0.015 | <u>0.050</u>[c] | 0.004 | <u>0.015</u>[c] |
| Selenium | 0.01 | 0.060 | <u>0.300</u>[c] | 0.003 | 0.010 |
| Silver | 0.05 | 0.005 | 0.025 | 0.008 | 0.0025 |

[a]Detection limit (DL) is three times the standard deviation of background emission.
[b]Lowest quantitative determinable concentration (LQD) is 10 times the standard deviation of background emission
[c]Underscored values indicate LQD exceeds maximum contaminant level concentration.

Source: Reproduced by permission from the Society for Applied Spectroscopy, Md, USA

In Table 4.11 are shown some analyses of a potable water sample obtained by both modifications of the technique.

In analysis of such samples where concentrations allow comparison of data acquired with pneumatic and ultrasonic nebuliser systems, the two systems show good agreement. The major differences in the two nebuliser systems to be noted from these data are the lowest quantitative determinable values that can be stated for each system. Rinse times between samples for both nebuliser systems were found to be the same for the sample types analysed in these studies.

### 4.53.8 Hydride generation inductively coupled plasma atomic emission spectrometry

#### 4.53.8.1 Arsenic and selenium

Pruszkowska *et al.* [126] evaluated the performance of this technique comprising a commercially available continuous flow hydride generator interfaced with a segmented inductively coupled plasma system in the determination of arsenic and selenium in potable water. Samples and standards were adjusted to 6 M concentration with respect to hydrochloric acid. The reduction reagent consisted of 1% w/v sodium borohydride in 0.1 M sodium hydroxide. A schematic diagram of the gas

*Table 4.11* Analysis of drinking water

| *Element* | *Conc.* (mg L $^{-1}$)[a] *ICP ultra-sonic* | *ICP pneu-matic* | *Element* | *Conc.* (mg L $^{-1}$)[a] *ICP ultras-sonic* | *ICP pneu-matic* |
|---|---|---|---|---|---|
| Ag | <0.003 | <0.025 | Mo | <0.007 | <0.040 |
| Al | 0.034 | 0.038 | Na | 1.61 | <5 |
| As | <0.020 | <0.21 | Ni | <0.003 | <0.10 |
| B | <0.013 | <0.030 | Pb | <0.007 | <0.10 |
| Ba | 0.002 | 0.001 | Sb | <0.013 | <0.17 |
| Be | <0.0001 | <0.0004 | Se | <0.010 | <0.30 |
| Bi | <0.030 | <0.17 | Sn | <0.013 | <0.17 |
| Ca | 19.0 | 19.1 | Sr | 0.074 | 0.071 |
| Cd | <0.001 | <0.015 | Te | <0.030 | <0.17 |
| Co | <0.001 | <0.020 | Th | <0.004 | <0.04 |
| Cr | <0.001 | <0.015 | Ti | <0.0007 | <0.007 |
| Cu | <0.003 | <0.010 | Tl | <0.060 | <0.25 |
| Fe | 0.045 | 0.041 | V | <0.001 | <0.007 |
| Hg | <0.015 | <0.05 | Y | <0.0003 | <0.003 |
| Mg | 0.701 | 0.715 | Zn | <0.002 | <0.02 |
| Mn | 0.001 | <0.002 | | | |

[a]< values are calculated lowest quantitative determinable concentration (10 times the standard deviation of background emission).

Source: Reproduced by permission from the Society of Applied Spectroscopy, Md, USA

and liquid flow streams is shown in Fig. 4.7. The liquid streams – a sample, a blank, and a reducing reagent are pumped continuously. The uptake rate of the blank and the sample solution is about 7 ml min $^{-1}$. The reducing reagent solution is pumped at 2 ml min $^{-1}$. Two liquid streams, the sample or the blank solution and the reducing reagent solution, are mixed at a T piece where the reaction occurs, while the third stream is going to the drain. Switching between the blank solution and the sample solution is controlled by a pneumatic valve. The mixture of liquid and gaseous products is continuously pumped from the T-piece into the glass interface vessel. The gaseous products are swept from the interface into the plasma system by a continuous stream of argon. An individual rotameter control valve was added to the Plasma–Therm unit to provide a steady stream of argon. The gas stream is introduced directly into the plasma through the torch injection tube (2 mm). Since the analyte at this point is a gas, no nebuliser/spray chamber device is needed. With acid solution and reagent solution being continuously pumped, a steady stream of hydrides, hydrogen, and argon is continuously introduced into the plasma, and a stable discharge is obtained.

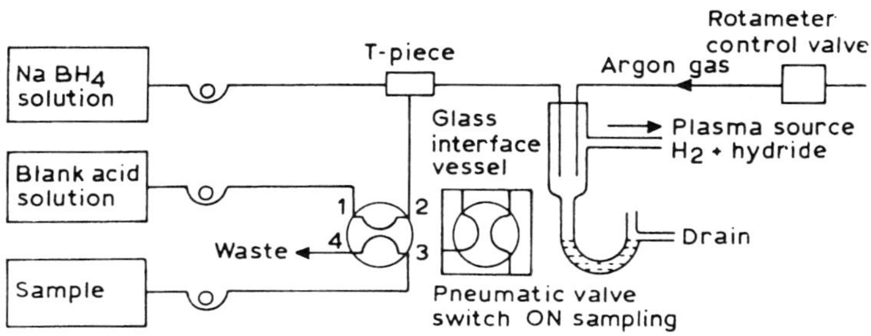


*Fig. 4.7* Schematic diagram of the ICP–hydride system
Source: Reproduced by permission from the Royal Society of Chemistry

Detection limits achieved in this procedure were as follows:

- 0.3 μg L $^{-1}$ for the arsenic 193.69 and 189.04 nm lines
- 0.5 μg L $^{-1}$ for the 228.81 nm arsenic line
- 0.03 μg L $^{-1}$ for the 196.02 nm selenium line
- 1.5 μg L $^{-1}$ for selenium at 206.28 nm

Pruszkowska *et al.* [126] found that potassium iodide prereduces arsenic (V) to arsenic(III) and enhances the intensity of emission from the analyte. In potable water samples (diluted 1:1 with 37% hydrochloric acid) they found that no less than 1% potassium iodide was required in order to get 100% recovery of arsenic. A concentration of 2% potassium iodide is recommended for pre-reduction of arsenic(V) to arsenic(III).

Good agreement was obtained in this procedure for arsenic and selenium determinations on a standard water and a potable water sample.

### *4.53.9 Stripping voltammetry*

Anodic stripping voltammetry with collection is a technique that was invented for the rotated ring-disk electrode, but which may be performed at two tubular electrodes in series on a flowing stream. Trace metal cations are deposited on the upstream electrode from the flowing sample solution, stripping from that electrode with an anodic potential scan, and are collected by deposition on the downstream electrode, which is held at a constant cathodic deposition potential. The constant potential applied to the collection (analytical) electrode eliminates the charging current normally encountered with conventional anodic stripping voltammetry.

This subject has been reviewed by Pandya [127].

#### 4.53.9.1 Cadmium, lead and copper

Schieffer and Blaedel [128] have described a portable battery operated anodic stripping voltammeter which they used for the determination of subnanomolar quantities of cadmium, lead and copper in potable water.

The elements are collected at two mercury coated glassy carbon tubular electrodes in series. By operating the collection electrode at a constant cathodic potential, charging current backgrounds are reduced greatly, permitting better perception of peak currents than with conventional anodic scanning voltammetry.

Anodic scanning voltammetry with collection at a twin tubular electrode using a dual potentiostat is a sensitive and precise technique which might be a useful alternative to differential pulse stripping voltammetry at mercury film electrodes. At thin film electrodes, the pulse technique does not yield a significant improvement in sensitivity over linear scans for many anodic scanning voltammetric determinations and is generally restricted to low scan rates. It does, on the other hand, give a significant reduction in both the magnitude and noise of the background current, allowing more precise, sensitive analysis and the use of relatively fast scan rates.

Upon application of anodic scanning voltammetry with collection to the analysis of potable water for copper, it was found that the result was much higher than the cupric ion activity or the cation exchangeable copper ion activity. It was also found that the copper content was less than the total determined by carbon furnace atomic absorption spectroscopy. A similar conclusion applied to cadmium and lead. These discrepancies have not been resolved.

Wang *et al.* [129] used mercury coated foam composite electrodes for the stripping analysis of cadmium, lead and copper in potable water.

Jagner *et al.* [130] have described a portable potentiometric stripping analyser capable of determining copper(III) and lead(II) as respectively the 0.1–5 mg $L^{-1}$ and 1–50 μg $L^{-1}$ levels in potable water.

Argent *et al.* [131] used a portable instrument based on differential pulse anodic stripping voltammetry to promote rapid (3 min) determination of μg $L^{-1}$ levels of lead and copper in potable waters.

#### 4.53.9.2 Lead, cadmium, copper and zinc

Frimmel and Immerz [132] determined these elements in amounts down to 0.1 μg $L^{-1}$ by differential pulse anodic scanning voltammetry. Matrix interference in the case of copper determinations in ground water tended to give flattened peaks, and hence low values, but this could be counteracted by a preliminary extraction step. Heavy metal contents in potable water were influenced by the stagnation period, and samples drawn after standing could give results ten times as great as those after flushing the system until the sample temperature had dropped to the level of the mains supply.

Pandya [133] developed a method for the automatic simultaneous determination of lead, cadmium, copper and zinc in potable water by anodic stripping voltammetry using the hanging mercury drop electrode. The software of this system is split into two independent programs, the 'parameter input' program and the 'analysis control' program. This enables readjustment of the optimal parameters over a large range before every voltammetric analysis. The time consuming repetition of the whole analysis is avoided by various test subroutines that control the state of the three electrodes and of the important parts of the device after every measurement. After the analysis the whole voltammetric curve is plotted, every peak in an optimal current sensitivity range and the heading containing important information about the analysis is printed out.

A buffered medium like acetate at pH 5.8 yielded readily measurable current peaks for zinc, cadmium, lead and copper, and the differences between the half peak potentials were large enough for simultaneous recording of their peaks. The accuracy is satisfactory with coefficient of variation less than 20% and the standard deviation is less than 0.007 mg $L^{-1}$.

Arts *et al.* [134] evaluated the performance of the Princeton Applied Research Model PAR 384 automated polarograph for the determination of heavy metals in potable water. Numerous improvements were suggested both in the operation of the polarograph to ensure more reproducible mercury drop formation and in the design of the software to give more acceptable presentation of results and to eliminate errors from the calculations. The method provided a cheaper method of equal sensitivity to atomic absorption spectrometry for routine multielement determination of heavy metals in drinking water.

Schulze *et al.* [135] described a flow cell detection system for the determination of lead in potable water based on potentiometric stripping analysis and atomic absorption spectrometry.

#### 4.53.9.3 Nickel and copper

Eskilsson *et al.* [136] used reductive chronopotentiometric stripping analysis to determine nickel and cobalt in potable waters. They used a freshly prepared mercury film on a glassy carbon support as the working electrode. The use of 5 M calcium chloride electrolyte provided a virtually oxygen-free stripping solution. Detection limits were 9 and 11 ng $L^{-1}$ for nickel(II) and cobalt(II) respectively.

### 4.53.10 Mass spectrometry

Vanderborght and Van Grieken [137] combined spark source mass spectrometry with an enrichment procedure in which the transition metals in solutions are chelated by oxine and subsequently adsorbed into activated carbon. The metal ions are collected after chelation but naturally occurring metal/organic and colloidal components are also concentrated. Very high enrichment factors and recoveries are obtained, with an error of around 30%. The collection substrate is also suitable for direct determination by X-ray fluorescence or neutron activation analysis. For analysis by spark source mass spectrometry, the substrate must be ashed to remove organic material and this improves the strength of electrodes prepared after mixing with graphite. This method has been used for simultaneous determination of 10–25 elements in potable water, surface and ground water samples.

Trettenbach and Heumann [138] used cathodic electrodeposition for the initial separation of lead, cadmium and thallium from potable water samples prior to their determination in the $\mu g\ L^{-1}$ and $ng\ L^{-1}$ ranges by isotope dilution mass spectrometry. A solution containing lead–206 and cadmium–116 was added to the sample. Positive thermal ions of the respective elements were measured successively by raising the temperature of the single filament ion source.

### 4.53.11 Proton induced X-ray emission spectrometry

In this technique, the sample in a vacuum chamber is bombarded with 2.55 meV protons and the X-ray spectra produced are detected by a silicon lithium detector used in conjunction with a pulse height analyser. Several workers have examined the applicability of this technique to potable water analysis [139–141].

Saleh [141] dried small drops (0.75 µl) of potable water samples on 25 $cm^{-2}$ sections of Hostophan foil leaving thin spots as targets for proton induced X-ray emission analysis. With this method, detection limits range from 2 to 5 $\mu g\ L^{-1}$. Samples were acidified to pH 1–1.5 with ultrapure nitric acid.

Preconcentration was not required to achieve the required detection limits. Detection limits achieved range from 2 $\mu g\ L^{-1}$ for nickel and copper to 5 $\mu g\ L^{-1}$ for vanadium and chromium. This can be compared with data obtained by Simms and Rickey [140] using the same technique who obtained detection limits ranging between 0.1 and 100 $\mu g\ L^{-1}$ for the 76 elements they examined in potable water supplies.

### 4.53.12 Energy dispersive X–ray fluorescence spectrometry

The field of X-ray spectrometry is rapidly progressing. There has been a breakthrough resulting from the development of semi-conductor detectors with high resolving power which allows the easy quantitative multielement analysis with moderate to high precision. The method is particularly interesting for the analysis of environmental samples. The high sensitivity measurement of the fluorescence radiation allowed by the use of the energy-dispersive detector resulted in the possibility of exploiting almost perfectly monochromatised X-ray beams for the excitation. This has a prominent impact on the development of mathematical correction and calibration procedures because the excitation and fluorescence conditions become easy and straightforward. At the same time the mathematical treatment of the data is enhanced by the availability of small computing facilities. This technique has been applied to the determination of 20 elements in 5–20 min in potable and rain water [142]. Computer techniques are used for the subsequent data reduction of the X-ray spectra. The technique is applicable to suspended material in water which is filtered on a 0.45 μm pore size filter paper and to dissolved trace elements which are evaporated on cellulose filter paper or are collected on a thin ion–exchange loaded paper.

With this instrument a 170 eV energy resolution at 5.9 KeV is capable of resolving Kα–X-rays with a 50:1 to 1:50 intensity ratio for all adjacent elements, but is not sufficient to resolve a number of Kα–Kβ or K–L interferences. The count rate characteristics are excellent. There are no significant displacements of peak maxima nor is there a significant decrease in energy resolution or deterioration of peak shape. For the molybdenum K-secondary radiation the intensity ratio of coherently scattered Mo K radiation to recorded intensity is close to 1000:1 at the energy region of 5–7 KeV.

To prevent the difficulties involved in calibration of the instrument for each different sample type individually, a calibration was performed with a set of homogeneously thin pure compound standards.

These are commercially available and are obtained by vacuum evaporation of the pure elements or compounds onto the mylar backings. Taking into account the cross-sections of fluorescent X-ray production, absorption jump ratios, Auger yields, absorption in the air, and the beryllium window of the detector and finally in the detector itself, a calibration could be obtained with an estimated accuracy of better than ±5% for the elements chlorine to strontium and lead which was determined through its L–radiation.

To overcome any instability in the X-ray generator an internal reference was generated in each spectrum by using a thin wire which was positioned reproducibly in the radiation path just below the sample. The selection of a suitable element and an adequate thickness provides an easily measurable calibration peak in the spectrum. For molybdenum excitation a pure zirconium metal wire with a diameter of 50 μm was used. It gives rise to Kα, Kβ fluorescence radiation which does not interfere with the detection of the other elements except by the small increase in continuous radiation background.

When toxic metals in potable water are collected on Chelex 100 filters and examined by this technique, detection limits of 1 μg $L^{-1}$ were achieved by Van Espen *et al.* [142].

#### 4.53.12.1 Calcium, iron, cobalt, nickel, copper, zinc, lead, mercury, chromium and selenium

Ho and Lin [143] have also applied energy dispersive X-ray fluorescence spectrometry to the simultaneous determination of several elements in potable, surface and ground waters.

In their system, water samples are passed repeatedly through a filter paper coated with a suitable ion-exchange resin. This filter is then exposed to X-ray pulses and the secondary spectra caused by the metals trapped in it are analysed by dedicated computer. Qualitative evidence of the presence of unsuspected metals may also be had. Detection limits as low as 0.54 μg $L^{-1}$ are possible for iron.

A sample preparation and collection module processes the water samples through resin loaded filter paper in which the metal ions contained in the samples are concentrated by the ion-exchange resins. Once this is completed, the filter paper is then ready for X-ray analysis.

Energy dispersive X-ray analysis is a multielement technique inasmuch as all the elements present on the filter paper are measured simultaneously. The sample is excited by an X-ray tube and the secondary X-rays subsequently generated are detected. The pulse X-ray tube which is coupled to the X–ray detector, is turned off when the detector processes the incoming X-rays from the sample, permitting a more efficient collection of the incoming X-rays. The net effect of using a pulse X-ray tube is the storage of more counts, or incoming X-rays, per unit of time, which therefore shortens analysis time. A pre-amplifier takes the charge, or pulse, presented by the detector and converts it to a voltage signal proportional to the energy deposited on the detector. A main amplifier then takes the pre-amplifier signals and amplifies them for presentation to the multi-channel analyser which qualitatively and quantitatively extracts information from the input signal and generates the spectra which are stored in a memory for further processing.

Ho and Lin [143] applied this system to the determination of 10 elements; calcium, iron, cobalt, nickel, copper, zinc and lead, were easily exchanged in a strong and resin loaded SA–2 filter paper. Mercury,

*Table 4.12* Detection limits for various metal ions in SA–2 and SB–2 resin-loaded papers

| *Resin-loaded paper* | *Metal ion* | *Spectral line measured (keV)* | *Detection limit*[a] (μg cm $^{-2}$) | *Detection limit*[b] (μg L $^{-1}$) |
|---|---|---|---|---|
| SA–2 | Ca | 3.690 | 0.21 | 1.00 |
| SA–2 | Fe | 6.398 | 0.11 | 0.54 |
| SA–2 | Co | 6.924 | 0.15 | 0.70 |
| SA–2 | Ni | 7.471 | 0.15 | 0.74 |
| SA–2 | Cu | 8.040 | 0.19 | 0.90 |
| SA–2 | Zn | 8.630 | 0.21 | 1.00 |
| SA–2 | Pb | 10.550 | 0.79 | 3.80 |
| SB–2 | Cr | 5.411 | 0.24 | 1.04 |
| SB–2 | Hg | 9.987 | 0.91 | 4.36 |
| SB–2 | Se | 11.207 | 1.90 | 9.14 |

[a]Based on 2.4 cm$^2$ area.
[b]Based on 500 ml sample.

Source: Reproduced by permission from International Science Communications Inc., US

selenium and chromium could not be retained on SA–2 paper (Amberlite IR–120 ion-exchange resin, Whatman Inc.) and were collected on a strong base resin loaded SB–2 filter paper (Amberlite LRS–400 ion-exchange resin).

Calibration plots for the 10 metals are shown in Fig. 4.8 (a)–(c). The next X-ray intensities were expressed in counts per second and the concentrations were expressed in micrograms. For each metal ion, a straight line was obtained for samples in the metal ion contents ranging from 50 to 200 μg in a 500 ml solution.

Table 4.12 shows the detection limit for the 10 metal ions based on a 100 s analysis time and a 500 ml water sample. The detection limit for these 10 metal ions varies from 0.54 μg L $^{-1}$ for iron to 9.14 μg L $^{-1}$ for selenium.

Pella *et al.* [144] prepared samples for energy dispersive X-ray spectrometric analysis by evaporation of the water and fusion of the residue with sodium borate. This technique overcomes particle size and inhomogeneity effects on the analysis.

#### 4.53.12.2 Mercury and lead

To determine 40–60 ppt of mercury and lead in potable waters Holynska *et al.* [145] concentrated these elements by complexation with carbamates and analysed by total reflection X-ray fluorescence spectroscopy.

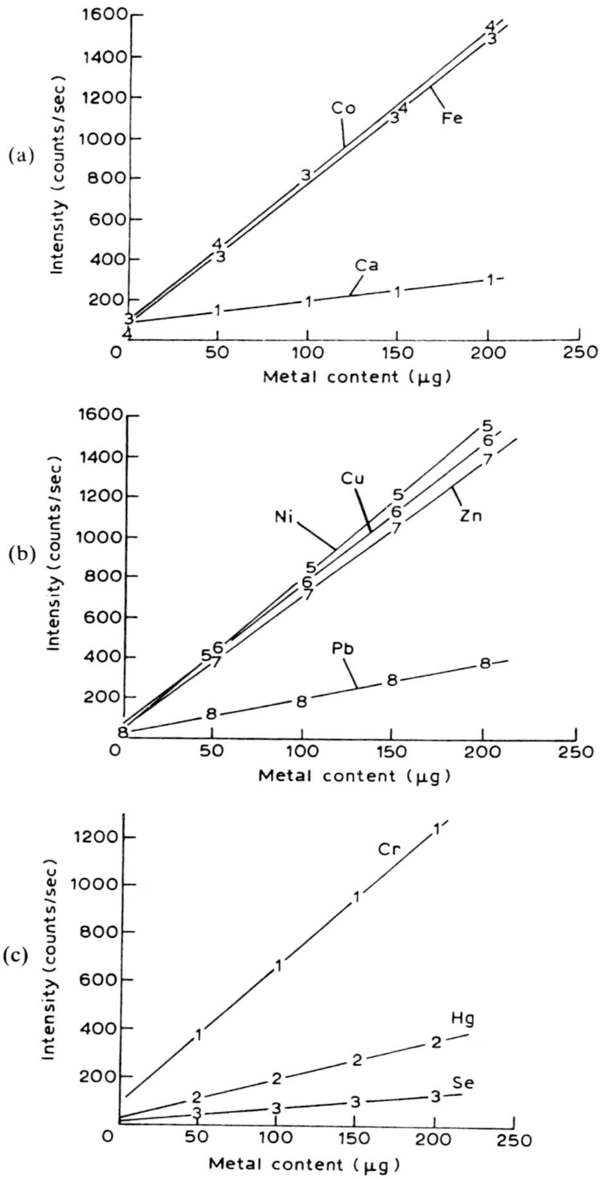


*Fig. 4.8* Energy dispersive X-ray analysis of potable water. (a) Calibration curves for Co, Fe and Ca analysis on SA–2 filter paper; (b) calibration curves for Ni, Cu, Zn and Pb analysis on SA–2 filter paper; (c) calibration curves for Cr, Hg and Se analysis on SB–2 filter paper

Source: Reproduced by permission from International Science Communications Inc., US

### 4.53.13 Neutron activation analysis

Brune [146] carried out neutron activation analysis of frozen potable water samples.

### 4.53.14 High performance liquid chromatography

#### 4.53.14.1 Copper, beryllium, aluminium, gallium, palladium and iron

Ichinaka *et al.* [147] determined these elements in acetylacetone extracts of potable waters by high performance liquid chromatography.

### 4.53.15 Ion chromatography

#### 4.53.15.1 Sodium, potassium, calcium and magnesium

Jones and Tarter [148] have applied this technique to the simultaneous determination of metals (sodium, potassium, calcium, magnesium) and anions (chloride, sulphate, nitrate, bromide) in potable waters. The technique uses a cation separator column, a conductivity detector, an anion separator column and an anion suppressor column. Two different eluants were used: lithium carbonate–lithium acetate dihydrate, and copper phthalate.

All water samples were injected and analysed as received without prior preparative steps.

The normal procedure for the use of the ion chromatograph was followed, with the exception of the use of the electrochemical detector after the anion suppressor. The solutions were injected and the detector and chart recorder were adjusted to provide peaks of appropriate height.

The operating parameters for the two eluants are listed in Table 4.13. For the detection of monovalent actions and anions, a basic eluant, lithium carbonate–lithium acetate, is used. Analysis of divalent cations and anions involves the use of an acidic copper phthalate eluant.

Simultaneous analysis of both anions and cations indicates that water samples from various localities contain many of the same ions but in differing amounts. Fig. 4.9 illustrates typical chromatograms of tap water and rain water.

### 4.53.16 Miscellaneous

The Department of the Environment (UK) [149] have reviewed the applicability of a number of techniques to the determination of metals in potable water. The methods are grouped under the headings of electrochemical methods, spectrophotometric methods and chromatography. Following a general introduction to the scope of these methods and

*Table 4.13* Instrumental conditions

| | |
|---|---|
| Instruments | Dionex model 2010i ion chromatograph<br>Dionex electrochemical detector<br>Houston Instrument Omniscribe chart recorder |
| Electrochemical applied potential | 0.4 V |
| Chart recorded speed | 0.25 cm/min |
| Flow rate | 1.5 mL/min |
| Suppressor column | Dionex AMS, preproduction prototype, Membrane Suppressor |
| Injection volume | 0.10 mL |
| Eluant | 0.0016 M $Li_2CO_3$ + 0.0024 M $LiCH_3CO_2$ $2H_2O$<br>pH = 10.4 monovalent cations and anions |
| Separator columns | |
| Anion separator | 150 × 4 mm i.d. Dionex HPIC–AS3 anion |
| Cation separator | 200 × 4 mm i.d. Dionex HPIC–CS1 cation |
| Eluant | 0.0033 M Cu phthalate divalent cations and anions |
| Separator columns | |
| Anion separator | 250 × 4.6 mm i.d. Vydac 3021C4.6 anion |
| Cation separator | 200 × 4 mm i.d. Dionex HPIC–CS1 cation |

Source: Reproduced by permission from International Science Communications Inc, US

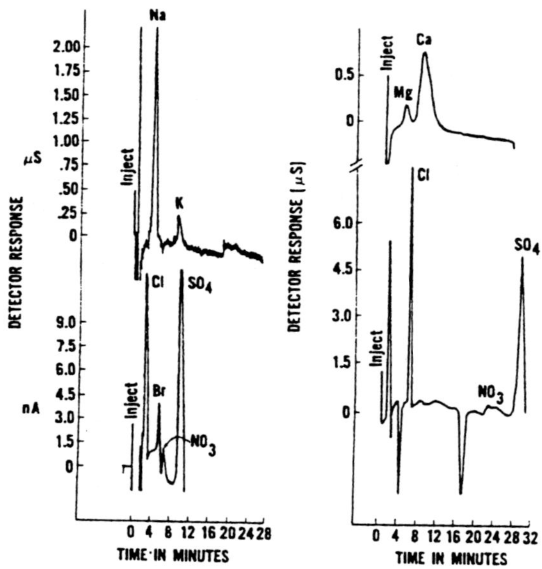


*Fig. 4.9* Chromatograms of tap water (Denton, Tex.) Monovalent cations and anions: $Na^+$ = 30 ppm; $K^+$ = 5 ppm; $Cl^-$ = 23 ppm; $Br^-$ = 0.7 ppm; $NO_3^-$ = 15 ppm; $SO_4^{2-}$ = 44 ppm. For the divalent cations and anions: $Mg^{2+}$ = 4 ppm; $Ca^{2+}$ = 38 ppm
Source: Reproduced by permission from International Science Communications Inc., US

problems of examination of an unknown material, each of the above categories is considered in turn. For each method the basic principles are outlined, together with the advantages and disadvantages in terms of equipment cost or ease of construction, background and interference effects, sensitivity and suitability for various types of sample. Brief reference is made to multiple channel automatic analysers and thermogravimetry, including differential thermal analysis.

Ranson [123] has reviewed the applicability to potable water analysis of spark source mass spectrometry, X-ray fluorescence spectrometry and neutron activation analysis. She comments that aspects of performance such as limit of detection, precision and bias can vary markedly from element to element and from one technique to another. Accordingly, the exact requirements of any proposed analysis need to be defined before a choice of the optimal technique can be made. Of the techniques examined inductively coupled plasma direct reading optical emission spectrometry has many attractive features for multielement analysis, although it does not at present allow inadequately small detection limits for a number of elements of interest in potable water analysis.

Sceery [150] has reviewed the new US Environmental Protection Agency Regulations for maximum contaminant levels in potable water. The EPA also published health advisory reports for thallium and silver [151].

Inductively coupled plasma mass spectrometry has been applied to the determination of rare earths in potable water [152].

### 4.53.17 Preconcentration

#### 4.53.17.1 Chelation–solvent extraction procedures

Subramanian and Meranger [153] made a critical study of the solution conditions and other factors affecting the reliability of the ammonium pyrrolidine dithiocarbamate–methyl isobutyl ketone extraction system for the determination of silver, cadmium, cobalt, chromium, copper, iron, manganese, nickel and lead in potable water. Graphite furnace atomic absorption spectrometry was used for the finish.

The following parameters were investigated in detail: pH of the aqueous phase prior to extraction, amount of ammonium pyrrolidine diethyl dithiocarbamate added to the solution following pH adjustment the length of time needed for complete extraction and the time stability of the chelate in the organic phase. Except for silver and chromium which were quantitatively extracted only in a very narrow pH range (1.0–2.0 and 1.8–3.0 respectively) and cadmium and lead which were stable in the extracted methylisobutyl ketone phase only for 2–3 h, the solution conditions for quantitative extraction were not critical for the other metals. Simultaneous extraction of all the metals except cadmium and

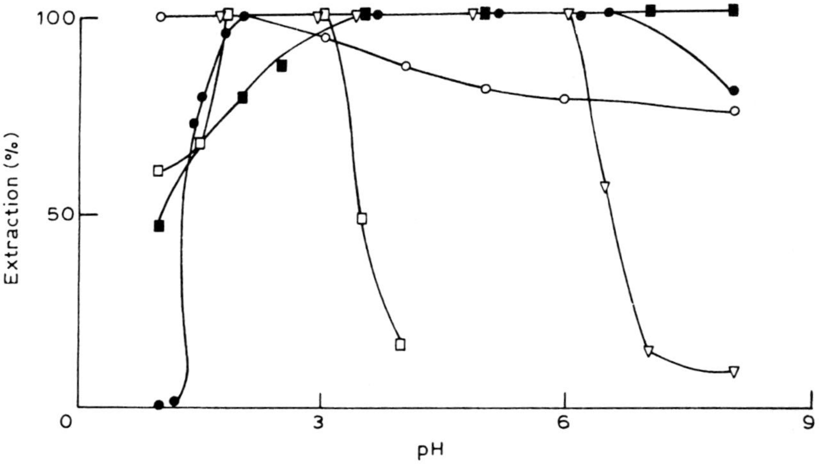


*Fig. 4.10* Effect of pH on the extraction of some trace metals using the APDC–MIBK procedure (aqueous/organic = 5); ○ Ag, 4 μg L$^{-1}$; ❑ Cr, 20 μg L$^{-1}$, ∇ Fe, 20 μg L$^{-1}$; • Mn, 6 μg L$^{-1}$; ■ Pb, 8 μg L$^{-1}$
Source: Reproduced by permission from Gordon AC Breach, Amsterdam

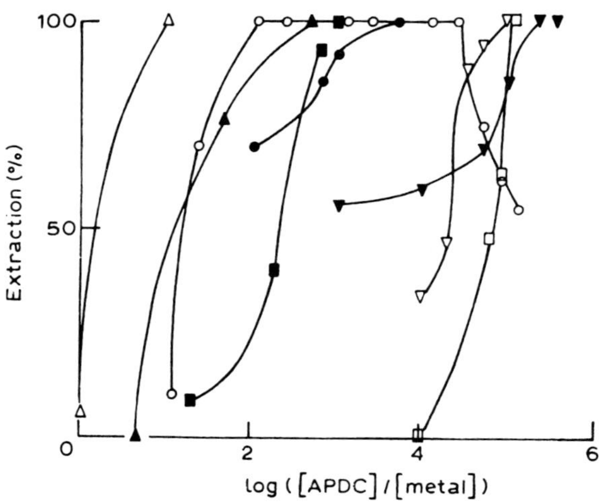


*Fig. 4.11* Effect of APDC on the extraction of some trace metals using the EPDC–MIBK procedure: ▲ Ag, 4 μg L$^{-1}$; • Cd, 0.2 μg L$^{-1}$; ∇ Co, 20 μg L$^{-1}$; ▼ Cr, 20 μg L$^{-1}$; Δ Cu, 20 μg L$^{-1}$; ❑ Fe, 20 ng L$^{-1}$; ■ Ni, 50 μg L$^{-1}$; ○ Pb, 8 μg L$^{-1}$
Source: Reproduced by permission from Gordon AC Breach, Amsterdam

*Table 4.14* Percent recovery of metals in spiked samples of raw, treated and distributed potable water using APDC–MIBK–GFAA

| *Concen-tration of spike* (μg $L^{-1}$) | *% Recovery* | | | | | | | | |
|---|---|---|---|---|---|---|---|---|---|
| | *Ag* | *Cd* | *Co* | *Cr* | *Cu* | *Fe* | *Mn* | *Ni* | *Pb* |
| 0.2 | – | 96 ± 7[a] | – | – | – | – | – | – | – |
| 0.4 | 100 ± 3 | 101 ±4 | | – | – | – | 94 ± 6 | – | – |
| 0.6 | 104 ± 2 | 98 ± 3 | – | – | – | – | – | – | – |
| 0.8 | – | 95 ± 4 | – | – | – | – | 103 ± 5 | – | – |
| 2.0 | 103 ± 3 | – | – | 92 ± 6 | 97 ± 4 | – | 93 ± 4 | – | 104 ± 5 |
| 4.0 | 100 ± 4 | – | 94 ± 5 | 96 ± 3 | 105 ± 2 | 98 ± 3 | 97 ± 3 | – | – |
| 6.0 | 98 ± 3 | – | – | – | 101 ± 3 | – | – | – | 95 ± 5 |
| 8.0 | – | – | 96 ± 3 | 97 ± 2 | 105 ± 2 | – | – | – | 98 ± 6 |
| 10.0 | – | – | – | 97 ± 4 | 104 ± 3 | 96 ± 1 | 98 ± 2 | – | 101 ± 5 |
| 20.0 | – | – | 97 ± 2 | 91 ± 6 | 95 ± 2 | 93 ± 2 | – | 101 ± 1 | – |
| 40.0 | – | – | 97 ± 4 | – | – | 102 ± 4 | – | 104 ± 1 | – |
| 50.0 | – | – | – | – | – | 98 ± 1 | – | – | – |
| 80.0 | – | – | – | – | – | – | – | 102 ± 4 | – |
| 100.0 | – | – | 95 ± 5 | – | – | – | – | 100 ± 5 | – |
| 200.0 | – | – | – | – | – | – | – | 104 ± 2 | – |

[a]Values given represent the average of the triplicate analyses each of 20 raw, treated and distributed potable water samples ranging in hardness from 1 to 554 mg$CaCO_3$ $L^{-1}$. The values are more or less the same for single as well as simultaneous extractions. The measure of precision is the standard deviation.

Source: Reproduced by permission from Gordon and Breach, Amsterdam

lead was also investigated. Good recoveries (100 ± 10%) were obtained for a number of spiked raw treated and distributed potable water samples covering a wide range of hardness. They concluded that the procedure is reliable and precise under proper solution conditions.

In Fig. 4.10 is shown the effect of sample pH on the extraction efficiency of several metals. Fig. 4.11 shows the effect of complexing agent:metal ratio on extraction efficiency. Metal recoveries are satisfactory as shown in Table 4.14.

#### 4.53.17.2 Immobilised silica precolumns

Marshall and Mottola [154] carried out performance studies under flow conditions of silica immobilised 8-quinolinol and its application as a pre-concentration tool in the flow injection/atomic absorption spectrometry of potable waters.

Breakthrough capacities were evaluated under different flow, temperature, and geometric characteristics of the preconcentration column. Mass transfer limitations under flow conditions explain the dependence of breakthrough capacities on these variables. The capabilities of this material for on-line preconcentration of copper(II) using flow injection analysis for sample processing and atomic absorption spectrometry for detection were also evaluated. The relatively high capacities of these simply and reproducibly prepared materials as well as the absence of swelling complications afforded by the inorganic silica framework allow for their effective use in flow injection analysis/atomic absorption spectrometry by implementation of simple manifolds. Results obtained for the determination of ng $mL^{-1}$ levels of copper(II) in EPA water samples agreed very well with reported values.

#### 4.53.17.3 Cation-exchange resin techniques

Kempster and Van Vliet [155] have described a semi–automated resin concentration method for the preconcentration of trace metals (chromium, manganese, iron, cobalt, nickel, copper, zinc, cadmium and lead) in potable water, prior to atomic absorption analysis. A peristaltic pump was used to control the flow of water samples through columns of a cation-exchange resin (Amberlite IR–120/H form), the samples being stabilised with ascorbic acid (0.5 g $L^{-1}$) at a pH of 2.5 during the sorption stage.

The water samples analysed were treated as follows: the samples, collected in pre-cleaned polyethylene bottles and preserved with concentrated nitric acid (5 ml $L^{-1}$) were filtered through a 0.45 μm pore size membrane filter to particulate matter. Ascorbic acid (0.5 g $L^{-1}$) was then added, and the pH adjusted to between 2.0 and 2.5 with concentrated ammonia solution using the pH indicator paper.

The samples were then pumped through the cleaned resin columns (at 0.42 ml $min^{-1}$) to sorb the metals onto the resin. The time necessary to pump 500 ml sample volumes through the resin columns was just under 20 h. With subsequent elution of the sorbed metals to a volume of 50 ml, a concentration factor of 10× was obtained. The volume of each sample passed through the resin columns was measured to determine the exact concentration ratio.

To elute the metals from the resin columns, 25 ml 5 M hydrochloric acid followed by 12 ml of deionised water was pumped through each column, the eluate being collected in 50 ml volumetric flasks. Concentrated ammonia solution (3.5 ml) was then added to the elute in each 50 ml volumetric flask to reduce the excessive acidity, which was found to produce noisy signals in the subsequent atomic absorption analysis. The pH of the eluate after the addition of ammonia solution was found to be less than 2. The eluate was made up to 50 ml with deionised water and transferred to 50 ml polyethylene bottles until analysis by flame atomic absorption spectroscopy.

The resin columns were then regenerated for the next batch of samples with 25 ml 3 M hydrochloric acid (redistilled AR). Of the nine elements mentioned above, eight gave a recovery through the whole procedure of between 88 and 99% while iron had a recovery of 75%. Detection limits were as follows: Cr 3 μg $L^{-1}$, Mn 0.5 μg $L^{-1}$, Co 1 μg $L^{-1}$, Cu 0.5 μg $L^{-1}$, Zn 2 μg $L^{-1}$, Cd 0.1 μg $L^{-1}$, Pb 6 μg $L^{-1}$.

This method is useful for the preconcentration of a large number of samples, does away with the tedium characteristic of manual enrichment techniques and gives good recovery for the nine metals tested.

Difficulty was experienced in obtaining consistent results for iron but it was found that with the addition of ascorbic acid to the samples, prior to sorption onto the resin, more consistent results were obtained. Ascorbic acid serves as a complexing agent to counteract hydrolysis of iron.

Brajter *et al.* [156] preconcentrated metal ions (bismuth(III), copper(II), indium(III), copper(II) and nickel(II)), by adsorption on Amberlite XAD–2 resin loaded with pyrocatechol violet prior to desorption and determination by atomic absorption spectrometry.

#### 4.53.17.4 Chelex 100 resin techniques

Subramanian *et al.* [157] have discussed on-site sampling with preconcentration for the determination of some Chelex–100 levels of labile metals (cadmium, copper, lead and zinc) in potable water. The on-site pump integrated water sampler coupled with a Chelex–100 preconcentration unit is described in detail. Metals in the concentrate were determined by graphite furnace atomic absorption spectrophotometry.

Chelex 100 will remove only that fraction of the trace metal level that is 'Chelex labile'. For example, only 44–63% of lead and copper in potable water is labile, presumably due to the presence of humic acid and possibly other chelators in the water.

Zolotov *et al.* [158] used Chelex 100 resin to preconcentrate 0.5–1000 μg copper from 50–500 ml samples of water.

#### 4.53.17.5 Poly(chlorotrifluoroethylene) resin technique

Yamaguchi *et al.* [159] preconcentrated copper, cadmium, iron, manganese, nickel and zinc as 8-quinolinol complexes, silver, cadmium, copper and zinc as bismuthiol(II) complexes and cadmium, copper and zinc as 8-quinolinol-5 sulphonic complexes on poly(chlorotrifluoroethylene) resin prior to the determination of these elements in potable waters.

#### 4.53.17.6 Zirconium hydroxide coprecipitation

Chiba and Takakura [160] coprecipitated cadmium, copper, lead and manganese with zirconium hydroxide ($Zr(OH)_4$) in potable waters.

## References


1 Department of the Environment, HMSO, London. Methods for the examination of water and associated materials (1980). Acid soluble aluminium in raw and potable waters by spectrophotometry, using pyrocatechol violet (1979).
2 Narayanan, A. and Pantony, D.A. *Environmental Technology Letters*, **3**, 43 (1982).
3 Mok, A.W.S. *Water Supply*, **10**, 21 (1992).
4 Rojas, F.S., de Torres, A.G., Ojeda, C B. and Pavon, J.M.C. *Analyst (London)*, **113**, 1287 (1988).
5 Sanchez-Rojas, F., Cristofal Alcarez, E. and Cano Pavon, J.M. *Analyst (London)*, **119**, 1221 (1994).
6 Prayle, R., Gleed, J., Jonasson, R. and Kramer, J.R. *Analytica Chimica Acta*, **134**, 369 (1982).
7 Driscoll, C.T., Baker, J.P., Bisongi J.T and Schofield, C.L. *Nature (London)*, **284**, 161 (1980).
8 Hydes, D.J. and Liss, P.S. *Analyst (London)*, **101**, 922 (1976).
9 Cashetto, S. and Wollast, R. *Geochimica Cosmochimica Acta*, **43**, 425 (1979).
10 Nishikawa, Y., Hiraki, K., Morishige, K. and Shigematsu, T. *Japan Analyst*, **16**, 692 (1967).
11 Shigematsu, T., Nishikawa, Y., Hiraki, K. and Nagama, N. *Japan Analyst*, **19**, 551 (1970).
12 Carrondo, M.J.T., Lester, J.N. and Perry, R. *Chartered and Municipal Engineer*, **106**, 359 (1979).
13 Lavi, N., Neeman, E. and Nir-el, Y. *Journal of Radioanalytical and Nuclear Chemistry*, **163**, 307 (1992).
14 Standing Committee of Analysts. HMSO, London, Methods for the Examination of Waters and Associated Materials, 1988. Acid soluble aluminium in marine, raw and potable waters. 2nd ed. (1987).
15 Jones, P. and Pauli, B. *Analytical Proceedings (London)*, **29**, 402 (1992).
16 Ohzeki, K., Uno, T., Nukatsuka, I. and Ishida, R. *Analyst (London)*, **113**, 1545 (1988).
17 Sarzanini, C., Mentasti, E., Porta, V. and Gennaro, M.C. *Analytical Chemistry*, **59**, 484 (1987).
18 Nyamah, D. and Torgbor, J.D. *Water Research*, **20**, 1341 (1986).
19 Schmidt, F.J. and Royer, J.L. *Analytical Letters (London)*, **6**, 17, (1973).
20 Klaue, B. and Blum, J.D. *Analytical Chemistry*, **71**, 1408 (1999).
21 Jones, E.O. Private communication.
22 Liu, Y.M., Fernandez-Sanchez, M.L., Gonzalez, E.B. and Sanz-Medel, A. *Journal of Analytical Atomic Spectroscopy*, **8**, 815 (1993).
23 Sandhu, S.S. *Analyst (London)*, **101**, 856 (1976).
24 Senften, H. *Mitt. Geb. Lebensmittel*, **64**, 152 (1973).
25 Kubota, M. *Analytica Chimica Acta*, **96**, 55 (1978).
26 Korkisch, J., Sorio, E. and Steffan, I. *Talanta*, **23**, 289 (1976).
27 Cernohorsky, T. and Kotrilh, S. *Journal of Atomic Spectroscopy*, **10**, 155 (1995).
28 Lytle, D.A., Schock, M.R., Dues, N.R. and Doerger, J.U. *Journal of the American Water Works Association*, **85**, 77 (1993).

29 Kuo, C.J., Lin, I.H., Shih, J.S. and Yeh, J.C. *Journal of Chromatographic Science*, **20**, 455 (1982).

30 Gawagious, Y.A., Abbas, M.N. and Hassan, H.N.A. *Analytical Letters (London)*, **21**, 1477 (1988).

31 Department of the Environment HMSO, UK. Methods for the examination of waters and associated materials. Cadmium in potable water by atomic absorption spectrophotometry. tentative method (1976).

32 Jha, I.N., Inyengar, L. and Rao, A.V.S.P. *Journal of Environmental Engineering*, **114**, 962 (1988).

33 Ishizuki, T., Wada, H., Kodama, K. and Nakagawa, G. *Analytica Chimica Acta*, **176**, 63 (1985).

34 Wada, H., Ozawa, T. and Nakagawa, G. *Analytica Chimica Acta*, **211**, 213 (1988).

35 Department of the Environment Naitonal Water Council Standing Committee of Analysts, HMSO, London. Methods for examination of waters and associated materals. Chromium in raw and potable waters and sewage (1980) (1981).

36 Thompson, K.C. and Wagstaff, K. *Analyst (London)*, **104**, 224 (1979).

37 Jardim, W.F. and Rohwedder, J.T.R. *Analyst (London)*, **111**, 849 (1986).

38 Themelis, D.G. and Vasilikiotis, G.S. *Analyst (London)*, **112**, 797 (1987).

39 Atsuya, I., Ito, K. and Okomo, M. *Analytica Chimica Acta*, **147**, 185 (1983).

40 Smith, M.J. and Manahan, S.E. *Analytical Chemistry*, **45**, 836 (1973).

41 Hulanicki, A., Trojanowicz, M. and Von Krawczyk, T.K. *Water Research*, **11**, 627 (1977).

42 Eucarnacion, M., Pozo, U., Garcia de Torres A. and Cano Povon, J.M. *Analytical Chemistry*, **59**, 1129 (1987).

43 Pozo, M.E.N., De Torres, A.G. and Pavon, M.C. *Analytical Chemistry*, **59**, 1129 (1987).

44 Tao, G. and Fang, Z. *Journal of Analytical Atomic Spectroscopy*, **8**, 577 (1993).

45 Rychkova, V.I. and Rychkov, A.A. *Zavod. Lab.*, **39**, 1053 (1973).

46 Zotou, A.C. and Papadopoulos, C.G. *Analyst (London)*, **112**, 787 (1987).

47 Wang, J. and Mahmoud. J. *Fresenius Z. Analyt. Chemie*, **327**, 789 (1987).

48 Schneider, J.A. and Hornig, J.F. *Analyst (London)*, **118**, 933 (1993).

49 Webster, J. and Wood, A. *Analyst (London)*, **109**, 1255 (1984).

50 Hunt, D.T.E. and Winnard, D.A. *Analyst (London)*, **111**, 785 (1986).

51 Sthapit, P.R., Ottaway, J.M., Halls, D.J. and Fell, G.S. *Analytica Chimica Acta*, **165**, 121 (1984).

52 Sthapit, P.R., Ottaway, J.M. and Fell, G.S. *Analyst (London)*, **109**, 1061 (1984).

53 Mitcham, P.R. *Analyst (London)*, **105**, 43 (1980).

54 Regan, J.G.T. and Warren, J. *Analyst (London)*, **103**, 447 (1978).

55 Bertenshaw, M.P., Gelsthorpe, D. and Wheatstone, K.C. *Analyst (London)*, **106**, 23 (1981).

56 Maines, I.S., Aldous, K.M. and Mitchell, D.G. *Environmental Science and Technology*, **9**, 549 (1975).

57 Hallam, C. and Thompson, K.C. *Analyst (London)*, **110**, 497 (1985).

58 Vandegans, J., Rosells, P., Verplancken, W. and Haurez, J.C. *Analytica Chimica Acta*, **193**, 169 (1987).

59 Vijan, P.N. and Sadana, R.S. *Talanta*, **27**, 321 (1980).

60 Smith, R. *Atomic Spectroscopy*, **2**, 155 (1981).

61 Sindhu, R.S. *International Journal of Environmental Analytical Chemistry*, **28**, 87 (1987).

62 Gorecki, J. and Pawliszyn, J. *Analytical Chemistry*, **68**, 3008 (1996).

63 Bermejo Barrera, A., Bermejo Barrera, M.P., and Berimejo Martinez, F. *Tecnica Investig. Tratam. Medio Ambiente*, **1**, 14 (1979).
64 Miller, R.G., Doerger, J.U., Kopfler, F.C., Stober, J. and Robertson P. *Analytical Chemistry*, **57**, 1020 (1985).
65 Hall, E.S. and Murphy, E. *Journal of Radioanalytical and Nuclear Chemistry*, **175**, 129 (1993).
66 Department of the Environment HMSO, UK. Methods for the examination of waters and associated materials. Lead in potable waters by atomic absorption spectrophotometry (1976).
67 Spasojevic, B.D. and Tovanovic, D.A. *Acta. Pharmacy Jugoslavia*, **21**, 103 (1971).
68 De Mora, S.J. and Harrison, R.M. *Analytica Chimica Acta*, **153**, 307 (1983).
69 Official Journal of the European Community No. L229/11/80/778/EEC 23 (1980).
70 Zhang, Y., Riby, P., Cox, A.G., MeLeod, W., Date, A.R. and Cheung, Y.Y. *Analyst (London)*, **113**, 125 (1988).
71 Martinez-Gomez, P., Gallego, M. and Valcarcel, M. *Analyst (London)*, **112**, 1233 (1987).
72 Hildebrandt, W.A. and Pool, K.H. *Talanta*, **23**, 469 (1976).
73 Department of the Environment and National Water Council. Methods for the examination of waters and associated materials. Manganese in raw and potable waters by spectrophotometry (using formaldoxine) (1977). Tentative method – HMSO, London (1978).
74 Nikolelis, D.P. and Hadjiioannou, T. *Analytica Chimica Acta*, **97**, 111 (1978).
75 Nikolelis, D.P. and Hadjiioannou, T.P. *Analyst (London)*, **102**, 591 (1977).
76 Kunert, I., Komarek, J. and Summer, L., *Analytica Chimica Acta*, **106**, 285, (1979).
77 Oda, C.E. and Ingle, J.D. *Analytical Chemistry*, **53**, 2205 (1981).
78 Hawley, J.E. and Ingle, J.D. *Analytical Chemistry*, **47**, 719 (1975).
79 Christmann, D.R. and Ingle, J.D. *Analytica Chimica Acta*, **86**, 53 (9176).
80 Oda, C.E. and Ingle, J.D. *Analytical Chemistry*, **53**, 2030 (1981).
81 Quinby-Hunt, M.S. *American Laboratory*, **10**, 17 (1978).
82 Wittman, Z. *Talanta*, **28**, 271 (1981).
83 Temmerman, E., Dumarey, R. and Dams, R. *Analytical Letters (London)*, **18**, 203 (1985).
84 European Parliament Working Documents Nr. L. 229. Document No. 80/778 (1980).
85 Powell, M.J., Quan, E.S.K. Boomer, D.W. and Wiederin, D.R. *Analytical Chemistry*, **64**, 2253 (1992).
86 Huiliang, H., Jaguer, D. and Renman, L. *Analytica Chimica Acta*, **201**, 1 (1987).
87 Bertenshaw, M.P. and Wagstaffe, K. *Analyst (London)*, **107**, 664 (1982).
88 Klyachko, Yu. A. and Petukova, N.M. *Zavod. Lab.*, **38**, 921 (1972).
89 Hidalgo, J.L., Gomez, M.A., Caballero, M., Cela R and Perez-Bustamante, S.A. *Talanta*, **35**, 301 (1988).
90 Department of the Environment/National Water Council Standing Committee of Analysts, HMSO, London. Methods for the examination of waters and associated materials. Nickel in potable waters. Tentative methods (1981).
91 Dissolved potassium in raw and potable waters, tentative methods (1980). Department of the Environment/National Water Council Standing Committee of Analysts. HMSO, London. Methods for the examination of waters and associated materials (1981).
92 Hammer, M.J. *Ground Water*, **19**, 366 (1981).

93 Environmental Protection Agency. Selenium removal from ground water using activated alumina. EPA–600/2–80–153. Municipal Environmental Research Laboratory, Cincinnati, Ohio (1980).
94 American Public Health Authority Standard Methods for the examination of water and waste water (1970).
95 Thabet, S.K. and Salibi, N.I.E. *Analytica Chimica Acta*, **49**, 577 (1970).
96 Wichrowska, B. *Roczn. panst. Zakl. Hig.*, **22**, 561 (1971).
97 Bancells, M., Lacort, G. and Roura, M. *Spectrochimica Acta*, **418**, 189 (1986).
98 Lerchi, M., Orsini, F., Cimeman, Z., Pretsch, E., Chowdbury, D.A. and Kamata, S. *Analytical Chemistry*, **68**, 3210 (1996).
99 Department of the Environment/National Water Council Standing Committee of Analysts. HMSO, London. Methods for the examination of waters and associated materials. 1981. Dissolved sodium in raw and potable waters, tentative methosd (1980).
100 Zmijewska, W., Polkowska-Motrenko, H., Stakowska, H. *Journal of Radioanalytical and Nuclera Chemistry Articles*, **84**, 319 (1984).
101 Nazaki, T., Ichikawa, L.M., Sasuga, T. and Inarida, M. *Journal of Radioanalytical Chemistry*, **6**, 33 (1970).
102 Galinier, J.L. and Zikovsky, L. *Eau de Quebec*, **14**, 309 (1981).
103 Lazarev, A.I. and Kazareva, V.I. *Zhur Analit. Khim.*, **24**, 395 (1969).
104 Department of the Environment/National Water Council Standing Committee of Analysts. HMSO, London. Methods for the examination of waters and associated materials. Zinc in potable waters by atomic absorption spectrometry (1981).
105 Dong, A.E. *Applied Spectroscopy*, **27**, 124 (1973).
106 Pande, S.P. *Journal of Indian Water Works Association*, **12**, 275 (1980).
107 Encarnacion Urena Pozo, M., Garcia de Torres, A. and Cano, Davon, J.M., *Analytical Chemistry*, **59**, 1129 (1987).
108 Christiansen, T.F., Busch, J.E. and Krogh, S.C. *Analytical Chemistry*, **48**, 1051 (1976).
109 Pozo, M.E., de Torres, A.G., Cano Pavon, J.M. *Analytical Chemistry*, **59**, 1129 (1987).
110 Basson, W.D. and Van Staden, J.F. *Fresenius Z. Analyt. Chemie.*, **302**, 370 (1980).
111 Canete, F., Rios, A., De Castro, M.D.L. and Valcarcel, M. *Analyst (London)*, **112**, 267 (1987).
112 Hallam, C. and Thompson, K.C. *Analyst (London)*, **110**, 497 (1985).
113 Robinson, R., Bell, M., Burns, D., Knab, D. Los Alamos National Laboratory Report LA–11095–M5. Order No. DE 88001629, 45 pp. Available NTIS from Energy Research Abstracts 13(4), Abstract No. 7853 (1988).
114 Latino, J.C., Sers, D.C., Portala, F. and Shuttler, I.L. *Atomic Spectroscopy*, **16**, 121 (1995).
115 Ybanez, N., Montoro, R., Catela, R. and Cervera, M.L. *Rev. Agroquim. Tenol Allment.*, **27**, 270 (1987).
116 Korkish, J. and Krivanec, H. *Analytica Chimica Acta*, **83**, 111 (1976).
117 Bozai, G. and Csandy, M. Z. *Analyt. Chemie.*, **297**, 370 (1979).
118 Buttgereit, G. Z. *Fresenius Z. Analyt. Chemie*, **267**, 81 (1973).
119 Epstein, M.S., Rains, T.C., Brady, T.J., Moody, J.R. and Barnes, I.L. *Analytical Chemistry*, **50**, 874 (1978).
120 Winnard, D.A. Water Research Centre, Henley Road, Medmenham SL7 2HD, UK. Report 95–M. A comparison of methods in graphite furance cationic absorption spectroscopy for water analyses. July (1985).

121 Gunn, A.M. Water Research Centre Technical Review Report TR. 169. The determination of arsenic and selenium in raw and potable waters by hydride generation/atomic absorption spectrometry – A Review (1981).
122 Schmidt, F.J. and Royer, J.L. *Analytical Letters (London)*, **6**, 17 (1973).
123 Ranson, L., Water Research Centre, Medmenham, UK. Technical Report TR 81. Multi element analysis of drinking waters, a review of relevant techniques and applications (1978).
124 Norton, R.L., Water Research Centre, Medmenham, UK. Technical Report TR 141. Multielement analysis using an inductively coupled plasma spectrometer. Part 1. Commissioning and preliminary evaluation of performance (1980).
125 Taylor, C.E. and Floyd, T.L. *Applied Spectroscopy*, **35**, 408 (1981).
126 Pruszkowska, E., Barrett, P., Ediger, R. and Wallace, G. *Atomic Spectroscopy*, **4**, 94 (1983).
127 Pandya G.H. *Journal of Indian Water Works Association*, **13**, 253 (1981).
128 Schieffer G.W. and Blaedel, W.J. *Analytical Chemistry*, **50**, 99 (1978).
129 Wang, J., Brennsteiner, A., Anges, L., Sylvester, A., La Gasse, R.R. and Bitsch, N. *Analytical Chemistry*, **64**, 151 (1992).
130 Jagner, D., Sahlin, E., Axelsson, B. and Ratana-Ohpas, R. *Analytica Chimica Acta*, **278**, 237 (1993).
131 Argent, V.A., Southall, J.M. and D'Costa, E. Proceedings Annual Conference of the American Water Works Association, 43 (1994).
132 Frimmel, F.H. and Immerz, A. *Fresenius Z. Analyt. Chemie.*, **302**, 364 (1980).
133 Pandya, G.H. *Journal of Indian Water Works Association*, **14**, 225 (1982).
134 Arts, W., Bretschneider, H.J., Buschhoff, H. and Rickert, B. *Fresenius Z. Analyt. Chemie.*, **319**, 510 (1984).
135 Schulze, G., Koschany, M. and Elsholz, O. *Analytica Chimica Acta*, **196**, 153 (1987).
136 Eskilsson, H., Haraldsson, C. and Jagner, D. *Analytica Chimica Acta*, **175**, 79 (1985).
137 Vanderborght, B.H. and Van Grieken, R.E. *Talanta*, **27**, 417 (1980).
138 Trettenbach, J. and Heumann, K.G. *Fresenius Z. Analyt. Chemie.*, **322**, 306 (1985).
139 Lochmueller, C.H., Galbraith, J.W. and Walter, R.L. *Analytical Chemistry*, **46**, 440 (1974).
140 Simms, P.C. and Rickey, F.A. US Government Printing Office, Washington DC. Environmental Protection Agency Report EPA 600/1–78–058. The multi element analysis of drinking water using proton induced X-ray emission (1978).
141 Saleh, N.S. *Journal of Radioanalytical Chemistry*, **74**, 257 (1982).
142 Van Espen, P., Nullers, H. and Adams, F.C. *Z. Analyt Chemie*, **285**, 215 (1977).
143 Ho, J.S.Y. and Lin, P.L. *International Laboratory*, **12**, 44 (1982).
144 Pella, P.A., Lorber, K.E. and Heinrich, K.F.J. *Analytical Chemistry*, **50**, 1268 (1978).
145 Holynska, B., Ostachowicz, B. and Wegrzynek, C. *Spectrochimica Acta B*, **51B**, 769 (1996).
146 Brune, E., Rep Aktie Bolaget Atomiergi AE 466, Aktielbolaget Atomengie, Studsvik, Sweden (1972).
147 Ichinaka, S., Hongo, N. and Yamazaki, M. *Analytical Chemistry*, **60**, 2099 (9188).
148 Jones, V.K. and Tarter, J.G. *American Laboratory*, **17**, 48 (1985).

149 Department of the Environment/National Water Council Standing Committee of Analysts. HM Stationery Office, London. Methods for the examination of waters and associated materials. A survey of multielement and related methods of analysis for waters, sediments and other materials of interest to the water industry (1981).
150 Sceery, W.M. *Environmental Test Analysis*, **1**, 26 (1992).
151 Cantilli, R. Report Order No PB92–135524 Available NTIS (1991).
152 de Boer, J.L.M., Verweij, S., Van der Velde Koerts, T. and Mennes, W. *Water Research*, **30**, 190 (1996).
153 Subramanian, K.S. and Meranger, J.C. *International Journal of Environmental Analytical Chemistry*, **7**, 25 (1979).
154 Marshall, M.A. and Mottola, H.A. *Analytical Chemistry*, **57**, 729 (1985).
155 Kempster, P.L. and Van Vliet, H.R. *Water South Africa*, **4**, 125 (1978).
156 Brajter, K., Olbrych-Slezynska, E. and Staskiewicz, M. *Talanta*, **35**, 65 (1988).
157 Subramanian, K.S., Meranger, J.C., Langford, C.H. and Allen, C. *International Journal of Environmental Analytical Chemistry*, **16**, 33 (1983).
158 Zolotov, Y.A., Shipgua, I.Y., Kolotyrkina, I.Y., Novikov, E.A. and Bazanova, O.V. *Analytica Chimica Acta*, **200**, 21 (1987).
159 Yamaguchi, T., Zhang, L., Matsumoto, K. and Terada, K. *Analytical Science*, **8**, 85 (1992).
160 Chiba, I. and Takakura, Y. *Fukushima-ken Eisel Kogal Kenkyusho Nerpo*, 1986, 70–75 (1987).
161 Krishnarmurty, K.V. and Reddy, M.M. *Analytical Chemistry*, **49**, 222 (1977).
162 Frevent, T. *Wasser–Abwasser*, **129**, 658 (1988).

Chapter 5

# Cations in aqueous precipitation

This chapter discusses the determination of metals in various types of aqueous precipitation. This includes rainwater, fog, mists, snow and ice.

## 5.1 Rainwater

The determination of trace elements in rainwater is becoming increasingly important. Rainfall has proved to be an exceptional form of deposition for trace–element input from the atmosphere to terrestrial and aquatic environments. In addition to the input of acid through rainwater, many heavy metals contribute to the hazards and destruction of forests, lakes, and coastal waters.

Until recently, studies of trace elements in rainwater have been neglected, largely due to problems of sample contamination and accurate analysis at the low trace–metal levels found in rainwater, particularly in marine areas. Only in the past few years have systematic investigations on the deposition of trace elements by rain and snow been started.

The element concentrations determined are normally present in the $\mu g\ L^{-1}$ to $ng\ L^{-1}$ range and the analytical procedures applied prior to 1985 were usually based on inverse voltammetry and atomic absorption spectrometry as analytical principles that allow either single-element determination or simultaneous determination of three or four elements.

The growing need for information requires the analytical handling of large numbers of samples from systematic long-term investigations. Because of a favourable cost–benefit ratio there is a need for further efficient trace analytical procedures that also allow multielement determination.

More recently methods have been described for the multielement determination of trace elements in rainwater using total–reflection X-ray fluorescence, a special variant of energy-dispersive X-ray fluorescence spectroscopy as discussed in section 5.1.37.5, however with substantially improved detection limits.

### 5.1.1 Aluminium

#### 5.1.1.1 Atomic absorption spectrometry

The application of this technique is discussed under multication analysis in section 5.1.37.1.

#### 5.1.1.2 Neutron activation analysis

The application of this technique is discussed under multication analysis in section 5.1.37.6.

#### 5.1.1.3 Miscellaneous

Royset *et al.* [1] have discussed the effects of filtration and centrifugation in the determination of aluminium in rain water.

Miller and Andelman [2] give details of a procedure using a chelating resin (Chelex-100) for the determination of the special ion of aluminium in rain water. Four clearly defined species were detected.

### 5.1.2 Ammonium

Ammonia is a significant alkaline pollutant in the atmosphere. Ammonia emitted into the troposphere is readily trapped by acidic cloud droplets and neutralises the acidity of the droplets to form ammonium salt or reacts with acidic gases to form aerosol. Therefore, the determination of ammonium ion in wet deposition is important in atmospheric chemistry. Furthermore, ammonia was used widely in an efficient denitrification method in steam power plants.

#### 5.1.2.1 Flow injection analysis

Aoki *et al.* [3] have developed a membrane diffusion technique for continuous spectrofluorometric determination of ammonium ion in natural waters. Strauss *et al.* [4] reported a method which combined laser photothermal detection with the indophenol spectrophotometric method for the measurement of trace amounts of ammonium ion in water. West *et al.* [5] developed an optical sensor based on incorporation of an ammonium ion selective ionophore and hydrogen ion selective chromionphore into plasticised poly(vinyl chloride) membranes for measurement of ammonia in ambient air. The redox reaction between ammonia and hypobromite is well-known. It has been used for application of the determination of ammonia. For example, Jenkins *et al.* [6] reported a gas chromatographic method for determination of dissolved ammonia, which was based on measurement of nitrogen liberated by a quantitative oxidation of ammonia in alkaline solution with hypobromite

$$2NH_3 + 3BrO^- = N_2 + 3Br^- + 3H_2O$$

However, it was not known whether this reaction produces chemiluminescence. Hu *et al.* [7] found that the reaction in sodium hydroxide solution produces strong chemiluminescence. They describe a method for determining ammonium ion in aqueous solution that combines the detection of this chemiluminescence and a flow injection system. The maximum wavelength of the chemiluminescence was found to be ~710 nm. This chemiluminescence reaction was used for the determination of ammonium ion concentration in rainwater and fog water with a flow injection analysis system. The detection limit of ammonium ion was $6.1 \times 10^{-4}$ mol dm$^{-3}$ (3RSD). The dominant components in rainwater such as nitrate sulphate and chloride, did not interfere with the determination, but humic acid and urea do. The interference can be removed by inserting a glass filter between the chemiluminescence cell and the photomultiplier tube, because the peak wavelengths of the emission are different for both chemiluminescence species. Rainwater and fog water samples can be rapidly determined by this method without any pretreatment. The results determined by this method were in good agreement with an ion chromatographic method and an indophenol spectrophotometric method.

### 5.1.2.2 Ion chromatography

Small *et al.* [8] used this technique to determine ammonium ion. The application of this technique is also discussed under multication analysis in section 5.1.37.7.

### 5.1.2.3 Miscellaneous

In a gas phase molecular absorption method [9] the rain water is rendered alkaline with sodium hydroxide and the released ammonia purged out with nitrogen and passed through a windowless heated absorption cell and the absorbance in the ultraviolet at 197.2 nm measured. The method is based on the strong absorption of ammonia at 197.2 nm in a continuous stream of nitrogen. The detection limit is 100 μg L$^{-1}$ ammonia and the calibration curve is linear over the range 0–40 mg L$^{-1}$ ammonia in the rain water sample. Between 100 and 1770 μg L$^{-1}$ ammonia was found in rain water. Automation of the method is achieved by interfacing an automatic sampler, a multichannel peristaltic pump, an adjustable heating bath, and a gas liquid separator to an atomic absorption spectrophotometer. About 20 samples can be analysed per hour.

Nakata *et al.* [10] determined ammonium ions in amounts down to 0.3 µg $L^{-1}$ in rain water and river water using a flow injection system with a gas diffusion membrane.

Various detection methods and techniques are used for determining ammonia or ammonium ion such as selective ion electrode [11] and spectrophotometry [12,13]. Among these, the indophenol spectrophotometric method is the standard method used in the US Environmental Protection Agency [14].

#### 5.1.2.4 Preconcentration

The preconcentration of ammonium ions is also discussed under multication analysis in section 5.1.37.8.

### *5.1.3 Antimony*

#### 5.1.3.1 X-ray fluorescence spectroscopy

The application of this technique is discussed under multication analysis in section 5.1.37.5.

#### 5.1.3.2 Radionucleides

The determination of antimony is discussed in section 12.4.5.

### *5.1.4 Arsenic*

#### 5.1.4.1 X-ray fluorescence spectroscopy

The application of this technique is discussed under multication analysis in section 5.1.37.5.

### *5.1.5 Barium*

#### 5.1.5.1 X-ray fluorescence spectroscopy

The application of this technique is discussed under multication analysis in section 5.1.37.5.

### *5.1.6 Bismuth*

#### 5.1.5.1 Radionucleides

The determination of bismuth radionucleides in rain is discussed in section 12.4.2.

## *5.1.7 Cadmium*

### 5.1.7.1 Atomic absorption spectrometry

The application of this technique is discussed under multication analysis in section 5.1.37.1.

### 5.7.1.2 Anodic stripping voltammetry

The application of this technique is discussed under multication analysis in section 5.1.36.2.

### 5.1.7.3 X-ray fluorescence spectroscopy

The application of this technique is discussed under multication analysis in section 5.1.37.5.

## *5.1.8 Caesium*

### 5.1.8.1 Radionucleides

The determination of caesium radionucleides is discussed in section 12.4.1.

## *5.1.9 Calcium*

### 5.1.9.1 Atomic absorption spectrometry

The application of this technique is discussed under multication analysis in section 5.1.37.1.

### 5.1.9.2 Emission spectrometry

Searle and Kennedy [15] used high temperature flame emission spectroscopy to determine low mg $L^{-1}$ amounts of calcium in rain water. Emission is measured at 422.7 nm in a nitrous oxide acetylene flame.

### 5.1.9.3 X-ray fluorescence spectroscopy

The application of this technique is discussed under multication analysis in section 5.1.37.5.

### 5.1.9.4 Preconcentration

The preconcentration of calcium is discussed under multication analysis in section 5.1.37.8.

### 5.1.10 Chromium

#### 5.1.10.1 X-ray fluorescence spectroscopy

The application of this technique is discussed under multication analysis in section 5.1.37.5.

### 5.1.11 Cobalt

#### 5.1.11.1 X-ray fluorescence spectroscopy

The application of this technique is discussed under multication analysis in section 5.1.37.5.

### 5.1.12 Copper

#### 5.1.12.1 X-ray fluorescence spectroscopy

The application of this technique is discussed under multication analysis in section 5.1.37.5.

### 5.1.13 Gallium

#### 5.1.13.1 X-ray fluorescence spectroscopy

The application of this technique is discussed under multication analysis in section 5.1.37.5.

### 5.1.14 Indium

#### 5.1.14.1 Atomic absorption spectrometry

The application of this technique is discussed under multication analysis in section 5.1.37.1.

#### 5.1.14.2 Neutron activation analysis

In a neutron activation analysis for determining traces of indium in rain water [16,17] the indium was preconcentrated from 1L of rain water by adsorption on hydrated ferric oxide, which was then irradiated with neutrons. β-particles from the indium–116 m were counted with a gas flow proportional counter supplemented with X-ray counting with a Ge(Li) detector. Details are given for the separation of indium from arsenic, manganese, sodium, chlorine and lanthanum by precipitation from homogenous solutions, solvent extraction and ion-exchange chromatography.

### 5.1.15 Iron

#### 5.1.15.1 Atomic absorption spectrometry

The application of this technique is discussed under multication analysis in section 5.1.37.1.

#### 5.1.15.2 X-ray fluorescence spectroscopy

The application of this technique is discussed under multication analysis in section 5.1.37.5.

### 5.1.16 Lead

#### 5.1.16.1 Spectrophotometric methods

Spectrophotometric methods have been used to determine lead in rain water. The recent kinetic spectrophotometric method of Tabata [18] is the more attractive procedure. It is based on the catalytic effect of divalent lead on the formation of a complex between divalent manganese and the porphyrin, 5, 10, 15, 20 tetrakis (4-sulphonato-phenyl)porphine. Following separation of lead from iron and silicate by solvent extraction, the method was shown to be highly selective and free from most interferences; addition of cyanide was necessary to mask cadmium.

#### 5.1.16.2 Atomic absorption spectrometry

Holroyd [19] has discussed the application of this technique to the determination of lead in rain. The application of this technique to the determination of lead is also discussed under multication analysis in section 5.1.37.1.

#### 5.1.16.3 X-ray fluorescence spectroscopy

The application of this technique is discussed under multication analysis in section 5.1.37.5.

### 5.1.17 Lithium

#### 5.1.17.1 Atomic absorption spectrometry

The application of this technique is discussed under multication analysis in section 5.1.37.1.

### 5.1.18 Magnesium

#### 5.1.18.1 Atomic absorption spectrometry

The application of this technique is discussed under multication analysis in section 5.1.37.1.

#### 5.1.18.2 Preconcentration

The preconcentration of magnesium in rain is discussed in section 5.1.37.8.

### 5.1.19 Manganese

#### 5.1.19.1 Atomic absorption spectrometry

The application of this technique is discussed under multication analysis in section 5.1.37.1.

#### 5.1.19.2 X-ray fluorescence spectroscopy

The application of this technique is discussed under multication analysis in section 5.1.37.5.

#### 5.1.19.3 Neutron activation analysis

The application of this technique is discussed under multication analysis in section 5.1.37.6.

#### 5.1.19.4 Radionucleides

The determination of manganese radionucleides is discussed in section 12.4.5.

### 5.1.20 Mercury

#### 5.1.20.1 Bioluminescence method

A bioluminescence technique has been used to determine bioavailable mercury(II) in spike freshwater, rain and estuary water [20].

#### 5.1.20.2 Miscellaneous

Uchino *et al.* [17] have discussed the factors affecting the determination of mercury in rain, snow and river water and losses of mercury during collection. Addition of an oxidant and heating at 100°C for 4 h were necessary for the determination of total mercury.

### 5.1.21 Molybdenum

#### 5.1.21.1 X-ray fluorescence spectroscopy

The application of this technique is discussed under multication analysis in section 5.1.37.5.

### 5.1.22 Nickel

#### 5.1.22.1 Voltammetry

Adsorption voltammetry using a mercury film electrode has been used to determine down to 20 mg $L^{-1}$ nickel in rain water [21]. Approximately 5 μg $L^{-1}$ nickel, a possible carcinogen, was found in rain water by this method.

#### 5.1.22.2 X-ray fluorescence spectroscopy

The application of this technique is discussed under multication analysis in section 5.1.37.5.

### 5.1.23 Plutonium

#### 5.1.23.1 Radionucleides

The determination of plutonium radionucleides is discussed in section 12.4.5.

### 5.1.24 Potassium

#### 5.1.24.1 Anodic stripping voltammetry

The application of this technique is discussed under multication analysis in section 5.1.37.1.

#### 5.1.24.2 X-ray fluorescence spectroscopy

The application of this technique is discussed under multication analysis in section 5.1.37.5.

#### 5.1.24.3 Ion chromatography

The application of this technique is discussed under multication analysis in section 5.1.37.7.

#### 5.1.24.4 Preconcentration

The preconcentration of potassium is discussed in section 5.1.37.8.

### 5.1.25 Rubidium

#### 5.1.25.1 X-ray fluorescence spectroscopy

The application of this technique is discussed under multication analysis in section 5.1.37.5.

### 5.1.26 Selenium

#### 5.1.26.1 X-ray fluorescence spectroscopy

The application of this technique is discussed under multication analysis in section 5.1.37.5.

### 5.1.27 Silver

#### 5.1.27.1 Atomic absorption spectrometry

Hu and Shi [22] determined silver in rain water by electrothermal atomic absorption spectrophotometry. Spiked samples had an average recovery of 105%, the detection limit was 0.001 $\mu g\ L^{-1}$ of silver, and the relative standard deviation was 6%.

The application of this technique is also discussed under multication analysis in section 5.1.37.1.

#### 5.1.27.2 Anodic stripping voltammetry

This technique has been applied to the determination of silver in rain [23].

#### 5.1.27.3 X-ray fluorescence spectroscopy

The application of this technique is discussed under multication analysis in section 5.1.37.5.

#### 5.1.27.4 Stable isotope dilution method

Stable isotope dilution [24] methods have been used to determine silver in rain originating from silver iodide seeded clouds. Concentrations as low as 10 ng $L^{-1}$ of silver can be determined by stable isotope dilution.

### 5.1.28 Sodium

#### 5.1.28.1 Atomic absorption spectrometry

The application of this technique is discussed under multication analysis in section 5.1.37.1.

#### 5.1.28.2 Neutron activation analysis

The application of this technique is discussed under multication analysis in section 5.1.37.6.

#### 5.1.28.3 Ion chromatography

The application of this technique is discussed under multication analysis in section 5.1.37.7.

#### 5.1.28.4 Preconcentration

The preconcentration of sodium is discussed in section 5.1.37.8.

#### 5.1.28.5 Radionucleides

The determination of sodium radionucleides is discussed in section 12.4.3.

### *5.1.29 Strontium*

#### 5.1.29.1 Atomic absorption spectrometry

The application of this technique is discussed under multication analysis in section 5.1.37.1.

#### 5.1.29.2 X-ray fluorescence spectroscopy

The application of this technique is discussed under multication analysis in section 5.1.37.5.

#### 5.1.29.3 Radionucleides

The determination of strontium radionuclides is discussed in section 12.4.5.

### *5.1.30 Thallium*

#### 5.1.30.1 Anodic stripping voltammetry

Dhaneshwar and Zarapkar [25] simultaneously determined thallium and lead in rain water at trace levels by anodic stripping voltammetry. Since thallium and lead interfere with each other in anodic stripping voltammetry, thallium is determined in a tartrate-buffered medium at pH 4.5 in the presence of EDTA. Lead is then determined in tartrate alone. Results show that, using this method, thallium does not adversely affect the peak current of lead for any ratio of thallium to lead in the range 1–3, up to a maximum of 3 mg $L^{-1}$ of each. 2–40 μg $L^{-1}$ lead was found in rain water by this method. Iron did not interfere even when present at a 1000 fold excess over thallium and lead.

#### 5.1.30.2 X-ray fluorescence spectroscopy

The application of this technique is discussed under multication analysis in section 5.1.37.5.

### *5.1.31 Titanium*

#### 5.1.31.1 Atomic absorption spectrometry

The application of this technique is discussed under multication analysis in section 5.1.37.1.

#### 5.1.31.2 X-ray fluorescence spectroscopy

The application of this technique is discussed under multication analysis in section 5.1.37.5.

### *5.1.32 Uranium*

#### 5.1.32.1 Radionucleides

The determination of uranium radionucleides is discussed in section 12.4.4.

### *5.1.33 Vanadium*

#### 5.1.33.1 X-ray fluorescence spectroscopy

The application of this technique is discussed under multication analysis in section 5.1.37.5.

#### 5.1.33.2 Neutron activation analysis

The application of this technique is discussed under multication analysis in section 5.1.37.6.

### *5.1.34 Yttrium*

#### 5.1.34.1 X-ray fluorescence spectroscopy

The application of this technique is discussed under multication analysis in section 5.1.37.5.

## 5.1.35 *Zinc*

### 5.1.35.1 Atomic absorption spectrometry

The application of this technique is discussed under multication analysis in section 5.1.37.1.

### 5.1.35.2 X-ray fluorescence spectroscopy

The application of this technique is discussed under multication analysis in section 5.1.37.5.

## 5.1.36 *Zirconium*

### 5.1.36.1 X-ray fluorescence spectroscopy

The application of this technique is discussed under multication analysis in section 5.1.37.5.

## 5.1.37 *Multication analysis*

### 5.1.37.1 Atomic absorption spectrometry

Spectrometric techniques for the determination of cations in rain are summarised in Table 5.1.

### 5.1.37.2 Voltammetry

Legittimo *et al.* [29] and Nurnberg [30] have applied this technique to the analysis of multications in rain. Nurnberg [30], for example, claims a cadmium detection limit of 0.0001 $\mu g\ L^{-1}$.

### 5.1.37.3 Proton induced X-ray emission spectrometry

Hansson *et al.* [31] have applied this technique to the determination of multications in rain.

### 5.1.37.4 Particle induced X-ray emission spectrometry

This technique has been applied to multication analysis of soluble and insoluble metals in rain [32].

### 5.1.37.5 X-ray fluorescence spectroscopy

Stossel and Prange [33] used total reflection X-ray fluorescence spectroscopy. Details of the apparatus used are shown in Fig. 5.1.

*Table 5.1* Multielement analysis of rain water (wavelengths in parentheses, nm)

| *Technique* | *Elements determined* | *Detection limit* (µg L$^{-1}$) | *Comments* | *Ref.* |
|---|---|---|---|---|
| Atomic absorption spectrometry | Cadmium | | | [26] |
| | Lead | | | |
| | Silver | | | |
| | Indium | | | |
| | Lead | 5 | | [19] |
| | Cadmium | 1 | | |
| | Sodium (589) | 10 | Analysis of rain particulate matter | [27] |
| | Potassium (766.5) | 5 | | |
| | Lithium (670.7) | 10 | | |
| | Calcium (422.7) | 10 | | |
| | Magnesium (285.2) | 10 | | |
| | Strontium (460.7) | 10 | | |
| | Titanium (365.0) | 10 | | |
| | Aluminium (309.2) | 10 | | |
| | Iron (248.3) | 10 | | |
| | Manganese (279.5) | 10 | | |
| | Zinc (213.9) | 10 | | |
| | Sodium (589.6) | 10 | | [28] |
| | Potassium (766.5) | 10 | | |
| | Magnesium (285.2) | 10 | | |
| | Calcium (422.7) | 10 | | |
| | Iron (213.9) | 10 | | |
| | Zinc (248.3) | 10 | | |

Source: Own files

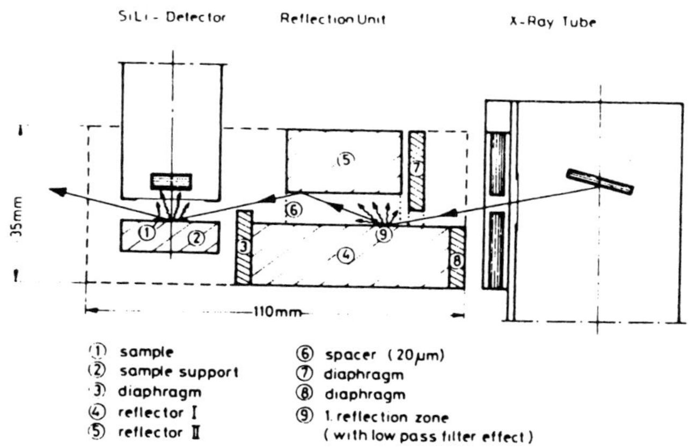


*Fig. 5.1* Schematic design of the total reflection X-ray fluorescence module
Source: Reproduced by permission from American Chemical Society

The three sample preparation techniques compared are (1) direct analysis, (2) pre-enrichment of the trace elements in rain water by freeze-drying and redissolution in dilute nitric acid, and (3) a matrix removal and preconcentration procedure by metal chelation, chromatographic adsorption of the metal complexes, and subsequent elution of the metal chelates prior to total reflection X-ray fluorescence measurement. The elements determined are potassium, calcium, thallium, vanadium, chromium, manganese, iron, cobalt, nickel, copper, zinc, arsenic, lead, selenium, rubidium, strontium, molybdenum, cadmium and barium. For a measuring time of 1000 s, detection limits down to 5–20 ng $L^{-1}$ were achieved for the heavy-metal traces. The limits are slightly higher for iron, nickel, copper, zinc and lead because of fluctuations in the blank values. The procedures were tested on rain water samples from the Island of Pellworm (German Bight) containing comparatively low trace-metal contents. Systematic investigations for the characterisation of the analytical procedures with regard to blanks, detection limits, precision and accuracy are reported. The accuracy was checked by independent analyses of duplicate samples using differential pulse anodic stripping voltammetry.

Of the three techniques discussed, freeze-drying in conjunction with total reflection X-ray fluorescence spectroscopy is the method of choice because of its relatively simple and clean sample preparation procedure fulfilling, in addition, the demands on low detection limits. However, in cases where the rain water sample has high alkaline–earth concentrations in the presence of extremely low-trace element content, it may be advisable to change over to the reverse-phase technique.

Nevertheless the direct measurement should be applied in any case in order to get a first idea of the concentration range and the element composition of the sample, and finally to decide whether a pre-enrichment step is required.

Detection limits achieved by the freeze-drying procedure range from <0.03 μg $L^{-1}$ (copper) to 0.9 μg $L^{-1}$ (barium). A typical analysis for a rain sample is shown in Table 5.2.

Prange *et al.* [34] have also applied X-ray fluorescence spectroscopy to the determination of cations in rain.

Up to 25 metals were determined in the 0.1–100 μg $g^{-1}$ range including potassium, calcium, titanium, vanadium, manganese, iron, cobalt, nickel, copper, zinc, gallium, arsenic, lead, selenium, rubidium, strontium, yttrium, zirconium, molybdenum, silver, cadmium, antimony and barium. Reproducibilities ranged from ±0.1 at the 0.4 mg $g^{-1}$ range (vanadium) to ±7.3 at the 294 mg $g^{-1}$ range (manganese).

*Table 5.2* Results of rain water sample from Pellworm obtained by using the different analytical techniques

*Sample 1 (week 40, 1984)*
*Total reflection X-ray fluorescence spectroscopy, n = 3*

| | *Direct* | | *Freeze–drying* | | *Reverse phase* | | *DPASV* | |
|---|---|---|---|---|---|---|---|---|
| *Element* | *Mean* | *RSD* | *Mean* | *RSD* | *Mean* | *RSD* | *Mean* | *RSD* |
| K | 39.3 | 10.3 | | | | | | |
| Ca | 161.4 | 4.1 | | | | | | |
| Ti | | | <0.1 | | | | | |
| V | | | 0.48 | 8.9 | 0.35 | 9.9 | | |
| Cr | | | <0.1 | | | | | |
| Mn | 1.96 | 10.8 | 1.91 | 3.1 | 1.78 | 7.7 | | |
| Fe | 6.70 | 4.7 | 6.46 | 7.1 | 5.70 | 3.1 | | |
| Co | a | a | a | a | a | a | 0.12 | 8.0 |
| Ni | 0.71 | 20.1 | 0.68 | 7.3 | 0.47 | 3.5 | 0.66 | 7.0 |
| Cu | 0.67 | 5.6 | 0.60 | 2.5 | 0.58 | 3.1 | (1.43 | 17.7) |
| Zn | 9.49 | 2.3 | 9.49 | 0.9 | 9.16 | 1.3 | 7.33 | 10.5 |
| As | | | 0.24 | 7.0 | | | | |
| Pb | 3.31 | 3.0 | 2.81 | 0.8 | 2.83 | 0.8 | 2.57 | 14.4 |
| Se | | | 0.11 | 1.9 | 0.07 | 8.7 | (0.05 | 15.0) |
| Rb | | | 0.09 | 6.5 | | | | |
| Sr | 1.04 | 5.5 | 0.94 | 8.8 | | | | |
| Mo | 0.07 | 30.0 | 0.06 | 17.7 | 0.05 | 12.5 | | |
| Cd | | | 0.13 | 15.0 | 0.12 | 6.5 | 0.12 | 9.9 |
| Ba | | | 1.55 | 4.9 | | | | |

[a]Internal standard

Source: Reproduced by permission from the American Chemical Society

### 5.1.37.6 Neutron activation analysis

Slanina *et al.* [28] have used this technique to determine sodium, aluminium, vanadium and manganese in rain with detection limits respectively, of 5, 5, 0.5 and 0.5 $\mu g\ L^{-1}$.

### 5.1.37.7 Ion chromatography

Several groups of workers have applied this technique to the analysis of rain [35–38].

Xiang and Chang [36] used ion chromatography to determine sodium, potassium and ammonium ions in rain water.

#### 5.1.37.8 Preconcentration

Mitsuki *et al.* [39] used atomic absorption spectrometry for the determination of sodium, potassium, calcium and magnesium in rain water. The authors reduced interferences in the determination of sodium and potassium by the addition of caesium chloride, and interferences in the determination of calcium by addition of lanthanum chloride.

Kadowaki [40] applied ion chromatography for the determination of sodium, potassium, ammonium, calcium and magnesium in rain water samples. The method was compared to atomic absorption spectrometry and found to be less influenced by interferences.

## 5.2 Snow and ice

### *5.2.1 Aluminium*

#### 5.2.1.1 Atomic absorption spectrometry

The application of this technique is discussed under multication analysis in section 5.2.16.1.

### *5.2.2 Antimony*

#### 5.2.2.1 Radioactivation analysis

The application of this technique is discussed under multication analysis in section 5.2.16.3.

### *5.2.3 Arsenic*

#### 5.2.3.1 Radioactivation analysis

The application of this technique is discussed under multication analysis in section 5.2.16.3.

### *5.2.4 Cadmium*

#### 5.2.4.1 Atomic absorption spectrometry

The application of this technique is discussed under multication analysis in section 5.2.16.1.

#### 5.3.4.2 Anodic stripping voltammetry

The application of this technique is discussed under multication analysis in section 5.2.16.2.

#### 5.2.4.3 Radioactivation analysis

The application of this technique is discussed under multication analysis in section 5.2.16.3.

### 5.2.5 *Copper*

#### 5.2.5.1 Atomic absorption spectrometry

The application of this technique is discussed under multication analysis in section 5.2.16.1.

#### 5.2.5.2 Anodic stripping voltammetry

The application of this technique is discussed under multication analysis in section 5.2.16.2.

#### 5.2.5.3 Radioactivation analysis

The application of this technique is discussed under multication analysis in section 5.2.16.3.

### 5.2.6 *Iron*

#### 5.2.6.1 Atomic absorption spectrometry

The application of this technique is discussed under multication analysis in section 5.2.16.1.

### 5.2.7 *Lead*

#### 5.2.7.1 Laser atomic fluorescence spectrometry

For 20 years there has been a growing interest in the investigation of the occurrence of lead (and of several other heavy metals such as cadmium, copper, zinc and mercury in the well-preserved snow and ice layers deposited in the central areas of the Antarctic and Greenland ice sheets. This is indeed a unique way to reconstruct the past natural tropospheric flux of this highly toxic heavy metals on a global scale and to determine to what extent these fluxes are now influenced by human activities.

Such investigation has unfortunately proved to be very difficult because of the extremely low concentrations to be measured. As an illustration, lead concentrations in Holcome Antarctic ice have recently been shown to be as low as about 0.4 pg of lead $g^{-1}$. First of all, it is mandatory to decontaminate the snow or ice samples before final analysis, most available samples are more or less contaminated on the outside, regardless of the precautions taken to collect them cleanly in the field. Ultrasensitive analysis techniques must then be used. Due to the extremely low concentrations involved, ultraclean procedures are needed throughout the entire analytical procedure, from sample contamination to final analysis.

Based on these considerations Bolshov *et al.* [41] have described a procedure for the measurement of lead in ancient Antarctic ice down to the sub-pg $g^{-1}$ level by laser excited atomic fluorescence spectrometry with electrothermal atomisation. Detailed calibration of the spectrometer was successfully achieved down to the sub-pg $g^{-1}$ level by using ultra-low concentration lead standards. The ice core samples, which had previously been mechanically decontaminated, were directly analysed for lead by using very small volumes (20 µL only), without any preconcentration step or chemical treatment. The results are in very good agreement with those previously obtained for the same ice samples by isotope dilution mass spectrometry.

#### 5.2.7.2 Atomic absorption spectrometry

The application of this technique is discussed under multication analysis in section 5.2.16.1.

#### 5.2.7.3 Anodic stripping voltammetry

The application of this technique is discussed under multication analysis in section 5.2.16.2.

### *5.2.8 Manganese*

#### 5.2.8.1 Atomic absorption spectrometry

The application of this technique is discussed under multication analysis in section 5.2.16.1.

#### 5.2.8.2 Radioactivation analysis

The application of this technique is discussed under multication analysis in section 5.2.16.3.

### *5.2.9 Mercury*

#### 5.2.9.1 Radioactivation analysis

The application of this technique is discussed under multication analysis in section 5.2.16.3.

### 5.2.10 Nickel

#### 5.2.10.1 Atomic absorption spectrometry

The application of this technique is discussed under multication analysis in section 5.2.16.1.

### 5.2.11 Potassium

#### 5.2.11.1 Isotope dilution mass spectrometry

Murozumi and Nakamura [42] determined down to 1 mg $kg^{-1}$ of potassium in snow by this method.

### 5.2.12 Selenium

#### 5.2.12.1 Radioactivation analysis

Weiss [43] used this technique to determine selenium in the 5–25 ng $kg^{-1}$ range.

### 5.2.13 Silver

#### 5.2.13.1 Atomic absorption spectrometry

Warburton [44] determined silver at the 11 μg $kg^{-1}$ level in snow by this technique. Woodriff *et al.* [49] achieved a detection limit of 0.5 μg $kg^{-1}$ in their analysis of snows containing 3–300 μg $kg^{-1}$ of silver.

The application of this technique is also discussed under multication analysis in section 5.2.16.1.

#### 5.2.13.2 Anodic stripping voltammetry

This technique has been used to determine silver in amounts down to 10 pg in snow [23].

#### 5.2.13.3 Neutron activation analysis

This technique has been shown to be capable of determining down to 1 ng of silver in snow [45].

### 5.2.14 Sodium

#### 5.2.14.1 Neutron activation analysis

This technique is capable of determining sodium in amounts down to 0.5 μg $kg^{-1}$ in snow [43].

*Table 5.3* Determination of metals in snow samples

| *Element* | *Technique* | *Inter-ferences* | *Detection limit* | *Concentrations reported* | *Ref.* |
|---|---|---|---|---|---|
| Aluminium<br>Manganese<br>Iron<br>Nickel<br>Copper<br>Zinc<br>Cadmium<br>Lead | Graphite furnace atomic absorption spectrometry | – | – | – | [47] |
| Copper<br>Lead<br>Zinc | Adsorption onto tungsten wire followed by flameless atomic absorption spectrometry | – | – | – | [48] |
| Silver<br>Cadmium | Graphite furnace atomic absorption spectrometry | – | – | 0.5 ng $L^{-1}$ | [49] |

Source: Own files

### *5.2.15 Zinc*

#### 5.2.15.1 Atomic absorption spectrometry

The application of this technique is discussed under multication analysis in section 5.2.16.1.

#### 5.2.15.2 Anodic stripping voltammetry

The application of this technique is discussed under multication analysis in section 5.2.16.2.

### *5.2.16 Multication analysis*

#### 5.2.16.1 Atomic absorption spectrometry

Methods for the determination of multication analysis are summarised in Table 5.3.

#### 5.2.16.2 Anodic stripping voltammetry

Landy [50] determined cadmium, copper, lead and zinc in snow in amounts down to 5, 20, 50 and 50 mg $kg^{-1}$ respectively.

### 5.2.16.3 Radioactivation analysis

Weiss and Bertine [51] determined a range of elements in snow with the absolute detection limits indicated below.

| | |
|---|---|
| Mercury | 0.3 ng |
| Manganese | 0.01 ng |
| Copper | 0.1 ng |
| Arsenic | 0.4 ng |
| Cadmium | 0.3 ng |
| Antimony | 0.3 ng |

## References


1 Royset, O., Staunes, A.O., Ognar, G. and Sjotveit, G. *International Journal of Environmental Analytical Chemistry*, **29**, 141 (1987).
2 Miller, J.R. and Andelman, J.B. *Water Research*, **21**, 999 (1987).
3 Aoki, T., Uemura, S. and Munemori, A. *Analytical Chemistry*, **55**, 1620 (1983).
4 Strauss, E., Favier, J.P., Bicanic, D., Asselt, K.V. and Lubbers, M. *Analyst*, **116**, 77 (1991).
5 West, S.J., Ozawa, S., Seiler, K., Tan, S.S. and Simon, W. *Analytical Chemistry*, **64**, 533 (1992).
6 Jenkins, R.W., Cheek, C.H. and Linnenbom, V.J. *Analytical Chemistry*, **38**, 1257 (1966).
7 Hu, X., Takenaka, N., Takasuna, S., Kitano, M., Bandow, H., Maeda, Y. and Hattori, M. *Analytical Chemistry*, **65**, 3489 (1993).
8 Small, H., Stevens, T.S. and Bauman, W.C. *Analytical Chemistry*, **47**, 1301 (1975).
9 Vijan, P.N. and Wood, G.R. *Analytical Chemistry*, **53**, 1447 (1981).
10 Nakata, R., Kamamura, I., Sakashita, H. and Nitta, A. *Analytica Chimica Acta*, **208**, 81 (1988).
11 Beckett, M.J. and Willson, A.L. *Water Research*, **8**, 333 (1974).
12 Harwood, J.E. and Kuhn, A.L. *Water Research*, **4**, 805 (1970).
13 Tellow, J.A. and Wilson, A.L. *Analyst (London)*, **89**, 453 (1964).
14 Standard Methods for the Examination of Water and Wastewater. American Public Health Association, Washington, DC (1985).
15 Searle, P.L. and Kennedy, G. *Analyst (London)*, **97**, 457 (1972).
16 Bhatki, K.S. and Dingle, A.N. *Radiochemical and Radioanalytical Letters*, **3**, 71 (1970).
17 Uchino, E., Kogusa, S., Konishi, S. and Nishimura, M. *Environmental Science and Technology*, **21**, 920 (1987).
18 Tabata, M. *Analyst (London)*, **112**, 141 (1987).
19 Holroyd, P.M. and Snodin, D.J. *Journal of Association of Public Analysts*, **10**, 110 (1972).
20 Selifanovu, O., Burlage, R. and Barkay, T. *Applied Environmental Microbiology*, **59**, 3083 (1993).
21 Braun, H. and Metzger, M. *Fresenius Z. Analyt. Chemie*, **318**, 321 (1984).
22 Hu, J. and Shi, S. *Guangpuxue Yu Guangpu Fenxi*, **6**, 57 (1986).
23 Eisner, N. and Mark, H.B. *Journal of Electronanalytical Chemistry*, **24**, 345 (1970).
24 Bickford, M.E., Silka, L.R., Shuster, R.D., Angino, E.E. and Ragsdale, C.R. *Analytical Chemistry*, **50**, 489 (1978).
25 Daneschwar, R.G. and Zarapkar, L.R. *Analyst (London)*, **105**, 386 (1980).

26 Rattonetti, A. *Analytical Chemistry*, **46**, 739 (1974).
27 Wagner, G.H. and Steele, K.R. *International Laboratory*, **92**, September 1985.
28 Slanina, J., Mols, J.J., Baard, J.H., Van der Slloot, H.A., Van Raap Horst, J.G. and Aswan, W. *International Journal of Environmental Analytical Chemistry*, **7**, 161 (1979).
29 Legittimo, P.C., Piccardi, G. and Pantani, F. *Water, Air, Soil Pollution*, **14**, 435 (1980).
30 Nurnberg, H.W. *Analytica Chimica Acta*, **164**, 1 (1984).
31 Hansson, H.C., Ekholm, A.K.P. and Ross, B. *Environmental Science and Technology*, **22**, 527 (1988).
32 Tanaka, S., Darzi, M. and Winchester, J.V. *Environmental Science and Technology*, **15**, 354 (1981).
33 Stossel, R.P. and Prange, A. *Analytical Chemistry*, **57**, 2880 (1985).
34 Prange, A., Knoth, J., Stobel, R.P., Boddeker, H. and Kramer, K. *Analytica Chimica Acta*, **195**, 275 (1987).
35 Cox, J.A., Dabek, E., Zlatorzynska, R.S. and Tanaka, N. *Analyst (London)*, **113**, 1401 (1988).
36 Xiang, D. and Chang, Y. *Fenxi. Ceshi. Tongbao*, **6**, 15 (1987).
37 Seinfeld, J.H. *Atmospheric Chemistry and Physics of Air Pollution*, John Wiley & Sons, New York (1986).
38 Tanabe, K. *Shokubai No Hataraki* (Action of Catalyzer), Kagakudojin, Kyoto, Japan, Chapter 13, pp 148–50 (1988).
39 Mitsuki, I., Tamaoki, M. and Hiraki, T. *Hyago-ken Kogal Kenkyusho Kenkyu Hokoku*, **17**, 42 (1985).
40 Kadowaki, S. *Kogaal to Taisaku*, **23**, 1167 (1987).
41 Bolshov, M.A., Boutron, C.F. and Zybin, A.V. *Analytical Chemistry*, **61**, 1758 (1989).
42 Murozumi, M. and Nakamura, S. *Japan Analyst*, **22**, 145 (1973).
43 Weiss, H.V. *Analytica Chimica Acta*, **56**, 136 (1971).
44 Warburton, J.A. *Journal of Applied Meteorology*, **8**, 464 (1969).
45 Warburton, J.A. and Young, L.G. *Analytical Chemistry*, **44**, 2043 (1972).
46 Morozumi, M., Nakamura, S. and Patterson, C.C. *Japan Analyst*, **19**, 1057 (1970).
47 Landsberger, S., Jarvis, R.E., Aufreiter, S. and Van Loon, J.C. *Chemosphere*, **11**, 237 (1982).
48 Wolff, E.W., Landy, H.P. and Peel, D.A. *Analytical Chemistry*, **53**, 1566 (1981).
49 Woodriff, R., Culver, B.R., Shrader, D. and Super, A.B. *Analytical Chemistry*, **45**, 230 (1973).
50 Landy, M.P. *Analytica Chimica Acta*, **121**, 39 (1980).
51 Weiss, H.V. and Bertine, K.K. *Analytica Chimica Acta*, **65**, 253 (1973).

Chapter 6

# Cations in seawater

Determination of trace metals in seawater represents one of the most challenging tasks in chemical analysis because the parts-per-billion (ppb) or sub-ppb levels of analyte are very susceptible to matrix interference from the alkali or alkaline–earth metals and their associated counterions. For instance, the alkali metals tend to affect the atomisation and the ionisation equilibrium processes in atomic spectroscopy, and the associated counterions such as the chloride ions might be preferentially adsorbed onto the electrode surface to give some undesirable electrochemical side reactions in voltammetric analysis. Thus, most current methods for seawater analysis employ some kind of analyte preconcentration along with matrix rejection techniques. These preconcentration techniques include coprecipitation, solvent extraction, column adsorption, electrodeposition, and Donnan dialysis.

Measurement techniques that can be employed for the determination of trace metals include atomic absorption spectrometry, anodic stripping voltammetry, differential pulse cathodic stripping voltammetry, inductively coupled plasma atomic emission spectrometry, liquid chromatography of the metal chelates with ultraviolet–visible absorption and, more recently, inductively coupled plasma mass spectrometry.

Many of the published methods for the determination of metals in seawater are concerned with the determination of a single element. Single-element methods are discussed firstly in section 6.1 to 6.70. However, much of the published work is concerned not only with the determination of a single element but with the determination of groups of elements (section 6.71). This is particularly so in the case of new techniques such as graphite furnace atomic absorption spectrometry, Zeeman background corrected atomic absorption spectrometroscopy, and inductively coupled plasma spectrometry. This also applies to other techniques, such as voltammetry, polarography, neutron activation analysis, X-ray fluorescence spectroscopy and isotope dilution techniques.

The background concentrations at which metals occur in seawater is extremely low and much work has been done on preconcentration procedures in attempts to lower detection limits for these metals. Various preconcentration techniques, including hydride generation used before atomic absorption spectrometry, are discussed.

Methods for determining metals in seawater have been published by the Standing Committee of Analysts (ie the blue book series; HMSO, London); they are not reproduced in this book as they are available elsewhere. These methods are based on chelation of the metals with an organic reagent followed by atomic absorption spectroscopy.

## 6.1 Aluminium

Aluminium has been determined by spectrophotometric methods using aluminium [1,2], oxine [3,4], Eriochrome Cyanine R [5] and Chrome Azurol S [6] fluorometric methods using Pontachrome Blue Black R [7,8], Lumogallion [9–11] and salicylaldehyde semicarbazone [12–14], gas chromatographic methods [15,16], emission spectroscopy [17], and neutron activation analysis [18,29]. Most of these methods necessitate pre-treatment steps and special and expensive instruments, require large volumes of sample solution and are time-consuming. For instance, although the fluorometric method using Lumogallion reported by Hydes and Liss is sensitive and rapid, the fluorescence spectrophotometer used is not as popular an instrument as the spectrophotometer. Dougan and Wilson [20] have also reported the spectrophotometric determination of aluminium (at concentrations of 0.05 and 0.3 mg $L^{-1}$) in water with pyrocatechol violet, and Henriksen and co-workers [21,22] have improved the method to some extent, but these procedures are not satisfactory for the concentrations of aluminium normally found in seawater (about 2 µg $L^{-1}$).

### 6.1.1 *Spectrophotometric methods*

Korenaga *et al.* [23] have described an extraction procedure for the spectrophotometric determination of trace amounts of aluminium in seawater with pyrocatechol violet. The extraction of ion-associate between the aluminium/pyrocatechol violet complex and the quaternary ammonium salt, zephiramine (tetradecyldimethylbenzyl ammonium chloride), is carried out with 100 ml seawater and 10 ml chloroform. The excess of reagent extracted is removed by back-washing with 0.25 M sodium bromide solution at pH 9.5.

The calibration graph at 590 nm obeyed Beer's law over the range 0.13–1.34 µg aluminium. The apparent molar absorptivity in chloroform was $9.8 \times 10^4$ mol $^{-1}$ cm $^{-1}$.

Several ions – such as manganese, iron(II), iron(III), cobalt, nickel, copper, zinc, cadmium, lead and uranyl – react with pyrocatechol violet

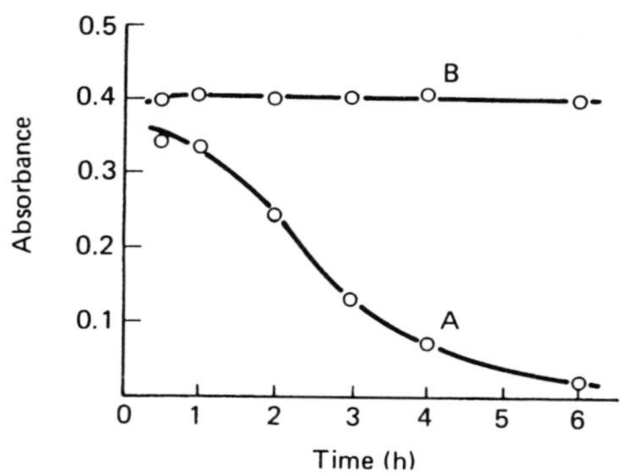


*Fig. 6.1* Stability of aluminium in seawater. (a) No sulphuric acid added; (b) 0.5 ml $L^{-1}$ concentrated sulphuric acid added. Absorbances of both solutions measured against reagent blank. Sample: shore of Seto Inland Sea at Sanban, Okayama Prefecture, Japan, sampled on 17 September 1973. This sample contained 96 µg $L^{-1}$ iron
Source: Reproduced by permission from the Royal Society of Chemistry

and to some extent are extracted together with aluminium. The interferences from these ions and other metal ions generally present in seawater could be eliminated by extraction with diethyldithiocarbamate as masking agent With this agent most of the metal ions except aluminium were extracted into chloroform and other metal ions did not react in the amounts commonly found in seawater.

The apparent aluminium content of seawater stored in ordinary containers such as glass and polyethylene bottles decreases gradually, as shown in Fig. 6.1, but if the samples are acidified with 0.5 ml $L^{-1}$ concentrated sulphuric acid the aluminium content remains constant for at least one month. Accordingly, samples should be acidified immediately after collection. However, the aluminium could be recovered by acidifying the stored samples and leaving them for at least 5 h.

Some total aluminium results obtained for various seawater samples are given in Table 6.1.

### 6.1.2 Spectrofluorometric methods

Howard *et al.* [24] determined dissolved aluminium in seawater by the micelle-enhanced fluorescence of its lumogallion complex. Several surfactants (to enhance fluorescence and minimise interference), used for the determination of aluminium at very low concentrations (below 0.5 µg $L^{-1}$) in natural waters, were compared. The surfactants tested in preliminary studies were anionic (sodium lauryl sulphate), nonionic (Triton X100, Nonidet P42, NOPCO and Tergitol XD) and cationic

*Table 6.1* Determination of total aluminium in seawater with pyrocatechol violet

| *Sample source* | | | | | |
|---|---|---|---|---|---|
| *Sea* | *Location* | *Date of sampling* (ml) | *Test volume* ($\mu g\ L^{-1}$) | *Aluminium content** | *Recovery†* |
| Seashore of Seto Inland Sea (Okayama Prefecture) | Shibukawa | 16.07.1977 | 25 | 21 ± 0 | 97.9 |
| | | 04.05.1978 | 50 | 12.4 ± 0.5 | 102.7 |
| | Uno | 24.081978 | 25 | 30 ± 1 | – |
| | Mizushina | 24.081978 | 25 | 28 ± 1 | 95.8 |
| | Kojima | 24.08.1978 | 25 | 15.9 ± 0.4 | – |
| | Sanban | 17.09.1978 | 10 | 63 ± 2 | 99.1 |
| | Kukui | 17.09.1978 | 10 | 44 ± 1 | 98.5 |
| Offshore of Seto Inland Sea (Kagawa Prefecture) | Teshima | 23.04.1978 | 100 | 6.4 ± 0.2 | 100.6 |
| | Naoshima | 23.04.1978 | 100 | 7.7 ± 0.3 | – |
| Seashore of Pacific Ocean (Ehime Prefecture) | Tanohama | 23.08.1977 | 50 | 11.0 ± 0.3 | – |
| | Funakoshi | 29.08.1977 | 50 | 13.2 ± 0.5 | – |
| Seashore of Japan Sea (Tottori Prefecture) | Aoya | 27.08.1977 | 100 | 9.1 ± 0.4 | – |

*Mean ± SD (n = 3)

†0.335 μg aluminium was added to the samples

Source: Reproduced by permission from the Royal Society of Chemistry

(cetyltrimethylammonium bromide). Based on the degree of fluorescence enhancement and ease of use Triton X100 was selected for further study. Sample solutions (25 ml) in polyethylene bottles were mixed with acetate buffer (pH 4.7, 2 ml) lumogallion solution (0.02%, 0.3 ml) and 1,10– phenanthroline (1.0 ml to mask interferences from iron). Samples were heated to 80°C for 1.5 h, cooled and shaken with neat surfactant (0.15 ml) before fluorescence measurements were made. This procedure had a detection limit of 0.02 $\mu g\ L^{-1}$ aluminium per litre and a relative standard deviation of 5% at the 0.1 μg level. The method was independent of salinity and could therefore be used for both freshwater and seawater samples.

Salgado Ordonez *et al.* [25] used di-2-pyridylketone 2-furoyl-hydrazone as a reagent for the fluorometric determination of down to 0.2 μg aluminium in seawater. A buffer solution at pH 6.3, and 1 ml of the reagent solution were added to samples containing between 0.25 to 2.50 ug aluminium. Fluorescence was measured at 465 nm, and the aluminium in the sample determined either from a calibration graph prepared under the same conditions or a standard addition procedure. Aluminium could be determined in the 10–100 $\mu g\ L^{-1}$ range. The method was satisfactorily applied to spiked and natural seawater samples.

### 6.1.3 Atomic absorption spectrometry

Spencer and Sachs [26] determined particulate aluminium in seawater by atomic absorption spectrometry. The suspended matter was collected from seawater (at least 2 litres) on a 0.45 μm membrane filter, the filter was ashed, and the residue was heated to fumes with 2 ml concentrated hydrofluoric acid and one drop of concentrated sulphuric acid. This residue was dissolved in 2 ml 2 M hydrochloric acid and the solution was diluted to give an aluminium concentration in the range 5–50 μg $L^{-1}$. The effects of calcium, iron, sodium and sulphate alone and in combination on the aluminium absorption were studied.

### 6.1.4 Inductively coupled plasma mass spectrometry

The application of this technique is also discussed under multication analysis in section 6.72.10.4.

### 6.1.5 Anodic stripping voltammetry

Van der Berg *et al.* [27] determined aluminium in seawater by anodic stripping voltammetry. They give details of a procedure for the determination of dissolved aluminium in natural waters, including seawater, by complexation with 1,2-dihydroxyanthraquinone-3-sulphonic acid, collection of the complex on a hanging mercury drop electrode, and determination by cathodic stripping voltammetry. The advantages of this method over other techniques are indicated and optimal conditions are described. The total time required was 10–15 min per sample and the limit of detection was 1 nmol $L^{-1}$ aluminium for an adsorption time of 45 s. No serious interferences were found, but ultraviolet irradiation was recommended for samples with a high organic content.

### 6.1.6 Cathodic stripping voltammetry

Van den Berg [27] determined aluminium in fresh water and seawater by cathodic stripping voltammetry after adsorptive collection of the aluminium complex of 1,2-dihydroxyanthraquinone-3-sulphonic acid. The limit of detection was 1 nM aluminium for an adsorption time of 45 s.

### 6.1.7 Neutron activation analysis

The application of this technique is also discussed under multication analysis in section 6.72.19.

### 6.1.8 Gas chromatography

An example of a gas chromatographic method is that of Lee and Burrell [15]. In this method the aluminium is extracted by shaking a 30 ml sample (previously subjected to ultraviolet radiation to destroy organic matter) with 0.1 M trifluoroacetylacetone in toluene for 1 h. Free reagent is removed from the separated toluene phase by washing it with 0.01 M aqueous ammonia. The toluene phase is injected directly on to a glass column (15 cm × 6 mm) packed with 4.6% of DC 710 and 0.2% of Carbowax 20 M on Gas–Chrom Z. The column is operated at 118°C with nitrogen as carrier gas (285 ml per min) and electron-capture detection. Excellent results were obtained on 2 μL of extract containing 6 pg of aluminium.

### 6.1.9 High performance liquid chromatography

The application of this technique is also discussed under multication analysis in section 6.72.20.1.

### 6.1.10 Preconcentration

Weisel, Duce and Fasching [28] determined aluminium, lead, vanadium in North Atlantic seawater after co-precipitation with ferric hydroxide. Resing and Measures [29] have described a highly sensitive fluorometric method for the determination of aluminium in seawater by flow injection analysis with in-line preconcentration. The method employs in-line preconcentration of aluminium on a column of resin-immobilised 8-hydroxyquinoline. The column is subsequently eluted into the flow injection system from the resin acidified seawater. The eluted aluminium reacts with lumogallion to form a chelate, which is detected by its fluorescence. The fluorescence is enhanced ~five-fold by the addition of a micelle-forming detergent, Brij–35. The method has a detection limit of ~0.15 nM and a precision of 1.7% at 2.4 nM. The method has a cycle of time of three minutes and can be readily automated. The ease of use and relative freedom from contamination artefacts make this method ideal for shipboard determination of aluminium in seawater. The preconcentration of aluminium is also discussed under multication analysis in sections 6.71.22.1, 6.71.22.4 and 6.71.22.5.

## 6.2 Ammonium

### 6.2.1 Spectrophotometric methods

The determination of ammonium in seawater has long been recognised as an important measurement in environmental and ecological studies. The procedures used for such determination fall into three categories:

1. Based on the formation of bis-(3-methyl-1-phenyl-5-) pyrazolone, described by Prochazkova [30] and modified by Johnston [31] and Strickland and Austin [32].
2. Based on reaction with sulphanilamide coupled to N-(1-naphthyl) ethylene diamine [33,34].
3. Based on the Berthelot reaction between ammonia, phenol and hypochlorite at alkaline pH to form the indophenol blue.

Although method (1) is more sensitive, it is generally multi-stage and often uses organic solvent extraction so that its automation is rendered less successful. Numerous procedures have been described for the production of the indophenol blue. Newell [35] employed chloramine–T instead of hypochlorite and subsequently extracted the indophenol blue using the method of Newell [35]. Matsunaga and Nishimura [36] investigated the determination of ammonia in seawater by extraction of indophenol. They modified the method by using thymol instead of phenol. The modified method showed no interference from nitrogen compounds including urea, glycine and glutamic acid and the calibration graph was rectilinear up to 5 μg N per litre. Emmet [37] using the original reaction, buffered the sample to pH 9.4 to obtain the colour. Attempts to increase the sensitivity and the speed of the reaction by Koroleff [38] using a more alkaline buffer together with sodium nitroprusside as a catalyst, produced a precipitation and serious interference when polluted waters were analysed. In order to avoid the precipitation of magnesium hydroxide at alkaline pH, Solorzano [39] developed the indophenol blue method (at pH 10.5) using citrate buffer.

The simplicity of the latter methods renders these most suitable for automation. Attempts made to automate Solarzano's method, however, appeared to be fraught with difficulties; for example, Head [40] encountered precipitation in the ethanol–phenol reagent (not met in the original manual method), while Grasshoff and Johannson [41] attributed some difficulties to the uncontrollable content of the hypochlorite reagent. Liddicoat *et al.* [42], however, suggested that in their manual procedure, controlled photo-oxidation generally produced a more reproducible colour. In almost all the published automatic procedures, heating was employed in the final indophenol blue colour development (70°C [41], 60°C [40], 90°C [43], 65°C [44] with the result that serious interference from amino acids was unavoidable [41].

Harwood and Huyser's [45] study of the indophenol blue reaction for ammonia determination showed the effect of pH variation on the final colour and emphasised the necessity for the efficient buffering to obtain reproducible results. The optimum conditions found by the authors (pH 10.8 and using sodium nitroprusside) were similar to those used by Solorzano [39]. Harwood and Kuhn [46] also replaced acetone with sodium nitroprusside.

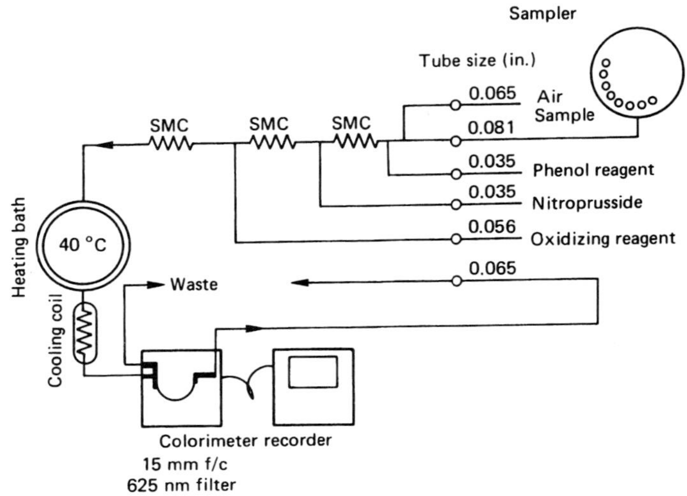


*Fig. 6.2* Schematic flow-diagram for the automatic analysis for ammonia
Source: Reproduced by permission from Elsevier Science Ltd, UK

Degobbis [47] recommended 25–45°C. Dal Pont *et al.* [48] increased Solorzano's [39] citrate and sodium hydroxide concentrations to work in seawater at the optimum pH (about 10.5). They used sodium dichloroisocyanurate as a convenient chlorine source, but needed a period at about 70°C to hasten colour development.

Berg and Abdullah [49] have described a spectrophotometric autoanalyser method based on phenol, sodium hypochlorite and sodium nitroprusside for the determination of ammonia in sea and estuarine water (ie the indophenol blue method) (Fig. 6.2).

The manifold design allows for the determination of ammonia concentration in the range of 0.2–20 μg $L^{-1}$ as $NH_4$ over a salinity range of 35–10% with negligible interference from amino acids.

The interference from amino acids was investigated and found to be negligible as reported by Solorzano [39] and Harwood and Huyser [45] who employed no heating for the indophenol blue colour development. Solutions containing 50 μgN $L^{-1}$ of urea, histidine, lycine, glycine and alanine were analysed. The $NH_4$–N detected ranged between 0.4% (for urea) and 2.2% (for alanine) of the nitrogen added.

Hampson [50] used ultraviolet photon activation energy of appropriate frequency and a ferrocyanide catalyst to activate selectively the reaction between ammonia, phenol and sodium hypochlorite. The reaction is carried out at an optimum pH of 10.5 since urea may break down at a pH over 11 and at a low temperature of 30 ± 1°C to avoid alkaline hydrolysis

*Table 6.2* Precision in routine use of IPB procedure for ammonia determination in fish-tank water

| *Type of fresh water or seawater* | *Range of ammonia concentration (ppm N)* | *Mean coefficient of variation (%)* | *Average no. of determinations on each sample* | *SEM of each days measurements* |
|---|---|---|---|---|
| FW with much organic N and $NO_2^-$ | 0.75–5.4 | 18.5 | 4.7 | 8.5 |
| FW with low organic N and $NO_2^-$ | 0.045–0.13 | 13.4 | 3.4 | 7.3 |
| SW with much organic N and $NO_2^-$ | 0.25–0.98 | 9.2 | 3.5 | 4.9 |
| SW with low organic N and $NO_2^-$ | 0.06–0.33 | 11.2 | 2.8 | 6.7 |

Source: Reproduced by permission from Elsevier Science Ltd, UK

of amino acids to ammonia, a process known to occur extensively at higher temperatures [51]. All conditions, including photon flux and ionic activities, are precisely controlled to give stability and reproducibility in a kinetic system. Serious colour suppression had been noted when indophenol blue type methods such as those of Koroleff and Solarzano 38,39] had been applied to certain types of samples. Hampson [50] investigated the causes of such colour suppression.

In this method colour development is complete in 40 min and remains constant for many hours. About 3% precision is obtainable at ammonia concentrations above 0.1 mg $L^{-1}$ N. In routine daily measurements over a year in fish-rearing-rank waters precision was as in Table 6.2.

The absorbance–concentration relationship is linear with 1 absorbance unit from 0.1 mg $L^{-1}$ ammonia N using 10 cm cuvettes. Reagent blanks (untreated reagents) are equivalent to about 0.01 mg $L^{-1}$ ammonia N. The detection limit of ammonia in fresh or seawater is about 0.001–0.002 mg $L^{-1}$ N.

The methyl and ethyl primary, secondary and tertiary amines were examined for possible interference in the ammonia–indophenol blue reaction by allowing the reaction to take place in pure seawater containing a known addition of ammonia convenient for measurement (0.40 mg $L^{-1}$ ammonia N), in parallel paired experiments with and without a known addition of each amine in turn. The amines were present at 100-fold excess over the ammonia, all concentrations being expressed on a N atom basis. All the amines suppressed the indophenol blue reaction with ammonia very strongly and in the general order: primary amines < secondary amines < tertiary amines.

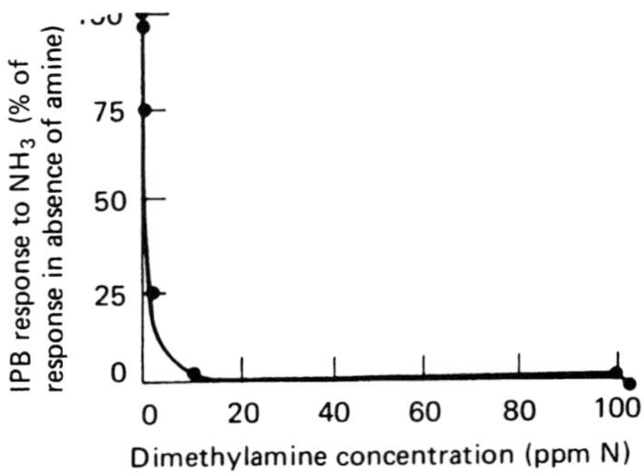


*Fig. 6.3* Suppression of indophenol blue response to ammonia by dimethylamine in seawater; 0.4 ppm ammonia N in seawater
Source: Reproduced by permission from Elsevier Science Ltd, UK

The effects of varying concentrations of amine in the range 0–1000 mg $L^{-1}$ N on the indophenol blue response to ammonia was investigated using pure seawater containing 0.40 mg $L^{-1}$ ammonia N and expressed as percentage reduction in colour (Fig. 6.3). Very strong suppression is noted, even at low amine concentrations and with even the indophenol blue formation from the reagent blank suppressed at amine concentrations above 25 ppm N. Numerical analysis of the type of relationship between amine concentration and indophenol blue response to ammonia suggests a third, or possibly fourth power polynomial function (as distinct from a simple power or exponential relationship).

None of these amines gave any indophenol blue response when pure seawater (ammonia free) to which they had been added, was subjected to the standard analytical procedure.

To overcome the suppression effect of amines in the determination of ammonia, Hampson [50] investigated the effect of nitrite ions added either as nitrite or as nitrous acid. Fig. 6.4 indicates that very considerable suppression by nitrite does occur, although it is not as strong as with any of the amines. Again, it is not great so long as the nitrite N concentrations is less than the ammonia N concentration but rapidly increases as the nitrite concentration exceeds the ammonia concentration. In fact the nitrite modified method was found to be satisfactory in open seawater samples and polluted estuary waters.

The determination of ammonia in non-saline waters does not present any analytical problems and, as seen above, reliable methods are now available for the determination of ammonia in seawater. In the case of estuarine waters, however, new problems present themselves. This is because the chloride content of such waters can vary over a very wide

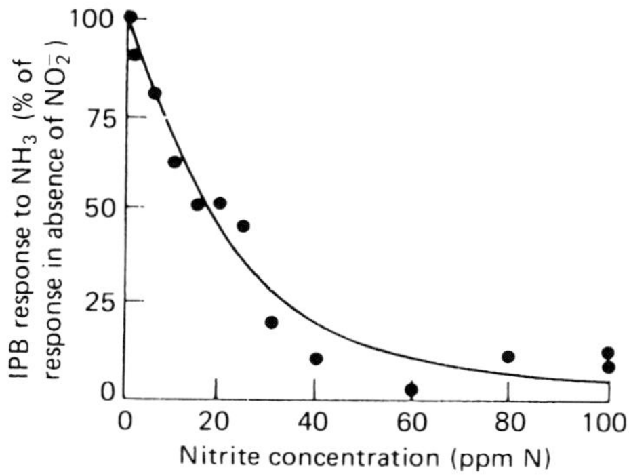


*Fig. 6.4* Suppression of indophenol blue response to ammonia by nitrite ion in seawater; 0.4 ppm ammonia N in seawater
Source: Reproduced by permission from Elsevier Science Ltd, UK

range from almost nil in rivers entering the estuary to about 18 $gL^{-1}$ in the edges of the estuary where the water is virtually pure seawater.

Particularly in auto-analyser methods of analysis this wide variation in chloride content of the sample can lead to serious 'salt errors' and, indeed, in the extreme case, can lead to negative peaks in samples that are know to contain ammonia. Salt errors originate because of changes of pH, ionic strength and optical properties with salinity. This phenomenon is not limited to ammonia determinations by autoanalyser methods; it has, as will be discussed later, also been observed in the automated determination of phosphate in estuarine samples by molybdenum blue methods.

In a typical survey carried out in an estuary, the analyst may be presented with several hundred samples with a wide range of chloride contents. Before starting any analysis, it is good practice to obtain the electrical conductivity data for such samples so that they can be grouped into increasing ranges of conductivity and each group analysed under the most appropriate conditions.

In this connection, Mantoura and Woodward [52] have described an indophenol blue method for the automated determination of ammonia in estuarine waters.

The reaction manifold describing the automated determination of ammonia is shown in Fig. 6.5. Two alternative modes of sampling are shown: discrete and continuous. Discrete 5 ml samples contained in ashed (450°C) glass vials are sampled from an autosampler (Hook and Tucker model A40–11; 1.5 min sample/wash). For high resolution work in the estuary, the continuous sampling mode is preferred. The indophenol blue complex was measured at 630 nm with a colorimeter and the absorbance

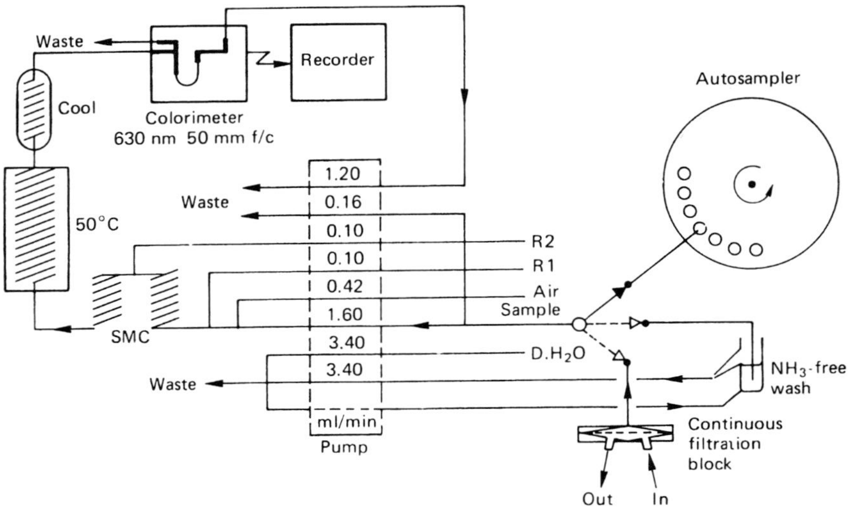


*Fig. 6.5* Manifold for the automatic determination of ammonia (# on pump tube R1 indicates 'Solvaflex' tubing)
Source: Reproduced by permission from Elsevier Science Ltd, UK

*Table 6.3* Analytical performance of the automated $NH_3$ analyser

| | |
|---|---|
| Linear detection range | 0.2–18 μg at N $L^{-1}$ |
| Reproducibility (% SD of 10 replicates at 3 μg at N $L^{-1}$) | ±1.0% |
| Detection limit (S/N = 2) | 0.02 μg at N $L^{-1}$ |
| Delay time | 11.7 min |
| Response time (95%) | 2.5 min |
| Sample/wash times | 1.5 min |
| Sample throughput | 20 $h^{-1}$ |

Source: Reproduced by permission from Elsevier Science Ltd, UK

recorded on a chart recorder. The analytical performance figures based on the colorimeter are summarised in Table 6.3.

Mantoura and Woodward [52] overcame the problem of magnesium precipitation by ensuring a stoichiometric excess of citrate (about 120%). These workers believe that 'salt errors' occurring with estuarine samples originate from poor pH buffering rather than ionic strength variations. They, in fact, used phenol at a concentration of 0.06 M to make the system self-buffering. Even in the presence of 1 mg $NH_3$–N per litre the indophenol blue reaction will consume only 3% of the phenol leaving most of the phenol to act as a pH buffer. Ethanol was used to solubilise the

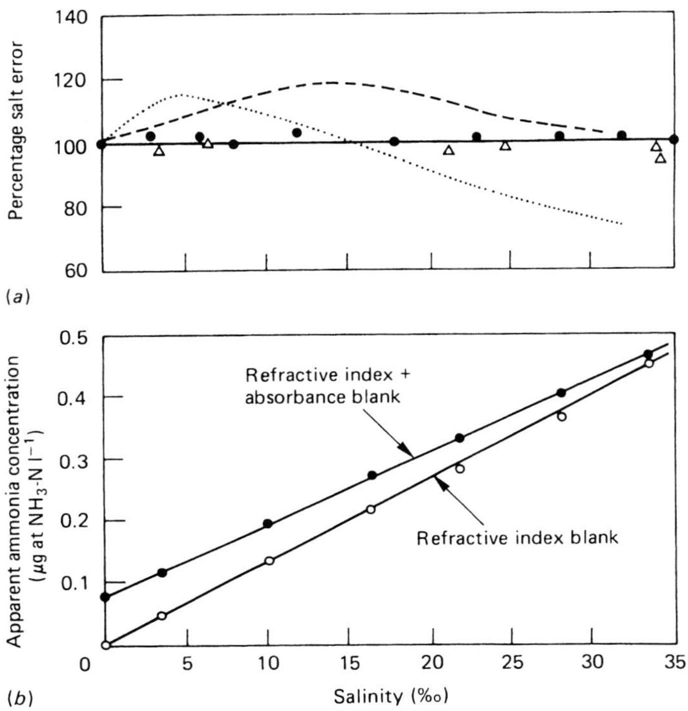


*Fig. 6.6* The effect of salinity on the sensitivity of standard additions of ammonia in laboratory mixed waters (•) and in waters from the Tamar estuary (▲) expressed as % of response in river water. For comparison, the salt error curves reported by Grasshoff and Johannsen [41] and Loder and Glibert [53] are also shown (... and ---, respectively). (b) Contribution of refractive index and organic absorbance to the optical blanks in the Chemlab Colorimeter. • River Water–seawater mixture. ○ - De-ionised water–seawater mixture

Source: Reproduced by permission from the Academic Press Ltd, UK

high concentration of phenol used in the system. The salt error of this method, as determined by standard addition of ammonia into waters of different salinities, is shown in Fig. 6.6(a). When compared with other methods, the method displays minimal salt error (about 8%) even though the final pH of the river water mixture (pH 10.9) was greater than seawater (pH 9.9).

In addition to the chemical effects of varying salinity, there are optical interferences in colorimetric analysis which are peculiar to estuarine samples. Saline waters and river waters have, in the absence of colorimetric reagents, an apparent absorbance arising from:

1. Refractive bending of light beam by sea salts – 'refractive index blank' [53].
2. Background absorbance by dissolved organics of riverine origin.

The former is a function of the optical geometry of the light beam and the flow cell, and the latter is related to the organic loading of river water. Fig. 6.6(b) shows that both are linearly related to salinity, which makes optical blank corrections easy to apply to estuarine samples.

Other workers who have investigated automated methods for the determination of ammonia include Grasshoff and Johannsen [41], Berg and Abdullah [49], Truesdale [54], Le Corre and Treguer [55] and Matsumaga and Nishimura [56].

Le Corre and Treguer [55] developed an automated procedure based on oxidation of the ammonium ion to nitrite by hypochlorite in the presence of sodium bromide followed by spectrophotometric determination of the nitrite. The validity of automatic analysis of ammonium nitrogen in seawater was tested. The standard deviation on a set of samples containing 1 μg $NH_4^-$-N per litre was 0.02. This method was compared with an automated method for the determination of ammonia as indophenol blue. The results from the two methods are in good agreement.

Urea and amino acids interfere in this procedure. Le Corre and Treguer [55] discuss the effect of salinity on the determination of ammonia and describe a suitable correction procedure.

Brzezinska [57] has described a spectrophotometric method for the determination of nanomolar concentrations of ammonium in seawater. To seawater samples (180 ml) was added a sequence of reagent solutions in deionised distilled water as follows: phenol (2.4 ml, 10%), sodium aquopentacyanoferrate (1 ml of a freshly prepared solution containing 0.03 g sodium aquopentacyanoferrate in 104 ml of double distilled water) and sodium hypochlorite (6 ml, 5.5%). The sodium aquopentacyanoferrate acted as a coupling reagent in the formation of indophenol. Reaction mixtures were kept in the dark for 2 h at 40°C and allowed to cool for 1.5 h before adding phosphoric acid (1.65 ml of 1.0 Molar) and n–hexanol (6.6 ml). The organic phase containing indophenol was pipetted into a clean tube and methylene chloride (10 ml) added followed by pH 12 buffer (10 ml). Indophenol blue was re-extracted into the aqueous phase and its concentration determined colorimetrically at 640 nm. Interference effects by metals, nitrite, urea and amino acids present in seawater are discussed. Calibration curves were linear to 2 uM ammonium.

### *6.2.2 Flow injection analysis*

Willason and Johnson [58] have described a modified low injection analysis procedure for ammonia in seawater. Ammonium ions in the sample were converted to ammonia which diffused across a hydrophobic membrane and reacted with an acid-base indicator. Change in light transmittance of the acceptor steam produced by the ammonia was measured by a light emitting diode photometer. The automated method had a detection limit of 0.05 µmol $L^{-1}$ and a sampling rate of 60 or more measurement per h.

### 6.2.3 Ion selective electrodes

Gilbert and Clay [59] have investigated the determination of ammonia in seawater using the ammonia electrode. These latter workers showed that down to 0.01 mg $L^{-1}$ ammonia can be determined using an electrode (Orion model 95–10) incorporating a hydrophobic membrane that separates the sample solution (adjusted to pH 11 with sodium hydroxide) from an internal solution 0.1 M in ammonium chloride. A glass pH-electrode and a silver–AgCl reference electrode are immersed in the aqueous ammonium chloride. The ammonia in the sample passes through the membrane and the change in pH in the internal solution is detected by the glass electrode. The behaviour and characteristics, including theoretical detection limits, of the system are discussed.

### 6.2.4 Polarography

McLean *et al.* [60] have applied polarography to the determination of ammonium and other nitrogen compounds in brine samples.

### 6.2.5 High performance liquid chromatography

Gardner *et al.* [61,62] have applied this technique to the determination of ammonium ion in seawater. The liquid chromatographic method involved fluorometric detection, after postcolumn labelling with o-phthalaldehyde/2-mercaptoethanol reagent. This method was developed to directly quantify $^{15}NH_4[^{14}NH_4 + {}^{15}NH_4]$ ion ratios in aqueous samples that had been enriched with $^{15}NH_4$ for isotope dilution experiments. Cation-exchange chromatography, with a sodium borate buffer mobile phase, was selected as the separation mode because the two isotopes have slightly different constants in the equilibrium reaction between ammonium ion and ammonia. When the two forms of ammonium were passed separately through a high-performance cation-exchange column under precisely controlled chromatographic conditions, the retention time (RT) of $^{15}NH_4$ was 1.012 times the RT of $^{14}NH_4$. The two isotopic forms of ammonium ion were not resolved into separate peaks when they were injected together, but the retention time of the combined peak, as defined by an integrator, increased with increasing percentages of $^{15}NH_4$ in the mixture. The relationship of RT shift vs percentage of $NH_4$ relative to total ammonium followed a sigmoid–shaped curve with the maximum RT shifts per change in isotopic composition occurring between 25 and 75% $^{15}NH_4$. Using a calibration curve based on this relationship and a solution of separately injected $^{14}NH_4$ in mobile-phase buffer as an 'internal standard', Gardner *et al.* [61,62] were able to directly determine the concentrations and ratios of the two isotopes in enriched seawater.

### 6.2.6 Miscellaneous

Degobbis [47] studied the storage of seawater samples for ammonia determination. The effects of freezing, rate of freezing, filtration, addition of preservatives and type of container on the concentration of ammonium ion in samples stored for up to a few weeks were investigated. Both rapid and slow freezing were equally effective in stabilising ammonium ion concentration and addition of phenol as preservative was effective in stabilising non-frozen samples for up to two weeks.

Selmer and Sorensson [63] have described a procedure for extraction of ammonium from seawater for $^{15}N$ determinations. In this method ammonium nitrogen was converted to indophenol and concentrated onto an octadecylsilane column. Subsequent analysis of the indophenol was that for whole cell material and the atom per cent nitrogen–15 was determined by emission spectrometry. The method was accurate and precise when compared with other reported methods. The application of the method to field experiments on the west coast of Sweden is described.

## 6.3 Americium

### 6.3.1 Radionucleides

The determination of radio americium is discussed in section 12.5.16.7.

## 6.4 Antimony

### 6.4.1 Spectrophotometric method

Afanas'ev *et al.* [64] have described an extraction and spectrophotometric procedure for determining antimony(V) in sea water. The coefficient of variation is –2–5% at antimony concentrations of 1.5–5.2 $\mu g\ L^{-1}$. The results obtained are in agreement with the data of neutron activation analysis.

### 6.4.2 Photoluminescence spectroscopy

The application of this technique is discussed under multication analysis in section 6.72.3.1.

### 6.4.3 *Graphite furnace atomic absorption spectrometry*

The application of this technique is also discussed under multication analysis in section 6.72.5.11.

### 6.4.4 *Hydride generation atomic absorption spectrometry*

Bertine and Lee [65] have described hydride generation techniques for determining total antimony, Sb(V), Sb(III), Sb – S species and organo-antimony species frozen seawater samples.

#### Total antimony

Total antimony content was analysed by a hydride generation technique utilising a quartz burner with a hydrogen flame. The water sample was made 2N in hydrochloric acid with a final volume of 100 ml. Two ml of 20% (w/v) potassium iodide were added and the sample degassed using helium as a carrier gas for 100 seconds. A silanised glass wool trap on which to collect the $SbH_3$ was then placed in liquid nitrogen and 2 ml of 5% sodium borohydride were slowly injected over a time period of 100 seconds. The sample was stripped for 300 seconds, then the trap was removed from the liquid nitrogen and the hydride was carried to an electrically heated quartz burner with a hydrogen flame. The antimony concentration was measured using atomic absorption spectrophotometry. Detection limits of about 0.01 ng are obtainable.

Both the hydrochloric acid and sodium borohydride contributed to the blank. The Sb(V) in the 12N hydrochloric acid was removed by uptake on a Dowex 1–X8 anion exchange resin. Sodium borohydride was purified, after dissolution, by addition of 0.5 ml sodium hydroxide (50%) to 200 ml of 5% sodium borohydride, and subsequent filtration through a hydrochloric acid precleaned 0.45 μm millipore membrane.

Hydrogen sulphide gas interfered in the determination of antimony since, after the addition of hydrogen sulphide, a peak comes a few seconds after the antimony peak. It was found that either degassing the sample for 300 s rather than 100 s or placement of lead acetate in the line eliminated the problem without interfering with the antimony determination.

#### Sb(III)

2 ml of citrate buffer (purified by an Fe–APDC precipitation) were added to maintain a pH of 5–6. The sample was degassed for 100 seconds prior to the injection of 2 ml of 5% sodium borohydride. The sample was stripped for 300 seconds. This procedure gives a complete extraction of

antimony(III) and no extraction of antimony(V) even in the presence of 100-fold higher concentrations of antimony(V).

At a pH of 5–6, hydrogen sulphide evolution by degassing proceeds at a much slower rate. Background correction using a hydrogen lamp or lead acetate placed in line was able to remove any interference from the amount remaining after 400 s. However, it was found that the extraction yield of antimony(III) standards prepared in sodium sulphide was not only incomplete but the yield was also inversely proportional to the amount of sulphide added to the standards. It has been hypothesised that in sulphide-rich waters an antimony sulphide complex may exist. A complete yield of antimony(III) in sodium sulphide could be attained by making a 1–2 ml sample 2N in hydrochloric acid, degassing for 5 min, bringing the volume to 100 ml, adding sufficient Tris–buffer to bring the pH to 6, then proceeding with the hydride generation method as above. No antimony(V), even in 1000-fold excess, was detected by the above method.

Sturgeon *et al.* [66] have described a hydride generation atomic absorption spectrometric method for the determination of antimony in seawater. The method uses formation of stibene using sodium borohydride. Stibine gas was trapped on the surface of a pyrolytic graphite coated tube at 250°C and antimony determined by atomic absorption spectrometry. An absolute detection limit of 0.2 ng was obtained and a concentration detection limit of 0.04 μg $L^{-1}$ obtained for 5 ml sample volumes.

The application of this technique is also discussed under multication analysis in section 6.72.7.1.

### 6.4.5 Hydride generation inductively coupled plasma atomic emission spectrometry

The application of this technique is discussed under multication analysis in section 6.72.9.1.

### 6.4.6 Inductively coupled plasma mass spectrometry

The application of this technique is discussed under multication analysis in section 6.72.10.5.

### 6.4.7 Anodic stripping voltammetry

The application of this technique is discussed under multication analysis in sections 6.72.11.3 and 6.72.12.2.

### 6.4.8 X-ray fluorescence spectroscopy

The application of this technique is discussed under multication analysis in section 6.72.18.1.

### 6.4.9 Neutron activation analysis

The application of this technique is discussed under multication analysis in sections 6.72.19 and 6.72.19.5.

### 6.4.10 Preconcentration

Sturgeon *et al.* [67] preconcentrated antimony(III) and antimony(V) from coastal and seawaters by adsorption of their ammonium pyrrolidine diethyldithiocarbamate chelates onto $^{18}C$ bonded silica prior to determination by graphite furnace atomic absorption spectrometry. A detection limit of 0.05 μg $L^{-1}$ was achieved. The preconcentration of antimony is also discussed under multication analysis in sections 4.72.22.4, 4.72.22.5 and 4.72.22.7.

## 6.5 Arsenic

### 6.5.1 Spectrophotometric methods

Afansev *et al.* [68] have described an extraction photometric method for the determination of arsenic at the μg $L^{-1}$ range in seawater. This method uses diantipyrylmethane as the chromogen reagent. The coefficient of variation is 2.5% for antimony concentrations in the 1.5–5 μg $L^{-1}$ range. Good agreement was obtained with results obtained by neutron activation analysis. A UK standard official method [69] has been published for the spectrophotometric determination of arsenic in sea water. The determination is effected by conversion to arsine using sodium borohydride which is added slowly to the acidified samples by a peristaltic pump. The liberated arsine is trapped in an iodine/potassium iodide solution and the resultant arsenate determined spectrophotometrically as the arsenomolybdenum blue complex at 866 nm. The method is applicable down to 0.19 μg arsenic.

### 6.5.2 Photoluminescence spectroscopy

The application of this technique is discussed under multication analysis in section 6.72.3.1.

### 6.5.3 Atomic absorption spectrometry

Bermejo-Barrera *et al.* [70] studied the use of lanthanum chloride and magnesium nitrate as modifiers for the electrothermal atomic absorption spectrometric determination of μg $L^{-1}$ levels of arsenic in seawater.

### 6.5.4 Graphite furnace atomic absorption

The application of this technique is discussed under multication analysis in section 6.72.5.11.

### 6.5.5 Zeeman atomic absorption spectrometry

The application of this technique is discussed under multication analysis in section 6.72.6.2.

### 6.5.6 Hydride generation atomic absorption spectrometry

Howard and Comber [71] converted arsenic in seawater to its hydride prior to determination by atomic absorption spectrometry.

Burton and co-workers [72] have studied the distribution of arsenic in the Atlantic Ocean. Samples from 1000m and above were filtered through acid-washed 0.45 μm Sartorius membrane filters. Analyses on samples from depths below 1000m were made on unfiltered water.

Aliquots of 50ml were placed in a round-bottomed flask, fitted with a modified Dreschel head and an injection syringe in a side arm. Concentrated hydrochloric acid 20 ml, 1 ml of 1 M ascorbic acid solution and 1 ml 1 M potassium iodide solution were added.

The solution was stood for 30 min to allow reduction of arsenic(V) to arsenic(III) which was necessary to ensure quantitative recovery of inorganic arsenic as arsine under the conditions used in the subsequent step. With nitrogen passing through the flask at a flow rate of 150 ml $min^{-1}$, 0.5 ml 8% w/v sodium borohydride solution was added from the syringe. The arsine evolved was trapped in 2 ml of a solution containing 0.7% w/v potassium iodide, and excess iodine, over a period of 3 min.

The concentrates were subsequently analysed for arsenic using a Varian–Techtron AA5 atomic absorption spectrophotometer fitted with a Perkin–Elmer HGA 72 carbon furnace, linked to a zinc reductor column for the generation of arsine (Fig. 6.7). A continuous stream of argon was allowed to flow with the column connected into the inert gas line between the HGA 72 control unit and the inlet to the furnace. Calcium sulphate (10–20 mesh) was used as an adsorbent to prevent water vapour entering the carbon furnace. The carbon tube used was of 10 mm i.d. and had a single centrally located inlet hole.

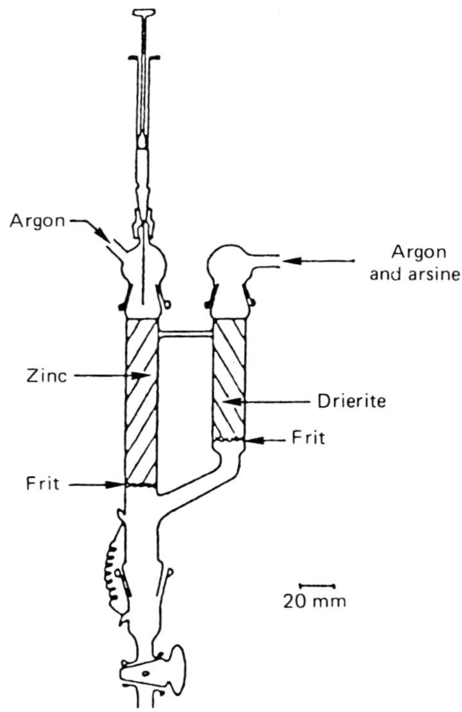


*Fig. 6.7* Zinc reductor column for generation of arsine by electrothermal atomic absorption spectrophotometry
Source: Reproduced by permission from Plenum Press Ltd, New York

A wide range of elements was tested for interfering effects; the only significant interferences found were at concentrations much higher than those encountered in seawater. No significant difference in the results was found when a sample of seawater was analysed in the way described and also by the same procedure but using the method of standard additions.

The application of this technique is also discussed under multication analysis in section 6.72.7.1.

### *6.5.7 Inductively coupled plasma atomic emission spectrometry*

The application of this technique is discussed under multication analysis in section 6.72.9.1.

### 6.5.8 Inductively coupled plasma mass spectrometry

Creed *et al.* [73] described a hydride generation inductively coupled plasma mass spectrometric method featuring a tubular membrane gas–liquid separator for the determination of down to 100 pg of arsenic in seawater.

The application of this technique is also discussed under multication analysis in sections 6.72.10.3 and 6.72.10.5.

### 6.5.9 Anodic stripping voltammetry

Jaya *et al.* [74] carried out an anodic stripping voltammetric determination of arsenic(III) at a copper coated glassy electrode. The deposition of copper on the electrode made it sensitive to the presence of arsenic(III) and suitable for use by anodic stripping voltammetry analysis. The height of the stripping peak was linearly dependent on the concentration of arsenic(III) in the solution for 7.5–750 μg $L^{-1}$ arsenic(III). Lead, zinc, cadmium, manganese and thallium did not cause significant interference, but bismuth did. The method gave 92–106% arsenic recovery when tested on synthetic seawater samples and on natural arsenic-free seawater spiked with arsenic at levels of 10 and 20 ng per litre.

Hua *et al.* [75] carried out an automated determination of total arsenic in seawater by flow constant current stripping analysis with gold fibre electrodes in which the sample was acidified and pentavalent arsenic was reduced to the trivalent form with iodide. The arsenic was then deposited potentiostatically for 4 min on a 25 μm gold fibre electrode, and subsequently stripped with constant current in 5 M hydrochloric acid. Cleaning and regeneration of the gold electrode were fully automated.

Huiliang *et al.* [76] have described a flow potentiometric and constant current stripping analysis for arsenic(V) without prior chemical reduction to arsenic(III). Details are given of procedure for determination of pentavalent arsenic by means of flow potentiometry and constant current stripping analysis. It involved reduction of arsenic to the elemental state on a gold-plated platinum fibre electrode at very low reduction potential, and subsequent re-oxidation either by means of a constant current, or chemically using gold as oxidant. Methods for applying this technique to determination of total arsenic in acidified seawater are presented.

The application of this technique is also discussed under multication analysis in section 6.72.12.3.

### 6.5.10 X-ray fluorescence spectroscopy

Becker *et al.* [77] have described a method for the determination of dissolved arsenic in seawater at μg $L^{-1}$ levels by precipitation and energy dispersive X-ray fluorescence spectroscopy. Arsenic was precipitated as magnesium ammonium arsenate with magnesium ammonium phosphate as carrier. The precipitate was collected on a glass fibre filter. An energy-dispersive X-ray spectrometer with a rhodium primary target operated at 60 kV and 2 mA and a silver secondary target was used to measure arsenic. Reagents were optimised for 200 ml samples and arsenic recovery was greatest when 3 ml of phosphate carrier was used. The limit of detection was 0.7 μg $L^{-1}$. The method was suitable for all types of natural waters including seawater.

The application of this technique is also discussed under multication analysis in section 6.72.18.4.

### 6.5.11 Neutron activation analysis

The neutron activation method for the determination of arsenic and antimony in seawater has been described by Ryabinin *et al.* [78]. After co-precipitation of arsenic acid and antimony in a 100 ml sample of water by addition of a solution of ferric iron (10 mg iron per litre) followed by aqueous ammonia to give a pH of 8.4. The precipitate is filtered off and, together with the filter paper, is wrapped in polyethylene and aluminium foil. It is then irradiated in a silica ampoule in a neutron flux of $1.8 \times 10^{13}$ neutrons $cm^{-2}s^{-1}$ for 1–2 h. Two days after irradiation, the γ-ray activity at 0.56 MeV is measured with use of a NaI(Tl) spectrometer coupled with a multi-channel pulse–height analyser, and compared with that of standards.

Yusov *et al.* [79] separated arsenic(III) and arsenic(V) in seawater using a chloroform solution of ammonium pyrrolidine diethyldithiocarbamate. The separated functions were then analysed by neutron activation analysis.

The application of this technique is also discussed under multication analysis in sections 6.72.19.1, 6.72.19.2 and 6.72.19.5.

### 6.5.12 Preconcentration

This technique has been applied to the determination of arsenic as discussed under multication analysis in sections 6.72.22.1 and 6.72.22.7.

## 6.6 Barium

Barium is of oceanographic interest since it is a non-conservative stable trace element. In spite of the relatively short 11,000 year oceanic residence time for barium, ocean biology largely determines its distributions in the ocean interior. Dissolved concentrations in the major oceans – mapped as part of the GEOSECS programme – range between 40 and 200 nmol $kg^{-1}$ (5.6–28 μg $L^{-1}$) and profiles show lowest concentrations near the surface and enrichment at depth in a fashion similar (but not identical) to the distribution of the nutrient element silicon. Its determination to a precision of better than 1% by isotope dilution mass spectrometry has earned barium the distinction of being the 'best measured' nutrient–like trace metal in seawater [80].

### 6.6.1 Graphite furnace atomic absorption spectrometry

Epstein and Zander [81] used graphite furnace atomic absorption spectrometry for the direct determination of barium in sea and estuarine water. Roe and Froelich [82] achieved a detection of 30 pg barium for 50 μL injections of seawater using direct injection graphite furnace atomic absorption spectrometry.

Dehairs *et al.* [83] describe a method for the routine determination of barium in seawater by graphite furnace atomic absorption spectrophotometry. Barium is separated from major cations by collection on a cation-exchange resin. The barium is removed from the resin with nitric acid with recoveries exceeding 99%.

Bishop [84] determined barium in seawater by direct injection Zeeman modulated graphite furnace atomic absorption spectrometry. The $V_2O_5$/Si modifier added to undiluted seawater samples promotes injection, sample drying, graphite tube life, and the elimination of most seawater components in a slow char at 1150–1200°C. Atomisation is at 2600°C. Detection is at 553.6 nm and calibration is by peak area. Sensitivity is 0.8 absorbance s/ng ($M_0$ = 5.6 pg.0.0044 absorbance s) at an internal argon flow of 60 mL/min. The detection limit is 2.5 pg barium in a 25 ml sample or 0.5 pg using a 135 ml sample. Precision is 1.2% and accuracy is 2–3% for natural seawater (5.6–28 μg $L^{-1}$). The method works well in organic-rich seawater matrices and sediment porewaters.

### 6.6.2 Isotope dilution mass spectrometry

Isotope dilution mass spectrometry has been used to determine traces of barium in seawater [80].

### 6.6.3 X-ray fluorescence spectroscopy

The application of this technique is discussed under multication analysis in section 6.72.18.4.

### 6.6.4 Neutron activation analysis

The application of this technique is discussed under multication analysis in sections 6.72.19, 6.72.19.4 and 6.72.19.5.

### 6.6.5 Radionucleides

The determination of radiobarium is discussed in section 12.15.16.5.

## 6.7 Beryllium

### 6.7.1 Graphite furnace atomic absorption spectrometry

Okutani *et al.* [85] have achieved a rapid and simple preconcentration of beryllium by selective adsorption using activated carbon as an adsorbent and acetylacetone as a complexing agent. The method has been used for the determination of a trace amount of beryllium by graphite furnace atomic absorption spectrometry. The beryllium–acetylacetonate complex is adsorbed easily onto activated carbon at pH 8–10. The activated carbon which adsorbed the beryllium–acetylacetonate complex was separated and dispersed in pure water. The resulting suspension was introduced directly into the graphite furnace atomiser. The determination limit was 0.6 ng $L^{-1}$ (S/N = 3), and the relative standard deviation at 0.25 µg $L^{-1}$ was 3.0–4.0% (n = 6). Not only was there no interference from the major ions such as sodium, potassium, magnesium, calcium, chloride and sulphate in seawater but there was also no interference from other minor ions. The method was applied to the determination of nanograms per millilitre levels of beryllium in seawater and rainwater.

### 6.7.2 Inductively coupled plasma mass spectrometry

The application of this technique is discussed under multication analysis in section 6.72.10.4.

### 6.7.3 Miscellaneous

Other methods reported for the determination of beryllium include UV-visible spectrophotometry [86–88], gas chromatography [89], flame atomic absorption spectrometry (AAS) [90–94] and graphite furnace (GF) AAS [95–100]. The ligand acetylacetone (acac) reacts with beryllium to form a beryllium–acac complex and has been extensively used as an extracting reagent of beryllium. Indeed, the solvent extraction of beryllium as the acetylacetonate complex in the presence of EDTA has been used as a pretreatment method prior to atomic absorption spectrometry [91–93]. Less than 1 µg of beryllium can be separated from milligram levels of iron, aluminium, chromium, zinc, copper, manganese, silver, selenium and uranium by this method.

## 6.8 Bismuth

### 6.8.1 Atomic absorption spectrometry

Shijo *et al.* [101] converted bismuth in seawater into its dithiocarbamate complex then extracted the complex into xylene prior to determination in amounts down to 0.3 ppt by electrothermal atomic absorption spectrometry.

### 6.8.2 Graphite furnace absorption spectrometry

The application of this technique is discussed under multication analysis in section 6.72.5.10.

### 6.8.3 Hydride generation atomic absorption spectrometry

Soo Lee [102] determined picogram amounts of bismuth in seawater by flameless atomic absorption spectrometry with hydride generation. The bismuth is reduced in solution by sodium borohydride to bismuthine, stripped with helium gas, and collected *in situ* in a modified carbon rod atomiser. The collected bismuth is subsequently atomised by increasing the atomiser temperature and detected by an atomic absorption spectrophotometer. The absolute detection limit is 3 pg of bismuth. The precision of the method is 2.2% for 150 pg and 6.7% for 25 pg of bismuth. Some typical results are presented in Table 6.4 and Fig. 6.8.

*Table 6.4* Bismuth in Environmental Waters

| *Sample* | *Collection time* | *Amount of Bi, ng L⁻¹* | |
|---|---|---|---|
| | | *Dissolved*[a] | *Total* |
| Pacific Ocean (17°30' N, 109°00' W; water depth, 3550 m) | | | |
| Surface | Oct 31, 1981 | 0.053 | |
| 2500 m below surface | Nov 3, 1981 | < 0.003 | |
| Scripps Pier, La Jolla, CA | Oct 15, 1981 | 0.052 | 0.13 |
| | Jan 4, 1982 | 0.085 | 0.29 |
| San Diego Bay, San Diego, CA | Dec 18, 1981 | 0.63 | 2.0 |
| Mission Bay, San Diego, CA | Dec 18, 1981 | 0.46 | 1.6 |

[a]Passed through 0.45 μn millipore filter

Source: Reproduced by permission from the American Chemical Society

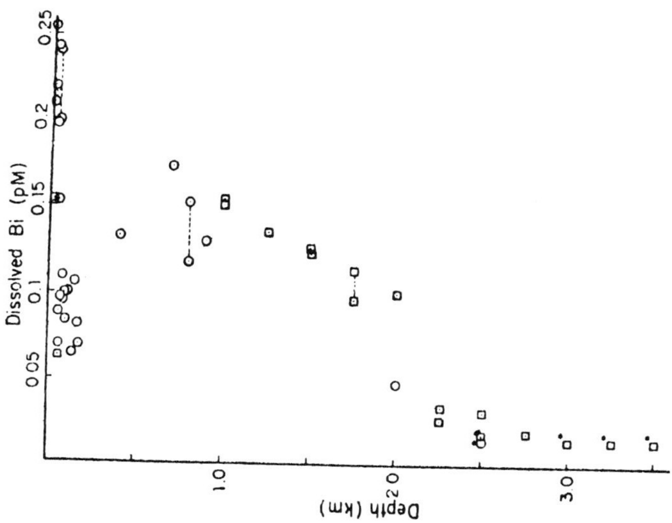


*Fig. 6.8* Vertical profile of dissolved bismuth at North Pacific Ocean (17°30'N, 109°00'W; water depth, 3550 m) on Nov 1981; O collected by J. Martin; ❑ collected by K.W. Bruland
Source: Reproduced by permission from the American Chemical Society

The application of this technique is also discussed under multication analysis in section 6.72.7.1.

### 6.8.4 Inductively coupled plasma atomic emission spectrometry

The application of this technique is discussed under multication analysis in section 6.72.8.7.

### 6.8.5 Anodic stripping voltammetry

Gilbert and Hume [103], Florence [104] and Eskilsson and Jaguer [105] have applied anodic stripping voltammetry to the determination of bismuth in seawater. Gilbert and Hume [103] and Florence [104] investigated the electroanalytical chemistry of bismuth(III) in the marine environment using linear-sweep anodic stripping voltammetry and a film of mercury on a glassy carbon [104] or a graphite [103] substrate as working electrode.

Gillain *et al.* [106] used differential-pulse anodic stripping voltammetry with a hanging mercury drop electrode for the simultaneous determination of antimony(III) and bismuth(III) in seawater.

In the method of Gilbert and Hume [103], the sample contained in a silica cell was purged and stirred by passage of purified nitrogen. A platinum counter-electrode was used. The reference-electrode consisted of a silver wire, previously anodised in seawater, held in a borosilicate– glass tube containing a small untreated portion of the sample that was separated from the sample being analysed by a plug of unfused Vycor. To diminish the effect of the steeply rising background current (0.1μ As $^{-1}$) on the stripping peaks, a compensating circuit was devised. Bismuth was deposited at –0.4V from seawater made 1 M in hydrochloric acid and gave a stripping peak of –0.2V, the height of which was proportional to concentration without interference from antimony or metals normally present. Antimony was deposited at –0.5V from seawater made 4 M in hydrochloric acid and gave a stripping peak at –0.3V, the area of which was proportional to the sum of antimony and bismuth. By use of the standard-addition technique, satisfactory results were obtained for the concentration ranges 0.2–0.09 μg kg $^{-1}$ for bismuth and 0.2–0.5 μg kg $^{-1}$ for antimony.

Florence [104] carried out anodic stripping voltammetry of bismuth in a weakly acidic medium, with a polished vitreous–carbon electrode mercury-plated *in situ*. The limit of detection is 5 ng bismuth per litre. Seawater was found to contain 0.02–0.11 μg bismuth per litre in surface samples.

Computerised potentiometric stripping analysis [107–109] is, in many respects, a simpler analytical technique than linear-sweep or differential-pulse anodic stripping voltammetry. Although only data for the determination of bismuth(III) in seawater are reported by Florence [104], the optimum experimental conditions with respect to sample matrix, interferences, limits of detection and other experimental parameters can be applied to samples other than saline waters. During the course of his work it became apparent that the surface Kattegat samples analysed during this investigation contained approximately one order of magnitude less bismuth(III) than the results obtained hitherto by electroanalytical [103, 104, 106] and ion-exchange [110] techniques. Because the direct determination of such low concentrations of bismuth in seawater by means of potentiometric stripping analysis would be somewhat time-consuming, a simple preconcentration technique was used. This technique was based on the co-precipitation of bismuth(III) with magnesium hydroxide, thus taking advantage of the naturally high magnesium concentration in seawater [111,112].

Fig. 6.9 shows the potentiometric stripping curve obtained in the direct determination after 4 min of pre-electrolysis at –0.90V versus SCE in an acidified Kattegatt surface seawater sample (curve a). Curves (b) and (c) of Fig. 6.9 represent the potentiometric stripping curves recorded under the same experimental conditions after standard additions corresponding to 12 and 24 nmol L $^{-1}$ bismuth(III) respectively. Obviously pre-electrolysis for 4 min is not sufficient for the direct determination of bismuth(III) in an unpolluted seawater sample.

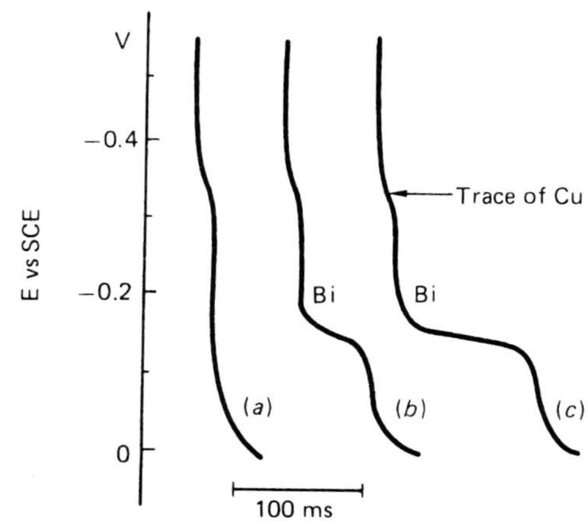


*Fig. 6.9* Potentiometric stripping curves registered after 4 min of pre-electrolysis at –0.90V versus SCE before (curve a) and after standard additions corresponding to 12 and 24 nmol L $^{-1}$ bismuth(III) (curves b and c respectively)
Source: Reproduced by permission from the Electrochemical Society, New Jersey, USA

The detection limit in potentiometric stripping analysis decreases linearly with increasing time of pre-electrolysis. In practice, pre-electrolysis periods of more than 1 h are seldom exploited. In order to determine the detection limit after 1 h of pre-electrolysis an acidified Kattegatt seawater sample was analysed before and after a standard addition corresponding to 0.5 nmol L $^{-1}$ bismuth(III). Prior to the addition of bismuth(III) no measurable stripping signal was obtained. Twenty consecutive pre-electrolysis/stripping cycles after the standard addition of 0.5 nmol L $^{-1}$ bismuth(III) yielded an average bismuth stripping signal equal to 36 ms (Fig. 6.9) with a standard deviation of 2.5 ms. Thus the detection limit after 1 h of pre-electrolysis is 0.07 nmol L $^{-1}$ at the 2 SD level.

Fig. 6.10 shows the potentiometric stripping curves obtained after pre-electrolysis for 8 min at –0.90V versus SCE in dissolved precipitates obtained from three seawater subsamples to which 0, 10 and 30 pmol bismuth(III) had been added prior to precipitation (curves a–c respectively). As can be seen by comparison with Fig. 6.9, the potentiometric stripping sensitivity for bismuth(III) in the dissolved precipitates is approximately twice that in acidified seawater.

The results obtained from three different Kattegatt locations are summarised in Table 6.5 from which it is also possible to estimate the precision of the co-precipitation method. Table 6.5 shows that the total bismuth(III) concentration in the samples examined is less than 20 pmol L $^{-1}$. This is more than one order of magnitude less than the concentration

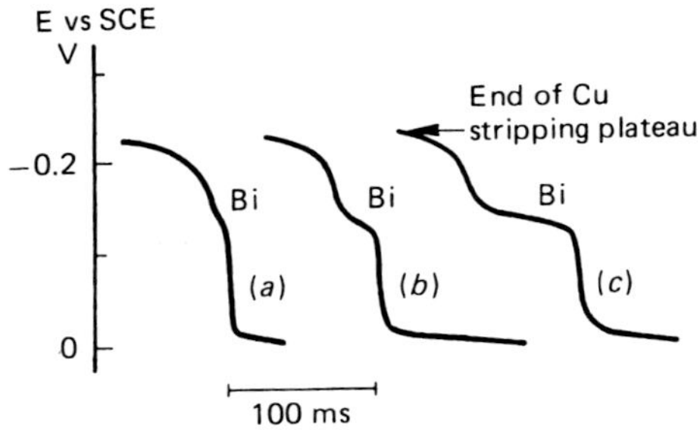


*Fig. 6.10* Potentiometric stripping curves obtained after 8 min of pre-electrolysis at −0.90 V versus SCE in dissolved magnesium hydroxide precipitates. In curve (a) no bismuth(III) had been added to the seawater subsample prior to precipitation. Curves (b) and (c) correspond to standard additions of 10 and 30 pmol $L^{-1}$ bismuth(III).
Source: Reproduced by permission from the Electrochemical Society, New Jersey, USA

*Table 6.5* Total bismuth(III) concentrations in three different Kattegatt surface seawater samples

| *Station* | *Mean direct determination** | | *Determination after co-precipitation* | | |
|---|---|---|---|---|---|
| | (mol $L^{-1}$) | (μg $L^{-1}$) | *No of determinations* | *Mean* (pmol $L^{-1}$) | *Mean ±* SD (ng $L^{-1}$) |
| N 56° 33.3' E 12° 53.6' | <0.5 | <0.1 | 8 | 13 ± 7 | 2.8 ± 1.5 |
| N 57° 36.6' E 11° 53.4' | <0.5 | <0.1 | 4 | 7 ± 3 | 1.5 ± 0.5 |
| N 57° 38.9' E 11° 52.2' | <0.5 | <0.1 | 4 | 7 ± 1 | 1.5 ± 0.2 |

*n = 2

Source: Reproduced by permission from the Journal of Electroanalytical Chemistry

levels found with electro-analytical and ion-exchange techniques. Since all samples examined were coastal surface waters, the bismuth (III) concentrations (5–12 pmol $L^{-1}$) indicated in Table 6.5 might well be due to local contamination.

The two most important parameters influencing the optimum conditions for the potentiometric stripping determination of bismuth (III) are the irreversible behaviour of the bismuth(III)–hydroxy complexes and possible interference from reversible antimony(III)–chloro complexes. The stability constants in the $Bi^{III}$ $OH^-$ and $Sb^{III}$–$OH^-$ systems are summarised in Table 6.6. Polynuclear complexes have not been included

*Table 6.6* Equilibrium data for bismuth(III) and antimony(III) in aqueous chloride medium

| *Equilibrium* | *Log of stability constant* |
|---|---|
| $Bi^{3+} + OH^- \Leftrightarrow BiOH^{2+}$ | 12.4 |
| $Bi^{3+} + 3OH^- \Leftrightarrow Bi(OH)_3$ | 32 |
| $SbOH^{2+} + OH^- \Leftrightarrow Sb(OH)_2^+$ | 15.4 |
| $Sb(OH)^{2+} + OH^- \Leftrightarrow Sb(OH)_3$ | 2.8 |
| $Bi^{3+} + Cl^- \Leftrightarrow BiCl^{2+}$ | 2.2 |
| $Bi^{3+} + 2Cl^- \Leftrightarrow BiCl^{2+}$ | 3.5 |
| $Bi^{3+} + 3Cl^- \Leftrightarrow BiCl_3$ | 5.8 |
| $Bi^{3+} + 4Cl^- \Leftrightarrow BiCl^{4-}$ | 6.8 |
| $Bi^{3+} + 5Cl^- \Leftrightarrow BiCl_5^{2-}$ | 7.3 |
| $Bi^{3+} + Cl^- + H_2O \Leftrightarrow BiOCl(s) + 2H^+$ | −6.5 |
| Sb(III)* + $Cl^- \Leftrightarrow$ Sb(III)Cl | 2.3 |
| Sb(III)* + $2Cl^- \Leftrightarrow$ Sb(III)$Cl_2$ | 3.5 |
| Sb(III)* $3Cl^- \Leftrightarrow$ Sb(III)$Cl_3$ | 4.2 |
| Sb(III)* + $4Cl^- \Leftrightarrow$ Sb(III)$Cl_4$ | 4.7 |

*Chemical form not stated

Source: Reproduced by permission from the Journal of Electroanalytical Chemistry

in Table 6.6 because these are of minor importance at the low total bismuth(III) and antimony (III) concentrations in seawater. As can be seen from Table 6.6, soluble bismuth(III)–chloro complexes will be the predominant bismuth(III) species in seawater at pH values below 2, the chloride concentration in seawater being approximately 0.5 mol$^{-1}$. It can also be concluded from Table 6.6 that reversible antimony (III)–chloro complexes will be predominantly antimony(III) species only in very acidic solution and in the presence of high chloride concentration, ie in concentrated hydrochloric acid media. This is in agreement with previous electroanalytical results [103,104] and has also been confirmed experimentally by potentiometric stripping experiments. These experiments showed that a 100-fold amount of antimony(III) did not interfere with the bismuth stripping signal in seawater acidified to pH 1 with hydrochloric acid.

As indicated in Fig. 6.9, a pre-electrolysis potential of −0.24V versus SCE would be sufficient for the determination of bismuth(III) in acidified seawater. At this potential copper would not be co-deposited (cf. Fig. 6.9). However, because the potentiometric stripping sensitivity for bismuth increases on decreasing pre-electrolysis potential down to −0.7V versus SCE, and because copper(II) does not interfere with the bismuth determination, the optimum pre-electrolysis potential was found to be −0.7 to −1.2V versus SCE. In this potential region the potentiometric stripping sensitivity for bismuth (III) was constant.

The efficiency of the bismuth(III) co-precipitation procedure was investigated by adding 1, 2, 3, 4, 6 and 10 pmol bismuth(III) to 200 ml subsamples of a Kattegatt surface water prior to magnesium hydroxide precipitation. The recovery was in the range 80–110% for all samples.

Square-wave anodic stripping voltammetry was employed by Komorsky-Lovric [113] for the determination of bismuth in seawater. A bare glassy–C rotating disk electrode was preconditioned at –0.8V vs Ag/AgCl, prior to concentration of bismuth. The method was applied to seawater in the 12 ng $L^{-1}$ range.

The application of this technique is also discussed under multication analysis in sections 6.72.11.3 and 6.72.12.2.

### 6.8.6 Preconcentration

The preconcentration of bismuth is discussed under multication analysis in sections 6.72.22.1 and 6.72.22.4.

## 6.9 Boron

### 6.9.1 Spectrophotometric methods

Various chromogenic reagents have been used for the spectrophotometric determination of boron in seawater. These include curcumin [114,115], nile blue [116] and more recently 3,5 di-tert butylcatechol and ethyl violet [117]. Uppstroem [114] added anhydrous acetic acid (1 ml) and propionic anhydride (3 ml) to the aqueous sample (0.5 ml) containing up to 5 mg of boron per litre as boric acid ($H_3BO_3$) in a polyethylene beaker. After mixing and the dropwise addition of oxalyl chloride (0.25 ml) to catalyse the removal of water, the mixture is set aside for 15–30 min and cooled to room temperature. Subsequently concentrated sulphuric acid – anhydrous acetic acid (1:1) (3 ml) and curcumin reagent (125 mg curcumin in 100 ml anhydrous acetic acid) (3 ml) are added and the mixed solution is set aside for at least 30 min. Finally 20 ml standard buffer solution (90 ml of 96% ethanol, 180 g ammonium acetate (to destroy excess of protonated curcumin) and 135 ml anhydrous acetic acid diluted to 1 l with water) is added, the mixture is cooled to room temperature and the extinction is measured at 545 nm. For less than 0.01 mg boron per litre, the coloured complex must be concentrated; a portion of sample (2–10 ml) in which the colour reaction has taken place is diluted with water (100 ml) and the complex is extracted into 5 or 10 ml of extractant (100 ml isobutyl methyl ketone, 150 ml of chloroform and 1 g phenol). The extinction of the organic phase is measured at 545 nm. The colour of the complex is stable for about 2 h. Interference is caused by germanium and fluoride. Small amounts of water are tolerated but they reduce the efficiency of the method.

A curcumin-based automated version of the above procedure [114] has been described [115]. Determinations can be made in the range 0.1–6 mg $L^{-1}$ boron. At a level of 3 mg $L^{-1}$ the coefficient of variation was 1.5% and the detection limit was 0.01 mg $L^{-1}$. Up to 240 samples per hour can be processed by this procedure.

In the Nile blue spectrophotometric method 10 ml 2% aqueous hydrofluoric acid is added to 10 ml sample contained in a polyethylene bottle. The mixture is shaken for about 2 h. Aqueous ferrous sulphate 10% 10 ml and 1 ml 0.1% aqueous Nile blue A are added, then extracted with o-dichlorobenzene (10 ml and 3 × 5 ml). The combined organic extracts are diluted to 50 ml with the solvent and the extinction measured at 647 nm. Interference from chloride ions up to 100 mg $L^{-1}$ can be eliminated by precipitation as silver chloride.

### 6.9.2 Phosphorimetric method

Marcantoncetos *et al.* [118] have described a phosphorimetric method for the determination of traces of boron in seawater. This method is based on the observation that in the 'glass' formed by ethyl ether containing 8% of sulphuric acid at 77K, boric acid gives luminescent complexes with dibenzoylmethane. A 0.5 ml sample is diluted with 10 ml 96% sulphuric acid and to 0.05–0.3 ml of this solution 0.1 ml 0.04 M–dibenzoylmethane in 96% sulphuric acid is added. The solution is diluted to 0.4 ml with 96% sulphuric acid, heated at 70°C for 1 h, cooled, ethyl ether added in small portions to give a total volume of 5 ml and the emission measured at 77K at 508 nm, with excitation at 402 nm. At the level of 22 ng boron per ml 100-fold excesses of 33 ionic species give errors of less than 10%. However, tungsten and molybdenum both interfere.

### 6.9.3 Atomic absorption spectrometry

This technique has been used for the rapid determination of boron in seawater [119,120].

### 6.9.4 Coulometric method

Tsaikov [121] has described a coulometric method for the determination of boron in coastal seawaters. This method is based on the potentiometric titration of boron with electrogenerated hydroxyl ions, after removal of the cation component by ion-exchange. The method has good reproducibility and is more accurate than other methods; it is fairly rapid (25–30 min per determination).

## 6.10 Cadmium

In the determination of cadmium in seawater for both operational reasons and ease of interpretation of the results, it is necessary to separate particulate material from the sample immediately after collection. The 'dissolved' trace metal remaining will usually exist in a variety of states of complexation and possibly also of oxidation. These may respond differently in the method, except where direct analysis is possible with a technique using high-energy excitation, such that there is no discrimination between different states of the metal. The only technique of this type with sufficiently low detection limits is carbon furnace atomic absorption spectrometry, which is subject to interference effects from the large and varying content of dissolved salts.

### 6.10.1 Atomic absorption spectrometry

Batley and Farrah [122] and Gardner and Yates [123] used ozone to decompose organic matter in samples, and thus break down metal complexes prior to atomic absorption spectrometry. By this treatment, metal complexes of humic acid and EDTA were broken down in less than 2 min. These observations led Gardner and Yates [123] to propose the following method for the determination of cadmium in seawater.

The sample is filtered immediately after collection, acidified to about pH 2, and transferred to a 1 litre Pyrex storage bottle. Prior to extraction the sample is ozonised in the sample bottle for 30 min. Nitrogen is passed through the sample for 5 min to remove excess ozone, then the pH is carefully raised to about 5 by addition of ammonia solution and about 5 ml Chelex 100 resin in the ammonia form is added. After stirring for at least 1 h, the resin is collected in a Pyrex chromatography column and washed with the calculated quantity of an appropriate buffer to elute calcium and magnesium. After further washing with 50 ml deionised water, the resin is eluted with 2 M nitric acid to a volume of 25 ml. The eluate is analysed by graphite furnace atomic absorption spectrometry.

Han *et al.* [124] reported on an electrothermal atomic absorption spectrometric technique for cadmium in natural water, using sodium phosphate for matrix modification. The method was applied to the determination of cadmium in seawater and comparable results were obtained by anodic stripping voltammetry.

The application of this technique is also discussed under multication analysis in section 6.72.4.1.

### 6.10.2 Graphite furnace atomic absorption spectrometry

Various workers have discussed the application of graphite furnace atomic absorption spectrometry to the determination of cadmium in seawater [122, 123, 125–143].

Danielson *et al.* [129] have described a method for the determination of cadmium in seawater. The samples were analysed by graphite furnace atomic absorption spectroscopy after a two-stage extraction. Replacing the acetate buffer and performing the extraction in a clean room with Teflon utensils significantly improved blank levels. Extractions were performed on board ship immediately after sampling and the extracts brought home for analysis. An aliquot of the sample was also transferred into carefully cleaned Teflon FEP bottles and acidified with 1 ml nitric acid per litre. The nitric acid had been purified by sub-boiling distillation. These samples were extracted about two months after sampling at the shore laboratory. The same method was used with the exception that extra ammonia was added to the buffer to compensate for the acidification. The method was applied to arctic seawaters and showed a profile of cadmium with sampling depth range from 0.133 nmol $L^{-1}$ cadmium at the surface to 0.205 nmol $L^{-1}$ cadmium at 2000 m.

As cadmium is one of the most sensitive graphite furnace atomic absorption determinations it is not surprising that this is the method of choice for the determination of cadmium in seawater. Earlier workers separated cadmium from the seawater salt matrix prior to analysis. Chelation and extraction [130–137], ion-exchange [131,134,138] and electrodeposition [139,140] have all been studied.

The direct determination of cadmium in seawater is particularly difficult because the alkali and alkaline earth salts cannot be fully charred away at temperatures that will not also volatilise cadmium. Most workers in the past [134,141–144] who have attempted a direct method have volatilised the cadmium at temperatures which would leave sea salts in the furnace. This required careful setting of temperatures and was disturbed by situations that caused temperature settings to change with the life of the furnace tubes.

Lundgren *et al.* [141] showed that the cadmium signal could be separated from a 2% sodium chloride signal by atomising at 820°C, below the temperature where the sodium chloride was vaporised. This technique has been called selective volatilisation. They detected 0.03 µg $L^{-1}$ cadmium in the 2% sodium chloride solution. They used an infra-red optical temperature monitor to set the atomisation temperature accurately.

Campbell and Ottaway [125] also used selective volatilisation of the cadmium analyte to determine cadmium in seawater. They could detect 0.04 µg $L^{-1}$ cadmium (2 pg in 50 µL) in seawater. They dried at 100°C and atomised at 1500°C with no char step. Cadmium was lost above 350°C. They could not use ammonium nitrate because the char temperature required to remove the ammonium nitrate volatilised cadmium also. Sodium nitrate and sodium and magnesium chloride salts provided reduced signals for cadmium at much lower concentrations than their concentration in seawater if the atomisation temperature was in excess of 1800°C. The determination required lower atomisation temperatures to avoid atomising the salts. Even this left the magnesium interference which required the method of additions.

Guevremont *et al.* [127] used a direct, selective volatilisation determination of cadmium in seawater. They used 20 μL seawater samples, 1 $gL^{-1}$ of EDTA, an atomisation ramp from 250°C to 2500°C in 5 s, and the method of additions. Their detection limit was 0.01 μg $L^{-1}$ (0.2 pg in 20 μL), the characteristic amount was 0.7 pg/0.0044 A. The EDTA promoted the early atomisation of cadmium below 600°C. Their test seawater sample (0.053 μg $L^{-1}$) was confirmed by other methods. These authors were unable to separate reliably the cadmium and background signals by using the method of Campbell and Ottaway [125]; the EDTA made this possible.

Guevremont *et al.* [127] studied the use of different matrix modifiers in the graphite furnace gas method of determination of cadmium in seawater. These included citric acid, lactic acid, aspartic acid, histidine and EDTA. The addition of less than 1 mg of any of the compounds to 1 ml seawater significantly decreased matrix interference. Citric acid achieved the highest sensitivity and reduction of interference with a detection limit of 0.01 μg cadmium per litre.

In similar work, Sturgeon *et al.* [134] compared direct furnace methods with extraction methods for cadmium on two coastal seawater samples. They found 0.2 μg $L^{-1}$ cadmium and could have measured cadmium down to 0.01 μg $L^{-1}$. They used 10 μg $L^{-1}$ ascorbic acid as a matrix modifier. Various organic matrix modifiers were studied by Guevremont [126] for this analysis. He found citric acid to be somewhat preferable to EDTA, aspartic acid, lactic acid, and histidine. The method of standard additions was required. The standard deviation was better than 0.01 μg $L^{-1}$ in a seawater sample containing 0.07 μg $L^{-1}$. Generally he charred at 300°C and atomised at 1500°C. The method required compromise between char and atomisation temperatures, sensitivity, heating rates, etc but the analytical results seemed precise and accurate. Nitrate added as sodium nitrate delayed the cadmium peak and suppressed the cadmium signal.

Sperling [142] has reported extensively on the determination of cadmium in seawater as well as in other biological samples and materials. He added ammonium persulphate which permitted charring seawater at 430°C without loss of cadmium. For work below 2 μg $L^{-1}$ cadmium in seawater he recommended extraction of the cadmium to separate it from

*Table 6.7* Zeeman graphite furnace conditions

| | *Dry* | *Char* | *Atomise* | *Clean-out* | *Cool* |
|---|---|---|---|---|---|
| Temp, °C | 160 | 550 | 1600 | 2600 | 20 |
| Ramp, s | 1 | 1 | 0 | 1 | 1 |
| Hold, s | 60 | 45 | 5 | 6 | 20 |
| Int gas flow, ml/min | 300 | 300 | 0 | 300 | 300 |
| Recorder, s | | | –5 | | |

Source: Reproduced by permission from the American Chemical Society

the matrix [135,143,144]. He found no change in the measured levels over many months when the seawater was stored in high density polyethylene or polypropylene.

The application of this technique is also discussed under multication analysis in sections 6.72.5.1–3 and 6.72.5.6–8.

### 6.10.3 Zeeman atomic absorption spectrometry

Pruszkowska *et al.* [144] described a simple and direct method for the determination of cadmium in coastal water utilising a platform graphite furnace and Zeeman background correction. The furnace conditions are summarised in Table 6.7. These workers obtained a detection limit of 0.013 µg L $^{-1}$ in 12 µL samples or about 0.16 pg cadmium in the coastal seawater sample. The characteristic integrated amount was 0.35 pg cadmium per 0.0044 As. A matrix modifier containing di-ammonium hydrogen phosphate and nitric acid was used. Concentrations of cadmium in coastal seawater were calculated directly from a calibration curve. Standards contained sodium chloride and the same matrix modifier as the samples. No interference from the matrix was observed.

Seawater samples usually contain a total of 2–3% of several alkali and alkaline earth salts with sodium chloride as a main constituent. A 2 µL sample of seawater charred at 700°C has a background signal so high over 2 A that even the Zeeman correction system cannot handle it (Fig. 6.11). The large amounts of sodium chloride present in seawater are reportedly volatilised below 950°C [145] but even with ammonium phosphate, the matrix modifier recommended for cadmium, it is not possible to char at so high a temperature. Fig. 6.11 shows that 200 µg of diammonium hydrogen phosphate reduced the background signal beam signal of 2 µL seawater to 0.5 A but 500 µg ammonium nitrate reduced the background more effectively to 0.16 A. No reduction of the cadmium signal occurred in the presence of ammonium nitrate if the char

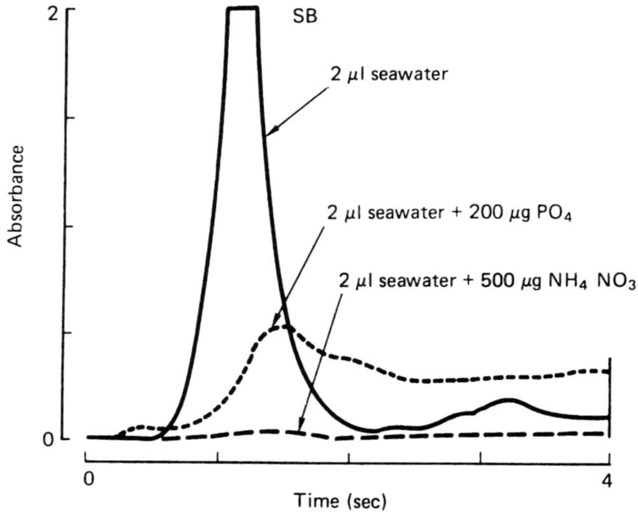


*Fig. 6.11* Background (SB) profiles for 2 μL seawater alone, with 200 μg $(NH_4)_2HPO_4$ and with 500 μg $NH_4NO_3$. The char temperature was 700°C and the atomisation temperature was 1700°C. The signals from the Data System 10 reported here are called ZAA signals for the analytical result and SB signals (single beam) for the backgrounds. The SB signals are expressed in absorbance units (A) and the ZAA signals are usually in absorbance units – seconds (A–s). The SB signal is signal plus background, but for the small analyte signals of this study, the SB signal is effectively background. The actual integrated absorbance signals that were used were calculated by software on the Data Station 10 from signals transmitted by the Zeeman/5000. The plots shown in later figures show typical signals but were not used for quantitative evaluation.
Source: Reproduced by permission from the American Chemical Society

temperature was below 600°C, and phosphate was used as a matrix modifier. If ammonium nitrate was used without phosphate the cadmium was lost at temperatures below 500°C. The addition of the phosphate stabilised the cadmium while the ammonium nitrate promoted the release or conversion of the bulk of the background producing material. The addition of the phosphate produced a background signal that appeared much later than the cadmium peak.

It was shown that 1.25 mg ammonium nitrate is enough to keep the background signal below 1.5 A and there are no large differences in background absorbances for amounts from 1.25 to 7.5 mg ammonium nitrate.

It was also shown that 2% nitric acid reduced the background to a level that can be handled by the Zeeman correction system. From 4% to 8% nitric acid the changes in background signal shapes were not very large.

*Table 6.8* Quantitative results and recoveries

| | Mean (± SD) amount found (μg L $^{-1}$) Prieszouska *et al.* [144] | NRC | Percentage recovery |
|---|---|---|---|
| Sandy Cove No 8 | 0.040 ± 0.006 | 0.05 ± 0.01 | 103 |
| Sandy Cove No 9 | 0.058 ± 0.007 | | 95 |
| Bermuda | 0.029 ± 0.004 | 0.029 ± 0.004 | 103 |
| NRC | 0.049 ± 0.005 | | 94 |

Source: Reproduced by permission from the American Chemical Society

The results of the determination of cadmium in four seawater samples are shown in Table 6.8. The determination was done directly from the calibration curve and 12 μL seawater was used for each run.

The detection limit for cadmium in seawater, calculated as 2 SD for low concentrations, was 0.013 μg L $^{-1}$. With 12 μL of seawater, this corresponded to 0.16 pg of cadmium in the seawater.

Typical sample (ZAA) signals and background (SB) signals for a seawater sample are shown in Fig. 6.12. Brewer [146] has used electrically vaporised thin gold film atomic emission spectrometry to determine cadmium at the 10 μg L $^{-1}$ level in highly acidic saline solutions following preconcentration with a microload of strong-base anion exchange resin.

Knowles [147] used extraction with ammonium pyrollidine dithiocarbamate dissolved in methyl isobutyl ketone to extract cadmium from seawater prior to analysis by Zeeman atomic absorption spectrometry. The method was capable of determining 0.04 μg L $^{-1}$ of cadmium in seawater when concentration factors of 100 were used.

Three Zeeman based methods for the determination of cadmium in sea water were investigated. Direct determinations can be made with or without the use of a pyrolytic platform. The wall atomisation methods presented were considerably faster than the platform atomisation technique. For extremely low levels of cadmium, indirect methods of analysis employing a preliminary analyte extraction can be employed. Background levels are minimal in extracted samples, and the total furnace programme time was the lowest of the methods examined.

Lum and Callaghan [148] did not use matrix modification in the electrothermal atomic absorption spectrophotometric determination of cadmium in seawater. The undiluted seawater was analysed directly with the aid of Zeeman effect background correction. The limit of detection was 2 ng L $^{-1}$.

Electrothermal atomic absorption spectrophotometry with Zeeman background correction was used by Zhang *et al.* [149] for the

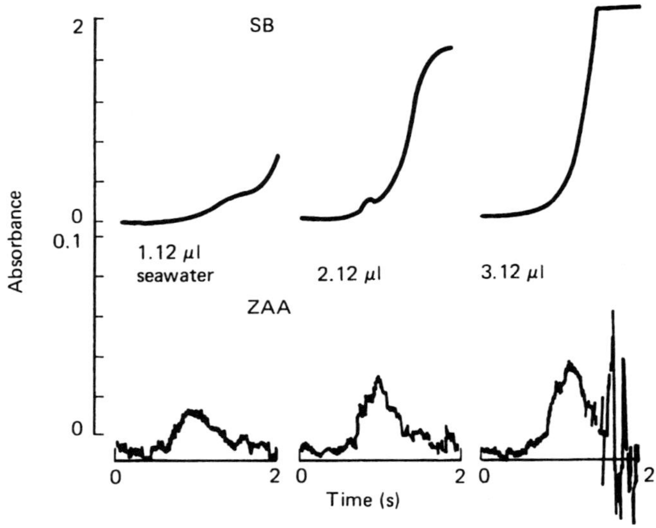


*Fig. 6.12* Zeeman profiles of a seawater sample (Sandy Cove No. 9) and SB profiles. The first pair of profiles represent a single 12 μL aliquot, the second pair, two aliquots, and the third pair, three aliquots. The modifier was 200 μg $(NH_4)_2HPO_4$, 8% HNO3 and 5 μg $Mg(NO_3)_2$. The char temperature was 550°C, and the atomisation temperature 1600°C. Source: Reproduced by permission from the American Chemical Society

determination of cadmium in seawater. Citric acid was used as an organic matrix modifier and was found to be more effective than EDTA or ascorbic acid. The organic matrix modifier reduced the interferences from salts and other trace metals and gave a linear calibration curve for cadmium at concentrations ≤1.6 μg. The method has a limit of detection of 0.019 μg of cadmium $L^{-1}$ and recoveries of 95–105% at the 0.2 μg of cadmium level.

The application of this technique is also discussed under multication analysis in sections 6.72.6.1 and 6.72.6.2.

### 6.10.4 Inductively coupled plasma atomic emission spectrometry

The application of this technique is discussed under multication analysis in sections 6.72.8.2–7.

### 6.10.5 Inductively coupled plasma mass spectrometry

The application of this technique is discussed under multication analysis in sections 6.72.10.1 and 6.72.10.2.

### 6.10.6 Polarography

Kounaves and Zirino [150] studied cadmium–EDTA complex formation in seawater using computer-assisted stripping polarography. They showed that the method is capable of determining the chemical speciation of calcium in seawater at concentrations down to $10^{-8}$ M.

Turner *et al.* [151] studied the automated electrochemical stripping of cadmium in seawater.

Stolzberg [152] has reviewed the potential inaccuracies of anodic stripping voltammetry and differential pulse polarography in determining trace metal speciation, and thereby bio-availability and transport properties of trace metals in natural waters. In particular it is stressed that non-uniform distribution of metal–ligand species within the polarographic cell represents another limitation inherent in electrochemical measurement of speciation. Examples relate to the differential pulse polarographic behaviour of cadmium complexes of NTA and EDTA in seawater.

In a method described by Yoshimura and Uzawa [153] cadmium in seawater is co-precipitated with zirconium hydroxide ($Zr–(OH)_4$) prior to determination by square-wave polarography. The precipitate is dissolved in hydrochloric acid and cadmium concentration is determined from the peak height of the polarogram at –0.64 V. The calibration curve was linear for concentrations ≤5.0 µg of cadmium.

### 6.10.7 Anodic stripping voltammetry

The application of this technique is discussed under multication analysis in sections 6.72.11.1–3 and 6.72.12.1–3.

### 6.10.8 Cathodic stripping voltammetry

The application of this technique is discussed under multication analysis in sections 6.72.13.1 and 6.72.13.2.

### 6.10.9 Potentiometric stripping analysis

The application of this technique is discussed under multication analysis in section 6.72.14.1.

### 6.10.10 Plasma emission spectrometry

The application of this technique is discussed under multication analysis in section 6.72.16.1.

#### 6.10.11 Isotope dilution methods

The application of this technique is discussed under multication analysis in sections 6.72.17.1–3.

#### 6.10.12 X-ray fluorescence spectroscopy

The application of this technique is discussed under multication analysis in sections 6.72.18.3 and 6.72.18.4.

#### 6.10.13 Neutron activation analysis

The application of this technique is discussed under multication analysis in sections 6.72.19, 6.72.19.1 and 6.72.19.3–5.

#### 6.10.14 Speciation

The speciation of cadmium is discussed under multication analysis in section 6.72.21.

#### 6.10.15 Preconcentration

The preconcentration of cadmium is discussed under multication analysis in sections 6.72.22.1–6 and 6.72.22.8.

### 6.11 Caesium

Nuclear activities such as electricity production by nuclear power plants or accidents such as occurred at Chernobyl release radionuclides, including caesium, into the environment. The caesium concentration in these matrices is very low, so that in addition to a sensitive analytical method, it is necessary to make use of an enrichment technique to bring the caesium concentration within the scope of the analytical method.

#### 6.11.1 Atomic absorption spectrometry

Atomic absorption spectrometry is suitable as a method of analysis of the concentrate and is applicable to radioactive and non-radioactive forms of the element. Atomic absorption spectrometry has been used to determine caesium in seawater [154]. The method uses preliminary chromatographic separation on a strong cation-exchange resin, ammonium hexacyano-cobalt ferrate, followed by electrothermal atomic absorption spectrometry. The procedure is convenient, versatile and reliable, although decomposition products from the exchanger, namely iron and cobalt, can cause interference.

Caesium is fully retained by a chromatographic column of ammonium hexacyanocobalt ferrate and can then be recovered by dissolution of the ammonium hexacyanocobalt ferrate in hot 12 M sulphuric acid.

As iron and cobalt both interfere with the determination of caesium, using the 852.1 nm caesium line, these elements were removed in a preliminary separation and then caesium determined.

Ganzerli *et al.* [155] also used copper hexacyanoferrate(II) on a silica support to absorb caesium from both seawater and fresh water. A specific analytical method is not described though atomic absorption spectrophotometry might be used.

Shen and Li [156] extracted caesium (and rubidium) from brine samples with 4-tert-butyl-2-(α methyl–benzyl) phenol prior to atomic absorption determination of the metal.

### 6.11.2 Radionucleides

The determination of radiocaesium is discussed in sections 12.5.2, 12.5.3, 12.5.16.2, 12.5.16.3, 12.5.16.9 and 12.5.16.10.

## 6.12 Calcium

### 6.12.1 Titration methods

Jagner [157] used computerised photometric titration in a high precision determination of calcium in seawater.

Calcium is titrated with EGTA (1,2-bis-(2-aminoethoxyethane NN*N′N′*-tetra-acetic acid) in the presence of the zinc complex of zincon as indirect indicator for calcium. Theoretical titration curves are calculated by means of the computer program HALTAFALL in order to assess accuracy and precision. The method gives a relative precision of 0.00028 when applied to estuarine water of 0.05–0.35% salinity.

The complexometric titration is at present considered to be the best method for the determination of calcium but investigators have differed in the end-point detection technique used and in their evaluation of interference by other alkaline earth elements. Studies using different end-point techniques, some of which also considered magnesium to calcium ratios in seawater, do not agree on the effect of magnesium on the titration of calcium with EGTA (1,2-bis (2-ammoethoxy ethane) NN*N′N′*-tetra-acetic acid). Table 6.9 lists the bindings of some of these studies; the references cited report that magnesium has no effect, causes a positive interference, and in one case, has a negative interference.

In most cases where strontium interference was evaluated, a positive interference was found, but the degree of correction (of the calcium titre) varied from about –0.38% in several studies to –0.77% and –0.88% in

*Table 6.9* Recent reported studies on determination of calcium using EGTA titration

| *Reference* | *Method* | *Conclusion* |
|---|---|---|
| 158 | Hg–electrode | No Mg interference at seawater ratios |
| 159 | Zn–Zincon | Positive Mg interference from Mg:Ca = 1:5 and higher |
| 160 | Zn–Zincon | No Mg interference at seawater ratios |
| 161 | Theoretical, Zn–Zincon | Titration error if Mg > Ca |
| 162 | Various chemical visual indicators | No Mg interference at seawater ratios when end-points sharp |
| 163 | Zn–Zincon | Mg interferences of +0.729% on Ca titre; Sr interference of +0.388% on Ca titre |
| 164 | GHA | Mg interference of –0.23% on Ca titre; Sr interference of +0.77% on Ca titre |
| 165 | Stability constants 'conditional constants' | Sr interference; increased titration error at seawater ratios – dependent on end-point sensitivity |
| 166 | Ca–Red | Sr interference of +0.37% on Ca titre |
| 157 | Computer simulated curves of Zn–Zincon | Mg interference at seawater ratios |
| 167 | Amalgamated–Ag electrode | No Mg interference; Sr interference of = 0.9% on Ca titre |
| 168 | Ca–ion selectrode | No Mg interference |
| 169 | Ca–ion selectrode | No Mg interference; no Sr interference |

Source: Reproduced by permission from Elsevier Science Publishers BV, Amsterdam

other investigations which claim that all or nearly all strontium is co-titrated.

In the light of these observations, Olson and Chen [170] decided to use a correction factor for use in their visual end-point calcium titration method involving titration with EGTA. They found that interferences by magnesium and strontium were insignificant at the molar ratios normally found in seawater, but is more serious in samples containing higher ratios of magnesium or strontium to calcium. An average value of 0.02103 was obtained for the ratio of calcium to chlorinity in samples of standard seawater.

They used the titration method of Tsunogai *et al.* [164]. The titrant solutions were standardised against calcium carbonate of primary standard quality (99.9975% purity) rather than zinc, and the EGTA (Eastman Chemicals) was used without further purification.

Twenty-five millilitres of a titrant strong enough to complex about 98% of the dissolved calcium were added to samples of 25 ml. GHA–propanol reagent (4 ml) and the borate buffer (4 ml) were added to this solution. This was stirred rapidly for about 3 min and the amylalcohol (5 ml)

*Table 6.10* Study of net interference on calcium determination in artificial seawater. Major groupings of calcium concentration approximate that found at 30‰, 35‰ and 40‰ salinity

| cCa* | cNa:cCa† | cMg:cCa† | $10^3$ cSr:cCa† | cCa* measured | cCa‡ corrected | Δ§ (%) |
|---|---|---|---|---|---|---|
| 8845 | 0 | 0 | 0 | 8841 | 8841 | –0.05 |
| 8841 | 45.6 | 0 | 0 | 8838 | 8834 | –0.08 |
| 8841 | 45.6 | 5.2 | 8.8 | 8838 | 8833 | –0.09 |
| 8943 | 0 | 0 | 0 | 8946 | 8946 | 0.03 |
| 8935 | 45.1 | 0 | 0 | 8934 | 8930 | –0.06 |
| 8935 | 45.1 | 5.1 | 8.7 | 8934 | 8929 | –0.07 |
| 10321 | 0 | 0 | 0 | 10322 | 10322 | 0.01 |
| 10305 | 45.6 | 0 | 0 | 10314 | 10310 | 0.05 |
| 10305 | 45.6 | 5.2 | 8.8 | 10316 | 10311 | 0.06 |
| 10423 | 0 | 0 | 0 | 10419 | 10419 | –0.04 |
| 10415 | 45.1 | 0 | 0 | 10426 | 10422 | 0.07 |
| 10415 | 45.1 | 5.1 | 8.7 | 10426 | 10421 | 0.06 |
| 11782 | 0 | 0 | 0 | 11785 | 11785 | 0.03 |
| 11782 | 45.6 | 0 | 0 | 11786 | 11782 | 0.00 |
| 11782 | 45.6 | 5.2 | 8.8 | 11784 | 11775 | –0.06 |
| 11902 | 0 | 0 | 0 | 11906 | 11906 | 0.03 |
| 11902 | 45.1 | 0 | 0 | 11910 | 11906 | 0.03 |
| 11902 | 45.1 | 5.1 | 8.7 | 11906 | 11897 | –0.04 |

*Calcium concentrations reported in μmol $L^{-1}$ actual concentration based on in vacuo mass.
† All ratios are molar; ratios approximate those of seawater.
‡ Correction by subtraction of appropriate blank solution calcium concentration. 4 μmol $L^{-1}$ from solutions containing sodium, 5 μmol $L^{-1}$ from the lower two 'salinity' matrices and 9 μmol $L^{-1}$ from the high 'salinity' matrix.
§ Δ = 100 (corrected – actual)/actual.

Source: Reproduced by permission from Springer Verlag, Heidelberg

added. The solution was then stirred vigorously and titrated with dilute EGTA under fluorescent lighting via a micrometer piston-buret (2.5 ml capacity) until a faint pink colour remained. At this point the titration became a series of small additions with vigorous stirring followed by periods in which the immiscible layers separated and the organic layer was checked for remaining red colour. This process was continued until all the red colour was gone. Reagent blanks, analysed with each batch of samples, had 50 ml of distilled–deionised water in place of sample and initial titrant. The blank volume was subtracted from the dilute titrant volume in calculating calcium concentration. Reagent blanks were typically less than 1 μmol $L^{-1}$.

Table 6.10 shows the actual and measured concentrations for solutions of varied calcium content and 'salinity'. Table 6.11 shows the amount of

*Table 6.11* Study of separate alkaline earth elements interference

| *Solution composition (μmol L⁻¹)* | *cCa measured* | *cCa corrected* | Δ* (%) |
|---|---|---|---|
| 10399 Ca | 10402 | 10402 | +0.03 |
| 10399 Ca, 54000 Mg | 10396 (±5)† | 10395 | −0.04 |
| 10399 Ca, 54000 Mg, 470000 Na | 10401 | 10396 | −0.03 |
| 10399 Ca, 108000 Mg | 10340 (±10)‡ | 10338 | −0.59 |
| 10399 Ca, 108000 Mg, 470000 Na | 10396 | 10390 | −0.09 |
| 10399 Ca, 216000 Mg | 10180 (±20)§ | 10176 | −2.10 |
| 10399 Ca, 216000 Mg, 470000 Na | 10300 (±10) | 10292 | −1.00 |
| 10399 Ca | 10402 | 10402 | +0.03 |
| 10399 Ca, 91 Sr | 10405 | 10404 | +0.05 |
| 10399 Ca, 91 Sr, 470000 Na | 10400 | 10395 | −0.04 |
| 10399 Ca, 182 Sr | 10430 (±10)¶ | 10429 | +0.28 |
| 10399 Ca, 182 Sr, 470000 Na | 10417 | 10411 | +0.12 |

*Δ = 100 (corrected − actual)/actual.
† End-point colour change different – less sharp.
‡ End-point much less sharp – organic layer clear, bulk solution orange–pink.
§ End-point much less sharp – nearly no colour extracted into organic layer after bulk titrant addition.
¶ End–point colour change slightly different – greenish.

Source: Reproduced by permission from Springer Verlag, Heidelberg

*Table 6.12* Study of calcium impurities in reagents used to prepare salt matrix

| *Solution composition* (μmol L⁻¹)* | *cCa measured* (μmol L⁻¹) |
|---|---|
| 403000 Na, 46000 Mg, 78 Sr | 6 |
| 470000 Na, 53000 Mg, 91 Sr | 4 |
| 537000 Na, 60800 Mg, 104 Sr | 9 |
| 91 Sr | ≤1 |
| 53000 Mg | 1 |
| 470000 Na | 4 |

*The three mixed salt solutions approximate 30‰, 35‰ and 40‰ salinity.

Source: Reproduced by permission from Springer Verlag, Heidelberg

calcium measured in solutions containing calcium and each individual alkaline earth in various ratios. Table 6.12 shows the amount of calcium measured in solutions of the 'salinity' matrix and of the individual salts. The solutions of the high purity calcium carbonate were accurate to about

± 4 μmol L $^{-1}$ and those of 'salinity' matrix are probably accurate to ± 6 μmol L $^{-1}$. The corrected values for calcium have had the appropriate amount of calcium subtracted as indicated in Table 6.12; calcium impurities were consistent with those listed for the reagents used.

Table 6.10 shows that the presence of normal concentrations of sodium, magnesium and strontium have no net effect on the determination of calcium above the approximate level of accuracy of about 0.1% so that no correction factor seems necessary. A sufficient amount of titrant must be added to complex at least 98% of dissolved calcium before the buffer is added; this apparently reduces the loss of calcium by co–precipitation with magnesium hydroxide.

Interference effects begin to appear at higher magnesium or strontium molar ratios. Tsunogai *et al.* [164] found the interference of magnesium to be negative and for strontium, related to the extraction into the organic layer of the calcium GHA complex. They found a positive interference for strontium at twice the seawater molar ratios. Therefore the interferences of the individual alkaline earth elements on the calcium titration found by Olson and Chen [170] are consistent in direction, though clearly not in magnitude with those that were reported by Tsunogai *et al.* [164]. The presence of sodium (chloride) in the solutions also seems to diminish these interference effects in both cases. Although no explanation was found for the reduced interference effect when sodium is present, it does suggest the advantage of either standardising the titrant against a seawater matrix calcium standard or of having some matrix available to evaluate individual interference effects with a procedure to be used for seawater.

Van't Riet and Wynn [171] carried out potentiometric titrations of calcium (and magnesium) in seawater. The calcium is first determined by direct titration with tetrasodium 1,2-bis-(2-aminoethoxy)-ethaneNN *N'N'*-tetra-acetate at pH 8.5 in the presence of trisodium citrate to mask magnesium. The end-point is detected as a sharp upward break in the curve. The magnesium is then determined by continuing the titration with EDTA (tetrasodium salt) until a second break occurs. The sensitivity for each metal is 0.5 μg in a max volume of 100 ml; the accuracy is high.

The application of this technique is also discussed under multication analysis in section 6.72.1.1.

### 6.12.2 Spectrophotometric method

The application of this technique is discussed under multication analysis in section 6.72.2.1.

### 6.12.3 Atomic absorption spectrometry

The calcium content of seawater-suspended particulate matter has been determined by atomic absorption spectrometry by Ezat [172]. The particulate material is collected on a 0.45 μm. Millipore membrane filter and subsequently dissolved in hydrochloric acid and nitric acid.

### 6.12.4 Flame photometry

Blake *et al.* [173] have described a flame photometric method for the determination of calcium in solutions of high sodium content. The method was applied to simulated seawater. In the method Chelex-100 chelating resin ($Na^+$ form) (20 g) is stirred with 2 N hydrochloric acid (15 ml) for 5 min, the acid is decanted and the resin is washed with water (2 × 25 ml), stirred with 2 N sodium hydroxide (15 ml) for 5 min and again washed with water (2 × 25 ml). The procedure is repeated five times then the resin is died at 100°C. A neutral solution (100 ml) containing up to 50 ppm of calcium and up to 4% of sodium is passed through a column of the resin, a specified amount of hydrochloric acid (pH 2.4) is passed through and the percolate containing the sodium is discarded. Elution is then effected with 2 N hydrochloric acid (5 ml) and the column is washed with water (25 ml), the combined eluate and washings are diluted to 100 ml and calcium is determined by flame photometry at 622 nm. There is no interference from magnesium, zinc, nickel, barium, mercury, manganese copper or iron present separately in concentrations of 25 mg $L^{-1}$ or collectively in concentrations of 5 mg $L^{-1}$ each. Aluminium depresses the amount of calcium found.

### 6.12.5 Calcium-selective electrodes

Whitfield *et al.* [174] used a calcium-selective electrode to monitor EGTA and DCTA titrations of aqueous mixtures of calcium, magnesium and sodium. The concentrations were selected to span the range of natural waters, and the results were analysed statistically. The pattern of titration curves observed with changing solution composition agreed qualitatively with that predicted theoretically, but the overall potential drop was usually lower than that predicted; end-points were determined by graphical and numerical methods. The technique is suitable for the determination of calcium and magnesium in seawater with an estimated accuracy of 0.5%. The electrode also responds to zinc, iron, lead, copper, nickel and barium. In seawater free from coastal influences the concentration of these elements are too low to cause interference. However, in inshore samples these elements might have to be masked. The titration of calcium in other natural waters by this method should give an accuracy of 1 to 2% which could be improved by adding known amounts of calcium to bring the initial concentration in the sample to a suitable value (eg $10^{-2}$ M).

### 6.12.6 Inductively coupled plasma atomic emission spectrometry

Brenner *et al.* [175] applied inductively coupled plasma atomic emission spectrometry to the determination of calcium (and sulphate) in brines. The principal advantage of the technique was that it avoided tedious matrix matching of calibration standards when sulphate was determined indirectly by flame techniques. It also avoided time-consuming sample handling when the samples were processed by the gravimetric method. The detection limit was 70 µg per litre and a linear dynamic range of 1 g per litre was obtained for sulphate.

### 6.12.7 X-ray fluorescence spectroscopy

The application of this technique is discussed under multication analysis in section 6.72.18.4.

### 6.12.8 Neutron activation analysis

The application of this technique is discussed under multication analysis in sections 6.72.19, 6.72.19.4 and 6.72.19.5.

### 6.12.9 Miscellaneous

Atomic absorption spectrophotometry [176,177] and probe photometric methods [178] have been used in the determination of calcium and magnesium in seawater.

### 6.12.10 Preconcentration

The preconcentration of calcium is discussed under multication analysis in section 6.72.22.1.

## 6.13 Cerium

### 6.13.1 Spectrofluorometric method

Shigematsu *et al.* [179] determined cerium fluorometrically at the 1 µg $L^{-1}$ level in seawater. Quadrivalent cerium is co-precipitated with ferric hydroxide and the precipitate is dissolved in hydrochloric acid and interfering ions are removed by extraction with isobutyl methyl ketone.

The aqueous phase is evaporated almost to dryness with 70% perchloric acid, then diluted with water and passed through a column of bis-(2-ethylhexyl) phosphate on poly (vinyl chloride), from which $Ce^{IV}$ is eluted with 0.3 M perchloric acid. The eluate is evaporated, then made 7 M in perchloric acid and treated with $Ti^{III}$ and the resulting $Ce^{III}$ is determined spectrofluorometrically at 350 nm (excitation at 255 nm).

### 6.13.2 Isotope dilution methods

The application of this technique is discussed under multication analysis in section 6.72.17.4.

### 6.13.3 Neutron activation analysis

The application of this technique is discussed under multication analysis in sections 6.72.19, 6.72.19.4 and 6.72.19.5.

### 6.13.4 Preconcentration

The preconcentration of cerium is discussed under multication analysis in sections 6.72.22.1 and 6.72.22.4.

## 6.14 Chromium

Reported concentrations of chromium in open ocean waters range from 0.07 to 0.96 $\mu g\ L^{-1}$ with a preponderance of values near the lower limit. Methods used for the determination of chromium at this concentration have generally used some form of matrix separation and analyte concentration prior to determination [180–183], electroreduction [184,185] and ion-exchange techniques [186,187].

Whereas it is desirous to utilise analytical schemes that permit elucidation of the various chromium species particularly since chromium (VI) is acknowledged to be a toxic form of this element, it is useful to have the capability of rapid total chromium measurement where speciation is a matter of secondary importance.

Determination of chromium by many of the methods cited above is problematic. Variable and non-quantitative recovery with chelation-solvent extraction techniques necessitates use of the method of additions [183]. Co-precipitation techniques require lengthy processing times and extensive sample manipulation. Ion-exchange suffers from slow uptake and release kinetics, necessitating total destruction and solubilisation of the resin [187] or complex apparatus and multi-component eluting solutions.

### 6.14.1 Spectrophotometric method

Diphenylcarbazone and diphenylcarbazide have been widely used for the spectrophotometric determination of chromium [188]. Only relatively recently, however, has the nature of the complexation reactions been elucidated. Chromium(III) reacts with diphenylcarbazone whereas chromium(V) reacts (probably via a redox reaction combined with complexation) with diphenylcarbazide [189]. Although speciation would seem a likely prospect with such reactions, commercial diphenylcarbazone is a complex mixture of several components, including diphenylcarbazide, diphenylcarbazone, phenylsemicarbazide, and diphenylcarbadiazone with no stoichiometric relationship between the diphenylcarbazone and diphenylcarbazide [190]. As a consequence, use of diphenylcarbazone to chelate chromium(III) selectively also results in the sequestration of some chromium(VI). Total chromium can be determined with diphenylcarbazone following reduction of all chromium to chromium(III).

Use of immobilised chelating agents for sequestering trace metals from aqueous and saline media presents several significant advantages over chelation–solvent extraction approaches to this problem [192,193]. With little sample manipulation, large preconcentration factors can generally be realised in relatively short times with low analytical blanks.

As a consequence of these considerations, Willie *et al.* [194] developed a new approach to the determination of total chromium. This involves preliminary concentration of dissolved chromium from seawater by means of an immobilised diphenylcarbazone chelating agent, prior to determination by atomic absorption spectrometry. A Perkin–Elmer Model 500 atomic absorption spectrometer fitted with a HGA–500 furnace with Zeeman background correction capability was used for chromium determinations. Chromium was first reduced to chromium(III) by addition of 0.5 ml aqueous sulphur dioxide and allowing the solution to stand for several minutes. Aliquots of seawater were then adjusted to pH 9.0 ± 0.2 by using high purity ammonium hydroxide and gravity fed through a column of silica at a nominal flow rate of 10 ml $min^{-1}$.

The sequestered chromium was then eluted from the column with 10.0 ml 0.2 M nitric acid. More than 93% of chromium was recovered in the first 5 ml of eluate by this method. Extraction of 80 ng spikes of chromium (III) from 200 ml aliquots of seawater was quantitative. Neither chromium(III) or (VI) could be quantitatively extracted.

Results for the analysis of a near-shore sample of seawater and open ocean trace metal reference seawater NASS–1 are given in Table 6.13.

*Table 6.13* Concentration analysis (μg L $^{-1}$) of seawater for total chromium

| *Trial* | *Coastal water (salinity = 29.5%)* | *Open ocean, NASS–1 (salinity = 35.0‰)* |
|---|---|---|
| 1 | 0.100 | 0.19 |
| 2 | 0.096 | 0.15 |
| 3 | 0.095 | 0.18 |
| 4 | | 0.19 |
| Mean (±SD) | 0.097 ± 0.003 | 0.18 ± 0.02 |
| Accepted value | 0.10 ± 0.01 | 0.184 ± 0.016 |

Source: Reproduced by permission from the American Chemical Society

## 6.14.2 Chemiluminescence methods

### 6.14.2.1 Trivalent chromium

The chemiluminescence technique has been used to determine trivalent chromium in seawater. Chang *et al.* [195] showed luminal techniques for determination of chromium(III) were hampered by a salt interference – mainly from magnesium ions. Elimination of this interference is achieved by seawater dilution and utilising bromide ion chemiluminescence signal enhancement. The chemiluminescence results were comparable with those obtained by a graphite furnace flameless atomic absorption analysis for the total chromium present in samples. The detection limit is $3.3 \times 10^{-9}$ (0.2 μg L $^{-1}$) for seawater with a salinity of 35% with 0.5 M bromide enhancement.

Dubovenko *et al.* [196] used chemiluminescence to determine chromium in brines and waste waters. The method is based on the enhancement of the chemiluminescence by chromium in the reaction of 4-(diethylamino) phthalhydrazide with hydrogen peroxide. The detection limit is 0.025 μg of chromium L $^{-1}$, and the chemiluminescence is directly proportional to chromium concentrations in the range of $5 \times 10^{-10}$ to $10^{-6}$ M.

## 6.14.3 Atomic absorption spectrometry

### 16.14.3.1 Tri- and hexa-valent chromium

Various workers have discussed the separate determination of chromium (III) and chromium(VI) in seawater [181,197,198, 202, 210].

Cranston and Murray [181,198] took the samples in polyethylene bottles that had been precleaned at 20°C for 4 days with 1% distilled hydrochloric acid. Total chromium ($Cr^{VI}$) + $Cr^{III}$ + $Cr_p$ (particulate chromium) was co-precipitated with iron(II) hydroxide and reduced chromium ($Cr^{III} + Cr_p$) was co-precipitated with iron(III) hydroxide. These co-precipitation steps were completed within minutes of sample collection to minimise storage problems. The iron hydroxide precipitates were filtered through 0.4 μm Nuclepore filters and stored in polyethylene vials for later analyses in the laboratory. Particulate chromium was also obtained by filtering unaltered samples through 0.4 μm filters. In the laboratory the iron hydroxide co-precipitates were dissolved in 6 M distilled hydrochloric acid and analysed by flameless atomic absorption. The limit of detection of this method is about 0.1–0.2 nmol $L^{-1}$. Precision is about 5%.

### 16.14.3.2 Organic forms of chromium

In the determination of the two oxidation states of chromium the calculation of one oxidation state by difference presupposes that the two oxidation states in question were statistically the only contributors to the total concentration. Because of this, contributions from other possible species such as organic complexes were generally not considered. It has been suggested [199], however, that this presumption may not be warranted and that contributions from organically bound chromium should be considered. This arises from the reported presence of dissolved organic species in natural waters which form stable soluble complexes with chromium and which may not readily be amenable to determination by procedures commonly in use. The results of research into the valency of chromium present in seawater has not always been consistent. For instance, Grimaud and Michard [200] reported that chromium(III) predominates in the equatorial region of the Pacific Ocean, whereas Cranston and Murray [181] found that practically all chromium is in the hexavalent state in the north-east Pacific. Organic chromium(III) complexes may be formed under the conditions prevailing in seawater as well as inorganic chromium(III) and (VI) forms. Inconsistencies in earlier research may therefore be at least partly due to the fact that the possibility of organic chromium species was ignored [199,201].

Nakayama *et al.* [202] have described a method for the determination of chromium(III), chromium(VI) and organically bound chromium in seawater. They found that seawater in the sea of Japan contained about $9 \times 10^{-9}$ M dissolved chromium. This is shown to be divided as about 15% inorganic chromium(III), about 25% inorganic chromium(VI) and about 60% organically bound chromium.

These workers studied the co-precipitation behaviours of chromium species with hydrated iron(III) and bismuth oxides.

The collection behaviour of chromium species was examined as follows. Seawater (400 ml) spiked with $10^{-8}$ M chromium(III), chromium (VI) and chromium(III) organic complexes labelled with 51–chromium was adjusted to the desired pH by hydrochloric acid or sodium hydroxide. An appropriate amount of hydrated iron(III) or bismuth oxide was added; the oxide precipitates were prepared separately and washed thoroughly with distilled water before use [201, 203]. After about 24 h, the samples were filtered on 0.4 μm Nuclepore filters. The separated precipitates were dissolved with hydrochloric acid and the solutions thus obtained were used for γ-activity measurements. In the examination of solvent extraction, chromium was measured by using 51–chromium, while iron and bismuth were measured by electrothermal atomic absorption spectrometry. The decomposition of organic complexes and other procedures were also examined by electrothermal atomic absorption spectrometry.

#### 6.14.3.3 Collection of chromium(III) and chromium(V) with hydrated iron(III) or bismuth oxide

Only chromium(III) co-precipitates quantitatively with hydrated iron(III) oxide at the pH of seawater, around 8. To collect chromium(VI) directly without pretreatment, eg reduction to chromium(III), hydrated bismuth oxide, which forms an insoluble compound with chromium(VI) was used. Chromium(III) is collected with hydrated bismuth oxide (50 mg 400 ml$^{-1}$ seawater). To collect chromium(VI) in seawater a pH of about 4 was used. Both chromium(III) and chromium(VI) are thus collected quantitatively at the pH of seawater around 8.

#### 6.14.3.4 Collection of chromium(III) organic complexes with hydrated iron(III) or bismuth oxide

The percentage collection of chromium(III) with hydrated iron(III) oxide may decrease considerably in the neutral pH range when organic materials capable of combining with chromium(III) such as citric acid and certain amino acids, are added to the seawater [203]. Moreover, synthesised organic chromium(III) complexes are scarcely collected with hydrated iron(III) oxide over a wide pH range.

As it was not known what kind of organic matter acts as the major ligand for chromium in seawater Nakayama *et al.* [202] used EDTA and 8-quinolinol-5-sulphonic acid to examine the collection and decomposition of organic chromium species, because these ligands form quite stable water-soluble complexes with chromium(III) although they are not actually present in seawater. Both these chromium(III) chelates are stable in seawater at pH 8.1 and are hardly collected with either of the hydrated oxides. The organic chromium species were then decomposed to inorganic chromium(III) and chromium(VI) species by boiling with 1 g ammonium persulphate per 400 ml L$^{-1}$ seawater acidified to 0.1M with hydrochloric acid. Iron and bismuth, which would interfere in atomic absorption spectrometry, were 99.9% removed by extraction from 2 M hydrochloric acid solution with a p-xylene solution of 5% tri-iso-octylamine. Chromium(III) remained almost quantitatively in the aqueous phase in the concentration range $10^{-9}$–$10^{-6}$ M, whether or not iron or bismuth was present. However, as about 95% of chromium(VI) was extracted by the same method, samples which may contain chromium(VI) should be treated with ascorbic acid before extraction so as to reduce chromium(VI) to chromium(III).

When the residue obtained by the evaporation of the aqueous phase after the extraction was dissolved in 0.1 M nitric acid and the resulting solution was used for electrothermal atomic absorption spectroscopy, a negative interference, which was seemingly due to residual organic matter, was observed. This interference was successfully removed by digesting the residue on a hot plate with 1 ml of concentrated hydrochloric acid and 3 ml of concentrated nitric acid. This process had the advantage that the interference of chloride in the atomic absorption spectroscopy was eliminated during the heating with nitric acid.

Table 6.14 shows examples of the vertical distribution of each chromium species in the Japan Sea and the Pacific Ocean; samples were collected during the summer of 1979.

For comparison, some of the results reported by other workers for chromium concentrations in seawater are listed in Table 6.15. In most of these methods, co-precipitation with hydrated iron(III) oxide was used to separate chromium(III) from chromium(VI) and the chromium(VI) concentration was subsequently determined by suitable reduction of chromium(VI) to chromium(III) before a further co-precipitation. In others, hydrated iron(II) oxide served as both reductant and carrier. Ishibashi and Shigematsu [204] used co-precipitation with aluminium hydroxide and did not employ reduction, so that the value reported most likely corresponds to inorganic chromium(III) alone; in fact, the present value for inorganic chromium(III) is in remarkable agreement.

In Chuecas and Riley's study [205] the samples were stored for a long time under acidic conditions before analysis, so that chromium(VI) could have been reduced to chromium(III) and any organic chromium dissociated with the result that all chromium species would have been determined as chromium(III). When a sample is reduced under acidic conditions, organic chromium is likely to dissociate partly, initially increasing the apparent concentration of chromium(VI). When the analytical procedure described earlier [208] was re-examined the value for chromium(III) was found actually to be the sum of chromium(III) and chromium(VI) while the value for chromium(VI) was partly organic chromium. For the same reason, the chromium(VI) values determined by Fukai [206], Fukai and Vas [207] and Yamamoto *et al.* [209] probably include organic chromium species. When an iron(II) precipitate is used,

*Table 6.14* Vertical distribution of chromium species in the Sea of Japan and in the Pacific Ocean

| Depth (m) | *Cr(III)** (× $10^{-9}$ M) | *Cr(VI)* (× $10^{-9}$ M) | *Organic Cr* (× $10^{-9}$ M) | *Total Cr* (× $10^{-9}$ M) |
|---|---|---|---|---|
| Japan Sea (44°11.9' N, 138°56.4' E; depth 3447 m) | | | | |
| 0 | 1.3 | 2.1 | 4.9 | 8.3 |
| 10 | 1.4 | 1.7 | 5.9 | 9.0 |
| 51 | 1.6 | 1.8 | 4.3 | 7.7 |
| 102 | 1.2 | 1.7 | 5.3 | 8.2 |
| 152 | 1.3 | 1.8 | 4.2 | 7.3 |
| 203 | 1.2 | 1.8 | 4.6 | 7.6 |
| 403 | 1.4 | 2.9 | 5.0 | 9.3 |
| 602 | 1.1 | 2.3 | 3.7 | 7.1 |
| 1000 | 1.5 | 2.4 | 3.5 | 7.4 |
| 1427 | 1.1 | 3.0 | 4.2 | 8.3 |
| 1920 | 1.8 | 1.7 | 6.2 | 9.7 |
| 2417 | 1.1 | 2.1 | 4.6 | 7.8 |
| 2916 | 1.2 | – | – | 9.1 |
| 3165 | 1.4 | 1.7 | 5.0 | 8.1 |
| Mean | 1.3 | 2.1 | 4.8 | 8.2 |
| Max1.8 | 3.0 | 6.2 | 9.7 | |
| Min1.1 | 1.7 | 3.5 | 7.1 | |
| Pacific Ocean (32°19.3' N, 137°33,5' E; depth 4079 m) | | | | |
| 0 | 1.4 | 2.0 | 5.0 | 8.4 |
| 10 | 1.4 | – | – | 8.1 |
| 49 | 1.3 | 2.5 | 4.7 | 8.5 |
| 98 | 0.96 | 2.4 | – | – |
| 143 | 1.0 | 2.8 | 4.1 | 7.9 |
| 197 | 1.2 | 2.1 | 5.5 | 8.8 |
| 394 | 1.2 | 2.6 | 4.9 | 8.7 |
| 591 | 1.5 | 2.4 | 5.0 | 8.9 |
| 985 | 1.1 | 3.6 | 5.9 | 10.6 |
| 1477 | 1.1 | 3.3 | 6.2 | 10.6 |
| 1804 | 1.2 | 4.5 | 6.0 | 11.7 |
| 2299 | 1.4 | 4.0 | 5.4 | 10.8 |
| 2803 | 1.2 | 3.7 | 5.2 | 10.1 |
| 3303 | 1.5 | 3.4 | – | – |
| 3801 | 1.0 | 3.3 | 5.3 | 9.6 |
| 4050 | 1.1 | 3.7 | 5.8 | 10.6 |
| Mean | 1.2 | 3.1 | 5.2 | 9.5 |
| Max1.5 | 4.5 | 6.2 | 11.7 | |
| Min0.96 | 2.0 | 4.1 | 7.9 | |

*Inorganic

Source: Reproduced by permission from Elsevier Science Publishers BV, Amsterdam

*Table 6.15* Literature data on the chromium contents of seawater

| *Ref.* | *Date* | *Location* | *Methods* | *Concentration* ($\mu g\ L^{-1}$) |
|---|---|---|---|---|
| 204 | 1950 | Japanese coastal | $Al(OH)_3$ co-precipitation | $Cr^{III}$ 0.04–0.06 |
| 205 | 1966 | British coastal | $Fe(OH)_3$ co-precipitation | $Cr^{III}$ 0.46 |
| | | | Acidic reduction | $Cr^{VI}$ 0.6 |
| 206, | 1967 | Mediterranean | Fe(OH) co-precipitation | $Cr^{III}$ 0.02–0.25 |
| 207 | | | Acidic reduction | $Cr^{VI}$ 0.05–0.38 |
| 208 | 1970 | Pacific Ocean | $BiOH(NO_3)_2$ co-precipitation | $Cr^{III}$? $Cr^{III}$+ |
| | | | Acidic reduction | $Cr^{VI}$ 0.13–0.96 $Cr^{VI}$? Organic Cr 0.07–0.27 |
| 200 | 1974 | Pacific Ocean | $Fe(OH)_3$ co-precipitation | $Cr^{III}$ 0.24–0.52 |
| | | $Fe(OH)_3$ reduction | $Cr^{VI}$ 0.03–0.11 | |
| 181 | 1978 | Pacific Ocean | $Al(OH)_3$ co-precipitation | Total 0.06–0.96 |
| | | | Acidic reduction | $Cr^{III}$ 17–99% |
| 208 | 1980 | Pacific Ocean and Japan Sea | $FE(OH)_3$ co-precipitation | $Cr^{III}$ 0.005 |
| | | | $FE(OH)_3$ reduction | $Cr^{VI}$ 015 |
| | | | | $Cr^{III}$ 0.06 |
| | | | | $Cr^{VI}$ 0.14 |
| | | | | Organic Cr 0.26 |
| | | | | Total 0.46 |

Source: Reproduced by permission from Elsevier Science Publishers BV, Amsterdam

there seems to be little chance of determining the organic chromium species as chromium(VI). The value for chromium(VI) reported by Cranston and Murray [181] agrees quite well with the value for chromium(VI) reported by them although the value for chromium(III) is lower. The results obtained by Grimaud and Michard [200] for chromium (III) differ considerably but the discrepancies cannot be discussed because details of the analytical procedure were not given. It seems reasonable to conclude that the inconsistency of past results concerning the dominant chromium species and the total chromium concentration in seawater can be attributed, at least partly, to the fact that the presence of organic chromium species was not considered properly.

Mullins [210] has described a procedure for determining the concentrations of dissolved chromium species in seawater. Chromium (III) and chromium(VI) separated by co-precipitation with hydrated iron(III) oxide and total dissolved chromium are determined separately by conversion to chromium(VI), extraction with ammonium pyrrolidine diethyl dithiocarbamate into methyl isobutyl ketone and determination by atomic absorption spectroscopy. The detection limit is 40 ng $L^{-1}$

*Table 6.16* Determination of dissolved chromium species in some seawaters

| *Location* | *Chromium found* (μg L $^{-1}$)* | | | |
|---|---|---|---|---|
| | *Cr(III)* | *Cr(VI)* | *Cr bound* | *Cr total* |
| Port Hacking | 0.27 ± 0.02 | 0.49 ± 0.03 | 0.56 ± 0.07 | 1.32 ± 0.05 |
| Georges River | 0.42 ± 0.04 | 0.89 ± 0.04 | 0.42 ± 0.08 | 1.72 ± 0.06 |
| Drummoyne Bay | 0.32 ± 0.03 | 0.95 ± 0.04 | 0.69 ± 0.10 | 1.96 ± 0.07 |
| Botany Bay | 0.45 ± 0.04 | 1.26 ± 0.06 | 0.71 ± 0.03 | 2.41 ± 0.09 |
| Cooks River | 0.51 ± 0.04 | 2.98 ± 0.11 | 0.88 ± 0.10 | 4.37 ± 0.06 |
| Parramatta River | 0.88 ± 0.02 | 3.17 ± 0.06 | 0.82 ± 0.09 | 4.87 ± 0.11 |

* All results are the mean (± SD) of three measurements

Source: Reproduced by permission from Elsevier Science Publishers BV, Amsterdam

chromium. The dissolved chromium not amenable to separation and direct extraction is calculated by difference. In the waters investigated, total concentrations were relatively high (1–5 μg L $^{-1}$), with chromium(VI) the predominant species in all areas sampled with one exception, where organically bound chromium was the major species.

A standard contact time of 4 h was found to be necessary for the quantitative co-precipitation of chromium on ferric oxide. The results of triplicate determinations of samples taken from six locations in the Sydney area are listed in Table 6.16. The rsd values for the determinations of chromium(III), chromium(VI) and total dissolved chromium were generally 10.0%, 5.0% and 5.0% respectively. From these results, the rsd for the calculated concentration of the bound species was 20%.

### 6.14.4 Graphite furnace atomic absorption spectrometry

The application of this technique is discussed under multication analysis in sections 6.72.5.3 and 6.72.5.5.

### 6.14.5 Zeeman atomic absorption spectrometry

Moffett [211] determined chromium in seawater by Zeeman corrected graphite tube atomisation atomic absorption spectrometry. The chromium is first complex with a pentan–2,4 dione solution of ammonium 1 pyrrolidine carbodithioc acid then this complex extracted from the water with a ketonic solvent such as methyl isobutyl ketone, 4-methylpentan-2-one or diisobutyl ketone. Instrument parameters are listed in Table 6.17.

*Table 6.17* Instrument parameters

*Program 7 Cr Effluent Water*

| | |
|---|---|
| Instrument mode | Absorbance |
| Calibration mode | Concentration |
| Measurement mode | Peak height |
| Lamp position | 1 |
| Lamp current (mA) | 7 |
| Slith width (nm) | 0.2 |
| Slit height | Reduced |
| Wavelength (nm) | 357.9 |
| Sample introduction | Sampler automixing |
| Time constant | 0.05 |
| Measurement time (sec) | 2.0 |
| Replicates | 2 |
| Background correction | On |
| Maximum absorbance | 2.00 |

*Furnace parameters*

| *Step No.* | *Temperature (C)* | *Time (sec)* | *Gas flow (L/min)* | *Gas type* | *Read command* |
|---|---|---|---|---|---|
| 1 | 85 | 5.0 | 3.0 | Normal | No |
| 2 | 95 | 60.0 | 3.0 | Normal | No |
| 3 | 120 | 10.0 | 3.0 | Normal | No |
| 4 | 1100 | 20.0 | 3.0 | Normal | No |
| 5 | 1100 | 20.0 | 3.0 | Normal | No |
| 6 | 1100 | 2.0 | 0.0 | Normal | No |
| 7 | 2500 | 0.7 | 0.0 | Normal | Yes |
| 8 | 2500 | 2.0 | 0.0 | Normal | Yes |
| 9 | 2500 | 2.0 | 3.0 | Normal | No |

*Sampler parameters*
*Volumes (μL)*

| | *Solution* | *Blank* | *Modifier* |
|---|---|---|---|
| Blank | – | 15 | |
| Standard 1 | 2 | 13 | |
| Standard 2 | 5 | 10 | |
| Standard 3 | 10 | 5 | |
| Sample | 10 | 5 | |
| Recalibration rate | 0 | | |
| Reslope rate | 0 | | |
| Multiple inject No | Hot inject No | | Pre inject No |

Source: Reproduced by permission from Varian Associates

*Table 6.18* Comparison of experimentally determined results with quoted results

| *Standard* | | *Quoted (ng/g)* | *Found (ng/g)* |
|---|---|---|---|
| US EPA | Sample 4 | 10.2 ± 1.1 | 9.75 ± 0.16 |
| NBS SRM | 1643b | 18.6 ± 0.4 | 18.65 ± 0.24 |

Source: Reproduced by permission from Varian Associates

Down to 1 ng mL of chromium can be determined by this procedure. Recoveries obtained on standard samples are adequate (Table 6.18).

The application of this technique is discussed under multication analysis in section 6.72.6.2.

### 6.14.6 Inductively coupled plasma atomic emission spectrometry

The application of this technique is discussed under multication analysis in sections 6.72.8.2 and 6.72.8.4.

### 6.14.7 Inductively coupled plasma mass spectrometry

The application of this technique is discussed under multication analysis in section 6.72.10.1.

### 6.14.8 Anodic stripping voltammetry

Boussemart and Van den Berg [212] adsorbed chromium(III) in seawater onto silica, then re-oxidised it to chromium(VI) prior to determination in amounts down to 1 pmol $L^{-1}$ by a voltammetric procedure. The application of this technique is discussed under multication analysis in section 6.72.11.1.

### 6.14.9 Plasma emission spectrometry

The application of this technique is discussed under multication analysis in section 6.72.16.1.

### 6.14.10 X-ray fluorescence spectrometry

The application of this technique is discussed under multication analysis in sections 6.72.18.2 and 6.72.18.4.

### 6.14.11 Neutron activation analysis

The application of this technique is discussed under multication analysis in sections 6.72.19, 6.72.19.1 and 6.72.19.3–5.

### 6.14.12 Gas chromatography

Mugo and Orlans [213] have discussed shipboard methods for the determination of chromium(III) and total chromium in seawater by derivatisation will trifluoroacetylacetone followed by gas chromatography using an electron capture detector.

### 6.14.13 High performance liquid chromatography

High performance liquid chromatography coupled with an inductively coupled plasma mass spectrometric detector has been used to determine μg $L^{-1}$ concentrations of chromium(III) and chromium(VI) in seawater [947].

### 6.14.14 Isotope dilution gas chromatography–mass spectrometry

Isotope dilution gas chromatography–mass spectrometry has also been used for the determination of μg $L^{-1}$ levels of total chromium in seawater [948–950]. The samples were reduced to produce chromium(III) and then extracted and concentrated as tris (1,1,1-trifluoro-2,4-pentanediono) chromium(III) ($Cr(tfa)_3$) into hexane. The $Cr(tfa)_2+$ mass fragments were monitored into a selected ion monitoring (SIM) mode.

Isotope dilution techniques are attractive because they do not require quantitative recovery of the analyte. One must, however, be able to monitor specific isotopes which is possible by using mass spectrometry.

In this method, chromium is extracted and preconcentrated from seawater with trifluoroacetylacetone (H(tfa) which complexes with trivalent but not hexavalent chromium. Chromium reacts with trifluoroacetylacetone in a 1:3 ratio to form an octahedral complex, $Cr(tfa)_3$. The isotopic abundance of its most abundant mass fragment, $Cr(tfa)_2+$ was monitored by a quadrupole mass spectrometer.

A mass spectrum of $Cr(tfa)_3$ is shown in Fig. 6.13. The isotopic distribution of the $Cr(tfa)_2+$ fragment (m/e 358 and 359 here) is evident. This is readily calculable if the individual elemental abundances are known. Assuming the isotopic abundance of 12–carbon and 13–carbon to be 98.89% and 1.11 and 50–, 52–, 53– and 54–chromium to be 4.31, 83.76, 9.55 and 2.38% respectively, and neglecting any isotopic abundances less than 1%, one can obtain a set of calculated abundances for the $Cr(tfa)_2+$ ion. These and the measured isotopic abundances (by SIM) are listed inTable 6.19. The agreement between the two sets is excellent. The same

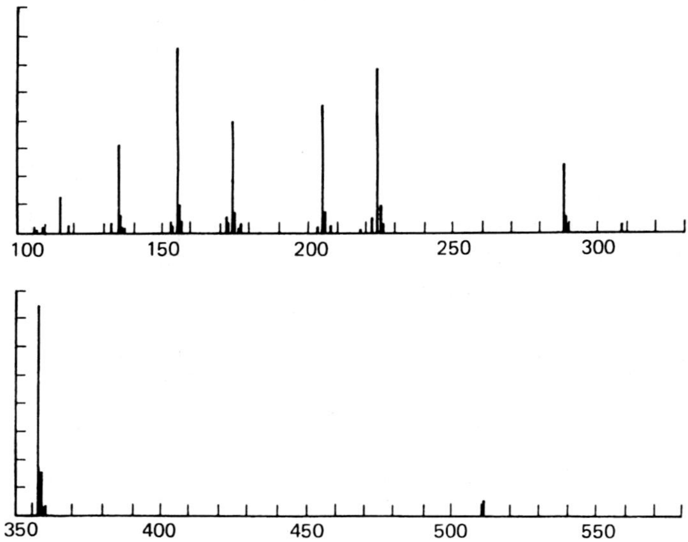


*Fig. 6.13* Mass spectrum of $Cr(tfa)_3$
Source: Reproduced by permission from the American Chemical Society

*Table 6.19* Natural abundance of Cr(tfa)

| *m/e* | *% calculated* | *% measured* |
|---|---|---|
| 356 | 3.8 | 3.8 |
| 357 | 0.5 | 0.6 |
| 358 | 75.2 | 74.9 |
| 359 | 17.0 | 16.6 |
| 360 | 3.5 | 4.0 |

Source: Reproduced by permission from the American Chemical Society

*Table 6.20* Abundance of $Cr(tfa)_2^+$ for the chromium–53 spike

| *m/e* | *% calculated* | *% measured* |
|---|---|---|
| 358 | 3.1 | 3.3 |
| 359 | 86.5 | 86.7 |
| 360 | 9.9 | 9.1 |
| 361 | 0.5 | 0.9 |

Source: Reproduced by permission from the American Chemical Society

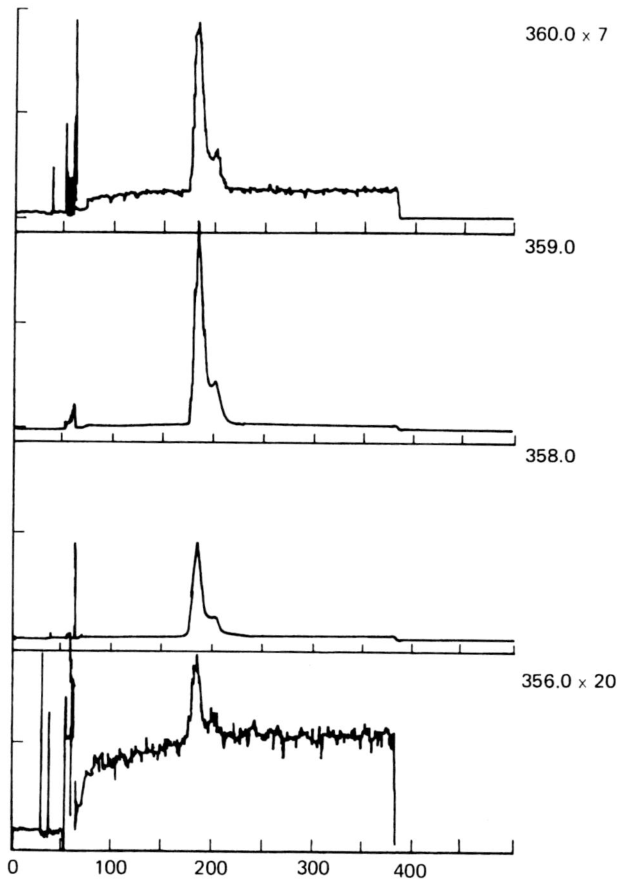


*Fig. 6.14* Chromatograms of m/m 356, 358, 359 and 360 of a spiked seawater sample. Multiplication factor
Source: Reproduced by permission from the American Chemical Society

calculation can be made for the 53–chromium spike solution by using isotopic abundances given by the supplier: 52–chromium 3.44%, 53–chromium 96.4% and 54–chromium 0.18%. Table 6.20 lists the calculated and the measured isotopic abundances for the spike solution.

A series of typical chromatograms of a spiked seawater sample is shown in Fig. 6.14. The geometric isomers of chromium trifluoroacetylacetone are not fully resolved.

Table 6.21 shows results of two seawater sample analyses. Agreement with data obtained by isotope dilution spark source mass spectrometry [214] and graphite furnace [215] was excellent.

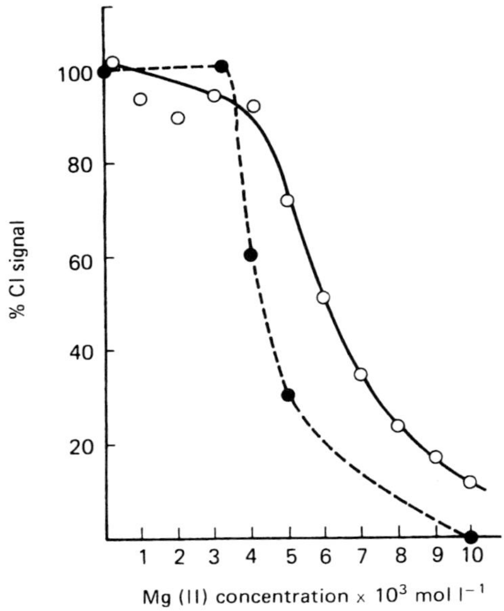


*Fig. 6.15* $Mg^{II}$ interference of Cl analysis for Cr. —O—O— = in the presence of 0.3 M $Br^-$; –•–• = in the absence of $Br^-$ $Cr^{III}$ = 6 × $10^{-8}$ M. EDTA = 2.5 × $10^{-3}$ M
Source: Reproduced by permission from the American Chemical Society

*Table 6.21* Mean (±SD) chromium concentration in seawater (μg $L^{-1}$) (n≥3)

| *ID–GC/MS* | *ID–SSMS* | *GFAAS* |
|---|---|---|
| 0.177 ± 0.009 | 0.17 ± 0.03 | 0.19 ± 0.03 |
| 0.19 ± 0.01* | 0.18 ± 0.01 | ND |

* Seawater reference material NASS–1
ND = not determined

Source: Reproduced by permission from the American Chemical Society

The effect of calcium interference is somewhat different. At its concentration in seawater, 0.010 M calcium ion had no effect upon chemiluminescence analysis of a 6 × $10^{-8}$ M chromium(III) solution in the absence of bromide ion. The chemiluminescence signal dropped to zero, however, if the calcium ion concentration was increased to 0.013 M. In the presence of 0.3 M bromide ion, no interference was observed for analysis of 6 × $10^{-8}$ M chromium(III) when the calcium concentration was less than or equal to 0.002 M. The chemiluminescence signal increased linearly

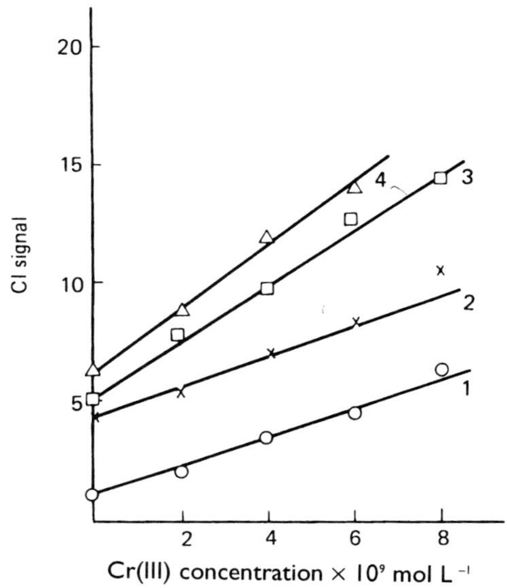


*Fig. 6.16* CI analysis for Cr in natural seawater. Curves 2–4: standard addition curves with 2, 3 and 4 ml seawater added, respectively. $Br^-$ = 0.30 M. EDTA = $2.5 \times 10^{-3}$ M
Source: Reproduced by permission from the American Chemical Society

with increasing calcium ion concentration when the calcium concentration exceeded 0.002 M.

The combined effect of cation interference for both magnesium(II) and calcium(II) is almost identical with the solid curve in Fig. 6.15 indicating that the magnesium ion interference is the dominant one. Fig. 6.16 shows calibration curves obtained upon spiking a seawater sample with chromium(III).

### *6.14.15 Speciation*

Ahern *et al.* [216] have discussed the speciation of chromium in seawater. The method used co-precipitation of trivalent and hexavalent chromium, separately, from samples of surface seawater and determination of the chromium in the precipitates and particulate matter by thin film X-ray fluorescence spectrometry. An ultraviolet irradiation procedure was used to release bound metal. The ratios of labile trivalent chromium to total chromium were in the range 0.4–0.5 and the totals of labile tri- and hexavalent chromium were in the range 0.3–0.6 μg $L^{-1}$. Bound chromium ranged from 0 to 3 μg $L^{-1}$, and represented 0–90% of total dissolved chromium. Acidification of the samples in the usual manner for the determination of trace metals altered the proportion of trivalent to hexavalent chromium.

### 6.14.16 Radionucleides

The determination of radiochromium is discussed in section 12.5.16.2.

### 6.14.17 Preconcentration

The preconcentration of chromium is discussed under multication analysis in sections 6.72.22.1–3 and 6.72.22.5.

## 6.15 Cobalt

Little is known of the oceanic distribution or speciation of cobalt because very low concentrations (<200 pM) make its determination difficult. Laboratory studies indicate that cobalt exists in seawater primarily as the cobalt(II) ion and as the carbonato complex. Organic complexes are not considered important.

The oceanic distribution of cobalt is similar to that of manganese, although cobalt concentrations are 10–100 times smaller; maximum concentrations are 100–300 pM in surface waters, decreasing to 10 pM at depths below 1000 m. As concentrations of cobalt in seawater are so low, it may become biolimiting in open ocean surface waters.

Because cobalt is an essential element in biological compounds like vitamin $B_{12}$ and some metalloproteins [217,218], the low concentration of this metal in seawater points to the possible role of cobalt as a biolimiting nutrient [219,220]. The discharge of various cobalt radionucleides from nuclear installations to coastal waters and their accumulation by marine organisms [221–223] has also increased the interest in the fate of this element. Dissolved cobalt occurs in seawater at concentrations ranging from 0.01 to 0.2 nM [219,220]. Calculation of the organic complexation of cobalt using an ion-pairing model and stability constants valid for seawater [224] shows that it is weakly complexed by inorganic ligands, the predominant inorganic species being cobalt(II) and as chloride complexes. There is some evidence that cobalt in seawater occurs strongly complexed by organic ligands [225,226]. The available data on cobalt distribution in seawater [219,227–229] show surface minima, a maximum within the upper thermocline as a result of atmospheric input, and depletion at depth due to removal from seawater, probably in association with $MnO_2$ [230,231].

Analytical procedures for the determination of cobalt in seawater generally use graphite furnace atomic absorption spectrometry after a preconcentration step involving solvent extraction, coprecipitation, or ion-exchange on Chelex-100 resin [131,219,228,232]. These techniques have difficulties achieving the sensitivity required for the determination of the low levels of cobalt in seawater and include a high risk of sample contamination and loss of analyte during the several sample preparation steps involved. Adsorptive cathodic stripping voltammetry has an advantage over graphite furnace atomic absorption spectometry in that the metal preconcentration is performed *in situ*, hence reducing analysis time and risk of contamination if the metal can be determined without additional sample treatment; additional advantages are low cost of instrumentation and maintenance, and the possibility to use adapted instrumentation for on-line and shipboard monitoring. The fundamentals and applications of cathodic stripping voltammetry have been discussed [233,234] and can be found elsewhere.

Solvent extraction followed by spectrophotometric measurements [235–242] is a popular method but has many sources of errors; the big difference in the volumes of the two phases results in mixing difficulties, and the solubility of the organic solvent in the aqueous phase changes the volume of organic phase resulting in decreased reproducibility of the measurements. In many cases, excess of reagent and various metal complexes are co-extracted with cobalt and cause errors in determining the absorbance of the cobalt complex.

### 6.15.1 Spectrophotometric method

Kouimtzis *et al.* [243] described a spectro-photometric method for down to 1 μg $L^{-1}$ cobalt in seawater in which the cobalt is extracted with 2,2′ dipyridyl-2-pyridylhydrazone (DPPH) [244–248], and the cobalt complex is back-extracted into 20% perchloric acid and this solution is evaluated spectrophotometrically at 500 nm. This avoids many of the sources of error that occur in earlier procedures.

The procedure of Kentner and Zeitlin [235] is as follows: to a filtered 750 ml sample of seawater add 20% aqueous sodium citrate (25 ml) 30% aqueous hydrogen peroxide (1 ml) and 1% ethanolic 1-nitroso-2-naphthol (treated with activated charcoal and filtered) (1 ml) and set aside for 10 min. Extract the cobalt complex into chloroform and back-extract the excess of reagent into basic wash solution (mix 1 M sodium hydroxide (50 ml), 20% aqueous sodium citrate (10 ml) and 30% aqueous hydrogen peroxide (1 ml) with water to produce 100 ml (3 × 5 ml), shaking for 60 s for each extraction. Extract copper and nickel from the organic phase into 2 M hydrochloric acid (5 ml), back extract any released reagent into basic wash solution (5 ml) and wash the chloroform phase again with 2 M hydrochloric acid (5 ml). Dilute the organic phase to 50 mL (for 30 ml cells) or 30 ml (for 20 ml cells) and measure the extinction at 410 nm against a blank in 10 cm cells.

In another spectrophotometric procedure Motomizu [236] adds to the sample (2 l) 40% (w/v) sodium citrate dihydrate solution (10 ml) and a 0.2% solution of 2-ethylamino-5-nitrosophenol in 0.01 M hydrochloric acid (20 ml). After 30 min, add 10% aqueous EDTA (10 ml) and 1,2-dichloroethane (20 ml), mechanically shake the mixture for 10 min, separate the organic phase and wash it successively with hydrochloric acid (1:2) (3 × 5 ml), potassium hydroxide (5 ml) and hydrochloric acid (1:2) (5 ml); filter and measure the extinction at 462 nm in a 50 mm cell. Determine the reagent blank by adding EDTA solution before the citrate solution. The sample is either set aside for about 1 day before analysis (the organic extract should then be centrifuged) or preferably, it is passed through a 0.45 µm membrane-filter. The optimum pH range for samples is 5.5–7.5. From 0.07 to 0.16 µg $L^{-1}$ of cobalt was determined; there is no interference from species commonly present in seawater.

### 6.15.2 Atomic fluorescence spectrometry

Yuzefovsky *et al.* [249] used $C_{18}$ resin to preconcentrate cobalt from seawater prior to determination at the ppt level by laser-excited atomic fluorescence spectrometry with a graphite electrothermal atomiser.

### 6.15.3 Chemical luminescence analysis

Sakamoto-Arnold [951] determined picomolar levels of cobalt in seawater by flow injection analysis with chemiluminescence detection. In this method flow injection analysis was used to automate the determination of cobalt in seawater by the cobalt-enhanced chemiluminescence oxidation of gallic acid in alkaline hydrogen peroxide. A preconcentration/separation step in the flow injection analysis manifold with an in-line column of immobilised 8-hydroxyquinoline was included to separate the cobalt from alkaline-earth ions. One sample analysis takes 8 mins, including the 4 min sample load period. The detection limit is approximately 8 pM. The average standard deviation of replicate analyses at sea of 80 samples was ± 5%. The method was tested and intercalibrated on samples collected off the California coast.

Cobalt(II) has been determined by on-line measurements on seawater which has been passed through a column containing 8-quinolinol immobilised on silica gel followed by chemical luminescence detection [250].

### 6.15.4 Flow injection analysis

Malahoff *et al.* [251] used a shipboard flow injection spectrophotometric technique to determine ppt concentrations of cobalt in seawater.

### 6.15.5 Atomic absorption spectrometry

The application of this technique is discussed under multication analysis in section 6.72.4.1.

### 6.15.6 Graphite furnace atomic absorption spectrometry

The application of this technique is discussed under multication analysis in sections 6.72.5.1, 6.72.5.2, 6.72.5.9 and 6.72.5.12.

### 6.15.7 Zeeman atomic absorption spectrometry

The application of this technique is discussed under multication analysis in section 6.72.6.1.

### 6.15.8 Inductively coupled plasma atomic emission spectrometry

The application of this technique is discussed under multication analysis in sections 6.72.8.2–4 and 6.72.8.7.

### 6.15.9 Inductively coupled plasma mass spectrometry

The application of this technique is discussed under multication analysis in sections 6.72.10.1 and 6.72.10.2.

### 6.15.10 Polarography

Harvey and Dutton [252] determined nanogram amounts of cobalt in seawater after concentration on manganese dioxide formed by photochemical oxidation of divalent manganese in a photochemical reactor. The sample (1 l) containing 100 μg manganese was irradiated in a Hanovia reactor fitted with a 2 W low-pressure Hg discharge lamp radiating mainly at 254 and 185 nm. The manganese dioxide deposit that adhered to the silica jacket of the reactor was dissolved in 0.15 M hydrochloric acid containing a trace of sulphur dioxide, the solution was evaporated to dryness and the residue was dissolved in 4 ml or 0.625 M hydrochloric acid; 1 ml 5 M aqueous ammonia and 0.1 ml of 0.1% dimethylgloxime in ethanol were added, and cobalt was determined by pulse polarography. The polarograph was operated in the derivative mode, starting at –1.0 V and a 50 mV pulse height and 1 s mercury drop life were used.

### 6.15.11 Anodic stripping voltammetry

The application of this technique is discussed under multication analysis in sections 6.72.11.1, 6.72.12.1 and 6.72.12.3.

### 6.15.12 Cathodic stripping voltammetry

Vega and Van den Berg [253] have described a procedure for the direct determination of picomolar levels of cobalt in seawater. Cathodic stripping voltammetry is preceded by adsorptive accumulation of the cobalt–nioxime (cyclohexane-1.2-dione dioxime) complex from seawater containing 6 μM nioxime and 80 mM ammonia at pH 9.1, onto a hanging mercury drop electrode, followed by reduction of the adsorbed species. The reduction current is catalytically enhanced by the presence of 0.5 M nitrite. Optimised conditions for cobalt include a 30 s adsorption period at –0.7 V and a voltammetric scan using differential pulse modulation. According to the proposed reaction mechanism, dissolved cobalt(II) is oxidised to cobalt(III) upon addition of nioxime and high concentrations of ammonia and nitrite; a mixed cobalt(III)–ammonia–nitrite complex is adsorbed on the electrode surface; the cobalt(III) is reduced to cobalt(II) (complexed by nioxime) during the voltammetric scan, followed by its chemical reoxidation by the nitrite, initiating a catalytically enhanced current. A detection limit of 3 pM cobalt (at an adsorption period of 60 s) enables the detection of this metal in uncontaminated seawater using a very short adsorption time. UV digestion of seawater is essential, as part of the cobalt may occur strongly complexed by organic matter and rendered nonlabile. The method was applied successfully to the determination of the distribution of cobalt in the water column of the Mediterranean.

The application of this technique is also discussed under multication analysis in sections 6.72.13.1 and 6.72.13.2.

### 6.15.13 Chronopotentiometric analysis

The application of this technique is discussed under multication analysis in section 6.72.15.1.

### 6.15.14 X-ray fluorescence spectroscopy

The application of this technique is discussed under multication analysis in section 6.72.18.1–4.

### 6.15.15 Neutron activation analyses

The application of this technique is discussed under multication analysis in sections 6.72.19, 6.72.19.1 and 6.72.19.3–5.

### 6.15.16 Radionucleides

The determination of radio cobalt is discussed in sections 12.5.16.9 and 12.5.16.10.

### 6.15.17 Preconcentration

Isshiki and Nakayama [254] have discussed the selective concentration of cobalt in seawater by complexation with various ligands or sorption on macroporous XAD resins. Complexed cobalt is collected after passage through a small XAD resin packed column.

The preconcentration of cobalt is also discussed under multication analysis in sections 6.72.22.1–5 and 6.72.22.8.

## 6.16 Copper

Copper(II) is present in natural waters in a variety of chemical forms. Pagenkopf *et al.* [255] and Sylva [256] indicated that the following species are found in freshwater systems: $Cu^{2+}$; $CuCO_3$; $Cu(CO_3)_2^{2-}$; $CuHCO_3^+$; $CuOH^+$; $Cu_2(OH)_2^{2+}$; $CuCl^+$. It was also found that $Cu^{2+}$ can be removed completely from aquatic systems by precipitation as $Cu(OH)_2$, $CuCO_3$ and $Cu(OH)_n(CO_3)_{1-n/2}$.

Sunda and Hanson [257] have used ligand competition techniques for the analysis of free copper(II) in seawater. This work demonstrated that only 0.02–2% of dissolved copper(II) is accounted for by inorganic species (ie $Cu^{2+}$, $CuCO_3$, $Cu(OH)^+$, $CuCl^+$ etc); the remainder is associated with organic complexes. Clearly, the speciation of copper(II) in seawater is markedly different from that in fresh water.

Importantly, Sunda and co-workers [258,259] demonstrated that free copper(II) – not total copper(II) – is responsible for copper(II) toxicity. Consequently, the impact of copper(II) on the marine environment can be ascertained only by measurement of free copper(II) levels.

Prior to the introduction of ion selective electrode techniques (see section 6.16.8), *in situ* monitoring of free copper(II) in seawater was not possible due to the practical limitations of existing techniques (eg ligand competition and bacterial reactions). *Ex situ* analysis of free copper(II) is prone to experimental error as the removal of seawater from the ocean can lead to speciation of copper(II). Potentially, a copper(II) ion electrode is capable of rapid *in situ* monitoring of environmental free copper(II). Unfortunately, copper(II) has not been used widely for the analysis of seawater due to chloride interference that is alleged to render the copper nonfunctional in this matrix [260].

Westall *et al.* [261] and Lewenstam *et al.* [262] proposed a layer mechanism to account for the chloride interference in the CuS electrode, viz:

$$CuS(s) + Cu^{2+}(aq) = S(s) + 2Cu^{+}(aq)$$
$$Cu^{+}(aq) + nCl^{-}(aq) = [CuCl_n]^{1-n}(aq)$$

The importance of complexing agents in the mineral nutrition of phytoplankton and other marine organisms have been recognised for more than 20 years. Complexing agents have been held responsible for the solubilisation of iron and therefore its greater biological availability [263]. In contrast, complexing agents are assumed to reduce the biological availability of copper and minimise its toxic effect [264–277]. Experiments with pure cultures of phytoplankton in chemically defined media have demonstrated that copper toxicity is directly correlated with cupric ion activity and independent of the total copper concentration. In these experiments, cupric ion concentrations were varied in media containing a wide range of total concentrations through the use of artificial complexing agents. When the copper(II) concentration was calculated for earlier experiments with phytoplankton in defined media, it appeared that copper(II) was toxic to a number of phytoplankton species in concentrations as low as $10^{-6}$ µmol [273]. Since copper concentrations in the world ocean typically range from $10^{-4}$ to $10^{-1}$ µmol $L^{-1}$, complexing agents and other materials affecting the solution chemistry of copper must maintain the copper(II) activity at sublethal levels.

Copper may exist in particulate, colloidal and dissolved forms in seawater. In the absence of organic ligands, or particulate and colloidal species, carbonate and hydroxide complexes account for more than 98% of the inorganic copper in seawater [224,278]. The copper(II) concentration can be calculated if pH, ionic strength and the necessary stability constants are known [224,278–280]. In most natural systems, the presence of organic materials and sorptive surfaces significantly alters speciation and decreases the utility of equilibrium calculations. Analytical difficulties in the measurement of copper(II) and copper associated with naturally occurring ligands has encouraged numerous workers to introduce the 'complexation capacity' concept [255,265,281, 282]. Functionally, the copper complexing capacity of a water sample is the ability of the sample to remove added copper from the free ion pool [283]. Analytically, complexation capacity measurements depend on quantitation of the complexing ability of an operationally defined group of ligands. The assumption is made that unknown ligands may be classed into meaningful groups on the basis of the physical properties of their metallo-complexes (eg lability to anodic stripping voltammetry, chelating resins, or ultraviolet radiation). Schemes to determine the concentration of copper associated with different classes have been proposed as useful ways to address complexing capacity questions in natural systems [284, 285] as have various titrametric techniques [286,287]. Different analytical procedures measure the copper chelating capacity of slightly different classes of ligands and there is some overlap in the complexes included in classes defined by different techniques. For example, while there is a small fraction of organic material in seawater which forms ASV–labile complexes not dissociated by Chelex resin [288] most ASV–labile complexes are also labile to chelating resins [289].

Work on the determination of copper in seawater is predominantly concerned with speciation. Before discussing this, the limited amount of work on the determination of total copper, ie work not concerned with speciation, is discussed below.

### *6.16.1 Titration procedures*

Ruzic [290] considered the theoretical aspects of the direct titration of copper in seawaters and the information this technique provides regarding copper speciation. The method is based on a graph of the ratio between the free and bound metal concentration vs the free metal concentration. The application of this method, which is based on a 1:1 complex formation model, is discussed with respect to trace metal speciation in natural waters. Procedures for interpretation of experimental results are proposed for those cases where two types of complexes with different conditional stability constants are formed, or where the metal is adsorbed on colloidal particles. The advantages of the method in comparison with earlier methods are presented theoretically and illustrated with some experiments on copper(II) in seawater. The limitations of the method are also discussed.

Waite and Morel [291] have described an amperometric titration procedure for the characterisation of organic copper complexing ligands and applied it to a variety of synthetic and naturally occurring organic compounds. The procedure is based upon the ability, in solutions of high chloride content, to obtain a sensitive and reproducible amperometric measurement of reducible copper(II) at positive voltages up to about 100 mV relative to an Ag/AgCl reference electrode. Copper(II) is reduced to copper(I) which is stabilised by chloride despite the presence of oxygen. Application of the titration technique to a high chloride content electrolyte containing various concentrations of nitrilotriacetic acid confirms that copper–ligand reduction and dissociation are not major problems provided that a sufficiently positive working electrode potential is chosen and that the concentration of the organic ligand is low. Application of the procedure to a variety of naturally occurring organic agents including a fulvic acid, fresh water algal exudates, and a sample of Sargasso seawater produces results that are consistent with those found by alternative methods.

### 6.16.2 Spectrophotometric method

Abraham *et al.* [292] determined total copper in seawater spectrophotometrically using quinaldehyde 2-quinolyl-hydrazone as chromogenic reagent. This method is capable of determining copper at the ppb level.

### 6.16.3 Atomic absorption spectrometry

A hanging mercury drop electrodeposition technique has been used [293] for a carbon filament flameless atomic absorption spectrometric method for the determination of copper in seawater. In this method, copper is transferred to the mercury drop in a simple three-electrode cell (including a counter-electrode) by electrolysis for 30 min at –0.35 V versus the SCE. After electrolysis, the drop is rinsed and transferred directly to a prepositioned water-cooled carbon–filament atomiser and the mercury is volatilised by heating the filament to 425°C; copper is then atomised and determined by atomic absorption spectrometry. The detection limit is 0.2 µg copper per litre simulated seawater.

Atomic absorption spectrometry has been used to determine copper [293,294]. Muzzaralli and Rocchetti [294] showed that Chitosan is superior to Dowex A700 ion-exchange resin and modified celluloses for the collection of copper from unoxidised seawater. In this procedure the sample is passed through a column (30 × 3 mm) packed with chitosan (100 mg: 100–200 mesh) and the chelated copper eluted with a 1% solution of 1.10–phenanthroline (20 ml) at 50°C or with 1 M sulphuric acid (20 ml). Place an aliquot (20 µL) in a hot graphite analyser programmed to dry for 20 s, char for 20 s and atomise for 10 s. Determine the amount of copper present by comparison with standards. Average recoveries from the column were 100% and the coefficient of variation was = 7.5% for 3.4 µg of copper per litre.

Zlatkis *et al.* [295] have shown that from 0.5 to 10 parts of copper per $10^2$ (1 to 10 µg of copper) can be determined in seawater by quantitative chelation of copper(II) by triaminophenol glyoxal polymer (2% on Chromosorb W) in a column (30 cm × 1 cm) from a medium at pH 4 and a flow rate of 5 to 10 ml per min. The chelate is eluted with 0.5 M hydrochloric acid and is then extracted with isobutyl methyl ketone in the presence of 0.1% aqueous ammonium pyrrolidine-1-carbodithioate. After centrifugation of the organic phase, the copper is determined by atomic–absorption spectrophotometry at 324.7 nm. Cobalt, nickel and uranium interfere only if they are present in large excess.

Cabon and Le Bihan [296] studied copper signals obtained by electrothermal atomic absorption spectrometric analysis of seawater matrices. The interference effects of sodium chloride, sodium nitrate, sodium sulphate, magnesium chloride, magnesium nitrate and calcium chloride on the electrothermal atomic absorption spectrometric signal of copper in seawater were studied. Thermal treatment at between 600–800°C caused hydrolysis of magnesium chloride to magnesium oxide and minimised its interference. Ashing at higher temperatures of 1300, 1200 and 1100°C was carried out in the presence of sulphate, nitrate and chloride salts, respectively, without loss of copper. A study of the influence of two-component, chloride–nitrate or chloride–sulphate, matrices illustrated the stabilising effect of the formation of metal oxides and metal sulphides on the copper signal. This stabilisation enhanced the decrease in interference connected with chloride removal in acidic medium.

In further work Cabon [297] proposed a model to describe the variations in copper signals caused by the principal inorganic ions in seawater (sodium, magnesium, calcium, chloride and sulphate). Data obtained by ashing simulated seawaters under different temperature conditions were used. Ashing at 800°C caused hydrolysis of magnesium chloride to magnesium oxide and the formation of sodium sulphide. Both of these products enhanced the stability of copper in the furnace. A complementary decrease in interference occurred in the presence of magnesium when a small amount of nitrate (0.2 M) was added. The model was confirmed by results obtained using nitric or sulphuric acid as modifier.

The application of this technique is also discussed under multication analysis in section 6.72.4.1.

### 6.16.4 Graphite furnace absorption spectrometry

The application of this technique is discussed under multication analysis in sections 6.72.5.1–3, 6.72.5.6, 6.72.5.9 and 6.72.5.10.

### 6.16.5 Zeeman atomic absorption spectrometry

The application of this technique is discussed under multication analysis in section 6.72.6.1.

### 6.16.6 Inductively coupled plasma atomic emission spectrometry

The application of this technique is discussed under multication analysis in section 6.72.8.1–7.

### 6.16.7 Inductively coupled plasma mass spectrometry

The application of this technique is discussed under multication analysis in sections 6.72.10.1 and 6.72.10.2.

### 6.16.8 Ion selective electrodes

Ion selection electrodes have been used for the potentiometric determination of the total cupric ion content of seawater [298]. Down to 2 μg $L^{-1}$ cupric copper could be determined by this procedure.

Belli and Zirino [299] studied the behaviour and calibration of copper (II) ion selective electrodes in waters. The Nerstian in behaviour response was consistent over ten orders of magnitude of chloride concentration and from pH 2–8.

De Marco [300] examined the response of copper(II) ion selective electrodes in seawater. This worker compared the behaviour of three types of copper(II) ion selective electrode (ie copper sulphide, copper selenide, and copper/silver sulphide) in seawater. X-ray photoelectric spectroscopy and X-ray diffraction showed that the unacceptably high detection limit of the copper sulphide electrode (~$10^{-4}$ M $Cu^{2+}$) is due to membrane oxidation in cupric sulphate and $Cu_3(SO_4)(OH)_4$. Bare $Cu_{1.8}Se$ and $CuS/Ag_2S$ electrodes displayed Nernstian response (ie ~100% Nernstian slope) in the range $10^{-16}$–$10^{-8}$ M free copper(II) with copper (II)-ethylene-diamine buffers also containing 0.6 M sodium chloride. It is proposed that amelioration of the chloride interference at low levels of free copper(II), ie < $10^{-8}$ M) is due to kinetic limitations of the membrane reaction that is responsible for the chloride interference. Corrosion of the $Cu_{1.8}Se$ electrode contaminated seawater with a high level of copper(II) (~100 nM), while the $CuS/Ag_2S$ electrode released a much lower amount of copper(II) (~2.4 nM). Electrode carryover and contamination of seawater by adsorbed free copper(II) is minimised by equilibration of the electrode in a sacrificial copper(II) buffer (ie $pCu_{free}$ = 15) before analysis. The behaviour of copper(II) electrodes in seawater was interpreted in relation to free copper(II) levels, and results indicate a proportionality between free copper(II) and the electrode potential.

### 6.16.9 Anodic stripping voltammetry

Shuman and Michael [332] applied a rotating disc electrode to the measurement of copper complex dissociation rate constants in marine coastal waters. The technique was used to measure the extent of copper chelation in these samples, and to establish an operational definition for labile and non-labile metal complexes based on a kinetic criterion. Samples collected off the mid-Atlantic coast showed various degrees of chelation toward copper. A first order dissociation rate constant for copper chelates was estimated to be of the order of 2 $s^{-1}$. It is suggested that this technique should be useful for metal toxicity studies because of its ability to measure both equilibrium concentration and kinetic availability of soluble metal.

Scorano *et al.* [301] determined copper at the $5 \times 10^{-10}$M level in seawater by anodic stripping voltammetry using ethylenediamine. These workers investigated the properties of ethylenediamine (en) as a means of performing the analysis of ligand-exchangeable and labile (ie directly reducible at pH 8) copper in seawater at trace levels. Stripping polarographic or pseudopolarographic determinations show that the copper ethylenediamine complex behaves reversibly in seawater, exchanging two electrons at the mercury drop electrode. The role of chloride ions in competitive reactions with ethylenediamine for copper during the stripping step was also studied. In seawater made $2 \times 10^{-3}$M in ethylene diamine, copper(II) can be detected at the hanging mercury drop electrode by differential pulse anodic stripping voltammetry at the $5 \times 10^{-10}$M level with a deposition time of 10 min. A procedure for measuring pH 8 labile copper in seawater is obtained by coupling differential pulse anodic stripping voltammetry with a medium alteration method. Addition of ethylenediamine at the end of the electrolysis increases peak height by more than twice by doubling the current yield per mole of copper and by removing interferences associated with the oxidation of copper in chloride media. This procedure facilitates the voltammetric study of copper in seawater under natural conditions.

Quentel *et al.* [302] complexed copper with 1,2 dihydroxyanthraquinone-3 sulphuric acid prior to determination by absorptive stripping voltammetry in amounts down to 0.3 nM in seawater.

Wang *et al.* [303] used a remote electrode, operated in the potentiometric stripping mode, for the continuous onboard measurement of copper distribution patterns in San Diego Bay.

Garcia-Monco Carrá *et al.* [304] have described a 'hybrid' mercury film electrode for the voltammetric analysis of copper (and lead) in acidified seawater. Mercury plating conditions for preparing a consistently reproducible mercury film electrode on a glassy carbon substrate in acid media are evaluated. It is found that a 'hybrid electrode', ie preplated with mercury and then replated with mercury *in situ* with the sample, gives very reproducible results in the analysis of copper in seawater. Consistently reproducible electrode performance allows for the calculation of a cell constant and prediction of the slopes of standard addition plots, useful parameters in the study of copper speciation in seawater.

The application of this technique is also discussed under multication analysis in sections 6.72.11.1–3 and 6.72.12.1–3.

### 6.16.10 Cathodic stripping voltammetry

The application of this technique is discussed under multication analysis in section 6.72.13.1.

### 6.16.11 Potentiometric stripping analysis

The application of this technique is discussed under multication analysis in section 6.72.14.1.

### 6.16.12 Plasma emission spectrometry

The application of this technique is discussed under multication analysis in section 6.72.16.1.

### 6.16.13 Isotope dilution methods

Isotope dilution mass spectrometry has been used to determine traces of copper in seawater [305,306]. The application of this technique is also discussed under multication analysis in section 6.72.17.1–3.

### 6.16.14 X-ray fluorescence spectroscopy

The application of this technique is discussed under multication analysis in section 6.72.18.1–4.

### 6.16.15 Neutron activation analysis

Neutron activation analysis has been used [307] to determine total copper in seawater. The application of this technique is also discussed under multication analysis in sections 6.72.19, 6.72.19.1, 6.72.19.3, 6.72.19.4 and 6.72.19.6.

### 6.16.16 High performance liquid chromatography

The application of this technique is discussed under multication analysis in section 6.72.20.2.

### 6.16.17 Speciation

Wood *et al.* [308] have described an ion-exchange technique for the measurement of the copper complexing capacity of seawater samples taken in the Sargasso Sea and continental shelf samples. This technique measures the copper complexing capacity of relatively strong dissolved and colloidal organic complexing agents in natural seawater. The technique was used to compare the copper complexing capacity of strong organic dissolved and colloidal complexing agents in those samples. They also analysed the relationship between the copper complexing capacity of a specific group of complexing agents and the concentration of two large heterogenous pools of potential complexing agents; dissolved organic carbon and total particular material. The copper complexing capacity of these samples ranged from 0.014 to 1.681 μmol Cu per litre on the inner shelf, from 0.043 to 0.095 mol Cu per litre in mid- and outer shelf waters, and from 0.010 to 0.036 μmol Cu per litre at the Sargasso Sea stations.

The ion-exchange procedure used by Wood *et al.* [308] to estimate copper complexation capacity was a modification of that used by Stolzberg and Rosin [309] and Giesy [310]. Excess $Cu^{2+}$ is added to the filtered samples and allowed to equilibrate with available ligands; the sample is then passed through a column packed with Nahelex resin (Biorad 100–200 mesh) and copper(II) and copper associated with weak or rapidly dissociating complexes are removed by the resin and copper remaining in the sample after chromatography provides a quantitative measure of the copper–chelating capacity of strong ligands remaining in the sample. The procedure has the advantage that complex formation proceeds at seawater pH in a relatively undisturbed state. However, the procedure also depends on the assumption that essentially all the copper ligands in the sample are associated with copper. This involves the reaction:

$$mCu^{2+} + L^{n-} = Cu_mL^{(n-2m)-}$$

All chromatography was conducted at flow rates greater than 20 ml $cm^{-2}$ $s^{-1}$ since slower flow rates resulted in complex dissociation (Fig. 6.17).

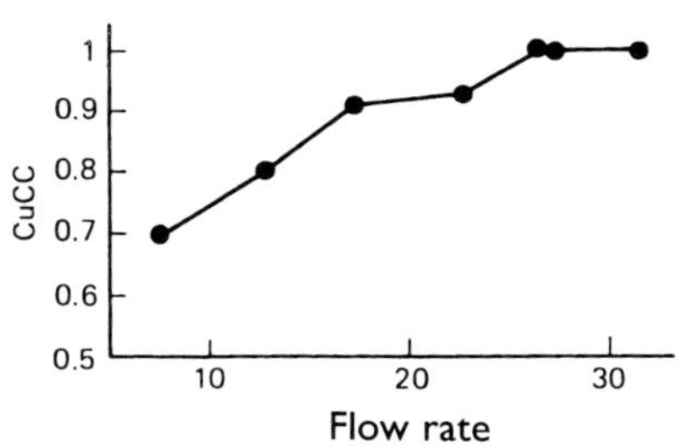


*Fig. 6.17* Copper complexing capacity (CuCC) as a function of sample flow rate through the ion-exchange column. A Gulfstream water sample was filtered through an acid-washed precombusted Reeve Angel glass-fibre filter (984H) and spiked with 0.78 μmol $L^{-1}$ Cu (1.57 μmol $L^{-1}$ $dm^{-3}$ final concentration) and 0.2 μmol $L^{-1}$ EDTA (0.4 μmol $L^{-1}$ $dm^{-3}$ final concentration). Samples were equilbrated overnight and chromatographed as described in the text but with variable flow rates. CuCC is expressed as a proportion of the maximum observed CuCC (0.265 μmol $L^{-1}$ Cu $dm^{-3}$). Assuming 1:1 stoichiometry of the EDTA:Cu complex, these results indicate that under the analytical conditions used, approximately half the Cu complexed with EDTA passes through the column and contributes to CuCC estimates. Experiments conducted with glycine showed that none of the weak complexes formed with this ligand passed through the column. From these data it is concluded that most of the ligands contributing to the CuCC measured in natural waters formed relatively strong (K3 18) complexes
Source: Reproduced by permission from Elsevier Science Publishers BV, Amsterdam

The concentration of copper in the column eluent was determined by flame atomic absorption spectroscopy of samples which were preconcentrated with ammonium pyrrolidine dithiocarbamate (APDC) and methyl isobutyl ketone. The pH of the acidified sample was adjusted to pH 2.5–3.5 using 400 μL 8 M ammonium acetate (Chelex cleaned).

Zorkin *et al.* [311] developed a procedure to estimate the amount of biologically active copper in seawater based on the assumption that the divalent copper ion was the most toxic species and its concentration could be related to the amount of metal sorbed on a sulphuric acid cation-exchange resin. The method was tested by application to artificial seawater containing copper and the organic ligands EDTA, NTA, histidine, and glutamic acid. Other experiments showed there was a correlation between the inorganic copper fraction determined by the ion-exchange procedure, and the toxic fraction of copper quantified by a bioassay using the marine diatom.

In recent years much of the work concerned with the speciation of copper and other trace metals in natural waters has been done using anodic stripping voltammetry. This work has primarily progressed in two directions: studies of the shift in trace metal peak potentials with changing concentrations of ligands [312–316] and studies of change in metal peak height or peak area under differing experimental conditions. Variants of the second approach include pH titrations [316–318] and compleximetric titrations [281] in which natural or added ligands are quantitatively titrated with metal ions or, alternatively, metal ions are titrated with ligands [281,282,319]. In this technique, the electrolysis potention is set at a value which presumably discriminates between the 'free' (ie rapidly reducible) metal and the complexed metal which is reduced at a much slower rate. This approach has been used extensively to estimate the 'complexation capacity' of natural waters.

Techniques based on the shift of the peak potential depend on the degree of reactivity of the oxidised metal with the ligand of interest in the reaction layer. They can describe the species undergoing reduction, ie the speciation in the natural medium, only indirectly, and by assuming reversibility. Thus they are more suitable for model studies [312,320] and for the determination of stability constants in known media [313,314,321] than for direct determination of natural speciation. On the other hand, methods dependent on peak height or peak area can give direct information on the natural species as long as a direct proportionality exists between the quantity of metal reduced during electrolysis and the metal oxidised from the amalgam. One relatively novel form of anodic stripping voltammetry which gives information about the species undergoing reduction is stripping polarography, sometimes called pseudopolarography [322–324].

In this technique, peak heights or peak areas obtained by anodic stripping voltammetry are plotted against the applied electrolysis

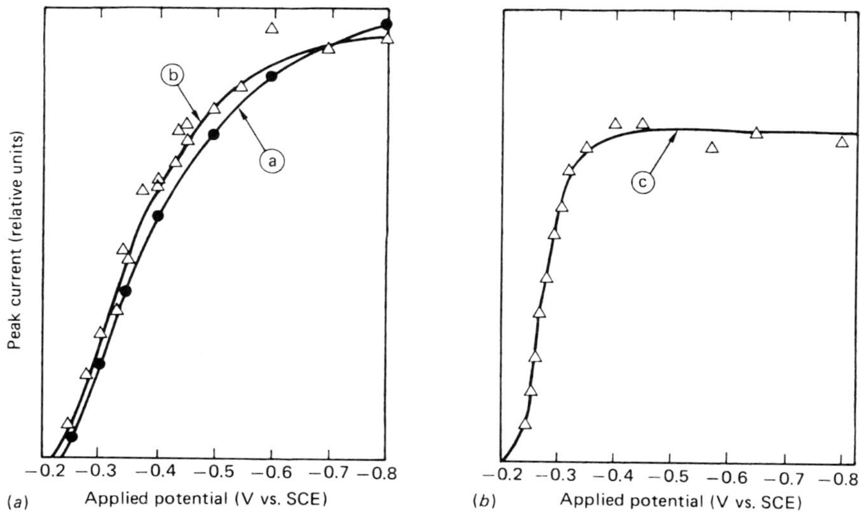


*Fig. 6.18* Stripping polarographic plots of 6 ppb Cu in seawater (not to scale). (a) Raw seawater, pH 8. (b) Ultraviolet-oxidized seawater, pH 8. (c) Raw seawater, pH 3
Source: Reproduced by permission from Elsevier Science Publishers BV, Amsterdam

potential. These plots have the sigmoidal shape of ordinary d.c. polarograms but without the residual current component and present the possibility of extending existing polarographic methodology to trace metals at the part per billion ($\mu g\ L^{-1}$) level. The shapes of the plots indicate the degree of reversibility of the species undergoing reduction and may be useful for their identification.

Zirino and Kounaves [325] applied this technique to a study of the reduction of copper in seawater. Fig. 6.18 shows three plots of 6 $\mu g\ L^{-1}$ copper added to unfiltered seawater from San Diego Bay and analysed under varying conditions. Each of the experimental points represents the copper peak current obtained by anodic stripping voltammetry after a 5 min electrolysis at a hanging mercury drop electrode. The plots obtained for copper at pH 8 (Fig. 6.18, curves a and b) feature broadly curving slopes and no distinct limiting plateau is reached, even at the highest applied potential. The shapes of these 'waves' indicate an irreversible reduction. On the other hand, the reduction of copper at pH 3 is quasi-reversible with E3/4 = E1/4 = 42 mV.

Potentiometric stripping analysis has been applied by Sheffrin and Williams [326] to the measurement of copper in seawater at environmental pH. The advantage of this technique is that it can be used to specifically measure the biologically active labile copper species in

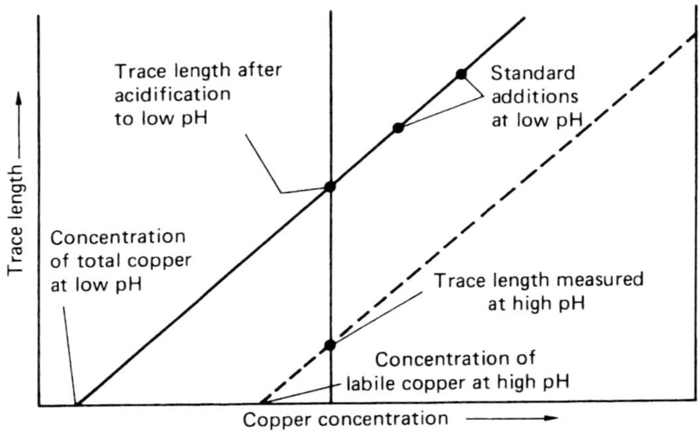


*Fig. 6.19* Measurements of labile copper at high pH
Source: Reproduced by permission from the Royal Society of Chemistry

seawater samples at desired pH values. The method was applied to seawater samples that had passed a 0.45 µm Millipore filter. Samples were studied both at high and at low pH values.

These workers used a radiometer ISS 820 ion scanning system [107, 327–329] equipped with a glassy carbon electrode to determine copper at the 2–200 $\mu g\ L^{-1}$ level in nitrogen purged 0.45 µm Millipore filtered seawater to which had been added 5 ppm mercury.

The speciation of copper is different at high and low pH. At pH 1.0 most of the copper will be labile and a total copper concentration will be measured. At pH 7.7 there should be a smaller proportion of labile copper, as much will be complexed in various forms, depending on the constituents of the seawater.

Because of this complexation capacity, any standard addition performed at high pH will not return 100% of the spike, so a true value for the copper concentration cannot be calculated. Therefore, after an initial measurement at high pH the sample was acidified to pH 1.0 with 0.5 ml acid and another trace obtained. This compared the amount of copper released at low pH with the labile fraction at high pH. Standard additions were performed on the sample at low pH so almost all of the spike was returned. This allowed an estimate to be made of the percentage of total copper that was labile at high pH and the quantification of this fraction in $\mu g\ L^{-1}$. This is illustrated graphically in Fig. 6.19.

The analysis of total copper by potentiometric stripping analysis depends on the way any bound copper is released; that is, whether the sample is acidified and to what pH, whether it is acidified and boiled, or

*Table 6.22* Analysis of 'poor quality' seawater by potentiometric stripping analysis and atomic absorption spectroscopy and 'good quality' seawater by potentiometric stripping analysis

| *Analysis* | *Measured copper concentration* (mg L$^{-1}$) | *pH* | *Sample treatment* | *Electrolysis voltage* | *Plating time (min)* |
|---|---|---|---|---|---|
| Potentiometric stripping analysis of 'poor quality' seawater | 8.3 | 1.7 | Acidified | –0.6 | 8 |
| | 8.6 | 1.1 | Acidified | –1.1 | 8 |
| | 6.8 | 1.7 | Acidified | –0.6 | 8 |
| | 9.6 | 1.7 | Acidified | –0.6 | 16 |
| | 8.6 | 1.3 | Acidified and boiled (15 min) | –0.6 | 32 |
| | 14.0 | 1.6 | Acidified and boiled (15 min) | –0.6 | 8 |
| | 15.8 | 1.6 | Acidified and boiled (15 min) | –0.6 | 8 |
| | Mean (±SD) = 10.24 ± 3,3 | | | | |
| AAS/ATDC–IBMK* analysis of 'poor quality' seawater | 35 samples: Mean (±SD) = 12.4 ± 3.1 | | | | |
| Potentiometric stripping analysis of 'good quality' seawater | 1.4 | 1.3 | Acidified and boiled (15 min) | –0.6 | 32 |
| | 2.2 | 0.9 | Acidified | –0.6 | 32 |
| | 8.6 | 1.3 | Acidified | –0.6 | 32 |
| | 0.36 | 7.0 | Ultraviolet irradiation (67 min) | –0.6 | 32 |

* Ammonium tetramethylenedithiocarbamate – isobutyl methyl ketone

Source: Reproduced by permission from the Royal Society of Chemistry

treated with ultraviolet radiation and then acidified. Results obtained using these different methods are given in Table 6.22 which compares the analysis of a 'poor quality', ie low pH, aquarium seawater by potentiometric stripping analysis and by atomic–absorption spectrometry after extraction with ammonium tetramethylene-dithiocarbamate-isobutyl methyl ketone [330,331] and also a potentiometric stripping analysis of a 'good quality', ie higher pH seawater. The difference between the results for the 'poor quality' seawater analysed by the two techniques was not significant.

Shuman and Michael [332,333] introduced a technique that has sufficient sensitivity for kinetic measurement at very dilute solutions. It combines anodic scanning voltammetry with the rotating disk electrode and provides a method for measuring kinetic dissociation rates *in situ* and a method for distinguishing labile and non-labile complexes kinetically, consistent with the way they are defined.

Odier and Plichon [334] used ac polarography to determine the chemical form and concentration of copper in seawater. The shift of the $E_{1/2}$ of reduction of copper(II) determined by ac polarography serves to identify the inorganic complexes of copper and to determine their formation constants. They showed that copper is present in seawater mainly as $Cu^{2+}$, $CuCl^{+}$ and $(Cu(HCO_3)_2(OH))^{-}$. Copper down to 3 µg $L^{-1}$ was determined in seawater by ac polarography after acidifying to pH 5 by passage of carbon dioxide.

Cathodic stripping voltammetry has been used to determine copper species in seawater [335,336]. Van der Berg [337] determined copper in seawater by cathodic stripping voltammetry of complexes with catechol.

A reduction current occurred when a solution of catechol and copper was subjected to cathodic stripping voltammetry at a hanging mercury drop electrode. The composition of the adsorbed film and the optimal conditions for its formation were investigated. The phenomenon was used to determine copper in seawater using ac polarography to measure complex adsorption. Currents were detected at the very low copper concentrations that occurred in uncontaminated seawater. Competition for copper ions by natural organic complexing ligands was evident at low concentrations of catechol. The method was more sensitive and had a shorter collection period than the rotating disc electrode DPASV technique, with comparable accuracy.

Nelson [338] studied voltammetric measurement of copper(II)–organic interactions in estuarine waters. Based on results of previous studies on the effects of organic matter on adsorption of copper at mercury surfaces, Nelson developed a method to evaluate the interactions between divalent copper and organic ligands, based on ligand exchange. The copper/organic species competed with glycine, which formed copper glycinate, and these two complexes could be distinguished voltammetrically, since copper glycinate gave a higher surface excess of copper at a gelatin-coated hanging drop mercury electrode. The method was applied successfully to both chloride media and estuarine waters. It was demonstrated that estuarine waters contained two types of ligand capable of binding divalent copper; humic material with polyelectrolyte type binding, and discrete ligands with stability constants of about 1000 million. The extent of binding by humic material decreased down the estuary as a result of dilution and increased salinity.

The speciation of copper is also discussed under multication analysis in section 6.72.21.

### 6.16.18 Miscellaneous

Turner *et al.* [339] studied the application of the auto-mated electrochemical stripper to the determination of copper in seawater.

Marvin *et al.* [340] have discussed the effects of sample filtration on the determination of copper in seawater and concluded that glass filters could seriously affect the reliability of subsequent analysis.

Background copper levels in seawater have been measured by electron spin resonance techniques [341]. The copper was extracted from the seawater into a solution of 8-hydroxyquinoline in ethyl propionate (3 ml extractant per 100 ml seawater) and the organic phase (1 ml) was introduced into the electron spin resonance tube for analysis. Signal-to-noise ratio was very good for the four-line spectrum of the sample and of the sample spiked with 4 and 8 ng copper(II), the graph of signal intensity versus concentration of copper was rectilinear over the range 2–10 μg $L^{-1}$ of seawater, and the coefficient of variation was 3%.

A technique for the determination of free cupric ions in seawater has been described by Sunda and Hanson [342]. The method is based on sorption of copper onto Sep–Pak $C_{18}$ cartridges and internal free cupric ion calibration. Calibration is accomplished by adding cupric ion buffers and EDTA which competes with natural organic ligands for copper complexation. The method was used to establish that 0–2% of the copper occurs as inorganic species and 98–100% occurs as organic complexes.

### 6.16.19 Preconcentration

Traces of copper and lead have been separated [343] from macro amounts of calcium, magnesium, sodium and potassium by adsorption from the sample onto active carbon modified with hydroxyquinoline, dithizone or diethyldithiocarbamate.

The work of Mackay [344] suggests that both metal–organic species and inorganic ions can be adsorbed from seawater by Amberlite XAD–1. The low capacity of the resin for inorganic ions and the probable slow kinetics lead to competition for the limited sites and the amounts of inorganic trace metal ions adsorbed by the resin therefore depend strongly on other parameters such as flow rate and volume of seawater processed. The trace metals eluted from the resin by organic solvents probably consist of metal–organic compounds but it is clear that no combinations of common organic solvents can remove all the trace metals adsorbed by the resin. It is not known whether the additional metals removed by methanolic hydrochloric acid are inorganic or a mixture of inorganic and strongly adsorbed metal–organic species.

The preconcentration of copper is also discussed under multication analysis in sections 6.72.22.1–6 and 6.72.22.8.

## 6.17 Dysprosium

### 6.17.1 Isotope dilution analysis

The application of this technique is discussed under multication analysis in section 6.72.17.4.

### 6.17.2 Preconcentration

The preconcentration of dysprosium is discussed under multication analysis in sections 6.72.22.1 and 6.72.22.4.

## 6.18 Erbium

### 6.18.1 Isotope dilution analysis

The application of this technique is discussed under multication analysis in section 6.72.17.4.

### 6.18.2 Preconcentration

The preconcentration of erbium is discussed under multication analysis in sections 6.72.22.1 and 6.72.22.4.

## 6.19 Europium

### 6.19.1 Isotope dilution analysis

The application of this technique is discussed under multication analysis in section 6.72.17.4.

### 6.19.2 Neutron activation analysis

The application of this technique is discussed under multication analysis in sections 6.72.19 and 6.72.19.5.

### 6.19.3 Preconcentration

The preconcentration of europium is discussed under multication analysis in sections 6.72.22.1 and 6.72.22.4.

## 6.20 Gadolinium

### 6.20.1 Isotope dilution analysis

The application of this technique is discussed under multication analysis in section 6.72.17.4.

### 6.20.2 Preconcentration

The preconcentration of gadolinium is discussed under multication analysis in sections 6.72.22.1 and 6.72.22.4.

## 6.21 Gallium

### 6.21.1 X-ray fluorescence spectroscopy

The application of this technique is discussed under multication analysis in section 6.72.18.4.

### 6.21.2 Preconcentration

The preconcentration of gallium is discussed under multication analysis in section 6.72.22.4.

## 6.22 Germanium

### 6.22.1 Hydride generation atomic absorption spectrometry

The application of this technique is discussed under multication analysis in section 6.72.7.1.

### 6.22.2 Hydride generation furnace atomic absorption spectrometry

Andreae and Froelich [345] have described a procedure for the determination of germanium in seawater. In this method the peak absorbance was somewhat dependent upon atomisation temperature, rising sharply between 2400 and 2500°C, and remaining almost constant above this temperature. As the lifetime of the tube decreases with the burn temperature, it was decided to use 2600°C as the analysis temperature. The addition of a short high temperature (2900°C) burn cycle with full purge gas flow preceding the analysis burn cycle improved the blank values and removed memory effects which were sometimes encountered when going from large to small analyte amounts. Under these conditions, tubes lasted for at least 100 determinations.

The sensitivity of this system is 430 pg/0.0044 Abs. The standard deviation of the base-line noise is about 0.0007 Abs, resulting in a noise-limited detection limit of 140 pg of germanium at the 95% confidence level. There is no detectable blank when the analysis is performed in deionised water, so that the noise-limited detection limit is the actual lower limit of determination at which quantitative analysis can be carried out. This corresponds to a concentration detection limit of 1.4 ng $L^{-1}$ for the 100 mL and 0.56 ng $L^{-1}$ for the 250 mL reaction vessel. This is well below typical concentrations of germanium in natural waters.

The variability of the germanium determination was investigated both within a given run and between different days at the 5 ng $L^{-1}$ level (500 pg of germanium in 100 mL). Relative standard deviations of 8.3% and 8.4% were obtained for two different days. The pooled estimate of the relative standard deviation is 8.4%. The difference in the mean of the absorbance values is not statistically different between days one an two. 0.56 ng $L^{-1}$ and 7.64 ng $L^{-1}$ of germanium were found in surface and deep Pacific ocean water.

Silicon did not interfere in this procedure.

### 6.22.3 Preconcentration

The preconcentration of germanium is discussed under multication analysis in section 6.72.22.7.

## 6.23 Gold

### 6.23.1 Inductively coupled plasma mass spectrometry

Falkner and Edmond [346] determined gold at femtomolar ($10^{-15}$ $mL^{-1}$) quantities in seawater by flow injection inductively coupled plasma quadruple mass spectrometry. The technique involves preconcentration by anion exchange of gold as a cyanide complex, $[Au(CN)_2^-]$, using $^{195}Au$ radiotracer ($t_{1/2}$ = 183 days) to monitor recoveries. Samples are then introduced by flow injection into an inductively coupled plasma quadrupole mass spectrometer for analysis. The method has a detection limit of ≈10 fM for 4 L of seawater preconcentrated to 1 mL and a relative precision of 15% at the 100 fM level.

### 6.23.2 Neutron activation analysis

The application of this technique is discussed under multication analysis in sections 6.72.19 and 6.72.19.5.

### 6.23.3 Miscellaneous

Pilipenko and Pavlova [347] determined traces of gold in seawater using a 'spot' photometric method. This method is based on the catalysis (by $AuCl_2SO_4^-$) of the oxidation of iron(II) by silver(I) with production of metallic silver. The sample is filtered through paper, and the paper is dried and decomposed with sulphuric acid, nitric acid, hydrofluoric acid and water solution (1:1:1:1). The residue is dissolved in a few drops of aqua regia, this solution is evaporated and the residue is dissolved in one drop of 0.5 M sulphuric acid. This solution is applied to filter paper and to the resulting spot are applied drops of phosphate–citric buffer solution (pH 2.4) of 0.72 M ferrous sulphate in 0.05 M sulphuric acid and of 0.1 M silver nitrate; 15 s after the silver nitrate solution has been applied, the reflectance of the spot (due to metallic silver) is measured with a suitable instrument. The reflectance is proportional to the amount of gold on the paper from 3 to 60 pg. As little as 0.0025 μg $L^{-1}$ of gold can be determined in seawater.

### 6.23.4 Preconcentration

The preconcentration of gold is discussed under multication analysis in sections 6.72.22.1 and 6.72.22.2.

## 6.24 Holmium

### 6.24.1 Isotope dilution analysis

The application of this technique is discussed under multication analysis in section 6.72.17.4.

### 6.24.2 Preconcentration

The preconcentration of holmium is discussed under multication analysis in sections 6.72.22.1 and 6.72.22.4.

## 6.25 Indium

### 6.25.1 Graphite furnace atomic absorption spectometry

The application of this technique is discussed under multication analysis in section 6.72.5.11.

### 6.25.2 Hydride generation inductively coupled atomic emission spectrometry

The application of this technique is discussed under multication analysis in section 6.72.8.7.

### 6.25.3 Inductively coupled plasma mass spectrometry

The application of this technique is discussed under multication analysis in section 6.72.10.4.

### 6.25.4 Neutron activation analysis

Matthews and Riley [348] determined indium in seawater at concentrations down to 1 ng L$^{-1}$. Preconcentrations of metals on a cation exchanger was followed by separation of alkali metals and alkaline–earth metals by retention of indium as a chloro-complex on an anion exchanger. Samples of indium containing eluate were then concentrated and irradiated in a thermal–neutron flux of $5 \times 10^{12}$ neutrons cm$^{-2}$ s$^{-1}$ for several weeks and the resulting 1.98 MeV β-radiation of the long-lived $^{114m}$In daughter nuclide was counted. Minor elements were removed by a series of post-irradiation solvent–extraction stages.

### 6.25.5 Preconcentration

The preconcentration of indium is discussed under multication analysis in sections 6.72.22.1, 6.72.22.2 and 6.72.22.4.

## 6.26 Iridium

### 6.26.1 Graphite furnace atomic absorption spectrometry

The application of this technique is discussed under multication analysis in section 6.72.5.12.

## 6.27 Iron

Worldwide marine chemists and marine biologists have focused on the behaviour of iron in seawater, since Martin *et al.* [349–353] pointed out that the phytoplankton growth in oceanic water was limited by the deficiency of iron derived from the atmosphere rather than the lack of nutrients in some oceanic regions, such as the equatorial Pacific, Gulf of Alaska and Antarctic Ocean. This attractive hypothesis created a heated argument [354–357] and spurred the geochemical study of iron. For example, Zhuang *et al.* [358] reported recently that more than half of the iron in aeolian mineral dust existed in the form of iron(II), resulting in the enhancement of solubility of iron in surface water. In order to verify whether or not the iron deficiency contributes to the limitation of primary production and also to clarify the chemical species of iron, an accurate and rapid analytical method for determining iron in seawater is essential. A conventional analytical method, like solvent extraction–graphite furnace atomic absorption spectrometric detection, requires a contamination-free technique. Moreover, it is time-consuming and troublesome as litres of the sample solution must be treated, because the dissolved concentration of iron in oceanic waters is extremely low (1 nmol L$^{-1}$ = 56 ng L$^{-1}$). Martin *et al.* [353] found recently that the dissolved concentration of iron was less than 0.02 nmol L $^{-1}$ in the shallow water (60 m) of the equatorial Pacific. The classical chemiluminescence method using a luminol–hydrogen peroxide system [359,360] is thought to be a promising method for the shipboard analysis of iron because it is highly sensitive to iron and requires only a small size detection device. However, iron(III) must be separated from the other heavy metal ions, such as manganese(II), chromium(III), cobalt(II) and copper(II) prior to detection, since the method is not specific to iron(III). To overcome these problems, Obata *et al.* [361] have developed an automated analytical method for determining iron in seawater using a closed flow system with a combination of a chelating resin concentration and chemiluminescence detection (see section 6.27.2).

### 6.27.1 Spectrophotometric methods

Shriadah and Ohzeki [362] determined iron in seawater by densitometry after enrichment as a bathophenanthroline disulphonate complex on a thin layer of anion exchange resin. Seawater samples (50 ml) containing iron(II) and iron(III) were diluted to 150 ml with water followed by sequential addition of 20% hydrochloric acid (100 µl), 10% hydroxylammonium chloride (2 ml), 5 M ammonium solution (to pH 3.0 for iron (III) reduction), bathophenanthroline disulphonate solution (1.0 ml) and 10% sodium acetate solution (2.0 ml) to give a mixture with a final pH of 4.5. A macroreticular anion exchange resin, Amberlyst A27, in the chloride form was added, the resultant coloured thin layer was scanned by a sensitometer and the absorbance measured at 550 nm.

Blair and Treguer [363] used a $C_{18}$ column impregnated with ferrozine, a selective ligand for iron(II), coupled to a spectrophotometer for on-line shipboard determination of iron at detection limits of 0.1 nM.

### 6.27.2 Chemiluminescence analysis

Eirod *et al.* [364] determined sub-nanomolar levels of iron(II) and total dissolved iron in seawater by flow injection analysis with chemiluminescent detection in amounts down to 0.45 nmol L $^{-1}$.

Obata *et al.* [361] devised an automated method for the determination of iron in seawater by chelating resin concentration and chemiluminescence detection. The method is based on a combination of selective column extraction using chelating resin and improved chemiluminescence detection in a closed flowthrough system. In this method, iron(III) in an acidified sample solution is selectively collected on 8-quinolinol immobilised chelating resin and then eluted with dilute hydrochloric acid. The resulting eluent is mixed with luminol solution, aqueous ammonia, and hydrogen peroxide solution successively, and then the mixture is introduced into the chemiluminescence cell. The iron concentration is obtained from the chemiluminescence intensity. The detection limit of iron(III) is 0.05 nmol L $^{-1}$ when using an 18 mL seawater sample. The method was applied to ordinary oceanic waters and hydrothermal waters collected in the North and South Pacific Oceans.

O'Sullivan *et al.* [365] determined down to 0.1 nmol kg $^{-1}$ ferrous iron in seawater by oxidation with oxygen followed by determination by a catalysed luminol chemiluminescence method.

### 6.27.3 Atomic absorption spectrometry

Atomic absorption spectrometry coupled with solvent extraction of iron complexes has been used to determine down to 0.5 μg L $^{-1}$ iron in seawater [366,367]. Hiiro [366] extracted iron as its 8-hydroxyquinoline complex. The sample is buffered to pH 3–6 and extracted with a 0.1% methyl isobutyl ketone solution of 8-hydroxyquinoline. The extraction is aspirated into an air–acetylene flame and evaluated at 248.3 nm.

The application of this technique is also discussed under multication analysis in section 6.72.4.1.

### 6.27.4 Graphite furnace atomic absorption spectrometry

Moore [367] used the solvent extraction procedure of Danielson *et al.* [128] to determine iron in frozen seawater. To a 200 ml aliquot of sample was added 1 ml of a solution containing sodium diethyldithiocarbamate (1% w/v) and ammonium pyrrolidine dithiocarbamate (1% w/v) in 1% ammonia solution and 0.65 ml 1 M hydrochloric acid to bring the pH to 4. The solution was extracted three times with 5 ml volumes of 1,1,2 trichloro-1,2,2 trifluorethane and the organic phase evaporated dryness in a silica vial and treated with 0.1 ml Ultrex hydrogen peroxide (30%) to initiate the decomposition of organic matter present. After an hour or more, 0.5 ml 0.1 M hydrochloric acid was added and the solution irradiated with a 1000 W Hanovia medium pressure mercury vapour discharge tube at a distance of 4 cm for 18 min. The iron in the concentrate was then compared with standards in 0.1 M hydrochloric acid using a Perkin–Elmer Model 403 Spectrophotometer fitted with a Perkin–Elmer graphite furnace (HGA 2200).

The coefficient of variation of analyses was 21% for seven subsamples containing 1.6 nmol Fe L $^{-1}$ and 30% for eight subsamples at 0.6 nmol Fe L $^{-1}$. The detection limit was estimated to be 0.2 nmol Fe L $^{-1}$ per litre.

The efficiency of the extraction procedure was tested using seawater spiked with iron–59, which indicated a recovery of 97% and with stable iron of 86%.

The application of this technique is also discussed under multication analysis in sections 6.72.5.2, 6.72.5.4 and 6.72.5.5.

### 6.27.5 Inductively coupled plasma atomic emission spectrometry

The application of this technique is discussed under multication analysis in section 6.72.8.1–6.

### 6.27.6 Inductively coupled plasma mass spectrometry

The application of this technique is discussed under multication analysis in section 6.72.10.1.

### 6.27.7 Anodic stripping voltammetry

The application of this technique is discussed under multication analysis in section 6.72.11.2.

### 6.27.8 Cathodic stripping voltammetry

The application of this technique is discussed under multication analysis in section 6.72.13.1.

### 6.27.9 Isotope dilution methods

The application of this technique is discussed under multication analysis in sections 6.72.17.2 and 6.72.17.3.

### 6.27.10 X-ray fluorescence spectroscopy

The application of this technique is discussed under multication analysis in sections 6.72.18.1–4.

### 6.27.11 Neutron activation analysis

The application of this technique is discussed under multication analysis in sections 6.72.6.19 and 6.72.19.1, 6.72.19.4 and 6.72.19.5.

### 6.27.12 High performance liquid chromatography

The application of this technique is discussed under multication analysis in section 6.72.20.1.

### 6.27.13 Miscellaneous

Radioisotope dilution using the chelating agent bathophenanthroline has been used to determine down to 5 $\mu g\ L^{-1}$ iron in seawater [368].

### 6.27.14 Radionucleides

The determination of radioiron is discussed in sections 12.5.4 and 12.5.16.9.

### 6.27.15 Preconcentration

The preconcentration of iron is discussed under multication analysis in sections 6.72.22.1–5 and 6.72.22.8.

## 6.28 Lanthanum

### 6.28.1 Isotope dilution method

The application of this technique is discussed under multication analysis in section 6.72.17.4.

### 6.28.2 Neutron activation analysis

The application of this technique is discussed under multication analysis in sections 6.72.19, 6.72.19.4 and 6.72.19.5.

### 6.28.3 Preconcentration

The preconcentration of lanthanum is discussed under multication analysis in sections 6.72.22.4 and 6.72.22.5.

## 6.29 Lead

### 6.29.1 Atomic fluorescence spectroscopy

Bolshov *et al.* [369] used this technique to determine low lead concentrations. A detection limit of 0.05 pg $mL^{-1}$ was achieved in studies with aqueous solutions as reference using a graphite atomiser.

Cheam *et al.* [370] determined lead in seawater in amounts down to 1 ppt by laser-excited atomic fluorescence spectrometry.

### 6.29.2 Atomic absorption spectrometry

Ohta and Suzuki [371] investigated the electrothermal atomisation of lead for accurate determination of lead in water samples. Thiourea served to lower the atomisation temperature of lead and to eliminate the interferences from chloride matrix. The addition of thiourea also allowed the accurate determination of lead irrespective of its chemical form. The absolute sensitivity (1% absorption) was $1.1 \times 10^{-12}$ g of lead. The method permits the direct rapid determination of lead in water samples including seawater.

No severe interference was noted in this method for arsenic, bismuth, calcium, copper, iron, magnesium, antimony, selenium, tin and tellurium. The application of this technique is also discussed under multication analysis in section 6.72.4.1.

### 6.29.3 Graphite furnace atomic absorption spectrometry

Various workers [372–376] have applied graphite furnace atomic absorption spectrometry to the determination of lead in seawater.

The large amount of sodium chloride in seawater samples causes non-specific absorption [377–381] which can be only partially compensated by background correction. In addition the seawater matrix may give rise to chemical as well as physical interferences related to the complex physico-chemical phenomena [382–384] associated with vaporisation of metals and of the matrix itself.

Several matrix modifiers, which alter the drying or charring properties of the sample matrix, have been tested [372,385–388] to reduce non-specific absorption. However, the matrix modification methods do not permit determinations of the indigenous lead in seawater because of the relatively high detection limit and poor precision. Yet gross chemical manipulations of the samples should be avoided to prevent contaminations which can be dramatic when the analyte is present at µg $L^{-1}$ or sub µg $L^{-1}$ level.

With the temperature-controlled heating method described by Lundgren *et al.* [141] the heating rate can be chosen independently of the final temperature, thus permitting a selective volatilisation. However, this method cannot be used successfully for the determination of lead in strong sodium chloride solutions like seawater, because the temperature at which atomisation of lead is rapid coincides with the volatilisation temperatures of sodium chloride. Ashing of seawater samples by a hydrogen diffusion flame [389] was successful in the direct determination of iron, nickel and copper but cannot be applied for lead because hydrogen is not sufficiently effective as a suppressor for lead–sodium chloride system.

In order to overcome the problem of the high non-specific absorption, alternative procedures have been tested, which involve prior separation of the trace metals from the salt matrix. Examples of extraction of trace metals from seawater as chelates with subsequent determination by electrothermal atomic absorption spectrometric procedures have been described [390,391] but these, and similar methods, are seldom effective and satisfactory when the matrix is very complex and the analyte concentration very low.

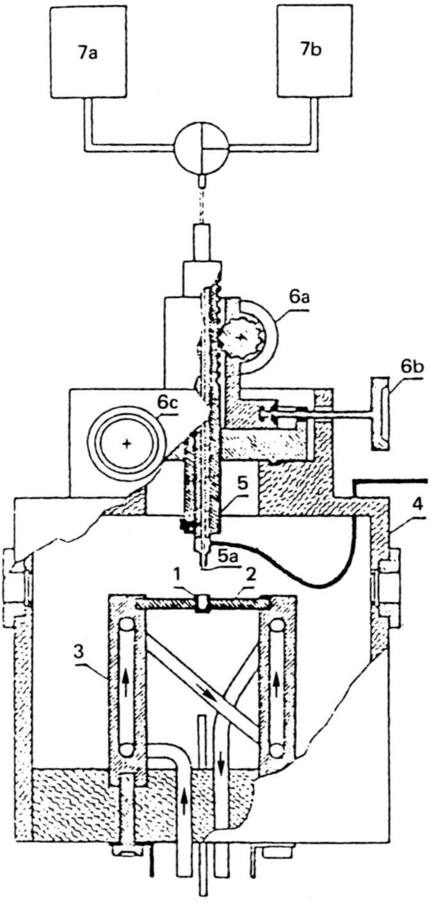


*Fig. 6.20* Overall view of the apparatus. 1 = Vitreous carbon crucible; 2 = graphite rod; 3 = water-cooled, steel column electrical leads; 4 = plexiglas cover; 5 = feeder; 5a = feeder tip; 6(a–c) = slide knobs; 7(a,b) = washing and sample solution reservoirs. The glassy carbon crucible (1) was 8 mm high, 5 mm o.d., 3 mm i.d., 6 mm deep (Le Carbon Lorraine, Paris) graphite rods (2), which keep the crucible firmly in position. Water-cooled stainless steel columns (3) press the graphite rods against the crucible by two screws hidden inside and act also as electrical leads. The plexiglas box (4) allowed the use of the controlled inert atmosphere necessary to avoid drastic reduction of the absorption signal caused by oxygen. The solution feeder (5) can be moved up and down by means of a knob (6a) into a metal block attached to the upper part of the plexiglas box. A three-way stopcock at the cylinder top connects, by Teflon tubing (1.5 mm o.d., 0.8 mm i.d.), the feeder tip (5a) to the washing and sample solution reservoirs (see below). Other knobs (6b and c) enable the feeder to be moved in the horizontal plane. The three knobs permit a micrometric spatial adjustment of the feeder tip.
Source: Reproduced by permission from Analytical Chemistry, Rome

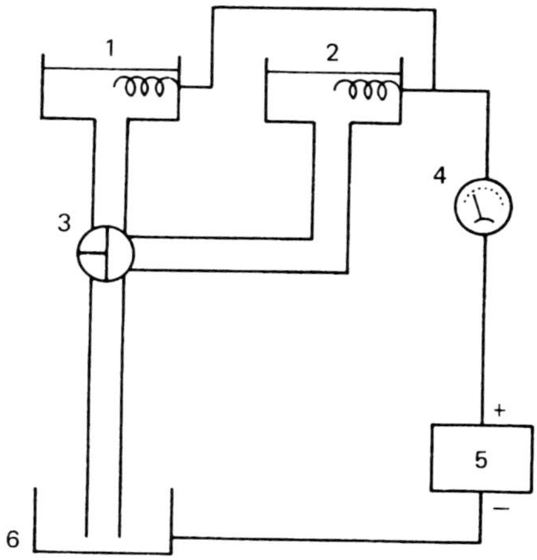


*Fig. 6.21* Electrolysis circuit layout. 1, 2 = sample and washing solution compartments; 3 = three-way stopcock; 4 = ammeter; 5 = 500 V d.c. variable power supply; 6 = crucible
Source: Reproduced by permission from Analytical Chemistry, Rome

In contrast, the coupling of electrochemical and spectroscopic techniques, ie electrodeposition of a metal followed by detection by atomic absorption spectrometry, has received limited attention. Wire filaments, graphite rods, pyrolytic graphite tubes and hanging drop mercury electrodes have been tested [293,392–402] for electrochemical preconcentration of the analyte to be determined by atomic absorption spectroscopy. However, these *ex situ* preconcentration methods are often characterised by unavoidable irreproducibility, contaminations arising from handling of the support and detection limits unsuitable for lead detection at subppb levels.

These drawbacks could be certainly avoided by performing *in situ* deposition. The sole attempt in this direction was made by Torsi [403] who set up an apparatus which permitted both *in situ* electrochemical preconcentration of the analyte from a flowing solution and almost complete suppression of matrix effects because the matrix could be removed by suitable washing. The feasibility of this approach was successfully tested with respect to lead determinations in different salt solutions (mainly ammonium acetate) and some preliminary results were reported for real seawater samples [403].

Torsi *et al.* [376,403] have carried out a systematic investigation to establish the potentialities of such an apparatus. The apparatus is basically an electrothermal device in which the furnace (or the rod) is replaced by a small crucible made of glassy carbon. Fig. 6.20 represents an overall view of the apparatus. Fig. 6.21 shows a block diagram of the

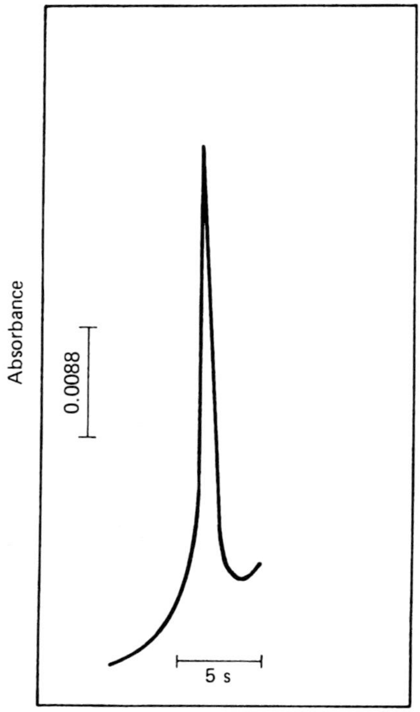


*Fig. 6.22* Typical recorder trace of seawater containing 2.8 ng Pb2+ per ml after a 2 min electrolysis time
Source: Reproduced by permission from Analytical Chemistry, Rome

electrolysis circuit; the crucible (6) acts as a cathode while the anode is a platinum foil dipped into either the sample solution reservoir (1) or the washing solution reservoir (2). The pre-electrolysis was performed at constant current by a 500 V d.c. variable power supply (5). Under these conditions, the cathode potential is not controlled so that other metals can be co-deposited with lead. There is no great need to control the deposition potential, because the spectral selectivity is sufficiently good to prevent interferences by other metals during the atomic absorption step.

A typical measurement was performed as follows. The feeder was lowered into the crucible and the sample solution (seawater) was allowed to flow under an inert atmosphere with the suction on. A constant current was applied for a predetermined time. When the pre-electrolysis was over, the flow was changed from the sample to the ammonium acetate washing solution, while the deposited metals were maintained under cathodic protection. Ammonium acetate was selected for its low

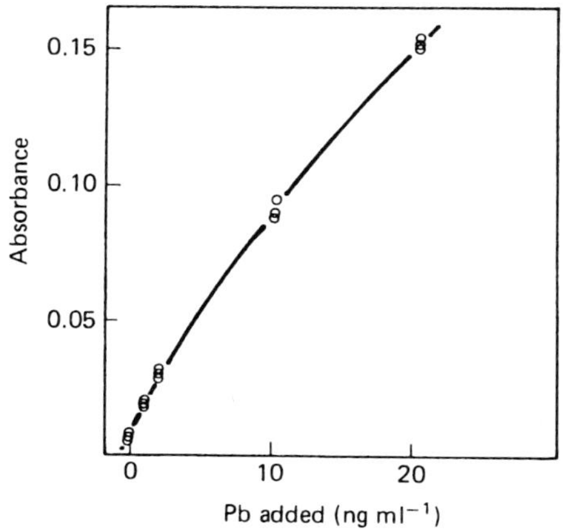


*Fig. 6.23* Calibration curve for lead in seawater, pH 1.9
Source: Reproduced by permission from Analytical Chemistry, Rome

decomposition temperature, and a 0.2 ml L $^{-1}$ concentration was used to ensure sufficient conductivity. At this point the feeder tip was raised to the highest position and the usual steps for an electrothermal atomic absorption spectrometry measurement were followed: drying for 30 s at 90°C, ashing for 30 s at 700°C and atomisation for 8 s at 1700°C with measurement at 283.3 nm. A typical atomisation signal obtained in this way is shown in Fig. 6.22. As can be seen, the baseline increases smoothly with time as a consequence of an upward lift of the crucible caused by thermal expansion of the material.

A calibration curve for lead in seawater obtained by the standard addition method is shown in Fig. 6.23. A deviation from linearity is observed at higher lead concentrations. The estimated value for the original sample was found to be 0.51 μg L $^{-1}$ with confidence limits at the 95% confidence level of ±0.036 μg L $^{-1}$ compared with a value of 0.65 ± 0.08 μg L $^{-1}$ obtained by anodic scanning voltammetry. This value is well within the normal range reported in the literature for the natural lead content of unpolluted seawater. A detection limit of 0.03 ng ml $^{-1}$ was obtained.

Halliday *et al.* [373] have described a simple rapid graphite furnace method for the determination of lead in amounts down to 1 μg L $^{-1}$ in polluted seawater. The filtered seawater is diluted with an equal volume of deionised water, ammonium nitrate added as a matrix modifier and aliquots of the solution injected into a tantalum-coated graphite tube in a HGA–2200 furnace atomiser. The method eliminates the interference normally attributable to the ions commonly present in seawater. The results obtained on samples from the Firth of Forth were in good agreement with values determined by anodic stripping voltammetry.

Hirao *et al.* [375] concentrated lead in seawater using a chloroform solution of dithizone and determined it in amounts down to 40 μg $L^{-1}$ by graphite furnace atomic absorption spectrometry. Lead in 1 kg acidified seawater was equilibrated with 212–lead of a known radioactivity, extracted with dithizone in chloroform, back-extracted with 0.1 M hydrochloric acid and subjected to graphite furnace atomic absorption spectrometry by a two–channel spectrometer. Recovery yield of lead was found to be 60–90% from the radioactivity of 212–lead in the back-extract. Lead concentrations were thus determined with about 10% precision.

The accuracy of such analyses in the picogram to nanogram per gram of lead range depends primarily on the ability of the analyst to obtain a true estimate of contamination blanks introduced during the collection, transport, and handling of samples. In the laboratory, the latter step must be kept to an absolute minimum. Although the possibilities of lead(II) contamination are much greater than for the alkyllead species, its ease of ethylation and the absence of significant sample manipulation make this approach attractive for coupling with *in situ* concentration and atomisation procedures using a graphite furnace. The latter offers substantial advantages over conventional purge and trap methodologies with furnace or heated quartz cell detection systems including simplicity of operation and use of small sample volumes, high sensitivity, and a substantial increase in detection power.

Sturgeon *et al.* [404] applied *in situ* metal trapping to the determination of lead in seawater.

In this method, inorganic lead in seawater samples are converted to tetraethylead using sodium tetraethylboron ($NaB(C_2H_5)_4$) which is then trapped in a graphite furnace of 400°C. Quantitation is achieved by using a simple calibration graph prepared from aqueous standards having a sensitivity of 0.150 ± 0.0006 A $ng^{-1}$. An absolute detection limit of (3σ)14 pg is achieved. Precision of determination at 100 pg $mL^{-1}$ is 4% relative standard deviation.

The application of this technique is also discussed under multication analysis in sections 6.72.5.1, 6.72.5.3, 6.72.5.6–8 and 6.72.5.11.

### 6.29.4 Zeeman atomic absorption spectrometry

The application of this technique is discussed under multication analysis in section 6.72.6.1.

### 6.29.5 Hydride generation atomic absorption spectrometry

The application of this technique is discussed under multication analysis in section 6.72.7.1.

### 6.29.6 *Inductively coupled plasma atomic emission spectrometry*

The application of this technique is discussed under multication analysis in sections 6.72.8.2–7.

### 6.29.7 *Inductively coupled plasma mass spectrometry*

The application of this technique is discussed under multication analysis in sections 6.72.10.1, 6.72.10.2 and 6.72.10.4.

### 6.29.8 *Anodic stripping voltammetry*

Clem [405] has described an electrochemical cell in which rapid deoxygenation of the sample solution is achieved by allowing a jet of nitrogen to impinge on the surface of the liquid, while the cell is rotated to maintain the solution as a thin film on the cell wall; 15 ml of solution can be deoxygenated in 1 to 1.5 min. Stirring during analysis is by periodic reversal of the cell rotation. The cell has been used for determining, by anodic-stripping voltammetry, 11.2 and 4.1 parts per $10^{9}$ of lead in acidified seawater (pH 2), and for the amperometric titration (with lead) of organic ligands in non-acidified seawater.

Early work [952] on the application of cyclic and anodic stripping voltammetry to the determination of lead showed a poor correlation between peak current values and lead(II) concentration at high pH values. This is due to the low electrochemical activity of PbOH.

Acebal *et al.* [406] discussed the quantitative behaviour of lead (and copper) when voltammetric determinations are done at mercury film electrodes and hanging mercury drop electrodes. The samples were collected in polyethylene bottles and, generally, were not acifidied immediately after collection. This might place some doubt on the results reported.

Voltammetric measurements were done with a PAR Electrochemical System (Model 174–A) and a saturated calomel reference electrode, a platinum wire auxiliary electrode and a glassy carbon rod (PAR 0333) coated with a mercury film as the working electrode. A Pyrex glass cell was used for measurements with the hanging drop mercury electrode; either this cell or a Teflon cell was used with the mercury film electrode. No advantage concerning adsorption or contamination was found when a Teflon cell was used for seawater at pH 2. Stirring was done magnetically. Nitrogen with a maximum oxygen content of 10 ppm was used as purging gas. Mercury(II) nitrate used to form *in situ* films on the glassy carbon rod was prepared from tridistilled mercury and nitric acid. Experimental parameters used in all the determinations are given in Table 6.23. Unless otherwise mentioned, all potentials specified are referred to the saturated calomel electrode.

*Table 6.23* Experimental conditions used for the voltammetry of lead

| Electrode | HMDE | MFE | |
|---|---|---|---|
| Mode | D.p.a.s.v. | L.s.a.s.v. | D.p.a.s.v. |
| Peak potential (V/SCE) | –0.43 | –0.44 to –0.47 | –0.52 to –0.56 |
| Stirring speed (rpm) | 360 | 430 | 430 |
| Mercury drop size ($cm^2$) | 0.022 | – | – |
| Pulse height (mV) | 50 | – | 25–50 |
| Pulse repetition (s) | 0.5 | – | 0.5 |
| Scan rate (mV $s^{-1}$) | 5 | 50 | 5 |
| Electrodeposition time (min) | 5–15 | 5–30 | 30 |
| Resting time (s) | 30 | 30 | 30 |
| pH | 1.4–1.7 | 1.4–1.7 | 1.4–1.7 |
| Mercury concentration | – | (2.2–4.4) × $10^{-5}$ M | (2.2–4.4) × $10^{-5}$ M |
| Electrodeposition potential (V/SCE) | –0.7, –0.9 | –0.8 | –0.8 |

Source: Reproduced by permission from Elsevier Science Publishers BV, Amsterdam

This work showed that application of the linear sweep mode at pH 1.5 is a fast and reliable way of dealing with interferences caused by organic materials in polluted waters. The lower sensitivity of this mode limits its use to lead contents exceeding 0.1 µg $kg^{-1}$ but such levels are commonly reached in polluted waters.

The determination of lead in seawater collected from 14 stations in Guanabara Bay gave values between 0.07 and 5.5 g $kg^{-1}$.

Automated chemical stripping has been used for the determination of lead in seawater [339].

Quentel *et al.* [407] studied the influence of dissolved organic matter in the determination of lead in seawater by anodic stripping voltammetry.

Svensmark [408] gives details of equipment and procedure for the rapid determination of lead by a modification of anodic stripping voltammetry, using staircase voltammetry at high scan rates to strip the lead plated on a rotating mercury-film electrode. This allowed rapid determination of lead without the need for de-oxygenation, rest periods, electrode rotation or stirring. Lead at a concentration as low as 0.1 µg $L^{-1}$ could be determined in less than 4 min. Results obtained on a sample of seawater are presented.

To determine down to 6 ppt of lead in seawater Wu and Batley [409] used absorptive stripping voltammetry with ligand competition using xylenol orange.

Garcia-Monco Carrá *et al.* [304] have discussed the use of a 'hybrid' mercury film electrode for the voltammetric analysis of lead (and copper) in acidified seawater: see section 6.16.9.

The application of this technique is also discussed under multication analysis in sections 6.72.11.1, 6.72.11.3 and 6.72.12.1–3.

### 6.29.9 Cathodic stripping voltammetry

The application of this technique is discussed under multication analysis in section 6.72.13.2.

### 6.29.10 Potentiometric stripping analysis

The application of this technique is discussed under multication analysis in section 6.72.14.1.

### 6.29.11 Plasma emission spectrometry

The application of this technique is discussed under multication analysis in section 6.72.16.1.

### 6.29.12 Isotope dilution methods

The application of this technique is discussed under multication analysis in sections 6.72.17.1–3.

### 6.29.13 Mass spectrometry

Flegal and Stukas [410] described the special sampling and processing techniques necessary for the prevention of lead contamination of seawater samples, prior to stable lead isotopic ratio measurements by thermal ionisation mass spectrometry. Techniques are also required to compensate for the absence of an internal standard and the presence of refractory organic compounds. The precision of the analyses is 0.1–0.4% and a detection limit of 0.02 ng/kg $^{-1}$ allows the tracing of lead inputs and biogeochemical cycles.

### 6.29.14 X-ray fluorescence spectrometry

The application of this technique is discussed under multication analysis in sections 6.72.18.2–4.

### 6.29.15 Neutron activation analysis

The application of this technique is discussed under multication analysis in section 6.72.19.

### 6.29.16 Speciation

Speciation studies on lead are discussed under multication analysis in section 6.72.21.

### 6.29.17 Miscellaneous

Ultraviolet spectroscopy has been applied to the determination of lead and lead speciation studies [411]. Scaule and Patterson [412] used isotope dilution–mass spectrometry to determine the lead profile in the open North Pacific Ocean.

### 6.29.18 Radionucleides

The determination of radiolead is discussed in sections 12.5.16.4 and 12.5.16.6.

### 6.29.19 Preconcentration

Reimer and Miyazaki [413] preconcentrated lead onto Chelex–100 resin prior to desorption and determination by inductively coupled plasma atomic emission spectrometry in amounts down to 6 ppt in seawater. Lead at the 3.5 ppt level in seawater has been preconcentrated on-line by complexation with ammonium pyrrolidinedithiocarbamate followed by collection on a $C_{18}$ microcolumn. Detection was achieved by graphite furnace atomic absorption spectrometry [414].

The preconcentration of lead is also discussed under multication analysis in sections 6.72.22.1–8.

## 6.30 Lithium

### 6.30.1 Atomic absorption spectrometry

Benzwi [415] determined lithium in Dead Sea water using atomic absorption spectrometry. The sample was passed through a 0.45 μm filter and lithium was then determined by the method of standard additions. Solutions of lithium in hexanol and 2-ethylhexanol gave greatly enhanced sensitivity.

The application of this technique is also discussed under multication analysis in section 6.72.4.2.

### 6.30.2 Isotope dilution methods

Isotope dilution–mass spectrometry has been used to determine traces of lithium in seawater [416].

### 6.30.3 Neutron activation analysis

Wiernik and Amiel [417] used neutron activation analysis to measure lithium and its isotopic composition in Dead Sea brines.

### 6.30.4 Gel-permeation chromatography

Rona and Schmuckler [418] used gel-permeation chromatograph to separate lithium from Dead Sea brine. The elements emerged from the column in the order potassium, sodium, lithium, magnesium and calcium and it was possible to separate a lithium-rich fraction also containing some potassium and sodium but no calcium and magnesium.

## 6.31 Lutecium

### 6.31.1 Isotope dilution methods

The application of this technique is discussed under multication analysis in section 6.72.17.4.

### 6.31.2 Preconcentration

The preconcentration of lutecium is discussed under multication analysis in sections 6.72.22.1 and 6.72.22.4.

## 6.32 Magnesium

### 6.32.1 Titration methods

The application of this technique is discussed under multication analysis in section 6.72.1.1.

### 6.32.2 Spectrophotometric methods

The application of this technique is discussed under multication analysis in section 6.72.2.1.

### 6.32.3 Neutron activation analysis

The application of this technique is discussed under multication analysis in sections 6.72.19 and 6.72.19.4.

### 6.32.4 Miscellaneous

Das *et al.* [419] carried out a direct gravimetric determination of magnesium in seawater by precipitation with N-benzoyl-N-phenylhydroxylamine. The precipitate is weighed as $Mg(C_{13})H_{10}O_2N)_2$. The coefficient of variation for 5 mg of magnesium was 0.55%. Magnesium could be determined in the presence of barium or strontium; coprecipitation of calcium was avoided by adding tartrate; nickel, cobalt, copper, mercury and zinc were masked with cyanide and tartrate. Phosphate, oxalate, fluoride and EDTA interfered. Tin, iron, aluminium and beryllium were separated by prior precipitation with N-benzoyl-N-phenylhydroxylamine at pH 0.5 to 1.0, 3.5, 4.0 and 5.5 respectively.

## 6.33 Manganese

The natural water chemistry of manganese, which is an important trace element both biologically and geologically, is complicated by non-equilibrium behaviour. From thermodynamic considerations manganese dioxide (manganese(IV)) is expected to be the stable form of manganese in seawater [420]. However, seawater contains a significant quantity of dissolved manganese(II) which is only slowly oxidised (Murray and Brewer) [421]. Investigations of the oxidation of manganese(II) have shown that the process is autocatalytic, the product being a solid manganese oxide phase whose composition depends on the reaction conditions [421–424]. The heterogenous nature of the oxidation process can thus account for the extremely slow oxidation of manganese(II) in seawater where concentrations of particulate matter can be relatively small [421].

Estuaries, in contrast, appear to be important sites for manganese redox reactions. Manganese maxima have been observed in several estuaries [425–427] and it has been suggested that these maxima result from a recycling of precipitated manganese [427]. The proposed mechanism is essentially a redox cycle in which dissolved manganese(II) is oxidised into the water column and precipitated. Reduction in anoxic sediments results in the subsequent release of manganese(II) to the water column.

The details of estuarine manganese chemistry are far from clear, however; Sholkovitz [428] notes that while adsorption onto colloidal humic acids or hydrous iron oxides is a major factor controlling the removal of many trace metals from estuarine waters, manganese does not conform to this pattern as it is known to behave independently of iron and associates only weakly with organic matter. Detailed investigation of estuarine manganese reactions requires analytical methods specific to the species involved; a requirement met only by electrochemical methods at natural concentration levels. Davison [429,430] has described the use of direct polarographic methods in the analysis of manganese in lake waters in the concentration range 0.1–5 mg $L^{-1}$.

Manganese is of particular interest because of its central role in many marine geochemical processes and involvement in biological systems.

Manganese and many other trace metals are present in open ocean waters at concentrations in the order of nmol $L^{-1}$ or less, and it has only been in the past 5–10 years, when adequate contamination control measures have been applied during sampling and measurements, that accurate data have been obtained.

Manganese is a geochemically active element in the ocean. The dissolved manganese is easily precipitated by oxidation to manganese (IV) oxide, which acts as a powerful scavenger for trace elements. The solidified manganese in sediments is reduced to manganese(II) and is regenerated into the water column under mild reducing conditions, for example in the oxygen minimum zone and the near-shore anoxic sediments. In recent years, it has also been found that a copious amount of manganese is injected into the deep waters by hydrothermal emanations through the active ocean crusts. Therefore it is very important to clarify the distribution of manganese in seawater to understand marine geochemistry. Furthermore, manganese is thought to be a promising element as a chemical tracer for probing the hydrothermal activities if it can be analysed easily and quickly onboard ship.

### 6.33.1 Spectrophotometric methods

Olafsson [431] has described a semi-automated determination of manganese in seawater using leucomalachite green. The autoanalyser had a 620 nm interference filter and 50 min flow cells. Findings indicated initial poor precision was related to pH, temperature and time variations. With strict controls on sample acidity and reaction conditions, the semi-automated method had high precision, at least as good as that achieved by preconcentration and atomic absorption procedures and provided precise, rapid, ship-board information on the continental distribution of manganese and on anomalies associated with geothermal sea-floor activity. The method was not suitable for estuarine samples nor quite sensitive enough for study of the open ocean manganese distribution.

Brewer and Spencer [953] have described a method for the determination of manganese in anoxic seawaters based on the formulation of a chromophor with formaldoxine to produce a complex with an adsorption maximum at 450 nm. Sulphide (50 μg $L^{-1}$), iron, phosphate (8 μg $L^{-1}$) and silicate (100 μg $L^{-1}$) do not interfere in this procedure. The detection limit is 10 μg $L^{-1}$ manganese.

### 6.33.2 Spectrofluorometric method

Biddle and Wehry [432] carried out fluorometric determination of manganese(II) in seawater via catalysed enzymatic oxidation of 2,3–diketogulonate. The detection limit was 8 μmol $L^{-1}$ Mn(II).

### 6.33.3 Flow injection analysis

Kolotyrkina *et al.* [433] determined manganese in seawater by flow injection analysis. This method is based on the catalytic effect of manganese on the oxidation of N.N′–diethylaniline with potassium periodate. The method can be used for manganese in the concentration range of 0.01–1.0 μg $L^{-1}$. The relative standard deviation of the method is 0.19% at a manganese concentration of 0.1 μg $L^{-1}$.

### 6.33.4 Atomic absorption spectrometry

Burton [434] has described an atomic absorption method for the determination of down to 0.3 nmol $L^{-1}$ manganese in seawater.

Samples for the analysis of manganese were pressure filtered through 0.4 μm nucleopore filters. To 350 ml filtrate, 20 ml an aqueous solution of the complexing agents (2% w/v in both ammonium and diethyl ammonium diethyl dithiocarbamate) were added, and the solution extracted first with 35 ml and then with 20 ml Freon for 6 min. The combined extracts were shaken with 100 μl of concentrated nitric acid for 30 s. After standing for 5 min 5 ml distilled water was added and the solution shaken for 30 s. The aqueous phase was separated and combined with that from a further back-extraction using the same procedure. The combined aqueous solutions were returned to the shore laboratory and manganese determined by electrothermal atomic absorption spectrophotometry.

The application of this technique is also discussed under multication analysis in section 6.72.4.1.

### 6.33.5 Graphite furnace atomic absorption spectrometry

Graphite furnace atomic absorption spectrometry, although element-selective and highly sensitive, is currently unable to directly determine manganese at the lower end of their reported concentration ranges in open ocean waters. Techniques that have been successfully employed in recent environmental investigations have thus used a preliminary step to concentrate the analyte and separate it from the salt matrix prior to determination by atomic absorption spectrometry.

The determination of manganese in seawater using graphite furnace atomic absorption spectrometry has been investigated by many workers [435–443]. If the seawater matrix is atomised along with the analyte, the result is a large background signal which is often beyond the correcting capabilities of current instrumentation. The presence of large amounts of chlorides has also been shown to provide interferences [388,444] usually making direct analysis difficult.

To reduce these problems, most workers either have used matrix modification [435,438,439,443] or have extracted the metal from the seawater matrix [437,441]. Few workers have been successful with the direct determination in seawater after volatilisation of the matrix during the char program step [435,436,440,442,445]. Slavin and Manning [446–448] have shown that by using a furnace at steady-state temperature (the L'vov platform), the interference of chloride on manganese determination was greatly reduced as long as the background signal was within the limits that the deuterium arc background corrector could handle.

Segar and Gonzalez [436] attributed the reduced sensitivity for manganese in a seawater matrix to covolatilisation of some manganese within the salt matrix. More recent work suggests that this reduced sensitivity is a vapour–phase binding of a portion of the manganese by chloride.

Ediger *et al.* [385] showed that it was necessary to char away as much as possible of the seawater matrix to get maximum sensitivity for manganese and to be free of interference.

Segar and Cantillo [442] developed a direct method for manganese in seawater with a detection limit for manganese of about 0.3 µg $L^{-1}$. Only ordinary graphite tubes were available and they found that, as the tube aged, the analytical signal fell linearly at a rate of 50% per 100 firings. Since variations in salinity produced relatively large changes in signal, the method of standard additions was required.

McArthur [438] preferred to use ammonium nitrate matrix modification to determine manganese in seawater. Most of his paper discussed the charring process. He found considerable salinity dependence with the age of the tubes.

Kingston *et al.* [441] resorted to extraction on Chelex 100 followed by stripping into nitric acid. The ammonium nitrate matrix modification technique was used by Montgomery and Peterson [443] for the determination of manganese in seawater. They showed that the pyrolytically coated tubes they used deteriorated very rapidly using the combination of ammonium nitrate and seawater. Manganese was determined in seawater (with copper and cobalt) by Hydes [439] after adding 1% ascorbic acid to the sample. He used the Perkin–Elmer HGA–2100 furnace and found significant loss of manganese from seawater between 600°C and 900°C.

The direct furnace method of Sturgeon *et al.* [435] for manganese was very similar to the method of Segar and Cantillo [440,442]. The Sturgeon detection limit was 0.22 µg $L^{-1}$ for manganese in seawater, using 20 µg $L^{-1}$ samples in the HGA–2200 furnace and pyrolytically coated graphite tubes. They found a loss in sensitivity during the life of the tubes. They had to use the method of additions to accommodate small residual interference.

*Table 6.24* Spectrometer and furnace settings

| | *Cd* | *Mn* |
|---|---|---|
| Wavelength (nm) | 228.8 | 279.5 |
| Bandpass (nm) | 0.5 | 0.5 |
| Lamp current (ma) | 3 | 5 |
| Furnace programs: | | |
| (temperature in °C) | | |
| dry | 135°/35 s LR7* | 135°/35 s LR7 |
| ash | 400°/10 s LR4 | 1000°/10 s LR4 |
| atomise | 1800°/4 s TC† | 2600°/4 s TC |
| clean | 2000°/3 s TC | 2700°/3s TC |
| Injection volume (μL) | 5 | 15 |

*Linear ramp rate
†Optical feedback temperature control

Source: Reproduced by permission from Elsevier Science Publishers BV, Amsterdam

Statham [449] has optimised a procedure based on chelation with ammonium pyrrolidine dithiocarbamate and diethylammonium dithyldithiocarbamate for the preconcentration and separation of dissolved manganese from seawater prior to determination by graphite furnace atomic absorption spectrometry. Freon–TF was chosen as solvent because it appears to be much less toxic than other commonly used chlorinated solvents, it is virtually odourless, has a very low solubility in seawater, gives a rapid and complete phase separation and is readily purified. The concentrations of analyte in the back-extracts are determined by graphite furnace atomic absorption spectrometry (Table 6.24). This procedure concentrates the trace metals in the seawater 67.3 fold.

When a 350 ml seawater sample was spiked with 54–manganese and taken through the chelation, extraction and back-extraction procedures, the observed recovery of the radio-tracer was 100.6%. Estimates of blanks and detection limits for manganese based on sets of both ship-bound and shore laboratory separations were blank. 0.07–0.15 ng mole $^{-1}$ and detection limit 0.1 ng mole $^{-1}$.

Estimates of the precision of the developed technique for dissolved manganese are given in Table 6.25; all samples were natural seawaters.

The accuracy of the technique is demonstrated by data from the ICES fifth round intercalibration exercise for trace metals in seawater [450].

Klinkhammer [451] has described a method for determining manganese in a seawater matrix for concentrations ranging from about 30 to 5500 ng L $^{-1}$. The samples are extracted with 4 nmol L $^{-1}$ 8-hydroxyquinoline in chloroform and the manganese in the organic phase is then

*Table 6.25* Precision of the developed technique for manganese in seawater

| *Concentration* (nmol $L^{-1}$) | *n** | *RSD (%)†* |
|---|---|---|
| 0.96 | 5 | 10 |
| 3.24 | 4 | 5 |

*Number of observations
†Relative standard deviation

Source: Reproduced by permission from Elsevier Science Publishers BV, Amsterdam

back-extracted into 3M nitric acid. The manganese concentrations are determined by graphite furnace atomic absorption spectrophotometry. The blank of the method is about 3.0 ng $L^{-1}$ and the precision from duplicate analyses is ± 9% (1 SD).

The theoretical yield of the method is less than 100% since only 80–90% of the aqueous phase is removed after the back-extraction. The actual yield obtained by 54–manganese counting was 69.5 ± 7.8% and this can be allowed for in the calculation of results. Environmental Protection Agency standard seawater samples of known manganese content (4370 ng $L^{-1}$) gave good manganese recoveries (4260 ng $L^{-1}$).

Bender *et al.* [452,453] determined total and soluble manganese in seawater. The samples were collected into 500 ml polyethylene bottles. All samples were brought to pH 2 with nitric acid free of trace metals and stored in individual zip-lock plastic bags to minimise contamination.

When the samples were returned to the laboratory the pH was adjusted to approximately pH 8 using concentrated ammonia (Ultrapure, G. Frederick Smith). Twenty ml of chelating cation exchange resin in the ammonia form (Chelex-100, 100–200 mesh, Bio–Rad) was added to the samples and they were batch extracted on a shaker table for 36 h. The resin was decanted into columns and the manganese eluted using 2 N nitric acid [441]. The eluent was then analysed by graphite furnace atomic absorption spectrophotometry. Replicate analyses of samples indicate a precision of about 5%.

Lan and Alfassi [454] determined manganese in seawater in amounts down to 50 ppt using 50 µL sample by graphite furnace atomic absorption spectrometer.

To determine manganese [420,455] several factors had to be controlled carefully to obtain reliable results against simple standards that were independent of salinity and variations in matrix composition. Use of the L'vov platform and integration of the absorbance signal reduced the sensitivity to matrix composition [455]. Pyrolytically coated graphite reduced variations that depend upon the life of the tubes. The tubes appeared to fall by intercalation of the sodium or sodium chloride matrix. The char temperature must not vary outside the range of 1100–1300°C. Zeeman background correction permitted use of larger seawater samples. The detection limit of the procedure using 20 μL samples was 0.1 μg $L^{-1}$ (2 pg) manganese. By use of the Zeeman background corrector, less than 0.02 μg $L^{-1}$ manganese was detected in seawater using a 75 μL sample.

The application of this technique is also discussed under multication analysis in sections 6.72.5.1–5 and 6.72.5.8–10.

### 6.33.6 Zeeman atomic absorption spectrometry

See section 6.33.5. The application of this technique is also discussed under multication analysis in section 6.72.6.2.

### 6.33.7 Inductively coupled plasma atomic emission spectrometry

The application of this technique is discussed under multication analysis in section 6.72.8.1–5.

### 6.33.8 Inductively coupled plasma mass spectrometry

The application of this technique is discussed under multication analysis in sections 6.72.10.1 and 6.72.10.2.

### 6.33.9 Differential pulse anodic stripping voltammetry

O'Halloran [456] has discussed the determination of manganese in seawater at a mercury film electrode. This technique is suitable for ultra-trace determinations of manganese(II) in seawater. Samples can be preserved by acidification, and then buffered with sodium tetraborate prior to measurement, with precautions to avoid calomel formation on the electrode. Interference effects of other trace metals are negligible for open ocean water, partly because zinc interacts with copper to minimise the formation of a copper–manganese intermetallic compound. Rapid determinations of manganese(II) at concentrations down to 0.01 μg $L^{-1}$ are possible. Manganese levels in the confines of Port Phillip Bay were found to be an order of magnitude greater than open ocean levels in the Tasman Sea. Results for the ocean water were in close accord with those found elsewhere by an extraction–radiotracer method.

Some typical results obtained at Port Phillip Bay, Tasmania are quoted in Table 6.26. Depth profiles of manganese in the Tasman Sea are shown in Fig. 6.24.

The application of this technique is also discussed under multication analysis in section 6.72.11.2.

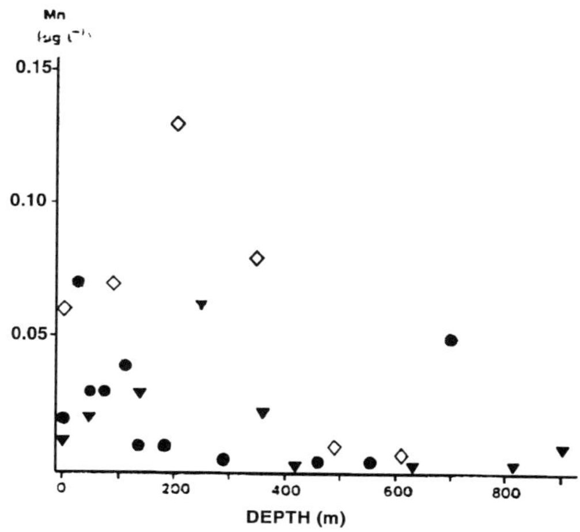


*Fig. 6.24* Depth profile of manganese(II) at stations A (Δ), D (◆) and E (•) in the Tasman Sea. Geographical positions (A:) 34.4°S, 151.5°E; (D) 33°S, 154.5°E; (E) 33.5°S, 152.5°E. Reproduced by permission from Elsevier Science Publishers BV, Amsterdam

*Table 6.26* Levels of manganese measured in seawater from Port Phillip Bay (Dpasv, MFE, plating time 1 min)

| Station L $^{-1}$ | A | B | C | D | E | F | G | H | I |
|---|---|---|---|---|---|---|---|---|---|
| Mn (μg L $^{-1}$) | 1.1 | 2.9 | 0.8 | 0.5 | 1.1 | 1.3 | 1.3 | 1.7 | 1.1 |
| Station L $^{-1}$ | J | K | L | M | N | O | P | Q | R |
| Mn (μg L $^{-1}$) | 1.6 | 1.1 | 1.9 | 0.8 | 1.0 | 0.2 | 0.5 | 0.2 | 0.5 |

Stations A–M were near the beaches south of Melbourne, N was in the centre of the Bay, and O–R were near the entrance to the Bay from Bass Strait.

Source: Reproduced by permission from Elsevier Science Publishers BV, Amsterdam

### 6.33.10 Cathodic stripping voltammetry

The application of this technique is discussed under multication analysis in section 6.72.13.1.

### 6.33.11 Polarography

Knox and Turner [457] have described a polarographic method for manganese(II) in estuarine and seawaters which covers the lower concentration range 10–300 μg L $^{-1}$. The method, which is specific to manganese(II) and its labile complexes, is used in conjunction with a colorimetric technique to compare the levels of manganese(II) and total

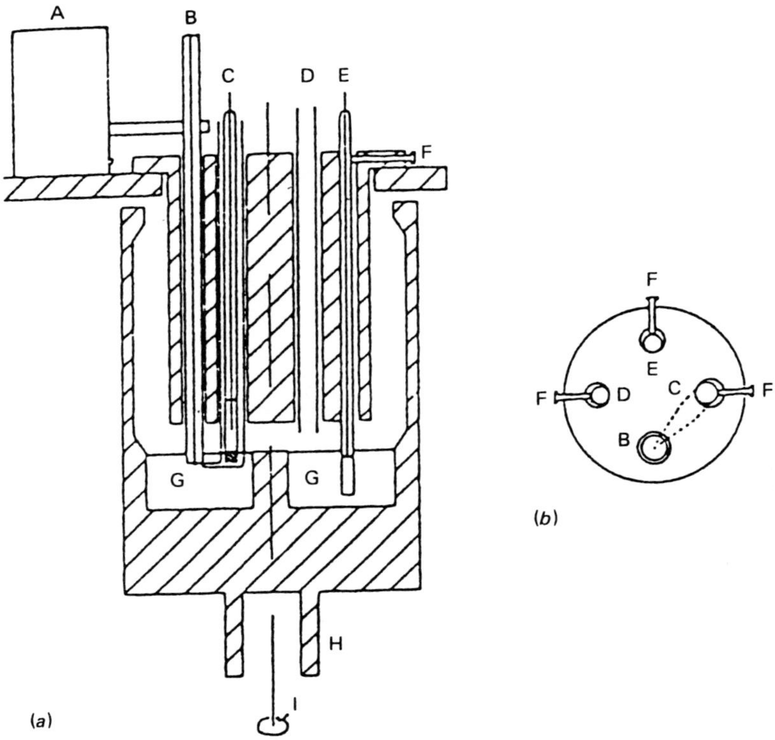


*Fig. 6.25* Diagrammatic representation of the cell and electrode system used for the analysis of manganese(II); (a) side view, (b) plan view. The cylindrical Electrocell (McKee-Pederson Instruments) has been modified to accommodate a dropping mercury electrode. The cell is approximately 5 cm in diameter and 7 cm high. Hatching = Perspex cell and electrode holder; cross-hatching = porous Vycor plug; A = PAR 174/70 drop timer; B = dropping mercury electrode; C = Ag/AgCl/0.1 M NaCl reference electrode with Luggin capillary; D = nitrogen inlet; E = platinum foil counter-electrode; F = fixing screw; G = 15 ml sample volume; H = attachment to Electrocell motor; I = axis of rotation
Source: Reproduced by permission from the Academic Press, London

dissolved manganese in an estuarine system. They showed that polarographically determined manganese(II) can vary widely from 100% to less than 10% by the total dissolved manganese, determined spectrophotometrically at 450 nm by the formaldoxine method [458] calibrated in saline medium to overcome any salt effects. It is suggested that the manganese not measured by the polarographic method is in colloidal form.

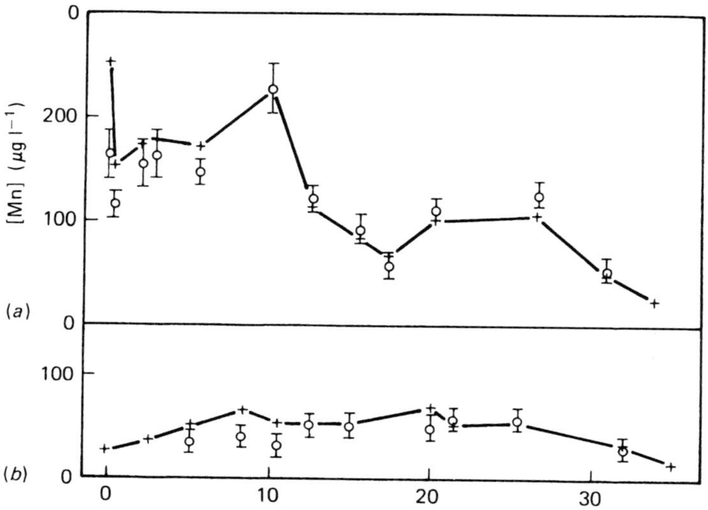


*Fig. 6.26* Surface manganese concentrations in the Tamar Estuary (SW England) (a) 12 July 1978 (b) 11 September 1978. +—+ = Total dissolved manganese (colorimetric); O = Polarographically determined manganese(II) with 95% confidence limits; † = Manganese(II) below polarographic detection limit (10 µg $L^{-1}$)
Source: Reproduced by permission from the Academic Press, London

Polarography of manganese(II) was carried out using a PAR 174 A Polarographic Analyser (Princeton Applied Research Corporation) in the differential pulse mode in conjunction with the cell and electrode system shown in Fig. 6.25. The Luggin capillary arrangement ensures accurate potential control in low salinity waters where the supporting electrolyte concentration is low. A standard dropping mercury electrode mounting (PAR 174/70 drop timer head) is combined with a modified version of the rotatable Electrocell (McKee–Pederson Instruments [459]).

Fig. 6.26 presents total manganese and manganese(I)) obtained in estuary surveys. On several occasions the polarographically active manganese (manganese(II)) is significantly less than the total dissolved manganese. Generally the difference between manganese(II) and total manganese is greatest at low salinities.

### *6.33.12 X-ray fluorescence spectroscopy*

The application of this technique is discussed under multication analysis in sections 6.72.18.1–3.

### 6.33.13 Neutron activation analysis

Neutron activation analysis has been used to determine total manganese in seawater [338,372].

Wiggins *et al.* [460] used neutrons from the thermal column of a 10 kW pool-type research reactor and from a 120 μg 252– californium source to study the prompt-photon emission resulting from neutron capture in manganese nodules (terromanganese oxides) from the ocean floor. Spectra were recorded with a Ce(Li) detector and a 1024-channel analyser. Complex spectra were obtained by irradiation of seawater, but it was possible to detect and estimate manganese in nodules in a simulated marine environment by means of the peaks at 7.00, 6.55, 6.22 and 6.04 uV.

The application of this technique is also discussed under multication analysis in sections 6.72.19, 6.72.19.1 and 6.72.19.3.

### 6.33.14 High performance liquid chromatography

The application of this technique is discussed under multication analysis in sections 6.72.20.1.

### 6.33.15 Radionucleides

The determination of radiomanganese is discussed in sections 12.5.5.1, 12.5.16 and 12.5.16.10.

### 6.33.16 Preconcentration

Procedures using chelation followed by extraction have been described for manganese using the 8-hydroxy-quinoline-chloroform system [437, 461]. Dithiocarbamate systems can simultaneously extract manganese as well as other trace metals under suitable conditions [462–464].

Nakayama *et al.* [465] have developed an automated analytical method for determining manganese in seawater. The principle of the method is based on the combination of selective electrolytic preconcentration using a glassy carbon electrode and improved chemiluminescence detection in a flowthrough system. In this method, manganese(II) in a sample solution is oxidised to manganese(IV) oxide, which is electrodeposited onto the glassy carbon fibre electrode, followed by elution with acidic hydrogen peroxide solution. The resulting eluent is mixed with an alkaline luminol solution after removing the contaminating metal ions by column extraction based on extraction chromatography, and then the mixture is introduced into the chemiluminescence cell. The manganese concentration is obtained from the chemiluminescence intensity. The method was applied to seawater samples collected in seas adjacent to Japan.

The preconcentration of manganese is also discussed under multication analysis in sections 6.72.22.1–5 and 6.72.22.8.

## 6.34 Mercury

### 6.34.1 Atomic absorption spectrometry

Atomic absorption and atomic fluorescence techniques using closed system reduction–aeration have been applied widely to determine mercury concentrations in natural samples [466–480].

Typical of these methods is that of Topping and Pirie [476] in which the mercury is concentrated by drawing air for 5 h (600 ml min $^{-1}$) through a mixture of the sample (4 litres) and 20% stannous chloride solution, in 5 M hydrochloric acid (45 ml) and absorbing mercury vapour from the air stream in 20 ml 2% $KMnO_4$ solution: 50% (v/v) sulphuric acid (1:1). To the absorption mixture was added 15 ml of the stannous chloride solution and this mixture was aerated at 21 min $^{-1}$. The air and mercury vapour are passed through a 15 cm gas cell (with silica windows) in an atomic absorption spectrophotometer for measurement at 253.65 nm. Samples containing down to 2 ngHgL $^{-1}$ could be analysed by this procedure.

Olafsson [480] described a similar procedure in which the sample (450 ml) is acidified with nitric acid, aqueous stannous chloride is added and the mercury is entrained in a stream of argon into a silica tube wound externally with resistance wire and containing pieces of gold foil, on which the mercury is retained. The tube and its contents are then heated electrically to about 320°C and the vaporised mercury is swept by argon into a 10 cm silica absorption cell in an atomic absorption spectrophotometer equipped with a recorder. The absorption (measured at 253.7 nm) is directly proportional to the amount of mercury in the range 0–24 ng per sample.

Voyce and Zeitlin [481] have used adsorption colloid flotation to determine mercury in seawater. The sample 500 ml is treated with concentrated hydrochloric acid, an aqueous solution of cadmium sulphate and a fresh aqueous solution of sodium sulphate are added. The pH is adjusted to pH 1.0 and then poured into a flotation cell with a nitrogen flow of 10 ml min $^{-1}$. Ethanolic octadecyltrimethylammonium chloride is injected and the froth dissolved in aqua regis in a flameless atomic absorption cell.

Following reduction of mercury with stannous chloride the mercury vapour is flushed from the system.

To determine organically bound mercury, the sample is treated (500 ml) with 0.5 M sulphuric acid aqueous potassium permanganate and set aside for 24 h. Aqueous hydroxylammonium chloride is added and the determination completed as above. Calculate the amounts of mercury in

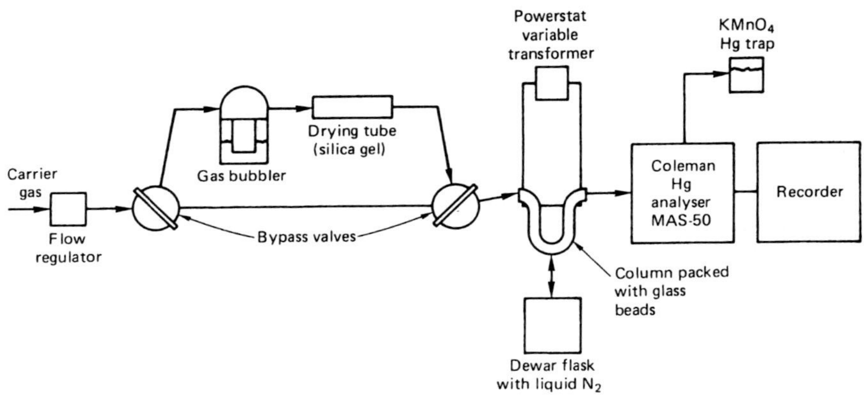


*Fig. 6.27* Schematic diagram of the Hg cold-trap preconcentration system for the determination of mercury by gas phase absorption
Source: Reproduced by permission from the American Chemical Society

the samples by reference to the standard absorptions. Average recoveries of 0.05 μg mercury were 88%.

Fitzgerald *et al.* [482] have described a method based on cold trap preconcentration prior to gas phase atomic absorption spectrometry for the determination of down to 2 ng $L^{-1}$ mercury in seawater.

The cold trap is created by the immersion in liquid nitrogen of a glass U–tube packed with glass beads (80/100 mesh). After reduction, purging and trapping, the mercury is removed from the glass column by controlled heating, and the gas phase absorption of eluting mercury is measured. This procedure has been employed for both shipboard and laboratory analyses of mercury in seawater.

The mercury analyses were conducted using a Coleman Instruments mercury analyser (MAS–50) equipped with a recorder. The aqueous sample solution was contained in a 250 ml Pyrex glass bubbler placed at one end of a sampling train employing nitrogen as the purging and carrier gas. A schematic diagram of the entire system is shown in Fig. 6.27.

Fitzgerald *et al.* [482] showed that the most significant quantities of mercury occurred in the waters of the Atlantic Ocean's continental shelf and slope 21–78 ng $L^{-1}$ compared with open ocean samples (2–11 ng $L^{-1}$).

These workers distinguished between inorganic mercury obtained by direct analysis on the sample as received and organic mercury (the difference between total mercury, obtained upon ultraviolet irradiation of the sample) and inorganic mercury.

To preserve natural water samples for mercury analysis, much care must be exercised to prevent loss of mercury during storage [483–485].

Coyne and Collins [483] recommended preacidification of the sample bottle with concentrated nitric acid to yield a final pH of 1 in the sample solution. However, when this procedure was used for storage of seawater, fresh water and distilled deionised water in low density polyethylene storage containers, abnormally high absorption was observed. This absorption at the mercury wavelength (253.7 nm) is due to the presence of volatile organic plasticiser material and any polyethylene residue leached by the concentrated nitric acid and by the acid solution at pH 1. Those procedures employing acidified sample storage in polyethylene bottles and gas phase mercury detection may be subject to artificial mercury absorption due to the presence of organic material.

Reported mercury values in the oceans determined since 1971 have spanned three orders of magnitude caused in part at least due to errors due to incorrect sampling [486]. Olafsson [487] has attempted to establish reliable data on mercury concentrations obtained in cruises in North Atlantic water.

The sampling, storage and analytical methods used by Olafsson [487] in this study have been evaluated. The Hydros–Bios water bottles used were modified by replacing internal rubber rings with silicone rubber equivalents. At the commencement of a cruise, the water bottles were cleaned by filling with a solution of the detergent Deacon 90. Samples for the analysis of mercury were drawn into 500 ml Pyrex vessels and acidified to pH 1 with nitric acid (Merck 457), containing less than 0.05 nmol $L^{-1}$ mercury impurities. The Pyrex bottles were precleaned with both nitric acid and a solution of nitric and hydrofluoric acids (10:1) and subsequently stored up to the time of sampling holding a small volume of nitric acid. Ashore, reactive mercury was determined by cold vapour atomic absorption after preconcentration by amalgamation on gold [480]. A 20 cm long optical cell and a Varian AA6 spectrophotometer were employed. The total mercury concentration was similarly determined following 1 h ultraviolet irradiation of a duplicate sample using a 500 W low pressure mercury lamp (Hanovia) and immersion irradiation equipment. The precision of the mercury determination assessed by analysing 19 replicates over a period of 107 days had been found to be ±2.0 pmol $L^{-1}$ for a concentration of 12.5 pmol $L^{-1}$.

Olafsson [488] has reported on the results obtained in an international intercalibration for mercury in seawater. Sixteen countries participated in this exercise, which involved analysis of a seawater and seawater spiked with 15.4 and 143 ng $L^{-1}$ mercury. The results show for the majority of calibrations, good accuracy and precision in the recovery of spikes but serious errors in the low level determinations on the seawater (Table 6.27).

Since the intercalibration exercises had been ultraviolet irradiated, the majority of participants in this exercise preferred to analyse the samples without any pretreatment. Ten did, however, employ oxidising

*Table 6.27* Summary of results (concentrations in ng $L^{-1}$)

| *Lab. no.* | *Pretreatment* | *Pre-concen-tration* | *Method* | *Blank* | *Det. lim.* | Seawater *x* | Seawater *s* | Seawater *SIGN /NS* | Seawater + spike I (15.4 μg $L^{-1}$) *x* | *s* | *% rec.* | Seawater + spike II (143μg $L^{-1}$) *x* | *s* | *% rec.* |
|---|---|---|---|---|---|---|---|---|---|---|---|---|---|---|
| 1(1) | None | None | CVAA $NaBH_4$ | ? | 5 | 5.3 | 0.8 | NS | 21.0 | 0 | 102 | 108 | 4 72 | |
| 2 | Br and HNO3, 45°C, overnight | None | CVAA | ? | 20 | ND | ND | ND | ND | 173 | 29 | | | |
| 3(2) | None | None | NA | 0–3 | 1.5 | 10.6 | 5.8 | SIGN | 24.5 | 2.4 | 90 | 132 | 13 | 85 |
| 4 | None | None | CVAA $SnCl_2$ | 0 | 2.5 | 7.2 | 1.5 | NS | 20.7 | 0.6 | 88 | 133 | 1.5 | 88 |
| 5 | None | Org. extr. | AA furnace | 10 | 5 | 27.2 | 2.5 | SIGN | 41.6 | 3.5 | 94 | 145 | 13 | 82 |
| 6 | None? | None | CVAA $SnCl_2$ | 9 | 18 | 31.7 | 11.2 | SIGN | 45.0 | 5.0 | 86 | 195 | 5 | 114 |
| 7 | None | Au amalg. | CVAA $SnCl_2$ | ? | 30 | 63.6 | 9.9 | NS | 83.5 | 10.0 | 129 | 148 | 12 | 59 |
| 8 | None | Au amalg. | CVAA $SnCl_2$ | 1–2 | 2? | 14.9 | 5.6 | SIGN | 36.4 | 1.6 | 140 | 204 | 13 | 132 |
| 10 | 100 ml sample + 2 ml $KMnO_4$ (5%) + 2 ml $K_2S_2O_8$ (5%) + 2 ml $H_2SO_4$ (conc.) 80°C, 2h | None | CVAA $HO.NH_3Cl$ | 20 | 20 | 17.5 | 5.0 | | 62.5 | 19 | 292 | 136 | 11 | 83 |
| 11 | None | Au amalg. | CVAA $SnCl_2$ | 0.5 | 1.7 | 2.9 | 0.7 | SIGN | 17.9 | 3.3 | 97 | 146 | 7 | 100 |
| 12(3,4) | None | Ag amalg. | CVAA $SnCl_2$ | 5.4 | 0.2 | 7.1 | 1.9 | SIGN | 26.5 | 2.5 | 126 | 110 | 5 | 72 |
| 13 | Br and $HNO_3$ added, 45°C, 16 h | None | CVAA | 5.0 | 10.0 | <10 | | | 10.0 | 0 | 70 | 0 | | |

*Table 6.27* continued

| *Lab. no.* | *Pretreatment* | *Pre-concen-tration* | *Method* | *Blank* | *Det. lim.* | *Seawater* *x* | *s* | *SIGN /NS* | *Seawater + spike I (15.4 μg L⁻¹)* *x* | *s* | *% rec.* | *Seawater + spike II (143μg L⁻¹)* *x* | *s* | *% rec.* |
|---|---|---|---|---|---|---|---|---|---|---|---|---|---|---|
| 14 | Oxidation $KMnO_4$ $H_2SO_4$ | None | CVAA $SnCl_2$ | <20 | 20 | | | | 333 | 5.8 | | 130 | 10 | |
| 16(5) | Oxidation $H_2SO_4$, $HNO_3$, $H_2O_2$ | None | CVAA $SnCl_2$ | 225 | 50 | | | | 658 | 30 | | 385 | 46 | |
| 17 | None | None | DPASV | <6 | 6 | 29.2 | 7.1 | SIGN | 153 | 23 | 806 | 343 | 53 | 219 |
| 18 | None | Au amalg. | CVAA $SnCl_2$ | 1.1 | 0.7 | 2.2 | 0.4 | NS | 17.5 | 0.6 | 100 | 130 | 2 | 89 |
| 20(6,7) | None | $SnCl_2$ Coll. Hg in brominating sol. | CVAF | 0.4–1.0 | 0.6 | 2.4 | 0.4 | NS | 17.2 | 2.9 | 96 | 115 | 5 | 100 |
| 22 | 500 ml sample 10 ml $KMnO_4$ (2%) + 10 ml $H_2SO_4$ (50%) | $SnCl_2$ Coll. Hg in $KMnO_4$/ $H_2SO_4$ sol. | CVAA $SnCl_2$ | 20 | 16 | 44 | 4.6 | | 37 | 4.2 | | 166 | | 85 |
| 24(4) | None | Au amalg. $SnCl_2$ | CVAA | 0.3–1.9 | 0.4 | 2.5 | 0.4 | | 18.1 | 0.8 | 101 | 113 | 4 | 98 |
| 25 | None | Au amalg. $SnCl_2$ | CVAA | 1.4 | 1.0 | 0.7 | 0.3 | NS | 21.0 | 1.3 | 132 | 76 | 9.9 | 53 |
| 26 | 200 ml sample + 9 ml $H_2SO_4$ + $KMnO_4$ (5%) + $K_2S_2O_8$ (5%) + 12% NaCl/HO.$NH_3Cl$ | None | CVAA $SnCl_2$ | 5 | 2 | 3 | 1 | NS | 17.5 | 1.9 | 91 | 153 | 11 | 105 |
| 29(8) | None | Au amalg. | CVAA $SnCl_2$ | 0 | 1.0 | 2.9 | 1.1 | NS | 16.9 | 1.6 | 91 | 111 | 7 | 96 |
| 30(9) | (a) None (b) 300 ml sample + 3 ml 18 N $H_2SO_4$, heat | Au amalg. | CVAA $SnCl_2$ | 0.1 | 0.5 | 2.4 | 0.3 | | 19.6 | 1.0 | 112 | 113 | 3 | 98 |

*Table 6.27* continued

| Lab. no. | Pretreatment | Pre-concentration | Method | Blank | Det. lim. | Seawater *x* | Seawater *s* | Seawater SIGN /NS | Seawater + spike I (15.4 μg $L^{-1}$) *x* | *s* | % rec. | Seawater + spike II (143μg $L^{-1}$) *x* | *s* | % rec. |
|---|---|---|---|---|---|---|---|---|---|---|---|---|---|---|
| 31 | None | Ionic Sr.3 chel. res. | CVAA NaOH $HO.NH_3Cl$ $SnCl_2$ | 2–3 | 2–3 | 14.9 | | | 45.4 | 3.3 | 198 | 246 | 16 | 162 |
| 32 | None | None | CVAA $SnCl_2$ | 0 | 2 | 3.8 | 0.5 | NS | 110 | 55 | 105 | 200 | 0 | 74 |
| 33 | 100 ml sample, $H_2SO_4/HNO_3/KMnO_4/$ $K_2S_2O_8$ oxidation, $HO.NH_3Cl + N_2$ flush | None | CVAA $SnCl_2$ | 50 | 50 | 93.8 | 50 | NS | 110 | 55 | 105 | 200 | 0 | 74 |
| 34 | None | None | CVAA $SnCl_2$ | 0 | 0.7 | 2.1 | 0.2 | NS | 19.4 | 0.9 | 112 | 150 | 3 | 104 |
| 35 | 14 ml $HNO_3$ (conc.) containing 0.5% $K_2Cr_2O_7$ per l sample | None | CVAA $SnCl_2$ | 1.6 | 1.6 | 3.9 | 0.4 | NS | 24.5 | 0.9 | 134 | 176 | 5 | 121 |
| 36(4) | None | Au amalg. | CVAA $SnCl_2$ | 0 | 2 | 8.2 | 1.3 | SIGN | 26.2 | 1.2 | 117 | 164 | 8 | 109 |

* AA, atomic absorption; CVAA, cold vapour atomic absorption; CVAF, cold vapour atomic fluorescence; DPASV, differential pulse anodic stripping voltammetry (gold disk electrode); NA, neutron activation (electrolytic deposition on gold); ND, not detectable; NS, no significant difference between seawater duplicates; SIGN, significant difference between seawater duplicates.

Source: Reproduced by permission from Elsevier Science Publishers BV, Amsterdam

pretreatment and with three exceptions the results suggest that this approach should be taken with great caution.

Half of the participants have preconcentrated mercury from the seawater prior to determination, 11 by amalgamation on gold, one by amalgamation on silver, two by collection into oxidising solutions, one by organic extraction and one by ion-exchange chromatography.

Reduction to metallic mercury was used by an overwhelming proportion of the participants and with stannous chloride as reductant in all but one case, where sodium borohydride was used. In all cases but four, the participants used cold-vapour atomic absorption for final determination. This makes comparison of detection techniques difficult, but the good results obtained by cold-vapour atomic fluorescence are of interest and the spurious results obtained by differential pulse anodic stripping voltammetry may be indicative of the risk of mercury contamination in polarographic laboratories.

Blake [489] has described a method for determination of trace amounts of mercury, with a limit of detection of less than 2 ng $L^{-1}$ in fresh and saline waters as described. It was based on generating mercury vapour from the sample by reduction, together with trapping on gold mesh, subsequent desorption and measurement by cold vapour atomic absorption spectrometry. Checks on the precision and recovery of the method with respect to inorganic mercury are described, and the recovery of methyl mercury was also investigated. The performance of the method was within the limits implied in the requirements of the Harmonised Monitoring scheme and the application of EC Directives concerned with water quality monitoring.

Gill and Fitzgerald [490] determined picomolar quantities of mercury in seawater using stannous chloride reduction and two stage amalgamation with gas phase detection. The gas flow system used two gold-coated bead columns (the collection and the analytical columns) to transfer mercury into the gas cell of an atomic absorption spectrometer. By careful control and estimation of the blank, a detection limit of 0.21 pM was achieved using 2 litres of seawater. The accuracy and precision of this method were checked by comparison with aqueous laboratory and National Bureau of Standards (NBS) reference materials spiked into acidified natural water samples at picomolar levels. Further studies showed that at least 88% of mercury in open ocean and coastal seawater consisted of labile species which could be reduced by stannous chloride under acidic conditions.

### 6.34.2 Graphite furnace atomic absorption spectrometry

Filippelli [491] determined mercury at the subnanogram level in seawater using graphite furnace atomic absorption spectrometry. Mercury(II) was concentrated using the ammonium tetramethylenedithiocarbamate (ammonium pyrrolidine–dithiocarbamate, APDC)–chloroform system, and the chloroform extract was introduced into the graphite tube. A linear calibration graph was obtained for 5–1500 ng of mercury in 2.5 ml chloroform extract. Because of the high stability of the $Hg^{II}$–APDC complexes, the extract may be evaporated to obtain a crystalline powder to be dissolved with a few microlitres of chloroform.

About 84% of mercury was recovered in a single extract (97% in two extractions). The calibration graph was prepared by plotting the peak height against amount of mercury added to 500 ml distilled water. The optimised experimental conditions are as follows: lamp current, 6 mA; wavelength, 253.63 nm; drying, 100°C for 10 s; ashing, 200°C for 10 s; atomisation, 2000°C for 3 s; and purge gas, nitrogen 'stopped flow'.

The coefficient variation of this method was about 2.6% at the 1 μg $L^{-1}$ mercury level. The calibration graph is linear over the range 5–1500 μg mercury.

The application of this technique is also discussed under multication analysis in section 6.72.5.7.

### 6.34.3 Zeeman atomic absorption spectrometry

Hedeishi and McLaughlin [492] have reported the application of the Zeeman effect for the determination of mercury.

### 6.34.4 Inductively coupled plasma atomic emission spectrometry

Watling [493] has described an analytical technique for the accurate determination of mercury at picogram per litre levels in fresh and seawater. Mercury, released by tin(II) chloride reduction of water samples, is amalgamated onto silver wool contained in quartz amalgamation tubes. The wool is then heated and the mercury thus released is flushed by argon into a plasma where it is excited. The emission signal thus produced results in a detection limit of $3.10^{-17}$ g and an analytical range of $1.10^{-14}$g–$1.10^{-7}$g.

### 6.34.5 Inductively coupled plasma mass spectrometry

Bloxam *et al.* [494] used liquid chromatography with an inductively coupled plasma mass spectrometric detector in speciation studies on ppt levels of mercury in seawater.

Debrak and Denoyer [495] determined ppt levels of mercury in seawater by first converting mercury salts to elemental mercury using stannous chloride, the mercury was then trapped on gold deposited on platinum gauze and released by heating prior to determination by inductively coupled plasma mass spectrometry.

The application of this technique is also discussed under multication analysis in sections 6.72.11.1 and 6.72.11.5.

### 6.34.6 Anodic stripping voltammetry

Turyan and Mandler [496] determined mercury in seawater by anodic stripping voltammetry using a glassy carbon electrode spin coated with 4,7,13,16,21,42–hexaoxa–1,10–diazabicyclo[8.8.8] hexacosane.

### 6.34.7 Differential pulse anodic scanning voltammetry

The application of this technique is discussed under multication analysis in section 6.72.12.3.

### 6.34.8 Atomic emission spectrometry

Wrembel [497] gives details of a procedure for the determination of mercury in seawater by low pressure ring–discharge atomic emission spectrometry with electrolytic preconcentration on copper and platinum mesh electrodes. Between 40 ± 5 (open sea) and 50 ± 8 (shore area) $\mu g\ L^{-1}$ mercury was found in Baltic sea waters.

Wrembel and Pajak [498] evaporated mercury from natural water samples with argon and amalgamated the mercury with a gold foil. The mercury was excited in a ring discharge plasma and determined by atomic emission spectroscopy. The method was applied to the determination of mercury in seawater in the range of 0.01–1.0 $\mu g\ L^{-1}$.

### 6.34.9 X-ray fluorescence spectroscopy

The application of this technique is discussed under multication analysis in section 6.72.18.3.

### 6.34.10 Neutron activation analysis

The application of this technique is discussed under multication analysis in sections 6.72.19, 6.72.19.5 and 6.72.19.6.

### 6.34.11 Miscellaneous

Other techniques that have been used include subtractive differential pulse voltammetry at twin gold electrodes [499], anodic stripping voltammetry using glassy-carbon electrodes [500], X-ray fluorescence analysis [501] and neutron activation analysis [502,503].

Agemian and Da Silva [504] have described an automated method for total mercury in saline waters.

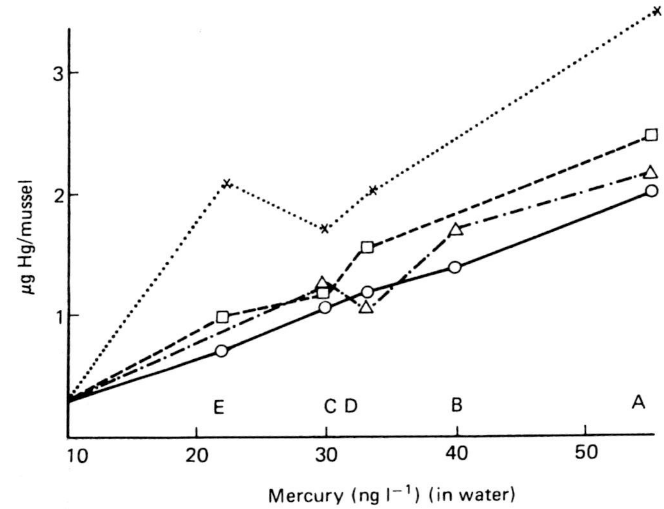


*Fig. 6.28* Relationship between mean total mercury concentration in water at the cage positions (A–E) and the mercury loadings per mussel after different exposure times. O = 20 days; Δ = 55 days; ❑ = 106 days; × = 153 days
Source: Reproduced by permission from Elsevier Science Publishers BV, Amsterdam

Bio-assay methods have been used to obtain estimates of low mercury concentrations (5–20 µg $L^{-1}$) in seawater [505]. This method is useful for detecting comparatively small enhancements over background mercury concentrations in estuarine and seawater.

This method consists of suspending 70 Mussels Mytilus edulis each of a standard weight for a standard time, in a plastic coated wire cage 2 m below the surface. Mercury in the mussels was determined by cold vapour atomic absorption spectrometry [506,507]. The procedure is calibrated by plotting determined mercury content of mussels against the mercury content of the seawater in the same area (Fig. 6.28).

### *6.34.12 Preconcentration*

Fujita and Iwashima [503] preconcentrated mercury compounds in seawater by first forming the diethyldithiocarbamate and then concentrating this on XAD–2 resin. The resin was eluted with methanol/3 M hydrochloric acid; the organic mercury was extracted with benzene and then back-extracted with cysteine solutions. The organic mercury in the cysteine solution and the total mercury adsorbed on the resin were determined by flameless atomic absorption spectrometry. The method was applied to determinations of mercury levels in seawater in and around the Japanese archipelago. The lower limit of detection in seawater is 0.1 ng $L^{-1}$ for organic mercury, using 80 L samples.

In many applications such as the analysis of mercury in open ocean seawaters where the mercury concentrations can be as small as 10 ng $L^{-1}$ [476,480,508–511], a preconcentration stage is generally necessary. A preliminary concentration step may separate mercury from interfering substances, and the lowered detection limits attained are most desirable when sample quantity is limited. Concentration of mercury prior to measurement has been commonly achieved either by amalgamation on a noble metal [468,475,477,480] or by dithizone extraction [470,480,510] or extraction with sodium diethyldithiocarbamate [510]. Preconcentration and separation of mercury has also been accomplished using a cold-trap at the temperature of liquid nitrogen.

Fernandez Garcia *et al.* [512] studied the use of various chelating agents for mercury prior to preconcentration on silica $C_{18}$ followed by continuous cold vapour atomic absorption spectrometry, down to 16 ppt mercury in seawater could be determined.

The preconcentration of mercury is also discussed under multication analysis in sections 6.72.22.4 and 6.72.22.5.

## 6.35 Molybdenum

### 6.35.1 Spectrophotometric method

Shriadah *et al.* [513] determined molybdenum(VI) in seawater by densitometry after enrichment as the Tiron complex on a thin layer of anion exchange resin. There were no interferences from trace elements or major constituents of seawater, except for chromium and vanadium. These were reduced by the addition of ascorbic acid. The concentration of dissolved molybdenum(VI) determined in Japanese seawater was 11.5 µg $L^{-1}$ with a relative standard deviation of 1.1%.

In a method described by Kiriyama and Kuroda [514] molybdenum is sorbed strongly on Amberlite CG 400 (Cl form) at pH 3 from seawater containing ascorbic acid and is easily eluted with 6 M nitric acid. Molybdenum in the effluent can be determined spectrophotometrically with potassium thiocyanate and stannous chloride. The combined method allows selective and sensitive determination of traces of molybdenum in seawater. The precision of the method is 2% at a molybdenum level of 10 µg $L^{-1}$.

To evaluate the feasibility of this method Kiriyama and Kuroda [514] spiked a known amount of molybdenum and analysed it by the procedure and the results are given in Table 6.28. As can be seen, the recoveries for the 8 µg molybdenum added to 500 or 1000 ml samples are satisfactory.

*Table 6.28* Determination of molybdenum in saline water (0.5 M NaCl) and seawater

| *Sample** | *Sample vol. (litres)* | *Mo added* µg | *Mo found* µg | *Original content* (µg $L^{-1}$) |
|---|---|---|---|---|
| Saline water | 1.0 | 0 | 0.12, 0.05 | av. 0.09 |
| | 1.0 | 8.48 | 8.42, 8.25 | |
| | | | 8.18, 8.56 | av. 8.37 ± 0.15† |
| | | | 8.42 | |
| Seawater A | 0.5 | 0 | 4.27, 4.51 | 8.54, 9.02 |
| | | | 4.39 | 8.78 |
| | 1.0 | 0 | 8.90 | 8.90 |
| | 0.5 | 4.24 | 8.73 | 8.98 |
| | 0.5 | 8.48 | 12.80 | 8.64 |
| | | | | av. 8.81 ± 0.19 |
| Seawater B | 0.5 | 0 | 4.85, 4.70 | 9.70, 9.40 |
| | | | 4.85 | 9.70 |
| | 1.0 | 0 | 9.48 | 9.48 |
| | 0.5 | 4.24 | 9.02 | 9.56 |
| | 0.5 | 8.48 | 13.20 | 9.44 |
| | | | | av. 9.55 ± 0.13 |
| Seawater C | 0.5 | 0 | 4.11, 4.08 | 8.22, 8.16 |
| | | | 4.29 | 8.58 |
| | 1.0 | 0 | 8.54 | 8.54 |
| | 0.5 | 4.24 | 8.44 | 8.40 |
| | 0.5 | 8.48 | 12.70 | 8.44 |
| | | | | av. 8.39 ± 0.17 |

*Seawater A: collected at Kamoike Harbour, Kagoshima Bay, Japan, on 23 June 1983. Salinity 33.48%
Seawater B: collected on the shore at Kushikino, East China Sea, on 30 June 1983. Salinity 34.03%
Seawater C: collected at Yamagawa Harbour, Kagoshima Bay, on 6 July 1983. Salinity 31.55%
†Average recovery of total present after addition of Mo.

Source: Reproduced by permission from Elsevier Science Ltd, UK

An adsorbing colloid formation method has been used to separate molybdenum from seawater prior to its spectrophotometric determination by the thiocyanate procedure [515].

Kuroda and Tarui [516] developed a spectrophotometric method for molybdenum based on the fact that molybdenum(VI) catalyses the reduction of ferric iron by divalent tin ions. The plot of initial reaction rate constant versus molybdenum concentration is rectilinear in the range 0.01–0.3 mg $L^{-1}$ molybdenum. Several elements interfere, vis titanium, rhenium, palladium, platinum, gold, arsenic, selenium and tellurium.

Thorium hydroxide has been used as a collector of molybdenum from seawater [517]. To a 500 ml sample of seawater add 9 M sulphuric acid (1 ml) and 0.1 M thorium nitrate (3 ml) and adjust the pH to 6.0 with dilute aqueous ammonia. After 30 min collect the precipitate on an 8 µm Millipore filter, dissolve it in concentrated hydrochloric acid (2–3 ml), evaporate the solution to dryness and dissolve the residue in 6 M hydrochloric acid (5 ml). Dilute the solution to 40 ml with water, add 0.5 M ferric-chloride (one drop) and determine the molybdenum by the thiocyanate method spectrophotometrically.

Anion exchange resins have been used to preconcentrate molybdenum in seawater prior to its spectrophotometric determination as the Tiron complex [513,518,519].

Kuroda and Kawabuchi have concentrated molybdenum by anion-exchange from seawater containing acid and thiocyanate [519] or hydrogen peroxide [516,519] and determined it spectrophotometrically. Korkisch *et al.* [520] have concentrated molybdenum from natural waters on Dowex 1–X8 in the presence of thiocyanate and ascorbic acid. A sodium citrate and ascorbic acid system has also been worked out for the concentration of molybdenum on Dowex 1–X8 (citrate form) as a citrate complex from tap and mineral waters.

Nucatsuka *et al.* [521] determined molybdenum in seawater by formation of its phenylfluorone complex which was then extracted on to a membrane filter and the absorbance of the filter was then measured.

### 6.35.2 Atomic absorption spectrometry

Chou and Lum-Shui-Chan [522] investigated the use of atomic absorption in conjunction with solvent extraction using 1% oxime in methyl isobutyl ketone for preconcentration. The detection limit is 3 µg $L^{-1}$, in which a preconcentration factor of 20 is employed. The disadvantages of the above system are that it requires a 100 ml sample and there are interferences, although some of these interferences can be eliminated [523].

### 6.35.3 Graphite furnace atomic absorption spectrometry

A limited amount of work has been carried out on the determination of molybdenum in seawater by atomic absorption spectrometry [145,524] and graphite furnace atomic absorption spectrometry [524]. In a recommended procedure [525], a 50 ml sample of seawater at pH 2.5 is passed through a column of 0.5 g p-aminobenzylcellulose, then the column is left in contact with 1 M ammonium carbonate for 3 h, after which three 5 ml fractions are collected. Finally, molybdenum is determined by atomic absorption at 313.2 nm with use of the hot-graphite-rod technique. At the 10mg $L^{-1}$ level, the standard deviation was 0.13 µg.

Emerick [526] showed that sulphate interferes with the graphite furnace atomic absorption determination of molybdenum in aqueous solutions with concentrations of only 0.1% (w/v) sodium sulphate causing complete elimination of the molybdenum absorbance peak in solutions free of other salts. Matrix modification with 0.5% (w/v) $CaCl_2.2H_2O$, in a volume equal to the sample, facilitates the determination of molybdenum in the presence of solutions containing as high as 0.4% (w/v) sodium sulphate. The need for matrix modification for molybdenum determination in natural waters appears to exist when sulphate greatly exceeds the equivalent calcium content. The routine use of a volume of 0.5% $CaCl_2.2H_2O$ equal to sample volume is recommended in the determination of molybdenum in seawater.

Nakahara and Chakrabarti [145] showed that the seawater salt matrix can be removed from the sample by selective volatilisation at 1700–1850°C but the original presence of sodium chloride, sodium sulphate and potassium chloride causes a considerable decrease in molybdenum absorbance and magnesium chloride and calcium chloride a pronounced enhancement. The presence of magnesium chloride prevents the depressive effects. Samples of less than 50 μL can be analysed directly without using a background corrector with a precision of 10%.

These workers conclude that the selective volatilisation technique is highly suitable for the determination of traces of molybdenum in synthetic (and most probably real) seawater samples. It has the advantages of freedom from contamination and loss during sample preparation and is faster, and cheaper, than procedures using separations. The sensitivity achieved should allow seawater samples to be analysed for molybdenum, because the concentration of molybdenum in seawater is usually 2.1–18.8 μg $L^{-1}$. The selected temperature of 1700–1850°C during the charring stage permits separation of the seawater matrix from the analyte prior to atomisation with the Perkin–Elmer Model 603 atomic absorption spectrometer equipped with a heated graphite atomiser (HGA–2100).

Kuroda *et al.* [527] determined traces of molybdenum in seawater by combined anion-exchange–graphite furnace atomic absorption spectrometry.

Trace amounts of molybdenum were concentrated from acidified seawater on a strongly basic anion-exchange resin (Bio–Rad AG1, X-8 in the chloride form) by treating the water with sodium azide. Molybdenum (VI) complexes with azide were stripped from the resin by elution with ammonium chloride/ammonium hydroxide solution (2 M to 2 M). Relative standard deviations of better than 8% at levels of 10 μg per litre were attained for seawater using graphite furnace atomic absorption spectrometry.

The application of this technique is also discussed under multication analysis in sections 6.72.5.8, 6.72.5.10 and 6.72.5.12.

### 6.35.4 Zeeman atomic absorption spectrometry

The application of this technique is discussed under multication analysis in section 6.72.6.2.

### 6.35.5 Inductively coupled plasma atomic emission spectrometry

The application of this technique is discussed under multication analysis in section 6.72.8.6.

### 6.35.6 Inductively coupled plasma mass spectrometry

The application of this technique is discussed under multication analysis in section 6.72.10.2.

### 6.35.7 Differential pulse and linear sweep voltammetry

Van der Berg [528] carried out direct determinations of molybdenum in seawater by adsorption voltammetry. The method is based on complex formation of molybdenum(VI) with 8–hydroxyquinoline (oxine) on a hanging mercury drop electrode. The reduction current of adsorbed complex ions was measured by differential pulse adsorption voltammetry. The effects of variation of pH and oxine concentration and of the adsorption potential were examined. The method was accurate up to 300 nmol $L^{-1}$. The detection limit was 0.1 nmol $L^{-1}$.

Willie *et al.* [529] used linear sweep voltammetry for the determination of molybdenum. The molybdenum was adsorbed as the Eriochrome Blue Black R complex on a static mercury drop electrode. The method was reported to have a limit of detection of 0.50 µg $L^{-1}$ and the results agreed well with certified values for two reference seawater samples.

Hua *et al.* [530] describe an automated method for determination of molybdenum in seawater by means of constant current reduction of the adsorbed 8–quinolinol complex in a computerised flow potentiometric stripping analyser. The complex was adsorbed onto a molybdenum film electrode at –0.2V and stripped at –0.42V. The authors report measuring molybdenum at 8.9 ± 1.3 µg $L^{-1}$ in reference seawater NASS–1 with a certified value of 11.5 ± 1.9 µg $L^{-1}$.

### 6.35.8 Cathodic stripping voltammetry

The application of this technique is discussed under multication analysis in section 6.72.13.2.

### 6.35.9 Polarography

Hidalgo *et al.* [531] reported a method for the determination of molybdenum(VI) in natural waters based on differential pulse polarography. The catalytic wave caused by molybdenum(VI) in nitrate medium following preconcentration by coflotation on ferric hydroxide was measured. For seawater samples, hexadecyltrimethylammonium bromide with octadecylamine was used as the surfactant. The method was applied to molybdenum in the range of 0.7–5.7 μg $L^{-1}$.

### 6.35.10 X-ray fluorescence spectroscopy

Monien *et al.* [532] have compared results obtained in the determination of molybdenum in seawater by three methods based on inverse voltammetry, atomic absorption spectrometry and X-ray fluorescence spectroscopy. Only the inverse voltammetric method can be applied without prior concentration of molybdenum in the sample and a sample volume of only 10 ml is adequate. Results of determinations by all three methods on water samples from the Baltic Sea are reported, indicating their relative advantages with respect to reliability.

X-ray fluorescence was used for the determination of molybdenum in seawater in a method described by Kimura *et al.* [533]. Molybdenum is coprecipitated with sodium diethyldithiocarbamate which is measured by X-ray fluorescence. They report a detection limit of 0.3 μg $L^{-1}$ and a relative standard deviation of 2.9%.

The application of this technique is also discussed under multication analysis in sections 6.72.18.3 and 6.72.18.4.

### 6.35.11 Neutron activation analysis

Neutron activation of molybdenum in seawater has been carried out on the β naphthoim oxime [534] complex and the pyrrolidine dithiocarbamate and diethyldithiocarbamate complex [535]. The neutron activation analysis method was capable of determining down to 0.32 μg $L^{-1}$ molybdenum in seawater [534].

The application of this technique is also discussed under multication analysis in sections 6.72.19, 6.72.19.1, 6.72.19.2 and 6.72.19.5.

### 6.35.12 Miscellaneous

Various other techniques have been used to determine molybdenum including adsorption voltammetry [528] and electron–paramagnetic resonance spectrometry [536]. EPR spectrometry is carried out on the isoamyl alcohol soluble $Mo(SCN)_5$ complex and is capable of detecting 0.46 mg $L^{-1}$ molybdenum in seawater.

### 6.35.13 *Preconcentration*

Co-precipitation [537–541] and solvent extraction [18,534,542–544] have often been used to preconcentrate molybdenum from seawater. The other preconcentration methods available for molybdenum include co-crystallisation [534,540,541,545], sorption on chitosan and modified cellulose [518,525,546,547], cation-exchange sorption on ZeoKarb 225 [548] and Chelex 100 [549,550], concentration on Sephadex G–25 and (as the pyrrolidine dithiocarbamate complex) on charcoal [551].

The preconcentration of molybdenum is also discussed under multication analysis in sections 6.72.22.1 and 6.72.22.3–5.

## 6.36 Neodymium

### 6.36.1 *Isotope dilution analysis*

The application of this technique is discussed under multication analysis in section 6.72.17.4.

### 6.36.2 *Preconcentration*

The preconcentration of neodymium is discussed under multication analysis in sections 6.72.22.1 and 6.72.22.4.

## 6.37 Neptunium

### 6.37.1 *Radionucleides*

The determination of radioneptunium is discussed in section 12.5.6.

## 6.38 Nickel

The concentration of nickel in natural waters is so low that one or two enrichment steps are necessary before instrumental analysis. The most common method is graphite furnace atomic absorption after pre-concentration by solvent extraction [131] or co-precipitation [552]. Even though this technique has been used successfully for the nickel analyses of seawater [553,554], it is vulnerable to contamination as a consequence of the several manipulation steps and of the many reagents used during preconcentration.

### 6.38.1 *Spectrophotometric method*

Nickel has been determined spectrophotometrically in seawater in amounts down to 0.5 µg $L^{-1}$ as the dimethylglyoxime complex [555,556]. In one procedure [555] dimethylglyoxime is added to a 750 ml sample and the pH adjusted to 9–10. The nickel complex is extracted into chloroform. After extraction into 1 M hydrochloric acid, it is oxidised with aqueous bromine, adjusted to pH 10.4 and dimethylglyoxime reagent added. It is made up to 50 ml and the extinction of the nickel complex measured at 442 nm. There is no serious interference from iron, cobalt, copper or zinc but manganese may cause low results. In another procedure [556] the sample of seawater (0.5–3 litres) is filtered through a membrane-filter (pore size 0.7 μm) which is then wet-ashed. The nickel is separated from the resulting solution by extraction as the dimethylglyoxime complex and is then determined by its catalysis of the reaction of tiron and diphenylcarbazone with hydrogen peroxide with spectrophotometric measurement at 413 nm. Cobalt is first separated as the 2-nitroso-1-naphthol complex and is determined by its catalysis of the oxidation of alizarin by hydrogen peroxide at pH 12.4. Sensitivities are 0.8 μg $L^{-1}$ (nickel) and 0.4 μg $L^{-1}$ (cobalt).

### *6.38.2 Atomic absorption spectrometry*

Rampon and Cavelier [557] used atomic absorption spectrometry to determine down to 0.5 μg $L^{-1}$ nickel in seawater. Nickel is extracted into chloroform from seawater (500 ml) at pH 9–10, as its dimethylglyoxime complex. Several extractions and a final washing of the aqueous phase with carbon tetrachloride are required for 100% recovery. The combined organic phases are evaporated to dryness and the residue is dissolved in 5 ml of acid for atomic absorption analysis.

Lee [558] described a method for the determination of nanogram or subnanogram amounts of nickel in seawater. Dissolved nickel is reduced by sodium borohydride to its elemental form which combines with carbon monoxide to form nickel carbonyl. The nickel carbonyl is stripped from solution by a helium–carbon monoxide mixed gas stream, collected in a liquid nitrogen trap, and atomised in a quartz tube burner of an atomic absorption spectrophotometer. The sensitivity of the method is 0.05 ng of nickel. The precision for 3 ng nickel is about 4%. No interference by other elements is encountered in this technique.

Between 0.3 and 0.6 μg $L^{-1}$ nickel was found by this method, in a vertical profile of water samples taken down to 1200 m in the Santa Catalina Basin.

Nishioka *et al.* [559] coprecipitated nickel from seawater with sodium diethyldithiocarbamate, filtered and redissolved the precipitate in nitric acid, followed by electrothermal atomic absorption spectrophotometric determination of the nickel. The detection limit was 0.5 μg $L^{-1}$ and the relative standard deviation was 13.2% at the 2 μg $L^{-1}$ level.

The application of this technique is also discussed under multication analysis in section 6.72.4.1.

### 6.38.3 Graphite furnace atomic absorption spectrometry

The application of this technique is discussed under multication analysis in sections 6.72.5.1–3, 6.72.5.5 and 6.72.5.9–10.

### 6.38.4 Zeeman atomic absorption spectrometry

The application of this technique is discussed under multication analysis in sections 6.72.6.1 and 6.72.6.2.

### 6.38.5 Inductively coupled plasma atomic emission spectrometry

The application of this technique is discussed under multication analysis in sections 6.72.8.1–7.

### 6.38.6 Inductively coupled plasma mass spectrometry

The application of this technique is discussed under multication analysis in sections 6.72.10.1–3.

### 6.38.7 Anodic stripping voltammetry

The application of this technique is discussed under multication analysis in sections 6.72.11.1, 6.72.11.2, 6.72.12.1 and 6.72.12.3.

### 6.38.8 Cathodic stripping voltammetry

Van den Berg and Nimmo [560] studied the complexation of nickel with dimethylglyoxime in seawater to determine nickel complexing capacities in seawater. Seawater samples were collected from the Menai Streets, Liverpool bay and the English Channel and used to test the speciation procedures. The theory for the determination of complexing capacities is presented. Seawater containing 0.01M borate buffer and 0.0001M dimethylglyoxime was pipetted into 10–15 separate teflon voltammetric cells. Nickel was then added to give a concentration range between 1 and 20 nM. After equilibrating, cathodic stripping voltammetry was used to determine the labile nickel concentration by measuring the reduction current of nickel–dimethylglyoxime complex absorbed on the hanging mercury drop electrode. Initial concentrations of total dissolved nickel were measured by cathodic stripping voltammetry with 0.0001M dimethylglyoxime after UV irradiation for 2 h. Values for nickel complexing capacities with dimethylglyoxime were determined for seawater of several salinities by ligand competition with EDTA.

The application of this technique is also discussed under multication analysis in sections 6.72.13.1 and 6.72.13.2.

#### 6.38.9 Chronopotentiometric method

The application of this technique is discussed under multication analysis in section 6.72.15.1.

#### 6.38.10 Plasma emission spectrometry

The application of this technique is discussed under multication analysis in section 6.72.16.1.

#### 6.38.11 Isotope dilution method

The application of this technique is discussed under multication analysis in sections 6.72.17.2 and 6.72.17.3.

#### 6.38.12 X-ray fluorescence spectroscopy

The application of this technique is discussed under multication analysis in sections 6.72.18.1–4.

#### 6.38.13 Neutron activation analysis

The application of this technique is discussed under multication analysis in sections 6.72.19.1 and 6.72.19.2.

#### 6.38.14 High performance liquid chromatography

The application of this technique is discussed under multication analysis in section 6.72.20.2.

#### 6.38.15 Preconcentration

The preconcentration of nickel is discussed under multication analysis in sections 6.72.22.1–5 and 6.72.22.8.

## 6.39 Osmium

#### 6.39.1 Mass spectrometry

To determine osmium in seawater, Koide *et al.* [561] first separated the osmium on an anion exchange column and distilled off the osmium tetroxide formed followed by resonance ionisation mass spectrometry.

## 6.40 Palladium

### 6.40.1 Miscellaneous

Wang *et al.* [562] used a liquid membrane containing tri-N-octylamine to separate palladium from seawater.

### 6.40.2 Preconcentration

The preconcentration of palladium is discussed under multication analysis in section 6.72.22.2.

## 6.41 Platinum

### 6.41.1 Cathodic stripping voltammetry

Platinum was determined in seawater by adsorptive cathodic stripping voltammetry in a method described by Van den Berg and Jacinto [563]. The formazone complex is formed with formaldehyde, hydrazine and sulphuric acid in the seawater sample. The complex is adsorbed for 20 min at –0.925V on the hanging mercury drop electrode. The detection limit is 0.04 pM platinum.

## 6.42 Plutonium

### 6.42.1 Preconcentration

Chen *et al.* [564] studied the coprecipitation of plutonium with ferrous sulphate in 200 ml of seawater. The coprecipitate was digested with acid and plutonium adsorbed from this solution on an anion exchange resin. The application of this technique is also discussed under multication analysis in section 6.72.22.2.

### 6.42.2 Radionucleides

The determination of radioplutonium is discussed in sections 12.5.8 and 12.5.16.7.

## 6.43 Polonium

### 6.43.1 Radionucleides

The determination of radiopolonium is discussed in sections 12.5.9 and 12.5.16.4.

## 6.44 Potassium

### 6.44.1 Titration methods

Potentiometric titration has been applied to the determination of potassium in seawater [565–567]. Torbjoern and Jaguer [565,566] used a potassium selective valinomycin electrode and a computerised semiautomatic titrator. Samples were titrated with standard additions of aqueous potassium so that the potassium to sodium ion ratio increased on addition of the titrant and the contribution from sodium ions to the membrane potential could be neglected. The initial concentration of potassium ions was then derived by the extrapolation procedure of Gran.

Marquis and Lebel [567] precipitated potassium from seawater or marine sediment pore water using sodium tetraphenylborate, after first removing halogen ions with silver nitrate. Excess tetraphenylborate was then determined by silver nitrate titration using a silver electrode for end-point detection.

The content of the potassium in the sample is obtained from the difference between the amount of tetraphenylboron measured and the amount initially added.

To test the reproducibility of the method, Marquis and Level [567] carried out a series of replicate measurements of potassium on a sample of standard seawater of 35% salinity. Table 6.29 shows that the results obtained give an acceptable K:Cl ratio of 0.0206 [567]. The standard deviation for the 10 replicates is ±1.0%.

To ascertain that the precipitation of potassium is complete, i.e. that the amount of tetraphenylborate ions titrated does indeed constitute the excess and that there is no interference by other ions, different known amounts of potassium sulphate were added to 1 ml standard seawater of known potassium content. The results in Table 6.30 show that the amount of potassium recovered varies from 98 to 102%. This confirms that the recovery is quantitative and that there is no systematic variation related to the amount of potassium added.

### 6.44.2 Atomic absorption spectrometry

The application of this technique is discussed under multication analysis in section 6.72.4.2.

### 6.44.3 Ion selective electrode

Ward [568] evaluated various types of potassium ion selective electrodes for the analysis of seawater. Three types of potassium ion selective electrodes were evaluated for their suitability for continuous monitoring and *in situ* measurement applications in water of varying salinities and at

*Table 6.29* Replicate determinations of potassium in a seawater sample

| *Sample weight (g)* | *NaTPB added (g)* | *Volume of dilute* $AgNO_3$ ($cm^3$) | [$K^+$] (mg $kg^{-1}$) | K/Cl (mg/‰) |
|---|---|---|---|---|
| 1.0032 | 1.9892 | 1.753 | 403 | 0.0208 |
| 1.0016 | 2.0125 | 1.783 | 399 | 0.0206 |
| 1.0102 | 2.0033 | 1.771 | 398 | 0.0205 |
| 1.0074 | 1.9941 | 1.758 | 402 | 0.0208 |
| 1.0039 | 1.9924 | 1.764 | 396 | 0.0204 |
| 1.0065 | 2.0119 | 1.787 | 392 | 0.0202 |
| 1.0072 | 1.9894 | 1.750 | 405 | 0.0209 |
| 1.0157 | 1.9826 | 1.747 | 397 | 0.0205 |
| 1.0117 | 1.9886 | 1.753 | 399 | 0.0206 |
| 1.0027 | 1.9912 | 1.755 | 403 | 0.0208 |

[Strong $AgNO_3$] = 46.086 kg $^{-1}$; [dilute $AgNo_3$] = 95.1298 g of strong $AgNo_3L^{-1}$ [NaTPB] = 9.568 g kg $^{-1}$. Mean potassium concentration = 399 mg kg $^{-1}$; standard deviation = 3.8 mg kg $^{-1}$ (1.0%)

Source: Reproduced by permission from the Royal Society of Chemistry

*Table 6.30* Recovery of potassium added to 1 ml seawater samples

| *$K^+$ sample (ml)* | *$K^+$ added (mg)* | *$K^+$ total (mg)* | *$K^+$ titrated (mg)* | *$K^+$ recovery (%)* |
|---|---|---|---|---|
| 0.405 | 0.217 | 0.622 | 0.614 | 99 |
| 0.406 | 0.217 | 0.622 | 0.612 | 98 |
| 0.400 | 0.177 | 0.577 | 0.573 | 99 |
| 0.406 | 0.177 | 0.583 | 0.593 | 102 |
| 0.404 | 0.130 | 0.534 | 0.538 | 101 |
| 0.405 | 0.128 | 0.533 | 0.525 | 98 |

[$K^T$] added = 0.9979 g kg $^{-1}$

Source: Reproduced by permission from the Royal Society of Chemistry

temperatures of 10°C and 25°C. The three types comprised a glass membrane single electrode, a glass membrane combination electrode and a liquid–ion exchange electrode. Although all three electrode systems performed well in fresh water, the results obtained with the liquid–ion exchange electrode in seawater were significantly better than those with glass membranes. An accuracy of 5% could be achieved under certain conditions but response times generally exceeded ten minutes and glass membrane electrodes were sensitive to external motion and flow variations.

### 6.44.4 Polarography

Polarography has also been applied to the determination of potassium in seawater [954]. The sample (1 ml) is heated to 70°C and treated with 1 ml 0.1M sodium tetraphenylborate. The precipitated potassium tetraphenylborate is filtered off, washed with 1% acetic acid and dissolved in 5 ml acetone. This solution is treated with 3 ml 0.1M thallium nitrate and 1.25 ml 2M sodium hydroxide, and the precipitate of thallium tetraphenylborate is filtered off. The filtrate is made up to 25 ml and, after deaeration with nitrogen, unconsumed thallium is determined polarographically. There is no interference from 60 mg sodium, 0.2 mg calcium or magnesium, 20 μg barium or 2.5 μg. strontium. Standard deviations at concentrations of 375, 750 and 1125 μg potassium per ml were 26.4, 26.9 and 30.5 respectively. Results agreed with those obtained by flame photometry.

### 6.44.5 X-ray fluorescence spectroscopy

The application of this technique is discussed under multication analysis in section 6.72.18.4.

### 6.44.6 Neutron activation analysis

The application of this technique is discussed under multication analysis in section 6.72.19.5.

### 6.44.7 Radionucleides

The determination of radiopotassium is discussed in section 12.5.10.

## 6.45 Praseodymium

### 6.45.1 Isotope dilution method

The application of this technique is discussed under multication analysis in section 6.72.17.4.

### 6.45.2 Preconcentration

The preconcentration of praseodymium is discussed under multication analysis in sections 6.72.22.1 and 6.72.22.4.

## 6.46 Promethium

### 6.46.1 Isotope dilution method

The application of this technique is discussed under multication analysis in section 6.72.17.4.

### 6.46.2 Preconcentration

The preconcentration of promethium is discussed under multication analysis in sections 6.72.22.1 and 6.72.22.4.

## 6.47 Radium

### 6.47.1 Radionucleides

The determination of radium is discussed in sections 12.5.11 and 12.5.16.5.

## 6.48 Rhenium

Rhenium is one of the last stable elements discovered, one of the least abundant metals in the earth's crust, and one of the most important sentinels of reducing aqueous environments through its abundance in sediments. Although its chemistry is fairly well circumscribed, its marine chemistry is as yet poorly developed. In addition, the understanding of rhenium's marine chemistry will provide an entry to the understanding of the marine chemistry of technetium, an element which is just above rhenium in group VIIA (group 7 in 1985 notation) of the periodic table. Technetium has only unstable isotopes whose origins are primarily in nuclear weapon detonations and in nuclear reactor wastes. These two elements have remarkably similar chemistries. Rhenium's solution chemistry primarily involves anionic species in the IV, V and VIII oxidation states. The oxo–anion perrhenate is especially stable.

### 6.48.1 Graphite furnace atomic absorption spectrometry

Koide *et al.* [569] have described a graphite furnace atomic absorption method for the determination of rhenium at picomolar levels in seawater and parts-per-billion levels in marine sediments based upon the isolation of heptavalent rhenium species upon anion exchange resins. All steps are followed with 186–rhenium as a yield tracer. A crucial part of the procedure is the separation of rhenium from molybdenum, which significantly interferes with the graphite furnace detection when the Mo/Re ratio is 2 or greater. The separation is accomplished through an extraction of tetraphenylarsonium perrhenate into chloroform in which the molybdenum remains in the aqueous phase.

It was observed by these workers that the rhenium signal was attenuated by as little as 10 ng or less of molybdenum in the isolate. Thus, importance is placed upon molybdenum decontamination steps. In seawaters as well as in many marine sediments the Mo/Re varies about 1000. In addition, a clean separation of rhenium from other elements (the salt effect) is required. Otherwise, false peaks result upon atomisation due to the high background generated by impurities.

The seawater concentration of rhenium is in the range under 3 to 11 ng $L^{-1}$ compared to iridium in platinum and gold whose concentrations usually do not exceed 0.3 ng $L^{-1}$.

### 6.48.2 Neutron activation analysis

Matthews and Riley [570] have described the following procedure for determining down to 0.06 µg $L^{-1}$ rhenium in seawater. From 6 to 8 µg $L^{-1}$ rhenium was found in Atlantic seawater. The rhenium in a 15 litre sample of seawater, acidified with hydrochloric acid, is concentrated by adsorption on a column of De–Acidite FF anion-exchange resin (Cl- form), followed by elution with 4 M nitric acid and evaporation of the eluate. The residue (0.2 ml), together with standards and blanks, is irradiated in a thermal neutron flux of at least $3 \times 10^{12}$ neutrons $cm^{-2}s^{-1}$ for at least 50 h. After a decay period of 2 days, the sample solution and blank are treated with potassium perrhenate as carrier and evaporated to dryness with a slight excess of sodium hydroxide. Each residue is dissolved in 5M sodium hydroxide. Hydroxylammonium chloride is added (to reduce technecium(VII)) which arises from 99m-technecium from activation of molybdenum present in the samples, and the rhenium(VII) is extracted selectively with ethyl methyl ketone. The extracts are evaporated, the residue is dissolved in formic acid–hydrochloric acid (19:1), the rhenium is adsorbed on a column of Dowex I and the column is washed with the same acid mixture followed by water and 0.5 M hydrochloric acid; the rhenium is eluted at 0°C with acetone–hydrochloric acid (19:1) and is finally isolated by precipitation as tetraphenylarsonium perrhenate. The precipitate is weighed to determine the chemical yield and the 186–rhenium activity is counted with an end-window Geiger–Muller tube. The irradiated standards are dissolved in water together with potassium permanganate. At a level of 0.057 µg $L^{-1}$ rhenium the coefficient of variation was ±7%.

## 6.49 Rubidium

### 6.49.1 Atomic absorption spectrometry

Shen and Li [156] extracted rubidium (and caesium) from brine samples with 4-tert-butyl-2-(α-methyl-benzyl) phenol prior to atomic absorption determination of the metal.

The application of this technique is also discussed under multication analysis in section 6.72.4.2.

### 6.49.2 Inductively coupled plasma mass spectrometry

The application of this technique is discussed under multication analysis in section 6.72.10.4.

### 6.49.3 Mass spectrometry

Isotope dilution mass spectrometry has been used to determine traces of rubidium in seawater [571].

### 6.49.4 Spectrochemical method

Schoenfeld and Held [572] used a spectrochemical method to determine rubidium in seawater. They determined concentrations of rubidium in the range 0.008–0.04 mg $L^{-1}$ in the presence of varying proportions and concentrations of other salts as internal standard. The coefficient of variation ranged from 7 to 25% for simulated seawater standards.

### 6.49.5 X-ray fluorescence spectroscopy

The application of this technique is discussed under multication analysis in section 6.72.18.4.

### 6.49.6 Preconcentration

Lebedev *et al.* [573] coprecipitated rubidium from seawater with $Ni_3K_2[Fe(CN)_6]_2$. The rubidium was determined by X-ray fluorescence with a detection limit of 2–4 μg of rubidium.

## 6.50 Ruthenium

### 6.50.1 Radionucleides

The determination of radioruthenium is discussed in section 12.5.12.

## 6.51 Samarium

### 6.51.1 Isotope dilution method

The application of this technique is discussed under multication analysis in section 6.72.17.4.

### 6.51.2 Preconcentration

The preconcentration of samarium is discussed under multication analysis in section 6.72.22.1.

## 6.52 Scandium

### 6.52.1 Neutron activation analysis

The application of this technique is discussed under multication analysis in sections 6.72.19, 6.72.19.1 and 6.72.19.5.

### 6.52.2 Preconcentration

The preconcentration of scandium is discussed under multication analysis in section 6.72.22.3.

## 6.53 Selenium

In recent years, the physiological role of selenium as a trace element has created considerable speculation and some controversy. Selenium has been reported as having carcinogenic as well as toxic properties; other authorities have presented evidence that selenium is highly beneficial as an essential nutrient [574,575]. Its significance and involvement in the marine biosphere is not known. A review of the marine literature indicates that selenium occurs in seawater as selenite ions ($SeO_3^{2-}$) with a reported average of 0.2 μg $L^{-1}$ [576].

Various techniques have been applied to the determination of selenium in seawater including flameless atomic absorption spectrometry [67,577, 578], gas chromatography [579–581], adsorption colloid flotation [582], spectrophotometry [583–586] and neutron activation analysis [587,588].

### 6.53.1 Atomic absorption spectrometry

Neve *et al.* [578] digested the sample with nitric acid. After digestion the sample is reacted selectively with an aromatic o-diamine and the reaction product is detected by flameless atomic absorption spectrometry, after the addition of nickel(III) ions. The detection limit is 20 mg $L^{-1}$ and both selenium(IV) and total selenium can be determined. There was no significant interference in a saline environment with three times the salinity of seawater.

### 6.53.2 Graphite furnace atomic absorption spectrometry

Sturgeon *et al.* [67] preconcentrated selenium(IV) by adsorption of their ammonium pyrrolidine diethyl dithiocarbamate chelates onto $C_{18}$ bonded silica prior to desorption and determination by graphite furnace atomic adsorption spectrometry. The detection limit was 7 ng $L^{-1}$ selenium(IV), based on a 300 ml water sample.

The application of this technique is also discussed under multication analysis in section 6.72.5.11.

### 6.53.3 Hydride generation atomic adsorption spectrometry

Cutter [589] has surveyed the application of this technique to the determination of selenium in seawater.

The application of this technique is also discussed under multication analysis in section 6.72.7.1.

### 6.53.4 Hydride generation–inductively coupled plasma atomic emission spectrometry

The application of this technique is discussed under multication analysis in section 6.72.9.1.

### 6.53.5 Differential pulse anodic stripping voltammetry

The application of this technique is discussed under multication analysis in section 6.72.12.3.

### 6.53.6 Cathodic stripping voltammetry

Certain trace substances such as selenium(IV) can be determined by differential cathodic stripping voltammetry (DPCSV). For selenium a rather positive preconcentration potential of –0.2V is adjusted. Selenium(IV) is reduced to $Se^{2-}$ and Hg from the electrode is oxidised to $Hg^{2+}$ at this potential. It forms, with $Se^{2-}$ on the electrode, a layer of insoluble HgSe and in this manner the preconcentration is achieved. Subsequently the potential is altered in the cathodic direction in the differential pulse mode. The mercury(II) resulting peak produced by the $Hg^{II}$ reduction is proportional to the bulk concentration of $Se^{IV}$ in the analyte.

### 6.53.7 X-ray fluorescence spectroscopy

The application of this technique is discussed under multication analysis in sections 6.72.18.3 and 6.72.18.4.

### 6.53.8 Neutron activation analysis

The application of this technique is discussed under multication analysis in sections 6.72.19, 6.72.19.4 and 6.72.19.5.

### 6.53.9 Gas chromatography

Shimoishi [579] determined selenium by gas chromatography with electron capture detection. To 50–100 ml of seawater was added 5 ml concentrated hydrochloric acid and 2 ml 1% 4-nitro-o-phenyenediamine and, after 2 h, the product formed was extracted into 1 ml of toluene. Wash the extract with 2 ml 7.5 M hydrochloric acid, then inject 5 μL into a glass gas–liquid chromatography column (1 × 4 mm) packed with 15% of SE–30 on Chromosorb W (60–80 mesh) and operated at 200°C with nitrogen (53 min $^{-1}$) as carrier gas. There is no interference from other substances present in seawater.

Measures and Burton [580] used gas chromatography to determine selenite and total selenium in seawater. Siu and Berman [581] determined selenium(IV) in seawater by gas chromatography after co-precipitation with hydrous ferric oxide.

After co-precipitation, selenium is derivatised to 5-nitropiaz-selenol, extracted into toluene, and quantified by electron capture detection. The detection limit is 5 ng L $^{-1}$ with 200 ml sample and the precision at the 0.025 μg Se per litre level is 6%.

Ferric hydroxide co-precipitation techniques are lengthy, two days being needed for a complete precipitation. To speed up this analysis, Tzeng and Zeitlin [582] studied the applicability of an intrinsically rapid technique, namely adsorption colloid flotation. This separation procedure uses a surfactant-collector-inert gas system, in which a charged surface-inactive species is adsorbed on a hydrophobic colloid collector of opposite charge; the colloid with the adsorbed species is floated to the surface with a suitable surfactant and inert gas, and the foam layer is removed manually for analysis by a methylene blue spectrometric procedure. The advantages of the method include a rapid separation, simple equipment and excellent recoveries.

These workers used the flotation unit that was devised by Kim and Zeitlin [515]. The efficiency of the flotation procedure was studied by preparing two sets of seawater samples. To one set (A) was added 5 ml of standard selenium solution, the flotation procedure was carried out, and

*Table 6.31* Flotation recovery

| Set A | | | Set B | | |
|---|---|---|---|---|---|
| *Sample* | *Min* $^{-1}$ | *pH* | *Sample* | *Min* $^{-1}$ | *pH* |
| 1 | 0.130 | 5.3 | 1 | 0.130 | 5.3 |
| 2 | 0.130 | 5.3 | 2 | 0.132 | 5.3 |
| 3 | 0.129 | 4.0 | 3 | 0.124 | 4.0 |
| 4 | 0.135 | 4.0 | 4 | 0.126 | 4.0 |

Source: Reproduced by permission from the American Chemical Society

the concentration of selenium determined. Set B was treated identically, except that the standard selenium solution was added to the foams after flotation of the unspiked seawater samples; the spiked foams were then analysed for selenium as described. The results of these tests are summarised in Table 6.31. The recovery of the selenium was found to be 100 ± 10% (at the 95% confidence level).

Using this method Tzeng and Zeitlin [582] found 0.40 ± 0.12 μg L $^{-1}$ selenium in seawater.

### 6.53.10 Preconcentration

The preconcentration of selenium is discussed under multication analysis in sections 6.72.22.1, 6.72.22.4 and 6.72.22.7.

## 6.54 Silver

### 6.54.1 Atomic absorption spectrometry

Bermejo-Barrera *et al.* [590] have described an electrothermal atomic absorption spectrometric method for the determination of silver at the ppb level in seawater.

The application of this technique is also discussed under multication analysis in section 6.72.4.1.

### 6.54.2 Graphite furnace atomic absorption spectrometry

Miller *et al.* [591] have described an equilibration/solvent extraction method based on competition for silver between sample ligands and added diethyldithiocarbamate for the determination of μg L $^{-1}$ levels of silver in seawater. Detection was achieved by graphite furnace atomic absorption spectrometry.

The application of this technique is also discussed under multication analysis in section 6.72.5.6.

### *6.54.3 X-ray fluorescence spectroscopy*

The application of this technique is discussed under multication analysis in section 6.72.18.4.

### *6.54.4 Neutron activation analysis*

Kawabuchi and Riley [592] used neutron activation analysis to determine silver in seawater. Silver in a 4 litre sample of seawater was concentrated by ion-exchange on a column (6 cm × 0.8 cm) containing 2 g of De–acidite FF–IP resin, previously treated with 50 ml 0.1 M hydrochloric acid. The silver was eluted with 20 ml 0.4 M aqueous thiourea and the eluate was evaporated to dryness, transferred to a silica irradiation capsule, heated at 200°C and ashed at 500°C. After sealing, the capsule was irradiated for 24 h in a thermal–neutron flux of $3.5 \times 10^{12}$ neutrons $cm^{-2}s^{-1}$, and after a decay period of 2–3 days, the 110m–silver arising from the reaction $^{199m}Ag(n,\gamma)\ ^{110m}Ag$ was separated by a conventional radiochemical procedure. The activity of the 110m–silver was counted with an end-window Geiger–Muller tube, and the purity of the final precipitate was checked with a Ge(Li) detector coupled to a 400–channel analyser. The method gave a coefficient of variation of ±10% at a level of 40 ng $L^{-1}$ silver.

The application of this technique is also discussed under multication analysis in sections 6.72.19, 6.72.19.3 and 6.72.19.5.

### *6.54.5 Preconcentration*

The preconcentration of silver is discussed under multication analysis in sections 6.72.22.1 and 6.72.22.4.

## 6.55 Sodium

### *6.55.1 Polarimetry*

In the indirect polarimetry method [593] sodium is precipitated as the zinc uranyl acetate salt and the uranium present in the precipitate is determined polarometrically after reaction with (+)–tartaric acid. The sample is diluted to contain 0.1–1% (w/v) of sodium. A portion (1–2 ml) is treated with saturated aqueous zinc uranyl acetate (10–20 ml) and the mixture evaporated to the volume of reagent solution added. It is cooled then the precipitate is filtered off and washed with reagent solution (5 × 2 ml) and with saturated ethanolic zinc uranyl acetate (5 × 2 ml). The precipitate is dissolved in water, 1 M tartaric acid (15 ml) added, the pH adjusted to 5 with aqueous sodium hydroxide and diluted to 50 ml. The optical rotation is measured in a 20 cm tube and the sodium content of the sample determined by reference to a calibration graph which is rectilinear over the range 1.62–16.2 mg sodium per 50 ml. The maximum error was 2.2%.

### 6.55.2 Amperometric method

In the indirect amperometric method [594] saturated uranyl zinc acetate solution is added to the sample containing 0.1–10 mg sodium. The solution is heated for 30 minutes at 100°C to complete precipitation. The solution is filtered and the precipitate washed several times with 2 ml of the reagent and then five times with 99% ethanol saturated with sodium uranyl zinc acetate. The precipitate is dissolved and diluted to a known volume. To an aliquot containing up to 1.7 mg zinc 1 M tartaric acid 2–3 ml and 3 M ammonium acetate 8–10 ml are added and pH adjusted to 7.5–8.0 with 2 M aqueous ammonia. The solution is diluted to 25 ml and an equal volume of ethanol added. It is titrated amperometrically with 0.01M $K_4Fe(CN)_6$ using a platinum electrode. Uranium does not interfere with the determination of sodium.

### 6.55.3 Neutron activation analysis

The application of this technique is discussed under multication analysis in section 6.72.19.5.

### 6.55.4 Radionucleides

The determination of radiosodium is discussed in section 12.5.16.10.

## 6.56 Strontium

### 6.56.1 Spectrophotometric methods

The application of this technique is discussed under multication analysis in section 6.72.2.1.

### 6.56.2 Atomic absorption spectrometry

Carr [595] has studied the effects of salinity on the determination of strontium in seawater by atomic absorption spectrometry using an air–acetylene flame. Using solutions containing 7.5 mg $L^{-1}$ strontium and between 15 and 14% sodium chloride, he demonstrated a decrease in adsorption with increasing sodium chloride concentration. To overcome this effect, a standard additions procedure is recommended.

### 6.56.3 Zeeman atomic absorption spectrometry

The application of this technique is discussed under multication analysis in section 6.72.6.1.

### 6.56.4 X-ray spectroscopy

The application of this technique is discussed under multication analysis in section 6.72.18.4.

### 6.56.5 Neutron activation analysis

The application of this technique is discussed under multication analysis in section 6.72.19.

### 6.56.6 Radionucleides

The determination of radiostrontium is discussed in sections 12.5.13 and 12.5.16.3.

## 6.57 Technetium

### 6.57.1 Radionucleides

The determination of radiotechnetium is discussed in section 12.5.14.

### 6.57.2 Preconcentration

Chen *et al.* [596] preconcentrated 99–technetium in seawater on an anion exchange column to determination in amounts down to 3 $mBq/m^3$.

The preconcentration of technetium is also discussed under multication analysis in section 6.72.22.2.

## 6.58 Tellurium

### 6.58.1 Graphite furnace atomic absorption spectrometry

Andreae [597] coprecipitated tellurium(V) and tellurium(VI) from seawater and other natural waters with magnesium hydroxide. After dissolution of the precipitate with hydrochloric acid, the tellurium (IV) was reduced to tellurium hydride in 3 M hydrochloric acid. The hydride was trapped inside the graphite tube of a graphite furnace atomic absorption spectrometer, heated to 300°C and tellurium(IV) determined. Tellurium(VI) was reduced to tellurium(IV) by boiling with hydrochloric acid and total tellurium determined. Tellurium(VI) was then calculated. The limit of detection was 0.5 pmol per litre and precision 10–20%.

The application of this technique is also discussed under multication analysis in section 6.72.5.11.

### 6.58.2 Hydride generation atomic absorption spectrometry

Petit [598] has described a method for the determination of tellurium in seawater at picomolar concentrations.

Tellurium(VI) was reduced to tellurium(IV) by boiling in 3 M hydrochloric acid. After preconcentration by co-precipitation with magnesium hydroxide, tellurium was reduced to the hydride by sodium borohydrate at 300°C for 120 s then 257°C for 12 s. The hydride was then analysed by atomic absorption spectroscopy. Recovery was 90–95% and the detection limit 0.5 pmol $L^{-1}$.

The application of this technique is also discussed under multication analysis in section 6.72.7.1.

### 6.58.3 Preconcentration

The preconcentration of tellurium is discussed under multication analysis in section 6.72.22.7.

## 6.59 Terbium

### 6.59.1 Isotope dilution method

The application of this technique is discussed under multication analysis in section 6.72.17.4.

### 6.59.2 Preconcentration

The preconcentration of terbium is discussed under multication analysis in sections 6.72.22.1 and 6.72.22.4.

## 6.60 Thallium

### 6.60.1 Graphite furnace atomic absorption spectrometry

The application of this technique is discussed under multication analysis in section 6.72.5.11.

### 6.60.2 Inductively coupled plasma atomic emission spectrometry

The application of this technique is discussed under multication analysis in section 6.72.8.7.

### 6.60.3 Isotope dilution method

The application of this technique is discussed under multication analysis in section 6.72.17.1.

### 6.60.4 Preconcentration

The preconcentration of thallium is discussed under multication analysis in sections 6.72.22.4 and 6.72.22.5.

## 6.61 Thorium

### 6.61.1 Neutron activation analysis

Huh and Bacon [599] used neutron activation analysis to determine 232–thorium in seawater. Seawater samples were subjected to pre- and post-irradiation procedures. Separation and purification of the isotopes, using ion-exchange chromatography and solvent extraction, were performed during pre-irradiation. After irradiation protactinium–233 was extracted and counted. Yields were monitored with thorium–230 and protactinium–231 tracers. Thorium–232 concentrations were $27 \times 10^{-7}$ dpm $kg^{-1}$ for deep water samples from below 400 m.

The application of this technique is also discussed under multication analysis in sections 6.72.19, 6.72.19.1 and 6.72.19.3.

### 6.61.2 Radionucleides

The determination of radiothorium is discussed in sections 12.5.15, 12.5.16.6, 12.5.16.7 and 12.5.16.8.

### 6.61.3 Preconcentration

The preconcentration of thorium is discussed under multication analysis in sections 6.72.22.3 and 6.72.22.5.

## 6.62 Thulium

### 6.62.1 Isotope dilution method

The application of this technique is discussed under multication analysis in section 6.72.17.4.

### 6.62.2 Preconcentration

The preconcentration of thulium is discussed under multication analysis in sections 6.72.22.1 and 6.72.22.4.

## 6.63 Tin

### 6.63.1 Spectrophotometric method

In an early method Kodama and Tsubota [600] determined tin in seawater by anion-exchange chromatography and spectrophotometry with catechol violet.

After adjusting to 2 mol $L^{-1}$ in hydrochloric acid 500 ml of the sample is adsorbed on a column of Dowex I–X s resin (Cl– form) and elution is then effected with 2 M nitric acid. The solution is evaporated to dryness after adding 1 M hydrochloric acid and the tin is again adsorbed on the same column. Tin is eluted with 2 M nitric acid. Tin is determined in the eluate by the spectrophotometric catechol violet method. There is no interference from 0.1 mg of each of aluminium, manganese, nickel, copper, zinc, arsenic, cadmium, bismuth and uranium, any titanium, zirconium and antimony are removed by the ion-exchange. Filtration of the sample through a Millipore filter does not affect the results, which are in agreement with those obtained by neutron activation analysis.

### 6.63.2 Atomic absorption spectrometry

Electrothermal atomic absorption spectrophotometry was used for the determination of inorganic and butyl–Sn in seawater in a method described by Burns *et al.* [601]. Butyl–Sn is extracted into toluene, and inorganic tin is extracted, as its Sn (IV) 8–hydroxyquinoline chelate, into chloroform. The detection limits were 0.7 ng of tin.

### 6.63.3 Graphite furnace atomic absorption spectrometry

Dogan and Haerdi [602] and Bergerioux and Haerdi [603] determined total tin in seawater by graphite furnace atomic absorption spectrometry. These workers added 0.1–1.0 ml 0.25 M 1, 10–phenanthroline and 0.1–1.0 ml 0.2 M tetraphenylboron (both the reagents were freshly prepared) to 50–1000 ml of water sample which had been previously filtered through 0.45 μm millipore filter. The pH of this solution was adjusted to 5.0 before addition of co-precipitating reagents. The precipitate thus obtained was either filtered or centrifuged and dissolved in a 1–5ml aliquot of ammoniacal alcohol (methanol, ethanol or iso–propanol) solution, pH = 8–9 or in Lumatom®. For large volumes of water, the dissolution of the co-precipitate must be carried out with Lumatom®

since a precipitate is formed due to other ions present with ammoniacal alcohol solution.

The application of this technique is also discussed under multication analysis in section 6.72.5.11.

### 6.63.4 Hydride generation atomic absorption spectrometry

The application of this technique is discussed under multication analysis in section 6.72.7.1.

### 6.63.5 Anodic stripping voltammetry

A method described by Florence and Farrer [604] separated tin from its associated lead by distillation from an aqueous sulphuric acid medium into which the vapour from boiling 50% hydrobromic acid is passed. The distillate provides an ideal supporting electrolyte for the determination of tin(II) (produced by reduction with hydrazinium hydroxide) by anodic stripping at a rotating vitreous–carbon electrode in the presence of co-deposited mercury [605,606]. The tin is deposited at –0.70 V vs the SCE for 5 min and then stripped at –0.50 V during a sweep from –0.70 V to –0.45 V at 5 V per min. Tin in seawater is coprecipitated on ferric hydroxide, and the precipitate is then dissolved in the aqueous sulphuric acid, and subjected to the above procedure; the average content for Pacific coastal waters was found to be 0.58 µg per litre.

### 6.63.6 Neutron activation analysis

The application of this technique is discussed under multication analysis in sections 6.72.19 and 6.72.19.1.

### 6.63.7 Gas chromatography

Brinckmann and co-workers [607] used a gas chromographic method with or without hydride derivatisation for determining volatile organotin compounds (eg tetramethyltin) in seawater. For non-volatile organotin compounds, a direct liquid chromatographic method was used. This system employs a 'Tenax–GC' polymeric sorbent in an automatic purge and trap (P/T) sampler coupled to a conventional glass column gas chromatograph equipped with a flame photometric detector (FPD). Fig. 6.29 is a schematic of the P/T–GC–FPD assembly with typical operating conditions. Flame conditions in the FPD were tuned to permit maximum response to SnH emission in a H–rich plasma, as detected through narrow band–pass interference filters (610 ± 5 nm) [608]. Two modes of analysis were used: (1) volatile stannanes were trapped directly from

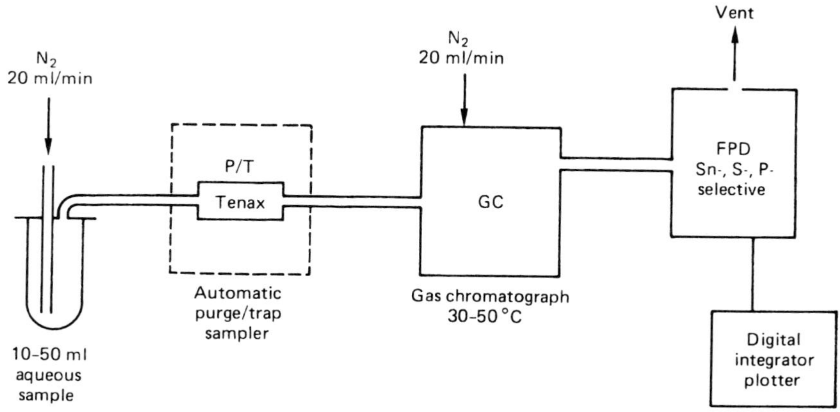


*Fig. 6.29* The purge/trap GC–FPD system and operating conditions
Source: Reproduced by permission from Plenum Press Inc, New York

sparged 10–50 ml water samples with no pretreatment and (2) volatilised tin species were trapped from the same or replicate water samples following rapid injection of aqueous excess sodium borohydride solution directly into the P/T sparging vessel immediately prior to beginning the P/T cycle [609].

Brinckmann [607] generated calibration curves by the P/T gas chromatography–PFD method for borohydride reductions of tin(IV), tin (II) and $Me_2Sn^{2+}$ species to $SnH_4$, $SnH_8$ or $Me_2H_2$, respectively in distilled water, 0.2 M sodium chloride and bay water. All three analytes showed a substantial increase in their calibration slopes in going from distilled water to 0.2 M sodium chloride solution, the latter approximating the salinity and ionic strength common to estuarine waters. Presumably these effects could arise from formation of chlorohydroxyl tin species favouring more rapid hydridisation (see equations 6.1 and 6.2) [610,611] as well as the more propitious partition coefficients for dynamic gas stripping of the volatile tin hydrides from saline solutions. In the typical laboratory distilled water calibration solutions, only 16% of tin(II) was recovered as $SnH_4$, compared with tin(IV), though this sensitivity ratio can probably be altered somewhat with pH changes [1070, 1071]. However, in spiking anaerobic pre-purged Chesapeake Bay water with these three tin species, a striking reversal occurred in overall relative sensitivities, ie calibration slopes. Brinckmann [607] found that not only was $Me_2SnH_2$ generation repressed by 50% but that, very significantly, $SnH_4$ formation from tin(IV) was reduced by 15-fold as compared with the sodium chloride medium.

$$RnSn_{4}-^{n+}(aq) + \text{excess } BH_4^- \rightarrow RnSNH_{4-n} \quad (6.1)$$

$$4HSnO_2^- + 3BH_4^- + 7H+ + H_2O \rightarrow 3H_3BO_3 + 4SnH_4 \quad (6.2)$$

The overall effect of estuarine water on the hydridisation process is thus one of reducing yields of the three tin species tested. It is expected that not only the dissolved and particulate organics and chloride influence formation of Sn–H bonds, but that other aquated metal ions play an important role, too. Several workers have reported that, for example, arsenic(III), arsenic(V), copper(II), nickel(II), mercury(II), lead(II) and silver(I) interfere by unknown means at low concentrations [612,617].

In summary, the hydride generation method cannot adequately differentiate between aquated tin(IV) and tin(II) which may coexist in certain, especially anaerobic, environments found in marine waters. Previous reports [612,614] or inorganic tin, speciated as 'tin(IV)', should probably be regarded as 'total reducible inorganic tin' until more discriminatory techniques become available.

### 6.63.8 High performance liquid chromatography

For either ion- exchange resolution of aqueous cations, $R_nSn^{(4-n)+}$aq [618] or their separation as ion-pairs, $[R_nSn^{(4-n)+}X^-4 - n]^0$, on reverse bonded-phase columns [619], the method is restricted to 'free' tin analytes. Unlike the vigorous hydride derivatisation used in the gas chromatography–flame photometric detector method, common high performance liquid chromatography solvent combinations or their ionic addends usually will not provide sufficient co-ordination strength to labilise organotin ions strongly bound to solids in environmental samples. Moreover, the high performance liquid chromatography separations require that injected samples be free of particulates that may clog the column or pumping system.

On the other hand, high performance liquid chromatography if coupled with a sensitive element-specific detection system such as atomic absorption spectrometry offers a valuable tool for organotin speciation in complex fluids (especially for high organic loadings) not readily amenable to gas phase derivatisation methods. Fig. 6.30 shows a schematic of the basic high performance liquid chromatography set-up described in Brinckmann [607] coupled to a graphite furnace atomic absorption spectrometry in a manner giving automatic periodic (typically 45 s intervals) sampling of the resolved eluents for tin-specific determination [619]. Injected sample volumes may vary from 10 to 500 $\mu L^{-1}$. Consequently, system sensitivity is broad and samples can be very representative.

Mixtures of $R_3Sn^+$ compounds (R = n-butyl, phenyl, cyclo-hexyl) were separated by ion-exchange–high performance liquid chromatography–

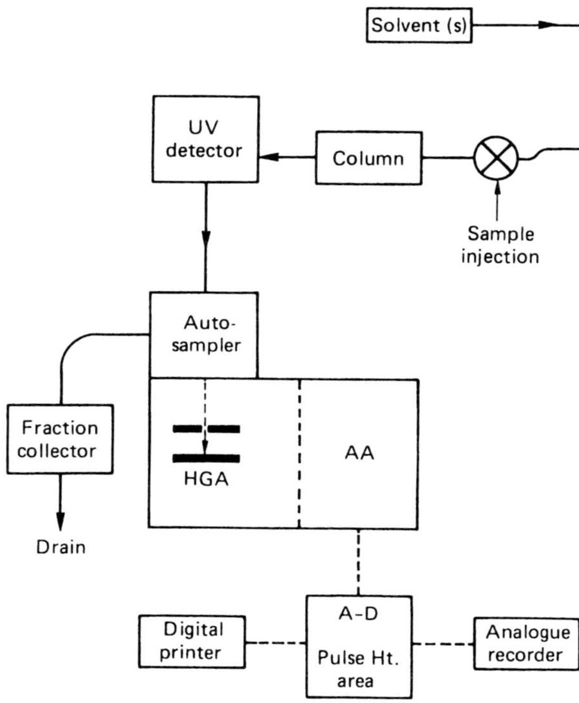


*Fig. 6.30* The HPLC–GFAA system with automated peripherals
Reproduced by permission from Plenum Press Inc, New York

graphite furnace atomic absorption spectrometry [574]. The small spread in calibration slopes in Fig. 6.31 signifies similar efficiencies for their separation and column recovery, as well as graphite furnace sensitivities. Fig. 6.31 shows that considerably more sensitivity is possible with P/T–gas chromatography–flame photometric detector speciation of related organotin species known [610,612,614] to occur in environmental media. Much greater divergence in the P/T gas chromatography–flame photometric detector system calibration slopes (ratios > 25) is obtained, probably a result of different rates of hydride derivatisation during the fixed P/T purge time (10 min), different partition coefficients affecting the rates at which end species is sparged from the solution [609] or different retentivities on the Tenax–GC sorbent [620]. On the basis of the values obtained for the gas chromatographic method (Fig. 6.32) with 10 ml sample volumes, nominal working ranges of 10–40 ng $L^{-1}$ organotin are feasible.

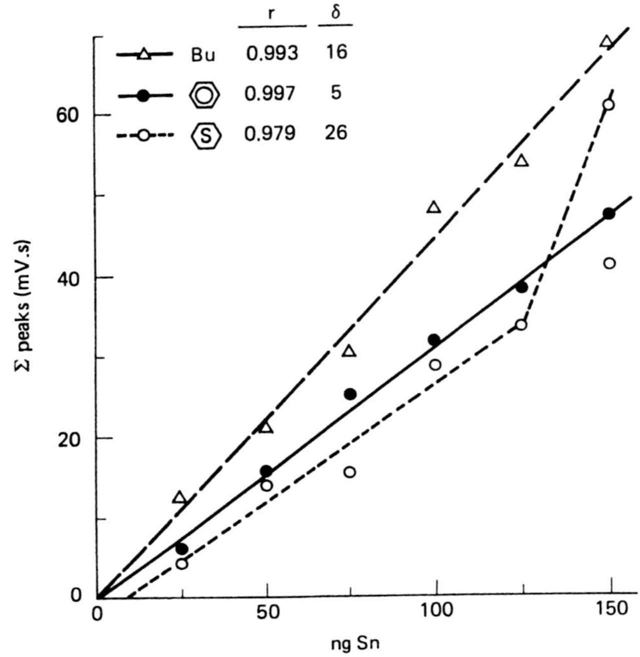


*Fig. 6.31* Calibration curves for $R_3Sn^+$ (R = butyl, phenyl, *c*-hexyl) separated by HPLC–GFAA with strong cation exchange (SCX) columns using $MeOH/H_2O/NH_4OAc$ eluents are shown with respective correlation coefficients (r) and system detection limits (δ) (95% confidence level)
Source: Reproduced by permission from Plenum Press Inc, New York

Both systems are capable of at least a 10-fold increase in sensitivity with only minor changes in procedure and equipment. For high performance liquid chromatography–graphite furnace atomic absorption spectrometry, this can be achieved by both increasing injected sample size and optimising flow rates with a graphite furnace–atomic absorption spectrometry thermal programme designed to give maximum atomisation efficiency for a specific organotin analyte [610,612]. For high performance liquid chromatography–graphite furnace atomic absorption spectrometry, improvements are realised by adjusting purge flow rate and time while altering sodium borohydride additions to optimise evolution of a given organotin analyte [609]. Also, both increasing sample volumes [612,614] and operating the Tenax–GC trap at subambient temperatures [615,616] will yield lower working ranges.

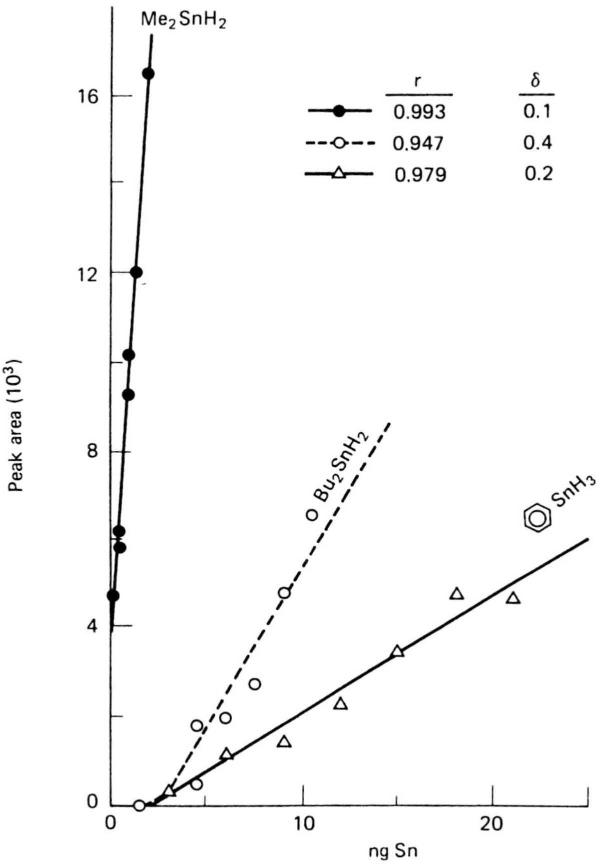


*Fig. 6.32* Calibration curves for three aqueous organotins inducated separated by P/T–GC–FPD using the hydride generation mode are shown with respective r and δ estimates
Source: Reproduced by permission from Plenum Press Inc, New York

### *6.63.9 Preconcentration*

The preconcentration of tin is discussed under multication analysis in sections 6.72.22.1 and 6.72.22.7.

## 6.64 Titanium

### *6.64.1 Spectrophotometric method*

Yong *et al.* [621] have described a spectrophotometric method for the determination of dissolved titanium in seawater after preconcentration using sodium diethyldithiocarbamate.

### 6.64.2 X-ray fluorescence spectroscopy

The application of this technique is discussed under multication analysis in section 6.72.18.4.

### 6.64.3 Preconcentration

The preconcentration of titanium is discussed under multication analysis in sections 6.72.22.4 and 6.72.22.5.

## 6.65 Tungsten

### 6.65.1 Miscellaneous

Van der Sloot and Das [622] have described a method for the determination of tungsten in seawater.

## 6.66 Uranium

### 6.66.1 Spectrophotometric method

Agrawal *et al.* [623] determined down to 1 ppm of uranium in seawater by liquid extraction with N-phenyl-3-styrylacrylohydroxamine acid followed by a spectrophotometric finish.

### 6.66.2 Inductively coupled plasma mass spectrometry

The application of this technique is discussed under multication analysis in section 6.72.10.2.

### 6.66.3 Cathodic stripping voltammetry

Van der Berg and Zhang [624] determined uranium(VI) in seawater by cathodic stripping voltammetry at pH 6.8 of uranium(VI)–catechol ions. A hanging mercury drop electrode was used. The detection limit was 0.3 nmol $^{-1}$ after a collection period of 2.5 min. Interference by high concentrations of iron(III) was overcome by selective adsorption of the uranium ions at a collection potential near the reduction potential of iron (III). Organic surfactants reduced the peak heights for uranium by up to 75% at high concentrations. EDTA was used to eliminate competition by high concentration of copper(II) for space on the surface of the drop.

Hua *et al.* [625] have described an automated flow system for the constant current reduction of uranium(VI) onto a mercury film-coated fibre electrode. Interference from iron(III) was eliminated by addition of sulphite. The results obtained for uranium(VI) in two reference seawater samples, NASS–1 and CASS–1, were 2.90 and 2.68 μg $L^{-1}$ with standard deviations of 0.57 and 0.75 μg $L^{-1}$ respectively.

Van der Berg and Nimmo [626] in their determination of uranium in seawater added sample aliquots to the voltammetric cell of a polarograph together with buffer comprising piperazine-N,-N$^1$-bis (2-ethanesulphonic acid) monosodium salt and sodium hydroxide to give a final buffer concentration of 0.01M. Oxine solution at 20 uM was also added. The effects of various ligands as chelating agents was investigated to determine the conditions allowing greatest sensitivity. Trans-1,2-diaminocyclohexane-N,N,N$^1$,N$^1$tetraacetic acid, 4-2(2-pyridylazo) resorcinol, gallic acid, benzoin alpha-oxime, nitroso-R-salt, 8-hydroxy-quinaldine and dihydroxyanthraquinone did not give a peak for uranium in seawater at pH 6.9. 1,2-dihydroxybenzene-3,5-disulphonic acid, 3,2-dihydroxybenzoic acid, salicylaldoxime, 1-amino-2-naphthol-4-sulphonic acid and cupferron did produce a peak for uranium. Best sensitivity for uranium and lack of interferences occurred with 8-hydroxyquinoline. The procedure was not possible for fresh waters because of the poor sensitivity of the comparative method using catechol, as low salinities.

Economon *et al.* [627] determined down to 0.1 μg $L^{-1}$ of uranium(VI) in seawater by square wave absorptive stripping voltammetry.

Square wave cathodic stripping voltammetry has been used to determine down to 10 nmole $L^{-1}$ of uranium in seawater [628].

The application of this technique is also discussed under multication analysis in section 6.72.13.2.

### 6.66.4 Mass spectrometry

Isotope dilution mass spectrometry has been used to determine traces of uranium in seawater [629].

### 6.66.5 Isotope dilution method

The application of this technique is discussed under multication analysis in section 6.72.17.2.

### 6.66.6 X-ray fluorescence spectroscopy

The application of this technique is discussed under multication analysis in sections 6.72.18.1 and 6.72.18.3.

### 6.66.7 Neutron activation analysis

The application of this technique is discussed under multication analysis in sections 6.72.19 and 6.72.19.1–5.

### 6.66.8 Miscellaneous

Spencer [630] has reviewed methods for the determination of uranium in seawater. Quinoline–chloroform extraction has been used to separate uranium from seawater but with limited success [335].

### 6.66.9 Radionucleides

The determination of radiouranium is discussed in section 12.5.16.8.

### 6.66.10 Preconcentration

The preconcentration of uranium is discussed under multication analysis in sections 6.72.21.1–3 and 6.72.21.5.

## 6.67 Vanadium

### 6.67.1 Spectrophotometric methods

Nishimura *et al.* [631] described a spectrophotometric method using 2-pyridyl azoresorcinol for the determination of down to 0.025μg $L^{-1}$ vanadium in seawater. The vanadium was determined as its complex with 4-(2-pyridylazo) resorcinol formed in the presence of 1,2-diaminocyclohexane-NNN′N′–tetra acetic acid. The complex was extracted into chloroform by coupling with zephiramine. Difficulties due to turbidity in the chloroform layer and incomplete masking of some cations by 2–pyridylazoresorcinol were overcome by addition of potassium cyanide and washing the chloroform layer with sodium chloride solution. The extinction of the chloroform layer was measured at 560 nm against water as was that of a blank prepared with vanadium-free artificial seawater. Sixteen foreign ions were investigated and no interferences were found at 5–100 times their usual concentration in seawater.

Kirkyama and Kuroda [632] combined ion-exchange preconcentration with spectrophotometry using 2-pyridyl azoresorcinol in the determination of vanadium in seawater.

The sample (2 litres) made 0.1 M in hydrochloric acid filtered, and made 0.1 M in ammonium thiocyanate, is passed through a column of Dowex I–X8 resin (SCN form). The vanadium is retained and is eluted with concentrated hydrochloric acid. Thiocyanate in the eluate is decomposed by heating with nitric acid and the solution is evaporated to fuming with sulphuric acid. A solution of the residue is neutralised with aqueous ammonia and evaporated nearly to dryness. The residue is treated with water and aqueous sodium hypobromite and after 30 min with phenol, phosphate buffer solution of pH 6.5 and aqueous 1,2-

diaminocyclohexane-NNN′N′-tetra acetic acid, and the vanadium is determined spectrophotometrically at 545 nm with 4-(2-pyridylazo) resorcinol. Vanadium was determined in seawater at levels of 1.65µg $L^{-1}$. After boiling such samples under reflux with potassium permanganate and sulphuric acid (to establish the concentration of organically bound vanadium), values for vanadium were 30–60% higher than corresponding values obtained without oxidation. Using the 2-pyridyl azoresorcinol-tetraphenyl–arsonium chloride system a concentration of 1 µg $L^{-1}$ could be determined with a relative standard deviation of 7%.

### 6.67.2 Atomic absorption spectrometry

Two methods for the determination of vanadium in seawater have been studied which use neutron activation analysis and atomic absorption spectrometry [633].

In the atomic absorption spectrometric procedure [633], potassium thiocyanate (10 g) and ascorbic acid (5 g to reduce to vanadium(VI)) were dissolved in 1 litre of seawater and the solutions were left to stand for 2–3 h. These samples (1–3 litres) were passed through a Dowex I–X8 ion-exchange column at a flow rate of 1.7 ml $min^{-1}$. The resin was then washed with 20 ml distilled water and vanadium eluted with 150 ml eluent solution.

The vanadium eluate was slowly evaporated under an infra-red lamp, the residue dissolved in 10 ml 6 M hydrochloric acid containing 1 ml of aluminium chloride solution [632] and vanadium determined by atomic absorption spectrophotometry. For calibration, suitable standard solutions were aspirated before and after each batch of samples.

The analysis of the seawater samples by both methods is shown in Table 6.32. The average concentration and standard deviation of the Pacific Ocean waters (µg $L^{-1}$) were 2.00 ± 0.09 by neutron activation analysis and 1.86 ± 0.12 by atomic absorption spectrometry. For the Adriatic water the corresponding values were about 1.7 µg $L^{-1}$. The difference between the values for the same seawater is within the range to be expected from the standard deviations observed.

Though the neutron activation analysis is inherently more sensitive than the atomic absorption spectrometry, both procedures give a reliable measurement of vanadium in seawater at the natural levels of concentration.

### 6.67.3 Graphite furnace atomic absorption spectrometry

Monien and Stangel [634] studied the performance of a number of alternative chelating agents for vanadium and their effect on vanadium analysis by atomic absorption spectrometry with volatilisation in a

*Table 6.32* Results of vanadium determinations in seawater samples

| *Sample* | *Volume (litres)* | *Vanadium concentration* (μg $L^{-1}$) *NAA* | *AAS* |
|---|---|---|---|
| Pacific Ocean (Scripps Pier) | 1 | | 1.80 |
| | 1 | | 2.00* (2.0) |
| | 2 | | 1.90* |
| | 3 | | 1.73 |
| | 0.098 | 1.99† | |
| | 0.098 | 2.00§ (0.20) | |
| Adriatic Sea (Shore near Lignano Sabbiadoro, Italy) | 3 | | 1.71 |
| | 0.041 | 1.69 | |
| (Shore near Ancona, Italy) | 3 | | 1.73 |
| | 0.043 | 1.64 | |

* Results after subtraction of the quantity of vanadium added to the sample before the ion-exchange or co-precipitation step. The amount added (in μg) is shown in parentheses.
† Average of 12 determinations, standard deviation 0.10 μg $L^{-1}$.
§ Average of two samples, average deviation 0.01 μg $L^{-1}$.

Source: Reproduced by permission from Elsevier Science Ltd, UK

graphite furnace. Two promising compounds were evaluated in detail, namely 4-(2-pyridylazo) resorcinol in conjunction with tetraphenylarsonium chloride and tetramethylenedithiocarbamate. These substances, dissolved in chloroform, were used for extraction of vanadium from seawater, and after concentrating the organic layer 5 μL were injected into a pyrolytic graphite furnace coated with lanthanum carbide. For both reagents, a linear concentration dependence was obtained between 0.5 and 7 μg $L^{-1}$ after extraction of a 100 ml sample.

The application of this technique is also discussed under multication analysis in sections 6.72.5.8 and 6.72.5.9.

### 6.67.4 Inductively coupled plasma atomic emission spectrometry

The application of this technique is discussed under multication analysis in sections 6.72.8.5 and 6.72.8.6.

### 6.67.5 Inductively coupled plasma mass spectrometry

Hastings *et al.* [635] have described a method for the determination of picogram quantities of vanadium in seawater by isotope dilution inductively coupled plasma mass spectrometry with electrothermal vaporisation to introduce the sample into the plasma. A $^{50}V$ isotope spike enriched to 44 atom% was equilibrated with samples, followed by chemical purification by cation exchange chromatography. Samples were introduced into the electrothermal vapourisation unit with a palladium modifier and heated to 1000°C. This quantitatively eliminates the $ClO^+$ isobaric interference with vanadium at m/z 51 for solutions up to 0.5 N hydrochloric acid. The procedural blank was 0.27 pg of vanadium. Corrections for 50–titanium and 50–chromium, which interfere with the vanadium signal, were made by measurement of 49–titanium and 53–chromium. These isobaric interferences and variable ArC levels were the limiting sources of error in the ID measurement and diminished the detection limit to 6 pg of vanadium. The detection limit for non-isotope dilution applications was 0.3 pg of vanadium in seawater. Accuracy was confirmed by determination of vanadium standards in calcium carbonate and by comparative measurement with ID thermal ionisation mass spectrometry and graphite furnace atomic absorption spectroscopy.

The application of this technique is also discussed under multication analysis in sections 6.72.10.2 and 6.72.10.3.

### 6.67.6 Cathodic stripping voltammetry

Van der Berg and Huang [636] carried out direct electro-chemical stripping of dissolved vanadium in seawater using cathodic stripping. Voltammetry was performed with a hanging mercury drop electrode. The detection limit was 0.3 nmol $L^{-1}$ after a collection period of 2 min.

Vega and Van der Berg [637] determined vanadium in seawater in amounts down to 70 pM by absorptive stripping voltammetry.

The application of this technique is also discussed under multication analysis in section 6.72.13.2.

### 6.67.7 X-ray fluorescence spectroscopy

The application of this technique is discussed under multication analysis in sections 6.72.18.2–4.

### 6.67.8 Neutron activation analysis

The application of this technique is discussed under multication analysis in sections 6.72.19.1–4.

### 6.67.9 High performance liquid chromatography

The application of this technique is discussed under multication analysis in section 6.72.20.2.

### 6.67.10 Preconcentration

Dupont *et al.* [638] used a chelating resin column to preconcentrate vanadium in seawater prior to analysis by inductively coupled plasma atomic emission spectrometry.

Co-precipitation with ferric hydroxide, cobalt ammonium pyrrolidine dithiocarbamate or ammonium pyrrolidine dithiocarbamate with active carbon have all been used to preconcentrate vanadium.

The preconcentration of vanadium is also discussed under multication analysis in sections 6.72.22.1–5.

## 6.68 Ytterbium

### 6.68.1 Isotope dilution method

The application of this technique is discussed under multication analysis in section 6.72.17.4.

### 6.68.2 Preconcentration

The preconcentration of ytterbium is discussed under multication analysis in sections 6.72.22.1 and 6.72.22.4.

## 6.69 Yttrium

### 6.69.1 X-ray fluorescence spectroscopy

The application of this technique is discussed under multication analysis in section 6.72.18.4.

### 6.69.2 Preconcentration

The preconcentration of yttrium is discussed under multication analysis in sections 6.72.22.1 and 6.72.22.5.

## 6.70 Zinc

Zinc has only been measured accurately in the open ocean by a few investigators [232,553,639–642]. Few data are available because of very low zinc concentrations in seawater and the ubiquitous sources of zinc contamination. The uncertainty of all zinc measurements prior to these investigations, and the paucity of reliable data since, have left little information for the environmental chemist to unravel the biogeochemical behaviour of zinc or to detect waters perturbed by anthropogenic inputs.

Interest in zinc concentrations in the ocean stems from its dual role as a required nanonutrient and as a potential toxicant due to its widespread industrial and marine usage [553,640]. The major inputs of zinc to surface seawater include atmospheric deposition (both natural and anthropogenic in origin), fluvial run-off, and upwelled waters. Zinc exist at natural levels in North Pacific surface water at a total concentration of approximately 0.1 nM, increasing to 3 nM at 500 m, and reaching a maximum of ~9 nM at depths greater than 2000 m [643,644]. Our present understanding of the behaviour of zinc in the marine environment is based on only a few vertical profiles. These profiles indicate that zinc is actively incorporated into phytoplankton in surface waters and transported to depth in association with particulate organic matter or passively adsorbed onto particles. There is a high correlation between zinc and dissolved orthosilicic acid which indicates that zinc, like silicate, is regenerated deep in the water column and has a long deep water residence time in the order of 10,000 years [553,639]. Recent studies indicate that the majority of dissolved zinc in seawater is organically complexed, but the origin and behaviour of the zinc-binding ligands have not been characterised [643,645].

Dissolved zinc concentrations in seawater have been determined by preconcentration using organic extraction (using APDC/DDDC) or chelating resins (using Chelex–100), followed by graphite furnace atomic absorption spectrometry [131,232,639,955] or isotope dilution mass spectrometry [646]. These procedures must be performed in shore-based, ultra-clean laboratories by highly trained personnel. Analysis of total zinc by anodic stripping voltammetry is problematic because of interference by the hydrogen wave in acidified samples and the inability to detect organically complexed zinc at natural pH, values near 8 [645]. An increased understanding of zinc in marine systems now requires analytical methods that are rapid, less prone to contamination, and more sensitive and can be performed at sea [647].

### *6.70.1 Spectrofluorometric method*

Nowicki *et al.* [648] have described a sensitive technique for the shipboard determination of zinc in seawater. The technique couples flow injection analysis with fluorometric detection. A cation exchange column was used to separate zinc from interfering alkali and alkaline earth ions and to concentrate zinc from seawater. The organic indicator ligand, ρ-tosyl-8-aminoquinoline, was used to form a complex with zinc, the fluorescence of which was determined with a flow-through fluorometer. The detection limit (defined as three times the standard deviation of the blank, $n = 4$) was 0.1 nM for a 4.4 ml sample. The precision based on the replicate analysis of samples containing 4.3 nM Zn was ± 6% ($n = 5$). A single sample can be analysed in 6 min. The technique was determined to be accurate on the basis of analysis of the standard seawater solutions CASS–2 and NASS–2 and by comparison with previous reliable investigations. A typical profile of 12 samples along with standards and blanks can be completed in triplicate in 5.5 h.

### 6.70.2 Atomic absorption spectrometry

A method described by Hirata and Honda [649] uses a flow injection analysis manifold for pH adjustment of a seawater sample followed by concentration of zinc on a column packed with Chelex–100 resin. The zinc was eluted with nitric acid and determined by atomic absorption spectrophotometry. The detection limit is 0.5 μg $L^{-1}$ and the relative standard deviation is 2.7% at the 10 μg $L^{-1}$ level.

The application of this technique is also discussed under multication analysis in section 6.72.4.1.

### 6.70.3 Graphite furnace atomic adsorption spectrometry

Graphite furnace atomic adsorption spectrometry has also been used to determine zinc [650–652] in seawater with a detection limit of 2 μg [650].

Guevremont [651] has discussed the use of organic matrix modifiers for the direct determination of zinc.

Huang and Shih [653] determined down to 24 ppt of zinc in seawater by graphite furnace atomic absorption spectrometry using a stabilised temperature platform furnace technique. Atomisation from the graphite furnace pretreated with vanadium gave improved detection limits.

Akatsuka *et al.* [654] preconcentrated zinc from seawater on a column comprising methyl–tricapryl ammonium chloride coated on $C_{18}$ resin. The final determination was carried out by graphite furnace atomic absorption spectrometry. Down to 2.4 ng $dm^3$ of zinc could be determined by this procedure when using a 500 ml sampler.

The application of this technique is also discussed under multication analysis in sections 6.72.5.1 and 6.72.5.4.

### 6.70.4 Inductively coupled plasma atomic emission spectrometry

The application of this technique is discussed under multication analysis in sections 6.72.8.1–3 and 6.72.8.5–7.

### 6.70.5 Inductively coupled plasma mass spectrometry

The application of this technique is discussed under multication analysis in sections 6.72.10.1 and 6.72.10.4.

### 6.70.6 Anodic stripping voltammetry

Anodic stripping voltammetry has been used [655] using a tubular mercury graphite electrode to determine zinc in seawater. Zinc concentrations of $1 \times 10^{-9}$M can be detected within 5 min using this system.

Muzzarrelli and Sipos [656] showed that a column of chitosan (15 × 10 mm) can be used to concentrate zinc from 3 litres seawater before determination by anodic stripping voltammetry with a composite mercury–graphite electrode. Zinc (and lead) are eluted from the column by 50 ml 2 M ammonium acetate, copper by 10 ml of 0.01 M EDTA and cadmium by 3 ml 0.1 M potassium cyanide.

Andruzzi and Trazza [657] have described a new kind of semi-stationary mercury electrode, the long-lasting sessile-drop electrode, and give diagrams of the electrolysis cell and details of the electrode. It allows a longer electrolysis time with more vigorous stirring, a longer rest time, a larger potential range at slower scan rates, and a higher current response. The sensitivity and reproductibility of the electrode were demonstrated by the determination of zinc in sea water samples by differential pulse anodic stripping voltammetry.

The application of this technique is also discussed under multication analysis in sections 6.72.11.1, 6.72.11.2 and 6.72.12.1–3.

### 6.70.7 Cathodic stripping voltammetry

Van der Berg [658] determined zinc complexing capacity in seawater by cathodic stripping voltammetry of zinc–ammonium pyrrolidine dithiocarbamate complex ions.

The successful application of cathodic stripping voltammetry, preceded by adsorptive collection of complexes with ammonium pyrrolidine dithiocarbamate for the determination of zinc complexing capability in seawater is described. The reduction peak of zinc was depressed as a result of ligand competition by natural organic material in the sample. Sufficient time was allowed for equilibrium to occur between the natural organic matter and added ammonium pyrrolidine dithiocarbamate. Investigations of electrochemically reversible and irreversible complexes in seawater of several salinities are detailed, together with experimental measurements of ligand concentrations and conditional stability constants for complexing ligands. Results obtained were comparable with those obtained by other equilibrium techniques but the above method had a greater sensitivity.

Van der Berg [659] also reported a direct determination of sub-nanomolar levels of zinc in seawater by cathodic stripping voltammetry. The ability of ammonium pyrrolidine dithiocarbamate to produce a significant reduction peak in the presence of low concentrations of zinc was used to develop a method for analysis at levels two orders of magnitude below those achieved with anodic stripping voltammetry. Interference from nickel and cobalt ions could be overcome by using a collection potential of 1.3 V and that of organic complexing material by ultraviolet irradiation. Zinc could be determined in seawater and fresh water. Zinc and nickel could be determined simultaneously by using dimethylgloxime at a collection potential of –0.7 V, followed by ammonium pyrrolidine dithiocarbamate at –1.3 V. The sensitivity for this determination was 3 pmol $L^{-1}$.

Zima and Van den Berg [660] determined zinc in seawater in amounts down to 3 nmol by cathodic stripping voltammetry.

The application of this technique is also discussed under multication analysis in sections 6.72.13.1 and 6.72.13.2.

### 6.70.8 Potentiometric stripping analysis

The application of this technique is discussed under multication analysis in section 6.72.14.1.

### 6.70.9 Plasma emission spectrometry

The application of this technique is discussed under multication analysis in section 6.72.16.1.

### 6.70.10 Isotope dilution methods

The application of this technique is discussed under multication analysis in sections 6.72.17.2 and 6.72.17.3.

### 6.70.11 X-ray fluorescence spectroscopy

The application of this technique is discussed under multication analysis in sections 6.72.18.2–4.

### 6.70.12 Neutron activation analysis

The application of this technique is discussed under multication analysis in sections 6.72.19, 6.72.19.1, 6.72.19.4 and 6.72.19.5.

### 6.70.13 Speciation

The speciation of zinc in seawater is discussed under multication analysis in section 6.72.21.

#### 6.70.14 Miscellaneous

Adsorption colloid flotation using diodecylamine as surfactant has been used to separate zinc with 95% efficiency from seawater [652].

Guevremont [651] has discussed the use of organic matrix modifiers for the direct determination of zinc in seawater.

#### 6.70.15 Radionucleides

The determination of radiozinc is discussed in sections 12.5.16 and 12.5.16.9.

#### 6.70.16 Preconcentration

The preconcentration of zinc is discussed under multication analysis in sections 6.72.22.1–6 and 6.72.22.8.

## 6.71 Zirconium

#### 6.71.1 X-ray fluorescence spectroscopy

The application of this technique to the determination of zirconium is discussed under multication analysis in section 6.72.18.4.

#### 6.71.2 Neutron activation analysis

The application of this technique to the determination of zirconium is discussed under multication analysis in section 6.72.19.

#### 6.71.3 Radionucleides

The determination of radiozirconium is discussed in section 12.5.16.9.

#### 6.71.4 Preconcentration

Zirconium has been separated from seawater with 60–70% efficiency by co-precipitation with ferric hydroxide prior to determination by Alizarin Red S spectrophotometric method [644].

## 6.72 Multication analysis

#### 6.72.1 Titration procedure

##### 6.72.1.1 Calcium and magnesium

Mascini [661] has described a potentiometric titration procedure using an Orion $Cu^{2+}$ state electrode for the determination of calcium and magnesium in seawater. The sample was mixed with an equal volume pH 9.2 borate buffer. Titration with 0.01 M EDTA gave two breaks corresponding to the concentration of each cation.

Jagner and Kerstein [662,663] used computer-controlled high precision complexiometric titration for the determination of the total alkaline earth metal concentration in seawater. Total alkaline earths were determined by photometric titration with EDTA with Eriochrome black as indicator. The method gave a value of 63.32 mmol $kg^{-1}$ for the total alkaline earth metal concentration in standard seawater of 3.5% salinity. The precision was about 0.01%.

### 6.72.2 *Spectrophotometric procedure*

#### 6.72.2.1 Calcium, magnesium and strontium

Pausch and Margerum [664] have described a differential kinetic method using stopped flow spectrophotometry.

Atienza *et al.* [665] reviewed the applications of flow injection analysis coupled to spectrophotometry in the analysis of seawater. The method is based on the differing reaction rates of the metal complexes with 1,2-diaminocyclohexane-NNN′N′-tetra-acetate at 25°. A slight excess of EDTA is added to the sample solution, the pH is adjusted to ensure complete formation of the complexes and a large excess of 0.3 mM to 6 mM–$Pb^{2+}$ in 0.5M Na acetate is then added. The rate of appearance of the $Pb^{II}$–EDTA complex is followed spectrophotometrically, 3 to 6 stopped-flow reactions being run in immediate succession. Because each of the alkaline–earth–metal complexes reacts at a different rate, variations of the time-scan indicates which ions are present.

### 6.72.3 *Molecular photoluminescence spectrometry*

#### 6.72.3.1 Antimony and arsenic

Tao *et al.* [666] have described a procedure in which antimony and arsenic were generated as hydrides and irradiated with ultraviolet light. The broad continuous emission bands were observed in the ranges about 240–750 nm and 220–720 nm, and the detection limits were 0.6 ng and 9.0 ng for antimony and arsenic respectively. Some characteristics of photoluminescence phenomenon were made clear from spectroscopic observations. The method was successfully applied to the determination of antimony in river water and seawater. The apparatus used in this technique is illustrated in Fig. 6.33.

Negative interferences by transition metal cations such as nickel and copper and nitrite were observed. However, these interferences have also been reported for the hydride generation atomic absorption method and

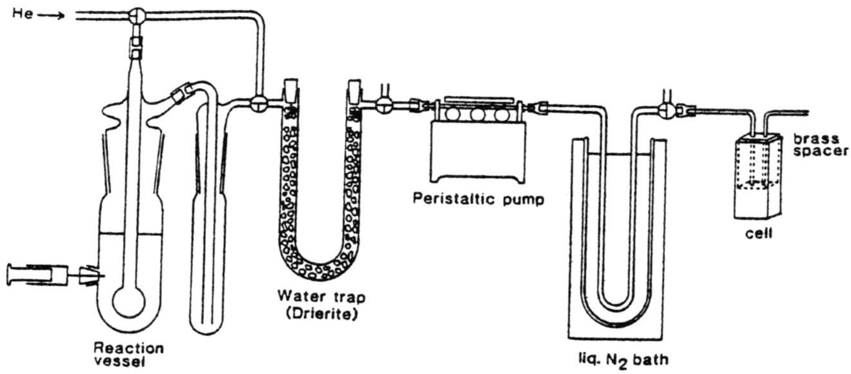


*Fig. 6.33* Hydride generation system for photoluminescence
Source: Reproduced by permission from the American Chemical Society

are due to the inhibition of hydride generation. There was no interference from volatile organic compounds. Nitrate enhanced the luminescence signal. Antimony was found to occur in seawater at a level of 0.35 ng mL $^{-1}$.

### 6.72.4 *Flame atomic absorption spectrometry*

In general this technique does not have adequate sensitivity for the determination of the low levels of cations likely to occur in seawater. Coupling the technique with a preconcentration procedure can, however, enable some analyses to be carried out at the μg L $^{-1}$ level.

#### 6.72.4.1 Heavy metals (copper, zinc, lead, cadmium, iron, manganese, nickel, cobalt and silver)

Armannsson [667] has described a procedure involving dithizone extraction and flame atomic absorption spectrometry for the determination of cadmium, zinc, lead, copper, nickel, cobalt and silver in seawater. In this procedure 500 ml of seawater taken in a plastic container is exposed to a 1000 W mercury arc lamp for 5–15 h to break down metal organic complexes. The solution is adjusted to pH 8 and 10 ml of 0.2% dithizone in chloroform added. The 10 ml of chloroform is run off and the aqueous phase after adjustment to pH 9.5 is extracted with a further 10 ml of dithizone. The combined extracts are washed with 50 ml of dilute ammonia. To the organic phases is added 50 ml of 0.2 M hydrochloric acid. The phases are separated and the aqueous portion washed with 5

*Table 6.33* Coefficients of variation for seven replicate analyses of two seawater samples, and detection limits

| *Metal* | *Sample* | *Mean conc.* (μg L$^{-1}$) | *Coefficient of variation (%)* | *Detection limit* (μg L$^{-1}$) |
|---|---|---|---|---|
| Cd | A | 0.12 | 7 | 0.05 |
| | B | 0.30 | 10 | |
| Zn | A | 2.6 | 8 | 0.6 |
| | B | 10.1 | 5 | |
| Pb | A | <0.04 | – | 0.04 |
| | B | 0.28 | 23 | |
| Cu | A | 0.48 | 7 | 0.06 |
| | B | 1.51 | 5 | |
| Ni | A | 0.76 | 6 | 0.3 |
| | B | 1.58 | 4 | |
| Co | A | 0.15 | 14 | 0.04 |
| | B | 0.16 | 11 | |
| Ag | B | 0.08 | 29 | 0.05 |

Source: Reproduced by permission from Elsevier Science Publishers BV, Amsterdam

ml of chloroform. The aqueous portion is evaporated to dryness and the residue dissolved in 5 ml of 2 M hydrochloric acid (solution A). 3 ml of perchloric acid is added to the organic portion, evaporated to dryness, and a further 2 ml of 60% perchloric acid added to ensure that all organic matter has been oxidised. Evaporate, wash down the sides of the beaker with ca 10 ml of distilled water, evaporate to dryness and take up the residue in 5 ml of 2 M hydrochloric acid (solution B).

For blanks add 20 ml of 0.2% dithizone and 5 ml of 0.02% dithizone solutions to a 100 ml separating funnel. Wash with 50 ml of dilute ammonia solution and proceed as for the samples. Add 0.2–0.3 ml of concentrated ammonia to each beaker before the last evaporation to dryness.

Cadmium is determined at 228.8 nm, zinc at 213.8 nm and lead at 217.0 nm in solution A; and copper at 324.7 nm, nickel at 232.0 nm, cobalt at 240.7 nm and silver at 328.1 nm in solution B, using suitable scale expansion.

Coefficients of variation and detection limits achieved for seven metals are presented in Table 6.33.

Olsen *et al.* [668] used a simple flow injection system, the FIAstar unit, to inject samples of seawater into a flame atomic absorption instrument allowing the determination of cadmium, lead, copper and zinc at the parts per million level at a rate of 180–250 samples per h. Further, on-line flow injection analysis preconcentration methods were developed using

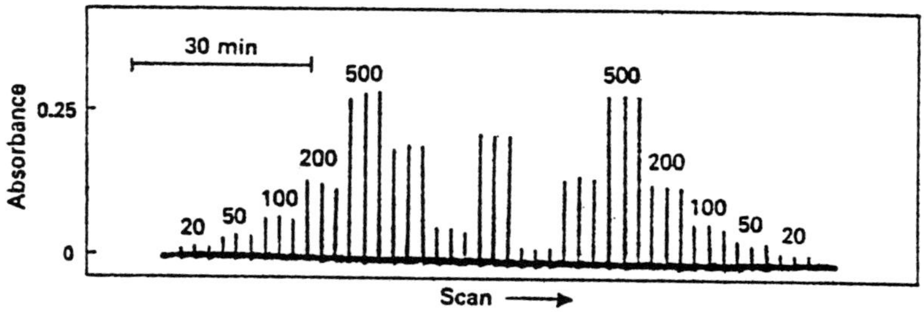


*Fig. 6.34* Assay of lead in seawater samples using the FIA–FAA system. Shown are five samples, bracketed by two series of standards, the numbers depicting the concentrations in p.p.b. of lead. All samples and standards were injected in triplicate. Wavelength, 217.0 nm.

Source: Reproduced by permission from the Royal Society of Chemistry

*Table 6.34* Comparative results for assay of lead as obtained by FIA–FAA and by potentiometric stripping analysis (PSA)

| *Sample No* | *Lead ppb* | |
|---|---|---|
| | *FIA–FAA** | *PSA* |
| 1 | 100 | 93 |
| 2 | 237 | 243 |
| 3 | 333 | 332 |
| 4 | 372 | 373 |
| 5 | 43 | 41 |

Source: Reproduced by permission from the Royal Society of Chemistry

a microcolumn of Chelex–100 resin, allowing the determination of lead at concentrations as low as 10 μg $L^{-1}$ and 1 μg $L^{-1}$ for cadmium and zinc. The sampling rate was between 30 and 60 samples per h and the readout was available within 60–100 s after sample injection; the sampling frequency depended on the preconcentration required.

In Fig. 6.34 is shown a recording obtained for lead with a set of five seawater samples (preserved by nitric acid) bracketed by two series of standards (20, 50, 100, 200 and 500 μg $L^{-1}$ of lead). All samples were injected in triplicate. The limit of detections was determined to be 10 ppb. For the purpose of actual pollution control, the FAA values were re-checked by another method, ie potentiometric stripping analysis [107, 327]. A comparison of the results obtained by the FIA–FAA and by the potentiometric stripping analysis is shown in Table 6.34.

Fang *et al.* [669] have described a flow injection system with on-line ion-exchange preconcentration on dual columns for the determination of

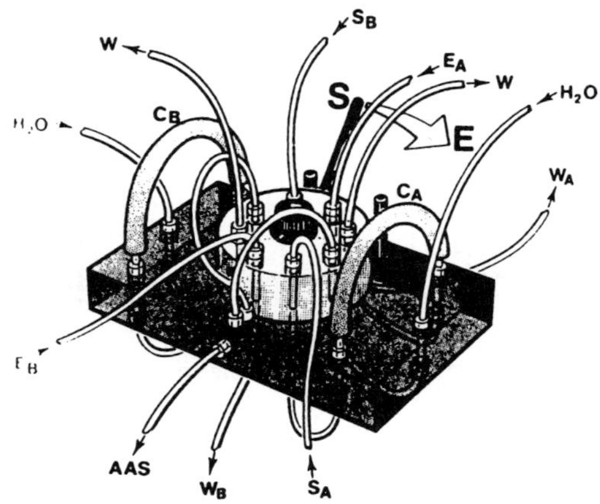


*Fig. 6.35* Dual-column ion-exchange preconcentration valve. SA, SB, samples A and B; $C_A$, $C_B$, ion-exchange columns A and B; $E_A$, $E_B$, eluant (2 M nitric acid) for columns A and B; $W_A$, $W_B$, waste lines for samples and eluants A and B; W, waste lines; AAS, atomic absorption spectrometer. The dimensions of the base plate of the valve are 70 × 45 × 10 mm. For details of operation, see text.
Source: Reproduced by permission from Elsevier Science Publishers BV, Amsterdam

trace amounts of heavy metal at μg $L^{-1}$ and sub-μg $L^{-1}$ levels by flame atomic absorption spectrometry (Fig. 6.35). The degree of preconcentration ranges from 50–105-fold for different elements at a sampling frequency of 60 s $h^{-1}$. The detection limits for copper, zinc, lead and cadmium are 0.07, 0.03, 0.5 and 0.05 μg $L^{-1}$ respectively. Relative standard deviations were 1.2–3.2% at μg $L^{-1}$ levels. The behaviour of the different chelating exchangers used was studied with respect to their preconcentration characteristics, with special emphasis on interferences encountered in the analysis of seawater.

The results listed in Table 6.35 were obtained using the system shown in Fig. 6.35 with a buffer non-confluencing module at a sampling rate of 60 $h^{-1}$ (10 ml samples), the buffer in the samples being adjusted to a level of 0.025 M ammonium acetate at pH 9.5. The table provides not only an evaluation of the performance of the system, but also a comparison of the behaviour of the different resins.

The flow injection aas system with on-line preconcentration will challenge the position of the graphite furnace technique, because it yields comparable sensitivity for much lower cost by using simpler apparatus and separation mode. The method offers unusual advantages when matrices with high salt contents (eg seawater) are analysed because the matrix components do not reach the nebuliser.

*Table 6.35* Performance of dual column flow injection system with sequential elution/pre-concentration and different chelating resins

| *Resin* | *Characteristic concentration* (μg $L^{-1}$) | | | | *LOQ*[a] (μg $L^{-1}$) | | | | *LOD*[b] (μg $L^{-1}$) | | | |
|---|---|---|---|---|---|---|---|---|---|---|---|---|
| | *Cu* | *Zn* | *Pb* | *Cd* | *Cu* | *Zn* | *Pb* | *Cd* | *Cu* | *Zn* | *Pb* | *Cd* |
| Chelex–100 | 0.5 | 0.12 | 1.5 | 0.2 | 0.2 | 0.11 | 2.5 | 0.2 | 0.07 | 0.04 | 0.8 | 0.07 |
| 8-Quinolol | 0.6 | 0.07 | 0.8 | 0.13 | 0.3 | 0.08 | 1.4 | 0.15 | 0.09 | 0.03 | 0.5 | 0.05 |
| 122 (weakly acidic) | 0.5 | 0.13 | 1.0 | 0.2 | 0.2 | 0.12 | 1.6 | 0.2 | 0.07 | 0.04 | 0.6 | 0.07 |

| | *Rsd (%)* | | | | *Recovery*[c] *(%)* | | | | *Concentration efficiency*[d] *(fold min* $^{-1}$*)* | | | |
|---|---|---|---|---|---|---|---|---|---|---|---|---|
| | *Cu* | *Zn* | *Pb* | *Cd* | *Cu* | *Zb* | *Pb* | *Cd* | *Cu* | *Zn* | *Pb* | *Cd* |
| Chelex–100 | 2.2 | 3.2 | 1.3 | 1.9 | 99 | 92 | 95 | 93 | 88 | 50 | 70 | 60 |
| 8-Quinolol | 2.3 | 2.6 | 2.2 | 1.9 | 70 | 73 | 101 | 52 | 80 | 87 | 100 | 105 |
| 122 (weakly acidic) | 2.2 | 1.8 | 1.2 | 2.3 | 97 | 94 | 101 | 44 | 88 | 47 | 83 | 60 |

[a]Limit of quantification (10σ)
[b]Limit of detection based on 99.7% (3σ) confidence level
[c]From a seawater matrix with the composition 3.1% NaCl, 1300 mg $L^{-1}$ Mg, 400 mg $L^{-1}$Ca
[d]Concentration efficiency = [concentration (enrichment) factor] × [sampling frequency (min $^{-1}$)]

Source: Reproduced by permission from Elsevier Science Ltd, UK

From the viewpoint of methodology for F.I.A., this method features, like hydrodynamic injection, a novel approach to sample metering and injection of a well-defined zone, by using exact timing in combination with constant pumping rates rather than a loop of a fixed volume.

The future challenge lies in optimisation of the parameters on which the selective preconcentration depends: choice and synthesis of column materials, optimisation of carrier stream and eluent composition. Atomic absorption and atomic emission methods (including the various modifications of inductively coupled plasma spectrometry), which have systematically been replacing methods based on complex formation (such as spectrophotometry), will also rely on a deeper knowledge of solution chemistry for improved sensitivity and selectivity. Studies of selectivities, capacities and kinetic behaviour of surface-bonded chelating agents will play a crucial role in further development and application of pre-concentration methods for fia.

Cabezon *et al.* [670] simultaneously separated copper, cadmium and cobalt from seawater by co-flotation with octadecylamine and ferric hydroxide as collectors prior to analysis of these elements by flame atomic absorption spectrometry. The substrates were dissolved in an acidified mixture of ethanol, water and methyl isobutyl ketone to increase the sensitivity of the determination of these elements by flame atomic absorption spectrophotometry. The results were compared with those of the usual ammonium pyrrolidine dithiocarbamate/methyl isobutyl ketone extraction method. While the mean recoveries were lower, they were nevertheless considered satisfactory.

#### 6.72.4.2 Potassium, lithium and rubidium

Orren [671] used atomic absorption spectrometry to determine these elements in seawater in both their soluble and insoluble forms. The alkali metals are determined directly, but the other elements are first concentrated by solvent extraction. The particulate matter content is derived by dissolving the membranes used to filter the sample and determine the metals in the resulting solution. For organic standards of known metal content, the efficiency of the technique was almost 100%.

### 6.72.5 *Graphite furnace atomic absorption spectrometry*

#### 6.72.5.1 Cadmium, copper, lead, nickel, zinc and cobalt

These elements have been determined in seawater by atomic absorption spectrometry after electrodeposition on pyrolytic graphite coated tubes [398]. The tubular pyrolytic graphite-coated furnace has been incorporated in a flow-through cell for the electrodeposition with mercury of heavy metals from seawater. After plating, the furnace is transferred to an atomic absorption spectrometer for atomisation of the deposited metals. The flow assembly was tested for the analysis of lead in seawater, comparing results with those obtained by anodic stripping voltammetry. The technique is applied to the determination in seawater of both labile and total cobalt and nickel. These metals are irreversibly deposited on graphite and have poor sensitivity using anodic stripping voltammetry but are readily measured by atomic absorption spectrometry. Measurements are reproducible with a relative standard deviation of 15%. For 15- and 10-min depositions, respectively, copper and nickel characteristic concentrations are 0.02 μg $L^{-1}$.

Yates [672] has discussed the application of graphite furnace atomic absorption spectrometry to the determination of cadmium, copper, lead, nickel and zinc in filtered saline water samples. He concludes that the determination of these elements is possible under good precision and accuracy by flame or graphite furnace methods after ozonisation and matrix separation on Chelex–100 chelating resin. The limits of detection range between 0.01 μg $L^{-1}$ (cadmium) and 50 μg $L^{-1}$ (nickel). While application of direct graphite furnace atomic absorption spectrometry (ie without Chelex–100 preconcentration) appears to be feasible for the determination of copper and manganese, it does not appear to be so for cadmium and lead due to a large and variable suppressive interference and, it is concluded, that considerable effort would be needed to develop a rapid procedure suitable for routine analysis.

Boyle and Edmond [673] determined copper, nickel and cadmium in 100 ml of seawater by coprecipitation with cobalt pyrrolidinedithiocarbamate and graphite atomiser atomic absorption spectrometry. Concentration ranges likely to be encountered and estimated (1 σ) analytical precisions are 1–6 nmol $kg^{-1}$ (±0.1) for copper, 3–12 nmol $kg^{-1}$ (±0.3) for nickel and 0.0–1.1 nmol $kg^{-1}$ (±0.1) for cadmium. Analytical parameters are quoted in Table 6.36.

Replicate analyses obtained on Sargesso Sea samples are quoted in Table 6.37.

APDC chelate coprecipitation coupled with flameless atomic absorption provides a simple and precise method for the determination of nanomol $kg^{-1}$ levels of copper, nickel and cadmium in seawater. With practice, the method is not overly time consuming. It is reasonable to expect to complete sample concentration in less than 20 min, digestion in about 4 h, and sample preparation in another hour; atomic absorption time should average about 5 min per element. Excellent results have been obtained on the distribution of nickel and cadmium in the ocean by this technique.

Brugmann *et al.* [674] compared three methods for the determination of copper, cadmium, lead, nickel and zinc in North Sea and North-east

*Table 6.36* Instrumental parameters for HGA 2100 graphite furnace atomic absorption spectrometer

| *Element* | *Sample volume* (μL) | *Gas flow continuous* ($cm^3$ $min^{-1}$) | *Dry cycle* | *Char cycle* | *Atomisation cycle* |
|---|---|---|---|---|---|
| Cu | 50 | 30 | 20 s<br>110°C | 25 s<br>850°C | 10 s<br>2400°C |
| Ni | 100 | 30 | 35 s<br>110°C | 20 s<br>1150°C | 12 s<br>2600°C |
| Cd | 50 | 20 | 25 s<br>110°C | 20 s<br>500°C | 5 s<br>1600°C[a] |

[a]For Cd, this was followed by cleaning for 5 s at 2600°C

Source: Reproduced by permission from Elsevier Science Publishers BV, Amsterdam

*Table 6.37* Replicate seawater analysis (Results are given as nmol $kg^{-1}$)

| *Sample depth (m)* | *Copper* | *Nickel* | *Cadmium* |
|---|---|---|---|
| 216 | 1.28 | 4.5 | 0.31 |
| | 1.14 | 4.7 | 0.38 |
| 916 | 2.48 | 5.8 | 0.71 |
| | 2.17 | 6.2 | 0.73 |
| 1733 | 2.25 | 7.2 | 0.87 |
| | 2.19 | 7.1 | – |
| 2326 | 2.85 | 7.8 | 1.07 |
| | 2.63 | 7.0 | 1.12 |
| | 2.74 | 7.1 | 1.29 |
| 4926 | 4.55 | 8.2 | 0.98 |
| | 4.08 | 7.8 | 1.26 |

Source: Reproduced by permission from Elsevier Science Publishers BV, Amsterdam

Atlantic waters. Two methods consisted of atomic absorption spectroscopy but with preconcentration using either freon or methyl isobutyl ketone, and anodic stripping voltammetry was used for cadmium, copper and lead only. Inexplicable discrepancies were found in almost all cases. The exceptions were the cadmium results by the two atomic absorption spectrometric methods, and the lead results from the freon with atomic absorption spectrometry and anodic scanning voltammetric methods.

The precision of the determinations is generally best using the freon extraction. This is probably because these extractions and determinations were performed under full clean-room conditions. The drawback of acid leaching from containers during long storage is small compared with the advantages gained from working under clean-room conditions.

Bruland *et al.* [675] have shown that seawater samples collected by a variety of clean sampling techniques yielded consistent results for copper, cadmium, zinc and nickel, which implies that representative uncontaminated samples were obtained. A dithiocarbamate extraction method coupled with atomic absorption spectrometry and flameless graphite furnace electrothermal atomisation is described which is essentially 100% quantitative for each of the four metals studied, has lower blanks and detection limits, and yields better precision than previously published techniques. A more precise and accurate determination of these metals in seawater at their natural ng $L^{-1}$ concentration levels is therefore possible. Samples analysed by this procedure and by concentration on Chelex–100 showed similar results for cadmium and zinc. Both copper and nickel appeared to be inefficiently removed from seawater by Chelex–100. Comparison of the organic extraction results with other pertinent investigations showed excellent agreement.

### 6.72.5.2 Copper, iron and manganese, cadmium, cobalt, nickel, lead and zinc

Montgomery and Peterson [676] showed that ammonium nitrate used as a matrix modifier in seawater analysis to eliminate the interference of sodium chloride, degrades the pyrolytic coating on graphite furnace tubes. The initially increased sensitivities for copper, manganese and iron are maintained for up to 15 atomisations. There is then a rapid decline to a constant lower sensitivity. The characteristics depend strongly on the particular lot of furnace tubes. To decrease the sodium chloride interference without using matrix modifier, estuarine samples must be diluted (1 + 1) with pure water. Blanks and standards are prepared and diluted with sample water containing low amounts of trace metals to match the sample matrix.

Iron and manganese have been determined in saline pore water [677] by the following technique. 100 μL of the pre-acidified pore water (diluted with Q water if necessary) was pipetted by an Eppendorf pipette into a 10 ml volumetric Pyrex flask. To this flask 50 μL of nitric acid was added and the solution was then brought to volume with Q-water. Standards were made up by adding various amounts to 1 mg $L^{-1}$ stock metal solutions, 50 μL of nitric acid and 100 μL of a seawater solution of approximately the same salinity as the samples to be analysed. This final addition ensures that the standards are of approximately the same ionic strength and contain the same salts as the samples.

The samples were analysed by injecting 25 µL aliquots into a HGA 2000 Perkin–Elmer graphite furnace attached to a Jarrell–Ash 82–800 Double Beam Atomic Absorption Spectrophotometer. Graphite tubes in the furnace were replaced after 75–100 analyses. Metal concentrations were determined by comparing the peak heights of the samples to the standard curve established by the determination of at least five known standards. The detection limits of this technique for 1% absorption were: Fe, 0.9 µmol $L^{-1}$, and Mn, 0.2 µmol $L^{-1}$. The coefficient of variation was: Fe ±11% at 6.5 µmol $L^{-1}$, and Mn +12%, at 11.8 µmol $L^{-1}$.

Kingston *et al.* [441] have described a method for determining cadmium, cobalt, copper, iron, manganese, nickel, lead and zinc in seawater using Chelex–100 resin and graphite furnace atomic absorption spectrometry. The pH of the seawater is adjusted to 5.0 to 5.5 and then passed through a Chelex–100 resin column. Alkali and alkaline earth metals are eluted from the resin with ammonium acetate and then the trace elements are eluted with two 5 mL aliquots of 2.5 M nitric acid. The difficulties previously encountered with resin swelling and contracting have been overcome. By careful selection of the instrumental conditions, it is possible to determine subnanogram levels of these trace elements by graphite furnace atomic absorption spectrometry. The method has been shown to separate quantitatively with greater than 99% recovery the elements desired from the alkali and alkaline earth metals and has been applied in the analysis of trace elements in estuarine water from the Chesapeake Bay and seawater from the Gulf of Alaska.

#### 6.72.5.3 Cadmium, lead and chromium, copper, manganese and nickel

Stein *et al.* [678] have described a simplified sensitive and rapid method for determining low concentrations of cadmium, lead and chromium in estuarine waters. To minimise matrix interference, nitric acid and ammonium nitrate are added for cadmium and lead; nitric acid only is added for chromium. Then 10, 20 or 50 µL of the sample or standard (the amount depending on the sensitivity required) is injected into a heated graphite atomiser, and specific atomic absorbance is measured. Analyte concentrations are calculated from calibration curves for standard solutions in demineralised water for chromium or an artificial seawater medium for lead and cadmium. Detection limits (µg $L^{-1}$) were 0.1 for cadmium, 4 for lead and 0.2 for chromium. For cadmium (0.5 and 5 µg $L^{-1}$), lead (4 and 50 µg $L^{-1}$) and chromium (1 and 10 µg $L^{-1}$) in half-strength artificial seawater, the relative standard deviations ($n = 10$) were 20 and 9.5, 18 and 10.4, and 25 and 8.0% respectively.

Hoenig and Wollast [679] applied graphite furnace atomic absorption spectrometry to the determination of sub µg $L^{-1}$ amounts of cadmium, lead, copper, manganese, nickel and chromium in seawater.

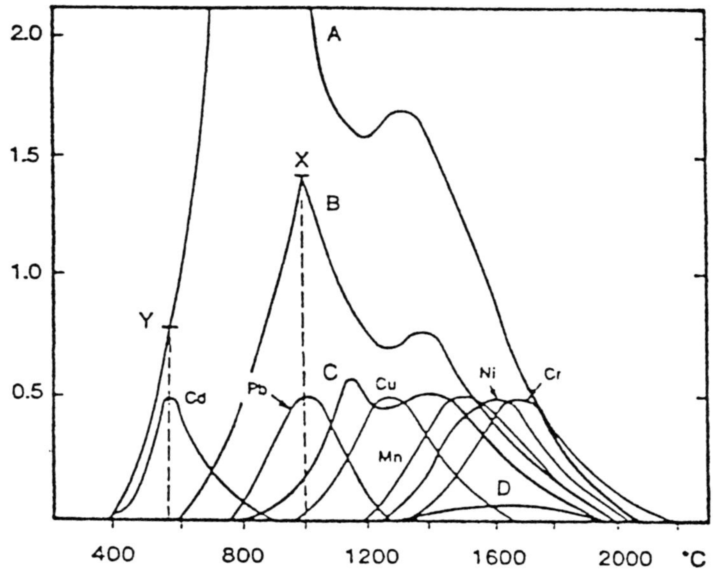


*Fig. 6.36* The absorbance signals of the test elements compared to the background absorbance generated by seawater during the atomisation for a pyrolysis performed at 380°C (A), 630°C (B), 850°C (C) and 1400°C (D) in the presence of $NH_4NO_3$ (4%)
Reproduced by permission from Elsevier Science Ltd, UK

Fig. 6.36 is an absorbance versus time plot obtained by Hoenig and Wollast [679] for the determination of trace metals in seawater. It shows the absorbance profiles of the desired elements as a function of the atomisation temperature. The scale starts with cadmium with an appearance of the absorption signal around 400°C, followed by lead (756°C), copper (1000°C), manganese (1200°C), nickel (1300°C) and chrome (140°C).

The time required to completely volatilise the metal increases inversely with the volatility of the element and is evidenced by an enlargement of the absorbance peak for the more refractory elements. These element profiles are superimposed with the non-specific absorption profiles generated by the atomisation of the seawater salts for four preset pyrolysis temperatures. These temperature settings cover the temperature range of pyrolysis for the determination of the indicated elements. Fig. 6.36 shows that volatile elements caused the most problems during analysis because of the incomplete removal of the matrix at the required low pyrolysis temperatures. Also, the maximum of the non-specific absorption profile does not necessarily coincide with the maxima of the analyte signals. As in the case of cadmium, the pyrolysis temperature cannot exceed 380°C, but at this pyrolysis temperature the background absorbance caused by the seawater matrix becomes excessively high (A profile). However, the appearance temperature of cadmium (temperature corresponding to the top of the peak) occurred on the slope of the background (point Y) at approximately 0.8 units of absorbance (0.8A) which can be easily compensated by a deuterium corrector.

Although the pyrolysis temperature can be raised up to 630°C to reduce the non-specific absorption (B profile), the determination of lead is a problem because the appearance temperature of lead corresponds to the maximum absorbance of the matrix signal (point X). Furthermore, the background absorbance of 1.5A is at the limit of capability of the deuterium arc corrector. This high background, coupled with the poorer sensitivity of lead (with respect to that of cadmium), limits the analytical capability of the direct determination of lead in seawater.

The results demonstrate that cadmium can be determined directly; the direct determination of copper, manganese and chromium are also possible, but their application is more limited than cadmium. The lead and nickel determination proved to be the most difficult, since their determination is limited by their low sensitivity and by the overlap of their absorption profiles with the background absorbance generated by seawater matrix. The direct determination of lead and nickel by this technique can be used only for seawater samples that are taken in coastal or estuarian zones which are quite polluted.

Furthermore, it is important to emphasise the favourable or unfavourable influence of many analytical and instrumental parameters on the quality of the analysis. It is primarily the state of the graphite tube that can bring about some serious changes regarding magnitude of background during atomisation. Both the configuration and construction of the atomiser play an important role. Background levels can vary considerably depending on the type of furnace used. For example, the background is more elevated in older Instrumentation Laboratory atomisers (Models 455 and 555). In contrast, in newer IL655 atomisers the reduction of background absorbance is attributed to the flow programming of purge gas during the atomiser cycle. Optimum pyrolysis and atomisation temperatures are so critical to the analysis of seawater that it is necessary to optimise them with one's own equipment for the specific equipment being used.

#### 6.72.5.4 Iron, manganese and zinc

Sturgeon *et al.* [435] and Segar and Cantillo [442] described a direct determination of these elements by graphite furnace atomic absorption spectrometry. A combination of furnace type redesign, selective volatilisation and matrix modification techniques allows all three elements to be determined by the method of standard additions. Lower limits of determination of 0.2, 0.2 and 0.4 μg $L^{-1}$ sensitivities of 0.4, 0.2 and 0.07 μg $L^{-1}$; and precisions of determination of 4.5, 3 and 11% (at 2 μg $L^{-1}$ level) are obtained for iron, manganese and zinc.

#### 6.72.5.5 Iron, chromium and manganese

A graphite furnace procedure has been described [680] for the direct determination of iron, chromium and manganese in seawater and estuarine waters in which the interference normally associated with the presence of sodium chloride is eliminated. The technique requires only very small sample volumes (10–20 μL) for the atomisation stage. The reproducibility of the method was very good.

#### 6.72.5.6 Cadmium, copper, silver and lead

These elements have been determined by an ammonium pyrrolidine dithiocarbamate chelation followed by a methyl isobutyl ketone extraction of the metal chelate from the aqueous phase [331,681] followed by graphite furnace atomic absorption spectrometry.

The detection limits of this technique for 1% absorption were determined to be: Cu 0.03 μmol $L^{-1}$, Cd 2 nmol $L^{-1}$, Ag 2 nmol $L^{-1}$.

Cimadevilla *et al.* [682] compared wall, platform and graphite probe atomisation techniques in electrothermal atomic absorption spectrometry for the determination of μg $L^{-1}$ levels of silver, cadmium and lead in seawater.

#### 6.72.5.7 Mercury, lead and cadmium

Tikhomirova *et al.* [683] have developed a procedure for simultaneous concentration of mercury, lead and cadmium from seawater by coprecipitation with copper sulphide. The isolation yield is 99% for mercury and lead, and 89% for cadmium. Mercury is determined by flameless atomic absorption spectrophotometry, and lead and cadmium by flame atomic absorption spectrophotometry.

#### 6.72.5.8 Lead, manganese, vanadium and molybdenum

Tominaga *et al.* [684,685] studied the effect of ascorbic acid on the response of these metals in seawater obtained by graphite furnace atomic absorption spectrometry from the point of view of variation of peak times and the sensitivity. Matrix interferences from seawater in the determination of lead, manganese, vanadium and molybdenum were suppressed by addition of 10% (w/v) ascorbic acid solution to the sample in the furnace. Matrix effects on the determination of cobalt and copper could not be removed in this way. These workers propose a direct method for the determination of lead, manganese, vanadium and molybdenum in seawater.

#### 6.72.5.9 Copper, iron, manganese, cobalt, nickel and vanadium

Segar and Gonzalez [436] carried out a direct determination of these elements in seawater using a graphite atomiser and a deuterium background connector. Sea salts are volatilised at a lower temperature than is required for the volatilisation of the above elements.

#### 6.72.5.10 Nickel, copper, molybdenum and manganese

Hayase *et al.* [686] first extracted the seawater sample with chloroform to remove dissolved organic matter prior to analysis of the aqueous phase by graphite furnace atomic absorption spectrometry. Seawater samples at pH 3 and at pH 8 were extracted with chloroform, evaporated to dryness and the residue treated with nitric acid. Acid solutions were subjected to metal analyses by graphite furnace atomic absorption spectrometry.

#### 6.72.5.11 Arsenic, bismuth, indium, lead, antimony, selenium, tin, tellurium and thallium

The application of palladium and magnesium nitrate matrix modifier for graphite furnace atomic absorption spectrometry has been discussed in detail [687]. The work has shown that a mixture of palladium and magnesium nitrates is a powerful matrix modifier for nine elements of Group IIIA through Group VIA of the periodic table. Preliminary results show good promise that this modifier could be used for even more elements, including those of Group IB and Group IIB. This would mean that the palladium and magnesium nitrates modifier could possibly replace almost all the other matrix modifiers recommended up to now except perhaps for the magnesium nitrate modifier proposed for several transition elements [688]. This would certainly simplify graphite furnace AAS in routine application.

The palladium and magnesium nitrates modifier permits use of thermal pretreatment temperatures of at least 900–1000°C for all investigated elements. For most elements this modifier enables the application of substantially higher pyrolysis temperatures than the matrix modifier recommended previously by Perkin–Elmer [689]. These higher pyrolysis temperatures allow effective charring of biological matrices and removal of most inorganic concomitants prior to analyte element volatilisation.

The palladium and magnesium nitrates modifier has a substantial equalising effect on the atomisation temperature of the nine elements investigated. The optimum atomisation temperature for all but one element (thallium) is between 1900 and 2100°C. This means that all elements can be determined at a 'compromise' atomisation temperature of 2100°C with a minimum sacrifice in sensitivity. Such uniform conditions for as many elements as possible are of vital importance if simultaneous multielement furnace techniques are envisaged. Moreover in conventional graphite furnace atomic absorption spectrometry, uniform conditions for a number of elements can greatly facilitate and simplify daily routine analysis.

The mechanism of stabilisation of the palladium and magnesium nitrates modifier was not investigated [687]. It is known, however, that palladium nitrate decomposes via the oxide to the metal at 870°C which melts at 1552°C. The appearance temperature for palladium in a graphite furnace is around 1250°C. As most of the investigated elements are stabilised to temperatures around 1200°C, it can be assumed that the modifier acts by imbedding the analyte into the palladium matrix or even by forming a kind of an 'alloy' with the analyte.

#### 6.72.5.12 Platinum and iridium

Hodge *et al.* [690] have described a method for the determination of platinum and iridium at picogram levels in marine samples which is based upon an isolation of anionic forms of these elements upon appropriate resins with a subsequent purification by uptake on a single ion-exchange bead. All steps are followed by radiotracers, and yields vary between 35 and 90%. Graphite furnace atomic absorption spectrometry was employed as the determinative step.

### 6.72.6 *Zeeman graphite furnace atomic absorption spectrometry*

The widespread use of graphite furnace systems has greatly expanded the requirements for accurate background correction in atomic absorption measurements. Correction for background absorption is most commonly achieved using continuum sources. While adequate in many cases, the continuum source technique has several inherent limitations. The intensity of the continuum sources is not always adequate; inaccurate correction is possible if the background is structured; plus it is necessary to maintain correct optical alignment between the source and continuum lamps. The combined effect of these limitations means that it is not always possible to obtain accurate correction for applications with high background levels.

The need for improved background correction performance has generated considerable interest in applying the Zeeman effect, where the atomic spectral line is split into several polarised components by the application of a magnetic field. With a Zeeman effect instrument background correction is performed at, or very close to, the analyte wavelength without the need for auxiliary light sources. An additional benefit is that double-beam operation is achieved with a very simple optical system.

Numerous workers have since investigated the technique utilising systems in which the magnetic field is applied directly to the light source [691–699] or to the atom source [700–703]. There are several possible design approaches for a Zeeman effect atomic absorption spectrophotometer. The magnetic field may be fixed or modulated, the field may be aligned in a direction transverse (perpendicular) or longitudinal (parallel) to the optical path and the field may be applied to the light source or the atom source.

Fernandez *et al.* [704] of Perkin–Elmer Ltd reported results obtained in investigating several of these possible design approaches. Background correction performance will probably not be significantly influenced by the position or type of magnet used. However, this is not the case regarding sensitivity and analytical range, where the design employed will have a significant impact on performance. These workers developed a Zeeman effect instrument capable of providing improved background correction performance with minimal sacrifice in analytical sensitivity and working range and this was incorporated into the Hadel 5000 instrument. This design utilises a modulated, transverse field applied to the graphite tube. Comparisons of analytical sensitivity and working range versus standard atomic absorption performance with the system is reported [455].

Further improvements in the technique [705] include the use of a L'vov platform to achieve a temperature that is constant in time and improved pyrolytically coated graphite tubes. To achieve improved performance requires a fast spectrophotometer, rapid heating of the furnace, integration of the absorbance signals and usually an appropriate matrix modifier. All of these aspects of the analytical system must be carefully integrated with an understanding of the role played by the system. These workers give guidelines for optimising each part of the system.

Many papers have been written dealing with the direct determination of trace metals in seawater by graphite furnace [134,144,145,442,455,651, 706]. Little sample preparation is required. However, interferences are often troublesome. Direct graphite furnace atomic absorption spectrometry requires virtually no addition of chemicals and is very fast. However, most pollutants and micro-nutrients are present in seawater near or only slightly above the detection limits and, as a rule, a rather high non-specific (background) signal is present.

Maximum power heating, the L'vov Platform, gas stop, the smallest possible temperature step between thermal pretreatment and atomisation, peak area integration and matrix modification have been applied in order to eliminate or at least reduce interferences in graphite furnace atomic absorption spectrometry. With Zeeman-effect background correction, much better correction is achieved, making method development and trace metal determinations in samples containing high salt concentrations much simpler or even possible at all.

#### 6.72.6.1 Copper, lead, cadmium, cobalt, nickel and strontium

The Zeeman technique has been used for the determination of other elements [707] in seawater. De Kersabiec *et al.* [708] have described a Zeeman method for the determination of copper, lead, cadmium, cobalt, nickel and strontium in brines in the soil water adjacent to the Red Sea.

#### 6.72.6.2 Chromium, nickel, manganese, cadmium, arsenic and molybdenum

Grobenski *et al.* [709] have reviewed methodology for the determination of these elements in seawater. Zeeman-effect background correction using an AC magnet around the graphite furnace corrects for non-specific attenuation up to 2.0 absorbance and corrects for structured background [710].

Grobenski *et al.* [709] point out that analysing different seawater samples under standard temperature platform furnace conditions does not always have to deal with such high background. On the other hand, 'over-compensation' using a continuum source background corrector for a modest background is usually ascribed to the presence of structured background. In a few cases it is very difficult to distinguish between fast background and structured background.

The following additional, even more important, requirements are put on background correction, namely: there should be no analytical sensitivity loss connected with correction, accuracy of correction must be very good, and correction of fast background signals should be possible.

Normal concentrations for a number of elements in seawater is near or only slightly above the detection limits. For graphite furnace atomic absorption spectroscopy, detection limits are calculated using 100 μL of acidified reference solutions without background correction and with the usual 2 × SD rule.

There is thus the question whether detection limits in the real samples with background correction are the same or worse.

With Zeeman-effect background correction using an AC magnet around the graphite furnace, detection limits for the acidified reference

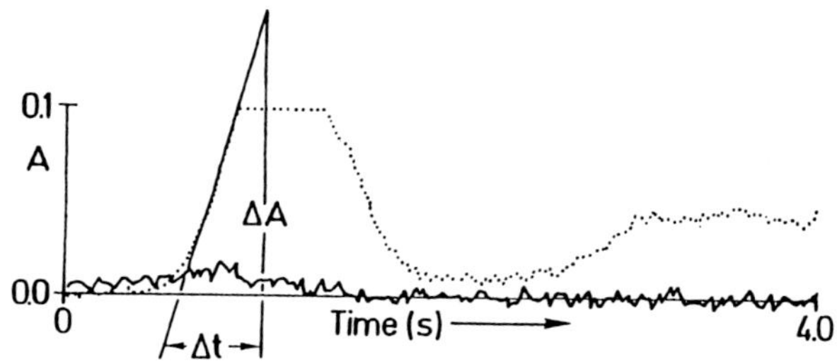


*Fig. 6.37* Speed of background (Mn in seawater) STPF and Zeeman Graphite Furnace AAS
$\Delta A/\Delta t$ = 0.3 A/s
Source: Own files

solutions are practically the same as without background correction, since there is no significant analytical sensitivity loss [710] and no noise contribution from the background corrector.

Accuracy of correction on such a Zeeman system is given by baseline noise [710]. Thus accuracy of correction can be expressed in concentration, calculated from the Zeeman graphite furnace blank readings.

It is much more difficult to define speed of background. For determinations of chromium and manganese in seawater under standard temperature platform furnace conditions, rise speeds in the range of 0.3 to 0.5 absorbance per second have been observed (Fig. 6.37). Under special conditions (multiple sample injection with thermal pre-treatment between), background signal speeds of up to 0.5A/0.1 $s^{-1}$ have been observed and successfully corrected.

Standard temperature platform furnace conditions have already been successfully applied for the determination of cadmium and manganese in seawater and the limitation of the platform sample volume has been discussed [144]. While multiple injections with drying and/or thermal pretreatment between injections help, 50 μL as total sample volume on the platform for a single injection is a limit. The relative detection limits using the platform without multiple injections are thus at least two to three times worse than wall atomisation of 100 μL of sample.

Since the combination of the standard temperature platform furnace concept and Zeeman-effect background correction offers interference-free analysis of real samples, only these detection limits are relevant for the analyst. Detection limits in real samples do not differ from detection limits obtained for reference solutions when the method and instrumentation described by Grobenski *et al.* [709] are used. To improve further the detection limits in a number of cases, multiple injections can be used.

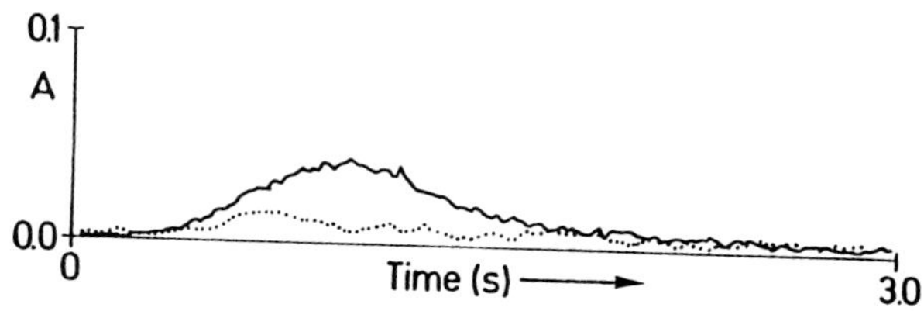


*Fig. 6.38* Determination of Mo in seawater (NASS–1) STPF and Zeeman Graphite Furnace AAS 10 µL sample
Source: Own Files

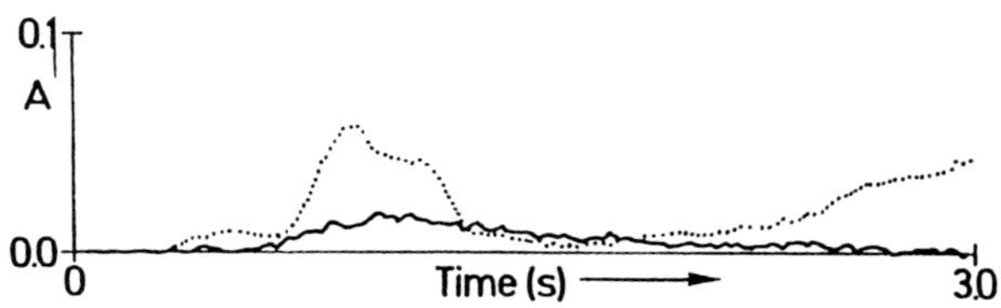


*Fig. 6.39* Determination of Cr in seawater (NASS–1) STPF and Zeeman Graphite Furnace AAS 30 µL sample + 10 µL $Mg(NO_3)_2$
Source: Own files

### *Determination of molybdenum*

Molybdenum is an element for which platform atomisation so far does not offer an advantage. Just the opposite is the case; sensitivity is very poor and memory effects are very strong. The Zeeman detection limit for wall atomisation in a pyrocoated graphite tube using 100 µL of reference solution is 0.03 µL (for both peak height and peak area evaluation).

The molybdenum concentration in the reference sample is rather high and a direct determination using the 'cookbook' conditions [711] is very straightforward. There is no difference between peak area and peak height evaluation. In spite of 1800°C for thermal pretreatment, a small background absorption signal is present (Fig. 6.38).

The found value of 11.7 µg $L^{-1}$ is excellent agreement with the reference value of 11.5 µg $L^{-1}$.

### *Determination of chromium*

Chromium was measured using standard temperature platform furnace conditions [711]. For the 30 µL of sample (undiluted and diluted 1+1), 10 µL of 1% magnesium nitrate matrix modifier were added. The background attenuation signal was neither very high nor fast (Fig. 6.39). Peak

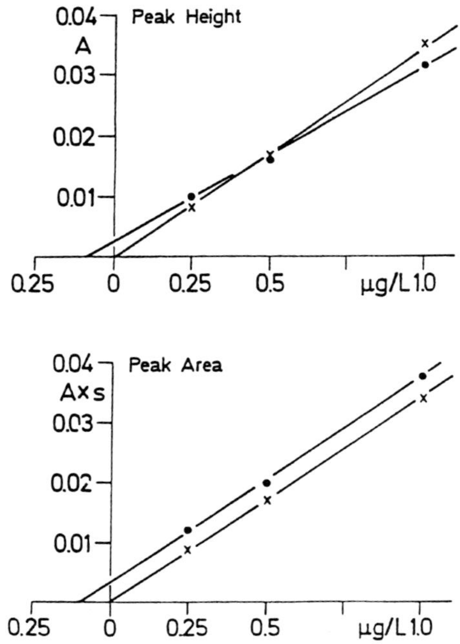


*Fig. 6.40* Determination of Cr in seawater (NASS–1) STPF and Zeeman Graphite Furnace AAS 30 µL sample + 10 µL MG (NO3)2
Source: Own files

area (ie integrated absorbance) evaluation provides very good agreement with the reference value, which was not the case for peak height evaluation (Fig. 6.40).

Similar to molybdenum, the chromium concentration was very high and the analysis was very straightforward. The found value of 0.181 µg $L^{-1}$ agrees well with the reference value of 0.184 µg $L^{-1}$.

### *Determination of nickel*

The reference value for nickel is 0.257 µg $L^{-1}$. This is practically identical with the detection limit of 0.2 µg $L^{-1}$ for standard temperature platform furnace and Zeeman conditions.

The peak height sensitivity for nickel is at least three times higher for atomisation off the wall of a pyrocoated tube. This is the reason why 90 µL of undiluted sample and 10 µL of 1% magnesium nitrate as matrix modifier were measured using an alternate nickel method for wall atomisation [711]. Using peak height evaluation, direct calibration and

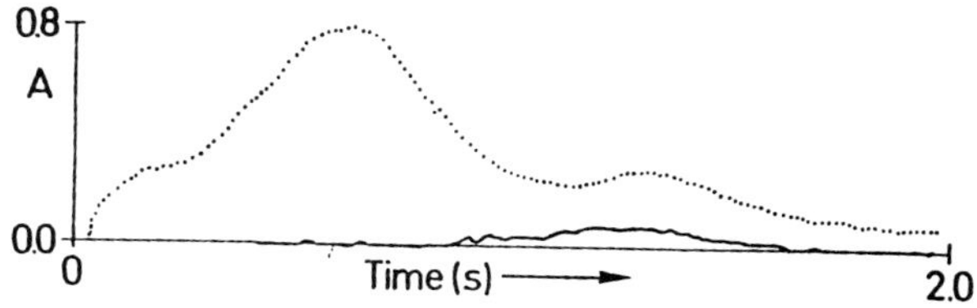


*Fig. 6.41* Determination of As in seawater (NASS–1) STPF and Zeeman Graphite Furnace AAS 2× (30 µL sample + 15 µL 0.1% Ni $(NO_3)_2$)
Source: Own files

the analyte addition technique gave an acceptable agreement in results: 0.257 µg $L^{-1}$ for reference and found 0.251 µg $L^{-1}$. The background attenuation signal was not higher than 0.3 absorbance.

The same result was obtained with standard temperature platform furnace conditions, ie platform atomisation, only when three multiple injections with thermal pretreatment between were applied.

To prove these two signals, Grobenski *et al.* [709] analysed seawater reference material for trace metals NASS–1 of the National Research Council, Canada, by graphite furnace atomic absorption spectrometry using Zeeman-effect background correction (AC magnet around furnace) and standard temperature platform furnace conditions.

### *Determination of arsenic*

The reference value for arsenic of 1.65 µL $L^{-1}$ is just a factor of four above the detection limit using standard temperature platform furnace and Zeeman. This is the reason why multiple injections have been applied from the beginning. Two sample aliquots of 30 µL and 15 µL of 0.1% nickel nitrate were dispensed with thermal pretreatment at 1300°C between. The background attentuation signal was approximately 0.8 absorbance, not very fast and well displaced from the specific arsenic signal (Fig. 6.41). A major contribution for the arsenic signal delay comes from platform atomisation and good matrix modification. A result of 1.3 ± 0.5 µg $L^{-1}$ is negatively biased and the standard deviation is rather high, but acceptable when compared to the 1.65 ± 0.19 µg $L^{-1}$ for the reference sample.

### *Determination of manganese*

The standard temperature platform furnace/Zeeman detection limit of 0.04 µg $L^{-1}$ is a factor of two above the manganese concentration in the reference sample (Fig. 6.42), allowing determination only when multiple

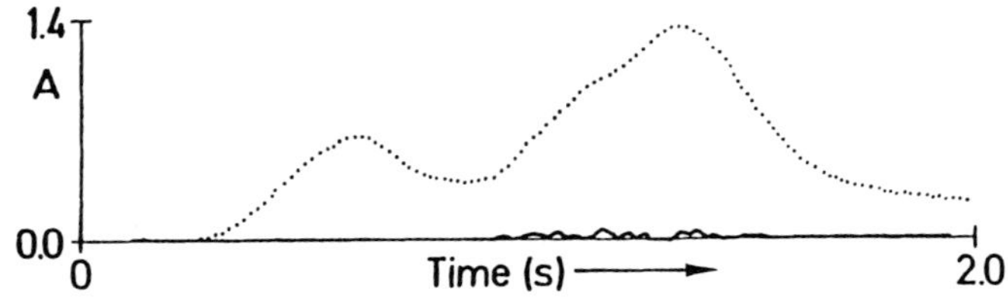


*Fig 6.42* Determination of Mn in seawater (NASS–1) STPF and Zeeman Graphite Furnace AAS 5× (40 μL sample + 10 μL Mg (NO3)2)
Source: Own files

injections are used. With four or five replicate injections of 40 μL of the 1+1 diluted sample and 10 μL of 1% magnesium nitrate, 0.02 ± 0.01 μg $L^{-1}$ was found. The main reason for a high standard deviation are problems associated with contamination. Hours were spent cleaning vessels, acid modifier, etc.

The background signal for five aliquots of 40 μL was approximately 1.4 absorbance and with a fast rise (0.5 absorbance in 0.1 second) (Fig. 6.42). In this example contamination and noise of the baseline are limiting factors. It should be pointed out that background attenuation of 1.6 absorbance units is equivalent to a background of 97.5% absorption, meaning that the available radiation for atomic absorption is 2.5% of that leaving the hollow cathode lamp. With a background higher than 2.0 absorbance, only 1% of the radiation is available for specific absorption, with the consequence that signals are most probably too noisy to be used.

### *Determination of cadmium*

Cadmium was measured with STPF and Zeeman background correction as already published by Pruszkowska *et al.* [144].

30 μL of 1+1 diluted sample and 15 μL of mixed modifier $NH_4H_2PO_4$ and magnesium nitrate were used. The background attenuation signal was approximately 1.4 absorbance with a rise speed of approximately 1.0 absorbance per s. Again contamination was one of the major problems. The result of 0.031 ± 0.007 μg/L compares well with the reference of 0.029 ± 0.004 μg L.

Cabon and Le Bihan [712] studied the effects of transverse heated atomic absorption spectrometry and longitudinal Zeeman effect background correction in sub μg $L^{-1}$ determination of chromium, copper and manganese in seawater samples.

### 6.72.7 *Hydride generation atomic absorption spectrometry*

#### 6.72.7.1 Arsenic, antimony, bismuth, selenium, tellurium, tin, lead and germanium

A number of elements in the fourth, fifth and sixth group of the periodic system form hydrides upon reduction with sodium borohydride, which are stable enough to be of use for chemical analysis (Ge, Sn, Pb, As, Sb, Se, Te). Of these elements, Andreae [713] has investigated in detail arsenic, antimony, germanium and tin. The inorganic and organometallic hydrides are separated by a type of temperature-programmed gas-chromatography. In most cases it is optimal to combine the functions of the cold trap and the chromatographic column in one device. The hydrides are quantified by a variety of detection systems, which take into account the specific analytical chemical properties of the elements under investigation. For arsenic, excellent detection limits (≅ 40 pg) can be obtained with a quartz tube cuvette burner which is positioned in the beam of an atomic absorption spectrophotometer. For some of the methylarsines, similar sensitivity is available by an electron capture detector. The quartz-burner/AAS system has a detection limit of 90 pg for tin; for this element much lower limits (≅ 10 pg) are possible with a flame photometric detection system, which uses the extremely intense emission of the SnH molecule at 609.5 nm. The formation of GeO at the temperatures of the quartz tube furnace makes this device quite insensitive for the determination of germanium. Excellent detection limits (≅ 140 pg) can be reached for this element by the combination of the hydride generation system with a modified graphite furnace/AAS.

The application of these techniques has led to the discovery of a number of organometallic species of arsenic, tin and antimony in the marine environment. Germanium has not been observed to form organometallic compounds in nature. Some aspects of the geochemical cycles of these elements which have been elucidated by the use of these methods are discussed.

In 1972 Braman *et al.* [714] suggested the use of sodium borohydride ($NaBH_4$) as a reducing agent to replace the metallic zinc used in the classical Marsh test, which is awkward to handle and often contains large blanks of the elements of interest. Sodium borohydride is now used almost exclusively in the various modifications of the hydride method. While the early procedures usually relied on collecting the metal hydrides together with the evolved hydrogen in some kind of a gas reservoir (including ox bladders and toy balloons), many of the recent methods make use of the condensation of the hydrides in a cold trap at liquid nitrogen temperature. Braman and Foreback [715] pioneered the use of a packed cold trap to serve both as a substrate to collect the hydrides at liquid nitrogen temperature, and to separate arsine and the methylarsines chromatographically by controlled heating of the trap. In the same paper, they described the differentiation between arsenic(III) and arsenic(V) by a pre-reduction step and by control of the pH at which the reduction takes place. The porcelain shard held into the flame on Marsh's apparatus has been replaced by a variety of highly sensitive detectors, many of which are element-selective. Most of the detectors commonly used for gas chromatography have been applied to the detection of the hydrides, among them the thermal conductivity, flame ionisation and the electron capture detector. A molecular emission detector has been used for tin. Atomic emission spectrometric detectors based on DC discharges [5,715] and microwave-induced plasmas [716] were applied to the speciation of arsenic in environmental samples. The currently most popular detection system is atomic absorption spectrometry in one of its numerous variants. The hydrides were at first introduced into a normal AA flame, but it was soon recognised that better detection limits could be achieved with enclosed atom reservoirs and with very small flames or with flameless systems. A number of heated quartz furnace devices without internal flames are now on the commercial market. The lowest detection limits were achieved by cold-trapping of the hydrides and subsequent introduction into either a quartz cuvette furnace [345] or into a commercial graphite furnace [716]. Andreae [713] discusses the methodology of the determination of arsenic, antimony, germanium and tin on these systems, and its application to the investigation of the marine and estuarine chemistry of these elements.

The determination of the hydride element species consists of five steps:

(1) the reduction of the element species to the hydrides;
(2) the removal of interferent volatiles from the gas stream;
(3) the cold-trapping of the hydrides;
(4) the separation of the substituted and unsubstituted hydrides from each other and from interfering compounds; and
(5) the quantitative detection of the hydrides.

A typical instrumental configuration to accomplish these steps is shown in Fig. 6.43 for the borohydride reduction/flame photometric detection system for tin speciation analysis.

*Reduction of the element species to the hydrides*

Most of the hydride elements occur in a number of different species. The optimum reduction conditions vary from element to element, and between different species of the same element, eg antimony(III), antimony(V), methylstibonic acid([$(CH_3)SbO(OH)_2$]) and dimethylstibinic acid [$(CH_3)_2SbO(OH)$]. The conditions under which the element species are being reduced have been optimised as shown in Table 6.38.

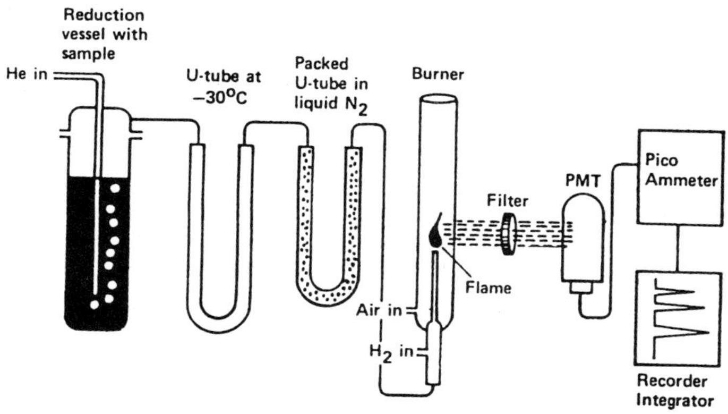


*Fig. 6.43* Schematic design of the $NaBH_4$-reduction/flame photometric detection system for the determination of tin species in natural waters
Source: Reproduced by permission from Plenum Press Inc, New York

*Table 6.38* Reaction conditions for the reduction of various 'hydride element' species to the corresponding hydrides

| *Species* [1] | *pKa* | *pH* | *Composition of reaction medium* | $NaBH_4$ [2] |
|---|---|---|---|---|
| As(III) | 9.2 | 6–7 | 0.05 M TRIS–HCl | 1 |
| As(V) | 2.3 | | | |
| MMAA | 3.6 | ~1 | 0.12 M HCl | 3 |
| DMAA | 6.2 | | | |
| Sn(II) | 9.5 | | | |
| Sn(IV) | ~10 | 2–8 [3] | 0.01 M $HNO_3$ | 1 |
| $Me_xSn$ | 11.7 [4] | | | |
| Ge(IV) | 9.3 | ~6 | 0.095 M TRIS–HCl | 3 |
| Sb(III) | 11.0 | ~6 | 0.095 M TRIS–HCl | 2 |
| Sb(V) | 2.7 | ~1 | 0.18 M HCl, 0.15 M KI | 3 |
| MMSA | – | 1.5–2 | 0.06 M HCl | 2 |
| DMSA | – | | | |

[1] Abbreviations:
MMAA = monomethylarsonic acid $[(CH_3)AsO(OH)_2]$
DMAA = dimethylarsinic acid $[(CH_3)_2AsO(OH)]$
$Me_xSn$ = $MeSn^{3+}$, $Me_2Sn^{2+}$, $Me_3Sn^+$
MMSA = monomethylstibonic acid $[(CH_3)_2SbO(OH)]$
DMSA = dimethylstibinic acid $[(CH_3)_2SbO(OH)]$
[2] ml of 4% NaBH4 solution per 100 ml sample
[3] Increases during the reaction
[4] Data available only for $Me_2Sn(OH)_2$

Source: Reproduced by permission from Plenum Press, New York

With the exception of antimony(V) which requires the presence of iodide for its reduction, all species can be reduced in an acid medium at pH of 1–2. However, the reduction of some species, including antimony (III) and arsenic(III) and all tin species, will also proceed at higher pH, where arsenic(V) and antimony(V) are not converted to their hydrides. This effect permits the selective determination of the different oxidation states of these elements [715,717]. In the case of tin, reduction can be achieved at the pH of the TRIS–HCl buffer (~6–7), but due to the tin contamination in commercially available TRIS–HCl, Andreae [713] prefers to perform the reaction in a medium containing a small amount of nitric acid. This addition results in a solution pH of about 8 after the injection of the $NaBH_4$; without it, the pH would rise above 10 and the reduction to the stannanes would be inhibited. Nitric acid is used, as it is available with a tin blank below the limit of detection (most HCl contains detectable tin blanks). The acid is added to the sample immediately after it has been taken; it then serves both to stabilise the solution and to control the pH of the analytical reaction. Andreae [713] was not able to differentiate between Sn(II) and Sn(IV); both species are reduced with the same yield under his operating conditions.

In contrast to the findings of Foreback [6] and Tompkins [716], Andreae [713] was not able to reduce antimony(V) quantitatively at pH 1.5–2 without the addition of potassium iodide. A concentration of at least 0.15 M KI in the final solution at a pH less than 1.0 was necessary to achieve complete reduction [717]. This is in agreement with the work of Fleming and Ide [718] who suggested an addition of ca. 0.2 M KI per litre to ensure the reduction of SbV). Under the conditions used by Foreback [6], Andreae [713] finds only partial reduction of both Sb(III) and Sb(V) (about 30% for both species).

Germanium can be reduced through a wide range of pH [717]. The optimum pH is in the near-neutral range, as the efficiency of germanium-reduction decreases at lower pH, probably due to the competitive acid–catalyzed hydrolysis of the borohydride ion. At a pH above 8, the yield also decreases, both due to the decrease of the reducing power of borohydride with increasing pH and to the lack of hydrogen evolution at high pH (the hydrogen gas evolving in the solution helps to strip out the hydrides more efficiently than the relatively large helium bubbles passing through the solution).

### *Removal of interferent volatiles from the gas stream*

Depending on the detector used, some volatile compounds which are formed or released during the hydride generation step may interfere with the detection of the hydrides of interest. Most prominent among them are water, carbon dioxide, and in the case of anoxic water samples, hydrogen sulphide. The atomic absorption detector is insensitive towards these compounds; thus no precautions need to be taken when this detector is used. It has been found convenient in some applications, however, to remove most of the water before it enters the cold-trap/column which serves to condense and separate the hydrides. This can be accomplished by passing the gas stream through a larger cold trap cooled by a dry-ice/alcohol mixture or by an immersion-cooling system [345]. This method was also used with water-sensitive detectors, eg the electron-capture detector for methylarsines [345], or with plasma discharge detectors (eg Crecelius [719]). Carbon dioxide produces an interfering peak on the plasma discharge detectors and the flame photometric detector for tin. If the separation by the column used is adequate, no additional precautions are necessary to remove carbon dioxide interference. Otherwise, a small tube filled with granulated sodium hydroxide can be included in the gas stream to absorb carbon dioxide. Samples of marine anoxic water often contain large amounts of hydrogen sulphide. This causes a significant interference in a number of different detectors. It can be removed by passing the gas through a tube filled with lead acetate [719].

### *Cold-trapping of the hydrides*

Only when the very contamination-sensitive electron-capture detector is used is it necessary to provide separate gas streams, one for the reaction and stripping part of the system, the other for the carrier gas stream of the column and detector. Otherwise, the same gas stream can be used to strip the hydrides from solution and to carry them into the detector, which greatly simplifies the apparatus. This is of considerable significance, as each additional surface and joint in the apparatus increases the possibility of irreversible adsorption of the sensitive hydrides and thus is a potential contributor to analytical error. The cold trap then serves both to collect the hydrides from the reaction gas stream and to chromatographically separate them as it is heated up. Initially, column packings of glass beads [5] or glass wool [345] were used. These packings produce poor separation of the methylated species from each other and badly tailing peaks, however. Andreae [713] therefore used a standard gas chromatographic packing (15% OV–3 on Chromosorb W/AWDMCS, 60–80 Mesh) in U–tubes for the separation of the inorganic and alkyl–species of arsenic, antimony and tin. This packing is quite insensitive to water and produces sharp and well separated peaks, as demonstrated in Fig. 6.44 for stibine, methylstibine and dimethylstibine in a standard and a seawater sample. The retention times can be regulated by winding a heating wire around the outside of the U–tube and controlling the current supplied to this heating coil.

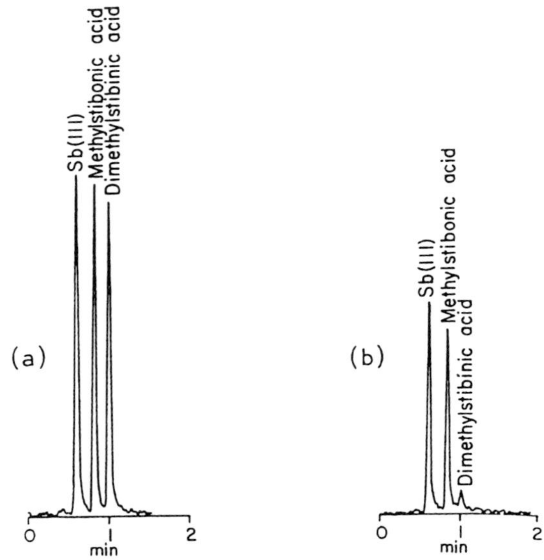


*Fig. 6.44* (a) Chromatogram of stibine, methylstibine and dimethylstibine as separated by the OV–3 trap/column with the quartz furnace/AA detector. The stibines were prepared by the $NaBH_4$ reduction of 2 ng Sb each as Sb(III), methylstibonic and dimethylstibinic acid. (b) Analysis of a sample of seawater (100 ml) from the open Gulf of Mexico (Station SN4–3–1, 12 March 1981, Lat 27° 15.16'N, Long 90° 29.88'W)
Source: Reproduced by permission from Plenum Press Inc, New York

*Passivation of the internal surfaces of the apparatus*

The most persistent difficulty of ultratrace analysis by the borohydride method has been the loss of significant fractions of the hydrides to the internal walls of the apparatus by irreversible adsorption. Some hydrides, eg dimethylarsine, are especially susceptible to this process. The consequences are significant random and systematic errors. Two steps must be taken to minimise this problem:

(1) strive for the most simple apparatus design possible, using as few joints as necessary, and only relatively inert materials (Pyrex and Teflon); and
(2) treat the internal surfaces of the apparatus with passivating reagents.

The first goal is accomplished by using the simple straight-through apparatus shown in Fig. 6.43 and by making all connections glass-to-glass, with 6 mm o.d. Pyrex tubing held together by short one-quarter inch o.d. Teflon tubing sleeves. Andreae [713] treats the inside of all components with silanising reagents. The trap/column is conditioned in

*Table 6.39* Detection limits in nanograms of the element for the species of As, Sn, Ge and Sb with different detection systems

| *Species* | *QCAA'* | *GFAA'* | *FPD'* | *ECD'* |
|---|---|---|---|---|
| As(III), As (V) | 0.03 | 0.09 | – | – |
| MMAA | 0.03 | 0;09 | – | 0.4 |
| DMAA | 0.05 | 0.15 | – | 0.2 |
| Sn(II), Sn (IV) | 0.05 | 0.05 | 0.02 | – |
| $Me_xSn$ | 0.06 | 0.06 | 0.015 | – |
| Ge(IV) | 3 | 0.14 | – | – |
| Sb(V) | 0.05 | 0.15 | – | – |
| Sb(III) | | | | |
| MMSA | 0.04 | 0.12 | – | – |
| DMSA | | | | |

'QCAA = quartz cuvette/atomic absorption; GFAA = graphite furnace/atomic absorption; FFD = flame photometric detector; ECD = electron capture detector

Source: Reproduced by permission from Plenum Press, New York

a GC-oven at 150°C, and then at the same temperature injected with several aliquots of Silyl–8 (Pierce Chemical Co, Rockford, IL) and conditioned for a few more hours. All other parts of the system are filled at room temperature with a solution of dimethyldichlorosilane in toluene, washed with toluene and methanol and dried at 110°C. This treatment eliminates the irreversible adsorption of the hydrides and leads to well-shaped peaks with little tailing.

### *Quantitative detection of the hydrides*

Andreae [713] used four different detectors in his investigations: the electron-capture detector (for the methylarsines), the quartz-cuvette atomic absorption detector (for arsenic and antimony species), the graphite-furnace atomic absorption detector (for germanium and tin species) and the flame photometric detector (for tin species). Their performance in the borohydride analysis system is evaluated and compared in Table 6.39.

The electron-capture detector was originally found to be a sensitive detector for the methylarsines [345]. After improvements of the atomic absorption detectors had been made (especially concerning adsorptive losses and peak shapes of the methylarsines), it was found that this detector could be used to replace the electron–capture detector, which because of its lack of specificity and its sensitivity to contamination and changes in operating conditions was very inconvenient to work with.

The flame photometric detector for the determination of tin was first described by Braman and Tompkins [612]. This detector, which measures the emission of the diatomic species SnH in a molecular emission band with a bandhead at 610 nm, is highly sensitive to tin when the emission from a 'reversed flame' (a jet of air burning in an environment of hydrogen) is being monitored. It is subject to interference by carbon dioxide and some other gases, but the chromatographic separation obtained on the OV–3 trap described above is adequate to resolve these interferences if most of the carbon dioxide is removed by sparging the solution for a few minutes after the addition of the acid and before the trap is immersed in liquid nitrogen.

The most versatile system is the combination of hydride generation with atomic absorption spectroscopy. Here, the objective is to introduce the hydrides into an atom reservoir aligned in the beam of the instrument and to dissociate them to produce a population of the atoms of interest. This can be either achieved in a fuel-rich hydrogen/air flame in a quartz tube (cuvette) as described by Andreae [5] or in a standard graphite furnace by electrothermal atomisation [345]. The quartz cuvette has a higher sensitivity than the graphite furnace for arsenic and antimony; it is therefore preferred for the determination of these two elements. When organotin compounds are analysed using the quartz cuvette system, spurious peaks are sometimes seen eluting with the methyltins. The origin of these peaks is not clear. This interference can be avoided by using the graphite furnace system. Here, the hydrides are introduced with the carrier gas stream, to which some argon has been added, into the internal purge inlet of the graphite furnace. They have to pass through the graphite tube and leave through the internal purge outlet. The heating cycle of the furnace is timed so it reaches the required atomisation temperature shortly before the arrival of the unsubstituted hydride and is held at temperature until the last alkyl-substituted hydride has eluted. With this system, probably due to the higher operating temperature, no spurious tin peaks are present.

The graphite furnace system was originally developed by Andreae [713] when he found that the quartz cuvette gave only very poor sensitivity for germanium. This was attributed to the formation of GeO, a very stable diatomic species, at the relatively low temperatures of the quartz cuvette. At the higher temperatures available with the graphite furnace (2600°C for the determination of Ge), a sensitivity could be obtained for germanium comparable to that of the other hydride elements.

Nakashima *et al.* [720] give details of a procedure for preliminary concentration of 16 elements from coastal waters and deep seawater, based on their reductive precipitation by sodium tetrahydroborate, prior to determination by graphite-furnace atomic absorption spectrometry. Results obtained on two reference materials are tabulated. This was a

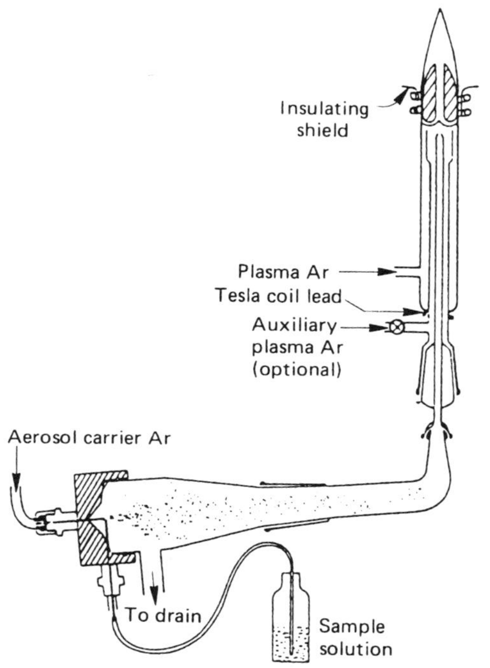


*Fig. 6.45* Torch and sample aerosol generation system (QVAS 127 system)
Source: Own files

simple, rapid and accurate technique for determination of a wide range of trace elements, including hydride-forming elements such as arsenic, selenium, tin, bismuth, antimony and tellurium. The advantages of this procedure over other methods are indicated.

### *6.72.8 Inductively coupled plasma atomic emission spectrometry*

The dc plasma was introduced as an excitation source for atomic emission spectrometry by Margoshes and Scribner [956] and Korolev and Vainshtein [721]. Modified designs have been characterised by a number of other authors [722–728]. Commercial equipment is now available from several manufacturers. The principle of the plasma torch arrangement used in these instruments is illustrated in Fig. 6.45 [729].

Winge *et al.* [729] have investigated the determination of 20 or more trace elements in saline waters by the inductively coupled plasma technique. They give details of experimental procedures, detection limits and precision and accuracy data. The technique when applied directly to the sample is not sufficiently sensitive for the determination of many of the elements at the low concentrations at which they occur in seawater and for these samples preconcentration techniques are required. However, it has the advantages of being amenable to automation and the capability of analysis for several elements simultaneously.

Work on this technique published in 1979 [730] on the application of the Spectroscan dc plasma emission spectrometer confirmed that for the determination of cadmium, chromium, copper, lead, nickel and zinc in seawater the method was not sufficiently sensitive as its detection limits are just approaching the levels found in seawater. High concentrations of calcium and magnesium increased both the background and elemental line emission intensities. The extension of inductively coupled plasma atomic emission spectrometry to seawater analysis has been slow for two major reasons. The first is that the concentrations of almost all the trace metals of interest are 1 μg $L^{-1}$ or less below detection limits attainable with conventional pneumatic nebulisation. The second is that the seawater matrix, with some 3.5% dissolved solids, is not compatible with most of the sample introduction systems used with ICPs. Thus direct multi-elemental trace analysis of seawater by ICP AES is impractical, at least with pneumatic nebulisation. In view of this, a number of alternative strategies can be considered:

1. Preconcentration and removal of the metals of interest from the seawater matrix prior to ICP analysis.
2. The use of ultrasonic nebulisation with aerosol desolvation.
3. A combination of the above two strategies.

Owing to inadequate detection limits by direct analysis various workers examined preconcentration procedures including dithiocarbamate preconcentration [464,731–733], ion-exchange preconcentration [134,734, 735], chelation solvent extraction [134], co-precipitation [736] and preconcentration in silica immobilised 8-hydroxyquinoline [737].

#### 6.72.8.1 Iron, manganese, zinc, copper and nickel

Berman *et al.* [734] have shown that if a seawater sample is given a 20-fold preconcentration by one of the above techniques, then reliable analysis can be performed by ICP AES for the following elements (ie concentration of element in seawater is more than five times the detection limit of the method): iron, manganese, zinc, copper and nickel. Lead, cobalt cadmium, chromium and arsenic are below the detection limit and cannot be determined reliably by ICP AES. These latter elements would need an at least 100-fold preconcentration before they could be readily determined.

*Table 6.40* Analysis of Sandy Cove seawater (μg $L^{-1}$)

| *Element* | *ICP–AES* | *GFAAS* | *IDSSMS* |
|---|---|---|---|
| Mn | 1.5 ± 0.1 | 1.4 ± 0.2 | 1.8 ± 0.2* |
| Fe | 1.5 ± 0.6 | 1.5 ± 0.1 | 1.4 ± 0.1 |
| Zn | 1.5 ± 0.4 | 1.9 ± 0.2 | 1.6 ± 0.1 |
| Cu | 0.7 ± 0.2 | 0.6 ± 0.2 | 0.7 ± 0.1 |
| Ni | 0.4 ± 0.1 | 0.33 ± 0.08 | 0.37 ± 0.02 |
| Pb | – | 0.22 ± 0.04 | 0.35 ± 0.03 |
| Cd | – | 0.24 ± 0.04 | 0.28 ± 0.02 |
| Cr | – | – | 0.34 ± 0.06 |
| Co | – | – | 0.02* |

Precision expressed as 95% confidence intervals
* Spark source mass spectrometry, internal standard method

Source: Reproduced by permission from the American Chemical Society

### 6.72.8.2 Ion-exchange preconcentration ICP AES

*Heavy metals (manganese, iron, zinc, copper, nickel, lead, cadmium, chromium and cobalt)*

Berman *et al.* [734] attempted to determine the nine above elements in seawater by a combination of ion-exchange preconcentration on Chelex 100 [134,441] and ICP AES using ultrasonic nebulisation. Preconcentration factors of between 25 and 100 were obtained by this technique.

Table 6.40 compares the ICP AES results with data generated for the same sample by two other independent methods – isotope dilution spark source mass spectrometry (IDSSMS) and graphic furnace atomic absorption spectrometry (GFAAS). The IDSSMS method also uses a preconcentration of the metals and matrix separation using the ion-exchange procedure, following isotope addition. The atomic absorption determinations were preceded by an MIBK extraction [134]. In general the agreement is very good, but one discrepancy merits comments. The spark source mass spectrometry result for manganese is not as reliable as the other data by this method. Since manganese is monoisotopic, a less accurate internal standardisation method of calibration has to be used. The ICP AES result for manganese is in close agreement with the GFAAS result.

Preconcentration factor 25, ie 250 μL seawater concentrated to 10 ml nitric acid extract.

Manganese, iron, zinc, copper and nickel can be determined by preconcentration ICP AES giving good agreement with the other methods.

No consistently reliable results were obtained for cadmium, chromium, cobalt and lead when samples up to 1 L were processed (ie no pre-concentration). Chromium is only weakly retained by the Chelex 100 resin under the conditions used so that the seawater concentration (about 0.3 μg $L^{-1}$) is not sufficiently enhanced.

McLaren and Berman [738] report on the installation of a wavelength modulation system in an inductively coupled plasma/echelle spectrometer to enable spectroscopic interferences to be characterised and to facilitate background correction. The performance of the system when applied to the determination of cadmium and lead in marine samples is discussed.

#### 6.72.8.3 Cadmium, zinc, lead, iron, manganese, copper, nickel and cobalt

Sturgeon *et al.* [134] compared five different analytical methods in a study of trace metal contents of coastal seawater. Analysis for cadmium, zinc, lead, iron, manganese, copper, nickel, cobalt and chromium was carried out using isotope dilution spark source mass spectrometry (EDSSMS), graphite furnace atomic absorption spectrometry (GFAAS) and inductively coupled plasma emission spectrometry (ICPES) following trace metal separation preconcentration (using ion-exchange and chelation solvent extraction) and direct analysis (by GFAAS).

Table 6.41 gives results obtained on a sample of seawater. Overall, there is good agreement in elemental analysis obtained by the various methods.

Although ICP AES is a multielement technique, its inferior detection limits, relative to graphite furnace atomic absorption spectrometry, would necessitate the processing of large volumes of seawater, improvements in preconcentration procedures in use up to this time or new alternate preconcentration procedures such as carrier precipitation (see below).

#### 6.72.8.4 Chromium, manganese, cobalt, nickel, copper, cadmium and lead

Hiraide *et al.* [736] developed a multielement preconcentration technique for chromium (III), manganese (II), cobalt, nickel, copper (II), cadmium and lead in artificial seawater using co-precipitation and flotation with indium hydroxide followed by ICP AES. The metals are simultaneously co-precipitated with indium hydroxide adjusted to pH 9.5 with sodium hydroxide ethanolic solutions of sodium oleate and dodecyl sulphate added, and then floated to the solution surface by a steam of nitrogen bubbles. Cadmium may be completely recovered without the co-precipitation of magnesium. Concentrations of heavy metals (chromium

*Table 6.41* Analysis of seawater sample

| *Element* | *Concentration (μg L⁻¹)* | | | |
|---|---|---|---|---|
| | *GFAAS* | | *ICPES* | *IDSSMS* |
| | *Direct* | *Chelation–exchange* | *Ion exchange* | *Ion exchange* |
| Fe | 1.6 ± 0.2* | 1.5 ± 0.1 | 1.5 ± 0.6 | 1.4 ± 0.1 |
| Mn | 1.6 ± 0.1 | 1.4 ± 0.2 | 1.5 ± 0.1 | ND |
| Cd | 0.20 ± 0.04 | 0.24 ± 0.04 | ND | 0.28 ± 0.02 |
| Zn | 1.7 ± 0.2 | 1.9 ± 0.2 | 1.5 ± 0.4 | 1.6 ± 0.1 |
| Cu | ND | 0.6 ± 0.2 | 0.7 ± 0.2 | 0.7 ± 0.1 |
| Ni | ND | 0.33 ± 0.08 | 0.4 ± 0.1 | 0.37 ± 0.02 |
| Pb | ND | 0.22 ± 0.04 | ND | 0.35 ± 0.03 |
| Co | ND | 0.018 ± 0.008† | ND | 0.020 ± 0.003‡ |

*Precision expressed as standard deviation
†Preconcentrated 100-fold by Chelex 100 ion exchange
‡Spark source mass spectrometry, internal standard method

Source: Reproduced by permission from the American Chemical Society

(III), manganese(II), cobalt(II), nickel(II), copper(II), cadmium(II) and lead(II)) in 1200 ml of artificial seawater were increased 240-fold, while those of sodium and potassium were reduced to 2–5% and those of magnesium, calcium and strontium to 50%.

Down to 1 μg $L^{-1}$ of the above-mentioned heavy metals can be determined by this procedure. However, it is emphasised that real seawater samples were not included in this study.

### 6.72.8.5 Lead, zinc, cadmium, nickel, manganese, iron, vanadium and copper

*Diethyldithiocarbamate and pyrrolidine carbodithioate chelation ICP AES.*

Sugimae [464] developed a method for these elements in which they chelated with diethyldithiocarbamic acid and the chelates extracted with chloroform then decomposed prior to determination. When one litre water samples are used, the lowest determinable concentrations are: Mn 0.063 μg $L^{-1}$; Zn 0.13 μg $L^{-1}$; Cd 0.25 μg $L^{-1}$; Fe 0.25 μg $L^{-1}$; V 0.38 μg $L^{-1}$; Ni 0.5 μg $L^{-1}$; Cu 0.5 μg $L^{-1}$; Pb 2.5 μg $L^{-1}$. Above these levels, the relative standard deviations are better than 12% for the complete procedure.

*Table 6.42* Detection limits

| *Line measured* | *Wavelength* (mn) | *Detection limit* (μg L$^{-1}$) | *Concentration in* seawater (μg L$^{-1}$) |
|---|---|---|---|
| Cd$^{II}$ | 226.50 | 0.022 | 0.05 |
| Pb$^{II}$ | 220.35 | 0.60 | 0.03 |
| Cu$^{II}$ | 324.75 | 0.051 | 3 |
| Zn$^{II}$ | 202.55 | 0.084 | 4 |
| Fe$^{II}$ | 259.94 | 0.075 | 3 |
| V$^{II}$ | 311.07 | 0.035 | 1.5 |
| Mo$^{II}$ | 202.03 | 0.21 | 10 |
| Ni$^{II}$ | 221.65 | 0.11 | 2 |

Source: Reproduced by permission from Elsevier Science Publishers BV, Amsterdam

### 6.72.8.6 Cadmium, lead, zinc, iron, copper, nickel, molybdenum and vanadium

Miyazaki *et al.* [732] found that di-isobutyl ketone is an excellent solvent for the extraction of the 2,4-pyrrolidone dithiocarbamate chelates of these elements from seawater.

Unlike halogenated solvents, it does not produce noxious substances in the inductively coupled plasma, has a very low aqueous solubility and gives 100-fold concentration in one step. Detection limits are reported in Table 6.42. The results indicate that this procedure should be useful for the precise determination of metals in oceanic water, although a higher sensitivity would be necessary for lead and cadmium.

A comparison of the results obtained for eight elements in coastal Pacific Ocean water by ICP AES and by atomic absorption spectrometry is shown in Table 6.43. The results for cadmium, lead, copper, iron, zinc and nickel are in good agreement. For iron, the data obtained by the solvent extraction–ICP method are also in good agreement with those determined directly by ICP AES. In most of the results shown in Table 6.43, the relative standard deviations were 4% for all elements except cadmium and lead, which had relative standard deviations of about 20% owing to the low concentrations determined.

### 6.72.8.7 Bismuth, cadmium, copper, cobalt, indium, nickel, lead, thallium and zinc

Berndt *et al.* [739] have shown that traces of bismuth, cadmium, copper, cobalt, indium, nickel, lead, thallium and zinc could be separated from samples of seawater, mineral water and drinking water by complexation with the ammonium salt of pyrrolidine-1-dithiocarboxylic acid, followed

*Table 6.43* Results for river and seawaters

| *Sample* | *Concentration found* (μg L $^{-1}$)* | | | | | | | |
|---|---|---|---|---|---|---|---|---|
| | *Cd* | | *Pb* | | *Cu* | | *Zn* | |
| | *ICP* | *AAS* | *ICP* | *AAS* | *ICP* | *AAS* | *ICP* | *AAS* |
| Sea | | | | | | | | |
| D | 0.02 ± 0.005 | 0.02 | 0.7 ± 0.17 | 0.6 | 2.0 ± 0.1 | 2.8 | 2.0 ± 0.1 | 2.2 |
| E | 0.02 ± 0.005 | 0.02 | ND | ND | 1.3 ± 0.1 | 0.9 | 2.1 ± 0.1 | 3.0 |
| F | 0.04 ± 0.01 | 0.03 | 0.7 ± 0.10 | 0.8 | 0.3 ± 0.05 | 0.3 | 1.9 ± 0.08 | 2.4 |
| G | – | – | – | – | – | – | – | – |

| | *Fe* | | | *Ni* | | *Mo* | *V* |
|---|---|---|---|---|---|---|---|
| | *ICP* | *ICP†* | *AAS* | *ICP* | *AAS* | *ICP* | *ICP* |
| Sea | | | | | | | |
| D | 140 ± 5 | 140 ± 6 | 140 ± 6 | 0.15 ± 0.02 | 0.16 | 12.0 ± 0.4 | 1.29 ± 0.04 |
| E | 300 ± 10 | 300 ± 9 | 300 ± 10 | – | – | 11.9 ± 0.4 | 1.40 ± 0.04 |
| F | 320 ± 9 | 310 ± 9 | 310 ± 9 | – | – | 11.2 ± 0.4 | 1.87 ± 0.05 |
| G | – | – | – | 0.90 ± 0.04 | 0.93 | – | – |

*Mean and standard deviation of 5 measurements
†Determined directly by ICPAES
ND = not detected

Source: Elsevier Science Publishers BV, Amsterdam

by filtration through a filter covered with a layer of activated carbon. Sample volumes could range from 100 ml to 10 litres. The elements were redissolved in nitric acid and then determined by atomic absorption or inductively coupled plasma optical emission spectrometry. In general, the detection limit the lower end of the range were about 4% for both methods.

#### 6.72.8.8 Application of inductively coupled plasma atomic emission spectrometry to non-oceanic highly saline samples

Bloekaert *et al.* [733] applied ICP AES with ammonium pyrrolidine thiocarbamate preconcentration to the determination of cadmium, copper, iron, manganese and zinc in highly saline waste waters. The application of ICP AES to the analysis of brines containing up to 37.5 mmol L $^{-1}$ sodium chloride has been discussed [740–742]. Detection limits as low as 4 μg L $^{-1}$ have been claimed.

### *6.72.9 Hydride generation inductively coupled plasma atomic emission spectrometry*

#### 6.72.9.1 Arsenic, antimony and selenium

De Oliviera *et al.* [743] have described a technique for determining these elements based on the hydride generation technique. Detection limits are 1 μg $L^{-1}$ for arsenic and antimony and 0.5 μg $L^{-1}$ for selenium.

### *6.72.10 Inductively coupled plasma mass spectrometry*

Although the use of inductively coupled plasma mass spectrometry is rapidly expanding, because of the many features of this technique its application to the analysis of saline waters remains limited. This is largely due to the low tolerance of the technique to dissolved solids with the highest recommended level being of 0.2%, if a solution is to be continuously nebulised without inducing undue instrumental drift caused by solid deposition on the orifice. Another restriction comes from effects of concomitant elements that are non-spectroscopic interferences often resulting in a suppression of analyte signals. Thus, the analysis of seawaters requires a preliminary treatment in order to reduce their salt content prior to analysis by inductively coupled plasma mass spectrometry. This can be accomplished by, for instance, preconcentration on silica-immobilised hydroxyquinoline, a technique that allows the concentration of a number of trace metals while separating them from the univalent major ions and, to some extent, the divalent ions such as calcium and magnesium. This technique has been successfully applied to the analysis of the coastal seawater reference material and the open ocean water reference material NASS–2. It presents, however, the disadvantages of being time-consuming and of using large volumes of sample.

Flow injection analysis can be used to speed up the preconcentration process and reduce sample consumption.

Beauchemin *et al.* [744] have described the implementation of on–line preconcentration in inductively coupled plasma mass spectrometry (see section 6.72.10.2) using a miniature column packed with 8-hydroxyquinoline. This overcomes interference by salts in open ocean waters.

#### 6.72.10.1 Zinc, manganese, cobalt, copper, chromium, nickel, iron, cadmium, lead and mercury

Chong *et al.* [745] have described a multielement analysis of multicomponent metallic electrode deposits, based on scanning electron microscopy with energy dispersive X-ray fluorescence detection, followed by dissolution and inductively coupled plasma mass spectrometry detection. Application of the method is described for determination of trace elements in seawater, including the above elements. These elements are simultaneously electrodeposited onto a niobium wire working electrode at –1.40 V vs an Ag/AgCl reference and subjected to energy dispersive X-ray fluorescence spectroscopy analysis. Internal standardisation is practical for quantitative calibration at the 1 ppm analyte concentration level in an analyte:internal standard concentration ratio range of 0.02–50. Detection limits for energy dispersive X-ray fluorescence spectroscopy range from 1.9 μg $L^{-1}$ for Fe to 50 μg $L^{-1}$ for Cd. The deposit is dissolved for subsequent inductively coupled plasma mass spectrometry determination. Significant reduction in inductively coupled plasma mass spectrometry matrix interferences by sodium, calcium, magnesium, potassium and chloride ions is achieved by deposition at potentials more positive than their very negative reduction potentials. Measurement of elemental isotope ratios is achieved with 0–8% relative error. Inductively coupled plasma mass spectrometry detection limits for all elements except zinc and iron are superior to those of energy dispersive X-ray fluorescence spectroscopy. Mn, Ni, Cd, Pb and Hg can easily be determined in the range of 13–86 parts per trillion with inductively coupled plasma mass spectrometry.

#### 6.71.10.2 Copper, cobalt, manganese, nickel, vanadium, molybdenum, cadmium, lead and uranium

Beauchemin and Berman [744] used inductively coupled plasma mass spectrometry with on-line preconcentration to determine these elements in open ocean water. This technique improved detection limits of several elements by a factor of 5–7 compared to inductively coupled plasma mass spectrometry alone. The on-line preconcentration system was first assessed by using the method of standard additions to determine manganese, cobalt, nickel, copper, lead and uranium in the riverine water SLRS–1 whose salt content was low enough to allow monitoring both the preconcentration and the solution processes. Results in good agreement with the certified values were obtained for all but nickel because of a spectral interference by calcium oxide from coeluted calcium. The system was successfully applied to the determination of manganese, molybdenum, cadmium and uranium in the reference open ocean water NASS–2 by using an isotope dilution technique and the method of standard additions.

Chapple and Byrne [746] applied an electrothermal vaporisation inductively coupled plasma technique to the determination of copper, cobalt, manganese, nickel and vanadium in seawater in amounts down to 3–140 ppt.

#### 6.72.10.3 Nickel, arsenic and vanadium

Alves *et al.* [747] determined vanadium, nickel and arsenic in seawater in the 10–20,000 ppt range using flow injection, cryogenic desolvation inductively coupled plasma mass spectrometry.

#### 6.72.10.4 Beryllium, aluminium, zinc, rubidium, indium and lead

Vandecasteele *et al.* [748] studied signal suppression in inductively coupled plasma mass spectrometry of beryllium, aluminium, zinc, rubidium, indium and lead in multielement solutions and in the presence of increasing amounts of sodium chloride (up to 9 g per litre). The suppression effects were the same for all of the analyte elements under consideration and, therefore, it was possible to use one particular element, indium–115, as an internal standard to correct for the suppressive matrix effect. Indium–115 as internal standard significantly improved experimental precision. To study the causes of matrix effect, 0.154 M solutions of ammonium chloride, sodium chloride and caesium chloride were compared. Ammonium chloride showed least suppressive effect and caesium chloride most. The results had implications for trace element determinations in seawater (35 g sodium chloride per litre).

#### 6.72.10.5 Antimony, arsenic and mercury

Stroh and Voelikopf [749] utilised flow injection analysis coupled to inductively coupled plasma mass spectrometry to determine down to 0.6 ppt of antimony, arsenic and mercury in seawater.

#### 6.72.10.6 Miscellaneous

Mixtures of metals in seawater have been determined [750,751] on-line by solid phase chelation and inductively coupled plasma mass spectrometry.

Bettinelli and Spezia [752] applied ion chromatography with an inductively coupled plasma mass spectrometry to the determination in seawater of 20 metallic elements in amounts down to 1–50 ppt.

The application of inductively coupled plasma mass spectrometry to the determination of metals in seawater have been reviewed by Bloxam *et al.* [753].

### *6.72.11 Anodic stripping voltammetry*

The relative advantages and disadvantages of voltammetric and atomic absorption methodologies are shown in Tables 6.44 and 6.45. It is concluded that for laboratories concerned with aquatic chemistry of

*Table 6.44* Voltammetric methods

| *Advantages* | *Disadvantages* |
| --- | --- |
| Simultaneous analysis for several elements per run | Prior photolytic decompositing of dissolved organic matter required for many types of sample including seawater |
| Substance specific | |
| Suitable for speciation studies | Suspended particulates need prior digestion |
| 3–4 elements per hour | Applicable to limited range of metals, eg Cu, Pb, Cd, Zn, Ni, Co |

Source: Own files

*Table 6.45* Graphite furnace atomic absorption methods

| *Advantages* | *Disadvantages* |
| --- | --- |
| High analysis rate | Non-specific absorption |
| 3–4 elements per hour | Spectral interferences |
| Applicable to many more metals than voltammetric methods | Element losses by molecular distillation before atomisation |
| Superior to voltammetry for mercury and arsenic particularly in the ultra-trace range | Limited dynamic range |
| | Contamination sensitivity |
| | Element specific (or one element per run) |
| | Not suitable for speciation studies in seawater |
| | Prior separation of sea salts from metals required |
| | Suspended particulates need prior digestion |
| | About three times more expensive than voltammetric equipment |
| | Inferior to voltammetry for cobalt and nickel |

Source: Own files

metals, and this includes seawater analysis, instrumentation for both atomic absorption spectrometry (including potentialities for graphite furnace atomic absorption spectrometry as well as hydride and cold vapour techniques) and voltammetry should be available. This offers a much better basis for a problem-orientated application of both methods, and provides the important potentiality to compare the data obtained by one method with that obtained in an independent manner by the other; an approach that is now common for the establishment of accuracy in high quality trace analysis.

A variety of electrodes have been used in this technique including rotating mercury coated vitreous carbon [754–756, 759], wax impregnated graphite cylinders [756] and hanging mercury drops [760–762].

It was the development of the rotating glassy carbon electrode with a preplated or coplated mercury film that gave this technique the sensitivity and resolution required for use in seawater.

Anodic stripping voltammetry using a rotating glassy carbon electrode has been extensively used to study metal organic interactions. The instrumentation is adaptable to use at sea and does not generally require any chemical pretreatment of samples prior to analysis. This permits rapid analysis *in situ*, thus minimising any changes in speciation due to storage [315,459,754–756,763–767].

A typical electrode tip consists of a 6 mm glassy carbon disc sealed with Teflon, that had been polished with diamond polishing compound. The reference electrode is an Ag/AgCl type inserted into an acid-cleaned Vycor tip Teflon bridge tube containing clean seawater. High purity argon which is passed through a high temperature catalytic scrubber to remove oxygen and then is rehumidified using an in-line natural seawater bubbler prior to use is commonly used as a purge gas. Electronic interfaces between the polarograph and the electrode permits the polarograph to control all steps of the analysis automatically including purging. The sample is placed in an acid-cleaned Teflon polarography cell that has been copiously rinsed with the sample to be analysed. Samples are analysed as quickly as possible after collection at natural pH for free and other easily reducible species using a pre-plated mercury-film technique.

Earlier work on the application of anodic stripping voltammetry to the determination of methods in seawater is reviewed in Table 6.46.

#### 6.72.11.1 Heavy metals (cadmium, copper, zinc, lead, cobalt, chromium, nickel)

Because of differing sensitivities and natural levels of free or anodic scanning voltammetric labile metal, cadmium and copper in seawater are analysed using a 10 minute plating time, a –1.0V plating potential and scanning in 6.67 $mVs^{-1}$ increments. Zinc determinations can be made on a fresh aliquot of sample to eliminate any possible effects due to Cu–Zn intermetallic complex formation. Zinc is analysed by plating at –1.25V for 5 min. The remaining operating conditions are the same as described above for copper and lead. The detection limits of this system were, approximately: zinc, 0.02 nmol $kg^{-1}$; cadmium, 0.02 nmol $kg^{-1}$; and copper, 0.3 nmol $kg^{-1}$.

Fig. 6.46 is a standard addition curve at natural pH for zinc in a seawater sample. There are two striking points in this plot. The first is that it required additions of metal equivalent to 1.5 nmol $kg^{-1}$ to give detectable stripping current signals at natural pH. The second is that the plots for natural pH appear to be straight lines with a positive $x$-intercept. The plots indicate that no anodic scanning voltammetric labile metal is

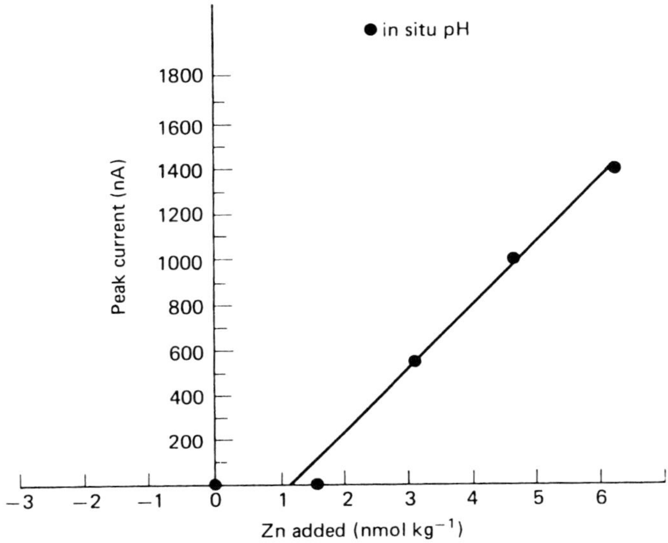


*Fig. 6.46* ASV standard addition curve for zinc in a sample collected in March 1980 at 130 m depth, 0600 hours local time, in the Bay of Campeche
Reproduced by permission from Elsevier Science Publishers BV, Amsterdam

*Table 6.46* Metals in seawater – anodic stripping voltammetry

| | *Detection limit* | | *Ref.* |
|---|---|---|---|
| Zn, Cd, Pb, Cu | 1–10 nm mol L$^{-1}$ | | 760 |
| Zn, Cd, Pb, Cu | Zn | | |
| | Pb | 0.01–0.1 mg L$^{-1}$ | 761 |
| | Cu | | |
| Cd | | 0.001–0.1 mg L$^{-1}$ | |
| Cd, Pb Cd | | 0.18 µg L$^{-1}$ | 762 |
| | Pb | 0.21 µg L$^{-1}$ | |
| Bi, Cu, Pb, Cd, Zn | | – | 754 |
| Cu, Pb, Cd, Zn | | – | 755 |
| Tl | | 0.2–1 µmol L$^{-1}$ | 756 |
| Pb, Cd | | 1 µg L$^{-1}$ | 459 |
| Pb | | 4 µg L$^{-1}$ | 763 |
| Cd, Cu, Pb Cd | | 0.1 µg L$^{-1}$ | |
| Cu | | 0.3 µg L$^{-1}$ | 768 |
| Pb | | 0.7 µg L$^{-1}$ | |
| Zn, Cd, Pb | | – | 769 |
| Zn, Cd, Pb | | – | 770 |
| Zn, Cd, Pb, Cu | | – | 771 |

Source: Own files

initially present in the sample and that interaction is occurring such that the free metal added is not initially labile.

Although anodic stripping voltammetry is one of the few techniques suitable for the direct determination of heavy metals in natural waters [315,754,757,767,772–784], it is not readily adaptable to *in situ* measurements. Lieberman and Zirino [785] examined a continuous flow system for the anodic stripping voltammetry determination of zinc in seawater, using a tubular graphite electrode predeposited with mercury. A limitation of the approach was the need to pump seawater to the measurement cell, while the method required the removal of oxygen with nitrogen, before measurements.

Recently, Batley and Matousek [185,398] examined the electrodeposition of the irreversibly reduced metals cobalt, nickel and chromium on graphite tubes for measurement by electrothermal atomisation. This method offered considerable potential for contamination-free preconcentration of heavy metals from seawater. Although only labile metal species will electrodeposit, it is likely that, at the natural pH, this fraction of the total metal could yet prove to be the most biologically important [786].

Batley [140] examined the techniques available for the *in situ* electrodeposition of lead and cadmium in seawater. These included anodic scanning voltammetry at a glass carbon thin film electrode and the hanging drop mercury electrode in the presence of oxygen and *in situ* electroposition on mercury coated graphite tubes.

Batley [140] found that *in situ* deposition of lead and cadmium on a mercury coated tube was the more versatile technique. The mercury film, deposited in the laboratory, is stable on the dried tubes which are used later for field electrodeposition. The deposited metals were then determined by electrothermal atomic absorption spectrometry.

Studies with spiked seawater showed that low concentrations of cadmium and lead could be measured in the presence of oxygen by using differential pulse anodic scanning voltammetry at the hanging mercury drop electrode. The presence of oxygen resulted in a highly sloping baseline (Fig. 6.47), giving rise to greater analytical errors. In samples buffered to pH 4.8, peak heights and peak potentials did not differ significantly before and after oxygen removal (Table 6.47). For samples at the natural pH 7.8, although the cadmium wave was unchanged, the lead wave in the presence of oxygen was greater in height by 21% and shifted by 15 mV to a more negative potential (Fig. 6.47 and Table 6.47).

At the glassy carbon electrode, using both *in situ* and preformed mercury films, similar results were obtained, but the sloping baseline interference observed at the hanging mercury drop electrode was less evident because of the higher stripping currents. Preformed film data are shown in Table 6.47 and illustrated in Fig. 6.48. At the natural pH, the

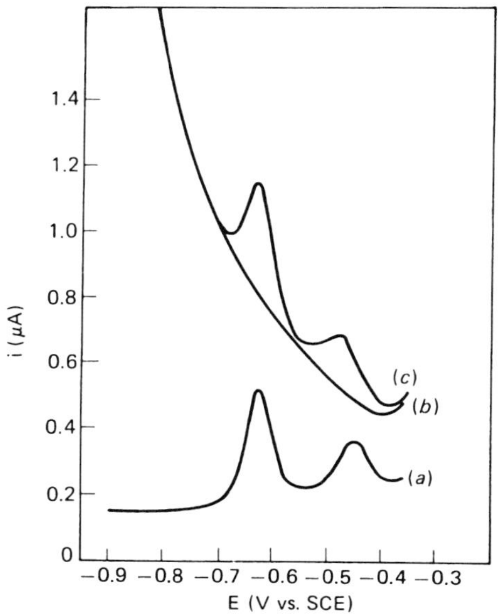


*Fig. 6.47* Stripping peaks for cadmium and lead in seawater, pH 7.8 at HMDE. Differential pulse mode, 35 mB modulation, 3 min deposition at –0.9 V versus SCE. (a) Deoxygenated solution containing 2.2 μg Cd per litre and 4.1 μg Pb per litre. (b) Blank containing dissolved oxygen. (c) Blank containing dissolved oxygen 2.2 μg Cd per litre and 4.1 μg Pb per litre

Source: Reproduced by permission from Elsevier Science Publishers BV, Amsterdam

*Table 6.47* Effect of oxygen and pH on anodic stripping voltammetry calibration plots for Cd and pB in seawater*

| *Metal* | *pH* | *Electrode* | *Slope of calibration plot* ($\mu A\ L^{-1}$) | |
|---|---|---|---|---|
| | | | $O_2$ *present* | $O_2$ *absent* |
| Cd | 4.8 | HMDE | 0.133 ± 0.015 | 0.139 ± 0.009 |
| Cd | 7.8 | HMDE | 0.140 ± 0.011 | 0.147 ± 0.005 |
| Pb | 4.8 | HMDE | 0.072 ± 0.007 | 0.068 ± 0.005 |
| Pb | 7.8 | HMDE | 0.040 ± 0.004 | 0.033 ± 0.002 |
| Cd | 4.8 | GCE† | 1.50 ± 0.08 | 1.50 ± 0.07 |
| Cd | 7.8 | GCE† | 1.24 ± 0.06 | 1.36 ± 0.08 |
| Pb | 4.8 | GCE† | 0.710 ± 0.021 | 0.762 ± 0.034 |
| Pb | 7.8 | GCE† | 0.382 ± 0.013 | 0.234 ± 0.032 |

*Differential pulse mode, 25 mV modulation amplitude, 3 min deposition at –0.9V versus SCE
†Preformed film by 3 min deposition at –0.3V versus SCE, from $7.2 \times 10^{-1}$ M $Hg^{2+}$ in 0.016 M acetate, pH 4.8

Source: Reproduced by permission from Elsevier Science Publishers BV, Amsterdam

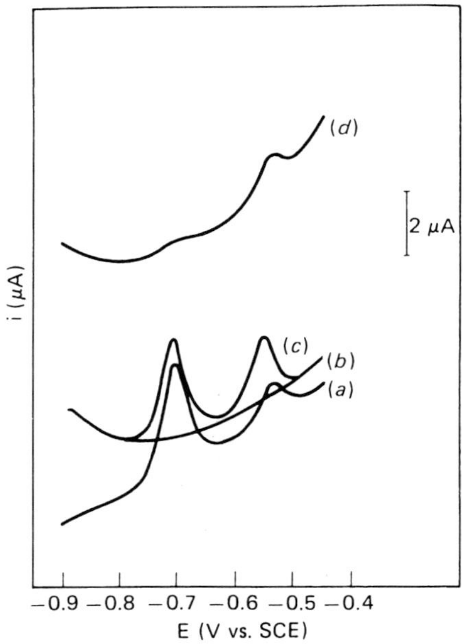


*Fig. 6.48* Stripping peaks for cadmium and lead in seawater, pH 7.8 at a performed mercury film on GCE. Differential pulse mode, 25 mV modulation, Deposition at −0.9 V versus SCE. (a) Deoxygenated solution, 2.2 μg Cd per litre, 4.1 μg Pb per litre, 3 min deposition. (b) In presence of dissolved oxygen, blank, 3 min deposition. (c) as for (b) plus 2.2 μg Cd per litre, 4.1 μg Pb per litre. (d) As for (b), 30 min deposition
Source: Reproduced by permission from Elsevier Science Publishers BV, Amsterdam

lead wave was increased in height in the presence of oxygen by more than 60% (Table 6.47) with a negative potential shift of 17 mV. The peak heights showed good linear relationships with solution lead concentration up to 10 μg $L^{-1}$ and with deposition times up to 24 min.

For the analysis of seawater at the natural pH a standard deviation of ±14% was obtained which was within the precision of the technique.

Calibration graphs obtained for lead in seawater at pH 7.8 showed a 48% increase in slope in the presence of oxygen. This increase, though less than that for the glassy carbon electrode, is greater than that observed at the hanging mercury drop electrode.

The *in situ* electrodeposition technique was applied to the determination of lead in saline waters of the Port Hacking Estuary near Sydney. Graphite tubes precoated with mercury were used in the immersible Perspex electrode probe. For natural lead concentrations, depositions in excess of 15 min were required to give absorbance values greater than 0.1 during atomisation (Table 6.48). Blank values for the

*Table 6.48* Determination of lead in seawater (Port Hacking Estuary) by *in situ* graphite electrodeposition tube

| *Deposition time (min)* | *Deposition potential* | *Absorbance* | *Deposition time (min)* | *Deposition potential (V vs Ag/AgCl)* | *Absorbance* |
|---|---|---|---|---|---|
| 15 | –0.85 | 0.162 | 15 | –0.30 | 0.115 |
| 15 | –0.85 | 0.178 | 15 | –0.30 | 0.060 |
| 15 | –0.85 | 0.150 | 30 | –0.30 | 0.095 |
| 30 | –0.85 | 0.273 | 30 | –0.30 | 0.090 |
| 30 | –0.85 | 0.354 | 0 | – | 0.025 |
| 30 | –0.85 | 0.305 | 0 | – | 0.054 |
| | | | 0 | – | 0.018 |

Calculated labile pH concentration = 0.15 μg $L^{-1}$
Measured anodic stripping voltammetry labile Pb concentration = 0.13 μg $L^{-1}$

Source: Reproduced by permission from Elsevier Science Publishers BV, Amsterdam

coated tubes were low, but increased for tubes immersed in the sampled water at a controlled potential below that required for lead deposition (–0.3V versus Ag/AgCl) for deposition times similar to those used for lead determinations. Results for lead showed good agreement with those for labile lead determined independently by stripping voltammetry.

The limits of detection for metals in seawater using *in situ* graphite tube electrode position will be governed by the deposition time. Unlike laboratory analyses, there will be no depletion of metals from the solution when lengthy deposition times are used, since fresh sample is being continuously pumped through the electrode. It should therefore be possible to detect the extremely low metal concentrations in open ocean water. For lead it was found, for example, that a 2 h deposition in the presence of oxygen gave a measured lead atomisation absorbance equivalent to twice the blank value, for seawater containing 10 ng Pb per litre.

Nygaard *et al.* [768] compared two methods for the determination of cadmium, lead and copper in seawater. One method employs anodic stripping voltammetry at controlled pH (8.1, 5.3 and 2); the other method involves sample pretreatment with Chelex–100 resin before ASV analysis. Differences in the results are discussed in terms of the definition of available metal and differences in the analytical methods.

The results of the anodic scanning voltammetric analyses at controlled pH are shown in Table 6.49. As suggested by Zirino *et al.* [787], decreasing the pH makes more metal available to the electrode during the plating

*Table 6.49* Trace metals in seawater by anodic stripping voltammetry at controlled pH

| *Metal* | *pH* | *No of replicates* | *Concentration* ($\mu g\ L^{-1}$) | *Std deviation* |
|---|---|---|---|---|
| Cd | 8.1 | 7 | 0.17 | 0.03 |
| | 5.3 | 7 | 0.34 | 0.15 |
| | 2.0 | 7 | 0.45 | 0.12 |
| Pb | 8.1 | 7 | 0.34 | 0.11 |
| | 5.3 | 7 | 1.08 | 0.11 |
| | 2.0 | 7 | 1.91 | 0.29 |
| Cu | 8.1 | 7 | 0.67 | 0.19 |
| | 5.3 | 7 | 1.49 | 0.22 |
| | 2.0 | 7 | 2.43 | 0.29 |

Source: Reproduced by permission from the Royal Society of Chemistry

*Table 6.50* Trace metals in seawater by ASV at pH 2 after pretreatment with Chelex–100

| *Metal* | *No of replicates* | *Concentration (ppb)* | *Std deviation* |
|---|---|---|---|
| Cd | 3 | 0.14 | 0.03 |
| Pb | 3 | 1.10 | 0.04 |
| Cu | 3 | 0.40 | 0.12 |

Source: Reproduced by permission from the Royal Society of Chemistry

period. The metals are apparently made available through a number of processes:

(1) protonation of inorganic complexing anions such as carbonate, bicarbonate, sulphate and hydroxide;
(2) dissolution of gelatinous hydrous iron oxide which adsorbs and occludes metals; and
(3) protonation of organic complexing agents.

The results of the anodic scanning voltammetry at pH 2 after pretreatment with Chelex–100 resin are shown in Table 6.50. Again, as predicted [285] Chelex–100 removes some, but not all, of the metals from solution. If the metal 'available' to Chelex–100 resin is defined as that obtained by anodic scanning voltammetry analysis at pH 2 without pretreatment minus that obtained by anodic scanning voltammetry analysis at pH 2 after pretreatment, then the results shown in Table 6.51 are obtained. In each case, the metal available to the Chelex–100 resin is

*Table 6.51* Trace metals in seawater available to Chelex–100 at pH 8.1

| *Metal* | *Available metal* ($\mu g\ L^{-1}$) | *Std deviation* |
|---|---|---|
| Cd | 0.31 | 0.12 |
| Pb | 0.81 | 0.29 |
| Cu | 2.03 | 0.31 |

Source: Reproduced by permission from the Royal Society of Chemistry

greater than the metal available for anodic scanning voltammetry at pH 8.1, but not significantly different from that available for anodic scanning voltammetry at pH 5.3.

At first glance, it seems odd that the metal available for anodic scanning voltammetry at pH 8.1 is different from, and less than, the metal available to the Chelex–100 resin, since the resin pretreatment also takes place at pH 8.1. However, this difference can be explained if it is remembered that 'available' metal includes not just free metal ions, but also labile metal complexes, with lability defined in terms of the time period during which the metal is partitioned between phases in the separation or preconcentration step. This time period is much different, and shorter, in the anodic stripping voltammetry at pH 8.1 experiment than it is in the Chelex–100 pretreatment experiment, resulting in two different, experimentally defined, definitions of labile metal.

In the case of the direct anodic scanning voltammetry analysis, if it is assumed that only free metal ion can be reduced and plated onto the electrode, and if it is also assumed that the concentration of the free metal ion in the bulk of the solution is not changed by the plating process, then labile, and therefore available, metal complexes are those which dissociate while they are at the electrode surface in a region depleted of free metal ion.

On the other hand, as a sample passes through Chelex–100 resin, free metal ion is removed from the bulk of the solution. Therefore, labile and 'available' metal complexes are those which dissociate from the time the sample enters the chromatography column, until it is eluted. This time period is clearly much longer than the time period which defines lability in anodic scanning voltammetry, and it is also flowrate and column length dependent [309]. It is, therefore, an accident of column design that the 'available' metal at pH 5.3 by anodic scanning voltammetric analysis is not significantly different from the metal available to Chelex–100 resin.

When a portion of sample was pretreated by extraction with ammonium pyrrolidine dithiocarbamate into methylisobutyl ketone, the aqueous phase showed residual cadmium when analysed by anodic scanning voltammetry at pH 2. The other metals were obscured by the oxidation of excess ammonium pyrrolidine dithiocarbamate. Using the slope from the direct anodic scanning voltammetric standard addition analyses, this residual cadmium corresponds to 0.19 µg $L^{-1}$ (± 0.03 for three repetitions). This indicates that the methylisobutyl ketone extraction procedure does not remove all metal from solution, at least in the case of cadmium. In fact, this result is very close to that obtained after pretreatment with Chelex–100, as shown in Table 6.50, probably because the time period which defines lability is similar. That is, the extraction process removes free metal ions from the bulk of the solution, and labile available complexes are those which dissociate while the two phases are in contact – a period of several minutes.

Scarponi *et al.* [788] studied the influence of an unwashed membrane filter (Millipore type HA, 47 mm diameter) on the cadmium, lead and copper concentrations of filtered seawater. Direct simultaneous determination of the metals was achieved at natural pH by linear sweep anodic stripping voltammetry at a mercury film electrode. These workers recommended that at least 1 L of seawater be passed through uncleaned filters before aliquots for analysis are taken; the same filter can be re-used several times and only the first 50–100 ml of filtrate need be discarded. Samples could be stored in polyethylene containers at 4°C for three months without contamination, but losses of lead and copper occurred after five months storage.

Brugman *et al.* [674] compared results obtained by anodic scanning voltammetry and atomic absorption spectrometry in the determination of cadmium, copper, lead, nickel and zinc in seawater. Three methods were compared. Two consisted of atomic absorption spectroscopy but with preconcentration using either freon or methyl isobutyl ketone and anodic stripping voltammetry was used for cadmium, copper and lead only. Inexplicable discrepancies were found in almost all cases. The exceptions were the cadmium results by the two methods and the lead results from the freon with atomic absorption spectrometric methods and the anodic scanning voltammetric methods.

Clem and Hodgson [789] discuss the temporal release of traces of cadmium and lead in bay water from EDTA, ammonium pyrrolidine diethyldithiocarbamate, humic acid and tannic acid after treatment of the sample with ozone–anodic scanning voltammetry was used to determine these elements.

Brugman [790] discussed different approaches to trace metal speciation (bioassays, computer modelling, analytical methods). The electrochemical techniques include conventional polarography, anodic stripping voltammetry and potentiometry. Anodic scanning voltammetric diagnosis of natural seawater was useful for investigating the properties of metal complexes in seawater. Differences in the lead and copper values yielded for Baltic seawater by methods based on differential pulse anodic stripping voltammetry or atomic absorption spectrometry are discussed with respect to speciation.

Bruland *et al.* [791] compared voltammetric and atomic absorption spectrometric (with preconcentration) methods in the determination of copper, lead and cadmium in seawater.

Cyclohexane-1,2-dione dioxime (nioxime) complexes of cobalt(II) and nickel(II) were concentrated from 10 ml seawater samples onto a hanging mercury drop electrode by controlled adsorption. Cobalt(II) and nickel (II) reduction currents were measured by differential pulse cathodic stripping voltammetry. Detection limits for cobalt and nickel were 6 pM and 0.45 mM respectively. The results of detailed studies for optimising the analytical parameters, namely nioxime and buffer concentrations, pH and adsorption potential are discussed.

Achterberg and Van den Berg [792] used a voltammetric technique to make continuous real-time measurements of nickel, copper and zinc in the Irish Sea.

#### 6.72.11.2 Cadmium, copper, nickel, zinc, manganese and iron

#### 6.72.11.3 Cadmium, copper, lead, antimony and bismuth

Brihaye *et al.* [793] have described a procedure for the determination of these elements in seawater.

Results obtained for cadmium, lead, copper, antimony and bismuth in seawater by two different methods (linear anodic scanning voltammetry with a ring-disc electrode and differential pulse anodic scanning voltammetry, with a hanging mercury drop electrode) were in good agreement for uv-irradiated samples; linear anodic scanning voltammetry with the ring-disc electrode gave systematically higher cadmium lead and copper contents because of exchange of mercury(II) ions added to the solution, with the heavy metal non-labile complexes.

Detection limits of 6 mg $L^{-1}$ (cadmium), 8 μg $L^{-1}$ (lead) and 5 ng $L^{-1}$ (copper) were achieved. In Fig. 6.49 is shown a voltammogram obtained for antimony and bismuth in seawater by this method.

#### 6.72.11.4 Miscellaneous

Bott [794] has given a review of recent voltammetric methods for the determination of trace metals in seawater and other natural waters.

Nurnberg [795] has studied in great detail various aspects which are important to obtaining reliable results by voltammetric methods. These include sampling, sample pre-treatment steps, optimum pH adjustment,

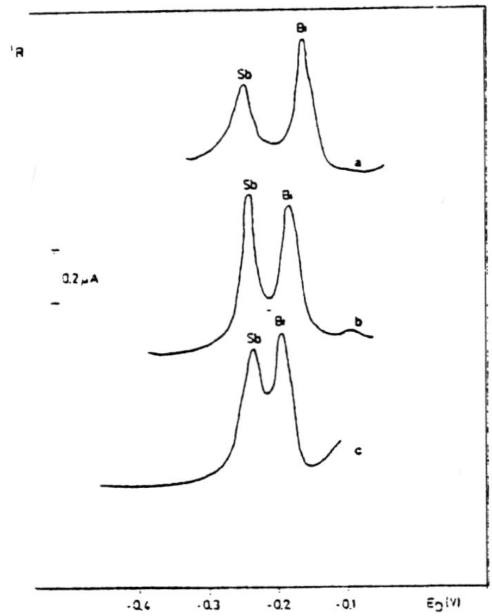


*Fig. 6.49* Voltammograms for sea water doped with antimony and bismuth, by asv with collection at different NaCl concentrations. Conditions: $1.63 \times 10^{-5}$ M $Hg^{2+}$, 0.7 μg $L^{-1}$ $Sb^{3+}$, 0.7 μg $L^{-1}$ $Bi^{3+}$, ω = 1500 rpm, $v$ = 3 V $min^{-1}$, $t_{dep}$ = 5 min, ER = °0.5 V. (a) 1.0M NacCl, Eelec = –0.35 V; (b) 1.5 M NaCl, $E_{elec}$ = –0.40 V; (c) 2.0 M NaCl, $E_{elec}$ = –0.45 V
Source: Reproduced by permission from Elsevier Science Publishers BV, Amsterdam

sample storage, decomposition of dissolved organic matter, the voltammetric determination, digestion of filtered-off suspended matter and automation. These details are extremely interesting for anyone who is considering setting up voltammetric methods in their laboratory. Nurnberg [795] also discusses results obtained by these techniques on seawater samples from the Mediterranean and Belgian, Dutch and German coastal zones of the North Sea, the Norwegian Sea and North Atlantic, the Pacific, the Arctic Oceans and the Weddell Sea.

Bond *et al.* [796] studied strategies for trace metal determination in seawater by anodic stripping voltammetry using a computerised multi-time domain measurement method. A microcomputer-based system allowed the reliability of the determination of trace amounts of metals to be estimated. Peak height, width and potential were measured as a function of time and concentration to construct the database. Measurements were made with a potentiostat polarographic analyser connected to the microcomputer and a hanging drop mercury electrode. The presence of surfactants, which presented a matrix problem, was detected via time domain dependent results and non-linearity of the calibration. A decision to pre-treat the samples could then be made. In the presence of surfactants, neither a direct calibration mode or a linear standard addition method yielded precise data. Alternative ways of eliminating the interferences based either on theoretical considerations or destruction of the matrix needed to be considered.

### *6.72.12 Differential pulse anodic stripping voltammetry*

#### 6.72.12.1 Heavy metals (copper, lead, cadmium, zinc, nickel, cobalt)

For most tasks in the trace chemistry of natural waters, voltammetric determination requires preconcentration, because in a group of simultaneously determined ecotoxic heavy metals one usually has levels below 0.1 μg $L^{-1}$.

Electrochemical preconcentration can be attained in the following two different ways, depending whether differential pulse stripping voltammetry (differential pulse anodic scanning voltammetry) or adsorption differential pulse voltammetry has been applied.

Heavy metals capable of forming amalgams, ie copper, lead, cadmium, zinc, etc, are plated at a stationary mercury electrode consisting of a hanging mercury drop electrode with adjustment of a rather negative potential of –1.2V versus the Ag/AgCl reference electrode for several minutes. To speed up mass transfer, the solution is stirred with a magnetic bar at 900 rpm. Their preconcentration is achieved by the accumulation of the heavy plated metals in the mercury drop. Subsequently the stirring is terminated, and after a quiescent period of 30 s the potential is scanned into the anodic direction in the differential pulse mode. At the respective redox potential the plated heavy metal is reoxidised and the corresponding current is recorded (Fig. 6.50). The voltammetric peak heights obtained are proportional to the bulk concentrations of the respective trace metals in the analyte.

The hanging drop mercury electrode can usually be applied down to trace levels of 0.01–0.05 μg $L^{-1}$.

At lower ultra-trace levels the less voluminous mercury film electrode has to be used. It consists of a mercury film of only several hundred A thickness on a glassy carbon electrode as support. The fabrication of this glassy carbon electrode is critical for obtaining an optimal mercury film electrode suitable to perform determinations down to 1 ng $L^{-1}$ or below.

Drinker and Kramer [316] studied the speciation of dissolved zinc, cadmium, lead and copper in North Sea water by differential pulse anodic stripping voltammetry.

Dissolved electroactive concentrations of zinc, cadmium, lead and copper in North Sea samples were measured at natural and lower pH values by this technique using a Kemula-type hanging mercury drop

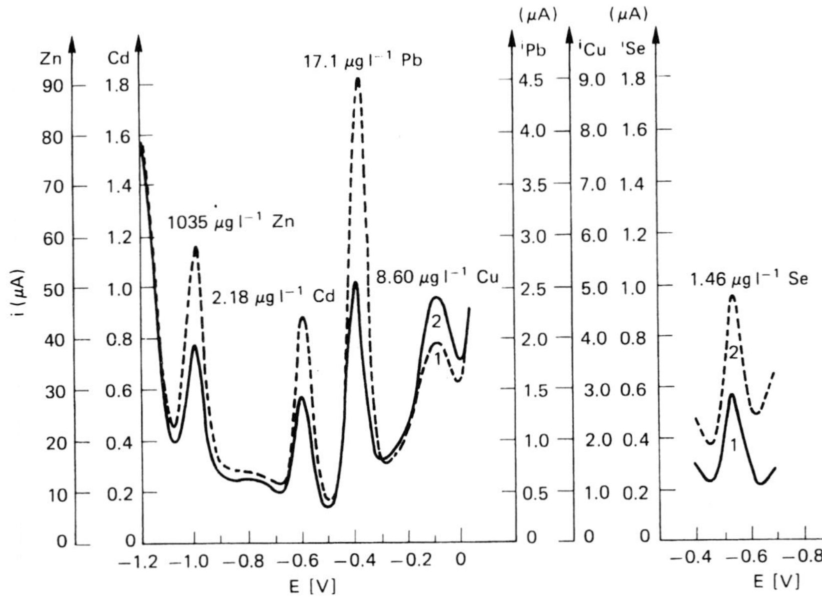


*Fig. 6.50* Voltammogram of the simultaneous determination of Cu, Pb, Cd and Zn with DPASV at the HMDE and subsequent determination of SeIV by DPCSV in the same run in rain water at an adjusted pH of 2. preconcentration time for DPASV 3 min at –1.2 V, for DPCSV 5 min at –0.2 V. 1 = Original analyte. 2 = After first standard addition. Total analysis time with two standard additions, 30–40 min.
Source: Own files

electrode. Average concentrations detected in North Sea samples at salinities ≥ 32% S and their range are (in μg L$^{-1}$): 3.9 (2.0–7.5) for zinc, 0.23 (0.13–0.31) for cadmium, 0.3 (0.1–0.6) for lead, and 0.3 (0.25–0.60) for copper (pH 8.1). The ammonium pyrrolidine dithiocarbamate methylisobutyl ketone extraction/concentration method, followed by atomic absorption spectrometric measurement applied to the same samples, resulted in 3.9 (2.0–7.5) for zinc, 0.11 (0.01–0.27) for cadmium, 0.5 (0.2–0.9) for lead, and 1.6 (0.7–3.2) for copper. A fraction of the electroactive concentrations at pH 2.7 (6.1 for zinc) is electroactive at pH 8.1. The fractions are 100% for cadmium, 20% for copper, 13% for lead and 40% for zinc. The remaining fractions are partly composed of organically bound species in solution. The low value for lead may be caused by the presence of particulate lead that is dissolved at low pH.

Ionic copper and lead species, added separately to seawater at pH 8.1, are removed from the electroactive form, and taken up in (organic) complexes in the same ratio (at least for copper) as the species already present. Added ionic zinc is not removed within the time scale of the measurements (30 min). North Sea water at the natural pH has a complexing capacity, probably due to the presence of dissolved organic compounds, in a concentration equivalent to $3.10^{-1}$ M copper. The complexing capacity is zero at pH 2.7. The method of standard addition for the determination of electroactive copper and lead concentrations may lead to erroneous results in samples where complexation of this type occurs.

Mart *et al.* [797] and Valenta *et al.* [798] have described two differential pulse anodic stripping voltammetric methods for the determination of cadmium, lead and copper in arctic seawater. After a previous plating of the trace metals into a mercury film on a rotating electrode with highly polished glassy carbon as substrate, they were stripped in the differential pulse mode. *In situ* plating was used.

The film formed during the blank test was left on the glassy carbon surface. Under addition of further mercury nitrate, 20–50 L of a 5 $gL^{-1}$ solution are added to 50 ml, analysis was performed. For samples where copper was expected to be close to the determination limit of 10 ng $kg^{-1}$, only the film plated during the blank test run was used, thus avoiding an increasing slope by the growth of the mercury film.

Pihlar *et al.* [799] have described a sensitive differential pulse voltammetric method for the determination of nickel and cobalt in seawater. The pH of the sample was adjusted to 9.2–9.3 by adding an ammonia ammonium chloride buffer. Optimal ammonia buffer concentration is 0.1 M for nickel concentrations below 10 μg $kg^{-1}$, and 20 μg of a 0.1 M dimethylglyoxime solution in ethanol is added to a 50 ml sample. The analyte is de-aerated for 10 min. At the working electrode, a hanging mercury drop electrode, a potential of –0.7V is adjusted and the nickel–dimethylglyoxime complex is adsorbed at the mercury surface. To speed up mass transfer the solution is stirred with a magnetic bar. Depending on the concentration of nickel (and cobalt) 5–10 min of adsorption time are needed. After a rest period of 30 s the voltammogram is recorded by scanning the potential into the negative direction. Concentrations were evaluated by standard addition.

Other groups of elements that have been determined in seawater by differential pulse anodic stripping voltammetry include cadmium, copper and zinc [800]; copper, lead and cadmium [801]; and zinc, cadmium, lead and copper [780,802].

Krznaric [803] studied the influence of surfactants (EDTA, NTA) on measurements of copper and cadmium in seawater by differential pulse anodic stripping voltammetry. Adsorption of surfactants onto the

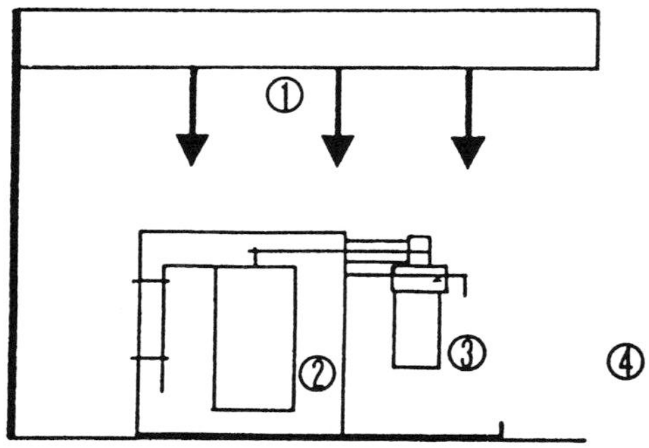


*Fig. 6.51* Principle of rotating electrode designed for clean bench working. 1. Clean air current. 2. Motor and electric connections completely separated from clean air area. 3. Voltammetric cell. 4 Operator's place.
Source: Reproduced by permission from Plenum Press Inc, New York

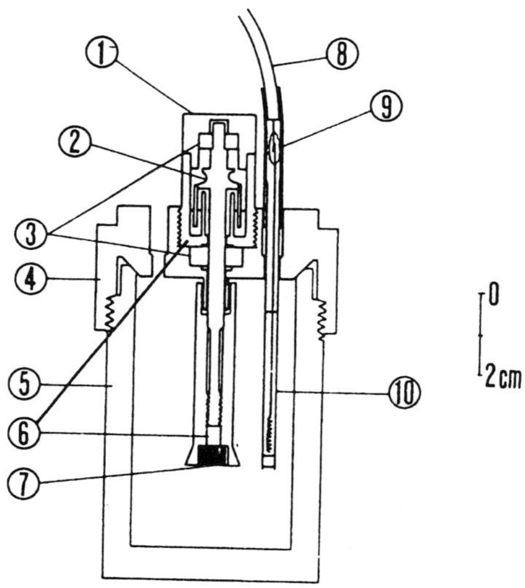


*Fig. 6.52* Details of voltammetric cell, corresponding to 3. in Fig. 6.51. 1. Axle cover removable for change of driving belt. 2. Stainless steel axle with driving wheel. 3. Ball bearings. 4. Cell cover, machined teflon. 5. Voltammetric cell, machined teflon. 6. Mercury for electric contact. 8. Shielded electric connection to counter electrode. 9. Soldered connection enclosed with glue for avoidance of pollution of electrolyte in counter electrode tubing. 10. Heat-shrinking teflon tubing with inserted Vycor frit.
Source: Reproduced by permission from Plenum Press Inc, New York

electrode surface were shown to change the kinetics of the overall electrode charge and mass transfer, resulting in altered detection. Possible implications for studies on metal speciation in polluted seawater with high surfactant contents are outlined by this worker.

Nurnberg and Raspar [769] detailed results of studies on the speciation of zinc, cadmium and lead in seawater by the formation of complexes with dissolved organic matter. These studies showed the suitability of differential pulse anodic scanning voltammetry for such investigations.

Andruzzi *et al.* [770] discussed the use of a long-lasting sessile-drop mercury electrode in the differential pulse anodic stripping voltammetric subtrace determination of zinc, cadmium and lead in seawater. A repeatability of about 3% and a detection limit of $10^{-10}$M were achieved for these three metals.

Mart *et al.* [798,804] have described two differential pulse anodic stripping voltammetric methods for the determination of cadmium, lead and copper in arctic seawater. After a previous plating of the trace metals into a mercury film on a rotating electrode with highly polished glassy carbon as substrate, they are stripped in the differential pulse mode. *In situ* plating was used.

The polarograph used was a PAR 174A (Princeton Applied Research, Princeton NJ) and a y–t recorder BD8 Kipp & Zonen, Delft, Netherlands. Two rotating electrodes [798] could be connected to the polarograph. One electrode was used for preparative purposes like polishing and outgassing of a sample, while the other was connected to the polarograph for a running analysis (Figs. 6.51 and 6.52).

The film formed during the blank test was left on the glassy carbon surface. Under addition of further mercury nitrate, 20 to 50 L of a 5000 mg $L^{-1}$ solution are added to 50 ml, analysis was performed. For samples where copper was expected to be close to the determination limit of 10 ng $kg^{-1}$, only the film plated during the blank test run was used, thus avoiding an increasing slope by the growth of the mercury film.

The advantage of the voltammetric method, besides its accuracy and extremely high sensitivity, is that it could be run while the ship was moving, even under ice-breaking conditions.

Andruzzi *et al.* [805] compared the performance of long-lasting sessile-drop semi-stationary mercury electrodes to that of some commercially available Kemula electrodes for differential pulse anodic stripping voltammetry. The new electrode is simple and inexpensive and provides a reproducible drop, by using a constant height reservoir and a narrow capillary. The great stability of the drop allows vigorous stirring of the test solution during oxygen stripping and metal deposition, as well as the use of the electrode at more negative potentials. The electrode is easily fitted, can be used for continuous monitoring measurements in

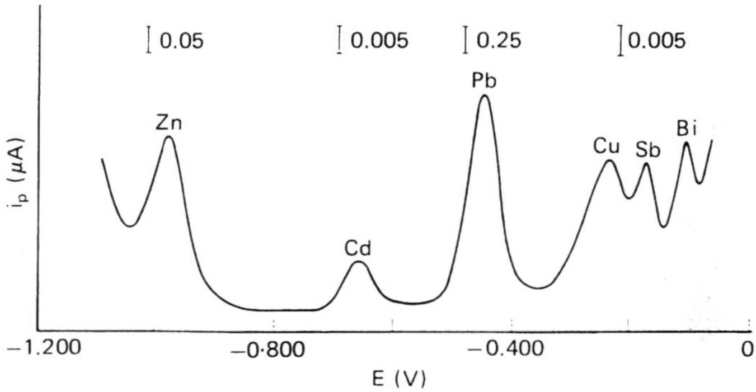


*Fig. 6.53* Voltammograms of Zn, Cd, Pb, Cu, Sb and Bi dissolved in seawater at pH 1 containing 2 M chloride. Deposition times 20 min (Zn, Cd, Pb) and 40 min (Cu, Sb, Bi)
Source: Reproduced by permission from Elsevier Science Publishers BV, Amsterdam

automated instruments and allows the use of cells of non-transparent materials.

Turner *et al.* [339] showed that rapid staircase stripping at 1–2 ms step widths provides a fast sensitive alternative to differential pulse stripping, for field use, particularly in the automated determination of copper.

Cuculic and Branica [806] applied differential pulse anodic stripping voltammetry to a study of the adsorption of cadmium, copper and lead in seawater onto electrochemical glass vessels, quartz cells and Nalgene sample bottles. Nalgene was best for sample storage and quartz was best for electroanalytical vessels.

### 6.72.12.2 Zinc, cadmium, lead, copper, antimony and bismuth

Differential pulse anodic stripping voltammetry is a convenient technique for the simultaneous determination of heavy metals at the microtrace level. Gillain *et al.* [106] have described the possibility of determining directly and simultaneously six elements (Zn, Cd, Pb, Cu, Sb and Bi) in seawater by differential pulse anodic stripping voltammetry with the hanging mercury drop electrode. This electrode seems to be the most reliable one for routine analysis. It can be applied over a large potential range with high reproducibility and sensitivity.

Fig. 6.53 shows a voltammogram for these six elements obtained on a sample of North Sea water. The sample was filtered through a 0.8 μm Millipore filter and stored in acid-cleaned polyethylene bottles at −20°C until the analysis is started. For a 60 min plating time, the detection limits were of the order of 0.1 μg $kg^{-1}$ for zinc and copper, 0.01 μg $kg^{-1}$ for cadmium and lead and 0.05 μg $kg^{-1}$ for antimony and bismuth.

#### 6.72.12.3 Copper and mercury

Sipos *et al.* [807] have described a procedure for the simultaneous determination of copper and mercury in seawater down to the ng per litre range using differential pulse anodic stripping voltammetry at a gold electrode. Pretreatment is necessary, and comprises UV irradiation to release the trace metal bound to dissolved organic matter.

A relative standard deviation of 2.7% was obtained for copper at the 0.35 μg $kg^{-1}$ level and at 18.6% at the 0.026 μg $kg^{-1}$ for mercury.

*Adsorption differential pulse voltammetry*

A number of heavy metals are not capable of forming stable amalgams. Adsorption of suitable species has to be utilised for their electrochemical preconcentration at the electrode interface. Thus, for example, in the determination of copper and nickel, the sample is adjusted to pH 9.2 with ammonia buffer and dimethylglyoxime added to form the copper and nickel chelates. Dimethylglyoxime transforms a certain amount into the chelates $Ni(DMG)_2$ while another fraction of the overall concentrations of Ni and Co exists as ammonia complexes in the analyte. Then a potential of –0.7V is adjusted for several minutes at the hanging mercury drop electrode. This potential in the range of the zero charge potential of the mercury electrode is most favourable for the adsorption of the dimethylglyoxime chelates of both heavy metals. To speed up mass transfer, the solution is stirred at 900 rpm during the adsorption time. The adsorbed amount of the chelates is proportional to their bulk concentration. As all the complex equilibria in the analyte between the various complexes of nickel and cobalt with ammonia and dimethylglyoxime as ligands are adjusted, the adsorbed amount of their dimethylglyoxime chelates is also proportional to the total bulk concentrations of both heavy metals in the analyte. The proviso is that the adsorbed amounts of the dimethylglyoxime chelates should correspond to the rising part of the adsorption isotherms, and full coverage of the electrode surface is avoided. By this adsorption, substantial preconcentration is attained at the electrode surface within a few minutes' adsorption time. Then the electrode potential is made more negative in the differential pulse mode until the reduction potentials of nickel and cobalt are reached; and the peaks produced by the reduction of the adsorbed chelate species $Ni(DMG)_2$ and $Co(DMG)_2$ are recorded (Fig. 6.54).

The ultimate determination limits obtainable by voltammetric methods are given in Table 6.52. It is emphasised that these are practical limits, due

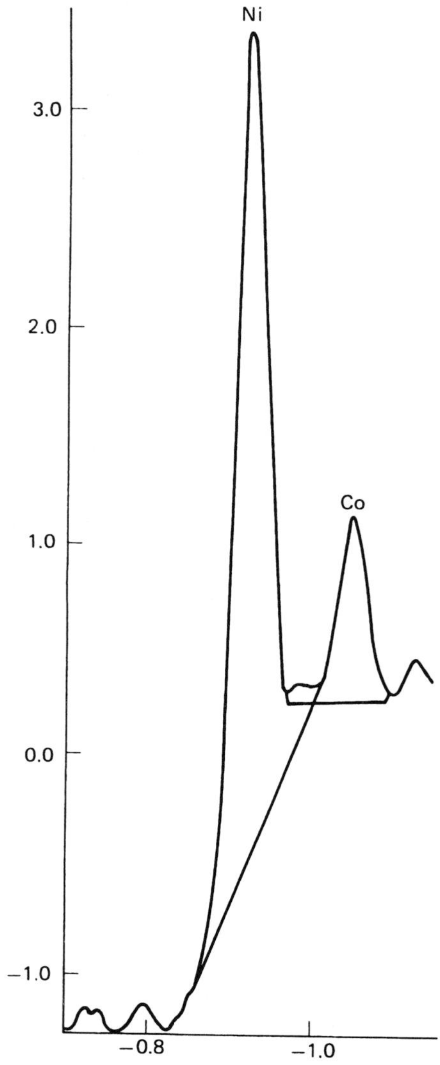


*Fig. 6.54* Simultaneous determination of Ni and Co in seawater from the Baltic Sea by ADPV at the HMDE; two standard additions; preconcentration time 2 min; total analysis time with two standard additions 20 min; 0.554 μg mL $^{-1}$ Ni and 0.094 μg L $^{-1}$ Co; polarograph EG and G, PAR 384 B with electronic subtratcion of stored blank ammonia buffer

Source: Reproduced by permission from Elsevier Science Publishers BV, Amsterdam

*Table 6.52* Determination limits (μg L $^{-1}$) of differential pulse methods for an RSD of + 20% (in parentheses for an RSD of ≤ +10%)

| *Method* | *Cu* | *Pb* | *Cd* | *Zn* | *Ni* | *Co* | *Hg* | *Se^IV* | *As^III* |
|---|---|---|---|---|---|---|---|---|---|
| DPSV/ | 0.05 | 0.02 | 0.02 | 0.02 | – | – | – | 0.10 | – |
| HMDE | (0.10) | (0.30) | (0.10) | (0.50) | – | – | – | (1.00) | – |
| DPSV/ | 0.007 | 0.001 | 0.0003 | – | – | – | – | – | – |
| MFE | (0.05) | (0.0015) | (0.0015) | | | | | | |
| DPSV | 0.02 | – | – | – | – | – | 0.04 | – | 0.1 |
| AuE | (0.10) | – | – | – | – | – | (0.20) | – | (2.0) |
| ADPV | – | – | – | – | 0.001 | 0.001 | – | – | – |
| HMDE | – | – | – | – | (0.02) | (0.02) | | | |
| SDPSV/ | – | – | – | – | – | – | 0.001 | – | – |
| twin Au–E | | | | | | | | | |

DPSV = Differential pulse stripping voltammetry; HMDE = hanging mercury drop electrode; MFE = mercury film electrode; ADPV = adsorption differential pulse voltammetry; Au–E = gold electrodes; SDPSV = differential pulse anodic stripping voltammetry

Source: Reproduced by permission from Elsevier Science Publishers BV, Amsterdam

to the presently possible minimisation of the blanks; suitable differential pulse voltammetric methods could in principle reach still lower determination limits.

### 6.72.13 Cathodic stripping voltammetry

#### 6.72.13.1 Copper, cobalt, nickel, cadmium, iron, manganese and zinc

Donat *et al.* [808] studied the speciation of copper and nickel in seawater by competitive ligand equilibration – cathodic stripping voltammetry, differential pulse anodic stripping voltammetry and graphite furnace atomic absorption spectrometry.

Donat and Brulant [226] conducted a direct determination of cobalt and nickel in seawater by differential pulse cathodic scanning voltammetry preceded by absorptive collection of cyclohexane–1,2 dioxime complexes.

Perez-Pina *et al.* [809] studied the use of triethanolamine and dimethylglyoxime complexing agents in absorptive cathodic stripping voltammetry of cobalt and nickel in seawater. Nickel and cobalt, respectively, could be determined at levels down to 2 nM and 50 pM.

Huynk *et al.* [810] also used differential pulse cathodic stripping voltammetry for the determination of cobalt and nickel in seawater by dimethylglyoxime complexation. They report detection limits of 0.002 μg L $^{-1}$ for cobalt and 0.005 μg L $^{-1}$ for nickel.

Abollono *et al.* [811] compared cathodic stripping voltammetry and graphite furnace atomic absorption spectrometry in determinations of cadmium, copper, iron, manganese, nickel and zinc in seawater. The effects of UV irradiation, acidification and on-line sample preconcentration were studied.

#### 6.72.13.2 Lead, cadmium, nickel, cobalt, copper, zinc, uranium, vanadium, molybdenum

Cathodic stripping voltammetry has been discussed by Van der Berg [812]. This procedure has recently made rapid progress and could now be used to determine lead, cadmium, copper, zinc, uranium, vanadium, molybdenum, nickel and cobalt in water, with great sensitivity and specificity, allowing study of metal speciation directly in the unaltered sample. The technique used preconcentration of the metal at a higher oxidation state by adsorption of certain surface–active complexes, after which its concentration was determined by reduction. The reaction mechanisms, effect of variation of the adsorption potential, maximal adsorption capacity of the hanging mercury drop electrode, and possible interferences are discussed.

### *6.72.14 Potentiometric stripping analysis*

#### 6.72.14.1 Zinc, cadmium, lead and copper

An electrochemical method for the determination of lead, copper, zinc and cadmium has been introduced: potentiometric stripping analysis [813,814]. In some ways this technique resembles anodic stripping voltammetry. The analytical device is based on a 3-electrode system: (1) a glassy carbon electrode (serves as a cathode), (2) a saturated calomel electrode (which is the reference electrode), and (3) the counter-electrode during electrolysis made of platinum.

Analysis of metal ions in a sample solution is started by electrochemical formation of a mercury film on the glassy carbon electrode. Subsequently, the metal ions are reduced and amalgamated in the mercury film during the electrolysis step (plating). When the plating is terminated, the metals are stripped from the mercury film back into the solution by chemical oxidation. During this step the potential of the carbon electrode (against SCE) versus time is recorded. The metals are identified by their stripping potentials and the quantitative determination is obtained by measuring the stripping time for each metal.

Jagner *et al.* [815] used this technique to determine zinc, cadmium, lead and copper in seawater (Fig. 6.55). Their method includes computerisation of the potentiometric stripping technique. They compared results

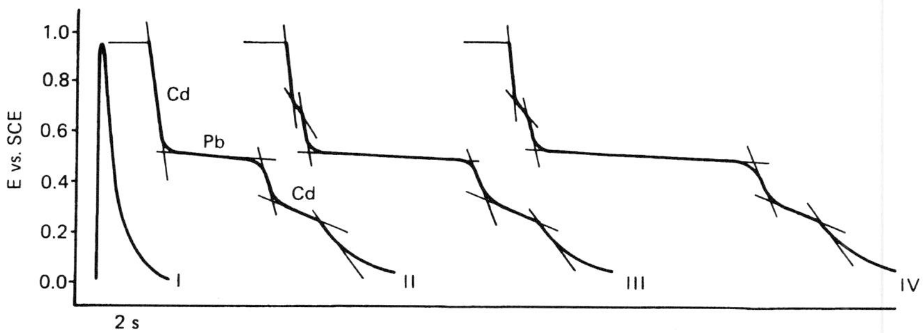


*Fig. 6.55* Potentiometric stripping curve for a 25 ml seawater sample. I = background, II = curve before standard addition, III and IV = curve after each addition of 5 ng CD$^{II}$ and 100 μg Pb$^{II}$. 25 ng Cu$^{II}$ was used as internal standard. Plating time 32 min at –95 V versus SCE

Source: Reproduced by permission from Elsevier Science Publishers BV, Amsterdam

obtained with those obtained by solvent extraction–atomic absorption spectrometry and showed that the computerised potentiometric stripping technique is more sensitive and has advantages over anodic stripping voltammetry. Computerisation makes deoxygenation of the sample unnecessary.

Water samples from the Arctic Sea were analysed by the potentiometric stripping technique. Lead (II) and cadmium (II) were determined after pre-electrolysis for 32 min at –1.1V versus Ag/AgCl; the detection limits were 0.06 and 0.04 nmol L$^{-1}$ respectively. Zinc(II) was determined after the addition of gallium(III) by pre-electrolysis for 16 min at –1.4V versus Ag/AgCl; the detection limit was 0.25nmol L$^{-1}$. Problems in the determination of copper(II) at the very low concentrations found in oceanic waters are outlined. The average zinc(II) and cadmium(II) and lead(II) concentrations in eight different samples were 2.5, 0.16 and 0.10 nmol L$^{-1}$, as determined by potentiometric stripping analysis and 1.9, 0.16 and 0.09 nmol L$^{-1}$ as determined by solvent extraction–atomic absorption spectrometry. The advantages of this computerised technique for the analysis of seawater are discussed.

Drabek *et al.* [816] applied potentiometric stripping analysis to the determination of lead, cadmium and zinc in seawater. The precision was evaluated by several duplicate determinations and was found to be in the range of 5–16% relative, depending on the concentration level. The accuracy of the method was evaluated by comparison with other conventional methods, ie atomic absorption spectroscopy and anodic stripping voltammetry and good agreement was found.

*Procedure for determination of copper and lead in seawater*

Acidified seawater (3 ml $L^{-1}$ concentrated nitric acid) 25 ml is placed in the analyser. A $Hg^{II}$ solution, usually 100 µL of a solution containing 1 mg $L^{-1}$ mercury but depending on the metal concentration, is added together with an internal standard (copper).

To increase precision, especially at the lower concentration levels encountered in relatively non-polluted seawater, preparation, regeneration and precoating of the working electrode are carried out prior to each analysis. Likewise, adequate cleaning of all the equipment is a prerequisite. With respect to plating, a normal procedure using 10 precoating–stripping cycles is employed [814]. Simultaneously the sample is de-aerated by purging with helium.

After precoating and de-aeration of the sample, analysis is performed at –0.95V versus SCE with an appropriate plating time (1–2 min). The method of standard addition is used. Analysis is performed in a cyclic mode and standards are added immediately after recording the stripping curve.

*Procedure for determination of zinc in seawater*

Prior to plating, the same analytical steps as for the above analysis are applied, the only exception being the use of lead instead of copper as the internal standard. Furthermore, gallium and sodium acetate are added, the former to prevent the formation of the inter-metallic zinc–copper compound and the latter to adjust pH to 4.7 which is favourable for zinc determination. Plating is carried out at –1.25V versus SCE. Again the method of standard addition is applied.

Fig. 6.55 shows typical stripping curves for cadmium, lead and zinc obtained from a 25 ml seawater sample. The sample was analysed as previously described. The concentrations found were $Pb^{II}$ 7.1 µg $L^{-1}$; $Cd^{II}$ 0.2 µg $L^{-1}$; and $Zn^{II}$ 4.1 µg $L^{-1}$. An internal standard was used to correct for variations in oxidation rate. Precision data are given in Table 6.53.

### 6.72.15 *Chronopotentiometry*

#### 6.72.15.1 Nickel and cobalt

Eskilsson *et al.* [817] have described equipment for automated determination of traces of cobalt and nickel by potentiometric stripping analysis which used a freshly prepared mercury film on a glassy carbon support as the working electrode. The use of concentrated electrolyte (5M calcium chloride) provided virtually oxygen-free stripping solutions. Analytical procedures for aqueous solutions and biological samples are described. Results obtained on samples of estuarine and seawater.

*Table 6.53* Relative precision (in %) of the potentiometric stripping analysis

| *Concentration level* ( μg $L^{-1}$) | *Pb* | *CD* | *Zn* |
|---|---|---|---|
| >15 | 5.2 (19) | – | 4.7 (20) |
| 1–15 | 16.5 (13) | 6.3 (11) | 9.4 (15) |
| 0.1–1 | – | 10.3 (5) | – |
| 0.03–0.1 | – | 16.0 (7) | – |

Relative precision estimated from several duplicate determinations. Numbers in parentheses denote numbers of pairs used for the estimation.

Source: Reproduced by permission from Gordon AC Breach, Netherlands

*Table 6.54* Optimum analysis wavelengths and detection limits for six trace metals in seawater

| *Metal* | *Most intense emission line (nm)* | *Detection limit in seawater* (μg $L^{-1}$) |
|---|---|---|
| Cd | 228.8 | 5 |
| Cr | 357.9 | 1 |
| Cu | 327.4 | 2 |
| Pb | 405.7 | 16 |
| Ni | 352.5 | 6 |
| Zn | 213.9 | 3 |

Source: Reproduced by permission from the American Chemical Society

Detection limits were 9 and 11 ng per litre for nickel(II) and cobalt(II) respectively.

### 6.72.16 *Plasma emission spectrometry*

#### 6.72.16.1 Cadmium, chromium, copper, lead, nickel and zinc

Nyggard [30] has evaluated the application of the Spectraspan dc plasma emission spectrometer as an analysis tool for the determination of trace heavy metals in seawater. Sodium, calcium and magnesium in seawater are shown to increase both the background and elemental line emission intensities. Optimum analytical emission lines and detection limits for seven elements are reported, respectively in Tables 6.54 and 6.55.

*Table 6.55* Replicate standard addition analyses of six trace metals in seawater

| *Metal* | *Concentration* ($\mu g\ L^{-1}$) | *Number of replicates* | *Measured concentration* ($\mu g\ L^{-1}$) | *Rel. std. dev (%)* |
|---|---|---|---|---|
| Cd | 20 | 37 | 20.4 ± 4.6 | 22.5 |
| Cd | 100 | 16 | 95.8 ± 8.6 | 9.0 |
| Cr | 1.00 | 11 | 1.11 ± 0.10 | 9.1 |
| Cu | 200 | 11 | 195 ± 16 | 8.2 |
| Pb | 500 | 10 | 461 ± 44 | 9.6 |
| Ni | 1.00 | 11 | 1.01 ± 0.04 | 3.5 |
| Zn | 2.00 | 11 | 2.36 ± 0.19 | 8.1 |

Source: Reproduced by permission from the American Chemical Society

### 6.72.17 *Isotope dilution mass spectrometry*

The earlier stable isotope dilution mass spectrographic work was accomplished with a thermal ion mass spectrometer which had been specifically designed for isotope abundance measurements. However, Leipziger [818] demonstrated that the spark source mass spectrometer could also be used satisfactorily for this purpose. Although it did not possess the excellent precision of the thermal unit, Paulsen and co-workers [819] pointed out that it did have a number of important advantages.

In the analysis of seawater, isotope dilution mass spectrometry offers a more accurate and precise determination than is potentially possible with other conventional techniques such as flameless atomic absorption spectrophotometry or anodic stripping voltammetry. Instead of using external standards measured in separate experiments, an internal standard, which is an isotopically enriched form of the same element, is added to the sample. Hence, only a ratio of the spike to the common element need be measured. The quantitative recovery necessary for the flameless atomic absorption and anodic scanning voltammetric techniques is not critical to the isotope dilution approach. This factor can become quite variable in the extraction of trace metals from the salt–laden matrix of seawater. Yield may be isotopically determined by the same experiment; however, by the addition of a second isotopic spike after the extraction has been completed.

#### 6.72.17.1 Copper, cadmium, thallium and lead

An outline of the elements in seawater that may be analysed by isotope dilution techniques has been presented by Chow [820]. Most of the subsequent work has pertained to the analysis of lead in seawater

[820–824]. The extension of the technique to the analysis of copper, cadmium, thallium and lead has been made by Murozumi [824] using a thermal source spectrometer.

### 6.72.17.2 Iron, cadmium, zinc, copper, nickel, lead and uranium

Mykytiuk *et al.* [214] employed a spark source mass spectrometer in the determination of iron, cadmium, zinc, copper, nickel, lead and uranium in seawater. It may be noted that thermal source mass spectrometry has two prime advantages over spark source mass spectrometry that may be of particular value in seawater analysis. One is the much higher precision (about 0.1%) capable of the instrument, a factor important in assessing the stability of the trace metals in seawater with time or the extraction technique itself. Secondly, the ratios to be determined may be measured at various filament currents (temperature) for an internal corroboration. This is of particular importance in detecting isobaric interferences that may lead to spurious ratios and hence misleading results.

Mykytiuk *et al.* [214] have described a stable isotope dilution spark source mass spectrometric method for the determination of cadmium, zinc, copper, nickel, lead, uranium and iron in seawater and compared results with those obtained by graphite furnace atomic absorption spectrometry and inductively coupled plasma emission spectrometry. These workers found that to achieve the required sensitivity it was necessary to preconcentrate elements in the seawater using Chelex–100 [130] followed by evaporation of the desorbed metal concentrate onto a graphite or silver electrode for isotope dilution mass spectrometry.

Results obtained on a seawater sample by three procedures are given in Table 6.56. Isotope dilution results (IDSSMS) agree well with those obtained by graphite furnace atomic absorption spectrometry (GFAAS) and inductively coupled plasma emission spectrometry (ICPES).

The preconcentration for all three techniques was achieved by Chelex 100 ion-exchange. However, since solvent extraction with ammonium pyrollidine dithiocarbamate is the most commonly accepted method, the values obtained using it with graphite furnace atomic absorption spectrometry are also included for comparison.

One of the advantages of the isotope dilution technique is that the quantitative recovery of the analysis is not required. Since it is only their isotope ratios that are being measured, it is necessarily only to recover sufficient analyte to make an adequate measurement. Therefore, when this technique is used in conjunction with graphite furnace atomic absorption spectrometry, it is possible to determine the efficiency of the preconcentration step. This is particularly important in the analysis of seawater where the recovery is very difficult to determine by other techniques since the concentration of the unrecovered analyte is so low. In

*Table 6.56* Analysis of seawater sample B (concentrations μg $L^{-1}$ expressed as means ± SD)

| | *IDSSMS* *ion exchange* | *GFAAS* *Solvent extraction* | *ICPES* *Ion exchange* | *ion exchange* |
|---|---|---|---|---|
| Fe | 3.4 ± 0.3 | 3.2 ± 0.2 | 3.4 ± 0.4 | 3.2 ± 0.2 |
| Cd | 0.07 ± 0.01 | 0.06 ± 0.01 | 0.053 ± 0.007 | ND |
| Zn | 1.9 ± 0.1 | 1.8 ± 0.1 | 2.0 ± 0.1 | 1.6 ± 0.2 |
| Cu | 0.61 ± 0.04 | 0.5 ±. 0.1 | 0.51 ± 0.03 | 0.73 ± 0.06 |
| Ni | 0.43 ± 0.03 | 0.46 ± 0.03 | 0.45 ± 0.05 | 0.38 ± 0.02 |
| Pb | 0.11 ± 0.02 | 0.06 ± 0.02 | 0.10 ± 0.01 | ND |
| Co | 0.028 ± 0.001* | 0.015 ± 0.003 | 0.018 ± 0.008 | ND |
| U | 2.6 ± 0.2 | ND | ND | ND |

* By internal standard
ND = not determined

Source: Reproduced by permission from the American Chemical Society

using this technique, one must assume that isotopic equilibrium has been achieved with the analyte regardless of the species in which it may exist.

The thermal ion mass spectrometer was specifically developed for the measurement of isotope abundances and is capable of excellent precision. Although the spark source mass spectrometer used in this work lacks some of this precision, it proved itself to be very useful in stable isotope dilution work. It has a number of advantages including greater versatility, relatively uniform sensitivity and better applicability to a wide range of elements.

### 6.72.17.3 Copper, cadmium, lead, zinc, nickel and iron

Stuckas and Wong [825] have investigated the feasibility of using a thermal source mass spectrometer in the isotope dilution analysis of copper, cadmium, lead, zinc, nickel and iron in seawater. The approach basically follows that which had been successfully employed by the authors in the analysis of lead in seawater [823]. Herein, great importance was attached to the definition of the blank and the initial clean-up schedule. Once the operating parameters had been established by the analysis of pure isotopic spikes, the various components that constitute a blank were identified and minimised where possible using ultra-clean room techniques. The subsequent extractions of reagent water and seawater by dithizone and by ammonium pyrrolidine-diethyl-dithiocarbamate ion-exchange resins were evaluated for suitability for the isotope dilution mass spectrometric approach, yield and contamination levels. Corroboration of the results obtained on seawater were performed by two independent techniques, anodic scanning voltammetry and flameless atomic absorption spectrometry.

Satisfactory agreement was obtained in most cases (Table 6.57).

#### 6.72.17.4 Lanthanides

Elderfield and Greaves [826] have described a method for the mass spectrometric isotope dilution analysis of rare earth elements in seawater. In this method, the rare earth elements are concentrated from seawater by co-precipitation with ferric hydroxide and separated from other elements and into groups for analysis by anion exchange [827–832] using mixed solvents. Results for synthetic mixtures and standards show that the method is accurate and precise to ±1%; and blanks are low (eg $10^{-12}$ moles La and $10^{-14}$ moles Eu). The method has been applied to the determination of nine rare earth elements in a variety of oceanographic samples. Results for North Atlantic ocean water below the mixed layer are (in $10^{-12}$ mol kg $^{-1}$) 13.0 La, 16.8 Ce, 12.8 Nd, 2.67 Sm, 0.644 Eu, 3.41 Gd, 4.78 Dy, 407 Er and 3.55 Yb, with an enrichment of rare earth elements in deep ocean water, by two times for the light rare earth elements and by 1.3 times for the heavy rare earth elements.

Elution–volume calibrations were performed using radioactive tracers of the rare earth elements and $^{133}$Ba, with atomic–absorption or flame–emission analysis of iron, sodium, potassium, calcium and magnesium. As shown in Fig. 6.56, any barium added to the second columns is eluted at the start of the `light rare earth element fraction' (see below). To ensure barium removal the sample can be put through the first column again.

### *6.72.18 X-ray fluorescence spectroscopy*

#### 6.72.18.1 Uranium, copper, nickel, cobalt, iron, manganese and uranium

This technique has received very limited application in seawater analysis. Preconcentration by the ring-over technique [833] and by solvent extraction have both been used in order to improve the sensitivity of X-ray fluorescence spectrometry. Armitage and Zeitlin [833] converted uranium, copper, nickel, cobalt, iron and manganese to the 8-hydroxyquinolates and extracted these with chloroform. The extract was applied to a filter paper disc in a ring oven at 160°C and the metals separated prior to final determination by the X-ray technique.

*Table 6.57* Comparison of IDMS data with FAA and ASV approached on seawater (mean ± SD) concentrations (nmol $kg^{-1}$)

| *Method* | *Cu* | *Cd* | *Pb* | *Zn* | *Ni* | *Fe* |
|---|---|---|---|---|---|---|
| 'Soluble' IDMS | 5.26 ± 0.09 | 0.708 ± 0.007 | 0.0423 ± 0.0019 | 11.18 ± 0.13 | 9.43 ± 1.06* | 58 ± 6 |
| 'Total' IDMS | 5.29 ± 0.13 | 0.691 ± 0.009 | 0.0892 ± 0.0046 | 12.73 ± 0.43 | 7.70 ± 0.42 | 62 ± 1 |
| APDC/DDDC with FAA | 5.35 ± 0.09 | 0.498 ± 0.089† | 0.0381 ± 0.0100 | 11.01 ± 0.31 | 5.79 ± 0.17 | 50 ± 5 |
| Chelex or APDC/DDDC with FAA | 2.52 | 0.721 ± 0.027 | 0.087 | 11.62 | 10.39 ± 0.51 | |
| ASV | 3.93 ± 0.60 | 0.649 ± 0.044 | 0.290 ± 0.034 | 12.47 ± 1.07 | | |

*Dual values resulting from different extraction techniques.

†Yields were low and variable (85 + 14%); error quoted reflects average of FAA data alone.

APDC = Ammonium pyrollidine dithiocarbamate. ASV = Anodic scanning voltammetry. DDDC = Diethyldithiocarbamate. FAA = Flameless atomic absorption spectrometry. IDMS = Isotope dilution mass spectrometry.

Source: Reproduced by permission from the Plenum Press, New York

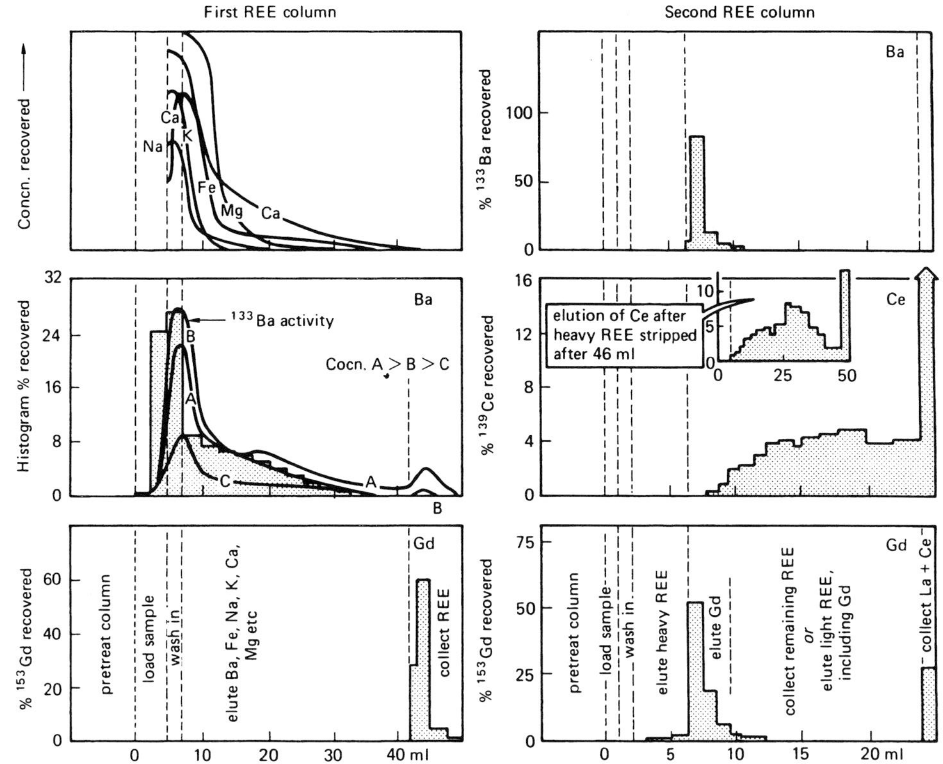


*Fig. 6.56* Elution curves of the rare earth elements and interfering elements for anion-exchange separations using $CH_3COOH/HNO_3$ (1st columns) and $MeOH/HNO_3$ (2nd columns) mixtures

Source: Reproduced by permission from the Plenum Press Inc, New York

*Table 6.58* Results of analyses (µg $L^{-1}$) of liquid samples by the proposed method, with reference values obtained by atomic absorption spectrometry (AAS)

| | *Wastewater* | | | | | | *Seawater* | |
|---|---|---|---|---|---|---|---|---|
| | *Sample A* | | *Sample B* | | *Sample C* | | | |
| *Ion analysed* | *[835]** | *AAS* | *[835]†* | *AAS* | *[835]†* | *AAS* | *[835]†* | *AAS* |
| Mn | 120 | 130 | – | – | 240 | 240 | – | – |
| Fe | 170 | 200 | 130 | 150 | 100 | 90 | 60 | 60 |
| Co | 220 | 240 | – | – | – | – | – | – |
| Ni | 130 | 140 | 20 | 24 | 70 | 80 | – | – |
| Cu | – | – | 40 | 40 | 30 | 30 | 20 | 20 |
| Zn | – | – | 140 | 140 | 60 | 50 | – | – |
| Pb | – | – | 70 | 70 | 50 | 40 | – | – |

Sample: concentrated 10-fold times.
*DDTC–IBMK extraction.
†DDTC–DIBK extraction

Source: Reproduced by permission from Wilen Heyden Ltd, UK

### 6.72.18.2 Chromium, manganese, lead, iron, cobalt, nickel, copper, zinc and vanadium

Morris [834] separated microgram amounts of vanadium, chromium, manganese, iron, cobalt, nickel, copper and zinc from 800 ml seawater by precipitation with ammonium tetramethylenedithiocarbamate and extraction of the chelates at pH 2.5 with methylisobutyl ketone. Solvent was removed from the extract and the residue dissolved in 25% nitric acid and the inorganic residue dispersed in powdered cellulose. The mixture was pressed into a pellet for X-ray fluorescence measurements. The detection limit was 0.14 µg or better, when a 10 min counting period is used.

Murata *et al.* [835] give details of equipment and a procedure for determination of traces of heavy metals by solvent extraction using di-isobutyl ketone and isobutyl methyl ketone, combined with microdroplet analysis by X-ray fluorescence spectrometry using a specially designed filter paper, sodium diethyldithiocarbamate is used as a chelating agent. The limits of detection for manganese, iron, cobalt, nickel, copper, zinc and lead were 15, 16, 8, 8, 13, 13 and 40 µg $L^{-1}$ respectively for a 100 µL sample volume. The method was applied to analyses of seawater from Chirihama, Japan.

Table 6.58 shows that the results are in fair agreement with the reference values determined by atomic-absorption spectrometry.

#### 6.72.18.3 Manganese, iron, cobalt, nickel, copper, zinc, lead, cadmium, selenium, vanadium, molybdenum, mercury and uranium

Prange *et al.* [836] carried out multielement determinations of the above dissolved heavy metals in Baltic seawater by total reflection X-ray fluorescence spectrometry. The metals were separated by chelation adsorption of the metal complexes on lipophilised silica-gel carrier and subsequent elution of the chelates by a chloroform/methanol mixture. Trace element loss or contamination could be controlled because of the relatively simple sample preparation. Aliquots of the eluate were then dispersed in highly polished quartz sample carriers and evaporated to thin films for spectrometric measurements. Recoveries (see Table 6.59), detection limits, and reproducibilities of the method for several metals were satisfactory.

This analytical method, based on txrf, enables a large number of trace elements to be determined simultaneously. The range is suitable for different areas of the sea. The motivation to use txrf resulted mainly from the characteristic features of the method: its high detection power, the universal calibration curve which eliminates the need for matrix-dependent standard samples or standard-addition procedures, the simple preparation of the sample films and, of course, the possibility of multielement determination.

The essential features in the experimental procedure can be assessed as follows. The combination of the analytically efficient txrf with the reverse-phase technique in conjunction with sodium dibenzyldithiocarbamate as chelating agent for the separation and enrichment of the heavy metal traces has proved to be very effective. Because of the relatively simple sample preparation, the danger of trace element loss or contamination can be controlled.

The results obtained by this method represent the 'dithiocarbamate-reactive' methods or metal concentrations in acidified seawater. Owing to the good general agreement of these results with those of other methods, such as were used for the certification of the NASS–1 seawater, each with their different sources of systematic errors, it can be safely assumed that in all cases the so-called 'total dissolved' concentrations are obtained. For open ocean waters in which the salinity deviates practically only by 1–2‰, the 'conservative' elements uranium or molybdenum could probably be used as natural internal standards.

#### 6.72.18.4 Potassium, calcium, titanium, vanadium, chromium, manganese, iron, cobalt, nickel, copper, zinc, gallium, arsenic, lead, selenium, rubidium, strontium, yttrium, zirconium, molybdenum, silver, cadmium, antimony and barium

Prange *et al.* [837] extended the method discussed above [836] to the determination of a wider range of metals.

*Table 6.59* Recoveries determined by standard addition to seawater with APDC or NaDBDTC as the chelating agent

| *Element* | Additional *standard* ($ng\ kg^{-1}$) | *Element found* ($ng\ kg^{-1}$) with APDC | | | *Element found* ($ng\ kg^{-1}$) with NaDBDTC | | |
|---|---|---|---|---|---|---|---|
| | | *Before addition* | *After addition* | *Yield (%)* | *Before addition* | *After addition* | *Yield (%)* |
| V | 2500 | 148 ± 61 | 188 ± 79 | – | 1540 ± 100 | 3920 ± 70 | 95.3 ± 5.2 |
| Mn | 1000 | – | – | – | 32 ± 6 | 917 ± 9 | 88.5 ± 1.2 |
| Fe | 1000 | 353 ± 51 | 1320 ± 43 | 96.3 ± 4.8 | 344 ± 17 | 1370 ± 20 | 102.8 ± 2.9 |
| Co | 1000 | internal | standard | 100 | internal | standard | 100 |
| Ni | 1000 | 165 ± 15 | 735 ± 21 | 57.0 ± 6.9 | 241 ± 12 | 1230 ± 20 | 99.2 ± 2.4 |
| Cu | 1000 | 93 ± 23 | 790 ± 17 | 69.7 ± 6.1 | 107 ± 2 | 1090 ± 20 | 98.2 ± 2.3 |
| Zn | 1000 | 64 ± 12 | 146 ± 18 | 8.2 ± 6.4 | 179 ± 3 | 1190 ± 23 | 100.8 ± 2.3 |
| Se | 2500 | – | 1970 ± 100 | 78.8 ± 5.1 | – | 2530 ± 30 | 101.0 ± 3.1 |
| Mo | 5000 | 5590 ± 240 | 9210 ± 170 | 72.3 ± 9.8 | 10200 ± 490 | 15200 ± 670 | 100.2 ± 5.5 |
| Cd | 1000 | – | 313 ± 23 | 31.3 ± 2.3 | – | 984 ± 25 | 98.4 ± 2.5 |
| Hg | 1000 | 196 ± 27 | 925 ± 44 | 72.9 ± 6.1 | 75 ± 10 | 1050 ± 30 | 97.6 ± 2.9 |
| Pb | 1000 | 35 ± 7 | 472 ± 31 | 43.7 ± 5.2 | 49 ± 4 | 1100 ± 40 | 105.2 ± 3.8 |
| U | 2500 | 557 ± 51 | 772 ± 65 | 8.6 ± 3.1 | 3100 ± 190 | 5650 ± 110 | 102.1 ± 8.6 |

n = 3

#### 6.72.18.5 Miscellaneous

Knockel and Prange [838] converted metals in seawater into their diethyldithiocarbamates prior to X-ray fluorescence analysis of the separated solids. Membrane filtration of the precipitates resulted in carbamate-loaded filters, which could be directly measured by using radioisotope-excited X-ray fluorescence analysis. Furthermore, elution of Chromosorb columns loaded with the dithiocarbamate complex, by the passage of chloroform gave chloroform solutions in which the trace metals could be determined by X-ray fluorescence analysis using totally reflecting sample supports. Similarly the precipitate on the membrane filter could be dissolved in chloroform and determined in solution. The sensitivity of this method and the pH dependence of the reaction was also investigated.

Haarich *et al.* [839] applied total reflection X-ray fluorescence spectroscopy to the determination of miscellaneous heavy metals in seawater.

### *6.72.19 Neutron activation analysis*

The application of neutron activation analysis to water samples has several advantages. Like inductively coupled plasma atomic absorption spectrometry it is a multielement analysis technique and, as such, is useful for performing element scans when looking for unknown elements. It enables several elements to be determined in the same run. It is not limited to metallic elements. Its disadvantage is high cost and the probability that most laboratories cannot house the reactor equipment so that, in fact, samples have to be sent away for analysis to an establishment with such facilities. This delays results and demands careful consideration of sample preservation during the waiting period. The technique is intrinsically sensitive, and can be made more so by preconcentrating the metals onto a resin such as Chelex 100 which can be directly analysed by the neutron activation technique. With these facilities analysis for many metals at the ultra-low background levels at which they occur in seawater becomes a possibility.

Some applications of neutron activation analysis to seawater analysis are summarised in Table 6.60.

#### 6.72.19.1 Cadmium, cobalt, chromium, copper, iron, manganese, molybdenum, nickel, scandium, tin, thorium, uranium and zinc

Greenberg and Kingston [846,849] used a solid Chelex 100 resin to preconcentrate these elements from 100–500 ml of estuarine and seawater prior to the determination of these elements. A procedure is described for the preconcentration of 100 ml of estuarine and seawater into a solid sample using Chelex 100 resin. This solid sample weighs less than half a

*Table 6.60* Application of neutron activation analysis in the determination of metals in seawater

| *Elements* | *Sample preconcentration* | *Ref.* |
|---|---|---|
| Co, Cr, Ca, Fe, Pb, Se, Sr | Sea salts, Freeze dried | 840 |
| As, Cu, Sb | Thionalide precipitation | 841 |
| Misc elements | Frozen sample | 842 |
| Al, V, Cu, Mo, Zn, U | Organic co-precipitants (8-hydroxyquinoline) | 18 |
| Ag, Au, Cd, Ce, Co, Cr, Eu, Fe, Hg, La, Mo, Sc, Se, U, Zn, As, Sb | Adsorption and charcoal | 843 |
| Ba, Ca, Cd, Ce, Co, Cr, Cu, Fe, La, Mg, Mn, Sc, U, V, Zn | Adsorption of Chelex 100 glass powder | 844 |
| Hg, Au, Cu | Co-precipitation with lead diethyldithio-carbamate | 845 |
| Transition metals | Chelating resin | 846 |
| As, Mo, U, V | Colloid flotation | 847 |
| Co, Cu, Hg | Co-precipitation with lead pyrrolidine dithiocarbamate | 848 |
| Co, Cr, Cu, Fe, Mn, Mo, Ni, Sc, Th, U, V, Zn | Chelating resin (Chelex 100) | 849 |
| Cd, Co, Cr, Cu, Fe, Mn, Mo, Ni, Sc, Sn, Th, U, V, Zn | Chelating resin (Chelex 100) | 846 |
| Ag, Cd, Cr, Cu, Mn, Th, U, Zn | Co-precipitation with lead phosphate | 957 |

Source: Own files

gram and contains the transition metals and many other elements of interest, but is essentially free from the alkali metals, the alkaline earth metals, and the halogens.

Some typical results obtained by this procedure on water samples taken in Chesapeake Bay and the Atlantic are quoted in Table 6.61.

The application of the Chelex 100 resin separation and preconcentration, with the direct use of the resin itself as the final sample for analysis, is an extremely useful technique. The elements demonstrated to be analytically determinable from high salinity waters are: cobalt, chromium, copper, iron, manganese, molybdenum, nickel, scandium, thorium, uranium, vanadium and zinc. The determination of chromium and vanadium by this technique offers significant advantages over methods requiring aqueous final forms, in view of their poor elution reproducibility. The removal of sodium, chloride and bromide allows the determination of elements with short and intermediate half-lives without radiochemistry and greatly reduces the radiation dose received by personnel. This procedure has been successfully applied in a study of more than 100 samples collected throughout the entire length of the

*Table 6.61* Concentrations of trace elements in a single seawater sample in Chesapeake Bay (in μg $L^{-1}$)

| *Element* | *NAA results for* 100 mL samples[a] | 200 mL samples[b] | 500 mL samples[c] | *As determined by other techniques*[d] |
|---|---|---|---|---|
| Al | <2 | <2 | 1.1 ± 0.2 | |
| Cd | <0.3 | <0.3 | <0.2 | 0.05 ± 0.01 |
| Co | 0.044 ± 0.003 | 0.045 ± 0.002 | 0.044 ± 0.002 | <0.1 |
| Cr | 3.31 ± 0.14 | 3.20 ± 0.16 | 3.31 ± 0.16 | |
| Cu | 2.01 ± 0.05 | 2.03 ± 0.05 | 1.97 ± 0.04 | 2.0 ± 0.1 |
| Eu | 0.00012 ± 0.00004 | 0.00016 ± 0.00003 | 0.00014 ± 0.00001 | |
| Fe | 2.1 ± 0.2 | 2.0 ± 0.3 | 2.1 ± 0.1 | 2.1 ± 0.5 |
| Mn | 1.89 ± 0.03 | 1.86 ± 0.02 | 1.70 ± 0.02 | 2.0 ± 0.1 |
| Mo | 5.4 ± 0.1 | 5.4 ± 0.1 | 5.5 ± 0.1 | |
| Ni | 1.3 ± 0.2 | 1.2 ± 0.2 | 1.2 ± 0.1 | 1.2 ± 0.1 |
| Sc | 0.00095 ± 0.00005 | 0.00094 ± 0.00005 | 0.00093 ± 0.00005 | |
| Sn | <0.3 | <0.2 | 0.12 ± 0.04 | |
| Th | <0.0002 | 0.00018 ± 0.00007 | 0.00016 ± 0.00003 | |
| Ti | <4 | <4 | <4 | |
| U | 1.90 ± 0.04 | 1.88 ± 0.04 | 1.91 ± 0.04 | 1.91 ± 0.01[e] |
| V | 0.45 ± 0.02 | 0.45 ± 0.02 | 0.46 ± 0.01 | |
| Zn | 4.9 ± 0.2 | 5.0 ± 0.2 | 4.9 ± 0.2 | 4.8 ± 0.3 |

[a]Uncertainties are one standard deviation (1 s) for at least seven samples.
[b]Uncertainties are the analytical uncertainty (1 s) for one sample.
[c]Uncertainties are the average deviation for two samples or the analytical uncertainty (1 s) whichever is greater.
[d]Values determined by GFAAS (6) unless indicated.
[e]Value determined by isotope dilution mass spectrometry (13).
[f]Indicates Mn loss (breakthrough) of ~ 10%.

Source: Reproduced by permission from Elsevier Science Ltd, UK

Chesapeake Bay. The salinity of these samples varied from that of fresh water to that of Atlantic Ocean water.

### 6.72.19.2 Arsenic, molybdenum, uranium and vanadium

Murthey and Ryan [847] used colloid flotation on hydrous iron(III) oxide as a means of preconcentration prior to neutron activation analysis for arsenic, molybdenum, uranium and vanadium. Hydrous iron(III) oxide is floated in the presence of sodium decyl–sulphate with small nitrogen bubbles from one litre of seawater at pH 5.7. Recoveries of arsenic, molybdenum and vanadium were better than 95% whilst that of uranium was about 75%.

#### 6.72.19.3 Silver, chromium, cadmium, copper, manganese, thorium, uranium and zirconium

Holzbecker and Ryan [957] determined these elements in seawater by neutron activation analysis after coprecipitation with lead phosphate. Lead phosphate gives no intense activities on irradiation, so it is a suitable matrix for trace metal determinations by neutron activation analysis. Precipitation of lead phosphate also quantitatively brings down the insoluble phosphates of silver(I), cadmium(II), chromium(III), copper(II), manganese(II), thorium(IV), uranium(VI) and zirconium(IV). Detection limits for each of these are given, and thorium and uranium determinations are described in practical detail. Gamma activity from 204-lead makes a useful internal standard to correct for geometry differences between samples which, for the lowest detection limits, are counted close to the detector.

#### 6.72.19.4 Barium, calcium, cadmium, chromium, cobalt, cerium, copper, iron, lanthanum, magnesium, selenium, uranium, vanadium and zinc

In a procedure [844] employing preconcentration of the metals on a column containing a mixture of Chelex–100 and Pyrex glass powder the problems associated with swelling of the Chelex–100 were overcome and constant flow rates of sample down the column achieved.

The water samples were passed through the resin column and eluted with 100 ml 0.01 M nitric acid and the eluate was discarded. Trace elements were collected from the column by eluting with 50 ml 4 M nitric acid. The eluate was heated to reduce its volume, transferred to a volumetric flask and diluted to 10 ml.

A 3.5 ml portion in a 4 ml polyethylene vial was irradiated for 5 min (Fig. 6.57). Another portion, 3.0 ml in a 3.5 ml silica vial, was irradiated for 3 days. After the short irradiation, 3 ml of the irradiated solution were transferred into an activity-free vial and submitted to $\gamma$-ray spectrometry with a Ge(Li) detector coupled with the 4000 channel analyser. After the long irradiation the sample was allowed to cool for 3 days, then the surface of the silica ampoule was cleaned with dilute nitric acid, and the sealed ampoule was placed in the counter (the background activity of the ampoule was negligible), $\gamma$-ray energy and peak-areas were calculated by computer. To determine the half-lives of the nuclides produced, the counting was repeated at appropriate intervals.

The major interfering elements such as sodium, potassium and bromine and chlorine (Figs. 6.57 and 6.58) were completely removed from the column with 100 ml 0.01 M nitric acid, whereas many trace elements were quantitatively retained. These elements were eluted with the succeeding 50 ml 4 M nitric acid.

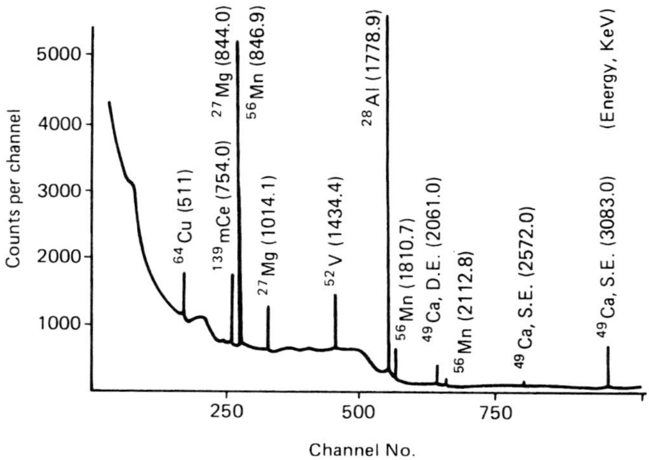


*Fig. 6.57* Gamma-ray spectrum of preconcentrated river water after shoft irradiation. Irradiation time 3 min; thermal–neutron flux $1 \times 10^{13}$ n cm $^{-3}$ s $^{-1}$; decay time 3 min; counting time 100 s
Source: Reproduced by permission from Elsevier Science Ltd, UK

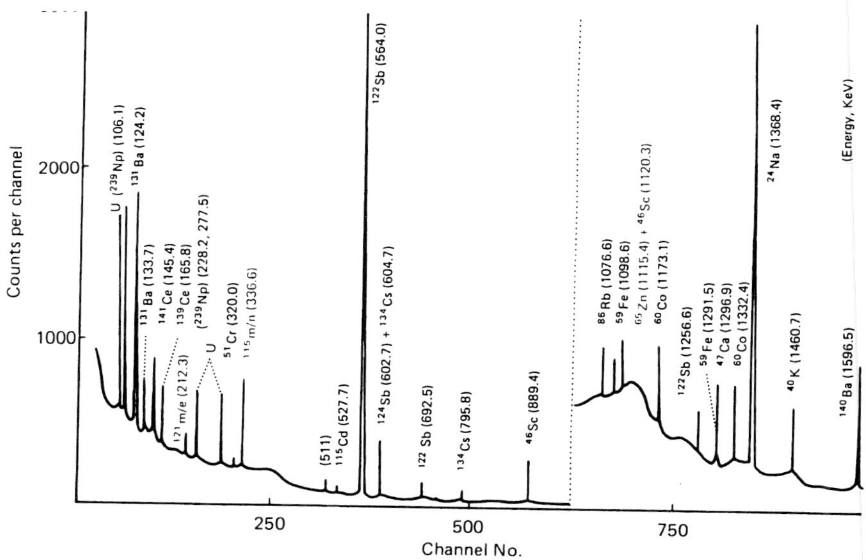


*Fig. 6.58* Gamma-ray spectrum of preconcentrated seawater after long irradiation. Irradiation time 3 days; thermal–neutron flux $1 \times 10^{13}$ n cm $^{-3}$ s $^{-1}$; decay time 3 min; counting time 1000 s
Source: Reproduced by permission from Elsevier Science Ltd, UK

*Table 6.62* Separation of interfering elements from trace elements, % recovery

| *Isotopes* | *From effluent (2 litres)* | *From successive 20 ml portions of 0.01 M* $HNO_3$ *1* | *2* | *3* | *4* | *5* | *From successive 10 ml portions of 4 M* $HNO_3$ *1* | *2* | *3* | *4* | *5* | *Total* |
|---|---|---|---|---|---|---|---|---|---|---|---|---|
| $^{24}Na$ | 95.1 | 3.9 | 0.5 | 0.3 | 0.1 | 0 | 0 | 0 | 0 | 0 | 0 | 99.9 |
| $^{82}Br$ | 98.2 | 1.3 | 0.4 | 0.1 | 0 | 0 | 0 | 0 | 0 | 0 | 0 | 100.0 |
| $^{42}K$ | 96.3 | 3.0 | 0.5 | 0.4 | 0.1 | 0 | 0 | 0 | 0 | 0 | 0 | 100.3 |
| $^{38}Cl$ | 97.0 | 2.4 | 0.6 | 0.2 | 0 | 0 | 0 | 0 | 0 | 0 | 0 | 100.2 |
| $^{115m}Cd$ | 0 | 0 | 0 | 0 | 0 | 0 | 18.1 | 37.0 | 38.4 | 6.2 | 0.3 | 100.0 |
| $^{64}Cu$ | 0 | 0 | 0 | 0 | 0 | 1.4 | 31.2 | 43.1 | 21.7 | 2.5 | 0 | 99.9 |
| $^{56}Mn$ | 0 | 0 | 0 | 0 | 0 | 0 | 21.8 | 33.0 | 32.7 | 10.3 | 1.9 | 99.7 |
| $^{64}Zn$ | 0 | 0 | 0 | 0 | 0 | 0 | 19.9 | 38.1 | 39.9 | 2.2 | 0.1 | 100.2 |

Source: Reproduced by permission from Elsevier Science Ltd, UK

*Table 6.63* Recovery of trace elements from spiked samples of stripped waters

| *Element* | *Seawater* | | |
|---|---|---|---|
| | *Added (µg)* | *Found (µg)* | *Yield (%)* |
| Ba | 1.44 | 1.48 | 103 |
| Ca | – | – | – |
| Cd | 30.0 | 27.6 | 90.0 |
| Ce | 1.48 | 1.45 | 98.0 |
| Co | 1.50 | 1.49 | 99.3 |
| Cr | 230 | 230 | 100 |
| Cu | 189 | 187 | 98.9 |
| Fe | 615 | 615 | 100 |
| La | 0.830 | 0.832 | 100 |
| Mg | – | – | – |
| Sb | – | – | – |
| Sc | 0.140 | 0.142 | 101 |
| U | 0.160 | 0.157 | 98.1 |
| V | 27.0 | 27.0 | 100 |
| Zn | 401 | 397 | 99.0 |

Source: Reproduced by permission from Elsevier Science Ltd, UK

The recovery ratios shown in Tables 6.62 and 6.63 indicate that the added traces of cadmium, cerium, copper, lanthanum, manganese, scandium and zinc are quantitatively recovered. The recoveries of barium, cobalt, bromium, iron, uranium and vanadium were also satisfactory.

Table 6.63 shows the recoveries of calcium and magnesium were very poor for seawater. The reasons for this may be connected with matrix effects.

In order to evaluate the precision of this method, replicate analyses were carried out by Lee *et al.* [844] by the proposed procedure, for trace elements in a seawater sample taken from the Kwangyang Bay. The results in Table 6.64 show satisfactory precision.

#### 6.72.19.5 Silver, arsenic, gold, barium, calcium, cadmium, cerium, cobalt, chromium, europium, iron, mercury, potassium, lanthanum, molybdenum, sodium, antimony, scandium, selenium, uranium and zinc

Lieser *et al.* [843] studied the application of neutron activation analysis to the determination of trace elements in seawater with particular reference to the limits of detection and reproducibility obtained for different elements when comparing different preliminary concentration techniques such as adsorption on charcoal, cellulose and quartz and

*Table 6.64* Results of replicate analysis for trace elements in waters taken from the Kwangyang Bay and the Nakdong River, South Korea

| *Element* | *Seawater* (µg $L^{-1}$) |
|---|---|
| Ba | 4.8 ± 0.8 |
| Ca | – |
| Cd | 0.20 ± 0.05 |
| Ce | 16.7 ± 0.7 |
| Co | – |
| Cr | 2.33 ± 0.20 |
| Cu | 1.1 ± 0.07 |
| Fe | 250 ± 10 |
| La | 0.72 ± 0.04 |
| Mg | – |
| Mn | 1.50 ± 0.04 |
| Sc | 0.098 ± 0.004 |
| U | 1.36 ± 0.1 |
| V | 2.14 ± 0.05 |
| Zn | 45.9 ± 1.4 |

Source: Reproduced by permission from Elsevier Science Ltd, UK

complexing agents such as dithizone and sodium diethyldithiocarbamate.

In these procedures 1 litre of seawater was shaken with 60 mg charcoal for 15 min. Complexing agents were added in amounts of 1 mg, dissolved in 1 ml acetone. The pH was 5.5 or it was adjusted to 8.5 by addition of 0.1 M ammonia. The charcoal was filtered off and irradiated. Results of three sets of experiments with charcoal alone, charcoal in the presence of dithizone and charcoal in the presence of sodium diethyldithiocarbamate are presented in Table 6.65. The following elements are adsorbed to an extent from 75 to 100%: silver, gold, cerium, cadmium, cobalt, chromium, europium, iron, mercury, lanthanum, scandium, uranium and zinc. The amount of sodium is reduced to about $10^{-6}$, bromine to about $10^{-5}$ and calcium to about $10^{-2}$.

Analyses of North Sea water and suspended solids obtained by this procedure are tabulated in Table 6.66.

#### 6.72.19.6 Cobalt, copper and mercury

Stiller *et al.* [848] have described the determination of cobalt, copper and mercury in the Dead Sea by neutron activation analysis followed by X-ray spectrometry and magnetic deflection of β-ray interference.

*Table 6.65* Mean values and standard deviations found by adsorption on charcoal (KF = correction factor)

| Element | Concentration in the standardised water samples ($g\ L^{-1}$) | Found by adsorption on activated charcoal, pH 8.5; three determinations | | | Found by adsorption on activated charcoal in presence of dithizone pH 8.5; seven determinations | | | Found by adsorption on activated charcoal in the presence of NaDDTC, pH 5.5;s even determinations | | |
|---|---|---|---|---|---|---|---|---|---|---|
| | | $g\ L^{-1}$ | % | KF | $g\ L^{-1}$ | % | KF | $g\ L^{-1}$ | % | KF |
| Ag | $1\cdot10^{-7}$ | $(8.5 \pm 1.4)\cdot10^{-8}$ | 85 | 1.18 | $(8.5 \pm 0.3)\cdot10^{-8}$ | 85 | 1.18 | $(5.5 \pm 1.5)\cdot10^{-8}$ | 55 | 1.82 |
| As | $1\cdot10^{-6}$ | $(6.6 \pm 1.2)\cdot10^{-7}$ | 66 | 1.52 | $(6.7 \pm 1.5)\cdot10^{-7}$ | 67 | 1.49 | $(3.2 \pm 1.9)\cdot10^{-7}$ | 32 | 3.13 |
| Au | $1\cdot10^{-9}$ | $(1.1 \pm 0.3)\cdot10^{-9}$ | 100 | 1.00 | $(1.1 \pm 0.1)\cdot10^{-9}$ | 100 | 1.00 | $(1.0 \pm 1.7)\cdot10^{-9}$ | 100 | 1.00 |
| Br | $5\cdot10^{-2}$ | $(5.3 \pm 1.0)\cdot10^{-7}$ | $10^{-3}$ | – | $(2.1 \pm 0.5)\cdot10^{-7}$ | $10^{-3}$ | – | $(3.6 \pm 1.7)\cdot10^{-7}$ | $10^{-3}$ | – |
| Ca | $1\cdot10^{-1}$ | $(1.2 \pm 2.3)\cdot10^{-3}$ | 1 | – | $(1.7 \pm 0.2)\cdot10^{-3}$ | 2 | – | $(1.6 \pm 0.8)\cdot10^{-3}$ | 2 | – |
| Cd | $1\cdot10^{-4}$ | $(4.9 \pm 1.3)\cdot10^{-7}$ | 49 | 2.04 | $(9.5 \pm 2.7)\cdot10^{-7}$ | 95 | 1.05 | $(7.7 \pm 2.7)\cdot10^{-7}$ | 77 | 1.30 |
| Ce | $1\cdot10^{-6}$ | $(8.7 \pm 2.1)\cdot10^{-7}$ | 87 | 1.15 | $(8.2 \pm 1.1)\cdot10^{-7}$ | 82 | 1.22 | $(4.3 \pm 1.6)\cdot10^{-7}$ | 43 | 2.33 |
| Co | $1\cdot10^{-6}$ | $(4.0 \pm 0.6)\cdot10^{-7}$ | 40 | 2.50 | $(8.1 \pm 0.8)\cdot10^{-7}$ | 81 | 1.23 | $(7.6 \pm 1.0)\cdot10^{-7}$ | 76 | 1.32 |
| Cr | $1\cdot10^{-6}$ | $(9.1 \pm 0.3)\cdot10^{-7}$ | 91 | 1.10 | $(9.6 \pm 0.3)\cdot10^{-7}$ | 967 | 1.04 | $(3.6 \pm 0.2)\cdot10^{-7}$ | 36 | 2.78 |
| Eu | $5\cdot10^{-7}$ | $(5.2 \pm 0.4)\cdot10^{-7}$ | 100 | 1.00 | $(4.7 \pm 0.3)\cdot10^{-7}$ | 95 | 1.05 | $(3.8 \pm 1.7)\cdot10^{-7}$ | 76 | 1.32 |
| Fe | $1\cdot10^{-4}$ | $(7.4 \pm 1.5)\cdot10^{-5}$ | 74 | 1.35 | $(7.7 \pm 0.8)\cdot10^{-5}$ | 77 | 1.30 | $(7.0 \pm 0.6)\cdot10^{-5}$ | 70 | 1.43 |
| Hg | $1\cdot10^{-7}$ | $(9.7 \pm 0.2)\cdot10^{-8}$ | 97 | 1.03 | $(1.0 \pm 0.3)\cdot10^{-7}$ | 100 | 1.00 | $(1.0 \pm 0.1)\cdot10^{-7}$ | 100 | 1.00 |
| K | $4\cdot10^{-1}$ | $(3.2 \pm 0.4)\cdot10^{-5}$ | $10^{-2}$ | – | $(2.1 \pm 0.3)\cdot10^{-5}$ | $10^{-2}$ | – | $(4.3 \pm 0.9)\cdot10^{-5}$ | $10^{-2}$ | – |
| La | $1\cdot10^{-6}$ | $(1.0 \pm 0.1)\cdot10^{-6}$ | 100 | 1.00 | $(1.0 \pm 0.1)\cdot10^{-6}$ | 100 | 1.00 | $(9.1 \pm 0.3)\cdot10^{-7}$ | 91 | 1.10 |
| Mo | $1\cdot10^{-6}$ | $(5.0 \pm 3.3)\cdot10^{-7}$ | 50 | 2.00 | $(2.1 \pm 0.9)\cdot10^{-7}$ | 21 | 4.76 | $(1.0 \pm 0.1)\cdot10^{-6}$ | 100 | 1.00 |
| Na | 5 | $(1.4 \pm 0.3)\cdot10^{-5}$ | $10^{-4}$ | – | $(1.6 \pm 0.2)\cdot10^{-5}$ | $10^{-4}$ | – | $(3.2 \pm 1.5)\cdot10^{-5}$ | $10^{-4}$ | – |
| Sb | $1\cdot10^{-6}$ | $(1.8 \pm 0.5)\cdot10^{-7}$ | 18 | 5.56 | $(4.0 \pm 0.9)\cdot10^{-7}$ | 40 | 2.50 | $(5.6 \pm 2.0)\cdot10^{-7}$ | 56 | 1.79 |
| Sc | $2\cdot10^{-7}$ | $(1.9 \pm 0.2)\cdot10^{-7}$ | 95 | 1.05 | $(2.0 \pm 0.1)\cdot10^{-7}$ | 100 | 1.00 | $(1.4 \pm 0.1)\cdot10^{-7}$ | 70 | 1.43 |
| Se | $1\cdot10^{-4}$ | $(7.7 \pm 1.8)\cdot10^{-7}$ | 77 | 1.30 | $(6.1 \pm 1.7)\cdot10^{-7}$ | 61 | 1.64 | $(4.0 \pm 0.9)\cdot10^{-7}$ | 40 | 2.50 |
| U | $1\cdot10^{-7}$ | $(1.1 \pm 0.1)\cdot10^{-7}$ | 100 | 1.00 | $(1.2 \pm 0.2)\cdot10^{-7}$ | 100 | 1.00 | $(7.8 \pm 0.2)\cdot10^{-8}$ | 78 | 1.28 |
| Zn | $1\cdot10^{-6}$ | $(9.6 \pm 0.4)\cdot10^{-7}$ | 96 | 1.04 | $(1.0 \pm 0.1)\cdot10^{-6}$ | 100 | 1.00 | $(1.0 \pm 0.1)\cdot10^{-6}$ | 100 | 1.00 |

Source: Reproduced by permission from Elsevier Sequois SA, Switzerland

*Table 6.66* Determination of trace elements in seawater (mean ± SD). Samples taken at 54° 3' north, latitude 6° 30' east, longitude in the North Sea

| *Element* | *Water without suspended material; 5 determinations* (g L $^{-1}$) | *Suspended material; 5 determinations* (g L $^{-1}$) | *Water with suspended material; 3 determinations* (g L $^{-1}$) |
|---|---|---|---|
| Ag | $(8.8 + 0.4)\cdot 10^{-9}$ | $(3.6 \pm 0.3)\cdot 10^{-9}$ | $(8.7 \pm 0.4)\cdot 10^{-9}$ |
| As | $(3.5 + 0.3)\cdot 10^{-7}$ | $(3.4 \pm 1.2)\cdot 10^{-8}$ | $(4.7 \pm 0.7)\cdot 10^{-7}$ |
| Au | $(3.5 + 0.3)\cdot 10^{-10}$ | $(4.5 \pm 2.0)\cdot 10^{-10}$ | $(3.9 \pm 0.2)\cdot 10^{-10}$ |
| Ba | $(5.7 + 0.1)\cdot 10^{-7}$ | $(4.1 \pm 0.6)\cdot 10^{-7}$ | $(1.3 \pm 0.5)\cdot 10^{-6}$ |
| Br | $(5.5 + 0.1)\cdot 10^{-7}$ | $(4.0 \pm 3.8)\cdot 10^{-6}$ | $(3.7 \pm 0.2)\cdot 10^{-6}$ |
| Ca | $(3.6 + 0.2)\cdot 10^{-5}$ | $(1.5 \pm 0.3)\cdot 10^{-4}$ | $(2.0 \pm 0.5)\cdot 10^{-4}$ |
| Cd | $<10^{-6}$ | $>10^{-6}$ | $<10^{-6}$ |
| Ce | $(3.4 + 0.3)\cdot 10^{-4}$ | $(2.4 \pm 1.5)\cdot 10^{-6}$ | $(1.0 \pm 0.2)\cdot 10^{-6}$ |
| Co | $(4.5 + 0.3)\cdot 10^{-4}$ | $(2.3 \pm 0.8)\cdot 10^{-4}$ | $(6.7 \pm 0.2)\cdot 10^{-8}$ |
| Cr | $(1.4 + 0.1)\cdot 10^{-7}$ | $(1.3 \pm 0.3)\cdot 10^{-7}$ | $(2.9 \pm 0.2)\cdot 10^{-7}$ |
| Eu | $(8.2 + 1.4)\cdot 10^{-10}$ | $(4.4 \pm 1.9)\cdot 10^{-9}$ | $(5.6 \pm 1.7)\cdot 10^{-9}$ |
| Fe | $(1.5 + 0.2)\cdot 10^{-5}$ | $(3.5 \pm 1.2)\cdot 10^{-5}$ | $(6.8 \pm 1.5)\cdot 10^{-5}$ |
| Hg | $(2.2 + 0.2)\cdot 10^{-6}$ | $<5\cdot 10^{-9}$ | $<5\cdot 10^{-9}$ |
| K | $(3.6 + 1.9)\cdot 10^{-5}$ | $(2.9 \pm 0.7)\cdot 10^{-5}$ | $(4.7 \pm 1.4)\cdot 10^{-5}$ |
| La | $(3.2 + 0.1)\cdot 10^{-8}$ | $(2.4 \pm 2.1)\cdot 10^{-8}$ | $(7.4 \pm 1.4)\cdot 10^{-8}$ |
| Mo | $(4.4 + 1.4)\cdot 10^{-8}$ | $(2.1 \pm 0.1)\cdot 10^{-8}$ | $(6.1 \pm 0.5)\cdot 10^{-8}$ |
| Na | $(3.6 + 0.3)\cdot 10^{-4}$ | $(4.7 \pm 6.9)\cdot 10^{-4}$ | $(1.7 \pm 0.7)\cdot 10^{-4}$ |
| Sb | $(5.7 + 0.4)\cdot 10^{-9}$ | $(2.3 \pm 0.8)\cdot 10^{-9}$ | $(1.3 \pm 0.2)\cdot 10^{-8}$ |
| Sc | $(4.5 + 0.3)\cdot 10^{-8}$ | $(1.9 \pm 2.0)\cdot 10^{-8}$ | $(2.3 \pm 0.4)\cdot 10^{-8}$ |
| Se | $(4.5 + 0.3)\cdot 10^{-8}$ | $(3.5 \pm 0.9)\cdot 10^{-8}$ | $(6.3 \pm 0.7)\cdot 10^{-8}$ |
| U | $(3.3 + 1.0)\cdot 10^{-8}$ | $(1.5 \pm 0.8)\cdot 10^{-8}$ | $(5.6 \pm 0.9)\cdot 10^{-8}$ |
| Zn | $(2.3 + 0.1)\cdot 10^{-6}$ | $(3.3 \pm 1.5)\cdot 10^{-7}$ | $(3.9 \pm 0.2)\cdot 10^{-6}$ |

Source: Reproduced by permission from Elsevier Sequoia SA, Switzerland

The metals were co-precipitated with lead–ammonium pyrrolidine dithiocarbamate and detected by X-ray spectrometry following neutron activation. Magnetic fields deflect the βrays while the X-rays reach the silicon (lithium) detector unaltered. The detectors have low sensitivity to γ rays. The concentration of cobalt found by this method was 1.3 μg L $^{-1}$, about one fifth of that measured previously, while that of copper, 2.0 μg L $^{-1}$, agreed with results of some previous workers. The concentration of mercury was 1.2 μg L $^{-1}$.

#### 6.72.19.7 Miscellaneous

The application of neutron activation techniques to the measurement of trace metals in the marine environment has been reviewed by Robertson and Carpenter [850,851].

### 6.72.20 *High performance liquid chromatography*

#### 6.72.20.1 Aluminium, iron and manganese

Nagaosa *et al.* [852] simultaneously separated and determined these elements in seawater by high performance liquid chromatography using spectrophotometric and electrochemical detectors.

#### 6.72.20.2 Copper, nickel and vanadium

In a method for the determination of copper, nickel and vanadium in seawater Shijo *et al.* [853] formed complexes with 2-(5-bromo-2 pyridylazo)-5-(N-propyl-N-sulphopropylamino) phenol and extracted these from the seawater with a xylene solution of capriquat. Following back extraction into aqueous sodium perchlorate, the three metals were separated on a C 18 column by high performance liquid chromatography using a spectrophotometric detector.

#### 6.72.20.3 Transition metals

Riccardo *et al.* [854] showed that chitosan is promising as a chromatographic column for collecting traces of transition elements from salt solution, and seawater and for recovery of trace metal ions for analytical purposes. Traces of transition elements can be separated from sodium and magnesium, which are not retained by the chitosan.

### 6.72.21 *Metal speciation*

Examining the vertical distribution of trace elements in the ocean yields valuable clues about their chemical behaviour and cycling mechanisms in the water column [553,855]. The next step in refining our understanding of the elements' marine chemistry is to examine their chemical speciation. Knowledge of the chemical forms of trace elements in seawater, their relative reactivity and distribution coefficients for uptake on particles, greatly assists the interpretations of observed vertical distributions or removal rates. This information is particularly important for estuarine or coastal environments where, because of rapidly changing conditions of the water column, steady-state vertical distributions of elements cannot be used to understand their reactivities. Furthermore these waters receive large natural or anthropogenic inputs of potentially harmful substances. With their often restricted circulation, it is imperative to know what controls the movement of these chemicals through the system, in order to predict whether they will be concentrated locally, and in what form, or if they will be diluted into the ocean [856–857].

Chemical separation studies can help to understand the fate of various trace elements by addressing the following questions:

(1) Do the elements associate rapidly with a particulate phase and settle to the bottom to accumulate or be transported with bottom sediments?
(2) To what extent, and at what rate, do they become involved in the biological cycle, either
    (a) through complexation with dissolved organic matter, which may keep them in solution, or
    (b) by bioaccumulation in organisms and subsequent transport and recycling with biotic components?
(3) Do the trace elements remain in true solution, to be diluted throughout the ocean by mixing?

To begin to answer these questions, the chemical forms and removal rates of more than 20 trace metals and metalloids, added in radioactive form to large synthetic ecosystems ('microcosms') have been studied.

Chemical speciation studies of trace metals in seawater are of two types. One group consists of theoretical equilibrium models based on known thermodynamic data, derived generally from studies of less complex solutions 856,858–860]. The second approach, studied by Amdurer [860], is to determine directly the chemical forms of trace elements by electrochemical techniques or wet-chemical separation schemes [198,782,861]. The problem with this approach is that the 'species' identified are often operationally-defined by the method used, making it difficult to compare the results of various methods or to compare these results to equilibrium predictions. Nevertheless, these 'operational' systems may be more useful for predictive purposes.

The use of radiotracers allowed them to simultaneously examine the relative behaviour of a large number of trace elements with widely-differing chemical properties. By studying the changes in chemical form with time following addition of the tracers, it is possible to infer the reactivity, chemical transformations in the water column, and major removal mechanisms of these elements. These studies provide unique 'fingerprints' of each trace element according to the phases in which it occurs. This approach permits the grouping of elements with similar chemical forms and removal patterns. If we understand the pathways of an element through a particular environment, we can then predict the behaviour of like elements in similar systems.

The experiments performed by Amdurer [860] were not intended to study chemical speciation or cycling of natural elements in the ecosystem. To do this, the tracers must be fully equilibrated with all of the reactive (ie non-matrix) phases of the stable elements. This equilibration may require a time period equal to or greater than the duration of the experiment. There is ample evidence that 65–zinc, for instance, may take years to fully equilibrate with the natural organically-complexed fraction of stable zinc(II) [862] and the same may be true for 55–iron [863]. Rather, the ratiotracers, added in ionic form, are analogs for the low level input of similarly dissolved pollutant metals, such as may occur in some industrial or municipal effluents.

Van den Berg [864] has studied trace metal speciation in seawater. This study concentrates on the complex-forming transition metals, copper, lead, zinc and cadmium. Both inorganic and organic speciation interactions are discussed. Studies in both types of species in seawater are reviewed. The values determined by these workers have been used to calculate the products of stability constants and ligand concentrations in seawater as a measure of the speciation of the metal ions. The results of a number of recent studies of interactions between metal ions and organic matter in seawater are compared. Organic–metal interactions can be considerable, at least in surface waters. It is not yet known whether deep sea samples are similarly affected but, since the compounds are probably derived from primary production, the highest ligand concentrations are to be expected in the surface waters.

Stolzberg [152] has discussed potential inaccuracies in trace metal speciation measurement in the determination of copper and cadmium by differential pulse polarography and anodic stripping voltammetry.

This author reviews the limitations of anodic stripping voltammetry and differential pulse polarography in determining trace metal speciations, and thereby bioavailability and transport properties of trace metals in natural waters. In particular it is stressed that non-uniform distribution of metal–ligand species within the polarographic cell represents another limitation inherent in electrochemical measurement of speciation. Examples relate to the differential pulse polarographic behaviour of cadmium complexes of NTA and EDTA in seawater.

Midorikawa *et al.* [865] have conducted studies on the complexing ability of natural ligands in seawater for various metal ions using ion selective electrodes. Organic ligands (nominal molecular weight around 1000) are concentrated from seawater and desalted by lycophylisation and dialysis. The concentrated solution of natural ligands is electrodialyzed with ethylenediaminetetracetic acid to remove metal ions. The demetalised ligands obtained in this way are titrated with a metal ion to determine the complexing ability of the natural ligands. The advantages of this method are as follows: the formation of a complex between organic ligands and a specific metal ion can be studied without consideration of simultaneous side reactions; samples from different sources (saline and fresh water, biological, sedimentary, etc) can be compared on the same basis; repeated measurements can be made with the same sample after removal of the exogenously added metal ions. The ability of natural ligands in seawater to form complexes with copper(II) and cadmium(II) is discussed.

Mackay [866] studied the suitability of Amberlite XAD–1 resin for extracting organic complexes of copper, zinc and iron from seawater. The results suggest that the resin also adsorbs small but significant amounts of inorganic ions from seawater, and is therefore unsuitable for use in studies on the speciation of trace metals.

Latouche *et al.* [867] have reviewed trace metal speciation in seawater.

Baskaran *et al.* [868] have discussed the rapid extraction and determination of thorium, lead and radium species from large volumes of seawater.

### 6.72.22 Preconcentration methods

The considerable difficulty of trace element analysis in a high salt matrix such as seawater, estuarine water or brine is clearly reflected in the literature. The extremely high concentrations of the alkali metals, the alkaline earth metals and the halogens, combined with the extremely low levels of the transition metals and other elements of interest, make direct analysis by most analytical techniques difficult or impossible.

In the previous sections in this chapter, brief mention has been made particularly in connection with the inductively coupled plasma atomic absorption spectrometric technique, of the need to preconcentrate seawater samples prior to the determination of metals. This is so that adequate detection limits can be achieved.

A variety of preconcentration procedures has been used, including solvent extraction of metal chelates, co-precipitation, chelating ion-exchange, adsorption on to other solids such as silica-bonded organic complexing agents and liquid–liquid extraction.

An ideal method for the preconcentration of trace metals from natural waters should have the following characteristics: it should simultaneously allow isolation of the analyte from the matrix and yield an appropriate enrichment factor; it should be a simple process, requiring the introduction of few reagents in order to minimise contamination, hence producing a low sample blank and a correspondingly lower detection limit; and it should produce a final solution that is readily matrix matched with solutions of the analytical calibration method.

There is much published work on preconcentration techniques and this is discussed below. Preconcentration is also discussed, incidentally, in some of the single element sections at the start of this chapter.

#### 6.72.22.1 Concentration by chelation–solvent extraction–atomic absorption spectrometry and chelation–solvent extraction graphite furnace atomic absorption spectrometry and other analytical techniques

The dithiocarbamate extraction method has been one of the most widely used techniques of preconcentration for trace metal analysis by atomic absorption spectrometry [130,131,331,869–875]. This extraction method can be generally classified into two major categories. The first one comprises conversion of the metals to metaldithiocarbamate chelates, then the extraction of the metal–dithiocarbamate complexes from a large volume of the aqueous phase into a smaller volume of oxygenated organic solvents such as methyl isobutyl ketone (thereby achieving concentration of metals) and then analysing the solvents directly [331,869–872]. The other one is to extract the metal complexes into oxygenated or chlorinated organic solvents such as chloroform, methyl isobutyl ketone, etc followed by a nitric acid back extraction, and then analysing the trace elements in the acid solution. The latter category has been the subject of a number of reports [130,131,873–875]. There are several drawbacks associated with the acid back extraction of metal dithiocarbamates, the kinetics is generally slow and the efficiency of acid extraction is poor for certain metals such as cobalt, copper and iron [874].

Lee and Burrell [876] have used a toluene solution of trifluoroacetyl acetone to extract cobalt, iron, indium and zinc from seawater.

A selection of chelation–solvent extraction methods is summarised in Table 6.68. It is seen that the majority of these use as the chelating agent, diethyldithiocarbamate, ammonium pyrrolidine dithiocarbamate or a mixture of both. Other chelating agents discussed include dithizone, 8-hydroxyquinoline and hexahydroazepine-1-carbodithioate. Freon, methylisobutyl ketone, chloroform, butyl acetate, xylene and carbon tetrachloride feature as extraction solvents. Detection limits (defined as 2 or 2.5 times the standard deviation of the blank) are in the ranges shown in Table 6.67 and as such are often suitable for the analysis of background levels in seawater.

The most sensitive methods for all ten elements are covered by four references [132,871,877.879], two of which use a chloroform solution of dithizone [132,879] and two of which use a methylisobutyl ketone solution or chloroform solution of ammonium pyrrolidine dithiocarbamate [871,877].

Lo *et al.* [877] have developed a new method of back-extracting metals from their solution as a metal chelate in an organic solvent.

This procedure uses dilute mercury(II) solution instead of nitric acid. This back-extraction method is based on the fact that the extraction constant of the mercury(II) ammonium pyrrolidine dithiocarbamate

*Table 6.67* Detection limits for metals in seawater

| | *Lowest detection limit reported* (μg L$^{-1}$) | *Ref.* | *Highest detection limit reported* (μg L$^{-1}$) | *Ref.* |
|---|---|---|---|---|
| Manganese | 0.004 | [877] | 0.2 | [878] |
| Iron | 0.02 | [877] | 1.5 | [878] |
| Cobalt | 0.04 | [879] | 0.6 | [878] |
| Nickel | 0.012 | [877] | 16 | [674] |
| Lead | 0.016 | [877] | 4 | [674] |
| Copper | 0.006 | [132] | 10 | [131,674] |
| Silver | 0.02 | [871] | 0.05 | [879] |
| Cadmium | 0.0001 | [877] | 2 | [674] |
| Zinc | 0.016 | [132] | 30 | [674] |
| Chromium | 0.05 | [871] | | |

Source: Reproduced by permission from Elsevier Science Publishers BV, Amsterdam

complex is much greater than most of the common trace metals of environmental importance. The substitution of mercury (II) for other metals in the form of dithiocarbamate complex is extremely fast and the efficiency of recovery is nearly 100% for a number of metals including cobalt, copper and iron. In addition, the back-extracted solution contains a low concentration of mercury (II) which is virtually interference-free in graphite furnace atomic absorption spectrometry due to its high volatility. This two-step preconcentration method preconcentrates a number of trace metals such as cadmium, cobalt, copper, iron, manganese, nickel, lead and zinc in seawater by graphite furnace.

More recently, Rodionova and Ivanov [885] used chelation–extraction in the determination of copper, bismuth, lead, cadmium and zinc in seawater. The metal complexes of diethyl and dibutyl dithiophosphates are extracted into carbon tetrachloride, prior to determination by atomic absorption spectrophotometry. An alternative method involved adsorption of the metal complexes on activated carbon. The detection limits for copper, bismuth, cadmium, zinc and lead are 0.6, 0.5, 0.8, 0.8 and 0.5 μg L$^{-1}$ respectively.

Jin *et al.* [886] also used ammonium pyrrolidinedithiocarbamate and electrothermal atomic absorption spectrometry for the determination of lead, cadmium, cobalt, copper, tin, arsenic and molybdenum.

### *Other analytical techniques inductively coupled plasma atomic emission spectrometry*

Shabani *et al.* [887] determined traces of lanthanides and yttrium in seawater after preconcentration with solvent extraction of complexes and back extraction into a water phase. If 1 L of sample is concentrated to 5 ml then a detection limit between 0.6 and 3 pg mL $^{-1}$ is achieved for various elements.

McLeod *et al.* [731] also determined the determination of various elements in seawater by inductively coupled plasma atomic emission spectrometry following preconcentration.

### γ-ray spectrometry

Fujinaga *et al.* [18] preconcentrated aluminium, vanadium, copper, molybdenum, zinc and uranium in seawater by formation of their 8-hydroxyquinolates followed by solvent extraction and analysis by neutron irradiation then X-ray spectrometry.

### Neutron activation analysis

Lo *et al.* [845] preconcentrated mercury, gold and copper in seawater using lead diethyldithiocarbamate, followed by neutron activation analysis.

Laul *et al.* [888] also used neutron activation to determine the rare earth elements in brines. A chemical pretreatment to concentrate the rare earth elements, followed by neutron activation, then post-activation treatment to separate the rare earth elements was used. The brines are highly fractionated from light to heavy rare earth elements and have a negative europium anomaly.

### X-ray fluorescence spectroscopy

Civici [889] precipitated heavy metals in seawater with ammonium pyrrolidine dithiocarbamate prior to determination by energy dispersive X-ray fluorescence spectroscopy.

### Differential pulse cathodic stripping voltammetry

Breyer and Gilbert [890] used differential pulse cathodic stripping voltammetry in an attempt to improve the sensitivity of the voltammetric determination of selenium after extraction as the 3,3′–diaminobenzidine piazselenol. After formation of the piazselenol, the selenium was deposited on a mercury electrode at –0.45 V. The limit of detection of selenium by this method was 0.01 µg L $^{-1}$. Interferences could be avoided by extraction of the piazselenol into toluene followed by back-extraction into 0.5 M hydrochloric acid.

*Table 6.68* preconcentration of metals in seawater chelation solvent extraction techniques followed by direct atomic absorption spectrometry and graphite furnace atomic absorption spectrometry

| *Metals* | *Chelating agent* | *Solvent* | *Detection limit* ($\mu g\ L^{-1}$) | *Ref.* |
|---|---|---|---|---|
| | DIRECT ATOMIC ABSORPTION SPECTROMETRY | | | |
| Mn, Fe, Co, Ni, Zn, Pb, Cu | hexahydro-azepine-1-carbodithioate | butyl-acetate | Mn 0.2<br>Fe 1.5<br>Co 0.6<br>Ni 0.6<br>Zn 0.4<br>Pb 2.6<br>Cu 0.5 | [878] |
| Fe, Pb, Cd, Co, Ni, Cr, Mn, Zn, Cu | diethyldithiocarbamate | MIBK or xylene | | [881] |
| Fe, Cu | ammonium pyrrolidine dithiocarbamate | MIBK | Cu <1<br>Fe <1 | [882] |
| Cd, Zn, Pb, Ca, Ni, Cu, Ag | dithizone | Chloroform | Ag 0.05<br>Cd 0.05<br>Zn 0.6<br>Pb 0.04<br>Cu 0.06<br>Ni 0.3<br>Co 0.04 | [879] |
| Cd, Cu, Pb, Ni, Zn | (a) Ammonium dipyrrolidine dithiocarbamate<br>(b) Ammonium dipyrrolidine dithiocarbamate plus diethyl dithiocarbamate | MIBK | Cu 10<br>Cd 2<br>Pb 4<br>Ni 16<br>Zn 30 | [674] |
| | GRAPHITE FURNACE ATOMIC ABSORPTION SPECTROMETRY | | | |
| Cu, Ni, Cd | Ammonium pyrrolidine dithiocarbamate | | | [552] |
| Ag, Cd, Cr, Cu, Fe, Ni, Pb, Zn | Ammonium dipyrrolidine dithiocarbamate MIBK | MIBK | Ag 0.02<br>Cd 0.03<br>Cr 0.05<br>Cu 0.05<br>Fe 0.20<br>Ni 0.10<br>Pb 0.03<br>Zn 0.03<br>(2 × SD used) | [871] |
| Cu, Cd, Zn, Ni | Diethyl dithiocarbamate plus ammonium pyrrolidine dithiocarbamate | Chloroform | Cu 1.0<br>Cd 0.2<br>Zn 2<br>Ni 10<br>(2 × SD used) | [131] |

*Table 6.68* continued

| *Metals* | *Chelating agent* | *Solvent* | *Detection limit* ($\mu g\ L^{-1}$) | *Ref.* |
|---|---|---|---|---|
| GRAPHITE FURNACE ATOMIC ABSORPTION SPECTROMETRY continued | | | | |
| Cd, Pb, Ni, Cu, Zn | Ammonium pyrrolidine dithiocarbamate plus diethyl dithiocarbamate | Freon | Not stated | [133] |
| Cu | Ammonium pyrrolidine dithiocarbamate | MIBK | <0.5 | [385] |
| Cd, Cu, Ni, Zn | Dithizone | Chloroform | Cu 0.006<br>Cd 0.0004<br>Ni 0.032<br>Zn 0.016<br>(2 × SD used) | [132] |
| Cd, Cu, Fe | Ammonium pyrrolidine dithiocarbamate plus diethyl dithiocarbamate | Freon | Not stated | [129] |
| Cd, Zn, Pb, Cu, Fe, Mn, Co, Cr, Ni | Ammonium pyrrolidine N carbodithioate plus 8-hydroxyquinoline | MIBK | Fe 0.08<br>Cu 0.10<br>Pb 0.06<br>Cd 0.02<br>Zn 0.34 | [130] |
| Cd | Ammonium pyrrolidine dithiocarbamate | Carbon tetrachloride | Cd 0.006 | [883]<br>[883] |
| Cd, Zn, Pb, Fe, Mn, Cu, Ni, Co, Cr | Dithiocarbamate | MIBK | Not stated | [134] |
| Cd, Co, Cu, Fe, Mn, Ni, Pb, Zn | Ammonium pyrrolidine dithiocarbamate | Chloroform | Cd <0.0001<br>Cu <0.012<br>Fe <0.02<br>Mn <0.004<br>Ni <0.012<br>Pb <0.016<br>Zn <0.08<br>(2 × SD used) | [877] |
| Cd, Co, Cu, Fe, Mn, Ni, Pb, Zn | Ammonium pyrrolidine dithiocarbamate | Chloroform | Cd 0.02<br>Cu 0.24<br>Fe 0.24<br>Mn 0.02<br>Ni 0.08<br>Pb 0.04<br>Zn 1.0 | [877, 880] |
| Mn, Cd | Ammonium pyrrolidine dithiocarbamate and diethyl-ammonium diethyldithiocarbamate | Freon | Mn 0.07<br>Cd 0.027<br>(2 × SD used) | [449] |

*Table 6.68* continued

| *Metals* | *Chelating agent* | *Solvent* | *Detection limit* ($\mu g\ L^{-1}$) | *Ref.* |
|---|---|---|---|---|
| | GRAPHITE FURNACE ATOMIC ABSORPTION SPECTROMETRY continued | | | |
| Cd, Cu, Fe, Pb, Ni, Zn | Ammonium pyrrolidine dithiocarbamate and diethyl-ammonium diethylammonium diethyldithiocarbamate | Freon | Not quoted | [884] |

Source: Reproduced by permission from Elsevier Science Publishers BV, Amsterdam

#### 6.72.22.2 Preconcentration on ion-exchange resins

A limited amount of work has been carried out using polyacrylamidoxine resin [891] and Amberlite XAD–7 [892] and Amberlite XAD–1 [866] resins.

Colella *et al.* [891] agitated seawater samples with polyarylamidoxime resin preparatory to the determination of iron(III), copper(II), cadmium(II), lead(II) and zinc(II). Metals were removed from the filtered OH resin by equilibrating with 1:1 hydrochloric acid/water mixture, and their concentrations determined by atomic absorption spectrometry. Metal concentrations as determined by the resin method were in good agreement with the values determined directly on samples by either differential pulse polarography or differential pulse anodic stripping voltammetry.

Wan *et al.* [892] determined conditions for the direct preconcentration of cadmium, manganese, chromium, copper, nickel, iron, cobalt and lead from seawater samples using a two column Amberlite XAD–7 resin system. Low breakthrough volumes in the presence of humic materials necessitated their prior removal at a pH of 1–2 prior to preconcentration of the trace metals on a second column of XAD–7 at pH 8. Metals were subsequently desorbed from the second column with 1% nitric acid by means of a precolumn of XAD–7. The final effluent for measurement by graphite furnace atomic absorption spectrometry is readily matrix matched and permits use of the standard calibration curve procedure. Preconcentration factors of 40 were obtained by this procedure permitting the analysis of coastal seawaters for the eight elements mentioned earlier.

Mackay [866] investigated the suitability of Amberlite XAD–1 resin for studying trace metal speciation in seawater. At low flow rates and at loading capacities far below theoretical values, the adsorption of these metals is not reproducible and the results are reminiscent of the behaviour observed when the adsorption capacity is being exceeded or flow rates are too high. It is suggested that the resin also adsorbs small but significant amounts of inorganic ions from seawater and that this effect makes the resin unsuitable for quantitative measurements of trace metal speciation.

Kiriyama and Kuroda [893] determined vanadium, cobalt, copper, zinc and cadmium in seawater by adsorption in an anion exchange resin.

Preconcentration from seawater was achieved in thiocyanate medium. A strongly basic anion exchange resin in the thiocyanate form concentrated the five metals from seawater adjusted to 1 M thiocyanate and 0.1 M hydrochloric acid. Sorbed metals were recovered simultaneously by elution with 2 M nitric acid prior to determination by graphite furnace atomic absorption spectrometry.

Adsorption of metals on a single bead of ion-exchange resin has been used as a means of effecting preconcentration [690,894].

Koide *et al.* [894] used a single anion exchange bead to isolate trace metals from seawater prior to their determination. Optimal conditions for the adsorption of 109–cadmium, 103–palladium, 192–indium, 105–gold, 237–plutonium and 95m–technetium on to a single bead were determined. Three types of applications of the techniques were investigated, with no prior concentration, with preconcentration; increasing the yield of plutonium and technetium onto a single bead for improved sensitivity in mass spectrometric analysis. Two types of anion exchange resin (gel type and macroporous type) were tested. Hodge *et al.* [690] determined platinum and iridium in marine waters by preconcentration by anion exchange, purification by uptake on a single anion exchange bead and determination by graphite furnace atomic absorption spectrometry. All steps were followed by radiotracers (191–platinum and 192–iridium). Yields varied between 35 and 90% for determination of platinum and iridium in sediments, manganese nodules, seawater and microalgae.

Koide *et al.* [894] showed that cadmium, palladium, iridium, gold, plutonium and technetium can be concentrated from seawater onto a single bead of anion exchange resin. This process eliminated salt interference. The beads acted as point sources during subsequent analytical determinations.

Kuroda *et al.* [895] have described a system for determining traces of uranium in seawater based on the comparatively selective strong sorption of uranium from acidified saline water by the chloride form of a strongly basic ion-exchange resin in the presence of azide ions. The distribution coefficient of uranium with 0.5M sodium chloride increased rapidly with an increase in azide concentration, and was much higher than the coefficient obtained with hydrazoic acid alone. The sorbed uranium was easily eluted with 1M hydrochloric acid, and was determined spectrophotometrically. Recoveries of 98.3 and 99.6 μg $L^{-1}$ uranium were obtained from artificial seawater containing 3.4 μg $L^{-1}$ uranium, and it was considered that the strong sorption of uranium from the azide-chloride media was probably due to the formation of mixed-ligand complexes.

Van Geen and Boyle [896] devised an automated system for the preconcentration of traces of cadmium, cobalt, copper, nickel, lead and zinc from seawater. These workers formed the sodium bis (2-hydroxyethyl) dithiocarbamate complexes of metals, then adsorbed these on an XAD–4 resin column. With this procedure, ten 30 ml samples can be preconcentrated with only 1 h of operator attention; the complete procedure is completed in less than 4 h. The non-automated manipulations include preparations for a set of extractions and sample loading. The sample throughput rate (samples preconcentrated per hour) is not higher than could be achieved by an experienced worker using solvent extraction, but the analyst's productivity is much higher with this method since other work can be done while preconcentration is underway.

#### 6.72.22.3 Preconcentration on Chelex–100 column

Studies of the use of ion–exchange resins for the preconcentration of metals from seawater have been mainly concerned with the use of Chelex–100 resin [130,131,133,441,782,849].

The iminiodiacetate containing resin, Chelex–100, is the most commonly employed chelating resin for the removal and preconcentration of trace heavy metals from seawater. Work on the use of Chelex–100 resin for the preconcentration of metals from seawater is reviewed in Table 6.69. In each case metals are desorbed from the resin with nitric acid (2–2.5 M) and then determined in the extract by graphite furnace atomic absorption spectrometry.

Preconcentration factors of up to 100–120 [130,133,441] have been reported by this technique enabling metals to be determined at the μg $L^{-1}$ or ng $L^{-1}$ level.

Early Chelex–100 procedures only partially separated the alkali and alkaline earth metal components of seawater prior to the analysis of the eluted elements of interest.

A more recent separation procedure utilising the Chelex resin produced a sample devoid of alkali, alkaline earth and halogen elements, and left a dilute nitric acid/ammonium nitrate matrix containing only the trace elements of the seawater samples [441]. While this procedure produces a highly desirable and appropriate matrix for most spectroscopic methods of analysis, a solid sample would be more appropriate for other instrumental techniques such as X-ray fluorescence or neutron activation analysis. In addition, the above separation

*Table 6.69* Application of Chelex–100 resin to the preconcentration of metals in seawater prior to analysis by graphite furnace atomic absorption spectrometry

| *Elements* | *Concentration factor* | *Eluent* | *Detection limit* | *Ref* |
|---|---|---|---|---|
| Cd, Co, Cu, Fe, Mn, Ni, Pb, Zn | 100:1 | 2.5 M nitric acid | subnanogram μg $L^{-1}$ | [441] |
| Cu, Cd, Zn, Ni | 120:1 | 2 M nitric acid | Cu 0.006<br>Cd 0.006<br>Zn 0.015<br>Ni 0.015 | [131] |
| Cd, Zn, Pb, Cu, Fe, Mn, Co, Cr, Ni | 20:1 | 2.5 M nitric acid | Not stated μg $L^{-1}$ | [130] |
| Cd, Pb, Ni, Cu, Zn | 100:1 | 2.5 M nitric acid | Cd 0.01<br>Pb 0.16–0.28<br>Ni 0.24–0.68<br>Cu 0.6<br>Zn 1.8 | [133] |

Source: Own files

procedure also makes it difficult or impossible to analyse several elements which are held strongly by the resin but cannot be quantitatively eluted. Chromium and vanadium exhibit this type of behaviour and attempts to reproducibly elute these elements from Chelex–100 have not been successful.

Greenberg and Kingston [849,897] described a method to prepare 0.5 g solid samples from 100 ml estuarine or seawater using Chelex–100 resin, followed by the determination of trace elements in the solid resin by neutron activation analysis. Using this procedure, typical decontamination factors of $\geq 10^7$ for sodium, $\geq 10^5$ for chlorine, and $\geq 10^3$ for bromine are observed. They used this procedure to determine cobalt, chromium, copper, iron, manganese, molybdenum, nickel, scandium, thorium, uranium, vanadium and zinc in NBS Standard Reference Material 1643a (Trace Elements in Water) (Table 6.70).

They also analysed a sample of seawater taken in Chesapeake Bay by neutron activation analysis and compared these results with those obtained by other techniques. The good agreement is evident in Table 6.71.

Boniforti *et al.* [898] compared several preconcentration methods in the determination of metals in seawater. A comparison was made of ammonia pyrrolidine dithiocarbamate-8-quinolinol complexation followed by extraction with methylisobutyl ketone or Freon–113, co-precipitation with magnesium hydroxide or iron(II) hydroxide or chelating by batch

*Table 6.70* Trace elements in water – SRM 1643a (μg $g^{-1}$)

| *Element* | *Neutron activation analysis** | *Certified†* |
|---|---|---|
| Co | 19 ± 1 | 19 ± 2 |
| Cr | 16 ± 2 | 17 ± 2 |
| Cu | 19.1 ± 0.6 | 18 ± 2 |
| Fe | 88 ± 16 | 88 ± 4 |
| Mn | 30.9 ± 0.6 | 31 ± 2 |
| Mo | 97 ± 6 | 95 ± 6 |
| Ni | 56 ± 8 | 55 ± 3 |
| V | 52 ± 1 | 53 ± 3 |
| Zn | 68 ± 5 | 72 ± 4 |

*Uncertainties are 2 SD.
†Uncertainties are 95% confidence limit.

Source: Reproduced by permission from Elsevier Sequoia SA, Switzerland

*Table 6.71* Trace elements in seawater sample (μg $L^{-1}$)*

| *Element* | *Neutron activation analysis [849]* | *GFAAS [441]* | *XRF [897]* |
|---|---|---|---|
| Co | 0.044 ± 0.003 | <0.1 | |
| Cr | 3.3 ± 0.2 | | |
| Cu | 2.01 ± 0.05 | 2.0 ± 0.1 | 2.0 ± 0.2 |
| Fe | 2.1 ± 0.3 | 2.1 ± 0.5 | |
| Mn | 1.89 ± 0.03 | 2.0 ± 0.1 | 2.0 ± 0.1 |
| Mo | 5.3 ± 0.1 | | |
| Ni | 1.3 ± 0.2 | 1.2 ± 0.1 | 1.3 ± 0.2 |
| Sc | 0.00095 ± 0.00005 | | |
| Th | ≤0.0002 | | |
| U | 1.90 ± 0.04 | | |
| V | 0.45 ± 0.01 | | |
| Zn | 4.9 ± 0.2 | 4.8 ± 0.3 | 4.5 ± 0.4 |

* All uncertainties are at the ISD level.
GFAAS = Graphite furnace atomic absorption spectrometry; XRF = X-ray fluorescence spectrography.

Source: Reproduced by permission from Elsevier Sequoia SA, Switzerland

treatment with Chelex–100 for the determination of manganese, iron, cobalt, zinc, nickel, copper and chromium. Atomic absorption spectrometry and inductively coupled plasma atomic emission spectrometry were used for analysis. Interferences, recovery, precision,

*Table 6.72* Applicability of preconcentration procedures to seawater analysis. Detection limits (based on 2 SD of blank)

| *Concentration in seawater consensus values* | | *Best achievable values by preconcentration* | | |
|---|---|---|---|---|
| *Element* | ($\mu g\ L^{-1}$) | *Chelation solvent extraction – graphite furnace AAS* | *Ion-exchange separation Chelex–100 resins* Graphite furnace AAS | *Ion-exchange separation Chelex–100 resins* Neutron activation analysis [849] |
| Cr | 0.03 | 0.05 | – | 0.14 |
| Mn | 0.02 | 0.004 | – | 0.16 |
| Fe | 0.2 | 0.02 | – | 1.2 |
| Co | 0.005 | 0.04 | – | 0.006 |
| Ni | 0.17 | 0.012 | 0.015 | – |
| Cu | 0.05 | 0.006 | 0.006 | 0.08 |
| Zn | 0.49 | 0.016 | 0.015 | 0.20 |
| Cd | – | 0.0001 | 0.0006 | – |
| Pb | – | 0.016 | – | – |
| Th | 0.01 | – | – | 0.0004 |
| V | 2.5 | – | – | 0.06 |

Source: Reproduced by permission from Elsevier Sequoia SA, Switzerland

accuracy and detection limits were compared. The Chelex–100 resin method was most suitable for the preconcentration of all determinands except chromium, whereas preconcentration of chromium(III) and chromium(VI) was achieved only by co-precipitation with iron(II) hydroxide.

Paulson [899] studied the effects of flow rate and pre-treatment on the extraction of manganese, cadmium and copper from estuarine and coastal seawater by Chelex–100 resin. Decreasing the flow rate for column extraction of estuarine samples by Chelex–100 to 0.2 ml $min^{-1}$ increases the yield of trace metals and improves the precision for determination of these elements.

Detection limits achievable by chelation–solvent extraction and ion-exchange separation on Chelex–100 resin are summarised in Table 6.72.

Pai *et al.* [900] re-examined the chelating efficiencies of Chelex–100 resin for selected heavy metals in fresh water and seawater. Trace metal concentrations as high as 0.1–1.0 mg $L^{-1}$ were used to help control interference and contamination problems. Batch equilibrium and breakthrough concentration experiments showed that the metal-chelating efficiency of this resin was lower in seawater than in fresh water owing to the complicated speciation of metals in seawater and competition from high levels of magnesium and calcium. The optimal pH for seawater samples prior to loading was about 6.5, but optimal pH values for column operations were strongly affected by the salt matrix. Care should be exercised in the choice of conditions to minimise losses of cadmium and manganese from seawater.

Bafti *et al.* [901] used Chelex–100 and Lewatet TP–207 resins to preconcentrate chromium, copper and manganese from seawater prior to determination by atomic absorption spectrometry.

Pai [902] preconcentrated cadmium, copper, cobalt, manganese, nickel, lead and zinc from seawater by using a Chelex–100 column string, consisting of 10 mini-columns. No methods of analysis of the metals were mentioned.

#### 6.72.22.4 Preconcentration of other solid phase columns

Early work in this field included adsorption of metals from seawater onto columns of modified carbon [903], chitosan [656,854], p-dimethylaminobenzylidenerhodamine on silica gel and 5,7-dibromo-8-hydroxyquinoline [238].

Buono *et al.* [904] showed that the addition of poly-5-vinyl 8-hydroxyquinoline to seawater leads to the formation of insoluble metal chelates of aluminium, cobalt, copper, iron, lead, manganese, nickel, vanadium and zinc within 2 min if the pH value is suitably adjusted.

Since this reagent does not precipitate alkali metal or alkaline earths it constitutes an excellent reagent for separating trace metals from saline matrices.

Sturgeon, Willie and Berman [67] preconcentrated selenium and antimony from seawater on $C_{18}$ bonded silica gel prior to determination by graphite furnace atomic absorption spectrometry. The method was based on the complexation of selenium(IV), antimony(III) and antimony (V) with ammonium pyrrolidine dithiocarbamate. These complexes were adsorbed onto a column of $C_{18}$ bonded silica gel, then eluted with methanol, followed by evaporation to near dryness. The residue was taken up in 1% nitric acid. Concentration factors of 200 could be obtained. Detection limits for selenium(IV), antimony(III) and antimony(V) were 7, 50 and 50 ng $^{-1}$ respectively, based on a 300 ml sample volume.

Shabani *et al.* [905] preconcentrated trace rare earth elements in seawater by complexation with bis(2-ethylhexyl) hydrogen phosphate and 2–ethylhexyl dihydrogen phosphate adsorbed onto $C_{18}$ cartridge and determination by indirectly coupled plasma mass spectrometry. Using 1 or 5 litre samples, enrichments of 200 and 100-fold were achieved.

Wang *et al.* [906] used a $C_{18}$ column loaded with sodium diethyldithiocarbamate to preconcentrate cadmium and copper from seawater prior to determination by graphite furnace atomic absorption spectrometry. Detection limits with 0.5 ml samples are in the 4–24 ppt range.

*Table 6.73* Recovery (as %) of added metal ions from sea and tap water. Results are given as means ± SD with number of replicates in parentheses

| | *Co (0.5)** | *Cd (1)* | *Cu (5)* | *Hg (1)* | *Pb (10)* |
|---|---|---|---|---|---|
| Seawater | 55 ± 18 (6) | 98 ± 9 (6) | 93 ± 7 (6) | 99 ± 5 (6) | 93 ± 5 (4) |
| Seawater† | 63 | 89 | 95 | 95 | 93 |
| Tap water | 54 ± 12 (4) | 90 ± 8 (4) | 95 ± 8 (4) | 95 ± 8 (4) | 92 ± 8 (4) |

*The numbers in parentheses are the amounts added in μg L$^{-1}$.
†By passing solution through 50 mg DTC cellulose spread on filter paper.

Source: Reproduced by permission from Elsevier Science Publishers BV, Amsterdam

*Table 6.74* Results for seawater samples

| | *Volume used (litres)* | *Concentration* (μg L$^{-1}$) *Cu* | *Cd* | *Hg* | *Pb* |
|---|---|---|---|---|---|
| Seawater | 1 | 0.66 ± 0.06 | – | – | 0.20 ± 0.03 |
| | 5 | 0.72 ± 0.07 | <0.03† | 0.026 ± 0.007 | 0.25 ± 0.03 |
| | | | | 0.018 ± 0.008 | 0.30 ± 0.03 |

*Concentration in μg L$^{-1}$ concentration equal to 2 (background)$^{1/2}$
†Concentration less than 2 (background)$^{1/2}$

Source: Reproduced by permission from Elsevier Science Publishers BV, Amsterdam

Comber [907] used a $C_2$ column coated with an ammonium pyrrolidine-1-yldithioformate-cetyltrimethyl ammonium bromide ion – pair to pre-concentrate copper, nickel and cadmium from seawater. The metal dithiocarbamate complexes were then separated on a $C_{18}$ column by high performance liquid chromatography using a UV detector. The detection limit with a 10 ml sample was 0.5 μL$^{-1}$.

Murthy and Ryan [908] preconcentrated copper, cadmium, mercury and lead from seawater on a column of a dithiocarbamate cellulose derivative. Metal concentrations on the adsorbent material were determined by neutron activation analysis. The recovery of added spikes to sea and tap water shown in Table 6.73 suggests that $Cu^{II}$, $Hg^{II}$ and $Pb^{II}$ can be quantitatively collected.

Some typical results obtained by this procedure are listed in Table 6.74.

Ogura and Oguma [909] preconcentrated molybdenum and vanadium in seawater on a cellulose phosphate column prior to determination by inductively coupled plasma atomic emission spectrometry.

*Table 6.75* Analyses of near–shore (salinity 29.5‰) (means ± SD; n = 3)

| *Element* | *Concentration* (mg L $^{-1}$) | | | |
|---|---|---|---|---|
| | *Sample 1* | | *Sample 2* | |
| | *1–8–HQQ* | *Accepted value* | *1–8–HQQ* | *Accepted value* |
| Cd | 0.020 ± 0.001 | 0.024 ± 0.004 | 0.025 ± 0.001 | 0.023 ± 0.001 |
| Pb | 0.22 ± 0.01 | 0.22 ± 0.06 | 0.014 ± 0.003 | 0.018 ± 0.001 |
| Zn | 0.44 ± 0.01 | 0.41 ± 0.05 | 0.29 ± 0.03 | 0.28 ± 0.01 |
| Cu | 1.03 ± 0.06 | 0.96 ± 0.04 | 0.17 ± 0.01 | 0.22 ± 0.02 |
| Fe | 1.0 ± 0.1 | 1.03 ± 0.04 | 7.2 ± 0.9 | 6.9 ± 0.02 |
| Mn | 0.71 ± 0.02 | 0.68 ± 0.05 | 1.06 ± 0.01 | 1.13 ± 0.02 |
| Ni | 0.33 ± 0.01 | 0.31 ± 0.04 | 0.39 ± 0.01 | 0.34 ± 0.01 |
| Co | 0.018 ± 0.002 | 0.015 ± 0.007 | 0.017 ± 0.001 | ND |

ND = Not determined

Source: Reproduced by permission from the American Chemical Society

*Table 6.76* Analysis of open ocean seawater (salinity 35‰) (means ± SD; n = 3)

| *Element* | *Concentration* (mg L $^{-1}$) | |
|---|---|---|
| | *1–8–HQQ* | *Accepted value* |
| Cd | 10.030 ± 0.002 | 0.033 ± 0.002 |
| Pb | 0.095 ± 0.009 | 0.09 ± 0.01 |
| Zn | 0.28 ± 0.01 | 0.30 ± 0.03 |
| Cu | 0.121 ± 0.008 | 0.11 ± 0.02 |
| Fe | 0.20 ± 0.01 | 0.18 ± 0.04 |
| Mn | 0.018 ± 0.001 | 0.023 ± 0.003 |
| Ni | 0.27 ± 0.01 | 0.27 ± 0.02 |
| Co | 0.003 ± 0.001 | ND |

ND = Not determined

Source: Reproduced by permission from the American Chemical Society

Sturgeon *et al.* [215] preconcentrated cadmium, copper, zinc, lead, iron, manganese, nickel and cobalt from seawater onto silica immobilised 8-hydroxylquinoline prior to determination by graphite furnace atomic absorption spectrometry. Results for the analyses of two near-shore seawater samples are given in Table 6.75. Table 6.76 presents results for the open ocean sample. Near-shore samples were concentrated 50-fold, the open ocean samples 90-fold. Calibration was achieved by spiking an aliquot of the concentrate with the element of interest, thereby obtaining an exact matrix match.

Results obtained by using the immobilised 8-hydroxyquinoline concentration procedure were compared to 'accepted' values for these samples. Good agreement with accepted values is evident for all three samples. The precision of analysis, expressed as a relative standard deviation, averages 6% (range of RSD 2–12%) over all elements, concentrations and samples.

Nakashima *et al.* [910] determined trace metals in seawater by graphite furnace atomic absorption spectrometry with preconcentration on silica-immobilised 8-hydroxyquinoline in a flow system. Cadmium, lead, zinc, copper, iron, manganese, nickel and cobalt were quantified by graphite furnace atomic absorption spectrometry following optimised preconcentration. The performance of this system was assessed using the open ocean seawater reference material NASS–2. Good agreement was obtained with accepted values for all elements. Estimated detection limits ranged from 0.2 ng $L^{-1}$ (cobalt) to 40 ng $L^{-1}$ (iron) based on 50 ml sample volume (100 ml for cobalt).

Lau and Yang [911] used 8-quinolinol immobilised on silica to determine 16–70 ppt of copper, nickel and cadmium in seawater by inductively coupled plasma atomic emission spectrometry.

Volkan *et al.* [912] preconcentrated trace metals from seawater on a mercapto modified silica gel. The procedure was developed for preconcentration of cadmium, copper, lead and zinc from natural waters by adsorption on silica gel modified by treatment with (3-mercaptopropyl) trimethyloxysilane. Results obtained on samples of fresh water at a constant ionic strength, and of seawater are presented and discussed. Suitable eluting agents for the four metals were investigated. Recoveries greater than 95% were common.

Johansson *et al.* [913] preconcentrated mercury and lead from seawater by pumping through a tubular membrane containing a resin containing dithiocarbamate group.

Orians and Boyle [914] preconcentrated gallium, titanium and indium in seawater into an 8-hydroxyquinoline immobilised resin prior to determination in amounts down to 0.1–0.4 ppt by inductively coupled plasma mass spectrometry.

Blain *et al.* [915] used chelamine chelating resin to preconcentrate from seawater with 90% recovery the following: heavy metals, cadmium, copper, manganese, nickel, lead and zinc.

Isshiki *et al.* [916] preconcentrated trace metals from seawater with 7-dodecenyl-8-quinolinol impregnated XAD–4 macroporous resin. The extraction behaviour of this resin was compared with solvent extraction with DDQ (7-(1-vinyl-3,3,6,6-tetramethylhexyl)-8-quinolinol) for silver, aluminium, bismuth, cadmium, copper, iron, gallium, manganese, nickel, lead and thallium.

The results demonstrate that the DDQ resin is effective in the preconcentration of those metals from seawater. The column extraction method using the DDQ resin was applied to seawater analysis with satisfactory results being obtained.

Greenberg and Kingston [846] studied trace element analysis of seawater samples by neutron activation analysis with chelating resin. Transition metals are thus separated from alkali metals, alkaline earth metals and halogens.

#### 6.72.22.5 Preconcentration by coprecipitation methods

Work in this field has been mainly concerned with co-precipitatives in seawater metals onto ferric hydroxide [28,670,917,919,958], cupric sulphide [918] and zirconium hydroxide [919]. In a typical procedure the iron salt was added to the seawater samples, the pH was adjusted and the iron plus trace metal precipitate was separated by filtration on paper. The paper and precipitate were dissolved in nitric acid and the acid solution was analysed directly by graphite furnace atomic absorption spectrometry. A 200-fold concentration was achieved with a recovery in excess of 90% of the metals in seawater and, of course, iron could not be determined. Manganese did not co-precipitate.

Weisel *et al.* [28] determined aluminium, lead and vanadium in Atlantic seawater after co-precipitation onto ferric hydroxide.

Patin and Morozov [918] developed a procedure for simultaneous concentration of mercury, lead and cadmium from seawater by co-precipitation with copper sulphide. The isolation yield is 99% for mercury and lead, and 89% for cadmium. Mercury was determined by flameless atomic absorption spectrophotometry and lead and cadmium by flame atomic absorption spectrophotometry.

Siu and Berman [917] determined selenium in seawater by gas chromatography after co-precipitation with hydrous iron(III) oxide. The method used rapid co-precipitation of selenium with hydrous iron(III) oxide. Following a brief stirring and settling period the co-precipitate was filtered and dissolved in hydrochloric acid, derivatised to 5-nitropiazselenol and extracted into toluene. The selenium was determined by gas chromatography–electron capture detection. The detection limit was 1 pg injected or 5 ng selenium per litre of seawater using a 200 ml sample. Precision was 6% at 25 pg $L^{-1}$ selenium.

Akagi *et al.* [919] used zirconium co-precipitation for simultaneous multielement determinations of trace metals in seawater by inductively coupled plasma atomic emission spectrometry. The co-precipitation procedure, ageing and washing of co-precipitates and optimal pH conditions are described, together with spectral interferences. Recoveries of most metals increased with increase in pH except for hexavalent

*Table 6.77* $Cu^{II}$, $Cd^{II}$ and $Co^{II}$ recovery from spiked seawater samples by the co-flotation method (V = 2000 ml) and the APDC/MIBK method (V = 400 ml)

| *Method* | *Element addition* (ng mL $^{-1}$) | *Species* (μg L $^{-1}$) | | | | | |
|---|---|---|---|---|---|---|---|
| | | *Cu$^{II}$* | | *Cd$^{II}$* | | *Co$^{II}$* | |
| | | *Found* | *RSD (%)* | *Found* | *RSD (%)* | *Found* | *RSD (%)* |
| Co-flotation | 0.0 | 2.5 | 13.3 | 0.8 | 6.0 | 5.8 | 7.0 |
| | 5.0 | 5.6 | 9.5 | 4.3 | 6.0 | 11.4 | 5.6 |
| | 10.0 | 10.1 | 2.0 | 8.4 | 3.4 | 15.9 | 4.7 |
| Mean recovery (%) | | 83 ± 6 | | 79 ± 4 | | 98 ± 5 | |
| APDC/MIBK | 0.0 | 4.1 | 29.4 | 2.8 | 14.5 | 3.2 | 22.0 |
| | 5.0 | 7.0 | 4.4 | 7.6 | 7.2 | 7.5 | 2.7 |
| | 10.0 | 13.8 | 8.2 | 12.0 | 4.9 | 11.7 | 1.7 |
| Mean recovery (%) | | 87 ± 6 | | 94 ± 2 | | 92 ± 2 | |

Source: Reproduced by permission from Elsevier Science Ltd, UK

chromium and hexavalent molybdenum. Improved detection limits for 17 metals are reported including aluminium, arsenic, cadmium, cobalt, chromium, copper, iron, lanthanum, manganese, molybdenum, nickel, lead, antimony, titanium, vanadium, yttrium and zinc.

Co-flotation with octadecylamine and ferric hydroxide as collectors has been used to separate copper, cadmium and cobalt from seawater [670]. The method was based on the co-flotation or adsorbing colloid flotation technique. The substrates were dissolved in an acidified mixture of ethanol, water and methyl isobutyl ketone to increase the sensitivity of the determination of these elements by flame atomic absorption spectrophotometry. The results were compared with those of the usual ammonium pyrrolidine dithiocarbamate–methyl isobutyl ketone extraction method. While the mean recoveries were lower, they were nevertheless considered satisfactory (Table 6.77).

Copper, nickel and cadmium have been determined at the ng L $^{-1}$level by co-precipitation with cobalt pyrrolidionedithiocarbamate followed by dissolution of the precipitate in an organic solvent and analysis by graphite furnace atomic absorption spectrometry (Boyle and Edmond [552]). Excellent results for the distribution of nickel and cadmium in the ocean were obtained by this technique.

Akagi and Haraguchi [920] carried out simultaneous multielement determinations of trace levels of aluminium, thallium, chromium, manganese, iron, cobalt, nickel, lead, copper, zinc and yttrium by inductively coupled plasma atomic emission spectrometry following co-precipitation with a gallium salt. Detection limits ranged from 500 ng $L^{-1}$ for lead to 10 ng $L^{-1}$ for copper and zinc.

Zuang *et al.* [921] studied the use of palladium salts as a precipitation carrier for preconcentration prior to atomic absorption spectrometry of cadmium, copper and lead in seawater.

Rao and Chatt [922] coprecipitated cadmium, cobalt, copper, mercury, manganese, thorium, uranium, vanadium and zinc in seawater with (-(2-thiazolylazo)-2-naphthol, pyrrolidinedithiocarbamate and N-nitroso-phenylhydroxylamine prior to determination by neutron activation analysis in the µg $L^{-1}$ range.

### 6.72.22.6 Preconcentration by flow injection analysis

Flow injection analysis has been recently applied as an automatic sample injection technique for atomic absorption spectrometry [923–926].

Ion-exchange preconcentration has proved to be an effective means of increasing the sensitivity of atomic absorption spectrometry as well as a means of removing interferences. The concept has been utilised for many years and its practicality has recently been shown in the work of, for example, Kingston *et al.* [441], Danielsson *et al.* [927], and others [928,929]. However, the conventional column mode of ion-exchange preconcentration is tedious and incompatible with the final rapid determination by atomic absorption spectrometry. Therefore, attempts have been made recently to apply an on-line flow injection preconcentration technique by ion-exchange to atomic absorption spectrometry determinations with the aim of speeding up and simplifying the preconcentration step.

Olsen *et al.* [668] gave details of equipment and procedure developed for preconcentrating and determining traces of cadmium, lead, copper and zinc in seawater by atomic absorption spectrophotometry combined with flow injection analysis.

Preconcentration was achieved by passing 2 ml of sample through a microcolumn packed with Chelex–100 resin. Metals were desorbed with 180 µL 2 M aqueous nitric acid which was passed to an atomic absorption spectrometer, thereby achieving a concentration factor of about 10. Seen from a practical viewpoint this combination results in timesaving because it allows an unprecedented sample throughput at the µg $L^{-1}$ level. As the analytical readout is available within 5 s for the direct assay and at the latest within 110 s for the system including preconcentration, smaller sample series can be treated expediently by manual injection.

Since the original work of Olsen [668] many improvements have been proposed to flow injection analysis equipment. Valve designs have been improved; in addition to Chelex–100 other ion-exchange resins have been tested, and different flow systems have been proposed to increase

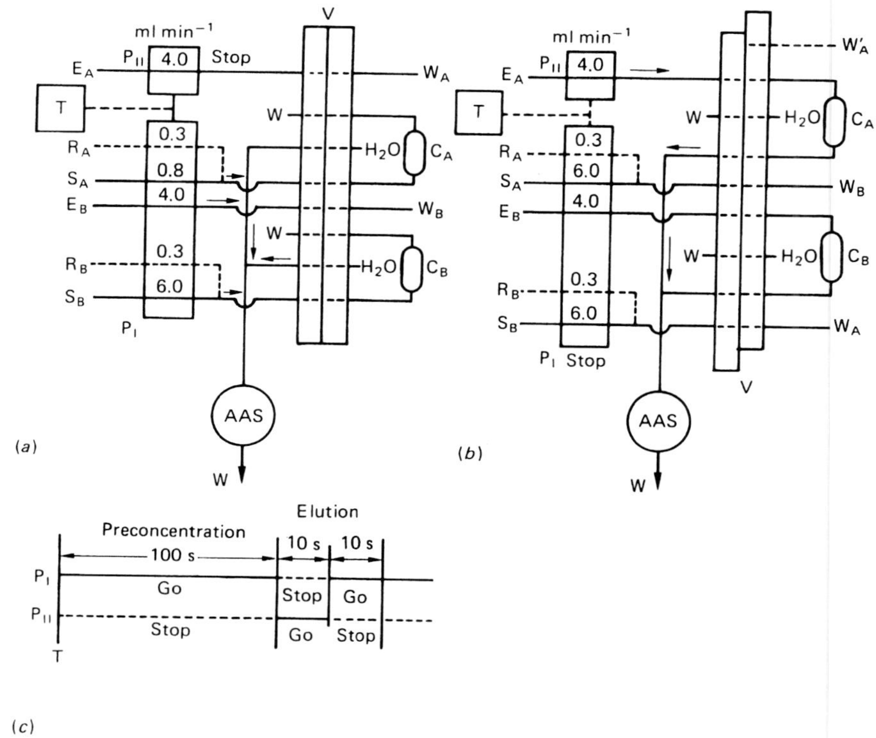


*Fig. 6.59* Manifold for dual-column on line ion-exchange preconcentration system with flame atomic absorption detection. (a) Sampling and preconcentration mode. (b) Elution mode for column A. PI, PII = Pumps I and II; T = timer; V = Value; because of the circular arrangements of the valve channels, $W_A$' represents the same channel as $W_A$. (c) Time-sequencing programme for valve operation. The points marked T indicate turn of valve. Note that the elution of both columns A and B takes place in position (b) of the valve, but with pumps PI and PII sequenced stop–go and go–stop, respectively.
Source: Reproduced by permission from Elsevier Science Publishers BV, Amsterdam

the efficiency of the process [930–933]. These developments indicate that the new approach not only increases the speed of the preconcentration process, but could also ultimately rival the sensitivity and speed of graphite furnace atomic absorption spectrometry.

Fang *et al.* [934] have described a flow injection system (Fig. 6.59) with on-line ion-exchange preconcentration on dual columns for the determination of trace amounts of heavy metals at μg $L^{-1}$ and sub-μg $L^{-1}$ levels by flame atomic absorption spectrometry. The degree of preconcentration ranges from 50- to 105-fold for different elements at a sampling frequency of 60 samples hourly. The detection limits for copper, zinc, lead and cadmium are 0.07, 0.03, 0.5 and 0.05 µg $L^{-1}$ respectively. Relative standard deviations were 1.2–3.2% at µg $L^{-1}$ levels. These workers studied the behaviour of the different chelating exchangers used with respect to their preconcentration characteristics, with special emphasis on interferences encountered in the analysis of seawater.

Fang studied closely the swelling properties of Chelex–100 resin. They showed that, depending on the pH of the eluent, the resin swelled by a factor up to two. To limit the maximum change in volume of a resin in a column to 25% during a single cycle of operation (which is imperative to avoid excessive pressure and void volume variations), the sampling period (during which chelation takes place) at a flow rate of 6 ml $min^{-1}$ should not exceed 50 s for a 0.5 M ammonium acetate buffer, 75 s for a 0.1 M buffer or 100 s for a 0.05 M buffer. Secondly, the column should be packed about three-quarters full with resin in the $H^+$–form (washed with water) after conversion from the $NH_4^+$ form (in which state it should be equilibrated with buffer of the same concentration as that used in the ensuing procedure). Packing in the $NH_4^+$ form would otherwise result in an excessively loose column packing giving rise to large dispersion and degrading the sensitivity. Finally, resin columns in the $NH_4^+$–form should never be washed with water, lest excessive pressure develop in the column, causing blockages, leakages or dislodgement of the nylon retaining gauzes. When not in use, the columns should be converted to the $H^+$–form by normal elution with acid and washed thoroughly with water.

Fang concluded that the flow-injection atomic absorption spectrometry system with on-line preconcentration will challenge the position of the graphite-furnace technique, because it yields comparable sensitivity for much lower cost by using simpler apparatus and separation mode. The method offers unusual advantages when matrices with high salt contents such as seawater are analysed because the matrix components do not reach the nebuliser.

Marshall and Mottola [935] have used silica immobilised 8-quinolol as a means of preconcentrating metals for analysis by flow injection–atomic absorption spectrometry. This has proved to be a particularly useful material for sample preparation, matrix isolation and preconcentration of trace metal ions [215,935–938].

The selectivity of silica immobilised 8-quinolol for transition–metal ions over the alkali and alkaline-earth metal ions makes it useful for samples containing large quantities of the latter such as seawater.

These workers evaluated breakthrough capacities under different flow, temperature and geometric characteristics of the preconcentration columns. The columns have relatively high capacities for metals and do not suffer from complications due to swelling. Excellent agreement was obtained in determinations of copper on standard environmental samples (Table 6.78).

*Table 6.78* Results of copper determination in water samples (Environmental Protection Agency, USA)

| *Sample* | *Cu concentration* (μg L $^{-1}$) | |
|---|---|---|
| | *Determined* | *Reported* |
| EPA–1 | 51 ± 4.6 | 50 |
| EPA–2 | 252 ± 2.6 | 250 |
| EPA–3 | 38 ± 3.0 | 40 |
| EPA–4 | 8.9 ± 1.6 | 8.3 |
| Tap* | 26 ± 2.0 | NA |

Other elements known to be present (concentration in ng mL $^{-1}$ in parentheses): EPA–1, Al (450), As (60), Be (250), Cd (13), Cr (80), Co (80), Fe (80), Pb (120), Mg (75), Hg (3.5), Ni (80), Se (30), V (250), Zn (80); EPA–2, Al (700), As (200), Be (750), Cd (50), Cr (150), Co (500), Fe (600), Pb (250), Mn (350), Hg (7.5), Ni (250), Se (40), V (750), Zn (200); EPA–3, Al (350), As (40), Be (150), Cd (10), Cr (60), Co (70), Fe (50), Pb (80), Mn (55), Hg (3.0), Ni (70), Se (20), V (200), Zn (60); EPA–4, Al (106), As (27), Be (29), Cd (9.1), Cr (7.1), Co (43), Fe (22), Pb (43), Mn (13), Hg (0.7), Ni (17), Se (11), V (130), Zn (10); tap water, unknown*. Stillwater, OK. NA = Not available.

Source: Reproduced by permission from the American Chemical Society

### 6.72.22.7 Hydride generation preconcentration methods

A number of elements in the fourth, fifth and sixth group of the periodic system form hydrides upon reduction with sodium borohydride [714], which are stable enough to be of use for chemical analysis (Ge, Sn, Pb, As, Sb, Se, Te). Of these elements, Andreae [713] has investigated in detail arsenic, antimony, germanium and tin. The inorganic and organometallic hydrides are separated by a type of temperature-programmed gas chromatography. In most cases it is optimal to combine the functions of the cold trap and the chromatographic column in one device. The hydrides are quantified by a variety of detection systems which take into account the specific analytical chemical properties of the elements under investigation. For arsenic, excellent detection limits (about 40 pg) can be obtained with a quartz tube cuvette burner which is positioned in the beam of an atomic absorption spectrophotometer. For some of the methylarsines, similar sensitivity is available by an electron capture detector. The quartz-burner atomic absorption spectroscopy system has a detection limit of 90 pg for tin; for this element much lower limits (about 10 pg) are possible with a flame photometric detection system, which uses the extremely intense emission of the SnH molecule at 609.5 nm. The formation of GeO at the temperatures of the quartz tube furnace makes this device quite insensitive for the determination of germanium. Excellent detection limits (about 140 pg) can be reached for this element by the combination of the hydride generation system with a modified graphite furnace atomic absorption spectroscopy.

Many of the recent methods make use of the condensation of the hydrides in a cold trap at liquid nitrogen temperature. Braman and Foreback [715] pioneered the use of a packed cold trap to serve both as a substrate to collect the hydrides at liquid nitrogen temperature, and to separate arsine and the methylarsines gas chromatographically by controlled heating of the trap. In the same paper, they described the differentiation between arsenic(III) and arsenic(V) by a pre-reduction step and by control of the pH at which the reduction takes place.

Amaukwah and Fasching [939] have discussed the determination of arsenic(V) and arsenic(III) in seawater by solvent extraction–absorption spectrometry using the hydride generation technique.

Most of the detectors commonly used for gas chromatography have been applied to the detection of the hydrides, among them the thermal conductivity, flame ionisation and the electron capture detector [345]. A molecular emission detector has been used for tin [717]. Atomic emission spectrometric detectors based on dc discharges [5,715] and microwave induced plasmas [6] were applied to the speciation of arsenic in environmental samples. The currently most popular detection system is atomic absorption spectrometry in one of its numerous variants. The hydrides were at first introduced into a normal atomic absorption flame, but it was soon recognised that better detection limits could be achieved with enclosed atom reservoirs and with very small flames or with flameless systems. A number of heated quartz furnace devices without internal flames are now on the commercial market. The lowest detection limits were achieved by cold-trapping of the hydrides and subsequent introduction into either a quartz cuvette furnace [345] or into a commercial graphite furnace [939].

The determination of the hydride element species consists of five steps:

(1) the reduction of the element species to the hydrides;
(2) the removal of interferent volatiles from the gas stream;
(3) the cold-trapping of the hydrides;
(4) the separation of the substituted and unsubstituted hydrides from each other and from interfering compounds; and
(5) the quantitative detection of the hydrides.

A typical instrumental configuration to accomplish these steps is shown in Fig. 6.60 for the borohydride reduction/flame photometric detection system for tin speciation analysis.

### *Reduction of the element species to the hydrides*

Most of the hydride elements occur in a number of different species. The optimum reduction conditions vary from element to element and between different species of the same element.

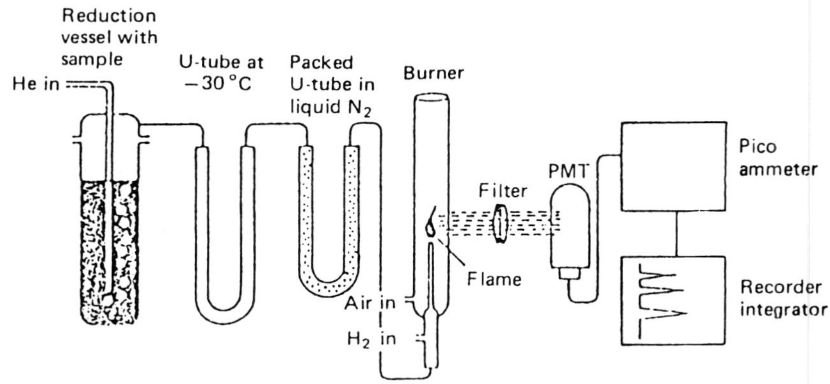


*Fig. 6.60* Schematic design of the $NaBH_4$–reduction/flame photometric detection system for the determination of tin species in natural waters
Source: Reproduced by permission from the American Chemical Society

*Table 6.79* Reaction conditions for the reduction of various 'hydride element' species to the corresponding hydrides

| *Species* | *pKa* | *pH* | *Composition of reaction medium* | $NaBH_4^{2}$* |
|---|---|---|---|---|
| $As^{III}$ | 9.2 | 6–7 | 0.05 M Tris–HCl | 1 |
| $As^{V}$ | 2.3 | | | |
| MMAA | 3.6 | ~1 | 0.12 M HCl | 3 |
| DMAA | 6.2 | | | |
| $Sn^{II}$ | 9.5 | | | |
| $Sn^{IV}$ | ~10 | 2–8† | 0.01 M $HNO_3$ | 1 |
| $Me_xSn$ | 11.7‡ | | | |
| $Ge^{IV}$ | 9.3 | ~6 | 0.095 M Tris–HCl | 3 |
| $Sb^{III}$ | 11.0 | ~.6 | 0.095 M Tris–HCl | 2 |
| $Sb^{V}$ | 2.7 | ~1 | 1 0.18 M HCl, 0.15 M KI | 3 |
| MMSA | – | 1.5–2 0.06 | | |
| DMSA | – | | M HCl | 2 |

MMAA = monomethylarsonic acid [$(CH_3)AsO(OH)_2$]. DMAA = dimethylarsenic acid [$(CH_3)_2AsO(OH)$]. $Me_xSn$ = Me $Sn^{3+}$ MMSA = monomethylstibonic acid [$(CH_3)SbO(OH)_2$]. DMSA = dimethylstibinic acid [(CH3]$_2$SbO(OH)].
*ml of 4% $NaBH_4$ solution per 100 ml sample.
†Increases during the reaction.
‡Data available only for $Me_2Sn(OH)_2$.

Source: Reproduced by permission from the American Chemical Society

The conditions under which the element species are being reduced have been optimised as shown in Table 6.79.

With the exception of antimony(V) which requires the presence of iodide for its reduction, all species can be reduced in an acid medium at pH of 1–2. However, the reduction of some species, including antimony (III) and arsenic(III) and all tin species, will also proceed at higher pH, where arsenic(V) and antimony(V) are not converted to their hydrides. This effect permits the selective determination of the different oxidation states of these elements [715,719,940].

In contrast to the findings of Foreback [6] and Tompkins [716], Andreae [713] was not able to reduce antimony(V) or antimony(III) quantitatively at pH 1.5–2.0 without the addition of potassium iodide. A concentration of at least 0.15 M potassium iodide in the final solution at a pH less than 1.0 was necessary to achieve complete reduction [717]. This is in agreement with the work of Fleming and Ide [940] who suggested an addition of about 0.2 M potassium iodide to ensure the reduction of antimony(V).

Germanium can be reduced through a wide range of pH [717]. The optimum pH is in the near–neutral region, as the efficiency of germanium reduction decreases at lower pH, probably due to the competitive acid-catalysed hydrolysis of the borohydride ion. At a pH above 8, the yield also decreases.

### *Removal of interferent volatiles from the gas stream*

Depending on the detector used, some volatile compounds which are formed or released during the hydride generation step may interfere with the detection of the hydrides of interest. Most prominent among them are water, carbon dioxide and, in the case of anoxic water samples, hydrogen sulphide. The atomic absorption detector is insensitive towards these compounds; thus no precautions need to be taken when this detector is used. It has been found convenient in some applications, however, to remove most of the water before it enters the cold-trap/column which serves to condense and separate the hydrides. This can be accomplished by passing the gas stream through a larger cold trap cooled by a dry-ice/alcohol mixture or by an immersion cooling system [6]. This method was also used with water-sensitive detectors, eg the electron-capture detector for methylarsines [716], or with plasma discharge detectors (eg Crecelius [719]).

### *Coldtrapping of the hydrides*

Only when the very contamination-sensitive electron-capture detector is used is it necessary to provide separate gas streams, one for the reaction and stripping part of the system, the other for the carrier gas stream of the column and detector. Otherwise, the same gas stream can be used to strip the hydrides from solution and to carry them into the detector, which greatly simplifies the apparatus.

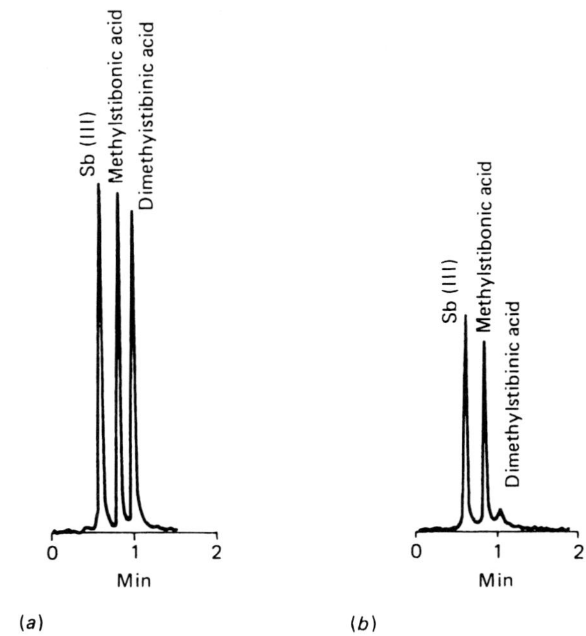


*Fig. 6.61* (a) Chromatogram of stibine, methylstibine and dimethylstibine as separated by the CV–3 trap/column with the quartz furnace/AA detector. The stibines were prepared by the $NaBH_4$ reduction of 2 ng Sb each as $Sb^{III}$ methylstibonic and dimethylstibinic acid. (b) Analysis of a sample of seawater (100 ml) from the open Gulf of Mexico (Station SN4–3–1, 12 March 1981, latitude 27° 15.16'N, longitude 96° 29.88' W).
Source: Reproduced by permission from the Plenum Press Inc, New York

Initially, column packings of glass beads or glass wool [345] were used. These packings produce poor separation of the methylated species from each other and badly tailing peaks, however. Andreae [713] therefore used a standard gas chromatographic packing (15% OV–3 on Chromosorb W/AWDMCS, 60–80 mesh) in U-tubes for the separation of the inorganic and alkyl–species of arsenic, antimony and tin. This packing is quite insensitive to water and produces sharp and well-separated peaks, as demonstrated in Fig. 6.61, for stibine, methylstibine and dimethylstibine in a standard and a seawater sample.

The most versatile system is the combination of hydride generation with atomic absorption spectroscopy. Here, the objective is to introduce the hydrides into an atom reservoir aligned in the beam of the instrument and to dissociate them to produce a population of the atoms of interest. This can be either achieved in a fuel-rich hydrogen/air flame in a quartz tube (cuvette) as described by Andreae [345] or in a standard graphite furnace by electrothermal atomisation [612,716]. The quartz cuvette has a higher sensitivity than the graphite furnace for arsenic and antimony; it is therefore preferred for the determination of these two elements. When organotin compounds are analysed using the quartz cuvette system, spurious peaks are sometimes seen eluting with the methyl tins. The origin of these peaks is not clear. This interference can be avoided by using the graphite furnace system. Here, the hydrides are introduced with the carrier gas stream, to which some argon has been added, into the internal purge inlet of the graphite furnace. They have to pass through the graphite tube and leave through the internal purge outlet. The heating cycle of the furnace is timed so it reaches the required atomisation temperature shortly before the arrival of the unsubstituted hydride and is held at temperature until the last alkyl-substituted hydride has eluted. With this system, probably due to the higher operating temperature, no spurious tin peaks are present.

Bertine and Lee [941] have described hydride generation techniques for determining antimony(V) and antimony(III) Sb–S species and organoantimony species in frozen seawater samples.

The full potential of the hydride method has not yet been realised. Cutter [589] is studying its application to the determination of selenium in seawater. Other elements which might be amenable to the technique are bismuth, tellurium and lead.

Willie *et al.* [942] used the hydride generation–graphite furnace atomic absorption spectrometry technique to determine selenium in seawater. A Pyrex cell was used to generate selenium hydride which was carried to a quartz tube and then to a preheated furnace operated at 400°C. Pyrolytic graphite tubes were used. Selenium could be determined in seawater down to 20 ng $L^{-1}$. No interference was found due to iron, copper, nickel and arsenic.

Yamamoto *et al.* [943] combined the technique of flow injection analysis with a gas segmentation procedure [944] to the hydride generation–atomic absorption spectrometry of arsenic, antimony, bismuth, selenium and tellurium in water. Standard reaction conditions included sodium borohydride (0.25%) hydrochloric acid (8 mol $L^{-1}$). A hydride generation tube length of 10 cm was used. Under these conditions, the hydrides were separated from the sample in less than 0.1 s after generation. In this short reaction period, most of the metal ions were not reduced to metal, which is preferable to minimise the interference from transition metal ions. One hundred-fold excesses of iron, cobalt, nickel and copper were without appreciable interference in the method.

A mixing coil was necessary for the reduction of arsenic(V) and antimony(V) to tervalent states. To obtain the same sensitivity from pentavalent and tervalent species of arsenic and antimony, a coil length of 2 m (a reaction time of 20 s) was enough. Under the conditions, arsenic

*Table 6.80* Detection limits in nanograms of the element for the species of As, Sn, Ge and Sb with different detection systems

| *Species* | *QCAA* | *GFAA* | *FPD* | *ECD* |
|---|---|---|---|---|
| $As^{III}$, $As^{V}$ | 0.03 | 0.09 | – | – |
| MMAA | 0.03 | 0.09 | – | 0.4 |
| DMAA | 0.05 | 0.15 | – | 0.2 |
| $Sn^{II}$, $Sn^{IV}$ | 0.05 | 0.05 | 0.02 | – |
| $Me_xSn$ | 0.06 | 0.06 | 0.015 | – |
| $Ge^{IV}$ | 3 | 0.14 | – | – |
| $Sb^{V}$ | 0.05 | 0.15 | – | – |
| $Sb^{III}$<br>MMSA<br>DMSA | 0.04 | 0.12 | – | – |

QCAA = quartz cuvette/atomic absorption; GFAA = graphite furnace/atomic absorption; FPD = flame photometric detector; ECD = electron capture detector.

Source: Reproduced by permission from the American Chemical Society

(V) and antimony(V) were recovered quantitatively if the concentration of potassium iodide is higher than 4.2% and 0.4% in the mixture for respective ions. Arsenic(III) and antimony(III) could be determined selectively in the ranges of pH 4.5–5.5 and pH 5–7 respectively. Sensitivities of arsenic(III) and antimony(V) were the same and the selectivity of arsenic(III) in the presence of arsenic(V) was satisfactory. The same was found for arsenic(III) and arsenic(V).

The detection limits of the element for the species of arsenic, tin, germanium and antimony with different detection systems are shown in Table 6.80.

Comparison of the results by the flow injection analysis technique with those by the batch method [945] for the differential determination of arsenic and antimony are given in Table 6.81. Both results are in good agreement within experimental errors. The standard deviations were satisfactory.

#### 6.72.22.8 Miscellaneous

Ashton and Chan [946] give a bibliography of 62 references, in which the authors review methods for routine determination of trace metals in seawater. Topics considered included collection, preservation and storage of samples, preliminary treatment of samples, measurement techniques, extraction techniques, method validation and reporting.

*Table 6.81* Selective determination of arsenic and antimony in saline water (μh $L^{-1}$)*

| $As^{III+V}$ | $As^{III}$ | $Sb^{III+V}$ | $Sb^{III}$ |
|---|---|---|---|
| 1720 ± 20<br>(1720) | 90.0 ± 1.8<br>(87.5) | 53.5 ± 1.2<br>(54.0) | 1.50 ± 0.03<br>(1.6) |

* Onikoube, June 1982, Akita Prefecture, Japan. Average values of 10 determinations. Values in parentheses are obtained by HG AAS with batch method.

Source: Reproduced by permission from the American Chemical Society

Van Geen and Boyle [896] discuss the automated preconcentration of trace metals from seawater using sodium bis (2-hydroxyethyl) dithiocarbamate.

Pai *et al.* [900] have discussed the use of malic acid/ammonium hydroxide from the preconcentration of cadmium, copper, cobalt, iron, manganese, nickel, lead and zinc from seawater. Metal extractions are critically pH dependent and the use of this obviates difficulties that would otherwise be encountered.

## References


1 Ishibashi, M. and Kawai, T. *Nippon Kagaku Zasshi*, **73**, 380 (1952).
2 Ishibashi, M. and Motojima, K. *Nippon Kagaku Zasshi*, **73**, 491 (1952).
3 Motojimi, K. *Nippon Kagaku Zasshi*, **76**, 902 (1955).
4 Japan Industrial Standard (JIS) (1974) K0102.
5 Andreae, M.O. *Analytical Chemistry*, **49**, 820 (1977).
6 Foreback, C.C. Some studies on the detection and determination of mercury arsenic and antimony in gas discharges, Thesis, University of South Florida, Tampa (1973).
7 Simons, L.H., Monaghan, P.H. and Taggart, M.S. *Analytical Chemistry*, **25**, 989 (1953).
8 Sackett, W. and Arrhenius, G. *Geochimica Cosmochimica Acta*, **26**, 955 (1962).
9 Nishikawa, Y., Hiraki, K., Morishige, K., Tsuchiyama, A. and Shigematsu, T. *Bunseki Kagaku*, **17**, 1092 (1968).
10 Shigematus, T., Nishikawa, Y., Hiraki, K. and Nagano, N. *Bunseki Kagaku*, **19**, 551 (1970).
11 Hydes, D.J. and Liss, P.S. *Analyst (London)*, **101**, 922 (1976).
12 Hsu, D.Y. and Pipes, W.O. *Environmental Science and Technology*, **6**, 645 (1972).
13 Kahn, H.L. *Environmental Analytical Chemistry*, **3**, 121 (1973).
14 Barnes, R.A. *Chemical Geology*, **15**, 177 (1975).
15 Lee, M.L. and Burrell, D.C. *Analytica Chimica Acta*, **66**, 245 (1973).
16 Gosink, T.A. *Analytical Chemistry*, **47**, 165 (1975).
17 Pavlenko, L.I. and Safronova, N.S. *Zhur Analytical Khim*, **30**, 775 (1975).
18 Fujinaga, T., Kusaka, R. and Koyama M. *et al. Journal of Radioanalytical Chemistry*, **13**, 301 (1973).

19 Buono, J.A., Karin, R.W. and Fasching, J.L. *Analytica Chimica Acta*, **80**, 327 (1975).
20 Dougan, W.K. and Wilson, A.L. *Analyst (London)*, **99**, 413 (1974).
21 Dale, T. and Henriksen, A. *Vatten*, **31**, 91 (1975).
22 Henriksen, A. and Bergmann-Paulsen, L.M. *Vatten*, **31**, 339 (1975).
23 Korenaga, T., Motomizu, S. and Toei, K. *Analyst (London)*, **105**, 328 (1980).
24 Howard, A.G., Coxhead, A.J., Potter, A. and Watt, A.P. *Analyst (London)*, **111**, 1379 (1986).
25 Salgado Ordonez, M., Garcia de Torres, A. and Cano Pavon, J.M. *Talanta*, **32**, 887 (1985).
26 Spencer, D.W. and Sachs, P.L. *Atomic Absorption Newsletter*, **8**, 65 (1969).
27 Van der Berg, C.H.G., Murphy, K. and Riley, J.P. *Analytica Chimica Acta*, **188**, 177 (1986).
28 Weisel, C.P., Duce, R.A. and Fasching, J.L. *Analytical Chemistry*, **56**, 1050 (1984).
29 Resing, J.A. and Measures, C.I. *Analytical Chemistry*, **66**, 4105 (1994).
30 Prochazkova, L. *Analytical Chemistry*, **36**, 865 (1964).
31 Johnston, R. International Conference on Exploration of the Sea, cm 1966, N:11 (1966).
32 Strickland, J.D.H. and Austin, K.H. *Journal of Conservation of International Mercantile Exploration*, **24**, 446 (1959).
33 Richards, F.A. and Kletsch, R.A. In: *Recent Researches in the fields of Hydrosphere Atmosphere and Nuclear Geochemistry* (eds. Y. Maysho and T. Kryama), Maruzen Tokyo, pp. 65, 81 (1964).
34 Matsunaya, K. and Nishimura, M. *Analytica Chimica Acta*, **73**, 204 (1974).
35 Newell, B.S. *Journal of the Marine Biological Association UK*, **47**, 271 (1967).
36 Matsunaga, K. and Nishimura, M. *Japan Analyst*, 29, 993 (1971).
37 Emmet, R.T. Naval Ship Research and Development Centre, Report 2570 (1968).
38 Koroleff, F. *Information on techniques and methods for seawater analysis. Interlaboratory Report* **3**, 19 (1970).
39 Solorzano, L. *Limnology and Oceanography*, **14**, 799 (1969).
40 Head, P.C. *Deep Sea Research*, **18**, 531 (1971).
41 Grasshoff, K. and Johansson, H. *Journal of Conservation of International Mercantile Exploration*, **34**, 516 (1972).
42 Liddicoat, M.I., Tibbits, S. and Butler, E.I. *Limnology and Oceanography*, **20**, 131 (1975).
43 Slawyk, G. and MacIsaac, J.J. *Deep Sea Research*, **19**, 521 (1972).
44 Benesch, R. and Mangelsdorf, P. *Helgolander wiss Meeresunters*, **23**, 365 (1972).
45 Harwood, J.E. and Huyser, D.J. *Water Research*, **4**, 695 (1970).
46 Harwood, J.E. and Kuhn, A.L. *Water Research*, **4**, 805 (1970).
47 Degobbis, D. *Limnology and Oceanography*, **18**, 146 (1973).
48 Dal Pont, G., Hogan, M. and Newell, B. Laboratory Techniques in Marine Chemistry II, Determination of Ammonia in Seawater and the Preservation of Samples for Nitrate Analysis. Commonwealth Scientific and Industrial Research Organization (Australia) Division of Fisheries and Oceanography Report No. 55, Marine Laboratory Cromella, Sydney (1974).
49 Berg, B.R. and Abdullah, M.I. *Water Research*, **11**, 637 (1977).
50 Hampson, B.L. *Water Research*, **11**, 305 (1977).
51 Grasshoff, K. and Johanssen, H. *Journal of Conservation and International Mercantile Exploration*, **36**, 90 (1974).
52 Mantoura, R.F.C. and Woodward, E.M.S. *Estuarine Coastal and Shelf Science*, **17**, 219 (1983).

53 Loder, T.C. and Gilbert, P.M., Blank and Salinity Corrections for Automated Nutrient Analysis of Estuarine and Sea Waters. University of New Hampshire Contribution UNH-SG-JR-101 to Technicon International Congress, 13-15 December (1976).
54 Truesdale, V.W. *Analyst (London)*, **6**, 584 (1971).
55 Le Corre, P. and Treguer, P. *Journal du Conseil*, **38**, 147 (1978).
56 Matsumaga, K. and Nishimura, M. *Analytica Chimica Acta*, **73**, 204 (1974).
57 Brzezinska, M.A. *Marine Chemistry*, **20**, 277 (1987).
58 Willason, S.W. and Johnson, K.S. *Marine Biology*, **91**, 285 (1986).
59 Gilbert, T.R. and Clay, A.M. *Analytical Chemistry*, **45**, 1757 (1973).
60 McLean, J.D., Stenger, V.A., Reim, R.E., Long, M.W. and Hiller, T.A. *Analytical Chemistry*, **50**, 1309 (1978).
61 Gardner, W.S. and St John, P.A. *Analytical Chemistry*, **63**, 537 (1991).
62 Gardner, W.S., Herche, L.R., St John, P.A. and Seitzinger, S.P. *Analytical Chemistry*, **63**, 1838 (1991).
63 Selmer, J.S. and Sorensson, F. *Applied and Environmental Microbiology*, **52**, 577 (1986).
64 Afanas'ev, Y.A., Ryabinin, A.I., Ozhipa, L.T. and Romanov, A.S. Kuban State University, Krasndar and State Oceanographic Institute USSR, p. 1832 (1970).
65 Bertine, K.K. and Lee, D.S. Trace metals in seawater. In: Proceedings of a NATO Advanced Research Institute on Trace Metals in Seawater, 30/3-30/4/81, Sicily, Italy, (eds. C.S. Wong *et al.*) Plenum Press, New York, (1981).
66 Sturgeon, R., Willie, S.N. and Berman, S.S. *Analytical Chemistry*, 57, 2311 (1985).
67 Sturgeon, R.E., Willie, S.N. and Berman, S.S. *Analytical Chemistry*, **57**, 6 (1985).
68 Afansev, Y.A., Ryabinin, A. and Azhipa, L. *Zhur Analytical Khim*, **30**, 1830 (1975).
69 Arsenic in potable and seawater by spectrophotometry 1978 tentative method. Department of the Environment/National Water Council Standing Committee of Analysts. HMSO, London, 20 pp (RP 22A ENV) (1980).
70 Bermejo-Barrera, P., Moreda-Pineiro, J., Moreda-Pineiro, A. and Bermejo-Barrera, A. *Fresenius Journal of Analytical Chemistry*, **355**, 174 (1996).
71 Howard, A.G. and Comber, S.D.W. *Mikrochimica Acta*, **109**, 27 (1992).
72 Burton J.D. Trace metals in seawater. In: Proceedings of a NATO Advanced Research Institute on Trace Metals in Seawater, 30/3-30/4/81, Sicily, Italy, (eds. C.S. Wong *et al.*) Plenum Press, New York, p. 145 (1981).
73 Creed, J.T., Magnuson, M.L., Brockhoff, C.A., Chamberlain, I. and Sivaganesan, M. *Journal of Analytical Atomic Spectroscopy*, **11**, 505 (1996).
74 Jaya, S., Rao, T.P. and Rao, Q.D. *Talanta*, **34**, 574 (1987).
75 Hua, C., Jagner, D. and Renman, L. *Analytica Chimica Acta*, **201**, 263 (1987).
76 Huiliang, H., Jagner, D. and Renman, L. *Analytica Chimica Acta*, **207**, 37 (1988).
77 Becker, N.S.C., McRae, V.M. and Smith, J.D. *Analytica Chimica Acta*, **173**, 361 (1985).
78 Ryabinin, A.I., Romanov, A.S., Khatawov, S.L., Kist, A.A. and Khamidova, R. *Zhur Analytical Chim*, **27**, 94 (1972).
79 Yusov, A.N., Ishsan, Z.B. and Wood, A.K.H. *Journal of Radioanalytical and Nuclear Chemistry*, **179**, 277 (1994).
80 Chow, T.J. and Goldberg, E.P. *Geochimica Cosmochimica Acta*, **20**, 192 (1961).
81 Epstein, M.G. and Zander, A.T. *Analytical Chemistry*, **57**, 915 (1979).
82 Roe, K.K. and Froelich, P.N. *Analytical Chemistry*, **56**, 2724 (1984).
83 Dehairs, F., De Bondt, M., Baeyens, W., Van den Winkel, P. and Hoenig, M. *Analytica Chimica Acta*, **196**, 33 (1987).

84 Bishop, J.K.B. *Analytical Chemistry*, **62**, 553 (1990).
85 Okutani, T., Tsuruta, Y. and Sakuragawa, A. *Analytical Chemistry*, **65**, 1273 (1993).
86 Matsubara, C. *Bunseki Kagaku*, **23**, 878 (1974).
87 Yamahuchi, N., Nishida, T. and Nishida, H. *Bunseki Kagaku*, **38**, 48 (1989).
88 Nishida, H. *Bunseki Kagaku*, **39**, 805 (1990).
89 Tao, H., Imagawa, T., Miyazaki, A. and Bansho, K. *Bunseki Kagaku*, **36**, 447 (1987).
90 Fleet, B., Liberty, K.V. and West, T.S. *Talanta*, **17**, 203 (1970).
91 Terashima, S. *Bunseki Kagaku*, **22**, 1317 (1973).
92 Matsuzaki, K. *Bunseki Kagaku*, **24**, 442 (1975).
93 Terashima, S. *Bunseki Kagaku*, **31**, 727 (1982).
94 Asami, T. and Fukuzawa, F. *Soil Science and Plant Nutrition*, **31**, 43 (1985).
95 Shimomura, S., Morita, H. and Kubota, M. *Bunseki Kagaku*, **25**, 539 (1986).
96 Nakajima, R. *Bunseki Kagaku*, **27**, 185 (1978).
97 Paschal, D.C. and Bailey, G.G. *Atomic Spectroscopy*, **7**, 1 (1986).
98 Schmidt, W.F. and Diotl, F. *Fresenius Zeitschrift für Analytische Chemie*, **326**, 40 (1987).
99 Ellis, W.G., Hodge, V.R., Darby, D.A. and Jones, C.L. *Atomic Spectroscopy*, **9**, 181 (1988).
100 Shan, X.Q., Yian, Z. and Ni, Z.M. *Analytica Chimica Acta*, **217**, 271 (1989).
101 Shijo, Y., Mitsuhashi, M., Shimizu, T. and Sakurai, S. *Analyst (London)*, **117**, 1929 (1992).
102 Soo Lee, D. *Analytical Chemistry*, **54**, 1682 (1982).
103 Gilbert, T.R. and Hume, D.N. *Analytica Chimica Acta*, **65**, 451 (1973).
104 Florence, T.M. *Journal of Electroanalytical Chemistry*, **49**, 255 (1974).
105 Eskilsson, H. and Jaguer, D. *Analytica Chimica Acta*, **138**, 27 (1982).
106 Gillain, G., Duychaerts, G. and Disteche, A. *Analytica Chimica Acta*, **106**, 23 (1979).
107 Jaguer, D. and Aren, K. *Analytica Chimica Acta*, **100**, 375 (1978).
108 Danielsson, L.G., Jagner, D., Josefson, M. and Westerlund, S. *Analytica Chimica Acta*, **127**, 147 (1981).
109 Jagner, D. Josefson, M. and Westerlund, S. *Analytica Chimica Acta*, **128**, 155 (1981).
110 Portman, J.E. and Riley, J.P. *Analytica Chimica Acta*, **34**, 201 (1966).
111 Koroleff, F. *Acta Chimica Scandinavica*, **1**, 503 (1947).
112 Koroleff, F. (ed.) Proceedings of the 12th Conference of the Baltic Oceanographers, Leningrad (1980).
113 Komorsky-Lovric, S. *Analytica Chimica Acta*, **204**, 161 (1988).
114 Uppstroem, L.R. *Analytica Chimica Acta*, **43**, 475 (1968).
115 Hulthe, P., Uppstroem, L.R. and Oestling, G. *Analytica Chimica Acta*, **51**, 31 (1970).
116 Nicolson, R.A. *Analytica Chimica Acta*, **56**, 147 (1971).
117 Oshima, M., Motomizu, S. and Toei, K. *Analytical Chemistry*, **56**, 948 (1974).
118 Marcantoncetos, M., Gamba, G. and Marnier, D. *Analytica Chimica Acta*, **67**, 220 (1973).
119 Horta, T.M.T.C. and Curtins, A.J. *Analytica Chimica Acta*, **95**, 207 (1977).
120 Horta, T.M.T.C. and Curtins, A.J. *Analytica Chimica Acta*, **96**, 209 (1978).
121 Tsaikov, S.P. *Comptes Rendus de l'Academic Bulgare des Science*, **35**, 61 (1982).
122 Batley, G.E. and Farrah, Y.J. *Analytica Chimica Acta*, **99**, 283 (1978).
123 Gardner, J. and Yates, J. International Conference Management and Control of Heavy Metals in the Environment. Water Research Centre, Stevenage Laboratory, Stevenage; CEP Consultants, Edinburgh, pp. 427–430 (1979).

124 Han, H., Le, X. and Ni, Z. *Huanjing Huaxue*, **5**, 34 (1986).
125 Campbell, W.C. and Ottaway, J.H. *Analyst (London)*, **102**, 495 (1977).
126 Guevremont, R. *Analytical Chemistry*, **52**, 1574 (1980).
127 Guevremont, R., Sturgeon, R.E. and Berman, S.S. *Analytica Chimica Acta*, **115**, 163 (1980).
128 Danielson, L.G., Magnusson, B. and Westerlund, S. *Analytica Chimica Acta*, **98**, 47 (1978).
129 Danielsson, L.G., Magnusson, B. and Westerlund S. *Analytica Chimica Acta*, **98**, 48 (1978).
130 Sturgeon, R.E., Berman, S.S., Desauliniers, A. and Russell, D.S. *Talanta*, **27**, 85 (1980).
131 Bruland, K.W., Franks, R.P., Knauer, G.A. and Martin, J.H. *Analytica Chimica Acta*, **105**, 233 (1979).
132 Smith, R.G. and Windom, H.L. *Analytica Chimica Acta*, **113**, 39 (1980).
133 Rasmussen, L. *Analytica Chimica Acta*, **125**, 117 (1981).
134 Sturgeon, R.E., Berman, S.S., Desaulniers, J.A.H., Mykytink, A.P., McLaren, J.W. and Russell, D.M. *Analytical Chemistry*, **52**, 1585 (1980).
135 Sperling, K.R. *Analytical Chemistry*, **292**, 113 (1978).
136 Bengtsson, M., Danielsson, L.G. and Magnusson, B., *Analytical Letters*, **12**, 1367 (1979).
137 Sperling, K.R. *Analytical Chemistry*, **301**, 294 (1980).
138 Kingston, H.M., Barnes, I.L., Brady, T.J. *et al. Analytical Chemistry*, **50**, 2084 (1978).
139 Lund, W. and Larsen, B.V. *Analytica Chimica Acta*, **72**, 57 (1974).
140 Batley, G.E. *Analytica Chimica Acta*, **124**, 121 (1981).
141 Lundgren, G. Lundmark, L. and Johansson, G. *Analytical Chemistry*, **46**, 1028 (1974).
142 Sperling, K.R. *Zeitschrift für Analytische Chemie*, **287**, 23 (1977).
143 Sperling, K.R. *Zeitschrift für Analytische Chemie*, **301**, 294 (1980).
144 Pruszkowska, E., Carnrick, G.R. and Slavin, W. *Analytical Chemistry*, **55**, 182 (1983).
145 Nakahara, T. and Chakrabarti, C.L. *Analytica Chimica Acta*, **104**, 99 (1979).
146 Brewer, S.W. *Analytical Chemistry*, **57**, 724 (1985).
147 Knowles, M. Varian Atomic Absorption No AA 71. Methods for the determination of cadmium in seawater with Zeeman background correction (1987).
148 Lum, K.R. and Callaghan, M. *Analytica Chimica Acta*, **187**, 157 (1986).
149 Zhang, Z., Liu, J., Lin, R., Yang, X. and He, H. *Zhongshan Daxue Xuebao, Ziran Kexueban*, **3**, 109 (1988).
150 Kounaves, S.P. and Zirino, A. *Analytica Chimica Acta*, **109**, 327 (1979).
151 Turner, D.R., Robinson, S.G. and Whitfield, M. *Analytical Chemistry*, **56**, 2387 (1984).
152 Stolzberg, R.J. *Analytica Chimica Acta*, **92**, 193 (1977).
153 Yoshimura, W. and Uzawa, Z. *Bunseki Kagaku*, **36**, 367 (1987).
154 Frigieri, P., Trucco, R., Ciaccolini, I. and Pampurini, G. *Analyst (London)*, **105**, 651 (1980).
155 Ganzerli, V.M.T., Stella, R., Maggi, L. and Ciceri, G. *Journal of Radioanalytical and Nuclear Chemistry*, **114**, 105 (1987).
156 Shen, Z. and Li, P. *Fenxi Huaxue*, **14**, 55 (1986).
157 Jagner, D. *Analytica Chimica Acta*, **68**, 83 (1974).
158 Schmid, R.W. and Reilley, C.N. *Analytical Chemistry*, **29**, 264 (1957).
159 Ringbom, A.G., Pensar, G. and Wanninen, E. *Analytica Chimica Acta*, **19**, 525 (1958).

160 Sadek, F.S., Schmid, R.W. and Reilley, C.N. *Talanta*, **2**, 38 (1959).
161 Wanninen, E. *Talanta*, **8**, 355 (1961).
162 Date, Y. and Toei, K. *Bulletin of the Chemical Society of Japan*, **36**, 518 (1963).
163 Culkin, F. and Cox, R.A. *Deep-Sea Research*, **13**, 789 (1966).
164 Tsunogai, S., Nishimura, M. and Nakaya, S. *Talanta*, **15**, 385 (1968).
165 Schwarzenbach, G. and Flashka, H. *Complexometric Titrations*, 2nd English edn. Methuen London (1969).
166 Horibe, Y., Endo, K. and Tsuboto, H. *Earth Planet Science Letters*, **23**, 136 (1974).
167 Lebel, J. and Poisson, A. *Marine Chemistry*, **4**, 321 (1976).
168 Krumgalz, D. and Holzer, R. *Limnology and Oceanography*, **25**, 367 (1980).
169 Kanamori, S. and Ikegami, H. *Journal of the Oceanographic Society Japan*, **36**, 177 (1980).
170 Olson, E.J. and Chen, C.T.A. *Limnology and Oceanography*, **27**, 375 (1982).
171 Van't Riet, B. and Wynn, J.E. *Analytical Chemistry*, **41**, 158 (1969).
172 Ezat, U. *Analusis*, **16**, 168 (1988).
173 Blake, W.E., Bryant, M.W.R. and Waters, A. *Analyst (London)*, **94**, 49 (1969).
174 Whitfield, M., Leyendekkers, J.V. and Kerr, J.D. *Analytical Chemistry*, **45**, 399 (1969).
175 Brenner, J.B., Eldad, H., Erlich, S. and Dalman, N. *Analytica Chimica Acta*, **166**, 51 (1984).
176 Smith, M.R. and Cockran, H.B. *Atomic Spectroscopy*, **2**, 97 (1981).
177 Pybus, J. *Clinica Chimica Acta*, **23**, 309 (1969).
178 Anfalt, T. and Graneli, A. *Analytica Chimica Acta*, **86**, 13 (1976).
179 Shigematsu, T., Nishikawa, Y., Hiraki, K., Goda, S. and Tsujimatu, Y. *Japan Analyst*, **20**, 575, (1971).
180 Nakayama, E., Kuwamoto, T., Tokoro, H. and Fujinaca, T. *Analytica Chimica Acta*, **131**, 247 (1981).
181 Cranston, R.E. and Murray, J.W. *Analytica Chimica Acta*, **99**, 275 (1978).
182 Dejong, G.J., and Brinkman, U.A.Th. *Analytica Chimica Acta*, **98**, 243 (1978).
183 Gilbert, T.R. and Clay, A.M. *Analytica Chimica Acta*, **67**, 289 (1973).
184 Crosmun, S.T. and Mueller, T.R. *Analytica Chimica Acta*, **75**, 199 (1975).
185 Batley, G.E. and Matousek, J.P. *Analytical Chemistry*, **52**, 1570 (1980).
186 Pankow, J.F. and Junauer, G.E. *Analytica Chimica Acta*, **69**, 97 (1974).
187 Miyazaki, A. and Barnes, R.M. *Analytical Chemistry*, **53**, 364 (1981).
188 Sandell, E.B. *Colorimetric Determination of Traces of Metals*, Interscience New York (1959).
189 Marchart, H. *Analytica Chimica Acta*, **30**, 11 (1984).
190 Willems, G.J. and de Ranter, C.J. *Analytica Chimica Acta*, **68**, 111 (1974).
192 Myasoedova, G.V. and Savvin, S.G. *Zhur Analytica Khim*, **37**, 499 (1982).
193 Leyden, D.E. and Wegscheider, W. *Analytical Chemistry*, **63**, 1059A (1981).
194 Willie, S.M., Sturgeon, R.E. and Berman, S.S. *Analytical Chemistry*, **55**, 981 (1983).
195 Chang, C.A., Patterson, H.H., Mayer, L.M. and Bause, D.E. *Analytical Chemistry*, **52**, 1264 (1980).
196 Dubovenko, L.I., Zaporozhets, Q.A. and Pyatnitskii, I.I. *Khim Tekhnol Vody*, **8**, 50 (1986).
197 De Jong, G.J. and Brinkman, U.A.T. *Analytica Chimica Acta*, **98**, 243 (1978).
198 Cranston, R.E. and Murray, J.W. *Limnology and Oceanography*, **25**, 1104 (1980).
199 Nayakama, E., Kuwamoto, T. Tokoro, H. and Fiyinaka, T. *Analytica Chimica Acta*, **130**, 289 (1981).
200 Grimaud, D. and Michard, G. *Marine Chemistry*, **2**, 229 (1974).

201 Nayakama, E., Kuwamoto, T. Tokoro, H. and Fiyinaka, T. *Analytica Chimica Acta*, **130**, 401 (1981).
202 Nayakama, E., Kuwamoto, T. Tokoro, H. and Fiyinaka, T. *Analytica Chimica Acta*, **131**, 247 (1981).
203 Takayama, E., Kuwamoto, T., Tokoro, H. and Fujinaka, T. *Analytica Chimica Acta*, **130**, 289 (1981).
204 Ishibashi, M. and Shigematsu, T. *Bulletin of the Institute of Chemical Research, Kyoto University*, **23**, 59 (1950).
205 Chuecas, L. and Riley, J.P. *Analytica Chimica Acta*, **35**, 240 (1966).
206 Fukai, R. *Nature (London)*, **213**, 901 (1967).
207 Fukai, R. and Vas, D. *Journal of the Oceanographic Society Japan*, **23**, 298 (1967).
208 Kuwamoto, T. and Murai, S. Preliminary Report of the Hakuho-maru Cruise KH–68–4, Ocean Research Institute University, Tokyo, p. 72 (1970).
209 Yawamoto, T., Kadowski, S. and Carpenter, J.H. *Geochemical Journal*, **8**, 123 (1974).
210 Mullins, R.L. *Analytica Chimica Acta*, **165**, 97 (1984).
211 Moffett, J.H. Varian Atomic Absorption No AA-69. Measurement of Varian Techtron Pty Ltd, Mulgrave Victoria Australia. Chromium in Environmental Waters by Zeeman Corrected Graphite Tube Atomization, January (1987).
212 Boussemart, M. and Van den Berg, C.M.G. *Analyst (London)*, **119**, 1349 (1994).
213 Mugo, R.K. and Orians, K.J. *Analytica Chimica Acta*, **271**, 1 (1992).
214 Mykytiuk, A.P., Russell, D.S. and Sturgeon, R.E. *Analytical Chemistry*, **52**, 1281 (1980).
215 Sturgeon, R.E., Berman, S.S., Willie, S.N. and Desauliniers, J.A.H. *Analytical Chemistry*, **53**, 2337 (1981).
216 Ahern, F., Eckert, J.M., Payne, N.C. and Williams, K.L. *Analytica Chimica Acta*, **175**, 147 (1985).
217 Bowen, H.J.M. *Trace Elements in Biochemistry*, Academic Press London (1966).
218 Kendrick, M.J., May, M.T., Plishka, M.J. and Robinson, K.D. *Metals in Biological Systems*, Ellis Harwood Chichester, pp. 71–79 (1992).
219 Knauer, G.A., Martin, J.H. and Gordon, R.M. *Nature (London)*, **297**, 49 (1982).
220 Bruland, K.W. Trace elements in seawater. In: *Chemical Oceanography* (eds. J.P. Riley & R. Chester), Academic Press London, Vol 8 Chapt 45 (1983).
221 Fukai, R. and Murray, C.N. Environmental behaviour of radiocobalt and radiosilver released from nuclear power stations into aquatic systems. In: Environmental Behaviour of radionuclides released in the nuclear industry. IAEA Vienna, pp. 217–242 (1973).
222 Carvalho, F.P. *Health Physics*, **53**, 73 (1986).
223 Nolan, C.V., Fowler, S.W. and Teyssie, J.L. *Marine Ecology Prog. Ser.*, **30**, 105 (1992).
224 Turner, D.R., Whitfield, M. and Dickson, A. *Geochimica Cosmochimica Acta*, **45**, 855 (1981).
225 Zhang, H., Van den Berg, C.M.G. and Wollast, R. *Marine Chemistry*, **28**, 285 (1990).
226 Donat, J.R. and Bruland, K.W. *Analytical Chemistry*, **60**, 240 (1988).
227 Huyng Ngoc, L. and Whitehead, N.E. *Oceanologica Acta*, **9**, 433 (1986).
228 Jickells, T.D. and Burton, J.D. *Marine Chemistry*, **23**, 131 (1988).
229 Zhang, H. and Wollast, R. Distributions of dissolved cobalt and nickel in the Rhone and the Gulf of Lions. In: Water Pollution Research Report 20, ERO 2000, 2nd Workshop on the Northwest Mediterranean Sea (eds. J.M. Martin & H. Barth), Blanes, Spain, pp. 397–414 (1990).
230 Murray, J.W. *Geochimica Cosmochimica Acta*, **39**, 635 (1975).

231 Balistrieri, L.S. and Murray, J.W. *Geochimica Cosmochimica Acta*, **50**, 2235 (1986).
232 Danielsson, L.G. *Marine Chemistry*, **8**, 199 (1980).
233 Wang, J. *Stripping analysis: Principles, instrumentation and applications*, Verlag Chemie, Deerfield Beach FL (1985).
234 Van den Berg, C.M.G. *Analytica Chimica Acta*, **250**, 265 (1991).
235 Kentner, E. and Zeitlin, H. *Analytica Chimica Acta*, **49**, 587 (1970).
236 Motomizu, S. *Analytica Chimica Acta*, **64**, 217 (1973).
237 Forster, W. and Zeitlin, H. *Analytica Chimica Acta*, **34**, 211 (1966).
238 Riley, J.P. and Topping, G. *Analytica Chimica Acta*, **44**, 234 (1969).
239 Armitage, B. and Zeitlin, H. *Analytica Chimica Acta*, **44**, 234 (1969).
240 Going, J., Wesenberg, G. and Andrejat, G. *Analytica Chimica Acta*, **81**, 349 (1976).
241 Korkisch, J. and Sorio, A. *Analytica Chimica Acta*, **79**, 207 (1975).
242 Gurtler, O. *Fresenius Zeitschrift für Analytische Chemie*, **284**, 206 (1977).
243 Kouimtzis, T.A., Apostolopoulou, C. and Staphilakis, I. *Analytica Chimica Acta*, **113**, 185 (1980).
244 Vasilikiotis, G., Kouimtzis, Th., Apostolopoulou, C. and Voulgaropoulos, A. *Analytica Chimica Acta*, **70**, 319 (1974).
245 Spencer, C.P. *Journal of General Microbiology*, **16**, 282 (1957).
246 Johnston, R. *Journal of the Marine Biological Association UK*, **43**, 427 (1962).
247 Johnston, R. *Journal of the Marine Biological Association UK*, **44**, 87 (1964).
248 Barber, R.T. and Ryther, J.H. *Journal of Exploratory Marine Biology and Ecology*, **3**, 191 (1969).
249 Yuzefovsky, A., Lonardo, R.F., Wang, M. and Michel, R.G. *Journal of Analytical Atomic Spectroscopy*, **9**, 1195 (1994).
250 Hirata, S., Hashimoto, Y., Aihara, M. and Mallika, G.V. *Fresenius Journal of Analytical Chemistry*, **355**, 676 (1996).
251 Malahoff, A., Kolotrykina, I.Y. and Shipgun, L.K. *Analyst (London)*, **121**, 1037 (1996).
252 Harvey, B.R. and Dutton, J.W.R. *Analytica Chimica Acta*, **67**, 377 (1973).
253 Vega, M. and Van den Berg, C.M.G. *Analytical Chemistry*, **69**, 874 (1997).
254 Isshiki, K. and Nakayama, E. *Analytical Chemistry*, **59**, 291 (1987).
255 Pagenkopf, G.K., Russo, R.C. and Thurston, R.V. *Journal of the Fisheries Research Board Canada*, **31**, 462 (1974).
256 Sylva, R.N. *Water Research*, **10**, 789 (1976).
257 Sunda, W.G. and Hanson, A.K. *Limnology and Oceanography*, **32**, 537 (1987).
258 Sunda, W.G. and Lewis, J.M. *Limnology and Oceanography*, **23**, 870 (1978).
259 Sunda, W.G. and Gillespie, P.A. *Journal of Marine Research*, **37**, 761 (1979).
260 Gulens, J. *Ion-Selective Electrode Review*, **9**, 127 (1987).
261 Westall, J.C., Morel, F.M.M. and Hume, D.N. *Analytical Chemistry*, **51**, 2016 (1979).
262 Lewenstam, A., Hulanicki, A. and Ghali, E. In: *Contemporary Electron Chemistry*, (eds. I. Ivaska *et al.*) Plenum Press New York (1990).
263 Lewin, J, and Chen, C.H. *Limnology and Oceanography*, **16**, 670 (1971).
264 Lewis, A.G., Whitfield, R.H. and Ramnarine, A. *Marine Biology*, **17**, 215 (1972).
265 Davey, E.W., Morgan, M.J. and Erickson, S.J. *Limnology and Oceanography*, **18**, 993 (1973).
266 Prakash, A., Rshid, M.A., Jensen, A. and Subba Rao, D.V. *Limnology and Oceanography*, **18**, 516 (1973).
267 Gnassia-Barelli, M., Romero, M., Laumond, F. and Pesando, D. *Marine Biology*, **47**, 15 (1978).

268 Hongve, D., Skogheim, O.K., Hindar, A. and Abrahamsen, H. *Bulletin of Environmental Contamination and Toxicology*, **25**, 594 (1980).
269 Fisher, N.S. and Frood, D. *Marine Biology*, **59**, 85 (1980).
270 Sunda, W. and Guillard, R.R.L. *Journal of Marine Research*, **34**, 511 (1976).
271 Anderson, D.M. and Morel, F.M. *Limnology and Oceanography*, **23**, 283 (1978).
272 Murphy, L.S., Guillard, R.R.L. and Gavis, J. Evolution of resistant phytoplankton strains through exposure to marine pollutants. In: *Ecological Stress and the New York Blight; Science and Management* (ed. G.F. Mayer), Estuarine Research Federation, Columbia SC, pp. 401–412 (1980).
273 Jackson, G.A. and Morgan, J.J. *Limnology and Oceanography*, **23**, 268 (1978).
274 Chester, R. and Stoner, J.H. *Marine Chemistry*, **2**, 17 (1974).
275 Alberts, J.J., Leyden, D.E. and Patterson, T.A. *Marine Chemistry*, **4**, 51 (1976).
276 Boyle, F.A., Sclater, F.R. and Edmond, J.M. *Science Letters*, **37**, 38 (1977).
277 Winlom, H.L. and Smith, R.G. *Marine Chemistry*, **7**, 157 (1979).
278 Zirino, A. and Yamamoto, S. *Limnology and Oceanography*, **17**, 661 (1972).
279 Stumm, W. and Morgan, J.J. *An Introduction Emphasising Chemical Equilibria in Natural Waters*, 2nd edn., Wiley Interscience, New York (1981).
280 Sibley, T.H. and Morgan, J.H. Equilibrium speciation of trace metals in freshwater; seawater mixtures. In: Proceedings of International Conference on Heavy Metals in the Environment (ed. H.C. Hutchinson), University of Toronto Toronto Ont., pp. 310–338 (1975).
281 Shuman, M.S. and Woodward, G.P. *Analytical Chemistry*, **45**, 2032 (1973).
282 Chau, R. and Lum-Shue-Chan, K. *Water Research*, **8**, 383 (1974).
283 Campbell, P..C., Blisson, M., Gagne, R. and Tessior, A. *Analytical Chemistry*, **49**, 2358 (1977).
284 Stiff, M.J. *Water Research*, **5**, 585 (1971).
285 Batley, G.E. and Florence, T.M. *Analytical Letters (London)*, **9**, 379 (1976).
286 Plasvic, M., Krznacic, D. and Branica, M. *Marine Chemistry*, **11**, 17 (1982).
287 Van den Berg, C.M.G. *Marine Chemistry*, **11**, 323 (1982).
288 Florence, T.M. and Batley, G.E. *Talanta*, **23**, 179 (1976).
289 Figura, P. and McDuffie, B. *Analytical Chemistry*, **51**, 120 (1979).
290 Ruzic, I. *Analytica Chimica Acta*, **140**, 99 (1982).
291 Waite, T.D. and Morel, F.M.M. *Analytical Chemistry*, **55**, 1268 (1983).
292 Abraham, J., Winpe, M. and Ryan, D.E. *Analytica Chimica Acta*, **69**, 35 (1974).
293 Fairless, C. and Bard, A.J. *Analytical Chemistry*, **45**, 2289 (1973).
294 Muzzaralli, R.A.A. and Rocchetti, R. *Analytica Chimica Acta*, **69**, 35 (1974).
295 Zlatkis, A., Bruening, W. and Bayer, E. *Analytical Chemistry*, **42**, 1201 (1970).
296 Cabon, J.Y. and Le Bihan, A. *Analytica Chimica Acta*, **198**, 87 (1987).
297 Cabon, J.Y. *Analytica Chimica Acta*, **198**, 103 (1987).
298 Tasinski, R., Trachtenberg, I. and Andrychuk, D. *Analytical Chemistry*, **46**, 364 (1974).
299 Belli, S.L. and Zirino, A. *Analytica Chimica*, **65**, 2583 (1993).
300 De Marco, R. *Analytical Chemistry*, **66**, 3202 (1994).
301 Scorano, G., Marelli, E., Seritti, A. and Zirino, A. *Analytical Chemistry*, **62**, 943 (1990).
302 Quentel, F., Ellouet, C. and Made, C. *Electroanalysis*, **6**, 683 (1994).
303 Wang, J., Foster N., Armalis, S., Larsen, D., Zirino, A. and Olsen, K. *Analytica Chimica Acta*, **310**, 223 (1995).
304 Garcia-Monco Carra, R., Sanchez-Misiego, A. and Zirino, A. *Analytical Chemistry*, **67**, 4484 (1995).
305 Abe, T., Itoh, K. and Murozumi, M. *Bunseki Kagaku*, **15**, 65 (1977).
306 Harvey, B.R. *Analytical Chemistry*, **50**, 1866 (1978).

307 Weiss, H.V., Kenis, P.R., Korkisch, J. and Steffan, I. *Analytica Chimica Acta*, **104**, 337 (1979).
308 Wood, A.M., Evans, D.W. and Alberts, J.J. *Marine Chemistry*, **13**, 305 (1983).
309 Stolzberg, R.J. and Rosin, D. *Analytical Chemistry*, **49**, 226 (1977).
310 Giesy, J.P. Cadmium interactions with naturally occurring ligands. In: *Biochemistry of Cadmium, Part I* (ed. J.C. Nriagu), Wiley New York, pp. 237–256 (1980).
311 Zorkin, N.G., Grill, E.V. and Lewis, A.G. *Analytica Chimica Acta*, **183**, 163 (1986).
312 Zirino, A. and Healy, M.L. *Limnology and Oceanography*, **15**, 956 (1970).
313 Bradford, W.L. *Limnology and Oceanography*, **18**, 757 (1978).
314 Bilinski, H., Huston, R. and Stumm, W. *Analytica Chimica Acta*, **84**, 157 (1976).
315 O'Shea, T.A. and Mancy, K.H. *Analytical Chemistry*, **48**, 1603 (1976).
316 Duinker, J.C. and Kramer, C.J.M. *Marine Chemistry*, **5**, 207 (1977).
317 Piro, A., Bernhard, M., Branica, M. and Verzi, M. Radioactive Contamination of the Marine Environment Proceedings, of the Symposium, Seattle July 1972. IAFA edn., IAFA Vienna, pp. 287–304 (1972).
318 Ernst, R., Allen, H.E. and Mancy, K.H. *Water Research*, **9**, 969 (1975).
319 Florence, T.M. and Batley, G.B. *Journal of Electroanalytical Chemistry*, **75**, 791 (1977).
320 Zirino, A. and Yamamoto, S. *Limnology and Oceanography*, **17**, 661 (1972).
321 Stumm, W. and Bilinksi, H. Advances in Water Pollution Research, 6th International Conference, Jerusalem 8–23 June 1972, Pergamon Oxford, p. 39 (1973).
322 Bubic, S. and Branica, M. *Thalassia Jugoslavia*, **9**, 47 (1973).
323 Zirino, A. and Kounaves, S.P. *Analytical Chemistry*, **49**, 56 (1977).
324 Zirino, A. and Kounaves, S.P. *Analytical Chemistry*, **51**, 592 (1979).
325 Zirino, A. and Kounaves, S.P. *Analytica Chimica Acta*, **113**, 79 (1980).
326 Sheffrin, N. and Williams, E.E. *Analytical Proceedings*, **19**, 483 (1982).
327 Jagner, D. and Graneli, A. *Analytica Chimica Acta*, **83**, 19 (1976).
328 Jagner, D. *Analytical Chemistry*, **50**, 1924 (1978).
329 Jagner, D. and Aren, K. *Analytica Chimica Acta*, **107**, 29 (1979).
330 Brooks, R.R., Presley, B.J. and Kaplan, I.R. *Analytica Chimica Acta*, **38**, 321 (1967).
331 Brooks, R.R., Presley, B.J. and Kaplan, I.R. *Talanta*, **14**, 809 (1967).
332 Shuman, M.S. and Michael, L.C. *Environmental Science and Technology*, **12**, 1069 (1978).
333 Shuman, M.S. and Michael, L.C. In: *Proceedings of the International Conference on Heavy Metals in the Environment*, Vol. 1 p 227, John Wiley New York (1975).
334 Odier, M. and Plichon, V. *Analytica Chimica Acta*, **55**, 209 (1971).
335 Milner, G.W.C., Wilson, J.D. and Barnett, G.A. *Journal of Electroanalytical Chemistry*, **2**, 25 (1961).
336 Van der Berg, C.M.G. and Huang, Z.Q. *Analytica Chimica Acta*, **164**, 209 (1984).
337 Van der Berg, C.M.G. *Analytica Chimica Acta*, **164**, 195 (1984).
338 Nelson, A. *Analytica Chimica Acta*, **169**, 287 (1985).
339 Turner, D.R., Robinson, S.G. and Whitfield, M. *Analytical Chemistry*, **56**, 2387 (1984).
340 Marvin, K.T., Proctor, R.R. and Neal, R.A. *Limnology and Oceanography*, **15**, 320 (1970).
341 Virmani, Y.P. and Zeller, E.J. *Analytical Chemistry*, **46**, 324 (1974).
342 Sunda, W.G. and Hanson, A.K. *Limnology and Oceanography*, **325**, 37 (1987).
343 Zharikov, V.F. and Senyavin, M.K. Trudy gos okeanogr Inst (1970) (101) Ref Zhur Khim 19GD (7) Abstract No. 7G189.

344 Mackay, D.J. *Marine Chemistry*, **11**, 169 (1982).
345 Andreae, M.O. and Froelich, P.N. *Analytical Chemistry*, **53**, 287 (1981).
346 Falkner, K.K. and Edmond, J.M. *Analytical Chemistry*, **62**, 1477 (1990).
347 Pilipenko, A.T. and Pavlova, U.R. *Zhur Analytical Khim*, **27**, 1253 (1972).
348 Matthews, A. and Riley, J.P. *Analytica Chimica Acta*, **51**, 287 (1970).
349 Martin, J.H. and Fitzwater, S.E. *Nature (London)*, **331**, 342 (1988).
350 Martin, J.H., Gordon, R.M., Fitzwater, S.E. and Broenkow, W.W. *Deep Sea Research*, **36**, 649 (1989).
351 Martin, J.H., Gordon, R.M. and Fitzwater, S.E. *Nature (London)*, **345**, 156 (1990).
352 Martin, J.H., Fitzwater, S.E. and Gordon, R.M. *Global Biogeochemical Cycles*, **4**, 5 (1990).
353 Martin, J.H. *Nature (London)*, **353**, 123 (1991).
354 Betzer, P.R., Carder, K.L., Duce, R.A. *et al. Nature (London)*, **336**, 568 (1988).
355 Young, R.W., Karter, K., Betzer, P.R. *et al. Global Biogeochemical Cycles*, **5**, 119 (1991).
356 Broecker, W.S. *Global Biogeochemical Cycles*, **4**, 13 (1990).
357 Dugdale, R.C. and Wilkerson, F.P. *Global Biogeochemical Cycles*, **4**, 13 (1990).
358 Zhuang, G., Yi, Z., Duce, R.A. and Brown, P.R. *Nature (London)*, **355**, 537 (1992).
359 Rigin, V.L. and Blokhin, A.I. *Zhur Analit Khim*, **32**, 312 (1977).
360 Pilipenko, A.T., Barovskii, V.A. and Kalinichenko, I.E. *Zhur Analit Khim*, **33**, 1880 (1978).
361 Obata, H., Karatani, H. and Nakayama, E. *Analytical Chemistry*, **66**, 1524 (1993).
362 Shriadah, M.M.A. and Ohzeki, K. *Analyst (London)*, **111**, 555 (1986).
363 Blair, S. and Treguer, P. *Analytica Chimica Acta*, **308**, 425 (1995).
364 Eirod, V.A., Johnson, K.S. and Coale, K.H. *Analytical Chemistry*, **63**, 893 (1991).
365 O'Sullivan, D.W., Hanson, A.K. and Lester, D.R. *Marine Chemistry*, **49**, 65 (1995).
366 Hiiro, K., Tanaka, T. and Sawada, T. *Japan Analyst*, **21**, 635 (1972).
367 Moore, R.M. Trace metals in seawater. In: Proceedings of a NATO Advanced Research Institute on Trace Metals in Seawater, 30/3–30/4/81, Sicily, Italy, (eds. C.S. Wong *et al.*) Plenum Press, New York, (1981).
368 Sharma, G.M. and DuBois, H.R. *Analytical Chemistry*, **50**, 516 (1978).
369 Bolshov, M.A., Zybin, A.V., Koloshnikov, V.G. and Vesnetsov, M.V. *Spectrochimica Acta*, **36B**, 345 (1981).
370 Cheam, V., Lechner, J., Sekerka, I. and Desrosiers, R. *Journal of Analytical Atomic Spectroscopy*, **9**, 315 (1994).
371 Ohta, K. and Suzuki, M. *Fresenius Zeitschrift für Analytische Chemie*, **298**, 140 (1979).
372 Frech, W. and Cedergreu, A. *Analytica Chimica Acta*, **88**, 57 (1977).
373 Halliday, M.C., Houghton C. and Ottaway, J.M. *Analytica Chimica Acta*, **119**, 67 (1986).
374 Schaule, B.K. and Patterson, C.C. *Earth and Planetary Science Letters*, **54**, 97 (1981).
375 Hirao, Y., Fukomoto, K., Sugisaki, H. and Kimura, K. *Analytical Chemistry*, **51**, 651 (1979).
376 Torsi, G., Desimoni, E., Palmisano, F. and Sabbatini, L. *Analytica Chimica Acta*, **124**, 143 (1981).
377 McLaren, J.W. and Wheeler, R.C. *Analyst (London)*, **102**, 542 (1977).
378 Adams, M.J., Kirkbright, G.F. and Rienvatana, P. *Atomic Absorption Newsletter*, **14**, 105 (1977).

379 Culver, B.R. and Surles, T. *Analytical Chemistry*, **47**, 920 (1975).
380 Pritchard, M.W. and Reeves, R.D. *Analytica Chimica Acta*, **82**, 103 (1976).
381 Yasuda, S. and Kakihama, H. *Analytica Chimica Acta*, **84**, 291 (1976).
382 Tessari, G. and Torsi, G. *Analytical Chemistry*, **47**, 842 (1975).
383 Sturgeon, R.E., Chakrabarti, C.L. and Langford, C.N. *Analytical Chemistry*, **48**, 1792 (1976).
384 Fernandez, F.J. and Manning, D.C. *Atomic Absorption Newsletter*, **10**, 3 (1971).
385 Ediger, R.D., Peterson, G.E. and Kerber, J.D. *Atomic Absorption Newsletter*, **13**, 61 (1974).
386 Ediger, R.D. *Atomic Absorption Newsletter*, **14**, 127 (1975).
387 Regan, J.G.T. and Warren, J. *Analyst (London)*, **101**, 220 (1976).
388 Manning, D.C. and Slavin, W. *Analytical Chemistry*, **50**, 1234 (1978).
389 Scobbie, R. Technical Topics, Varian Techtron, Springvale Vic Australia (1973).
390 Donnelly, T.H., Ferguson, J. and Eccleston, A.J. *Applied Spectroscopy*, **29**, 2 (1975).
391 Shigematsu, T., Matsui, M., Fujino, O. and Kinoshita, K. *Analytica Chimica Acta*, **76**, 329 (1975).
392 Branderberger, H. and Bader, H. *Atomic Absorption Newsletter*, **6**, 101 (1967).
393 Lund, W. and Larsen, B.V. *Analytica Chimica Acta*, **70**, 299 (1974).
394 Lund, W. and Larsen, B.V. *Analytica Chimica Acta*, **72**, 57 (1974).
395 Lund, W., Larsen, B.V. and Gundersen, N. *Analytica Chimica Acta*, **81**, 319 (1976).
396 Lund, W., Thomassen, Y. and Doyle, P. *Analytica Chimica Acta*, **93**, 53 (1977).
397 Fairless, L. and Bard, A.J. *Analytical Letters*, **5**, 433 (1972).
398 Batley, G.B. and Matousek, J.P. *Analytical Chemistry*, **49**, 2031 (1977).
399 Jensen, F.O., Dolezal, J. and Langmyhr, F.J. *Analytica Chimica Acta*, **72**, 245 (1975).
400 Newton, M.P., Chauvin, J.V. and Davis, D.G. *Analytical Letters (London)*, **6**, 89 (1973).
401 Newton, M.P. and Davis, D.G. *Analytical Chemistry*, **47**, 2003 (1975).
402 Dawson, J.B., Ellis, D.J., Hartley, T.F., Evans, M.E.A. and Metcalf, K.W. *Analyst (London)*, **99**, 602 (1974).
403 Torsi, G. *Analytica Chimica (Rome)*, **67**, 557 (1977).
404 Sturgeon, R.E., Willie, S.N. and Berman, S.S. *Analytical Chemistry*, **61**, 1867 (1989).
405 Clem, R.G. MPI Application, University of California Berkeley Laboratory, Notes, 8, 1 (1973).
406 Acebal, S.A., DeLuca and Rebello, A. *Analytica Chimica Acta*, **148**, 71 (1983).
407 Quentel, F., Madoc, C. and Courtot-Coupez, J. *Water Research*, **20**, 325 (1986).
408 Svensmark, B. *Analytica Chimica Acta*, **197**, 239 (1987).
409 Wu, Q. and Batley, G.E. *Analytica Chimica Acta*, **309**, 95 (1995).
410 Flegal, A. and Stukas, V.J. *Marine Chemistry*, **22**, 163 (1987).
411 Byrne, R.H. *Nature (London)*, **290**, 487 (1981).
412 Scaule, D.M. and Patterson, C.C. Trace metals in seawater. In: Proceedings of a NATO Advanced Research Institute on Trace Metals in Seawater, 30/3–30/4/81, Sicily, Italy, (eds. C.S. Wong *et al.*) Plenum Press, New York, p. 488 (1981).
413 Reimer, P.A. and Miyazaki, A. *Journal of Analytical Atomic Spectroscopy*, **7**, 1238 (1992).
414 Liu, Z.S. and Huang, S.D. *Spectrochimica Acta Part B*, **50B**, 197 (1995).
415 Benzwi, N. *Israel Journal of Chemistry*, **10**, 967 (1972).
416 Chow, T.J. and Goldberg, E.D. *Journal of Marine Research*, **20**, 163 (1979).

417 Wiernik, M. and Amiel, S. *Journal of Radioanalytical Chemistry*, **5**, 123 (1970).
418 Rona, M. and Schmuckler, G. *Talanta*, **20**, 237 (1973).
419 Das, D.K., Mazumdar, M. and Shome, S.C. *Analytica Chimica Acta*, **60**, 439 (1972).
420 Stumm, W. and Morgan, J.J. *Aquatic Chemistry*, Wiley Interscience New York (1970).
421 Murray, J.W. and Brewer, P.G. *Marine Manganese Deposits* (ed. G.P. Glasby), Elsevier Amsterdam, pp. 291–325 (1977).
422 Morgan, J.J. Chemical equilibria and kinetic properties of manganese in natural waters. In: *Principles and Applications of Water Chemistry* (eds. S.D. Faust and J.V. Hunter), Wiley New York, pp. 561–624 (1967).
423 Kessick, M.A. and Morgan, J.J. *Environmental Science and Technology*, **9**, 157 (1975).
424 Stumm, W. and Giovanoli, R. *Chimica*, **30**, 423 (1976).
425 Bryan, G.W. and Hummerstone, I.G. *Journal of the Marine Biological Association of the UK*, **53**, 705 (1973).
426 Holliday, L.M. and Liss, P.S. *Estuarine and Coastal Marine Science*, **4**, 349 (1976).
427 Evans, D.W., Cutshall, N.H., Cross, F.A. and Wolfe, D.A. *Estuarine and Coastal Marine Science*, **5**, 71 (1977).
428 Sholkovitz, E.R. *Earth and Planetary Science Letters*, **41**, 77 (1978).
429 Davison, W. *Journal of Electroanalytical Chemistry*, **72**, 229 (1976).
430 Davison, W. *Limnology and Oceanography*, **22**, 746 (1977).
431 Olafsson, J. *Science of the Total Environment*, **49**, 101 (1986).
432 Biddle, V.L. and Wehry, E.L. *Analytical Chemistry*, **50**, 867 (1978).
433 Kolotyrkina, I.Y., Shpigun, L.K. and Zolotov, Y.A. *Zhur Analit Khim*, **43**, 284 (1988).
434 Burton, J.D. Trace metals in seawater. In: Proceedings of a NATO Advanced Research Institute on Trace Metals in Seawater, 30/3–30/4/81, Sicily, Italy, (eds. C.S. Wong *et al.*) Plenum Press, New York, p. 419 (1981).
435 Sturgeon, R.E., Berman, S.S., Desaulniers, J.A.H. and Russel, D.G. *Analytical Chemistry*, **51**, 2364 (1979).
436 Segar, D.A. and Gonzales, J.G. *Analytica Chimica Acta*, **58**, 7 (1972).
437 Klinkhammer, G.P. *Analytical Chemistry*, **52**, 117 (1980).
438 McArthur, J.M. *Analytica Chimica Acta*, **93**, 77 (1977).
439 Hydes, D.J. *Analytical Chemistry*, **52**, 959 (1980).
440 Segar, D.A. *Advances in Chemistry Services*, **147**, 56 (1975).
441 Kingston, H.M., Barnes, I.L., Brady, T.J., Rains, T.C. and Champ, M.A. *Analytical Chemistry*, **50**, 2064 (1978).
442 Segar, D.A. and Cantillo, A.Y. *Analytical Chemistry*, **52**, 1766 (1980).
443 Montgomery, J.R. and Peterson, G.N. *Analytica Chimica Acta*, **117**, 397 (1980).
444 L'vov, B.V. *Spectrochimica Acta Part B*, **33B**, 153 (1978).
445 Segar, D.A. and Cantillo, A.Y. *Spectrochimica Symposium, American Society of Limnology and Oceanography*, **2**, 171 (1976).
446 Slavin, W. and Manning, D.C. *Analytical Chemistry*, **51**, 261 (1979).
447 Manning, D.C. and Slavin, W. *Analytica Chimica Acta*, **118**, 301 (1980).
448 Slavin, W. and Manning, D.C. *Spectrochimica Acta Part B*, **35B**, 701 (1980).
449 Statham, P.J. *Analytica Chimica Acta*, **169**, 149 (1985).
450 International Council for Exploration of the Sea (Charlottenhind, Denmark, Marine Environment Quality Committee Report CM1983/E24) (1983).
451 Klinkhammer, G.P. *Analytical Chemistry*, **42**, 117 (1980).
452 Bender, M.I., Klinkhammer, G.P. and Spencer, D.W. *Deep Sea Research*, **24**, 799 (1977).

453 Klinkhammer, G.P. and Bender, M.I. *Earth Planet Science Letters*, **46**, 361 (1980).
454 Lan, C.R. and Alfassi, Z.B. *Analyst (London)*, **119**, 1033 (1994).
455 Carnrick, G.R., Slavin, W. and Manning, D.C. *Analytical Chemistry*, **53**, 1866 (1981).
456 O'Halloran, R.J. *Analytica Chimica Acta*, **140**, 51 (1982).
457 Knox, S. and Turner, D.R. *Estuarine and Coastal Marine Science*, **10**, 317 (1980).
458 Department of the Environment and the National Water Council, Standing Committee of Analysts Manganese in Raw and Potable Waters by Spectrophotometry (using formaldoxime) 1977; Methods for the Examination of Waters and Associated Materials. HMSO London (1978).
459 Clem, R.G., Mitton, G. and Ornelas, L.D. *Analytical Chemistry*, **45**, 1306 (1973).
460 Wiggins, P.F., Duffey, D. and El Kady, A.A. *Analytica Chimic Acta*, **61**, 421 (1972).
461 Landing, W.M. and Bruland, K.W. *Earth Planet Science Letters*, **49**, 45 (1980).
462 Moore, R.M., Burton, J.D., Williams, P.J. le B. and Young, M.I. *Cosmochimica Acta*, **43**, 919 (1979).
463 Subramanian, K.S. and Meranger, J.C. *International Journal of Environmental Analytical Chemistry*, **7**, 25 (1979).
464 Sugimae, A. *Analytica Chimica Acta*, **121**, 331 (1980).
465 Nakayama, E., Isshiki, K., Sohrin, Y. and Karatani, H. *Analytical Chemistry*, **61**, 1392 (1989).
466 Hatch, W.R. and Ott, W.L. *Analytical Chemistry*, **40**, 2085 (1968).
467 Hinckle, M.E. and Learned, R.E. *US Geological Survey Professional Papers*, **650D**, 251 (1969).
468 Fishman, M.J. *Analytical Chemistry*, **42**, 1462 (1970).
469 Lindsteat, G. *Analyst (London)*, **95**, 264 (1970).
470 Chau, Y.K. and Saitoh, H. *Environmental Science and Technology*, **4**, 839 (1970).
471 Omang, S.H. *Analytica Chimica Acta*, **53**, 415 (1971).
472 Omang, S.H. and Paus, P.E. *Analytica Chimica Acta*, **56**, 393 (1971).
473 Hwang, J.H., Ullucci, P.A. and Malenfant, A.L. *Canadian Spectroscopy*, **16**, 1 (1971).
474 Aston, S.R. and Riley, J.P. *Analytica Chimica Acta*, **59**, 349 (1972).
475 Muscat, V.I. Vickers, T.J. and Andren, A. *Analytical Chemistry*, **44**, 218 (1972).
476 Topping, G. and Pirie, J.M. *Analytica Chimica Acta*, **62**, 2001 (1972).
477 Carr, R.A., Hoover, J.B and Wilkniss, P.E. *Deep Sea Research*, **19**, 747 (1972).
478 Omang, S.H. *Analytica Chimica Acta*, **63**, 247 (1973).
479 Gardner, D. and Riley, J.P. *Nature (London)*, **241**, 526 (1973).
480 Olafsson, J. *Analytica Chimica Acta*, **68**, 207 (1974).
481 Voyce, D. and Zeitlin, H. *Analytica Chimica Acta*, **69**, 27 (1974).
482 Fitzgerald, W.F., Lyons, W.B. and Hunt, C.D. *Analytical Chemistry*, **46**, 1882 (1974).
483 Coyne, R.V. and Collins, J.A. *Analytical Chemistry*, **44,** 1093 (1972).
484 Carr, R.A. and Wilkniss, P.E. *Environmental Science and Technology*, **7**, 62 (1973).
485 Feldman, C. *Analytical Chemistry*, **46**, 99 (1974).
486 Fitzgerald, W.F. Distribution of mercury in natural waters. In: *The Biogeochemistry of Mercury in the Environment* (ed. J.O. Nriagu), Elsevier Amsterdam (1979).
487 Olafsson, J. Trace metals in seawater. In: Proceedings of a NATO Advanced Research Institute on Trace Metals in Seawater, 30/3–30/4/81, Sicily, Italy, (eds. C.S. Wong *et al.*) Plenum Press, New York, p. 476 (1981).
488 Olafsson, J. *Marine Chemistry*, **11**, 129 (1982).

489 Blake, S. Water Research Cenre, Medmenham UK. Technical Report TR229. Method for the determination of low concentrations of mercury in fresh and saline waters. 28 pp (38994) (1985).
490 Gill, G.A. and Fitzgerald, W.F. *Marine Chemistry*, **20**, 277 (1987).
491 Filippelli, M. *Analyst (London)*, **109**, 515 (1984).
492 Hadeishi, T. and McLaughlin, R.D. *Science*, **174**, 404 (1971).
493 Watling, R.J. *Analytica Chimica Acta*, **75**, 281 (1975).
494 Bloxam, M.J., Gachanijhu, A., Hill, S.J. and Worsfold, P.J. *Journal of Analytical Atomic Spectroscopy*, **11**, 145 (1996).
495 Debrak, E. and Denoyer, E.R. *Journal of Analytical Atomic Spectroscopy*, **11**, 127 (1996).
496 Turyan, I. and Mandler, D. *Nature (London)*, **362**, 703 (1993).
497 Wrembel, H.Z. *Talanta*, **30**, 481 (1983).
498 Wrembel, H.Z. and Pajak, W.A. *Chemical Analysis (Warsaw)*, **31**, 409 (1986).
499 Nurnberg, H.W., Valenta, P., Sipos, L. and Branica, M. *Analytica Chimica Acta*, **115**, 25 (1980).
500 Jaya, S., Rao, T.P. and Raog, P. *Analyst (London)*, **110**, 1361 (1985).
501 Hiyai, Y. and Murao, Y. *Japan Analyst*, **21**, 608 (1972).
502 Weiss, H.V. and Crozier, T.E. *Analytica Chimica Acta*, **58**, 231 (1972).
503 Fujita, M. and Iwashima, K. *Environmental Science and Technology*, **15**, 929 (1981).
504 Agemian, H. and Da Silva, J.A. *Analytica Chimica Acta*, **104**, 285 (1979).
505 Davies, I.M. and Pirie, J.M. *Marine Pollution Bulletin*, **9**, 128 (1978).
506 Topping, G., Pirie, J.M., Graham, W.C. and Shepherd, R.J. An Examination of the Heavy Metal Levels in: *Muscle, Kidney and Liver of Saithe in Relation to Year, Class, Area of Sampling and Season*, ICE.5.CM, E:37 (1975).
507 Topping, G. and Pirie, J.M. *Analytica Chimica Acta*, **62**, 200 (1972).
508 Muscat, V.I. and Vickers, T.J. *Analytica Chimica Acta*, **18**, 2275 (1970).
509 Leatherland, T.M., Burton, J.D., McCartney, M.J. and Culkin, F. *Nature (London)*, **232**, 112 (1971).
510 Chester, R., Gardner, D., Riley, J.P. and Stoner, J. *Marine Pollution Bulletin*, **28**, 4 (1973).
511 Fitzgerald, W.F. and Hunt, C.D. Abstract of the Bulletin of the French Oceanographic Union, A5 (1973).
512 Fernandez Garcia, M., Pereiro-Garcia, R., Bondel Garcia, N. and Sanz-Medel, A. *Talanta*, **41**, 1833 (1994).
513 Shriadah, H.M.A., Katoaka, M. and Ohzeki, K. *Analyst (London)*, **110**, 125 (1985).
514 Kiriyama, T. and Kuroda, R. *Talanta*, **31**, 472 (1984).
515 Kim, Y.S. and Zeitlin, H. *Separation Science*, **6**, 505 (1971).
516 Kuroda, R. and Tarui, T. *Fresenius Zeitschrift für Analytische Chemie*, **269**, 22 (1974).
517 Zeitlin, H. *Analytica Chimica Acta*, **51**, 516 (1970).
518 Riley, J.P. and Taylor, D. *Analytica Chimica Acta*, **40**, 479 (1968).
519 Kawabuchi, K. and Kuroda, R. *Analytica Chimica Acta*, **46**, 23 (1969).
520 Korkisch, J., Godl, L. and Gross, H. *Talanta*, **22**, 669 (1975).
521 Nucatsuka, I., Nishimura, A. and Ohzeki, K. *Analytica Chimica Acta*, **304**, 243 (1995).
522 Chau, Y.K. and Lum-Shui-Chan, K. *Analytica Chimica Acta*, **48**, 205 (1969).
523 Parker, C.R. *Water Analysis by Atomic Absorption Spectrometry*, Varian Techtron (1972).
524 Van den Sloot, H.A., Wals, G.D. and Das, H.A. *Progress in Water Technology*, **8**, 193 (1977).

525 Muzzarelli, R.A.A. and Rochetti, R. *Analytica Chimica Acta*, **64**, 371 (1973).
526 Emerick, R.J. *Atomic Spectroscopy*, **8**, 69 (1987).
527 Kuroda, R., Matsumoto, N. and Oguma, K. *Fresenius Zeitschrift für Analytische Chemie*, **330**, 111 (1988).
528 Van der Berg, C.H.G. *Analytical Chemistry*, **57**, 1532 (1985).
529 Willie, S.N., Berman, S.S., Page, J.A. and Van Loon, G.W. *Canadian Journal of Chemistry*, **65**, 957 (1987).
530 Hua, C., Jagner, D. and Renman, L. *Analytica Chimica Acta*, **192**, 103 (1987).
531 Hidalgo, J.L., Gomez, M.A., Caballero, M., Cela, R. and Perez-Bustamante, J.A. *Talanta*, **35**, 301 (1988).
532 Monien, H., Bovenkerk, R., Kringe, K.P. and Rath, D. *Fresenius Zeitschrift für Analytische Chemie*, **300**, 363 (1980).
533 Kimura, A., Yoneda, A., Maeda, Y. and Azumi, T. *Nippon Kaisui Gakkaishi*, **40**, 141 (1985).
534 Kulathilake, A.I. and Chatt, A. *Analytical Chemistry*, **52**, 828 (1980).
535 Mok, W.M. and Wai, C.W. *Analytical Chemistry*, **56**, 27 (1984).
536 Hanson, G., Szalo, A. and Chasteen, N.D. *Analytical Chemistry*, **49**, 461 (1977).
537 Chan, J.K.M. and Riley, J.O. *Analytica Chimica Acta*, **36**, 220 (1966).
538 Ohta, N., Fujita, M. and Tomura, K. *Bunseki Kagaku*, **28**, 277 (1979).
539 Prabhu, V.G., Zarapker, L.R. and Das, M.S. *Mikochimica Acta*, **11**, 67 (1980).
540 Kim, Y.S. and Zeitlin, H. *Analytica Chimica Acta*, **46**, 1 (1969).
541 Head, P. and Burton, J.D. *Journal of the Marine Biological Association UK*, **50**, 439 (1970).
542 Butler, L.R.P. and Matthews, P.M. *Analytica Chimica Acta*, **36**, 319 (1966).
543 Chau, Y.K. and Lum-Shue-Chan, K. *Analytica Chimica Acta*, **48**, 205 (1969).
544 Akama, Y., Nakai, T. and Kawamura, F. *Nippon Kaisai Gakkai-shi*, **33**, 180 (1979).
545 Weiss, H.V. and Lai, M.G. *Talanta*, **8**, 72 (1961).
546 Muzzarelli, R.A.A. *Analytica Chimica Acta*, **54**, 133 (1971).
547 Vanderborght, B.M. and Van Grieken, R.E. *Analytical Chemistry*, **49**, 311 (1977).
548 Yoshimura, K., Hiraoka, S. and Tarutani, T. *Analytica Chimica Acta*, **142**, 101 (1982).
549 Riley, J.P. and Taylor, D. *Analytical Chemistry*, **41**, 175 (1968).
550 Ficklin, W.H. *Analytical Letters*, **15**, 865 (1982).
551 Van der Sloot, H.A., Wals, G.D. and Das, H.A. *Analytica Chimica Acta*, **90**, 193 (1977).
552 Boyle, E.A. and Edmond, J.M. *Analytica Chimica Acta*, **91**, 189 (1977).
553 Bruland, K. *Science Letters*, **47**, 176 (1980).
554 Boyle, E.A., Huested, S.S. and Jones, S.P. *Journal of Geographical Research*, **86**, 8048 (1981).
555 Kentner, E., Armitage, D.B. and Zeitlin, H. *Analytica Chimica Acta*, **45**, 343 (1969).
556 Yatsimirskii, K.B., Ewel'Yakov, E.M., Pavlova, V.K. and Savichenko, Ya. S. Okeanologiya IIII, 10 Ref: Zhur Khim 19GD Abstract No 11G, 203 (11).
557 Rampon, H. and Cavelier, R. *Analytica Chimica Acta*, **60**, 226 (1972).
558 Lee, D.S. *Analytical Chemistry*, **54**, 1182 (1982).
559 Nishoika, H., Assadamongkol, S., Maeda, Y. and Azumi, T. *Nippon Kaisui Gakkalshi*, **40**, 286 (1987).
560 Van den Berg, C.M.G. and Nimmo, M. *Science of the Total Environment*, **60**, 185 (1987).
561 Koide, M., Goldberg, E.D. and Walker, R. *Deep Sea Research Part II*, **43**, 53 (1996).

562 Wang, Z., Li, Y., Li, Y. and Guo, Y. *Analytical Letters (London)*, **27**, 957 (1994).
563 Van den Berg, C.M.G. and Jacinto, B.S. *Analytica Chimica Acta*, **211**, 129 (1988).
564 Chen, Q., Aarkrog, A., Nielson, S.P., Dahlgaard, H., Nies, S., Yu, Y. and Handrup, K. *Journal of Radioanalytical and Nuclear Chemistry*, **172**, 281 (1993).
565 Torbjoern, A. and Jaguer, D. *Analytica Chimica Acta*, **66**, 152 (1973).
566 Torbjoern, A. and Jaguer, D. *Analytical Abstracts*, **23**, 994 (1972).
567 Marquis, G. and Lebel, J. *Analytical Letters (London)*, **14**, 913 (1981).
568 Ward, G.K. Report 29966, National Technical Information Service, Springfield VA (32696) (1979).
569 Koide, H., Hodge, V., Yang, J.S. and Goldberg, E.D. *Analytical Chemistry*, **59**, 1802 (1987).
570 Matthews, A.D. and Riley, J.P. *Analytica Chimica Acta*, **51**, 455 (1970).
571 Smith, R.C., Pillai, K.C., Chow, T.J. and Folson, T.R. *Limnology and Oceanography*, **10**, 226 (1965).
572 Schoenfeld, I. and Held, S. *Israel Journal of Chemistry*, **7**, 831 (1969).
573 Lebedev, V.A., Alvares, U.V., Krasnyanskii, A.V., Shurupuva, T.I. and Golubtsov, I.V., Vesin. *Mosk. University Serz Khim*, **28**, 174 (1987).
574 Committee on Medical and Biologic Effects of Environmental Pollutants: Selenium. National Academy of Sciences, Washington DC (1976).
575 Luckey, T.D. and Venegopal, B. *Chemical Engineering News*, **54**, 2 (1976).
576 Riley, J.P. and Skirrow, G. *Chemical Oceanography*, 2nd edn, Vol 1, Academic Press New York, p. 418 (1975).
577 Stein, V.B., Canelli, E. and Richards, A.H. *Atomic Spectroscopy*, **1**, 61, (1980).
578 Neve, J., Hanocq, M. and Molle, L. *International Journal of Environmental Analytical Chemistry*, **8**, 177 (1980).
579 Shimoishi, Y. *Analytica Chimica Acta*, **64**, 465 (1973).
580 Measures, C.I. and Burton, J.D. *Analytica Chimica Acta*, **120**, 177 (1980).
581 Sui, K.W.M. and Berman, S.S. *Analytical Chemistry*, **56**, 1806 (1984).
582 Tzeng, J.H. and Zeitlin, H. *Analytica Chimica Acta*, **101**, 71 (1978).
583 Goldschmidt, V.M. and Strock, L.W. *Nachr Akad Wiss Goettingen Math–Physik KI IV NF*, **1**, 123 (193).
584 Wattenberg, H. *Zeitung Anorganic Chemie*, **236**, 339 (1938).
585 Ishibashi, M., Shigematsu, T. and Nakagawa, Y. *Recent Oceanographic Works: Japan Special Number*, **1**, 44 (1953).
586 Chau, Y.K. and Riley, J.P. *Analytica Chimica Acta*, **33**, 36 (1965).
587 Schutz, D.F. and Turekian, K.K. Abstract of Papers XIII General Assembly IUGG, Berkeley, Paper 23 (1963).
588 Schutz, D.F. PhD Thesis, Department of Geology Yale University (1964).
589 Cutter, G.A. *Analytica Chimica Acta*, **98**, 59 (1978).
590 Bermejo-Barrera, P., Moreda-Pineiro, J., Moreda-Pineiro, A. and Bermejo-Barrera, A. *Talanta*, **43**, 35 (1996).
591 Miller, L.A. and Bruland, K.W. *Environmental Science and Technology*, **29**, 2616 (1995).
592 Kawabuchi, K. and Riley, J.P. *Analytica Chimica Acta*, **65**, 271 (1973).
593 Kulev, I.I. and Bakalov, U.D.C. *Acad Bulgarian Science*, **26**, 787 (1973).
594 Kulev, I.I., Stanev, D.S. and Bakalov, U.D. *Khimiya Industry*, **46**, 65 (1974).
595 Carr, R.A. *Limnology and Oceanography*, **15**, 318 (1970).
596 Chen, Q., Dahlgaard, H. and Nielson, S.P. *Analytica Chimica Acta*, **285**, 177 (1994).
597 Andreae, M.O. *Analytical Chemistry*, **56**, 2064 (1984).
598 Petit, L. *Revue Internationale d'Oceanographic Medicale*, **19**, 79/80 (1985).
599 Huh, C.A. and Bacon, M.P. *Analytical Chemistry*, **57**, 2065 (1985).

600 Kodama, Y. and Tsubota, H. *Japan Analyst*, **20**, 1554 (1971).
601 Burns, D.T., Harriott, M. and Glockling, F. *Fresenius Zeitschrift für Analytische Chemie*, **327**, 701 (1987).
602 Dogan, S. and Haerdi, W. *International Journal of Environmental Analytical Chemistry*, **8**, 249 (1980).
603 Bergerioux, C. and Haerdi, W. *Analusis*, **8**, 169 (1980).
604 Florence, T.M. and Farrer, Y.J. *Journal of Electroanalytical Chemistry*, **51**, 191 (1974).
605 Florence, T.M. *Analytical Abstracts*, **20**, 4585 (1971).
606 Florence, T.M. *Analytical Abstracts*, **23**, 5011 (1972).
607 Brinckmann, F.E. Trace metals in seawater. In: Proceedings of a NATO Advanced Research Institute on Trace Metals in Seawater, 30/3–30/4/81, Sicily, Italy, (eds. C.S. Wong *et al.*) Plenum Press, New York, (1981).
608 Aue, W.A. and Flinn, C.S. *Journal of Chromatography*, **142**, 145 (1977).
609 Jackson, J.A., Blair, W.R., Brinckmann, F.E. and Iverson, W.P. *Environmental Science and Technology*, **16**, 110 (1982).
610 Brinckmann, F.E. *Journal of Organometallic Chemistry*, **12**, 343 (1981).
611 Jewett, K.L., Brinckmann, F.E. and Bellama, J.M. Influence of environmental parameters on transmethylation between aquated metal ions. In: *Organometals and Organometalloids: Occurrence and Fate in the Environment* (eds. F.B. Brinckmann and J.M. Bellama), American Chemical Society Washington DC, pp. 158–187 (1978).
612 Braman, R.S. and Tomkins, M.A. *Analytical Chemistry*, **51**, 12 (1979).
613 Schaeffer, G.W. and Emilius, M. *Journal of the American Chemical Society*, **76**, 1203 (1954).
614 Hodge, V.F., Seidel, S.L. and Goldberg, F.D. *Analytical Chemistry*, **51**, 1256 (1979).
615 Hallas, L.E. PhD Dissertation, University of Maryland (1978).
616 Parris, G.E., Blair, W.E. and Brinckmann, F.E. *Analytical Chemistry*, **49**, 378 (1977).
617 Evans, W.H., Jackson, F.I. and Dellar, D. *Analyst (London)*, **104**, 16 (1979).
618 Jewett, K.L. and Brinckmann, F.E. *Journal of Chromatographic Science*, **19**, 583 (1981).
619 Brinckmann, F.E., Blair, W.R., Jewett, K.L. and Iverson, W.P. *Journal of Chromatographic Science*, **15**, 493 (1977).
620 Michael, L.C., Erickson, M.D., Parks, S.P. and Pellizzari, B.D. *Analytical Chemistry*, **52**, 1836 (1980).
621 Yang, C.Y., Shih, J.S. and Yeh, Y.C. *Analyst (London)*, **106**, 385 (1981).
622 Van der Sloot, H.A. and Das, H.A. *Progress in Water Technology*, **8**, 193 (1977).
623 Agrawal, Y.K., Upadhyaya, D.B. and Chudasama, S.P. *Journal of Radioanalytical and Nuclear Chemistry*, **170**, 79 (1993).
624 Van den Berg, C.M.G. and Zhang, Z.Q. *Analytica Chimica Acta*, **164**, 209 (1984).
625 Hua, C., Jagner, D. and Renmen, L. *Analytica Chimica Acta*, **197**, 265 (1987).
626 Van den Berg, C.M.G. and Nimmo, M. *Analytical Chemistry*, **59**, 924 (1987).
627 Economon, A., Fielden, P.R. and Packham, A. *Analyst (London)*, **119**, 279 (1994).
628 Djogic, R. and Branica, M. *Analyst (London)*, **120**, 1989 (1995).
629 Wilson, J.D., Webster, R.K. and Milner, G.W.C. *Analytica Chimica Acta*, **23**, 505 (1960).
630 Spencer, R. *Talanta*, **15**, 1307 (1968).
631 Nishimura, M., Matsunaga, K., Kudo, T. and Obara, F. *Analytica Chimica Acta*, **65**, 466 (1973).

632 Kirkyama, T. and Kuroda, R. *Analytica Chimica Acta*, **62**, 464 (1972).
633 Weiss, H.V., Guttman, H.A., Korkisch, J. and Steffan, I. *Talanta*, **24**, 509 (1977).
634 Monien, H. and Stangel, R. *Fresenius Zeitschrift für Analytische Chemie*, **311**, 209 (1982).
635 Hastings, D.W., Emerson, S.R. and Nelson, B.K. *Analytical Chemistry*, **68**, 371 (1996).
636 Van den Berg, C.M.G. and Huang, Q. *Analytical Chemistry*, **56**, 2383 (1984).
637 Vega, M. and Van den Berg, C.M.G. *Analytica Chimica Acta*, **293**, 19 (1994).
638 Dupont, V., Auger, Y., Jeandel, C. and Wartel, M. *Analytical Chemistry*, **63**, 520 (1991).
639 Bruland, K.W. and Franks, R.P. In: *Trace Metals in Seawater*. Wong, C.S., Boyle, E.A., Bruland, K.W., Burton, J.D. and Goldberg, E.D. eds, Plenum Press, New York, pp. 256–298 (1983).
640 Bruland, K.W., Knauer, G.A., Martin, J.H. *Nature (London)*, **271**, 741 (1978).
641 Danielsson, L.G., Westerlund, S. In: *Trace Metals in Seawater*. Wong, C.S., Boyle, E.A., Bruland, K.W., Burton, J.D. and Goldberg, E.D. eds, Plenum Press, New York, pp. 85–95 (1983).
642 Magnusson, B., Westerlund, S. In: *Trace Metals in Seawater*. Wong, C.S., Boyle, E.A., Bruland, K.W., Burton, J.D. and Goldberg, E.D. eds, Plenum Press, New York, pp. 467–473 (1983).
643 Donat, J.R. and Bruland, K.W. *Marine Chemistry*, **28**, 301 (1990).
644 Sastry, V.N., Krishnamoorthy, T.M. and Sarma, T.P. *Current Science (Bombay)*, **38**, 279 (1969).
645 Bruland, K.W. *Limnology and Oceanography*, **34**, 269 (1989).
646 Mykytiuk, A.P., Russell, D.S. and Sturgeon, R.E. *Analytical Chemistry*, **52**, 123 (1980).
647 Johnson, K.S., Coale, K.H. and Jannasch, H.W. *Analytical Chemistry*, **64**, 1070 (1992).
648 Nowicki, J.L., Johnson, K.G., Coale, K.H., Eirod, V.A. and Lieberman, S.H. *Analytical Chemistry*, **66**, 2732 (1994).
649 Hirata, S. and Honda, K. *Bunseki Kagaku*, **36**, 213 (1987).
650 Burrell, D.C. and Guener, G. *Analytica Chimica Acta*, **48**, 45 (1969).
651 Guevremont, R. *Analytical Chemistry*, **53**, 911 (1981).
652 Kim, Y.S. and Zeitlin, H. *Separation Science*, **7**, 1 (1972).
653 Huang, S.D. and Shih, K.Y. *Spectrochimica Acta Part B*, **50B**, 837 (1995).
654 Akatsuka, K., Katoh, T., Nabuyama, N., Okanaka, T., Okumura, M. and Hoshi, S. *Analytical Science*, **12**, 109 (1996).
655 Lieberman, S.H. and Zirino, A. *Analytical Chemistry*, **46**, 20 (1974).
656 Muzzarrelli, R.A.A. and Sipos, L. *Talanta*, **18**, 853 (1971).
657 Andruzzi, R. and Trazza, A. *Talanta*, **28**, 839 (1981).
658 Van der Berg, C.M.G. *Marine Chemistry*, **16**, 121 (1985).
659 Van der Berg, C.M.G. *Talanta*, **31**, 1069 (1984).
660 Zima, J. and van den Berg, C.M.G. *Analytica Chimica Acta*, **289**, 291 (1994).
661 Mascini, M. *Analytica Chimica Acta*, **56**, 316 (1971).
662 Jagner, D. and Kerstein, A. *Analytica Chimica Acta*, **57**, 185 (1971).
663 Jagner, D. and Kerstein, A. *Analytica Abstracts*, **23**, 1190 (1972).
664 Pausch, J.B. and Margerum, D.W. *Analytical Chemistry*, **4**, 226 (1969).
665 Atienza, J., Herrero, M.A., Maquiera, A. and Puchades, R. *Critical Reviews of Analytical Chemistry*, **23**, 1 (1992).
666 Tao, H., Miyazaki, A., Bansho, K. and Umezaki, Y. *Analytical Chemistry*, **56**, 181 (1984).
667 Armannsson, H. *Analytica Chimica Acta*, **110**, 21 (1979).

668 Olsen, S., Luiz, C.R., Pessenda, J.R. and Hansen, E.O. *Analyst (London)*, **108**, 905 (1983).
669 Fang, Z., Ruzicka, J. and Hansen, E.H. *Analytica Chimica Acta*, **164**, 23 (1984).
670 Cabezon, L.M., Caballero, M., Cela, R. and Perez-Bustamante, J.A. *Talanta*, **31**, 597 (1984).
671 Orren, M.J. *Journal of South African Chemical Institute*, **24**, 96 (1971).
672 Yates, J. Technical Report TR181 Determination of Trace Metals (cadmium, copper, lead, nickel and zinc) in filtered saline water samples, August 1982, Water Research Centre, Medmenham, UK (1982).
673 Boyle, E.A. and Edmond, J.M. *Analytica Chimica Acta*, **91**, 1801 (1977).
674 Brugmann, L., Danielsson, L.G., Magnusson, B. and Westerlund, S. *Marine Chemistry*, **13**, 327 (1983).
675 Bruland, K-W., Franks, R.P., Knauer, G.A. and Martin, J.H. *Analytica Chimica Acta*, **105**, 233 (1979).
676 Montgomery, J.R. and Peterson, G.N. *Analytica Chimica Acta*, **117**, 397 (1980).
677 Lyons, M.B. and Fitzgerald, W.F. Trace metals in seawater. In: Proceedings of a NATO Advanced Research Institute on Trace Metals in Seawater, Sicily (eds C.S. Wong *et al.*), Plenum Press, New York, p. 625 (1981).
678 Stein, V.B., Canelli, G. and Richards, A.H. *International Journal of Environmental Analytical Chemistry*, **8**, 99 (1980).
679 Hoenig, M. and Wollast, R. *Spectrochimica Acta*, **37B**, 399 (1982).
680 Cachetti, G., Cvelic-Lazzari, N. and Rolic, E. *Metodi Analitica per le Aeque*, **2**, 1 (1981).
681 Brewer, P.G., Spencer, D.W. and Smith, C.L. *American Society of Testing Materials*, **443**, 70 (1969).
682 Cimadevilla, E.A.C., Wrobel, K. and Sanz-Medel, A. *Journal of Analytical Atomic Spectrometry*, **10**, 149 (1995).
683 Tikhomirova, A.A., Patin, S.A. and Morozov, N.P. *Zhurnal Analiticheskoi Khimii*, **31**, 282 (1976).
684 Tominaga, M., Bansho, K. and Umezaki, Y. *Analytica Chimica Acta*, **169**, 171 (1985).
685 Tominaga, M., Bansho, K. and Umezaki, Y. *Analytica Chimica Acta*, **169**, 176 (1985).
686 Hayase, K., Shitashima, K. and Tsuibota, H. *Talanta*, **33**, 754 (1986).
687 The Analytical Report No 12, Feb 1988, Perkin–Elmer Ltd, Beaconsfield UK, p. 6 (1988).
688 Slavin, W., Carnrick, G.R. and Manning, D.C. *Analytical Chemistry*, **54**, 621 (1982).
689 Techniques in graphite furnace atomic absorption spectrometry, Perkin–Elmer, Part No 0993–8150 April (1985).
690 Hodge, V., Stallard, M., Koide, M. and Goldberg, E.D. *Analytical Chemistry*, **58**, 616 (1986).
691 Hadeishi, T., Church, D.A., McLaughlin, R.D., Zak, B.D., Nakamura, M. and Chang, B. *Science*, **187**, 348 (1975).
692 Koizumi, H. and Yasuda, K. *Analytical Chemistry*, **47**, 1679 (1975).
693 Stephens, R. and Ryan, D.E. *Talanta*, **22**, 655 (1975).
694 Stephens, R. and Ryan, D.E. *Talanta*, **22**, 659 (1975).
695 Veinot, D.E. and Stephens, R. *Talanta*, **23**, 849 (1976).
696 Koizumi, H. and Yasuda, K. *Spectrochimica Acta*, **31B**, 237 (1976).
697 Koizumi, H. and Yasuda, K. *Analytical Chemistry*, **48**, 1178 (1976).
698 Stephens, R. *Talanta*, **25**, 435 (1978).
699 Stephens, R. *Talanta*, **26**, 57 (1979).

700 Lawson, J.B., Grassam, E., Ellis, D.J. and Keir, M.J. *Analyst (London)*, **101**, 315 (1976).
701 Grassam, E., Dawson, J.B. and Ellis, D.J. *Analyst (London)*, **102**, 804 (1977).
702 Koizumi, H. and Yasuda, K. *Spectrochimica Acta*, **31B**, 523 (1976).
703 Koizumi, H., Yasuda, K. and Katayama, M. *Analytical Chemistry*, **49**, 1106 (1977).
704 Fernandez, F.J., Bohler, W., Beatty, N.M. and Barnett, W.B. *Atomic Spectroscopy*, **2**, 73 (1981).
705 Slavin, W., Manning, D.C. and Carnrick, G.R. *Atomic Spectroscopy*, **2**, 137 (1981).
706 Slavin, W. *Atomic Spectroscopy*, **1.3**, 66 (1980).
707 Grabenski, Z., Lehmann, R., Radzuik, B. and Voellkopf, U. *Atomic Spectroscopy*, **5**, 87 (1984).
708 De Kersabiec, A.M., Blanc, G. and Pinta, M. *Fresenius Zeitschrift für Analytische Chemie*, **322**, 731 (1985).
709 Grobenski, Z., Lehmann, R., Radzuck, B. and Voellkopf, U. Atomic Spectroscopy Application Study No 686. Papers presented at Pittsberg Conference, Atlantic City, March 5th–9th (1984). The determination of trace metals in seawater using Zeeman graphite furnace AAS. March (1984).
710 Fernandez, F. *et al. Atomic Spectroscopy*, **2.3**, 73 (1981).
711 Analytical Methods for Graphite Furnace AAS, Perkin–Elmer, March 1984.
712 Cabon, J.Y. and Le Bihan, A. *Spectrochemica Acta Part B*, **50B**, 1703 (1995).
713 Andreae, M.O.P. Trace Details in Seawater, eds. C.S. Wong *et al.* Proceedings of a NATO Advanced Research Institute on Trace Metals in Seawater, 30/3–30/4/81, Sicily, Italy, Plenum Press, New York (1981).
714 Braman, R.S., Justen, L.C. and Foreback, C.C. *Analytical Chemistry*, **44**, 2195 (1972).
715 Braman, R.S. and Foreback, C.C. *Science*, **182**, 1247 (1973).
716 Tompkins, M.A. Environmental–analytical studies of antimony, germanium and tin, Thesis, University of South Florida, Tampa (1977).
717 Andreae, M.O., Asmode, J.F., Foster, P. and Van t'dack, L. *Analytical Chemistry*, **53**, 1766 (1981).
718 Fleming, H.H. and Ide, R.G. *Analytica Chimica Acta*, **75**, 8367 (1976).
719 Crecelius, E.A. *Analytical Chemistry*, **50**, 826 (1978).
720 Nakashima, S., Sturgeon, R.E., Willie, S.N. and Bermon, S.R. *Analytica Chimica Acta*, **207**, 291 (1988).
721 Korolev, V.V. and Vainshtein, E.E. *Fresenius Zeitschrift für Analytische Chemie*, **15**, 658 (1959).
722 Owen, L.W. *Applied Spectroscopy*, **15**, 150 (1961).
723 Valente, S.E. and Schrenk, W.G. *Applied Spectroscopy*, **24**, 197 (1970).
724 Marinkovic, M. and Vickers, E.J. *Applied Spectroscopy*, **25**, 319 (1971).
725 Chapman, J.F., Dale L.S. and Whittem, R.N. *Analyst (London)*, **98**, 529 (1973).
726 Merchant, P. and Veillon, C. *Analytica Chimica Acta*, **70**, 17 (1974).
727 Murdick, D.A. and Plenmeier, E.H. *Analytical Chemistry*, **46**, 678 (1974).
728 Rippetoe, W.E., Johnson, E.R. and Vickers, T.J. *Analytical Chemistry*, **47**, 436 (1975).
729 Winge, R.K., Fassel, V.A., Kniseley, R.N., De Kalb, E. and Haas, W.J. *Spectrochimica Acta*, **32B**, 327 (1977).
730 Nygaard, D.D. *Analytical Chemistry*, **51**, 881 (1979).
731 McLeod, C.W., Otsuki, K., Okamoto, H., Fuwa, K. and Haraguchi, H. *Analyst (London)*, **106**, 419 (1981).
732 Mijazaki, A., Kimura, A., Bansho, K. and Amezaki, Y. *Analytica Chimica Acta*, **144**, 213 (1981).

733 Bloekaert, J.A.C., Leis, F. and Lagua, K. *Talanta*, **28**, 745 (1981).
734 Berman, S.S., McLaren, J.W. and Willie, S.N. *Analytical Chemistry*, **52**, 488 (1980).
735 Hervath, Z. and Barnes, R.M. *Analytical Chemistry*, **58**, 1352 (1986).
736 Hiraide, M., Ito, T., Baba, M. *et al. Analytical Chemistry*, **52**, 804 (1980).
737 McLaren, J.W., Mykytiuk, A.P., Willie, S.N. and Berman, S.S. *Analytical Chemistry*, **57**, 2907 (1985).
738 McLaren, J.W. and Berman, S.S. *Applied Spectroscopy*, **35**, 403 (1981).
739 Berndt, H., Harms, U. and Sonneborn, M. *Fresenius Zeitschrift für Analytische Chemie*, **322**, 329 (1985).
740 Fujino, O., Matsui, M. and Shigematsu, M. *Shori Gijutsu*, **20**, 201 (1979).
741 Jones, J.S., Harrington, D.E., Leone, B.A. and Branstedt, W.R. *Atomic Spectroscopy*, **4**, 49 (1983).
742 Buchanan, A.S. and Hannaker, P. *Analytical Chemistry*, **56**, 1379 (1984).
743 de Oliveira, E., McLaren, J.W. and Berman, S.S. *Analytical Chemistry*, **55**, 2047 (1983).
744 Beauchemin, M. and Berman, S.S. *Analytical Chemistry*, **61**, 1857 (1989).
745 Chong, N-S., Norton, H.L. and Anderson, J.L. *Analytical Chemistry*, **62**, 1043 (1990).
746 Chapple, G. and Byrne, J.P. *Journal of Analytical Atomic Spectroscopy*, **11**, 549 (1996).
747 Alves, L.C., Allen, L.A. and Honk, R.H. *Analytical Chemistry*, **65**, 2468 (1993).
748 Vandecasteele, C., Vanhoe, N.H. and Dams, R. *Analytica Chimica Acta*, **211**, 91 (1988).
749 Stroh, A. and Voelikopf, U. *Journal of Analytical Atomic Spectroscopy*, **8**, 35 (1993).
750 Taylor, D.B., Kingston, H.M., Nogay, D.J., Koller, D. and Hutton, R. *Journal of Analytical Atomic Spectroscopy*, **11**, 187 (1996).
751 Seubert, A., Petzold, G. and McLaren, J.W. *Journal of Analytical Atomic Spectroscopy*, **10**, 371 (1995).
752 Bettinelli, M. and Spezia, S. *Journal of Chromatography, A*, **709**, 275 (1995).
753 Bloxam, M.J., Hill, S.J. and Worsfold, F.J. *Analytical Proceedings (London)*, **30**, 159 (1993).
754 Florence, T.M. *Journal of Electroanalytical Chemistry*, **35**, 237 (1972).
755 Rojahn, T. *Analytica Chemica Acta*, **62**, 438 (1972).
756 Seitz, W.R., Jones, R., Klatt, L.N. and Mason, W.D. *Analytical Chemistry*, **45**, 840 (1973).
757 Odier, M. and Plichon, V. *Analytica Chimica Acta*, **55**, 209 (1971).
758 Seitz, W.R., Jones, R., Klatt, L.N. and Mason, W.D. *Analytical Chemistry*, **45**, 840 (1973).
759 Clem, R.G., Litton, G. and Ornelas, L.D. *Analytical Chemistry*, **45**, 1306 (1973).
760 Whitnack, G.C. and Basselli, R. *Analytica Chimica Acta*, **47**, 267 (1969).
761 Komatsu, M., Matsueda, T. and Kakiyami, H. *Japan Analyst*, **20**, 987 (1971).
762 David, J. and Redmond, J.D. *Journal of Electroanalytical Chemistry*, **33**, 169 (1971).
763 Clem, R.G. *MPI Application Notes*, **8**, 1 (1973).
764 Bubic, S., Sipos, L. and Branica, M. *Tholass Jugoslavia*, **9**, 55 (1973).
765 Chau, Y.K., Gachter, R. and Lum-Shue-Chan, K. *Journal of the Fisheries Research Board Canada*, **31**, 1515 (1974).
766 Nurnberg, H.W., Valenta, P., Mart, L., Raspor, B. and Sipos, L. *Fresenius Zeitschrift für Analytische Chemie*, **282**, 357 (1976).
767 Florence, T.M. and Batley, G.E. *Talanta*, **24**, 151 (1977).

768 Nygaard, D.D. and Hill, S.R. *Analytical Letters (London)*, **12**, 491 (1979).
769 Nurnberg, H.W. and Raspar, B. *Environmental Technology Letters*, **2**, 457 (1981).
770 Andruzzi, R., Trazza, A. and Marruso, G. *Talanta*, **29**, 751 (1982).
771 Muzzareli, R.A.A. and Sipos, L. *Talanta*, **18**, 853 (1971).
772 Whitnak, G.C. and Sanelli, R. *Analytica Chimica Acta*, **47**, 267 (1969).
773 Smith, J.D. and Redmond, J.D. *Journal of Electroanalytical Chemistry*, **33**, 169 (1971).
774 Sinko, I. and Dolezal, J. *Journal of Electroanalytical Chemistry*, **25**, 299 (1970).
775 Cambon, J.P., Cauw, G. and Monaco, A. *Review of International Oceanographic Medicine T. XLVIII*, **2**, 73 (1977).
776 Welghe, N. and Claeys, A. *Journal of Electroanalytical Chemistry*, **35**, 229 (1972).
777 Brugmann, L. *Acta Hydrochimica Hydrobiologica*, **2**, 123 (1974).
778 Lund, W. and Salberg, M. *Analytica Chimica Acta*, **76**, 131 (1975).
779 Gardner, J. and Stiff, M.J. *Water Research*, **9**, 517 (1975).
780 Abdullah, M.I., Berg, B. and Klimek, R. *Analytica Chimica Acta*, **84**, 307 (1976).
781 Duychkaerts, G. and Gillain, G. *Essays in Memory of Anders Ringbom*, Pergamon Press, Oxford (1977).
782 Florence, T.M. and Batley, G.E. *Talanta*, **23**, 179 (1977).
783 Brezonik, P.L. In: *Aqueous Environmental Chemistry of Metals* (ed. A.J. Rubin), Ann Arbor Science Publishers, Michigan, p. 167 (1974).
784 Elder, J.F. *Limnology and Oceanography*, **20**, 96 (1975).
785 Liebermann, S.H. and Zirino, A. *Analytical Chemistry*, **46**, 20 (1974).
786 Young, J., Guristen, J.M., Apts, C.W. and Crecelis, E.A. *Marine Environmental Research*, **2**, 265 (1979).
787 Zirino, A., Lieberman, S.H. and Healy, M.L. In: *Marine Chemistry*, (eds. J.B. Berkowicz *et al.*), The Electrochemical Society, Princeton New Jersey, pp.319–322 (1973).
788 Scarponi, G., Capoaglio, G., Cescon, P. *et al. Analytica Chimica Acta*, **135**, 263 (1982).
789 Clem, R.G. and Hodgson, A.T. *Analytical Chemistry*, **50**, 102 (1978).
790 Brugmann, L. *Science of the Total Environment*, **37**, 41 (1984).
791 Bruland, K.W., Coale, K.H. and Mart, L. *Marine Chemistry*, **17**, 285 (1985).
792 Achterberg, E.P. and Van den Berg, C.M.G. *Marine Pollution Bulletin*, **32**, 471 (1996).
793 Brihaye, C., Gillain, G. and Duyckaerts, G. *Analytica Chimica Acta*, **148**, 51 (1983).
794 Bott, A. *Current Separation*, **14**, 24 (1995).
795 Nurnberg, H.W. *The Science of the Total Environment*, **37**, 9 (1984).
796 Bond, A.M., Heritage, I.D. and Thormann, W. *Analytical Chemistry*, **58**, 1063 (1986).
797 Mart, L., Nurnberg, W.H. and Dryssen, D. Trace metals in seawater. In: Proceedings of a NATO Advanced Research Institute on Trace Metals in Seawater, 30/3–30/4/81, Sicily, Italy, (eds. C.S. Wong *et al.*) Plenum Press, New York (1981).
798 Valenta, P., Mart, L. and Rutzel, H. *Journal of Electroanalytical Chemistry*, **82**, 327 (1977).
799 Pihlar, B., Valenta, P. and Nurnberg, H.W. *Fresenius Zeitschrift für Analytische Chemie*, **307**, 337 (1981).
800 Pietrowicz, S.R., Springer-Young, M., Puig, J.A. and Spencer, M.J. *Analytical Chemistry*, **54**, 1367 (1982).
801 Lund, W. and Onshus, D. *Analytica Chimica Acta*, **86**, 109 (1976).
802 Van den Berg, C.M.G. *Geochimica Cosmochimica Acta*, **48**, 2613 (1984).

803 Krznaric, D. *Marine Chemistry*, **15**, 117 (1984).
804 Mart, L., Nurnberg, W.H. and Dyrssen, D. Trace metals in seawater. In: Proceedings of a NATO Advanced Research Institute on Trace Metals in Seawater, 30/3–30/4/81, Sicily, Italy, (eds. C.S. Wong *et al.*) Plenum Press, New York (1981).
805 Andruzzi, R., Trazza, A. and Marruso, G. *Analytical Letters (London)*, **15**, 1965 (1982).
806 Cuculic, V. and Branica, M. *Analyst (London)*, **121**, 1127 (1996).
807 Sipos, L., Golimowski, J., Valenta, P. and Nurnberg, H.W. *Fresenius Zeitschrift für Analytische Chemie*, **298**, 1 (1979).
808 Donat, J.R., Lao, K.A. and Bruland, K.W. *Analytica Chimica Acta*, **284**, 547 (1993).
809 Perez-Pina, J., Hernandez-Brito, J.J., Herrera-Melian, J.A., Collado-Sanchez, C. and Van den Berg, C.M.G. *Electroanalysis (NY)*, **6**, 1069 (1994).
810 Huynk, N.L. and Whitehead, N.E. *Oceanol Acta*, **9**, 433 (1986).
811 Abollino, O., Aceto, M., Sacchero, G., Sarzanini, E. and Mentasti, E. *Analytica Chimica Acta*, **305**, 200 (1995).
812 Van der Berg, C.M.G. *Science of the Total Environment*, **49**, 89 (1986).
813 Jagner, D. and Granelli, A. *Analytica Chimica Acta*, **83**, 19 (1976).
814 Jagner, D. *Analytical Chemistry*, **50**, 1924 (1978).
815 Jagner, D., Josefson, M. and Westerlund, S. *Analytica Chimica Acta*, **129**, 153 (1981).
816 Drabek, I., Pheiffer, O., Madsen, P. and Sorensen, J. *International Journal of Environmental Analytical Chemistry*, **15**, 153 (1986).
817 Eskilsson, H., Haroldsson, C. and Jagner, D. *Analytica Chimica Acta*, **175**, 79 (1985).
818 Leipziger, F.D. *Analytical Chemistry*, **37**, 171 (1965).
819 Paulsen, P., Alvarez, R. and Kelleher, D. *Spectrochimica Acta*, **24**, 535 (1969).
820 Chow, T.J. *Journal of the Water Pollution Control Federation*, 399 (1968).
821 Patterson, C.C., Settle, D.M. and Glover, B. *Marine Chemistry*, **4**, 305 (1976).
822 Schaule, B. and Patterson, C.C. The occurrence of lead in the Northeast Pacific, and the effects of anthropogenic inputs. In: *Lead in the Marine Environment* (eds. M. Brancia and Z. Konrad), Pergamon Press, Oxford, pp.31–43 (1980).
823 Stukas, V.J. and Wong, C.S. *Science*, **211**, 1424 (1981).
824 Murozumi, M. Isotope dilution mass spectrometry of copper, cadmium, thallium and lead in marine environments. Presented at The American Chemical Society Chemical Congress, Hawaii.
825 Stuckas, V.J. and Wong, C.S. Trace metals in seawater. In: Proceedings of a NATO Advanced Research Institute on Trace Metals in Seawater, 30/3–30/4/81, Sicily, Italy, (eds. C.S. Wong *et al.*) Plenum Press, New York, p. 513 (1981).
826 Elderfield, H. and Greaves, H.J. Trace metals in seawater. In: Proceedings of a NATO Advanced Research Institute on Trace Metals in Seawater, 30/3–30/4/81, Sicily, Italy, (eds. C.S. Wong *et al.*) Plenum Press, New York, p. 427 (1981).
827 Hooker, P.J. BA Thesis, University of Oxford (1974).
828 Hooker, P.J., O'Nions, R.K. and Pankhurst, R.J. *Chemical Geology*, **16**, 189 (1975).
829 Korkisch, J. and Arrhenius, G. *Analytical Chemistry*, **36**, 850 (1964).
830 Faris, J.P. and Warton, J.W. *Analytical Chemistry*, **34**, 1077 (1962).
831 Desai, H.B. Krishnamoorthy, I.R. and Sandar Das, M. *Talanta*, **11**, 1249 (1964).

832 Brunfelt, A.O. and Steinnes, E. *Analyst (London)*, **94**, 979 (1969).
833 Armitage, B. and Zeitlin, H. *Analytica Chimica Acta*, **53**, 47 (1971).
834 Morris, A.W. *Analytica Chimica Acta*, **42**, 397 (1968).
835 Murata, M., Omatsu, M. and Muskimoto, S. *X-ray Spectrometry*, **13**, 83 (1984).
836 Prange, A., Knockel, A. and Michaelis, W. *Analytica Chimica Acta*, **172**, 79 (1985).
837 Prange, A., Knoth, J., Stobel, R.P., Boddeker, H. and Kramer, K. *Analytica Chimica Acta*, **195**, 275 (1987).
838 Knockel, A. and Prange, A. *Fresenius Zeitschrift für Analytische Chemie*, **306**, 252 (1981).
839 Haarich, M., Schmidt, D., Freimann, P. and Jacobson, A. *Spectrochimica Acta Part B*, **48B**, 183 (1993).
840 Piper, D.S. and Goles, G.G. *Analytica Chimica Acta*, **47**, 560 (1969).
841 Ghoda, S. *Bulletin of the Chemical Society of Japan*, **45**, 1704 (1972).
842 Brun, E. Report Aktiebolaget Atomenerai, AE–466 (1972).
843 Lieser, K.H., Calmano, W., Heuss, E. and Neitzert, V. *Journal of Radioanalytical Chemistry*, **37**, 717 (1977).
844 Lee, C., Kim, N.B., Lee, I.C. and Chung, K.S. *Talanta*, **24**, 241 (1977).
845 Lo, J.M., Wei, J.C. and Yeh, S.J. *Analytical Chemistry*, **49**, 1146 (1977).
846 Greenberg, R.R. and Kingston, H.M. *Analytical Chemistry*, **55**, 1160 (1983).
847 Murthey, R.S.S. and Ryan, D.E. *Analytical Chemistry*, **55**, 682 (1983).
848 Stiller, M., Mantel, M. and Rappaport, M.S. *Journal of Radioanalytical and Nuclear Chemistry*, **83**, 345 (1984).
849 Greenberg, R.R. and Kingston, H.M. *Journal of Radioanalytical Chemistry*, **71**, 147 (1982).
850 Robertson, D.E. and Carpenter, R. Report No. BNWL–SA–4455 Access 22569 National Information Service, Springfield Va. (1972).
851 Robertson, D.E. and Carpenter, R. Report No. NAS–NS–3114 Access 26418 National Technical Information Service, Springfield Va. (1974).
852 Nagaosa, Y., Kawabe, H. and Bond, A.M. *Analytical Chemistry*, **63**, 28 (1991).
853 Shijo, Y., Sato, H., Uehara, N. and Aratake, S. *Analyst (London)*, **121**, 325 (1996).
854 Riccardo, A.A., Muzzarelli, G.R. and Tubertini, O. *Journal of Chromatography*, **47**, 414 (1970).
855 Boyle, E.A., Sclater, F. and Edmond, J.M. *Earth Planet Science Letters*, **37**, 38 (1977).
856 Morel, F.M.M., Westall, J.C., O'Melia, C.R. and Morgan, J.J. *Environmental Science and Technology*, **9**, 756 (1975).
857 Galloway, J.N. *Geochimica Cosmochimica Acta*, **43**, 207 (1979).
858 Long, D.T. and Angino, E.E. *Geochimica Cosmochimica Acta*, **4**, 1183 (1977).
859 Dyrssen, D. and Wedborg, M. Major and minor elements, chemical speciation in estuarine waters. In: *Chemistry and Biogeochemistry of Estuaries*, (eds. E. Olausson and I. Cato), John Wiley & Sons, New York, pp. 71–119 (1980).
860 Amdurer, M. Trace metals in seawater. In: Proceedings of a NATO Advanced Research Institute on Trace Metals in Seawater, 30/3–30/4/81, Sicily, Italy, (eds. C.S. Wong *et al.*) Plenum Press, New York, p. 537 (1981).
861 Fukai, R. and Huynh-Ngoc, L. *Journal of Oceanographic Society of Japan*, **31**, 1 (1975).
862 Young, D.R., Jan, T-K. and Hershelman, G.P. *Cycling of zinc in the nearshore marine environment. In: Zinc in the Environment*, (ed. J.O. Nriagu), Wiley-Interscience, New York, pp.298–335 (1980).
863 Jennings, C.D. *Marine Science Communications*, **4**, 49 (1978).

864 Van den Berg, C.M.G. *Analytical Proceedings (London)*, **20**, 458 (1983).
865 Midorikawa, M., Tanoue, E. and Sugimura, Y. *Analytical Chemistry*, **62**, 1737 (1990).
866 Mackay, D.J. *Marine Chemistry*, **11**, 169 (1982).
867 Latouche, C., Dumon, J.C., Lavaux, G. and Pedemay, P. *International Journal of Environmental Analytical Chemistry*, **51**, 177 (1993).
868 Baskaran, M., Murphy, D.J., Santachi, P.H., Orr, J.C. and Schink, D.R. *Deep Sea Resarch Part I*, **40**, 849 (1993).
869 Kremling, K. and Peterson, H. *Analytica Chimica Acta*, **70**, 35 (1974).
870 Kinrade, J.D. and Van Loon, J.C. *Analytical Chemistry*, **46**, 1894 (1974).
871 Jan, T.K. and Young, D.R. *Analytical Chemistry*, **50**, 1250 (1978).
872 Stolzberg, R.J. In: *Analytical Methods in Oceanography* (ed. T.R.P. Gibb Jr.) Advanced Chemistry no. 147, American Chemical Society, Washington DC, p. 30 (1975).
873 Danielsson, L., Magnusson, B. and Westerlund, S. *Analytica Chimica Acta*, **98**, 45 (1978).
874 Magnusson, B. and Westerlund, S. *Analytica Chimica Acta*, **131**, 63, (1981).
875 Armansson, H. *Analytica Chimica Acta*, **88**, 89 (1977).
876 Lee, M.G. and Burrell, D.C. *Analytica Chimica Acta*, **62**, 153 (1972).
877 Lo, J.M., Hutchison, J.C. and Wal, C.M. *Analytical Chemistry*, **54**, 2536 (1982).
878 Tsalev, D.L., Alimarin, I.P. and Neiman, S.I. *Zhur Analytical Khim*, **27**, 1223 (1972).
879 Armansson, H. *Analytica Chimica Acta*, **110**, 21 (1979).
880 Lo, J.M., Yu, J.C., Hutchinson, F.I. and Wal, C.M., *Analytica Chimica Acta*, **144**, 183 (1982).
881 El-Enamy, F.F., Mahmond, K.F. and Varma, M.M. *Journal of the Water Pollution Control Federation*, **51**, 2545 (1979).
882 Pellenberg, R.E. and Church, T.M. *Analytica Chimica Acta*, **97**, 81 (1978).
883 Sperling, K.R. *Fresenius Zeitschrift für Analytische Chemie*, **301**, 254 (1980).
884 Danielsson, L.G., Magnusson, B. and Westerlund, S. *Analytica Chimica Acta*, **144**, 183 (1982).
885 Radionova, T.V. and Ivanov, U.M. *Zh Anal Khim*, **41**, 2181 (1986).
886 Jin, L., Wu, D. and Ni, Z. *Huaxue Xuebao*, **45**, 808 (1987).
887 Shabani, M.B.S., Akagi, T., Shimizu, H. and Masuda, A. *Analytical Chemistry*, **62**, 2709 (1990).
888 Laul, J.C., Lepel, E.A. and Smith, M.R. *Journal of Radioanalytical and Nuclear Chemistry*, **123**, 349 (1988).
889 Civici, N. *Journal of Radioanalytical and Nuclear Chemistry*, **186**, 303 (1994).
890 Breyer, P. and Gilbert, B.P. *Analytica Chimica Acta*, **201**, 33 (1987).
891 Colella, M.B., Siggia, S. and Barnes, R.M. *Analytical Chemistry*, **52**, 2347 (1980).
892 Wan, C.C., Chaing, S. and Corsini, A. *Analytical Chemistry*, **57**, 719 (1985).
893 Kiriyama, T. and Kuroda, R. *Mikrochimica Acta*, **1**, 405 (1985).
894 Koide, M., Lee, D.S. and Stallard, M.O. *Analytical Chemistry*, **56**, 1956 (1984).
895 Kuroda, R., Oguma, K., Mukai, N. and Iwamoto, M. *Talanta*, **34**, 433 (1987).
896 Van Geen, A. and Boyle, E. *Analytical Chemistry*, **62**, 1705 (1990).
897 Kingston, H. and Pella, P.A. *Analytical Chemistry*, **53**, 223 (1981).
898 Boniforti, R., Ferraroli, R., Frigier, P, Heltai, D. and Queirazza, G. *Analytica Chimica Acta*, **162**, 33 (1984).
899 Paulson, A.J. *Analytical Chemistry*, **58**, 183 (1986).
900 Pai, S.C., Whung, P.Y. and Lai, R.L. *Analytica Chimica Acta*, **211**, 257 (1988).
901 Bafti, F., Cardinale, A.M. and Bruzzone, R. *Analytica Chimica Acta*, **270**, 79 (1992).
902 Pai, S.C. *Analytica Chimica Acta*, **211**, 271 (1988).

903 Zharikov, V.F. and Senyavin, T.M. Trudy Ges Okeanogr Inst. 9710 (101) 128 Ref. Zhur. Khim 195D (7) Abstract No. 7G189 (1971).
904 Buono, J.A., Burns, J.C. and Fasching, J.L. *Analytical Chemistry*, **47**, 1926 (1975).
905 Shabani, M.B., Tkagi, T. and Masuda, A. *Analytical Chemistry*, **64**, 737 (1992).
906 Wang, M., Yusetousky, A.I. and Michel, R.G., *Microchemical Journal*, **48**, 326 (1993).
907 Comber, S. *Analyst (London)*, **118**, 505 (1993).
908 Murthy, R.S.S. and Ryan, D.E. *Analytica Chimica Acta*, **140**, 163 (1982).
909 Ogura, H. and Oguma, K. *Microchemical Journal*, **49**, 220 (1994).
910 Nakashima, S., Sturgeon, R.E., Willie, S.N. and Berman, S.S. *Fresenius Zeitschrift für Analytische Chemie*, **330**, 592 (1988).
911 Lau, C.R. and Yang, M. *Analytica Chimica Acta*, **287**, 111 (1994).
912 Volkan, M., Ataman, O.Y. and Howard, A.G. *Analyst (London)*, **112**, 1409 (1987).
913 Johansson, M., Emteborg, H., Glad, B., Reinholdsson, F. and Baxter, D.C. *Fresenius Journal of Analytical Chemistry*, **351**, 461 (1995).
914 Orians, K.J. and Boyle, E.A. *Analytica Chimica Acta*, **282**, 63 (1993).
915 Blair, S., Appriou, P. and Handel, H. *Analytica Chimica Acta*, **272**, 91 (1993).
916 Isshiki, K., Tsuji, F., Kuwamoto, T. and Nakayama, E. *Analytical Chemistry*, **59**, 2491 (1987).
917 Siu, K.W.H. and Berman, S.S. *Analytical Chemistry*, **56**, 1806 (1984).
918 Patin, A.A. and Morozov, N.P. *Zhurnal Analiticheskoi Khimii*, **31**, 282 (1976).
919 Akagi, T., Nojiri, Y., Matsui, M. and Haraguchi, H. *Applied Spectroscopy*, **39**, 662 (1985).
920 Akagi, T. and Haraguchi, H. *Analytical Chemistry*, **62**, 81 (1990).
921 Zuang, Z., Yang, C., Wang, X., Yang, P. and Huang, B. *Fresenius Journal of Analytical Chemistry*, **355**, 277 (1996).
922 Rao, R.R. and Chat, A. *Journal of Radioanalytical and Nuclear Chemistry*, **168**, 439 (1993).
923 Tyson, J.F., Applten, J.M.H. and Idris, A.B. *Analyst (London)*, **108**, 153 (1983).
924 Kimura, H., Oguma, K. and Kuroda, R. *Bunseki Kagaku*, **32**, T79 (1983).
925 Zhou, N., Frech, W. and Lundberg, E. *Analytica Chimica Acta*, **23**, 153 (1983).
926 Tyson, J.F. and Idris, A.B. *Analyst (London)*, **109**, 26 (1984).
927 Danielsson, L.G., Magnusson, B. and Zhang, K. *Atomic Spectroscopy*, **3**, 39 (1982).
928 Komson, O.F. and Townshend, A. *Analytica Chimica Acta*, **155**, 253 (1983).
929 Nord, L. and Karlberg, B. *Analytica Chimica Acta*, **145**, 151 (1983).
930 Jorgensen, S.S. and Petersen, K. Paper presented at 9th Nordic Atomic Spectroscopy and Trace Element Conference, Reykjavik, Iceland (1983).
931 Fang, S. Xu and Zhang, S. *Analytica Chimica Acta*, **164**, 41 (1984).
932 Malamas, F., Bengtsson, M. and Johansson, G. *Analytica Chimica Acta*, **160**, 1 (1984).
933 Krug, F.J., Reis, B.F. and Jorgensen, S.S. Proceedings of the Workshop on Locally Produced Laboratory Equipment for Chemical Education, Copenhagen Denmark, p. 121 (1983).
934 Fang, Z., Ruzicka, J. and Hansen, E.H. *Analytica Chimica Acta*, **164**, 23 (1984).
935 Marshall, H.A. and Mottola, H.A. *Analytical Chemistry*, **57**, 729 (1985).
936 Sugawara, K.R., Weetall, H.H. and Schucker, G.D. *Analytical Chemistry*, **46**, 489 (1974).
937 Gudes da Mota, M.M., Romer, F.G. and Griepink, B. *Fresenius Zeitschrift für Analytische Chemie*, **287**, 19 (1977).

938 Moorhead, E.D. and Davis, P.H. *Analytical Chemistry*, **46**, 1879 (1974).
939 Amaukwah, S.A. and Fasching, J.L. *Talanta*, **32**, 111 (1985).
940 Fleming, H.H. and Ide, R.G. *Analytica Chimica Acta*, **83**, 67 (1976).
941 Bertine, K.K. and Lee, D.S. Trace metals in seawater. In: Proceedings of a NATO Advanced Research Institute on Trace Metals in Seawater, 30/3–30/4/81, Sicily, Italy, (eds. C.S. Wong *et al.*) Plenum Press, New York, (1981).
942 Willie, S.N., Sturgeon, R.E. and Berman, S.S. *Analytical Chemistry*, **58**, 1140 (1986).
943 Yamamoto, M., Yasuda, M. and Yamamoto, Y. *Analytical Chemistry*, **57**, 1382 (1985).
944 Skeggs, L.T. *American Journal of Clinical Pathology*, **28**, 311 (1957).
945 Yamamoto, M., Urato, K. and Murashige, T. *Analyst (London)*, **109**, 1461 (1984).
946 Ashton, A. and Chan, R. *Analyst (London)*, **112**, 841 (1987).
947 Posta, J., Alimont, A., Petrucci, F. and Caroli, S. *Analytica Chimica Acta*, **325**, 185 (1996).
948 Siu, W.M., Bednas, H.E. and Berman, S.S. *Analytical Chemistry*, **55**, 473 (1983).
949 Heumann, K.G. *Toxicological Environmental Chemical Review*, **3**, 111 (1980).
950 Colby, B.N., Rosecrance, A.E. and Colby, M.E. *Analytical Chemistry*, **53**, 1907 (1981).
951 Sakamoto, N. private communication.
952 Petric, L.M. and Baier, R.W. *Analytical Chemistry*, **50**, 351 (1978).
953 Breever, P.G. and Spencer, D.W. *Limnology and Oceanography*, **16**, 107 (1971).
954 Marezak, M. and Ziaga, E. *Chemica Analytica*, **18**, 99 (1973).
955 Sturgeon, R.E., Berman, S.S., Desauliniers, J.A.H. *et al. Analytical Chemistry*, **52**, 1281 (1980).
956 Margoshes, M. and Scribner, B.F. *Spectrochimica Acta*, **15**, 138 (1959).
957 Holzbecker, J. and Ryan, D.E. *Journal of Radioanalytical Chemistry*, **74**, 25 (1982).
958 Matzuzaki, C. and Zeitlin, H. *Separation Science*, **8**, 185 (1973).

Chapter 7

# Cations in estuary, bay and coastal waters

## 7.1 Aluminium

### 7.1.1 Anodic stripping voltammetry

The application of this technique is discussed under multication analysis in section 7.23.7.1.

## 7.2 Ammonium

### 7.2.1 Spectrophotometric method

Berg and Abdullah [1] have described a spectrophotometric auto-analyser method based on phenol, sodium hydrochlorite and sodium nitroprusside for the determination of ammonium in sea and estuarine water (ie the indophenol blue method). The manifold design allows for the determination of ammonium concentration in the range 0.2–20 µg $L^{-1}$ over a salinity range of 35–10% with negligible interference from amino acids.

The interference from amino acids was investigated and found to be negligible. The chloride content of estuary waters can vary over a very wide range from almost nil in rivers entering the estuary to about 18.000 mg $L^{-1}$ in the edges of the estuary where the water is virtually pure sea water.

Particularly in auto-analyser methods of analysis this wide variation in chloride content of the sample can lead to serious 'salt errors' and indeed, in the extreme case, can lead to negative peaks in samples which are known to contain ammonia. Salt errors originate because of changes of pH, ionic strength and optical properties with salinity. This phenomenon is not limited to ammonia determinations by auto-analyser methods, it has, as will be discussed later, also been observed in the automated determination of phosphate in estuarine samples by molybdenum blue methods.

In a typical survey carried in an estuary, the analyst may be presented with several hundred samples with a wide range of chloride contents. Before starting any analysis, it is good practice to obtain the electrical

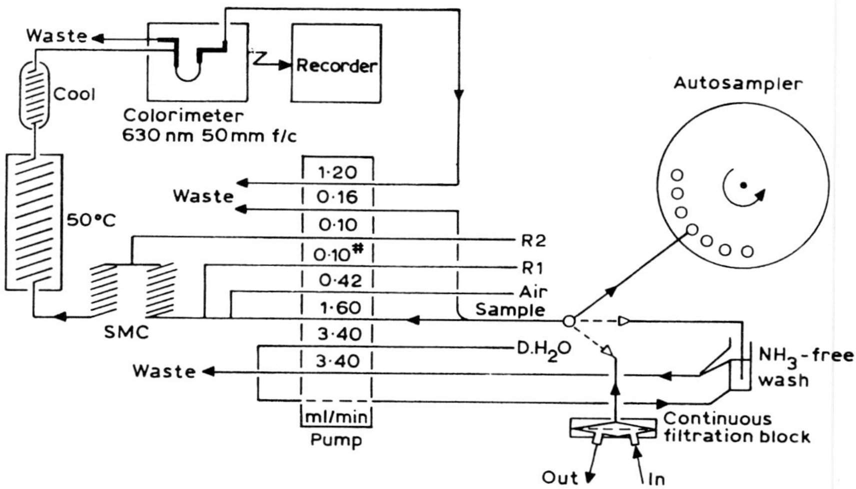


*Fig. 7.1* Manifold for the automatic determination of ammonia (flow pump tube R1 indicates 'Solvaflex' tubing)
Source: Reproduced by permission from Elsevier Science Ltd, UK

conductivity data for such samples so that they can be grouped into increasing ranges of conductivity and each group analysed under the most appropriate conditions.

In this connection, Mantoura and Woodward [2] have described an indophenol blue method for the automated determination of ammonia in estuarine waters.

The reaction manifold describing the automated determination of ammonia is shown in Fig. 7.1. Two alternative modes of sampling are shown, discrete and continuous. Discrete 5 ml samples contained in ashed (450°C) glass vials are sampled from an autosampler (Hook and Tucker model A40–11) – 1.5 min sample/wash. For high resolution work in the estuary, the continuous sampling mode is preferred. The indophenol blue complex was measured at 630 nm with a colorimeter.

## 7.3 Antimony

### 7.3.1 Hydride generation atomic absorption spectrometry

The application of this technique is discussed under multication analysis in section 7.23.5.1.

### 7.3.2 Emission spectrometry

The application of this technique is discussed under multication analysis in section 7.23.9.1.

### 7.3.3 Preconcentration

Sturgeon *et al.* [3] preconcentrated antimony(III) and antimony(V) from coastal and sea waters by adsorption of their ammonium pyrrolidine dithiocarbamate chelates onto $C_{18}$ bonded silica prior to determination by graphite furnace atomic absorption spectrometry. A detection limit of 0.05 µg $L^{-1}$ was achieved.

## 7.4 Arsenic

### 7.4.1 Hydride generation atomic absorption spectrometry

Amaukwah and Fasching [4] have discussed the determination of arsenic(V) and arsenic(III) in estuary water by solvent extraction atomic absorption spectrometry using the hydride generation technique.

The application of this technique is also discussed under multication analysis in section 7.23.5.1.

### 7.4.2 Emission spectrometry

The application of this technique is discussed under multication analysis in section 7.23.9.1.

## 7.5 Barium

### 7.5.1 Atomic absorption spectrometry

Epstein and Zander [5] determined barium directly in estuarine and sea water by graphite furnace atomic absorption spectrometry.

## 7.6 Boron

### 7.6.1 Emission spectrometry

Ball *et al.* [6] have described a method for determining down to 20 µg $L^{-1}$ boron in estuarine waters. A dc argon plasma emission spectrometer was used. Quenching of the plasma by high solute concentrations of easily ionised elements such as alkali metals, as well as high and variable electron density, may be avoided by dilution. The method was found to be more sensitive, equally precise, less subject to interference and with a wider linear analytical range than the carmine spectrophotometric

*Table 7.1* Results of preliminary check on inter-laboratory bias. All results in μg L $^{-1}$ Cd

| *Lab* | *Mean* | *Standard deviation* | *95% Conf. limits* | *Difference from WRC value (%)* | *Max possible bias (%)* |
|---|---|---|---|---|---|
| DAFS | 0.80 | 0.02 | 0.02 | 5.13 | 8.03 |
| NWWA | 0.74 | 0.04 | 0.05 | −3.59 | −9.67 |
| MAFF | 0.75 | 0.02 | 0.02 | −2.19 | −4.56 |
| FRPB | 0.75 | 0.01 | 0.01 | −1.73 | −2.72 |
| WWA | 0.68 | 0.01 | 0.01 | −11.73* | −13.54* |

Mean of all labs .7434 μg L $^{-1}$ WRc Spiked value .765 μg L $^{-1}$ Target 10% of determinand concentration
*Exceeds target

Source: Reproduced by permission from Water Research Centre, Medmenham, UK

method. Very few interferences were noted when this technique was tested. There is a minor interference from the differential, enhancement of tungsten relative to boron in solutions containing high concentrations of alkali metals. The effect of this is to increase the background when estuary water is being analysed, and it can be mitigated by using synthetic estuary water as a blank, by dilution, or by analysis by the method of standard additions.

## 7.7 Cadmium

### 7.7.1 Atomic absorption spectrometry

Gardner [7] has reported a detailed statistical study involving ten laboratories of the determination of cadmium in coastal and estuarine waters by atomic absorption spectrometry. The maximum tolerable error was defined as 0.1 μg L $^{-1}$ or 20% of sample concentration, whichever is the larger. Many laboratories participating in this work did not achieve the required accuracy for the determination of cadmium in coastal and estuarine water. Failure to meet targets are attributable to both random and systematic errors. Some results obtained in interlaboratory bias tests are illustrated in Table 7.1.

The application of this technique is also discussed under multication analysis in section 7.23.3.1.

### 7.7.2 Graphite furnace atomic absorption spectrometry

The application of this technique is discussed under multication analysis in sections 7.23.1.1, 7.23.4.1 and 7.23.4.3.

### 7.7.3 Inductively coupled plasma atomic emission spectrometry

The application of this technique is discussed under multication analysis in sections 7.23.1.1, 7.23.6 and 7.23.7.1.

### 7.7.4 Anodic stripping voltammetry

The application of this technique is discussed under multication analysis in section 7.23.7.1.

### 7.7.5 Isotope dilution mass spectrometry

The application of this technique is discussed under multication analysis in sections 7.23.1.1 and 7.23.10.

### 7.7.6 Speciation

The speciation of cadmium is discussed under multication analysis in section 7.23.11.1.

### 7.7.7 Preconcentration

The preconcentration of cadmium is discussed under multication analysis in section 7.23.13.

## 7.8 Calcium

### 7.8.1 Titration procedure

The application of this technique is discussed under multication analysis in section 7.23.2.1.

## 7.9 Chromium

### 7.9.1 Graphite furnace atomic absorption spectrometry

The application of this technique is discussed under multication analysis in sections 7.23.1.1 and 7.23.4.1.

### 7.9.2 Inductively coupled plasma atomic emission spectrometry

The application of this technique is discussed under multication analysis in sections 7.23.1.1 and 7.23.6.

### *7.9.3 Anodic stripping voltammetry*

The application of this technique is discussed under multication analysis in section 7.23.7.1.

### *7.9.4 Isotope dilution mass spectrometry*

The application of this technique is discussed under multication analysis in sections 7.23.1.1 and 7.23.10.

### *7.9.5 Preconcentration*

Zhang and Smith [8] preconcentrated various chromium species (total Cr, Cr(VI), Cr(III)) in estuarine and sea water samples by coprecipitation with lead sulphate or lead phosphate prior to determination by neutron activation analysis and gamma spectrometry. Lead phosphate will collect both trivalent and hexavalent chromium while lead sulphate collects hexavalent chromium only. The procedure had a detection limit of 0.1 µg $L^{-1}$ for chromium in sea water when 800 ml samples are used.

Recoveries of both chromium(III) and chromium (VI) were excellent for both sample types with lead phosphate. Chromium (VI) was quantitatively recovered by the lead sulphate procedure from potable water but its recovery from sea water was incomplete (~87%) because of the considerable amount of competing species, especially sulphate, present. Under the conditions used, the detection limit based on 2 $(background)^{1/2}$ was 0.08 µg chromium, ie 0.1 µg $L^{-1}$ chromium for 800 ml samples.

## 7.10 Cobalt

### *7.10.1 Graphite furnace atomic absorption spectrometry*

The application of this technique is discussed under multication analysis in section 7.23.1.1.

### *7.10.2 Inductively coupled plasma atomic emission spectrometry*

The application of this technique is discussed under multication analysis in sections 7.23.1.1 and 7.23.6.

### *7.10.3 Anodic stripping voltammetry*

The application of this technique is discussed under multication analysis in section 7.23.7.1.

### 7.10.4 Cathodic stripping voltammetry

The application of this technique is discussed under multication analysis in section 7.23.8.1.

### 7.10.5 Isotope dilution mass spectrometry

The application of this technique is discussed under multication analysis in sections 7.23.1.1 and 7.23.10.

### 7.10.6 Preconcentration

The preconcentration of cobalt is discussed under multication analysis in section 7.23.13.

## 7.11 Copper

### 7.11.1 Titration procedure

Berger *et al.* [9] applied a fluorescence quenching titration method to the measurement of the complexation of copper(II) in the Gironde Estuary. Relatively high values of residual fluorescence after titration indicated that much organic fluorescing material does not bind to divalent copper.

The titration was performed in a flow through system thermostated at 25°C under nitrogen. The pH is adjusted for each step at 8.0 with 0.01 M potassium hydroxide or nitric acid (pH 8.0 is very close to the natural pH of the Gironde waters). After the addition of copper(II) solution, the sample is circulated through the cuvette for several minutes before measurement. An increase in Rayleigh scattering, which was measured along with fluorescence, signifies aggregation. When Rayleigh scattering doubled its original value before copper(II) was added, the titration was stopped.

### 7.11.2 Graphite furnace atomic absorption spectrometry

The application of this technique is discussed under multication analysis in sections 7.23.1.1 and 7.2.4.2.

### 7.11.3 Inductively coupled plasma atomic emission spectrometry

The application of this technique is discussed under multication analysis in sections 7.23.1.1 and 7.23.6.

### 7.11.4 Anodic stripping voltammetry

The application of this technique is discussed under multication analysis in section 7.23.7.1.

Nelson [10] studied voltammetric measurement of copper(II)–organic interactions in estuarine waters. Based on results of previous studies on the effects of organic matter on adsorption of copper at mercury surfaces, Nelson developed a method to evaluate the interactions between divalent copper and organic ligands, based on ligand exchange. The copper/organic species competed with glycine, which formed copper glycinate and those two complexes could be distinguished voltammetrically, since copper glycinate gave a higher surface excess of copper at a gelatin-coated hanging–drop mercury electrode. The method was applied successfully to both chloride media and estuarine waters. It was demonstrated that estuarine waters contained two types of ligand capable of binding divalent copper; humic material with polyelectrolyte type binding, and discrete ligands, with stability constants of about 1000 million. The extent of binding by humic material decreased down the estuary as a result of dilution and increased salinity.

Nelson [11] also examined the role of organic matter in the uptake of copper at a mercury electrode. Experiments were carried out on the induced adsorption of copper on a hanging–drop mercury electrode in a stirred solution, using chloride media with added complexing ligand and organic surfactant, and in estuarine water containing added surfactant (gelatin). Copper chloride was the most important copper species adsorbed on the electrode, and adsorption was enhanced by the presence of organic films, which could provide a critical pathway for reducing divalent copper in estuarine waters. The composition of organic monolayers might be determined by utilising adsorption of divalent and monovalent copper as electroactive probes and determining solution copper-organic binding.

Shuman and Michael [12] applied a rotating disc electrode to the measurement of copper complex dissociation rate constants in marine coastal waters. An operational definition for labile and non-labile metal complexes was established on kinetic criteria. Samples collected off the mid-Atlantic coast of USA showed varying degrees of copper chelation. It is suggested that the technique should be useful for metal toxicity studies because of its ability to measure both equilibrium concentrations and kinetic availability of soluble metal.

### 7.11.5 Cathodic stripping voltammetry

The application of this technique is discussed under multication analysis in section 7.23.8.1.

### 7.11.6 Isotope dilution mass spectrometry

The application of this technique is discussed under multication analysis in sections 7.23.1.1 and 7.23.10.

### 7.11.7 Speciation

The speciation of copper is discussed under multication analysis in section 7.23.11.1.

### 7.11.8 Preconcentration

The preconcentration of copper is discussed under multication analysis in section 7.23.13.

## 7.12 Iron

### 7.12.1 Graphite furnace atomic absorption spectrometry

The application of this technique is discussed under multication analysis in sections 7.23.1.1 and 7.23.4.2.

### 7.12.2 Inductively coupled atomic emission spectrometry

The application of this technique is discussed under multication analysis in sections 7.23.11.1 and 7.23.6.

### 7.12.3 Anodic stripping voltammetry

The application of this technique is discussed under multication analysis in section 7.23.7.1.

### 7.12.4 Isotope dilution mass spectrometry

The application of this technique is discussed under multication analysis in sections 7.23.1.1 and 7.23.10.

### 7.12.5 Preconcentration

The preconcentration of iron is discussed under multication analysis in section 7.23.13.

## 7.13 Lead

### 7.13.1 Atomic absorption spectrometry

The application of this technique is discussed under multication analysis in section 7.23.3.1.

### 7.13.2 Graphite furnace atomic absorption spectrometry

The application of this technique is discussed under multication analysis in sections 7.23.1.1, 7.23.4.1 and 7.23.4.3.

### 7.13.3 Inductively coupled plasma atomic emission spectrometry

The application of this technique is discussed under multication analysis in sections 7.23.1.1 and 7.23.6.

### 7.13.4 Anodic stripping voltammetry

The application of this technique is discussed under multication analysis in section 7.23.7.1.

### 7.13.5 Isotope dilution mass spectrometry

The application of this technique is discussed under multication analysis in sections 7.23.1.1 and 7.23.10.

### 7.13.6 Speciation

The speciation of lead is discussed under multication analysis in section 7.23.11.1.

### 7.13.7 Preconcentration

The preconcentration of lead is discussed under multication analysis in section 7.23.13.

## 7.14 Magnesium

### 7.14.1 Titration procedure

The application of this technique is discussed under multication analysis in section 7.23.2.1.

## 7.15 Manganese

### *7.15.1 Graphite furnace atomic absorption spectrometry*

The application of this technique is discussed under multication analysis in section 7.23.1.1.

### *7.15.2 Inductively coupled plasma atomic emission spectrometry*

The application of this technique is discussed under multication analysis in sections 7.23.1.1 and 7.23.6.

### *7.15.3 Anodic stripping voltammetry*

The application of this technique is discussed under multication analysis in section 7.23.7.1.

### *7.15.4 Polarography*

Knox and Turner [13] have described a polarographic method for manganese(II) in estuarine waters which covers the lower concentration range 10–300 μg $L^{-1}$. The method, which is specific to manganese(II) and its labile complexes, is used in conjunction with a colorimetric technique to compare the levels of manganese(II) and total dissolved manganese in an estuarine system. They showed that polarographically determined manganese(II) can vary widely from 100% to less than 10% of the total dissolved manganese, determined spectrophotometrically at 450 nm by the formaldoxine method calibrated in saline medium to overcome any salt effects. It is suggested that the manganese not measured by the polarographic method is in colloidal form.

### *7.15.5 Isotope dilution mass spectrometry*

The application of this technique is discussed under multication analysis in sections 7.23.1.1 and 7.23.10.

### *7.15.6 Preconcentration*

The preconcentration of manganese is discussed under multication analysis in section 7.23.13.

## 7.16 Mercury

### 7.16.1 Miscellaneous

Bio-assay methods have been used to obtain estimates of low mercury concentrations (5–20 μg $L^{-1}$) in seawater (Davies and Pirie [14]). This method is useful for detecting comparatively small enhancements over background mercury concentrations in estuarine and sea water.

This method consists of suspending 70 Mussels Mytilus edulis each of a standard weight for a standard time, in a plastic coated wire cage 2 m below the surface. Mercury in the mussels was determined by cold vapour atomic absorption spectrometry [15,16]. The procedure is calibrated by plotting the determined mercury content of mussels against the mercury content of the sea water in the same area.

## 7.17 Nickel

### 7.17.1 Graphite furnace atomic absorption spectrometry

The application of this technique is discussed under multication analysis in sections 7.23.1.1 and 7.23.1.3.

### 7.17.2 Inductively coupled plasma atomic emission spectrometry

The application of this technique is discussed under multication analysis in sections 7.23.1.1 and 7.23.6.

### 7.17.3 Anodic stripping voltammetry

The application of this technique is discussed under multication analysis in section 7.23.7.1.

### 7.17.4 Cathodic stripping voltammetry

The application of this technique is discussed under multication analysis in section 7.23.8.1.

### 7.17.5 Isotope dilution mass spectrometry

The application of this technique is discussed under multication analysis in sections 7.23.1.1 and 7.23.10.

### 7.17.6 Preconcentration

The preconcentration of nickel is discussed under multication analysis in section 7.23.13.

## 7.18 Selenium

### 7.18.1 Hydride generation graphite furnace atomic absorption spectrometry

Willie *et al.* [17] used the hydride generation graphite furnace atomic absorption spectrometry technique to determine selenium in saline estuary waters and sea waters. A Pyrex cell was used to generate selenium hydride which was carried to a quartz tube and then to a preheated furnace operated at 400°C. Pyrolytic graphite tubes were used. Selenium could be determined down to 20 ng $L^{-1}$. No interference was found to due iron, copper, nickel and arsenic.

Cutter [18] has studied the application of the hydride generation method to the determination of selenium in saline waters.

## 7.19 Tin

### 7.19.1 High performance liquid chromatography

Tributyltin has been determined in estuarine waters by high-performance liquid chromatography with fluorometric detection in a method described by Ebdon and Alonso [19]. The $Bu_3Sn^+$ is quantitatively retained from 100–500 mL of sample on a 4 cm long ODS column. The ODS column was back-flushed with methanol–water containing ammonium acetate onto a Partisil SCX analytical column. The eluent was mixed with acetic acid, Morin and Triton X–100 for fluorometric detection.

## 7.20 Uranium

### 7.20.1 Cathodic stripping voltammetry

The application of this technique is discussed under multication analysis in section 7.23.8.1.

## 7.21 Vanadium

### 7.21.1 Anodic stripping voltammetry

The application of this technique is discussed under multication analysis in section 7.23.7.1.

## 7.22 Zinc

### 7.22.1 Graphite furnace atomic absorption spectrometry

The application of this technique is discussed under multication analysis in section 7.23.1.1.

### 7.22.2 *Inductively coupled plasma atomic emission spectrometry*

The application of this technique is discussed under multication analysis in sections 7.23.1.1 and 7.23.6.

### 7.22.3 *Anodic stripping voltammetry*

The application of this technique is discussed under multication analysis in section 7.23.7.1.

### 7.22.4 *Isotope dilution mass spectrometry*

The application of this technique is discussed under multication analysis in sections 7.23.1.1 and 7.23.10.

### 7.22.5 *Preconcentration*

The preconcentration of zinc is discussed under multication analysis in section 7.23.13.

## 7.23 Multication analysis

### 7.23.1 *Comparison of methods, isotope dilution, spark source mass spectrometry, graphite furnace atomic absorption spectrometry and inductively coupled plasma atomic emission spectrometry*

#### 7.23.1.1 Cadmium, zinc, lead, iron, manganese, copper, nickel, cobalt and chromium

The determination of trace elements in coastal and seawater is pursued with great difficulty [20]. Quantitation of extremely low concentrations of analyte (0.02–10 μg $L^{-1}$) accompanied by a matrix consisting of 3.5% dissolved solids in sea water imposes great demands on instrumental techniques. Sample preparation schemes designed to both preconcentrate the trace elements and separate them from major interfering components prior to analysis are numerous (eg 3–9). All such methods invariably increase sample manipulation and the relatively large amounts of reagents and container surfaces brought into contact with the sample often give rise to unacceptably high and/or random procedural blanks. These problems are exacerbated by a lack of standard reference materials which would permit detection of systematic errors such as contamination or analyte losses introduced during sample manipulation and the presence of matrix or spectral interferences perturbing instrument response.

*Table 7.2* Analysis of seawater sample A

| | Concentration, μg $L^{-1}$ | | | |
|---|---|---|---|---|
| | GFAAS | | ICPES | IDSSMS |
| Element | Direct | Chelation–extraction | Ion exchange | Ion exchange |
| Fe | 1.6 ± 0.2[a] | 1.5 ± 0.1 | 1.5 ± 0.6 | 1.4 ± 0.1 |
| Mn | 1.6 ± 0.1 | 1.4 ± 0.2 | 1.5 ± 0.1 | ND[b] |
| Cd | 0.20 ± 0.04 | 0.24 ± 0.04 | ND | 0.28 ± 0.02 |
| Zn | 1.7 ± 0.2 | 1.9 ± 0.2 | 1.5 ± 0.4 | 1.6 ± 0.1 |
| Cu | ND | 0.6 ± 0.2 | 0.7 ± 0.2 | 0.7 ± 0.1 |
| Ni | ND | 0.33 ± 0.08 | 0.4 ± 0.1 | 0.37 ± 0.02 |
| Pb | ND | 0.22 ± 0.04 | ND | 0.35 ± 0.03 |
| Co | ND | 0.018[c] ± 0.008 | ND | 0.020[d] ± 0.003 |

[a]Precision expressed as standard deviation
[b]Not determined
[c]Preconcentrated 100–fold by ion exchange
[d]Spark source mass spectrometry – internal standard method

Source: Reproduced by permission from the American Chemical Society

A logical approach which serves to minimise such uncertainties is the use of a number of distinctly different analytical methods for the determination of each analyte wherein none of the methods would be expected to suffer identical interferences. In this manner, any correspondence observed between the results of different methods implies that a reliable estimate of the true value for the analyte concentration in the sample has been obtained. To this end Sturgeon *et al.* [21] carried out the analysis of coastal seawater for the above elements using isotope dilution spark source mass spectrometry. graphite furnace atomic absorption spectrometry, and inductively coupled plasma emission spectrometry following trace metal separation–preconcentration (using ion-exchange and chelation–solvent extraction), and direct analysis by graphite furnace atomic absorption spectrometry. These workers discuss analytical advantages inherent in such an approach.

Tables 7.2 and 7.3 show the results obtained by Sturgeon *et al.* [21] for two separately collected and stored coastal and seawater samples, A and B. The mean concentrations and standard deviations of replicates (after rejection of outliers on the basis of a simple *c* test–function) are given for each method of analysis. Each mean reflects the result of four or more separate determinations by the indicated method.

Copper, nickel, lead, chromium and cobalt could not be measured by direct graphite furnace atomic absorption spectrometry because of their

*Table 7.3* Analysis of seawater sample B

| | *Concentration, μg $L^{-1}$* | | | | |
|---|---|---|---|---|---|
| | *GFAAS* | | | *ICPES* | *IDSSMS* |
| *Element* | *Direct* | *Chelation–extraction* | *Ion exchange* | *Ion exchange* | *Ion exchange* |
| Fe | 3.7 ± 0.3[a] | 3.2 ± 0.2 | 3.4 ± 0.4 | 3.2 ± 0.2 | 3.3 ± 0.3 |
| Mn | 2.5 ± 0.2 | 1.9 ± 0.2 | 2.2 ± 0.3 | 2.3 ± 0.1 | ND[b] |
| Ce | 0.05 ± 0.01 | 0.06 ± 0.01 | 0.053 ± 0.007 | ND | 0.07 ± 0.01 |
| Zn | 1.8 ± 0.3 | 1.8 ± 0.1 | 2.0 ± 0.1 | 1.6 ± 0.2 | 1.9 ± 0.2 |
| Cu | ND | 0.5 ± 0.1 | 0.51 ± 0.03 | 0.73 ± 0.06 | 0.61 ± 0.04 |
| Ni | ND | 0.46 ± 0.03 | 0.45 ± 0.05 | 0.38 ± 0.02 | 0.43 ± 0.03 |
| Pb | ND | 0.06 ± 0.02 | 0.10 ± 0.01 | ND | 0.11 ± 0.02 |
| Cr | ND | 0.29 ± 0.03 | 0.025 ± 0.02 | ND | ND |
| Co | ND | 0.015 ± 0.003 | 0.018[c] ± 0.008 | ND | 0.028[d] ± 0.001 |

[a]Precision expressed as standard deviation

[b]Not determined

[c]Preconcentrated 100–fold

[d]Spark source mass spectrometry – internal standard method

Source: Reproduced by permission from the American Chemical Society

inherently low concentrations (below graphite furnace atomic absorption spectrometry detection limits) and/or pronounced physicochemical matrix interference effects [22].

Manganese could not be determined by isotope dilution spark source mass spectrometry because it is monoisotopic. Furthermore, an internal standard method of calibration was not attempted for this element because the yield of manganese by the Chelex–100 ion-exchange preconcentration technique was variable (strongly dependent on the pH of the buffer solution).

Although an isotopic spike was available for chromium (ie 53–chromium) analysis of this element by isotope dilution spark source mass spectrometry following sample preconcentration by ion-exchange is not reported. Chromium in seawater is poorly retained by the Chelex–100 resin (≈10% recovery of spike [23]) whereas chromium retention by the simulated analytical blank is much greater (≈30% [23]), making blank correction for chromium a difficult and semi-empirical procedure, especially when the analytical blank is significant relative to the sample (≈25% for these samples). Using such a semi-empirical approach to blank correction a value of 0.34 ± 0.03 μg $L^{-1}$ was obtained for chromium in seawater sample B in fair agreement with the results by graphite furnace atomic absorption spectrometry. This problem can, of course, be overcome by using larger volumes of seawater for preconcentration (≈500 mL), thus diminishing the relative importance of the blank correction. Preconcentration of 1 L volumes of seawater (100-fold preconcentration) was required for graphite furnace atomic absorption spectrometry analysis of chromium and cobalt when ion-exchange techniques were used.

Cadmium, lead, chromium and cobalt could not be determined by inductively coupled plasma atomic emission spectrometry using a 25-fold preconcentration of the trace elements as their levels in such concentrates remain below values at which reliable analyses can be performed [24]. Furthermore, no consistent results could be obtained for these elements even when 1 L volumes of seawater were preconcentrated (by a factor of 100) using ion-exchange. Chromium, being only weakly retained by the resin, was not sufficiently enhanced in concentration to be determined in such concentrates. Additionally, the larger volumes of seawater tended to magnify any differences in the efficiencies of the exchange columns used for a standard additions analysis, resulting in unacceptable uncertainty in the slopes of the standard additions plots.

Overall there is good agreement between the elemental values in relation to the method of analysis. The precision of replicate determination between methods for all elements is comparable.

The mean concentrations of iron and manganese in both samples, as measured by direct graphite furnace atomic absorption spectrometry,

*Table 7.4* Analysis of seawater for iron and manganese by graphite furnace atomic absorption

| Sample | *Iron (µg L⁻¹)* Direct | *Iron (µg L⁻¹)* Chelation–extraction | *Manganese (µg L⁻¹)* Direct | *Manganese (µg L⁻¹)* Chelation–extraction |
|---|---|---|---|---|
| I | 1.6 ± 0.1[a] | 1.5 ± 0.1 | 1.22 ± 0.09 | 1.2. ± 0.1 |
| II | 6.1 ± 0.3 | 6.4 ± 0.8 | 2.5 ± 0.8 | 2.5 ± 0.2 |
| III | 14.9 ± 0.9 | 14 ± 1 | – | – |
| IV | – | – | 1.2 ± 0.1 | 1.3 ± 0.1 |
| V | – | – | 1.2 ± 0.1 | 1.3 ± 0.1 |

[a]Precision expressed as standard deviation with means calculated from four or more replicate analyses

Source: Reproduced by permission from the American Chemical Society

appear to be slightly positively biased with respect to their mean concentrations determined by other methods. However, the experience of Sturgeon *et al.* [21] with a number of seawater samples showed that there is no tendency toward higher results for the analysis of iron and manganese by direct graphite furnace atomic absorption spectrometry and that this deviation may only be an apparent one for the two samples presented here. This is clearly shown in Table 7.4 where data for the direct graphite furnace atomic absorption spectrometry analysis of a number of different seawater samples are compared with those obtained by analysis using ammonium pyrrolidine diethyldithiocarbamate–methyl isobutyl ketone chelation solvent extraction techniques. No systematic biasing of the results is evident. Sample III shows obvious iron contamination but the results are included to show that direct analysis can be used over a wide concentration range. No correction for a reagent blank is required for direct graphite furnace atomic absorption spectrometry analysis of iron and manganese [22] and the instrumental background correction for non-atomic absorption is less than 0.1 absorbance when 20 µL aliquots of seawater are atomised [22]. Both of these factors tend to reduce the uncertainty of the analytical result obtained by direct graphite furnace atomic absorption spectrometry.

Lead is one of the most difficult elements to determine in seawater because of its extremely low concentration (relative to instrumental detection limits) as well as its relatively high ambient concentration in both reagents and the atmosphere. The poor agreement between the analytical results obtained by chelation–solvent extraction/graphite furnace atomic absorption spectrometry/isotope dilution spark source mass spectrometry for lead in sample A (see Tables 7.2 and 7.3) is indicative of either contamination during analysis, incorrect compensation for blank, or errors in instrument response. That reasonable agreement among the various methods was obtained for the analysis of lead in sample B (at somewhat lower concentration) suggests that the problem encountered with the analysis of sample A was perhaps contamination during sample preparation.

The discrepancy between the results obtained by graphite furnace atomic absorption spectrometry and isotope dilution spark source mass spectrometry for cobalt in sample B may reflect the inaccuracy of calibration by the use of an internal standard for this element by isotope dilution spark source mass spectrometry (ie ±20%). Agreement between these two methods of analysis for cobalt in sample A is perhaps fortuitous.

Sturgeon *et al.* [21] conclude that direct analysis by graphite furnace atomic absorption spectrometry is a fast, accurate method for the determination of iron, manganese, zinc and cadmium in seawater when these elements are present at concentrations above 0.2, 0.2, 0.4 and 0.01 μg $L^{-1}$, respectively (offshore seawater concentrations of these metals are : iron ~0.5 μg $L^{-1}$, manganese ~0.05 μg $L^{-1}$, zinc ~0.2 μg $L^{-1}$ and cadmium ~0.05 μg $L^{-1}$. Below these levels, and for the other elements studied, chelation–solvent extraction using ammonium pyrrolidine oxine diethyldithiocarbamate/methyl isobutyl ketone in combination with a back-extraction into an acidic aqueous phase prior to determination by graphite furnace atomic absorption spectrometry is the most useful technique for multielement determinations when small volumes of seawater are available (eg 50 × preconcentration on 100 mL aliquot of seawater). if significantly greater preconcentration is required, or if greater volumes of preconcentrate solution are needed as, for example, when analysis is completed by inductively coupled plasma atomic emission spectrometry, the more laborious method of ion-exchange (using Chelex–100) may be used.

Although inductively coupled plasma atomic emission spectrometry is a multielement technique, its inferior detection limits (relative to graphite furnace atomic absorption spectrometry) necessitate the processing of relatively large volumes of seawater. 250 mL aliquots were found to be useful for the analysis of iron, manganese, zinc, copper and nickel. Extension of the method to include cadmium, cobalt, chromium and lead would require improvements in the preconcentration procedure.

### 7.23.2 *Titration procedures*

#### 7.23.2.1 Calcium and magnesium

Arey *et al.* [25] have described a method for the determination of calcium and magnesium ions in estuarine waters. Calcium is determined by titration with a chelating agent ethylene bis oxyethylene nitrilo/tetra

*Table 7.5* Comparison of $Ca^{++}$ and $Mg^{++}$ data obtained from chelometric indicator titrations with those obtained from atomic absorption spectrophotometric measurements

| *Sample* | *$Ca^{++}$ concentration, mg $L^{-1}$* | | *$Mg^{++}$ concentration, mg $L^{-1}$* | |
|---|---|---|---|---|
| | *Titration* | *Atomic absorption spectrometry* | *Titration* | *Atomic absorption spectrometry* |
| *Estuary water samples* | | | | |
| 1 | 149 | 158 | 422 | 425 |
| 2 | 206 | 211 | 517 | 525 |
| 3 | 92.3 | 98.8 | 262 | 288 |
| 4 | 27.7 | 30.1 | 63.0 | 75 |
| 5 | 5.85 | 6.24 | 5.7 | 6 |

Source: Reproduced by permission from Gordon AC Breach, Amsterdam

acetic acid and calcium and magnesium together with EDTA. A cupric ion selective electrode is used for both determinations and the indicator is ethylene bis (oxyethylene-nitrilo)tetra-acetic acid cupric chelate for calcium alone and EDTA cupric chelate for the two ions together. the ratio of ammonium to associated ammonium hydroxide in the buffer solution must be carefully adjusted for each titration to give the proper cupric ion concentration. The method is suitable for routine analysis but gives consistently lower results than atomic absorption spectrometry (see Table 7.5).

The lower limit of detection of this method is 0.2 mg $L^{-1}$ for calcium and magnesium.

## 7.23.3 *Atomic absorption spectrometry*

### 7.23.3.1 Copper, nickel, lead and cadmium

Apte and Gunn [26] used liquid–liquid extraction, involving 1:1:1 trichlorethane extraction of the ammonium pyrrolidine dithiocarbamates to concentrate copper, nickel, lead and cadmium from estuary water. Detection limits achieved using electrothermal atomic absorption spectrometry were, respectively, 0.3, 0.02, 0.7 and 0.5 μg $L^{-1}$.

## 7.23.4 *Graphite furnace atomic absorption spectrometry*

### 7.23.4.1 Cadmium, lead and chromium

Stein *et al.* [27] have described a simplified, sensitive and rapid atomic absorption method for determining low concentrations of cadmium, lead

*Table 7.6* Concentrations (μg L $^{-1}$) of cadmium and chromium in estuarine water samples[a]

| Cadmium | | | Chromium | | |
|---|---|---|---|---|---|
| *Sample* | *Salinity* | *Concentration* (μg L $^{-1}$) | *Sample* | *Salinity* | *Concentration* (μg L $^{-1}$) |
| 17 | 24.1 | 2.1 | 40 | 23.4 | 0.5 |
| 31 | 19.4 | 1.2 | E3 | 23.8 | 0.9 |
| 34 | 23.8 | 2.1 | | | |
| 41 | 25.2 | 2.1 | | | |
| H–3 | 28.8 | 9.7 | | | |
| H–8 | 26.6 | 4.4 | | | |
| H–13 | 18.4 | 6.2 | | | |
| K3 | 24.5 | 7.4 | | | |
| 5 top | 10.0 | 0.5 | 5 top | 10.0 | 0.9 |
| 5 mid | 15.1 | 3.0 | 5 mid | 15.1 | 2.0 |
| 5 bot | 21.2 | 2.3 | 5 bot | 21.2 | 2.0 |

[a]Lead was not detected in any of the 52 samples analysed

Source: Reproduced by permission from Gordon AC Breach, Amsterdam

and chromium in estuarine waters. To minimise matrix interferences, nitric acid and ammonium nitrate are added for cadmium and lead; nitric acid only is added for chromium. Then, 10, 20 or 50 μl of the sample or standard (the amount depending on the sensitivity required) is injected into a heated graphite atomiser, and specific atomic absorbance is measured. Analyte concentrations are calculated from calibration curves for standard solutions in demineralised water for chromium or an artificial sea water medium for lead and cadmium.

Detection limits (μg L $^{-1}$) were 0.1 for cadmium, 4 for lead, and 0.2 for chromium. For cadmium (0.5 and 5 μg L $^{-1}$), lead 4 and 50 μg L $^{-1}$) and chromium (1 and 10 μg L $^{-1}$) in half-strength artificial seawater, the relative standard deviations (n = 10) were 20 and 0.5, 18 and 10.4 and 25 and 8.0% respectively.

The dependence of chromium and cadmium levels on estuary water salinity is illustrated in Table 7.6.

### 7.23.4.2 Copper and iron

Pellenbarg and Church [28] sampled stored and processed saline water samples from the Delaware Bay estuary in a variety of ways to allow different methods of maintaining their integrity to be compared. Samples were processed onboard ship, immediately after collection, by extraction with ammonium pyrollidinedithiocarbamate in methyl isobutyl ketone.

Duplicate samples were processed onshore after a variety of storage procedures. All samples were analysed for copper and iron by atomic absorption spectrometry. Only samples filtered (<1 μm), acidified, and stored frozen gave extractable copper and iron results comparable with those for samples extracted immediately after collection. Cold storage with sample acidification in polyethylene containers appeared less satisfactory. Organic extracts from samples processed onboard are best retained in all-Teflon containers pending complete digestion and analysis onshore. Unless clean (ultra-filtered air) conditions can be ensured onboard, the estuarine water samples are best returned in a filtered, acidified, and frozen condition for onshore processing.

#### 7.23.4.3 Cadmium and lead

Gardner and Yates [29] developed a method for the determination of total dissolved cadmium and lead in estuarine waters, suitable for use in Water Authority laboratories. Factors leading to the choice of a method employing extraction by chelating resin, and analysis by carbon furnace atomic absorption spectrometry, are described. To ensure complete extraction of trace metals, inert complexes with humic-like material are decomposed by ozone [30]. The effect of pH on extraction by and elution from chelating resin is discussed, and details of the method were presented. These workers found that at pH 7 only 1–2 min treatment with ozone was needed to completely destroy complexing agents such as EDTA and humic acid in the samples.

### 7.23.5 *Hydride generation atomic absorption spectrometry*

#### 7.23.5.1 Arsenic and antimony

It has been reported that the differential determination of arsenic [31–36] and also antimony [37,38] is possible by hydride generation–atomic absorption spectrophotometry. The hydride generation–atomic absorption spectrophotometry is a simple and sensitive method for the determination of elements which form gaseous hydrides [39–43] and mg $L^{-1}$ levels of these elements can be determined with high precision by this method. This technique has also been applied to analyses of various samples, utilising automated methods [44–46], and combining various kinds of detection methods, such as gas chromatography [47], atomic fluorescence spectrometry [48,49], inductively coupled plasma emission spectrometry [42,62].

Yamamoto *et al.* [43] applied this technique to the determination of arsenic(III), arsenic(V), antimony(III) and antimony(V) in Hiroshima Bay Water. These workers used a hydride generation–atomic absorption

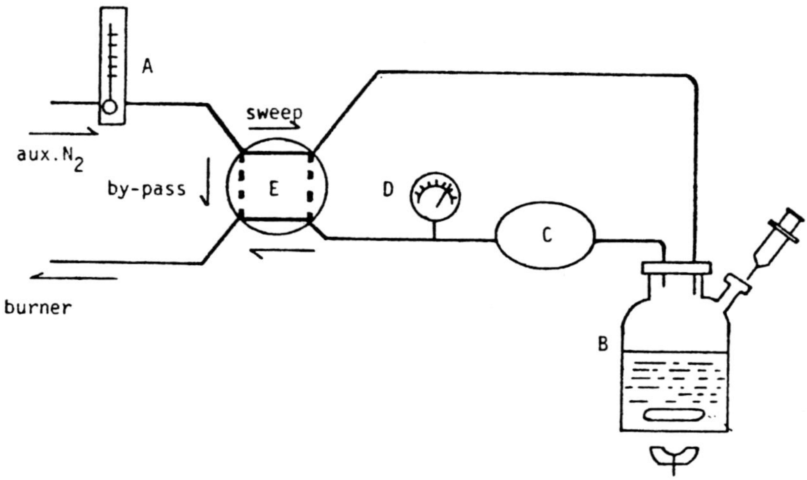


*Fig. 7.2* Diagram of hydride generation unit. (A) flow meter; (B) hydride generation cell (7 cm × 11 cm, vol.; 250 ml); (C) gas sampling vessel (vol.; 250 ml); (D) pressure gauge; (E) four way stop cock
Source: Reproduced by permission from Elsevier Science Ltd, UK

spectrometric method with hydrogen–nitrogen flame using sodium borohydride solution as a reductant. For the determination of arsenic(II) and antimony(III) most of the elements, other than silver(I), copper(II), tin(II), selenium(IV) and tellurium(IV), do not interfere in at least 30,000–fold excess with respect to arsenic(III) or antimony(III). This method was applied to the determination of these species in sea water and it was found that a sample size of only 100 ml is enough to determine them with a precision of 1.5–2.5%. Analytical results for surface sea water of Hiroshima Bay were 0.72 μg $L^{-1}$, 0.27 μg $L^{-1}$ and 0.22 μg $L^{-1}$ for arsenic(total), arsenic(III) and antimony(total), respectively, but antimony(III) was not detected. The effect of acidification on storage was also examined.

A diagram of the hydride generation unit used by Yamamoto *et al.* [43] is shown in Fig. 7.2.

This present method was applied successfully to the determination of different species of arsenic and antimony in surface-sea water, which was sampled near Miyajima Island, Hiroshima Prefecture. One half of the sample (20 l) was acidified to pH 1 with hydrochloric acid immediately after sampling and the remaining half was kept without acidification. In order to clarify the effect of acidification on storage, measurements were made over a period of two months after sampling. Results are given in Table 7.7. In this study, a standard addition method and a calibration

*Table 7.7* Effect of storage on the concentration of arsenic and antimony in sea water (mg $L^{-1}$)

| *Day* | *As(total)* | *As(III)* | *Sb(total)* | *Sb(III)* |
|---|---|---|---|---|
| 1 | 0.75<br>(0.66) | 0.30<br>(0.41) | 0.21<br>(0.21) | 0<br>(0) |
| 2 | 0.63<br>(0.73) | 0.25<br>(0.65) | 0.21<br>(0.23) | 0<br>(0) |
| 7 | 0.70<br>(0.75) | 0.35<br>(0.42) | 0.25<br>(0.23) | 0<br>(0) |
| 14 | 0.75<br>(0.60) | 0.19<br>(0.39) | 0.22<br>(0.23) | 0<br>(0) |
| 30 | 0.73<br>(0.68) | 0.35<br>(0.41) | 0.19<br>().20) | 0<br>(0) |
| Average | 0.72 ± 0.05<br>(0.70 ± 0.07) | 0.27 ± 0.07<br>(0.41 ± 0.01) | 0.22 ± 0.02<br>(0.22 ± 0.01) | 0<br>(0) |

Values in parentheses were those for the non-acidified sample

Source: Reproduced by permission from Elsevier Science Ltd, UK

curve method were used for comparison and it was proven that both gave the same results for the analyses of sea water.

Yamamoto *et al.* [43] conclude that their method was quite successful for the species-specific determination of arsenic and antimony in sea water. These methods, especially those for the determination of arsenic(III) and antimony(III), are quite satisfactory as it is almost free from interferences of foreign ions.

The total concentrations of arsenic and antimony may be underestimated, because organic species of these elements may have been overlooked. There remains ambiguity in defining the difference in concentration of arsenic(total) and arsenic(III) to arsenic(V) and that of antimony(total) and antimony(III) to antimony(V), respectively.

### 7.23.6 Inductively coupled plasma atomic emission spectrometry

See section 7.23.1.1.

### 7.23.7 Anodic stripping voltammetry

#### 7.23.7.1 Lead and cadmium

Batley [50] examined the techniques available for the *in situ* electrodeposition of lead and cadmium in estuary water. These included anodic stripping voltammetry at a glass carbon thin film electrode and the hanging drop mercury electrode in the presence of oxygen and, in situ, electrodeposition on mercury coated graphite tubes. Batley [50] found that *in situ* deposition of lead and cadmium on a mercury coated tube was the more versatile technique. The mercury film, deposited in the laboratory, is stable on the dried tubes which are used later for field electrodeposition. The deposited metals were then determined by electrothermal atomic absorption spectrometry.

Hasle and Abdullah [51] used differential pulse anodic stripping voltammetry in speciation studies on dissolved copper, lead and cadmium in coastal sea water.

#### 7.23.7.2 Aluminium, cadmium, chromium, cobalt, copper, iron, lead, manganese, nickel, vanadium and zinc

The determination of trace metals in estuarine, marine and other waters is the subject of a booklet published by the Standing Committee of Analysts set up by the Department of the Environment UK [52].

The elements covered are aluminium, cadmium, chromium, cobalt, copper, iron, lead, manganese, nickel, vanadium and zinc. Electrothermal atomic absorption and anodic and cathodic scanning voltammetric methods are discussed.

### *7.23.8 Cathodic stripping voltammetry*

#### 7.23.8.1 Nickel, cobalt, copper and uranium

Newton and Van den Berg [53] applied cathodic stripping chronopotentiometry with continuous flow to the determination of nanomolar concentrations of nickel, cobalt, copper and uranium in estuary water.

See also section 7.23.7.2.

### *7.23.9 Emission spectrometry*

#### 7.23.9.1 Arsenic and antimony

Braman *et al.* [54] used sodium borohydride to reduce arsenic and antimony in their tri- and pentavalent states to the corresponding hydrides. Total arsenic and antimony are then measured by their spectral emissions, respectively, at 228.8 nm and 242.5 nm. Limits of detection are 0.5 ng for antimony and 1 ng for arsenic: copper, silver and oxidants interfere in this procedure.

### *7.23.10 Isotope dilution methods*

See section 7.23.1.1.

### 7.23.11 Speciation

#### 7.23.11.1 Copper, lead and cadmium

Two groups of workers have studied the speciation of these elements in coastal [51] and estuary [55] waters.

Hasle and Abdullah [51] fractionated and speciated dissolved copper, lead and cadmium in coastal waters from the Inner Oslofjord, Norway. They examined the fractions by an operational scheme which involves ultra-filtration followed by determination of labile, acid soluble and total copper, lead and cadmium by differential pulse anodic stripping voltammetry. It was found that cadmium was present entirely in low molecular weight labile species; lead was mainly in non-labile low molecular weight species, with half of the total lead probably occurring in low molecular weight organo-metallic compounds; copper distribution was irregular, with extensive organic and colloidal association.

Batley and Gardner [55] studied the speciation of the same three elements in estuarine and coastal waters. They evaluated the potential of a heavy metal speciation scheme to reflect differences in metal distributions within a water mass in a study of soluble copper, lead and cadmium speciation in water samples from five stations in the Port Hacking Estuary (Australia) and one coastal Pacific Ocean station. The observed metal distributions were found to be consistent with the other measured physical and chemical properties of the sampled waters. In all samples, the percentages of metals associated with colloidal matter were high, amounting to 40–60% of total copper, 45–70% of total lead and 15–35% of total cadmium. The scheme was used to follow changes in metal speciation under different sample storage conditions. Storage at 4°C in polythene containers was shown to prevent losses or changes in speciation of the metals studied.

### 7.23.12 Miscellaneous

Quevauviller *et al.* [56] have developed a certified reference estuarine water containing cadmium, copper, nickel and zinc and conducted a series of interlaboratory studies.

### 7.23.13 Preconcentration

Carboxylated polyethylenimine–polymethylene phenylene isocyanate has been used for preconcentrating metals from estuary and sea waters [57] prior to analysis by inductively coupled plasma spectrometry. The uptake of copper, cadmium, lead and zinc by the resin was quantitative in the presence of high concentrations of ammonia, calcium, magnesium, potassium and sodium and in the presence of acetate and citrate buffers.

The collection of other heavy metals and rare earths was also investigated.

Apte and Gunn [26] used liquid–liquid extraction of the ammonium pyrrolidine dithiocarbamates to preconcentrate copper, nickel, lead and cadmium from estuary water prior to atomic absorption spectrometry. Detection limits achieved were, respectively, 0.3, 0.02, 0.7 and 0.5 μg $L^{-1}$ (see section 7.23.3.1).

Sturgeon *et al.* [21] used solvent extraction with ammonium pyrrolidine in methyl isobutylketone and preconcentration on Chelex–100 resin to determine low levels of iron, manganese, cadmium, zinc, copper, nickel, lead and cobalt in coastal waters to determine these metals at levels in the 0.01 to 0.4 μg $L^{-1}$ range, depending on the particular metal (see section 7.23.1.1).

Pellenbarg and Church [28] also applied the above chelation solvent extraction procedure in determinations of copper and iron in estuary waters.

Yamamoto *et al.* [43] have studied the differential determination methods of these elements according to their oxidation states by flameless atomic absorption spectrophotometry combined with solvent extraction with ammonium pyrrolidinedithiocarbamate or sodium diethyldithiocarbamate [59–61].

Paulson [58] has examined the effects of low rate and pretreatment on the extraction of iron, manganese, copper, nickel, cadmium, lead and zinc from estuarine and coastal seawater by Chelex–100. During the extraction of previously acidified estuarine samples, organic material still retains some capacity to inhibit the extraction of trace metals by Chelex–100. Previous studies have indicated that heating or UV oxidation of samples reduces the capacity of this organic matter to inhibit the extraction of trace metals by Chelex–100. The results of this study using recently collected samples indicate that decreasing the flow rate to 0.2 mL $min^{-1}$ is also an effective means of increasing the retention of trace metals by Chelex–100. Additional benefits of the slow-flow column extraction method include improvements in precision and the elimination of pretreatment procedures that could cause contamination or reduce the extractability of iron. Aged acidified samples require heating of the sample prior to extraction. Controlled contamination can be minimised for most metals by the pre-extraction of the buffer solution.

## References

1 Berg, B.R. and Abdullah, M.I. *Water Research*, **11**, 637 (1977).
2 Mantoura, R.F.C. and Woodward, E.M.S. *Estuary and Coastal Shelf Science*, **17**, 219 (1983).
3 Sturgeon, R.E, Willie, S.N. and Berman, S.S. *Analytical Chemistry*, **57**, 6 (1985).

4 Amaukwah, O. and Fasching, P. *Analytical Chemistry*, **51**, 1101 (1979).
5 Epstein, H.S. and Zander, A.T. *Analytical Chemistry*, **51**, 915 (1979).
6 Ball, J.W., Thompson, J.M. and Jenne, E.A. *Analytica Chimica Acta*, **98**, 67 (1978).
7 Gardner, M.J. Water Research Centre Environment, Medmenham Laboratory, Medmenham, Marlow, Bucks, UK. Report PRS 1516–M. Analytical Quality Control for Trace Metals in the Coastal and Marine Environment, the Determination of Cadmium. May (1987).
8 Zhang, O. and Smith, R.S. *Analytical Chemistry*, **55**, 100 (1983).
9 Berger, P., Ewald, M., Liu, D. and Weber, J.H. *Marine Chemistry*, **14**, 289 (1984).
10 Nelson, A. *Analytica Chimica Acta*, **109**, 287 (1985).
11 Nelson, A. *Analytica Chimica Acta*, **169**, 273 (1985).
12 Shuman, M.S. and Michael, L.C. *Environmental Science and Technology*, **12**, 1069 (1978).
13 Knox, S. and Turner, D.R. *Estuary Coastal Marine Science*, **10**, 317 (1980).
14 Davies, I.M. and Pirie, J.M. *Marine Pollution Bulletin*, **9**, 128 (1978).
15 Topping, G., Pirie, J.M., Graham, W.C. and Shepherd, R.M. An examination of the heavy metal levels in muscle, kidney and liver in relation to year, class, area of sampling and season, ICE.5.CM, E:37 (1975).
16 Topping, G. and Pirie, J.M. *Analytica Chimica Acta*, **62**, 200 (1972).
17 Willie, S.N., Sturgeon, R.E. and Berman, S.S. *Analytical Chemistry*, **58**, 1140 (1986).
18 Cutter, G.A. *Analytica Chimica Acta*, **98**, 59 (1978).
19 Ebdon, L. and Alonso, J.I. *Analyst (London)*, **112**, 1551 (1987).
20 Riley, J.P. and Skirrow, G. *Chemical Oceanography*. Academic Press, London. Vol. 3, pp 269–408 (1965).
21 Sturgeon, R.E., Berman, S.S., Desauliniers, J.A.H., Mykytiuk, A.P., McLaren, J.W. and Russell, D.S. *Analytical Chemistry*, **52**, 1585 (1980).
22 Sturgeon, R.E., Berman, S.S. Desauliniers, J.A.H. and Russell, D.S. *Analytical Chemistry*, **51**, 2364 (1979).
23 Zief, M. and Horvath, J. Accuracy in Trace Analysis. Sampling, Sample Handling Analys. Ed La Fleur, P.D. NBS Special Publication 422. US Government Printing Office, Washington, DC (1976).
24 Berman, S.S., McLaren, J.W. and Willie, S.N. *Analytical Chemistry*, **52**, 488 (1980).
25 Arey, F.K., Chamblee, J.W. and Heckel, E. *International Journal of Environmental Analytical Chemistry*, **7**, 285 (1980).
26 Apte, S.C. and Gunn, A.M. *Analytica Chimica Acta*, **193**, 147 (1987).
27 Stein, V.B., Canelli, B. and Richards, A.H. *International Journal of Environmental Analytical Chemistry*, **8**, 99 (1980).
28 Pellenbarg, R.E. and Church, T.M. *Analytica Chimica Acta*, **97**, 81 (1978).
29 Gardner, J. and Yates, J. CEP Consultants Ltd, Edinburgh. The determination of dissolved cadmium and lead in estuarine water samples, pp. 427–430 (1979).
30 Clem, R.G. and Hodgson, A.T. *Analytical Chemistry*, **50**, 102 (1978).
31 Aggett, J. and Aspell, A.C. *Analyst (London)*, **101**, 341 (1976).
32 Braman, R.S., Johnson, D.L., Foreback, C.C., Ammins, J.M. and Bricher, J.L. *Analytical Chemistry*, **49**, 621 (1977).
33 Andreae, M.O. *Analytical Chemistry*, **49**, 820 (1977).
34 Shaikh, A.U. and Tallman, D.E. *Analytica Chimica Acta*, **98**, 251 (1978).
35 Feldman, C. *Analytical Chemistry*, **51**, 664 (1979).
36 Nakashima, S. *Analyst (London)*, **104**, 172 (1979).

37 Yamamoto, M., Urata, K. and Yamamoto, Y. *Analytical Letters (London)*, **14**, 21 (1981).
38 Nakashima, S. *Analyst (London)*, **105**, 732 (1980).
39 Yamamoto, Y., Kumamaru, T., Hayashi, Y. and Tsujino, R. *Analytical Letters (London)*, **5**, 419 (1972).
40 Yamamoto, Y., Kumamaru, T., Hayashi, Y. and Kanke, M. *Analytical Letters (London)*, **5**, 717 (1972).
41 Yamamoto, Y. and Kumamaru, T. *Fresenius Z. Anal. Chem.*, **281**, 353 (1976).
42 Yamamoto, Y. and Kumamuru, T. *Fresenius Z. Anal. Chem.*, **282**, 193 (1976).
43 Yamamoto, M., Urata, K., Murashige, K. and Yamamoto, Y. *Spectrochimica Acta*, **36B**, 671 (1981).
44 Chan, C.Y., Baig, M.W.A. and Pitts, A.E. *Analytica Chimica Acta*, **111**, 169 (1979).
45 Peter, E., Growcock, G. and Strung, G. *Analytica Chimica Acta*, **104**, 177 (1979).
46 Agemian, H., Cheam, V. and Thomson, R. *Analytica Chimica Acta*, **101**, 193 (1978).
47 Skogerboe, R.K. and Bejmuk, A.P. *Analytica Chimica Acta*, **94**, 297 (1977).
48 Tsujii, K. and Kuga, K. *Analytica Chimica Acta*, **97**, 51 (1978).
49 Nakahara, T., Kobayashi, S., Wakisaka T. and Musha, S. *Applied Spectroscopy*, **34**, 194 (1980).
50 Batley, G.L. *Analytica Chimica Acta*, **124**, 121 (1981).
51 Hasle, J.R. and Abdullah, M.I. *Marine Chemistry*, **10**, 487 (1981).
52 Standing Committee of Analysts, Department of the Environment, UK. Methods for the examination of waters and associated materials. Methods for the determination of metals (1987).
53 Newton, M.P. and Van den Berg, C.M.G. *Analytica Chimica Acta*, **199**, 59 (1987).
54 Braman, R.S., Justen, L.L. and Foreback, C.C. *Analytical Chemistry*, **44**, 2195 (1972).
55 Batley, G.E. and Gardner, D. *Estuarine and Coastal Marine Science*, **7**, 59 (1978).
56 Quevauviller, P., Kramer, K.J.M. and Vinhas, T. *Fresenius Journal of Analytical Chemistry*, **354**, 397 (1996).
57 Horvath, Z. and Barnes, R.M. *Analytical Chemistry*, **58**, 1352 (1986).
58 Paulsen, A.J. *Analytical Chemistry*, **58**, 183 (1986).
59 Kamada, T. and Yamamoto, Y. *Talanta*, **24**, 330 (1977).
60 Kamada, T., Shiraishi, T. and Yamamoto, Y. *Talanta*, **25**, 15 (1978).
61 Kamada, T., Sugita, N. and Yamamoto, Y. *Talanta*, **26**, 337 (1979).
62 Pahlavonpour, M., Thompson, L. and Thorne, E. *Analyst (London)*, **105**, 756 (1980).

Chapter 8

# Cations in waste waters

## 8.1 Aluminium

### 8.1.1 Inductively coupled plasma atomic emission spectrometry

The application of this technique is discussed under multication analysis in section 8.39.4.2.

## 8.2 Ammonium

### 8.2.1 Ion selective electrode

Ion selective electrodes have been used for the determination of ammonium in waste waters [1–4].

Evans and Partridge [2] used an ammonia probe for laboratory measurements of discrete free and saline ammoniacal nitrogen in a variety of waters, such as surface water, effluents and sewage. The probe consisted of a glass pH electrode surrounded with a filling solution of ammonium chloride in contact with a gas-permeable hydrophobic membrane. The probe was tested on a number of samples of various origins, and the data obtained are compared with those obtained using existing methods for the determination of ammonia. The results indicate that determination should be possible with a precision of 4% for levels greater than 0.4 mg $L^{-1}$ of ammoniacal nitrogen. The calculated lower limit of detection was 0.03 mg $L^{-1}$.

Ip and Pilkington [3] have discussed the development of a method for determining ammonium in waste water using a gas sensing electrode. In this method 1 ml of 10 M sodium hydroxide is added to 100 ml of the waste water sample and the equilibrium potention, $E_1$, is measured. Next, 2.00 ml of 1000 mg $L^{-1}$ ammonium nitrogen solution are added to the solution and the new equilibrium potention $E_2$, is measured. Thus the change in potential caused by the standard addition is known.

The ammonium nitrogen concentration in the water can be calculated, using the following equation or by using a nomogram. Because the nomogram has been developed specifically for this procedure, it is important that this procedure be followed carefully.

Let the concentration of ammonium nitrogen in the unknown solution be 'C'. The initial electrode potential, $E_1$ after the addition of 1 ml of 10 M sodium hydroxide to 100 ml of sample, may be represented

$$E_1 = E_0 - S \log_{10} \frac{C \times 100}{101}$$

where $S$ is the electrode slope.
After the addition of 2.00 ml of 1000 mg $L^{-1}$ ammonium nitrogen solution, the electrode potential $E_2$ is given by:

$$E_2 = E_0 - S \log_{10} \left\{ \frac{(C \times 100) + (2 \times 1000)}{103} \right\}$$

Thus

$$-\Delta E = -(E_2 - E_1) = S \log \left[ \frac{\frac{100C + 2000}{103}}{\frac{100C}{101}} \right]$$

where

$$C = \frac{20}{\left[ \frac{103}{101} \times 10^{-\Delta E/S} - 1 \right]}$$

In this derivation of the equation, it is assumed that there is no change in the activity coefficient of the ammonium nitrogen when the standard addition is carried out and also that there is no complexing of the ammonia, either before or after the standard addition. In cases where complexing is suspected, ethylenediamine tetraacetic acid may be added to the 10 M sodium hydroxide solution.

### 8.2.2 Stark microwave cavity resonator

This technique has been applied to the determination of ammonium in petrochemical industry waste waters [4.] The sample is first made strongly alkaline with sodium hydroxide and ammonia collected in a dialyser.

### 8.2.3 High performance liquid chromatography

The application of this technique is discussed under multication analysis in section 8.39.7.3.

#### 8.2.4 Miscellaneous

Hall and Dawes [5] have described an automated procedure for the determination of ammonia and total kjeldahl nitrogen in waste water.

## 8.3 Antimony

### 8.3.1 Spectrophotometric method

A method for determining antimony in industrial waste involves reaction of antimony(III) with iodide in sulphuric acid (1–4 M) and extraction of iodo complex with amidines into chloroform for spectroscopic evaluation in amounts down to 0.2 µg $L^{-1}$ [6].

### 8.3.2 Atomic absorption spectrometry

The application of this technique is discussed under multication analysis in section 8.37.1.4.

### 8.3.3 Graphite furnace atomic absorption spectrometry

The application of this technique is discussed under multication analysis in section 8.39.2.1.

### 8.3.4 Hydride generation atomic absorption spectrometry

Nakahara and Wasa [7] determined antimony(III) and antimony(V) in waste waters by hydride generation and inductively coupled plasma atomic emission spectrometry. The pH dependence of the ability of sodium borohydride to reduce antimony(III) and antimony(V) was used to effect the separation. The detection limit of the method was 0.18 µg $L^{-1}$.

The application of this technique is also discussed under multication analysis in section 8.39.3.1.

## 8.4 Arsenic

### 8.4.1 Non-dispersive atomic fluorescence spectrometry

Non-dispersive atomic fluorescence spectrometry after hydride generation has been used to determine down to 0.5 ng arsenic in waste waters [8]. In this method, reductions are performed using either sodium borohydride [9] or zinc/stannous chloride/potassium iodide [10].

Arsine generated by reduction for 60 and 80 s in the sodium borohydride method or the zinc–stannous chloride–potassium iodide method respectively, is introduced into the premixed argon (entrained

*Table 8.1* Effect of diverse elements on the afs of arsenic

| *Element* | *Compound added* | *Relative atomic fluorescence signal* $NaBH_4$ *method* *Peak height* | *Peak area* | $Zn–SnCl_2–KI$ *method Peak height [10]* |
|---|---|---|---|---|
| Au | $HAuCl_4$ | 0.01 | 0.01 | 1.01 |
| Co | $CoCl_2$ | 0.28 | 0.28 | 0.89 |
| Fe | $FeCl_3$ | 0.49 | 0.56 | 0.88 |
| Ni | $NiCl_2$ | 0.06 | 0.05 | 0.88 |
| Pd | $PdCl_2$ | 0.00 | 0.01 | 0.05 |
| Pt | $H_2PtCl$ | 0.00 | 0.01 | 0.07 |
| Bi | $Bi(NO_3)_3$ | 5.89 | 6.95 | 0.84 |
| Sb | $SbCl_3$ | 0.40 | 0.57 | 0.51 |
| Se | $SeO_2$ | 0.51 | 0.44 | 0.76 |
| Sn | $SnCl_2$ | 0.30 | 0.35 | – |
| Te | metal in HCl | 0.19 | 0.20 | 0.41 |

No interference a in the $NaBH_4$ method: Ag[b], Al[c], B[c], Be[c], Ca[c], Cd[a], Ce[b], Cr[d], Cs[b], Cub, Ga[b], Hg[d], In[b], K[b], La[c], Li[d], Mg[b], Mn[b], Na[b], Pb[b], Rb[b], Si[b], Sr[b], Tl[c], V[b], W[b], Y[b] and Zn[b]

[a]Relative atomic fluorescence signal of 0.9–1.1

[b]No interference in the $Zn–SnCl_2–KI$ method

[c]Relative atomic fluorescence signal of 0.8–0.9 except for boron which gives a relative atomic fluorescence signal of 1.15 in the $Zn–SnCl_2–KI$ method [10]

[d]Relative atomic fluorescence signal of 0.3–0.8 in the $Zn–SnCl_2–KI$ method [10]

Source: Reproduced by permission from Elsevier Science Publishers BV, Amsterdam

air)–hydrogen flame (hydrogen, 4.0 l min $^{-1}$; argon carrier gas, 4.01 min $^{-1}$; argon auxiliary gas, 2.01 min $^{-1}$) and is atomised in the flame. Fluorescence, excited with an arsenic electrodeless discharge lamp, is detected at right angles to the axis of the optical path with a 'solar blind' photomultiplier (R–166, Hamamatsu TV Co.) and recorded simultaneously on a pen recorder and a digital integrator for peak height and peak area measurements, respectively.

The effects of 1000-fold amounts of diverse elements on the fluorescence signal of 500 ng of arsenic are shown in Table 8.1. Table 8.1 also compares the result of the interference study for the zinc reduction method with those for the sodium borohydride method.

### 8.4.2 Atomic absorption spectrometry

The application of this technique is discussed under multication analysis in sections 8.39.1.3 and 8.39.1.4.

### 8.4.3 *Hydride generation atomic absorption spectrometry*

The application of this technique is discussed under multication analysis in section 8.39.31.

## 8.5 Barium

### 8.5.1 *Graphite furnace atomic absorption spectrometry*

Graphite furnace atomic absorption spectroscopy has been used to determine barium in paper mill waste waters [11].

### 8.5.2 *X-ray fluorescence spectroscopy*

The application of this technique is discussed under multication analysis in section 8.39.6.2.

## 8.6 Beryllium

### 8.6.1 *Atomic absorption spectrometry*

The application of this technique is discussed under multication analysis in section 8.39.1.1.

## 8.7 Bismuth

### 8.7.1 *Hydride generation atomic absorption spectrometry*

The application of this technique is discussed under multication analysis in section 8.39.3.1.

### 8.7.2 *X-ray fluorescence spectroscopy*

The application of this technique is discussed under multication analysis in section 8.39.6.2.

## 8.8 Boron

### 8.8.1 *Inductively coupled plasma atomic emission spectrometry*

The application of this technique is discussed under multication analysis in section 8.39.4.1.

*Table 8.2* Effect of cations on determination of 4 µg of Cd

| *Cation* (mg) | | *Cation/Cd* (w/w) | *Cd found* (µg) | *Error* (µg) | *Anion* (mg) | | *Anion/Cd* (w/w) | *Cd found* (µg) | *Error* (µg) |
|---|---|---|---|---|---|---|---|---|---|
| Cu(II) | 4.0 | 1000 | 4.11 | +0.11 | Dichromate | 1.2 | 300 | 4.17 | +0.17 |
| Fe(II) | 1.6 | 400 | 4.10 | +0.10 | Nitrate | 10.0 | 2500 | 3.94 | −0.06 |
| Ni(II) | 3.2 | 800 | 3.99 | −0.01 | Chloride | 10.0 | 2500 | 3.91 | −0.09 |
| Co(II) | 0.5 | 125 | 4.05 | +0.05 | Sulphate | 10.0 | 2500 | 3.82 | −0.18 |
| Zn(II) | 10.0 | 2500 | 3.97[a] | −0.03 | Phosphate | 10.0 | 2500 | 3.96 | −0.04 |
| | 0.4 | 100 | 4.09 | +0.09 | Pyrophosphate | 10.0 | 2500 | 4.07 | +0.07 |
| Ca(II) | 5.0 | 1250 | 4.03 | +0.03 | Carbonate | 10.0 | 2500 | 3.95 | −0.05 |
| Mg(II) | 5.0 | 1250 | 3.85[b] | −0.15 | Oxalate | 10.0 | 2500 | 4.00 | 0.00 |
| | 0.3 | 75 | 4.01 | +0.01 | Fluoride | 10.0 | 2500 | 3.99 | −0.01 |
| Cr(III) | 0.8 | 200 | 4.20 | +0.20 | Cyanide | 10.0 | 2500 | 3.92 | −0.08 |
| Ag(I) | 0.4 | 100 | 4.09[c] | +0.09 | Sulphide | 0.01 | 2.5 | 4.12 | +0.12 |
| Pb(II) | 10.0 | 2500 | 3.97 | −0.03 | | 1.0 | 250 | 3.92[d] | −0.08 |
| Hg(II) | 0.04 | 10 | 3.92 | −0.08 | Arsenate | 10.0 | 2500 | 4.01 | −0.01 |
| $NH_4$(I) | 10.0 | 2500 | 3.82 | −0.18 | Citrate | 10.0 | 2500 | 3.94 | −0.06 |
| Ti(IV) | 0.08 | 20 | 4.01 | +0.01 | Tartrate | 10.0 | 2500 | 3.93 | −0.07 |
| Al(III) | 2.0 | 500 | 3.94 | −0.06 | Nitrilotriacetate | 0.5 | 125 | 4.00 | 0.07 |
| Sb(III) | 1.0 | 250 | 4.00 | 0.00 | Ethylenediamine- | 0.03 | 7.5 | 4.01 | +0.01 |
| Sn(IV) | 0.8 | 200 | 3.99 | −0.01 | tetra–acetate | 1.0 | 250 | 3.94[d] | −0.06 |
| Sn(II) | 1.0 | 250 | 4.19 | +0.19 | | | | | |
| K(I) | 10.0 | 2500 | 3.94 | −0.06 | | | | | |
| Na(I) | 10.0 | 2500 | 3.91 | −0.09 | | | | | |
| Bi(III) | 0.6 | 150 | 3.95 | −0.05 | | | | | |
| Ba(II) | 5.0 | 1250 | 4.19 | +0.19 | | | | | |
| Mn(II) | 1.0 | 250 | 4.17 | +0.17 | | | | | |

[a]Concentration of KOH 0.4 M. [b]Addition of KF, stood for 30 min, then filtered and washed with small amount of water. [c]KOH and KCN were added together. [d]Digested with $H_2SO_4$–$HNO_3$ mixture before the determination.

Source: Reproduced by permission from Elsevier Science Ltd., UK

## 8.9 Cadmium

### 8.9.1 Spectrophotometric method

Chung-gin *et al.* [12] described a spectrophotometric method utilising Cadion (*p*–nitrobenzene diazoaminobenzene–*p*–azobenzene) reagent for the determination of microgram amounts of cadmium in waste waters. Triton X100 is used as a solubilising agent, and a mixture of ascorbic acid. Rochelle salt, potassium cyanide and potassium fluoride are used to mask interfering ions. The cadmium–cyanide complex is demasked by addition of excess formalin, and the coloured complex formed with Cadion is measured directly at 480 nm without separation.

The effect of foreign ions on the determination of cadmium by this procedure is listed in Table 8.2.

### 8.9.2 Membrane electrodes

Lin *et al.* [13] described a CdS–$Ag_2S$ membrane electrode for the determination of cadmium in waste waters. Citric acid was used to mask interferences by copper, zinc and silver. The method had a detection limit of 0.25 µg $L^{-1}$ and a relative standard deviation of 5.8%.

### 8.9.3 Atomic absorption spectrometry

The application of this technique is discussed under multication analysis in sections 8.39.1.1–3.

### 8.9.4 Graphite furnace atomic absorption spectrometry

The application of this technique is discussed under multication analysis in sections 8.39.2.1 and 8.39.2.2.

### 8.9.5 Inductively coupled plasma atomic emission spectrometry

The application of this technique is discussed under multication analysis in section 8.39.4.2.

### 8.9.6 Anodic stripping voltammetry

The application of this technique is discussed under multication analysis in section 8.39.5.1.

### 8.9.7 Miscellaneous

Malz and Reichert [14] have reviewed the determination of cadmium in waste waters.

## 8.10 Calcium

### *8.10.1 Flow injection analysis*

Hansen *et al.* [15] investigated the use of automated flow injection analysis for the determination of calcium in waste water.

Spectrophotometric (ie total calcium as *o*–cresolphthalein complexone) and calcium-selective electrodes (uncomplexed calcium) were investigated as detectors for calcium.

The flow cell [16–19] housed an indicator electrode and a saturated calomel reference electrode (Radiometer K401). The electrode signals were monitored with a digital pH meter connected to a recorder furnished with an 500 mV interface (Radiometer). Additionally an interface unit was inserted between the pH meter and the recorder, this allows the peak maximum value to be locked automatically on the meter and read to within 0.1 mV while the recorder was still continuously registering the actual potential output [19].

The membrane of the calcium electrode, based on the calcium salt of di-(*n*-octylphenyl)phosphoric acid dissolved in dioctylphenylphosphonate and incorporated into PVC [20] was mounted on a PVC tube of the type used in the standard Radiometer Selectrode (F 2002) which comprises an internal silver–silver chloride reference electrode. The inner reference solution was $1 \times 10^{-2}$ M calcium chloride. The procedure gives satisfactory results for waste water samples.

Very good agreement was found between the values obtained with the calcium electrode and those recorded by spectrophotometry and atomic absorption titration.

Van Staden [21] monitored calcium levels in waste waters by flow injection analysis coupled to a double membrane analyser.

### *8.10.2 Atomic absorption spectrometry*

The application of this technique is discussed under multication analysis in section 8.39.1.1.

### *8.10.3 Graphite furnace atomic absorption spectrometry*

The application of this technique is discussed under multication analysis in section 8.39.2.1.

### *8.10.4 Inductively coupled plasma atomic emission spectrometry*

The application of this technique is discussed under multication analysis in section 8.39.4.2.

## 8.11 Chromium

### 8.11.1 Titration

Wendl [22] has described a titration method for determining down to 5 µg $L^{-1}$ chromium in dipworks and tanning waste waters.

### 8.11.2 Spectrophotometric method

Yanagisawa *et al.* [23] have described a method for the determination of trivalent (and hexavalent) chromium in waste waters.

In this method an aliquot of the sample containing up to 40 µg of chromium as chromium(VI) and chromium(III) is adjusted to pH 4 by addition of acetate buffer solution and treated with 2% sodium diethyldithiocarbamate solution. The resulting chromium(VI) complex is extracted with isobutyl methyl ketone and the atomic absorption is measured at 357.9 nm (air–nitrous oxide) or, preferably, air–acetylene flame). Another aliquot of solution is adjusted to pH 6 with acetate buffer solution and treated with 1% ethanolic 8-hydroxyquinoline (or 2-thenoyltrifluoracetone) on a steam bath for 5 min. The chromium(III) complex is extracted into isobutyl methyl ketone and the absorption of the solution is measured as above. The determination of 25 µg of chromium was unaffected by the presence of 1 mg of iron, copper, aluminium, vanadium or molybdenum.

### 8.11.3 Chemiluminescence method

Dubovenko *et al.* [24] determined chromium in waste waters by a chemiluminescence method using 4-diethylaminophthalhydrazide in potassium hydroxide. Total chromium, ie chromium(III) plus chromate, was determined by first reducing chromate to chromium(III) with hydrogen peroxide and measuring the chemiluminescence due to chromium(III). Chromate ion was determined by difference between initial and final chromium(III) concentrations.

### 8.11.4 Atomic absorption spectrometry

Kim and Kim [25] extracted chromium(VI) from waste water with p–xylene by ion pair formation with Aliquat–336 anion exchanger. The chromium was determined by atomic absorption with an air–acetylene flame. Chromium(VI) recovery was 96% and the relative standard deviation was 3.95%.

The application of this technique is also discussed under multication analysis in sections 8.39.1.1–3.

### 8.11.5 Graphite furnace atomic absorption spectrometry

The application of this technique is discussed under multication analysis in section 8.39.2.2.

### 8.11.6 Anodic stripping voltammetry

The application of this technique is discussed under multication analysis in section 8.39.5.1.

### 8.11.7 X-ray fluorescence spectroscopy

The application of this technique is discussed under multication analysis in section 8.39.6.3.

### 8.11.8 High performance liquid chromatography

Andrie and Broekaert [26] have studied the speciation of chromium in waste waters using reversed-phase high performance liquid chromatography and ultraviolet detection.

## 8.12 Cobalt

### 8.12.1 Atomic absorption spectrometry

The application of this technique is discussed under multication analysis in section 8.39.1.1.

### 8.12.2 X-ray fluorescence spectroscopy

The application of this technique is discussed under multication analysis in sections 8.39.6.1 and 8.37.6.3.

### 8.12.3 High performance liquid chromatography

The application of this technique is discussed under multication analysis in sections 8.39.7.1 and 8.37.7.2.

## 8.13 Copper

### 8.13.1 Atomic absorption spectrometry

The application of this technique is discussed under multication analysis in sections 8.39.1.1–3.

### 8.13.2 Inductively coupled plasma atomic emission spectrometry

The application of this technique is discussed under multication analysis in section 8.39.4.2.

### 8.13.3 Anodic stripping voltammetry

The application of this technique is discussed under multication analysis in section 8.39.5.1

### 8.13.4 X-ray fluorescence spectroscopy

The application of this technique is discussed under multication analysis in sections 8.39.6.1–3.

### 8.13.5 High performance liquid chromatography

The application of this technique is discussed under multication analysis in sections 8.39.7.1 and 8.39.7.2.

## 8.14 Gold

### 8.14.1 Inductively coupled atomic emission spectrometry

Gomez and McLeod [27] have reported a flow injection inductively coupled plasma atomic emission spectrometric method for the determination of gold in metal refinery waste waters.

## 8.15 Indium

### 8.15.1 Polarography

Du *et al.* [28] have described a polarographic method for the determination of indium in wastewaters which uses thioglycolic acid and α,α–dipyridyl in an acetic acid–sodium acetate buffer. The peak height is directly proportional to the indium concentration over the range of 0.5–1000 $\mu g\ L^{-1}$ and the detection limit was 5 $\mu g\ L^{-1}$.

## 8.16 Iridium

### 8.16.1 Coulometry

Li and Li [29] determined iridium(VI) by chronocoulometry. The iridium(IV) is reduced to iridium(III) at 0.3 V and the current is linearly proportional to the iridium concentration in wastewaters in the range of $10^{-5}$ to $10^{-3}$M.

## 8.17 Iron

### 8.17.1 Atomic absorption spectrometry

The application of this technique is discussed under multication analysis in sections 8.39.1.1–3.

### 8.17.2 Graphite furnace atomic absorption spectrometry

To *et al.* [30] have described a method for the direct determination of dissolved iron(III) in acid mine water. In most present methods, iron(III) is determined by computing the difference between total dissolved iron and dissolved iron(II). For acid mine waters, frequently iron(II) » iron(III); thus, accuracy and precision are considerably improved by determining iron(III) concentration directly. This method utilises two selective ligands to stabilise iron(III) and iron(II), thereby preventing changes in iron reduction–oxidation distribution. Complexed iron(II) is cleanly removed using a silica-based, reversed-phase adsorbent, yielding excellent isolation of the iron(III) complex. Iron(III) concentration is measured colorimetrically or by graphite furnace atomic absorption spectrometry. Calcium(II), lead(II), aluminium(III), zinc(II) and cadmium(II) cause insignificant colorimetric interferences for most acid mine waters. Waters containing >20 mg of copper $L^{-1}$ could cause a colorimetric interference and should be measured by graphite furnace atomic absorption spectrometry. Cobalt(II) and chromium(III) interfere if their molar ratios to iron $L^{-1}$ exceed 24 and 5, respectively. Iron(II) interferes when its concentration exceeds the capacity of the complexing ligand (14 mg $L^{-1}$). Because of the graphite furnace atomic absorption spectrometry elemental specificity, only iron(II) is a potential interferent in the graphite furnace atomic absorption spectrometry technique. The method detection limit is 2 µg $L^{-1}$ (40 nM) using graphite furnace atomic absorption spectrometry and 20 µg $L^{-1}$ (0.4 µM) by colorimetry.

### 8.17.3 Inductively coupled plasma atomic emission spectrometry

The application of this technique is discussed under multication analysis in section 8.39.4.2.

### 8.17.4 Polarography

Tackett and Wieselmann [31] used polarography to simultaneously determine iron(II) and iron(III) in coal mine waste waters. In this method, 10 ml sample of water is mixed with 15 ml of supporting electrolyte (0.5 M in sodium carbonate and in oxalic acid) and polarograms are recorded from 0.1 to –0.9 V vs the SCE at 30°C and pH 3. Diffusion currents for iron(II) and iron(III) are found by subtracting the residual current value from the diffusion current values at 0.1 V and at –0.6 V respectively. Calibration graphs for both species are rectilinear up to 500 mg $L^{-1}$. For a mixture containing 125 mg $L^{-1}$ of each species the coefficient of variation is 0.96% for iron(II) and 1.36% for iron(III).

### 8.17.5 X-ray fluorescence spectroscopy

The application of this technique is discussed under multication analysis in sections 8.39.6.1–3.

## 8.18 Lead

### 8.18.1 Atomic absorption spectrometry

The application of this technique is discussed under multication analysis in sections 8.39.1.1–3.

### 8.18.2 Graphite furnace atomic absorption spectrometry

The application of this technique is discussed under multication analysis in section 8.39.2.2.

### 8.18.3 Inductively coupled plasma atomic emission spectrometry

The application of this technique is discussed under multication analysis in section 8.39.4.2.

### 8.18.4 Anodic stripping voltammetry

The application of this technique is discussed under multication analysis in section 8.39.5.1.

### 8.18.5 X-ray fluorescence spectroscopy

The application of this technique is discussed under multication analysis in section 8.39.6.1–3.

### 8.18.6 High performance liquid chromatography

The application of this technique is discussed under multication analysis in section 8.39.7.1.

## 8.19 Lithium

### 8.19.1 Atomic absorption spectrometry

Thompson and Cummins [32] determined lithium in waste waters by atomic absorption spectrometry using an air/acetylene flame. The technique is prone to chemical interference. Using the hotter dinitrogen oxide/acetylene flame minimises interference. To achieve acceptable precision of a relative standard deviation of less than 1%, an intense lithium source must be used.

The lithium tracer technique is frequently employed in the water industry to determine the flow of raw or waste waters in open channels or pipes. The results are often used for the calibration of flow meters.

In the dinitrogen oxide/acetylene flame the lithium response was virtually independent of potassium concentration over the range 500–200 mg $L^{-1}$ of potassium. This indicated a negligible chemical interference effect in this hotter flame.

## 8.20 Magnesium

### 8.20.1 Graphite furnace atomic absorption spectrometry

The application of this technique is discussed under multication analysis in section 8.39.2.1.

### 8.20.2 Inductively coupled plasma atomic emission spectrometry

The application of this technique is discussed under multication analysis in section 8.39.4.2.

## 8.21 Manganese

### 8.21.1 Inductively coupled plasma atomic emission spectrometry

The application of this technique is discussed under multication analysis in section 8.37.4.2.

### 8.21.2 X-ray fluorescence spectroscopy

The application of this technique is discussed under multication analysis in sections 8.39.6.1–3.

## 8.22 Mercury

### 8.22.1 Flow injection analysis

Birnie [33] has applied automated flow injection analysis coupled with cold-vapour atomic absorption spectrometry to the determination of inorganic mercury and total mercury in waste water. The method uses a typical flow-injection manifold where digestion and reduction of the injected sample takes place. Mercury is removed by aeration from the flowing stream in a specially designed air–liquid separator and swept into a silica cell for absorption measurement at a wavelength of 253.7 nm. A calibration curve up to 10 mg $L^{-1}$ mercury using three different path length cells is obtained with a detection limit of 0.02 mg $L^{-1}$ mercury. The sampling rate of an injection every 3 min produces 20 results per h from a flowing stream.

### 8.22.2 Atomic absorption spectrometry

Goto *et al.* [34] have given details of an automated system for continuous monitoring down to 0.1 µg $L^{-1}$ total and inorganic mercury in water and waste waters by cold vapour atomic absorption spectrometry.

Fig. 8.1 shows schematic diagrams of the apparatus for continuous monitoring of inorganic and total mercury. One or two peristaltic pumps were used for feeding sample, air, cold water and three reagents.

The three reagents comprised are potassium phenoxysulphate (to convert organic mercury to inorganic mercury), and 5% sulphuric acid and stannous chloride (to convert inorganic mercury to elemental mercury). A UV photometer with a gas flow cell (1 mm id 10 mm long with quartz end windows) and a pen recorder (Rika Denki, model R–20) was used for measuring and recording the absorbance based on mercury vapour.

Fig. 8.2 shows a typical response for the determination of total mercury. The different standard samples and the blank solution were pumped alternately. The concentrations of the samples pumped were in the range 2.0–6.0 µg $L^{-1}$. With the flow rates used the response time was about 5 min.

Yamada *et al.* [35] and Zhu *et a*l. [36] have described cold vapour atomic absorption spectrometric methods for the determination of mercury in waste waters.

The application of this technique is also discussed under multication analysis in section 8.39.1.4.

### 8.22.3 Graphite furnace atomic absorption spectrometry

The application of this technique is discussed under multication analysis in section 8.39.2.1.

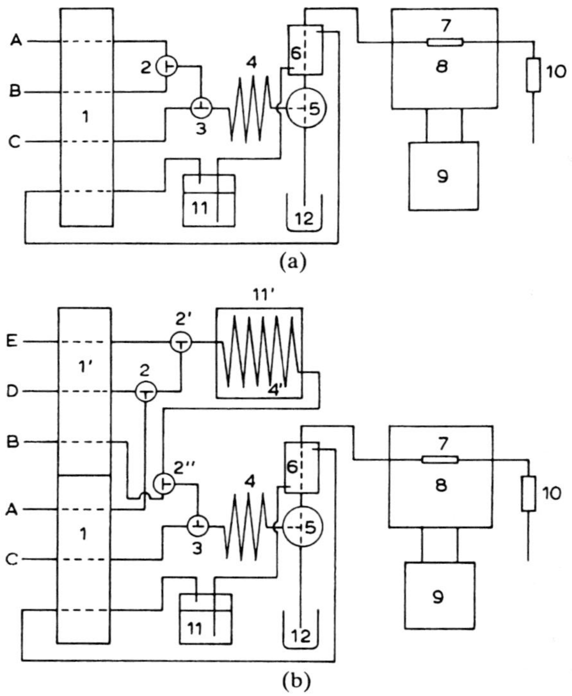


*Fig. 8.1* Schematic diagrams of the continuous monitoring system for inorganic (a) and total mercury (b) in water. (1,1') Peristaltic pump; (2, 2', 2") mixing joints for sample and reagents; (3) mixing joint for air and mixed solution; (4) reaction coil for sample reduction and mercury vapour extraction (polyethylene tubing 60 cm × 1 mm id); (4') reaction coil for sample digestion (teflon tubing, 10 m × 1 mm id); (5) gas liquid separator; (6) condenser; (7) flow cell (8 μL); (8) UV photometer (253.7 nm); (9) recorder; (10) mercury vapour absorbent; (11) water bath (0°C); (11) water bath (80°C); (12) waste reservoir, A, B, C, D and E are inlets for sample, reducing reagent, air, acid reagent and oxidising reagent respectively
Source: Reproduced by permission from Elsevier Science Publishers BV, Amsterdam

### *8.22.4 Inductively coupled plasma emission spectrometry*

Nakahara and Wasa [37] have discussed results obtained by atmospheric pressure argon microwave plasma atomic emission spectrometry in the analysis of mercury in waste waters.

### *8.22.5 High performance liquid chromatography*

The application of this technique is discussed under multication analysis in section 8.39.7.2.

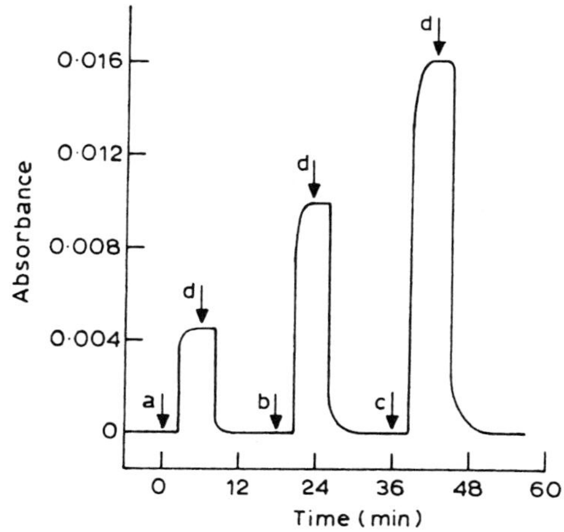


*Fig. 8.2* Typical response for the determination of total mercury. Concentration of sample pumped (mg L $^{-1}$); (a) 2.0; (b) 4.0; (c) 6.0; (d) 0. Flow rates (ml min $^{-1}$) sample 3, 2, air 3,5, acid reagent 0.5, oxidising reagent 0.5, reducing reagent 0.5
Source: Reproduced by permission from Elsevier Science Publishers BV, Amsterdam

### *8.22.6 Miscellaneous*

Malz and Reichert [14] have reviewed the determination of mercury in waste waters.

Lugowska and Rubel [38–39] compared potentiometric, dithizone, spectrophotometric and atomic absorption (253.7 nm) methods for the determination of mercury in waste waters. Potentiometric titration with dithiooxamide has adequate sensitivity and selectivity. The potentiometric titration procedure with dithiooxamide is preceded by preliminary separation of mercury by reduction [39,40].

Silver, even in a significant excess compared to mercury does not affect the determination whereas copper significantly decreases the results. The positive error in the presence of iodide and bromide results from their oxidation to bromine and iodine by potassium permanganate.

Extraction with dithizone in sulphuric acid medium is suitable for determinations of above 0.005 mg L $^{-1}$ mercury; the relative standard deviation (n=7) varying from 0.005 to 0.03 mg L $^{-1}$ mercury to 0.1 to 0.005 mg L $^{-1}$ mercury. Interference from many metal ions occurring in water and wastes are few, but copper and silver are co-extracted with mercury. In the presence of these two ions, satisfactory results were obtained when modifications were applied.

(a) Extraction from 0.02M acetate buffered medium in presence of EDTA and thiocyanate as masking agents, coupled with back-extraction of silver in the aqueous phase by shaking the dithizone extract with acidified sodium chloride solution.
(b) Determination of mercury as in the absence of copper and silver, after its preliminary separation by the reduction method [40].

Application of the extraction separation from acetate buffered medium as in modification (a) makes it possible to determine mercury even in the presence of 1000 fold amounts of copper and 100 fold amounts of silver so that this method is suitable in the analysis of industrial waters and wastes. Modification (b) gives selective separation of mercury from other ions, including copper and silver, but for satisfactory mercury results, it is necessary to wait for 2 h after reduction of excess of permanganate before extraction. Otherwise the results show positive errors and irreproducibility.

The three methods were applied to waste water samples rich in organics. Just after sampling, the samples were stabilised by nitric acid (20 ml $L^{-1}$ of waste) or sulphuric acid (5 ml $L^{-1}$) plus permanganate to give a stable colour. Prior to analysis the sample was mineralised by adding 3 ml concentrated sulphuric acid and 3 ml concentrated nitric acid per 25 ml sample, and potassium permanganate to give a stable colour. The mixture was then heated for 2 h at 120–130°C and excess permanganate decomposed by 30% hydrogen peroxide. Results obtained by the three procedures are tabulated in Table 8.3.

The potentiometric titration of mercury with dithiooxamide, especially combined with preliminary separation of mercury by reduction, is applicable in the analysis of different types of industrial wastes. In comparison to the atomic absorption spectrometric and spectrophotometric methods, the potentiometric determination has a worse detection limit, though it is adequate for waste analysis, and is more time-consuming. Nevertheless, it has significant advantages of simplicity and economy. The apparatus is simple, and the reagents are easy to prepare and stable and do not require special purification. The selectivity is similar to that of the dithizone method. When interfering ions are present, the preliminary reduction separation of mercury increases the time required by only 20 min. Titrations can be done directly after reduction of the excess of permanganate in the absorbing solution.

This preliminary separation provides limits of determination similar to those of the other two methods.

### 8.22.7 Preconcentration

Bhattacharyya [41] used a liquid chelating exchange, a beta-keto derivative of Versatic–10, to extract mercury selectively from waste

*Table 8.3* Comparison of the results of mercury determination in industrial waste samples by three different methods

| | *Potentiometric titration* | *Dithizone method* | *Absorption atomic spectrometry* |
|---|---|---|---|
| Waste I | | | |
| Hg found (mg $L^{-1}$) | 0.161 | 0.137 | 0.161 |
| $n$ | 7 | 7 | 7 |
| $s$ | 0.014 | 0.007 | 0.004 |
| $s_r$ | 0.089 | 0.048 | 0.024 |
| $\mu^a$ | 0.161 ± 0.013 | 0.137 ± 0.007 | 0.161 ± 0.04 |
| Waste II | | | |
| Hg found (mg $L^{-1}$) | 8.40 | 8.30 | 8.40 |
| $n$ | 9 | 7 | 7 |
| $s$ | 0 | 0.10 | 0.28 |
| $s_r$ | 0 | 0.01 | 0.03 |
| $\mu$ | 8.40 ± 0.00 | 8.30 ± 0.01 | 8.40 ± 0.26 |
| Waste III | | | |
| Hg found (mg $L^{-1}$) | 2.48 | 2.46 | 2.36 |
| $n$ | 5 | 5 | 5 |
| $s$ | 0.03 | 0.15 | 0.13 |
| $s_r$ | 0.01 | 0.06 | 0.06 |
| $\mu$ | 2.48 ± 0.03 | 2.46 ± 0.19 | 2.36 ± 0.17 |
| Waste IV | | | |
| Hg found (mg $L^{-1}$) | 5.07 | 5.54 | 5.86 |
| $n$ | 6 | 6 | 6 |
| $s$ | 0.12 | 0.06 | 0.09 |
| $s_r$ | 0.02 | 0.01 | 0.01 |
| $\mu$ | 5.07 ± 0.13 | 5.54 ± 0.07 | 5.86 ± 0.11 |

[a]Mean result ± standard deviation (95% confidence limit)

Source: Reproduced by permission from Elsevier Science Publishers BV, Amsterdam

waters prior to its determination by cold-vapour atomic absorption spectrometry.

## 8.23 Molybdenum

### 8.23.1 Spectrophotometric method

Bilikhova [42] has described a spectrophotometric procedure utilising dithiol (3,4–toluene dithiol) for the determination of down to 0.01 μg $L^{-1}$ molybdenum in waste waters.

Dithiol in a strongly acid medium of sulphuric acid forms a green coloured complex, which after separation into carbon tetrachloride, or chloroform, is determined spectrophotometrically at an absorption maximum of 682 nm against the blank. This technique is only applicable to samples which are free from copper(II) and which do not contain more than 0.5 mg of iron(III) or other metals in the sample volume taken for analysis.

If after the preliminary extraction the sample is still coloured, it is necessary to repeat the extraction with petroleum ether and this step must be included in the calibration procedure. If the sample contains copper(II) then the procedure is modified as follows: add to the 1100 ml of sample, 2 ml 1 + 1 sulphuric acid, 3 ml of dithiol, mix and leave to react for 10 min. Then add 10 ml of petroleum ether and extract for 10 min. If necessary repeat the petroleum ether extractions until the sample is free from colour. Separate the phases and to 1 l of the water layer, add 3 ml dithiol reagent. After 10 min, extract the water phase with 10 ml carbon tetrachloride and evaluate at 682 nm. Dithiol reacts with copper(II) forming a yellow brown complex compound, meanwhile mercury(II), silver(I), selenium(IV) and cerium (IV) get bound into colourless complexes. Those components are removed by extraction with petroleum ether together with organic coloured substances.

### 8.23.2 Inductively coupled plasma atomic emission spectrometry

The application of this technique is discussed under multication analysis in section 8.39.4.1.

## 8.24 Nickel

### 8.24.1 Atomic absorption spectrometry

The application of this technique is discussed under multication analysis in sections 8.39.1.2 and 8.39.1.3.

### 8.24.2 Graphite furnace atomic absorption spectrometry

The application of this technique is discussed under multication analysis in section 8.39.2.1.

### 8.24.3 Inductively coupled plasma atomic emission spectrometry

The application of this technique is discussed under multication analysis in section 8.39.4.2.

### 8.24.4 Anodic stripping voltammetry

The application of this technique is discussed under multication analysis in section 8.39.5.1.

### 8.24.5 X-ray fluorescence spectroscopy

The application of this technique is discussed under multication analysis in sections 8.39.6.1–3.

### 8.24.6 High performance liquid chromatography

The application of this technique is discussed under multication analysis in sections 8.39.7.1 and 8.39.7.2.

## 8.25 Selenium

### 8.25.1 Atomic absorption spectrometry

In this method [43] a nitric–perchloric acid digest of the sample is injected onto a carbon rod and evaluated at 196 nm. Iron, molybdenum, aluminium, chromium, copper, manganese, nickel and zinc are tolerated at 1000 fold excess and bismuth, lead and vanadium in 150 fold excess.

Krivan *et al.* [44] carried out a radioactive tracer diagnostic investigation of the determination of selenium in waste water by hydride generation atomic absorption spectrometry. This procedure involved preliminary treatment of the sample with hydrogen peroxide and hydrochloric acid. Apparent losses of selenium were attributed to chlorine induced back oxidation of selenium(IV) to selenium(VI).

The application of this technique is also discussed under multication analysis in sections 8.39.1.3 and 8.39.1.4.

### 8.25.2 Graphite furnace atomic absorption spectrometry

The application of this technique is discussed under multication analysis in section 8.39.2.1.

### 8.25.3 Hydride generation atomic absorption spectrometry

The application of this technique is discussed under multication analysis in section 8.39.3.1.

## 8.26 Silver

### 8.26.1 Atomic absorption spectrometry

The application of this technique is discussed under multication analysis in section 8.39.1.3.

## 8.27 Sodium

### 8.27.1 Atomic absorption spectrometry

The application of this technique is discussed under multication analysis in section 8.39.1.1.

### 8.27.2 Ion selective electrode

Ranzen and Solov'eva [45] determined sodium concentrations in waste waters by measuring pNa values. The determination was performed potentiometrically with use of a sodium responsive glass electrode. For solutions containing up to 20 m equivalent of sodium salts the instrument can be calibrated with solutions of known concentration but for more concentrated solutions the calibration must be carried out with solutions of known activity. Measurements obtained on the scale (pNa) are converted into concentration by use of activity coefficient calculated from the Debye–Huckel equation.

## 8.28 Strontium

### 8.28.1 X-ray fluorescence spectroscopy

The application of this technique is discussed under multication analysis in section 8.39.6.2.

## 8.29 Tantalum

### 8.29.1 Inductively coupled plasma atomic emission spectrometry

The application of this technique is discussed under multication analysis in section 8.39.4.1.

## 8.30 Tellurium

### 8.30.1 Inductively coupled plasma atomic emission spectrometry

The application of this technique is discussed under multication analysis in section 8.39.4.1.

## 8.31 Thallium

### 8.31.1 Spectrophotometric method

Raikova *et al.* [46] determined thallium in waste water by a spectrophotometric method using methyl violet as the chromogenic reagent and extraction of the coloured complex into benzene. For 2.2 mg $L^{-1}$ M thallium the standard deviation was 80 μg $L^{-1}$ and the coefficient of variation was 3.6%. The sensitivity was 0.2 mg $L^{-1}$ and there was no interference from antimony or gold.

### 8.31.2 Graphite furnace atomic absorption spectrometry

The application of this technique is discussed under multication analysis in section 8.39.2.1.

## 8.32 Thorium

### 8.32.1 Preconcentration

Trace amounts of tetravalent thorium were determined in wastewaters by complexation with tetravalent thorium in an acetic acid–sodium hydroxide solution as reported by Chen and Wei [47]. The thorium chelate was preconcentrated by adsorption into a mercury electrode and determined by cathodic stripping voltammetry. The method had a detection limit of $10^{-8}$ mol $L^{-1}$ and a relative standard deviation of 2.5%.

## 8.33 Tungsten

### 8.33.1 Inductively coupled plasma atomic emission spectrometry

The application of this technique is discussed under multication analysis in section 8.39.4.1.

## 8.34 Uranium

### 8.34.1 Flow injection analysis

Attalah *et al.* [48] described a continuous flow solvent extraction system for the determination of traces of uranium in nuclear plant reprocessing solutions. Methyl–isobutyl ketone was used as the extraction solvent and 2-(5-bromo-2-pyridylazo)-5-(diethylamino) phenol in methanol as the chromogenic reagent.

## 8.35 Vanadium

### *8.35.1 Spectrophotometric method*

A spectrophotometric method has been described for the determination of vanadium in waste water [49].

## 8.36 Zinc

### *8.36.1 Atomic absorption spectrometry*

The application of this technique is discussed under multication analysis in sections 8.39.1.1–3.

### *8.36.2 Graphite furnace atomic absorption spectrometry*

The application of this technique is discussed under multication analysis in section 8.39.2.1.

### *8.36.3 Inductively coupled plasma atomic emission spectrometry*

The application of this technique is discussed under multication analysis in section 8.39.4.2.

### *8.36.4 Anodic stripping voltammetry*

The application of this technique is discussed under multication analysis in section 8.39.5.1.

### *8.36.5 Differential pulse polarography*

Zinc has been determined in waste water by differential pulse polarography [50].

### *8.36.6 X-ray fluorescence spectroscopy*

The application of this technique is discussed under multication analysis in sections 8.39.6.1–3.

### *8.36.7 High performance liquid chromatography*

The application of this technique is discussed under multication analysis in section 8.39.7.1.

## 8.37 Zirconium

### 8.37.1 Inductively coupled plasma atomic emission spectrometry

The application of this technique is discussed under multication analysis in section 8.39.4.1.

### 8.38 Miscellaneous

Papoff *et al.* [51] have reviewed the application of ion chromatography to waste water analysis.

Singh *et al.* [52] have reviewed the application of energy dispersive X-ray fluorescence spectroscopy to the analysis of wastewaters.

Sweeny [53] has reviewed instrumentation and automation used in waste water treatment plants.

## 8.39 Multication analysis

### 8.39.1 Atomic absorption spectrometry

#### 8.39.1.1 Cadmium, zinc, copper and lead, cobalt, chromium, iron, beryllium sodium and calcium

Applications of atomic absorption spectrometry to waste water analysis have been reviewed by Ediger [54] and Fisher [55].

Okuso *et al.* [56] successfully established conditions for the determination of cadmium, zinc, copper and lead in waste water by atomic absorption spectrometry. They examined the effect of various mineral acids on depressant effects in the determinations of these elements in waste waters and concluded that these effects did not occur in samples containing up to 0.1 N nitric acid, hydrochloric acid, acetic acid or perchloric acid. They also discuss enhancement and inter-element effects and the avoidance of these.

Hicks *et al.* [57] discussed the effects of low concentrations of miscible organic solvents on the determination of cobalt, chromium, copper, iron, cadmium, beryllium, sodium and calcium in waste waters. They observed no effect when concentrations of ethyl alcohol, acetone, ethyl acetate and acetic acid were less than 0.1% although enhancements occurred with all these metals when the sample contained 5% of organic solvent.

#### 8.39.1.2 Iron, zinc, copper, lead, chromium, nickel and cadmium

Kruse [58] has studied the application of microwave digestion of waste water samples prior to atomic absorption spectrometry.

Digestions were performed in 120 ml teflon digestion vessels in the presence of 1 ml each of concentrated nitric and hydrochloric acids. For

*Table 8.4* Comparison of digestion methods
Results in mg kg $^{-1}$

| *Parameter* | *Wet ash* | *Microwave* | *Vacuum–* | *EPA mean* | *95% Confidence range* |
|---|---|---|---|---|---|
| Cd | 21 – | 20 (0.01) | 21 (0.010) | 19.1 | 10.5–27 |
| Cr | 217 (0.006) | 170 (0.01) | 198 (0.035) | 193 | 150–246 |
| Cu | 1023 (0.006) | 969 (0.006) | 1070 (0.006) | 1080 | 882–128 |
| Fe | 17051 (0.021) | 12609 (0.006) | 14500 (0.020) | 16500 | 11200–21000 |
| Ni | 191 (0.006) | 171 (0.012) | 191 (0.006) | 194 | 164–225 |
| Pb | 558 (0.025) | 526 (0.021) | 574 (0.021) | 526 | 372–680 |
| Zn | 1230 (0.010) | 1200 (0.044) | 1319 (0.012) | 1320 | 1190–1450 |

Standard deviations in parenthesis

Source: Reproduced by permission from the Water Pollution Control Association, US

most of the elements studied (iron, zinc, copper, lead, chromium, nickel and cadmium) digestions were complete in 60 m. A Perkin–Elmer Model 5000 atomic absorption spectrometer was used to analyse the digested samples from metals concentrations. Analyses were performed using an air–acetylene flame. Some typical results obtained by this procedure are presented in Table 8.4.

The microwave digestion methods produced recoveries from the municipal sludge sample that were well within the 95% confidence levels set by the Environmental Protection Agency (EPA). The results were generally close to the mean values obtained by the EPA. Lead appears to have a significantly better recovery with the microwave digestions.

The microwave methods also show very similar results for liquid waste samples when compared to the wet ash procedure. The precision of the microwave methods were also comparable to those obtained by the wet ash procedure.

Both microwave systems contain the acid fumes that are generated by the digestion procedures. It is still recommended that the system be connected to a vent system to protect the oven.

The time required to prepare samples for analysis is reduced from 5 h using the wet ash method to 2 h for the microwave. The samples do not need to be closely watched as is required by the wet ash method. This allows laboratory technicians to work on other tests while the samples are being digested.

This system has proven to be a reliable, accurate and precise method for digesting samples for metals analysis.

*Table 8.5* Element recovery for closed vessel microwave digestion versus open vessel hot plate digestion of influent waste water

| *Element* | *Ag* | *As* | *Cd* | *Cr* | *Cu* | *Fe* | *Pb* | *Ni* | *Se* | *Zn* |
|---|---|---|---|---|---|---|---|---|---|---|
| Hot plate (μg/mL) | 0.08 | 0.06 | 0.01 | 0.06 | 0.24 | 29.5 | 0.32 | 0.05 | ND | 0.96 |
| Recovered 4 h | 0.05 | 0.06 | 0.01 | 0.09 | 0.25 | 32.0 | 0.31 | 0.04 | ND | 1.04 |
| Microwave (μg/mL) | 0.06 | 0.07 | 0.02 | 0.10 | 0.24 | 33.0 | 0.35 | 0.07 | ND | 1.05 |
| Recovered 30 min | 0.06 | 0.07 | 0.02 | 0.10 | 0.24 | 33.0 | 0.34 | 0.06 | ND | 1.05 |

ND = none detected

Source: Reproduced by permission from the American Chemical Society

#### 8.39.1.3 Silver, arsenic, cadmium, chromium, copper, iron, lead, nickel, selenium and zinc

Revesz and Hasty [59] applied a similar technique to the determination of 10 elements in waste waters.

Table 8.5 contains concentration data for the 10 metals obtained on influent waste water samples collected at a municipal waste treatment plant. This analyte data was obtained by flame and Zeeman graphite furnace techniques using a Perkin–Elmer 5100 atomic absorption spectrophotometer. All results are blank corrected. Duplicate sets of waste water samples were digested in closed vessels using the microwave unit and in glass beakers on a hot plate. The waste water digestion time for the microwave procedure was 30 min versus approximately 4 h for the hot plate procedure. As can be seen, agreement for element recoveries between the two preparation methods is excellent.

#### 8.39.1.4 Arsenic, selenium, antimony and mercury

Hwang *et al.* [60] applied this technique to the determination of arsenic, selenium, antimony and mercury in waste waters. Antimony, selenium and arsenic were determined at 217.7, 196.0 and 193.7 nm respectively with corresponding sensitivities of 30, 5 and 4 ng. Coefficients of variation were 2.6, 3.0 and 2.8% for arsenic (0.2 μg), selenium (0.2 μg) and antimony (1 μg) respectively. For the determination of 5 ng of mercury the coefficient of variation was 4%.

### *8.39.2 Graphite furnace atomic absorption spectrometry*

#### 8.39.2.1 Calcium, magnesium, cadmium, mercury, nickel, selenium, antimony, thallium and zinc

Ediger [54] discussed the determination by graphite furnace atomic absorption spectrometry of calcium, magnesium, cadmium, mercury, nickel, selenium, antimony, thallium and zinc in paper mill waste waters.

#### 8.39.2.2 Cadmium, lead and chromium

The heavy matrix component of many waste water samples makes analysis of them by conventional atomic absorption techniques difficult. In such circumstances, Zeeman effect background correction is mandatory. If a sample in a graphite furnace atomiser is volatilised into an atmosphere in thermal equilibrium, peak area integration can eliminate variations in the atomisation rate caused by distinct properties of different compounds of the same element within sample and reference solutions. This means that integrating over the signal (peak area) instead of measuring peak height can be used to eliminate condensed phase interferences in a stabilised temperature platform furnace.

Vollkopf *et al.* [61] used a stabilised temperature platform with Zeeman effect background correction for the determination of cadmium, lead and chromium in waste water.

If phosphoric acid or ammonium is added as modifier in the determination of lead the maximum pretreatment temperature is about 850°C, the optimum atomisation temperature 1700°C.

The advantage of peak area integration was demonstrated in the determination of chromium in waste water. 50 μg of magnesium nitrate was added to each sample aliquot (20 μL) as matrix modifier. A thermal pretreatment temperature of 1600°C and an atomisation temperature of 2500°C were used in the determination of chromium.

As matrix modifier, 100 μg ammonium dihydrogen phosphate was added to each sample aliquot in the graphite tube in the determination of cadmium. The addition of 5 μg magnesium nitrate caused almost no correction problem. A thermal pretreatment temperature of 800°C could be used. Higher pretreatment temperatures led to analysis element losses. In the presence of 10 μg and 20 μg magnesium nitrate, cadmium is thermally more stable and therefore a pretreatment temperature of 900°C may be applied but an over-correction becomes visible. This means that magnesium nitrate has in combination with ammonium phosphate an additional stabilising effect on cadmium. But this mixed modifier cannot be recommended when a spectrometer with continuum source background correction is used. If the Perkin–Elmer Zeeman 5000 System is used, the thermal pretreatment temperature may be increased to about

1000°C when a matrix modifier containing 100 µg ammonium dihydrogen phosphate and 20 µg magnesium nitrate is added to the sample.

Without matrix modification the maximum thermal pretreatment temperature is about 300°C. The addition of 500 µg ammonium dihydrogen phosphate permits thermal pretreatment temperatures of up to 750°C. The addition of a mixed modifier containing magnesium nitrate and ammonium dihydrogen phosphate allows maximum pretreatment temperatures of up to 1000°C. The same stabilising effect is achieved when small amounts of sodium chloride (about 25 µg) are added to the ammonium phosphate. However, sodium chloride itself produces background and therefore, magnesium nitrate is generally preferred.

Fig. 8.3 shows the addition curve for cadmium in the waste water sample shown earlier in comparison to the analytical curve. Using the mixed modifier, 100 µg ammonium dihydrogen phosphate plus 20 µg magnesium nitrate, a direct determination of cadmium in this waste water is possible. The characteristic mass for cadmium was calculated to be 0.35 pg/0.0044 A s.

Drying of the sample aliquot within two program steps is recommended. It permits proper sample drying even for more viscous matrices. The additional thermal pretreatment step (step 4) ensures that there is no more cool inert gas streaming into the tube from the inlets when the atomisation cycle starts. Step 7 is an additional cool-down step which is necessary to cool down the platform to ambient temperature. The matrix modifier is typically pipetted automatically by the AS–40 autosampler using the alternate volume position. In general, a modifier volume equal to the sample volume (10 µl in this example) is used. If the added modifier volume is too small and a viscous sample was pipetted prior to the modifier, reproducibility problems may occur. They are caused by a rolloff of the modifier from the sample.

### *8.39.3 Hydride generation atomic absorption spectrometry*

#### 8.39.3.1 Arsenic, selenium, bismuth and antimony

Ediger [54] determined low levels of arsenic, selenium, bismuth and antimony in waste waters using hydride generation atomic absorption spectrometry.

### *8.39.4 Inductively coupled plasma atomic emission spectrometry*

#### 8.39.4.1 Boron, molybdenum, zirconium, tantalum and tungsten

Klok *et al.* [62] applied this technique to the determination of boron, molybdenum, zirconium, tantalum and tungsten in waste waters and surface waters. The method can be used in conjunction with the hydride

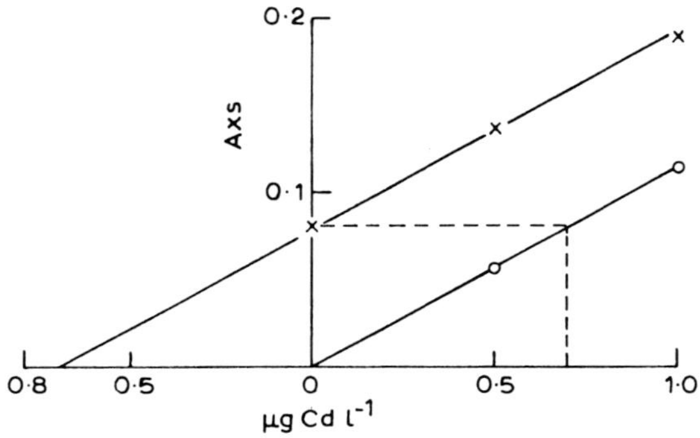


Furnace parameters for direct determination of cadmium in waste water

| | |
|---|---|
| Wavelength | 228.8 nm |
| Light source | EDL |
| Graphite tube | Pyrocoated |
| Platform | Yes |
| Matrix modifier | 500 µg $NH_4H_2PO_4$ + 10 µg $Mg(NO_3)_2$ |
| Sample volume | 10 µl |
| Alt. volume | 10 µL |

HGA program

| *Step* | *1* | *2* | *3* | *4* | *5* | *6* | *7* |
|---|---|---|---|---|---|---|---|
| Temp (°C) | 90 | 150 | 900 | 900 | 1700 | 2600 | 20 |
| Ramp (s) | 1 | 15 | 20 | 1 | 0 | 1 | 1 |
| Hold (s) | 15 | 15 | 30 | 4 | 3 | 5 | 9 |
| Read | | | | | × | | |
| Rec. | | | | | –3 | | |
| Int. flow (ml/min) | | | | Gas stop | Gas stop | | |

*Fig. 8.3* Cadmium in waste water; graphic evaluation of analyte addition technique; 100 µg $NH_4H_2PO_4$ + 20 µg $Mg(NO_3)_2$ as matrix modifier
Source: Reproduced by permission from the Royal Society of Chemistry

technique, allowing much lower detection limits in the cases of arsenic, selenium, bismuth, antimony, tellurium and lead. The precision is better than 3% at concentrations over 100 times the detection limits. A 3 ml sample containing 40 elements can be determined in less than 1 min.

#### 8.39.4.2 Aluminium, calcium, cadmium, copper, iron, magnesium, manganese, nickel, lead and zinc

To optimise inductively coupled plasma working conditions, spectral interferences and the carrier gas flow were examined by Delijska and Zadgorska [63].

The influence of high salt content or sulphuric acid were eliminated by using a peristaltic pump, dilution or internal standardisation.

A method for the determination of aluminium, calcium, cadmium, copper, iron, magnesium, manganese, nickel, lead and zinc in waste waters and industrial solution was developed. Relative standard deviations were 0.5–5.0%.

Blakemore *et al.* [64] simultaneously determined 10 elements in waste water by inductively coupled plasma emission spectrometry with electrothermal atomisation.

### 8.39.5 Differential pulse anodic stripping voltammetry

#### 8.39.5.1 Chromium, nickel, zinc, cadmium, lead and copper

Clark *et al.* [65] described a system combining differential pulse anodic stripping voltammetry and differential pulse polarography in an on-line automatic analysis of trace metals in waste water. Chromium, nickel, zinc, cadmium, lead and copper were studied.

### 8.39.6 X-ray fluorescence spectroscopy

#### 8.39.6.1 Zinc, manganese, iron, cobalt, nickel, copper and lead

X-ray fluorescence spectrometry has been applied [66] to the determination of these seven priority pollutants in waste water. 100–500 ml sample solution is transferred into a beaker and 5 ml of 10 wt–per cent sodium acetate solution and 5 ml of the sodium diethyl dithiocarbamate solution added. The pH is adjusted to 6.0 ± 0.1 then the solution transferred into a separating funnel, and 10 ml of diisobutyl ketone added accurately. The separating funnel is shaken vigorously for 1 min and allowed to stand for about 5 min. 100 µl of the solvent phase is loaded on the centre of the formed filter paper, which is then air-dried at room temperature. Measure the X-ray fluorescence intensity for 100 s by using a cylindrical sample holder. Measure background intensity on the blank formed filter paper. All of the measured X-ray lines, except Pb Lx are the Kx lines of the analysed ions.

In Fig. 8.4 are shown metal recoveries as a function of sample pH. The recovery of cobalt(II), nickel(II), copper(II) and lead was almost 100% in the pH range 4–8 when a standard 200 µg $L^{-1}$ solution of each metal ion was examined. The recovery of manganese(II), iron(III) and zinc(II) decreased at pH values below 5. The manganese DDTC compound was unstable in the diisobutylketone phase and 10–20% of its decomposition occurred during 15 min of the standing time after the extraction. The

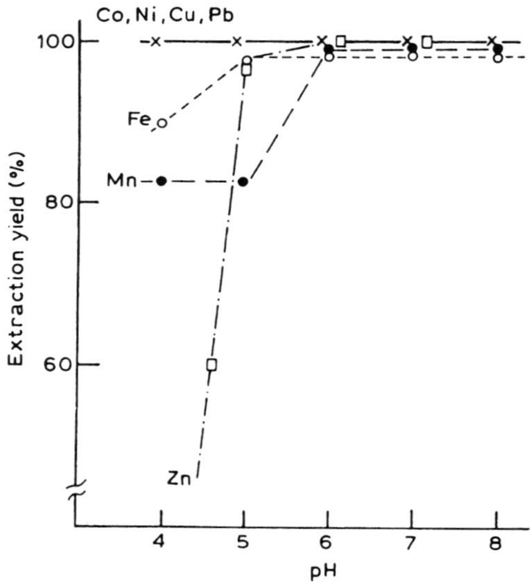


*Fig. 8.4* Extraction yield of metal ions with DDTC–DIBK as a function of pH. Amount of metal ion: 100 μg
Source: Reproduced by permission from the Royal Society of Chemistry

decomposition was negligible within 5 min after the extraction. The recommended pH is 6.7 ± 0.1.

Precisions achieved in this method ranged from 1–9% in the concentration range 1–100 μg $L^{-1}$. Detection limits are in the range 8–40 μg $L^{-1}$ for the seven elements studied.

#### 8.39.6.2 Iron, manganese, nickel, copper, zinc, strontium, barium, lead and bismuth

Murata *et al.* [67–69] used an ion exchanger epoxy resin pelletisation method to preconcentrate waste water samples for X-ray fluorescence analysis. The method was applied to the micro analysis of manganese, iron, nickel, copper, zinc, strontium, barium, lead and bismuth ions in industrial waste water. Detection limits of these metal ions based on a 500 ml sample solution are 5, 12, 5, 8, 4, 9, 300, 17 and 20 μg $L^{-1}$ respectively.

#### 8.39.6.3 Zinc, copper, nickel, lead, cobalt, manganese, iron and chromium

Hellmann and Griffatong [70] determined the optimum conditions for the determination by X-ray fluorescence of zinc, copper, nickel, lead, cobalt, manganese, iron and chromium in waste water. The sample (10 L) was filtered through a bed of Amberlite IR–120 ion-exchange resin in the sodium form to preconcentrate the metals. The metals were then eluted with sodium chloride solution and converted to their diethyl dithiocarbamates prior to embedding the precipitate in a cellulose disc for X-ray analysis.

### 8.39.7 High performance liquid chromatography

The most common detector used in the separation of metals by high performance liquid chromatography is based on monitoring the column effluent with a variable wavelength spectrometer operating in the ultraviolet or visible region. To make the metals visible before they enter the detector, they must be complexed with an organic reagent to produce complexes which absorb in the above regions of the spectrum and which, incidentally, improve the sensitivity of detection of the metals. Various metal complexing agents have been studied including 4-(2-pyridylazo) resorcinol) (PAR), dithizone, sodium diethyldithiocarbamate, bis(*n*-butyl-2)-naphthyl methyl (dithiocarbamate) zinc(II). Since 1982 various investigators have studied the application of high performance liquid chromatography to the determination of very low concentrations of metals in water samples.

Some investigators have produced organic chelate complexes from the metals after they have been separated in the inorganic form on the column, but before entry into the detector, ie post-column derivatisation, while other investigators form the organic complexes before the sample is applied to the separation column, ie pre-column derivatisation.

#### 8.39.7.1 Nickel, cobalt, copper, zinc and lead

##### 8.39.7.1.1 Post-column derivativisation methods

Cassidy and Elchuk [71,72] carried out trace enrichments and high performance liquid chromatography of solutions of nickel, cobalt, copper, zinc and lead in the low μg $L^{-1}$ range. The metal ions were enriched on a short bonded phase ion exchanger and then separated on a 13 μm styrene divinylbenzene resin. The eluted metal ions were detected with a variable wavelength UV/visible detector after a post-column reaction with 4-(2-pyridylazo) resorcinol monosodium salt.

Recovery data for 21 samples of the test metal ions in the low pictogram $mL^{-1}$ range are shown in Fig. 8.5. For each metal ion the solid line represents 100% recovery and not the best fit to the actual points shown. All of the concentrations given in Fig. 8.5 were calculated from the linear calibration curves obtained from the direct injection (20 μL) of low

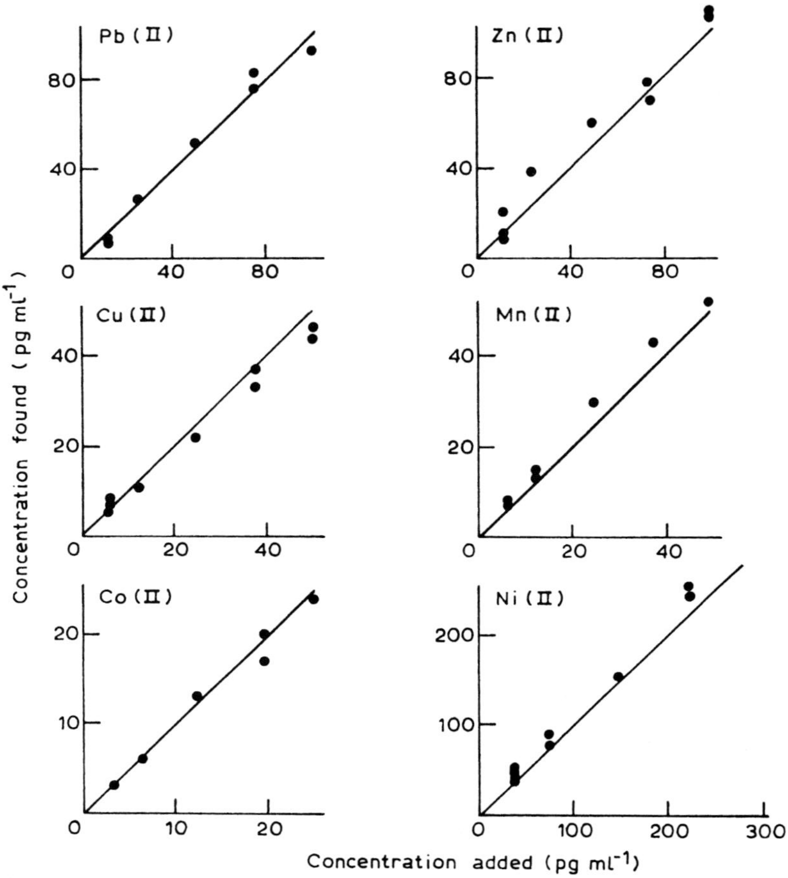


*Fig. 8.5* Calibration curves for test metal ions. Solid lines represent 100% recovery
Source: Reproduced by permission from Preston Publications Ltd, US

nanogram to low microgram amounts of the metal ions. In view of the extremely small concentrations used, these results are excellent. The scatter of data, both at single concentration values and about the 100% recovery line, shows that the reproducibility of this method is also good at these low concentrations.

Detection limits for these metal ions, determined under the same experimental conditions used to generate the data in Fig. 8.5 are in the range of 0.5 μg L$^{-1}$ (cobalt) to 15 μg L$^{-1}$ (nickel).

In Fig. 8.6 is shown a chromatogram obtained by this technique for two waste water samples. Excellent resolution is obtained for all elements examined.

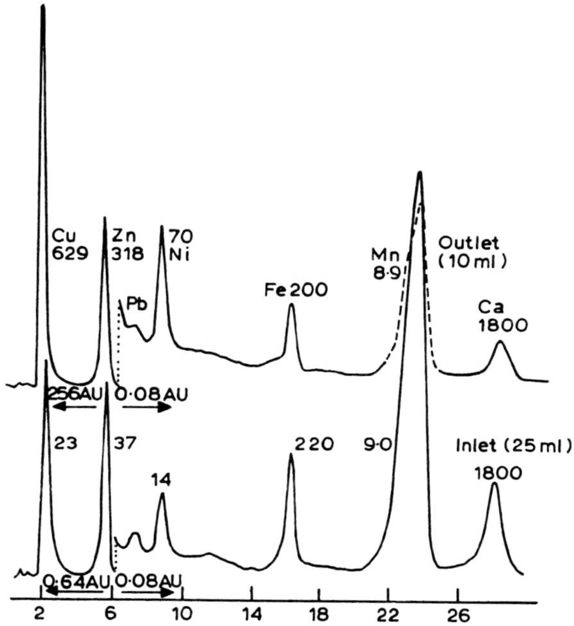


*Fig. 8.6* HPLC analysis of fresh water coolant. Experimental conditions: samples were made 0.0001 mol $L^{-1}$ in citrate (pH 4.5) and allowed to sit for 2–3 days
Reproduced by permission from Preston Publications Ltd, US

#### 8.39.7.2 Cobalt, copper, mercury and nickel

High performance liquid chromatography has been applied to the determination of these elements as the ammonium-bis(2-hydroxyethyl) dithiocarbonates in plating wastewaters [73].

#### 8.39.7.3 Ammonium

Chau and Farquharson [74] have described a procedure for the determination of trace amounts of ammonium (and amines) in waste water. The usual detectors do not respond well to these substances. This problem has been overcome by converting them to their *m*–toluyl derivatives and extracting the derivatives with dichloromethane prior to chromatography.

## References

1 Thomas, R.F. and Booth, R.L. *Environmental Science and Technology*, 7, 523 (1973).

2 Evans, W.H. and Partridge, B.F. *Analyst (London)*, **99**, 367 (1974).
3 Ip, S.Y. and Pilkington, H.M. *Journal of Water Pollution Control Federation*, **50**, 1869 (1978).
4 Hirose, S., Hayashi, M., Tamura, N., Kamidate, T., Karube, I. and Suzuki, S. *Analytical Chemistry*, **54**, 1690 (1982).
5 Hall, W.H. and Dawes, C.B. *American Laboratory*, **18**, 78 (1986).
6 Golwelker, A., Patel, K.S., Mischra, R.A. *International Journal of Environmental Analytical Chemistry*, **33**, 185 (1988).
7 Nakahara, T. and Wasa, T. *Chem. Expres.*, **1**, 527 (1986).
8 Nakahara, T., Kobayashi, S. and Musha, S. *Analytica Chimica Acta*, **104**, 173 (1979).
9 Yamamoto, Y. and Kumamaru, T. *Fresenius Z. Analyt. Chemie*, **281**, 353 (1976).
10 Nakahara, T., Tanaka, T. and Musha, S. *Bulletin of Chemical Society of Japan*, **51**, 2046 (1978).
11 Pariga, J.S. *Atomic Spectroscopy*, **3**, 126 (1982).
12 Chung-gin, H., Chaosheng, H. and HiJong, J. *Talanta*, **27**, 676 (1980).
13 Lin, S., Wang, X., Wang, Y. and Zeng, Y. *Fenxi Huaxue*, **15**, 861 (1987).
14 Malz, F. and Reichert, J.K. *Gewasserschutz Wasser, Abwasser*, No 52 (1981).
15 Hansen, E.H., Ruzicka, J. and Ghose, A.K. *Analytica Chimica Acta*, **100**, 151 (1978).
16 Ruzicka, J. and Hansen, E.H. *Analytica Chimica Acta*, **99**, 57 (1978).
17 Hansen, E.H., Krug, F.J., Ghose, A.K. and Ruzicka, J. *Analyst (London)*, **102**, 714 (1977).
18 Hansen, E.H., Ghose, A.K. and Ruzicka, J. *Analyst (London)*, **102**, 705 (1977).
19 Ruzicka, J., Hansen, E.H. and Zagatto, E.A. *Analytica Chimica Acta*, **88**, 1 (1977).
20 Ruzicka, J., Hansen, E.H. and Tjell, J.C. *Analytica Chimica Acta*, **67**, 155 (1973).
21 Van Staden, J.F. *Fresenius Journal of Analytical Chemistry*, **346**, 723 (1993).
22 Wendl, H. *Gas Wasserf. (Wasser Abwasser)*, **115**, 227 (1974).
23 Yanagisawa, M., Suzuki, M. and Takeuchi, T. *Michromica Acta*, **3**, 475 (1973).
24 Dubovenko, L.I., Zaporozhets, O.A. and Pyatnitskii, I. *Soviet Journal of Water Chemistry and Technology*, **8**, 69 (1986).
25 Kim, E.P. and Kim, U.S. *Taehan Hwahakho Chi*, **30**, 423 (1986).
26 Andrie, C.M. and Broekaert, J.A.L. *Fresenius Journal of Analytical Chemistry*, **346**, 653 (1993).
27 Gomez, M.M. and McLeod, G.W. *Journal of Analytical Atomic Spectroscopy*, **8**, 461 (1993).
28 Du, X., Feng, R. and Huang, Z. *Fenxi Huaxue*, **15**, 240 (1987).
29 Li, H. and Li, Y. *Fenxi Huoxue*, **14**, 857 (1986).
30 To, T.B., Nordstrom, K.D., Cunningham, K.M., Ball, J.W. and McCleskey, R.B. *Environmental Science and Technology*, **33**, 807 (1999).
31 Tackett, S.L. and Wieselmann, L.F. *Analytical Letters (London)*, **5**, 643 (1972).
32 Thompson, K.C. and Cummins, K.C. *Analyst (London)*, **109**, 511 (1984).
33 Birnie, S.E. *Journal of Automatic Chemistry*, **10**, 140 (1988).
34 Goto, M., Shibakawa, T., Arita, T. and Ishii, D. *Analytica Chimica Acta*, **140**, 179 (1982).
35 Yamada, E., Yamada, T. and Sato, M. *Analytical Science*, **8**, 863 (1992).
36 Zhu, L., Lu, J. and Le, X.C. *Microchimica Acta*, **111**, 207 (1993).
37 Nakahara, T. and Wasa T. *Chemical Express*, **8**, 13 (1993).
38 Lugowska, M. and Rubel, S. *Analytica Chimica Acta*, **138**, 397 (1982).
39 Rubel, S. and Lugowska, M. *Analytica Chimica Acta*, **115**, 343 (1980).

40 Rubel, S. and Lugowska, M. *Analytica Chimica Acta*, **115**, 349 (1980).
41 Bhattacharyya, S.S. *Atomic Spectroscopy*, **9**, 68 (1988).
42 Bilikova, A. Vyskymny Ustav Vodreho Hospodorstua Bratislava. Work Study 97 – Determinatnio of molybdenum and mercury in waters (1979).
43 Baird, R.B., Paurian, S. and Gabrielian, S.M. *Analytical Chemistry*, **44**, 1887 (1972).
44 Krivan, V., Petrick, K., Welz, B. and Mechoher, M. *Analytical Chemistry*, **57**, 1073 (1985).
45 Ranzen, F.V. and Solov'eva, Z.Y. *Soviet Radiochemistry*, **15**, 117 (1980).
46 Raikova, I.G., Tsvetkova, I.S., Manikhvatova, V.A. and Ul'yanov, A.I. Trudy. Nauchnoissled. proekt. Inst. Redkometall. Prom (47). 233 (1977). Ref: Zhur Khim 199 D (19) Abstract No. 19G198 (1973).
47 Chen, Q. and Wei, R. *Tongi Daxue Xuebao*, **15**, 355 (1987).
48 Attalah, R.H., Christian, G.D. and Hartenstein, S.D. *Analyst (London)*, **113**, 463 (1988).
49 Shcherbinina, S.D. and Petrova, S. Yu Energetik, (8) 21 (1972). Ref: Zhur. Khim. 19D (23) Abstract No. 23G135 (1972).
50 Jindal, V.K., Khan, M.A., Bhatnagar, R.M. and Varma, S. *Analytical Chemistry*, **57**, 380 (1985).
51 Papoff, P., Giacomelli, A. and Onor, M. *Microchemical Journal*, **46**, 385 (1992).
52 Singh, S., Mehta, D., Kumar, S., Mongal, P.C. and Trehan, P.N. *Indian Journal of Environmental Health*, **34**, 33 (1992).
53 Sweeny, M.W. *Water Environmental Research*, **65**, 374 (1993).
54 Ediger, R.R. Water Sewage Works, R112, R115–R118 (1977).
55 Fisher, R.P. *Tappi*, **61**, 63 (1978).
56 Okuso, H., Ueda, Y., Ota, K. and Kawano, K. *Japan Analyst*, **22**, 84 (1973).
57 Hicks, J.E., McPherson, R.T. and Salyer, S.W. *Analytica Chimica Acta*, **61**, 441 (1972).
58 Kruse, D. Presented at Illinois Water Pollution Control Association Meeting, Naperville, Illinois. Microwave Digestion of Environmental Samples for Trace Metal Analysis. 15 May (1986).
59 Revesz, R. and Hasty, E. Presented at 1987 Pittsburg Conference and Exposition on Analytical Chemistry and Applied Spectroscopy, by Oxford Laboratories, CEM Corporration, Matthews, North Carolina (also Oxford Laboratories, Page House, West Wycombe, UK.) Recovery study using an elevated pressure temperature microwave dissolution technique. March (1987).
60 Hwang, J.Y., Ullucci, P.A., Mokeler, C.J. and Smith, S.B. *American Laboratory*, **5**, 43 (1973).
61 Vollkopf, U., Grobenski, Z. and Welz, B. *Atomic Spectroscopy*, **4**, 165 (1983).
62 Klok, A., Kornblum, G.R. and De Galau, L. $H_2O$, **14**, 636 (1981).
63 Delijska, A. and Zadgorska, Z. *Fresenius Z. Analyt. Chemie*, **322**, 413 (1985).
64 Blakemore, W.M., Casey, P.H. and Collie, W.R. *Analytical Chemistry*, **56**, 1376 (1984).
65 Clark, B.R., Depaoli, D.W., McTaggart, D.R. and Patten, B.D. *Analytica Chimica Acta*, **215**, 13 (1988).
66 Dellefield, R.J. and Martin, T.D. *Atomic Spectroscopy*, **3**, 165 (1982).
67 Murata, M., Omatsu, M. and Mushimoto, S. *X-ray Spectrometry*, **13**, 83 (1984).
68 Murata, M. and Murokado, K. *X-ray Spectrometry*, **11**, 159 (1982).
69 Murata, M. and Noguchi, M. *Analytica Chimica Acta*, **71**, 295 (1974).
70 Hellmann, H. and Griffatong, A. *Fresenius Z. Analyt. Chemie*, **257**, 343 (1971).

71 Cassidy, R.M. and Elchuck, S. *Journal of Chromatographic Science*, **19**, 503 (1981).
72 Cassidy, R.M. and Elchuk, S. *Journal of Chromatographic Science*, **18**, 217 (1980).
73 King, J.N. and Fritz, J.S. *Analytical Chemistry*, **59**, 703 (1987).
74 Chau, E.C.M. and Farquharson, R.A. *Journal of Chromatography*, **178**, 358 (1979).

Chapter 9

# Cations in sewage effluents

## 9.1 Aluminium

### 9.1.1 *Spectrophotometric method*

Workers at the Water Research Centre UK [1,2] have described a spectrophotometric method for the determination of aluminium in sewage based on digestion of the sample with 5 N hydrochloric acid followed by spectrophotometric determination by the pyrocatechol violet method.

### 9.1.2 *Atomic absorption spectrometry*

Aluminium has been determined in sewage by atomic absorption spectrometry [3]. For electrothermal analyses of aluminium a Perkin–Elmer Model 603 atomic absorption spectrometer was employed in conjunction with a Perkin–Elmer HGA 76 heated graphite atomiser, with argon as the inert gas. The conditions were: sample injected, 20 μL; drying, 100°C for 30 s; two stage charing with ramping from 100°C to 400°C in 45 s followed by isothermal ashing at 1200°C for 30 s; atomisation at 2770°C for 8 s. The insensitive line at 257.5 nm and a spectral band of 0.2 nm were used for electrothermal analysis.

The sewage sample was acidified to 1% with nitric acid and homogenised.

### 9.1.3 *Graphite furnace atomic absorption spectrometry*

The application of this technique is discussed under multication analysis in section 9.35.2.2.

### 9.1.4 *Inductively coupled plasma atomic emission spectrometry*

The application of this technique is discussed under multication analysis in section 9.35.3.1.

### 9.1.5 Neutron activation analysis

The application of this technique is discussed under multication analysis in section 9.35.6.2.

## 9.2 Ammonium

### 9.2.1 Titration method

Rechenberg [4] described procedures for the determination of the ammonium content of sewage as a precaution against corrosive attack of concrete. A colorimetric method based on the use of Nesslers solution and an appropriate standard solution (10 mg $L^{-1}$ ammonium chloride) was adequate to determine whether the ammonium concentration was less than 10 mg $L^{-1}$ (after distilling off free ammonia and ammonium hydroxide). For amounts greater than this threshold value up to 100 mg $L^{-1}$ alkaline hydrolysis, absorption of distillate in concentrated sulphuric acid followed by back titration against standard alkali can be employed.

### 9.2.2 Spectrophotometric methods

Autoanalyser techniques have been used extensively for the determination of ammonium ions in sewage [5,6]. Official methods issued by the Department of the Environment UK [6] describe a spectrophotometric Autoanalyser method for the determination of less than 1 mg $L^{-1}$ ammonium ion in sewage based on the formation of the indophenol blue compound. The within batch standard deviation ranges from 0.2 mg $L^{-1}$ at the 10 mg $L^{-1}$ ammonium level to 0.5 mg $L^{-1}$ at the 50 mg $L^{-1}$ ammonium level. 100% recovery of ammonium was obtained from spiked sewage samples.

Ruider and Spatzierer [7] have described a comparator method for the determination of ammonium and phosphate in sewage works effluent. Results obtained were generally within 15% of those obtained by more reliable Autoanalyser methods but represent a good approximation requiring less time and expense than the standard procedures in circumstances where more sophisticated equipment is not available.

### 9.2.3 Anodic stripping voltammetry

Klasse [8] has described a rapid voltammetric method for the determination of ammonia nitrogen in sewage sludge. The method is based on the volume of nitrogen released following oxidation of ammonia by an alkaline solution of hypochlorite.

## 9.3 Antimony

### 9.3.1 Neutron activation analysis

The application of this technique is discussed under multication analysis in sections 9.35.6.1 and 9.35.6.2.

## 9.4 Arsenic

### 9.4.1 Neutron activation analysis

The application of this technique is discussed under multication analysis in section 9.35.6.2.

## 9.5 Barium

### 9.5.1 Atomic absorption spectrometry

The application of this technique is discussed under multication analysis in section 9.35.1.2.

### 9.5.2 Neutron activation analysis

The application of this technique is discussed under multication analysis in sections 9.35.6.1 and 9.35.6.2.

## 9.6 Cadmium

### 9.6.1 Atomic absorption spectrometry

The application of this technique is discussed under multication analysis in section 9.35.1.1.

### 9.6.2 Graphite furnace atomic absorption spectrometry

The application of this technique is discussed under multication analysis in section 9.35.2.1.

### 9.6.3 Inductively coupled plasma atomic emission spectrometry

The application of this technique is discussed under multication analysis in section 9.35.3.1.

### 9.6.4 Anodic stripping voltammetry

The application of this technique is discussed under multication analysis in section 9.35.4.1.

### 9.6.5 Neutron activation analysis

The application of this technique is discussed under multication analysis in section 9.35.6.2.

### 9.6.6 Ion chromatography

The application of this technique is discussed under multication analysis in section 9.35.7.1.

### 9.6.7 Miscellaneous

Hoffman [9] has reviewed the determination of cadmium in a sewage system.

### 9.6.8 Preconcentration

The preconcentration of cadmium is discussed under multication analysis in section 9.35.9.1.

## 9.7 Caesium

### 9.7.1 Neutron activation analysis

The application of this technique is discussed under multication analysis in sections 9.35.6.1 and 9.35.6.2.

## 9.8 Calcium

### 9.8.1 Atomic absorption spectrometry

A Department of the Environment (UK) Report [10] discussed the determination of calcium in sewage by atomic absorption spectrometry in the presence of a lanthanum salt as a calcium release agent.

The application of this technique is also discussed under multication analysis in section 9.35.1.2.

### 9.8.2 Graphite furnace atomic absorption spectrometry

The application of this technique is discussed under multication analysis in section 9.35.2.2.

### 9.8.3 Inductively coupled plasma atomic emission spectrometry

The application of this technique is discussed under multication analysis in section 9.35.3.1.

### 9.8.4 *Neutron activation analysis*

The application of this technique is discussed under multication analysis in section 9.35.6.2.

## 9.9 Chromium

### 9.9.1 *Luminescence spectrometry*

Low temperature luminescence measurements of the chromium(III) thicyanate complex [11] has been used to determine chromium in sewage.

### 9.9.2 *Atomic absorption spectrometry*

Atomic absorption spectrometry [12] using an air–acetylene flame, has been used to determine chromium in sewage. The chemiluminescence method is capable of determining down to 0.1 μg $L^{-1}$ chromium while the atomic absorption method determined down to 0.004 μg $L^{-1}$. In the latter method the sample is concentrated by a factor of five. Interference effects were reduced by working with a flame on the verge of luminosity rather than a distinctly luminous flame. Inter-element effects were considered acceptable.

The application of this technique is also discussed under multication analysis in section 9.35.1.1.

### 9.9.3 *Graphite furnace atomic absorption spectrometry*

The application of this technique is discussed under multication analysis in section 9.35.2.1.

### 9.9.4 *Inductively coupled plasma atomic emission spectrometry*

The application of this technique is discussed under multication analysis in section 9.35.3.1.

### 9.9.5 *Neutron activation analysis*

The application of this technique is discussed under multication analysis in sections 9.35.6.1 and 9.35.6.2.

## 9.10 Cobalt

### 9.10.1 *Atomic absorption spectrometry*

The application of this technique is discussed under multication analysis in section 9.35.1.2.

### 9.10.2 Inductively coupled plasma atomic emission spectrometry

The application of this technique is discussed under multication analysis in section 9.35.3.1.

### 9.10.3 Neutron activation analysis

The application of this technique is discussed under multication analysis in sections 9.35.6.1 and 9.35.6.2.

### 9.10.4 Ion chromatography

The application of this technique is discussed under multication analysis in section 9.35.7.1.

## 9.11 Copper

### 9.11.1 Atomic absorption spectrometry

The application of this technique is discussed under multication analysis in section 9.35.1.1.

### 9.11.2 Graphite furnace atomic absorption spectrometry

The application of this technique is discussed under multication analysis in section 9.35.2.1.

### 9.11.3 Inductively coupled plasma atomic emission spectrometry

The application of this technique is discussed under multication analysis in section 9.35.3.1.

### 9.11.4 Anodic stripping voltammetry

The application of this technique is discussed under multication analysis in section 9.35.4.1.

### 9.11.5 Polarography

The application of this technique is discussed under multication analysis in section 9.35.5.1.

### 9.11.6 Neutron activation analysis

The application of this technique is discussed under multication analysis in section 9.35.6.2.

### 9.11.7 Ion chromatography

The application of this technique is discussed under multication analysis in section 9.35.7.1.

### 9.11.8 Preconcentration

The preconcentration of copper is discussed under multication analysis in section 9.35.9.1.

## 9.12 Gold

### 9.12.1 Neutron activation analysis

The application of this technique is discussed under multication analysis in sections 9.35.6.1 and 9.35.6.2.

## 9.13 Iron

### 9.13.1 Atomic absorption spectrometry

The application of this technique is discussed under multication analysis in section 9.35.1.1.

### 9.13.2 Graphite furnace atomic absorption spectrometry

The application of this technique is discussed under multication analysis in section 9.35.2.2.

### 9.13.3 Inductively coupled plasma atomic emission spectrometry

The application of this technique is discussed under multication analysis in section 9.35.3.1.

### 9.13.4 Neutron activation analysis

The application of this technique is discussed under multication analysis in sections 9.35.6.1 and 9.35.6.2.

## 9.14 Lead

### 9.14.1 Atomic absorption spectrometry

The application of this technique is discussed under multication analysis in section 9.35.1.1.

### 9.14.2 Graphite furnace atomic absorption spectrometry

The application of this technique is discussed under multication analysis in section 9.35.2.1.

### 9.14.3 Inductively coupled plasma atomic emission spectrometry

The application of this technique is discussed under multication analysis in section 9.35.3.1.

### 9.14.4 Anodic stripping voltammetry

The application of this technique is discussed under multication analysis in section 9.35.4.1.

### 9.14.5 Polarography

The application of this technique is discussed under multication analysis in section 9.35.5.1.

### 9.14.6 Neutron activation analysis

The application of this technique is discussed under multication analysis in section 9.35.6.2.

### 9.14.7 Preconcentration

The preconcentration of lead is discussed under multication analysis in section 9.35.9.1.

## 9.15 Lithium

### 9.15.1 Atomic absorption spectrometry

The application of this technique is discussed under multication analysis in section 9.35.1.2.

# 9.16 Magnesium

## 9.16.1 Atomic absorption spectrometry

A Department of the Environment UK report [10] discussed the atomic absorption spectrometric determination of magnesium in sewage. Lanthanum is present in the solution which is aspirated in order to release magnesium from refractory compounds. The limit of detection is 0.06 mg $L^{-1}$.

The application of this technique is discussed under multication analysis in section 9.35.1.2.

## 9.16.2 Graphite furnace atomic absorption spectrometry

The application of this technique is discussed under multication analysis in section 9.35.2.2.

## 9.16.3 Inductively coupled plasma atomic emission spectrometry

The application of this technique is discussed under multication analysis in section 9.35.3.1.

## 9.16.4 Neutron activation analysis

The application of this technique is discussed under multication analysis in section 9.35.6.2.

# 9.17 Manganese

## 9.17.1 Atomic absorption spectrometry

The application of this technique is discussed under multication analysis in section 9.35.1.2.

## 9.17.2 Inductively coupled plasma atomic emission spectrometry

The application of this technique is discussed under multication analysis in section 9.35.3.1.

## 9.17.3 Neutron activation analysis

The application of this technique is discussed under multication analysis in section 9.35.6.2.

## 9.18 Mercury

### 9.18.1 Neutron activation analysis

The application of this technique is discussed under multication analysis in section 9.35.6.1.

## 9.19 Molybdenum

### 9.19.1 Atomic absorption spectrometry

The application of this technique is discussed under multication analysis in section 9.35.1.2.

### 9.19.2 Inductively coupled plasma atomic emission spectrometry

The application of this technique is discussed under multication analysis in section 9.35.3.1.

## 9.20 Nickel

### 9.20.1 Atomic absorption spectrometry

The application of this technique is discussed under multication analysis in section 9.35.1.1.

### 9.20.2 Graphite furnace atomic absorption spectrometry

The application of this technique is discussed under multication analysis in section 9.35.2.1.

### 9.20.3 Inductively coupled plasma atomic emission spectrometry

The application of this technique is discussed under multication analysis in section 9.35.3.1.

### 9.20.4 Neutron activation analysis

The application of this technique is discussed under multication analysis in section 9.35.6.2.

### 9.20.5 Ion chromatography

The application of this technique is discussed under multication analysis in section 9.35.7.1.

### 9.20.6 Miscellaneous

Cantwell *et al.* [13] have described an ion concentration method for the determination of $10^{-6}$–$10^{-7}$ M of nickel in sewage utilising application of an ion-exchange column equilibrium method and EDTA nickel and glycol-1-alanine nickel ligands.

## 9.21 Potassium

### 9.21.1 Neutron activation analysis

The application of this technique is discussed under multication analysis in section 9.35.6.2.

## 9.22 Rubidium

### 9.22.1 Neutron activation analysis

The application of this technique is discussed under multication analysis in section 9.35.6.1.

## 9.23 Scandium

### 9.23.1 Neutron activation analysis

The application of this technique is discussed under multication analysis in sections 9.35.6.1 and 9.35.6.2.

## 9.24 Selenium

### 9.24.1 Fluorescence spectrometry

Elliott *et al.* [14] determined selenium in urban and rural sewage sludges using fluorescence spectrometry of the piaselenol complex with 2,3-diamino naphthalene. The urban sludge contained elemental selenium or selenium(II) and little or no organic or oxidised selenium. Rural sludge contained a considerable proportion of organic selenium in addition to reduced forms. These results reflect both the origin of the sludges and the treatment they had received.

### 9.24.2 Neutron activation analysis

The application of this technique is discussed under multication analysis in sections 9.35.6.1 and 9.35.6.2.

## 9.25 Silver

### 9.25.1 Atomic absorption spectrometry

The application of this technique is discussed under multication analysis in section 9.35.1.2.

### 9.25.2 Neutron activation analysis

The application of this technique is discussed under multication analysis in sections 9.35.6.1 and 9.35.6.2.

## 9.26 Sodium

### 9.26.1 Neutron activation analysis

The application of this technique is discussed under multication analysis in sections 9.35.6.1 and 9.35.6.2.

## 9.27 Strontium

### 9.27.1 Atomic absorption spectrometry

The application of this technique is discussed under multication analysis in section 9.35.1.2.

### 9.27.2 Inductively coupled plasma atomic emission spectrometry

The application of this technique is discussed under multication analysis in section 9.35.3.1.

### 9.27.3 Neutron activation analysis

The application of this technique is discussed under multication analysis in section 9.35.6.2.

## 9.28 Thorium

### 9.28.1 Neutron activation analysis

The application of this technique is discussed under multication analysis in section 9.35.6.2.

## 9.29 Tin

### *9.29.1 Atomic absorption spectrometry*

The application of this technique is discussed under multication analysis in section 9.35.1.2.

## 9.30 Titanium

### *9.30.1 Inductively coupled plasma atomic emission spectrometry*

The application of this technique is discussed under multication analysis in section 9.35.3.1.

### *9.30.2 Neutron activation analysis*

The application of this technique is discussed under multication analysis in section 9.35.6.2.

## 9.31 Tungsten

### *9.31.1 Neutron activation analysis*

The application of this technique is discussed under multication analysis in section 9.35.6.2.

## 9.32 Uranium

### *9.32.1 Neutron activation analysis*

The application of this technique is discussed under multication analysis in section 9.35.6.2.

## 9.33 Vanadium

### *9.33.1 Inductively coupled plasma atomic emission spectrometry*

The application of this technique is discussed under multication analysis in section 9.35.3.1.

### *9.33.2 Neutron activation analysis*

The application of this technique is discussed under multication analysis in section 9.35.6.2.

## 9.34 Zinc

### *9.34.1 Atomic absorption spectrometry*

The application of this technique is discussed under multication analysis in section 9.35.1.1.

### *9.34.2 Graphite furnace atomic absorption spectrometry*

The application of this technique is discussed under multication analysis in section 9.35.2.1.

### *9.34.3 Inductively coupled plasma atomic emission spectrometry*

The application of this technique is discussed under multication analysis in section 9.35.3.1.

### *9.34.4 Anodic stripping voltammetry*

The application of this technique is discussed under multication analysis in section 9.35.4.1.

### *9.34.5 Neutron activation analysis*

The application of this technique is discussed under multication analysis in sections 9.35.6.1 and 9.35.6.2.

### *9.34.6 Ion chromatography*

The application of this technique is discussed under multication analysis in section 9.35.7.1.

### *9.34.7 Preconcentration*

Zinc in sewage has been preconcentrated on anion-exchange resin prior to desorption with hydrochloric acid and spectrometric determination [15].

The preconcentration of zinc is also discussed under multication analysis in section 9.35.9.1.

## 9.35 Multication analysis

### *9.35.1 Atomic absorption spectrometry*

#### 9.35.1.1 Cadmium, chromium, copper, iron, nickel, lead and zinc

Corrondo *et al.* [16] determined these elements by flame atomic absorption spectrometry and, with some elements at least, they found the results were not as satisfactory as those obtained by flameless techniques. For the analysis of lead, for example, only flameless atomic absorption yielded accurate results, although flame results were of the same order of magnitude. The respective detection limits for the analysis of lead by the two methods are for flame 10 $\mu g\ L^{-1}$ and for flameless 0.05 $\mu g\ L^{-1}$. This clearly indicates the value of the increased detection limits enjoyed by flameless atomic absorption spectrophotometry for the analysis of this type of sample.

The rapid flameless procedure can be used advantageously for routine analysis. The time saved is considerable, since homogenisation takes only 5 min as opposed to the 3–6 h required to undertake a digestion. This more than compensates for the additional time (3 min) required for flameless analysis as opposed to flame analysis. Moreover, the sensitivities are considerably lowered and so extraction and/or concentration techniques that could be required for some final effluent samples and more generally for lead analysis, may be avoided.

Correndo *et al.* [17] also studied the influence of conditioning agents on the determination of cadmium, chromium, copper, nickel, lead and zinc in sewage by atomic absorption spectrometry with electrothermal atomisation.

Conditioning agents are often used to aid the de-watering of sewage sludges prior to disposal to agricultural land. These might interfere in the electrothermal atomic-absorption spectrophotometric analysis of heavy metals. Possible interference by inorganic and polyelectrolyte conditioners were studied at the higher rates of addition normally used in sewage practice. Analyses for cadmium, chromium, copper, nickel, lead and zinc were performed by flame and electrothermal atomisation methods in conditioned and unconditioned samples. The organic polyelectrolytes tested did not interfere, nor did most inorganic conditioners at rates of addition consistent with normal sewage treatment practice. However, interferences occurred with aluminium chlorohydrate at normal and very high addition rates, and with other inorganic conditioners at very high addition levels.

Thompson and Wagstaff [18] have described a simplified method for the determination of cadmium, chromium, copper nickel, lead and zinc in sewage by atomic absorption spectrometry.

Various digestion techniques were examined for the efficient extraction of these metals contained in typical sewage sludges. It was concluded that a simple nitric acid digestion in calibrated glass tubes was an accurate, rapid and safe dissolution technique for the routine atomic-absorption determination of the above six metals in sewage sludges.

Microwave digestion techniques have been applied to the digestion of sewage samples prior to determination of cadmium, chromium, copper,

*Table 9.1* Analysis of EPA standard sludge sample by microwave
Results in mg $kg^{-1}$ (1)

| *Parameter* | *Microwave* | *V–microwave* | *EPA mean* |
|---|---|---|---|
| Cd | 20 | 19 | 19.1 |
| Cr | 185 | 193 | 193 |
| Cu | 1085 | 1086 | 1080 |
| Fe | 16745 | 15485 | 16500 |
| Mn | 200 | 200 | 202 |
| Ni | 186 | 184 | 194 |
| Pb | 578 | 629 | 5.6 |
| Zn | 1330 | 1373 | 1320 |

(1) Analyses performed by flame atomic absorption

Source: Reproduced by permission from the Water Pollution Control Association, Illinois

iron, nickel, lead and zinc by using atomic absorption spectrometry using an air–acetylene flame [19]. Good agreement with expected values were obtained on Environmental Protection Agency Reference Values (Table 9.1).

#### 9.35.1.2 Silver, cobalt, manganese, molybdenum and tin

Sterritt and Lester [20] determined these elements in sewage by a rapid electrothermal atomic absorption spectrometric method.

#### 9.35.1.3 Lithium, magnesium, calcium, strontium and barium

The Standing Committee of Analysts (UK) [21] have described an atomic absorption spectrometric method for the determination of lithium, magnesium, calcium, strontium and barium in sewage effluents.

### *9.35.2 Graphite furnace atomic absorption spectrometry*

#### 9.35.2.1 Lead, cadmium, copper, chromium, nickel and zinc

Carrondo *et al.* [16] analysed homogenised samples of sewage and sewage effluents by a rapid flameless atomic absorption technique. The results obtained for the analysis of lead, copper, cadmium, chromium, nickel and zinc were compared with those obtained by acid digestion and flame atomic absorption. The flameless method was found to be suitable for all metals in all samples and the results were comparable for accuracy with conventional methods.

A Perkin–Elmer model 305 atomic absorption spectrophotometer fitted with a deuterium background corrector and an HGA 72 heated graphite atomiser was used by these workers for all flameless analysis.

Nitric acid (1%) sulphuric acid–nitric acid or nitric acid acid–hydrogen peroxide were used to carry out the initial sample digestion.

The results obtained by flameless procedures using various sample pre treatments are shown in Table 9.2.

No significant differences between the treatments were detected for the analysis of cadmium, copper, nickel and zinc in all samples. It may therefore be concluded that all three methods are suitable for the analysis of these metals in these samples.

Stoveland *et al.* [22] and Lester *et al.* [23], respectively have described rapid flameless atomic absorption spectrometric analysis for chromium, nickel and zinc and for lead, cadmium and copper in sewage.

#### 9.35.2.2 Aluminium, calcium, iron and magnesium

The same workers [24] also investigated the application of both flame and flameless electrothermal atomic absorption spectrometry to the determination of these elements in sewage. They present the results of an experiment to compare a rapid electrothermal atomic absorption method of analysis using low-sensitivity lines, and requiring only homogenisation as pre-treatment for samples, with flame atomic absorption analysis of acid-digested samples, using high-sensitivity lines, for determining aluminium, calcium, iron and magnesium in sewages and sewage effluents. They concluded that the rapid electrothermal atomic absorption technique saves considerable time and it is recommended for use in routine analysis.

Flame analysis was undertaken using a Perkin–Elmer Model 603, atomic absorption spectrophotometer equipped with deuterium background correction. In order to remove interferences or suppress ionisation, the samples and standards to be analysed for aluminium were made up to 20000 mg $L^{-1}$ in potassium chloride and those to be analysed for calcium and magnesium were made up to 0.5% in lanthanum.

Electrothermal analyses were undertaken using the same spectrophotometer in conjunction with a Perkin–Elmer HGA–76 heated graphite atomiser. The atomisation programme used was identical for all metals and consisted, for the 20 µl samples used, in a drying stage at 100°C for 30 s, a double stage thermal decomposition with temperature ramping from 100 to 400°C in 45 s (rate 2), followed by isothermal decomposition at 1200°C for 30 s and atomisation at 2770°C for 5 s for all metals except aluminium, for which an 8 s atomisation was used. The ramping stage during the thermal decomposition avoided spattering of the sample that would otherwise have occurred if the temperature had been suddenly increased from 100 to 1200°C.

*Table 9.2* Concentrations of lead, cadmium and copper in raw sewage, settled sewage and final effluent determined by three flameless analytical methods

| *Metal* | *Sample* | *Method* | *Mode* | *F test level of significance* | *Mean conc.* $mg\ L^{-1}$ (× 100) | *RSD (%)* |
|---|---|---|---|---|---|---|
| Lead | Raw sewage | $H_2/HNO_3$ | FL | 0.01 | 10.5 | 5.7 |
| | | Homog | FL | | 9.9 | 4.2 |
| | | $H_2SO_4/HNO_3$ | FL | | 8.1[a] | 11.0 |
| | Settled sewage | $H_2O_2/HNO_3$ | FL | 0.01 | 5.8 | 3.9 |
| | | Homog | FL | | 5.6 | 2.7 |
| | | $H_2SO_4/HNO_3$ | FL | | 4.4[a] | 10.5 |
| | Final effluent | $H_2O_2$ | FL | 0.05 | 2.8 | 8.7 |
| | | Homog | FL | | 2.6 | 4.7 |
| | | $H_2SO_4/HNO_3$ | FL | | 2.4[b] | 8.5 |
| Cadmium | Raw sewage | Homog | FL | NS | 5.9 | 2.6 |
| | Settled sewage | Homog | FL | NS | 0.60 | 15.6 |
| | Final effluent | Homog | FL | NS | 0.38 | 15.0 |
| Copper | Raw sewage | Homog | FL | NS | 26.8 | 3.4 |
| | Settled sewage | Homog | FL | NS | 10.2 | 5.6 |
| | Final effluent | Homog | FL | NS | 5.6 | 7.5 |
| | | | FL | NS | | |
| Chromium | Raw sewage | Homog | FL | NS | 9.19 | 2.1 |
| | Settled sewage | Homog | FL | NS | 18.3 | 1.5 |
| | Final effluent | Homog | FL | 0.5 | 9.6 | 2.3 |
| Nickel | Raw sewage | Homog | FL | NS | 26.3 | 2.2 |
| | Settled sewage | Homog | FL | NS | 23.6 | 2.8 |
| | Final effluent | Homog | FL | NS | 16.7 | 3.4 |
| Zinc | Raw sewage | Homog | FL | NS | 64.5 | 2.0 |
| | Settled sewage | Homog | FL | NS | 25.5 | 4.6 |
| | Final effluent | Homog | FL | NS | 12.9 | 3.2 |

[a]Indicates that individual treatment means are different from the others at the 0.01 probability
[b]Indicates that individual treatment means are different from the others at the 0.05 probability
FL = flameless atomic absorption analysis; $H_2O_2/HNO_3$ = hydrogen peroxide–nitric acid digestion; $H_2SO_4/HNO_3$ = sulphuric acid–nitric acid digestion; Homog = pretreatment by homogenisation
NS = not significant at the 0.05 probability

Source: Reproduced by permission from Elsevier Science Publishers BV, Amsterdam

A comparison of the means indicated that the sulphuric acid–nitric acid digestion yielded lower results for the determination of calcium in all samples. Results obtained by flame atomic absorption spectroscopy and the hydrogen peroxide nitric acid digestion procedure and electrothermal atomic absorption spectroscopy in conjunction with homogenisation were always in agreement and yielded higher recoveries than the sulphuric acid–nitric acid digestion procedure. For the determination of magnesium in settled sewage and final effluents, the results obtained by the hydrogen peroxide–nitric acid digestion were comparable to those obtained by both of the other methods. However, a statistically significant difference exists between the sulphuric acid–nitric acid digestion followed by flame atomic absorption spectroscopy and homogenisation followed by the electrothermal method, the former method yielding lower results than the latter. For unknown reasons, all values seem to be in good statistical agreement for the determination of magnesium in raw sewage. The lower results obtained for the determination of calcium and to a lesser extent magnesium after digestion by the sulphuric acid–nitric acid method are probably due to the formation of insoluble sulphates that were retained in the filter or were not aspirated into the flame.

It is concluded that the rapid electrothermal atomic absorption method compares well with flame atomic absorption spectroscopy in conjunction with digestion methods. Homogenisation takes only 5 min as opposed to 3–6 h needed for digestion; this more than compensates for the additional time (2–3 min) required in the electrothermal as opposed to the flame method. The electrothermal method has the further advantage over flame atomic absorption spectroscopy that it dispenses with the need to add interference removal agents to samples and standards prior to analysis. Deuterium background correction is not required for the determination of the metals indicated.

### *9.35.3 Inductively coupled plasma atomic emission spectrometry*

#### 9.35.3.1 Iron, aluminium, calcium, zinc, cadmium, cobalt, magnesium, manganese, chromium, copper, nickel, lead, molybdenum, strontium, titanium and vanadium

Moselby and Vijan [25] developed inductively coupled plasma excitation sources for use in the simultaneous determination of 16 elements in sewage effluents. In Table 9.3 are shown data on control solutions over a three month period obtained by the inductively coupled plasma technique and by conventional atomic absorption spectrometry.

As shown in Table 9.3 results appear to be acceptable, although there is a slight bias towards the high concentration for the plasma technique. Statistical evaluation of the plasma and the atomic absorption results obtained on control solutions A and B for the same period is also summarised in Table 9.3 The calculated accuracy and precision values represent the long-term analytical performance of both systems. The following sample digestion procedure was used by these workers.

Aliquots (2 ml) of each sample were pipetted into test tubes held in the aluminium blocks. Blanks and control solutions were included in each block. The loaded blocks were placed in a forced air oven to dry overnight at 90°C. The dried materials were digested in aqua regia; 4 ml

*Table 9.3* Typical results for selected samples and measurement methods (all concentrations are in mg $L^{-1}$)

| *Sample* | Quality control A | | | | | Quality control B | | | | |
|---|---|---|---|---|---|---|---|---|---|---|
| *Method* | | ICP | | AAS | | | ICP | | AAS | |
| *Element* | *Expected* | *Found*[a] | *S.d.* | *Found*[a] | *S.d.* | *Expected* | *Found*[a] | *S.d.* | *Found*[a] | *S.d.* |
| Fe | 2.0 | 2.07 | 0.17 | 1.97 | 0.16 | 4.0 | 3.88 | 0.31 | 3.89 | 0.17 |
| Al | 2.0 | 1.87 | 0.19 | 1.90 | 0.23 | 4.0 | 3.49 | 0.35 | 3.73 | 0.19 |
| Ca | 25.0 | 24.8 | 1.89 | 25.6 | 1.75 | 50.0 | 48.3 | 3.59 | 49.0 | 2.02 |
| Zn | 0.4 | 0.42 | 0.08 | 0.37 | 0.03 | 0.8 | 0.78 | 0.09 | 0.74 | 0.03 |
| Cd | 0.4 | 0.40 | 0.03 | 0.40 | 0.03 | 0.8 | 0.76 | 0.06 | 0.79 | 0.08 |
| Co | 0.5 | 0.47 | 0.04 | 0.46 | 0.06 | 1.0 | 0.89 | 0.08 | 0.94 | 0.06 |
| Mg | 10.0 | 9.77 | 0.85 | 10.4 | 0.57 | 20.0 | 18.7 | 1.52 | 20.8 | 2.44 |
| Mn | 0.4 | 0.39 | 0.03 | 0.41 | 0.04 | 0.8 | 0.74 | 0.06 | 0.08 | 0.04 |
| Cr | 0.5 | 0.48 | 0.04 | 0.47 | 0.04 | 1.0 | 0.91 | 0.07 | 0.94 | 0.07 |
| Cu | 0.4 | 0.41 | 0.07 | 0.40 | 0.05 | 0.8 | 0.74 | 0.10 | 0.77 | 0.03 |
| Ni | 1.0 | 1.01 | 0.08 | 0.94 | 0.09 | 2.0 | 1.91 | 0.15 | 1.88 | 0.08 |
| Pb | 0.5 | 0.51 | 0.06 | 0.50 | 0.06 | 1.0 | 0.98 | 0.08 | 0.98 | 0.07 |
| Mo | 0.2 | 0.21 | 0.02 | 0.20 | 0.02 | 0.4 | 0.40 | 0.03 | 0.39 | 0.04 |
| Sr | 0.2 | 0.20 | 0.02 | 0.23 | 0.03 | 0.4 | 0.40 | 0.05 | 0.46 | 0.05 |
| Ti | – | – | – | – | – | – | – | – | – | – |
| V | 0.2 | 0.18 | 0.02 | 0.19 | 0.04 | 0.4 | 0.36 | 0.03 | 0.39 | 0.05 |

[a]Average of 20

Source: Reproduced by permission from Elsevier Science Publishers BV, Amsterdam

of aqua regia was dispensed into each test tube and the aluminium block was placed on a hot plate at 120°C. Samples were allowed to digest until brown fumes ceased to evolve and smooth boiling and refluxing ensued. A few drops of nitric acid were added to test tubes showing a dark residue. The volume in each test tube was reduced to approximately 2 ml by vaporation. The aluminium block was allowed to cool to room temperature and the content of each tube was diluted to 25 ml with distilled water. The acid concentration of the prepared solution was 1–1.3 M.

Digestion with a mixture of nitric acid and hydrogen peroxide has also been used to prepare solutions of sewage for analysis by inductively coupled plasma atomic emission spectrometry [26].

### 9.35.4 Differential pulse anodic stripping voltammetry

#### 9.35.4.1 Copper, lead, cadmium and zinc

This technique has been shown [27] to be capable of simultaneous determination of copper, lead, cadmium and zinc in trace amounts in domestic sewage and in the treated effluents. Suspended particulates are filtered off and subjected to ashing or wet digestion prior to the determination, and the aqueous filtrate is subjected to UV irradiation under oxidising conditions to decompose organic compounds and chelating agents. The influence of UV irradiation conditions on the recovery of the four metals from solution was examined. It was shown that the major proportion of these metals was present in the suspended solids fraction of filtered sewage and suspended water.

### 9.35.5 Polarography

#### 9.35.5.1 Copper and lead

Cooksey *et al.* [28] used dc polarography to determine copper and lead in sewage works effluents at concentrations in the range 1–20 mg $L^{-1}$. Phosphate and carbonate interfered in the measurements.

### 9.35.6 Neutron activation analysis

#### 9.35.6.1 Silver, gold, barium, cobalt, chromium, caesium, iron, mercury, sodium, rubidium, antimony, scandium, selenium and zinc

Kim *et al.* [29] have determined trace inorganic constituents in urban sewage by monostandard neutron activation analysis and have used this method to determine the fluxes and dissolved trace metal through a sewage works. The concentration of trace elements in sewage is assessed by an appropriate sampling of effluent; the sewage collected either from

*Table 9.4* Distribution of trace elements in effluents and suspended materials of the inflow and outflow

| Element | Inflow | | | Outflow | | |
|---|---|---|---|---|---|---|
| | *Effluent I*[a] ($\mu g\ L^{-1}$) | *Effluent II*[b] ($\mu g\ L^{-1}$) | *Suspended mat*[c] ($\mu g\ L^{-1}$) | *Effluent I*[a] ($\mu g\ L^{-1}$) | *Effluent II*[b] ($\mu g\ L^{-1}$) | *Suspended mat*[c] ($\mu g\ L^{-1}$) |
| Ag | 9.05 ± 0.07 | 0.41 ± 0.02 | 253 ± 2.1 | 4.97 ± 0.18 | 0.78 ± 0.16 | 346 ± 7 |
| Au | 0.041 ± 0.001 | 0.021 ± 0.001 | 0.58 ± 0.02 | 0.032 ± 0.002 | 0.016 ± 0.002 | 1.40 ± 0.06 |
| Ba | (20.5 ± 0.7)[d] | 20.5 ± 0.7 | – | (37.8 ± 3.1) | 37.8 ± 3.1 | – |
| Br | 128 ± 2 | 127 ± 2 | 26.5 ± 0.7 | 188 ± 11 | 187 ± 11 | 52.8 ± 2.7 |
| Co | 0.83 ± 0.01 | 0.78 ± 0.01 | 1.41 ± 0.06 | 1.16 ± 0.03 | 1.09 ± 0.03 | 5.75 ± 0.20 |
| Cr | 12.3 ± 0.1 | 9.7 ± 0.1 | 76.5 ± 2.5 | 9.59 ± 0.28 | 8.42 ± 0.26 | 96.7 ± 9.6 |
| Cs | 0.345 ± 0.002 | 0.333 ± 0.002 | 0.345 ± 0.036 | 0.58 ± 0.06 | 0.57 ± 0.06 | 1.02 ± 0.18 |
| Fe | 187 ± 5 | 141 ± 4 | 1357 ± 63 | 119 ±5 | 100.8 ± 4.9 | 1496 ± 87 |
| Hg | 0.262 ± 0.008 | 0.045 ± 0.006 | 6.37 ± 0.18 | 0.293 ± 0.061 | 0.19 ± 0.06 | 8.48 ± 1.08 |
| Na | – | – | 2226 ± 82 | – | – | 5503 ± 826 |
| Rb | (12.6 ± 0.2) | 12.6 ± 0.2 | – | (13.6 ± 0.55) | 13.6 ± 0.55 | – |
| Sb | 2.72 ± 0.03 | 2.62 ± 0.03 | 2.98 ± 0.13 | 1.94 ± 0.07 | 1.87 ± 0.07 | 5.75 ± 0.53 |
| Sc | 0.0072 ± 0.0008 | 0.0052 ± 0.0008 | 0.058 ± 0.002 | 0.0040 ± 0.0006 | 0.0032 ± 0.0006 | 0.065 ± 0.003 |
| Se | 0.72 ± 0.01 | 0.643 ± 0.014 | 2.11 ± 0.10 | 1.58 ± 0.04 | 1.54 ± 0.04 | 3.36 ± 0.27 |
| Zn | 96.3 ± 0.7 | 72.4 ± 0.6 | 701 ± 13 | 90.2 ± 3.7 | 76.2 ± 3.6 | 1154 ± 65 |

[a]Effluents after centrifugation at 450000 g, containing suspended materials. [b]Effluents centrifuged and filtered by a 0.45 μm micropore filter. [c]Suspended materials filtered from effluent I by a 0.45 μm micropore filter. [d]Values in ( ) are taken from effluent II.

Effluent I before filtration
Effluent II after filtration

Source: Reproduced by permission from Gordon AC Breach, Amsterdam

the inflow or the outflow of the plant is centrifuged and filtered with a 0.45 μm micropore filter and the filtrate adjusted to pH 2 using 14 M ultrapure nitric acid, solid samples were dried at 60°C.

The procedure described by Kim [29] provides the opportunity of activating a large volume of water sample for any desired length of time and of direct gamma spectrometric assay in a stable geometry. Such a possibility without chemical elaboration, therefore, increases sensitivity and accuracy. Furthermore, the use of standards is eliminated by introducing the monostandard method which replaces the standards by nuclear data. The method facilitates attaining the high precision of analysis without sacrificing the accuracy.

Irradiation was carried out on 250 ml portions of the liquid samples, adjusted to pH 2 with nitric acid and contained in a quartz volumetric flask.

After irradiation, the sample solution was cooled for 2–7 days depending on its activity intensity and transferred into a counting vessel for gamma spectrometry. The standard wires are dissolved in 6 M hydrochloric acid and diluted to a 250 ml in a counting vessel with just the same geometry as the sample mounting.

Table 9.4 presents the weighed mean values of each element in the effluents and suspended materials. The concentration of an element in effluent I is the sum of its concentrations in effluent II and suspended material. For silver, gold, mercury, caesium and scandium, the given standard deviations include analytical errors as well as deviations owing to inhomogeneities. Since the elements barium and rubidium are not detected in the suspended materials, both inflow and outflow, their concentrations in effluent I are assumed to be equal to those found in effluent II and they are given in brackets. The analytical results shown in this table indicate the location of trace elements, either in the solution or in the suspended material. Nearly all the silver as well as the mercury is found in the suspended material, whereas other elements are dissolved largely in the solution, except gold which is distributed between both. This characteristic is the same for the inflow and outflow, which can be easily ascertained by comparison of the concentration in effluent I with that in effluent II.

The techniques of inductively coupled plasma atomic emission spectrometry and neutron activation analysis are receiving extensive attention for multielement analysis of sewage samples. The former method is fast and requires a relatively small amount of sample but its sensitivity is still inferior to the neutron activation analysis for many elements. On the other hand, the neutron activation analysis does not provide satisfactory sensitivity for lead and cadmium, barium, calcium, iron, zinc and calcium. A preconcentration technique helps inductively coupled plasma atomic emission spectrometry to improve the sensitivity but the procedure is negated by the possibility of contamination and it is not always quantitative for many elements. The neutron activation analysis involves difficulties in irradiation and counting of voluminous water samples and also in handling of standards in diverse analytical conditions.

#### 9.35.6.2 Sodium, magnesium, aluminium, potassium, calcium, titanium, iron, scandium, vanadium, manganese, chromium, strontium, caesium, barium, tungsten, thorium, uranium, cobalt, nickel, arsenic, selenium, chromium, cobalt, lead, silver, cadmium, antimony, gold, copper and zinc

Dams *et al.* [30] have applied neutron activation analysis to the analysis of sewage sludges of municipal water treatment plants. This study showed that concentrations for 41 elements could be obtained. Tests for homogeneity and accuracy indicated the necessity of a thorough grinding and homogenisation of the samples before analysis.

### *9.35.7 Ion chromatography*

#### 9.35.7.1 Cobalt, nickel, copper, zinc and cadmium

This technique has been applied to the determination of cobalt, nickel, copper, zinc and cadmium as their EDTA complexes using anion separation and suppressor columns and 0.03 μm sodium bicarbonate–0.03 μm sodium carbonate [31] eluant and a conductive metric detector.

### *9.35.8 Speciation*

#### 9.35.8.1 Heavy metals

Lake *et al.* [32] have reviewed work on the fractionation, characterisation and speciation of heavy metals in sewage. Methods used to characterise heavy metals in the solid phase of sludges and sludge-amended soils include chemical extractions, elutriation and filtration, while chromatographic techniques and computer calculations are frequently applied to the solution phase. Such studies have shown metals to be predominantly associated with the solid phase, soluble and exchangeable species generally represent < 10% of total metals. Speciation in sludge-amended soils initially reflects that of the sludge itself, although changes with time have been observed. It is apparent, however, that more refined interpretation of analytical data obtained by current speciation techniques is required to further characterise heavy metals. In addition, certain techniques used to speciate metals in other matrices may have applications for sludges and sludge-amended soils.

Despite the recognised non-specific nature of chemical extraction methods, their operational simplicity and rapidity renders them most suitable for routine species identification and estimation of the bioavailability of heavy metals under field conditions. However, the distribution of a given metal between various fractions can only be considered as operationally defined by the method of extraction.

Clearly, chemical extraction does not currently represent an analytical method of speciation. Physical separation of heavy metal species tends to have less effect on the inherent speciation of a metal, and hence presents an attractive approach for complex matrices. However, physical separation techniques such as gel filtration chromatography will only distinguish between broadly defined groups of ligands, and more refined interpretation of analytical data obtained by such techniques (in particular, calculation of stability constants for metal–ligand complexes) is required if the complexity of metal binding in sludge and sludge–soil matrices is to be resolved. Conditional stability constants for a limited range of metals in spiked anaerobically digested sludges have been determined using an ion-exchange technique and Langmuir isotherms. Accumulation of reliable thermodynamic data using such techniques may contribute to the usefulness of computer models such as GEOCHEM. At present, however, modelling techniques are useful only for setting limits on speciation.

### 9.35.9 *Preconcentration*

#### 9.35.9.1 Zinc, cadmium, lead and copper

Morrison [33] estimated bioavailable metal uptake from sewage and storm water using dialysis with Chelex–100 resin in the calcium form. The resin was incorporated within the dialysis bag sealed at both ends. 'The bag was immersed in the sample for 1–4 days before releasing the chelated resin to a separation column. Metals were eluted from the resin with 1 M nitric acid and metal concentrations determined by graphite furnace and flame atomic absorption spectrometry. Zinc, cadmium, lead and copper were studied.

## References

1 Technical Inquiry Report T.I.R. No. 270. The Water Research Association, Medmenham, Marlow, Bucks, U.K. Determination of Aluminium in Sludge, January (1973).
2 Technical Inquiry Report No. T.I.R. 245. The Water Research Association, Medmenham, Marlow, Bucks, UK. The Absorbtiometeric Determination of Aluminium in Water using Pyrocatechol Violet (1972).
3 Carrondo, M.J.T., Lester, J.N. and Penny, R. *Analytica Chimica Acta*, **111**, 291 (1979).
4 Rechenberg, W. *Korrespond. Abwasser*, **32**, 618 (1985).

5 Ellerker, R. and Collinson, B. *Water Pollution Control*, **71**, 540 (1972).
6 Department of the Envirnoment/National Water Council Standing Committee of Analysts, HMSO, London. Methods for the examination of waters and associated materials. Chloride in waters, sewage and effluents. 1981 (1982).
7 Ruider, E. and Spatzierer, G. *Osterreichische Abwasser Rundschau*, **22**, 37 (1977).
8 Klasse, S. *Korrespond. Abwasser*, **34**, 523 (1987).
9 Hoffman, H.J. *Gesundheits–Ingenieur*, **103**, 311 (1982).
10 Department of the Environment, Standing Committee of Analysts, HMSO, London. Calcium in waters and sewage effluents by atomic absorption spectrometry, 1977. Tentative method (1978).
11 Solov'ev, E.A., Bozhelovnov, E.A., Sukhanovskaya, A., Tikhonov, G.P. and Golubev, Y.V. *Zhur. Analit. Khim*, **25**, 1342 (1970).
12 Thompson, K.C. and Wagstaff, K. *Analyst (London)*, **104**, 224 (1979).
13 Cantwell, F.F., Nielson, J.S. and Hrudy, S.E. *Analytical Chemistry*, 54, 1498 (1982).
14 Elliot, G.E.P., Marshall, B.W. and Smith, A.C. *Analytical Proceedings (London)*, **18**, 64 (1981).
15 Kurochkina, N.I., Lyakh, V.I. and Pereclyaeva, G.L. Nauch Trudy. irkutsh. gos. Nauchno issled. Inst. Redk. tsvet. Metall (24) 149 (1972). Ref: Zhur. Khim. 19 GD (13) (1972) Abstract No. 13 G148.
16 Carrondo, M.J.T., Perry, R. and Lester, J.N. *Science of the Total Envirnoment*, **12**, 1 (1979).
17 Corrando, M.J.T., Perry, R. and Lester, J.N. *Analyst (London)*, **104**, 937 (1979).
18 Thompson, K.D., Wagstaff, K. *Analyst (London)*, **105**, 883 (1980).
19 Kruse, D. Presented at Illinois Water Pollution. Control Association Meeting, Naperville, Illinos. Microwave Digestion of Environmental Samples for Trace Metal Analysis, May 15 (1986).
20 Sterritt, R.M. and Lester, J.N. *Analyst (London)*, **105**, 616 (1980).
21 Standing Committee of Analysts. HM Stationery Office, London. Methods for Examination of Water and Associated Materials 1987. Lithium, magnesium, calcium, strontium and barium in waters and sewage effluents by atomic absorption spectrometry (1987).
22 Stoveland, S., Astruc, M., Perry, R. and Lester, J.N. *Science of the Total Environment*, **9**, 263 (1978).
23 Lester, J.N., Harrison, R.M. and Perry, R. *Science of the Total Environment*, **8**, 153 (1977).
24 Carrando, M.J.T., Lester, J.N. and Perry, R. *Talanta*, **26**, 929 (1979).
25 Moselby, M.M. and Vijan, P.N. *Analytica Chimica Acta*, **130**, 157 (1981).
26 Hoffmann, P., Holtz, D., Lieser, K.H., Patzold, R. and Speer, R. *Korrespond. Abwasser*, **32**, 80 (1985).
27 Pihlar, B., Valenta, P., Golimowski, J. and Nurnberg, H.W. Z. *Wasser Abwasser Forsch*, **13**, 130 (1980).
28 Cooksey, B.G., Barnes, D. and Meltens, C. *Proc. Anal. Div. Chem. Soc. (London)*, **12**, 251 (1975).
29 Kim, J.I., Fielder, I., Born, H.J. and Lux, D. *International Journal of Environmental Analytical Chemistry*, **10**, 135 (1981).
30 Dams, R., Buyesse, A.M. and Helsen, M. *Journal of Radioanalytical Chemistry*, **68**, 219 (1982).
31 Tanaka, T. *Fresenius Z. Analyt. Chemie*, **320**, 125 (1985).
32 Lake, D.L., Kirk, P.W.W. and Lester, J.N. *Journal of Environmental Quality*, **13**, 175 (1984).
33 Morrison, G.M.P. *Environmental Technology Letters*, **8**, 393 (1987).

Chapter 10

# Cations in trade effluents

Various techniques used for metal analysis of trade effluents are reviewed below. While atomic absorption spectrometry is a very popular technique for this type of analysis there is no doubt that inductively coupled plasma atomic emission spectrometry and anodic or cathodic stripping voltammetry are featuring strongly in the more recently published work.

## 10.1 Actinides

### 10.1.1 X-ray fluorescence spectroscopy

Day and Vigil [1] used an on-line energy dispersive X-ray fluorescence system to monitor real time levels of actinides and metal impurities in an anion exchange effluent.

## 10.2 Aluminium

### 10.2.1 Fluorescence method

Simeonov *et al.* [2] described a method for continuous successive determination of aluminium (and fluoride) in the same sample, which is based on the mathematical correction of a complex analytical signal obtained by a fluorescence technique. A mathematical model describing the analytical signal in terms of the ratio of aluminium and fluoride concentrations is used for the correction. After masking interference from other ions, fluoride is determined potentiometrically. The method is of interest for continuous monitoring of industrial effluents, containing both fluoride and aluminium.

### 10.2.2 Neutron activation analysis

The application of this technique is discussed under multication analysis in section 10.45.10.1.

## 10.3 Ammonium

### 10.3.1 Ion chromatography

Merz and Oldeweme [3] described a selective ion chromatographic procedure coupled with fluorescence detection for the determination of ammonia in which ammonia is separated from amines and alkaline metals and reacted with *o*-phthalic acid dialdehyde on a separate column.

### 10.3.2 Miscellaneous

Daughton *et al.* [4] have reviewed four methods for the determination of ammonium in oil shale retort waters. The methods were automated distillation and acidimetric titration, phenate colorimetry, glutamate dehydrogenase enzymatic analysis and reverse-phase fractionation with combustion and chemiluminescence detection. Samples were prepared by centrifugation and pressure filtration of the supernatant fluid to remove particulate and suspended materials. Statistical comparisons showed that precisions were best for the titrimetric and colorimetric methods. Paired comparison analyses of inter-method ammonia data showed that each pair of methods gave significantly different results for the majority of samples. The method based on reverse phase fractionation with combustion and chemiluminescent detection gave the most rapid estimates of ammonia and is recommended for rapid monitoring or range finding situations.

Boyd [5] has discussed the determination of ammonia in effluents from intensive rearing fish farms.

Merz and Oldeweme [3] have described a continuous flow technique for determining ammonia in effluents in which the sample is mixed with an alkaline carrier stream and passed over a semi-permeable membrane through which free ammonia diffused into a solution of boric acid. The change in conductivity of the boric acid provided the concentration of ammonia.

## 10.4 Antimony

### 10.4.1 Spectrophotometric method

In a method for the determination of antimony in industrial effluents, Agrawal and Patki [6] form a greenish yellow coloured antimony complex with *N*-phenylbenzohydroxamic acid in 4M hydrochloric acid which is extracted from chloroform.

The complex is back extracted in 0.01M ammonia and then antimony is estimated with rhodamine B in 6M hydrochloric acid media. This bluish violet coloured complex is extractable in benzene. The maximum absorbance of the antimony rhodamine B complex is observed at 565 nm.

### 10.4.2 Graphite furnace atomic absorption spectrometry

The application of this technique is discussed under multication analysis in section 10.45.2.1.

### 10.4.3 Anodic stripping voltammetry

The application of this technique is discussed under multication analysis in section 10.45.5.1

### 10.4.4 Preconcentration

The preconcentration of antimony is discussed under multication analysis in section 10.45.12.1.

## 10.5 Arsenic

### 10.5.1 Graphite furnace atomic absorption spectrometry

The application of this technique is discussed under multication analysis in section 10.45.2.1.

### 10.5.2 Hydride generation inductively coupled plasma atomic emission spectrometry

The application of this technique is discussed under multication analysis in section 10.45.4.1.

### 10.5.3 Anodic stripping voltammetry

Leung *et al.* [7] investigated factors affecting the determination of arsenic by differential pulse anodic stripping voltammetry. This method was compared with linear scan anodic stripping voltammetry and atomic absorption spectroscopy and was shown to give satisfactory results.

### 10.5.4 Miscellaneous

Howe [8] has compared differential pulse polarography, atomic absorption spectrometry and spectrophotometry as methods for the determination of arsenic in water samples from ash ponds at steam generating plants. As a result of this investigation a differential pulse polarographic method was developed for determining total arsenic concentrations. After digestion of the sample and isolation of arsenic by solvent extraction, the peak current for arsenic is measured and compared to a standard curve. The effective range of concentrations for this method is from 2 to 50 µg $L^{-1}$ of arsenic.

The precision and accuracy of this polarographic method for determining concentrations of arsenic in water samples were compared with results obtained by two standard methods, atomic absorption and colorimetry. The three methods compared favourably for the split samples; however, results of the colorimetric method for the replicate analyses were slightly negatively biased.

## 10.6 Barium

### 10.6.1 Inductively coupled plasma atomic emission spectrometry

The application of this technique is discussed under multication analysis in section 10.45.3.1.

### 10.6.2 Emission spectrometry

The application of this technique is discussed under multication analysis in section 10.45.8.1.

### 10.6.3 X-ray fluorescence spectroscopy

The application of this technique is discussed under multication analysis in section 10.45.9.1.

## 10.7 Beryllium

### 10.7.1 Graphite furnace atomic absorption spectrometry

The application of this technique is discussed under multication analysis in section 10.45.2.1.

### 10.7.2 Emission spectrography

Beryllium and heavy metals in neutral mine waters have been preconcentrated using 8–hydroxyquinoline, sodium diethyldithiocarbamate and acetylacetone at pH 5 [9]. In acidic mine waters the beryllium was separated with other metals, from the matrix by extraction with dithizone or complexone(III), sodium diethyldithiocarbamate and acetylacetone at pH 8. The analysis was completed on a quartz spectrograph under arc conditions. The method was valid for a concentration range of 0.05–100 μg $L^{-1}$ beryllium. The relative standard deviation did not exceed 0.2.

### 10.7.3 Miscellaneous

Voloschik *et al.* [10] achieved a separation of beryllium from other alkaline earths in industrial wastes using a complexing sorbent with iminodiacetate functional groups. Detection of separated beryllium was achieved by an indirect conductiometric method. Down to 5 μg $L^{-1}$ of beryllium could be determined.

## 10.8 Bismuth

### 10.8.1 Anodic stripping voltammetry

The application of this technique is discussed under multication analysis in section 10.45.5.1

### 10.8.2 Chronopotentiometric method

The application of this technique is discussed under multication analysis in section 10.45.7.1.

### 10.8.3 Preconcentration

The preconcentration of bismuth is discussed under multication analysis in section 10.45.12.1.

## 10.9 Boron

### 10.9.1 Emission spectrometry

The application of this technique is discussed under multication analysis in section 10.45.8.1.

## 10.10 Cadmium

### 10.10.1 Atomic absorption spectrometry

This technique has been used [11] to determine down to 0.1 μg $L^{-1}$ cadmium (and copper) in plating works effluents. The sample, buffered at pH 10, is extracted with a butyl acetate solution of 2-mercaptobenzothiazole and this solution aspirated directly into an air acetylene flame. The cadmium absorption at 229.9 nm is evaluated.

### 10.10.2 Graphite furnace atomic absorption spectrometry

The application of this technique is discussed under multication analysis in section 10.45.2.1.

### *10.10.3 Inductively coupled plasma atomic emission spectrometry*

The application of this technique is discussed under multication analysis in section 10.45.3.1.

### *10.10.4 Anodic stripping voltammetry*

The application of this technique is discussed under multication analysis in section 10.45.5.1.

### *10.10.5 Chronopotentiometric method*

The application of this technique is discussed under multication analysis in section 10.45.7.1.

### *10.10.6 X-ray fluorescence spectrometry*

Cadmium is transferred from an industrial effluent sample onto an ion-exchange membrane contained in the sample flask. X-ray fluorescence of the resin enables 5 μg $L^{-1}$ of cadmium to be determined [12].

### *10.10.7 Preconcentration*

The preconcentration of cadmium is discussed under multication analysis in section 10.45.12.1.

## 10.11 Calcium

### *10.11.1 Inductively coupled plasma atomic emission spectrometry*

The application of this technique is discussed under multication analysis in section 10.45.3.1.

### *10.11.2 X-ray fluorescence spectroscopy*

The application of this technique is discussed under multication analysis in section 10.45.9.1.

### *10.11.3 Neutron activation analysis*

The application of this technique is discussed under multication analysis in section 10.45.10.1.

## 10.12 Cerium

### 10.12.1 Preconcentration

The preconcentration of cerium is discussed under multication analysis in section 10.45.12.2.

## 10.13 Chromium

### 10.13.1 Spectrophotometric method

Escobar *et al.* [13] determined chromium(III) and chromium(VI) in industrial wastes using a spectrophotometric method based on chromium(III) catalysed light emissions from luminal oxidation by hydrogen peroxide. This method was tolerant of interferences.

### 10.13.2 Atomic absorption spectrometry

Morrow and McElhaney [14] determined chromium in industrial waters using a modified flameless atomic absorption spectroscopic technique. The heated graphite atomiser consists of a commercial carbon rod atomiser modified to accept graphite tubes. This technique is rapid, accurate and sensitive.

The application of this technique is discussed under multication analysis in section 10.45.1.1.

### 10.13.3 Graphite furnace atomic absorption spectrometry

The application of this technique is discussed under multication analysis in section 10.45.2.1.

### 10.13.4 Inductively coupled plasma atomic emission spectrometry

The application of this technique is discussed under multication analysis in section 10.45.3.1.

### 10.13.5 Polarography

The application of this technique is discussed under multication analysis in section 10.45.6.1.

### 10.13.6 High performance liquid chromatography

A post-chromatographic technique for the determination and speciation of chromium ions has been described [15]. Chromium species at a lower oxidation state than the hexavalent forms were oxidised to chromate in a lead dioxide solid phase reactor. Detection was performed by complexation of chromate with 1,5–diphenylcarbazide which formed a red violet complex detectable at 540 nm. This allowed the speciation of chromium by a simple column switching technique. Conditions necessary for the fast oxidation of chromium inside the solid phase reactor are discussed. The method has been applied to the detection and speciation of chromium in steelworks effluents.

## 10.14 Cobalt

### *10.14.1 Graphite furnace atomic absorption spectrometry*

The application of this technique is discussed under multication analysis in section 10.45.2.1.

### *10.14.2 Anodic stripping voltammetry*

The application of this technique is discussed under multication analysis in sections 10.45.5.1 and 10.45.5.2.

### *10.14.3 Preconcentration*

The preconcentration of cobalt is discussed under multication analysis in section 10.45.12.1.

## 10.15 Copper

### *10.15.1 Spectrophotometric method*

Copper has been determined in milk processing effluents [16] by a method involving extraction of the acidified sample with a carbon tetrachloride solution of zinc dibenzyldithiocarbamate. The extraction of the copper complex formed is then evaluated at 435 nm. In the absence of free chlorine in the samples, recoveries were in the range 93–107%. Free chlorine interfered in the determination of copper.

Theraulaz and Thomas [17] determined cupric copper as its dithizone complex in amounts down to $\mu g\ L^{-1}$ in industrial wastes using spectrophotometry.

### *10.15.2 Graphite furnace atomic absorption spectrometry*

The application of this technique is discussed under multication analysis in section 10.45.2.1.

### 10.15.3 Inductively coupled plasma atomic emission spectrometry

The application of this technique is discussed under multication analysis in section 10.45.3.1.

### 10.15.4 Anodic stripping voltammetry

The application of this technique is discussed under multication analysis in section 10.45.5.1.

### 10.15.5 Polarography

The application of this technique is discussed under multication analysis in section 10.45.6.1.

### 10.15.6 Chronopotentiometric method

The application of this technique is discussed under multication analysis in section 10.45.7.1.

### 10.15.7 Preconcentration

The preconcentration of copper is discussed under multication analysis in section 10.45.12.1.

## 10.16 Gadolinium

### 10.16.1 Preconcentration

The preconcentration of gadolinium is discussed under multication analysis in section 10.45.12.1.

## 10.17 Gallium

### 10.17.1 Chronopotentiometric method

The application of this technique is discussed under multication analysis in section 10.45.7.1.

## 10.18 Indium

### 10.18.1 Anodic stripping voltammetry

The application of this technique is discussed under multication analysis in section 10.45.5.1.

### *10.18.2 Chronopotentiometric method*

The application of this technique is discussed under multication analysis in section 10.45.7.1.

## 10.19 Iron

### *10.19.1 Graphite furnace atomic absorption spectrometry*

The application of this technique is discussed under multication analysis in section 10.45.2.1.

### *10.19.2 Inductively coupled plasma atomic emission spectrometry*

The application of this technique is discussed under multication analysis in section 10.45.3.1.

### *10.19.3 Polarography*

The application of this technique is discussed under multication analysis in section 10.45.6.1.

### *10.19.4 X-ray fluorescence spectroscopy*

The application of this technique is discussed under multication analysis in section 10.45.9.1.

## 10.20 Lead

### *10.20.1 Spectrophotometric method*

Thind and Singh [18] have described a method for the recovery and selective separation of lead ions from lead acid battery manufacturing effluents.

### *10.20.2 Graphite furnace atomic absorption spectrometry*

The application of this technique is discussed under multication analysis in section 10.45.2.1.

### *10.20.3 Inductively coupled plasma atomic emission spectrometry*

The application of this technique is discussed under multication analysis in section 10.45.3.1.

### 10.20.4 *Anodic stripping voltammetry*

The application of this technique is discussed under multication analysis in section 10.45.5.1.

### 10.20.5 *Chronopotentiometric method*

The application of this technique is discussed under multication analysis in section 10.45.7.1.

### 10.20.6 *Neutron activation analysis*

The application of this technique is discussed under multication analysis in section 10.45.10.2.

## 10.21 Lithium

### 10.21.1 *Inductively coupled plasma atomic emission spectrometry*

The application of this technique is discussed under multication analysis in section 10.45.3.1.

## 10.22 Magnesium

### 10.22.1 *Emission spectrometry*

The application of this technique is discussed under multication analysis in section 10.45.8.1.

### 10.22.2 *Neutron activation analysis*

The application of this technique is discussed under multication analysis in section 10.45.10.1.

## 10.23 Manganese

### 10.23.1 *Spectrophotometric method*

Manganese has been determined in industrial effluents by a method based on the formulation of the red manganese M complex of 4-(2-pyridylazo) resorcinol which has an absorption maximum at pH 9.7–10.7, at 500 nm [19].

On addition of EDTA after colour development only the manganese complex is decomposed and the manganese concentration can be calculated from the decrease in extinction.

### *10.23.2 Graphite furnace atomic absorption spectrometry*

The application of this technique is discussed under multication analysis in section 10.45.2.1.

### *10.23.3 Inductively coupled plasma atomic emission spectrometry*

The application of this technique is discussed under multication analysis in section 10.45.3.1.

### *10.23.4 Chronopotentiometric method*

The application of this technique is discussed under multication analysis in section 10.45.7.1.

### *10.23.5 X-ray fluorescence spectroscopy*

The application of this technique is discussed under multication analysis in section 10.45.9.1.

## 10.24 Mercury

### *10.24.1 Flameless atomic absorption spectrometry*

Carpenter [20] has described a flameless method for the determination of mercury in paper mill effluents and showed that the practical limit of detection was 1 μg $L^{-1}$.

HMSO (UK) [21] have published cold-vapour atomic absorption spectrometric methods for determining mercury in amounts down to 1 μg $L^{-1}$.

Churchill *et al.* [22] have discussed cold-vapour atomic absorption spectrometric methods published by the Environmental Protection Agency (USA) for the determination of mercury in effluents.

### *10.24.2 Hydride generation inductively coupled plasma atomic emission spectrometry*

The application of this technique is discussed under multication analysis in section 10.45.4.1.

### *10.24.3 Stripping potentiometry*

Scollary *et al.* [23] used stripping potentiometry to determine down to 5 ppb mercury in industrial wastes.

Loomba and Panday [24] have described a potentiometric method for the determination of mercury(II) in chloralkali effluents.

### 10.24.4 Emission spectrometry

In a method [25] for determining down to 1 μg $L^{-1}$ mercury in effluents, the sample is extracted with a 0.004% solution of dithizone in carbon tetrachloride. The extract is adsorbed on to carbon powder which is then placed in an electrode at 500°C. The intensity of the mercury 2536 nm line in the arc spectrum is evaluated.

### 10.24.5 X-ray fluorescence spectrometry

Bhat *et al.* [26] used energy dispersive X-ray fluorescence spectroscopy to determine low levels of mercury in industrial wastes.

## 10.25 Molybdenum

### 10.25.1 Preconcentration

The preconcentration of molybdenum is discussed under multication analysis in section 10.45.12.1.

## 10.26 Nickel

### 10.26.1 Spectrophotometric method

The application of this technique is discussed under multication analysis in section 10.45.1.1.

### 10.26.2 Graphite furnace atomic absorption spectrometry

The application of this technique is discussed under multication analysis in section 10.45.2.1.

### 10.26.3 Anodic stripping voltammetry

The application of this technique is discussed under multication analysis in sections 10.45.5.1 and 10.45.5.2.

## 10.27 Niobium

### 10.27.1 X-ray fluorescence spectroscopy

The application of this technique is discussed under multication analysis in section 10.45.9.1.

### 10.27.2 Preconcentration

The preconcentration of niobium is discussed under multication analysis in section 10.45.12.1.

## 10.28 Potassium

### 10.28.1 Inductively coupled plasma atomic emission spectrometry

The application of this technique is discussed under multication analysis in section 10.45.3.1.

### 10.28.2 X-ray fluorescence spectroscopy

The application of this technique is discussed under multication analysis in section 10.45.9.1.

### 10.28.3 Neutron activation analysis

The application of this technique is discussed under multication analysis in section 10.45.10.1.

## 10.29 Rubidium

### 10.29.1 X-ray fluorescence spectroscopy

The application of this technique is discussed under multication analysis in section 10.45.9.1.

## 10.30 Ruthenium

### 10.30.1 Preconcentration

The preconcentration of ruthenium is discussed under multication analysis in section 10.45.12.2.

## 10.31 Selenium

### 10.31.1 Graphite furnace atomic absorption spectrometry

The application of this technique is discussed under multication analysis in section 10.45.2.1.

### 10.31.2 Hydride generation inductively coupled plasma atomic emission spectrometry

The application of this technique is discussed under multication analysis in section 10.45.4.1.

## 10.32 Silicon

### 10.32.1 Neutron activation analysis

The application of this technique is discussed under multication analysis in section 10.45.10.1.

## 10.33 Silver

### 10.33.1 Atomic absorption spectrometry

This technique has been applied [27] to the determination of down to 1.5 mg $L^{-1}$ silver in industrial effluents. A hollow cathode lamp is used as source and an air–propane flame for excitation; measurements are made at 328 nm. The sensitivity is 1.5 mg $L^{-1}$ silver.

### 10.33.2 Graphite furnace atomic absorption spectrometry

The application of this technique is discussed under multication analysis in section 10.45.2.1.

### 10.33.3 Inductively coupled plasma atomic emission spectrometry

The application of this technique is discussed under multication analysis in section 10.45.3.1.

## 10.34 Sodium

### 10.34.1 Inductively coupled plasma atomic emission spectrometry

The application of this technique is discussed under multication analysis in section 10.45.3.1.

### 10.34.2 Emission spectrometry

The application of this technique is discussed under multication analysis in section 10.45.8.1.

## 10.35 Strontium

### *10.35.1 X-ray fluorescence spectroscopy*

The application of this technique is discussed under multication analysis in section 10.45.9.1.

## 10.36 Tantalum

### *10.36.1 X-ray spectrometry*

Rossokha and Rekhkolainer [28] used X-ray spectrochemical analysis to determine down to 0.4 mg $L^{-1}$ tantalum in effluents from tantalum manufacture. Prior to spectrochemical analysis tantalum is converted to its fluoride and then extracted with cyclohexanone.

## 10.37 Tellurium

### *10.37.1 Graphite furnace atomic absorption spectrometry*

The application of this technique is discussed under multication analysis in section 10.45.2.1.

## 10.38 Thallium

### *10.38.1 Anodic stripping voltammetry*

The application of this technique is discussed under multication analysis in section 10.45.5.1.

### *10.38.2 Chronopotentiometric method*

The application of this technique is discussed under multication analysis in section 10.45.7.1.

## 10.39 Tin

### *10.39.1 Spectrophotometric method*

Chakravarty *et al.* [29] have described a spectrophotometric method utilising pyrocatechol violet for the determination of tin in industrial wastes.

### *10.39.2 Anodic stripping voltammetry*

The application of this technique is discussed under multication analysis in section 10.45.5.1.

### 10.39.3 Chronopotentiometric method

The application of this technique is discussed under multication analysis in section 10.45.7.1.

### 10.39.4 Preconcentration

The preconcentration of tin is discussed under multication analysis in section 10.45.12.1.

## 10.40 Tungsten

### 10.40.1 Neutron activation analysis

The application of this technique is discussed under multication analysis in section 10.45.10.2.

### 10.40.2 Preconcentration

The preconcentration of tungsten is discussed under multication analysis in section 10.45.12.1.

## 10.41 Uranium

### 10.41.1 Spectrophotometric method

Uranium in mine waters is reacted with brilliant green and the coloured complex extracted into toluene prior to spectrophotometric evaluation [30].

### 10.41.2 Ion chromatography

Uranium has been determined in process liquids by ion chromatography using an ammonium sulphate sulphuric acid element. Uranium was determined in the eluant. Uranium was determined in the eluate spectrophotometrically at 520 mm as the 4(-2-pyridylazo) resorcinol complex [31].

## 10.42 Vanadium

### 10.42.1 Graphite furnace atomic absorption spectrometry

The application of this technique is discussed under multication analysis in section 10.45.2.1.

### 10.42.2 Preconcentration

The preconcentration of vanadium is discussed under multication analysis in section 10.45.12.1.

## 10.43 Zinc

### 10.43.1 Inductively coupled plasma atomic emission spectrometry

The application of this technique is discussed under multication analysis in section 10.45.3.1.

### 10.43.2 Anodic stripping voltammetry

The application of this technique is discussed under multication analysis in section 10.45.5.1.

### 10.43.3 Chronopotentiometric method

The application of this technique is discussed under multication analysis in section 10.45.7.1.

### 10.43.4 Emission spectrometry

The application of this technique is discussed under multication analysis in section 10.45.8.1.

### 10.43.5 X-ray fluorescence spectroscopy

The application of this technique is discussed under multication analysis in section 10.45.9.1.

### 10.43.6 Preconcentration

The preconcentration of zinc is discussed under multication analysis in section 10.45.12.1.

## 10.44 Zirconium

### 10.44.1 Preconcentration

The preconcentration of zirconium is discussed under multication analysis in section 10.45.12.2.

## 10.45 Multication analysis

### *10.45.1 Spectrophotometric method*

#### 10.45.1.1 Nickel and chromium

Wang *et al.* [32] used reversed flow injection analysis coupled with spectrophotometry to determine nickel and chromium in industrial wastes.

### *10.45.2 Graphite furnace atomic absorption spectrometry*

#### 10.45.2.1 Cadmium, vanadium, cobalt, chromium, copper, iron, manganese, nickel, lead, selenium, silver, tellurium, antimony, arsenic, beryllium and cadmium

The Environmental Protection Agency (US) has published details of graphite furnace atomic absorption spectrometric methods for a range of metals in industrial and power station effluents [33].

In this method samples are introduced into a graphite furnace of the mini-Massman design. Separate drying, charring and atomising program steps are incorporated in a controller that establishes appropriate resistance heating of the graphite tube. This unit is used with a double beam Perkin–Elmer atomic absorption spectrophotometer equipped with a deuterium background corrector. The decrease in energy of the hollow cathode or electrodeless discharge lamp is detected on a strip chart recorder as a transient peak and this peak height is proportional to concentration.

Recoveries obtained in this procedure when various effluent samples were spiked with 10 μg $L^{-1}$ of the eight elements were in the range 100 ± 5%. Other applications of this technique are reviewed in Table 10.1.

### *10.45.3 Inductively coupled plasma atomic emission spectrometry*

#### 10.45.3.1 Calcium, magnesium, sodium, cadmium, copper, iron, potassium, lithium, zinc, barium, chromium, lead and silver

Applications of this technique are reviewed in Table 10.2.

Broekaert *et al.* [39] attempted to optimise the operational parameters of the nebuliser and inductively-coupled plasma in the multielement trace analysis of organic solutions, using a 4 kW argon/nitrogen inductively coupled plasma with a pneumatic nebuliser. A relatively low aerosol carrier–gas flow, exposure time of 1 min, 3–5 s integration time, sample uptake rate of 1 ml per min and an observation height of 4–8 mm above the coil, improve the detection power and the analytical precision.

*Table 10.1* Multimetal analysis of trade effluents

| *Elements* | *Type of sample* | *Technique* | *Detection limit* ($\mu g\ L^{-1}$) | *Ref.* |
|---|---|---|---|---|
| Cadmium<br>Vanadium<br>Cobalt<br>Chromium<br>Copper<br>Iron<br>Manganese<br>Nickel | Nuclear power plant cooling water | Flameless atomic absorption spectrometry graphite tube with automatic sampling unit | 0.0025<br>5 | [34,35] |
| Lead<br>Selenium<br>Silver<br>Tellurium<br>Antimony<br>Arsenic<br>Beryllium<br>Cadmium | Metals<br>Industry effluents<br>Trade effluents<br>Power plant effluents | Flameless atomic absorption spectrometry<br>Graphite furnace mini-Massman design | 1<br>1<br>0.5<br>1<br>0.5<br><br>1<br>1 | [33] |

Source: Own files

*Table 10.2* Determination of metals in trade effluents

| | *Sample type* | *Method* | *Detection limit* ($\mu g\ L^{-1}$) | *Ref.* |
|---|---|---|---|---|
| Calcium<br>Magnesium<br>Sodium<br>Cadmium<br>Copper<br>Iron<br>Potassium<br>Lithium<br>Zinc | Acid mine water | Inductively coupled plasma atomic emission spectrometry | 1.4<br>1.4<br>2.0<br>1.8<br>6.2<br>15.8<br>3.5<br>0.3<br>1.2 | [36] |
| Barium<br>Cadmium<br>Chromium<br>Lead<br>Silver | Waste metal leachates | Barium, cadmium, chromium, lead and silver: inductively coupled plasma emission spectrometry | 0.5–50 | [37] |
| 19 elements | Nuclear industry waste | Inductively coupled plasma atomic emission spectrometry on solvent extracts of sample | 0.004–4000 | [38] |

Source: Own files

*Table 10.3* Determination of metals in trade effluents

| | *Sample type* | *Method* | *Detection limit* ($\mu g\ L^{-1}$) | *Ref.* |
|---|---|---|---|---|
| Nickel<br>Cobalt | Pressurised water reactor coolant | Differential pulse anodic scanning voltammetry of dimethylglyoxinate complexes at a hanging mercury drop electrode | 2<br>8 | [40] |
| Lead<br>Cadmium | Galvanising plant effluents | Continuous flow reverse phase anodic scanning voltammetry | – | [41] |
| Zinc<br>Cadmium<br>Lead<br>Bismuth<br>Copper<br>Thallium<br>Indium<br>Antimony<br>Tin<br>Nickel | Industrial and sewage effluents | Differential pulse anodic stripping voltammetry, 50 samples can be analysed per day. Results in good agreement with atomic absorption spectrometry | sub $\mu g\ L^{-1}$ to $\mu g\ L^{-1}$ | [42] |

Source: Own files

The capabilities of the method were demonstrated by analysis of industrial waste water with high salt content and the multielement trace analysis of lubricating oils. Experiments with a computer-controlled chromator showed that accuracy is improved if background measurements are made, independently for each sample, at wavelengths near the analytical lines.

### *10.45.4 Hydride generation inductively coupled plasma atomic emission spectrometry*

#### 10.45.4.1 Arsenic selenium and mercury

This technique has been employed for the determination of these metals in waste water leachates.

### *10.45.5 Anodic stripping voltammetry*

#### 10.45.5.1 Nickel, cobalt, lead, cadmium, zinc, bismuth, copper, thallium, indium, antimony and tin

Some applications of this technique are reviewed in Table 10.3.

#### 10.44.5.2 Nickel and cobalt

Nan *et al.* [43] used stripping potentiometry, based on absorptive accumulation of nickel and cobalt with dimethylglyoxine or α benzyldioxine to determine 10 ppt of nickel and cobalt in industrial wastes. Nitrite was used to enhance the stripping signal.

### *10.45.6 Polarography*

#### 10.45.6.1 Iron, copper and chromium

Rubal *et al.* [44] determined these elements in electroplating effluents using polarography in 0.8 M acetate buffer containing EDTA at pH 5.5.

### *10.45.7 Chronopotentiometric method*

#### 10.45.7.1 Copper, zinc, cadmium, gallium, indium, thallium, tin, lead, bismuth and manganese

The procedure described by Galinker *et al.* [45] involves electrical reduction of these metals at a mercury electrode with the formation of amalgams and subsequent anodic oxidation by the current.

### *10.45.8 Emission spectrometry*

#### 10.45.8.1 Sodium, magnesium, boron, barium, zinc etc.

Various workers have described the application of this technique to the determination of up to 36 metals in industrial effluents [46,47] and pickling plant effluents [48]. Detection limits ranged from 56 μg $L^{-1}$ to 1100 μg $L^{-1}$.

### *10.45.9 X-ray fluorescence spectroscopy*

#### 10.45.9.1 Potassium, calcium, manganese, iron, nickel, zinc, rubidium, strontium and barium

This technique has been applied to the determination of these metals in power station fly ash leachates [49].

### *10.45.10 Neutron activation analysis*

#### 10.45.10.1 Aluminium, calcium, potassium, magnesium, and silicon

This technique has been applied to the determination of these metals in paper works effluents [50].

*Table 10.4* Miscellaneous methods, metals in trade effluents

| *Elements* | *Type of sample* | *Technique* | *Ref.* |
|---|---|---|---|
| Copper<br>Cadmium<br>Mercury<br>Zinc<br>Chromium<br>Nickel | Galvanising plant effluents | Paper chromatography<br>Nickel, copper, zinc, chromium, cadmium, with 1,4–dioxane nitric acid–water (200:2:5) as solvent and ethanolic alizarin as spray reagent<br>Copper, cadmium, mercury, butanol saturated with 3 N hydrochloric acid and chloroformic dithizone as spray reagent | [52] |
| Miscellaneous | Industrial effluents | Review of methods | [53] |
| Vanadium<br>Zinc works | Gas and coke effluents | Review of methods | [54] |
| Miscellaneous | Paper mill effluents | Review of methods | [55] |

Source: Own files

#### 10.45.10.2 Tungsten and lead

These elements have been determined in dried evaporates of mine water [51]. After irradiation, tungsten and gold carriers are added and after a detailed workup procedure the gold is extracted into diethyl ether and metallic gold precipitated with hydrazine and the tungsten is precipitated as tungstic acid. After weighing these solids to determine chemical yield the activities of tungsten 187 and gold 178 are measured by $\gamma$-ray scintillation spectrometry.

### *10.45.11 Miscellaneous*

Some miscellaneous methods are reviewed in Table 10.4.

### *10.45.12 Preconcentration*

#### 10.45.12.1 Copper, zinc, vanadium, tin, molybdenum, niobium, bismuth, tungsten, gadolinium, cobalt, cadmium and antimony

*Solvent extraction methods*

Petrov *et al.* [56] assessed the suitability of 0.05M solution of diantipyryl methane in chloroform or dichloromethane as an extractant for preconcentrating traces of 20 metals in mine waters to which ammonium thiocyanate has been added. This reagent does not complex with nickel, aluminium, iron or manganese but can be used for the preconcentration of copper, zinc, vanadium, tin, molybdenum, niobium, bismuth, tungsten, gadolinium, cobalt, cadmium and antimony in the presence of 0.2–5.0 mg $L^{-1}$ of iron.

### 10.45.12.2 Zirconium, niobium, cerium and ruthenium

Chitosan has been used for the preconcentration of molybdenum and of zirconium, niobium, cerium, and ruthenium [57–61] in nuclear fuel solutions.

## References


1 Day, R.S. and Vigil, A.R. *Journal of Radioanalytical and Nuclear Chemistry*, **194**, 107 (1995).
2 Simeonov, V., Voulgaropoulos, A., Apostolopouou, C. and Vasilikiotis, G. *Fresenius Z. für Analytische Chemie*, **311**, 16 (1982).
3 Merz, W. and Oldeweme, *J. Vom Wasser*, **69**, 95 (1987).
4 Daughton, C.G., Sakaji, R.H. and Langlois, G.W. *Analytical Chemistry*, **58**, 1556 (1986).
5 Boyd, C.E. *Transactions of American Fisheries Society*, **108**, 314 (1979).
6 Agarwal, Y.K. and Patki, S.K. *International Journal of Environmental Analytical Chemistry*, **10**, 175 (9181).
7 Leung, P.C., Subramanian, K.S. and Meranger, J.C. *Talanta*, **29**, 515 (1982).
8 Howe, L.H. Environmental Protection Agency Report No. EPA. 600/7–77–036. Trace Analyses of arsenic by colorimetry. Atomic absorption and polarography. April (1977). Also US National Technical Information Service, Springfield, Virginia Report No. PB–269–652 (1977).
9 Oshchepkova, A.P., Nemkawskii, B.B. and Maksinovich, N.A. *Soviet Journal of Water Chemistry and Technology*, **6**, 73 (1984).
10 Voloschik, I.N., Litvina, M.L. and Rudenko, B.A. *Journal of Chromatography A*, **706**, 315 (1995).
11 Robinson, J.L. and Barnekow, R.G. *Atomic Absorption Newsletter*, **8**, 60 (1969).
12 Tanaka, H., Yamamoto, T., Akamatsu, M., Motoyama, M. and Hashizuma, G. *Japan Analyst*, **20**, 784 (1971).
13 Escobar, R., Lin, Q., Guiram, A. and de la Rosa, F.F. *International Journal of Environmental Analytical Chemistry*, **61**, 169 (1995).
14 Morrow, R.W. and McElhaney, R.J. *Atomic Absorption Newsletter*, **13**, 45 (1974).
15 Ruter, J., Fislage, U.P. and Neidhard, B. *Chromatographia*, **19**, 62 (1984).
16 Smith, A.C. *Journal of Dairy Science*, **55**, 39 (1972).
17 Theraulaz, F. and Thomas, O. Quim. *Anal. (Barcelona)*, **13**, 191 (1994).
18 Thind, P.S. and Singh, H. *Journal of Liquid Chromatography*, **4**, 1473 (1983).
19 Yotsuyanagi, T., Goto, K., Nagayama, M. and Aomura, K. *Japan Analyst*, **18**, 477 (1969).
20 Carpenter, W.L. NCASI Stream Imporovement Technical Bulletin, No. 263 (1972).
21 HMSO, London. Methods for the Examination of Waters and Associated Materials, 1987. Mercury in waters effluents, soils and sediments, additional methods (1985).
22 Churchill, M.E., Livingston, R.L. Sgantz, P.L. and Messmann, J.D. *Environment International*, **13**, 475 (1987).

23 Scollary, G.R., Chen, G.N., Cardwell, T.J. and Vincente-Beckett, V.A. *Electroanalysis*, **7**, 386 (1995).
24 Loomba, K. and Pandey, G.S. *International Journal of Environmental Analytical Chemistry*, **50**, 15 (1993).
25 Slater, K.S., Eremina, A.I., Semeryakova, A.I., Smirnova, V.V. and Efremov, A.V. *Zavod. Lab.*, **36**, 1470 (1970).
26 Bhat, C.K., Bhat, C.L., Lodha, G.S. and Koul, D.K. *Environmental Monitoring Assessment*, **41**, 77 (1996).
27 Talalaev, P.M. and Mironova, D.N. *Zhur Analit Khim*, **25**, 1317 (1970).
28 Rossokha, L.A., Rekhkolainer, G.I. *Zavod. Lab*, **38**, 940 (1972).
29 Chakravarty, S., Deb, M.K. and Mishra, R.K. *Chem. Environ. Res.*, **2**, 309 (1993).
30 Shchemeleva, G.G., Stepanenko, Y.V. and Kovalenko, P.N. *Zavod. Lab.*, **37**, 1431 (1971).
31 Byerley, J.J., Scharer, J.M. and Atkinson, G.F. *Analyst (London)*, **112**, 41 (1987).
32 Wang, P., Shi, S.J. and Zhou, D. *Microchemical Journal*, **52**, 146 (1995).
33 US Environmental Protection Agency, US National Technical Information Service, Springfield, Virginia. Report No. PB. 269902. The determination of antimony, arsenic, beryllium, cadmium, lead, selenium, silver and tellurium (1977).
34 Pickford, C.J. and Rossi, G. *Analyst (London)*, **97**, 647 (1972).
35 Pickford, C.J. and Rossi, G. *Analyst (London)*, **98**, 329 (1973).
36 Sainzolove, R.F. and Meier, A.L. *Analyst (London)*, **111**, 645 (1986).
37 King, A.D. and Wallace, G.I. *Atomic Spectroscopy*, **5**, 228 (1984).
38 Huff, E.A. and Horwicz, E.P. *Spectrochimica Acta*, **40B**, 279 (1985).
39 Broekaert, J.A.C., Leis, F. and Laqua, K. *Talanta*, **28**, 745 (1981).
40 Torrance, K. and Gatford, C. *Talanta*, **32**, 273 (1985).
41 Lendermann, B. and Giese, C. *Fresenius Z. Analyt. Chemie*, **322**, 334 (1985).
42 Kinard, J.T. US National Technical Information Service, Springfield, Virginia, Report No. BP272 258. Determination of trace metals by differential pulse anodic stripping voltammetry (1977).
43 Nan, C.G., Cardwell, T.J., Vincente-Beckett, V.A., Hamilton, J.C. and Scollary, G.R. *Electroanalysis*, **7**, 1068 (1995).
44 Rubal, S., Golimowski, J. and Wojciechowski, M. *Chemica Analit.*, **19**, 41 (1974).
45 Galinker, E.V. and Hakovetskii, L. *Soviet Journal of Water Chemistry and Technology*, **7**, 35 (1985).
46 Steiner, R.L., Austin, J.B. and Launder, D.W. *Environmental Science and Technology*, **3**, 1192 (1969).
47 LeRoy, V.M. and Lincoln, A.J. *Analytical Chemistry*, **46**, 369, (1974).
48 Sermin, M. *Analysis*, **2**, 186 (1973).
49 Robertson, J.B., Bray, J.T. and Schoonmaker, C. *Hazard. Waste Hazard. Mater.*, **3**, 161 (1986).
50 Garrei, J.P. Centre of Nuclear Studies, Grenoble, France. Report CEA R–3636 Near destructive analysis for major components in plant materials by means of 14 MeV neutrons (1968).
51 Abdullaev, A.A., Zokhidov, A.S. and Nishonov, P.K., Izv. Akad. Nauk. Uzbeck. SSR. Ser. fiz matem. Nauk (5) 60 (1968). Ref: Zhur. Khim. 19GD (10) Abstract No. 12G203 (1969).
52 Thielemann, H. *Mikrochimica Acta*, **3**, 524 (1971).
53 Jenkins, S. H. *Laboratory Practice*, **20**, 31 (197).
54 Institution of Gas Engineers, London. Communication 854 Booklet 3, Recommended analytical methods for gas works and coke-oven effluents (1971).

55 Bosia, A. *Cellulosa. Carta.*, **21**, 19 (1970).
56 Petrov, B.I., Oshchepkova, A.P., Zhipovistev, U.P. and Nemkovskii, B.B. *Soviet Journal of Water Chemistry and Technology*, **3**, 51 (1981).
57 Muzzarelli, R.A.A. and Rochetti, R. *Analytica Chimica Acta*, **64**, 371 (1973).
58 Muzzarelli, R.A.A. *Analytica Chimica Acta*, **54**, 133 (1971).
59 Vanderborght, B.M. and Van Gricken, R.D. *Analytical Chemistry*, **49**, 311 (1977).
60 Riccardo, A.A., Muzzarelli, R.A.A. and Tubertini, O. *Journal of Chromatography*, **47**, 414 (1970).
61 Muzzarelli, R., Rochetti, R. and Marangio, G. *Journal of Radioanalytical Chemistry*, **10**, 17 (1972).

Chapter 11

# Cations in high purity boiler and nuclear reactor waters

Despite the large variety of methods that have been investigated over the past 20 years for the examination of trace metals in high purity waters, it is true to say that the methods of choice now emerging are those based on the variants of atomic absorption spectrometry and scanning voltammetry.

## 11.1 Ammonium

### *11.1.1 Continuous flow analysis*

Hara *et al.* [1] have described a continuous flow determination of low concentrations of ammonium ions using a gas dialysis concentration and a gas electrode detector system. The detection limit of the system was 3 $\mu g\ L^{-1}$ ammonium.

### *11.1.2 Ion selective electrode*

The application of the ammonia selective glass electrode to the determination of ammonium in boiler feed water has been discussed by several workers [2–6]. Manual [2, 4–6] and autoanalyser [3] versions of the method have been described. Detection limits claimed range between 3 $\mu g\ L^{-1}$ and 100 $\mu g\ L^{-1}$ [3–5]. Generally the sample is buffered to pH 8 to 8.4 with triethanolamine [2,3]. Potassium and sodium interfere especially at low ammonium concentrations. Midgley *et al.* [4–6] have described a system which is essentially an electrochemical cell in which a membrane of a hydrophobic polymer permits passage of free ammonia but not ammonium from the sample solution to a glass silver–silver chloride–electrode measuring system. It is very similar in precision to the ammonium selective electrode.

## 11.2 Barium

### *11.2.1 Atomic fluorescence spectrometry*

The application of this technique is discussed under multication analysis in section 11.30.4.1.

## 11.3 Bismuth

### *11.3.1 Atomic fluorescence spectrometry*

The application of this technique is discussed under multication analysis in section 11.30.4.1.

## 11.4 Boron

### *11.4.1 Atomic fluorescence spectrometry*

The application of this technique is discussed under multication analysis in section 11.35.4.1.

### *11.4.2 Radionucleides*

The determination of radioboron in nuclear reactor cooling waters is discussed in section 12.7.3.

## 11.5 Cadmium

### *11.5.1 Graphite furnace atomic absorption spectrometry*

The application of this technique is discussed under multication analysis in section 11.30.2.1.

### *11.5.2 Zeeman atomic absorption spectrometry*

The application of this technique is discussed under multication analysis in section 11.30.3.1.

### *11.5.3 Anodic stripping voltammetry*

The application of this technique is discussed under multication analysis in section 11.30.6.1.

## 11.6 Caesium

### 11.6.1 Radionucleides

The determination of radiocaesium in reactor cooling waters is discussed in section 12.7.3.

## 11.7 Calcium

### 11.7.1 Atomic fluorescence spectrometry

The application of this technique is discussed under multication analysis in section 11.30.4.1.

## 11.8 Chromium

### 11.8.1 Graphite furnace atomic absorption spectrometry

The application of this technique is discussed under multication analysis in section 11.30.2.1.

### 11.8.2 Zeeman atomic absorption spectrometry

The application of this technique is discussed under multication analysis in section 11.30.3.1.

### 11.8.3 Radionucleides

The determination of radiochromium in nuclear reactor waters is discussed in section 12.7.3.

## 11.9 Cobalt

### 11.9.1 Spectrophotometric method

Down to 0.05 μg $L^{-1}$ cobalt in nuclear reactor cooling water circuits has been determined by a method based on the catalysis of the reaction of hydrogen peroxide with alizarin at pH 11 [7]. Interfering metals are removed by ion-exchange chromatography.

### 11.9.2 Graphite furnace atomic absorption spectrometry

The application of this technique is discussed under multication analysis in section 11.30.2.1.

### 11.9.3 Zeeman atomic absorption spectrometry

The application of this technique is discussed under multication analysis in section 11.30.3.1.

### 11.9.4 Atomic fluorescence spectrometry

The application of this technique is discussed under multication analysis in section 11.30.4.1.

### 11.9.5 Ion-exchange chromatography

The application of this technique is discussed under multication analysis in section 11.30.8.1.

### 11.9.6 Radionucleides

The determination of radiocobalt in nuclear reactor waters is discussed in section 12.7.1 and 12.7.3.

## 11.10 Copper

### 11.10.1 Spectrophotometric method

Spectrophotometric methods have been described based on the formation of the 4-(2-pyridylazo) resorcinol copper complex [8] and on the catalytic effect of copper on the oxidation of hydroquinone with hydrogen peroxide in the presence of ammonium salts [9]. In the 4-(2-pyridylazo) resorcinol method the sample, adjusted to 7.1, is treated with hydrogen peroxide, citrate (to complex iron) and the chromogenic reagent to produce a colour with a maximum extinction at 510 nm. Iron and zinc do not interfere.

The application of this technique is also discussed under multication analysis in section 11.30.1.1.

### 11.10.2 Graphite furnace atomic absorption spectrometry

The application of this technique is discussed under multication analysis in section 11.30.2.1.

### 11.10.3 Zeeman atomic absorption spectrometry

The application of this technique is discussed under multication analysis in section 11.30.3.1.

### 11.10.4 Atomic fluorescence spectrometry

The application of this technique is discussed under multication analysis in section 11.30.4.1.

### 11.10.5 Anodic stripping voltammetry

The application of this technique is discussed under multication analysis in section 11.30.6.1.

### 11.10.6 Radionucleides

The determination of radiocopper in nuclear reactor waters is discussed in section 12.7.3.

## 11.11 Indium

### 11.11.1 Atomic fluorescence spectrometry

The application of this technique is discussed under multication analysis in section 11.30.4.1.

## 11.12 Iron

Iron-containing fine particles suspending in water are important in the control of boiler water quality at an electric power plant. Even a small particle of scale in the water can damage turbine blades severely, and therefore, highly cleaned, deionised pure water is supplied for a boiler. Particles of scale from pipes and valves inevitably contaminate the water, especially when the plant starts up operation. A flushing procedure is, therefore, carried out from section to section of a plant and the water quality is checked at each step. Water quality is usually monitored by off-line chemical analysis techniques in the plant and total amount of iron and silica are checked: iron concentration should be less than 20 $\mu g\ L^{-1}$ and silica less than 5 $\mu g\ L^{-1}$. A huge amount of flushing water is consumed during this period. Nakamura *et al.* [10] pointed out that an on-line measuring technique for total amount of iron, most of which is in the form of suspended solids and/or colloids, is necessary to shorten the time required to monitor the water condition during the flushing process so that one can economise on flushing water.

### 11.12.1 Laser-induced breakdown spectroscopy

These workers [10,11] applied laser-induced breakdown spectroscopy to quantitative analysis of colloidal and particulate iron in water. A coaxial sample flow apparatus [11] allowed the atmosphere of laser-induced plasma to be controlled. Using sequential laser pulses from two Q-switched Nd:YAG lasers as excitation sources, the FeO(OH) concentration in the tens of μg $L^{-1}$ range was determined with an optimum interval between two laser pulses and an optimum delay time of a detector gate from the second pulse. The detection limit of iron decreased substantially using two sequential laser pulse excitations: the 0.6 mg $L^{-1}$ limit of single pulse excitation to 16 μg $L^{-1}$ with sequential pulse excitation. These workers also studied the effects of the second laser pulse on the plasma emission. The concentration of iron in fine particles in boiler water sampled from a commercially operated thermal power plant was determined successfully by this method. The results show the excellent capability of laser-induced breakdown spectroscopy in determining suspended colloidal and particulate impurities in boiler waters.

### *11.2.2 Spectrophotometric method*

The application of this technique is discussed under multication analysis in section 11.30.1.1.

### *11.12.3 Graphite furnace atomic absorption spectrometry*

The application of this technique is discussed under multication analysis in section 11.30.2.1.

### *11.12.4 Atomic fluorescence spectroscopy*

The application of this technique is discussed under multication analysis in section 11.30.4.1.

### *11.12.5 Ion-exchange chromatography*

The application of this technique is discussed under multication analysis in section 11.30.8.1.

### *11.12.6 Radionucleides*

The determination of radioiron in nuclear reactor waters is discussed in section 12.7.3.

## 11.13 Lead

### *11.13.1 Zeeman atomic absorption spectrometry*

The application of this technique is discussed under multication analysis in section 11.30.3.1.

### *11.13.2 Atomic fluorescence spectrometry*

The application of this technique is discussed under multication analysis in section 11.30.4.1.

### *11.13.3 Anodic stripping voltammetry*

The application of this technique is discussed under multication analysis in section 11.30.6.1.

## 11.14 Lithium

### *11.14.1 Atomic fluorescence spectrometry*

The application of this technique is discussed under multication analysis in section 11.30.4.1.

### *11.14.2 Radionucleides*

The determination of radiolithium in nuclear reactor waters is discussed in section 12.7.3.

## 11.15 Magnesium

### *11.15.1 Atomic absorption spectrometry*

The application of this technique is discussed under multication analysis in section 11.30.4.1.

## 11.16 Manganese

### *11.16.1 Graphite furnace atomic absorption spectrometry*

The application of this technique is discussed under multication analysis in section 11.30.2.1.

### *11.16.2 Zeeman atomic absorption spectrometry*

The application of this technique is discussed under multication analysis in section 11.30.3.1.

### 11.16.3 Atomic fluorescence spectrometry

The application of this technique is discussed under multication analysis in section 11.30.4.1.

### 11.16.4 Ion-exchange chromatography

The application of this technique is discussed under multication analysis in section 11.30.8.1.

### 11.16.5 Radionucleides

The determination of radiomanganese in nuclear reactor waters is discussed in section 12.7.3.

## 11.17 Molybdenum

### 11.17.1 Amperometry

Amperometry has been investigated as a method for the determination of molybdenum in high purity water [12]. The method involves conversion of the molybdenum into the yellow 12-molybdophosphate complex, extraction of this into butyl acetate, decomposition of the heteropoly-compound with aqueous ammonia and back-extraction of the liberated molybdenum into aqueous solution for biamperometric determination.

## 11.18 Neptunium

### 11.18.1 Radionucleides

The determination of radioneptunium in nuclear reactor waters is discussed in section 12.7.3.

## 11.19 Nickel

### 11.19.1 Graphite furnace atomic absorption spectrometry

The application of this technique is discussed under multication analysis in section 11.30.2.1.

### 11.19.2 Zeeman atomic absorption spectrometry

The application of this technique is discussed under multication analysis in section 11.30.3.1.

### *11.19.3 Atomic fluorescence spectroscopy*

The application of this technique is discussed under multication analysis in section 11.30.4.1.

### *11.19.4 Ion-exchange chromatography*

The application of this technique is discussed under multication analysis in section 11.30.8.1.

### *11.19.5 Radionucleides*

The determination of radionickel in nuclear reactor waters is discussed in section 12.7.3.

## 11.20 Plutonium

### *11.20.1 Radionucleides*

The determination of radioplutonium in nuclear reactor waters is discussed in section 12.7.3.

## 11.21 Radium

### *11.21.1 Radionucleides*

The determination if radium in nuclear reactor waters is discussed in section 12.7.3.

## 11.22 Ruthenium

### *11.22.1 Radionucleides*

The determination of radioruthenium in nuclear reactor waters is discussed in section 12.7.3.

## 11.23 Silicon

### *11.23.1 Atomic fluorescence spectrometry*

The application of this technique is discussed under multication analysis in section 11.30.4.1.

## 11.24 Silver

### 11.24.1 Spectrophotometric method

The application of this technique is discussed under multication analysis in section 11.30.1.1.

## 11.25 Sodium

### 11.25.1 Atomic absorption spectrometry

A flameless atomic absorption technique has been developed for the determination of down to 0.01 μg $L^{-1}$ sodium in power plant boiler feed water [13]. No interference has been found for the anions chloride, sulphate and hydroxide. A comparison of the atomic absorption results with those obtained by using a sodium selective glass electrode indicated a positive bias in the electrode results. This bias was however, found to be reduced when the glass electrode was presented with a low sodium water over a period of days. Thus the sluggish response of the electrode system may have contributed to the observed bias in the laboratory tests. The method is unaltered by the presence of ammonia at concentrations of up to 8 mg $L^{-1}$. Chloride, sulphate and hydroxide ions did not interfere.

Precision ranged between a standard deviation of 0.006 μg $L^{-1}$ at the 0.13 μg $L^{-1}$ sodium level to 0.021 μg $L^{-1}$ at the 0.92 μg $L^{-1}$ sodium level.

### 11.25.2 Flame photometry

Down to 2 μg $L^{-1}$ sodium has been determined in high purity water by flame photometry involving scanning the emission spectrum of an air propane flame into which the sample is aspirated from 610 to 580 nm [14].

### 11.25.3 Atomic fluorescence spectrometry

The application of this technique is discussed under multication analysis in section 11.30.4.1.

### 11.25.4 Ion selective electrodes

Webber and Wilson [15] have investigated the accuracy of the sodium responsive glass electrode for determining sodium in high purity boiler feed water. If the potential of the electrode is affected only by the activity of sodium ions in the water the potential should follow the usual Nernst equation and it is shown that the pH of the solution should be adjusted to 10 to 11 by addition of aqueous ammonia. To obtain significant results at sodium concentrations of 1 μg $L^{-1}$ it is necessary to minimise contamination with other ions and measurements were therefore made on the flowing water with the reference electrode downstream from the measuring electrode.

### 11.25.5 Radionucleides

The determination of radiosodium in nuclear reactor waters is discussed in section 12.7.3.

## 11.26 Strontium

### 11.26.1 Radionucleides

The determination of radiostrontium in nuclear reaction waters is discussed in section 12.7.2.

## 11.27 Uranium

### 11.27.1 Radionucleides

The determination of uranium ions in nuclear reactor waters is discussed in section 12.7.3.

## 11.28 Vanadium

### 11.28.1 Graphite furnace atomic absorption spectrometry

The application of this technique is discussed under multication analysis in section 11.30.2.1.

## 11.29 Zinc

### 11.29.1 Zeeman atomic absorption spectrometry

The application of this technique is discussed under multication analysis in section 11.30.3.1 and 11.30.4.1.

### 11.29.2 Atomic fluorescence spectrometry

Marshall and Smith [16] tested a high intensity hollow cathode lamp, a vapour discharge tube and a microwave excited discharge tube as sources to excite the zinc fluorescence at 213.9 nm in an air hydrogen flame. Detection limits were 30, 2.4 and 0.4 μg $L^{-1}$ respectively and coefficient of variation ranged from 1.2 to 6%. The last named source is preferred. Interference from elements likely to be present in feed waters caused errors of less than 4%. Results obtained by this method are in agreement with those obtained by atomic absorption spectrometry.

The application of this technique is also discussed under multication analysis in section 11.30.4.1.

### *11.29.3 Radionucleides*

The determination of radiozinc in nuclear reactor waters is discussed in section 12.7.3.

## 11.30 Multication analysis

### *11.30.1 Spectrophotometric methods*

#### 11.30.1.1 Iron, copper and silver

Toman *et al.* [17] have determined these elements in 10 to 100 litre samples of boiler feed and high purity waters by ignition and fusion of the sample followed by spectrophotometric evaluation using 1.10 phenanthroline and neocuprine chromophoric reagents.

### *11.30.2 Graphite furnace atomic absorption spectrometry*

#### 11.30.2.1 Cadmium, manganese, vanadium, nickel, cobalt, chromium, copper and iron

These elements have been determined in boiler feed waters in amounts down to 0.0025 μg $L^{-1}$ (cadmium) to 5 μg $L^{-1}$ (vanadium). The samples are automatically injected into the graphite cup of a Massman furnace [18].

Sampson [19] had also investigated the application of atomic absorption spectrometry to the determination of low levels of cations in distilled and deionised water.

### *11.30.3 Zeeman atomic absorption spectrometry*

#### 11.30.3.1 Cadmium, chromium, cobalt, copper, lead, manganese, nickel and zinc

Fishman *et al.* [20] compared Zeeman background correction and deuterium background correction techniques in the determination of these elements in low ionic strength waters.

### 11.30.4 *Atomic fluorescence spectrometry*

#### 11.30.4.1 Sodium, lithium, calcium, magnesium, barium, iron, nickel, copper, manganese, cobalt, zinc, indium, lead, bismuth, boron and silicon

Various workers [21] have studied the application of this technique to the determination of cations in pure waters. Oki *et al.* [21] used laser induced atomic fluorescence spectroscopy with microwave discharge atomisation to determine less than 1 μg $L^{-1}$ of these elements in water samples.

### 11.30.5 *Spark source mass spectrometry*

#### 11.30.5.1 Miscellaneous

Mykytiuk *et al.* [22] used this technique to determine down to 5 μg $L^{-1}$ of 25 cations in high purity waters.

### 11.30.6 *Anodic stripping voltammetry*

#### 11.30.6.1 Cadmium, lead and copper

Brihaye *et al.* [23] collected these cations from high purity waters at a glossy carbon ring disc electrode prior to their determination by anodic stripping voltammetry. Detection limits achieved were 6 μg $L^{-1}$ (cadmium), 8 μg $L^{-1}$ (lead) and 5 μg $L^{-1}$ (copper).

### 11.30.7 *Continuous potentiometric analysis*

#### 11.30.7.1 Miscellaneous

Midgley and Torrance [24] applied this technique to the determination of a range of cations at μg $L^{-1}$ levels in high purity waters.

### 11.30.8 *Ion exchange chromatography*

#### 11.30.8.1 Manganese, iron, cobalt and nickel

Jones *et al.* [25] have described chromatographic separation systems using either a low capacity silica based cation-exchange material with a lactate eluent, or a high capacity resin based cation exchanger with a tartrate eluent. Photometric detectors made use of post column reactors for incorporating a reagent, the most successful of which was eriochrome black-T, which produced changes in absorption or fluorescence when mixed with metal species as they eluted from the column. These methods were applied to on-line monitoring of trace metals, notably manganese, iron, cobalt and nickel, in the primary coolant of a pressurised water reactor.

## References

1 Hara, J., Motoike, A. and Okazaki, S. *Analyst (London)*, **113**, 113 (1988).
2 Goodfellow, G.I. and Websster, H.M. *Analyst (London)*, **97**, 95 (1972).
3 Mertens, J., Van der Winkel, P. and Massart, D.L. *Analytical Letters (London)*, **6**, 81 (1973).
4 Midgley, D. and Torrance, K. *Analyst (London)*, **97**, 626 (1972).
5 Hawker, B.W., Midgley, D. and Torrance, K. *Laboratory Practice*, **22**, 724 (1973).
6 Midgley, D. and Torrance, K. *Analyst (London)*, **98**, 217 (1973).
7 Batley, G.E. *Talanta*, **18**, 1225 (1971).
8 Kawalski, Z. *Chemia, Analit.*, **16**, 197 (1971).
9 Rychkova, V.I. and Dolmanova, I.F. *Zhurnal Analiticheskoi Khimii.*, **29**, 1222 (1974).
10 Nakamura, S., Ito, Y., Sone, K., Hiraga, H. and Kaneko, K.I. *Analytical Chemistry*, **68**, 2981 (1996).
11 Ito, Y., Ueki, O. and Nakamura, S. *Analytica Chimica Acta*, **299**, 401 (1995).
12 Shafran, I.G. and Rozenblyum, V.P. Trudy Vses Nauchno. Issled. Inst. Khim. Reakt. Osibo, Chist, Khim. Veshclestv, 33 (179) (1971). Ref: Zhur Khim. 199D (11). Abstract No. 11G117 (1972).
13 Gardner, D.J., Pritchard, J.A. and Salder, M.A. *Analyst (London)*, **101**, 1201 (1976).
14 Webber, H.M. and Wilson, A.L. *Analyst (London)*, **94**, 569 (1969).
15 Webber, H.M. and Wilson, A.L. *Analyst (London)*, **94**, 209 (1969).
16 Marshall, G.R. and Smith, A.C. *Analyst (London)*, **97**, 477 (1972).
17 Toman, J., Fara, M. and Timrova, M. *Chemicke, Listy.*, **64**, 306 (1970).
18 Pickford, C.J. and Rossi, G. *Analyst (London)*, **97**, 646 (1972).
19 Sampson, R. *American Laboratory*, **9**, 81 (1977).
20 Fishman, M.J., Perryman, G.R., Schroder, L.S. and Matthews, E.W. *Journal of Association of Analytical Chemists*, **69**, 704 (1986).
21 Oki, Y., Tashiro, E., Maeda, M., Onda, C., Izumi, S. and Madsuda, K. *Analytical Chemistry*, **65**, 2096 (1993).
22 Mykytiuk, A., Russell, D.S. and Boyko, V. *Analytical Chemistry*, **48**, 1462 (1976).
23 Brihaye, C., Gillain, G. and Duyckaerts, G. *Analytica Chimica Acta*, **148**, 51 (1983).
24 Midgley, D. and Torrance, K. *Analyst (London)*, **101**, 833 (1976).
25 Jones, P., Barron, K. and Ebdon, L. *Analytical Proceedings (London)*, **22**, 373 (1985).

Chapter 12

# Radioactive elements

## 12.1 Natural waters

### 12.1.1 Actinium

Lin [1] used coprecipitation with lead sulphate to separate 237-actinium from natural water samples. The 237-actinium was purified by extraction with HDEHP and determined by alpha spectrometry with a Si(Au) surface barrier detector. The method has a sensitivity of $10^{-3}$ pCi $g^{-1}$ of ashed sample.

### 12.1.2 Americium

Schell *et al.* [2] have described a sorption technique for sampling americium (and plutonium) from up to 4000L of water in 3 h. Battelle large-volume water samplers consisting of 0.3 μm Millipore filters and sorption beds of aluminium oxide were used. Particulate, soluble and presumed colloidal fractions are collected and analysed separately. The technique has been used in fresh and saline waters, and has proved to be reliable and comparatively simple.

Hayashi *et al.* [3] separated 241-americium (and 239- and 240-plutonium) from water samples by means of an ion-exchange resin. 241-americium was purified by coprecipitation with calcium oxalate. The radiochemical yield was determined by the use of 242-plutonium or 239-plutonium, and found to be in the range 70–80% for 242-plutonium or 239-plutonium.

### 12.1.3 Beryllium

Kostadinov *et al.* [4] determined radiogenic beryllium by adsorption of the beryllium complex with Eriochrome Cyanine R on activated charcoal. The method permits measurement of as little as 0.01–0.05 $BqL^{-1}$ in natural waters with an average error of <10%.

Mignerey [5] applied accelerator mass spectrometry to the determination of the long-lived isotope 10 beryllium in natural waters.

### 12.1.4 Bismuth

Hashimoto *et al.* [6] have described an α-spectrometric method for determining 214-bismuth levels and 214-lead in natural waters. The water was filtered on a Millipore filter impregnated with manganese oxide and 214-bismuth and 214-lead levels measured by α-spectrometry. The activity ratios between the two radionucleides adsorbed on the filter were determined and the adsorbed yield of 214-lead calculated. The activity ratios between the two radionucleides adsorbed on the filter were determined and the adsorbed yield of 214-lead calculated. The activity ratios between 214-bismuth and 214-lead increased with increased storage time.

### 12.1.5 113m-Cadmium

113m-Cadmium has been recovered [7] from 50L samples of water by coprecipitation with iron(III) hydroxide. The precipitate was neutralised and separated on Dowex–I resin and coprecipitated with copper sulphide. Overall recovery was determined by a secondary source tube excited energy dispersive X-ray fluorescence spectrometer. Although zinc was coprecipitated with the cadmium, it did not interfere in the determination because of the differences in K X-ray energies. Between 1 and 20 μg of cadmium could be determined in 100 s with an accuracy of 16 ng $L^{-1}$ of water. Long-term storage of samples and recounting was possible.

### 12.1.6 137-Caesium

The most dangerous contaminants of the effluents of nuclear reactors and radiochemical manufactures are long-lived radioisotopes, including 137-caesium and 90-strontium, and therefore, the discharge of deactivated waters into the environment must necessarily be accompanied by a control determination of these isotopes. Radiocaesium is most frequently determined by the γ-spectrometric method. In those cases where the waters being analysed contain less than $10^{-10}$ Ci $L^{-1}$ of 137-caesium the caesium is subjected to preliminary concentration using chemical methods or ion exchange.

A method [8] for the determination of 137-caesium in concentrations down to about 3 pCi $L^{-1}$ involves separation from a 10–100 L sample of water by a filter bed of ammonium molybdophosphate which was found to be more suitable than other compounds of heteromolybdic and heterotungstic acids, followed by γ-ray spectrometry using a multichannel analyser. The advantage of removing suspended matter by preliminary precipitation with aluminium hydroxide is indicated.

Kapustin *et al.* [9] developed a method for determining 137-caesium and 90-strontium in a 1 L water sample. In the filtration of a sample (pH

7.5–9.5) with long-lived fragmentary radioisotopes through three successive columns filled with AV–17 anion-exchange resin in the hydroxyl form, KB–4P–2 carboxylic resin in the sodium form, and KU–2 sulphonated cation-exchange resin in the hydrogen form, the bulk of the radioisotopes remains in the column with the AV–17 resin, the strontium is concentrated in the KB–4P–2 column, and the caesium after its elution from the BP–4P–2 column with 0.5M solution of sodium chloride is concentrated in the column containing KU–2 resin. The sensitivity of the method for 137-caesium is greater than $1.4 \times 10^{-11}$ Ci $L^{-1}$ and for 90-strontium greater than $1 \times 10^{-11}$ Ci $L^{-1}$.

Caletka *et al.* [10] compared different methods for bonding zinc hexacyanoferrate on spherical particles of agar–agar gel to concentrate long-lived radionucleides of caesium prior to determining levels in water. In experiments on water using 137-caesium as radiotracer, the best sorbent material was obtained by dispersing powdered dried zinc hexacyanoferrate in hot agar–agar sol, dispersing the sol in hexane containing 500–700 mg $L^{-1}$ SPAN and separating the gel phase by vacuum filtration. This method achieved a yield of at least 95% and a volume reduction factor of up to 5000.

#### *Caesium-137 and radium-226*

High resolution gamma spectrometry has been used to determine the levels of 137-caesium and 226-radium in Lake Ontario nearshore waters [11]. In this method a large volume (typically 50L) of the lake water is acidified before evaporating down to a standard counting volume of 40 ml. The individual radionuclides are identified and their concentrations determined using a standardised low-background Ge(Li) detector coupled to a minicomputer–based pulse height analyser. The samples are usually counted for $2.5 \times 10^{5}$ s or more before statistically significant results are obtained at the extremely low concentrations of radionucleides occurring in the lakes.

The determination of caesium is also discussed under multielement analysis in section 12.1.30.

### ***12.1.7 Californium***

Chao and Chung [12] determined californium in natural waters by $\gamma$-spectrometry.

### ***12.1.8 Cerium***

To separate radioactive species [13] the water sample is filtered through SA–2 ion-exchange paper and the total $\beta$-activity of the dried papers is measured. A 3 mm layer of mixed anion-exchange resin is then placed on a glass fibre mat in the funnel and is washed with hydrochloric acid. The ion-exchange papers are placed on the layer of resin and cerium is eluted with hydrochloric acid; other multivalent elements are retained by the resin. The eluate is evaporated to dryness and a solution of the residue is mixed with cerium chloride–nitric acid–sodium bromate solution and a solution of sodium iodate in nitric acid. The resulting precipitate of cerium iodate is filtered off and washed with a more dilute solution of the precipitant and the β-activity of the precipitate is measured.

### 12.1.9 Cobalt

Liquid scintillation counting has been used to determine 60-cobalt in natural waters in amounts down to 0.5 pCi, in the sample aliquot [14]. After addition of carrier the cobalt is precipitated as cobaltic hydroxide, the precipitate is separated and dissolved and the cobalt is converted into the hexane amminecobalt-III complex while interfering substances are separated by coprecipitation with ferric hydroxide. The cobalt is then extracted as its thiocyanate complex into isobutyl methyl ketone. The yield is determined by spectrophotometry of the extract at 625 nm and the 60-cobalt activity is counted in a liquid scintillator system with use of 2,5-bis-(5-*t*-butylbenzoxazol-2-yl)thiophen and Triton X–100 dissolved in toluene. The determination of cobalt is also discussed under multimetal analysis in section 12.1.30.

### 12.1.10 Iron

The determination of iron is discussed under multi–metal analysis in section 12.1.30.

### 12.1.11 Lead

Hashimoto *et al.* [6] have described an alpha-spectrometric method for the determination of lead isotopes. The natural water sample was filtered on a Millipore filter impregnated with manganese oxide and 214-lead and 214-bismuth levels measured using direct alpha-spectrometric analysis. The activity ratios between 214-lead and 214-bismuth adsorbed onto the filter were determined and the adsorbed yield of 214-lead calculated. The activity ratios between 214-bismuth and 214-lead increased with increased storage time and the 214-lead concentration decreased with increased storage time.

El Daoushy and Garcia Tenorio [15] carried out 210-lead and 210-polonium speciation studies on lake water samples using isotope dilution and γ-spectrometry to determine 210–polonium.

210-lead is a naturally occurring radionuclide of the 238-uranium series. The existence of 210-lead in environmental water results mainly from the decay of its precursor, 222-radon. In surface and shallow-well waters, 210-lead concentration is usually low due to the volatility of radon and/or rapid adsorption of the nuclide into sediments. However, in deeper wells, 210-lead concentration may reach as high as 200 pCi/L $^{-1}$. The high concentration of 210-lead in deeper wells may be attributed to the presence of high 222-radon activity.

Current National Primary Drinking Water Regulations require that the concentration of soluble β and photon-emitting radionuclides in drinking water not produce a dosage of more than 4 mrem effective dose equivalent (ede) per year [16]. At such level, the presence of even a minute amount of 210–lead in drinking water is of health and regulatory concern because the 210–lead concentration estimated to correspond to 4 mrem ede per year is 1 pCi L $^{-1}$. In order to determine whether water samples obtained from public water systems are in compliance with the regulations, an analytical method capable of determining 210-lead concentration below 1 pCi/L $^{-1}$ is necessary.

The 210-lead concentration in water can be measured directly by γ-ray spectrometry or liquid scintillation counting [17]. However, these direct counting methods do not achieve the 1 pCi/L $^{-1}$ sensitivity level due to uncertainties associated with measurement of the low per cent abundant (4.1%) 46.5–keV photopeak resulting from the decay of 210-lead and high backgrounds associated with the conventional liquid scintillation analyser, respectively. Although 210-lead could also be determined directly by inductively coupled plasma mass spectrometry, to measure 1 pCi/L $^{-1}$ (13fmol L $^{-1}$) would require another order of magnitude of preconcentration over the method being described to reach a detection limit of 10 ppt.

Alternatively, 210-lead concentration in environmental samples can be determined by measuring the activity of one of the daughters (210-bismuth or 210-polonium) of 210-lead after sufficient ingrowth period [18–20]. The 210-lead concentration is then extrapolated from the daughter activities. These indirect measurement methods, although sensitive enough to detect a low level of 210-lead in water samples, often involve lengthy and/or laborious steps.

To [21] has described a relatively simple and sensitive method for the determination of low-level 210-lead in environmental water samples. The method involves (i) concentration and separation of 210-lead from other naturally occurring radionuclides that may be present in the sample and (ii) isolation of 210-bismuth in the form of bismuth oxychloride from the sample, after a suitable ingrowth period for β counting. The procedures for the concentration and separation of 210-lead are modified from those used by Goldin [22] to determine radium concentration in water. This method is capable of determining down to 1 pCi L $^{-1}$ 210-lead in natural waters.

Wickenden and Toole [23] used β-counting down to 10m Bq $L^{-1}$ of 210-lead in natural waters. The technique detected 210-bismuth which is correlated with the 210-lead content of the water.

The determination of lead is also discussed under multi-metal analysis in section 12.1.30

### *12.1.12 Neptunium*

Morello *et al.* [24] coprecipitated 237-neptunium and 235-neptunium with ferric hydroxide from natural water samples. The use of several coprecipitations purifies the neptunium and eliminates interfering uranium. The neptunium was then separated by adsorption on an anionic resin as neptunium(IV). The plutonium remains in the trivalent state and is not retained. The 237-neptunium was determined by α–spectrometry and the 235-neptunium was determined by X-ray spectrometry in order to determine the chemical yield.

### *12.1.13 Nickel*

Yu [25] determined radiogenic 63-nickel by precipitation as the hydroxide, followed by extraction into TOA–toluene. The extracted nickel is precipitated as a complex, with dimethylglyoxime and determined by liquid scintillation counting. At activities of 1.8 Bq of 63-nickel recoveries approach 90%. The detection limit by this method was 0.011 Bq $L^{-1}$.

The determination of nickel is also discussed under multi–metal analysis in section 12.1.30.

### *12.1.14 Niobium*

Linsalta and Cohen [26] have studied an incidence of radionucleides in water samples taken intermittently over a year from the Hudson River, near Albany, N.Y. Evidence has been found of the presence of 95-niobium (and 95-zirconium) from a Chinese nuclear explosion. Procedures to separate these two nucleides for individual nuclide analysis are described.

### *12.1.15 Plutonium*

Schell *et al.* [2] have described a sorption technique for sampling plutonium (and americium) from up to 4000L of water in 3 h. Battelle large-volume water samplers consisting of 0.3 μm Millipore filters and sorption beds of aluminium oxide were used. Particulate, soluble and presumed colloidal fractions were collected and analysed separately. The method is reliable and comparatively simple.

Kim *et al.* [27] described a direct method for the simultaneous determination of 239-plutonium and certain trace metal impurities present in aqueous solutions. The determination utilised the 239-plutonium (n,f) reaction with reactor neutrons and subsequent gamma ray spectrometric measurement of selected fission products (132-tellurium and 140-barium) without chemical elaboration. The measurement of the fusion product pairs 132-tellurium/132-iodine or 143-barium/140-lanthanum resulted in a sensitivity of $1.6 \times 10^{-15}$M for 238-plutonium. The trace impurities determined gave an insight into the chemical behaviour of dissolved plutonium. The results of the experimental determinations of 239-plutonium in pure water were tabulated. Determinations of 239-plutonium in natural waters were limited by the ubiquitous presence of uranium.

Hayashi *et al.* [3] separated 239-plutonium, 240-plutonium and 241-americium from natural water samples by means of an ion-exchange resin. 241-americium was purified by coprecipitation with calcium oxalate. The radio chemical yield was determined by the use of 242-plutonium or 239-plutonium, and found to be in the range 70–80% for 242-plutonium or 239-plutonium.

### 12.1.16 Polonium

MacKenzie and Scott [28] separated 210-polonium and 210-lead from natural water by spontaneous adsorption on copper foil.

El Daoushy and Garcia-Tenorio [15] carried out 210-lead and 210-polonium speciation studies on lake water samples using isotope dilution and alpha spectrometry to determine 210-polonium.

Moskvin *et al.* [29] employed α-spectrometry on a membrane filter impregnated with silvers to determined down to 1m Bq $L^{-1}$ of polonium in natural waters.

The determination of polonium is also discussed under multi–metal analysis in section 12.1.30.

### 12.1.17 Potassium

To determine 40-potassium in natural water [30] it is separated from accompanying metal ions on the ring oven by a scheme in which in the last step potassium is precipitated as $K_2Ag(Co(NO_2)_6)$. The ring containing the potassium is cut from the filter-paper disc and transferred to a micro-titration flask; several drops of 0.01 N hydrochloric acid and a few crystals of urea are added and the mixture is heated until the precipitate is dissolved. To this solution acetone (4 drops), ethyl methyl ketone (2 drops), acetate buffer solution (pH 6.2) and several crystals of ammonium thiocyanate are added. The cobalt is titrated with EDTA. By means of this indirect titration, 0.5–20 μg of potassium can be determined with a maximum error of ±6%. Ammonium ions must be removed by reaction with formaldehyde. The natural β-activity of water, as 40-potassium, can be calculated from the determined potassium content.

The determination of potassium is also discussed under multi-metal analysis in section 12.1.30.

### 12.1.18 Promethium

The determination of promethium is discussed under multi–metal analysis in section 12.1.30.

### 12.1.19 Protoactinium

Sill [31] has described procedures for the determination of 231-protoactinium in water. The samples are fused first with anhydrous potassium fluoride and then with sulphuric acid, after which protoactinium is dissolved by hydrochloric acid and extracted into diisobutylcarbinol. The separated protoactinium can be electrodeposited and determined by α spectrometry or gross α counting.

### 12.1.20 Radium

Radium is the most dangerous natural radioisotope, because as it decays, radon and its daughters are formed. Moreover, the chemical and biological behaviour of radium is similar to that of other alkaline earth metals and so it is easily incorporated into the bones of mammals. The International Commission of Radiology Protection recently reduced the maximum admissible concentration of radium in water and in substances related to human life.

The element radium has four naturally occurring isotopes that are members of three radioactive decay series. 228-radium is a member of the 232-thorium series and decays through two β emissions to 228-thorium, the parent of 224-radium. 223-radium is a member of the 235-uranium series and 226-radium is a member of the 238-uranium series. 224-radium, 223-radium and 226-radium decay directly to the gases 220-radon, 219-radon and 222-radon respectively. Among the naturally occurring isotopes, the greatest radiological significance is usually assigned to 226-radium.

#### *224-radium*

This isotope has been determined in natural water by γ-ray spectrometry [32]. The 224–radium is first removed from several hundred litres of water by preconcentration on manganese dioxide impregnated acrylic fibres. The fibres are leached, radium is co-precipitated with barium sulphate, and the $\gamma$-ray activity is counted so that activity ratios among 224-radium, 228-radium and 226-radium can be calculated. Concentrations are determined by using the 226-radium concentration determined on a small separate sample.

Rama *et al.* [33] preconcentrated 224-radium also 228-thorium and 226-radium on acrylic fibre impregnated with manganese dioxide prior to the determination of these elements.

### *226-radium*

The known chemical procedures for the determination of 226-radium in different matrixes are usually time-consuming processes. They are based on many chemical steps, which become tedious and difficult to apply routinely, so many radiochemists prefer the analysis of radon and/or radon daughters to evaluate the radioactivity of natural samples [34–39]. Radon activity, however, is seldom related to the presence of radium, and radium analysis becomes imperative for those matrixes involved in nutrition, especially the infant diet. Two methods [40,41], published recently, are based on the direct measurement of 226-radium activity after isolation by a simple chemical procedure, such as electrodeposition or solvent extraction. Both methods are limited by having to use a small sample volume.

Other research has been directed toward the use of inorganic exchangers for isolating radium from different matrixes, including natural waters, in order to set up a simple analysis procedure [42,43]. For this purpose lead rhodizonate, which results from the experimental preparation conditions as a partially basic lead rhodizonate, showed an ability to adsorb radium from basic solutions. The preparation and characterisation of the adsorber has been described [42,43]. As its mechanical stability is poor, it was supported on charcoal and named as LERHO. It was formerly used in chromatographic columns, but the time required to percolate large sample volumes was excessive, so batch adsorption was preferred. A first attempt to use this adsorber was made in the analysis of mineral waters spiked with 0.1 Bq of 226-radium.

The results obtained in this work were so encouraging that Valentini-Ganzerli *et al.* [44] believed that it was worthwhile making a more thorough study of the possibility of setting up a reliable procedure that could be applied to different kinds of samples and that could detect very low levels of radium. Considerable attention was devoted to improving the working conditions. The resulting method, which is directly connected to the particular properties of LERHO, supplies a simple tested procedure suitable for routine use in the analysis of fresh waters.

In their method Valentini-Ganzerli *et al.* [44] carried out radium analysis by batch adsorption from natural waters on basic lead rhodizonate supported on charcoal, LERHO, starting from 2L samples. 133–barium is added to allow the measurement of the overall chemical yield by $\gamma$ counting. Radium is recovered with a few millilitres of 1.5 M hydrochloric acid, and lead is removed by a chromatographic column filled with Dowex 2 × 8. Finally 50 µg of barium carrier is added, and the radium is coprecipitated as sulphate on a preformed bed of barium sulphate, to prepare a sample suitable for $\alpha$ and $\gamma$ counting. The detection limit of the proposed method is 0.002 Bq $L^{-1}$ 226-radium. This value is far beyond the radium activity admissible for drinking waters. Due to lack of appropriate samples, the procedure was tested using mineral waters spiked with 226-radium and two commercially available mineral waters with very low radium contents.

Higuchi *et al.* [45] determined 226-radium in natural water by liquid scintillation counting after preconcentration with an ion-exchange resin. The counting sample is prepared by immersing the cation-exchange resin in an emulsion liquid scintillator in a Teflon vial. The chemical procedure requires 2 h, and the detection limit is 0.03 pCi of 226-radium $L^{-1}$.

Radon de-emanation, followed by alpha scintillation counting, has also been used as the basis for a continuous monitoring method for 226-radium in water. Isotopic interferences are less serious than in direct 226-radium systems, lower levels can be measured than in direct gamma-spectrometry and chemical manipulation is unnecessary. The procedure utilises a laboratory scale prototype radon detector which consists of a zinc sulphide scintillator, covered with gold foil, carrying a negative potential so as to collect positively charged radium A atoms. The subsequent alpha decays on the scintillator are detected by an optically coupled photomultiplier tube. The response of the detector is linear with radon concentration. The equipment which could be used for continuous monitoring of 226-radium has a detection limit of 0.5 pCi $L^{-1}$.

Higuchi *et al.* [45] describe a method for determining radium in hot spring water by preconcentration with an ion-exchange resin, separation from most other radionuclides by complexing with EDTA and liquid scintillation counting. The minimal detectable level of 226-radium was estimated to be 3 pCi $L^{-1}$. Increased sensitivity could be obtained by processing a larger amount of water or by using alpha–beta coincidence counting. The accuracy and precision of the technique were assessed by applying the method to water samples with known quantities of radium and by comparing results from the analysis of radium in hot spring water samples with those obtained using the coprecipitation of barium sulphate.

Butts *et al.* [46] preconcentrated 226-radium on manganese dioxide impregnated on acrylic fibres prior to determination.

Acena and Crespo [47] used 232-uranium and its daughter radionucleides as tracer yield determinants in the determination of 226-radium in natural water.

Blackburn and Al-Masri [48] determined down to 53m Bq $L^{-1}$ of 226-radium and 222-radon in natural waters by Cerenkov counting.

*228-radium*

Michel *et al.* [49] used Ge(Li) γ-ray spectrometry to determine 226-radium and 228-radium in natural waters. The radium isotopes were preconcentrated from 100 ml to 1L samples onto manganese impregnated acrylic fibre cartridges, and then leached from the fibre and coprecipitated with barium sulphate. Lower limits of detection are controlled by the volume of water processed through the manganese fibres.

There are several minor drawbacks to this analytical method. The sample size is large and requires several hours to collect. However, by use of several filter units, a number of water supplies may be sampled at the same time. The barium precipitate should be aged three weeks to allow 226-radium daughters to reach equilibrium, but if more rapid results are required the fraction of equilibrium is easily computed for counts made before equilibrium is achieved. A Ge(Li) γ-ray detector is required for the analyses. 228-radium/226-radium activity ratios in water can be determined within ±4% reproducibility using the manganese fibre and γ-ray procedure given adequate sample activity. The precision and accuracy of the method are excellent.

*Miscellaneous*

The determination of radium isotopes in natural waters has been discussed by several workers [32,45,49–55]. The determination of individual radium isotopes is discussed below. Perkins [56] has discussed the application of γ-ray spectrometry to the determination of radium and radiobarium in natural waters and seawater. The isotopes are removed from water by adsorption on beds of barium sulphate impregnated alumina.

The determination of radium is also discussed under multi-metal analysis in section 12.5.16.5.

### 12.1.21 222-radon

Pritchard and Gesell [55] have described a liquid scintillation technique for the determination of down to 10 pCi $L^{-1}$ 222-radon in natural waters. This technique combines the advantages of minimal sample preparation time (~1 min/sample), small sample size (10 ml), automatic sample changing and a good detection limit for a 40 min count, $\alpha = 0.025$.

The major advantages of this technique are the facility with which anyone with access to a liquid scintillation counter may employ it and the large number of samples that can be readily processed. Studies that previously would have involved prohibitive amounts of sample handling time are readily performed with this method. One intrinsic limitation of this method is its lack of specificity. Any alpha or hard beta emitters in a form soluble in toluene will contribute to the count rate, while by contrast, the Lucas cell method responds only to gases that give rise to alpha activity. The observation of decay rates, the comparison of aerated and unaerated samples, and a priori considerations can be used to remove a great deal of the ambiguity about the nature of the activity, however. The presence of radium in the water sample will naturally increase the count rate, but experience has shown that in most ground waters the radon concentration is much higher than that which could be supported by the dissolved radium.

HMSO London [57] have discussed methods for the measurements of alpha and beta activity in natural water samples. Measurements of 222-radon and 226-radium are included.

Laul *et al.* [58] have discussed measurements of natural radionucleides in groundwaters including 223-uranium, 228-thorium, 208-polonium, 212-lead and 133-barium.

### 12.1.22 Ruthenium

Watari *et al.* [59] have reviewed the analytical chemistry of volatile ruthenium in natural waters, also the separation of the various forms of ruthenium and the determination of radiogenic ruthenium in waters.

The determination of radioruthenium is also discussed in section 12.1.30.

### 12.1.23 32-silicon

Gellerman *et al.* [60] have reviewed radiochemical and radiometric methods for the determination of 32-silicon.

### 12.1.24 89- and 90-strontium

For the determination of 90-strontium, use is usually made of the radioemission of the daughter 90-yttrium [61,62]. At a low concentration of 90-strontium it is first concentrated by precipitation in the form of the carbonate and is freed from other radioisotopes [63,64]. The methods used are fairly complex and require highly qualified operators.

Testemale and Leredde [65] determined 90-strontium using 2-theonyltrifluoroacetone and tributyl phosphate in carbon tetrachloride as the extractant. The organic layer is then extracted with nitric acid and the aqueous extract adjusted to pH 5.8. After removal of rare earths this aqueous phase is submitted to β-counting to determine 90-strontium.

Co-precipitation [66] and solvent extraction methods [67] have been used to determine these isotopes in river water. Lapid *et al.* [67] described a rapid method, applicable for the selective separation and determination of 90-strontium and 89-strontium in river water. Strontium is extracted from the water sample at pH 10.5 by 2-theonyl-trifluoroacetome/tri-octylphenyloxide in cyclohexane in the presence of Tiron as masking agent for interfering β-emitters. Radiostrontium activity is measured by liquid scintillation after back-extraction into 1N nitric acid. The distribution coefficient of strontium is over 400 and the separation factors from other radionucleides are higher than $5.0 \times 10^{3}$.

Marques and Grade [68] added carriers to the sample and proceeded via a complex coprecipitation procedure to produce an extract containing 90-strontium which was then counted. Barreta and Knowles [64] precipitated 90-strontium with inactive strontium carrier as the carbonate. This precipitate is dried and set aside for two weeks to allow ingrowth of 90-yttrium which is counted either after tributyl phosphate extraction or precipitation as oxalate, after addition of yttrium as carrier.

Szabo *et al.* [61] used 8-hydroxy quinoline substituted silica gel for the preconcentration of 90-strontium from natural water.

### *90-strontium/90-yttrium*

Mundschenk [62] has described a procedure for the enrichment and determination of small amounts of 90-strontium and 90-yttrium in natural waters. The procedure involves precipitation of the phosphate and adsorption onto a bentonite matrix. The method enables small amounts of 90-strontium (0.02 $pCiL^{-1}$) to be estimated in samples of up to 100L. For samples containing little or no suspended matter the daughter nuclide 90-yttrium could be directly extracted by adsorption onto a filter mat impregnated with di(2-ethylhexyl) phosphate.

Haddad and Zikovsky [69] have developed a new method for the determination of 90-strontium in natural waters based on the precipitation of strontium with 8-hydroxyquinoline at pH 11.3, which effectively separates 90-strontium from other β-emitters. The β-particles of 90-strontium at an energy of 150 keV are counted. The detection limit is $5 \times 10^{-4}$ $BqL^{-1}$.

The determination of strontium is also discussed under multi-metal analysis in section 12.30.1.

## *12.1.25 Technetium*

Robb *et al.* [70] devised a radiometric method of analysis of technetium.

Decontamination of the radionucleides likely to be present in samples to acceptable levels was achieved by precipitation, ion-exchange and elution. 99-technetium was used as a yield tracer and after decay the technetium was determined by measuring the rate of beta radiation emission from the final concentrate. Results showed the method capable of determining low levels of technetium in a variety of samples ranging from nuclear reactor effluent to river water.

Ballestra *et al.* [71] presented a radiochemical procedure for the determination of 99-technetium in large volume natural water samples. The technetium was reduced to the +4 oxidation state with $K_2S_2O_5$ in a slightly acid medium and coprecipitated with ferric hydroxide. The technetium is reoxidised to the +7 oxidation state, and reprecipitated with ferric hydroxide and calcium carbonate. The technetium(VII) was extracted with xylene, back-extracted into sodium hydroxide or ammonia, and electrodeposited for counting. The radiochemical yield is determined by $\gamma$-ray counting of the 140-keV $\gamma$-ray from 99-technetium and the 99-technetium is counted on a GM–gas flow counter.

Noe and Heres [72] used inductively coupled plasma mass spectrometry to measure 99-technetium and 191-iodine in natural waters.

The determination of technetium is also discussed under multi–metal analysis in section 12.1.30.

## 12.1.26 Thorium

De Jong and Wiles [73] encountered problems in the determination of 230-thorium in lake waters from Lake Nero Sask, which is used for the disposal of uranium mine tailings. The method used was based on coprecipitation of thorium and barium sulphate in the presence of sufficient potassium. A study was carried out to identify the interfering substances. Although most of the constituents of the lake water were known, the interfering effect could not be duplicated using synthetic water, suggesting that some strongly interfering substance has not yet been identified. An alternative method has been developed using lanthanum to recover both radium and thorium as fluorides [74].

Necemer *et al.* [226] applied $\alpha$-spectrometry to the determination of 230-thorium in natural waters.

The determination of thorium is also discussed under multi-metal analysis in section 12.1.30.

## 12.1.27 Uranium

Determination of the level of environmental contamination from facilities handling depleted or enriched uranium can be made more accurately if the isotopic ratio is measured in addition to the total uranium concentration. In fact, the relatively high variability of uranium concentration in natural samples can often mask the contribution from the facility.

Total uranium in natural waters has been measured by several methods but only mass spectrometry is normally applied to the measurement of isotopic ratios. Alpha spectrometry is useful for determining 234-uranium/238-uranium and 235–uranium/238-uranium ratios in greatly enriched samples. However, samples of natural or depleted uranium isotopic abundances have such small amounts of 235-uranium present that the difficulties of resolving the 235–uranium 4.58 MeV peak from the tail of the much larger 234-uranium 4.77 MeV peak limit both precision and sensitivity.

In the fission track technique, the sample, after any necessary working up, is placed in a capsule, frequently aluminium, and covered with a plastic polycarbonate film. The sample is then irradiated with a neutron flux when the various uranium isotopes undergo fission. Each fission is made visible by a track on the plastic sheet. Subsequent counting of the polycarbonate film by x–ray spectrometry enables estimates to be made of the concentration of uranium isotopes in the original water sample.

This technique has been investigated by several workers [75–78]. Gladney *et al.* [79] determined the 235-uranium to 238-uranium ratio in natural waters by Chelex–100 ion-exchange and neutron activation analyses. This is both an accurate and precise technique partly because activities from both 235-uranium and 238-uranium may be observed from a single irradiation. The former may be measured vis fission product decay while the latter may be determined from the decay of 2.3-day 239-neptunium formed through the 238-uranium (n, $\gamma$) 239-uranium $\beta^-$ 239-neptunium reaction. Gladney et al. chose the 1.38 day 143–cerium fission product so that activities having both similar half-lives and interference-free $\gamma$ rays of almost equal energy could be compared.

Lebya *et al.* [80] applied $\alpha$ liquid scintillation spectrometry to the determination of uranium in natural waters.

### 12.1.28 90-yttrium

Mundschenk [62] has described a procedure for the enrichment and determination of small amounts of 90-yttrium (and 90-strontium) in natural waters. The procedure involves precipitation of the phosphate and adsorption onto a bentonite matrix. The method enables small amounts of 90-strontium (0.02 pCiL $^{-1}$) to be estimated in samples of up to 100L. For samples containing little or no suspended matter the daughter nuclide 90-yttrium can be directly extracted by adsorption onto a filter mat impregnated with di(2-ethylhexyl) phosphate.

The determination of radioyttrium is also discussed in section 12.1.30.

### 12.1.29 Zirconium

Linsalata and Cohen [26] have studied the incidence of radionucleides in water samples taken intermittently over a year from the Hudson river near Albany, N.Y. Evidence has been found of the presence of 95-zirconium and 95-niobium fallout from a Chinese nuclear explosion. Procedure to separate these two nucleides for individual nuclide analysis is described. The concentrations of zirconium in suspended sediments varied between 6 and 40 mg $L^{-1}$ and varied with precipitation, suggesting the effectiveness of the latter as a washout mechanism for deposition in the estuary. The removal rate of the nuclide is lower than that expected from radiological decay, physical transport and sedimentation. This is attributed to possible additional atmospheric fallout and to resuspension of deposited sediments, as well as inputs from runoff.

### 12.1.30 Multielement analysis

As a result of the Three Mile Island incident, Carter *et al.* [81] have developed a method for the selective analysis of radionucleides at ultra-trace levels. The thermal emission isotope dilution technique, in which an anion-exchange resin bead was used to concentrate the plutonium and uranium, provided technical information on samples of orders of magnitude smaller than those necessary for conventional counting techniques. The resin bead loaded sample acts as a point source in a pulse counting two-stage high abundance sensitivity mass spectrometer. The method also provided data on source, location and condition of isotopes in the water from the Three Mile Island site.

Jones and Castle [82] have discussed radioactivity monitoring of the water cycle following the Chernobyl accident. In this they carried out gross beta activity measurements of rain, raw water and treated water. Particular elements discussed include 89-strontium, 90-strontium, 103-ruthenium, 106-ruthenium, 131-caesium, 134-caesium, 137-caesium and 132-tellurium.

Salbu *et al.* [83] have discussed the determination of radionucleides associated with colloids in natural waters.

Gromov [84] has reported on a study of $\alpha$-activity of natural water samples taken within a 30 km range of the Chernobyl Nuclear Power Plant in 1986 and 1990.

Shiraishi *et al.* [85] have reported on results obtained in analyses for various trace radioactive metals in natural water samples taken in the former USSR.

Juznic and Kobal [86] describe a method for the determination of 210-polonium and 210-lead in natural waters. The nucleides are concentrated by evaporation and the polonium is plated from a weak acidic solution onto a copper planchet and measured by α-spectrometry. The 210-lead was separated by solubilisation of lead sulphate in citrate. The 210-lead content was determined by measuring the activity of the daughter 210-bismuth.

Reboul and Field [87] used a flow through scintillation detection method to determine 5 to 43 Bq levels of the following elements in natural waters: 55-iron, 60-cobalt, 63-nickel, 90-strontium, 90-yttrium, 99-technetium and 147-promethium.

Cadieux *et al.* [88] used photon-electron rejecting α scintillation spectrometry to determine down to $5nCiL^{-1}$ of actinides in natural water.

Sawidis [89] used γ-spectrometry to determine 134-caesium, 132-caesium, 40-potassium, 226-radium, 228-radium and 228-thorium in Greek natural waters.

## 12.2 Ground waters

### 12.2.1 Radium

Liquid scintillation has been used for the determination of radium in ground waters [90]. The radium was coprecipitated with a large excess of barium sulphate, mixed with the liquid gelling scintillator, and counted. The counting efficiency for α-particles was near 100% and for β-particles ≥90%. The minimum detectable activity of 226-radium was $3.9 \times 10^{-3}$ Bq. Zhu [91] also used scintillation counting for the determination of radium. The radium was coprecipitated with lead sulphate, then reprecipitated with barium sulphate in an EDTA–ammonia solution, mixed with zinc sulphide, and filtered for counting. Rama *et al.* [92] developed a more rapid method for the determination of 224-radium in natural waters. The 224-radium was preconcentrated by adsorption onto manganese dioxide–impregnated acrylic fibre. The amount of 224-radium was determined by air stripping its daughter, 220-radon, from the fibre bundle and measuring the 220-radon activity concurrently. The same system can be used for the determination of 228-thorium and 226-radium. Orr [93] also proposed a similar method whereby 224-radium was measured by 220-radon emanation. The same author suggested that liquid scintillation methods, one employing α spectrometry and the other β–γ coincidence spectrometry, could be used for the determination of 228-radium in seawater. The present methods for the determination of 228-radium require much larger samples than do the methods used for the determination of 226-radium. Smith *et al.* [94] used the 220-radon emanation technique to measure 228-radium in groundwaters. They report a detection limit of 0.4pCi 220-radon/L for a 50 $cm^3$ bubbler containing the sample.

### 12.2.2 Radon

Maucini [95] determined 222-radon at a detection limit of $1kBq/m^3$ in groundwater by extracting the sample with charcoal followed by 15 min of $\gamma$ counting.

### 12.2.3 Technetium

99-technetium has been determined in groundwaters by a method based on resin extraction followed by scintillation counting with an easy screening technique [96].

## 12.3 Potable waters

### 12.3.1 226-radium and 228-radium

Various workers have discussed the determination of 226-radium [45, 97–99] and 228-radium [100,101] in potable waters.

Higuchi *et al.* [45] determined 226-radium by liquid scintillation counting after preconcentration with ion-exchange resin. The procedure requires 2 h and the detection limit 0.03 $pCiL^{-1}$.

In a further method applicable to potable and rain water [98] the radium function in potable waters is coprecipitated with barium and filtered through a membrane. Boiling the sample then removed radon and carbon dioxide. Actinides were precipitated by addition of ferric iron. Ammonium hydroxide induced the coprecipitation of ferric ion and actinides. Both fractions were measured with a gas-flow proportional counter. The isotopic radium composition was obtained by measuring at two or three different times the alpha activity from the radium fraction. Friedmann and Hernegger [99] conducted a systematic survey of the concentration of 226-radium in bottled Austrian mineral waters. Complicating factors due to the presence of radon of geological origins are discussed. Only in respect of one sample was the WHO recommended limit of 3.3 $pCiL^{-1}$ substantially exceeded.

Baratta and Lumsden [100] have described a method for the rapid determination of 228-radium in food and water by measuring its decay product 228-actinium. It is based on a solvent extraction/ion-exchange technique and lanthanum is used as coprecipitant. The method is sensitive to less than 1 $pCiL^{-1}$ of water.

Mills *et al.* [101] monitored 228-radium in potable water supplies. They comment that in the view of the US Environmental Protection Agency 228-radium need only be measured on the rare occasions when 226-radium exceeds 3.0 $pCiL^{-1}$. They argue that radium-228 rarely exceeds 226-radium and the costs of mandatory monitoring of the former radionuclide would not be justified.

Hodge and Laing [102] determined 226-radium at a detection limit of 1 ppq in potable waters by a method based on cation exchange chromatography followed by inductively coupled plasma mass spectrometry.

The determination of radium is also discussed in section 12.3.4.

### 12.3.2 222-radon

Pritchard and Gesell [55] give details of a procedure for measuring concentrations of 222-radon as low as 10 $pCiL^{-1}$ in water. Measurements are carried out by a 40 min count of a 10 ml sample, using a commercial liquid scintillation counter.

Countess [103] has described a simple, rapid method for determining the concentration of radon in water based on a gamma-counting method. The method is calibrated by using an aliquot of a standard solution of 226-radium. The method was applied to measurement of the radon concentration in water samples from houses within a 50 mile radius of New York. Levels ranged from zero to 2000 $pCiL^{-1}$.

Countess [103] noted one disadvantage of this method. The simplicity and convenience of an integrated gamma count is somewhat offset by the lack of specificity; other gamma-emitting nucleides in water samples could be mistaken for radon. In cases of doubt, the detailed gamma energy spectrum can be examined or the sample can be recounted after several days to confirm the expected half-life of 222-radon of 3.8 days. 222-radium itself could be the source of part or all of the observed radon, but radium concentrations in water are normally much lower than the limit of detection.

Samples of water stored in the Marinelli beakers for a week show that there is no loss of radon, except by radioactive decay, presumably because of the 0.3 cm thickness of the polyethylene. However, since radon does dissolve slowly in the plastic, it may possibly increase the background of the beaker. To minimise this effect, avoid storing the samples in the beakers for longer than necessary. If the dissolved radon does increase the background of the beaker, it will be necessary to let the beaker stand before re-use (usually for several weeks) until all the radon has been eliminated by radioactive decay.

### 12.3.3 99-technetium

99-technetium has been recovered [104] from flocs formed during coagulation at water works. The analytical method used was an adapted radiochemical technique involving oxidation, extraction into tributylphosphate, back-extraction with sodium hydroxide and electroplating. Yields varied from 7.0 to 63%. The recovered radionuclide was determined using a gas flow proportional counter with two shielded detectors. The method enabled the authors to analyse 1 g of dry floc representing a high volume of water. A typical value was 0.56 ± 0.26 mBq per g.

### 12.3.4 Uranium, thorium, polonium and radium

Aellen et al. [105] employed α spectrometry and liquid scintillation counting to determine down to 0.1–2mBqL $^{-1}$ of uranium, thorium, polonium and radium in potable waters.

### 12.3.5 Miscellaneous

Alexander [106] has reviewed the occurrence of radionucleides in water resources. Elements considered include 60-cobalt, 90-strontium, 134- and 137-caesium.

### 12.3.6 Gross alpha and gross beta activity

Measurement of these activities in potable water supplies has been reviewed [107] together with results obtained in an interlaboratory study of measurements carried out in the USA.

## 12.4 Aqueous precipitation

### 12.4.1 Caesium

Sanchez-Angulo and Garcia-Leon [108] determined 137-caesium in rainwater. The caesium is adsorbed in ammonium phosphomolybdate. 134-caesium is used as a tracer to compute radiochemical yields. γ-radiation from 137m–borium is measured with a HP germanium detector to determine 137-caesium activity.

### 12.4.2 214-lead (radium B) and 214-bismuth (radium C)

Counting of these radioisotopes in rain water has been carried out using a well type sodium iodide crystal polymethylstyrene plastic scintillator [109]. Analysis is carried out either directly on 8-hydroxyquinolate of the water sample or after inactive addition of lead and bismuth carriers.

### 12.4.3 22-sodium and 24-sodium

22-sodium has been demonstrated by β–γ a coincidence counting following preconcentration on hydrogen form ion-exchange resin and desorption with hydrochloric acid [110].

Burden [111] determined 22-sodium in rain water using a low background anti-coincidence β counter. In this method a 50L sample of water is passed through a hydrogen form ion-exchange resin and 22-sodium desorbed with a small volume of hydrochloric acid. Following appropriate work-up procedures and removal of interfering species, sodium is precipitated with methoxyphenyl–acetic acid prior to counting.

### 12.4.4 237-uranium

In a method [112] for determining uranium, the rain water sample is evaporated to dryness and the residue taken up in a sodium carbonate melt. Following appropriate work-up procedures, uranium is extracted into a solution of trioctyl amine in xylene, then back-extracted into aqueous nitric acid for counting.

### 12.4.5 Strontium, antimony, manganese, iodine and plutonium

Techniques have been described for measuring levels of fallout products [113,114] and cosmic ray produced radionucleides [112,113] in rain water including 89-strontium, 90-strontium, 140-barium, 137-caesium, 141-cerium, 106-ruthenium, 125-antimony, 54-manganese, 131-iodine, 238-plutonium and 240-plutonium. Ardisson [115] has described an X-ray spectrometric technique for determining low levels of β, electron capture and alpha emitting nucleides in rainwater. The method is based on the measurements of the K or L X–lines produced by the filling of inner-shell atomic electron vacancies during the internal conversion process.

K or L X-ray spectra form a signature which is characteristic of the element under consideration.

## 12.5 Seawater

### 12.5.1 Bromide

Foti [116] has studied the feasibility of concentrating traces of radioactive bromide ions by passing the seawater sample through a column of inactive AgBr (to effect isotopic exchanges). The effects of column height and of flow rate, volume and/or residence time of the seawater on the extent of exchange were examined; each of these variables had a significant effect.

### 12.5.2 137-caesium

Dutton [117] has described a procedure for the determination of 137-caesium in water. This procedure comprises a simple one-step separation of the radio-caesium from the sample using ammonium dodecamolybdophosphate or potassium cobaltihexacyanoferrate and 137-caesium and 134-caesium are measured by γ-ray counting of the dried adsorbent with a NaI (Tl) crystal coupled to a γ-ray spectrometer. Levels of 137-caesium activity down to about 1 pCi per litre can be determined in seawater and lake, rain and river waters without sophisticated chemical processing.

Low-level γ-ray spectrometry with lithium drifted germanium detectors has been used to determine 90-strontium in seawater, and sediment samples [118]. The system is capable of unambiguous qualitative and quantitative analyses for minute amounts of γ-emitting nuclides in complex mixtures. It incorporates a 42 $cm^3$ Ge(Li) crystal as the main detector; this is operated in anti-coincidence with a 40 × 40 cm plastic scintillator device and the whole assembly is enclosed in a lead shield (10 cm walls). When the instrument is operated in the anti-coincidence mode, the background continuum is reduced to 0.3cpm per keV at 100 keV and to less than 0.005cpm per keV at 1000 keV for an average reduction of normal background of 99.5%. The resolution of the system is 3.0-3.5 keV (fwhm) depending on the γ-energy. Many radionuclides can be detected in environmental samples at levels of less than 0.02pCi per g without preliminary chemical separation. Accuracy of counting is improved up to three-fold by using the anti–coincidence mode, depending on the initial peak-to-background ratio. Results of measurements of 137-caesium on several samples of biota, sediment and seawater are given.

A further method for the determination of caesium isotopes in saline waters [119] is based on the high selectivity of ammonium cobalt ferrocyanide for caesium. The sample (100-500 ml) is made 1M in hydrochloric acid and 0.5M in hydrofluoric acid, then stirred for 5–10 min with 100 mg of the ferrocyanide. When the material has settled, it is collected on a filter (pore size 0.45 μm), washed with water, drained dried under an infra-red lamp, covered with plastic film and β-counted for 137-caesium. If 131-caesium is also present, the γ-spectrometric method of Yamamoto [120] must be used. Caesium can be determined at levels down to 10 $pCiL^{-1}$.

Mason [121] has described a rapid method for the separation of 137-caesium from a large volume of seawater. In this procedure the sample (50 litres) is adjusted to pH 1 with nitric acid and ammonium nitrate (100 g) and caesium chloride (30 mg) added as carrier. A slurry is prepared of ammonium molybdophosphate (7.5 g) and Gooch–crucible asbestos (715 g) with 0.01 M ammonium nitrate and deposited by centrifugation on a filter paper fitted in the basket of a continuous-flow centrifuge. The sample is centrifuged at 600–3000 rpm and the deposit washed on the filter with 1M ammonium nitrate (60–70 ml) and 0.01M nitric acid (30–40 ml). The caesium collected on the filter is then prepared for counting by the method of Morgan and Arkell [122]. With this method the caesium can be extracted in less than 1 h.

The determination of radiocaesium is also discussed in sections 12.5.16.2, 12.5.16.9 and 12.5.16.10.

### *12.5.3 Cobalt*

Hiraide *et al.* [123] used continuous flow co-precipitation–flotation for the radiochemical separation of 60-cobalt from seawater. The 60-cobalt activity was measured by liquid scintillation counting with greater than 90% yield and a detection limit of 5 fCi per litre seawater.

Tseng *et al.* [124] determined 60-cobalt in seawater by successive extractions with tris(pyrrolidine dithiocarbamate) bismuth (III) and ammonium pyrrolidine dithiocarbamate and back-extraction with bismuth (III). Filtered seawater adjusted to pH 1.0–1.5 was extracted with chloroform and 0.01M tris(pyrrolidine dithiocarbamate) bismuth (III) to remove certain metallic contaminants. The aqueous residue was adjusted to pH 4.5 and re-extracted with chloroform and 2% ammonium pyrrolidine thiocarbamate, to remove cobalt. Back-extraction with bismuth(III) solution removed further trace elements. The organic phase was dried under infrared and counted in a germanium/lithium detector coupled to a 4096 channel pulse height analyser. Indicated recovery was 96%, and the analysis time excluding counting was 50 min per sample.

The determination of radiocobalt is also discussed in sections 12.5.16.9 and 12.5.16.10.

### *12.5.4 Iron*

Testa and Staccioli [125] used Microthene-710 (microporous polyethylene) as a support material for bis-(2-ethylhexyl) hydrogen phosphate in the determination of 55-iron in environmental samples.

The determination of radioiron is also discussed in section 12.5.16.9.

### *12.5.5 Manganese*

Flynn [126] has described a solvent extraction procedure for the determination of 54-manganese in seawater in which the sample with bismuth, cerium and chromium carriers, is extracted with a heptane solution of bis(2-ethylhexyl) phosphate and the manganese back-extracted with 1M hydrochloric acid. After oxidation with nitric acid and potassium chlorate, manganese is determined spectrophotometrically as permanganate iron.

The determination of radiomanganese is also discussed in sections 12.5.16.1 and 12.5.16.10.

### 12.5.6 Neptunium

May *et al.* [127] used neutron activation analysis to determine 237-neptunium in waste waters. The determination used the $^{237}Np(n,y)^{238}Np$ reaction. The detection limit was $5 \times 10^{-6}$ µg of 237-neptunium which corresponds to $2.5 \times 10^{-6}$ µg/kg$^{-1}$ for 200 mL seawater samples.

Holm *et al.* [128] used α spectrometry for the determination of 237-neptunium in seawater. The actinides are preconcentrated from a large seawater sample by hydroxide precipitation. The neptunium was isolated by ion-exchange, fluoride precipitation, and extraction with TTA. 238-neptunium or 235-neptunium was used to determine the radiochemical yield.

Harvey and Thurston [129] have described analytical procedures for the determination of neptunium radionucleides in marine waters, sediments and biota. Sources of error, interfering substances and correction methods to allow for decontamination during the process of analysis are also discussed. A bibliography is included.

### 12.5.7 Phosphate

Flynn and Meeham [130] have described a solvent extraction phosphomolybdate method using iso-amyl-alcohol for monitoring the concentration of 32-phosphorus in sea and coastal waters near nuclear generating stations.

### 12.5.8 Plutonium

The plutonium concentration in marine samples is principally due to environmental pollution caused by fall-out from nuclear explosions and is generally at very low levels [131]. Environmental samples also contain microtraces of natural α emitters (uranium, thorium and their decay products) which complicate the plutonium determinations [102]. Methods for the determination of plutonium in marine samples must therefore be very sensitive and selective. The methods reported for the chemical separation of plutonium are based on ion-exchange resins [132–136] or liquid–liquid extraction with tertiary amines [137], organophosphorus compounds [138,139] and ketones [140,141].

Wong [133] has described a method for the radiochemical determination of plutonium in seawater, sediments and marine organisms. This procedure permits routine determinations of 239-plutonium activities (dpm) down to 0.004 dpm per 100 litres of seawater (50 L sample), 0.02 dpm per kg sediments (100 g samples) and 0.02 dpm per kg of organisms (1 kg sample). The plutonium is separated from seawater by co-precipitation with ferric hydroxide and from dried sediments or ashed organisms by leaching with nitric acid and hydrochloric acid [142]. After further treatment and purification by ion-exchange, the plutonium is electro-deposited on to stainless steel discs for counting and resolution of the activity by α-spectrometry. For 30 samples, the average deviation was generally well within the 1 SD counting error. For seawater the average recovery was 52 ± 18% and for sediments and organisms it was 63 ± 20%. The most serious interference is from 228-thorium, which is present in most samples and is also a decay product of the 236-plutonium tracer.

Livingstone *et al.* [143] carried out double tracer studies to optimise conditions for the radiochemical separation of plutonium from large volumes of seawater.

In this procedure 242-plutonium is added to determine the overall recovery of plutonium from the sample and the recovery of 242-plutonium at any point in the procedure is measured by the addition of a similar amount of 236-plutonium at that point, the final recovery of 236-plutonium being used to calculate the recovery of 242-plutonium at the time of the addition of 236-plutonium. Experience with this double-tracer experiment has permitted improvement in the ability to recover plutonium from 50 litre samples for α-spectrophotometric analysis of 239-plutonium, 240-plutonium and, sometimes, 238-plutonium.

Delle Site *et al.* [144] have used extraction chromatography to determine plutonium in seawater, sediments and marine organisms.

These workers used double extraction chromatography with Microthene-210 (microporous polyethylene) supporting tri-n-octyl-phosphine oxide (TOPO); a technique that has been used previously to isolate plutonium from other biological and environmental samples [145]. 236-plutonium and 242-plutonium were tested as the internal standards to determine the overall plutonium recovery, but 242-plutonium was generally preferred because 236-plutonium has a shorter half-life and an α-emission (5.77 MeV) which interferes strongly with the 5.68 MeV (95%) α-line of 224-radium, the daughter of 228-thorium. However, the 5.42 MeV α-lines of 228-thorium interfere with those of 238-plutonium (5.50 MeV) and so a complete purification from thorium isotopes is required.

Add the extraction slurry A to the nitric acid solution obtained from the pretreatment of the samples (about 4M in nitric acid) and stir magnetically for 1 h.

Plutonium sources were counted by an α-spectrometer with good resolution, background and counting yield. The counting apparatus used had a resolution of 40 keV. The mean (±SD) background value was 0.0004 ± 0.0003 cpm in the 239- and 240-plutonium energy range and 0.0001 ± 0.0001 cpm in the 238-plutonium energy range. The mean (±SD) counting yield, obtained with 239-plutonium, 240-plutonium reference sources counted in the same geometry, was found to be 25.08 ± 0.72%.

*Table 12.1* Overall recovery

| *Sample* | *Size* | *No of samples considered* | *Mean recovery (% ± SD)** |
|---|---|---|---|
| Seawater | 200 litres | 5 | 62.6 ± 9.7 |
| Sediments | 100 g† | 7 | 45.4 ± 9.6 |
| Marine organisms | 300 g† | 5 | 81.7 ± 4.5 |

*Standard deviation calculated on the mean value of the analyses
†Sample dried at 105°C

Source: Reproduced by permission from Elsevier Science Publishers BV, Amsterdam

*Table 12.2* Reagent and process blank activity

| *Sample* | | *$^{239,240}$plutonium (fCi ± SD)** | *$^{238}$plutonium (fCi ± SD)** |
|---|---|---|---|
| Seawater | 50 litres | 4.3 ± 1.3 | 0.8 ± 0.5 |
| | 200 litres | 7.1 ± 1.5 | 2.1 ± 0.8 |
| Sediments | 100 g† | 7.5 ± 2.5 | 0.8 ± 0.8 |
| Marine organisms | 300 g† | 5.4 ± 0.8 | 1.1 ± 0.6 |

*Standard deviation of a single source α-counting
†Sample dried at 105°C

Source: Reproduced by permission from Elsevier Science Publishers BV, Amsterdam

To determine the overall recovery obtained by this procedure (chemical recovery and electrodeposition yield) a known activity of 242-plutonium was added to the different samples; the plutonium sources were counted by a α-spectrometry for 3000 min and the percentage overall recovery was calculated from the area of 242-plutonium peak. The percentage overall recovery for the different samples is reported in Table 12.1.

Owing to the very low activity of the samples, the determination of 239-plutonium, 240-plutonium and 238-plutonium in the reagents is very important in calculating the net activity of the radionucleides. The 239-, 240- and 238-plutonium activity found in the reagent blanks is reported in Table 12.2.

The method proposed was checked by analysing some seawater and sediment reference samples prepared by the IAEA Marine Radioactivity Laboratory (Monaco) for intercomparison programmes. The values reported by IAEA and the experimental values obtained here are compared in Table 12.3; the agreement is fairly good.

*Table 12.3* Experimental check of the method with IAEA samples

| Sample | Size (g) | IAEA activity (fCi ± SD)* | | Present activity (fCi ± SD)† | | | |
|---|---|---|---|---|---|---|---|
| | | $^{239,240}$Pu | $^{238}$Pu | $^{239,240}$Pu | Mean value | $^{238}$Pu | Mean value |
| Seawater | 1000 | 103 ± 7 | 18 ± 1 | 113 ± 7<br>96 ± 7<br>119 ± 8 | 109 ± 7 | 17 ± 4<br>17 ± 3<br>15 ± 4 | 16 ± 4 |
| Sediment | 1‡ | 501–585 | 14-31 | 629 ± 19<br>516 ± 20<br>575 ± 19 | 574 ± 19 | 17 ± 3<br>23 ± 4<br>21 ± 4 | 20 ± 4 |

*Standard deviation for mean of 5 ($^{238}$plutonium) and 10 ($^{239,240}$plutonium) results
†Standard deviation of a single source α-counting
‡Sample dried at 105°C

Source: Reproduced by permission from Elsevier Science Publishers BV, Amsterdam

Testa and Staccioli [125] have pointed out that Microlthene–710 (a microporous polyethylene) as a support material for triphenylphosphine oxide in cyclohexane medium) has a potential application for the determination of plutonium in fall-out samples.

Hirose and Sugimura [146] investigated the speciation of plutonium in seawater using adsorption of plutonium(IV)–xylenol orange and plutonium –arsenazo(III) complexes on the macroreticular synthetic resin XAD–2. Xylenol orange was selective for plutonium(IV) and arsenazo(III) for total plutonium. Plutonium levels were determined by α-ray spectrometry.

Buesseler and Halverson [147] have described a thermal ionisation mass spectrometric technique for the determination of 239-plutonium and 240-plutonium in seawater. The mass spectrometric technique was more sensitive than α spectrometry by more than order of magnitude.

### *12.5.9 Polonium*

Skwarzec and Bojanowski [148] in a study of the accumulation of 210-polonium in Southern Baltic seawater showed that the mean concentration of 210-polonium in Baltic seawater was 0.49 mBq per dm3, of which approximately 80% was dissolved. 210-polonium concentrations in phyto-plankton and zooplankton, respectively, were 21–61 and 21–451 mBq per g dry weight. Mean 210-polonium concentration factors were 5000 in phytoplankton, 18,300 in macrozooplankton and 42,000 in mesozooplank-ton. The higher mean 210-polonium concentration in mesozooplankton from the Slupsk Trough compared with that in mesozooplankton from the

Gdansk basin (214 against 55 mBq per g dry weight) might have been due to blue-green algal blooms in the Gdansk basin.

The determination of radiopolonium is also discussed in section 12.5.16.4.

### *12.5.10 Potassium*

Bowie and Clayton [149] used γ-ray spectrometry to determine potassium, uranium and thorium in sea-bottom surveys.

### *12.5.11 Radium*

Burnett and Tai Wei-Chieh [150] used α liquid scintillation counting to determine radium radionucleides in seawater. The method was applied in the 7–35 dpm 100 $kg^{-1}$ range using 1 L samples.

Cohen and O'Nions [151] determined fentogram quantities of radium radionucleides in seawater by thermal ionisation mass spectrometry.

Bettoli *et al.* [152] has described a shipboard system to measure the concentrations of 222-radium and 226-radium in sea and coastal waters.

The determination of radium is also discussed in sections 12.5.16.5–6.

### *12.5.12 Ruthenium*

Kiba *et al.* [153] has described a method for determining 106-ruthenium in marine sediments. The sample is heated with a mixture of potassium dichromate and condensed phosphoric acid (prepared by dehydrating phosphoric acid at 300°C). The ruthenium is distilled off as $RuO_4$ collected in 6M hydrochloric acid–ethanol and determined spectrophotometrically (with thiourea) or radiometrically. Osmium is separated by prior distillation with a mixture of condensed phosphoric acid and ceric sulphate. In the separation of ruthenium–osmium mixtures, recovery of each element ranged from 96.8 to 105.0%.

### *12.5.13 Strontium*

Silant'ev *et al.* [154] have described a procedure for the determination of 90-strontium in small volumes of seawater. This method is based on the determination of the daughter isotope 90-yttrium. The sample is acidified with hydrochloric acid, heated and, after addition of iron, interfering isotopes are separated by double co-precipitation with ferric hydroxide. The filtrate is acidified with hydrochloric acid, yttrium carrier added, the solution set aside for 14 days for ingrowth of 90-yttrium, and $Y(OH)_3$ precipitated from the hot solution with carbon dioxide-free aqueous ammonia. Then $Y(OH)_3$ is re-precipitated from a small volume in the presence of hold-back carrier for strontium, the precipitate dissolved in the minimum amount of nitric acid, the solution heated and yttrium oxalate precipitated by adding precipitated oxalic acid solution. The precipitate is collected and ignited at 800° to 850° to $Y_2O_3$. The cooled residue is weighed to determine the chemical yield, then sealed in a polyethylene bag and the radioactivity of the saturated yttrium measured on a low-background β-spectrometer. If the short-lived nuclides 140-barium and 140-lanthanum are thought to be present in the seawater sample, lanthanum carrier is introduced after the first $Y(OH)_3$ separation, and the system is freed from 140-lanthanum by precipitation of the double sulphate of lanthanum and potassium from a solution saturated with potassium sulphate.

Gordon and Larson [155] used photon activation analysis to determine 87-strontium in seawater. Samples (2 ml, acidified to pH 1.67 or 2.54 for storage) were filtered and freeze-dried. The residues, together with strontium standards, were wrapped in polyethylene and aluminium foil and irradiated in a 30 MeV bremsstrahlung flux of γ-radiation. After irradiation, the samples were dissolved in 50 ml of acidified water and 87m–strontium was operated by precipitation as strontium carbonate for counting (γ-ray spectrometer, Ge(Li) detector and multi-channel pulse–height analyser). The standard deviation at the 7 $mgL^{-1}$ strontium level was ±0.47.

Radiogenic 90-strontium was determined in seawater by Pinones [156]. The seawater sample is filtered and a known amount of strontium nitrate is added to the filtrate as a carrier. Precipitation of other radiogenic elements, followed by addition of fuming nitric acid, separates strontium nitrate from other radioactive elements. The 90-strontium is measured by the change in activity of the radiogenic daughter, 90-yttrium.

The determination of radiostrontium is also discussed in section 12.5.16.3.

### 12.5.14 Technetium

Ballestra *et al.* [71] carried out low level radiochemical measurements of 99-technetium in rain water which involved reduction to technetium(IV), followed by iron hydroxide precipitation and oxidation to the heptavalent state. Technetium(VII) was extracted with xylene and electrodeposited in sodium hydroxide solution. The radiochemical yield was determined by gamma counting on an anti-coincidence shield GM–gas flow counter. The radiochemical yield of 50–150 litre water samples was 20–60%.

### 12.5.15 Thorium

Traditionally, 234-thorium has been analysed by gas proportional counting of β-particles emitted by 234m–protoactinium, using sample volumes ranging between 20 and 100 L, depending on detector efficiency and background [157–159]. Since the analysis requires preconcentration and purification of the sample and electrodeposition onto a planchette, a yield monitor is required – typically 228-thorium, 229-thorium or 230-thorium. The samples then require a minimum of two counts – one to determine the β activity and another to determine the α activity – and each count requires independent calibration of detection efficiency [160]. Modern gas proportional counting instruments are capable of providing low backgrounds (~0.3 cpm) and extremely good accuracy and precision (~2%) and have been used at sea [159].

An alternative approach is γ spectrometry using HpGe γ photon detectors. This technique meets most of the requirements for 234-thorium analysis since no chemical manipulation of the sample is required and the detectors are sufficiently rugged to be used at sea. However, the low absolute intensity of the 63 keV γ photon emissions (3.8%), combined with the relatively low detection efficiency of γ spectroscopy systems, results in large sample volumes (300-600 L) being required for the analysis [161,162]. These sample sizes can be achieved through the use of *in situ* pumps and manganese cartridges [162], which scavenge thorium from seawater [163]. These systems avoid the problems of bottle-associated sampling artefacts, such as thorium losses to the vessel walls and particles sinking below spigots, and enable sampling of rare large particles. However, the pumping system is relatively expensive and time-consuming to use, restricting the number of depths that can be sampled simultaneously. In addition, only a simple split of particulate and dissolved fractions can be achieved, with more detailed size fractionation, such as that required for the determination of colloidal 234-thorium, requiring an alternative method. This second point is of particular relevance with the growing realisation that (i) colloids play a critical role in both carbon cycling and trace metal scavenging, and (ii) 234-thorium/238-uranium disequilibrium is a useful technique for elucidating this role [164–166].

Liquid scintillation spectrometry is a technique suitable for the analysis of both α and β emitters, with much higher detection efficiencies than either α or γ spectrometry using semiconductor detectors or gas proportional counting. For α emitters, the liquid scintillation spectrometric detection efficiency is ~100%, while for β emitters with $E_{max}$ > 156 keV ($^{14}C$), detection efficiency is > 95%.

Huh [167] used neutron activation analysis to determine thorium in seawater. The method used pre-irradiation and post-irradiation radiochemical separations.

Bowie and Clayton [168] used gamma-ray spectrometry to determine thorium, uranium and potassium in sea-bottom surveys.

Bacon and Anderson [169] determined 234-thorium, 230-thorium and 228-thorium concentrations, in both dissolved and particulate forms, in seawater samples from the eastern equatorial Pacific. The results indicate that the thorium isotopes in the deep ocean are continuously exchanged between seawater and particle surfaces. The estimated rate of exchange is fast compared with the removal rate of the particulate matter, suggesting that the particle surfaces are nearly in equilibrium with respect to the exchange of metals with seawater.

Because of the large volumes of water that were required, an *in situ* sampling procedure was used. Submersible battery-powered pumping systems [170,171] were used to force the water first through filters (62 μ mesh Nitex followed by 1.0 μ pore-size Nuclepore) then through an adsorber cartridge packed with Nitex netting that was coated with manganese dioxide to scavenge the dissolved thorium isotopes, and finally through a flow meter to record the volume of water that was filtered. Natural 234-thorium served as the tracer for monitoring the efficiency of the adsorber cartridges. Standard radiochemical counting techniques were used [172]. On average 4% of the 234-thorium, 15% of the 228-thorium and 17% of the 230-thorium were found in the particulate form, ie the percentage increases with increasing radioactive half-life. However, the percentages varied considerably from sample to sample and were found to be strongly dependent on total suspended matter concentration.

Secondary ion mass spectrometry has been used to determine low levels of 230-thorium and 232-thorium in seawater [173].

Thermal ionisation mass spectrometry has been used to determine pgkg $^{-1}$ levels of 230-thorium and 232-thorium in seawater [174].

Pates *et al.* [175] have described a liquid scintillation spectrometry method for the determination of 234-thorium in seawater with 230-thorium as the yield tracer. 234-thorium is separated from the dissolved phase by a ferric hydroxide precipitation and is then purified using ion-exchange chromatography. The counting source is prepared by taking the sample to dryness in a vial, redissolving in acid, and mixing with a scintillation cocktail. The instrument employed has a relatively low background (11 cpm) and the ability to separate α from β activity on the basis of pulse shapes. The 234-thorium + 234m–protoactinium counting efficiency is 50% over the counting window employed. The limit of detection, using the above parameters, a 20 L sample and a 400 min count is found to be 0.04 dpm L $^{-1}$. It was also demonstrated that less advanced instruments, without α/β separation, can also be used effectively.

The determination of radiothorium is also discussed in sections 12.5.16.6 and 12.5.16.8.

### *12.5.16 Multielement determination of radionucleides*

#### 12.5.16.1 54-manganese and 65-zinc

54-manganese has also been determined by a method [176] using co-precipitation with ferric hydroxide. The precipitate is boiled with hydrogen peroxide and the iron is removed by extraction with isobutyl methyl ketone. Zinc is separated on an anion-exchange column and manganese is separated by oxidising it to permanganate in the presence of tetraphenylarsonium chloride and extracting the resulting complex with chloroform. Both 65-zinc and 54-manganese are counted with a 512-channel analyser with a well-type NaI(T1) crystal (3 × 3 in). Recoveries of known amounts of 65–zinc and 54-manganese were between 74% and 84% and between 69% and 74% respectively.

#### 12.5.16.2 Caesium and chromium

Riel [177] studied *in situ* extraction combined with γ-ray spectrometry in an underwater probe for the determination caesium and chromium in seawater.

#### 12.5.16.3 Caesium and strontium

Krosshaven *et al.* [178] used scintillation spectrometry employing germanium detectors to measure 137-caesium and 90-strontium in coastal seawaters.

Aleksan'yan [179] has discussed a method for determining 90-strontium and 137-caesium in seawater or river water involving isolation of the radionucleides, in the presence of strontium and caesium carriers by precipitation, as the carbonate and ferrocyanide respectively. The carbonate is dissolved in 0.5N to hydrochloric acid and the strontium in this solution is precipitated as oxalate, the precipitation ignited and a solution of the product in 2 N hydrochloric acid is set aside for accumulation of 90-yttrium; this is precipitated as hydroxide (and again as oxalate) for β-counting.

The ferrocyanide precipitate containing 137-caesium is ignited at <400°C, the residue is extracted with boiling water, then evaporated and a solution of the residue in acetic acid is treated to precipitate caesium as $Cs_3Bi_2I_9$ for β-counting.

#### 12.5.16.4 Polonium and lead

Various workers [180–184] have discussed the determination of polonium and lead in seawater.

Similar affinity of polonium and plutonium for marine surfaces implies that studies of the more easily measured polonium might be valuable in predicting some consequences of plutonium disposal in the oceans [185–188]. Rates at which plutonium and polonium deposit out of seawater onto surfaces of giant brown algae and 'inert' surfaces, such as glass and cellulose, suggest that both nuclides are associated in coastal seawater with colloidal sized species having diffusivities of about $3 \times 10^{-7}$ $cm^2 s^{-1}$. The parallel behaviour possibly represents an initial step in the incorporation of both α-radioactive heavy elements into marine food chains and/or their transport by the greater activity concentrations found on marine surfaces and in seawater, about 200 times that of plutonium.

Tsunogai and Nozaki [183] analysed Pacific Ocean surface water by consecutive co-precipitations of polonium with calcium carbonate and bismuth oxychloride after addition of lead and bismuth carriers to acidified seawater samples. After concentration, polonium was spontaneously deposited onto silver planchets. Quantitative recoveries of polonium were assumed at the extraction steps and plating step.

Shannon *et al.* [184], who analysed surface water from the Atlantic Ocean near the tip of South Africa, extracted polonium from acidified samples as the ammonium pyrrolidine dithiocarbamate complex into methyl isobutyl ketone. They also autoplated polonium onto silver counting disks. An average efficiency of 92% was assigned to their procedure after calibration with 210-polonium/210-lead tracer experiments.

Shannon and Orren [180] determined 216-polonium and 210-lead in seawater. These two elements are extracted from seawater (at pH 2) with a solution of ammonium pyrrolidine dithiocarbamate in isobutyl methyl ketone (20 ml organic phase to 1.5 litres of sample). The two elements are back–extracted into hydrochloric acid and plated out of solution by the technique of Flynn [189], but with use of a PTFE holder in place of the Perspex one, and the α-activity deposited is measured. The solution from the plating-out process is stored for 2-4 months, then the plating-out and counting are repeated to measure the build-up of 210-polonium from 210-lead decay and hence to estimate the original 210-lead activity.

Nozaki and Tsunogai [181] determined 210-lead and 210-polonium in seawater. The 210-lead and 210-polonium in a 30–50 litre sample are co-precipitated with calcium carbonate together with lead and bismuth and are then separated from calcium by preparation as hydroxides. The precipitate is dissolved in 0.5M hydrochloric acid, and 210-polonium is deposited spontaneously from this solution onto a silver disc and is determined by α-spectrometry. Chemical yields of lead and bismuth are determined in a portion of the solution from which the polonium has been deposited; hydroxides of lead and other metals are precipitated from the remainder of this solution and after a period exceeding three months, the 210-polonium produced by decay of 210-lead is determined as before. The activity of 210-lead is calculated from the activity of 210-polonium. The method was used to determine the vertical distribution of 210-lead and 210-polonium activities in surface layers of the Pacific Ocean.

Cowen *et al.* [182] showed that polonium can be electrodeposited onto carbon rods directly from acidified seawater, stripped from the rods and autoplated onto silver counting disks with an overall recovery of tracer of

*Table 12.4* Comparison of sodium hydroxide precipitation and carbon rod plating methods for concentrating $^{210}$polonium from aliquots of acidified seawater removed from 50 litre parent samples

| *Method* | *Date sampled* | *$^{210}$Po activity (pCl L$^{-1}$)* | *Recovery (%)* |
|---|---|---|---|
| Sample 1 (0.5 M HCl)† | | | |
| NaOH | 5/12/75 | 0.115 ± 0.009 | 71 |
| NaOH | 5/12/75 | 0.113 ± 0.009 | 66 |
| Carbon rod | 5/12/75 | 0.116 ± 0.007 | 81‡ |
| Carbon rod | 5/12/75 | 0.110 ± 0.005 | 89‡ |
| NaOH | 5/17/75 | 0.104 ± 0.008 | 74 |
| NaOH | 5/17/75 | 0.097 ± 0.008 | 80 |
| Sample 2 (0.5 M HCl)¥ | | | |
| NaOH | 5/20/75 | 0.031 ± 0.002 | 86 |
| NaOH | 5/20/75 | 0.025 ± 0.002 | 74 |
| Carbon rod | 5/20/75 | 0.034 ± 0.002 | 63§ |
| Carbon rod | 5/20/75 | 0.035 ± 0.003 | 65§ |
| Carbon rod | 5/27/75 | 0.034 ± 0.003 | 38¶ |
| Carbon rod | 5/27/75 | 0.028 ± 0.002 | 41¶ |
| NaOH | 5/27/75 | 0.040 ± 0.003 | 73 |
| NaOH | 5/27/75 | 0.034 ± 0.002 | 90 |

*±1 standard counting error; †Collected on 4/25/75 at Scripps Pier; ‡Electroplating time, 48 h; ¥Collected on 5/20/75 at Scripps Pier; flElectroplating time, 24 h; ¶Electroplating time, 16 h

Source: Reproduced by permission from the American Chemical Society

85 ± 4% for an electrodeposition time of 16 h [203]. These workers compared two procedures for concentrating 210-polonium from seawater:

1. Co-precipitation upon partial precipitation of the natural calcium and magnesium with sodium hydroxide.
2. Electrodeposition of polonium directly from acidified seawater onto carbon rods.

Polonium thus concentrated was autoplated onto silver counting disks held in spinning Teflon holders.

A comparison of results obtained by thew two methods is shown in Table 12.4.

Recoveries of 208-polonium tracer in the precipitation method were 77 ± 7% (n = 8) compared with 40 ± 2% (n = 2) for the electrodeposition method with 16 h plating time, 64 ± 1% (n = 2) in 24 h and 85 ± 4% (n = 2) in 48 h. Even though the electrode-position method requires less attention, it requires long plating times for high recoveries. Thus the

*Table 12.5* Effect of added sodium hydroxide on the recovery of 208-polonium tracer from seawater*

| Volume of 1 N NaOh (ml L $^{-1}$) | Recovery (%) |
|---|---|
| 3 | 86 |
| 6 | 83 |
| 10 | 86 |

*After neutralisation of acid used to stabilise polonium in solution (0.5 M HCl)

Source: Reproduced by permission from the American Chemical Society

recovery of 210-polonium by direct plating appears to be rate limited by diffusion of polonium to the cathodes since the applied potential difference is far in excess of that required to reduce polonium(IV) to polonium.

Recoveries are based on the added 208-polonium tracer, presumably $PoCl_6^{2-}$. Equilibrium was assumed to have occurred during the 2 h mixing of spike and sample which was always 0.5 m in acid at this stage.

Table 12.5 shows that recovery of 208-polonium from seawater was insensitive to the amount of 1 M sodium hydroxide used in precipitation. Sodium hydroxide 6 ml 1 M was chosen because it gave an easily manipulated volume of precipitate.

The need to acidify seawater to be used for polonium analysis was investigated by periodically sub-sampling two parent samples over a week. Two 50 litre polyethylene carboys were filled with seawater on the same date at the same location. One was acidified with 12 M hydrochloric acid to 0.5 M. The 50 litre carboys were shaken thoroughly before water was removed. The 210-polonium concentration in the unacidified seawater showed a dramatic decrease to less than half in 7 days, the time sometimes lapsing between field sampling and analysis in the laboratory. Since the unacidified seawater sample was acidified to 0.5 M on addition of the 208-polonium tracer, 210-polonium was either lost to the walls of the carboy or converted to a suspended species not leachable in the 0.5M acid.

Another approach to the effect of acidification was to sub–sample a large bottle of seawater, first untreated with acid and then progressively made more acidic, allowing 2 or more days between treatments. The results of such a test are summarised in Table 12.6. The need for acidification on collection is again demonstrated and the large variations encountered in analysing raw seawater by the sodium hydroxide precipitation method are evident.

*Table 12.6* Effect of acidity and time on $^{210}Po$ concentrations in aliquots removed from single 100 litre parent sample*

| *Method* | *Date sampled* | *pCi L* $^{-1}$ | *Recovery (%)* |
|---|---|---|---|
| Raw seawater | | | |
| NaOH | 5/29/75 | 0.097 ± 0.006 | 62 |
| Carbon rod‡ | 5/29/75 | 0.044 ± 0.003 | 74 |
| NaOH | 6/2/75 | 0.028 ± 0.002 | 86 |
| Carbon rod‡ | 6/2/75 | 0.047 ± 0.003 | 53 |
| 0.1 M HCl | | | |
| Carbon rod‡ | 6/2/75 | 0.053 ± 0.003 | 64 |
| Carbon rod.‡ | 6/4/75 | 0.050 ± 0.004 | 50 |
| 0.5 M HCl | | | |
| NaOH | 6/10/75 | 0.052 ± 0.005 | 72 |
| Carbon rod‡ | 6/10/75 | 0.060 ± 0.006 | 55 |
| NaOH | 6/23/75 | 0.050 ± 0.002 | 82 |
| Carbon rod‡ | 6/23/75 | 0.058 ± 0.002 | 60 |

*Collected on 5/28/75 at Scripps Pier
†±1 standard counting error
‡Electroplating time, approximately 24 h

Source: Reproduced by permission from the American Chemical Society

#### 12.5.16.5 Radium, barium and radon

Perkins [191] carried out radium and radiobarium measurements in seawater by sorption and direct multi-dimensional gamma-ray spectrometry. The procedure described includes the removal of radium and barium from water samples on sorption beds of barium sulphate impregnated alumina (0.5–1 cm thick) and direct counting of these beds on a multi-dimensional γ-ray spectrometer. The radioisotopes can be removed at linear flow rates of sample of up to 1 m min $^{-1}$.

Oceanographers have developed methods to measure the 228-radium content of seawater as it is a useful tracer of mixing in the ocean. These procedures are based on concentrating radium from a large volume of seawater, removing all 228-thorium from the sample and ageing the sample while a new generation of 228-thorium partially equilibrates with 228-radium. After storage periods of 6–12 months, the sample is spiked with 230-thorium and after ion-exchange and solvent exchange separations, the thorium isotopes are measured in a γ-ray spectrometer system utilising a silicon surface barrier detector. Early work was based on concentrating the radium from the seawater sample by adding barium and co-precipitating with barium sulphate. This concentration procedure has been replaced by one involving the extraction of radium from seawater on acrylic fibre coated with manganese dioxide [192,193] (manganese fibres). By use of this technique, volumes of 200–2000 litres may be sampled routinely.

Radium is extracted from ground waters with even better efficiency on the manganese fibres [194]. Radium is removed from the manganese fibre by reducing the manganese dioxide with hot hydrochloric acid or desorbing the radium into cold dilute nitric acid. The hydrochloric acid treatment removes the radium quantitatively from the fibres but generates a considerable quantity of chlorine. The nitric acid treatment is much easier and safer but only removes about 70% of the radium [193].

Measurements of 226-radium are simpler than those for 228-radium and are more precise. These measurements are generally made by concentrating the radium from up to a few litres via barium sulphate precipitation followed by thick source $\alpha$ counting or by 222-radon extraction following dissolution of barium sulphate [195].

Oceanographers use different techniques for measuring 226-radium in seawater. Some workers store the sample in a 20 litre glass bottle and extract successive generations of 222-radon [196,197]. Others quantitatively extract the radium onto manganese fibre and measure 222-radon directly emanating from the manganese fibre [198] or in a hydrochloric acid extract from the fibres [190]. The 222-radon activity is then determined by $\alpha$-scintillation counting. All of these techniques give high levels of reproducibility and accuracy as determined by the oceanographic consistency of the results [196,197].

The introduction of high-resolution, high-efficiency $\gamma$-ray detectors composed of lithium-drifted germanium crystals has revolutionised $\gamma$-measurement techniques. Thus, $\gamma$-spectrometry allows the rapid measurement of relatively low-activity samples without complex analytical preparations. A technique described by Michel *et al.* [49] uses Ge(Li) $\gamma$-ray detectors for the simultaneous measurements of 228-radium and 226-radium in natural waters. This method simplifies the analytical procedures and reduces the labour while improving the precision, accuracy and detection limits.

In this method the radium isotopes are preconcentrated in the field from 100 to 1000 litre water sample onto manganese impregnated acrylic fibre cartridges, leached from the fibre and co-precipitated with barium sulphate. Lower limits of detection are controlled by the volume of water processed through the manganese fibres. In a 1 day count, samples as low as 10 dpm are measured to ±10% uncertainty. This manganese fibre/$\gamma$-ray technique is shown to be more accurate than the 228-actinium methods recommended by the Environmental Protection Agency and as accurate but more rapid than the 228-thorium ingrowth procedure.

Table 12.7 shows the results for samples from the Environmental Protection Agency Radium in Water Crosscheck Program using both the

*Table 12.7* Comparison of the known values of the EPA radium in water cross-check samples with both the $^{228}$thorium ingrowth/$^{222}$radon emanation and Ge(Li) γ-ray methods*

| | *Radium/$^{228}$radium activity ratio* | | *$^{228}$radium, decays/min* | |
|---|---|---|---|---|
| *EPA No* | *Th ingrowth* | *Known* | *Th ingrowth* | *Known* |
| Dec 78 | 1.04 ± 0.06 | 0.96 ± 0.20 | 21.2 ± 0.8 | 19.8 ± 2.9 |
| Mar 79 | 1.59 ± 0.31 | 1.66 ± 0.34 | 28.6 ± 5.5 | 30.2 ± 4.4 |
| Apr 79 | 1.05 ± 0.05 | 1.05 ± 0.22 | 13.6 ± 0.5 | 13.8 ± 2.0 |
| | *Ge(Li)* | *Known* | *Ge(Li)* | *Known* |
| Sept 80 | 1.07 ± 0.05 | 1.10 ± 0.24 | 29.1 ± 1.5 | 31.9 ± 1.8 |
| Oct 80 | 0.66 ± 0.03 | 0.72 ± 0.09 | 19.8 ± 1.0 | 20.4 ± 1.8 |
| Dec 80 | 0.76 ± 0.06 | 0.79 ± 0.17 | 22.0 ± 1.1 | 23.3 ± 3.6 |

*Measurements are reported as weighted means with weighted standard deviations. The known values are reported by EPA with expected laboratory standard deviations

Source: Reproduced by permission from the American Chemical Society

*Table 12.8* Comparison of $^{226}$radium, $^{228}$radium and $^{228}$radium/$^{226}$radium activity ratio in seawater of the same sampling using two different methods

| *Sample* | *$^{226}$Ra (decays/min)** | *$^{228}$Ra (decays/min)** | *$^{228}$Ra/$^{226}$Ra* | *Method** |
|---|---|---|---|---|
| 451–99 | 260 ± 7 | 210 ± 10 | 0.81 ± 0.04 | 1 |
| | 305 ± 2 | 223 ± 5 | 0.73 ± 0.02 | 2 |
| 452-99 | 235 ± 10 | 125 ± 13 | 0.53 ± 0.06 | 1 |
| | 229 ± 12 | 153 ± 3 | 0.67 ± 0.04 | 2 |
| 453–99 | 154 ± 1 | 56 ± 7 | 0.36 ± 0.04 | 1 |
| | 161 ± 9 | 53 ± 2 | 0.33 ± 0.02 | 2 |
| 454-99 | 246 ± 13 | 94 ± 11 | 0.38 ± 0.05 | 1 |
| | 291 ± 8 | 94 ± 3 | 0.32 ± 0.01 | 2 |

*Method 1. Ge(Li) γ-ray spectrometry. Results reported as weighted means and weighted standard deviations of both ISD counting and efficiency uncertainties. Method 2. 226-radium by radon emanation. 228-radium by 228-thorium ingrowth. Results reported as ISD counting uncertainties.

Source: Reproduced by permission from the American Chemical Society

228-thorium ingrowth and the Ge(Li) γ-ray techniques. Both types of analyses were run on 3.8 litre samples. The 228-thorium ingrowth samples were stored for 3–11 months to accumulate sufficient activity and then counted by α spectrometry for 2 days. The Ge(Li) samples were stored for 3 weeks and counted for 400-1000 min. Both techniques required a separate analysis for the absolute 230-radium activity whereas the 228-thorium ingrowth method requires an additional analysis for the total 226-radium in the large volume sample to obtain the 228-radium/226-radium activity ratio.

Table 12.8 shows the results for seawater samples collected by the manganese fibre technique and analysed by both the Ge(Li) and 228-thorium ingrowth techniques. The ground water samples were analysed first by $\gamma$-ray counting followed by fusion of the barium sulphate and the 228-thorium ingrowth and radon emanation techniques. The seawater samples were analysed in the reverse order. Although the bulk activities of each isotope vary for the different techniques, the 228-radium/226-radium activity ratios are in close agreement.

Key *et al.* [199] have described improved methods for the measurement of radon and radium in seawater and marine sediments. The basic method that these workers used was that of Broecker [200]. Seawater samples were taken in 30 litre Niskin bottles. The analysis of seawater samples is discussed below in further detail.

Fig. 12.1 shows the system used for helium stripping of radon from the water sample. After bubbling through the sample, the gas stream passes over Drierite and Ascarite to remove carbon dioxide and water. The gas streams then flow into primary sample traps kept at liquid–nitrogen temperature. These traps are made of 1/4 inch stainless steel tubing, packed with fine (00) bronze wool on activated charcoal at dry–ice acetone temperature to improve trapping efficiency by increasing thermal contact and surface area. After passing through the primary trap to the volume reduction trap, the carrier helium is routed through the 'keyblers' rather than through a bypass (Fig. 12.2). When degassing is complete (75 min) the bypass valve is opened and the valves on the wash bottles closed; the inlet and exit valves to the primary sample traps are closed, the helium flow stopped and the transfer portion of the radon board evacuated.

The next step is to transfer the radon to a secondary, smaller trap; this volume reduction ensures quantitative sample transfer to the counting cell.

Radium is extracted with 99% efficiency from the seawater after radon degassing is completed by draining the water from the keybler through a column (1 inch diameter × 6 inch 1 PVC pipe) packed with manganese-impregnated acrylic fibre [201,202].

After all the seawater in a sample has passed through the column, the fibre is bagged and returned to the laboratory for analysis. Radium is leached from the fibre by boiling in about 300 ml concentrated hydrochloric acid for about 30 min. Leachate and wash are combined and the resulting solution is transferred to a gas wash bottle, degassed for 40 min and sealed to allow radon growth.

The radon counting system has been described by Schink *et al.* [203] and Chung [204].

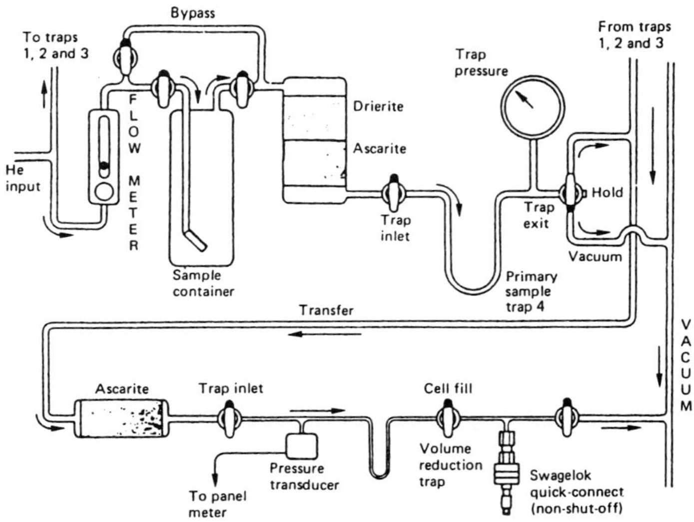


*Fig. 12.1* Schematic of radon stripping and transfer system. The upper section is one of four channels used in this system; the lower (transfer) section is shared by all four. In this upper section and the three others like it, four samples are degassed, purified of $H_2O$ and $CO_2$ and trapped. The samples are then moved individually via the transfer manifold, to the sample reduction trap, then on to counting cells (see Fig. 12.3). All plumbing is 1/4 inch copper tubing except (1) the connections between flowmeters and Drierite–Ascarite columns (1/4 inch polyethylene with pinch-clamp valves). 2 = The primary sample traps (1/4 inch 316 SS tubing packed with fine brass wool and 3 = the vollume-reduction trap (1/8 inch 316 SS tubing packed with fine bronze wool). All valves are made by Whitney; rotometers are Brooks Model 2–65A with needle valve inlets.
Source: Reproduced by permission from Gordon AC Breach, Amsterdam

Radon is counted in a Lucas-type cell [205] constructed of acrylic plastic (Fig. 12.3). Cells are fabricated for 2¼ inch of ¼ inch wall tubing with end caps made from 3/8 inch plate. Scintillations from the α-particles striking the zinc sulphide coated paper are detected by a photomultiplier in a light-tight cylinder shown in Fig. 12.4. The cell rests on a machined lip so that it does not touch the photomultiplier face.

Table 12.9 summarises the results for analytical radon precision in radium determinations from four near-bottom casts.

#### 12.5.16.6 Radium, thorium and lead

226-radium, 230-thorium and 210-lead in large volumes of seawater have been collected on manganese oxyhydroxide-impregnated cartridges prior to determination by radiochemical methods [206].

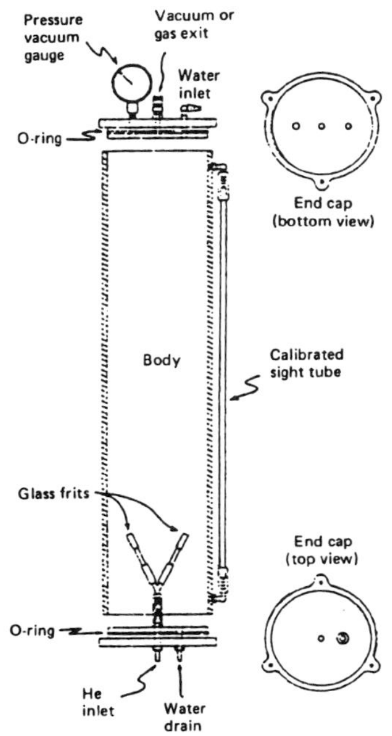


*Fig. 12.2* Diagram illustrating keybler construction. The bodies are 8 inch o.d. schedule 40 polyvinyl chloride pipe; endplates are milled from 1½ inch PVC stock. Samples are sucked into the evacuated keyblers through the nipple on the top plate. The volume of each keybler was calibrated by weighing. Volume is read from the sight tube attached to the side of the containers. Under normal conditions volume accuracy is about 50 ml. Radon is degassed by helium bubbles formed at two glass frits mounted to the bottom plate. The sample and helium flow out of the keybler through the quick-connect fitting on the top plate. After degassing the water is drained out of the bottom and into PVC columns packed with manganese impregnated acylic fibre to quantitatively extract radium from the sample.
Source: Reproduced by permission from Gordon AC Breach, Amsterdam

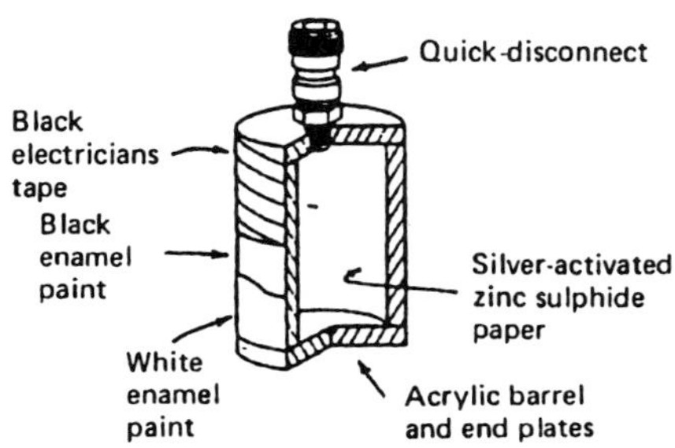


*Fig 12.3* Radon counting cell. See text for construction details.
Source: Reproduced by permission from Gordon AC Breach, Amsterdam

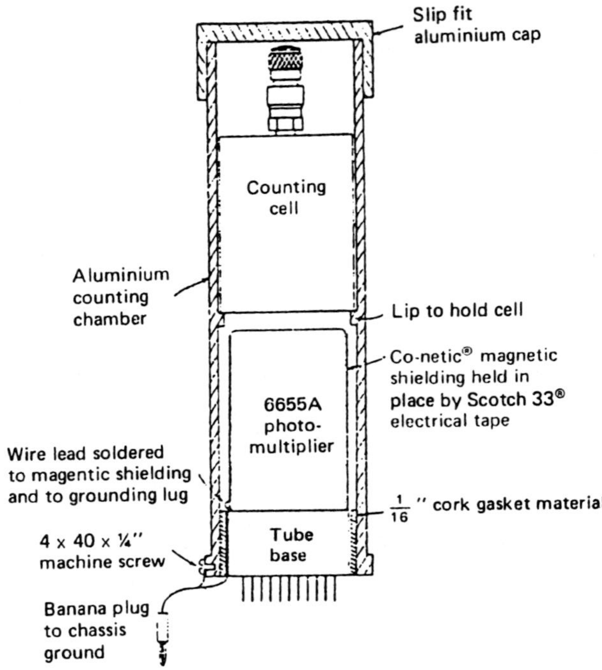


*Fig. 12.4* Detail of light-tight photomultiplier tube assembly showing poistioning of the counting cell
Source: Reproduced by permission from Gordon AC Breach, Amsterdam

*Table 12.9* Mean radium concentrations determined on samples assumed to be uniform in radium content

| *Station* | *Average radium (dpm/100 litres)* | *No. of samples* | *SD (%)* |
|---|---|---|---|
| 76-G–3–6 | 9.8 ± 0.2 | 6 | 2.5 |
| 76-G–4-14 | 19.4 ± 0.6 | 7 | 3.1 |
| 76-G–11–14 | 12.9 ± 0.3 | 8 | 2.3 |
| 76-G–11–23 | 13.5 ± 0.3 | 8 | 2.6 |
| | | | Av 2.6 ± 0.3 |

Source: Reproduced by permission from Elsevier Science Publishers BV, Amsterdam

Baskaran *et al.* [207] pumped seawater at 35L m $^{-1}$ and collected dissolved species on cartridges prior to determining radium, thorium and lead by $\gamma$ counting methods.

#### 12.5.16.7 Thorium, americium and plutonium

Livingston and Cochran [163] collected large seawater samples by using a cable-supported electrical pumping system for subsequent determination of thorium, americium and plutonium isotopes. Particles were removed by filtration and actinides were collected by absorption on manganese dioxide-coated filters. The samples were then analysed by standard radiochemical and α spectrometric techniques.

Schell *et al.* [208] have described a sorption technique for sampling the transuranic radionuclides, plutonium and americium, from up to 4000L of water in 3 h. Battelle large-volume water samples consisting of 0.3 μ Millipore filters and sorption beds of aluminium oxide were used. Particulate, soluble and presumed colloidal fractions are collected and analysed separately. The technique has been used in fresh and saline waters, and has proved to be reliable and comparatively simple.

#### 12.5.16.8 Uranium and thorium

Chen *et al.* [209] determined 238-uranium, 234-uranium and 232-thorium in seawater by isotope dilution mass spectrometry. Uranium measurements were made by using a 233–uranium/236-uranium double spike to correct for instrumental fractionation. The 234-uranium/238-uranium ratio could be measured routinely to ±5% for 0.03 μg of total uranium in a 1 h data acquisition time, which is considerably shorter than α-counting. The 232-thorium is measured to ±20% for 0.001 μg of 232-thorium.

#### 12.5.16.9 Iron, cobalt, zinc, caesium and zirconium

Kawamura *et al.* [210] have described a rapid γ-spectrometric method for the determination of these elements in seawater with a recovery of about 95%. The elements are first concentrated from one litre of sample onto a comprising the weak cation exchanged zirconium hexacyano-ferrate (II).

#### 12.5.16.10 Caesium, cobalt, sodium and manganese

Laichter *et al.* [211] determined these elements in seawater by γ-spectrometry after evaporating the sample to dryness at 100°C.

#### 12.5.16.11 Miscellaneous

Spencer and Brewer [212] have reviewed the determination of radionucleides in seawater and discuss sampling and storage methods together with tables of radionucleides that have been determined in the oceans.

## 12.6 Waste waters

### 12.6.1 *Radium and radon*

An official UK method [213] discusses the measurement of alpha and beta activity due to 226-radium, 222-radon and uranium in waste waters. A general introduction discusses the main features of radioactivity measurement and the principles applicable to the measurement of alpha, beta and gamma activities.

## 12.7 Nuclear reactor waters

### 12.7.1 *Cobalt*

Leonard *et al.* [214] have described a radiochemical procedure for the separation and measurement of 60-cobalt(II) and 60-cobalt(III) in discharges from a heavy water reactor.

### 12.7.2 *Strontium*

Kuno *et al.* [215] determined 90-strontium in solutions from a nuclear fuel reprocessing plant.

### 12.7.3 *Miscellaneous*

James [216] determined trace metal impurities in reactor cooling waters using ion-exchange membranes. The membranes (Acropore SA and SB) consisted of finely divided ion-exchange resin in acrylonitrile poly(vinyl chloride) copolymer reinforced with nylon. Experiments are described in which stacks consisting of a pre-filter (pore size 0.45 μm) and three membranes were used to recover μg amounts of cobalt, iron, chromium, zinc, copper and nickel from large volumes of sample. For a sample size of 250L containing cobalt at a concentration of 0.01 or 0.1 $\mu g\ L^{-1}$, the recovery was 85 or 99% respectively. Acid digestion was used to separate the elements from the stack and atomic absorption spectrophotometry was used for their determination.

Neeb *et al.* [217] carried out a radiochemical analysis of the primary cooling medium of water cooled nuclear reactors by use of the lithium drifted germanium detector.

A gamma-spectrum is recorded (100 s measuring time) with use of a Ge(Li) detector (40–50 $cm^3$) and a multi-channel analyser, of a 50 ml portion of the water 10 min after taking the sample. 85m-krypton, 87-krypton, 133-xenon, 135-xenon, 131-iodine, 132-iodine, 135-iodine, 138-caesium and 24-sodium are readily observed. A second gamma spectrum of the sample after it has been degassed for 10 min with nitrogen or argon gives undisturbed peaks for 101-technetium and 133-iodine, comparison of the peak intensities in the two spectra gives the activity of 138-xenon. Alternatively, gaseous fission nuclides can be isolated by adsorption on activated carbon at low temperature. Overlapping of the peaks of iodine and caesium isotopes can be resolved by extractive removal of iodine from the degassed sample with carbon tetrachloride. The gamma-spectrum of the organic phase gives peaks due to 131-iodine, 132-iodine, 133-iodine, 134-iodine and 135-iodine and that of the aqueous phase peaks due to 134-caesium, 135-caesium and 137-caesium. Other nuclides, eg 151-chromium, 59-iron, 58-cobalt, 60-cobalt, 54-manganese and 56-manganese can be detected from gamma-spectra obtained when a sample of the water to which carriers have been added, is filtered, and to the filtrate a mixture of aqueous ammonia and ammonium sulphide is added, the precipitate being collected on a second filter and the activity of the two residues being measured.

Moskvin *et al.* [218] determined fusion products in primary circuit waters by chromatographic group separation. The fission products can be separated by passing the sample (100 ml) made 0.1 M in formic acid and in ammonium chloride through a column containing pellets of porous PTFE (each 3 cm high, and 1 cm in diameter), impregnated, respectively, with trioctylamine (to retain iodine and molybdenum); AV–17 anion-exchange resin (formate form) (to retain anionic forms of molybdenum); bis-(2-ethylhexyl) hydrogen phosphate (for rare earth metals); ammonium molybdophosphate (for heavy alkali metals); and KU–2 cation exchange resin ($H^+$ or $NH^{4+}$ form) for alkaline earth metals. The column is washed with a solution 0.1 M in formic acid and in ammonium chloride then blown with air until dry. The pellets are then removed and the radioactivity of each is analysed on a gamma-spectrometer with a Ge(Li) detector. The gamma-ray spectra of pellets obtained from primary circuit water of a water-moderated nuclear reactor are discussed. The errors for individual elements are less than ±20%.

Niese and Niese [219] determined actinide elements in water samples from the primary circuit of a nuclear reactor. 239-neptunium was determined using isotope dilution analysis with 238-neptunium as a tracer. 237-neptunium and 238-uranium determinations were carried out by isotope dilution neutron activation analysis with 239-neptunium or 238-neptunium as tracer. Alpha spectroscopic isotope dilution analysis was used for the determination of 239-plutonium and 240-plutonium with 238-plutonium as tracer. Activity ratios for the various actinide nuclides which related to the activity of 238-uranium or 238-plutonium are given.

From the onset of the Three Mile Island reactor incident (March 28, 1979), the distinct possibility existed that actinide and fission product pollutants could escape into the surrounding environment. Experienced analytical chemists in command of techniques which achieve the highest sensitivity were called upon for assistance in performing analysis. The results of this work were reviewed by Carter *et al.* [220]. Cooling water was analysed for uranium and plutonium, certain fission products, additives and possible corrosion products by isotope dilution mass spectrometry. In particular, the thermal emission isotope dilution technique, to which an anion-exchange resin bead was used to concentrate the uranium and plutonium, provided technical information on sample orders of magnitude smaller than those necessary for conventional counting techniques.

The resin bead loaded sample acts as a point source in a pulse counting two stage high abundance sensitivity mass spectrometer, enhancing the sensitivity so that levels as low as $10^{-3}$M plutonium and $10^{-11}$M uranium concentrations were detected in 1 ml of water. The methodology employed for this exercise also provided isotopic information which was informative with respect to material source, location, and condition.

The technique uses Dowex 1,2% cross-lined anion resin beads in the nitrate form. An aliquot of the sample is adjusted at 8M in nitric acid. Under these conditions, only plutonium and uranium absorb appreciably and essentially complete separation from fission products and other actinides is achieved. Optimal adsorption of plutonium and uranium from solutions containing both elements is achieved when the uranium concentration is adjusted to about 1 μg uranium per bead. The samples were too dilute to allow this desideratum to be met, but satisfactory adsorption was still obtained. After standing in contact with the solution for 16–24 h, the beads are extracted and washed. They will have adsorbed a maximum of 3 ng of plutonium and uranium per bead, the exact amount being a function of the concentration of the solution and the exposure time. Exposure times can be reduced to 30 min or less by agitating the beads with the solution.

Each bead serves as a sample for mass spectrometric analysis, and plutonium and uranium are analysed sequentially from it. Plutonium ionises from the single uranium filament at about 1450°C and uranium at about 1700°C. The bead serves as a good approximation to a point source for the ion optics of the instrument, and the carbon matrix left from the bead acts as a reservoir for the sample from which it is slowly fed to the ionising region. Both of these factors serve to improve the ion collection efficiency. A substantial carbon matrix of the bead remains that contains virtually all of the uranium sample which does not migrate along the rhenium filament.

*Table 12.10* Uranium and plutonium concentration by isotope dilution thermal emission mass spectrometry

| *Sample* | *Concentration* $\times 10^{-10}$ *Molar* | |
|---|---|---|
| | *U* | *Pu* |
| A–1 | 25 | 0.0088 |
| A–2 | 655 | 0.19 |
| A–3 | 71 | 0.0025 |

U and Pu isotopic measurements in atom percent

| *Sample* | *234* | *235* | *236* | *238* | *239* | *240* | *241* | *242* |
|---|---|---|---|---|---|---|---|---|
| A–1 | <0.01 | 0.6 | <0.01 | 99.4 | a | | | |
| A–2 | 0.0075 | 0.84 | 0.026 | 99.126 | 84.42 | 12.10 | 4.67 | 0.81 |
| A–3 | <0.01 | 0.6 | <0.01 | 99.4 | a | | | |

*Ultra low Pu concentration; insufficient sample for isotopic analysis

Source: Reproduced by permission from Gordon AC Breach, Amsterdam

The mass spectrometers used in this work were multi-staged, pulse counting instruments with high abundance sensitivity and possessed the ability to analyse very small samples.

Table 12.10 lists concentrations and isotopic compositions for plutonium and uranium for samples taken from storage tanks at Long Mile Island. Plutonium concentrations below $10^{-11}$ molar gave insufficient ion signals for reliable measurement of isotopic composition.

Boron was added to the primary cooling water by engineers at the scene. The large cross-section of 10-boron for neutron capture makes this element a good means of controlling and measuring nuclear reactivity. It is therefore important to be able to monitor and verify the concentration of 10-boron in solution. Isotope-dilution spark source mass spectrometry [221] was used to determine the levels of boron and other elements such as 138-caesium and 137-caesium in the primary cooling water. These results are presented in Table 12.11. Secondary ion mass spectrometry was used to determine the isotopic composition of both boron and lithium in these solutions. A compound containing enriched 7-lithium had been added to the solution at the site for pH control. The need for accurate knowledge of the isotopic composition of boron and lithium was partially responsible for the development of a secondary ion mass spectrometric method for performing such measurements.

Table 12.11 Elemental composition measurements on TMI primary cooling water

| Element | | Concentration (mgL $^{-1}$) | Method* |
|---|---|---|---|
| B | | 3440 | SSMS |
| | $^{10}B$ = 20% | | SIMS |
| | $^{11}B$ = 80% | | |
| Ag | | ≤0 | SSMS |
| Al | | 10 | SSMS |
| Cs | | 8 | SSMS |
| | $^{133}Cs$ = 45% | | |
| | $^{135}Cs$ = 13% | | |
| | $^{137}Cs$ = 42% | | |
| Cd | | ≤0.3 | SSMS |
| Li | | 4.6 | SIMS |
| | $^{6}Li$ = 0.02% | | |
| | $^{7}Li$ = 99.98% | | |
| Fe | | ≤1 | SSMS |
| | $^{131}I$ | 0.9 | SSMS |
| | In | ≤0.5 | SSMS |
| | K | 0.4 | SSMS |
| | Na | 960 | FES |
| | P | 0.1 | SSMS |
| | S | 20 | SSMS |
| | Si | 5 | SSMS |
| | $^{89}Sr$,Y | 1 | SSMS |

*Spark Source Mass Spectrometry (SSMS); Flame Emission Spectrometry (FES); and Secondary Ion Mass Spectrometry (SIMS)
Note: Approximately 20 other elements also measured by SSMS.

Source: Reproduced by permission from Gordon AC Breach, Amsterdam

Ravera *et al.* [222] used plankton as indicators of daily variations in natural waters of concentrations of 131-iodine, 134-caesium and 106-ruthenium originating in Chernobyl fallout. Plankton have also been used as indicators of metal pollution in natural waters [223]. White Pekin Ducks have been used as monitors of the levels of heavy metals in Great Lakes waters [224].

## 12.8 High purity waters

### 12.8.1 226-radium

Pomansk *et al.* [225] determined ultra micro amounts of 226-radium in ultra high purity water. The sample liquid or in solution was treated with a stream of purified helium xenon in a bubbler to collect accumulated

222-radium and the resulting gas stream is passed through traps at –60°C to –70°C to remove entrained liquid and then through a trap containing active carbon at –78°C on which the radium and the xenon were adsorbed. After completion of the bubbling process (with use of 100 vol of gas per vol of liquid), the carbon trap was evacuated, then heated in boiling water. The liberated gases were passed into a furnace containing titanium metal at 950°C to remove all gases other than the inert gases. After 20 min, the temperature was reduced to 400°C and the radium and xenon were fed by a Toepler pump to a proportional counter to determine the concentration of 226-radium which was converted into the content of 226-radium in the sample. The accuracy of the method was within ±20%.

## References


1 Lin, B., Wu, H. and Cai, Z. *Yuanzineng Kexue Jishu*, **21**, 447 (1987).
2 Schell, W.R., Nevissi, A. and Huntamer, D. *Marine Chemistry*, **6**, 143 (1978).
3 Hayashi, N., Shida, J., Yamoto, A., Iwai, M. and Kinoshita, M. *Journal of Radio Analytical and Nuclear Chemistry*, **115**, 369 (1987).
4 Kostandinov, K., Yaniv, Y. and Mavrochiev, V. *Journal of Radioanalytical and Nuclear Chemistry*, **121**, 509 (1988).
5 Mignerey, A.C. Book of Abstracts, 211th American Chemical Society Meeting, New Orleans, LA, March 24–28th; American Chemical Society, Washington DC. NUCL–017 (1996).
6 Hashimoto, T., Satoh, K. and Aoyagi, M. *Journal of Radioanalytical and Nuclear Chemistry*, **92**, 407 (1985).
7 Palagyi, S., Larsen, M.P. and Tisue, G.T. *Journal of Radioanalytical and Nuclear Chemistry*, **96**, 161 (1985).
8 Mundschenk, H. *Deutsch Gewasserkund. Mitteiling*, **18**, 72 (1974).
9 Kapustin, V.K., Egorov, A.I. and Leonov, V.V. *Soviet Journal of Water Chemistry Technology*, **3**, 119 (1981).
10 Caletka, R., Muster, H. and Krivan, K. *Fresenius Z für Analyt Chemie*, **327**, 19 (1987).
11 Durham, R.W. and Joshi, S.R. *Water Research*, **15**, 83 (1981).
12 Chao, J.H. and Chung, C. *Nuclear Geophysics*, **7**, 469 (1993).
13 Haberer, K. and Stuerzer, U. *Gas- u Wass-Fach, Wasser-Abwasser*, **113**, 122 (1972).
14 Claassen, H.C. *Analytica Chimica Acta*, **52**, 229 (1970).
15 El Daoushy, F. and Garcia-Tenorio, R. *Science and the Total Environment*, **69**, 191 (1988).
16 *Federal Register*, **138**, 56 (1991).
17 Blais, J.S. and Marshall, W.D. *Analytical Chemistry*, **60**, 1851 (1988).
18 Holtzman, R.B. *Health Physics*, **9**, 385 (1963).
19 Petrow, H.G. and Cover, A. *Analytical Chemistry*, **37**, 1659 (1965).
20 Sill, C.W. and Willis, C.P. *Analytical Chemistry*, **37**, 1661 (1965).
21 To, D. *Analytical Chemistry*, **65**, 2701 (1993).
22 Goldin, A.S. *Analytical Chemistry*, **33**, 406 (1961).
23 Wickenden, D.A. and Toole, J. *Science of the Total Environment*, **173**, 117 (1995).
24 Morello, M., Colle, C. and Bernard, J.J. *Less Common Metals*, **122**, 569 (1986).
25 Yu, Y. *Fushe Fanghu*, **8**, 146 (1988).
26 Linsalata, P. and Cohen, N. *Health Physics*, **43**, 742 (1982).

27 Kim, J.I., Baumgartner, F. and Schwankren, R. *Fresenius Z für Analytische Chemie*, **323**, 821 (1986).
28 MacKenzie, A.B. and Scott, R.D. *Analyst (London)*, **104**, 1511 (1979).
29 Moskvin, L.N., Yepimakhov, V.N., Amosova, O.A. *Journal of Radioanalytical and Nuclear Chemistry*, **175**, 455 (1993).
30 Gertner, A. and Grdinic, V. *Mikrochim Acta*, **1**, 25 (1969).
31 Sill, C.W. *Analytical Chemistry*, **50**, 1559 (1978).
32 Elsinger, R.J., King, P.T. and Moore, W.S. *Analytica Chimica Acta*, **144**, 277 (1982).
33 Rama, S., Todd, J.F., Butts, J.L. and Moore, W.S. *Marine Chemistry*, **22**, 43 (1987).
34 Jiang, H. and Holtzmann, R.B. *Health Physics*, **57**, 167 (1989).
35 Yamamoto, M., Komura, K. and Ueno, K. *Radiochimica Acta*, **46**, 137 (1989).
36 Crespo, M.T., Gascon, J.L. and Acena, M.L. *Applied Radiation and Isotopes*, **43**, 19 (1992).
37 Flores-Mendoza, J., Iturbe, J.L. and Jimenez-Reyes, M. *Journal of Radioanalytical and Nuclear Chemistry*, **162**, 131 (1992).
38 Bickel, M., Mobius, S., Kilian, F. and Becker, H. *Radiochim Acta*, **57**, 141 (1992).
39 Hodge, V.F. and Laing, G.A. *Radiochimica Acta*, **64**, 221 (1994).
40 Orlandini, K.A., Gaffney, J.S. and Marley, N.A. *Radiochimica Acta*, **55**, 205 (1989).
41 Aupiaus, J., Fayolee, C., Gilbert, P. and Dacheux, N. *Analytical Chemistry*, **70**, 2353 (1998).
42 Valentini-Ganzerli, M.T., Maggi, L. and Crespi Caramella, V. *Journal of Radioanalytical and Nuclear Chemistry*, **221**, 105 (1997).
43 Valentini-Ganzerli, M.T., Maggi, L. and Crespi Caramella, V. *Journal of Radioanalytical and Nuclear Chemistry*, **221**, 109 (1997).
44 Valentini-Ganzerli, M.T., Maggi, L. and Crespi Caramella, V. *Analytical Chemistry*, **71**, 162 (1999).
45 Higuchi, H., Uesugi, M., Satoh, K., Ohashi, N. and Noguchi, M. *Analytical Chemistry*, **56**, 761 (1984).
46 Butts, J., Todd, J.F., Lerche, I., Moore, W.S. and Moore, D.G. *Marine Chemistry*, **25**, 349 (1988).
47 Acena, M.L. and Crespo, M.T. *Journal of Radioanalytical and Nuclear Chemistry Letters*, **126**, 77 (1988).
48 Blackburn, R. and Al-Masri, M.S. *Analyst (London)*, **118**, 873 (1993).
49 Michel, J., Moor, W.S. and King, P.T. *Analytical Chemistry*, **53**, 1885 (1981).
50 Kelkan, D.N. and Joshi, P.V. *Health Physics*, **17**, 253 (1969).
51 Darrall, K.G., Richardson, P.J. and Tyler, J.F.C. *Analyst (London)*, **98**, 610 (1973).
52 Benes, P., Sedlacek, J., Sebesta, F., Sandrik, R. and John, J. *Water Research*, **15**, 1299 (1981).
53 Johnson, J.D., US Geological Survey Water Supply, Paper 1696G (1971).
54 Zeigeheim, C.J., Busigin, A. and Phillips, C.R. *Health Physics*, **42**, 317 (1982).
55 Pritchard, H.M. and Gesell, T.F. *Health Physics*, **33**, 577 (1977).
56 Perkins, R.W. Report of Atomic Energy Commission US. BNWL 1051 Pt. 2. Radium and radiobarium measurement in seawater and fresh water by sorption and direct multi-dimensional X-ray spectrometry.
57 HMSO, London. Methods for the examination of waters and associated materials. Measurements of alpha and beta activity in water and sludge samples. The determination of 222-radon and 226-radium. The determination of uranium (1985–6).
58 Laul, J.C., Smith, M.R., Thomas, C.W., Jackson, P.O. and Hubbard, N. *Journal of Radioanalytical and Nuclear Chemistry*, **110**, 101 (1987).

59 Watari, K., Imai, K., Nichimura, Y. and Koda, Y. *Nihon Genshiryoku Gakkaishi*, **28**, 493 (1986).
60 Gellerman, R., Franke, T. and Froelich, K. *Applied Radiation and Isotopes*, **38**, 1039 (1987).
61 Szabo, G., Guczi, J. and Stur, D. *Journal of Radioanalytical and Nuclear Chemistry*, **111**, 441 (1987).
62 Mundschenk, H. *Deutsch Gewasserkundl Mitteilung*, **23**, 64 (1979).
63 Gusev, N.G., Ya, U., Margulis, A.N. and Marei *et al. Dosimetric and Radiometric Methods (in Russian), Atomizdat Moscow*, p. 444 (1966).
64 Baretta, E.J. and Knowles, F.R. *Journal of the Association of Analytical Chemistry*, **69**, 540 (1986).
65 Testemale, G. and Leredde, J.L. Centre of Nuclear Studies Fonenay-aux-Roses, France, Report CEA R–3908 (1970).
66 Gregory, L.P. *Analyst (London)*, **44**, 2113 (1972).
67 Lapid, J., Munster, M., Farhi, S., Eini, M. and Lalouche, L. *Journal of Radioanalytical and Nuclear Chemistry*, **86**, 321 (1984).
68 Marques, B.E. and Grade, M.R.S. *Deuta Port Quim*, **12**, 140 (1970).
69 Haddad, E. and Zikovsky, L. *Canadian Journal of Chemistry*, **66**, 174 (1988).
70 Robb, P., Warwick, P. and Malcome-Lawes, D.J. *Journal of Radioanalytical and Nuclear Chemistry*, **89**, 323 (1985).
71 Ballestra, S., Barci, G., Holm, E., Lopez, J. and Gastand, J. *Journal of Radioanalytical and Nuclear Chemistry*, **115**, 51 (1987).
72 Noe, M. and Heres, A. ASTM Special Technical Publication STP 1291, pp 29–37 (1995).
73 De Jong, I.G. and Wiles, D.R. *Water Air and Soil Pollution*, **21**, 197 (1984).
74 De Jong, I.G. and Wiles, D.R. *Journal of Radioanalytical Chemistry*, **82**, 120 (1984).
75 Takebayashi, T., Matsuda, H and Umemoto, S. *Talanta*, **20**, 892 (1973).
76 Bertine, K.K., Chau, L.H. and Turekian, K.K. *Geochim Cosmochim Acta*, **34**, 641 (1970).
77 Doerschel, E. and Stolz, W. *Radiochem Radioanal Letters*, **4**, 277 (1970).
78 Fleischer, R.L. and Lovett, D.B. *Geochim Cosmochim Acta*, **32**, 1126 (1968).
79 Gladney, E.S., Peters, R.J. and Perrin, D.R. *Analytical Chemistry*, **55**, 976 (1983).
80 Lebya, J.D., Vollmar, H.S., Fjeld, R.A., Devol, T.A., Brown, D.D. and Cadieux, J.R. *Journal of Radioanalytical and Nuclear Chemistry*, **194**, 337 (1995).
81 Carter, J.A., Walker, R.L., Smith, D.H. and Christie, W.H. *International Journal of Environmental Analytical Chemistry*, **8**, 241 (1980).
82 Jones, F. and Castle, R.G. IWES Summer Conference Torquay, Devon UK, 19–21st May (1987).
83 Salbu, B., Bjornstad, H.E., Lydensen, E. and Pappas, A.C. *Journal of Radioanalytical and Nuclear Chemistry*, **115**, 113 (1987).
84 Gromov, A.W., Kopchenov, U.E., Krivokhatskiy, A.S., Nicolaev, V.A., Stolyarov, S.U., Takarevskiy, V.V. and Pantov, V.P. *Nuclear Tracks Radiation Measurement*, **21**, 377 (1993).
85 Shiraishi, K., Nakajima, T., Takaku, Y., Tsumura, A., Yamasaka, S., Los, I.P., Kamarikov, I.Y., Biziuny, M.G., Zelensky, A.V. *Journal of Radioanalytical and Nuclear Chemistry*, **173**, 313 (1993).
86 Juznic, K. and Kobai, I. *Journal of Radioanalytical and Nuclear Chemistry*, **102**, 493 (1986).
87 Reboul, S.I.H. and Field, R.A. *Radioactivity and Radiochemistry*, **5**, 42 (1994).
88 Cadieux, J.R., Clark, S., Field, R.A., Reboul, S. and Sowder, A. *Nuclear Instruments, Methods, Physical Research, Section A*, **353**, 534 (1994).

89 Sawidis, T. *Archives of Environmental Contamination and Toxicology*, **30**, 100 (1996).
90 Tomza, I. *Nukleonika*, **28**, 53 (1985).
91 Zhu, T. *Yuanzineng Kexue Jishu*, **20**, 400 (1986).
92 Rama, J.F.T., Butts, J.L. and Moore, W.S. *Marine Chemistry*, **22**, 43 (1987).
93 Orr, J.C. *J Geophys Res C: Oceans*, **9307**, 8265 (1988).
94 Smith, M.R., Lautensieger, A.W. and Laul, J.C. *Journal of Radioanalytical and Nuclear Chemistry*, **123**, 107 (1988).
95 Maucini, C. and Giannelli, G. *Health Physics*, **69**, 403 (1995).
96 Davis, T.M., Nelson, D.M. and Thompson, E.G. *Radioactivity and Radiochemistry*, **4**, 16 (1993).
97 Szy, D. and Lirham, A. *Mikrochim Acta*, **1**, 131 (1971).
98 Moron, M.C., Garcia-Tenorio, R., Garcia-Montano, E., Garcia-Leon, M. and Madurga, G. *International Journal of Applied Radiation and Isotopes*, **37**, 383 (1986).
99 Friedmann, H. and Hernegger, F. *Z Wasser Abwasser Forsch*, **11**, 61 (1978).
100 Baratta, E.J. and Lumsden, E.M. *Journal of the Association of Analytical Chemistry*, **65**, 1424 (1982).
101 Mills, W.A., Ellett, W.H. and Sullivan, R.E. *Health Physics*, **39**, 1003 (1981).
102 Hodge, V.F. and Laing, G.A. *Radiochimica Acta*, **64**, 211 (1994).
103 Countess, R.J. *Health Physics*, **34**, 390 (1978).
104 Garcia-Leon, M., Piazza, C. and Madurga, G. *International Journal of Applied Radiation and Isotopes*, **35**, 957 (1984).
105 Aellen, T.C. Umbricht, O. and Goerlich, W. *Science of the Total Environment*, 130, 253 (1993).
106 Alexander, B. Planning and Engineering Director, North West Water Authority, Dawson House, Great Sankey, Warrington WA5 3LW, UK, private communication.
107 International Organisation for Standardization, ISO Report 150/TC 147/SC 3 (Eu–15) Gross alpha and gross beta radioactivity in water – total suspended and dissolved. March (1976).
108 Sanchez-Angulo, C.I. and Garcia-Leon, M. *Nuclear Geophysics*, **2**, 69 (1988).
109 Michaels, M.L. *Chemikerzeitung Chem Apparat*, **93**, 883 (1969).
110 Yasulenis, R.Y., Luyanas, V.Y. and Kekite, V.P. *Soviet Radiochemistry*, **14**, 673 (1972).
111 Burden, B.A. *Analyst (London)*, **93**, 715 (1968).
112 Suzuki, T., Sotobayashi, T., Koyame, S. and Kanda, Y. *Journal of Chemical Society of Japan Pure Chemistry Section*, **89**, 1084 (1968).
113 Perkins, R.W. Report of the Atomic Energy Commission USA BNWL–1051 (Part 2). Procedure for the continuous separation and subsequent direct counting of short-lived cosmic ray produced radionucleides in rain water (1969).
114 Rambray, O.H., Fisher, E.M. and Salmon, L. Report of the UK Atomic Energy Authority AERE–R5898. Methods of collection and analysis of radioactivity from distance nuclear test explosions (1970).
115 Ardisson, G. *Trends in Analytical Chemistry*, **1**, 281 (1982).
116 Foti, S.C. Report Atomic Energy Commission USA, AD 734384 (1971).
117 Dutton, J.W.R. Report of the Fisheries and Radiobiological Laboratory FRI, 6 Ministry of Agriculture Fish and Food UK (1970).
118 Lewis, S.R. and Shafrir, H.N. *Nuclear Instrumental Methods*, **93**, 317 (1971).
119 Janzer, V.J. *Journal of Research of the US Geological Survey*, **1**, 113 (1973).
120 Yamamoto, O. *Analytical Abstracts*, **14**, 6669 (1967).
121 Mason, W.J. *Radiochemical and Radioanalytical Letters*, **16**, 237 (1974).

122 Morgan, A. and Arkell, O. *Health Physics*, **9**, 857 (1963).
123 Hiraide, M. Sakurai, K. and Mizuike, A. *Analytical Chemistry*, **56**, 2851 (1984).
124 Tseng, C.L., Hsieh, Y.S. and Yong, M.H. *Journal of Radioanalytical and Nuclear Chemistry Letters*, **95**, 359 (1985).
125 Testa, C. and Staccioli, L. *Analyst (London)*, **97**, 527 (1972).
126 Flynn, W.W. *Analytica Chimica Acta*, **67**, 129 (1973).
127 May, S., Engelmann, C. and Pinte, G. *Journal of Radioanalytical and Nuclear Chemistry*, **113**, 343 (1987).
128 Holm, E., Aarkron, A. and Ballestra, S. *Journal of Radioanalytical and Nuclear Chemistry*, **115**, 5 (1987).
129 Harvey, B.R. and Thurston, L.M. Ministry of Agriculture and Fisheries Research Lowestoft UK, Aquatic Environment Protection Analytical Methods No 1, 37 pp (1988).
130 Flynn, W.W. and Meeham, W. *Analytica Chimica Acta*, **63**, 483 (1973).
131 Comar, C.L. Plutonium: Facts and Interferences, EPRI EA–43–SR (1976).
132 Livingston, H.D., Mann, D.R. and Bowen, V.T. Analytical Methods in Oceanography, Advances in Chemistry Series No 147, American Chemical Society, p. 124 (1975).
133 Wong, K.M. *Analytica Chimica Acta*, **56**, 355 (1971).
134 Pillai, K.C., Smith, R.C. and Folsom, T.R. *Nature (London)*, **203**, 568 (1964).
135 Ballestra, S., Holm, E. and Fukai, R. Presented at the Symposium on the Determination of Radionuclides in Environmental and Biological Materials, Central Electricity Generating Board, London, October 1978.
136 Holm, E. and Fukai, R. *Talanta*, **24**, 659 (1977).
137 Sakanous, M., Nakamura, M. and Imai, T. Rapid Methods for Measuring Radioactivity in the Environment. Proceedings of the Symposium, Neuherberg IAEA, Vienna p 171 (1971).
138 Statham, C. and Murray, C.N. *Report of the International Committee of the Mediterranean Ocean*, **23**, 163 (1976).
139 Hampson, B.L. and Tennant, D. *Analyst (London)*, **98**, 873 (1973).
140 Levine, H. and Lamanna, A. *Health Physics*, **11**, 117 (1965).
141 Aakrog, A. Reference Methods of Marine Radioactivity Studies II, Technical Report Services No 169, IAEA Vienna (1975).
142 Chu, A. *Analytical Abstracts*, **22**, 427 (1972).
143 Livingston, H.D., Mann, D.R. and Bowen, U.J. Report of the Atomic Energy Commission, US COO–3563–12 Woods Hole Oceanographic Institute, Massachusetts USA (1972).
144 Delle Site, A., Marchionni, V. and Testa, C. *Analytica Chimica Acta*, **117**, 217 (1980).
145 Testa, C. and Delle Site, A. *Journal of Radioanalytical Chemistry*, **34**, 121 (1976).
146 Hirose, K. and Sugimura, Y.J. *Radioanalytical and Nuclear Chemistry Articles*, **92**, 363 (1985).
147 Buesseler, K.O. and Halverson, J.E. *Journal of Environmental Radioactivity*, **5**, 425 (1987).
148 Skwarzec, B. and Bojanowski, R. *Marine Biology*, **97**, 30 (1988).
149 Bowie, S.H.U. and Clayton, C.G. Translations of the Institution of Minerals and Metals B 81, 215 (1972).
150 Burnett, W. and Tai Wei-Chieh, *Analytical Chemistry*, **64**, 1691 (1992).
151 Cohen, A.S, and O'Nions, R.K. *Analytical Chemistry*, **63**, 2705 (1991).
152 Bettoli, M.G., Cantelli, L., Queirazza, G., Roveri, M., Tositti, L., Tubertini, O. and Valcher, S. *International Journal of Environmental Analytical Chemistry*, **63**, 29 (1996).

153 Kiba, T., Terada, K., Kiba, T. and Suzuki K. *Talanta*, **19**, 451 (1972).
154 Silant'ev, A.N., Chumichev, U.B. and Vakulowski, S.M. Trudy Inst eksp Met glav uprav, gidromet Sluzhty Sov Ministr SSSR, 15 (2) (1970) Ref Zhur Khim 19GD (1) Abstr No 1 G209 (1971).
155 Gordon, C.M. and Larson, R.E. *Radiochemical and Radioanalytical Letters*, **5**, 369 (1970).
156 Pinones, O. *Nuclotechnica*, **6**, 55 (1986).
157 Kershaw, P. and Young, A. *Journal of Environmental Radioactivity.*, **6**, 1 (1988).
158 Coale, K.H. and Bruland, K.W. *Limnology and Oceanography*, **32**, 189 (1987).
159 Buesseler, K.O., Michaels, A.F., Siegel, D.A. and Knap, A.H. *Global Biogechem Cycles*, **8**, 179 (1994).
160 Aller, R.C. and DeMaster, D.J. *Earth Planet Science Letters*, **67**, 308 (1984).
162 Buesseler, K.O., Cochran, J.K., Bacon, M.P., Livingston, H.D., Casso, S.A., Hirschberg, D., Hartman, M.C. and Fleer, A.P. *Deep Sea Research*, **39**, 1103 (1992).
162 Buesseler, K.O., Andrews, J.A., Hartman, M.C., Belastock, R. and Chai, F. *Deep Sea Research II*, **42**, 777 (1995).
163 Livingston, H.D. and Cochran, J.K. *Journal of Radioanalytical and Nuclear Chemistry Articles*, **115**, 299 (1987).
164 Moran, S.B. and Buesseler, K.O. *Journal of Marine Research*, **51**, 893 (1993).
165 Niven, S.E.H., Kepkay, P.E. and Boraei, A. *Deep Sea Research II*, **42**, 257 (1995).
166 Huh, C-A. and Prahl, F.G. *Limnology and Oceanography*, **40**, 528 (1995).
167 Huh, C.A. *Analytical Chemistry*, **57**, 2138 (1985).
168 Bowie, S.H.U. and Clayton, C.G. *Translations of the Institution of Minerals and Metals B*, **81**, 215 (1972).
169 Bacon, M.P. and Anderson, R.F. Trace metals in sea water. In Proceedings of a NATO Advanced Research Institute on Trace Metals in Seawater, 30/3–3/4/81, Sicily, Italy (eds C.S. Wong *et al.*), Plenum Press, New York, p. 368 (1981).
170 Spencer, D.W.and Sachs, P.L. *Marine Geology*, **9**, 117 (1970).
171 Krushnaswami, S., Lal, D., Somayajulu, B.L.K., Weiss, R.F. and Craig, H. *Earth Planet Science Letters*, **32**, 420 (1976).
172 Anderson, R.F. The Marine Geochemistry of Thorium and Protactinium, PhD dissertation, Massachusetts Institute of Technology/Woods Hole Oceanographic Institution WH01–81–1 (1981).
173 Guo, L., Sautschi, P.H., Daskaran, M. and Zindler, A. *Earth Planet Science Letters*, **133**, 117 (1995).
174 Moran, S.R., Hott, J.A., Busseler, K.O. and Edwards, R.L. *Geophysics Research Letters*, **22**, 2589 (1995).
175 Pates, J.M., Cook, G.T., MacKenzie, A.B., Anderson, R. and Bury, S.J. *Analytical Chemistry*, **68**, 3783 (1996).
176 Shah, S.M. and Rao, S.R. *Current Science (Bombay)*, **41**, 659 (1972).
177 Riel, G. In *Proceedings of the Workshop on Monitoring Nuclear Contamination in Arctic Seas*. King, S.E. ed., Naval Research Laboratory, Washington DC, pp IV/18–IV/29 (1995).
178 Krosshaven, M., Stapperud, L., Lien, H.N. and Salbu, B. *Health Physics*, **71**, 326 (1996).
179 Aleksan'yan, O.M. Gidrokhim, Mater 53 163 (1972) Ref Zhur Khim 19 GD 1972 (13) Abstract No 13G146 (in Russian).
180 Shannon, L.V. and Orren, M.J. *Analytica Chimica Acta*, **52**, 166 (1970).
181 Nozaki, Y. and Tsunogai, S. *Analytica Chimica Acta*, **64**, 209 (1973).
182 Cowen, J.P., Hodge, V.F. and Folson, T.R. *Analytical Chemistry*, **49**, 494 (1977).

183 Tsunogai, S. and Nozaki, Y. *Geochemical Journal*, **5**, 165 (1971).
184 Shannon, L.V., Cherry, R.D. and Orren, M.J. *Geochimica and Cosmochimica Acta*, **34**, 701 (1970).
185 Hodge, V.F., Hoffman, F.L. and Folsom, T.R. *Health Physics*, **27**, 29 (1974).
186 Folsom, T.R. and Hodge, V.R. *Marine Science Communications*, **1**, 213 (1975).
187 Folsom, T.R., Hodge V.F. and Gurney, M. *Marine Science Communications*, **1**, 39, (1975).
188 Goldberg, E.D., Koide, M. and Hodge, V.F. Scripps Institution of Oceanography, La Jolla, CA, USA (1976).
189 Flynn, A. *Analytical Abstracts*, **18**, 1624 (1970).
190 Reid, D.F., Key, R.M. and Schink, D.R. *Earth Planet Science Letters*, **43**, 223 (1979).
191 Perkins, R.W. Report of the Atomic Energy Commission US, BNWL 1051 (Pt 2), pp 23–27 (1969).
192 Moore, W.S. and Reid, D.F. *Journal of Geophysical Research*, **78**, 8880 (1973).
193 Moore, W.S. *Deep Sea Research*, **23**, 647 (1976).
194 Moore, W.S. and Cook, L.M. *Nature (London)*, **253**, 262 (1975).
195 US Environmental Protection Agency Radiochemical Methodology for Drinking Water Regulations, EPA 600/4–75–005 (1975).
196 Ku, T.L., Huh, C.A. and Chen, P.S. *Earth Planet Science Letters*, **49**, 293 (1980).
197 Chung, Y. *Earth Planet Science Letters*, **49**, 319 (1980).
198 Moore, W.S. *Estuarine Coastal Shelf Science*, **12**, 713 (1982).
199 Key, R.M., Brewer, R.L., Stockwell, J.H., Guinasso, N.L. and Schink, R.D. *Marine Chemistry*, **7**, 251 (1979).
200 Broecker, W.S. An application of natural radion to problems in oceanic circulations. In Proceedings of the Symposium on Diffusion in the Oceans and Fresh Waters, Lamont Geological Observatory, New York, pp 116–145 (1965).
201 Moore, W.S. *Sampling 228-radium in the deep ocean, Deep Sea Research*, **23**, 647 (1976).
202 Reid, D.F., Key, R.M. and Schink, D.R. Radium extraction from seawater; efficiency of manganese impregnated fibers. EOS Transactions of the American Geophysical Union, December (1974).
203 Schink, D., Guinasso, N. Jr., Charnell, R. and Sigalove, J. Radon profiles in the sea – a measure of air/sea exchange. IEEE Transactions in Nuclear Science NS–17, 184 (1970).
204 Chung, Y. Pacific Deep and Bottom Water Studies Based on Temperature, Radium and Excess-radon Measurements, Dissertation, University of California, San Diego (1971).
205 Lucas, H.F. *Review Scientific Instruments*, **28**, 680 (1957).
206 Colley, S. and Thomson, J. *Science of the Total Environment*, **155**, 273 (1994).
207 Baskaran, M., Murphy, D.J., Sautschi, P.H., Orr, J.C. and Sclink, D.R. *Deep Sea Research*, **40**, 849 (1993).
208 Schell, W.R., Nevissi, A. and Huntamer, D. *Marine Chemistry*, **6**, 143 (1978).
209 Chen, J.H., Edwards, R.L. and Wasserberg, G.J. *Earth Planet Science Letters*, **80**, 241 (1986).
210 Kawamura, S., Shibata, S. and Kurotaki, K. *Analytica Chimica Acta*, **56**, 405 (1971).
211 Laichter, Y., Notea, A. and Shafrir, N.H. *Nuclear Instrumentation Methodology*, **113**, 61 (1973).
212 Spencer, W. and Brewer, P.G. Oceanographic Institute, Woods Hole, Massachusetts, USA Critical Review of Solid State Science, 1, 409 (1970).

213 Measurement of alpha and beta activity in water and sludge samples. The determination of 222-radon and 226-radium. The determination of uranium (including general X-ray fluorescent spectrometric analysis). HM Stationery Office, Methods for the Examination of Waters and Associated Materials, 76 pp, 40457 (1986).
214 Leonard, K.S., McCubbin, D. and Harvey, B. *Journal of Environmental Radioactivity*, **20**, 1 (1993).
215 Kuno, Y., Sato, S., Ohno, E. and Masui, J. *Journal of Analytical Science*, **9**, 195 (1993).
216 James, H. Report UK Atomic Energy Authority AEEW–R795. Determination of trace metal impurities in reactor cooling water circuits using ion exchange membranes (1972).
217 Neeb, K.H., Neide, H. and Stoeckert, H. *Siemens Forsch u Entwickl Ber*, **1**, 350 (1972).
218 Moskvin, L.N., Mikrocoshnikov, U.S., Mel'nikov V.A., Slutskii, G.K. and Leon'tev, G.G. *Atomic Energy*, **35**, 83 (1973).
219 Niese, U. and Niese, S. *Journal of Radioanalytical and Nuclear Chemistry Articles*, **91**, 17 (1985).
220 Carter, J.A., Walker, R.L., Smith, D.H., Christie, W.H. *International Journal of Environmental Analytical Chemistry*, **8**, 241 (1980).
221 Donahue, D.L., Franklyn, J.C. and Carter, J.A. *Analytical Letters (London)*, **10**, 371 (1977).
222 Ravera, O. and Giannoni, L. *Science of the Total Environment*, **172**, 119 (1995).
223 Brugmann, L. and Hennings, U. *Chemical Ecology*, **9**, 87 (1994).
224 Weselah, D.V.C., Struger, H.J. and Hebert, C.J. *Great Lakes Research*, **20**, 277 (1994).
225 Pomansk, A.A., Severnvi, S.A. and Trifonova, E.P. *Atomm Energia*, **27**, 36 (1969).
226 Nacemer, M., Bryne, A.R. and Juznik, K. *Science of the Total Environment*, **130**, 261 (1993).

Chapter 13

# Miscellaneous measurements

## 13.1 Alkalinity, hardness and acidity

### *13.1.1 Alkalinity and acidity*

Various workers have discussed the determination of total alkalinity and carbonate [1–3] and the carbonate bicarbonate ratio [3] in sea water. A typical method utilises an autoanalyser. Total alkalinity (T m–equiv. per litre) is found by adding a known (excess) amount of hydrochloric acid and titrating back with sodium hydroxide solution; a pH meter that records directly and after differentiation is used to indicate the end point. Total carbon dioxide (C m–equiv. of bicarbonate per litre) is determined by mixing the sample with dilute sulphuric acid and segmenting it with carbon dioxide free air, so that the carbon dioxide in the sample is expelled into the air segments; the air is then separated from the sample and passed into buffered phenolphthalein solution, thereby lowering the pH and diminishing the colour of the phenolphthalein. The reduction in colour is measured colorimetrically (540 nm). The concentration of carbonate is given by 2 (T – C) m–equiv. $L^{-1}$, and the concentration of bicarbonate is 2C – T m–equiv. $L^{-1}$.

A computer programme has been used to calculate the magnitude of systematic errors incurred in the evaluation of equivalence points in hydrochloric acid titrations of total alkalinity and carbonate in sea water by means of given plots. Hansson [4] devised a modification of the Gran procedure that gives improved accuracy and precision. The procedure requires approximate knowledge of all stability constants involved in the titration.

Among the possible analytical methods for alkalinity determination, Gran-type potentiometric titration (Gran [5]) combined with a curve-fitting algorithm is considered a suitable method for sea waters because it does not require *a priori* knowledge of thermodynamic parameters such as activity coefficients and dissociation constants which must be known when other analytical methods for alkalinity determination are applied (Culberson *et al.* [6]; Pearson [7]; Dickson [8]; Sass and Ben-Yaakov [9]).

Alkalinity determination in hypersaline solutions by the Gran–type titration is subject to a number of errors which can usually be neglected in lower ionic strength solutions. For example, the pH readings along the titration path may be inaccurate due to the marked difference between the ionic strength and composition of the sample and the standard buffers used to calibrate the glass and reference electrode pair [10].

Ben-Yaakov and Lurch [11] identified the possible error sources encountered during an alkalinity determination in brines by a Gran-type titration and analysed the possible effects of these errors on the accuracy of the measured alkalinity. Special attention was paid to errors due to possible non-ideal behaviour of glass–reference electrode pair in brine. The conclusions of the theoretical error analysis were then used to develop a titration procedure and an associated algorithm which may simplify alkalinity determination in highly saline solutions by overcoming problems due to non-ideal behaviour and instability of commercial pH electrodes.

The titration procedure used was that described by Ben-Yaakov *et al.* [12] in which 100 ml sea water or brine sample is titrated in burette increments with 3–5 ml standard 0.1 N hydrochloric acid using a pH electrode.

The accuracy of the method was tested experimentally by running duplicate titrations on distilled water, artificial sea water with and without sulphate and artificial Dead Sea waters. For each run, alkalinity was calculated by two methods: (a) by the conventional Gran plot which pre-assumes that the glass electrode is properly calibrated and (b) by the method which applies the titration data for *in situ* calibration of the glass electrode by the slop correction algorithm. The precision of the latter method when applied in the distilled water runs was found to be significantly better than the conventional method. This should be attributed to the non-stability of the glass electrode which is corrected for by the proposed algorithm.

Van den Berg and Rodgers [13] have used a two point potentiometric titration procedure for the determination of the alkalinity of estuarine water. Titrations were carried out on small sample volumes (0.7 ml) with standard addition of acid (25 µL) and a subsequent addition of three 25 µL aliquots. Besides the initial pH, pH measurements were taken after each addition using a calibrated pH electrode. Gran plots of Gran function versus amount of acid added were produced and were linear after complete protonation of all weak acids had occurred and when ion-pairing was taken into account. The two point titration technique was, however, more susceptible to meter reading errors than a complete titration where errors were averaged out.

Bradshaw and Brewer [14] determined carbon dioxide by titration of synthetic solutions using protocols used at sea and compared these with

*Table 13.1* Determination of pH, alkalinity and total ionic concentration in synthetic samples

| *Sample composition* (mg L $^{-1}$) | *pH* | *Alkalinity/* mg L $^{-1}$ $CaCO_3$ | *Error, %* | *Total ionic concentration/ mequiv.* L $^{-1}$ | *Error, %* |
|---|---|---|---|---|---|
| $Cl^-$, 5; $SO_4^{2-}$, 5; $NO_3^-$, 5; $HCO_3^-$ 10 | 6.74 | 15.84 | −3.4 | 0.666 | 1.9 |
| $Cl^-$, 25; $SO_4^{2-}$, 30; $NO_3^-$, 10; $HCO_3^-$, 30 | 7.34 | 46.59 | −5.3 | 2.519 | 1.9 |
| $Cl^-$, 60; $SO_4^{2-}$, 60; $NO_3^-$, 20; $HCO_3^-$, 60 | 7.65 | 99.95 | 1.5 | 5.363 | 2.6 |
| $Cl^-$, 125; $SO_4^{2-}$, 150; $NO_3^-$, 40; $HCO_3^-$, 150 | 8.24 | 252.9 | 2.7 | 12.010 | −1.5 |
| $Cl^-$, 250; $SO_4^{2-}$, 250; $NO_3^-$, 50; $HCO_3^-$, 175 | 8.30 | 301.4 | 4.9 | 18.637 | −0.7 |
| $Cl^-$, 350; $SO_4^{2-}$, 350; $NO_3^-$, 50; $HCO_3^-$, 250 | 8.38 | 420.3 | 2.4 | 26.564 | 1.63 |

Source: Reproduced by permission from Royal Society of Chemistry

those obtained using the gas extraction coulometric method. Both methods gave values of 2140.5 μm carbon dioxide per kg for the 35% salinity seawater. The procedure gave precise but inaccurate results for total carbon dioxide confirming an earlier hypothesis that the presence of organic acids in natural seawaters masqueraded as carbon dioxide during the titration procedure.

Canate *et al.* [15] have described a flow injection analysis method for the simultaneous determination of pH, alkalinity and total ionic concentration in potable water. The pH measurements are performed by means of a glass-calomel microelectrode inserted in the water stream. The alkalinity and total ionic concentration are determined by flow injection analysis titrations, acid-base reactions and spectrophotometric detection. In addition, the determination of the total ionic concentration requires the incorporation of an ion-exchange mini-column. The results obtained are in agreement with those obtained by conventional methods for the determination of these parameters and are obtained with a higher degree of automation, which results in a smaller reagent consumption, greater convenience and higher reproducibility and sampling frequency.

The validity of this proposed method was tested by analysing a series of synthetic samples, the composition and results of which are shown in Table 13.1. In general, the errors in the determination of alkalinity are higher than those of the total ionic concentration.

The method was also applied to the determination of these parameters in drinking water. The results obtained were in good agreement with these conventional methods.

Definitive official standard UK methods for the determination of alkalinity and acidity in waters have been described [16]. This publication includes procedures for determining total alkalinity in natural, treated and waste waters, a continuous automated method for the determination of the alkalinity in water and a method for the determination of acidity in water and waste waters.

### 1. Alkalinity in natural, treated and waste waters, range 200–100 mg $L^{-1}$ as $CaCO_3$

Titration of the samples with standard acid solution and either visual or instrumental detection of end points at pH 8.3 and pH 4.5. Phenolphthalein is used as the visual indicator at pH 8.3 (colour change pink to colourless) and this end point represents the titration of all hydroxide and half the carbonate present. The end point at pH 4.5 is detected visually using bromocresol green–methyl red indicator (colour change greenish blue to grey/pink) and represents the total alkalinity of the sample. The superiority of this mixed indicator compared with methyl orange or methyl orange–xylene cyanol FF has been demonstrated by the statistical evaluation of comparability tests.

### 2. Alkalinity in natural, treated and waste waters, range 0–20 mg $L^{-1}$ $CaCO_3$

The sample is titrated instrumentally with a standard solution of acid to successive pH values of 4.5 and 4.2 in order to determine the true equivalence point of the titration.

When the alkalinity present is due to carbonate and bicarbonate titration of the sample with acid liberates carbon dioxide. The loss of carbon dioxide from the sample during titration is extremely variable depending upon the original concentrations of carbonate species present, and upon the titration conditions employed.

At high levels of alkalinity the effect of carbon dioxide at a titration end point of pH 4.5 is not significant. However below about 20 mg $L^{-1}$ as $CaCO_3$ the effect of carbon dioxide may be significant and must be minimised. Once the equivalence point of the titration in the vicinity of pH 4.5 has been exceeded a plot of hydrogen ion concentration against volume of standard acid used becomes linear. Extrapolation of this linear section of the graph to zero hydrogen ion concentration determines the equivalence point due to the total alkalinity of the sample. This is shown diagrammatically in Fig. 13.1.

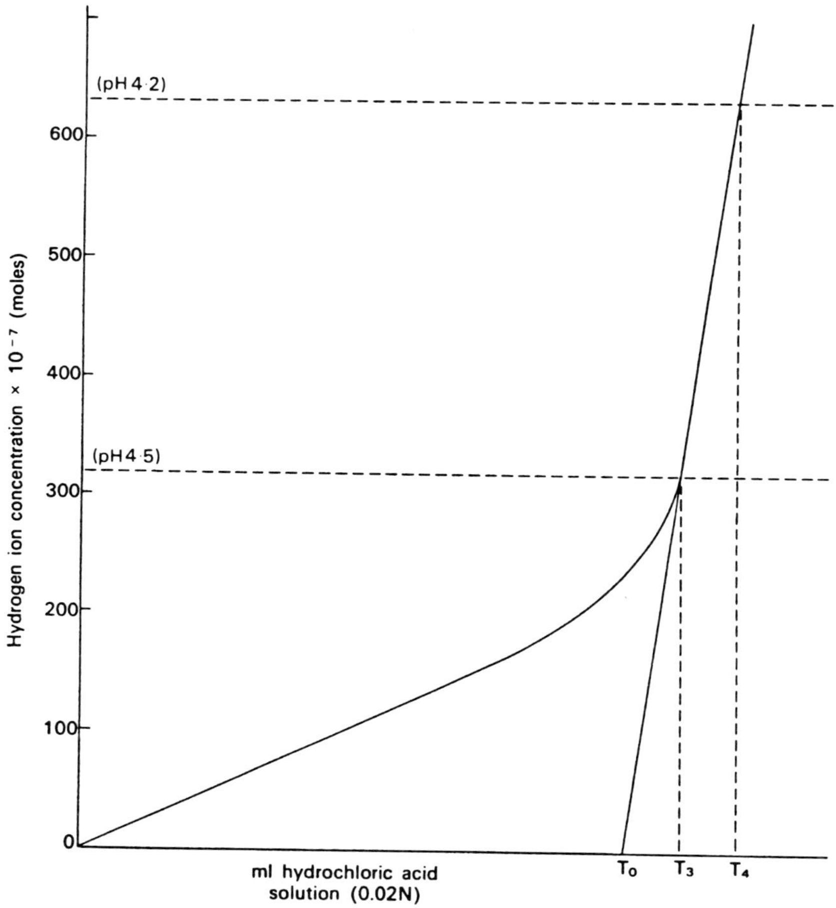


*Fig. 13.1* Measurement of alkalinity

At pH 4.5, hydrogen ion concentration = $316 \times 10^{-7}$ moles
At pH 4.2, hydrogen ion concentration = $632 \times 10^{-7}$ moles
$T_3$ ml = volume of hydrochloric acid solution (0.02 N) required to titrate the sample to pH 4.5
$T_4$ ml = total volume of hydrochloric acid solution (0.02 N) required to titrate the sample to pH 4.2
$T_0$ ml = volume of hydrochloric acid solution (0.02 N) corresponding to zero hydrogen ion concentration ie the true equivalence point of the titration
Then $T_0 = T_3 - (T_4 - T_3)$
$= 2T_3 - T_4$

Source: Reproduced by permission from HMSO, UK

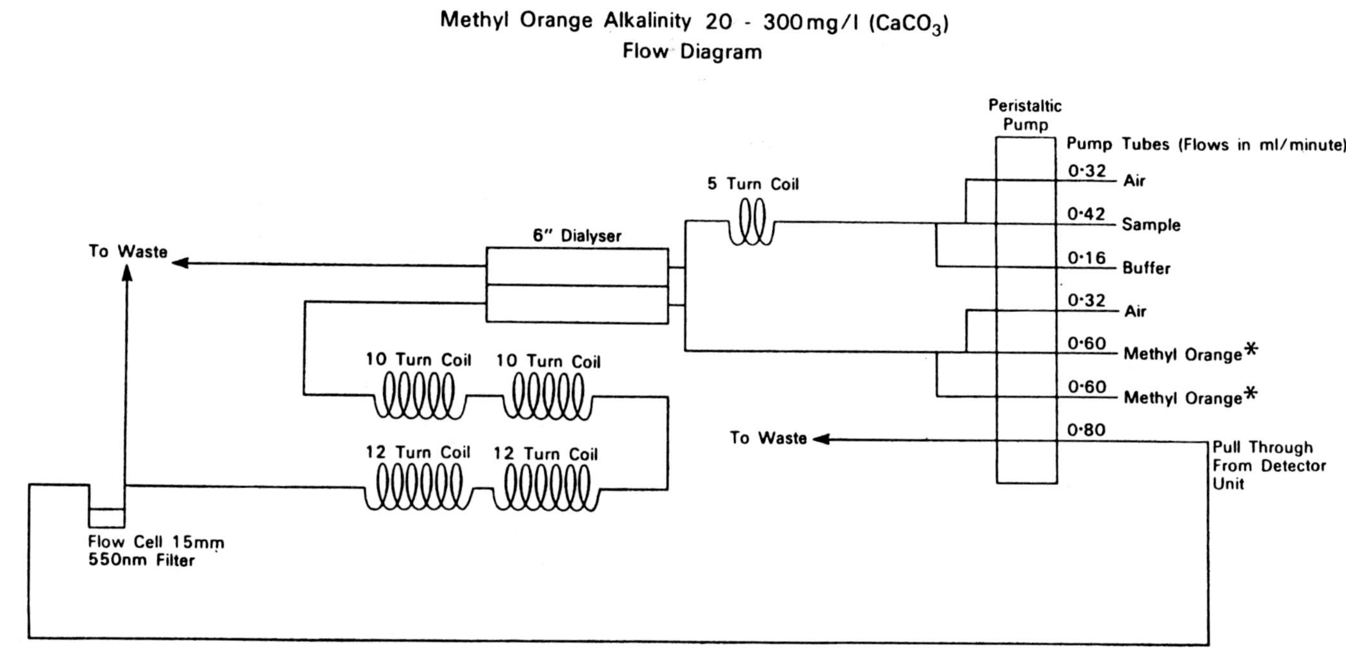


*Fig. 13.2* Methyl orange alkalinity 20–300 mg/L ($CaCO_3$) flow diagram

(a) 2 mm bore glass tubing used for all coils and connections. 60 sec sample
(b) Mixing coils are 20 mm external diameter. 25 sec wash
*Methyl orange added in two portions to add bubble pattern

Source: Reproduced by permission from HMSO, UK

In practice the two pH values, 4.5, and 4.2, are sufficient to define the linear section of the calibration graph.

### 3. Alkalinity in natural waters

Basic anions (eg bicarbonate, carbonate and hydroxide) pass from a sample stream through a cellulose acetate dialyser membrane into a reagent stream containing methyl orange pH indicator, buffered with potassium phthalate. The reduction in the red acid component of the indicator is measured as the decrease in absorbance at a wavelength of 550 nm in a 15 mm flow cell (Fig. 13.2).

### 4. Acidity in water and waste waters

Titration of the samples with standard sodium hydroxide solution and instrumental detection of the end-point at pH 4.5. An instrumental (potentiometric) procedure is advocated because where acidity is present (other than that due to carbon dioxide) it is likely to be in a grossly contaminated water sample or trade waste sample. Such samples are frequently coloured and not suitable for titration procedures involving a visual end-point using a colour indicator to show pH change. In some instances it may be known that the acidity present is wholly or substantially due to the presence of mineral acid in which case it may be preferred to use pH 3.7 end-point. It is imperative to report the pH of the end-point used.

Where certain metal salts are present, eg those of iron and aluminium, reaction with the alkaline titrant may be relatively slow at room temperature and this can affect electrode response. Moreover, where a sample contains ferrous iron, a reliable measure of the full acidity potential of the sample is obtained only when the ferrous iron is oxidised to ferric. A hot peroxide procedure can be used followed by cooling to ambient temperature before titration.

## *13.1.2 Hardness*

A standard UK official method [17] discusses the determination of total hardness, calcium hardness and magnesium hardness in raw and potable waters.

### 1. Total hardness in raw and potable waters up to 1000 mg $L^{-1}$

Total hardness (soluble calcium, magnesium and strontium) is determined by the complexometric titration of an aliquot of the sample using ethylene diamine tetraacetic acid in the presence of a suitable indicator.

When the indicator Eriochrome Black T is added to a solution containing calcium and magnesium ions at pH 10.0 ± 0.1 the solution will be pink to wine-red in colour depending on the concentration of ions present. On titrating with EDTA the solution will turn blue when sufficient EDTA has been added to complex all the calcium, magnesium and other reactive ions present. It is essential that magnesium ions are present to ensure a satisfactory end point and therefore a small amount of the complexometrically neutral magnesium salt of EDTA is incorporated in the buffer solution.

### 2. Calcium hardness of raw and potable waters, range up to 1000 mg L $^{-1}$

Calcium hardness is determined by the complexometric titration, using ethylene diamine tetraacetic acid in the presence of a suitable indicator, of an aliquot of the sample in which the magnesium hardness has been precipitated.

When EDTA is added to water containing both calcium and magnesium ions it combines first with the calcium ions. If the pH is made sufficiently high (pH 12.0 to 13.0) so that most of the magnesium present is precipitated, and if an indicator is used which combines with calcium only, then the calcium can be determined directly by titration using EDTA.

When using the Patton and Reeder indicator (*viz.* 1 g (3 hydroxy-4-(2-hydroxy-4 sulpho-1-naphtylazo)-2-naphtoic acid plus 100 g dried anhydrous sodium sulphate or sodium chloride) it is necessary for some magnesium to be present to obtain a satisfactory end point. The majority of samples will contain sufficient magnesium. However, for those few samples which do not contain sufficient magnesium and for analysing standards and blanks it is necessary to add magnesium. An addition of 5 mg L $^{-1}$ magnesium is recommended.

### 3. Magnesium hardness of raw and potable waters, range up to 1000 mg L $^{-1}$

An estimate of the magnesium hardness (mg L $^{-1}$ $CaCO_3$) may be made by subtracting the calcium hardness (mg/L $CaCO_3$) from the total hardness (mg/L $CACO_3$). It is stressed that this gives an approximate value of the magnesium hardness firstly because it is based on the subtraction of two other results and secondly because it will include, from the total hardness determination, any strontium present.

If a direct determination of magnesium hardness is required it is recommended that the magnesium concentration be determined by atomic absorption spectrophotometry [18].

Various other workers have discussed the determination of water hardness [19–23].

## 13.2 Suspended solids

Danielsson [24] carried out experiments to assess the effect of filtration on colloidal matter present in natural waters; two membrane filters and a glass-fibre filter, commonly used for this purpose, were used. The results suggested that membrane filters are unsuitable for the separation of suspended solids unless the effects of filter load are taken into account. The significance of these results for studies on trace metals in natural waters is discussed.

Danielsson concludes that the use of filters of normal pore sizes (0.4–0.7 μm) for the separation of particulate and truly dissolved fractions of metals in natural waters is inadequate, especially for colloid-laden samples. Furthermore, the use of membrane filters for the removal of large particles from a water sample can introduce large errors due to the changing effective pore size. To avoid these errors careful investigation of the effects of filter load for the sample in question is recommended. If the contamination problems can be solved, glass fibre filters are helpful due to their large solids-holding capacity. For large volume filtrations frequent filter change and/or large area filters should be used. Filter holders supplied with stirrers like those used for ultra filtration might also be beneficial, helping to avoid clogging.

With the aid of on-channel concentration procedures, Karaiskakis *et al.* [25] used sedimentation field flow fractionation to study the colloidal particles contained in samples collected from the Colorado, Green and Price Rivers in eastern Utah during the spring run-off season. Samples from the different rivers displayed distinctly different fractograms, which could serve to 'fingerprint' and characterise the colloidal content. The fractions obtained, when analysed, displayed distinct differences in chemical composition. Each fraction re-emerged at its original elution volume when re-injected into the apparatus, indicating that the sedimentation field flow fractionation procedure has successfully concentrated then fractionated the colloidal particles in the river water.

The all too frequent neglect of particulate matter in the colloidal size range can lead to serious errors in estimations of the transport of trace metals in the environment. Use of the term dissolved for everything that passes through a 0.45 μm filter has impeded studies of these colloids. Hopefully, future studies of trace metals in natural waters will also include the colloidal fraction.

Crane and Dewey [26] and others [27,28] have studied the factors influencing the accuracy and reproducibility of suspended solids and ash determinations on river water samples using the glass fibre paper method. The experimental procedure was examined in detail and the suitability of different materials for preparing standard suspensions was also evaluated.

The authors conclude that detailed specification of, and careful adherence to, all aspects of the relevant procedure are essential if reliable results are to be obtained. By strict adherence to the recommended procedure, a relative standard deviation of 5% or a standard deviation of 0.5 mg $L^{-1}$ (whichever is the greater) can be achieved for both suspended solids and ash in river water samples and synthetic suspensions.

The Analytical Quality Control Committee of the Water Research Centre [27], UK has reported on the accuracy of determination of total suspended solids in river waters. Synthetic suspensions of microcrystalline cellulose or kaolin were used in this study.

Each of the 71 participating laboratories in the scheme organised by this body achieved a target total error of not greater than ±20% of the determined concentration or 2 mg $L^{-1}$, whichever is the larger for different sample concentrations. With a single exception all the laboratories met the bias target of a maximum tolerable bias of 10% of the determined concentration or 1 mg $L^{-1}$ whichever is the greater.

Laxen and Chandler [29] evaluated the filtration of fresh waters through screen filters and depth filters of 8.0–0.015 µm nominal pore size. Screen filters provide more accurate size fractionation.

Suspended solids determinations on non-saline samples are a routine procedure that does not present any problems. The solids, after filtration on a 0.45 nm glass fibre disc are dried at 105°C to obtain the moisture content and at 450–500°C to obtain the organic content. However, the application of this procedure to saline samples does present some problems, owing to errors caused by the occlusion of sea salts on the filter disc and the filtered solids. One innovation that has been adopted to correct for high solids contents on such samples has been to filter the sample through a double layer of glass fibre paper. The weight increase of the lower paper is due to the occluded salts while that on the top paper is due to salts plus sample solids. The corrected solids content is then obtained by subtracting the weight increase of the lower disc from that of the upper disc. Unfortunately, results obtained by this modified procedure are still unreliable becoming more so at higher salt concentrations in the sample.

A further simple innovation gives much more reliable solids results. In this the glass fibre disc mounted in its porcelain, glass or plastic holder is first wetted with distilled water and then the sample filtered through and washed with several small portions of distilled water without allowing the disc to become dry. It is believed that filling with distilled water the air spaces in the annulus of the disc trapped in the holder is the reason why better results are obtained by this procedure.

A standard UK procedure [30] describes methods for the determination of suspended settleable and total dissolved solids in waters and effluents.

### 1. Suspended matter (paper filtration method) range up to 25 mg of recovered material

Suspended matter is removed from a measured volume of sample by filtration under reduced pressure through a pre-treated, pre-weighed, glass-fibre filter paper and determined gravimetrically after washing and drying at 105°C to constant weight.

Volatile material and ash in the suspended matter may be determined by ignition at 500°C.

### 2. Suspended water (membrane filtration method) range up to 10 mg of recovered material

Suspended matter is removed from a measured volume of sample by filtration under reduced pressure through a pre-treated, pre-weighed, membrane filter and determined gravimetrically after washing and drying at 105°C to constant weight.

### 3. Suspended matter (centrifugal method) range 200 mg $L^{-1}$ upwards

Suspended matter is separated from a measured volume of sample by centrifuging, washing and drying at 105 ± 5°C to constant weight.

### 4. Settleable solids

Removal of a sample of supernatant liquid, without inclusion of floating solids and determination of suspended solids before and after settling.

### 5. Total dissolved solids dried at 180°C

Suspended matter is removed from a measured volume of sample by filtration, under reduced pressure. The filtrate is then evaporated to dryness on a steam bath, dried at 180°C and then total dissolved solids determined gravimetrically.

Various other workers have discussed the determination of dissolved solids on total solids in natural waters [31–40].

## 13.3 Total ionic concentration (total cations)

A procedure has been described [41] in which a sample of water is percolated through a column of a strong acid cation-exchange resin in the hydrogen form, when all the cations are exchanged for hydrogen ions. Titration with standard alkali to pH 4.5 thus gives a measure of the concentration of strong acid salts. The total ionic concentration is the sum of this figure expressed as milli-equivalents (meq) per litre and the alkalinity of the sample expressed in the same way. It serves as a check of the accuracy of the separate determinations of the major cations and is preferable in many instances, especially for unpolluted waters and those with a low organic content, to the more tedious and often less precise determination of total dissolved solids.

## 13.4 pH and electrical conductivity

Several workers have discussed the determination of the electrical conductivity, specific conductance and pH of river water samples [42–45].

Stuyfzard [46] described a method of calculating electrical conductivity from chemical analysis of natural waters. Cations and anions in the range 0.2–12000 m.equiv $L^{-1}$ can be measured with an average percentage error of 2.3 ± 1.0%; for the range 8.0–1200 m.equiv $L^{-1}$. The percentage error is 1.9 ± 1.5%. Emphasis is placed on the pocket computer program for determination of the conductivity. A scheme for calculation of values up to two missing or mistrusted values using an iteration method is outlined.

In a collaborative scheme of testing organised by the Water Research Centre UK [42] the laboratories of 10 Regional Water Authorities and one River Purification Board in the UK, determined the pH value and electrical conductivity of river waters, as part of an analytical quality control programme. The accuracy specified (that the total error on a single result should not be larger than 0.2 units of pH and not larger than 20% of sample conductivity or 5 µS per cm whichever is the greater) was achieved by all participating laboratories.

All the laboratories participating in this programme used methods recommended by the DOE/NWC Standing Committee of Analysts [47].

For both determinands considered in this study, the temperature of the sample at the time of measurement will affect any analytical result obtained. This effect is one in which the true pH value or conductivity of the sample, rather than merely the error associated with measurement, is dependent on sample temperature. Thus variations in the temperature of measurement will, unless eliminated or corrected for, contribute to between laboratory bias. Such factors will adversely affect laboratories' comparability, apart from any analytical errors that may be present. The approach to this question of sample temperature was slightly different for the two determinands.

For conductivity measurements, it was not possible, because of the practices in use in the various laboratories, to agree that all samples should be measured at a single temperature. All but two laboratories (which measured at 25°C) performed measurements at 20°C. There was also the possibility that, if certain samples proved inadequately stable, on-site measurement at ambient temperature would have to be considered. The likely bias introduced by the correction of measured conductivity to conductivity at some standard temperature was therefore examined. Values of the temperature correction factor (the fractional change in conductivity per degree) appropriate for correction of conductivity to 20°C from 25°C range from 0.019 to 0.026. The use of a correction value from one end of the range (ie 0.019) when the true value for the water in question was from the other end of the scale of values (ie 0.026) would result in a bias in reported results of approximately 4%. This unlikely event was considered in relation to the target for maximum possible bias of 10% and it was decided that correction is not likely to introduce important between-laboratory bias. It is important to note, however, that should the true correction factor of the water concerned lie outside the range given above or that correction is made over a range greater than 5°C, the correction of conductivity data for temperature might introduce unacceptable bias.

In pH measurement, the option of correcting results for temperature of measurement is not available because the pH value of a sample does not behave in as predictable a manner as the conductivity. Here one laboratory performed determinations at 25°C and the remaining 10 at 20°C. It was agreed that the temperature of samples for pH determination would be controlled to within ±1°C (for conductivity determinations, it appeared that such stringent control of temperature is not essential; however, knowledge of the sample temperature to within ±1°C is necessary if an unacceptable bias is not to be introduced when temperature correction is applied). Allowance should be made in the data archive for pH measurements to be made at ambient temperature, should it prove necessary to make on-site determinations.

Sorensen and Glass [48] have studied the ion and temperature dependence of electrical conductance for lake waters.

Yaakov and Ruth [49,50] have described improved *in situ* pH sensor for oceanographic and limnological applications. They report that an accuracy of 0.002 pH can be achieved.

Khoo *et al.* [51] have reported on the measurement of standard potentials, hence hydrogen concentrations in sea waters of salinities between 20 and 45% at 5 to 40°C.

An official UK method has been published for the measurement of electrical conductivity and pH of natural, treated and waste waters [52].

### 1. Measurement of electrical conductivity, range 1–100,000 µS $cm^{-1}$

The conductivity cell consists of a cell in which the solution under test is contained in such a way as to cover a pair of rigidly mounted electrodes. Cells are usually constructed of borosilicate glass. The dimensions of the cells and of the electrodes depend upon the values of conductivity expected. Since some poisoning of the electrodes may take place with use, it is essential that the electrodes be kept clean. They should be cleaned according to manufacturer's instructions.

Most instruments for measuring electrical conductivity consist of a Wheatstone bridge, fed by a low voltage alternating current source. The conductivity cell forms one arm of the bridge. The bridge circuit is arranged so that, at the balance point, the detector indicates either zero or minimum current.

### 2. Measurement of pH, range 0–14

The method involves the measurement of the electrochemical potential of a cell which is responsive to the hydrogen ion activity and which contains the test solution as electrolyte. The equipment is calibrated using buffer solutions of known pH.

## References

1 Keir, R.S. and Kounaves, S.P. *Analytica Chimica Acta*, **91**, 181 (1977).
2 Johannson, A., Johansson, S. and Gran, G. *Analyst (London)*, **108**, 1086 (19XX).
3 Stuart, W.A. and Lister, A.R. Process Technol. Div. AERE Harwell, Berks, UK. Report UK Atomic Energy Authority, AERE–M2250–5pp (1969).
4 Hansson, I. and Jagner, D. *Analytica Chimica Acta*, **65**, 363 (1973).
5 Gran, G. *Analyst (London)*, **66**, 661 (1952).
6 Culberson, C., Pytokowicz, R.M. and Hawley, J.E. *Journal of Marine Research*, **28**, 15 (1970).
7 Pearson, F. *Journal of Water Pollution Control*, **53**, 1243 (1981).
8 Dickson, A.G. *Deep Sea Research*, **28A**, 609 (1981).
9 Sass, E. and Ben-Yaakov, S. *Marine Chemistry*, **5**, 183 (1977).
10 Bates, R.G. *Determination of pH – Theory and Practice*. Wiley, New York, 435 pp (1964).
11 Ben-Yaakov, S. and Lurch, Y. *Marine Chemistry*, **13**, 293 (1983).
12 Ben-Yaakov, S., Raviv, R., Guterman, H., Dayan, A. and Lazar, B. *Talanta*, **29**, 207 (1982).
13 Van Den Berg, C.N.G. and Rogers, H. *Marine Chemistry*, **20**, 219 (1987).
14 Bradshaw, A.L. and Brewer, P.G. *Marine Chemistry*, **24**, 155 (1988).
15 Canate, F., Rios, A., Luque de Castro, M.D. and Valcarcel, M. *Analyst (London)*, **112**, 263 (1987).
16 Methods for the examination of waters and associated materials. The determination of alkalinity and acidity in water. HMSO, London (1981).
17 Methods for the examination of waters and associated materials. 1981. The determinatino of total hardness, calcium hardness and magensium hardness

in raw and potable waters by EDTA titration. Tentative Methods. HMSO, London (1981).
18 Methods for the examination of waters and associated materials. The determination of magnesium in raw and potable waters 1977. HMSO, London (1977).
19 Horvath Almassy, K. and Barat Csanalosi, B. Hungarian Patent, Hung Telljes HU 38442 A2, 28 May 1986, 23 pp (1986).
20 Kaneda, T. and Takano, S. *Bunseki Kegaku*, **36**, 103 (1987).
21 Kaneda, T. and Takano, S. Japan Patent, Jpn. Kokai Tokkyo Koho JP 62/19764 A2 (87/19764), 28 Jan 1987, 8 pp (1987).
22 Kaneda, T. and Takano, S. Japan Patent, Jpn. Kokai Tokkyo Koho JP 62/64950 A2 (87/64950) 24 Mar 1987, 6 pp (1987).
23 Kaneda, T. and Takano, S. Japan Patent, Jpn. Kokai Tokkyo Koho MP 62/64951 A2 (87/64951) 24 Mar 1987, 4 pp (1987).
24 Danielsson, L.G. *Water Research*, **16**, 179 (1982).
25 Karaiskakis, G., Graft, K.A., Caldwell, K.D. and Giggins, J.C. *International Journal of Envirnomental Analytical Chemistry*, **12**, 1 (1982).
26 Crane, L. and Dewey, D.J. Water Research Centre Technical Report No TR 127. The determination of suspended solids and ash in waters by filtration and ignition. January (1980).
27 Analytical Quality Control (Harominzed monitoring) Committee. Water Research Centre Medmenham, UK. The accuracy of determination of total suspended solids in river waters. Analytical control in the harmonized monitoring scheme. Analyst (London), 108, 1365 (1983).
28 Committee for Analytical Quality Control, Harmonized Monitoring, Water Research Centre, Medmenham, UK. Technical Report TR 163. Accuracy of determination of total suspended solids and as/non-volatiles suspended solids in river water (1981).
29 Laxen, D.P.H. and Chandler, I.M. *Analytical Chemistry*, **54**, 1350 (1982).
30 Methods for the examination of waters and associated materials. Suspended, settleable and total dissolved solids in waters and effluents 1980. HMSO, London (1980).
31 Yang, Z. and Shi, P. *Huaxue Shijie*, **27**, 549 (1986).
32 Dillard, J.A.B. III Patent Appl. 938060, 4 Dec 1986 (1987).
33 Koseki, Y., Yamada, A., Kurokawa, H., Ebara, K., Matsuzaki, H. and Takahashi, S. *Kagaku Kogaku Ronbunshu*, **14**, 431 (1988).
34 Bale, A.J. and Morris, A.W. *Estuarine, Coastal and Shelf Science*, **24**, 253 (1987).
35 Ambe, Y. and Nishikawa, M. *Analytica Chimica Acta*, **193**, 355 (1987).
36 Simson, W.R., Gwilliam, I.J.P., Lawford, V.A., Fasham, M.J.R. and Lewis, A.R. *Deep-Sea Research, Part A*, **34**, 1477 (1987).
37 Chudaeva, V.A. *Gidrokhim, Mater.*, **98**, 110 (1987).
38 Manook, B.A. *J. Phys. E. Scientific Instruments*, **21**, 686 (1988).
39 Nomizu, T., Goto, K. and Miziuke, A. *Analytical Chemistry*, **60**, 2653 (1988).
40 Toussaiut, C.J., Ains, G. and Bo, F. *Analytica Chimca Acta*, **88**, 193 (1977).
41 North West Water Authority, private communication.
42 Analytical Quality Control (Harmonized Monitoring) Committee. Water Research Centre, Medmenham, UK. Accuracy of the electricial conductivity and pH value of river waters. Results of Water Authority tests made for the harmonized monitoring scheme for the Department of the Environment, *Analyst (London)*, **109**, 431 (1985).
43 Erdmann, D.E. and Taylor, H.E. *Analytica Chimica Acta*, **99**, 269 (1978).
44 Department of the Environment, HMSO, London, 15 pp. (1979).

45 Laxen, D.P.H. *Water Research*, **11**, 91 (1977).
46 Stuyfzard, P.J. *$H_2O$*, **16**, 358 (1983).
47 DOE/NWC Standing Committee of Analysts. The measurement of electrical conductivity and the laboratory determination of the pH value of natural, treated and waste waters. HMSO, London (1978).
48 Sorensen, J.A. and Glass, G.E. *Analytical Chemistry*, **59**, 1594 (1987).
49 Yaakov, S.B. and Ruth, E. *Limnology and Oceanography*, **19**, 144 (1974).
50 Yaakov, S.B. and Ruth, E. Water Pollution Abstracts, Abstract No 42, 1757 (1969).
51 Khoo, K.H., Ramette, W., Culbeeson, C.H. and Bates, R.G. *Analytical Chemistry*, **49**, 29 (1977).
52 Methods for the examination of waters and waste materials. The measurement of electrical conductivity and the laboratory determination of the pH value of natural, treated and waste waters 1978. HMSO, London (1978).

Chapter 14

# On-site measuring instruments

This chapter discusses available portable instrumentation that can be carried around by inspectors to carry out measurements on rivers, reservoirs, effluents, etc.

## 14.1 Rapid-test kits

Merck supply a range of test kits covering many different determinands (Table 14.1). Test strips and test kits, both visual and photometric are available and all are suitable for use in the field.

### *14.1.1 Merckoquant test strips*

These consist of a reactive test zone firmly bonded to a plastic backing. The test zone is impregnated with reagents, buffers and other substances. The strips are used for rapid exploratory testing of substance concentrations as low as 1 mg $L^{-1}$. To test a sample the test zone is immersed in the water sample for 1–2 s and matched against a colour scale.

### *14.1.2 Aquamerck test kits*

These consist of titrimetric and colorimetric test kits supplied in boxes or blister packs. The simplest titration tests contain a dropping bottle or precision dropping pipette. The number of drops of reagent required to change the colour of the indicator is a measure of the concentration of the substance being tested for. Aquamerck colorimetric tests incorporate a waterproof scale with precise directions, or alternatively a testing vessel consisting of a 10 mm cell with coloured reference blocks to the right and left of it so that a colour comparison can be made.

*Table 14.1* Test bits supplied by Merck

| *Determination* | *Measuring range mg/L (ppm)* | *Merkoquant® test strips* | *Aquamerck® titrimetric test with dropping bottle or titrating pipette* | *Aquamerck® colorimetric test in a blister pack* | *Aquamerck® colorimetric test with colour scale* | *Aquamerck® colorimetric test with testing vessel* | *Exchange pack* | *Aquaquant® test with sliding colour comparator* | *Microquant® test with comparator disc* | *Spectroquant® test for rapid photometric determinations* |
|---|---|---|---|---|---|---|---|---|---|---|
| Acid binding capacity (ABC) | 0.50–20 mmol | | 11147 | | | | | | | |
| Acidity | 0.1–40 mmol/0.1 | | 11108 | | | | | | | |
| Alkalinity | 0.1–40 mmol/0.1 | | 11109 | | | | | | | |
| Aluminium | 10–250 | 10015 | | | | | | | | |
| | 0.07–0.8 | | | | | | | 14413 | | |
| | 0.1–8.0 | | | | | | | | 14822 | |
| | 0.06–1.4 | | | | | | 14824 | | | 14825 |
| Ammonium | 10–400 | 10024 | | | | | | | | |
| (Nessler method) | 0.05–0.08 | | | | | | | 14400 | | |
| (indophenol blue | 0.5–10 | | | 14657 | | | | | | |
| method) | 0.2–5 | | | | 8024 | | | | | |
| | 0.025–0.4 | | | | | | | 14428 | | |
| | 0.2–8.0 | | | | | | | 14423 | | |
| | 0.2–8.0 | | | | | | | | 14750 | |
| | 0.03–3.0 | | | | | 752Arsenic | 0.1–3 | 10026 | | |
| Arsenic | 0.1–3 | 10026 | | | | | | | | |
| Ascorbic acid | 50–2000 | 10023 | | | | | | | | |
| Boron | 0.03–0.8 | | | | | | | | 14837 | |
| | 0.008–2.0 | | | | | | | | | 14839 |
| Calcium | 25–250 | 10034 | | | | | | | | |
| | 2–800/2 | | 11110 | | | | | | | |
| | 3–40 | | | | | | | 14443 | | |
| | 10–200 | | | | | | | | 14813 | |
| | 5–300 | | | | | | | | | 14815 |
| Carbonate hardness | 1–100°d/l | | 14653 | | | | | | | |
| | 1–000°d/l | | 11103 | | | | | | | |
| | 0.2–80°d/0.2 | | 8048 | | | | 8041 | | | |
| Chloride | 25–2500/25 | | 11132 | | | | | | | |
| | 2–800/2 | | 11106 | | | | | | | |

| | | | | | | | | | |
|---|---|---|---|---|---|---|---|---|---|
| | 5–300 | | | | | | 14401 | | |
| | 3–300 | | | | | | | 14753 | |
| | 0.4–40 | | | | | | | | 14755 |
| Chlorine | 4–120 | 10043 | | | | | | | |
| | 0.01–0.3 | | | | | | 14434 | | |
| | 0.25–15 | | | | | | | 14826 | |
| | 0.05–3 | | | | | | | | 14828 |
| in swimming pools | 0.1–2.0 | | | 14670 | | | | | |
| | 0.1–2 | | | | | | | 14801 | |
| | 0.05–5 | | | | | | | | 14803 |
| Chlorine and pH | Chlorine 0.1–1 | | | | | | | | |
| (DPD method) pH | 6.5–8 | | | | 11160 | | | | |
| (*o*-tolidine method) | Chlorine | 0.1–1 | | | | | | 11157 | |
| | pH 6.8–7 | | | | | 11135 | 11143 | | |
| | Chlorine 0.1–1 | | | | | | 11133 | | |
| | pH 6.8–7 | | | | | 11134 | 11143 | | |
| Chromate | 3–100 | 10012 | | | | | | | |
| | 0.005–0.1 | | | | | | 14402 | | |
| | 0.1–1.6 | | | | | | 14441 | | |
| | 0.1–10 | | | | | | | 14756 | |
| | 0.025–2.5 | | | | | | | | 14758 |
| Cobalt | 10–1000 | 10002 | | | | | | | |
| COD | 10–150 | | | | | | | | 14540* |
| | 100–1500 | | | | | | | | 14541* |
| Colour (water | | | | | | | | | |
| colouration) | 5–150 Hazen | | | | | | 14421 | | |
| Copper | 10–300 | 10003 | | | | | | | |
| | 0.15–1.6 | | | 14651 | | | | | |
| | 0.05–0.5 | | | | | | 14414 | | |
| Nitrite | 0.1–10 | | | | | | | 14774 | |
| | 0.03–3 | | | | | | | | 14776 |
| Oxygen | 1–12 | | | 14662* | | | | | |
| | 0.1–30/0.1 | | 11107 | | | 11152 | | | |
| | 0.1–30/0.1 | | 11149 | | | 11152 | | | |
| Oxidizing agents | | 9512 | | | | | | | |
| (potassium iodide– | | | | | | | | | |
| starch paper) | | | | | | | | | |
| Permanent hardness | 0.05–0.19°e | | | | 11142 | | | | |
| Peroxide | 1–100 aqueous solution | 10011 | | | | | | | |
| | 1.5–80 organic solution | | | | | | | | |

*Table 14.1* continued

| *Determination* | *Measuring range mg/L (ppm)* | *Merkoquant® test strips* | *Aquamerck® titrimetric test with dropping bottle or titrating pipette* | *Aquamerck® colorimetric test in a blister pack* | *Aquamerck® colorimetric test with colour scale* | *Aquamerck® colorimetric test with testing vessel* | *Exchange pack* | *Aquaquant® test with sliding colour comparator* | *Microquant® test with comparator disc* | *Spectroquant® test for rapid photometric determinations* |
|---|---|---|---|---|---|---|---|---|---|---|
| Perex test | 10–500 | | | | 16206 | | | | | |
| pH | 4.5–9.0/0.5 | | | | 8027 | | | | | |
| | 4.5–9.0/0.5 | | | | | 8038 | 8043 | | | |
| | | | | | | | 8043 | | | |
| in fresh water | 5.0–9.0/0.5 | | | 14655 | | | | | | |
| in sea water | 7.1–8.9/0.3 | | | 14656 | | | | | | |
| in swimming-pool water | 6.5–8.2 | | | 14669 | | | | | | |
| in swimming-pool water | 6.8–7.8 | | | | | | 11143 | | | |
| pH universal indicator liquid | 4–10/0.5 | | | | 9175 | | | | | |
| | 4–10/0.5 | | | | 9175 | | | | | |
| pH indicator liquid | 0.5/0.5 | | | | 9177 | | | | | |
| pH indicator liquid | 9–13/1.0 | | | | 9176 | | | | | |
| | 4.5–10/0.5 | | | | | | | 14425 | | |
| | 6.4–8.6/0.2 | | | | | | | 14430 | | |
| | 5.2–7.4/0.2 | | | | | | | 14436 | | |
| Phosphate (vanadate–molybdate method) | 2.2–29 ($P_2$)5)5.67 ($Na_3PO_4$) | | | | | 8016 | 11125 | | | |
| | | | | | | | 11125 | | | |
| | 1–40 | | | | | | | 14449 | | |
| | 1.5–100 | | | | | | | | 14840 | |
| | 0.25–25 | | | | | | | | | 14842 |
| (ammonium hepta-molybdate method) | 0.1–2.0 | | | 14661 | | | | | | |
| | 1–10 ($P_2O_5$) | | | | | 11138 | 8046 | | | |
| | | | | | | | 8046 | | | |
| | 0.01–0.16 | | | | | | | 14409 | | |
| | 0.1–3.0 | | | | | | | | 14786 | |
| | 0.024–2.4 | | | | | | | | | 14788 |
| Phosphate silicate | 1–10 ($P_2O_5$)0.3–3($SiO_2$) | | | | | 11119 | 11123 | | | |
| | | | | | | | 8022 | | | |

| | | | | | | | | |
|---|---|---|---|---|---|---|---|---|
| Potassium | 300–2000 | 10042 | | | | | | |
| Silicon | 0.01–0.25 | | | | | 14410 | | |
| | 0.3–10 | | | | | | 14792 | |
| | 0.03–8.0 | | | | | | | 14794 |
| Silver (fixing bath test) | 0.5–10 g/l | 10008 | | | | | | |
| Sulphate | 200–1600 | 10019 | | | | | | |
| | 25–300 | | | | | 14411 | | |
| | 25–300 | | | | | | 14789 | |
| | 10–600 | | | | | | | 14791 |
| Sulphide (lead acetate paper) | | 9511 | | | | | | |
| Sulphite | 10–500 | 10013 | | | | | | |
| | 2.5–200/2.5 | | 11148 | | | | | |
| Tartaric acid | 0.5–10 g/l | 10021 | | | | | | |
| Thioglycollate detection paper | | 9576 | | | | | | |
| Tin | 10–200 | 10028 | | | | | | |
| Total hardness | 4–29°e | 10025 | | | | | | |
| | 4–29°e | 10032 | | | | | | |
| | 4–20°e | 10029 | | | | | | |
| | 6–31°e | 10046 | | | | | | |
| | 6–31°e | 10047 | | | | | | |
| | 1–000°e/1.25 | | 14652 | | | | | |
| | 1–000°e/1.25 | | 11104 | | | | | |
| | 1–100°e/1.25 | | 8011 | | | | | |
| | 1–100°e/1.25 | | 11111 | | | | | |
| | 0.2–80°e/0.2 | | 8039 | 8033 | | | | |
| | 0.1–15°e/0.1 | | 8047 | 8040 | | | | |
| Titrant solutions for 8011, 11111, 8039 | | | | 11141 | | | | |
| Indicator tablets for 8011 | | | | 11140 | | | | |
| Indicator solutions for 8039, 8047, 11111 | | | | 11122 | | | | |
| Water colouration see 'Colour' | | | | | | | | |
| Zinc | 10–250 | 10038 | | | | | | |
| | 0.1–5.0 | | | | 14412 | | | |
| | 0.1–5.0 | | | | | 14780 | | |
| | | | | | 14782 | | | |

Source: Own files

### 14.1.3 Aquaquant test kits

The Aquaquant system for rapid water analysis fully meets the stringent requirements relating to detection sensitivities, ease of use and economy. Each Aquaquant test kit consists of a plastic case containing a sliding colour comparator, which is of a moulded construction designed to hold test solutions, reagents and accessories as a test is being performed. Short–tube and long-tube test kits are available. The different path lengths allow for lower and higher sensitivities.

### 14.1.4 Microquant test kits

There is often a need for a rapid colorimetric test in a medium sensitivity range roughly equivalent to that covered by the Aquamerck and Aquaquant short tube tests, but which will also permit coloured or turbid samples to be measured. The Microquant tests, which work with transmitted light, are eminently suitable for this type of analysis.

### 14.1.5 Spectroquant analysis system

This comprises an SQ 115 digital photometer, a TR 205 Thermoreactor for elevated temperature test, 100 and 148°C, and the Spectroquant test kits. The SQ 115 photometer measures absorbance and concentration in the range 370–1000 nm. The photometer is conveniently calibrated with calibration cells, which incorporate transparent coloured windows to simulate standard solutions of precisely defined concentrations. The inconvenience of calibrating against standard solutions and the unreliability of using calibration factors are thus avoided.

Merck also supply compact laboratories consisting of packs of reagent bottles and accessories. These include the determination of ammonium, carbonate, hardness, nitrite, nitrate, pH and dissolved oxygen.

### 14.1.6 Palintest rapid-test kits

These are available in a visual test form (tablet count, colour match and turbidity tests) or as a spectrophotometric version using the Palintest Photometer 5000 (Table 14.2).

Palintest also supply swimming pool and spa test kits for the determination of free chlorine (0–3 mg $L^{-1}$), total bromine (0–8 mg $L^{-1}$), pH (6.8–8.4) total alkalinity and calcium hardness (0–1000 mg $L^{-1}$), cyanuric acid (0–200 mg $L^{-1}$), chloride (0–5000 mg $L^{-1}$), copper (0–0.9mg L–1 or 0–4 mg $L^{-1}$), sulphate (0–200 mg $L^{-1}$), iron (0–1 mg $L^{-1}$) and total dissolved solids (0–1999 mg $L^{-1}$). Comparator 2000 and photometer 5000 versions are available.

### *14.1.7 De Lange cuvette and pipette tests*

These are all based on the use of portable spectrophotometers, the LASA Aqua filter photometer for small numbers of water analyses, the LPIW filter photometer for water and sewage analysis and the top-of-the-range Cadas 100 with print-out of results for water and sewage analysis (Table 14.3). The latter instrument covers the spectral range 200–900 nm among many others. Chemical oxygen demand, ozone and formaldehyde determinations can be carried out with this equipment.

## 14.2 Probe or dipstick measurements of pH, electrical conductivity, total dissolved solids, temperature and turbidity

These are discussed under one heading as several instruments are available which measure more than one of these parameters.

### *14.2.1 Multi-parameter instrument*

Horiba supply the portable battery–operated model U–7 series water-quality checkers which measure pH, dissolved oxygen, electrical conductivity, temperature and turbidity.

Specifications for the Horiba instrument are given in Table 14.4. In addition to this instrument Horiba also supply single-parameter instruments, the U–7–pH, the U–7–Do and the U–7 conductivity.

CP Instrument Company also supply a multi-parameter instrument, the JN3405–00 portable electrochemistry analyser, which measures pH, mV, temperature, conductivity (five ranges) and dissolved oxygen (Table 14.5).

PHOX supply portable 4–6 channel water-quality monitors covering any 4–6 of the following parameters:

- dissolved oxygen
- temperature
- pH or redox
- conductivity and total dissolved solids
- water flow, volume or level
- suspended solids or turbidity
- nitrate
- ammonia
- organic pollutants

PHOX also supply mobile monitoring systems based on a towable trailer with a selection of monitoring equipment tailored to meet user's requirements.

*Table 14.2* Test kits available from Palintest

| *Order Code* | *Test* | *Range* | *Test method* |
|---|---|---|---|
| PS 400 | Aluminium | 0–0.5 mg $L^{-1}$ | CM |
| PS 405 | Ammonia | 0–0.8 mg $L^{-1}$ | CM |
| | | 0–1.0 mg $L^{-1}$ $NH_4$ | CM |
| PS 410 | Chlorine (DPD) | 0.2–1.0 mg $L^{-1}$ | CM |
| | | 1.5–8.0 mg $L^{-1}$ | CM |
| PS 411 | Chlorine (KI) | 10–160 mg $L^{-1}$ | CM |
| PS 415 | Copper | 0–0.8 mg $L^{-1}$ | CM |
| | | 1.0–4.0 mg $L^{-1}$ | CM |
| PS 425 | Hydrazine | 0–1.0 mg $L^{-1}$ | CM |
| PS 430 | Hydrogen peroxide | 0.2–100 mg $L^{-1}$ | CM |
| PS 435 | Iron | 0–10 mg $L^{-1}$ | CM |
| PS 440 | Nitrate | 0.2–1.0 mg $L^{-1}$ N | CM |
| | | 0.88–4.4 mg $L^{-1}$ $NO_3$ | CM |
| PS 445 | Nitrite | 0.05–0.5 mg $L^{-1}$ N | CM |
| | | 0.15–1.6 mg $L^{-1}$ $NO_2$ | CM |
| PS 450 | Phosphate | 0–80 mg $L^{-1}$ $PO_4$ | CM |
| PS 455A | pH | 6.0–9.2 | CM |
| PS 455B | pH | 3.0–12.0 | CM |
| PS 465 | Zinc | 0–4.0 mg $L^{-1}$ | CM |
| CS 112 | Total alkalinity | 0–500 mg $L^{-1}$ | TC |
| CS 119 | Calcium hardness | 0–500 mg $L^{-1}$ | TC |
| CS 113 | Chloride | 0–1000 mg $L^{-1}$ | TC |
| CS 126 | Chlorocol (Chlorine) | 0–50 mg $L^{-1}$ | CM |
| CS 133 | Cleaning acid strength | 0–10% | TC |
| CS 127 | Cyanuric acid | 0–200 mg $L^{-1}$ | TU |
| CS 118 | Hardness VLR | 0–5 mg $L^{-1}$ | TC |
| CS 117 | Hardness LR | 0–50 mg $L^{-1}$ | TC |
| CS 116 | Hardness | 0–500 mg $L^{-1}$ | TC |
| CS 130 | Hardness Yes/No | 4.8 or 20 mg $L^{-1}$ | YN |
| CS 120 | Nitrite | 0–1500 mg $L^{-1}$ | TC |
| CS 138 | Organo-phosphonate | 0–20 mg $L^{-1}$ | TC |
| CS 129 | Universal pH | 4–11 | CM |
| CS 131 | Phosphate limit | 30/70 mg $L^{-1}$ | CM |
| CS 139 | Quatest (QAC) | 0–200 mg $L^{-1}$ | TC |
| CS 132 | Sulphate | 0–3000 mg $L^{-1}$ | TU |
| CS 123 | Sulphite LR | 0–50 mg $L^{-1}$ | TC |
| CS 124 | Sulphite HR | 0–500 mg $L^{-1}$ | TC |
| PM 166 | Aluminium | 0–0.5 mg $L^{-1}$ | |
| PM 152 | Ammonia | 0–1.0 mg $L^{-1}$ N | |
| PM 060 | Bromine | 0–6.0 mg $L^{-1}$ | |
| PM 011 | Chlorine (free, combined and total) | 0–5.0 mg $L^{-1}$ | |
| PM 162 | Chlorine HR (total) | 0–250 mg $L^{-1}$ | |
| PM 084 | Copper LR | 0–1.0 mg $L^{-1}$ | |
| PM 083 | Copper HR | 0–4.0 mg $L^{-1}$ | |
| PM 086 | Copper (total inc chelated) | 0–4.0 mg $L^{-1}$ | |

*Table 14.2* continued

| *Order Code* | *Test* | *Range* | *Test method* |
|---|---|---|---|
| PM 087 | Cyanuric acid | 0–200 mg $L^{-1}$ | |
| PM 179 | Fluoride | 0–1.5 mg $L^{-1}$ | |
| PM 104 | Hydrogen peroxide LR | 0–2.0 mg $L^{-1}$ | |
| PM 105 | Hydrogen peroxide HR | 0–100 mg $L^{-1}$ | |
| PM 155 | Iron LR | 0–1.0 mg $L^{-1}$ | |
| PM 156 | Iron HR | 0–10 mg $L^{-1}$ | |
| PM 173 | Manganese | 0–0.1 mg $L^{-1}$ | |
| PM 175 | Molybdate HR | 0–100 mg $L^{-1}$ $MoO_4$ | |
| PM 163 | Nitrate | 0–1.0 mg $L^{-1}$ N | |
| PM 109 | Nitrite | 0–0.5 mg $L^{-1}$ N | |
| PM 056 | Ozone | 0–2.0 mg $L^{-1}$ | |
| PM 130 | pH | 6.8–8.4 | |
| PM 177 | Phosphate | LR 0–4.0 mg $L^{-1}$ | |
| PM 114 | Phosphate | 0–100 mg $L^{-1}$ | |
| PM 154 | Sulphate | 0–200 mg $L^{-1}$ | |
| PM 168 | Sulphide | 0–0.5 mg $L^{-1}$ | |
| PM 148 | Zinc | 0–4.0 mg $L^{-1}$ | |

Source: Own files

### *14.2.2 Single-parameter instruments*

A range of available instrumentation is tabulated in Table 14.6.

## 14.3 Portable trace-metal analysers

These are produced by EDT Analytical Ltd (Model PDV 2000) portable trace-metal analyser.

The technique of stripping analysis or voltammetry has been known for many years. It is in fact a form of electroplating on a small scale. Metal is plated from a solution onto an electrode by applying, for a specified period of time, a negative potential to the electrode. During the subsequent stripping stage, the same electrode has an increasingly positive voltage applied to it (a voltage ramp) and the deposited metal is reoxidised or stripped back into solution. The small amount of current generated as each metal oxidises is measured and correlated with the concentration of metals in the original solution. The technique is ideally suited to the detection and analysis of metals at trace concentrations in water samples.

The instrument uses a glassy carbon working electrode in an electrochemical cell, and is driven by a microprocessor from a 20-switch keypad.

*Table 14.3* De Lange test kits

| | *Measuring range* | *Method* | *LASA Aqua** | *LPIW** | *CADAS 100*** | *Reaction temperature* |
|---|---|---|---|---|---|---|
| *Cuvette tests* | | | | | | |
| LCK 303 ammonium | 1–40 mg $L^{-1}$ | Indophenol blue in analogy to DIN 38 406 E 5 | × | × | × | Ambient |
| LCK 304 ammonium | 0.01–2.0 mg $L^{-1}$ | Indophenol blue in analogy to DIN 38 406 E 5 | × | × | × | Ambient |
| LCK 308 cadmium | 0.01–0.3 mg $L^{-1}$ | Cadion | × | × | × | Ambient |
| LCK 208 calcium | 0.5–10.0 mg $L^{-1}$ | GBHA | – | × | – | Ambient |
| LCK 310 chlorine | 0.05–2.0 mg $L^{-1}$ | DPD in analogy to DIN 38 406 G 4 | × | × | × | Ambient |
| LCK 311 chloride | 1–70 mg $L^{-1}$ | Iron–III–thiocyanate | × | × | × | Ambient |
| LCK 313 chromium, total | 0.05–1.0 mg $L^{-1}$ | Diphenylcarbazide in analogy to | × | × | × | Ambient |
| and hexavelant | 0.01–0.25 mg $L^{-1}$ | DEVE 10 | | × | × | and 100°C |
| LCK 114 COD | 150–1000 mg $L^{-1}$ | Chromosulphuric oxidation | × | × | × | 148°C |
| LCK 314 | COD 15–150 mg $L^{-1}$ | Chromosulphuric oxidation | × | × | × | 148°C |
| LCK 315 cyanide | 0.01–0.5 mg $L^{-1}$ | Barbituric pyridine in analogy to DIN 38 405 D 13 | × | × | × | Ambient |
| LCK 321 iron | 0.2–10 mg $L^{-1}$ | 1,10–Phenanthroline in analogy to | × | × | × | Ambient |
| | 0.01–0.25 mg $L^{-1}$ | DIN 38 406 EI | | | | |
| LCK 323 fluoride | 0.1–1.5 mg $L^{-1}$ | Spadns | × | × | × | Ambient |
| LCK 325 formaldehyde | 0.5–10 mg $L^{-1}$ | Acetylacetone in analogy to | × | × | × | 40°C |
| | 0.01–2 mg $L^{-1}$ | DIN 52 368 | | | | |
| LCK 327 water hardness | 1–18...dH | o-Cresolphthalein | × | × | × | Ambient |
| calcium and | 5–100 mg $L^{-1}$ Ca | Complexion | × | × | × | Ambient |
| magnesium | 5–50 mg $L^{-1}$ Mg | | × | × | × | Ambient |
| LCK 329 copper | 0.1–4.0 mg $L^{-1}$ | Bathocuproinedisulphonic acid | × | × | × | Ambient |
| | 0.01–0.1 mg $L^{-1}$ | | | × | × | |

*Table 14.3* continued

| | | | | | | |
|---|---|---|---|---|---|---|
| LCK 337 nickel | 0.1–5.0 mg L $^{-1}$ | Dimethylglyoxime in analogy | × | × | × | Ambient |
| | 0.01–0.1 mg L $^{-1}$ | to DEVE 11 | | × | × | |
| LCK 339 nitrate | 3–80 mg L $^{-1}$ | 2,6–Dimethylphenol in analogy to DIN 38 405 D9 | × | × | × | Ambient |
| LCK 341 nitrite | 0.1–3.0 mg L $^{-1}$ | Sulphanilic acid/naphtylamine in | × | × | × | Ambient |
| | 0.01–0.1 mg L $^{-1}$ | analogy to DIN 38 405 D 10 | | × | × | |
| LCK 343 ozone | 0.05–2.0 mg L $^{-1}$ | DPD | × | × | × | Ambient |
| LCK 049 o-phosphate | 5–100 mg L $^{-1}$ | Vanadate molybdate (VMR) | × | × | × | Ambient |
| LCK 349 total and | 0.1–5.0 mg L $^{-1}$ | Phosphomolybdic blue in analogy | × | × | × | Ambient |
| o-phosphate | 0.01–0.5 mg L $^{-1}$ | to DIN 38 405 D 10 | × | × | × | and 100°C |
| LCK 355 silver | 5–3000 mg L $^{-1}$ | – | × | × | × | Ambient |
| LCK 153 sulphate | 10–150 mg L $^{-1}$ | Barium sulphate | × | × | × | Ambient |
| *Pipette tests* | | | | | | |
| LCW 001 aluminium | 0.05–1.0 mg L $^{-1}$ | Eriochromcyanin in analogy to DEVE 9 | – | × | × | Ambient |
| LCW 006 lead | 0.01–1.0 mg L $^{-1}$ | Dithizone | – | × | × | Ambient |
| LCW 017 detergents anion-active | 0.01–2.0 mg L $^{-1}$ | Methylene blue | – | × | × | Ambient |
| LCW 025 hydrazine | 0.01–2.0 mg L $^{-1}$ | 4-dimethyl-aminobenzaldehyde | – | × | × | Ambient |
| LCW 028 silic acid | 0.1–0.5 mg L $^{-1}$ | Molybdenum blue | – | × | × | Ambient |
| LCW 032 manganese | 0.02–5.0 mg L $^{-1}$ | Formaldoxime in analogy to DIN 38 406 E 2 | – | × | × | Ambient |
| LCW 053 sulphide | 0.05–1.0 mg L $^{-1}$ | Dimethyl-p-phenylenediamine in analogy DEV 07 | – | × | × | Ambient |
| LCW 054 sulphite | 0.1–5.0 mg L $^{-1}$ | Iodide/iodate | – | × | × | Ambient |
| LCW 060 zinc | 0.02–10 mg L $^{-1}$ | 4-(2-pyridylazo)–resorcinol | × | × | × | Ambient |

*digital, **wavelength range 200–900 μm

Source: Own files

*Table 14.4* Specifications of Horiba H–7 series multi-parameter instrument

| | *pH* | *Temperature* | *DO* | *Conductivity* | *Turbidity* |
|---|---|---|---|---|---|
| Principle | Glass electrode | Thermistor | Membrane–galvanic cell | Four-electrode sensor | Radio turbidometer |
| Range | pH 0–14 | 0–40°C | 0–20 ppm | 0~50 mS cm $^{-1}$ (STD)<br>0~10 mS cm $^{-1}$ (option)<br>0~1 mS cm $^{-1}$ (option) | 0~400 ppm |
| Repeatability | ±0.1 pH ± 1 digit | ± 0.5°C ± 1 digit | ± 1.0 ppm ± 1 digit | ± 2.5 mS cm $^{-1}$ ± 1 digit | ± 20 ppm ± 1 digit |
| Resolution | 0.01 pH | 0.1°C | 0.1 ppm | 0.1 mS (STD) | 1 ppm |
| Temperature compensation | Automatic, 0–40°C | – | Automatic, 0–40°C | – | – |
| Meter | | Light emitting diodes, 3 digits | | | |
| Mode selection | | Rotary switch | | | |
| Power source | | Rechargeable Ni–Cd battery, dc 7.2 V (with charger) 2 h continuous operation | | | |
| Power consumption | | Approx. 1.5 W | | | |
| Connection cable | | 2 m, optional length 10 m | | | |
| Weight | | Instrument: Approx 700 g, Sensor: Approx 900 g | | | |

Source: Own files

*Table 14.5* Specification of CP Instrument Co JN 3405–00 portable electrochemistry analyser

| *Ranges* | *Resolution* | *Accuracy* |
|---|---|---|
| 0 to 14.00 pH | 0.01 pH | ±0.02 pH |
| 0 to ± 1999 mV | 1 mV | ±1 mV |
| 0 to 100°C | 0.1°C | ±1°C |
| 0 to 199.9 mS | 0.1 mS | ±3% on 200 mS range |
| 0 to 19.99 mS | 0.01 mS | ±0.5% ±2 digits on all other conductivity ranges |
| 0 to 1999 μS | 1 μS | |
| 0 to 199.9 μS | 0.1 μS | |
| 0 to 19.99 μS | 0.01 μS | |
| 0 to 200% | 1% | 1% |
| 0 to 19.9 mg $L^{-1}$ | 0.1 mg $L^{-1}$ | ±0.2 mg $L^{-1}$ |

Source: Own files

Conventional polarographic analysis requires that oxygen be removed from analyte solutions usually by bubbling pure nitrogen through them. This cumbersome procedure has been eliminated in the PDV 2000 by the use of a special electrolyte, which simultaneously removes oxygen and provides a suitable medium for analysis. Samples and standards are diluted with this electrolyte prior to analysis.

The PDV 2000 portable digital voltammeter has seven built-in pre-programmed analysis routines covering all common metals encountered in water analysis including:

Menu 1: Zinc, cadmium, lead
Menu 2: Cadmium, lead, copper
Menu 3: Antimony
Menu 4: Arsenic
Menu 5: Gold
Menu 6: Thallium, bismuth
Menu 7: Mercury
Menu 8: User programmable

Other metals which can be determined by ASV with the PDV 2000 include manganese, silver, indium, selenium, tin.

Sensitivity is in the range 1 μg $L^{-1}$ zinc, lead, thauium, bismuth, cadmium and copper to 10 μg $L^{-1}$ (antimony, arsenic and mercury).

*Table 14.6* Single-parameter instruments

| *Supplier* | *Parameter* | *Model No.* |
|---|---|---|
| Palintest | pH stick meter | PT 151 |
| Palintest | Total dissolved solids stick meter | PT 152 (0–1990 mg $L^{-1}$) |
| | | PT 153 (0–10000 mg $L^{-1}$) |
| Palintest | Temperature stick meter | PT 154 (–15–170°C) |
| | | PT 156 (–40–99.9°C) |
| | | PT 157 (–40–999°C) |
| Bibby | pH, mV temperature stick meter | SMP 1 |
| Bibby | Electrical conductivity stick meter | SMC 1 |
| Bibby | Dissolved oxygen and temperature meter | SMO 1 |
| PHOX or Jenway | pH | Model 21 pH indicator |
| | | Model 47 battery–operated recorder |
| | | Model 42E weatherproof indicator |
| | | Model 42 indicator with analogue display |
| PHOX or Jenway | Electrical conductivity or total dissolved solids | Model 57 – battery-operated recorder |
| | | Model 52E – weatherproof recorder |
| PHOX or Jenway | Dissolved oxygen and temperature | Model 67 – battery–operated recorder |
| | | Model 68 TF – weatherproof indicator |
| | | Model 62 – digital LCD indicator |
| PHOX or Jenway | Flowmeter | Series 08 battery operated |
| PHOX or Jenway | H | 3050 prove |
| | | 3061 stick meter |
| PHOX or Jenway | pH/mV | 3070 or 3100 probe micropressor meters |
| PHOX or Jenway | Electrical conductivity | 4060 stick meter |
| | | 407 probe meter |
| PHOX or Jenway | Dissolved oxygen/temperature | 9060 stick meter |
| | | 9070 probe meter |

Source: Own files

Chapter 15

# On-line process measuring instruments

On-line process analysers are used throughout the water industry in applications such as the monitoring of rainwater, water in distribution systems, potable water and effluent and sewage treatment processes. A wide range of instrumentation is available from various suppliers. Some instruments determine single parameters and some are multi-parameter instruments. It is convenient to discuss these under separate headings. It is of interest to note that the Water Research Centre, Medmanham, UK has set up four test sites in the UK for the evaluation of new technology under operational conditions for the evaluation of instrumentation (including flow, pH, chlorine residual, dissolved oxygen and ammonia meters) and computer-based control systems.

## 15.1 Single-parameter instrumentation

### 15.1.1 pH

Available industrial instrumentation is reviewed in Table 15.1 and the Appendix.

In its simplest application, pH measurement of, eg treated water provides an indication of its acidity and alkalinity. A permanent record of the pH of a sample and so an output signal is normally provided from the pH amplifier to a recorder. In more sophisticated systems, input may be made to a controller, data logger or computerised control system. In most cases changes of pH signify the need for a change in the quantity of reagent being fed into the sample; very often the pH-measuring equipment can be used as the primary element of a closed-loop automatic control system directly controlling pumps or valves (as shown in the Kent Instrumentation system).

### 15.1.2 Electrical conductivity

Suppliers of industrial electrical conductivity meters are listed in Table 15.2.

*Table 15.1* Industrial instrumentation for single-parameter measurements of pH

| *Parameter* | *Supplier* | *Model No.* | *Description* |
|---|---|---|---|
| pH | PHOX Systems Ltd and Jenway Ltd | PHOX 40<br>PHOX 45<br>3080 | Panel-mounted indicator/controller weather-resistant panel-mounted pH motor with recorder output |
| | | 3080 HL | Panel-mounted pH meter with recorder output and Hi–Lo alarms and relay output |
| | | 3090 | Water-resistant pH meter with recorder output |
| | | 3090 HL | Water-resistant pH meter with recorder output and Hi–Lo alarms and relay output |
| pH and Redox | Ingold AG | 524 | pH and Redox immersion probes operating up to 100°C for sewage plants |
| | | 502 | pH and Redox immersion probes operating up to 100°C for sewage plants |
| | | 515 | pH and Redox immersion probes operating up to 100°C for sewage plants |
| | | 521 | pH and Redox immersion probes operating up to 100°C for sewage plants for use in severe conditions (heavy pollution, organic components, etc.) |
| pH and Redox | Kent Industrial Measurements | 9140 series | Series pH meters give clear, accurate digital read-out combined with a number of output and control functions. The Series comprises four basic instruments, Models 9141, 9142, 9143 and 9144, offering from indicator only through on/off control to mark-space control |
| | | 9160 series | A versatile panel mounting unit available with 0–14 pH/0–800 mV scales or any 8, 10 or 12 pH span. High and low alarms, manual and automatic temperature compensation and outputs of 0–10 mA or 4–20 mA |

*Table 15.1* continued

| *Parameter* | *Supplier* | *Model No.* | *Description* |
|---|---|---|---|
| | | 9170 series | General-purpose wall-mounting unit. 0–14 pH/0–800 mV (0–10 or 2–12 pH optional). Case weatherproof to IP55, high and low alarms, manual/automatic temperature compensation, 0–10 mA or 4–20 mA output |
| | | 9180 series | Versatile top-range instrument featuring a demountable pre-amplifier. Operates on any 2, 5 or 10 pH range in addition to 0–14 pH, and has high and low alarms and an isolated output of 0–1, 0–10, 0–20 or 4–20 mA |
| pH and Redox | Kent Industrial Measurements | Intrinsically Safe pH system (BASEEFA approved/ EEx ia IICT4, Tamb = 50°C instrument. No. Ex 832309 Model 9189 certificate No. Ex 832310 | The System comprises Model 9189 expanded scale pH transmitter, and Model 9188 power supply unit. Model 9189 is used with a pre-amplifier unit, enabling distances of up to 1 km to be covered between electrodes and transmitter. Switch-selectable ranges of 2, 5 or 10 pH units or 14 pH span are available on this instrument. Model 9188 power supply includes integral signal isolator, with high |
| | | System 19 modules for building up multiple systems | A rack-mounted modular system intended for use in multi-parameter or multi–channel applications |
| | | P96M pH controller | Analogue PID controller with optional balanceless and bumpless auto-manual changeover, or motorised valve control with relay outputs and optional auto-manual. Relay or open-drain control in on/off and time proportioning PID forms |

*Table 15.1* continued

| *Parameter* | *Supplier* | *Model No.* | *Description* |
|---|---|---|---|
| | | 2867 electrode systems | Simple ABS dip system using a combination pH or Redox electrode. Mounts on a 1 in B.S. flange or wall-mounting bracket. Operates up to 70°C. |
| | | 7600 electrode systems | Electrode system in polypropylene and glass-coupled polypropylene. In-line, flow and dip variants are available. pH and Redox electrodes may be used with a long life moulded reference electrode. Electrode cleaning systems are available |
| | | 7620 electrode systems | Similar to the 7600 Series but manufactured in polyvinylidene fluoride (PVDF) for enhanced chemical resistance, particularly to chlorine/chloride-bearing samples. Dip and flow systems are available<br>A range of stainless steel systems is available. Variants for flow (2860), dip (1869) and in-line (2879) mounting are manufactured and a withdrawable steam-sterilisable unit (2891) is available |
| | | 7670 electrode systems | Simple low-cost unit in PVC for in-ling mounting of 1180 type plastic combination electrode. Available for 1/2 inch id or 20 mm od pipe |
| pH and Redox | Kent Industrial Measurement | Electrode cleaning system 7610/11 | Mechanical cleaning system for 7600 Series systems. A polypropylene brush wipes the pH or redox electrode continuously or at pre-determined intervals |
| | | 7612/13 | Ultrasonic cleaning unit for 7601 (flow) or 7604/5 (dip) electrode systems. A specially designed electrode ensures undiminished electrode life. Ultrasonic units are also available for stainless steel electrode systems |

Source: Own files

*Table 15.2* Industrial instrumentation for single–parameter measurement of electrical conductivity

| *Parameter* | *Supplier* | *Model No.* | *Description* |
|---|---|---|---|
| EC | PHOX | PHOX 50<br>PHOX 55 | Panel-mounted EC indicator controller weatherproof transmitter/ indicator controller |
| | | 4080 | Panel-mounted EC meter with recorder |
| | | 4080 HL | Panel-mounted EC meter with recorder and Hi–Lo alarm and relay output |
| | | 4090 | Water-resistant EC meter with recorder |
| | | 4090 HL | Water-resistant EC meter with recorder and Hi–Lo alarm and relay output |
| EL | Horiba | WACA 120 | EC measurement on untreated water and sea water (0–1000 mS cm $^{-1}$), micro-processor controlled and alarm system |

Source: Own files

### 15.1.3 Colour

Kent Industrial Instruments supply the model 8072 on–line colour monitor. This conforms to EEC directive 801/778/EEC by filtering the samples to 0.45 μm and using a measuring wavelength of 400 nm. It is designed for the measurement of water colour on raw water intakes and post–flocculation and activated carbon addition samples. It was developed to meet the demand from the water industry for the measurement of colour on abstracted and potable water.

### 15.1.4 Turbidity

Horiba produce a model WATA–100 turbidity monitor for industrial waste and potable water. This is an industrial turbidity monitor designed to measure the concentration of the various particulates suspended in water in milligrams per litre (kaolin) or FTU (formazine).

The integral microprocessor automatically selects the ideal measurement range and rapidly performs the complex calculations necessary for accurate turbidity data presentation. Four switched ranges cover a wide range of measurement requirements and make it easy to monitor even low turbidity samples such as tap water. A standard calibration slide made of smoked glass gives fast, foolproof span calibration. Operation is a simple matter of pushing buttons on the front panel.

### 15.1.5 Miscellaneous

PHOX supply single parameter, panel indicator/controllers for the measurement of temperature (Model PHOX 30), flow (model PHOX 80) and sludge blanket detection (Model PHOX 20). They also supply weatherproof transmitter/indicator controllers for the measurement of these three parameters (respectively models PHOX 35, series 155 and PHOX 25).

### 15.1.6 Cations

Industrial scale on-line instrumentation supplied by Kent Instrumentation Ltd for the determination of cations (sodium, iron, ammonium, silica) in various types of water are reviewed in Table 15.3 All of these instruments are microcomputer-based and, with the exception of silica, have autocalibration built-in. Generally the sensitivities are adequate for the requirements of the water industry.

## 15.2 Multi-parameter instrumentation

Some multi-parameter instruments are reviewed in Table 15.4. The Kent System 19 has been specifically designed for use in the water industry. In these systems continuous single-point and multi-stream analytical instruments gather data for data logging or transmission by telemetry to a control station. Control features of this component are the model 7975 multi-parameter water quality monitor which can analyse up to six streams simultaneously and the 8080 series microprocessor. In abstraction from rivers, reservoirs or boreholes, the instrumentation and systems allow raw water to be continuously monitored before and during pumping to the water treatment plant.

Additionally, mobile or permanent water-quality monitoring stations can be supplied to check environmental conditions and either log the data locally or transmit it by telemetry to a central station. The data thus gathered can be used for control intervention and the generation of reports on, for example, the effects of long–term abstraction.

Both before and during raw water treatment, the instruments and systems play an important role in helping to ensure the quality of the drinking water supply.

A wide range of standard discrete monitoring and control products are offered, many of which are also available in System 19 rack-mounting form for compact and economical installation.

These are ably complemented by other, more specialised equipment and systems for both analytical and water treatment applications, to meet the exacting requirements of the industry.

Kent Instruments and systems and water meters are widely used throughout the water distribution network in pipelines, water towers, reservoirs and so on.

In recent years a variety of microprocessor-based and computer-compatible add-on systems have been developed to provide hard data on leakage control, water distribution and other useful analyses.

As effluent and sewage treatment becomes increasingly subjected to legislation, so water quality monitoring assumes a correspondingly important role.

The System 19 instrumentation and systems can be found in all areas monitoring the outfalls from industrial processes, in rivers and at the treatment plant itself.

From individual monitors to complete on-line systems these analysers are deployed throughout many treatment processes to improve efficiency and ensure effective treatment as well as to protect the environment and ultimately the drinking water supply.

The Skalar SA 9000 on-line process analyser is available in two models. As a free-standing unit complete with its own storage section for reagents or as a unit which may be bench or wall mounted or built into an even more comprehensive control system. The main unit consists of the on-line analyser, in which the analysis of the process stream is fully automated. The analysis process is based on the automated addition of sample to reagents which form a coloured complex under controlled conditions. The complex is measured photometrically. The signal is fed into the microprocessor which offers the flexibility for the specific application. Sampling is carried out directly from the process stream. For analysing the same process stream component from several sources, a multi-stream attachment can be supplied. For samples carrying suspended particles, a special continuous in-line filter system is available. Calibration valves allow the introduction of standards and blanks for automatic calibration. Some applications of the SA–9000 analyser are shown in Table 15.5.

The Dionex series 8100 process analyser employs ion chromatography, high-performance liquid chromatography, or flow-injection techniques for the on-line determination of a variety of constituents in process streams. This is a modular instrument which can be modified should processing needs change.

Due to the modularity, the series 8100 can be used in a batch-sampling mode where an operator manually collects the sample, or in an on-line mode where the analyser controls all sample selection and sample pretreatment. A series 8100 is easily utilised in an automated batch mode and can be completely upgraded to on-line operation at any time in the future.

A sample preparation module provides automatic dilutions of samples in the range of 1/10 and 1/5000 with precisions normally better than 2%

*Table 15.3* Single-parameter microprocessor-controlled on-line industrial anion and cation analysers from Kent Instrumentation Ltd

| *Parameter* | *Sample types* | *Model No.* | *Ranges* *Concentration* | *Flow* | *Temp* (°C) | *Pressure* (lb in $^{-2}$) | *Accuracy* | *Description* | *Standard-isation* |
|---|---|---|---|---|---|---|---|---|---|
| Anions | | | | | | | | | |
| Chloride | Boiler water water treatment plants | Cabinet version 8024<br>Panel version 8034 | 0–100 μg L $^{-1}$<br>0–200 μg L $^{-1}$<br>0–1000 μg L $^{-1}$<br>0–2000 μg L $^{-1}$<br>0–5000 μg L $^{-1}$ | 2.6–750 ml min $^{-1}$ | 5–45 | 2–20 | ±5 μg L $^{-1}$ or ±5% | Solid-state chloride ion-selective electrode and sulphate reference electrode for potentiometric determination of chloride | Auto |
| Nitrate | Potable water Surface waters | 8026 | 0–1000 μg L $^{-1}$<br>0–500 μg L $^{-1}$<br>500–1000 μg L $^{-1}$ | 0.5 l h $^{-1}$ | 5–45 | 2–20 | ±5% | Liquid membrane nitrate ion selective electrode | Auto |
| Phosphate | Water quality monitor | 8086 | 0–5000 mg L $^{-1}$ | 0.5 l h $^{-1}$ | 5–55 | 2–20 | ±5% | Liquid membrane nitrate ion selective electrode | Auto |
| | reservoirs | Wall mounting 8063 | 0–20 mg L $^{-1}$ | 0.5 l h $^{-1}$ | 5–50 | 2–20 | ±5% | Spectrometric method. Up to 40 μg L $^{-1}$ silica results in positive error of ±2 μg L $^{-1}$ phosphate error increasing at higher levels of silica | Auto |
| | | Panel mounting 8064 | 0–10 mg L $^{-1}$ | 0.5 l h $^{-1}$ | 5–50 | 2–20 | ±5% | | |
| Ammonia | Potable water Surface waters | 8082 | 0.05–100 mg L $^{-1}$ | 0.5 l h $^{-1}$ | 5–50 | 2–20 | ±5% | Ammonia probe responding to partial pressure of ammonia in sample. Resultant pH change measured by combination glass electrode | Auto |
| Fluoride | Potable water | 8081 | 0.1–1000 mg L $^{-1}$ | 0.05 l h $^{-1}$ | 5–55 | 2–20 | ±5% | Fluoride-lanthanum chloride ion-selective electrode with calmonel reference electrode sodium hexametaphosphate–sodium chloride | Auto |

*Table 15.3* continued

| *Parameter* | *Sample types* | *Model No.* | *Ranges* *Concentration* | *Ranges* *Flow* | *Temp (°C)* | *Pressure (lb in* $^{-2}$*)* | *Accuracy* | *Description* | *Standard-isation* |
|---|---|---|---|---|---|---|---|---|---|
| Silica | Power generation industry | Cabinet mounting 8061<br>Panel mounting 8062 | 0–50 μg $L^{-1}$<br>0–200 μg $L^{-1}$<br>0–500 μg $L^{-1}$<br>0–1000 μg $L^{-1}$<br>0–2000 μg $L^{-1}$ | 6 ml $min^{-1}$ | 5–40 | 2–20 | ±2 μg $L^{-1}$ or ±2% | reagents added to suppress aluminium and iron. Spectrophotometric ascorbic acid–$H_2SO_4$–ammonia citric acid. Reduction up to 5 mg $L^{-1}$ phosphate causes positive error of <2 μg $L^{-1}$ silica 30 mg $L^{-1}$ phosphate results in positive error of 4 μg $L^{-1}$ silica | Manual monthly |
| Sodium | Steam/water | 8035 | 0.1–10000 μg $L^{-1}$ | 16 ml $min^{-1}$ | ±2°C of ambient | with ±1 meter head of water at inlet flow | ±5% | Electrochemical responsive cell, ie sodium-responsive electrode with a calomel reference electrode | Auto |
| Iron | Potable water | 8076 | 0–100 μg $L^{-1}$<br>0–200 μg $L^{-1}$<br>0–500 μg $L^{-1}$<br>0–1000 μg $L^{-1}$ | 5 ml $min^{-1}$ | 5–50 | 2–20 | ±2 μg $L^{-1}$ or ±2% | Spectrophotometric, complexation of iron with 2,4,6-tri(2-pyridyl)-5-triazine in presence of acetate buffer | Auto |

Source: Own files

*Table 15.4* Multi-parameter industrial instrumentation

| | *Supplier* | *Model No.* |
|---|---|---|
| Types of sample | | |
| Treatment plant intakes and effluents | Kent Industrial Instruments | Monitor 7975, electronic modules 9516A (range 2–12), 9519 (range) 0–1000 electrical conductivity and 0–10000 μS $cm^{-1}$) 7995 and 7996 suspended solids, 9527 dissolved oxygen R1072 temperature |
| (a) Raw water ex rivers, boreholes and reservoirs | Kent Industrial Measurements | System 19 instrumentation package for determining level, temperature, flow, pH, dissolved oxygen, conductivity, turbidity, colour, nitrate, ammonia, chloride, silica, fluoride and phosphate |
| (b) Potable water treatment | Kent Industrial Measurements | Nitrate, fluoride, ammonia, colour, iron, pH, redox, turbidity, flow level |
| (c) Effluent and sewage treatment | Kent Industrial Measurements | pH, redox, dissolved oxygen, ammonium nitrate, turbidity, suspended solids, methane, flow, level |
| (d) Distribution water, water towers, etc | Kent Industrial Measurements | pH, conductivity, colour, iron, turbidity, nitrate, flow, level |
| Surface water, water treatment, potable water, cooling water, sewage effluent, seawater | Skalar | SA9000 on–line process analyser, aluminium, alkalinity, ammonia, chloride, chlorine, chromium, colour, copper, full cyanide, formaldehyde, hardness, iron free, iron total, magnesium, manganese, nitrate, nitrate organic carbon, pH, phenol, silica, sulphate, sulphide, sulphur dioxide |
| Waste water treatment processes | Skalar | Series 8100 process analyser, chloride, fluoride, nitrite, phosphate, bromide, nitrate, sulphate, silica, lithium, sodium, ammonium, potassium, magnesium, calcium, hydrazine, iron, copper, nickel, zinc, cobalt, cadmium, manganese, chromium, lead |

Source: Own files

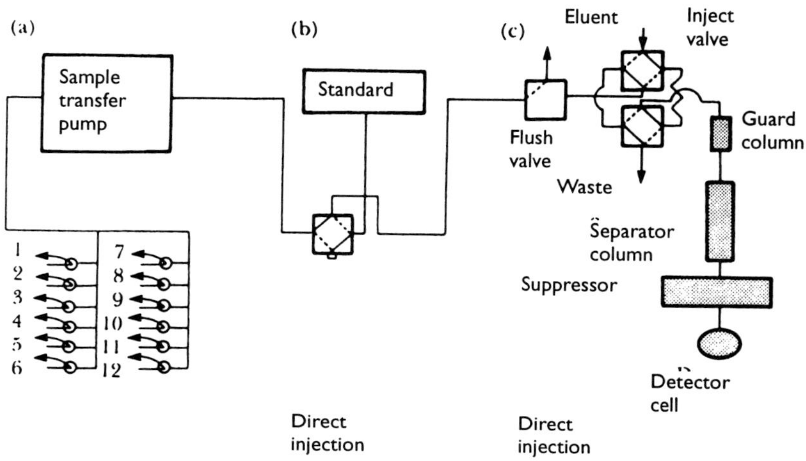


*Fig. 15.1* Flowchart: Dionex series 8100 process analyser: (a) sample selection module – up to 18 sample points, continuous or sample on demand, non-metallic, NEMA 4 enclosure; (b) sample preparation module: dilution, reagent addition, standard preparation, preconcentration, matrix elimination; (c) chromatography hydraulics module: ion chromatography, HPLC, flow injection analysis
Source: Own files

(Fig. 15.1). Up to six multi-level calibration standards may be automatically prepared from a stock standard for calibration of the analyser.

Kent supply the series 1800 continuously operating ion-selective electrode monitor which has been used for monitoring concentrations of ammonia, fluoride, nitrate among other determinands. These instruments have a microprocessor-based logging system and are equipped with alarm facilities.

## 15.3 On-line trace metals analyser

Chemtronics Ltd, Australia, have recently introduced two instruments for measurement of microgram per litre levels of toxic metals in water samples. These are the portable digital voltammeter PDV 2000 (discussed earlier) and the on-line voltammetric analyser OVA–2000. Both operate on the electrochemical principle of anodic stripping voltammetry which is very sensitive and specific for trace metals, has low power requirement and is relatively inexpensive.

*Table 15.5* Applications of Skalar SA–9000 on-line process analyser

| *Process stream component* | *Surface water* | *Water treatment* | *Potable water* | *Boiler water* | *Cooling water* | *Condensate* | *Sewage effluent* | *Sea water* |
|---|---|---|---|---|---|---|---|---|
| Alkalinity | • | | • | | | | | |
| Aluminium | • | | • | | | | | |
| Ammonia | • | | • | • | | | • | • |
| Chloride | • | | • | | • | • | • | • |
| Chlorine | • | | • | • | • | | • | |
| Chromium | • | | • | | • | | | |
| Colour | • | | • | | | | | |
| Copper | • | | • | | | • | • | |
| Cyanide (free) | | | • | | | | • | |
| Cyanide (total) | • | | • | | | | • | |
| Fluoride | | | • | | | | | • |
| Formaldehyde | | | | | | | | |
| Hardness (total) | • | • | • | | | | | |
| Iron (free) | • | | • | • | • | | • | |
| Iron (total) | • | | • | | | | • | |

*Table 15.5* continued

| *Process stream component* | *Surface water* | *Water treatment* | *Potable water* | *Boiler water* | *Cooling water* | *Condensate* | *Sewage effluent* | *Sea water* |
|---|---|---|---|---|---|---|---|---|
| Magnesium | • | | • | | | | | • |
| Manganese | • | | • | | | | | |
| Methanol | | | • | | | | | |
| Nickel | • | | | | | | | |
| Nitrate | • | | • | | | | • | • |
| Nitrite | • | | • | | | | • | • |
| Organic carbon | | | | | | | | |
| pH | • | | • | | | | | |
| Phenol | • | | | | | | | |
| Phosphate | • | | • | • | | | • | • |
| Silica | • | | | • | • | • | | |
| Sulphate | • | | • | | | | | • |
| Sulphide | | | | | | | • | |
| Sulphur dioxide | | | • | | | | | |
| Zinc | • | | • | | | | | |

Source: Own files

## 15.4 Applications of telemeters to on-site and on-line analysers

A telecontrol system designed by ATS Telemetry Ltd forms the first phase of an overall telemetry scheme for Yorkshire Water's North and East Division.

At the master station in Harrogate operator interface to the system is by means of two colour monitors with keyboards: information from out-station sites – on reservoir levels, pressures and flows – is displayed, as also are alarm conditions which are automatically printed out to provide a permanent record.

Chapter 16

# Sampling techniques

## 16.1 Introduction

Heavy metals are among the most toxic and persistent pollutants in freshwater systems. Many research and monitoring efforts have been conducted to determine sources, transport and fate of these metals in the aquatic environment. However, recent studies have shown that contamination artifacts have seriously compromised the reliability of many past and current analyses [1], and in some cases, metals have been measured at 100 times their true concentration [2]. These induced errors are of great concern since artifact-free data are necessary to detect trends and to identify processes that control the transport and fate of toxic heavy metals. In addition, without accurate and reliable data, it is impossible to accurately monitor the effect of costly regulations aimed at reducing metal emissions. To avoid these problems, and to enhance the quality of trace metal data, laboratories are putting substantial effort into improving protocols for sample collection, handling, and analysis [3]. This greater level of effort devoted to clean methods is costly in both money and time.

The problems caused by contamination when measuring trace metals were first brought to the attention of the scientific community by Patterson in his investigations of stable lead isotopes in the 1960s and 1970s [4–6]. Largely through his influence clean methods became part of the standard operating procedures used by chemical oceanographers starting in the mid-1970s [5,6]. Freshwater chemists were slow to adopt these same techniques with the notable exception of the long series of investigations on lead cycling by Patterson and co-workers [7–11].

With few exceptions [12–15], limnologists have begun to use clean techniques only in the last ten years. This was spurred, in part, by oceanographers who began to study freshwater systems such as the Mississippi River [16–18], Great Lakes [19], and Amazon River [20]. The result of this activity has been to cast serious doubt on earlier routine measurements. Thus, Flegal and Coale [21] have questioned surveys of lead in surface waters [22,23], and Windom *et al.* [2] disputed the reliability of the United States Geological Survey (USGS) National Stream Quality Accounting Network. Ahlers *et al.* [4] and Benoit [24] implied that most previously reported results may be in error because of failure to follow appropriate clean protocols. A parallel can be drawn with chemical oceanography, where virtually all uncensored (ie other than non-detects) trace metal data from before about 1975 are considered invalid.

Common to all analytical methods is the need for correct sampling. It is still the most critical stage with respect to risks to accuracy in aquatic trace metal chemistry, owing to the potential introduction of contamination. Systematic errors introduced here will make the whole analysis unreliable. Very severe errors were commonly made during sampling by most laboratories until about two decades ago, owing to ignorance or at least underestimation of the problems connected with sampling. This is the principal reason why nearly all trace metal data before about 1975 for the sea and many fresh water systems are to be regarded as inaccurate or at least doubtful.

Surface-water samples are usually collected manually in pre-cleaned polyethylene bottles (from a rubber or plastic boat) from the sea lakes and rivers. Sample collection is performed in front of the bow of the boat, against the wind. In the sea, or in larger inland lakes, sufficient distance (about 500 m) in an appropriate wind direction has to be kept between the boat and the research vessel to avoid contamination. The collection of surface water samples from the vessel itself is impossible, considering the heavy metal contamination plume surrounding each ship. Surface water samples are usually taken at 0.3–1 m depth, in order to be representative and to avoid interference by the air/water interfacial layer in which organics and consequently bound heavy metals accumulate. Usually, sample volumes between 0.5 and 2 litres are collected. Substantially larger volumes could not be handled in a sufficiently contamination free manner in the subsequent sample pretreatment steps.

Reliable deep-water sampling is a special and demanding art. It usually has to be done from the research vessel. Special devices and techniques have been developed to provide reliable samples.

Samples for mercury analysis should preferably be taken in pre-cleaned glass flasks. If, as required for the other ecotoxic heavy metals, polyethylene flasks are commonly used for sampling, then an aliquot of the collected water sample for the mercury determination has to be transferred as soon as possible into a glass bottle, because mercury losses with time are to be expected in polyethylene bottles.

## 16.2 Sampling devices

The job of the analyst begins with the taking of the sample. The choice of sampling gear can often determine the validity of the sample taken; if contamination is introduced in the sampling process itself, no amount of care in the analysis can save the results.

Sampling the subsurface waters presents some not completely obvious problems. For example, the material from which the sampler is constructed must not add any metals or organic matter to the sample. To be completely safe, then the sampler should be constructed either of glass or of metal. All-glass samplers have been used successfully at shallow depths; these samplers are generally not commercially available [25,26]. To avoid contamination from material in the surface film, these samplers are often designed to be closed while they are lowered through the surface, and then opened at the depth of sampling. The pressure differential limits the depth of sampling to the upper 100 m; below this depth, implosion of the sampler becomes a problem.

Implosion at greater depths can be prevented either by strengthening the container or by supplying pressure compensation. The first solution has been applied in the Blumer sampler [27]. The glass container is actually a liner inside an aluminium pressure housing; the evacuated sampler is lowered to the required depth, where a rupture disc breaks, allowing the sampler to fill. Even with the aluminium pressure casing, however, the sampler cannot be used below a few thousand metres without damage to the glass liner.

Another approach to the construction of glass sampling containers involves equalisation of pressure during the lowering of the sampler. Such a sampler has been described by Bertoni and Melchiorri-Santolini [28]. Gas pressure is supplied by a standard diver's gas cylinder, through an automatic delivery valve of the type used by scuba divers. When the sampler is opened to the water, the pressurising gas is allowed to flow out as the water flows in. The sampler in its original form was designed for use in Lago Maggiore, where the maximum depth is about 200 m, but in principle it can be built to operate at any depth.

Stainless steel samplers have been devised, largely to prevent organic contamination. Some have been produced commercially. The Bodega–Bodman sampler and the stainless steel Niskin bottle, formerly manufactured by General Oceanics, Inc, are examples. These bottles are both heavy and expensive. The Bodega–Bodman bottle, designed to take very large samples, can only be attached to the bottom of the sampling wire; therefore, the number of samples taken on a single station is limited by the wire time available, and depth profiles require a great deal of station time.

The limitations of the glass and stainless steel samplers have led many workers to use the more readily available plastic samplers, sometimes with a full knowledge of the risks and sometimes with the pious hope that the effects resulting from the choice of sampler will be small compared with the amounts of organic matter present.

Again, as in the case of the surface film samplers, information on the comparative merits of the various water samplers is largely anecdotal. Although such studies are not inspiring and require an inordinate amount of time, both on the hydrographic wire and in the laboratory, they are as necessary for the proper interpretation of data as are inter-calibration studies of the analytical methods. The lack of comparison studies of the various samplers increases the probability of polemics in the literature.

Smith [29] has described a device for sampling immediately above the sediment water interface of the ocean. The device consists of a nozzle supported by a benthic sled, a hose and a centrifugal deck pump, and is operated from a floating platform. Water immediately above the sediment surface is drawn through the nozzle and pumped through the hose to the floating platform, where samples are taken. The benthic sled is manipulated by means of a hand winch and a hydrowire.

## 16.3 Seawater

### 16.3.1 Inter-comparison of seawater sampling devices for trace metals

Several round-robin inter-calibrations for trace metals in seawater [30–34] have demonstrated a marked improvement in both analytical precision and numerical agreement of results among different laboratories. However, it has often been claimed that spurious results for the determination of metals in seawater can arise unless certain sampling devices and particular methods of sampler deployment are applied to the collection of seawater samples. It is, therefore, desirable that the biases arising through the use of different, commonly used, sampling techniques be assessed to decide upon the most appropriate technique(s) for both oceanic baseline and near-shore pollution studies.

Two international organisations, the International Council for the Exploration of the Sea (ICES) and the Intergovernmental Oceanographic Commission (IOC) have sponsored activities aimed at improving the determination of trace constituents in seawater through inter-calibrations. Since 1975, ICES has conducted a series of trace metal inter-calibrations, to assess the comparability of data from several tens of laboratories. These exercises have included the analyses of both standard solutions and real seawater samples [30–35]. The considerable improvement in the precisions and relative agreement between laboratories has been reflected in the results of these inter-calibrations. By 1979 it had been concluded that sufficient laboratories were capable of conducting high-precision analyses of seawater for several metals to allow an examination of the differences between commonly used sampling techniques for seawater sample collection.

In early 1980, the IOC, with the support of the World Meteorological Organization (WMO) and the United Nations Environment Program (UNEP), organised a workshop on the inter-calibration of sampling procedures at the Bermuda Biological Station during which the most commonly used sampling bottles and hydrowires were to be inter-compared. This exercise forms part of the IOC/WMO/UNEP Pilot Project on monitoring background levels of selected pollutants in open-ocean waters. Windom [36] had already conducted a survey of the seawater sampling and analytical techniques used by marine laboratories and the conclusions of this survey were largely used for the selection of sampling devices to be inter-compared. The bottles selected for comparison in Bermuda were modified and unmodified GO–FLO® samplers, modified Niskin® bottles and unmodified Hydro–Bios® bottles. GO–FLO samplers are the most widely used sampling device for trace metals in seawater. The other two devices continue to be used by several marine laboratories. Windom's [36] 1979 survey established that the most common method of sampler deployment was on hydrowires, as opposed to the use of rosette systems. The hydrowires selected for inter-comparison were Kevlar®, stainless steel and plastic coated steel. Kevlar and plastic-coated steel were selected because they are widely used in continental shelf and near-shore environments and are believed to be relatively 'clean'.

The method of inter-comparison of the various devices was to deploy pairs of sampler types on different hydrowires to collect water samples from a homogeneous body of deep water at Ocean Station S ('Panulirus Station') near Bermuda (Fig 16.1). The water at this depth has characteristics of 3.97± 0.05°C temperature and 35.01 ± 0.02‰ salinity for the month of January [37]. The restricted length of Kevlar hydrowire available necessitated the collection of samples in the lower thermocline at depths between 1150 and 1250 m.

Data analysis was reduced to a separate one-way analysis of variance on the data from individual laboratories to examine the differences between types of sampling bottle on a single (common) hydrowire, and to determine the influences of the three types of hydrowire using a single type of sampling bottle (modified GO–FLO). Samples were replicated so that there were, in all cases, two or more replicates to determine the lowest level and analytical error.

Replicate [33] unfiltered water samples were collected for each participant for the comparison of pairs of sampling bottles on different hydrowires. Modified GO–FLO bottles were employed on each of the three hydrowires and this permitted a comparison of the three types of hydrowire. Only in the cases of iron and manganese were there indications of inhomogeneity at levels that might invalidate the inter-comparisons. This is assumed to be due to inhomogeneity in the

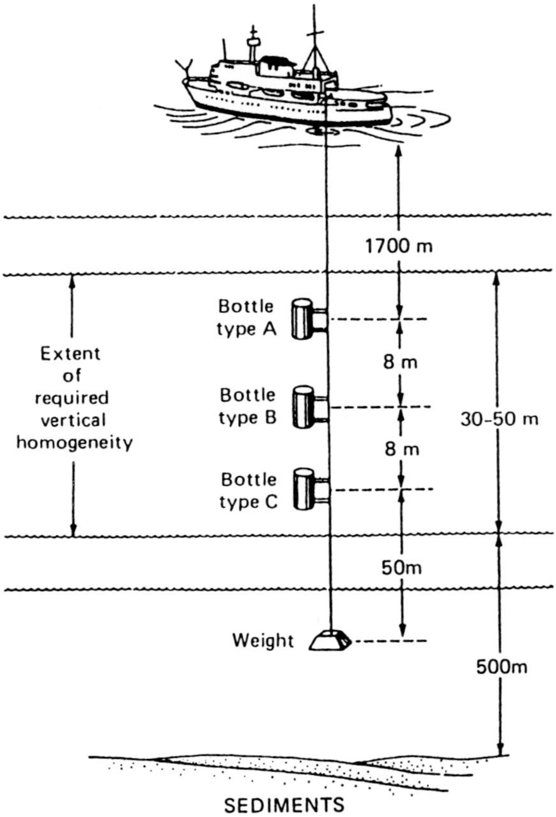


*Fig. 16.1* Sampling strategy
Source: Reproduced by permission from Marine Chemistry Working Group ICES

distribution of suspended particulate material that will influence metals that have major fractions in the particulate phase.

The results obtained by the various calibrations in the determinations of nickel and copper are shown in Tables 16.1 and 16.2. Table 16.3 gives the differences between sampling devices for copper, as determined by each participant, when at the 95% and 90% levels of confidence. Only the results of participants that had acceptable analytical performance, as measured by precision and agreement with contemporary consensus values for deep North Atlantic waters (Table 16.4) were used for drawing conclusions.

*Table 16.1* Numerical comparisons for nickel (μg $L^{-1}$)

| *Wire:* | *PCS* | *PCS mod* | *SS exw* | *SS* | *KEV* | *KEV* | *PCS* | *SS* | *KEV* |
|---|---|---|---|---|---|---|---|---|---|
| *Bottle:* | *HB* | *MGF* | *GF* | *GF* | *NIS* | *MGF* | *MGF* | *MGF* | *MGF* |
| *Laboratory* | | | | | | | | | |
| 1 m | 0.224 | 0.205 | 0.209 | 0.243 | 0.233 | 0.207 | 0.201 | 0.226 | 0.207 |
| sd | 0.015 | 0.020 | 0.023 | 0.013 | 0.023 | 0.025 | 0.029 | 0.025 | 0.025 |
| 2 m | 0.298 | 0.278 | 0.235 | 0.235 | 0.218 | 0.150 | 0.223 | 0.235 | 0.231 |
| sd | 0.031 | 0.123 | 0.077 | 0.048 | 0.019 | 0.018 | 0.128 | 0.059 | 0.119 |
| 4 m | 0.18 | 0.47 | 0.47 | 0.35 | | | 0.47 | 0.41 | 0.23 |
| sd | 0.07 | – | – | 0.17 | | | – | 0.12 | – |
| 5 m | 0.478 | 0.221 | 0.240 | 0.235 | 0.273 | 0.237 | 0.193 | 0.238 | 0.237 |
| sd | 0.066 | 0.026 | 0.014 | 0.012 | 0.021 | 0.016 | 0.048 | 0.012 | 0.016 |
| 6 m | 0.340 | 0.159 | 0.220 | 0.238 | 0.237 | 0.232 | 0.159 | 0.230 | 0.230 |
| sd | 0.052 | 0.035 | 0.030 | 0.021 | 0.023 | 0.026 | 0.035 | 0.027 | 0.024 |
| 7 m | 1.93 | 1.63 | 1.60 | 1.75 | | | 1.63 | 1.68 | 1.72 |
| sd | 0.24 | 0.10 | 0.37 | 0.13 | | | 0.10 | 0.27 | 0.25 |
| 8A m | 0.185 | 0.100 | 0.123 | 0.113 | 0.160 | 0.105 | 0.100 | 0.119 | 0.123 |
| sd | 0.041 | – | 0.005 | 0.012 | 0.054 | 0.010 | – | 0.009 | 0.041 |
| 10 m | 0.737 | 0.357 | 0.634 | 0.353 | 0.385 | 0.461 | 0.413 | 0.493 | 0.462 |
| sd | 0.078 | 0.077 | 0.309 | 0.131 | 0.064 | 0.162 | 0.159 | 0.262 | 0.162 |
| 11 m | 0.511 | 0.367 | 0.349 | 0.365 | 0.421 | 0.393 | 0.367 | 0.357 | 0.404 |
| sd | 0.034 | 0.008 | 0.034 | 0.009 | 0.009 | 0.027 | 0.008 | 0.025 | 0.037 |
| 12 m | 0.230 | 0.165 | | | | | | | |
| sd | 0.024 | 0.036 | | | | | | | |
| 13 m | 0.230 | 0.200 | 0.238 | 0.265 | 0.204 | 0.236 | 0.200 | 0.250 | 0.236 |
| sd | 0.036 | 0.020 | 0.045 | 0.007 | 0.056 | 0.007 | 0.020 | 0.035 | 0.007 |

*Numbers result from common computer analyses and not all such figures will be necessarily significant.

PCS = Plastic–coated steel hydrowire. SS = Stainless steel (type 302 unlubricated) hydrowire. KEV = Kevlar® hydrowire. HB Hydro–Bios sampler. MGF = Modified GO–FLO sampler. mod GF = Modified GO–FLO sampler. exw GF = Unmodified GO–FLO sampler. NIS = Modified Niskin sampler. m = mean. sd = standard deviation.

Source: Reproduced by permission from Marine Chemistry Working Group ICES

The experiment reveals that the differences between results obtained through the use of various combinations of hydrowires and samplers are not large and in no case can they account for the recent decline in the oceanic concentrations of trace metals reported in the literature. Nevertheless, for several metals, most notably copper, nickel and zinc, significant differences are evident between both bottles and hydrowires. For deep ocean studies the best combination of those tested is undoubtedly modified GO–FLO samplers and plastic-coated steel hydrowire. Except in the cases of mercury and manganese, Hydro–Bios

*Table 16.2* Statistical comparisons for nickel

| *Base comparison* | *PCS MGF/MGF* | *PCS HB/MGF* | *SS MGF/GF* | *KEV MGF/MGF* | *KEV NIS/MGF* | *MGF WIRES* |
|---|---|---|---|---|---|---|
| *Laboratory* | | | | | | |
| 1 | NS | Sig<br>HB>MGF | Sig<br>GF>MGF | NS | Sig<br>NS>MGF | Sig<br>SS>FEV>PCS |
| 2 | NS | NS | NS | Sig | Sig<br>NIS>MGF | NS |
| 4 | | Sig<br>MGF>HB | NS | | | NS |
| 5 | | Sig<br>HB>MGF | NS | | 90<br>NS>MGF | Sig<br>SS>KEV>PCS |
| 6 | | Sig<br>HB>MGF | Sig<br>GF>MGF | NS | NS | Sig<br>KEV>SS>PCS |
| 8A | | Sig<br>HB>MGF | | | | |
| 10 | NS | Sig<br>HB>MGF | NS | Sig | NS | NS |
| 11 | | Sig<br>hb>mgf | NS | NS | NS | Sig<br>KEV>PCS>SS |
| 12 | 90 | Sig<br>HB>MGF | | | | |
| 13 | | NS | NS | NS | NS | 90<br>SS>KEV>PCS |

PCS = Plastic–coated steel hydrowire. SS = Stainless steel (type 302 unlubricated) hydrowire. KEV Kevlar® hydrowire. HB = Hydro–Bios sampler. MGF = Modified GO–FLO sampler. GF = Unmodified GO–FLO sampler. NIS = Modified Niskin sampler. Sig = Difference is significant (P<0.05). 90 = Difference is significant (P<0.1). NS = Not significant (P>0.1).

Source: Reproduced by permission from Marine Chemistry Working Group ICES

samplers appear to yield higher metal values than modified GO–FLO samplers. In contrast, Niskin bottles, modified by the replacement of the internal spring by silicone tubing, are capable of collecting samples of comparable quality to those collected by modified GO–FLO sampler for all metals except zinc. Modification to factory supplied Teflon® coated GO–FLO bottles (ie replacement of 'O' rings with silicone equivalents and the substitution of all-Teflon drain cocks for those originally supplied), do appear to result in a significant reduction in the levels of most metals in seawater samples collected with them. Kevlar and stainless steel hydrowires generally yield measurably greater concentrations of most metals than does plastic-coated steel. These differences, however, are small enough to suggest that these hydrowires are still suitable for trace metal studies of all but the most metal-depleted waters if proper precautions are taken [38–41].

*Table 16.3* Numerical comparisons for copper (µg L $^{-1}$)

| *Wire:* | | *PCS* | *PCS* | *SS mod* | *SS exw* | *KEV* | *KEV* | *PCS* | *SS* | *KEV* |
|---|---|---|---|---|---|---|---|---|---|---|
| *Bottle:* | | *HB* | *MGF* | *GF* | *GF* | *NIS* | *MGF* | *MGF* | *MGF* | *MGF* |
| *Laboratory* | | | | | | | | | | |
| 1 | m | 0.094 | 0.092 | 0.095 | 0.103 | 0.111 | 0.131 | 0.093 | 0.099 | 0.120 |
| | sd | 0.007 | 0.009 | 0.012 | 0.012 | 0.011 | 0.012 | 0.011 | 0.012 | 0.021 |
| 2 | m | 1.000 | 0.765 | 0.553 | 0.620 | 0.455 | 0.272 | 0.650 | 0.586 | 0.403 |
| | sd | 0.857 | 0.289 | 0.261 | 0.100 | 0.487 | 0.185 | 0.291 | 0.186 | 0.298 |
| 3 | m | 0.437 | 0.180 | 0.211 | 0.205 | 0.447 | 0.550 | 0.233 | 0.208 | 0.455 |
| | sd | 0.347 | 0.084 | 0.067 | 0.034 | 0.540 | 0.317 | 0.081 | 0.051 | 0.314 |
| 4 | m | 0.533 | 0.435 | 1.25 | 1.065 | | | 0.435 | 1.158 | 1.065 |
| | sd | 0.163 | 0.177 | 0.35 | 0.177 | | | 0.177 | 0.252 | 0.177 |
| 5 | m | 0.188 | 0.063 | 0.064 | 0.142 | 0.101 | 0.072 | 0.101 | 0.103 | 0.072 |
| | sd | 0.108 | 0.003 | 0.004 | 0.010 | 0.049 | 0.012 | 0.059 | 0.043 | 0.012 |
| 6 | m | 0.615† | 0.070 | 0.074 | 0.083 | 0.121 | 0.120 | 0.070 | 0.079 | 0.120 |
| | sd | 0.560 | 0.005 | 0.003 | 0.004 | 0.039 | 0.022 | 0.005 | 0.006 | 0.026 |
| 7 | m | 0.35 | 0.27 | 0.71 | 0.28 | | | 0.27 | 0.50 | 0.32 |
| | sd | 0.29 | 0.12 | 0.59 | 0.23 | | | 0.12 | 0.47 | 0.37 |
| 8B | m | 0.155 | 0.045 | 0.163 | 0.278 | 0.133 | 0.160 | 0.045 | 0.220 | 0.140 |
| | sd | 0.076 | 0.006 | 0.044 | 0.059 | 0.030 | 0.037 | 0.006 | 0.078 | 0.038 |
| 9 | m | 0.84 | 0.32 | | | 0.35 | 0.55 | 0.32 | | 0.44 |
| | sd | 0.79 | 0.03 | | | 0.02 | 0.21 | 0.03 | | 0.17 |
| 10 | m | 0.123 | 0.135 | 0.158 | 0.119 | 0.096 | 0.100 | 0.130 | 0.138 | 0.101 |
| | sd | 0.015 | 0.003 | 0.033 | 0.032 | 0.015 | 0.019 | 0.024 | 0.037 | 0.019 |
| 11 | m | 0.195 | 0.137 | 0.102 | 0.106 | 0.109 | 0.132 | 0.137 | 0.104 | 0.149 |
| | sd | 0.089 | 0.027 | 0.005 | 0.001 | 0.013 | 0.019 | 0.027 | 0.004 | 0.073 |
| 12 | m | 0.059† | 0.172 | | | | | | | |
| | sd | 0.325 | 0.040 | | | | | | | |
| 13 | m | 0.168 | 0.101 | 0.105 | 0.292 | 0.133 | 0.121 | 0.101 | 0.186 | 0.121 |
| | sd | 0.063 | 0.028 | 0.013 | 0.006 | 0.009 | 0.020 | 0.028 | 0.100 | 0.200 |

*Numbers result from common computer analyses and not all such figures will be necessarily significant.
†Suspected contamination.
All other symbols are the same as those used in Table 16.1.

Source: Reproduced by permission from the Marine Chemistry Working Group ICES

A major conclusion of the Bermuda experiment is that the use of differing sampling devices and hydrowires only accounts for a small portion of the differences between trace metals results from different laboratories. It appears that the major contributions to such differences are analytical artefacts. It is stressed that although the sampling tools available to marine geochemists appear adequate for the measurement of metal distributions in the ocean, the execution of co-operative monitoring programs for

*Table 16.4* Results of sampling bottle and hydrowire intercomparisons

| *Metal* | *Concentration** | *No. of laboratories* | *Best combined sampling/ analytical precisions* (μg L⁻¹) | *Comparisons* | |
|---|---|---|---|---|---|
| | | | | *Hydrowires* | *Samplers* |
| Cd | 0.035 ± 0.016 | 12 | 0.001 | PCS<(KEV ≈ SS) | (MGF ≈ NIS)<HB<GF |
| Cu | 0.13 ± 0.04 | 6 | 0.010 | PCS<(KEV ≈ SS) | (MGF ≈ NIS)<HB<GF |
| | 0.51 ± 0.28 6 | | | | |
| Ni | 0.21 ± 0.05 | 7 | 0.02 | PCS<(KEV ≈ SS) | (MGF ≈ NIS ≈ GF)<HB |
| | 0.42 ± 0.11 3 | | | | |
| Zn | 0.35 ± 0.18 | 5 | 0.05 | PCS<(KEV ≈ SS) | MGF<(NIS ≈ HB ≈ GF) |
| Fe | 0.41 ± 0.29 | 3 | 0.05 | PCS<KEV<SS | (MGF ≈ NIS)<GF<HB |
| Mn | 0.064 ± 0.038 | 2 | 0.010 | (PCS ≈ KEV ≈ SS) | (MGF ≈ NIS ≈ GF ≈ HB) |
| | 0.012 ± 0.006 | 1 | 0.003 | | |
| Hg | 0.007 ± 0.002 | 2 | 0.002 | Insufficient comparisons | |
| | 0.001 | 1 | | | |

*Mean (±SD), μg $L^{-1}$

Source: Reproduced by permission from the Marine Chemistry Working Group ICES

metals should be preceded by a mandatory inter-comparison of sample storage and analytical procedures.

### *16.3.2 Inter-comparison of sampling devices and analytical techniques using seawater from a Copex (controlled, Ecosystem Pollution Experiment) enclosure*

Wong *et al.* [42] conducted an inter–comparison of sampling devices using seawater at 9 m in a plastic enclosure of 65 m in Saanich Inlet, BC, Canada. The sampling methods were:

1. Peristaltic pumping with Teflon tubing.
2. Niskin PVC sampler.
3. Go–Flow sampler.
4. Close–open–close sampler.
5. Teflon–piston sampler.

Sampling was conducted for 4 days:

1. Day 1 (August 1978) for mercury.

2. Day 2 for lead, cadmium, copper, cobalt and nickel by Chelex extraction and differential pulse polarography, as well as manganese by Chelex and flameless atomic absorptiometry.
3. Day 3 for lead by isotope dilution.
4. Day 4 for cadmium, copper, iron, lead, nickel and zinc by Freon extraction and frameless atomic absorptiometry.

Samples were processed in clean rooms in the shore laboratory within 30 min of sampling. Results indicated the feasibility of inter-calibrating using the enclosure approach, the availability of chemical techniques of sufficient precision in the cases of copper, nickel, lead and cobalt for sampler inter-comparison and storage tests, a problem in sub-sampling from the captured seawater in a sampler, and the difficulty of commonly used samplers to sample seawater in an uncontaminated way at the desired depth.

The Teflon tubing used in the pumping system, the Niskin sampler and the Go–Flow sampler were cleaned by immersion in 0.05% nitric acid for the tubing and by soaking the inside of the samplers in 0.05% nitric acid overnight, rinsing with distilled water and repeating the dilute acid/distilled water cycle. The close–open–close sampler was cleaned by 0.1 N nitric acid overnight, then rinsed with distilled water till the blank was acceptable. The Teflon–piston sampler was cleaned by sucking in 0.05% nitric acid and standing overnight (in the case of the poly bag liner used in the Teflon–piston sampler hydrochloric acid was used instead of nitric acid).

The storage bottles were cleaned as follows. The Pyrex bottles (2 litres) were used for mercury samples only. They were cleaned by filling with a solution of 0.1% potassium permanganate, 0.1% potassium persulphate and 2% nitric acid, heating to 80°C for 2 h, and after cooling and rinsing, stored filled with 2% nitric acid containing 0.01% potassium dichromate until ready for use. Conventional polyethylene bottles of 1 or 2 litre sizes were used for the other metal samples. They were cleaned by Patterson's method [43]. All bottles were stored inside two or three plastic bags to prevent contamination.

For the pumping system, seawater was pumped up from 9 m and collected in the appropriate bottles on the raft and returned to the shore clean laboratory for preservation and/or analysis. For the other four sampling devices, the sampler was lowered to 9 m, allowed to equilibrate for 10 min, closed by a triggering mechanism activated by the Teflon messenger, raised to the surface, transferred into the container, transported back by boat and trucked back to the shore clean laboratory, where the sub-samples were drawn. The time between messenger activation and sub-sampling was about 30 min. For handling of the samples, messengers, Teflon tubing, vinyl-coated hydrowires and sampling devices, all personnel wore polyethylene gloves to avoid contamination.

*Table 16.5* Precision of the procedure for Cu, Ni, Cd, Fe and Pb as applied in ocean chemistry clean room

| *Metal* | *Seawater concentration* (nmol $kg^{-1}$) | *Blank (nmol)* | *Relative standard deviation at test level (average of 10 analyses)* | *Recovery (%)* |
|---|---|---|---|---|
| Cd | 1.16 | 0.009 | 6 | 83–98 |
| Cu | 13.0 | 0.08 | 2 | 95 |
| Ni | 14.8 | 0.12 | 2 | 95 |
| Zn | 32.3 | 0.69 | 2 | 95 |
| Fe | 7.8 | 0.54 | 3 | 90 |
| Pb | 0.10 | 0.02 | 30 | 85–100 |

Source: Reproduced by permission from Department of Oceanography, University of Liverpool

The clean laboratory for trace metals was divided into three areas: entrance laboratory (with clothes changing annexe), instrument laboratory and the ultra-clean sample preparation laboratory, all under positive pressure with active charcoal filtered air. Personnel using the clean rooms were required to wear hair caps, polyethylene gloves, laboratory coats and designated shoes. These items are worn only in the clean rooms.

Mercury was determined after suitable digestion by the cold vapour atomic absorption method [44]. Lead was determined after digestion by a stable isotope dilution technique [45–47]. Copper, lead, cadmium, nickel and cobalt were determined by differential pulse polarography following concentration by Chelex 100 ion-exchange resin [48,49] and also by the Freon TF extraction technique [50]. Manganese was determined by flameless atomic absorption spectrometry.

The precision of the procedures under clean room conditions is shown in Table 16.5.

The results in Fig. 16.2 show values between 0.06 and 0.12 nmol $kg^{-1}$. The average mercury contents obtained by pumping, Niskin sampler, Go–Flow sampler and the close–open–close device are 0.09 ± 0.03, 0.08 ± 0.01, 0.08 ± 0.03 and 0.10 ± 0.02 nmol $kg^{-1}$ respectively. The mercury values obtained by the Teflon–piston sampler were high at 0.21 ± nmol $kg^{-1}$ due to malfunction with incomplete filling and previous contamination as indicated by the very low salinity in this set. The values inside the bag were higher than those outside, measured about 1 month after the intercomparison to be 0.02, 0.03 and 0.04 nmol $kg^{-1}$. There was a sub-sampling problem. The first and second draw of the sampling bottle usually showed a very wide spread in values as much as 0.07 nmol $kg^{-1}$, eg

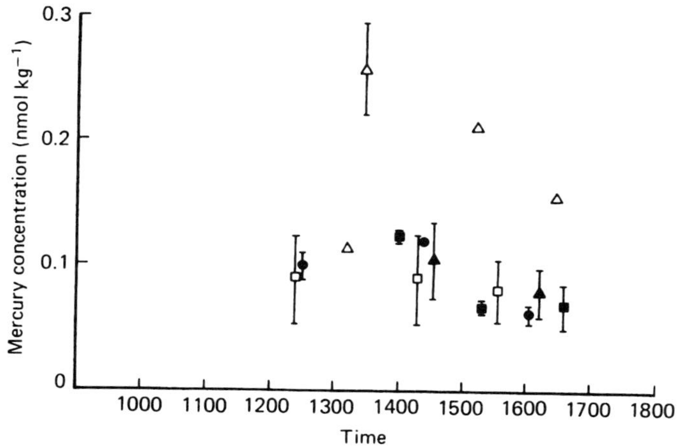


*Fig. 16.2* Comparison of mercury concentrations found in a CEPEX enclosure using five different sampling methods. • = Pump; ▲ = Hydrobios; ■ = Go–Flow; ❑ = Niskin; Δ = Seakern

Source: Reproduced by permission from the Institut für Merckunde und der Universitat, Kiel

between 0.05 and 0.12 nmol kg$^{-1}$. This difference was real since the technique of cold vapour atomic absorption should be capable of detecting difference in sub-samples from the same digested sample in a Pyrex bottle. The peristaltic pumping method appears to yield the best agreement between sub-samples. a difference of 0.02, 0.00 and 0.01 nmol kg$^{-1}$ between sub-samples from the three casts. The average Hg values for each sampler appeared to converge towards lower values on repeated casts within the same day. Further work is required to clarify contamination in mercury sampling.

Isotope dilution and mass spectrometry showed the lead values to be 0.73 ± 0.02, 0.72 ± 0.03, 0.75 ± 0.02, 0.78 ± 0.05 and 0.81 ± 0.03 nmol kg$^{-1}$ for sampling by peristaltic pump, Niskin sampler, Go–Flow sampler, close–open–close sampler and Teflon–piston sampler, respectively (Fig. 16.3). For the other two techniques, the Teflon–piston sampler showed considerable variability and statistically much higher values. The results were not used in the comparison. The Freon extraction and flameless atomic absorption spectrometric approach showed the same range of values as the isotope dilution approach, ie 0.71 ± 0.36, 0.76 ± 0.13, 0.73 ± 0.13 nmol kg$^{-1}$ for the pumping, Niskin sampler and close–open–close sampler respectively, with the exception of the Go–Flow sampler with a low value of 0.58 ± 0.15 nmol kg$^{-1}$. However, the range of values was wide, eg for the peristaltic pumping, 1.12 nmol kg$^{-1}$ for the first cast

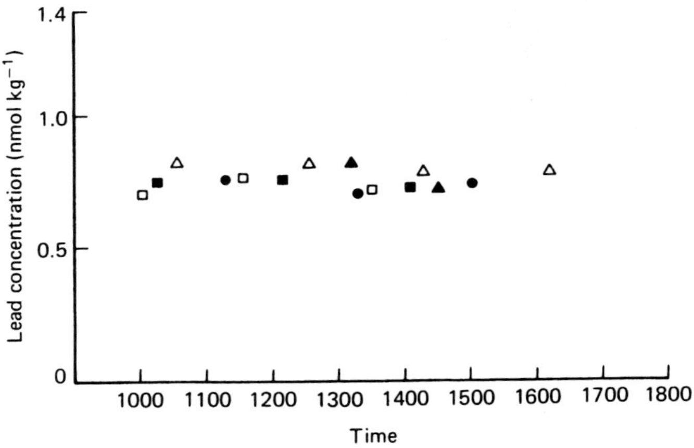


*Fig. 16.3* Comparison of lead concentrations found in a CEFEX enclosure using five different sampling methods and IDMS analysis. • = Pump; ▲ = Hydrobios; ■ = Go–Flow; ❑ = Niskin; Δ = Seakern
Source: Reproduced by permission from Institut für Merckunde und der Universitat, Kiel

dropping to 0.46 nmol kg $^{-1}$ for the third cast. Chelex extraction and differential pulse polarography showed an even larger spread from 0.38 ± 12 nmol kg $^{-1}$ for the three casts with the Niskin sampler to 1.09 ± 0.26 nmol kg $^{-1}$ for the close–open–close sampler.

Wong *et al.* [42] concluded that:

1. It is feasible to capture a large volume of sea water in the range of 65000 litres by the CEPEX approach for the purpose of sampler inter-comparison. It is possible by artificial stimulation of a plankton bloom and detritus removal to produce a reasonably homogeneous body of seawater for the study. Proximity of the *in situ* enclosure for the experiment and shore clean laboratory facilities eliminate errors introduced by shipboard contamination under less than ideal conditions on cruises.
2. The following analytical techniques seem to be adequate for the concentrations under consideration: copper and nickel by Freon extraction and flame atomic absorption spectrometer, cobalt by Chelex extraction and differential pulse polarography, mercury by cold vapour absorptiometry, and lead by isotope dilution plus clean room manipulation and mass spectrometry. These techniques may be used to detect changes in the above elements for storage tests: copper at 8 nmol kg $^{-1}$, nickel at 5 nmol kg $^{-1}$, cobalt at 0.5 nmol kg $^{-1}$, mercury at 0.1 nmol kg $^{-1}$ and lead at 0.7 nmol kg $^{-1}$.
3. Salinity of seawater captured by various sampling devices in the

CEPEX enclosure indicates problems not revealed in the usual oceanographic sampling situation. Relative to peristaltic pumping, all samplers exhibited some salinity anomalies. Inadequate flushing to rinse the sampler of any concentrated brine or entrapped seawater is thought to be the problem.

4. Logistics and cleaning procedures are important factors in successful sampler intercomparisons. It is not desirable or possible to endorse or to condemn the performance of a certain type of sampler or analytical technique based on results of one set of tests, especially if procedures are changed.
5. The problems of sub-sampling from the same seawater sample has to be studied in greater detail.
6. A long-term but sustained effort on sampler inter-comparisons would be advantageous in identifying problems.

Bruland *et al.* [51] discuss sampling procedures adopted in their preconcentration–electrothermal atomic absorption spectrometric method for the determination of cadmium, copper, nickel and zinc in seawater. In this work surface samples were collected from a small raft rowed crosswind and more than 200 m away from the research vessel. Acid-cleaned polyethylene bottles (500 and 1000 ml) were submerged off the bow, rinsed and filled with sea water.

Deeper samples were collected by using two different sampling systems. Teflon-coated 30–l PVC ball-valve samplers (General Oceanics, Go–Flo) were modified by replacement of the standard stopcock with a Teflon valve. The Go–Flo samplers are designed to enter the water in a closed, sealed position. At a depth of 10 m, a pressure release allows the ball valves to open and the sampler to fill with water. It then free flushes until tripped by a Teflon messenger. The sampler was clamped on Dacron-sheathed, plastic Phillystran hydroline 10 m above a polypropylene-enclosed lead weight. The hydroline was led through a stainless steel snatch block-meter wheel to a portable winch with a stainless steel drum. The other sampling system used in this comparative study was the CIT deep-water, common-lead sampler designed and constructed by Schaule and Patterson [52].

Sample handling and processing were done on board ship inside a modular Porta-lab equipped with a positive pressure filtered air supply and specifically designed for trace metal analysis. After collection, the Go–Flo samplers were secured in a rack on the outside of the Porta-lab where the Teflon valve was rinsed with ultra-clean water and connected to a length of Teflon tubing. This tubing led through the wall of the Porta-lab to a polypropylene ball valve used to control the flow of sea water. In addition, trace metal samples from the CIT sampler were taken by Schaule while collecting samples for lead analysis.

*Table 16.6* Results of comparison study (All values in ng $L^{-1}$. Values in parentheses are suspected to be contaminated)

| Depth (m) | Sampler | Copper Ext. | Copper Chelex | Cadmium Ext. | Cadmium Chelex | Zinc Ext. | Zinc Chelex | Nickel Ext. | Nickel Chelex |
|---|---|---|---|---|---|---|---|---|---|
| 0 | Raft | 105,106 | 69 | 15.1,16.2 | 15 | 7,10 | <15 | 304,339 | 217 |
| 25 | Go–Flo | 109,102 | 60 | 23.9,23.3 | 22 | 33,29 | 18 | 232,228 | 166 |
| 50 | Go–Flo | 106,97 | 50 | 38.3,36.5 | 35 | (186,202) | (214) | 261,295 | 190 |
| 100 | Go–Flo | 92,98 | 28 | 61.8,60.8 | 61 | 69,82 | 63 | 284,301 | 198 |
| 110 | CIT | 94,93 | 45 | 60.2,62.3 | 64 | 76,74 | 63 | 349,320 | 213 |
| 200 | Go–Flo | 96,94 | 26 | 73.3,77.5 | 70 | 180,175 | 149 | 323,314 | 248 |
| 300 | Go–Flo | 94,100 | – | 80.9,80.3 | – | 186,192 | – | 378,378 | – |
| 400 | Go–Flo | 93,99 | 26 | 85.3,89.6 | 92 | 229,226 | 180 | 364,440 | 371 |
| 410 | CIT | 95,94 | – | 86.7,87.9 | – | 248,244 | – | 434,442 | – |
| 600 | Go–Flo | 112,94 | 33 | 118,– | 10 | 314,– | 310 | 445,– | 407 |
| 630 | CIT | (125,129) | – | (102,104) | – | (322,352) | – | (527,557) | – |
| 800a | Go–Flo | 110,98 | 40 | 110,118 | 109 | 404,378 | 428 | 521,501 | 470 |
| b | | 123,– | – | 116,109 | – | 407,375 | – | 521,536 | – |
| 1020 | CIT | 116,124 | – | 110,108 | – | 419,445 | – | 576,589 | – |
| 1200 | Go–Flo | 151,132 | 26 | 110,98 | 109 | 519,510 | 456 | 693,605 | 576 |
| 1560 | CIT | (220,223) | – | (93,93) | – | (547,567) | – | (2000,1900) | – |
| 1800 | Go–Flo | 173,170 | 81 | 107,102 | 103 | 579,588 | 500 | 556,693 | 579 |
| 2030 | CIT | 209,204 | – | 96,95 | – | 641,576 | – | 569,645 | – |
| 2500 | Go–Flo | 224,222 | 98 | 99,95 | 94 | 628,617 | 654 | 626,568 | 599 |
| 2950 | CIT | 239,240 | – | 78,84 | – | 600,603 | – | 676,627 | – |

Source: Reproduced by permission from Elsevier Science Publishers BV, Amsterdam

The seawater samples were preserved after collection by the addition of 4 ml of 6 M quartz–redistilled (Q–) hydrochloric acid per litre.

Because of the potential for contamination, most of the sea–water samples were not filtered. The primary purpose of this study was to compare sampling techniques; this comparison could be performed more easily without the extra processing step of filtration. However, two of the Go–Flo samples were filtered to determine

1. the feasibility of, and contamination potential from, the filtering procedure, and
2. the percentage of each metal associated with the particulate phase.

The sea water was filtered through pre-cleaned, 142 mm, 0.4 μm Nucleopore filters contained in Teflon filter holders. The Go–Flo samplers were pressurised through a Swagelok fitting at the top of the sampler with filtered, high-purity nitrogen. Dissolved trace metal samples were collected from the filter effluent line.

The results of the comparison study are presented in Table 16.6. Technically, the data presented for unfiltered samples should be called 'acid-soluble' or 'labile'. The solvent extraction results are equivalent to the dissolved fraction plus the particulate and colloidal metal leached into solution during acidification of the samples for storage. This technique should closely approximate the total metal values in open ocean waters. The Chelex results are equivalent to the dissolved metals that chelate to the resin, plus that fraction of particulate metal leached with 2 M nitric acid from any particulates that accumulate on the resin bed.

A primary objective of this study was the comparison of several different clean sampling methods. Consistency of results among samplers would imply that the samples collected are, in fact, uncontaminated and meaningful in terms of understanding the marine geochemistry of these elements. A direct statistical comparison of the samplers is not possible, because the samples were collected from different depths. However, the samples collected closest together (100, 110 m; 400, 410 m) can be compared to demonstrate the consistency between the Go–Flo and CIT samplers. The copper, cadmium, and zinc results obtained by solvent extraction for the different samplers appear identical. The nickel values are in fair agreement. The samplers can also be compared indirectly by means of the vertical profiles obtained. Fig. 16.4 presents plots of replicate results obtained by solvent extraction for the four metals. Although marked vertical gradients exist, it is readily apparent that the samples collected by the various sampling techniques yielded consistent data which fit smoothly into the observed profiles.

Three of the samples from Table 16.6 have not been included in the plots of Fig. 16.4 The 630 m and 1560 m CIT samples were contaminated because of a faulty seal. This allowed leakage of water that had been in

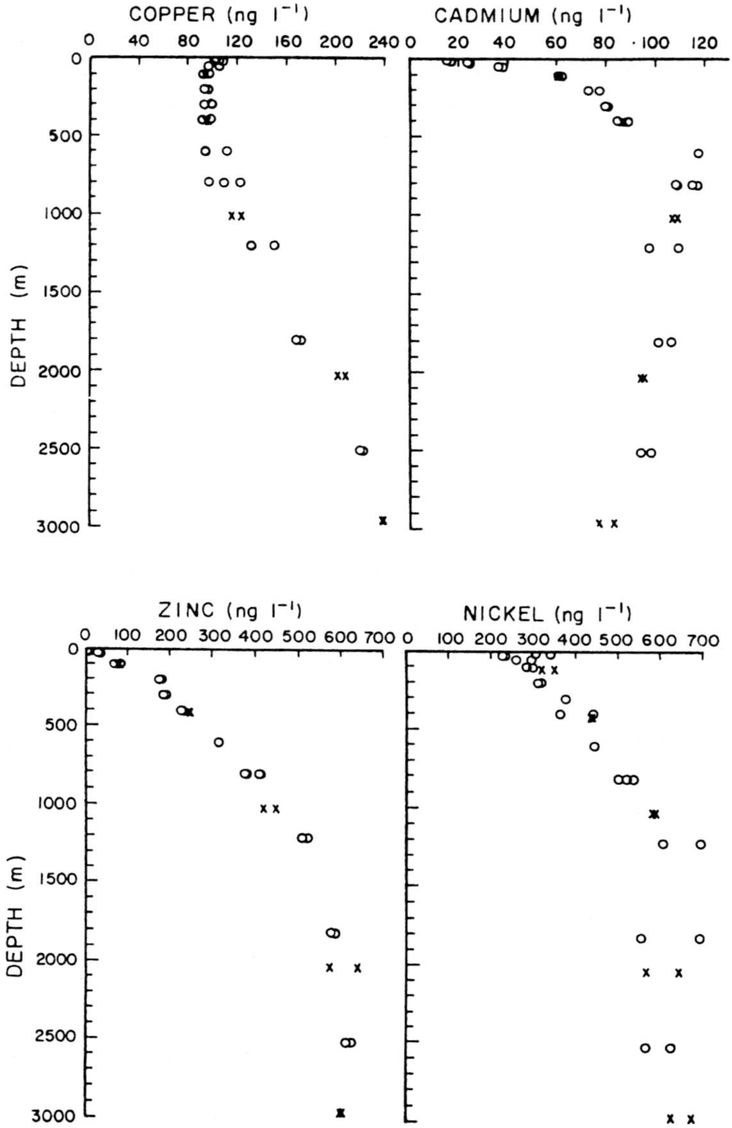


*Fig. 16.4* Comparison of profiles obtained with Go–Flo (O) and CIT (X) samplers. Data points represent replicate extraction values
Source: Reproduced by permission from Elsevier Science Publishers BV, Amsterdam

contact with the inside of the stainless steel sampler into the polyethylene sample bags. Schaule and Patterson [52] found these two samples to be contaminated for lead. On the basis of these results, the copper and nickel concentrations were increased by 20–60 ng $L^{-1}$ and 100–1500 ng $L^{-1}$, respectively, but, the cadmium and zinc results show no evidence of such contamination. The problem with this seal was subsequently corrected by Schaule, and it appears that these two are the only questionable CIT samples. In addition, the first Go–Flo sample collected on the cruise (50 m) appeared to be contaminated for zinc by approximately 150 ng $L^{-1}$; this was most likely a result of either inadequate flushing of the sampler before collection, or contamination during transfer from sampler to storage bottle. Whatever the cause, this was the only Go–Flo sample that showed a discrepancy from the other samples collected.

Temmerman *et al.* [53] carried out an optimisation study of sampling and analytical procedures for the determination at sub ng $L^{-1}$ levels in seawater.

Studies were carried out on the stability of the samples during storage and on possible contamination from the plastic Niskin samplers used. The samples could be stored with little loss of mercury following acidification to below pH 2 and freezing to –20°C. Any contamination by mercury from the sampling bottles was slow, and the first samples analysed would not be contaminated.

Ashton and Chan [54] reviewed the techniques for the collection of seawater samples, preservation, storage and prevention of contamination of these samples. The most appropriate measurement techniques, pre-concentration and extraction, methods validation, analytical control and reporting formats are covered.

Schleussler and Kremling [5] have discussed the samples of dissolved and particulate trace elements in shipboard analysis.

## 16.4 Natural non-saline waters

Earlier work includes that of Basu [56], Bhagat *et al.* [57], Evans and Edgar [58] and Noth [59]. Basu [56] has described a device for collecting water samples at depth comprising a plastic cylinder (60 cm × 6 cm) attached to a light-alloy bracket and shaft. The lower end of the cylinder terminates in an inverted cone and nozzle (0.5 cm dia.) The upper end, fitted with a sealing ring, is closed by a plastic ball (6.3 cm dia.) attached to the inside wall of the cylinder by an elastic cable. The ball is held in the open position by one arm of a pivoted lever; a wire attached to the bracket passes through a hole in the other arm of the lever. Weights at the lower end of the cylinder keep it steady at the sampling depth. The apparatus is lowered into position with both ends of the cylinder open; a lead weight then slides down the wire, strikes the lever arm and releases the ball, which closes the top of the cylinder, and the sampler is carefully withdrawn. A small orifice, closed by a thumb-screw, controls the discharge of water from the sampler.

Bhagat *et al.* [57], Evans and Edgar [58] and Noth [59], respectively reviewed sampling in the aquatic environment, automated sampling and sampling of frozen water.

### 16.4.1 Sampling and extraction techniques for inorganics

An instrument system for remote measurements of physical and chemical parameters in shallow water has been described [60]. A comparison of surface-grab and cross-sectionally integrated sampling showed that, while dissolved components were the same concentration with both sampling methods, concentrations measured for particle-bound manganese and iron differed [36].

Gibs *et al.* [62] used a multiport sampler with seven screened intervals to study vertical variations in water chemistry.

Powell and Puls [63] studied differences in ground water chemistry between the casing and screened interval values of four wells. Tracer experiments were used to study the differences in natural flushing between the casing and screened interval volumes.

Benoliel [64] has reviewed the storage and preservation of natural water samples.

Salbu and Oughton [65] have reviewed strategies for the sampling, fractionation and analysis of natural waters.

Droppo and Jaskot [66] have studied the effect of river transport characteristics on contaminant sampling.

Hall *et al.* [67] have studied the effects of four different filter membranes on 'concentrations' of 28 'dissolved' elements in five different natural water matrices.

Benoit *et al.* [68] have demonstrated that clean techniques are necessary for reliable measurement of trace metals in freshwaters at ambient, though not necessarily regulatory concentrations. These workers compared conventional sample handling methods to clean techniques for 35 individual steps used in protocols for analysis of filtrate and filter-retained forms of silver, cadmium, copper and lead. Approximately two-thirds of all steps contributed statistically significant amounts of contamination in the measurement of dissolved and particulate cadmium, copper and lead. Average contamination for a single contributing step was 300%, 141% and 200% for the three metals, respectively (where 100% represents no added contamination). Relative copper contamination tended to be lower, partly because real levels in water are higher for this metal. Contamination generally was not a problem for silver, when it was present in water at higher than background levels. With that exception, it does not seem possible to abridge clean technique protocols, even when measuring trace metals in polluted freshwaters where levels are moderately high. The expectation of Benoit *et al.* [68] is that most other metals (eg zinc, chromium or nickel) will have contamination behaviour that is similar to common cadmium, copper and lead, rather than the rare metal silver.

## 16.5 Porewaters

The collection and analysis of porewater constituents has become an important component of many environmental research and monitoring/assessment programmes [24,69–72]. Porewater profiles provide information on the biogeochemical cycling of elements in sediments and are fundamental to understanding processes occurring at the sediment–water interface [72–74]. Porewater concentrations are commonly used to calculate fluxes of sediment constituents to the overlying water column and evaluate potential contamination risks through sediment disturbances (eg dredging) [70,75].

The collection of porewaters is most commonly achieved by use of either

(i) centrifugation or squeezing techniques (using sectioned sediment cores) or
(ii) equilibrium dialysis devices commonly called 'peepers'.

Several research groups have reviewed and compared these techniques, addressing which methods provide porewater samples that are best representative of the natural system and discussing artifacts of sample handling [76–80].

In anoxic sediments, sulphides are considered the predominant solid phases controlling the concentrations of heavy metals [81,82]. Numerous factors affect the production and consumption of sulphide in sediments [83,84]. Dissolved sulphide concentrations in sediment porewaters have been observed to range from less than 1 µM to greater than 7 mM [3–6]. In anoxic, sulphide-rich porewaters, the speciation of dissolved copper is likely to be dominated by copper sulphide (eg CuS–) and copper polysulphide (eg $Cu(S_4)_2^{3-}$ and $Cu(S_4)(S_5)^{3-}$) species [81,82,85–87].

The preservation of porewater samples prior to analysis is commonly achieved by acidification to pH 1–2 with either nitric acid or hydrochloric acid [2–4,6]. The sulphides of iron, manganese and zinc are easily dissolved in acid; however, copper and nickel form sulphide phases which are sparingly soluble in dilute acids and require concentrated acids (and often boiling) to fully dissolve [88,89]. In particular, for copper polysulphides, it may be expected that significant changes in speciation may occur upon sample acidification.

Simpson *et al.* [69] addressed the stability of metal sulphide species following sample acidification with nitric acid. They compared sample preservation and storage procedures (acidification with nitric acid and storage in plastic bottles) normally employed prior to the determination of dissolved copper in sulphitic waters with sample preservation involving the initial oxidation of sulphide with hydrogen peroxide or thiosulphate followed by acidification. Acidification alone was demonstrated to be inadequate and resulted in a significant underestimation of dissolved copper (losses ranging from 50% to >90%). Similar losses were observed in both polyethylene and Teflon storage bottles. Experiments suggest that losses of copper occur following sample acidification owing to the formation of stable copper sulphide phases which adsorb onto container surfaces. It is therefore recommended that an oxidative pretreatment step is carried out prior to the acidification of porewaters collected for metal analysis. The results of this study suggest that much of the previous data reporting dissolved copper concentrations in sulphitic waters and porewaters may be in error.

Hertkorn-Ibst *et al.* [90] have described a sampler for withdrawing porewater from the banks and beds of rivers at different depths without disturbing the sediments. The device consists of a perforated metal outer tube with a brass boring tip. Within the tube are PVC tubes reaching to levels from 0.3–0.9 m, open at the bottom and connected to a peristaltic pump at the top. The outer tube is filled with sand or gravel of similar grain size to the bed or bank materials. Homogenisation of interstitial water from different depths is prevented by silicone seals. A series of samplers fixed at different depths were successfully used in a gravel–pit pond.

## 16.6 Groundwaters

Harper [91] gives details of a surface water sampling device designed to eliminate accidental pick-up of trace metals from, for example, antifouling paints used in marine structures or on the hulls of ships from which the samples might be taken. The device comprised a buoy, a vertically positioned retaining frame below a float, and a length of Teflon tubing attached to the frame extending at least 1 m below the frame to avoid possible contamination. The buoy was deployed by any convenient means at a distance of not less than 2.5 m from the ship. Samples could be pumped at a rate of up to 2 litres per min. The system was practicable under all but the worst weather conditions.

Beard [92] has discussed the design and construction of PVB 6.4 cm diameter well casings.

Parker [93] has reviewed the literature and issued guidelines for the use of PTFE, PVC and stainless steel in groundwater samplers.

Puls *et al.* [94] discussed sampling procedures for the determination of inorganic groundwater contaminants and assessment of their transport by colloidal mobility.

Reynolds *et al.* [95] have discussed methods of in-field design of monitoring groundwater wells in heterogeneous fine grained formations.

Van der Kamp and Keller [96] have discussed the detection, confirmation and prevention of leaks in the case of groundwater monitoring wells.

Reilly *et al.* [97] have described hypothetical numerical experiments and chemical analyses and used these to illustrate the impact of physical and chemical heterogeneity in an aquifer on groundwater samples drawn from wells.

Pohlmann *et al.* [98] evaluated selected groundwater sampling and filtering methods to determine their effects on trace metal concentrations. They showed that filtration may be important in the transport of trace metals.

Johnson *et al.* [99] and Szucs and Jordan [100] have used empirical analysis of chemical data to determine sampling schedules for monitoring groundwater pollutants.

Kearl *et al.* [101] and Shanklin *et al.* [102] have used micropurge, low-flow sampling techniques for the collected representative groundwater samples.

Weisbrod *et al.* [103] used dialysis cells with 10 μm pore membranes for passive sampling of groundwater colloids.

Puls [104] has reviewed sampling methods used in groundwater analysis.

## 16.7 Wastewaters

Tarazi *et al.* [105] carried out a comparison (and statistical evaluation) of automatic grab and flow-weighted composite-sampling techniques. This showed that there is a significant difference between the results obtained; this depends mainly on whether daily or other time increments of pollution levels are to be determined, the confidence levels desired, the variations in the flow rate and water quality of the streams, and whether concentration levels or material–transport levels are required. The flow-weighted composite sampler provides the sampling technique most suitable for obtaining representative samples of waste-water effluents.

## 16.8 Sewage and waterworks sludges

The Water Research Centre UK [106] has reported on this aspect of sampling.

The performance of tanks used for sedimentation or consolidation of water works or sewage sludges, digesters, and other tanks, cannot always be gauged from samples taken from the inlet and outlet pipelines because

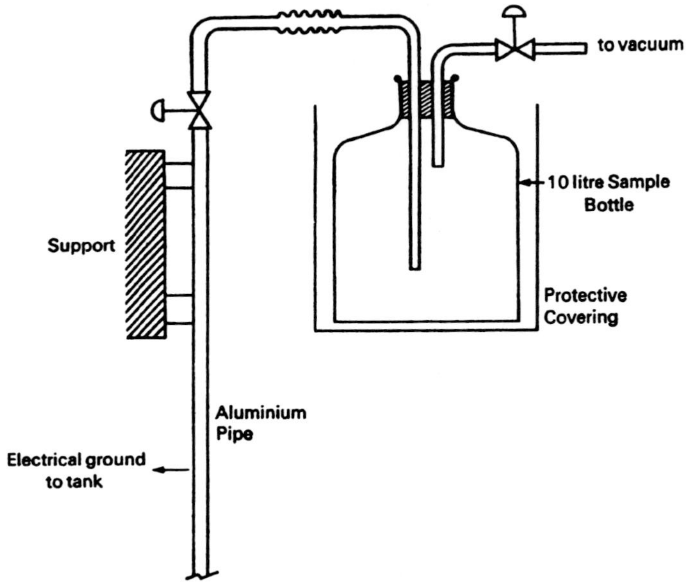


*Fig. 16.5* Vacuum sampler
Source: Reproduced by permission from HMSO, UK

of the segregation of the solids that can occur. This can be detected by sampling different sections and depths of a tank.

If suitable sampling points are not built into a tank, samples will have to be taken from the top of the tank. For most applications a commercial fixed volume depth sampler can be used. Alternatively the vacuum sampler illustrated in Fig. 16.5 has been used successfully by the Water Research Centre. Aluminium pipe, earthed to the tank, of 25 mm bore, in 2 m sections joined by screw connections which do not reduce the bore, is connected via a flexible pipe and valve to a 10 litre glass bottle which must be surrounded by an adequate guard to prevent injury should it collapse; it may be evacuated either by hand or by a vacuum pump fitted with a flame-proof motor. It is necessary to obtain a good vacuum in the bottle, before suddenly opening the valve to the sampling line. Before taking a sample at each position, withdraw some sludge into another clean 10 litre bottle to flush the pipe out. This method is particularly suitable for sampling from digesters, either through a port on the roof or the sludge seal. It is important to remove encrusted sludge from the sampling point before inserting the aluminium pipe. Only suitably protected electrical equipment should be used for sampling from

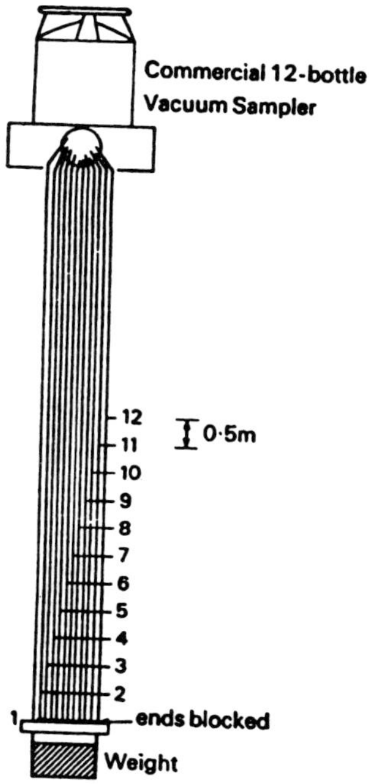


*Fig. 16.6* Multiple depth sampler
Source: Reproduced by permission from HMSO, UK

digesters; these and all other metal components must be earthed electrically.

For sampling thin sludges, as for example in blanket clarifiers or final settlement tanks, a suitable commercial sampler using small-bore plastic tube can be used. Depth profiles of solids concentration in final settlement tanks have been successfully determined by the Water Research Centre using a modified commercial 12-bottle vacuum sampler to take simultaneous samples as shown in Fig 16.6. A small plastic T-piece is inserted in each tube at a different level to give sampling points at, for example 0.5 m intervals. Eleven of the tubes are blocked at the bottom end, which is heavily weighted to keep the sampling lines straight. Sludge must be withdrawn through the tubes into dummy containers to flush the pipework before taking the actual samples.

For the sampling of sludge from pilot–scale tanks it is recommended that the supernatant liquor is removed entirely before the sampling operation. Usually a composite sample of the sludge is required and the sludge in the tank should be thoroughly mixed before sampling.

## 16.9 Filtration of water samples for trace metal determinations

Filtration and centrifugation are the principal methods available for the separation of dissolved and undissolved trace metal fractions in waters; *in situ* dialysis has also been proposed as a means of effecting such a separation [107], but interpretation of the results is not straightforward and the technique requires further evaluation.

Since it is essential that the separation should be carried out immediately after sample collection (to avoid trace metal redistribution on storage), centrifugation is generally inconvenient and filtration usually the only practicable procedure.

Cheesman and Wilson [108] have presented a general discussion of filtration and filter media in relation to trace metals. The use of membrane filters with a pore size of about 0.5 μm is generally considered to give a separation of practical utility, but glass fibre filters and membrane filters of other pore sizes have also been used for trace metal studies.

The US Environmental Protection Agency has chosen 0.45 μm membrane filters as the basis of its standard separation technique [109], and similar filters have been recommended in a number of authoritative texts [110–112].

Paper filters are not recommended for trace metal studies [108], though their use for determination of dissolved iron appears to be endorsed by the American Society for Testing and Materials [113]. However, the latter publication recommends the use of 0.45 μm membranes for the determination of dissolved copper and manganese.

Hunt [114] has discussed the effect of filtration of water samples prior to trace metal determinations. From this work it is evident that separation of the dissolved and undissolved fractions of trace metals in water samples is not simple. Filtration, usually the only practicable procedure, may be associated with problems of contamination and adsorption, in addition to being subject to the basic difficulty of incomplete separation.

The adsorption of trace metals during sample filtration has received very little systematic study, and does not appear to be mentioned as a possible cause of error in a number of analytical manuals. The limited information available suggests, however, that it can cause serious difficulties.

Thus, it is not possible at present to recommend a filtration procedure known to be suitable for all metals. This position is clearly unsatisfactory.

Hunt [114] gives the following guidelines for conducting and reporting tests of filtration systems for trace metal analysis.

(i) Tests should be designed to assess both contamination *and* adsorption. For this reason, tests involving only filtration of blanks (to assess contamination) are inadequate.

(ii) As a minimum, a blank and a solution containing the maximum dissolved determinand concentration expected in routine samples should be used in the tests. It is desirable that a low concentration solution should also be used, since adsorption may be more important at lower concentrations.

(iii) Ideally, actual samples should be used for the tests, in which case prior filtration is necessary to ensure that the determinand is present only in a filtrable form. This filtration should be carried out using filters of smaller effective pore-size than those to be tested.

However, if wide variations in sample matrix are expected, preliminary studies using solutions of defined composition and appropriate determinand concentrations may be more useful, particularly for screening a number of filters and filter holders. Such solutions should not contain matrix components likely to produce wholly atypical dissolved metal specification patterns (because trace metal adsorption may be influenced by the adsorbate speciation), and should be under-saturated with respect to all solid phases (to avoid retention by the filters of determinand contained in, or adsorbed on, precipitated material). A test with actual samples should, however, precede routine application of the procedure.

(iv) It is essential, in view of the likely effects of pH on trace metal adsorption, that test samples or solutions should cover the anticipated pH range of samples. Tests at the extremes of the natural water pH range are inadequate, since adsorption may be greatest at intermediate pH values.

(v) If natural samples are used, it is desirable that the major ion composition (or salinity of sea water samples) be known.

(vi) The experimental procedure should be defined unambiguously. This definition should include details of any pre-treatment (eg acid washings) applied to the filters and filtration apparatus.

(vii) The filtrate should be collected into acid [108] to minimise adsorption losses subsequent to filtration.

(viii) The analytical technique adopted for the tests, if different from that to be used for analysis of the filtrable fraction in routine operation, should be capable of giving results of adequate accuracy.

(xi) Appropriate statistical methods [115] should be used in assessment of test results.

## References


1 Taylor, H.E. and Shiller, A.M. *Environmental Science and Technology*, **29**, 1313 (1995).

2 Windom, H.L., Byrd, J.T., Smith, R.G. Jr. and Huan, F. *Environmental Science and Technology*, **25**, 1137 (1991).

3 Horowitz, A.J., Demas, C.R., Fitzgerald, K.K., Miller, T.L. and Rickert, D.A. Open-File Rep.–US Geol. Surv., No, 94–539 (1994).
4 Ahlers, W.W., Reid, M.R., Kim, J.P. and Hunter, K.A. *Australian Journal of Marine Freshwater Research*, **41**, 713 (1990).
5 Participants of the lead in seawater workshop. *Marine Chemistry*, **2**, 69 (1974).
6 Participants of the lead in seawater workshop. *Marine Chemistry*, **4**, 388 (1976).
7 Hirao, Y. and Patterson, C.C. *Science*, **184**, 989 (1974).
8 Shirahata, H., Elias, R.W., Patterson, C.C. and Koide, M. *Geochimica Cosmochimica Acta*, **44**, 149 (1980).
9 Ng, A. and Patterson, C.C. *Geochimica Cosmochimca Acta*, **45**, 2109 (1981).
10 Erel, Y., Patterson, C.C., Scott, M.J. and Morgan, J. *Journal of Chemical Geology*, **85**, 383 (1990).
11 Erel, Y,. Morgan, J.J. and Patterson, C.C. *Geochimica Cosmochimica Acta*, **55**, 707 (1991).
12 Sigg, L. In *Chemical Processes in Lakes*, Stumm, W. ed. John Wiley, New York, p. 283 (1985).
13 Sigg, L., Sturm, M. and Kistler, D. *Limnology and Oceanography*, **32**, 112 (1987).
14 Nriagu, J.O., Gaillard, J.-F. In *Environmental Impact of Smelters*, Nriagu, J.O., ed. John Wiley & Sons, New York, p. 349 (1984).
15 Morfett, K., Davison, W. and Hamilton-Taylor, J. *Journal of Environmental and Water Science*, **11**, 107 (1988).
16 Shiller, A.M. and Boyle, E.A. *Nature (London)*, **317**, 49 (1985).
17 Shiller, A.M. and Boyle, E.A. *Geochimica Cosmichimica Acta*, **51**, 214 (1987).
18 Trefry, J.H., Metz, S., Trocine, R.P. and Nelson, T.A. *Science*, **230**, 439 (1985).
19 Coale, K.H. and Flegal, A.R. *Science of the Total Environment*, **87/88**, 297 (1989).
20 Boyle, E.A., Huested, S.S. and Grant, B. *Deep-Sea Research*, **29**, 1355 (1982).
21 Flegal, A.R. and Coale, K.S. *Water Research Bulletin*, **25**, 1275 (1989).
22 Smith, R.A., Alexander, R.B. and Wolman, M.G. *Science*, **235**, 1607 (1987).
23 Alexander, R.B. and Smith, R.A. *Water Resources Bulletin*, 24 (1988).
24 Benoit, G. *Environmental Sciences and Technology*, **28**, 1987 (1994).
25 Gump, B.H., Hertz, H.A., May, W.E., Chesler, S.N., Dyszel, S.M. and Enagonio, D.P. *Analytical Chemistry*, **47**, 1223 (1975).
26 Keizer, P.D., Gordon, D.C., Jr. and Dale, J. *Journal of the Fisheries Research Board, Canada*, **34**, 347 (1977).
27 Clark, R.C. Jr., Blurner, M. and Raymond, S.O. *Deep Sea Research*, **14**, 125 (1967).
28 Bertoni, R. and Melchiorri-Santolini, U. *Mem. Inst. Ital. Hydrobiol.*, **29**, 97 (1972).
29 Smith, K.L. *Limnology and Oceanography*, **16**, 675 (1971).
30 Bewers, J.M., Dalziel, J., Yeats, P.A. and Barron, J.L. *Marine Chemistry*, **10**, 173 (1981).
31 Olafsson, J. *Marine Chemistry*, **87**, 87 (1978).
32 Olafsson, J. A Preliminary Report on ICES Intercalibration of Mercury in Seawater for the Joint Monitoring Group of the Oslo and Paris Commissions, submitted to the Marine Chemistry Working Group of OCES, Feb. 1980 (1980).
33 Thibaud, Y. Exercise d'intercalibration CIEM, 1979, cadmium en eau de mer. Report submitted to the Marine Chemistry Working Group of ICES, Feb. 1980.
34 Jones, P.G.W. A Preliminary Report on the ICES Intercalibration of Sea Water Samples for the Analyses of Trace Metals. ICES CM1977/E:16 (1977).

35 Jones, P.G.W. An ICES Intercalibration Exercise for Trace Metal Standard Solutions. ICES CM1979/E:15 (1976).
36 Windom, H.L. Report on the Results of the ICES Questionnaire on Sampling and Analysis of Seawater for Trace Elements. Submitted to the first meeting of the Marine Chemistry Working Group, Lisbon, May 1979 (1979).
37 Pocklington, R. Variability of the Ocean off Bermuda. Bedford Institute of Oceanography Report – Series BI–R–72–3 (1972).
38 Boyle, E.A., Sclater, F.R. and Edmond, J.M. *Science Letters*, **37**, 38 (1977).
39 Bruland, K.W., Knauer, G.A. and Martin, J.H. *Limnology and Oceanography*, **23**, 618 (1978).
40 Bruland, K.W., Knauer, G.A. and Martin, J.H. *Nature (London)*, **271**, 741 (1978).
41 Sclater, F.R., Boyle, E. and Edmond, J.M. *Earth Planet. Science Letters*, **31**, 119 (1976).
42 Wong, C.S., Kremling, K., Riley, J.P. *et al.* Ocean Chemistry Division, Institute of Ocean Sciences, PO Box 6000 Sidney, BC, VSL 4B2, Canada. Ocean Chemistry Division contract to SEAKEM Oceanography Ltd., Sidney, BC, Canada. Marine Chemistry Department, Institut für Meereskunde und der Universitat, Kiel, Dunsternbrooker Weg 20, 2300 Kiel, FR Germany. Department of Oceanography, University of Liverpool, PO Box 147, Liverpool L69 3BX, UK (1985).
43 Patterson, C.C. and Settle, D.M. The reduction of orders of magnitude errors in lead analysis. In *Accuracy in Trace Analysis: Sampling, Sample Handling, Analysis*. (ed. P.D. La Fleur). NBS Special Publication, 422, p.321 (1976).
44 Bothner, M.H. and Robertson, D.E. *Analytical Chemistry*, **47**, 592 (1975).
45 Participants in the IDOE interlaboratory analyses workshop, 1975. Comparison determinations of lead by investigators analysing individual samples of sea water in both their home laboratory and in an isotope dilution standardization laboratory. *Marine Chemistry*, **4**, 389 (1976).
46 Stukas, V.J. and Wong, C.D. *Science*, **211**, 1424 (1976).
47 Wong, C.S., Kremling, K., Riley, J.P. *et al.* Accurate Measurement of Trace Metals in Sea Water: an Intercomparison of Sampling Devices and Analytical Techniques using CEPEX Enclosure of Sea Water. Unpublished manuscript report, NATO study funded by NATO Scientific Affairs Division (1979).
48 Abdullah, M.I., El-Rayis, O.A. and Riley, J.P. *Analytica Chimica Acta*, **84**, 363 (1976).
49 Abdullah, M.I. and Royale, L.G. *Analytica Chimica Acta*, **80**, 58 (1972).
50 Danielsson. L.G., Magnusson, B. and Westerlund, S. *Analytica Chimica Acta*, **98**, 47 (1978).
51 Bruland, K.W., Franks, R.P., Kramer, G.A. and Martin, J.H. *Analytica Chimica Acta*, **105**, 233 (1979).
52 Schaule, B.K. and Patterson, C.C. Private communication.
53 Temmerman, E., Vandercasteele, G. and Dams, R. *Environmental Technology Letters*, **9**, 1281 (1988).
54 Ashton, A. and Chan, R. *Analyst (London)*, **112**, 841 (1987).
55 Schleussler, U. and Kremling, K. *Deep Sea Research, Part 1*, **40**, 257 (1993).
56 Basu, A.K. *Trib Cebedeau*, **22**, 272 (1969).
57 Bhagat, S.K., Proctor, D.E. and Funk, W.H. *Water Sewage Works*, **118**, 180 (1971).
58 Evans, M.R. and Edgar, R. *Water Pollution Control (London)*, **70**, 111 (1971).
59 Noth, T.C. *Water Sewage Works*, **118**, 179 (1971).
60 Luettich, R.A., Kirby-Smith, W.W. and Hunnings, W. *Estuaries*, **16**, 190 (1993).

61 Martin, G.R., Smoot, J.L. and White, K.D. *Water Environment Research*, **64**, 866 (1992).
62 Gibs, J., Brown, G.A., Turner, K.S., McLeod, C.L., Jelinski, J.C. and Koehnlein, S.A. *Ground Water*, **31**, 201 (1993).
63 Powell, R.M. and Puls, R.W. *Journal of Contam. Hydrology*, **12**, 51 (1993).
64 Benoliel, J.L. *International Journal of Environmental Analytical Chemistry*, **57**, 197 (1994).
65 Salbu, B. and Oughton, D.H. T*race Elements in Natural Waters*, **41**, 69 (1995).
66 Droppo, E.G. and Jaskot, C. *Environmental Science and Technology*, **29**, 161 (1995).
67 Hall, G.E.M., Bonham Carter, G.F., Horowicz, A.J. *et al. Applied Geochemistry*, **11**, 243 (1996).
68 Benoit, G., Hunter, K.S. and Rozan, T.F. *Analytical Chemistry*, **69**, 1006 (1997).
69 Simpson, S.L., Apte, S.C. and Batley, G.E. *Analytical Chemistry*, **70**, 4202 (1998).
70 Rivera-Duarte, I. and Flegal, A.R. *Croat. Chimica Acta*, **70**, 389 (1997).
71 Hansen, D.J., Berry, W.J., Mahony, J.D. *et al. Environmental Toxicological Chemistry*, **15**, 2080 (1996).
72 Gaillard, J.-F., Jeandel, C., Michard, G., Nicolas, E. and Renard, D. *Marine Chemistry*, **18**, 233 (1986).
73 Elderfield, H., McCaffrey, R.J., Luedtke, N., Bender, M. and Truesdale, V.W. *American Journal of Science*, **281**, 1021 (1981).
74 Giblin, A.E. and Howarth, R.W. *Limnology and Oceanography*, **29**, 47 (1984).
75 Lapp, B. and Balzer, W. *Geochimica Cosmochimica Acta*, **57**, 4639 (1993).
76 Carignan, R., Rapin, F. and Tessier, A. *Geochimica Cosmochimica Acta*, **49**, 2493 (1995).
77 Schults, D.W., Ferraro, S.P., Smith, L.M., Roberts, F.A. and Poindexter, C. *Water Research*, **26**, 989 (1992).
78 de Lange, G.J., Cranston, R.E., Hydes, D.H. and Boust, D. *Marine Geology*, **109**, 53 (1992).
79 Bufflap, S.E. and Allen, H.E. *Water Research*, **29**, 165 (1995).
80 Bufflap, S.E. and Allen, H.E. *Water Research*, **29**, 2051 (1995).
81 Jacobs, L., Emerson, S. and Skei, J. *Geochimica Cosmochimica Acta*, **49**, 1443 (1985).
82 Davies-Colley, R.J., Nelson, P.O. and Williamson, K.J. *Marine Chemistry*, **16**, 173 (1985).
83 Luther, G.W. and Church, T.M. In *Sulphur Cycling on the Conteinents*, Howard, R.W., Stewart, J.W.B., Ivanov, M.V. eds. John Wiley & Sons, Chichester, 1992, pp.125–142.
84 Gagnon, C., Mucci, A. and Pelletier, E. *Marine Chemistry*, **52**, 195 (1996).
85 Boulegue, J. In *Trace Metals in Seawater*. Wong, C.S., Boyle, E., Bruland, K.W., Burton, I.D., Goldberg, E.D. eds. Plenum Press, New York, p.563 (1983).
86 Kremling, K. *Marine Chemistry*, **13**, 87 (1983).
87 Lewis, B.L. and Landing, W.M. *Marine Chemistry*, **40**, 105 (1992).
88 Svehla, G. *Vogel's Qualitative Inorganic Analysis*, Longman, Singapore (1987).
89 Simpson, S.L., Apte, S.C. and Batley, G.E. *Environmental Science and Technology*, **32**, 620 (1998).
90 Hertkorn-Ibst, U., Wendeler, H., Feuerstein, T. and Schmitz, W. *Environmental Technology Letters*, **3**, 263 (1982).
91 Harper, D.J. *Marine Chemistry*, **21**, 183 (1987).
92 Beard, L.D. ASTM Special Technical Publication STP1 1118 (Current Practice Groundwater Vadose Zone Investigation). 256–269 (1992).

93 Parker, L.V. ASTM Special Technical Publication STP 1118 (Current Practice. Groundwater Vadose Zone Investigation) 217–229 (1992).
94 Puls, R.W., Clark, D.A., Bledsoe, B., Powell, R.M. and Paul, C.J. *Hazards and Waste Hazard Matter*, **9**, 149 (1992).
95 Reynolds, S.D. and Zemo, D.A. ASTM Special Technical Publication STP 1118. (Current Practice. Groundwater Vadose Investigation) 230–240 (1992).
96 Van der Kamp, G. and Keller, G. *Ground Water Monitoring Rem.*, **13**, 136 (1993).
97 Reilly, T.E. and Gibs, J. *Ground Water*, **31**, 201 (1993).
98 Pohlmann, K.E., Icopini, G.A., McArthur, R.D. and Rosal, C.G. Environmental Protection Agency, Report EPA/600/R-94/119, EMSL-LV-94-1180. Order No PB 94–201993 Available NTIS (1994).
99 Johnson, V.M., Tuckfield, R.C., Ridley, N.N. and Anderson, R.A. *Environmental Science and Technology*, **30**, 355 (1995).
100 Szucs, A. and Jordan, G. *Water Science and Technology*, **30**, 37 (1994).
101 Kearl,P.M., Korte, N.E., Stites, M. and Baker, J. *Groundwater Monitoring Rem.*, **14**, 183 (1994).
102 Shanklin, D.E., Sidle, W.C. and Ferguson, M.E. *Groundwater Monitoring Rem.*, **15**, 168 (1995).
103 Weisbrod, N., Ronen, D. and Nativ, R. *Environmental Science and Technology*, **30**, 3094 (1996).
104 Puls, R.W. *Environment Sampling Trace Analysis*, 287 (1994).
105 Tarazi, D.S., Hisey, L.L., Childers, R.E. and Boldt, C.A. *Journal of Water Pollution Control Federation*, **42**, 708 (1970).
106 Methods for the Examination of Waters and Associated Materials. The Sampling and Initial Preparation of Sewage and Waterworks Sludges, Soils, Sediments, Plant Materials and Contaminated Wildlife prior to Analysis 1986. HMSO, London (1986).
107 Benes, P. and Steinnes, E. State of trace elements in natural waters. *Water Research*, **8**, 947 (1974).
108 Cheeseman, R.V. and Wilson, A.L. Technical Memorandum TM 78. Water Research Association (1973).
109 United States Environmental Protection agency. Methods for Chemical Analysis of Water and Wates. EPA–625–/6–74–003, Washington, Office of Technology Transfer, 298 p. (p.81) (1974).
110 Strickland, J.D.H. and Parsons, T.R. *A Practical Handbook of Sea Water Analysis*. Ottawa, Fisheries Research Board of Canada, Bull. No. 167, 311p. (p.8) (1968).
111 American Public Health Association et *al. Standard Methods for the Examination of Water and Waste Water*, 14th ed., Washington, The Association, xxxix, 1193 p. (p.147) (1976).
112 Association of Official Analytical Chemists. Official Methods of Analysis of the Association of Official Analytical Chemists. W. Horwitz, ed., 12th ed., Washington, The Association, xxi, 1094 p. (p.619) (1975).
113 American Society for Testing and Materials. *Annual Book of ASTM Standards, 1977*. Part 31, Water. Philadelphia, The Society, xxi, 1110 p. (pp.323, 364, 386) (1977).
114 Hunt, D.T.E. Water Research Centre, Medmenham, U.K. Technical Report TR 104. Filtration of Water Samples for Trace Metal Determinations. February (1979).
115 Cheeseman, R.V. and Wilson, A.L. Water Research Centre, Medmenham, U.K. Manual on Analytical Quality-control for the Water Industry. Technical Report TR 66. Water Research Centre, 1978, 167 p. (1978).

## Chapter 17

# Sample preservation and storage

### 17.1 Seawater

The environment in which samples are collected and processed during an oceanographic cruise would be considered impossible by any non-oceanographic microanalyst. On even the best-planned oceanographic vessels the spaces in which the samples are actually taken, the winch room and the Wet lab, are normally awash in seawater, with a thin film of oil over most of the exposed surfaces. The worst case is to be found where the wet lab and winch room are combined, or where the wet lab is the natural passageway between important parts of the ship, such as the engine room and the galley. These circumstances are the rule rather than the exception on oceanographic vessels, even on those planned from scratch for oceanographic research. The reasons for these apparent flaws in planning are historical; chemical oceanographers were interested either in major components of seawater or in trace nutrients, and neither of these kinds of analyses would be seriously damaged by the contamination to be found in such wet labs.

With the recent emphasis upon the analysis of trace metals and or organic materials, particularly possible pollutants, it has become obvious that cleaner working areas are necessary. The winch room, with its assorted greases and oils, must be separated from the sampling room, and ideally the people working on the hydrographic wire, handling the samplers, should not also be drawing the samples. The samplers should come into the sampling room through a hatch which can be closed. The sampling room should also be a dead-end room, not a throughway, to discourage visitors. It would be unrealistic to expect a wet lab to be as free of contamination as a clean room, but it should approach the clean room in general arrangements. Even the air entering the sampling area should be cleaned of hydrocarbons, perhaps by filtration through charcoal; the all-pervasive smell of diesel fuel in most oceanographic vessels does not bode well for the accuracy of any analyses for petroleum hydrocarbons.

If the analyses are to be performed on board, the room in which the samples are prepared and analysed should in fact be built as a clean room. Many modern oceanographic vessels are constructed to accept modular laboratories, which can be removed between voyages. Clean room modules, complete with air conditioning and filtered air supply, have been built for several vessels. It is possible to perform accurate, precise microanalyses on board ship under less favourable conditions, but the analyst is really fighting the odds.

If the samples are to be brought back to a shore laboratory for analysis, contamination during analysis is more easily controlled. The analyst on shore must have confidence in the people taking the samples; with the pressure on berth space and wire time on board ship, too often the samples are taken on a 'while you're out there, take some for me' basis. Again, ideally, the analyst should at least oversee every part of the process, from the cleaning of the sampler to the final calculation of the amounts present. His confidence in the accuracy of the final calculation must decrease as he departs from the ideal arrangement.

In the shore laboratory, the samples must be handled with the care needed for any trace analysis. In order to collect enough material even for positive identification of some of the compounds present, the materials must often be concentrated.

Analytical chemists have long been aware of the necessity for purification of any organic solvents used in trace analysis. The advent of the gas and liquid–liquid chromatographs has made plain just how many impurities can hide behind a 'high purity' label. Redistillation of organic solvents just before use is a commonplace in most analytical laboratories. What has not been so evident is the amount of contamination found in most inorganic reagents. The actual amount present, let us say, in reagent grade sodium chloride may be low enough so that it is not listed on the label, but still high enough to produce an artificial seawater containing more of the substance it is required to determine than the real article. The presence of these compounds becomes serious when the analyst wishes to concoct an artificial seawater for standards and blanks. If the chemical in question can withstand oxidation, either at high temperature or in the presence of active oxygen, organic material may be eliminated. However, many compounds used in routine analysis cannot be treated in this manner. If such chemicals must be used, the calculation of a true methods blank can become a major analytical problem.

Another problem, equally unrecognised, is the organic and inorganic content of the distilled water. For most analytical procedures, simple distillation is sufficient treatment; perhaps in special cases, such extremes as distillation from permanganate or distillation in quartz is considered necessary. For the analysis of organic materials at the mg $L^{-1}$ level in aqueous solutions, these methods are far from sufficient. The experience of many workers has been that no form of chemical pretreatment will remove all of the impurities from the distilled water, and that some form of high-temperature oxidation of the organic impurities in the water must be used [1–3]. Depending upon the original source of the water, normal distillation will leave between 0.25 and 0.6 mg $L^{-1}$ in the distillate. The amounts and the kinds of compounds may vary with the seasons and with the dominant phytoplankton species in the reservoirs. Since ocean water taken from depths greater than 500 m will contain only 0.3–0.7 mg C $L^{-1}$, it can be seen that the purity of the distilled water used to make up reagents can be quite important. Sub-boiling distillation of deep seawater might be an efficient starting point for the production of carbon-free blanks.

While at least partial solutions have been found to most of the problems of contamination, these solutions have largely been adopted piecemeal by the various laboratories engaged in research on organic materials in seawater. The reasons for the adoption of half-way measures are largely historical. The study of organic materials in seawater is relatively new, and the realisation that Draconian measures are needed in the analysis is just becoming accepted.

If we were to choose the ideal method for the analysis of any component of seawater, it would naturally be an *in situ* method. Where such a method is possible, the problems of sampling and sample handling are eliminated and in many cases we can obtain continuous profiles rather than a limited number of discrete samples. In the absence of an *in situ* method, the next most acceptable alternative is analysis on board ship. A 'real–time' analysis not only permits us to choose our next sampling station on the basis of the results of the last station, it also avoids the problem of the storage of samples until the return to a shore laboratory.

While there are a few methods of this type for major constituents, and the advent of the automatic analyser has made possible the adaptation of some micro-methods to shipboard analysis, the majority of chemical analyses, particularly those using the newer, more sophisticated instruments, must still be run on shore. For such samples, the problems of storage and sample preservation become all-important, since the quantity we wish to measure is the *in situ* value and not the amount remaining after some period of biological and chemical activity.

Complete oxidation of organic contamination in a seawater sample takes longer than a year [4–6], however, decomposition great enough to free most inorganic micronutrients takes place in the first two weeks of storage. Important changes in micronutrient levels resulting from bacterial utilisation of organic compounds can be seen after 1 day. Therefore, some method of preservation of the organic compounds must be sought if the samples are to be taken back to a shore laboratory.

The two most popular methods of sample preservation are quick-freezing and the addition of inorganic poisons. Samples that are frozen without the addition of preservatives are less likely to pick up contamination from the sample handling. If the samples are to be frozen quickly enough to prevent bacterial growth, the sample bottles must be immersed in a freezing bath, to facilitate heat exchange.

While it is normally considered that both biological and chemical reactions will be essentially halted by freezing, this is not necessarily true. It has been shown that some reactions of considerable biochemical importance are in fact enhanced in the frozen state [7–9]. In any given case it cannot simply be taken for granted that freezing will be a sufficient preservative; the efficiency of the method must be tested for the compounds in question. The method is also limited to those analyses that can be performed on a small sample, perhaps 100–200 ml. Larger volumes of seawater take too long to freeze. If the next step in the sample preparation is to be freeze-drying, a considerable saving in time, as well as a decrease in possible contamination, can result from freezing the sample in the container to be used in the freeze-drying.

We are almost forced into hoping that freezing will prove satisfactory as a method of sample preservation, since none of the usual inorganic poisons works in every case. Mercuric chloride has been found to be effective with those marine organisms responsible for $N_2O$ production [10].

Acidification with mineral acids is also often used as a method for preservation. Preservation of samples is thus still a major problem; there is no general, foolproof method applicable to all samples and all methods of analysis. The most generally accepted method of sample preservation is storage under refrigeration in the dark, with a preservative. This is another area that still needs extensive investigation.

Table 17.1 shows a selection of reagents used for preserving or fixing various inorganic determinants. These reagents are placed in the sample bottle before it is filled with sample; consequently the sample is 'protected' from the moment it is taken. Other references to the use of sample preservatives are reviewed in Table 17.2.

The optimal conditions for uncontamination long-term storage of dilute heavy metal solutions, particularly seawater, are now a topic of great interest and contradictory results have been frequently reported. For example, with regard to the type of material to be used for the container, some workers have recommended the use of linear (high density) polyethylene instead of conventional (low density) [19,21–24], while others have reported that linear polyethylene is totally unsuitable or inferior to low-density polyethylene [20,25–28]. Moreover, as a general rule, findings for particular conditions are not necessarily applicable to elements, concentrations, matrices, containers, or experimental conditions different from those tested. As the macro and micro constituents of natural waters can differ widely [29], extreme caution must be used in handling published results. Possibly, as recommended [19,21,30], it is best to ascertain the effectiveness of the storage system adopted in one's own laboratory.

*Table 17.1* Sample preservation

| *Parameter* | *Suggested methods* | *Remarks* |
|---|---|---|
| Acidity/alkalinity | Refrigeration | Gains or losses of $CO_2$ affect the result. Microbial action can affect this, should be one of the first analyses of the sample |
| Metals (excepting mercury) | *Dissolved*<br>Filter on site into acid to pH 1–2<br>*Suspended*<br>Filter on site<br>*Total*<br>Acidify to pH 1–2 with hydrochloric or nitric acid<br>Use 250 ml bottle<br>Use 10 ml 25% Analar or Aristar nitric acid Stable for 1 month | This procedure should be used wherever possible at sewage works when compositing effluents. DoE recommendations vary between 2 and 20 ML, depending on the element. Polythene bottle required. For potable water, acidification must be carried out on receipt in the laboratory; acidified bottles should not be left with private householders. If soluble metals to be determined, filter sample before acid addition. Clean plastic Cassella by soaking in acid |
| Silica | Polyethylene or glass bottle, 125 ml<br>No preservative | |
| Mercury | Nitric acid (5 ml) + 5% potassium dichromate (5 ml) per litre | This treatment must be rendered immediately on sampling otherwise a large proportion can be lost within minutes. Glass bottle must be used (DoE recommendation) |
| | 125 ml sample bottle, add 1.5 ml 5% $K_2Cr_2O_7$ plus 4 ml conc. $H_2SO_4$ make up as needed | Bottles filled with 2 N nitric acid when not in use; rinsed out before adding reagents |

*Table 17.1* continued

| *Parameter* | *Suggested methods* | *Remarks* |
|---|---|---|
| Nitrogen (ammonia, nitrate, organic) | *Preservatives*<br>1. Sulphuric acid<br>2. Chloroform<br>3. Refrigeration | Chloroform has been used effectively<br>Sulphuric acid is effective and is frequently recommended. Acidification may be recommended by DoE |
| Nitrite | Chloroform | Best analysed as soon as possible |
| Sulphide | Zinc acetate/sodium carbonate, ie 5 ml zinc acetate (110 g zinc acetate + 1 ml acetic acid per litre) (A) + 5 ml sodium carbonate (80 g $L^{-1}$) to 100 ml sample (B)<br>4 ounce glass ample bottles | Must be preserved immediately. Care needed for samples containing much suspended matter; may be DoE recommendation<br>To bottle already containing 5 ml solution (A) add sample as quickly as possible, avoiding entrainment of air bubbles. 5 ml of solution (B) is then added to fill the bottle, which should be stoppered and thoroughly mixed |
| Cyanide | Glass DO bottles 250 ml<br>Make up as needed | 2 Na OH pellets |
| Phosphate | 1. Sulphuric acid conditioning<br>2. Use of prepared bottle/ refrigeration | Intensive investigation has been carried out on this subject. The concentration of the determinand may affect the method. The DoE recommendation will be for low levels, ie less than 25 μg $L^{-1}$, iodised plastic bottles for high levels acid conditioning glass bottle |

Source: Own files

*Table 17.2* Preservatives used in water analysis

| | | *Ref* |
|---|---|---|
| Delivery of acid preservatives for trace metal determinations in water | | [11] |
| Suitability of polyethylene or glass containers for storage of water samples for determination of phosphate, nitrate, nitrite, ammonium, fluoride, silica, aluminium, antimony, arsenic, barium, cadmium, cobalt, copper, chromium(III), chromium(VI), iron(II), iron(III), lead, manganese(II), manganese(VII), molybdenum, nickel, silver, selenium(IV) and zinc | Only low density polyethylene suitable for phosphate, glass containers unsuitable for silica, aluminium and zinc | [12] |
| Humic acid as a preservative for mercury(II) solutions in polyethylene containers | Addition of 50 ml $L^{-1}$ humic acid reduces losses from 1 ng $L^{-1}$ mercury solutions to less than 0.01 ng $L^{-1}$ in 15 days | [13] |
| Comparison of mercury(II) chloride and sulphuric acid as preservative for nitrogen forms in water samples | $HgCl_2$ is more effective in preventing biological changes | [14] |
| Comparison of deep freezing, hydrochloric acid, or sodium hydroxide or chloroform or mercurous chloride, addition for preservation of sewage samples | | [15] |
| Use of nitric acid for preservation of lake water samples prior to determination of zinc, lead, manganese and iron | Duration of storage time did not affect results obtained | [16] |
| Methods of preventing losses of heavy metals by adsorption on glass, polyethylene or polypropylene container walls | Losses minimised by pre-treating containers with dissolved aluminium or by shock freezing at liquid nitrogen temperature | [17] |
| Evaluation of methods for stabilising nitrogen and phosphorus species in lake water samples mercury ion, sulphuric acid and chloroform compared | Only mercuric ion and chilling to 4°C preserved samples for 16 days | [18] |

Source: Own files

The importance that sample container materials can have on seawater sample composition is illustrated below by an example concerning the storage of metal solutions in glass and plastic bottles.

### *17.1.1 Losses of silver, arsenic, cadmium, selenium and zinc from seawater by sorption on various container surfaces [31]*

The following container materials were studied: polyethylene, polytetrafluoroethylene and borosilicate glass. The effect was studied of varying the specific surface R ($cm^{-1}$) (ratio of inner container surface in contact with the solution to volume of the solution) on adsorption of metals on the container surface. New bottles were used exclusively. The differences in R values were achieved by adding pieces of the material considered. To avoid the possibility of highly active sites for sorption arising from fresh fractures, the edges of the added pieces of borosilicate glass were sealed in a flame. Prior to the use of all materials, the surfaces were cleaned by shaking with 8 m nitric acid for at least 3 days and by washing five times with distilled water.

Working solutions (1 litre) which were $10^{-7}$ mol $L^{-1}$ in one of the elements to be studied were prepared by appropriate addition of the radioactive stock solutions to pH-adjusted artificial seawater. After the pH had been checked, 100 ml portions were transferred to the bottles to be tested. The filled bottles were shaken continuously and gently in an upright position, at room temperature and in the dark. At certain time intervals, ranging from 1 min to 28 days, 0.1 ml aliquots were taken. These aliquots were counted in a 3 × 3 in NaI(TI) well-type scintillation detector, coupled to a single-channel analyser with a window setting corresponding to the rays to be measured.

The counting times were chosen in such a way that at least 15,000 pulses were counted. The sorption losses were calculated from the activities of the aliquots and the activity of the aliquot taken at time zero. Taking into account the various sources of errors, mainly counting statistics, the maximum imprecision is about 3%. Therefore, calculated sorption losses of 3% and lower are omitted from the listings as being not significant.

Table 17.3 shows the percentage loss as a function of time of, respectively, silver, cadmium, and zinc from artificial seawater stored in polyethylene, borosilicate glass, and PTFE at various pH and R values.

For arsenic (added as sodium arsenate) and selenium (added as sodium selenite), losses were insignificant in all the container materials considered, irrespective of matrix composition.

The sorption behaviour of trace elements depends on a variety of factors which, taken together, make sorption losses rather difficult to predict. However, the data from this study and from the literature

*Table 17.3* Sorption behaviour (as percentages) of silver, cadmium, and zinc in artificial seawater

| | Silver | | | | | | | | | | | | Cadmium | | | |
|---|---|---|---|---|---|---|---|---|---|---|---|---|---|---|---|---|
| *Material:* | *Polyethylene* | | | | *Borosilicate glass* | | | | *PTFE* | | | | *Polyethylene* | | | |
| *pH* | *4* | | *8.5* | | *4* | | *8.5* | | *4* | | *8.5* | | *4* | | *8.5* | |
| *R (cm* $^{-1}$*)* *Contact time* | *1.4* | *3.4* | *1.4* | *3.4* | *1.0* | *4.2* | *1.0* | *4.2* | *1.0* | *5.5* | *1.0* | *5.5* | *1.4* | *3.4* | *1.4* | *3.4* |
| 1 min | – | – | – | 7 | – | – | – | – | – | – | – | – | – | – | – | – |
| 30 min | – | – | 7 | 8 | – | – | – | – | – | – | – | 3 | – | – | – | – |
| 1 h | – | – | 6 | 5 | – | – | 3 | 3 | – | – | – | 4 | – | – | – | – |
| 2 h | – | – | 10 | 9 | – | – | 3 | 5 | – | – | – | 6 | – | – | – | – |
| 4 h | – | – | 14 | 13 | – | – | 3 | 4 | – | – | – | 7 | – | – | – | – |
| 8 h | – | – | 16 | 18 | 3 | 4 | 5 | 10 | – | – | – | 8 | – | – | – | – |
| 24 h | – | – | 24 | 28 | 4 | 4 | 6 | 9 | – | – | 6 | 12 | – | – | – | – |
| 2 d | – | – | 35 | 36 | 5 | 7 | 10 | 31 | – | – | 13 | 17 | – | – | – | – |
| 3 d | – | – | 44 | 45 | 6 | 11 | 31 | 80 | – | – | 13 | 23 | – | – | – | – |
| 7 d | – | – | 64 | 64 | 74 | 60 | 27 | 73 | – | – | 14 | 29 | – | – | – | – |
| 14 d | – | – | 66 | 72 | 81 | 76 | 39 | 84 | – | – | 20 | 30 | – | – | – | – |
| 21 d | – | – | 58 | 77 | 80 | 73 | 39 | 64 | – | – | 26 | 37 | – | – | – | – |
| 28 d | – | – | 46 | 78 | 82 | 71 | 40 | 67 | – | – | 27 | 37 | – | – | – | – |
| | – | – | – | – | – | – | – | – | – | – | 12 | 31 | – | – | – | – |
| | – | – | – | – | – | – | – | – | – | – | 9 | 31 | – | – | – | – |
| | – | – | – | – | – | – | – | – | – | – | 10 | 29 | 5 | – | – | – |
| | – | – | – | – | – | – | – | – | – | – | 9 | 30 | 4 | – | – | – |
| | – | – | – | – | – | – | – | – | – | – | 9 | 28 | 5 | – | – | – |
| | – | – | – | – | – | – | – | – | – | – | 5 | 26 | 4 | – | – | – |
| | – | – | – | – | – | – | – | – | – | – | 4 | 21 | 4 | – | – | – |
| 5 | – | – | – | – | – | – | – | – | – | – | 4 | 18 | 5 | – | – | – |
| 14 | 40 | – | – | – | – | – | – | – | 10 | 4 | 3 | 9 | 4 | – | – | – |
| 13 | 43 | – | – | – | – | – | – | – | 27 | 19 | – | 10 | 5 | – | – | – |
| 15 | 41 | – | – | – | – | – | – | – | 25 | 17 | 3 | 9 | 5 | – | – | – |
| 14 | 36 | – | – | – | – | – | – | – | 20 | 19 | 4 | 9 | 5 | – | – | – |

Source: Reproduced by permission from Elsevier Science Publishers BV, Amsterdam

indicate for which elements sorption losses may be expected as a function of a number of factors, such as trace element concentration, container material, pH and salinity.

As is shown above, reduction of contact time and specific surface may be helpful in lowering sorption losses, and acidification with a strong acid will generally prevent the problems of losses by sorption. However, it must be emphasised that the use of acids may drastically change the initial composition of the aqueous sample, making unambiguous interpretation of the analytical results cumbersome or even impossible [32].

For cases of sample storage where losses cannot be excluded *a priori*, some sort of check is required. This should be done under conditions which are representative of the actual sampling, sample storage and sample analysis. As this study indicates, the use of radiotracers is helpful in making such checks.

The various factors in sorption losses may be classified into four categories. The first category is concerned with the analyte itself, especially chemical form and concentration. The second category includes the characteristics of the solution, such as the presence of acids (pH), dissolved material (eg salinity, hardness), complexing agents, dissolved gases (especially oxygen, which may influence the oxidation state), suspended matter (competitor in the sorption process) and micro-organisms (eg trace element take-up by algae). The third category comprises the properties of the container, such as its chemical composition, surface roughness, surface cleanliness and as this study demonstrates, the specific surface. Cleaning by prolonged soaking in 8 m nitric acid [33] is to be recommended. The history of the containers (eg age, method of cleaning, previous samples, exposure to heat) is important because it may be of direct influence on the type and number of active sites for sorption. Finally, the fourth category consists of external factors, such as temperature, contact time, access of light, and occurrence of agitation. All of these factors must be considered in assessing the likelihood of sorption losses during a complete analysis.

### *17.1.2 Losses of cadmium, lead and copper from seawater in low density polyethylene containers*

Scarponi *et al.* [34] used anodic stripping voltammetry to investigate the contamination of seawater by cadmium, lead and copper during filtration and storage of samples collected near an industrial area. Filtrations were carried out under clean nitrogen to avoid sample contamination. Seawater leaches metals from uncleaned membrane filters but, after 1 litre of water has passed through, the contamination becomes negligible. Samples stored in conventional polyethylene containers (properly cleaned and conditioned with prefiltered seawater) at 4°C and natural pH remain uncontaminated for 3 months (5 months for cadmium); losses of lead and copper occur after 5 months storage. Reproducibility (95% confidence interval) was 8–10%, 3–8% and 5–6% at concentration levels of about 0.06, 2.5 and 6.0 μg $L^{-1}$, for cadmium, lead and copper, respectively.

The first aim of this work was to study the influence of an unwashed membrane filter on the cadmium, lead and copper concentrations of filtered seawater samples. It was also desirable to ascertain whether, after passage of a reasonable quantity of water, the filter itself could be assumed to be clean so that subsequent portions of filtrate would be uncontaminated. If this were the case, it should be possible to eliminate the cleaning procedure and its associated contamination risk. The second purpose of the work was to test the possibility of long-term storage of samples at their natural pH (about 8) at 4°C, kept in low-density polyethylene containers which had been cleaned with acid and conditioned with seawater.

Before use, new containers were cleaned by soaking in 2M hydrochloric acid for 4 days and conditioned with prefiltered seawater for a week, all at room temperature [21,35]. Teflon-covered stirring bars (required for the voltammetric measurements) were introduced into the containers at the beginning of the cleaning procedure. The containers used in one procedure were rinsed and left filled with prefiltered seawater until re-use. Containers used in another procedure and in the study of long-term storage, could be regarded as having been conditioned for about 1 month and more than 2 months, respectively. Other plastic ware used in the sampling and filtration processes, and the components of the voltametric cell that came in contact with the sample solution, underwent the same cleaning procedure as the containers.

Fig. 17.1 shows a typical curve demonstrating the dependence of concentrations of copper, lead and cadmium in the filtrate on the volume of seawater sampled. Metal levels become constant after 1–1.5 litres of sample have been filtered, and it can be concluded that at this point contamination of the sample by the filtration equipment is negligible.

Table 17.4 gives the results of analytical measurements on aliquots of a conditioning seawater stock, stored at about 4°C for 3 and 5 months in old low-density polyethylene containers (acid–washed for 4 days and conditioned for more than 2 months). Apart from the observation that the concentrations are generally higher than those measured previously, which indicates contamination during conditioning and manipulation, and the necessity of frequently renewing seawater for equilibration purposes, it can be seen that there are no changes in the metal concentrations for 3 months for lead and copper, or for 5 months for cadmium. Also, after 5 months storage, some loss of lead and copper (21% and 24%, respectively) can be observed, possibly because of the formation and slow adsorption on container surfaces of hydroxo- and carbonato-complexes [21,36]. Hence at 4°C in polyethylene containers no significant changes of heavy metal concentrations occur over a 3 month period [37–39].

Scarponi *et al.* [34] concluded that filtration of seawater through uncleaned membrane filters shows positive contamination by cadmium, lead and copper. In the first filtrate fractions, the trace metal concentration may be increased by a factor of two or three. During filtration, the soluble impurities are leached from the filter, which is progressively cleaned, and the metal concentration in the filtrate, after

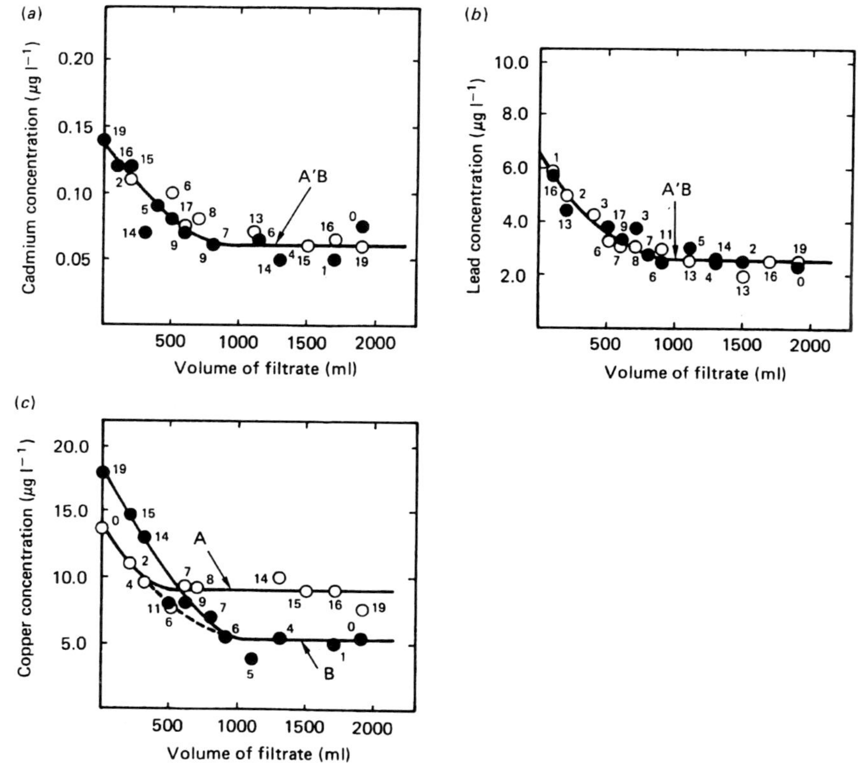


*Fig. 17.1* Concentration dependences on filtrate volume by procedure 1: (a) Cd; (b) Pb; (c) Cu. Numbers refer to storage time in days. (•) Measured in order of sampling: (O) measured in reverse order of sampling.
Source: Reproduced by permission from Elsevier Science Publishers BV, Amsterdam

passage of 0.8–1 litres seawater, reaches a stable minimum value. Thus it is recommended that at least 1 litre seawater at natural pH be passed through uncleaned filters before aliquots for analysis are taken from subsequent filtrate. The same filter can be re-used several times, and then only the first 50–100 ml filtrate need be discarded. This system seems simpler and more reliable for avoiding contamination than that of washing and conditioning filters before use, especially since in the latter case it has been suggested that the first 0.2–2.0 litres of filtrate should also be discarded.

*Table 17.4* Results after long-term storage

| Date (1979) | Storage time (months) | Metal concentration (μg $L^{-1}$) | | | | | | | | |
|---|---|---|---|---|---|---|---|---|---|---|
| | | Cd | | | Pb | | | Cu | | |
| | | Conc. | Mean | Change (%) | Conc. | Mean | Change (%) | Conc. | Mean | Change (%) |
| July 2 | 0 | 0.16, 0.19<br>0.17, 0.16 | 0.17 | | 4.0, 4.3<br>4.3, 4.2 | 4.2 | | 7.7, 8.0<br>8.4, 8.0 | 8.0 | |
| Sept 30 | 3 | 0.15, 0.16<br>0.16, 0.18 | 0.16 | –6 | 5.0, 3.6<br>4.2, 3.6 | 4.1 | –2 | 7.8, 7.5<br>8.1 | 7.8 | –2.5 |
| Nov 28 | 5 | 0.18, 0.18<br>0.16 | 0.17 | 0 | 3.7, 3.1<br>2.6, 3.8 | 3.3 | –21 | 5.9, 5.8<br>6.5, 6.0 | 6.05 | –24 |

Source: Reproduced by permission from Elsevier Science Publishers BV, Amsterdam

Low-density polyethylene containers are suitable for storing seawater samples at 4°C and natural pH, provided that they are thoroughly cleaned (in 2 M hydrochloric acid for at least a week) and adequately conditioned (with prefiltered seawater for at least 1–2 weeks). Storage can be prolonged for at least 3 months (or 5 months for cadmium) without significant concentration changes; for lead and copper, adsorption losses are observed after 5 months.

The use of a special device that allows filtration under nitrogen, the direct introduction of sample into containers for storage during filtration and the use of these containers as analysis cells are all improvements that minimise external sample contamination and improve between-sample reproducibility.

### 17.1.3 Losses of zinc, cadmium, strontium, antimony, indium, iron, silver, copper, cobalt, rubidium, scandium and uranium from seawater in polyethylene and glass containers

Robertson [40] has measured the adsorption of zinc, caesium, strontium, antimony, indium, iron, silver, copper, cobalt, rubidium, scandium and uranium onto glass and polyethylene containers. Radioactive traces of these elements were added to samples of seawater, the samples were adjusted to the original pH of 8.0, and aliquots were poured into polyethylene bottles, Pyrex-glass bottles and polyethylene bottles containing 1 ml concentrated hydrochloric acid were used to bring the pH to about 1.5. Adsorption on to the containers was observed for storage periods of up to 75 days with the use of a NaI(TI) well crystal. Negligible adsorption on all containers was registered for zinc, caesium, strontium and antimony. Losses of indium, iron, silver, copper, rubidium, scandium and uranium occurred from water at pH 8.0 in polyethylene (excepting rubidium) or Pyrex glass (excepting silver). With indium, iron, silver and cobalt, acidification to pH 1.5 eliminated adsorption on polyethylene but this was only partly effective with scandium and uranium.

Pellenburg and Church [41] have discussed the storage and processing of estuarine water samples for analysis by atomic absorption spectrometry.

## 17.2 Non-saline waters

The problems that can be encountered in sampling, sample preservation and analysis have been discussed by King [42], Grice *et al.* [43], Hume [44], Riley [45] and Grasshoff [46,47].

Mart [48] has described a typical sample bottle cleaning routine for use when taking samples for very low level metal determinations.

Sampling bottles and plastic bags, both made of high-pressure polyethylene, were rinsed by the following procedure. First clean with detergent in a laboratory washing machine, rinse with deionised water, soak in hot (about 60°C) acid bath, beginning with 20% hydrochloric acid, reagent grade, followed by two further acid baths of lower concentration, the last being of Merck, Suprapur quality or equivalent. The bottles are then filled with dilute hydrochloric acid, Merck, Suprapur, this operation being carried out on a clean bench. They are soaked once more in dilute acid and heated up. Empty bottles under clean bench, rinse and fill them up with very pure water (pH 2). Bottles are wrapped into two polyethylene bags. For transport purposes, lots of ten bottles are enclosed hermetically into a larger bag.

The determination of traces of heavy metals in natural waters can be greatly affected by contamination (positive or negative) during filtration and storage of samples [19–21,25,49,50]. Until the recent work of Scarponi *et al.* [34], this problem, especially as regards filtration, has not been studied adequately and systematically with respect to the determination of cadmium, lead and copper in seawater. Frequently, in order to make the determination easier, synthetic matrix samples [34,50,51] and/or high metal concentrations [34,50–53] have been used; otherwise, in order to demonstrate possible filter contamination, washed and unwashed filters have been analysed after washing [48,54–59].

The same filter can release or adsorb trace metals depending on the metal concentration level and the main constituents of the sample [35,50] therefore, claimed results must be considered with caution in working with natural samples. To avoid contamination, the following procedures have often been used. Filters have been cleaned by soaking them in acids [19–21,35,37,48,60,61] or complexing agents [19,25,58] and/or conditioned either by soaking in seawater or a simulated seawater solution [35,48,62] or by passing a 0.2–2.1 sample before aliquots are taken for analysis [19,21,38,48,63]. Sometimes, however, the ashing procedure has not been found to be fully satisfactory [25]. For example, it has been reported that strong adsorption of cadmium and lead occurs on purified unconditioned membrane filters when triple-distilled water is passed through the filter, while there is no change in the concentration with a river water sample after filtration of 500 ml [35]. Some investigators prefer to avoid filtration when the particulate matter does not interfere with the determination (in which case the analyses must be completed soon after sampling) [48,64] or when open seawater is analysed; in the latter case, filtered and unfiltered samples do not seem to differ significantly in measurable metal content [48,65,66].

Heavy metals are generally present at very low concentrations in water and hence their determination is extremely susceptible to problems of contamination. The first sources of potential error are associated with the sampling and subsequent storage of the sample prior to analysis. The sample container must be carefully selected to avoid contamination due

*Table 17.5* Methods reported for the cleaning of sample containers

| *Basis of method* | *Ref* |
|---|---|
| Hot conc. $HNO_3$ | [67] |
| 50% $HNO_3$ | [33] |
| 50% HCl then 50% $HNO_3$ | [28] |
| ca 40% HCl | [37] |
| 25% $HNO_3$ | [68] |
| 20% $HNO_3$ | [69,70] |
| ca 15% HCl | [21] |
| 10% $HNO_3$ | [35,71–73,82] |
| 2.5% $HClO_4$ | [74] |
| 2% $HNO_3$ | [36] |
| 1% $HNO_3$ | [75] |
| detergent only | [76] |
| Sample rinse only[a] | [21] |

[a]After initial cleaning with 15% HCl

Source: Reproduced by permission from Elsevier Science Ltd, UK

to leaching of metals into the sample and also to minimise losses of metal from the solution by adsorption onto the walls of the container.

In their review of the literature Batley and Gardner [21] concluded that polythene and Teflon containers are suitable for sample collection and storage. Indeed, polythene sample containers have now gained widespread acceptance for routine use. Selection of a cleaning method for the sample container is, nevertheless, still somewhat arbitrary. A vast array of methods has been reported (Table 17.5), but no attempt appears to have been made to compare the different methods. The analyst therefore has either to hope that the method chosen is adequate or to perform a series of tests to establish the adequacy. Furthermore, some of the methods currently recommended require cleaning periods of several weeks and may be consuming an undue amount of the analyst's time, as well as tying up large numbers of sample containers 'under preparation'.

The method chosen to clean or prepare the sample container must fulfil two requirements. It must reduce contamination to an acceptable level and it must minimise or prevent adsorption losses to the container wall. It is widely accepted that adsorption losses may be reduced by acidifying the sample, usually to 0.5% nitric acid. This acidification step is, nevertheless, more likely to leach metals from an improperly cleaned container. In addition there is a growing requirement for samples to be maintained at their natural pH in order to perform analyses which help elucidate the chemical form of the metal [35,77,78]. These analytical schemes for speciation studies can be time consuming and hence necessitate the storage of samples at their natural pH for several days prior to analysis [78]. Such storage conditions favour adsorption losses from the sample. Indeed, Subramian *et al.* [79] report significant losses of metals from river water samples (pH 6–8) during the first 10 days of storage in polythene containers.

In marked contrast, Florence [78] reports no detectable change in the metal concentration of a freshwater sample (pH 6.1) stored for 23–26 days at either 26 or 4°C, also in polythene containers.

A possible explanation for these contradictory results may be that different cleaning methods were used to prepare the sample container. For instance, acids used for cleaning may activate adsorption sites [21,80]. Pretreatment of the sample containers by soaking with a concentrated salt solution (1 g of calcium sulphate plus 1 g of magnesium sulphate $L^{-1}$) [35] or a portion of the water to be sampled has been recommended to overcome adsorption losses. It is still not certain, however, whether such time-consuming pretreatment is necessary.

Laxen and Harrison [81] have reported a study designed to compare a selection of the methods reported for the cleaning of sample containers in order to provide a more rational basis for selection of a particular procedure. Four metals, cadmium, zinc, lead and copper, were selected for this study as they represent those metals currently commanding considerable research attention.

### *17.2.1 Cleaning methods for polyethylene containers prior to the determination of lead, copper, zinc and cadmium in freshwaters*

The methods used by Laxen and Harrison [81] to clean and prepare the sample containers are summarised in Table 17.6. Certain of the methods were chosen because they are specifically recommended for the preparation of new containers, others were selected for routine cleaning. Two sources of pure water were used, one was distilled and then deionised water and the other deionised then double distilled water, from a Fistream FSL/DMC/4BDB system. The blank metal values were respectively [Zn] = 0.3 and 0.18 ng $mL^{-1}$, [Cd] = <0.01 and <0.01 ng $mL^{-1}$, [Pb] = 0.09 and 0.09 ng $mL^{-1}$, and [Cu] = 0.25 and 0.08 ng $mL^{-1}$ in the two waters. The higher quality water only become available toward the end of the study. In the description of the cleaning methods both pure waters are merely termed water. All reagents were AnalaR grade unless otherwise indicated.

Duplicate bottles were cleaned by methods A, C, D, F, G, H and J (Table 17.6) and were then filled with water, and 5 mL of 'Aristar' nitric acid was added. The concentration of zinc, cadmium, lead, and copper were then determined by graphite furnace atomic absorption spectrometry analysis immediately and after two weeks.

*Table 17.6* Cleaning procedures

| *Designation* | *Procedure* | *Ref* |
|---|---|---|
| A | No treatment | |
| B | Rinse with water[a] | |
| C | Detergent wash; water rinse; 10% $HNO_3$ wash; water rinse; drain dry | [82] |
| D | 10% $HNO_3$, 48 h soak; water rinse, drain dry | [71] |
| E | 10% $HNO_3$ rinse; water rinse; drain dry | [71] |
| F | 50% $HNO_3$ rinse; water rinse; 0.2% 'Aristar' $HNO_3$ soak, minimum 2 weeks, water rinse before use | [83] |
| G | 2.5% perchloric acid (36 mL of 70% $HClO_4$ to ca 1000 mL of water in glass container), 24 h soak; water rinse; 2.5% $HClO_4$, 24 h soak; water rinse; 2.5% $HClO_4$, 24 h soak; water rinse; drain dry | [74] |
| H | 5% Decon 90,5 24 h soak; water rinse; 10% $HNO_3$, soak 2 weeks; water rinse; water soak minimum 1 week with changes of water | [73] |
| J | 5% Decon 90, 24 h soak; water rinse; 10% $HNO_3$, soak 2 weeks; water rinse; 0.2% 'Aristar' $HNO_3$, soak 1 week; water rinse; water, soak minimum 1 week with changes of water | [81] |
| K | 5% Decon 90, 24 h soak; water rinse; drain dry | [81] |
| L | immediately before use: detergent (household liquid) wash; water rinse; 2% $HNO_3$, 24 h soak; tap water rinse 6 times; water rinse 6 times | [79] |
| M | 15% HCl, soak minimum 3 days; water rinse before use | [21] |
| N | 10% $HNO_3$, 24 h soak; water rinse; 1 g of $CaSO_4$ + 1 g of $MgSO_4$ $L^{-1}$ of water, soak minimum 24 h; water rinse before use | [35] |

[a]Water means deionised and distilled water.

[b]Decon 90 is a mixture of anionic and non-ionic surface active agents, Decon Laboratories, Conway Street, Hove, Sussex, England

[c]In consultation with W Davison, Freshwater Biological Association, Bowness, Windermere, Cumbria, England

Source: Reproduced by permission from the American Chemical Society

The outcome of this work [81] was the recommendation that a 48 h soak with 10% nitric acid (ie method D, Table 17.6) be used for both the preliminary cleaning of new bottles and for routine cleaning. The results further confirm the suitability of polyethylene sample containers for the collection and storage of freshwater samples prior to analysis for zinc, cadmium, lead and copper.

### 17.2.2 Prolonged storage of natural water samples containing iron, chromium, nickel, thallium, cobalt, manganese, silver, copper, cadmium, lead and zinc in polyethylene containers in presence of aqueous nitric and preservation reagent

In work described by Marchant and Klopper [68] unfrozen samples of pure water and nitric acid, stored in high-density polyethylene containers, were used as contamination blank controls for hydrogeochemical samples preserved by deep-freezing in similar vessels. The maximal levels of eleven metal contaminants in the blanks after four years of storage are reported. These levels were below the anomalous threshold concentrations established in most hydrogeochemical prospecting surveys, and it is concluded that thoroughly cleaned polyethylene containers can be used to store samples for several years, provided that the natural trace element content of the waters can be effectively stabilised.

Typical results obtained in this work are noted in Table 17.7.

After four years the maximum levels of metal contaminants in these blanks were (in μg $L^{-1}$) Fe 0.4; Cr 0.6; Ni 1.0; Tl 0.6; Co 1.5; Mn 0.14; Ag 0.17; Cu 1.5; Cd 0.17; Pb 2.4; Zn 2.4 Values slightly lower than these are found for Co, Mn, Ag, Cu, Zn and Pb in the pure water samples. Approximately 0.5–1.0 μg $L^{-1}$ of both Zn and Pb are derived from the nitric acid.

### 17.2.3 Lead and cadmium contamination of potable water samples stored in nitric acid using glass containers

Calabrese *et al.* [70] found that distinct increases occurred in lead and cadmium contents of potable water stored in the presence of nitric acid in sealed glass ampoules for a few days. This contamination was attributed to contamination of water by a blue coloured lead oxide cadmium oxide based line placed on the ampoule to mark the point where the ampoule should be cracked open.

### 17.2.4 Preservation and storage of surface water samples containing zinc, lead, copper, cadmium, manganese and iron in glass vials in the presence of nitric acid

Henricksen and Balmer [16] have developed a method for preserving lake water samples in which the samples are collected in 25 ml glass vials with polyethylene snap-caps that have been washed in succession with solutions of 12% Na–EDTA and 5% Deconex detergent, soaked in nitric acid, and thoroughly rinsed with distilled water. After arrival at the laboratory the samples are preserved with 0.25 ml 3.5N nitric acid, and

*Table 17.7* Observed absorbance values and calculated concentrations of eleven elements in unacidified and acidified samples

| | *Fe* | *Cr* | *Ni* | *Co* | *Mn* | *Tl* | *Ag* | *Cu* | *Pb* | *Zn* | *Cd* |
|---|---|---|---|---|---|---|---|---|---|---|---|
| Sensitivity* | 0.4 | 0.6 | 1.0 | 0.4 | 0.05 | 0.6 | 0.06 | 0.5 | 0.2 | 0.01 | 0.01 |
| *Nineteen pure water samples* | | | | | | | | | | | |
| Absorbance $\times 10^3$ | | | | | | | | | | | |
| minimum | 0 | 0 | 0 | 0 | 0 | 0 | 0 | 0 | 0 | 4 | 1 |
| maximum | 2 | 1 | 1 | 3 | 3 | 1 | 3 | 3 | 10 | 122 | 9 |
| mean | 1 | 0 | 0 | 1 | 1 | 1 | 2 | 1 | 3 | 45 | 5 |
| Concentration (μgL $^{-1}$) | | | | | | | | | | | |
| minimum | 0 | 0 | 0 | 0 | 0 | 0 | 0 | 0 | 0 | 0.04 | 0.01 |
| maximum | 0.8 | 0.6 | 1.0 | 1.0 | 0.14 | 0.6 | 0.17 | 1.5 | 2.4 | 1.36 | 0.13 |
| mean | 0.4 | 0 | 0 | 0.4 | 0.05 | 0.6 | 0.11 | 0.5 | 0.7 | 0.50 | 0.07 |
| *Fourteen 10% nitric acid samples* | | | | | | | | | | | |
| Absorbance $\times 10^3$ | | | | | | | | | | | |
| minimum | 0 | 0 | 0 | 0 | 0 | 0 | 1 | 0 | 3 | 70 | 3 |
| maximum | 2 | 1 | 1 | 4 | 3 | 1 | 3 | 3 | 9 | 218 | 12 |
| mean | 1 | 1 | 1 | 2 | 2 | 1 | 2 | 2 | 7 | 103 | 6 |
| Concentration (μg L $^{-1}$) | | | | | | | | | | | |
| minimum | 0 | 0 | 0 | 0 | 0 | 0 | 0.06 | 0 | 0.7 | 0.78 | 0.04 |
| maximum | 0.8 | 0.6 | 1.0 | 1.5 | 0.14 | 0.6 | 0.17 | 1.5 | 2.1 | 2.42 | 0.17 |
| mean | 0.4 | 0.6 | 1.0 | 0.7 | 0.09 | 0.6 | 0.11 | 1.0 | 1.7 | 1.15 | 0.09 |

*μg L $^{-1}$ per 0.001 absorbance; see text for details

Source: Reproduced by permission from Elsevier Science Publishers BV, Amsterdam

the concentrations of heavy metals determined by flameless atomic-absorption spectrophotometry. Statistical evaluation of results from samples collected from 18 lakes in Norway indicates that neither the time of addition of acid nor the length of time between sample preservation and analysis greatly affects the measured concentrations of zinc, lead, copper, manganese and iron. Evaluation of lead and cadmium was precluded because the concentrations of these metals was at or below the analytical detection limit in most of the lakes samples.

## References


1 Wangersky, P.J. *American Science*, **53**, 358 (1965).
2 Hickman, K., White, I. and Stark, E. *Science*, **180**, 15 (1973).
3 Conway, B.E., Angerstein-Kozlowska, H. and Sharp, W.B.A. *Analytical Chemistry*, **45**, 1331 (1973).
4 Otsuki, A. and Hanya, T. *Limnology and Oceanography*, **87**, 248 (1972).

5 Jannasch, N.W. and Pritchard, P.H. The role of inert particulate matter in the activity of aquatic microorganisms. *Mem. Inst. Ital. Hydrobiol.*, **24** Suppl., 289–306 (1972).
6 Wiebe, W.S. and Pomeroy, L.R. Microorganisms and their association with aggregates and detritus in the sea: A microscopic study. *Mem. Inst. Ital. Hydrobiol.*, **29** Suppl., 325–352 (1972).
7 Alburn, H.E. and Grant, N.H. *Journal of the American Chemical Society*, **87**, 4174 (1965).
8 Grant, N.H. and Alburn, H.E. *Biochemistry*, **4**, 1913 (1965).
9 Grant, N.H. and Alburn, H.E. *Archives of Biochemistry and Biophysics*, **118**, 292 (1967).
10 Yoshinari, I. *Marine Chemistry*, **4**, 189 (1976).
11 Guest, R.L. and Blutstein, H. *Analytical Chemistry*, **53**, 727 (1981).
12 Bowditch, D.C., Edmond, C.R., Dunston, P.J. and McGlynn, J.A. Australian Water Resources Council Technical Paper No. 16. Reserach Project No 71/35B. Australian Government Publishing Service, Canberra, 37 pp. (1976).
13 Heiden, R.W. and Aikens, D.A. *Analytical Chemistry*, **55**, 2327 (1983).
14 Howe, L.H. and Holley, W.C. *Environmental Science and Technology*, **3**, 478 (1969).
15 Sprengler, F.J. *Zeitschrift für Analytische Chemie*, **11**, 128 (1978).
16 Henriksen, A. and Balmer, K. *Vatten*, **77**, 33 (1977).
17 Schuermann, H. and Hartkamp, H. *Fresenius Zeitschrift für Analytische Chemie*, **315**, 430 (1983).
18 Fishmann, M.J., Schroder, L.J. and Shockey, M.W. *International Journal of Environmental Studies*, **26**, 231 (1986).
19 Riley, J.P., Robertson, D.E. Dutton, J.W.R. *et al.* In *Chemical Oceanography* (eds J.R. Riley and G. Skirrow), 2nd edn, Vol. 3, Academic Press, London, p. 193 (1975).
20 Zief, M. and Mitchell, J.W. *Contamination Control in Trace Element Analysis*, Wiley, New York (1976).
21 Batley, G.E. and Gardner, D. *Water Research*, **11**, 745 (1977).
22 Gardiner, J. and Stiff, M.J. *Water Research*, **9**, 517 (1975).
23 Bowen, V.T., Strohal, P., Saiki, M. *et al. Reference Methods for Marine Radioactivity Studies* (eds Y. Nishiwaki and R. Fukai), International Atomic Energy Agency, Vienna, pp. 12–14 (1970).
24 Bowditch, D.C., Edmond, C.R., Dunstan, P.J. and McGlynn, J. Technical Paper No. 16, Australian Water Resources Council, p. 22 (1976).
25 Roberton, D.E. In *Ultrapurity, Methods and Techniques* (eds M. Zief and R. Speights), Dekker, New York, p. 207 (1972).
26 Tolg, G. *Talanta*, **19**, 1489 (1972).
27 Tolg, G. In *Comprehensive Analytical Chemistry* (ed. G. Svehia) Vol. 3, Elsevier, Amsterdam, p. 1 (1975).
28 Moody, J.R. and Lindstrom, R.M. *Analytical Chemistry*, **49**, 2264 (1977).
29 Davison, W. and Whitfield, M. *Journal of Electroanalytical Chemistry*, **75**, 763 (1977).
30 Scarponi, G., Miccoli, E. and Frache, R. In Proceedings of the 3rd Congress of the Association of Italian Oceanology and Limnology, Sorrento, Italy. Pergamon Press, Oxford, p. 433 (1978).
31 Massee, R. and Maessen, F.J.M.J. *Analytica Chimica Acta*, **127**, 181 (1981).
32 Florence, T. M. and Bailey, G.E. C.R.C. *Critical Reviews on Analytical Chemistry*, August, 219 (1980).
33 Karin, R.W., Buone, J.A. and Fashing, J.L. *Analytical Chemistry*, **47**, 2296 (1975).

34 Scarponi, G., Capodaglio, G., Oescon, P. *et al. Analytica Chimica Acta*, **135**, 268 (1982).
35 Nurnberg, H.W., Vatenta, P., Mart, L., Raspor, B. and Sipos, L. *Fresenius Zeitschrift für Analytisch Chemie*, **282**, 357 (1976).
36 Subramanian, K.S., Chakrabati, C.L., Sheiras, J.E. and Maines, I.S. *Analytical Chemistry*, **50**, 444 (1978).
37 Batley, G.E. and Gardner, D. *Estuarine Coastal Marine Science*, **7**, 59 (1978).
38 Fukai, R. and Huynh-Ngoe, L. *Marine Pollution Bulletin*, **7**, 9 (1976).
39 Carpenter, J.H., Bradford, W.L. and Grant, V. In *Estuarine Research* (ed. L.E. Cronin) Academic Press, New York, p. 188 (1975).
40 Robertson, D.E. *Analytica Chimica Acta*, **42**, 533 (1968).
41 Pellenburg, R.E. and Church, T.M. *Analytica Chimica Acta*, **97**, 81 (1978).
42 King, D.I., Ciacco, L.L. (eds.) *Sampling of Natural Waters and Waste Effluent*, Marcel Dekker, New York, pp.451–481 (1971).
43 Grice, G.D., Harvey, G.R., Bown, V.T. and Bachus, R.H. *Bulletin of Environmental Contamination and Toxicology*, **7**, 125, (1972).
44 Hume, D.N. Fundamental Problems in *Oceanographic Analysis in Analytical Methods in Oceanography* (ed. R.P. Gidd), American Chemical Society, Washington, pp. 1–8 (1975).
45 Riley, J.P. In *Chemical Oceanography* Volume 3. (eds J.P. Riley and G. Skirrow). Academic Press, London, pp. 193–415 (1975).
46 Grasshoff, K. *Fresenius Zeitschrift für Analytische Chemie*, **220**, 89 (1966).
47 Grasshoff, K. *Verlag Chemie*, **1**, 50 (1976).
48 Mart, L. *Fresenius Zeitschrift für Analytische Chemie*, **296**, 350 (1979).
49 Salim, R. and Cooksey, B.G. *Journal of Electroanalytical Chemistry*, **106**, 251 (1980).
50 Truitt, R.E. and Weber, J.H. *Analytical Chemistry*, **51**, 2057 (1979).
51 Weber, J.H. and Truitt, R.E. Research Report 21, Water Resource Research Center, University of New Hampshire, Durham, N.H. (1979).
52 Marvin, K.T., Proctor, R.R. Jr. and Neal, R.A. *Limnology and Oceanography*, **15**, 320 (1970).
53 Gardiner, J. *Water Research*, **8**, 157 (1974).
54 Spencer, D.W. and Manheim, F.T. US Geological Survey Professional Paper, 650–D, p. 288 (1969).
55 Spencer, D.W., Brewer, P.G. and Sachs, P.L. *Geochimica Cosmochimica Acta*, **36**, 71 (1972).
56 Dams, R., Rahn, K.A. and Winchester, J.W. *Environmental Science and Technology*, **6**, 441 (1972).
57 Wallace, G.T., Jr., Fletcher, I.S. and Duce, R.A. *Journal of Environmental Science and Health*, **A12**, 493 (1977).
58 Duychserts, G. and Gillain, G. In *Essays on Analytical Chemistry* (ed. E. Wanninen), Pergamon, Oxford, p. 417 (1977).
59 Smith, R.G. *Talanta*, **25**, 173 (1978).
60 Bruland, K.W., Franks, R.P. and Knauer, G.A. *Analytica Chimica Acta*, **105**, 233 (1979).
61 Burrell, D.C. *Marine Science Communication*, **5**, 283 (1979).
62 Figura, P. and McDuffie, B. *Analytical Chemistry*, **52**, 1433 (1980).
63 Burrell, D.C. and Lee, M.L. Water Quality Parameters, ASTM STP–573, American Society for Testing and Materials, p. 58 (1975).
64 DeForest, A., Pettis, R.W. and Fabris, G. *Australian Journal of Marine and Freshwater Research*, **29**, 193 (1978).
65 Fukai, R. and Huynh-Ngoc. *Analytica Chimica Acta*, **83**, 375 (1976).

66 Zirino, A., Lieberman, S.H. and Clavell, C. *Environmental Science and Technology*, **12**, 73 (1978).
67 Patterson, C.C. and Settle, D.M. *National Bureau of Standards Special Publication (US)*, **422**, 321 (1976).
68 Marchant, J.W. and Klopper, B.C. *Journal of Geochemical Exploration*, **9**, 103 (1978).
69 Henricksen, A. and Balmer, K. *Vatten*, **77**, 33 (1977).
70 Calibrese, E.J., Tuthill, R.W., Sieger, F.L. and Klar, J.M. *Bulletin of Environmental Contamination and Toxicology*, **33**, 107 (1979).
71 Department of the Environment, Lead in Potable Waters by Atomic Absorption Spectrometry. HMSO, London, p. 6 (1976).
72 Sugai, S.F. and Healey, M.L. *Marine Chemistry*, **6**, 291 (1978).
73 Mill, A.J.B. PhD Thesis, Imperial College of Science and Technology, London (1976).
74 Trace Metal Decontamination Procedures for Sample Containers Sheet M–27. Environmental Science Associates Inc, Burlington, MA.
75 Meranger, J.C., Subramanian, K.S. and Chalifoux, C. *Environmental Science and Technology*, **13**, 707 (1979).
76 Shendrikar, A.D., Dharmarajan, V., Walker-Merrick, H. and West, P.W. *Analytica Chemica Acta*, **84**, 409 (1976).
77 Fukai, R., Murnay, C.N. and Huynh-Ngoe, L. *Estuarine Coastal and Marine Science*, **3**, 177 (1975).
78 Florence, T.M. *Water Research*, **11**, 681 (1977).
79 Subramian, K.S., Chakrabarti, C.L., Sueras, J.E. and Mainse, L.S. *Analytical Chemistry*, **50**, 444 (1978).
80 Whiteside, P. (ed). *Atomic Absorption and Electrothermal Atomization*. Pye Unicam Ltd, Cambridge, UK p. 14 (1977).
81 Laxon, D.P.H. and Harrison, R.M. *Analytical Chemistry*, **53**, 345 (1981).
82 King, W.G., Rodrigues, J.M. and Wai, C.M. *Analytical Chemistry*, **46**, 771 (1974).
83 Poldoski, J.E. and Glass, G.E. *Analytica Chimica Acta*, **101**, 79 (1978).

Appendix

# Standard UK and US methods of treated water analysis

UK methods for the Examination of Waters and Associated Materials, HMSO (London) Blue Book Series

| | |
|---|---|
| Sampling – general principles | General principles of sampling and accuracy of results. 1980 |
| Sampling – rivers | Sampling of rivers and streams. 1983 |
| Aluminium | Acid soluble aluminium in raw and potable waters by spectrophotometry. 1979 |
| Ammonia | Ammonia in waters. 1980 |
| Antimony | Antimony in effluents and raw, potable and sea waters by spectrophotometry (using crystal violet) 1982. Tentative method. |
| Arsenic–waters, AAS | Arsenic in potable waters by AAS (semi-automatic method) 1982. |
| Arsenic–waters, spectrophotometry | Arsenic in potable and sea water by spectrophotometry. 1978 |
| Cadmium | Cadmium in potable waters. 1976 |
| Cobalt | Cobalt in potable waters. 1981 |
| Copper | Copper in potable waters by atomic absorption spectrophotometry. 1980 |
| Calcium | Calcium in water and sewage effluents by atomic absorption spectrophotometry. 1977 |
| Chromium | Chromium in raw and potable waters and sewage effluents. 1980 |
| Iron and manganese | Iron and manganese in potable water by AAS. 1983 |
| Lead | Lead in potable waters. 1976 |
| Nickel | Nickel in potable waters. 1981 |
| Zinc | Zinc in potable waters by atomic absorption spectrophotometry. 1980 |
| Lead | Lead in waters by freon extraction. |
| (Lead and cadmium) | Lead and cadmium in waters by electrothermal AAS. 1984 |

| | |
|---|---|
| Magnesium | Magnesium by atomic absorption spectrophotometry. 1977 |
| Manganese | Manganese in raw and potable waters. 1977 |
| Multielement analysis – general | A survey of multielement and related method of analysis for waters, sediments and other materials of interest to the Water Industry. 1980 |
| Mercury | Mercury in waters, effluents and sludges by flameless atomic absorption spectrophotometry. 1978 |
| Potassium | Dissolved potassium in raw and potable waters. Tentative methods. 1980 |
| Selenium – waters | Selenium in waters. 1984 |
| Silver | Silver in waters and effluents. 1982 |
| Sodium | Dissolved sodium in raw and potable waters. Tentative methods. 1980 |
| Spectrophotometry – colorimetry | Ultraviolet and visible solution spectrophotometry and colorimetry. 1980 |
| Spectrophotometry – emission | Emission spectrophotometric multielement methods of analysis for waters, sediments and other materials of interest to the Water Industry. 1980 |
| Spectrophotometry | Atomic absorption spectrophotometry. 1979 |
| Cation exchange capacity | Cation exchange capacity and exchangeable cation (including water soluble ions) in sewage sludge etc. |

For US methods see American Public Health Authority Standard Methods for Examination of Waters and Wastewaters (1955). Also, US Environmental Protection Agency Method Series

# Index